教 育 部 高 等 教 育 司 推 荐
国外优秀信息科学与技术系列教学用书

离散数学结构

Lisan Shuxue Jiegou

（第 6 版 翻译版）

DISCRETE MATHEMATICAL STRUCTURES

(Sixth Edition)

Bernard Kolman
[美] **Robert C. Busby** 著
Sharon Cutler Ross

罗 平 译

PEARSON

高等教育出版社·北京

图字：01-2009-2338 号

Discrete Mathematical Structures, Sixth Edition

Bernard Kolman,Robert C. Busby,Sharon Cutler Ross

图书在版编目(CIP)数据

离散数学结构：第 6 版：翻译版 /（美）科尔曼（Kolman, B.），（美）巴斯比（Busby, R. C.），（美）罗斯（Ross, S. C.）著；罗平译. —北京：高等教育出版社，2013.7（2025.3 重印）

书名原文：Discrete mathematical structures

ISBN 978-7-04-035049-4

Ⅰ. ①离… Ⅱ. ①科… ②巴… ③罗… ④罗… Ⅲ. ①离散数学–高等学校–教材 Ⅳ. ①O158

中国版本图书馆 CIP 数据核字（2013）第 097359 号

策划编辑 武林晓　责任编辑 武林晓　封面设计 张　楠　版式设计 范晓红
插图绘制 朱　静　责任校对 刘春萍　责任印制 张益豪

出版发行	高等教育出版社	咨询电话	400-810-0598
社　　址	北京市西城区德外大街 4 号	网　　址	http:// www.hep.edu.cn
邮政编码	100120		http:// www.hep.com.cn
印　　刷	北京鑫海金澳胶印有限公司	网上订购	http:// www.landraco.com
开　　本	787mm × 1092mm　1/16		http:// www.landraco.com.cn
印　　张	40.25	版　　次	2013 年 7 月第 1 版
字　　数	910 千字	印　　次	2025 年 3 月第 9 次印刷
购书热线	010-58581118	定　　价	53.00 元

物 料 号　35049-00

序

20 世纪末，以计算机和通信技术为代表的信息科学和技术对世界经济、科技、军事、教育和文化等产生了深刻影响。信息科学技术的迅速普及和应用，带动了世界范围信息产业的蓬勃发展，为许多国家带来了丰厚的回报。

进入 21 世纪，尤其随着我国加入 WTO，信息产业的国际竞争将更加激烈。我国信息产业虽然在 20 世纪末取得了迅猛发展，但与发达国家相比，甚至与印度、爱尔兰等国家相比，还有很大差距。国家信息化的发展速度和信息产业的国际竞争能力，最终都将取决于信息科学技术人才的质量和数量。引进国外信息科学和技术优秀教材，在有条件的学校推动开展英语授课或双语教学，是教育部为加快培养大批高质量的信息技术人才采取的一项重要举措。

为此，教育部要求由高等教育出版社首先开展信息科学和技术教材的引进试点工作。同时提出了两点要求，一是要高水平，二是要低价格。在高等教育出版社和信息科学技术引进教材专家组的努力下，经过比较短的时间，第一批引进的 20 多种教材已经陆续出版。这套教材出版后受到了广泛的好评，其中有不少是世界信息科学技术领域著名专家、教授的经典之作和反映信息科学技术最新进展的优秀作品，代表了目前世界信息科学技术教育的一流水平，而且价格也是最优惠的，与国内同类自编教材相当。

这项教材引进工作是在教育部高等教育司和高教社的共同组织下，由国内信息科学技术领域的专家、教授广泛参与，在对大量国外教材进行多次遴选的基础上，参考了国内和国外著名大学相关专业的课程设置进行系统引进的。其中，John Wiley 公司出版的贝尔实验室信息科学研究中心副总裁 Silberschatz 教授的经典著作《操作系统概念》，是我们经过反复谈判，做了很多努力才得以引进的。William Stallings 先生曾编写了在美国深受欢迎的信息科学技术系列教材，其中有多种教材获得过美国教材和学术著作者协会颁发的计算机科学与工程教材奖，这批引进教材中就有他的两本著作。留美中国学者 Jiawei Han 先生的《数据挖掘》是该领域中具有里程碑意义的著作。由达特茅斯学院 Thomas Cormen 和麻省理工学院、哥伦比亚大学的几位学者共同编著的经典著作《算法导论》，在经历了 11 年的锤炼之后于 2001 年出版了第 2 版。目前任教于美国 Massachusetts 大学的 James

Kurose 教授，曾在美国三所高校先后 10 次获得杰出教师或杰出教学奖，由他主编的《计算机网络》出版后，以其体系新颖、内容先进而倍受欢迎。在努力降低引进教材售价方面，高等教育出版社做了大量和细致的工作。这套引进的教材体现了权威性、系统性、先进性和经济性等特点。

教育部也希望国内和国外的出版商积极参与此项工作，共同促进中国信息技术教育和信息产业的发展。我们在与外商的谈判工作中，不仅要坚定不移地引进国外最优秀的教材，而且还要千方百计地将版权转让费降下来，要让引进教材的价格与国内自编教材相当，让广大教师和学生负担得起。中国的教育市场巨大，外国出版公司和国内出版社要通过扩大发行数量取得效益。

在引进教材的同时，我们还应做好消化吸收，注意学习国外先进的教学思想和教学方法，提高自编教材的水平，使我们的教学和教材在内容体系上，在理论与实践的结合上，在培养学生的动手能力上能有较大的突破和创新。

目前，教育部正在全国 35 所高校推动示范性软件学院的建设和实施，这也是加快培养信息科学技术人才的重要举措之一。示范性软件学院要立足于培养具有国际竞争力的实用性软件人才，与国外知名高校或著名企业合作办学，以国内外著名 IT 企业为实践教学基地，聘请国内外知名教授和软件专家授课，还要率先使用引进教材开展教学。

我们希望通过这些举措，能在较短的时间，为我国培养一大批高质量的信息技术人才，提高我国软件人才的国际竞争力，促进我国信息产业的快速发展，加快推动国家信息化进程，进而带动整个国民经济的跨越式发展。

教育部高等教育司

二〇〇二年三月

前　　言

对于大学一二年级的教学来说，离散数学是一门很有趣的课程，原因有几个方面。它的内容是数学，但它的大多数应用和超过半数的学生是专攻计算机科学或工程的。因此，了解本书主题的编写动机，并事先了解它们的应用，是十分重要且必需的策略。此外，这门课程所涵盖的题材广泛，内容丰富，所以教材的内容需精心安排，清晰易懂，并用适当的教学法强调其关键概念。同时，也希望学生能够掌握并运用一项重要的新技能：书写数学证明的能力。这门技能是编写出计算机程序的一项非常好的训练。

本书可作为学生学习离散数学基本概念的入门书，并作为向更高级数学概念发展的基础。如果仅限于此，那么书中涉及计算机科学的一些特定应用的内容可以略去或者单独作为重要的例子选用。本书可作为计算机科学或者电子与计算机工程课程的教材，它也为计算机相关的许多基本概念打下基础，并且为这些概念提供延伸、发展和共同的主题。通过参考每章中与各章内容相一致的必备知识，教师很容易设计出适当的教学大纲。

方法

首先，我们认为将课程内容所涵盖的领域和深度限制在大学一二年级所教的基础课程的水平上是明智的。我们相信本书所选定的一系列主题能够真正适用于计算机科学和其他学科，内容符合逻辑、条理清楚。在介绍这些主题的同时，也指明了如何更深入地研究这些主题。这使得本书能够成为学习高年级课程的一本很好的参考书。

其次，将大量的定义和抽象理论压缩到最低限度，并且用这种方式来组织各个主题，给出它们的相互联系。关系和有向图被视为同一基本数学概念的两个方面，有向图是关系的图形表示。所以，该基本概念实际上用来作为本书介绍其他所有概念的基础，包括函数、偏序、图和数学结构。本书所介绍的每个新概念尽可能使用前面学过的内容，并且以这种方式展开，从而简化后续的更复杂的概念。

第 6 版有什么新内容？

本书先后改进五版，历经 25 年，受到广泛认可，这些使我们感到非常欣慰。同样欣喜的是本书前 5 版所选的内容及解题方法也被广泛肯定。例如，最近 SIGCSE 协会（the ACM Special Interest Group on Computer Science Education）和其他机构都推荐将本书中主要论及的离散结构内容作为一学期的课程。在该版筹划中，我们充分考虑了这些推荐意见以及来自教师和学生的众多建议和意见以改进本书的内容和材料。尽管该版作了改进并完善了很多，但是我们的目标依然同前5版一样：以一种简明、精炼的、学生能够理解的方式来介绍离散数学的基本概念及其某些应用。

由于关系和有向图这两个关键概念在本书中起着统一的作用，所以我们相信本书非常适合课堂教学。该版新加了两个小节：数学命题及逻辑与问题求解，并附有习题，这使得有关逻辑方面的内容得到大大加强。此外新内容：模糊集和模糊逻辑为学生们引入了在自动反馈及控制过程的现代问题中极其重要的一个主题。通过著名的数独和一些相关迷与基础数学的联系，把本书中的集合论、布尔矩阵、算法与编码、逻辑、一般的证明构造、着色问题和多项式等其他内容串联为一体，使学生既觉得有趣又能学到知识。其他重要的改进概括如下。

- 增加了强调如何提出一个猜想以及怎样证明或反驳它。
- 该版继续在全书中编排了关于证明和证明技巧的讨论，包括对大部分证明的注解，与证明各命题的技巧相关的习题以及证明知识小结。许多新的习题为培养学生阅读和书写证明的能力提供了更多的实践机会。
- 包含了更多的应用。
- 增添了更多的习题。
- 包含了更多的图片。
- 重写了一些阐述和解释，使得内容更加清晰和容易理解。
- 对第五版章末材料进行了重新编排：概念复习题现在放到了每章最后的自测题中，并且把编码练习题移到了附录C中。

习题

习题是本书的重要组成部分。许多习题本质上都是计算型的，其余的则是理论型的。本书后面的许多习题以及实验都要求口头解答，关于实验下面将进一步说明。帮助培养证明书写技巧的习题要求学生分析证明、增加论据或完成一些未完成的证明。为了帮助学生理解基本原理和掌握方法，许多新的习题中增加了关于指导和实践的内容。所有序号为奇数的习题和自测题的答案均放在本书的后面。所有习题解答可在《教师解答手册》中找到，该手册可以从原版出版社免费得到（只提供给任课教师）。该手册中包含关于每章的教学思想、实验目的和评分准则的注解（下面将给出进一步说明），还包含一个试题库。

实验

从第1章到第10章，每章末尾都设有一个学生实验。这些实验为学生提供发现和探索问题的机会，或者帮助学生更深入地认识各章中所讨论的主题。这些实验是作为课外时间、课后活动来设计的，并且适合作为小组作业。每个实验都需要做比章节练习多得多的书写工作。附录 B 中列有一些附加实验。每个实验的内容、必备知识以及目的都可以在《教师解答手册》中找到。

编码练习

每章的编码练习放在附录 C 中。

章末材料

每章均包含有证明知识小结、主要概念的总结以及含每章概念复习题在内的自测题。

章节结构

第 1 章讲述本课程的基础知识，包括集合、子集及其运算，数列，整数的性质（包括以 n 为基数的表示），矩阵以及数学结构。本章的目的是帮助学生培养在多种层面上识别模式的技能。第 2 章讨论逻辑以及相关的内容，包括证明方法和数学归纳法。虽然关于证明的讨论基于此章，但有关证明的注释贯穿全书。新加了两小节：数学命题，逻辑与问题求解，所选的内容主要是目前广泛讨论的数独迷和相关的迷。第 3 章论述计数，包括排列、组合、鸽巢原理、离散概率基础以及递归关系。

第 4 章讲述关系的基本类型和性质以及关系的有向图表示。此外，本章还讨论了矩阵和其他数据结构的关系。第 5 章讨论函数的概念，并且给出了重要的函数例子，包括计算机科学中特别感兴趣的一些函数，还简要介绍了函数增长的基础知识，增加了新内容模糊集和模糊逻辑。第 6 章讨论偏序集，包括网格和布尔代数。为了找出布尔表达式的布尔函数的符号表示，加入了图形化的卡诺图方法。第 7 章介绍有向树和无向树及其概念的应用。初等图论以及其在运输网络和匹配问题中的应用是第 8 章的重点。

第 9 章又回到数学结构，介绍了半群、群、环和域的基本概念。基于前几章的知识，只需介绍几个新的概念。第 10 章主要讨论有限状态机，它是前面几章概念的补充和有效应用。第 11 章讨论了编码的差错检验、纠错以及安全性问题。附录 A 讨论了算法和伪码。本书中的某些例子和习题使用的是这里介绍的简化伪码，忽略这些内容不会破坏内容的连续性。附录 B 给出一些附加实验，它们是本课程各部分主题的扩充或者预习。附录 C 是按章节分开的编码练习。

可选文献

随本书有一本实用的工具书:《离散数学中的实践问题》，作者是 Boyana Obrenic(ISBN 0-13-045803-1)。该书完全是一本习题集，共有406页，并备有全部完整的解答。此外，还有一本316页的工具书:《离散数学工具书》，作者是 James Bush (ISBN 0-13-046327-2)。该书主要以条目的形式总结一些关键概念、关键术语和一些示例问题集（附有答案）。

致谢

我们非常感谢本书前4版的下列审阅者：Harold Fredrickson（Naval Postgraduate School），Thomas E. Gerasch（George Mason University），Samuel J. Wiley（La Salle College），Kenneth B. Reid（Louisiana State University），Ron Sandstrom（Fort Hays State University），Richard H. Austing（University of Maryland），Nina Edelman（Temple University），Paul Gormley（Villanova University），Herman Gollwitzer & Loren N. Argabright（Drexel University），Bill Sands（University of Calgary，他指出了第2版中的一些错误），Moshe Dror（Arizona University，Tucson），Lloyd Gavin（California State University at Sacramento），Robert H. Gilman（Stevens Institute of Technology），Earl E. Kymala（California State University at Sacramento），Art Lew（University of Hawaii，Honolulu），Ashok T. Amin（University of Alabama at Huntsville），Donald S. Hard（Rochester Institute of Technology），Minhua Liu（William Rainey Harper College），Charles Parry（Virginia Polytechnic Institute & University），Arthur T. Poe（Temple University），Suk Jai Seo（University of Alabama at Huntsville），Paul Weiner（St. Mary's University of Minnesota）。感谢第5版的下列审阅者：Edward Boylan（Rutgers University），Akihiro Kanamori（Boston University），Craig Jensen（University of New Orleans），Harold Reiter（University of North Carolina），Charlotte Zhong-Hui Duan（University of Akron）。感谢第6版的下列审阅者：Danrun Huang (St.Cloud State University), George Davis (Georgia State University), Ted Krovetz (California State University), Lester McCann (Arizona University), Sudipto Ghosh (Colorado State University), Brigitte Servatius (Worcester Polytechnic Institute), Carlo Tomasi (Duke University), Andrzej Czygrinow (Arizona State University), Johan Belinfante (Georgia Institute of Technology), Gary Walker (Pennsylvania State University-Erie). 他们有益的建议、评论和批评，对于改善本书原稿起了很好的作用。

感谢 Dennis R. Kletzing（Stetson University），他负责整个原稿的录入和排版；感谢 Lilian N. Brady，他仔细地阅读了每一页的证明并且给出了一些有益的建议；感谢 Blaise de Sesa，他检查了本书所有的习题答案和解答；还要感谢来自美国和其他国家许多学校的教师和学生，他们提供了使用本书的经验并提出了相当有益的建议。

最后，还要向下列人员表达最诚挚的谢意：高级编辑 Bill Hoffman，副主编 Caroline Celano，高级管理编辑 Linda Behrens，生产项目经理 Kristy Mosch，市场营销经理 Katie Winter，市场营销助理 Jon Connelly，业务专家 Lisa McDowell，艺术总监 Heather Scott，艺术编辑 Tom Benfatti 以及 Pearson 出版公司的全体员工，因为他们的热情、关心和永不言败的合作精神，才让本书从策划、设计、制作到市场销售都得以顺利地进行。

B. K.
R. C. B.
S. C. R.

寄语学生

这门课程很可能在几个方面与你以前学过的数学课程有所不同。要解的方程很少，公式甚至更少，而且只有少量的步骤。虽然有一些定义和定理需要学习，但仅靠死记硬背将使你很难通过这门课程。深刻理解概念并能够在各种环境下反复地应用它们，是你成功的基础。

本书的优点是内容丰富、生动，而且实用。本书所选的主题是日常生活、数学、计算机科学以及其他领域中应用的基础。这些主题相互联系，互为基础，有助于你掌握所涉及的概念。

这门课程有两个显著的特点，一是高度的抽象，二是比你以前学过的数学课程更强调证明。关于抽象，这里举一个例子。在学习代数时，我们知道乘法对加法的分配律，而在这门课程中，我们将把分配律概念予以抽象，并研究这一概念在许多种运算中的应用，而不仅仅是乘法和加法。

另一个特点是证明。在你继续阅读本书之前，让我们告诉你在本书中是如何处理证明的。你的目标是能够读懂证明，并且能够独立进行证明。帮助你达到这些目标的方法也许能使你重新想起你曾学过的写作课程。学习写一篇有说服力的文章，或有意义的十四行诗，或其他风格的文章，是一个很复杂的过程。首先，你必须阅读、分析并研究大量的范文。然后，你才能尝试以某种风格动手写作。一般来说，这包括草稿版、修改、评阅、润色和改写，最后创作出一篇有说服力的文章，或者一首优秀的十四行诗，或者其他指定风格的文章。总之，写作没有任何公式或固定的套路。

同写作课程的作品一样，证明也是有结构和风格的。本书将提供大量的证明供你阅读和分析。某些习题要求你对证明进行概括、分析和评论。其他的习题则要求你完成一些未完成的证明。最后，你有许多机会自己构造一个证明。相信我们，阅读和书写证明是一项可学习的技能。

更广义地讲，我们希望本书能帮助你成为一个有效的沟通能手，一个思想评论家，一个善于思考的学习者，一个具有创新精神的解决问题的能手。

衷心祝愿你取得成功和有趣的体验。

Bernard Kolman
Robert C. Busby
Sharon Cutler Ross

目　录

第 1 章　基 础 知 识

必备知识：本章无需专业必备知识，鼓励读者仔细阅读课文并计算所有例题。

本章将引进离散数学中的一些基本工具。尽管有些概念也许读者已经熟悉，但首先还是从集合、子集以及它们的运算开始论述。接着，用显式和递归的模式讨论序列。然后，回顾整数的一些基本性质。最后，引进矩阵和矩阵运算。这些背景知识正是我们对数学结构开始进行探索所需要的。

回　　顾

矩阵

矩阵的起源可以追溯到大约公元前 200 年，当时中国人用它来求解线性方程组。从那以后沉寂了将近 2 000 年，直到 17 世纪末，矩阵才又回归数学，从此之后在该领域的研究高速向前发展。术语“矩阵”是由英国数学家、律师 James Joseph Sylvester (1814—1897)在 1850 年创建的词。在 1851 年，Sylvester 遇到了 Arthur Cayley (1821—1895)。Cayley 也是一名英国律师，对数学也怀有浓厚的兴趣，他迅速地认识到矩阵概念的重要性并于 1858 年出版了一本书，在该书中他给出了矩阵的基本运算。此外，他在矩阵理论方面还发现了许多重要的结果。

1.1　集合与子集

集合

集合就是任何一个有明确定义的对象的整体，这些对象称为**元素**或**集合的成员**。例如，所有木制椅子的整体，只有一条腿的所有黑鸟的整体，或者在 0 与 1 之间一切实数的整体，它们都是集合。有明确定义只是意指能够确定一个已知对象是否属于该整体。几乎所有的数学对象，不管它们可能具有什么附加性质，它们首先都是集合。因此在某种意义上，集合论实质上成为构建一切数学知识的基础。尽管如此，集合论(至少我们需要有初步印象)是容易学习和运用的。

描述一个含有有限个元素的集合的一种方法就是用一对花括号列出集合中的所有元素。因此，所有小于 4 的正整数集合可写为

$$\{1,\ 2,\ 3\} \tag{1}$$

在列出集合元素时，它们的次序是无关紧要的。因此，{1，3，2}，{3，2，1}，{3，1，2}，{2，1，3}和{2，3，1}都是式(1)所给集合的表示。此外，在列举集合中的元素时，重复元素可以省略。因此，{1，3，2，3，1}是式(1)所给集合的另一种表达方式。

用大写字母(如 A，B，C)表示集合。用小写字母(如 a, b, c, x, y, z, t)表示集合的成员(或元素)。

用 $x \in A$ 表示 x 是集合 A 的一个元素，用 $x \notin A$ 表示 x 不是集合 A 的一个元素。

例 1 设 $A = \{1, 3, 5, 7\}$，那么 $1 \in A$，$3 \in A$，但 $2 \notin A$。 ■

用列出集合中所有元素的方法来描述一个集合，有时是极不方便的或者是不可能的。于是引入另一种有用的方法，通过详细说明集合元素所具有的某种共同的性质来定义一个集合。用符号 $P(x)$表示关于可变对象 x 的一个命题或一条语句 P。由 $P(x)$定义的集合恰好是 P 为合理的与真实的一切对象 x 的整体，记为$\{x|P(x)\}$。例如，$\{x|x$ 是小于 4 的正整数$\}$，若通过列出它的元素来表示，那么就是式(1)所描述的集合{1，2，3}。

例 2 由单词“byte”中所有字母组成的集合可表示为{b, y, t, e}或者$\{x|x$ 是单词“byte”中的一个字母$\}$。 ■

例 3 下面将引进几个集合及其记号，这些集合及记号贯穿本书使用。

(a) $\mathbf{Z}^+ = \{x|x$ 是正整数$\}$

因此 $\mathbf{Z}^+$是由用来计数的数 1，2，3，…所组成的集合。

(b) $\mathbf{N} = \{x|x$ 是正整数或者零$\}$

因此 $\mathbf{N}$ 是由正整数和 0，即 0，1，2，… 所组成的集合。

(c) $\mathbf{Z} = \{x|x$ 是整数$\}$

因此 $\mathbf{Z}$ 是由所有整数…, −3, −2, −1, 0, 1, 2, 3, …所组成的集合。

(d) $\mathbf{Q} = \{x|x$ 是有理数$\}$

因此 $\mathbf{Q}$ 是由形如 $\dfrac{a}{b}$ 的所有数所组成的，其中 a 和 b 是整数且 $b \neq 0$。

(e) $\mathbf{R} = \{x|x$ 是实数$\}$

(f) 没有任何元素的集合称为**空集**，用{ }或者符号 $\varnothing$ 表示。 ■

例 4 因为一个实数的平方总是非负数，所以$\{x|x$ 是实数且 $x^2 = -1\} = \varnothing$ ■

当集合里的成员都已知时，该集合也就完全清楚了。因此，如果两个集合 A 和 B 有完全相同的元素，那么称 A 和 B **相等**，记为 $A = B$。

例 5 如果 $A = \{1, 2, 3\}$，$B = \{x|x$ 是一个正整数且 $x^2<12\}$，那么 $A = B$。 ■

例 6 如果 A = {BASIC, PASCAL, ADA}，B = {ADA, BASIC, PASCAL}，那么 $A = B$。 ■

子集

如果 A 的每一个元素也是 B 的一个元素，即对任意 $x \in A$ 有 $x \in B$，则称 A 是 B 的**子集**或 A **包含于** B，记作 $A \subseteq B$。如果 A 不是 B 的子集，则记为 $A \nsubseteq B$(见图 1.1)。

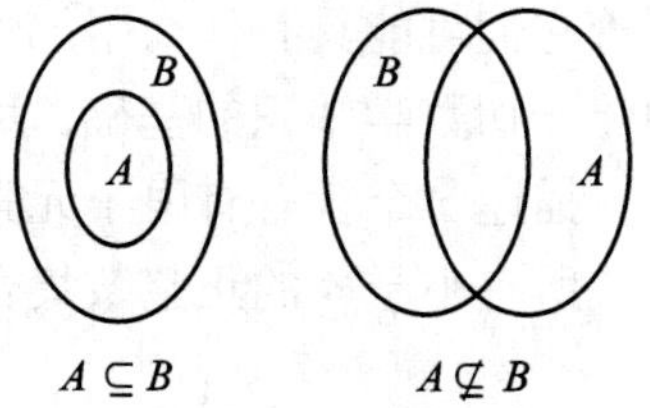

图 1.1

图 1.1 中的图形常常用来表示集合之间的关系，这种图因为由英国逻辑学家约翰 · 文氏首先使用而被称为**文氏图**。在 1.2 节中将广泛使用文氏图。

例 7 我们有 $\mathbf{Z}^+ \subseteq \mathbf{Z}$，而且如果 $\mathbf{Q}$ 表示有理数集合，那么 $\mathbf{Z} \subseteq \mathbf{Q}$。■

例 8 设 $A = \{1，2，3，4，5，6\}$，$B = \{2，4，5\}$，$C = \{1，2，3，4，5\}$，那么 $B \subseteq A$，$B \subseteq C$，$C \subseteq A$，然而 $A \not\subseteq B$，$A \not\subseteq C$，$C \not\subseteq B$。■

例 9 设 A 是任意一个集合，那么 $A \subseteq A$，即每个集合是它自身的一个子集。■

例 10 设 A 是一个集合，$B = \{A，\{A\}\}$，由于 A 和 $\{A\}$ 是 B 的元素，所以 $A \in B$，$\{A\} \in B$，从而 $\{A\} \subseteq B$ 且 $\{\{A\}\} \subseteq B$，然而 $A \subseteq B$ 不成立。■

对于任意集合 A，由于 $\varnothing$ 中没有元素不属于 A，所以 $\varnothing \subseteq A$(在 2.1 节中还会看到这一点)。

显然 $A = B$ 当且仅当 $A \subseteq B$ 且 $B \subseteq A$。该简单的命题是许多集合命题证明的基础。

如果不呈现严重的逻辑问题，那么一切事物的整体就不能被认为是一个集合(已证明)。为了避免这种情况和其他问题，在此对该情况将不予以考虑，在每次讨论中均假设存在一个“全集” U (它随讨论的问题而变化)，即包含使得讨论有意义的所有对象。于是，在讨论中提到的任何其他集合将自动被认为是 U 的子集。因此，如果讨论实数并且提到集合 A 和 B，那么 A 和 B 一定(假定)是实数集合，而不是矩阵、电子线路或猕猴的集合。在大多数问题中，从所讨论的背景易知全集。在文氏图中，全集 U 将用一个矩形来表示，而在 U 内的集合用圆圈来表示，如图 1.2 所示。

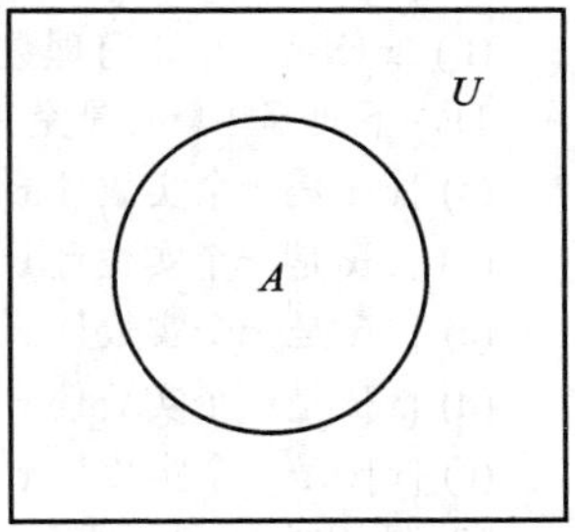

图 1.2

如果一个集合 A 有 n 个不相同的元素，其中 $n \in N$，那么称 A 是**有限集合**，称 n 为 A 的**基数**，用 $|A|$ 表示。因此，例 1、例 2、例 4、例 5 和例 6 中的集合是有限集合。如果集合不是有限的，则称它为**无限集合**。例 3($\varnothing$ 除外)介绍的集合就是无限集合。

如果 A 是一个集合，则 A 的所有子集的集合称为 A 的**幂集**，用 $P(A)$ 表示。(注意区别关于 A 的命题 $P(A)$ 和 A 的幂集 $P(A)$)。

例 11 设 $A = \{1，2，3\}$，则 $P(A)$ 包含 A 的所有子集为：$\{\}$，$\{1\}$，$\{2\}$，$\{3\}$，$\{1，2\}$，$\{1，3\}$，$\{2，3\}$ 和 $\{1，2，3\}$(或 A)。下一节将计算一个集合的子集的个数。■

习 题 1.1

1. 设 $A = \{1，2，4，a，b，c\}$，验证下列各分题的真与假。

(a) $2 \in A$　(b) $3 \in A$　(c) $c \notin A$　(d) $\varnothing \in A$　(e) $\{\} \notin A$　(f) $A \in A$

2. 设 $A = \{x|x$ 是实数且 $x < 6\}$，验证下列各分题的真与假。

(a) $3 \in A$　(b) $6 \in A$　(c) $5 \notin A$　(d) $8 \notin A$　(e) $-8 \in A$　(f) $3.4 \notin A$

3. 在下面各分题中，用列出集合元素的方法给出每个单词的字母集合。

(a) AARDVARK　(b) BOOK　(c) MISSISSIPPI

4. 在下面各分题中，用列出元素的方法给出集合。

(a) 小于 10 的所有正整数的集合。

(b) $\{x\,|x\in\mathbf{Z}$ 且 $x^2<12\}$。

5．设 $A=\{1，\{2，3\}，4\}$，验证下面各分题的真与假。

(a) $3\in A$　(b) $\{1，4\}\subseteq A$　(c) $\{2，3\}\subseteq A$

(d) $\{2，3\}\in A$　(e) $\{4\}\in A$　(f) $\{1，2，3\}\subseteq A$

在第 6 题～第 9 题中，用形式$\{x\,|P(x)\}$表示集合，其中 $P(x)$描述集合元素的性质。

6．{2，4，6，8，10}

7．{a，e，i，o，u}

8．{1，8，27，64，125}

9．{−2，−1，0，1，2}

10．设 $A=\{1，2，3，4，5\}$，下面哪些集合等于 A？

(a) {4，1，2，3，5}　(b) {2，3，4}

(c) {1，2，3，4，5，6}　(d) $\{x\,|x$ 是一个整数且 $x^2\leqslant 25\}$

(e) $\{x\,|x$ 是一个正整数且 $x\leqslant 5\}$

(f) $\{x\,|x$ 是一个正有理数且 $x\leqslant 5\}$

11．下面哪些集合是空集？

(a) $\{x\,|x$ 是一个实数且 $x^2-1=0\}$

(b) $\{x\,|x$ 是一个实数且 $x^2+1=0\}$

(c) $\{x\,|x$ 是一个实数且 $x^2=-9\}$

(d) $\{x\,|x$ 是一个实数且 $x=2x+1\}$

(e) $\{x\,|x$ 是一个实数且 $x=x+1\}$

12．列出$\{a，b\}$的所有子集。

13．列出{JAVA，PASCAL，C++}的所有子集。

14．列出{}的所有子集。

15．设 $A=\{1，2，5，8，11\}$，验证下面各分题的真与假。

(a) $\{5，1\}\subseteq A$　(b) $\{8，1\}\in A$　(c) $\{1，8，2，11，5\}\not\subseteq A$　(d) $\varnothing\subseteq A$

(e) $\{1，6\}\not\subseteq A$　(f) $\{2\}\subseteq A$　(g) $\{3\}\notin A$　(h) $A\subseteq\{11，2，5，1，8，4\}$

16．设 $A=\{x\,|x$ 是一个整数且 $x^2<16\}$，验证下列关系的真与假。

(a) $\{0，1，2，3\}\subseteq A$　(b) $\{-3，-2，-1\}\subseteq A$　(c) $\{\ \}\subseteq A$

(d) $\{x\,|x$ 是一个整数且 $|x|<4\}\subseteq A$　(e) $A\subseteq\{-3，-2，-1，0，1，2，3\}$

17．设 $A=\{1\}$, $B=\{1, a, 2, b, c\}$, $C=\{b, c\}$, $D=\{a, b\}$, $E=\{1, a, 2, b, c, d\}$，对于下面各分题，用$\subseteq$或$\not\subseteq$取代符号□，使得命题为真。

(a) A□B　(b) $\varnothing$ □A　(c) B□C　(d) C□E　(e) D□C　(f) B□E

在第 18 题～第 20 题中，找出包含已知集合作为其子集且有最小基数的集合。

18．$\{a, b, c\}$, $\{a, d, e, f\}$, $\{b, c, e, g\}$

19．{1，2}，{1，3}，$\varnothing$

20．{2，4，6，…，20}，{ 3，6，9，…，21}

21．对于由所有集合所组成的整体，可能有两个不同的(适当的)全集吗？如果有，它会产生什么问题吗？请予以解释。

22．用图 1.3 中的文氏图验证下列关系的真与假。

(a) $A\subseteq B$　　(b) $B\subseteq A$　　(c) $C\subseteq B$　　(d) $x\in B$　　(e) $x\in A$　　(f) $y\in B$

23．用图 1.4 中的文氏图验证下面各分题的真与假。

(a) $B\subseteq A$　　(b) $A\subseteq C$　　(c) $C\subseteq B$　　(d) $w\in A$　　(e) $t\in A$　　(f) $w\in B$

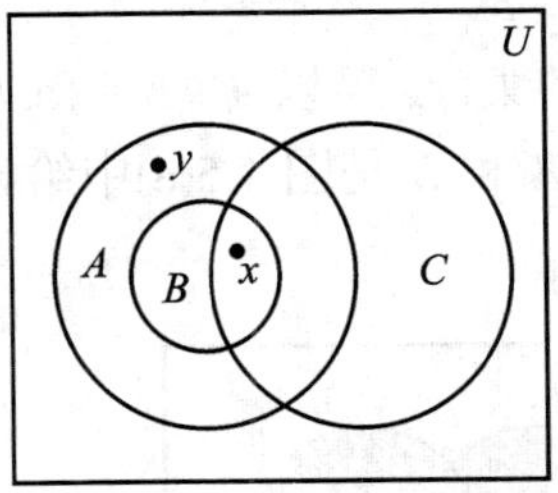

图 1.3

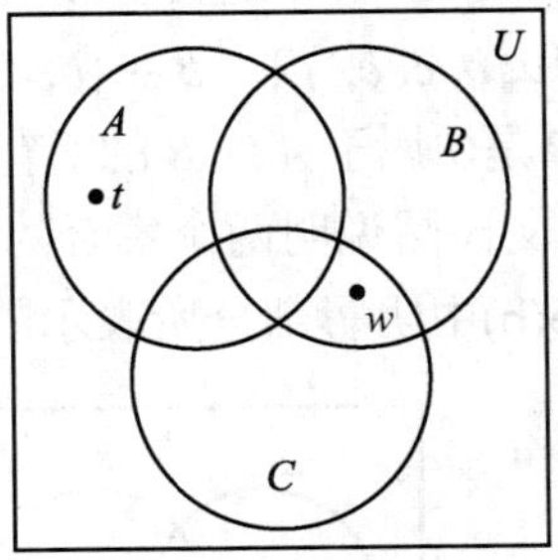

图 1.4

24．(a) 完成以下命题。只有一个集合的一般文氏图有_____个区域。用语言给予描述。

(b) 完成以下命题。有两个集合的一般文氏图有______个区域。用语言给予描述。

25．完成以下命题。有三个集合的一般文氏图有_____个区域。用语言给予描述。

26．(a) 如果 $A=\{3，7\}$，求 $P(A)$。

(b) $|A|$ 值是多少？　(c) $|P(A)|$ 值是多少？

27．如果 $P(B)=\{\{\},\{m\},\{n\},\{m,n\}\}$，求 B。

28．(a) 如果 $A=\{3，7，2\}$，求 $P(A)$。

(b) $|A|$ 值是多少?　　(c) $|P(A)|$ 值是多少?

29．如果 $P(B)=\{\{a\},\{\},\{c\},\{b,c\},\{a,b\},\cdots\}$并且$|P(B)|=8$，那么 $B=$ ______。

在第 30 题～第 32 题中，用文氏图表示这些关系。

30．$A\subseteq B$，$A\subseteq C$，$B\nsubseteq C$，$C\nsubseteq B$

31．$x\in A$，$x\in B$，$x\notin C$，$y\in B$，$y\in C$，$y\notin A$

32．$A\subseteq B$，$x\notin A$，$x\in B$，$A\nsubseteq C$，$y\in B$，$y\in C$

33．对于正文中例 3 给出的集合，描述所成立的所有子集关系。

34．证明：如果 $A\subseteq B$ 且 $B\subseteq C$，那么 $A\subseteq C$。

35．第 34 题所给出的集合命题可以重述为：任何______的子集也是包含_______的任意集合的一个子集。

36．假设已知集合 A 有 n 个子集 S_1，S_2，…，S_n，如果集合 B 是由 A 中元素所组成的，并且比 A 多一个元素，即$|B|=|A|+1$，证明 B 一定有 $2n$ 个子集。

37．比较题 12、13、26 和 28 的结果，完成以下填空：有 2 个元素的任意集合有_______个子集，有 3 个元素的任意集合有_______个子集。

1.2　集合运算

这一节将讨论几种运算，即把已知集合结合起来而产生新的集合。这些运算类似于我们所熟悉的实数运算，并且在许多应用中以及下面的一些概念中起着十分关键的作用。

设 A 与 B 是两个集合，由属于 A 或属于 B 的所有元素所组成的集合定义为 A 与 B 的**并集**，

用 $A \cup B$ 表示。因此，有

$$A \cup B = \{x \mid x \in A \text{ 或 } x \in B\}$$

注意，如果 $x \in A$ 或 $x \in B$ 或 x 既属于 A 又属于 B，那么 $x \in A \cup B$。

例 1 设 $A = \{a, b, c, e, f\}$，$B = \{b, d, r, s\}$，求 $A \cup B$。

解 因为 $A \cup B$ 是由属于 A 或 B 的所有元素所组成的集合，所以 $A \cup B = \{a, b, c, d, e, f, r, s\}$。■

可以用下面的文氏图说明两个集合的并集。如果 A 和 B 是图 1.5(a)中给出的两个集合，那么 $A \cup B$ 是由图 1.5(b)中阴影部分所表示的集合。

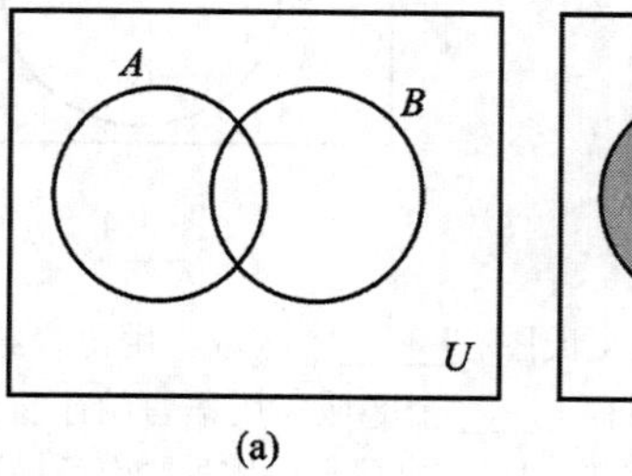

图 1.5

如果 A 和 B 是两个集合，则它们的**交集**定义为：由既属于 A 又属于 B 的所有元素所组成的集合，记做 $A \cap B$。因此

$$A \cap B = \{x \mid x \in A \text{ 且 } x \in B\}$$

例 2 设 $A = \{a, b, c, e, f\}$，$B = \{b, e, f, r, s\}$，$C = \{a, t, u, v\}$，求 $A \cap B$，$A \cap C$，$B \cap C$。

解 元素 b, e 和 f 是仅有的既属于 A 又属于 B 的元素，所以 $A \cap B = \{b, e, f\}$。类似地，$A \cap C = \{a\}$。由于没有任何元素既属于 B 又属于 C，所以 $B \cap C = \{\}$。■

如果两个集合没有任何共同的元素，如例 2 中的集合 B 与 C，则称它们为**不相交集合**。

可以用下面的文氏图解释两个集合的交集。如果 A 和 B 是图 1.6(a)中给出的集合，那么 $A \cap B$ 是由图 1.6(b)中阴影部分表示的集合。图 1.7 是解释两个不相交集合的文氏图。

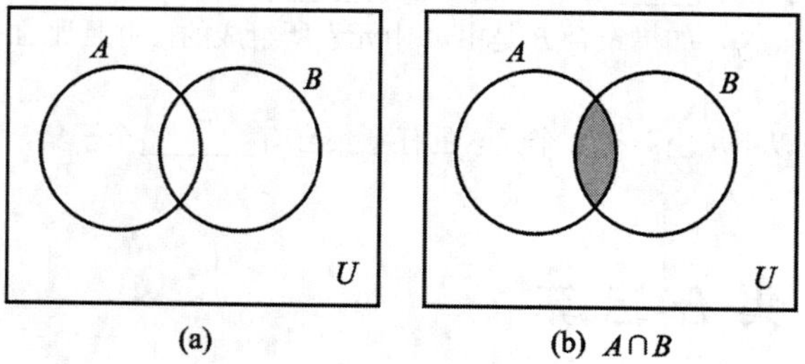

图 1.6

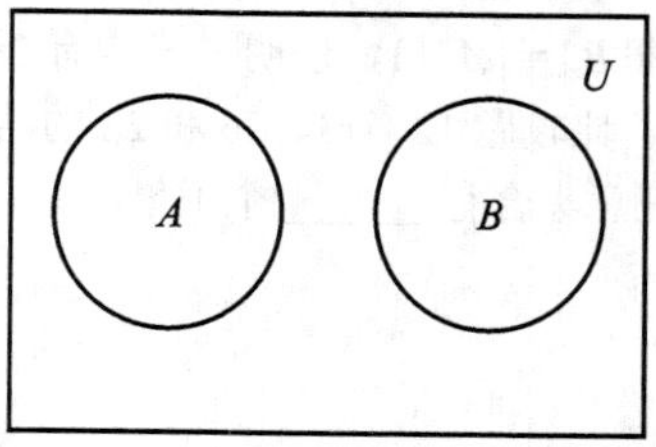

图 1.7

显然，对于三个或更多的集合同样可定义并集和交集运算：

$$A \cup B \cup C = \{x \mid x \in A \text{ 或 } x \in B \text{ 或 } x \in C\}$$

$$A \cap B \cap C = \{x \mid x \in A \text{ 且 } x \in B \text{ 且 } x \in C\}$$

图 1.8(b)中的阴影部分是图 1.8(a)中集合 A、B 和 C 的并集。图 1.8(c)中的阴影部分是集合 A、B 和 C 的交集。注意图 1.8(a)允许各种可能存在的关系，但没有给出集合之间存在何种关系。一般地，若 $A_1, A_2, \cdots, A_n$ 是 U 的子集，则分别把 $A_1 \cup A_2 \cup \cdots \cup A_n$ 和 $A_1 \cap A_2 \cap \cdots \cap A_n$ 记做 $\bigcup_{k=1}^{n} A_k$ (读做 k 从 1 到 n 集合 A_k 的并)和 $\bigcap_{k=1}^{n} A_k$ (读做 k 从 1 到 n 集合 A_k 的交)。

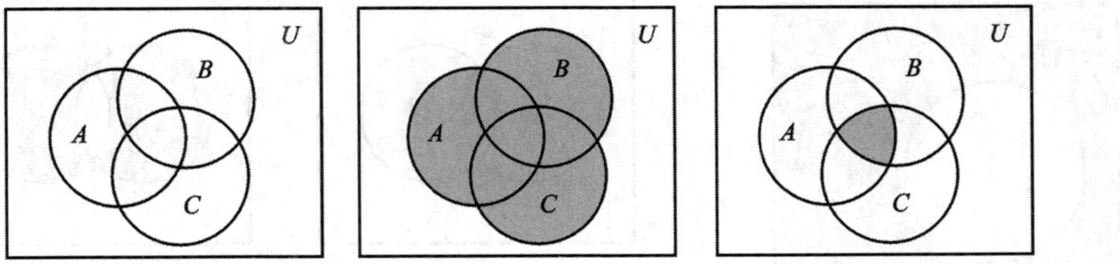

(a)　　(b) $A \cup B \cup C$　　(c) $A \cap B \cap C$

图 1.8

例 3　设 $A = \{1, 2, 3, 4, 5, 7\}$，$B = \{1, 3, 8, 9\}$，$C = \{1, 3, 6, 8\}$，那么 $A \cap B \cap C$ 是由同时属于 A、B 和 C 的所有元素所组成的集合，所以 $A \cap B \cap C = \{1, 3\}$。■

若 A 和 B 是两个集合，则 B **关于** A **的补集**定义为由属于 A 而不属于 B 的所有元素所组成的集合，记做 $A - B$。因此

$$A - B = \{x \mid x \in A \text{ 且 } x \notin B\}$$

例 4　设 $A = \{a, b, c\}$，$B = \{b, c, d, e\}$，那么 $A - B = \{a\}$，$B - A = \{d, e\}$。■

若 A 和 B 是图 1.9(a)所给出的集合，则 $A - B$ 和 $B - A$ 分别由图 1.9(b)和图 1.9(c)的阴影部分所表示。

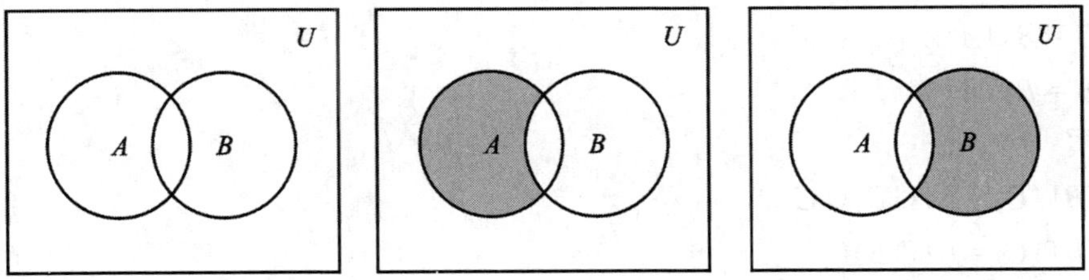

(a)　　(b) $A-B$　　(c) $B-A$

图 1.9

如果 U 是包含集合 A 的全集，那么 $U - A$ 称作 A 的**补集**，记作 $\overline{A}$，因此，$\overline{A} = \{x \mid x \notin A\}$。

例 5　设 $A = \{x \mid x \text{ 是一个整数且 } x \leqslant 4\}$，$U = \mathbf{Z}$，则 $\overline{A} = \{x \mid x \text{ 是一个整数且 } x > 4\}$。■

若 A 是图 1.10 中给出的集合，则它的补集就是图中的阴影部分。

设 A 和 B 是两个集合，则定义它们的**对称差**是由属于 A 或 B 但不同时属于 A 与 B 的所有元素所组成的集合，记做 $A \oplus B$。因此，有

$$A \oplus B = \{x \mid (x \in A \text{ 且 } x \notin B) \quad \text{或} \quad (x \in B \text{ 且 } x \notin A)\}$$

例 6 设 $A = \{a, b, c, d\}$，$B = \{a, c, e, f, g\}$，则 $A \oplus B = \{b, d, e, f, g\}$。 ■

如果 A 和 B 是图 1.11(a)所给出的集合，那么它们的对称差是图 1.11(b)中的阴影部分。显然，$A \oplus B = (A - B) \cup (B - A)$。

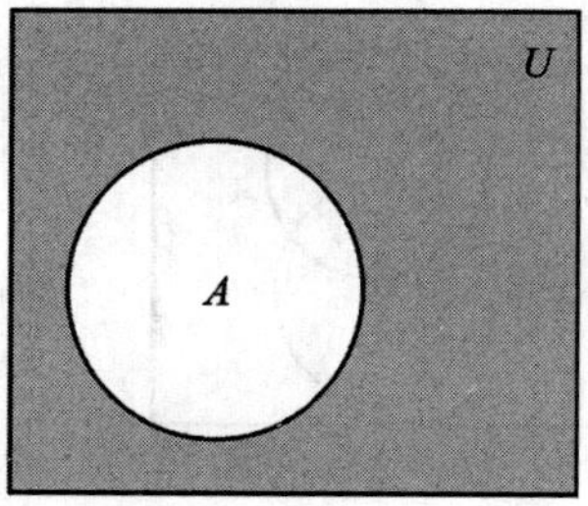

图 1.10

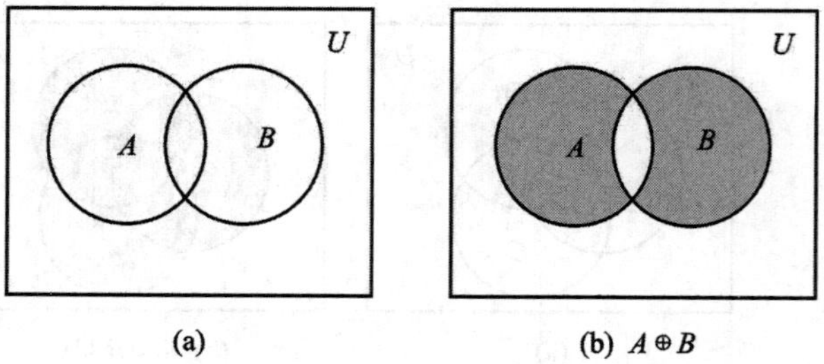

图 1.11

集合运算的代数性质

刚刚定义过的集合运算满足许多代数性质，其中有些就很像实数和实数运算所满足的代数性质。下面列出的所有主要性质都能用上面给出的定义和逻辑法则来证明。我们只证明其中的某些性质，余下的证明留给读者作为练习。证明在数学当中是十分重要的，在第 2 章中将讨论证明技巧，而本章给出的某些证明只是作为后面学习的例子，在习题中也要求学生给出一些简单的证明。文氏图对于启发或调整证明方法往往是十分有用的。

定理 1 定义在集合上的运算满足下列性质：

交换性质

1．$A \cup B = B \cup A$

2．$A \cap B = B \cap A$

结合性质

3．$A \cup (B \cup C) = (A \cup B) \cup C$

4．$A \cap (B \cap C) = (A \cap B) \cap C$

分配性质

5．$A \cap (B \cup C) = (A \cap B) \cup (A \cap C)$

6．$A \cup (B \cap C) = (A \cup B) \cap (A \cup C)$

幂等性质

7．$A \cup A = A$

8. $A \cap A = A$

补性质

9. $(\overline{\overline{A}}) = A$

10. $A \cup \overline{A} = U$

11. $A \cap \overline{A} = \varnothing$

12. $\overline{\varnothing} = U$

13. $\overline{U} = \varnothing$

14. $\overline{A \cup B} = \overline{A} \cap \overline{B}$

15. $\overline{A \cap B} = \overline{A} \cup \overline{B}$(性质 14 和 15 是著名的德·摩根定律)

全集性质

16. $A \cup U = U$

17. $A \cap U = A$

空集性质

18. $A \cup \varnothing = A$ 或 $A \cup \{\} = A$

19. $A \cap \varnothing = \varnothing$ 或 $A \cap \{\} = \{\}$

证明 这里只证明性质 14，余下的性质留给读者作为练习。关于集合命题证明的通常风格是在集合里任取一个元素，看对于该元素人们知道什么结果。假设 $x \in \overline{A \cup B}$，那么可以知道 $x \notin A \cup B$，因此 $x \notin A$ 且 $x \notin B$ (为什么?)，这就推出 $x \in \overline{A} \cap \overline{B}$ (为什么？)，从而，$\overline{A \cup B}$ 中的每一个元素都属于 $\overline{A} \cap \overline{B}$，所以 $\overline{A \cup B} \subseteq \overline{A} \cap \overline{B}$。反之，假设 $x \in \overline{A} \cap \overline{B}$，那么 $x \notin A$ 且 $x \notin B$(为什么？)，因此 $x \notin A \cup B$，这就推出 $x \in \overline{A \cup B}$，所以 $\overline{A} \cap \overline{B}$ 中的每一个元素也都属于 $\overline{A \cup B}$，即 $\overline{A} \cap \overline{B} \subseteq \overline{A \cup B}$，于是得到 $\overline{A \cup B} = \overline{A} \cap \overline{B}$。 ■

加法原理

现在假设 A 和 B 是全集 U 中的有限子集，那么常常需要一个计算并集基数 $|A \cup B|$ 的公式。如果 A 和 B 是两个不相交集合，即 $A \cap B = \varnothing$，那么 $A \cup B$ 中的每个元素要么在 A 中，要么在 B 中，但不同时在两者中，所以 $|A \cup B| = |A| + |B|$。如果 A 和 B 重叠，如图 1.12 所示，那么 $A \cap B$ 中的元素属于两个集合，并且其和 $|A| + |B|$ 已把这些元素计数了两次。为了校正这种重复计数，可以减去 $|A \cap B|$，因此得到下面定理，有时称它为**加法原理**。由于它具有图 1.12 的形式，因此也称为**容斥原理**。

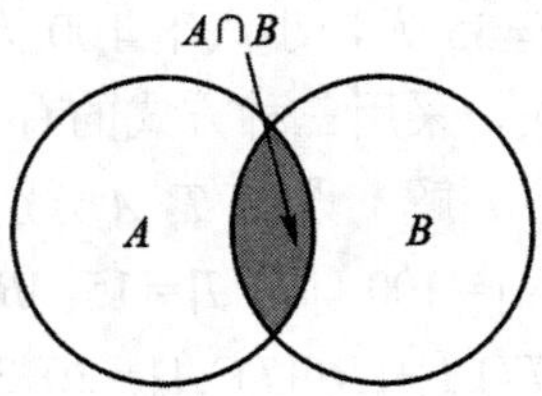

图 1.12

定理 2 如果 A 和 B 是两个有限集合，那么 $|A \cup B| = |A| + |B| - |A \cap B|$。 ■

例 7 设 $A = \{a, b, c, d, e\}$, $B = \{c, e, f, h, k, m\}$，验证定理 2。

解 我们有 $A \cup B = \{a, b, c, d, e, f, h, k, m\}$，$A \cap B = \{c, e\}$，而且 $|A| = 5$，$|B| = 6$，$|A \cup B| = 9$，

$|A\cap B|=2$，所以$|A|+|B|-|A\cap B|=5+6-2=9$，因而验证了定理 2。■

如果 A 和 B 是两个不相交集合，那么 $A\cap B=\varnothing$，$|A\cap B|=0$，因此定理 2 中的公式现在变成$|A\cup B|=|A|+|B|$。这种特殊情形的叙述方式在大量的计数情况中是非常实用的。

如果事件 T_1 恰好有 n 种执行方式，并且不同的事件 T_2 恰好有 m 种执行方式，那么事件 T_1 或 T_2 有 $n+m$ 种执行方式。

对于有三个集合的情形，如图 1.13 所示，这里不予讨论而只给出其加法原理。

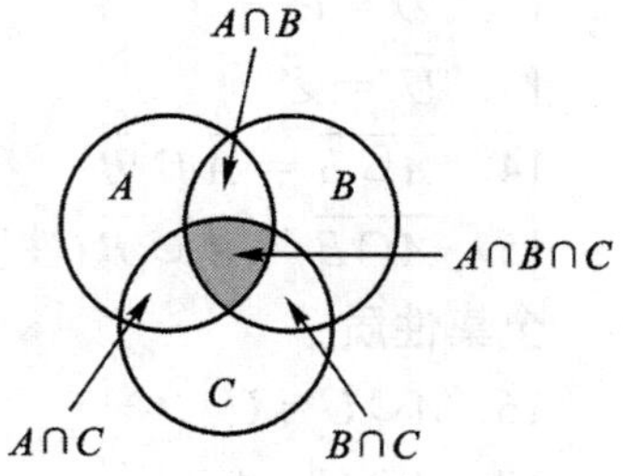

图 1.13

定理 3　设 A, B, C 是有限集合，那么

$$|A\cup B\cup C|=|A|+|B|+|C|-|A\cap B|-|B\cap C|-|A\cap C|+|A\cap B\cap C|$$ ■

定理 3 可以推广到多于三个集合的情形，见题 50 和 51。

例 8　设 $A=\{a, b, c, d, e\}$，$B=\{a, b, e, g, h\}$，$C=\{b, d, e, g, h, k, m, n\}$，验证定理 3。

解　我们有 $A\cup B\cup C=\{a, b, c, d, e, g, h, k, m, n\}$，$A\cap B=\{a, b, e\}$，$A\cap C=\{b, d, e\}$，$B\cap C=\{b, e, g, h\}$，$A\cap B\cap C=\{b, e\}$，所以$|A|=5$，$|B|=5$，$|C|=8$，$|A\cup B\cup C|=10$，$|A\cap B|=3$，$|A\cap C|=3$，$|B\cap C|=4$，$|A\cap B\cap C|=2$。因此，$|A|+|B|+|C|-|A\cap B|-|B\cap C|-|A\cap C|+|A\cap B\cap C|=5+5+8-3-3-4+2=10$。定理 3 得证。■

例 9　某计算机公司要雇用 25 个程序员从事系统程序设计工作，40 个程序员从事应用程序设计工作。在这些被雇用的人员当中，希望有 10 个人能完成两类工作。问必须雇用多少程序员？

解　设 A 表示被雇用的系统程序员的集合，B 表示被雇用的应用程序员的集合，那么公司要求$|A|=25$，$|B|=40$，$|A\cap B|=10$。公司必须雇用的程序员人数为$|A\cup B|$，但$|A\cup B|=|A|+|B|-|A\cap B|$，因此公司必须雇用 $25+40-10=55$ 个程序员。■

例 10　对乘车上下班的人员做一次调查，要求每个回答者选择主要的上下班交通方式是公共汽车、火车或者小汽车。允许回答者选择多种交通方式。报告结果如下：公共汽车 30 人，火车 35 人，小汽车 100 人，公共汽车和火车 15 人，公共汽车和小汽车 15 人，火车和小汽车 20 人，采用三种方式的有 5 人。问共有多少填写调查表的回答者？

解　设 B, T, A 分别表示选择公共汽车、火车和小汽车上下班人员的集合，于是$|B|=30$，$|T|=35$，$|A|=100$，$|B\cap T|=15$，$|B\cap A|=15$，$|T\cap A|=20$，$|B\cap T\cap A|=5$。因此$|B|+|T|+|A|-|B\cap T|-|B\cap A|-|T\cap A|+|B\cap T\cap A|=30+35+100-15-15-20+5=120$，即回答人数$|A\cup B\cup C|$为 120。■

习　题　1.2

在第 1 题～第 4 题中，设 $U=\{a, b, c, d, e, f, g, h, k\}$，$A=\{a, b, c, g\}$，$B=\{d, e, f, g\}$，$C=\{a, c, f\}$，$D=\{f, h, k\}$。

1. 计算

(a) $A\cup B$　(b) $B\cup C$　(c) $A\cap C$　(d) $B\cap D$　(e) $(A\cup B)-C$

(f) $A-B$　(g) $\overline{A}$　(h) $A\oplus B$　(i) $A\oplus C$　(j) $(A\cap B)-C$

2. 计算

(a) $A\cup D$　(b) $B\cup D$　(c) $C\cap D$　(d) $A\cap D$　(e) $(A\cup B)-(C\cup B)$

(f) $B-C$　(g) $\overline{B}$　(h) $C-B$　(i) $C\oplus D$　(j) $(A\cap B)-(B\cap D)$

3. 计算

(a) $A\cup B\cup C$　(b) $A\cap B\cap C$　(c) $A\cap(B\cup C)$　(d) $(A\cup B)\cap C$　(e) $\overline{A\cup B}$　(f) $\overline{A\cap B}$

4. 计算

(a) $A\cup\varnothing$　(b) $A\cup U$　(c) $B\cup B$　(d) $C\cap\{\ \}$　(e) $\overline{C\cup D}$　(f) $\overline{C\cap D}$

在第 5 题～第 8 题中，设 $U=\{1，2，3，4，5，6，7，8，9\}$，$A=\{1，2，4，6，8\}$，$B=\{2，4，5，9\}$，$C=\{x\mid x$ 是一个正整数且 $x^2\leqslant 16\}$, $D=\{7，8\}$。

5. 计算

(a) $A\cup B$　(b) $A\cup C$　(c) $A\cup D$　(d) $B\cup C$　(e) $A\cap C$

(f) $A\cap D$　(g) $B\cap C$　(h) $C\cap D$

6. 计算

(a) $A-B$　(b) $B-A$　(c) $C-D$　(d) $\overline{C}$　(e) $\overline{A}$　(f) $A\oplus B$

(g) $C\oplus D$　(h) $B\oplus C$

7. 计算

(a) $A\cup B\cup C$　(b) $A\cap B\cap C$　(c) $A\cap(B\cup C)$　(d) $(A\cup B)\cap D$　(e) $\overline{A\cup B}$　(f) $\overline{A\cap B}$

8. 计算

(a) $B\cup C\cup D$　(b) $B\cap C\cap D$　(c) $A\cup A$　(d) $A\cap\overline{A}$　(e) $A\cup\overline{A}$　(f) $A\cap(\overline{C}\cup D)$

在题 9 和题 10 中，设 $U=\{a, b, c, d, e, f, g, h\}$, $A=\{a, c, f, g\}$, $B=\{a, e\}$, $C=\{b, h\}$。

9. 计算

(a) $\overline{A}$　(b) $\overline{B}$　(c) $\overline{A\cup B}$　(d) $\overline{A\cap B}$　(e) $\overline{U}$　(f) $A-B$

10. 计算

(a) $\overline{A}\cap\overline{B}$　(b) $\overline{B}\cup\overline{C}$　(c) $\overline{A\cup A}$　(d) $\overline{C\cap C}$　(e) $A\oplus B$　(f) $B\oplus C$

11. 设 U 是实数集合，$A=\{x\mid x$ 是 $x^2-1=0$ 的解$\}$，$B=\{-1，4\}$，计算

(a) $\overline{A}$　(b) $\overline{B}$　(c) $\overline{A\cup B}$　(d) $\overline{A\cap B}$

在题 12 和 13 中，参考图 1.14。

12. 验证下列关系的真与假。

(a) $y\in A\cap B$　(b) $x\in B\cup C$　(c) $w\in B\cap C$　(d) $u\notin C$

13. 验证下列关系的真与假。

(a) $x\in A\cap B\cap C$　(b) $y\in A\cup B\cup C$　(c) $z\in A\cap C$　(d) $v\in B\cap C$

14. 用集合 A，B，C 的并集和交集描述图 1.15 所示的阴影部分(可能有多种描述)。

15. 设 A，B，C 是有限集合，且 $|A|=6$，$|B|=8$，$|C|=6$，$|A\cup B\cup C|=11$，$|A\cap B|=3$，$|A\cap C|=2$，$|B\cap C|=5$，求 $|A\cap B\cap C|$。

在第 16 题～第 18 题中，对所给出的集合验证定理 2。

16. (a) $A=\{1，2，3，4\}$，　$B=\{2，3，5，6，8\}$

(b) $A=\{1, 2, 3, 4\}$, $B=\{5, 6, 7, 8, 9\}$

17. (a) $A=\{a, b, c, d, e, f\}$, $B=\{a, c, f, g, h, i, r\}$

(b) $A=\{a, b, c, d, e\}$, $B=\{f, g, r, s, t, u\}$

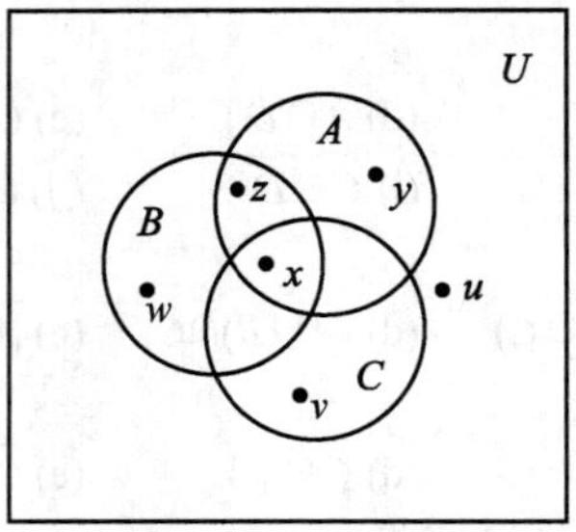

图 1.14

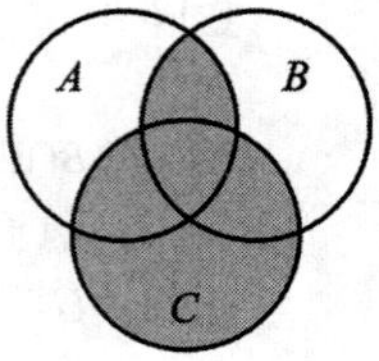

图 1.15

18. (a) $A=\{x \mid x$ 是一个正整数且 $x<8\}$, $B=\{x \mid x$ 是一个整数且 $2\leqslant x\leqslant 5\}$

(b) $A=\{x \mid x$ 是一个正整数且 $x^2\leqslant 16\}$, $B=\{x \mid x$ 是一个负整数且 $x^2\leqslant 25\}$

19. 如果 A 和 B 是不相交集合且 $|A\cup B|=|A|$，那么对于 B 而言必有何种事实成立？

20. 试用语言描述定理 1 中的性质 14。

21. 试用语言描述定理 1 中的性质 15。

在第 22 题～第 24 题中，对所给出的集合验证定理 3。

22. $A=\{a, b, c, d, e\}$, $B=\{d, e, f, g, h, i, k\}$,

$C=\{a, c, d, e, k, r, s, t\}$

23. $A=\{1, 2, 3, 4, 5, 6\}$, $B=\{2, 4, 7, 8, 9\}$,

$C=\{1, 2, 4, 7, 10, 12\}$

24. $A=\{x \mid x$ 是一个正整数且 $x<8\}$,

$B=\{x \mid x$ 是一个整数且 $2\leqslant x\leqslant 4\}$,

$C=\{x \mid x$ 是一个整数且 $x^2<16\}$

25. 调查 260 个大学生，获得如下数据：64 人选修数学课程，94 人选修计算机科学课程，58 人选修商贸课程，28 人同时选修数学课程和商贸课程，26 人同时选修数学课程和计算机科学课程，22 人同时选修计算机科学课程和商贸课程，14 人对三种类型的课程都选修。

(a) 调查中三种类型的课程都不选修的学生有多少？

(b) 调查中只选修计算机科学课程的学生有多少？

26. 对 500 位电视观众进行一次调查，得到如下信息：285 人观看足球比赛，195 人观看曲棍球比赛，115 人观看篮球比赛，45 人观看足球比赛和篮球比赛，70 人观看足球比赛和曲棍球比赛，50 人观看曲棍球比赛和篮球比赛，50 人对于三种球赛都不观看。

(a) 在这次调查中观看三种球赛的人有多少？

(b) 只观看一种球赛的人有多少？

27. 新闻系 101 班最近进行了一次调查，判断城市的居民从哪里获得他们的新闻。遗憾的是，某些调查数据被损坏了。现在知道 88 人说他们从电视上获得新闻，73 人从当地报纸，46 人从新闻杂志，34 人报告说他们从电视和当地报纸获得新闻，16 人说他们从电视和新闻杂志获得新闻，12 人从当地报纸和新闻杂志，总共有 5 人报告说利用所有三种媒体。如果调查了 166 人，问不从三种媒体中任一种上获得新闻的有多少人？只从新闻杂志上获得新闻的有多少人？

28．学院后勤服务中心必须确定为招待会供给的混合食物是否适当。为此调查了 100 个人，37 人说他们吃水果，33 人说他们吃蔬菜，9 人说他们吃奶酪和水果，12 人吃奶酪和蔬菜，10 人吃水果和蔬菜，12 人只吃奶酪，3 人报告说他们三种食物都吃。问受调查人中有多少人吃奶酪？三种食物都不吃的有多少人？

29．在一次心理实验中，根据如下身体类型和性别，对所研究问题进行分类。

性别	胖型体质者	瘦型体质者	中型体质者
男性	72	54	36
女性	62	64	38

(a) 受试者中有多少男性？

(b) 受试者中有多少瘦型体质者？

(c) 受试者中有多少女性或胖型体质者？

(d) 受试者中有多少不是男性中型体质者？

(e) 受试者中有多少男性瘦型体质者或者中型体质者？

30．下表给出了某大学二年级、三年级和四年级选课的信息。

班	主修课选修(D)	主修课未选修(U)
二年级(S)	143	289
三年级(J)	245	158
四年级(R)	392	36

对于下面每一种情况，在集合中有多少学生？请用语言给予描述。

(a) $D \cap J$　(b) $\overline{U \cup R}$　(c) $(D \cup S) \cap \overline{R}$

31．已知第 30 题中表里所给出的信息，画出文氏图。

32．完成 $A \subseteq A \cup B$ 的以下证明。假设 $x \in A$，那么 $x \in A \cup B$，因为_____，所以由子集的定义有 $A \subseteq A \cup B$。

在第 33 题~第 38 题中，指出各命题的真、假或不可能满足。

33．取 $x \in A \cap B$，

(a) $x \in A$，(b) $x \in B$，(c) $x \notin A$，(d) $x \notin B$

34．取 $y \in A \cup B$，

(a) $y \in A$，(b) $y \in B$，(c) $y \notin A$，(d) $y \notin B$，(e) $y \in A \cap B$，(f) $y \notin A \cap B$

35．取 $z \in A \cup (B \cap C)$，

(a) $z \in A$，(b) $z \in B$，(c) $z \in C$，(d) $z \in B \cap C$，(e) $z \notin A$，(f) $z \notin C$

36．取 $w \in D \cap (E \cup F)$，

(a) $w \in D$，(b) $w \in E$，(c) $w \in F$，(d) $w \notin D$，(e) $w \in F \cup E$，(f) $w \in (D \cap E) \cup (D \cap F)$

37．取 $t \in \overline{D \cap E}$，

(a) $t \in D$，(b) $t \in E$，(c) $t \notin D$，(d) $t \notin E$，(e) $t \in D \cup E$

38．取 $x \in \overline{A} \cup (B \cap C)$

(a) $x \in A$，(b) $x \in B$，(c) $x \in C$，(d) $x \in A \cup B$，(e) $x \in (\overline{A} \cup B) \cap (\overline{A} \cup C)$

39．完成 $A \cap B \subseteq A$ 的以下证明。假设 $x \in A \cap B$，那么 x 属于______，所以 $A \cap B \subseteq A$。

40．(a) 用文氏图表示 $C \subseteq A$ 且 $C \subseteq B$ 的情况。

(b) 为了证明 $C \subseteq A \cup B$，应该从哪个集合里选取一个元素？

(c) 证明：如果 $C \subseteq A$ 且 $C \subseteq B$，则 $C \subseteq A \cup B$。

41．(a) 用文氏图表示 $A\subseteq C$ 且 $B\subseteq C$ 的情况。

(b) 为了证明 $A\cup B\subseteq C$，应该从哪个集合里选取一个元素？

(c) 证明：如果 $A\subseteq C$ 且 $B\subseteq C$，则 $A\cup B\subseteq C$。

42．证明：$A-(A-B)\subseteq B$。

43．假设 $A\oplus B=A\oplus C$，这能保证 $B=C$ 吗？证明你的结论。

44．证明：$A-B=A\cap\overline{B}$。

45．如果 $A\cup B=A\cup C$，则一定有 $B=C$ 吗？请给予解释。

46．如果 $A\cap B=A\cap C$，则一定有 $B=C$ 吗？请给予解释。

47．证明：如果 $A\subseteq B$ 且 $C\subseteq D$，则 $A\cup C\subseteq B\cup D$，$A\cap C\subseteq B\cap D$。

48．何时有 $A-B=B-A$？请给予解释。

49．解释定理 3 中和式的最后一项，为什么要加上 $|A\cap B\cap C|$ 和减去 $|B\cap C|$?

50．写出具有 4 个集合的定理 3，即：$|A\cup B\cup C\cup D|=\cdots$。

51．用文字描述具有 n 个集合的定理 3。

1.3 序　列

某些最重要的集合与序列有关。**序列**可简单地说是把对象以一定的次序列举出来：第一个元素，第二个元素，第三个元素等。这种列举可能在 n 步($n\in\mathbf{N}$)后停止或者无休止地进行下去。对于第一种情况，称序列是**有限的**；对于第二种情况，称序列是**无限的**。元素可以都不相同，某些元素也可以重复。

例 1　序列 1，0，0，1，0，1，0，0，1，1，1 是有重复项的有限序列。如数字 0 出现在序列第 2、第 3、第 5、第 7 和第 8 项。■

例 2　列表 3，8，13，18，23，…是一个无限序列，在表达式中的三个圆点表示“继续”，即继续前面几个元素已建立的模式。■

例 3　1，4，9，16，25，…是另一个无限序列，它是所有正整数平方的列举。■

也许会遇到一个序列，从它的前几项还不清楚如何继续下去。此外，有一个简洁的记号来描述一个序列可能会是有用的。通常有两种公式用来描述序列。在例 2 中，序列的一个自然描述是后继项可通过其前面一项加 5 而得到。如果用下标表示序列中各项的位置，那么可把例 2 中的序列描述为 $a_1=3, a_n=a_{n-1}+5, n\geqslant 2$。像这样一个由前项定义后项的公式，称做**递归**。每个递归公式一定包含一个开始项。

另一方面，在例 3 中仅仅用它所在位置就很容易描述序列的各项。第 n 个位置是 n 的平方：$b_n=n^2, n\geqslant 1$。这样的公式由于它能确切表示任何一个特殊项所具有的值，因此称之为**显式**。

例 4　递归公式 $c_1=5$，$c_n=2c_{n-1}$ $(2\leqslant n\leqslant 6)$定义了有限序列 5，10，20，40，80，160。■

例 5　无限序列 3，7，11，15，19，23，…可以由递归公式 $d_1=3$，$d_n=d_{n-1}+4$ 定义。■

例 6　显式公式 $s_n=(-4)^n$ $(n\geqslant 1)$描述了无限序列 −4，16，−64，256，…。■

例 7　有限序列 87，82，77，72，67 可以由显式公式 $t_n=92-5n$ $(1\leqslant n\leqslant 5)$定义。■

例 8 一个通常的英语单词如“sturdy”可以看做有限序列 s，t，u，r，d，y，它是由常用英语字母表中的字母组成的。■

如果不会产生任何误解的话，像例 8 这样的例子，逗号常常被省略而以通常的方式书写单词。类似地，就连一个无意义的单词如“abacabcd”也可以看成一个长度为 8 的有限序列。字母或其他符号的序列，如果不写逗号，也可看做**字符串**。

例 9 一个无限字符串如 abababab⋯可以看做无限序列 a，b，a，b，a，b，⋯。■

例 10 句子“now is the time for the test”可以看做英语单词的有限序列：now, is, the, time, for, the, test。其中序列元素是不同长度的单词本身，因此不能简单地省略逗号。在这种情况下，习惯上使用空格而不用逗号。■

对应于序列的集合只是序列中所有不同元素的集合。注意，序列的一个本质特征是列举元素的次序。然而，在列举一个集合的元素时，次序是毫无意义的。

例 11 (a) 对应于例 3 中序列的集合是{1，4，9，16，25，⋯}

(b) 对应于例 9 中序列的集合只是$\{a, b\}$。■

序列概念在计算机科学中是很重要的，它有时被称为**线性数组**或**表格**。本书在一个序列和一个数组之间将作某些微小的但实用的区分，并且使用稍微不同的记号。如果有一个序列 S：$s_1, s_2, s_3, \cdots$，则认为 S 的所有元素已完全确定。例如，元素 s_4 是 S 中一个固定的元素，它的位置是 S 中的第 4 个。而且，如果改变任何一个元素，那么就得到一个新的序列，并且可能给予一个新的名字而不是 S。因此，如果设开始的有限序列为 S：0，1，2，3，2，1，1，把 3 换成 4 得到 0，1，2，4，2，1，1，则认为它是一个不同的序列，譬如 S'。

另一方面，一个数组可以看做一个位置序列，像图 1.16 那样把它描绘成一个盒子。位置形成一个有限或无限表格，表格依赖于数组所要求的大小。某一些集合里的元素可以被分配到数组 S 的位置上。分配到第 n 个位置的元素将用 $S[n]$表示，而序列 $S[1]$，$S[2]$, $S[3]$,⋯将称为数组 S 的**值序列**。也就是说 S 可看做是有严格定义的对象，即使某些位置没有被分配值或某些值在讨论过程中发生了改变。下面将给出数组的一种使用情况。

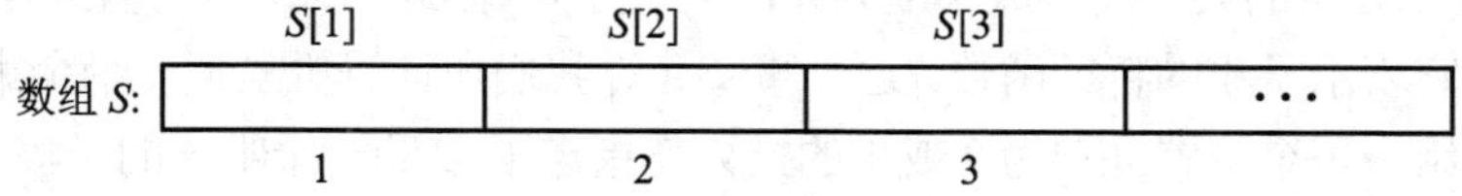

图 1.16

特征函数

集合中一个非常有用的概念是特征函数。本书将在 5.1 节中讨论函数，但现在可以从直觉出发，想象一个集合上的函数是按照一个法则把集合中各个元素分配某个“值”。如果 A 是全集 U 中的子集，对每一个 $x \in U$，A 上的**特征函数** f_A 定义为

$$f_A(x) = \begin{cases} 1, & x \in A \\ 0, & x \notin A \end{cases}$$

因为它们的值是数，所以可以对特征函数进行加法和乘法运算，并且这些运算有时有助于证明有关子集性质方面的定理。

定理 1 子集的特征函数满足下列性质：

(a) $f_{A\cap B}=f_Af_B$，即对所有 x 有 $f_{A\cap B}(x)=f_A(x)f_B(x)$。

(b) $f_{A\cup B}=f_A+f_B-f_Af_B$，即对所有 x 有 $f_{A\cup B}(x)=f_A(x)+f_B(x)-f_A(x)f_B(x)$。

(c) $f_{A\oplus B}=f_A+f_B-2f_Af_B$，即对所有 x 有 $f_{A\oplus B}(x)=f_A(x)+f_B(x)-2f_A(x)f_B(x)$。

证明 (a) $f_A(x)f_B(x)$等于 1 当且仅当$f_A(x)$和$f_B(x)$都等于 1，它又当且仅当 x 是在 A 中且 x 在 B 中，即 x 在 $A\cap B$ 中。因为f_Af_B 在 $A\cap B$ 上是 1，否则为 0，所以f_Af_B 必定等于$f_{A\cap B}$。

(b) 如果 $x\in A$，那么$f_A(x)=1$，因此$f_A(x)+f_B(x)-f_A(x)f_B(x)=1+f_B(x)-f_B(x)=1$。类似地，当 $x\in B$ 时有$f_A(x)+f_B(x)-f_A(x)f_B(x)=1$。如果 x 不在 A 或 B 中，则$f_A(x)$和$f_B(x)$是 0，因此$f_A(x)+f_B(x)-f_A(x)f_B(x)=0$，于是$f_A+f_B-f_Af_B$ 在 $A\cup B$ 上等于 1，否则等于 0，所以$f_A+f_B-f_Af_B=f_{A\cup B}$。

(c) 证明留给读者作为练习。 ■

注意，在证明定理 1 时，是通过直接应用特征函数的定义。

集合与子集的计算机表示

特征函数的另一个用途是在计算机里表示集合。为了在计算机里表示一个集合，集合中的元素必须是以序列形式排列。当然，选择特殊的序列是毫无意义的。当列举集合 $A=\{a, b, c, \cdots, r\}$时，通常假设 A 中的元素无任何特殊次序。现在可以认为集合 A 具有序列 a，b，c，…， r。

设全集 U 是有限集，如果 $U=\{x_1, x_2,\cdots, x_n\}$，$A$ 是 U 的子集，那么当元素 x 属于 A 时，特征函数f_A 等于 1，当元素 x 不属于 A 时，它等于 0。因此f_A 可以用长度为 n 的一个 0 和 1 的序列来表示。

例 12 设 $U=\{1，2，3，4，5，6\}$，$A=\{1，2\}$，$B=\{2，4，6\}$，$C=\{4，5，6\}$，那么当 x 是 1 或 2 时，$f_A(x)$有值 1，否则为 0。因此，f_A 对应序列 1，1，0，0，0，0。用类似的方法以有限序列 0，1，0，1，0，1 表示f_B，以 0，0，0，1，1，1 表示f_C。 ■

任意一个有 n 个元素的集合能排成长度为 n 的一个序列，因此它的每个子集对应于一个长度为 n 的 0 和 1 的序列，它表示子集的特征函数。这一事实允许我们在计算机里把一个全集表示为长度为 n 的数组 A。指定数组中每个位置 $A[k]$为 0 或 1 的排列就指定了 U 的一个唯一的子集。

例 13 设 $U=\{a，b，e，g，h，r，s，w\}$，那么图 1.17 所示长度为 8 的数组表示 U，因为 $A[k]=1$，$1\leqslant k\leqslant 8$。

如果 $S=\{a，e，r，w\}$，那么

$$f_S(x)=\begin{cases}1, & x=a，e，r，w\\ 0, & x=b，g，h，s\end{cases}$$

因此，图 1.18 中的数组表示子集 S。 ■

1	1	1	1	1	1	1	1

图 1.17

1	0	1	0	0	1	0	1

图 1.18

如果一个集合是对应于某个序列的集合，那么称其为**可数的**。不严格地说，它意指集合里的成员能用列举方法排列。第 1 个元素，第 2 个元素，第 3 个元素，……，因此集合能被“计数”。将在 2.4 节中证明所有有限集合都是可数的。然而，并非所有无限集合都是可数的。不可数的集合称做**不可数**集合。

一个最容易理解的不可数集合的例子就是由无限十进制形式 0. a_1 a_2 a_3 …表示的所有实数的集合，其中 a_i 是整数且 $0 \leqslant a_i \leqslant 9$。下面证明这个集合是不可数的。用反证法证明这个结果，即证明这个集合的可数性会导出一个不可能的情形。(在第 2 章将会仔细介绍反证法。)

假设所有十进制数 $0.a_1a_2a_3\cdots$的集合是可数的，那么可以构造如下包含所有这种十进制数的表(序列)：

$$d_1 = 0.a_1a_2a_3\cdots$$
$$d_2 = 0.b_1b_2b_3\cdots$$
$$d_3 = 0.c_1c_2c_3\cdots$$
$$\vdots$$

每一个无限十进制数必定出现在这个表的某个地方。可以通过构造一个不在这个表中的无限十进制数来得到一个矛盾。现在构造一个数 x 为：$x = 0.x_1x_2x_3\cdots$，其中如果 $a_1 = 2$，则 $x_1 = 1$，否则 $x_1 = 2$；如果 $b_2 = 2$，则 $x_2 = 1$，否则 $x_2 = 2$；如果 $c_3 = 2$，则 $x_3 = 1$，否则 $x_3 = 2$。显然，该过程可以无限进行下去。所得结果是一个包含 1 和 2 的无限十进制数。但是通过它的构造可知，x 与表中某个位置上的每一个数都不同。因此 x 不在这个表中，这与假设矛盾。所以无论这个表如何构造，总存在形如 $0.x_1x_2x_3\cdots$的某个实数不在这个表中。另一方面，可以证明有理数集合是可数的。

串与正则表达式

已知一个集合 A，可以构造一个由 A 中元素的所有有限序列所组成的集合 A^*。集合 A 往往不是一个数集合而是某些符号集合。在这种情形下，A 称做一个**字母表**，A^*中的有限序列称做 A 的**字**，有时称做 A 的**字符串**。对于这种特殊情形，A^*中的序列不用逗号书写。假设 A^*包含**空序列**或**空字符串**，即不包含任何符号，那么用 Λ 表示这种串。它在第 9 章和第 10 章中是十分有用的。

例 14 设 $A = \{a，b，c，\cdots，z\}$是通常的英语字母表，那么 A^*是由所有通常的字，如 ape, sequence, antidisestablishmentarianism 等以及“字”，如 yxaloble, zigadongdong, esy 和 pqrst 等组成的。所有 A 的有限序列都在 A^*中，不管它们是否有意义。 ■

对某个集合 A，如果 $w_1 = s_1s_2s_3\cdots s_n$ 和 $w_2 = t_1t_2t_3\cdots t_k$ 是 A^*中的元素，那么把 w_1 与 w_2 的**连接**定义为序列 $s_1s_2s_3\cdots s_nt_1t_2t_3\cdots t_k$，记做 $w_1 \bullet w_2$ 或 w_1w_2，它是 A^*中的另一个元素。注意，如果 w 属于 A^*，那么 $w \bullet \Lambda = w$，$\Lambda \bullet w = w$。该性质对于实际使用是很方便的，它是定义空字符串 Λ 的主要理由之一。

例 15 设 A = {John, Sam, Jane, swims, runs, well, quickly, slowly}，那么 A^*包含真正的句子，

例如 Jane swims quickly 和 Sam runs well 以及无意义句子，例如 Well swims Jane slowly John。这里把每个序列中的元素用空格分隔开。当 A 中的元素是字时，常常如此表示。■

序列中的递归公式概念在更一般的背景下也是有用的。在第 10 章讨论的形式语言和有限状态机(在这里正则表达式概念起着很重要的作用)以及正则表达式都是用递归方式定义的。A 上的**正则表达式**是由 A 中的元素和符号(，)，$\vee$，$*$，$\wedge$按下面定义构造的字符串：

RE1：符号 Λ 是一个正则表达式。

RE2：如果 $x\in A$，那么符号 x 是一个正则表达式。

RE3：如果α 和β 是正则表达式，那么$\alpha\beta$ 是正则表达式。

RE4：如果α 和β 是正则表达式，那么$(\alpha\vee\beta)$是正则表达式。

RE5：如果α 是正则表达式，那么$(\alpha)^*$是正则表达式。

注意这里的 RE1 和 RE2 提供初始正则表达式，而定义的其余部分是重复使用已经定义的正则表达式来逐次定义更大的正则表达式集合。因此，这个定义是递归的。

按照惯例，如果正则表达式α 是由单一符号 x 组成的，其中 $x\in A$，或者α 被括在圆括号里，那么习惯上把$(\alpha)^*$简写为α^*。若不致引起混淆，称关于 A 的正则表达式为**正则表达式**(省略关于 A)。

例 16 设 $A=\{0，1\}$，证明下列表达式都是关于 A 的正则表达式。

(a) $0^*(0\vee1)^*$ (b) $00^*(0\vee1)^*1$ (c) $(01)^*(01\vee1^*)$

解 (a) 由 RE2 知 0 和 1 是正则表达式，因此由 RE4 知$(0\vee1)$是正则的，由 RE5 知 0^*和$(0\vee1)^*$是正则的(刚才提到的惯例)。最后，由 RE3 知 $0^*(0\vee1)^*$是正则的。

(b) 已经知道 0，1，$0^*(0\vee1)^*$都是正则的，因此使用 RE3 两次，推得 $00^*(0\vee1)^*1$ 是正则的。

(c) 由 RE3 知 01 是正则表达式。因为 1^*是正则的，所以由 RE4 知$(01\vee1^*)$是正则的，由 RE5 知$(01)^*$是正则的。所以从 RE3 推出$(01)^*(01\vee1^*)$是正则的。■

A 的每个正则表达式联系着 A^*的一个对应子集。该集合称做 A^*的**正则子集**或者如果不需提及 A，那么只称做**正则集合**。为了计算对应于正则表达式的正则集合，使用下面的对应法则。

1．表达式$\wedge$对应集合$\{\wedge\}$，这里$\wedge$是 A^*中的空字符串。

2．如果 $x\in A$，则正则表达式 x 对应集合$\{x\}$。

3．如果α 和β 是分别对应于 A^*的子集 M 和 N 的正则表达式，则$\alpha\beta$ 对应 $M\cdot N=\{s\cdot t|s\in M, t\in N\}$。因此 $M\cdot N$ 是 M 中的串与 N 中的串的所有连接的集合。

4．如果正则表达式α 和β 分别对应 A^*的子集 M 和 N，则$(\alpha\vee\beta)$对应于 $M\cup N$。

5．如果正则表达式α 对应于 A^*的子集 M，则$(\alpha)^*$对应集合 M^*。注意 M 是 A 中的字符串的集合。M^*中的元素是这些串的有限序列，因此它们本身可以理解为 A 中的串。另外注意，总有$\wedge\in M^*$。

例 17 设 $A=\{a，b，c\}$，那么正则表达式 a^* 对应于 a 的所有有限序列集合，例如 aaa, $aaaaaaa$ 等。正则表达式 $a(b\vee c)$对应于集合$\{ab，ac\}\subseteq A^*$。最后，正则表达式 $ab(bc)^*$对应于从 ab 开始，然后重复符号 bc 达 n 次的所有串的集合，这里 $n\geqslant0$。该集合包含字符串 ab，$abbcbc$, *abbcbcbcbc* 等。 ■

例 18 设 $A=\{0,1\}$,求对应于例 16 中三个正则表达式的正则集。

解 (a) 对应于 $0^*(0\vee1)^*$的集合由 0 和 1 的所有序列组成。因此，集合是 A^*。

(b) 表达式 $00^*(0\vee1)^*1$ 对应于至少用一个 0 开始和至少用一个 1 结束的 0 和 1 的所有序列的集合。

(c) 表达式$(01)^*(01\vee1^*)$对应于由 0 和 1 所组成的所有序列的集合，该序列或者总共重复 $n\geqslant1$ 次字符串 01 或者开始重复 $n\geqslant0$ 次 01，最后用 $k\geqslant0$ 个 1 结束。例如，该集合包括字符串 1111，01，010101，0101010111111，011。 ■

习 题 1.3

在第 1 题～第 4 题中，给出对应于序列的集合。

1．1，2，1，2，1，2，1，2，1

2．0，2，4，6，8，10，…

3．*aabbccddee*…*zz*

4．*abbcccdddd*

5．给出以$\{x, y, z\}$作为对应集合的三个不同的序列。

6．给出以{1，2，3，…}作为对应集合的三个不同的序列。

在第 7 题～第 14 题中，已知一般项，写出序列的前 4 项(从 $n=1$ 开始)。

7．$a_n=5^n$

8．$b_n=3n^2+2n-6$

9．$g_n=1\cdot2\cdot3\cdot\cdots\cdot n$

10．$h_n=\dfrac{a^n-1}{a-1}, a\neq1$

11．$c_1=2.5, c_n=c_{n-1}+1.5$

12．$d_1=-3, d_n=-2d_{n-1}+1$

13．$e_1=0, e_n=e_{n-1}-2$

14．$f_1=4, f_n=n\cdot f_{n-1}$

在第 15 题～第 20 题中，写出序列的第 n 项的公式，并按照递归或显式验证你的公式。

15．1，3，5，7，…

16．0，3，8，15，24，35，…

17．1，−1，1，−1，1，−1，…

18．0，2，0，2，0，2，…

19．1，4，7，10，13，16，…

20．1，$\dfrac{1}{2}$，$\dfrac{1}{4}$，$\dfrac{1}{8}$，$\dfrac{1}{16}$，…

21．已知序列 2，5，8，11，14，17，…，写出一个显式公式。

22．已知序列 2，5，7，12，19，31，…，写出一个递归公式。

23．设 $A=\{x\mid x$ 是一个实数且 $0<x<1\}$，$B=\{x\mid x$ 是一个实数且 $x^2+1=0\}$，$C=\{x\mid x=4m, m\in\mathbf{Z}\}$，$D=$

$\{(x, 3) \mid x$ 是长度为 3 的英语单词$\}$，$E = \{x \mid x \in \mathbf{Z}$ 且 $x^2 \leqslant 100\}$。按有限、可数或不可数验证每个集合。

24．设 $W = \{a, b\}$, $A = W^*$，$B = \{x \mid x \in \mathbf{R}$ 且 $x^2+41x+41 = 0\}$，$C = \left\{x \mid x = \dfrac{m}{n}, m, n \in \mathbf{Z}^+, n > 4\right\}$，$D = \{x \mid x \in \mathbf{R}$ 且 $x^2+3x+2 \neq 0\}$, $E = \{(x, y, z) \mid x \in \mathbf{Z}, y \in \mathbf{R}^+, z \in \mathbf{Z}^+\}$。按有限、可数或不可数验证每个集合。

25．设 $A = \{ab，bc，ba\}$，在下列各分题中，说明串是否属于 A^*。

(a) *ababab*　　(b) *abc*　　(c) *abba*

(d) *abbcbaba*　　(e) *bcabbab*　　(f) *abbbcba*

26．设 U = {FORTRAN，PASCAL，ADA，COBOL，LISP，BASIC，C++，FORTH}，B = {C++，BASIC，ADA}，C = {PASCAL，ADA，LISP，C++}，D = {FORTRAN，PASCAL，ADA，BASIC，FORTH}，E = {PASCAL，ADA，COBOL，LISP，C++}，在下列各分题中，通过 0 和 1 的一个数组来表达所给集合。

(a) $B \cup C$　　(b) $C \cap D$　　(c) $B \cap (D \cap E)$　　(d) $\overline{B} \cup E$　　(e) $\overline{C} \cap (B \cup E)$

27．设 $U = \{b，d，e，g，h，k，m，n\}$, $B = \{b\}$, $C = \{d，g，m，n\}$, $D = \{d, k, n\}$。

(a) $f_B(b)$是什么？

(b) $f_C(e)$是什么？

(c) 求对应于 f_B, f_C, f_D 的长度为 8 的序列。

(d) 用 0 和 1 的数组来表达 $B \cup C$，$C \cup D$，$C \cap D$。

28．完成证明：$f_{A \oplus B} = f_A + f_B - 2 f_A f_B$ [定理 1(c)]。假设 $x \in A$ 和 $x \notin B$，那么 $f_A(x)$ = _______, $f_B(x)$ = _______, $f_A(x) f_B(x)$ = ____，所以 $f_A(x)+f_B(x)-2 f_A(x) f_B(x)$ = ____。现在假设 $x \notin A$ 和 $x \in B$，那么 $f_A(x)$ = _____，$f_B(x)$ = ____，$f_A(x) f_B(x)$ = ______，所以 $f_A(x)+f_B(x)-2 f_A(x) f_B(x)$ = _______。余下的情况是检验 $x \notin A \oplus B$。如果 $x \notin A \oplus B$，那么 $x \in$ _____，$f_A(x)+f_B(x)-2 f_A(x) f_B(x)$ = ______。解释上面这些步骤是如何证明定理 1(c)的。

29．用特征函数证明：$(A \oplus B) \oplus C = A \oplus (B \oplus C)$。

30．设 $A = \{+, \times, a, b\}$，证明下列表达式在 A 上是正则的。

(a) $a+b(ab)^*(a \times b \vee a)$

(b) $a+b \times (a^* \vee b)$

(c) $(a^*b \vee +)^* \vee \times ab^*$

在题 31 和题 32 中，设 $A = \{a，b，c\}$，并且已知 A^*中的串且给出了关于 A 的正则表达式，则在每种情形中，说明左边的串是否属于对应于右边正则表达式的正则集合。

31．(a) *ac*　a^*b^*c　　(b) *abcc*　$(abc \vee c)^*$　(c) *aaabc*　$((a \vee b) \vee c)^*$

32．(a) *ac*　$(a^*b \vee c)$　　(b) *abab*　$(ab)^*c$　　(c) *aaccc*　$(a^* \vee b)c^*$

33．在题 31 和 32 中，给出在 A 上不是正则的三个表达式。

34．设 $A = \{p，q，r\}$，已知下面正则表达式，给出与其相对应的正则集合。

(a) $(p \vee q)rq^*$　　(b) $p(qq)^*r$

35．设 S = {0，1}，已知下面正则集合，给出与其相对应的正则表达式。

(a) {00，010，0110，011110，…}

(b) {0，001，000，00001，00000，0000001，…}

36．递归定义 T-数如下：

(1) 0 是一个 T-数。

(2) 若 X 是一个 T-数，那么 X+3 是一个 T-数。

给出 T-数集合的一种描述。

37．定义一个 S-数如下：

(1) 8 是一个 S-数。

(2) 若 X 是一个 S-数且 Y 是 X 的一个倍数，那么 Y 是一个 S-数。

(3) 若 X 是一个 S-数且 X 是 Y 的一个倍数，那么 Y 是一个 S-数。

描述 S-数集合。

38．设 F 是定义在所有非负整数上，且由下述递归定义的函数。

$$F(0)=0,\quad F(1)=1,\quad F(N+2)=2F(N)+F(N+1),\quad N\geqslant 0$$

计算出 F 的前 6 项值，即对 $N=0$，1，2，3，4，5，写出 $F(N)$的值。

39．设 G 是定义在所有非负整数上，且由下述递归定义的函数。

$$G(0)=1,\quad G(1)=2,\quad G(N+2)=G(N)^2+G(N+1),\quad N\geqslant 0$$

计算 G 的前 5 项值。

1.4　整数性质

现在讨论后面将要用到的关于整数除法和因式分解的某些结果。若 m 是一个整数且 n 是一个正整数，则可以把 n 的整数倍数画在如图 1.19 所示的直线上，且 m 也如图 1.19 那样确定。若 m 是 n 的倍数，比如 $m=qn$，那么可以写出 $m=qn+r$，这里 r 是 0。另一方面(如图 1.19 所示)，若 m 不是 n 的倍数，则可设 qn 是位于 m 左边的第一个 n 的倍数，且设 r 为 $m-qn$。于是 r 是从 qn 到 m 的距离，很显然 $0<r<n$，因此，有 $m=qn+r$。可以把这些观察作为一个定理陈述。

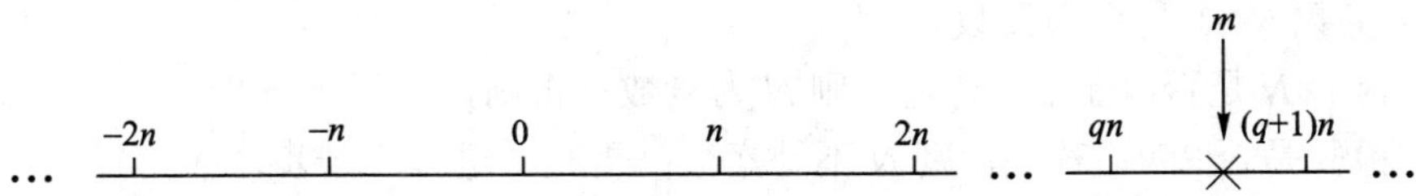

图 1.19

定理 1　若 $n>0$ 和 m 都是整数，那么可以写出 $m=qn+r$，这里 q 和 $0\leqslant r<n$ 是整数，而且这种表达方式是唯一的。■

例 1　(a) 若 n 是 3，m 是 16，那么 $16=5(3)+1$，因此 q 是 5，r 是 1。

(b) 若 n 是 10，m 是 3，那么 $3=0(10)+3$，因此 q 是 0，r 是 3。

(c) 若 n 是 5，m 是−11，那么$-11=-3(5)+4$，因此 q 是−3，r 是 4。■

如果定理 1 中的 r 是 0，那么 m 是 n 的倍数，记作 $n|m$，读做“n 整除 m”。若 $n|m$，则 $m=qn$ 且 $n\leqslant|m|$。若 m 不是 n 的倍数，记做 $n\nmid m$，读做“n 不能整除 m”。下面证明一些简单的整除性质。

定理 2　设 a，b，c 是整数。

(a) 若 $a|b$ 且 $a|c$，则 $a|(b+c)$。

(b) 若 $a|b$ 且 $a|c$，这里 $b>c$，则 $a|(b-c)$。

(c) 若 $a|b$ 或 $a|c$，则 $a|bc$。

(d) 若 $a|b$ 且 $b|c$，则 $a|c$。

证明 (a) 若 $a|b$ 且 $a|c$，则 $b=k_1a, c=k_2a$，这里 k_1 和 k_2 是整数。因此，$b+c=(k_1+k_2)a$，即 $a|(b+c)$。

(b) 用与(a)完全相同的方法可以证明。

(c) 同(a)一样，有 $b=k_1a$ 或 $c=k_2a$，因此，$bc=k_1ac$ 或者 $bc=k_2ab$，无论哪种情形都有 bc 是 a 的倍数，即 $a|bc$。

(d) 若 $a|b$ 且 $b|c$，则有 $b=k_1a$ 且 $c=k_2b$，因此，$c=k_2b=k_2(k_1a)=(k_2k_1)a$,即 $a|c$。 ■

注意上面的证明是通过重述原来的条件，直接从定义出发进行论证的。作为定理 2 的一个推论，有：如果 $a\,|\,b$ 且 $a|c$，那么对任意整数 m 和 n，有 $a|\,(mb+nc)$ (看习题 23 和 24)。

$\mathbf{Z}^+$中的一个数 $p>1$ 如果满足整除 p 的正整数只有 p 和 1，则称为是**素数**。

例 2 数 2，3，5，7，11，13 都是素数，而 4，10，16，21 都不是素数。 ■

很容易写出一套计算步骤或**算法***来决定一个正整数 $n>1$ 是否为素数。首先检查 n 是否为 2。若 $n>2$，用从 2 到 $n-1$ 的每一个整数去除 n，如果这些整数没有任何一个是 n 的因子，那么 n 是素数。为了使这个过程效率更高，注意到，若 $mk=n$，则 m 或 k 小于或等于 $\sqrt{n}$。这意味着如果 n 不是素数，那么它有一个因子 k 满足不等式 $1<k\leqslant\sqrt{n}$。因此，只需在这个范围里检验因子。同样，如果 n 有一个偶数因子，那么 2 一定是它的一个因子。因此，在通过 2 的整除性检验后，可以跳过所有偶数。

算法

检验一个整数 $N>1$ 是否为素数。

步骤 1：检验 N 是否等于 2。若是，则 N 为素数；否则，进行下一步。

步骤 2：检验是否 $2|N$。若是，则 N 不是素数；否则，进行下一步。

步骤 3：计算最大整数 $K\leqslant\sqrt{N}$，继续下一步。

步骤 4：检验是否 $D|N$，这里 D 是满足 $1<D\leqslant K$ 的任意奇数。若 $D|N$，则 N 不是素数，否则 N 是素数。 ■

检验一个整数是否为素数对计算机而言是一件容易的事。这里给出的算法对于检验非常大的数就显得无能为力了，但有许多其他算法可以检验一个整数是否为素数。

定理 3 每个正整数 $n>1$ 都能唯一地表示为 $p_1^{k_1}p_2^{k_2}\cdots p_s^{k_s}$，$p_1<p_2<\cdots<p_s$ 是整除 n 的不同素数，k_i 是给出 n 的每个素数因子出现次数的正整数。 ■

把定理 3 的证明留给 2.4 节，这里只给出几个实例。

例 3

(a) $q=3\times3=3^2$

(b) $24=8\times3=2\times2\times2\times3=2^3\times3$

(c) $30=2\times3\times5$ ■

---

* 算法在附录 A 中讨论。

最大公约数

若 a，b，k 都属于 $\mathbf{Z}^+$，且有 $k|a$ 和 $k|b$，则称 k 是 a 和 b 的一个**公约数**。若 d 是这种 k 的最大者，则称 d 是 a 和 b 的**最大公约数**或 GCD，记做 $d = \mathrm{GCD}(a, b)$。该数有一些独特的性质，它能写成 a 和 b 的一个组合。它不仅比所有别的公约数大，而且也是它们的倍数。

定理 4　若 d 是 $\mathrm{GCD}(a, b)$, 那么

(a) $d = sa+tb$, 其中 s 和 t 是整数(并不都为正)。

(b) 若 c 是 a 和 b 的任意一个不同于 d 的公约数，则 $c|d$。

证明　对整数 s 和 t，设 x 是能写成 $sa+tb$ 的最小正整数，设 c 是 a 和 b 的一个公约数。因为 $c|a$ 且 $c|b$，从定理 2 可知 $c \mid x$，因此，$c \leqslant x$。如果能够证明 x 是 a 和 b 的一个公约数，那么它将是 a 和 b 的最大公约数，这样定理的两部分都已证明。由定理 1 可知，$a = qx+r$, $0 \leqslant r<x$。解出 r，得 $r = a-qx = a-q(sa+tb) = a-qsa-qtb = (1-qs)a+(-qt)b$。若 r 不为 0，那么，由于 $r<x$ 且 r 是 a 的倍数和 b 的倍数之和，从而出现一个矛盾，即 x 是 a 的倍数与 b 的倍数之和的最小正数。因此，r 必为 0 且 $x|a$。同理，可以证明 $x|b$，定理证毕。■

该证明比前面一些证明要复杂得多。现阶段只需注重理解每一步的细节，至于证明的结构将在后面讨论。

从最大公约数的定义和定理 4(b)可获得如下结果：设 a，b，d 都属于 $\mathbf{Z}^+$，那么整数 d 是 a 和 b 的最大公约数当且仅当

(a) $d|a$ 且 $d|b$。

(b) 当 $c|a$ 且 $c|b$ 时，有 $c|d$。

例 4　(a) 12 和 30 的公约数是 1，2，3 和 6，因此，GCD(12，30) = 6 且 $6 = 1\times30+(-2)\times12$。

(b) 显然 GCD(17, 95) = 1，因为 17 是素数且 $17 \nmid 95$，读者可以验证 $1 = 28\times17+(-5)\times95$。■

若 GCD(a，b) = 1(如例 4(b))，则称 a 和 b **互素**。

余下的一个问题是通常如何用方便的方法计算 GCD。实际上，反复应用定理 1 便提供了解决该问题的方案。

下面给出一个求 GCD(a，b)的过程，称为**欧几里得算法**。假设 $a>b>0$(否则交换 a 和 b)，那么由定理 1 有

$$a = k_1b+r_1 \tag{1}$$

这里 k_1 属于 $\mathbf{Z}^+$且 $0\leqslant r_1<b$。而定理 2 告诉人们，若 n 整除 a 和 b，那么它必整除 r_1，因为 $r_1 = a-k_1b$。类似地，若 n 整除 b 和 r_1，那么它必整除 a。由此推出 a 和 b 的公约数与 b 和 r_1 的公约数相同，因此，GCD(a，b) = GCD(b, r_1)。

现在继续使用定理 1 如下：

用 r_1 除 b：$b= k_2r_1+r_2 \quad 0\leqslant r_2<r_1$

用 r_2 除 r_1：$r_1= k_3r_2+ r_3 \quad 0\leqslant r_3<r_2$

用 r_3 除 r_2：$r_2= k_4r_3+r_4 \quad 0\leqslant r_4<r_3$

$$\cdots \tag{2}$$

用 r_{n-1} 除 r_{n-2}：$r_{n-2}=k_n r_{n-1}+r_n \quad 0\leqslant r_n<r_{n-1}$

用 r_n 除 r_{n-1}：$r_{n-1}=k_{n+1}r_n+r_{n+1} \quad 0\leqslant r_{n+1}<r_n$

因为 $a>b>r_1>r_2>r_3>r_4>\cdots$，余项最终会变为 0。因此，在某一步必有 $r_{n+1}=0$。

现在证明 $r_n=\mathrm{GCD}(a，b)$。已经看到

$$\mathrm{GCD}(a，b)=\mathrm{GCD}(b，r_1)$$

对 b 和 r_1 重复这一论证，得到

$$\mathrm{GCD}(b，r_1)=\mathrm{GCD}(r_1，r_2)$$

如此继续下去，便得到

$$\mathrm{GCD}(a，b)=\mathrm{GCD}(b，r_1)=\mathrm{GCD}(r_1，r_2)=\cdots=\mathrm{GCD}(r_{n-1}，r_n)$$

因为 $r_{n-1}=k_{n+1}r_n$，所以 $\mathrm{GCD}(r_{n-1}, r_n)=r_n$，因此 $r_n=\mathrm{GCD}(a, b)$。

例 5 计算 GCD（273，98），设 a 是 273，b 是 98，使用欧几里得算法得到

用 98 除 273：$273=2\times98+77$

用 77 除 98：$98=1\times77+21$

用 21 除 77：$77=3\times21+14$

用 14 除 21：$21=1\times14+7$

用 7 除 14：$14=2\times7+0$

因此，GCD(273，98) =7，即最后的非零除数。 ■

在定理 4(a)中可以看到，若 $d=\mathrm{GCD}(a，b)$，则能求出整数 s 和 t 使得 $d=sa+tb$。整数 s 和 t 可按如下过程求出。从式(2)的末式之前的方程解 r_n：

$$r_n=r_{n-2}-k_n r_{n-1} \tag{3}$$

从式(2)的倒数第三个方程 $r_{n-3}=k_{n-1}r_{n-2}+r_{n-1}$ 解 r_{n-1}：

$$r_{n-1}=r_{n-3}-k_{n-1}r_{n-2}$$

把该表达式代入式(3)：

$$r_n=r_{n-2}-k_n[r_{n-3}-k_{n-1}r_{n-2}]$$

通过方程(2)和(1)，用包含 r_{i-1} 和 r_{i-2} 的表达式代替 r_i，如此逐步继续下去,最终获得仅包含 a 和 b 的一个表达式。

例 6 (a) 同例 5 一样，设 $a=273$，$b=98$，那么

$$
\begin{aligned}
\mathrm{GCD}(273,98)=7&=21-2\times14\\
&=21-1(77-3\times21) && 14=77-3\times21\\
&=4\times21-1\times77\\
&=4(98-1\times77)-1\times77 && 21=98-1\times77\\
&=4\times98-5\times77\\
&=4\times98-5(273-2\times98) && 77=273-2\times98
\end{aligned}
$$

$$= 14(98)-5(273)$$

因此，$s=-5$，$t=14$。注意上面关键点只是写出部分算术。

(b) 设 $a=108$，$b=60$，那么

$$\begin{aligned} \text{GCD}(108, 60) &= 12 = 60-1(48) \\ &= 60-1[108-1(60)] \quad 48 = 108-1\times 60 \\ &= 2(60)-108 \end{aligned}$$

因此，$s=-1$，$t=2$。 ■

定理 5 如果 a 和 b 属于 $\mathbf{Z}^+$，$b>a$，则有 $\text{GCD}(a,b)=\text{GCD}(b, b\pm a)$。

证明 若 c 整除 a 和 b，则由定理 2 可知它整除 $b\pm a$。因为 $a=b-(b-a)=-b+(b+a)$，再由定理 2，可以看到 b 和 $b\pm a$ 的公约数也整除 a 和 b。因为 a 和 b 与 b 和 $b\pm a$ 有相同的公约数，所以它们必有相同的最大公约数。 ■

这是另一个直接证明，但它用到了前面的定理和定义。

最小公倍数

如果 a，b，k 都属于 $\mathbf{Z}^+$，且 $a|k$ 和 $b|k$，则称 k 是 a 和 b 的一个**公倍数**。这种最小的 k(记为 c)称做 a 和 b 的**最小公倍数**或 LCM，记做 $c=\text{LCM}(a, b)$。下面的结果表明，从最大公约数能获得最小公倍数。因此，不需要一个单独公式去求最小公倍数。

定理 6 若 a 和 b 是两个正整数，则 $\text{GCD}(a, b)\cdot\text{LCM}(a, b)=ab$。

证明 设 p_1，p_2，…，p_k 是 a 或 b 的所有素数因子，那么可以写出

$$a = p_1^{a_1} p_2^{a_2} \cdots p_k^{a_k}, \quad b = p_1^{b_1} p_2^{b_2} \cdots p_k^{b_k}$$

这里某些 a_i 和 b_i 可以是 0。由此得到

$$\text{GCD}(a,b) = p_1^{\min(a_1,b_1)} p_2^{\min(a_2,b_2)} \cdots p_k^{\min(a_k,b_k)}$$

和

$$\text{LCM}(a,b) = p_1^{\max(a_1,b_1)} p_2^{\max(a_2,b_2)} \cdots p_k^{\max(a_k,b_k)}$$

所以，有

$$\begin{aligned} \text{GCD}(a,b)\cdot\text{LCM}(a,b) &= p_1^{a_1+b_1} p_2^{a_2+b_2} \cdots p_k^{a_k+b_k} \\ &= (p_1^{a_1} p_2^{a_2} \cdots p_k^{a_k})(p_1^{b_1} p_2^{b_2} \cdots p_k^{b_k}) \\ &= ab \end{aligned}$$

■

例 7 设 $a=540$，$b=504$，把 a 和 b 因子分解成素数的乘积，得到

$$a = 540 = 2^2\times 3^3\times 5, \quad b = 504 = 2^3\times 3^2\times 7$$

因此 a 或 b 的所有素数因子是 $p_1=2$，$p_2=3$，$p_3=5$，$p_4=7$。由此得到 $a=2^2\times 3^3\times 5^1\times 7^0$，$b=2^3\times 3^2\times 5^0\times 7^1$，从而有

$$\begin{aligned} \text{GCD}(540,504) &= 2^{\min(2,3)}\times 3^{\min(3,2)}\times 5^{\min(1,0)}\times 7^{\min(0,1)} \\ &= 2^2\times 3^2\times 5^0\times 7^0 \end{aligned}$$

$$= 2^2 \times 3^2 = 36$$

$$\text{LCM}(540,\ 504) = 2^{\max(2,3)} \times 3^{\max(3,2)} \times 5^{\max(1,0)} \times 7^{\max(0,1)}$$

$$= 2^3 \times 3^3 \times 5^1 \times 7^1 = 7\ 560$$

所以

$$\text{GCD}(540,\ 504) \times \text{LCM}(540,\ 504) = 36 \times 7\ 560 = 272\ 160 = 540 \times 504$$

作为验证，也可用欧几里得算法计算 GCD(540，504)，并且可得到相同结果。 ■

若 n 和 m 都是整数且 $n>1$，定理 1 告诉大家能够写出 $m = qn+r$，$0 \leqslant r < n$。有时余项 r 比商 q 更重要。

例 8 如果现在的时间是 4 点钟，那么从现在开始 101 小时后将是何时？

解 设 $n = 12$，$m = 4+101 = 105$，则有 $105 = 8 \times 12+9$，余项 9 就是这个问题的答案，101 小时后将是 9 点钟。 ■

对每个 $n \in \mathbf{Z}^+$，定义一个函数 f_n(模 n 函数)如下：若 z 是一个非负整数，那么 $f_n(z) = r$，即 r 是 z 除以 n 的余数。(函数的正式定义在 5.1 节，但是，同 1.3 节一样，只需把一个函数看成是对一个集合上每个成员分配某个“值”的法则。)这些函数的含义将在 4.5 节变得更为清楚。

例 9

(a) $f_3(14) = 2$，因为 $14 = 4 \times 3+2$。

(b) $f_7(153) = 6$。 ■

伪码描述

表达一个算法，像本节所描述的那些算法，除了用通常语言表达以外，还可以代之用某些别的语言来表示它，如计算机语言。本书自始至终采用**伪码**语言，它在附录 A 中有完整的描述。这里对确定某个整数是否为素数的一种算法和计算两个整数的最大公约数的一种算法给出伪码描述。

在确定某个整数是否为素数的算法的伪码描述中，假设存在函数 SQR 和 INT，这里 SQR(N) 表示返回不超过 $\sqrt{N}$ 的最大整数，INT(X)表示返回不超过 X 的最大整数。例如，SQR(10) = 3，SQR(25) = 5，INT(7.124) = 7，INT(8) = 8。

```
SUBROUTINE PRIME(N)
1. IF(N = 2) THEN
     a. PRINT('PRIME')
     b. RETURN
2. ELSE
     a. IF(N/2 = INT(N/2)) THEN
          1. PRINT('NOT PRIME')
          2. RETURN
```

```
b. ELSE
   1. FOR D = 3 THRU SQR(N) BY 2
      a. IF(N/D = INT(N/D))THEN
         1. PRINT('NOT PRIME')
         2. RETURN
   2. PRINT('PRIME')
   3. RETURN
END OF SUBROUTINE PRIME
```

下面给出一个求两个正整数的最大公约数的伪码程序。该程序不同于欧几里得算法，但是，在第 2 章中将看到如何证明这种算法的确是求最大公约数的。

```
FUNCTION GCD(X,Y)
1. WHILE(X≠Y)
   a. IF(X > Y) THEN
      1. X ←X− Y
   b. ELSE
      1. Y ← Y−X
2. RETURN(X)
END OF FUNCTION GCD
```

例 10 用 GCD 的伪码计算 190 和 34 的最大公约数。

解 按照上面通过的程序，下表给出了 X，Y，$X-Y$ 或 $Y-X$ 的值。

X	Y	$X-Y$	$Y-X$
190	34	156	
156	34	122	
122	34	88	
88	34	54	
54	34	20	
20	34		14
20	14	6	
6	14		8
6	8		2
6	2	4	
4	2	2	
2	2		

因为 X 的最后值是 2，所以 190 和 34 的最大公约数是 2。 ■

整数的表示

用十进制表示一个整数是人们最熟悉的方式，并且经常将这种表示作为整数的象征或名字。例如，当书写整数 3 264 时，指的是以下几项相加的结果，即 3 乘上10^3，2 乘上10^2，6 乘上10^1以及 4，或者说 4 乘上10^0。称 3 264 是 **n 以 10 为基数的展开式**，或 **n 的十进制展开式**；10 称为这个展开式的**基数**。

以 10 作为基数并没有什么特别之处，这恐怕与每个人有 10 个手指来计数有关。任何大于 1 的正整数 b 都可以作为基数，而且这些基数的展开式往往比标准的十进制展开式应用更广。2，8 和 16 是计算机科学中经常用到的基数，基数 26 则有时用于**密码学**(产生密码和破解密码的科学)。

定理 7 如果 b 是整数且 $b>1$，那么任意正整数 n 都可以唯一地表示为

$$n = d_k b^k + d_{k-1} b^{k-1} + \cdots + d_1 b + d_0 \tag{4}$$

其中 $0 \leqslant d_i < b$(i=0，1，…，k)且 $d_k \neq 0$。称序列 $d_k d_{k-1} \cdots d_1 d_0$ 是 **n 以 b 为基数的展开**。如果要明确地表示出基数 b，可以将上面的序列写成 $(d_k d_{k-1} \cdots d_1 d_0)_b$。

证明 假设 k 是满足 $b^k \leqslant n$(k 可能是 0)的最大非负整数。依据定理 1 可把 n 唯一地写成 $n = qb^k + r$，其中 $0 \leqslant r < b^k$。设 $d_k = q$，如果 $k=0$，那么 $r=0$，于是定理成立 $(n = d_0)$。否则，有

$$n = d_k b^k + r$$

重复上述过程，并用 r 代替 n。令 s 是使得 $b^s \leqslant r$ 的最大的非负整数，则 $r = qb^s + r_1$，其中 $0 \leqslant r_1 < b^s$，并定义 d_s 为 q。如果 $s < k$，则定义 $d_{s+1}, \cdots, d_{k-1}$ 为 0。于是

$$n = d_k b^k + d_{k-1} b^{k-1} + \cdots + d_s b^s + r_1$$

使用 $r_1, r_2, \cdots$，继续这一过程，最后得到式(4)。 ■

由于证明了以 b 为基数的展开式是存在的，所以可以用一种更为直接的并且容易在计算机上实现的方法来求数字序列 $d_k, d_{k-1}, \cdots, d_1, d_0$。注意

$$n = (d_k b^{k-1} + d_{k-1} b^{k-2} + \cdots + d_1) b + d_0$$

则 d_0 是 b 整除 n 的余数，其商为 $d_k b^{k-1} + d_{k-1} b^{k-2} + \cdots + d_1$。同样的，用 b 整除这个商后余数为 d_1。重复地用 b 整除商得到余数，则最后得到从右到左以 b 为基数表示 n 的数字序列。

例 11 求 158 以 4 为基数的表达式。

解 用 4 重复去除并且保留余数：

$$\begin{array}{r|l l} 4 & \underline{158} & 2 \\ 4 & \underline{39} & 3 \\ 4 & \underline{9} & 1 \\ 4 & \underline{2} & 2 \\ & 0 & \end{array}$$

因此 $158 = (2\ 1\ 3\ 2)_4$。 ■

下面的伪码算法返回一个以 b 为基数的整数展开式的各位数字。用 m **mod** n 表示 m 模 n 的函数值，即用 n 去除 m 后的余数。这些是例 8 之后定义的函数。在大多数程序语言中，通常都实现了 mod n 函数。

SUBROUTINE EXPANSION (N)

1. $Q \leftarrow N$
2. $K \leftarrow 0$
3. **WHILE** ($Q \neq 0$)
   a. $D_k \leftarrow Q \bmod B$
   b. $Q \leftarrow \text{INT}(Q/B)$
   c. $K \leftarrow K+1$
4. **RETURN**

END OF SUBROUTINE EXPANSION

当子程序结束时，N 以 B 为基数的展开式是由整数 D_i 所组成的，可被进一步处理。

不管用什么基数表达整数，加法和乘法的基本法则仍然是有效的，只是数的表达式外形发生了变化。

例 12 设 $m = (3\ 1\ 3)_4$, $n = (3\ 2\ 2)_4$, 求 $m+n$ 以 4 为基数的展开式。

解 把 m 和 n 的最后一列数加起来得 $3+2 = (11)_4$，所以记下一个 1 并且向第 2 列进位一个 1：

$$\begin{array}{r} 1\ \ \\ 313 \\ +\ 322 \\ \hline 1 \end{array}$$

把第 2 列上的数加起来得到 $1+1+2 = (10)_4$，所以记下一个 0 并且向前进位一个 1。

$$\begin{array}{r} 11\ \ \\ 313 \\ +\ 322 \\ \hline 01 \end{array}$$

最后，把第 1 列数加起来得到 $3+3+1 = (13)_4$，所以答案为$(1301)_4$。 ■

计算机最常用的展开式是以 2 为基数或者二进制展开式，因为用 2 去除时，余数只有 0 和 1，所以每一个数的二进制展开式只需要数字 0 和 1 表示，故通过计算机的开-关数字电路很容易实现和控制。

例 13

(a) 39 的二进制展开式是 $(100111)_2$。

(b) $(110101)_2 = 32+16+4+1 = 53$。 ■

二进制的加法和乘法通常是用计算机硬件线路实现而不是用软件实现的。计算机科学中另一个常用的基数是 16，称为十六进制表示。这种表示法除了需要用 0，1，2，3，4，5，6，7，8，9 之外，还需要另外 6 个符号来表示，通常写做 10，11，12，13，14 和 15 的数字。按照习惯，它们分别用字母 A，B，C，D，E，F 来表示。

例 14 以 26 为基数，用英文字母 A，B，…，Z 来表示数字 0，1，…，25。这样，就能将任何文本解释为以 26 为基数的一个整数表示式。因此“TWO”能表示成以 26 为基数的表示式：

$$(\mathrm{T}\times 26^2)+(\mathrm{W}\times 26)+\mathrm{O}=(19\times 676)+(22\times 26)+14=13430$$

将单词“加”起来的技术是密码编码中的基础。将在第 11 章中进一步讨论。 ■

例 15 作为密码学的一个例子，来看一下伟大的英国作家、哲学家弗朗西斯·培根所设计的编码。假设要对一组信息加密，例如 FLEE NOW。首先，将这条信息各个字符的位置按英文字母的顺序以二进制表示展开，位置 0 表示 A，依此类推，位置 25 表示 Z。于是得到下面的表。

F	L	E	E	N	O	W
00101	01011	00100	00100	01101	01110	10110

例如 F 是第 5 个字母，其二进制表示为$(00101)_2$，依此类推。现在，选择一组无关的“虚假”信息，其长度恰好为上述信息的 5 倍(如果需要，也可以加入几个无用的字母)。将这组虚假信息写在第三行。虚假信息的字母与上表中第二行的 0 和 1 的字符串恰好依次对应。这里约定，与 0 相对应的各个字母用一种字体(如 Times Roman)来书写，而与 1 对应的字母用另一种字体(如 Times Roman Italic)来书写(培根甚至用两种相似的字体来书写)。这样，如果虚假信息为 ONCE UPON A TIME IN THE WEST THERE WAS A TOWN，那么写做 ONC*E* *UPON* *A* *TIME* IN TH*E* WES*T* *THE*R*E* *WA*S *A* TO*W*N。注意，将该信息中的字母在表的第三行依次排列，那么用非斜体表示 0，用斜体表示 1，就可以对信息解密了。

F	L	E	E	N	O	W
00101	01011	00100	00100	01101	01110	10110
ON*C*E*U*	P*O*N*AT*	IM*E*IN	TH*E*WE	S*TT*H*E*	R*EWA*S	*A*T*OW*N

■

例 16 假设要对下面使用培根编码的虚假信息进行解码：

*N*OW *I*S *T*HE *TI*ME FOR *A*LL G*OO*D M*EN* T*O* AI*D* T*HE* *C*OUNTR*Y*

由于一共有 40 个字母，真实的信息一定是 8 个字母。将虚假信息每 5 个字母一组进行排列，如下表所示，列出相应的二进制数，其中用 1 代表斜体，用 0 代表普通文本。

*N*OW*I*S	*T*HE*TI*	MEFOR	*A*LLG*O*	*O*DM*EN*	T*O*AI*D*	T*HEC*O	UNTR*Y*
10010	10011	00000	10001	10011	01001	01110	00001

第二行中的二进制表示依次为数字 18，19，0，17，19，9，14 和 1，因此代表字母 STARTJOB。因而解码后的信息就是 START JOB。 ■

如果字体很相似，那么就很难发现一段文字是否是经过加密的信息。所以，这个例子也解释了**密码**，即对编码信息进行隐藏的科学。现代保密学包括用数字照片中的偏移位隐藏信息。它的一种用途是在有版权保护的艺术材料上加入水印。

习　题　1.4

在第 1 题～第 4 题中，已知整数 m 和 n，把 m 写成 $qn+r$，其中 $0 \leqslant r < n$。

1．$m = 20, n = 3$

2．$m = 64, n = 37$

3．$m = 3, n = 22$

4．$m = 48, n = 12$

5．把每个整数写成素数幂的乘积(如定理 3)。

(a) 828　　(b) 1 666　　(c) 1 781　　(d) 1 125　　(e) 107

在第 6 题～第 9 题中，求整数 a 和 b 的最大公约数 d，并且把 d 写成 $sa+tb$。

6．$a = 60, b = 100$

7．$a = 45, b = 33$

8．$a = 34, b = 58$

9．$a = 77, b = 128$

在第 10 题～第 13 题中，求整数的最小公倍数。

10．72，108

11．150，70

12．175，245

13．32，27

14．如果 f 是模 7 的函数，计算下列各式。

(a) $f(17)$　　(b) $f(48)$　　(c) $f(1207)$　　(d) $f(130)$　　(e) $f(93)$　　(f) $f(169)$

15．如果 f 是模 11 的函数，计算下列各式。

(a) $f(39)$　　(b) $f(386)$　　(c) $f(1232)$　　(d) $f(573)$　　(e) $2f(87)$　　(f) $f(175)+4$

16．如果 f 是模 7 的函数，计算下列各式。

(a) $f(752+793)$　　(b) $f(752)+f(793)$　　(c) $f(3\times1759)$　　(d) $3\times f(1759)$

17．如果 f 是模 12 的函数，计算下列各式。

(a) $f(1259+743)$　　(b) $f(1259)+f(743)$　　(c) $f(2\times319)$　　(d) $2\times f(319)$

18．对一个固定的 n,设 f 是模 n 的函数。题 16 和 17 的结果对于 $k\times f(a)$和 $f(k\times a)$之间的关系给予什么启示?

19．对一个固定的 n,设 f 是模 n 的函数。基于题 16 和 17 的结果，解释为什么 $f(a+b)$并不总是等于 $f(a)+f(b)$?

20．对一个固定的 n,设 f 是模 n 的函数。解释何时 $f(a+b) = f(a)+f(b)$为真?

21．如果 g 是模 5 的函数，求解下列各式。

(a) $g(n) = 2$　　(b) $g(n) = 4$

22．如果 g 是模 6 的函数，求解下列各式。

(a) $g(n) = 3$　　(b) $g(n) = 1$

23．证明：如果 $a|b$，那么对任意的 $m\in\mathbf{Z}$，有 $a|mb$。

24．证明：如果 $a|b$，$a|c$, 那么对任意的 n，$m\in\mathbf{Z}$，有 $a|mb+nc$。

25．完成下面的证明。设 a 和 b 是整数，若 p 是素数且 $p|ab$,则 $p|a$ 或 $p|b$。需要证明：若 $p\nmid a$，则 p 必须

整除 b。若 $p\nmid a$，则 $\mathrm{GCD}(a,p)=1$，因为____。由定理 4 可知，有某个整数 s 和 t 使得 $1=sa+tp$，于是 $b=sab+tpb$。(为什么?)因此，p 一定整除 $sab+tpb$，因为____，所以 $p|b$。(为什么?)

26．证明：如果 $\mathrm{GCD}(a, c)=1$ 且 $c|ab$，那么 $c|b$。(提示：模仿第 25 题的证明。)

27．证明：若 $\mathrm{GCD}(a, c)=1$，$a|m$ 且 $c|m$，则 $ac|m$。(提示：利用第 26 题。)

28．证明：若 $d=\mathrm{GCD}(a, b)$,$a|b$ 且 $c|d$，则 $ac|bd$。

29．证明：$\mathrm{GCD}(ca, cb)=c\,\mathrm{GCD}(a, b)$。

30．证明：$\mathrm{LCM}(a, ab)=ab$。

31．证明：若 $\mathrm{GCD}(a, b)=1$，则 $\mathrm{LCM}(a, b)=ab$。

32．设 $c=\mathrm{LCM}(a, b)$,证明：若 $a|k$ 且 $b|k$，则 $c|k$。

33．证明：若 a 和 b 是正整数且满足 $a|b$ 和 $b|a$，则 $a=b$。

34．设 a 是一个整数，p 是一个正整数，证明：若 $p|a$，则 $p=\mathrm{GCD}(a, p)$。

35．定理 2(c)陈述：若 $a|b$ 或 $a|c$，则 $a|bc$。它的逆命题是否为真？即若 $a|bc$,则 $a|b$ 或 $a|c$？证明你的结论。

36．证明：若 m 和 n 互素且 mn 是一个完全平方数，则 m 和 n 都是完全平方数。

37．在第 36 题中把平方改为立方，命题是否成立？对任意固定的方幂呢？证明你的结论。

在第 38 题～第 40 题中，设 $U=\{1, 2, 3, \cdots, 1\,689\}$，$A=\{x\,|x\in U$ 且 $3|x\}$，$B=\{y|y\in U$ 且 $5|y\}$，$C=\{z|z\in U$ 且 $11|z\}$。计算下面各题。

38．(a) $|A|$　　(b) $|B|$　　(c) $|C|$

39．(a) 能被 15 整除的 U 中的元素个数。

(b) 能被 165 整除的 U 中的元素个数。

(c) 能被 55 整除的 U 中的元素个数。

40．用题 38 和 39 的结果来计算下面各式。

(a) $|A\cup B|$　　(b) $|A\cup B\cup C|$

41．(a) 对下面每一个数写一个以 5 为基数的展开式。

(i) 29　　(ii) 73　　(iii) 215　　(iv) 732

(b) 对下面每一个数写一个以 10 为基数的展开式。

(i) $(144)_5$　　(ii) $(320)_5$　　(iii) $(1242)_5$　　(iv) $(11231)_5$

42．(a) 对下面每一个数写一个以 7 为基数的展开式。

(i) 29　　(ii) 73　　(iii) 215　　(iv) 732

(b) 对下面每一个数写一个以 10 为基数的展开式。

(i) $(102)_7$　　(ii) $(161)_7$　　(iii) $(460)_7$　　(iv) $(1613)_7$

43．对下面每一个数写一个以指定数为基数的展开式。

(i) 29　　(ii) 73　　(iii) 215　　(iv) 732

(a) 2　　(b) 4　　(c) 16

44．(a) 数 2，4 和 16 有什么关系？

(b) 由于 2，4 和 16 是有关系的，所以无需使用基数为 10 的展开式就可以直接把一个数的展开式转化为以另一个数为基数的展开式。检查第 43 题中的结果(如果有需要，可以考察其他例子)，描述下面各题应如何转化。

(i) 从基数为 2 的展开式到基数为 4 的展开式。

(ii) 从基数为 16 的展开式到基数为 2 的展开式。

(iii) 从基数为 4 的展开式到基数为 16 的展开式。

45. 用例 15 中给出的培根编码。

(a) 为 COME BACK 产生虚假消息。

(b) 解码 *WHEN* T*HE* MO*ON* COMES OV*ER* *THE* MOU*NTA*IN，T*H*E OW*LS* *FLY* *H*I*GH*。

46. (a) 对于例 15 中给出的培根编码，为什么虚假消息长度应该是真实消息长度的 5 倍？

(b) 修改培根编码使其可以处理单词和数字 0，1，2，…，9 之间的空间。

47. 如果 ONE 和 TWO 是基数为 26 的两个整数的表达式，那么其和 ONE+TWO 以 26 为基数的表达式是什么？

48. 用培根编码(例 15 中给出)来解码 *D*O *YOU* KN*OW* *T*HAT THE N*U*MBER PI I*S* NOW *KNOWN* *T*O M*ORE* T*H*AN FO*U*R *HU*N*DRED* M*I*LL*ION* *DE*CIM*A*L *PLACES*。

1.5 矩　　阵

矩阵是一个把某些数按 m 个水平**行**和 n 个垂直**列**排列成矩形的阵列：

$$\boldsymbol{A}=\begin{bmatrix} a_{11} & a_{12} & \cdots & a_{1n} \\ a_{21} & a_{22} & \cdots & a_{2n} \\ \vdots & \vdots & & \vdots \\ a_{m1} & a_{m2} & \cdots & a_{mn} \end{bmatrix} \tag{1}$$

$\boldsymbol{A}$ 的**第 i 行**是$[a_{i1}\ a_{i2}\ \cdots\ a_{in}]$，$1\leqslant i\leqslant m$，$\boldsymbol{A}$ 的**第 j 列**是$\begin{bmatrix} a_{1j} \\ a_{2j} \\ \vdots \\ a_{mj} \end{bmatrix}$，$1\leqslant j\leqslant n$。称 $\boldsymbol{A}$ 是 $\boldsymbol{m}$ **乘** $\boldsymbol{n}$ 的，记做 $m\times n$。若 $m=n$，则称 $\boldsymbol{A}$ 是 n 阶**方阵**且数 $a_{11}, a_{22}, \cdots, a_{nn}$ 形成 $\boldsymbol{A}$ 的**主对角元**。把 $\boldsymbol{A}$ 的第 i 行、第 j 列元素数 a_{ij} 看成是 $\boldsymbol{A}$ 的**第 i，j 个元素**或看成 $\boldsymbol{A}$ **的(i, j)元**，并且通常把式(1)写做 $\boldsymbol{A}=[a_{ij}]$。注意首先列举行，然后是列。

例 1　设

$$\boldsymbol{A}=\begin{bmatrix} 2 & 3 & 5 \\ 0 & -1 & 2 \end{bmatrix},\quad \boldsymbol{B}=\begin{bmatrix} 2 & 3 \\ 4 & 6 \end{bmatrix},\quad \boldsymbol{C}=[1\quad -1\quad 3\quad 4]$$

$$\boldsymbol{D}=\begin{bmatrix} -1 \\ 2 \\ 0 \end{bmatrix},\quad \boldsymbol{E}=\begin{bmatrix} 1 & 0 & -1 \\ -1 & 2 & 3 \\ 2 & 4 & 5 \end{bmatrix}$$

那么 $\boldsymbol{A}$ 是 $a_{12}=3$, $a_{23}=2$ 的 2×3 矩阵，$\boldsymbol{B}$ 是 $b_{21}=4$ 的 2×2 矩阵，$\boldsymbol{C}$ 是 1×4 矩阵，$\boldsymbol{D}$ 是 3×1 矩阵，$\boldsymbol{E}$ 是 3×3 矩阵。■

对于一个方阵 $\boldsymbol{A}=[a_{ij}]$，若每个非主对角元均为 0，即 $a_{ij}=0$，$i\neq j$，那么称它为**对角矩阵**。

例 2　下面每个矩阵都是对角矩阵。

$$F=\begin{bmatrix}4&0\\0&3\end{bmatrix},\ G=\begin{bmatrix}2&0&0\\0&-3&0\\0&0&5\end{bmatrix},\ H=\begin{bmatrix}0&0&0\\0&7&0\\0&0&6\end{bmatrix}$$ ■

在计算机科学的许多应用中，矩阵被广泛使用，在学习关系与图时将会看到这一点。下面给出一个简单的应用，说明矩阵是如何用来显示表格形式的数据。

例 3 下面的矩阵给出了指定城市间的航线距离。

	伦敦	马德里	纽约	东京
伦敦	0	785	3 469	5 959
马德里	785	0	3 593	6 706
纽约	3 469	3 593	0	6 757
东京	5 959	6 706	6 757	0

■

两个 $m\times n$ 矩阵 $\boldsymbol{A}=[a_{ij}]$和 $\boldsymbol{B}=[b_{ij}]$，如果 $a_{ij}=b_{ij},1\leqslant i\leqslant m$，$1\leqslant j\leqslant n$，即对应的元素相同，那么称 $\boldsymbol{A}$ 和 $\boldsymbol{B}$ **相等**。注意，用一般的元素 a_{ij}，b_{ij} 陈述定义是多么的容易。

例 4 若

$$A=\begin{bmatrix}2&-3&-1\\0&5&2\\4&-4&6\end{bmatrix}\quad 和 \quad B=\begin{bmatrix}2&x&-1\\y&5&2\\4&-4&z\end{bmatrix}$$

那么 $\boldsymbol{A}=\boldsymbol{B}$ 当且仅当 $x=-3$，$y=0$，$z=6$。 ■

若 $\boldsymbol{A}=[a_{ij}]$和 $\boldsymbol{B}=[b_{ij}]$是两个 $m\times n$ 矩阵，那么 $\boldsymbol{A}$ 和 $\boldsymbol{B}$ 的**和**是由 $c_{ij}=a_{ij}+b_{ij}\ (1\leqslant i\leqslant m,\ 1\leqslant j\leqslant n)$ 所定义的矩阵 $\boldsymbol{C}=[c_{ij}]$，即 $\boldsymbol{C}$ 是通过 $\boldsymbol{A}$ 和 $\boldsymbol{B}$ 中的对应元素相加而得到的。这里再次使用了一般元素很容易地陈述了定义。

例 5 设

$$A=\begin{bmatrix}3&4&-1\\5&0&-2\end{bmatrix}\quad 和 \quad B=\begin{bmatrix}4&5&3\\0&-3&2\end{bmatrix}$$

那么

$$A+B=\begin{bmatrix}3+4&4+5&-1+3\\5+0&0+(-3)&-2+2\end{bmatrix}=\begin{bmatrix}7&9&2\\5&-3&0\end{bmatrix}$$ ■

观察矩阵 $\boldsymbol{A}$ 和 $\boldsymbol{B}$ 的和，可以看到只有当 $\boldsymbol{A}$ 和 $\boldsymbol{B}$ 有相同的行数和列数时，它们的和才有定义。而只有当和有定义时，才能写出 $\boldsymbol{A}+\boldsymbol{B}$。

如果某个矩阵的所有元素均为零，则称为**零矩阵**，用 **0** 表示。

例 6 下列每个矩阵都是零矩阵。

$$\begin{bmatrix}0&0\\0&0\end{bmatrix}\quad \begin{bmatrix}0&0&0\\0&0&0\end{bmatrix}\quad \begin{bmatrix}0&0&0\\0&0&0\\0&0&0\end{bmatrix}$$ ■

下面的定理给出了矩阵加法的一些基本性质，在此省略它们的证明。

定理 1

(a) $\boldsymbol{A}+\boldsymbol{B}=\boldsymbol{B}+\boldsymbol{A}$

(b) $(\boldsymbol{A}+\boldsymbol{B})+\boldsymbol{C}=\boldsymbol{A}+(\boldsymbol{B}+\boldsymbol{C})$

(c) $\boldsymbol{A}+\boldsymbol{0}=\boldsymbol{0}+\boldsymbol{A}=\boldsymbol{A}$ ■

若 $\boldsymbol{A}=[a_{ij}]$是某个 $m\times p$ 矩阵，$\boldsymbol{B}=[b_{ij}]$是某个 $p\times n$ 矩阵，那么 $\boldsymbol{A}$ 和 $\boldsymbol{B}$ 的**积**是由

$$c_{ij}=a_{i1}b_{1j}+a_{i2}b_{2j}+\cdots+a_{ip}b_{pj},\quad 1\leqslant i\leqslant m, 1\leqslant j\leqslant n \tag{2}$$

所定义的一个 $m\times n$ 矩阵 $\boldsymbol{C}=[c_{ij}]$，记做 $\boldsymbol{AB}$。下面更详尽地解释式(2)。元素 a_{i1}，a_{i2}，$\cdots$，a_{ip} 形成 $\boldsymbol{A}$ 的第 i 行，元素 b_{1j}，b_{2j}，$\cdots$，b_{pj} 形成 $\boldsymbol{B}$ 的第 j 列，那么式(2)表明对任意 i 和 j，$\boldsymbol{C}=\boldsymbol{AB}$ 中的元素 c_{ij} 能用下述方法计算(见图 1.20)。

1．选 $\boldsymbol{A}$ 的第 i 行和 $\boldsymbol{B}$ 的第 j 列，把它们面对面放在一起。

2．对应的元素相乘并且把所有的积相加。

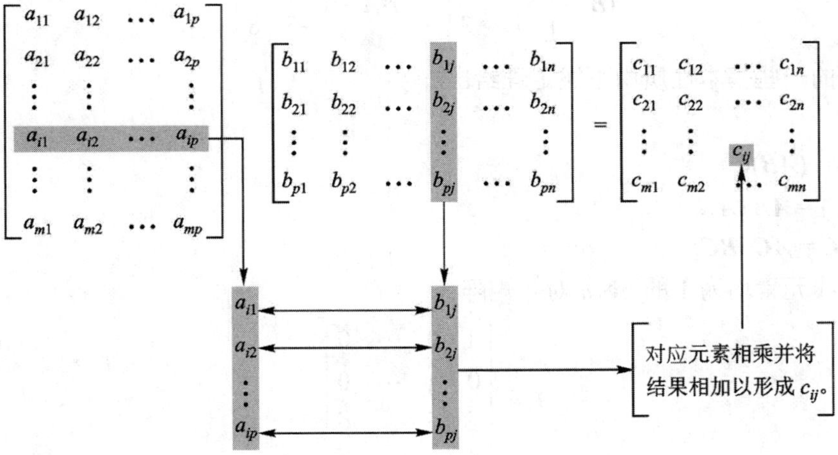

图 1.20

例 7 设 $\boldsymbol{A}=\begin{bmatrix}2 & 3 & -4\\ 1 & 2 & 3\end{bmatrix}$ 和 $\boldsymbol{B}=\begin{bmatrix}3 & 1\\ -2 & 2\\ 5 & -3\end{bmatrix}$，那么

$$\boldsymbol{AB}=\begin{bmatrix}(2)(3)+(3)(-2)+(-4)(5) & (2)(1)+(3)(2)+(-4)(-3)\\ (1)(3)+(2)(-2)+(3)(5) & (1)(1)+(2)(2)+(3)(-3)\end{bmatrix}=\begin{bmatrix}-20 & 20\\ 14 & -4\end{bmatrix}$$ ■

二维数组是矩阵概念的修正，同样线性数组是序列概念的修正。$\boldsymbol{m\times n}$ **数组** $\boldsymbol{A}$ 意味着有 mn 个位置的 $m\times n$ 矩阵 $\boldsymbol{A}$。稍后可以对这些位置赋值(对它可以作进一步修改)并且还把数组看成 $\boldsymbol{A}$。这就是计算机里二维信息存储的模型。赋给数组 $\boldsymbol{A}$ 的第 i 行、第 j 列的数将用 $\boldsymbol{A}[i,j]$表示。

前面已经看到，矩阵加法性质类似于人们熟悉的实数加法性质。然而，矩阵的某些乘法性质就不像实数乘法性质了。首先，可以看到若 $\boldsymbol{A}$ 是一个 $m\times p$ 矩阵，$\boldsymbol{B}$ 是一个 $p\times n$ 矩阵，那么

能够计算 $\boldsymbol{AB}$ 且是一个 $m\times n$ 矩阵。至于 $\boldsymbol{BA}$，就有以下 4 种可能性：

1．$\boldsymbol{BA}$ 可能没有定义，可能有 $n\neq m$。

2．$\boldsymbol{BA}$ 可能有定义，于是 $\boldsymbol{BA}$ 是一个 $p\times p$ 矩阵，而 $\boldsymbol{AB}$ 是一个 $m\times m$ 矩阵且 $p\neq m$。因此，$\boldsymbol{AB}$ 和 $\boldsymbol{BA}$ 不相等。

3．$\boldsymbol{AB}$ 和 $\boldsymbol{BA}$ 有相同的大小，但作为矩阵并不相等。

4．$\boldsymbol{AB}=\boldsymbol{BA}$。

同以前一样，约定书写 $\boldsymbol{AB}$ 仅当它们的积已有定义。

例 8 设

$$\boldsymbol{A}=\begin{bmatrix}2 & 1\\ 3 & -2\end{bmatrix},\quad \boldsymbol{B}=\begin{bmatrix}1 & -1\\ 2 & -3\end{bmatrix}$$

那么

$$\boldsymbol{AB}=\begin{bmatrix}4 & -5\\ -1 & 3\end{bmatrix},\quad \boldsymbol{BA}=\begin{bmatrix}-1 & 3\\ -5 & 8\end{bmatrix}$$ ■

矩阵乘法的一些基本性质由下述定理给出。

定理 2

(a) $\boldsymbol{A}(\boldsymbol{BC})=(\boldsymbol{AB})\boldsymbol{C}$

(b) $\boldsymbol{A}(\boldsymbol{B}+\boldsymbol{C})=\boldsymbol{AB}+\boldsymbol{AC}$

(c) $(\boldsymbol{A}+\boldsymbol{B})\boldsymbol{C}=\boldsymbol{AC}+\boldsymbol{BC}$ ■

所有对角线元素均为 1 的 $n\times n$ 对角矩阵

$$\boldsymbol{I}_n=\begin{bmatrix}1 & 0 & \cdots & 0\\ 0 & 1 & \cdots & 0\\ \vdots & \vdots & & \vdots\\ 0 & 0 & \cdots & 1\end{bmatrix}$$

称为 n 阶**单位矩阵**。若 $\boldsymbol{A}$ 是一个 $m\times n$ 矩阵，很容易证明 $\boldsymbol{I}_m\boldsymbol{A}=\boldsymbol{AI}_n=\boldsymbol{A}$。若 $\boldsymbol{A}$ 是一个 $n\times n$ 矩阵且 p 是一个正整数，定义

$$\boldsymbol{A}^p=\underbrace{\boldsymbol{A}\cdot\boldsymbol{A}\quad\cdots\quad\boldsymbol{A}}_{p\text{个因子}},\quad \boldsymbol{A}^0=\boldsymbol{I}_n$$

若 p 和 q 是非负整数，则可证明下面矩阵的指数定律：

$$\boldsymbol{A}^p\boldsymbol{A}^q=\boldsymbol{A}^{p+q},\quad (\boldsymbol{A}^p)^q=\boldsymbol{A}^{pq}$$

注意规则 $(\boldsymbol{AB})^p=\boldsymbol{A}^p\boldsymbol{B}^p$ 对于所有方阵并不成立。然而，若 $\boldsymbol{AB}=\boldsymbol{BA}$，那么 $(\boldsymbol{AB})^p=\boldsymbol{A}^p\boldsymbol{B}^p$。

若 $\boldsymbol{A}=[a_{ij}]$ 是一个 $m\times n$ 矩阵，那么 $n\times m$ 矩阵 $\boldsymbol{A}^{\mathrm{T}}=[a_{ij}^{\mathrm{T}}]$ 称为是 $\boldsymbol{A}$ **的转置**，其中 $a_{ij}^{\mathrm{T}}=a_{ji}$，$1\leqslant i\leqslant m, 1\leqslant j\leqslant n$。因此，$\boldsymbol{A}$ 的转置是通过交换 $\boldsymbol{A}$ 的行和列而得到的。

例 9 设

$$\boldsymbol{A}=\begin{bmatrix}2 & -3 & 5\\ 6 & 1 & 3\end{bmatrix},\quad \boldsymbol{B}=\begin{bmatrix}3 & 4 & 5\\ 2 & -1 & 0\\ 1 & 6 & -2\end{bmatrix}$$

那么

$$\boldsymbol{A}^{\mathrm{T}}=\begin{bmatrix}2 & 6\\ -3 & 1\\ 5 & 3\end{bmatrix},\quad \boldsymbol{B}^{\mathrm{T}}=\begin{bmatrix}3 & 2 & 1\\ 4 & -1 & 6\\ 5 & 0 & -2\end{bmatrix}$$ ■

下面的定理总结了转置运算的基本性质。

定理 3 若 $\boldsymbol{A}$ 和 $\boldsymbol{B}$ 是矩阵，则

(a) $(\boldsymbol{A}^{\mathrm{T}})^{\mathrm{T}}=\boldsymbol{A}$

(b) $(\boldsymbol{A}+\boldsymbol{B})^{\mathrm{T}}=\boldsymbol{A}^{\mathrm{T}}+\boldsymbol{B}^{\mathrm{T}}$

(c) $(\boldsymbol{AB})^{\mathrm{T}}=\boldsymbol{B}^{\mathrm{T}}\boldsymbol{A}^{\mathrm{T}}$ ■

若 $\boldsymbol{A}^{\mathrm{T}}=\boldsymbol{A}$，则称矩阵 $\boldsymbol{A}=[a_{ij}]$是**对称**的。因此，若 $\boldsymbol{A}$ 是对称的，则它必定是方阵。很容易证明 $\boldsymbol{A}$ 是对称的当且仅当 $a_{ij}=a_{ji}$，即 $\boldsymbol{A}$ 是对称的当且仅当 $\boldsymbol{A}$ 的元素关于 $\boldsymbol{A}$ 的主对角线是对称的。

例 10 若 $\boldsymbol{A}=\begin{bmatrix}1 & 2 & -3\\ 2 & 4 & 5\\ -3 & 5 & 6\end{bmatrix}$，$\boldsymbol{B}=\begin{bmatrix}1 & 2 & -3\\ 2 & 4 & 0\\ 3 & 2 & 1\end{bmatrix}$，则 $\boldsymbol{A}$ 是对称的，$\boldsymbol{B}$ 不是对称的。 ■

如果 x 是一个非零的数，那么必然存在一个数 y，使得 $xy=1$。数 y 称做 x 的**乘法逆**。当对数字以外的对象有一个乘法运算时，自然有理由问乘法的逆是否存在。一个例子就是这一节描述过的矩阵乘法。

如果 $\boldsymbol{A}$ 和 $\boldsymbol{B}$ 是 $n\times n$ 矩阵，并且 $\boldsymbol{AB}=\boldsymbol{I}_n,\boldsymbol{BA}=\boldsymbol{I}_n$，其中 $\boldsymbol{I}_n$ 是前面定义的 $n\times n$ 单位矩阵，则称 $\boldsymbol{B}$ 是 $\boldsymbol{A}$ 的**逆矩阵**。单位矩阵的性质类似于数字 1，因为对任意 $n\times n$ 矩阵 $\boldsymbol{A}$ 有 $\boldsymbol{I}_n\boldsymbol{A}=\boldsymbol{A}\boldsymbol{I}_n=\boldsymbol{A}$。所以，逆矩阵和非零数的倒数相似。然而，即使逆矩阵存在，如何来构造它并不是很明显的。

例 11 矩阵 $\begin{bmatrix}1 & 3 & 0\\ 2 & 2 & 1\\ 1 & 0 & 1\end{bmatrix}$ 的逆矩阵是矩阵 $\begin{bmatrix}-2 & 3 & -3\\ 1 & -1 & 1\\ 2 & -3 & 4\end{bmatrix}$。可以通过如下方法验证。

$$\begin{bmatrix}1 & 3 & 0\\ 2 & 2 & 1\\ 1 & 0 & 1\end{bmatrix}\begin{bmatrix}-2 & 3 & -3\\ 1 & -1 & 1\\ 2 & -3 & 4\end{bmatrix}=\begin{bmatrix}1 & 0 & 0\\ 0 & 1 & 0\\ 0 & 0 & 1\end{bmatrix}$$

且

$$\begin{bmatrix} -2 & 3 & -3 \\ 1 & -1 & 1 \\ 2 & -3 & 4 \end{bmatrix}\begin{bmatrix} 1 & 3 & 0 \\ 2 & 2 & 1 \\ 1 & 0 & 1 \end{bmatrix}=\begin{bmatrix} 1 & 0 & 0 \\ 0 & 1 & 0 \\ 0 & 0 & 1 \end{bmatrix}$$ ■

有方法可以确定一个 $n \times n$ 矩阵是否存在逆矩阵，并且如果逆矩阵存在，则有公式可以计算逆矩阵。许多这样的求逆矩阵方法在计算器和计算机的代数系统中编程实现了。在此笔者愿意给出 2×2 矩阵求逆的结果。

假设 2×2 矩阵 $\boldsymbol{A}=\begin{bmatrix} a & b \\ c & d \end{bmatrix}$ 存在一个逆矩阵 $\boldsymbol{B}=\begin{bmatrix} e & f \\ g & h \end{bmatrix}$，则

$$\begin{bmatrix} a & b \\ c & d \end{bmatrix}\begin{bmatrix} e & f \\ g & h \end{bmatrix}=\begin{bmatrix} 1 & 0 \\ 0 & 1 \end{bmatrix}$$

于是得到两个方程组

$$\begin{cases} ae+bg=1 \\ ce+dg=0 \end{cases} \quad \text{和} \quad \begin{cases} af+bh=0 \\ cf+dh=1 \end{cases}$$

当求解第一个方程组中的 e 和 g 的时候，发现必须除以 $ad-bc$，这只有在 $ad-bc \neq 0$ 时才能做。在求解第二个方程组中的 f 和 h 的时候，也需要考虑这种情况。求解 e，f，g 和 h 的方法总结在定理 4 中。

定理 4 矩阵 $\boldsymbol{A}=\begin{bmatrix} a & b \\ c & d \end{bmatrix}$ 有逆矩阵当且仅当 $ad-bc \neq 0$，这时逆矩阵为

$$\boldsymbol{A}^{-1}=\begin{bmatrix} \dfrac{d}{ad-bc} & -\dfrac{b}{ad-bc} \\ -\dfrac{c}{ad-bc} & \dfrac{a}{ad-bc} \end{bmatrix}$$ ■

布尔矩阵运算

一个**布尔矩阵**(也称为**位矩阵**)是一个 $m \times n$ 矩阵，它的元素是 0 或者 1。现在对布尔矩阵定义三种运算，这些运算在第 4 章中将非常有用。

设 $\boldsymbol{A}=[a_{ij}]$ 和 $\boldsymbol{B}=[b_{ij}]$ 都是 $m \times n$ 布尔矩阵，定义 $\boldsymbol{A} \vee \boldsymbol{B}=\boldsymbol{C}=[c_{ij}]$ 为 $\boldsymbol{A}$ 和 $\boldsymbol{B}$ 的**并**，其中

$$c_{ij}=\begin{cases} 1, & a_{ij}=1 \text{或} b_{ij}=1 \\ 0, & a_{ij} \text{和} b_{ij} \text{都是} 0 \end{cases}$$

定义 $\boldsymbol{A} \wedge \boldsymbol{B}=\boldsymbol{D}=[d_{ij}]$ 为 $\boldsymbol{A}$ 和 $\boldsymbol{B}$ 的**交**，其中

$$d_{ij}=\begin{cases} 1, & a_{ij} \text{和} b_{ij} \text{都是} 1 \\ 0, & a_{ij}=0 \text{或} b_{ij}=0 \end{cases}$$

注意同矩阵加法的情况一样，只有当 $\boldsymbol{A}$ 和 $\boldsymbol{B}$ 具有相同大小时这些运算才能进行。但是，其计算

的结果值并不是把 $\boldsymbol{A}$ 和 $\boldsymbol{B}$ 中的对应元素相加，而只是对这种特殊模式通过检查对应的元素值。

例 12 设 $\boldsymbol{A}=\begin{bmatrix}1&0&1\\0&1&1\\1&1&0\\0&0&0\end{bmatrix}$，$\boldsymbol{B}=\begin{bmatrix}1&1&0\\1&0&1\\0&0&1\\1&1&0\end{bmatrix}$。

(a) 计算 $\boldsymbol{A}\vee\boldsymbol{B}$。(b) 计算 $\boldsymbol{A}\wedge\boldsymbol{B}$。

解 (a) 设 $\boldsymbol{A}\vee\boldsymbol{B}=[c_{ij}]$。那么，因为 a_{43} 和 b_{43} 都是 0，所以 $c_{43}=0$。而所有其他情况，要么 a_{ij} 为 1，要么 b_{ij} 为 1，因此，c_{ij} 也是 1。从而得到

$$\boldsymbol{A}\vee\boldsymbol{B}=\begin{bmatrix}1&1&1\\1&1&1\\1&1&1\\1&1&0\end{bmatrix}$$

(b) 设 $\boldsymbol{A}\wedge\boldsymbol{B}=[d_{ij}]$，那么因为 a_{11} 和 b_{11} 都为 1，所以 $d_{11}=1$。因为 a_{23} 和 b_{23} 都为 1，所以 $d_{23}=1$。而所有其他情况，要么 a_{ij} 为 0，要么 b_{ij} 为 0，因此 $d_{ij}=0$。从而得到

$$\boldsymbol{A}\wedge\boldsymbol{B}=\begin{bmatrix}1&0&0\\0&0&1\\0&0&0\\0&0&0\end{bmatrix}$$ ■

最后，假设 $\boldsymbol{A}=[a_{ij}]$是一个 $m\times p$ 布尔矩阵，$\boldsymbol{B}=[b_{ij}]$是一个 $p\times n$ 布尔矩阵。注意关于 $\boldsymbol{A}$ 和 $\boldsymbol{B}$ 的大小的条件正好是形成矩阵乘积 $\boldsymbol{AB}$ 所需要的条件。下面定义另一种乘积。

$\boldsymbol{A}$ 和 $\boldsymbol{B}$ 的**布尔积**，记作 $\boldsymbol{A}\odot\boldsymbol{B}$，是一个 $m\times n$ 布尔矩阵 $\boldsymbol{C}=[c_{ij}]$，其定义如下：

$$c_{ij}=\begin{cases}1, & a_{ik}=1\text{且}b_{kj}=1,\ \text{对某个}\ k,\ 1\leqslant k\leqslant p\\0, & \text{其他}\end{cases}$$

该乘法类似于通常的矩阵乘法。上面的公式表明，对任意 i 和 j，$\boldsymbol{C}=\boldsymbol{A}\odot\boldsymbol{B}$ 中的元素 c_{ij} 能用下述方法计算(见图 1.21 并且把它与图 1.20 进行比较)。

1．选择 $\boldsymbol{A}$ 的第 i 行和 $\boldsymbol{B}$ 的第 j 列，并且把它们面对面排列在一起。

2．比较对应的元素。如果有一对对应元素是由两个 1 所组成的，那么 $c_{ij}=1$，否则 $c_{ij}=0$。

可以很容易地对布尔积的每个位置执行指定的比较和检查。因此，至少对人类来说，计算 $\boldsymbol{A}\odot\boldsymbol{B}$ 中的元素比计算 $\boldsymbol{AB}$ 中的元素要容易得多。

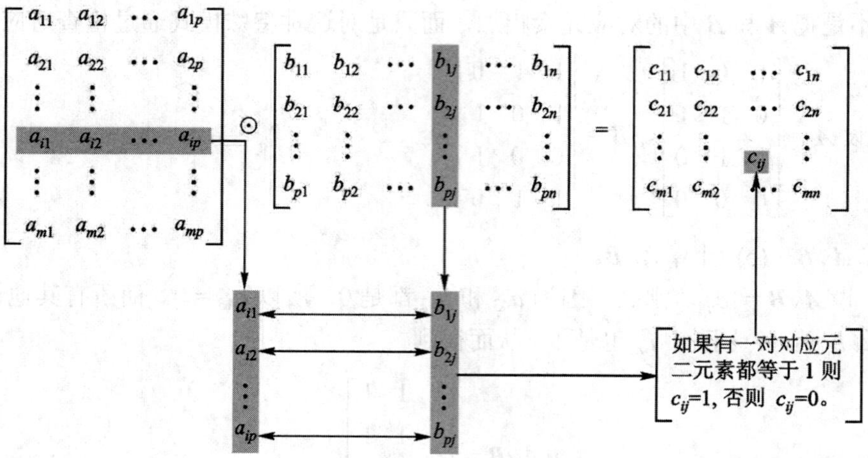

图 1.21

例 13 设

$$A = \begin{bmatrix} 1 & 1 & 0 \\ 0 & 1 & 0 \\ 1 & 1 & 0 \\ 0 & 0 & 1 \end{bmatrix}, \quad B = \begin{bmatrix} 1 & 0 & 0 & 0 \\ 0 & 1 & 1 & 0 \\ 1 & 0 & 1 & 1 \end{bmatrix}$$

计算 $\boldsymbol{A}\odot\boldsymbol{B}$。

解 设 $\boldsymbol{A}\odot\boldsymbol{B} = [e_{ij}]$，因为 $\boldsymbol{A}$ 的第 1 行和 $\boldsymbol{B}$ 的第 1 列均有一个 1 作为第一个元素，所以 $e_{11} = 1$。类似地，有 $e_{12} = 1$，因为 $a_{12} = 1$ 且 $b_{22} = 1$，即 $\boldsymbol{A}$ 的第 1 行和 $\boldsymbol{B}$ 的第 2 列在第 2 个位置上有一个 1。以类似的方式可推得 $e_{13} = 1$。另一方面，因为 $\boldsymbol{A}$ 的第 1 行和 $\boldsymbol{B}$ 的第 4 列在任何位置上都没有共同的 1，所以 $e_{14} = 0$。如此继续，得到

$$\boldsymbol{A}\odot\boldsymbol{B} = \begin{bmatrix} 1 & 1 & 1 & 0 \\ 0 & 1 & 1 & 0 \\ 1 & 1 & 1 & 0 \\ 1 & 0 & 1 & 1 \end{bmatrix}$$ ■

下面的定理总结了刚才定义过的布尔矩阵运算的一些基本性质，它的证明留做练习。

定理 5 如果 $\boldsymbol{A}$，$\boldsymbol{B}$ 和 $\boldsymbol{C}$ 是大小相容的布尔矩阵，那么

1．(a) $\boldsymbol{A}\vee\boldsymbol{B} = \boldsymbol{B}\vee\boldsymbol{A}$

(b) $\boldsymbol{A}\wedge\boldsymbol{B} = \boldsymbol{B}\wedge\boldsymbol{A}$

2．(a) $(\boldsymbol{A}\vee\boldsymbol{B})\vee\boldsymbol{C} = \boldsymbol{A}\vee(\boldsymbol{B}\vee\boldsymbol{C})$

(b) $(\boldsymbol{A}\wedge\boldsymbol{B})\wedge\boldsymbol{C} = \boldsymbol{A}\wedge(\boldsymbol{B}\wedge\boldsymbol{C})$

3．(a) $\boldsymbol{A}\wedge(\boldsymbol{B}\vee\boldsymbol{C}) = (\boldsymbol{A}\wedge\boldsymbol{B})\vee(\boldsymbol{A}\wedge\boldsymbol{C})$

(b) $\boldsymbol{A}\vee(\boldsymbol{B}\wedge\boldsymbol{C}) = (\boldsymbol{A}\vee\boldsymbol{B})\wedge(\boldsymbol{A}\vee\boldsymbol{C})$

4. $(\boldsymbol{A}\odot\boldsymbol{B})\odot\boldsymbol{C}=\boldsymbol{A}\odot(\boldsymbol{B}\odot\boldsymbol{C})$ ■

习 题 1.5

1. 设 $\boldsymbol{A}=\begin{bmatrix}3 & -2 & 5\\ 4 & 1 & 2\end{bmatrix}$，$\boldsymbol{B}=\begin{bmatrix}3\\ -2\\ 4\end{bmatrix}$，$\boldsymbol{C}=\begin{bmatrix}2 & 3 & 4\\ 5 & 6 & -1\\ 2 & 0 & 8\end{bmatrix}$。

(a) a_{12}, a_{22}, a_{23} 各等于多少？

(b) b_{11}, b_{31} 各等于多少？

(c) c_{13}, c_{23}, c_{33} 各等于多少？

(d) 列出 $\boldsymbol{C}$ 的主对角线上的元素。

2. 下面哪些是对角矩阵？

(a) $\boldsymbol{A}=\begin{bmatrix}2 & 3\\ 0 & 0\end{bmatrix}$　(b) $\boldsymbol{B}=\begin{bmatrix}3 & 0 & 0\\ 0 & -2 & 0\\ 0 & 0 & 5\end{bmatrix}$　(c) $\boldsymbol{C}=\begin{bmatrix}0 & 0 & 0\\ 0 & 0 & 0\\ 0 & 0 & 0\end{bmatrix}$

(d) $\boldsymbol{D}=\begin{bmatrix}2 & 6 & -2\\ 0 & -1 & 0\\ 0 & 0 & 3\end{bmatrix}$　(e) $\boldsymbol{E}=\begin{bmatrix}4 & 0 & 0\\ 0 & 4 & 0\\ 0 & 0 & 4\end{bmatrix}$

3. 如果 $\begin{bmatrix}a+b & c+d\\ c-d & a-b\end{bmatrix}=\begin{bmatrix}4 & 6\\ 10 & 2\end{bmatrix}$，求 a，b，c 和 d。

4. 如果 $\begin{bmatrix}a+2b & 2a-b\\ 2c+d & c-2d\end{bmatrix}=\begin{bmatrix}4 & -2\\ 4 & -3\end{bmatrix}$，求 a，b，c 和 d。

在第 5 题～第 10 题中，设

$$\boldsymbol{A}=\begin{bmatrix}2 & 1 & 3\\ 4 & 1 & -2\end{bmatrix},\ \boldsymbol{B}=\begin{bmatrix}0 & 1\\ 1 & 2\\ 2 & 3\end{bmatrix},\ \boldsymbol{C}=\begin{bmatrix}1 & -2 & 3\\ 4 & 2 & 5\\ 3 & 1 & 2\end{bmatrix},$$

$$\boldsymbol{D}=\begin{bmatrix}-3 & 2\\ 4 & 1\end{bmatrix},\ \boldsymbol{E}=\begin{bmatrix}3 & 2 & -1\\ 5 & 4 & -3\\ 0 & 1 & 2\end{bmatrix},\ \boldsymbol{F}=\begin{bmatrix}-2 & 3\\ 4 & 5\end{bmatrix}。$$

5. 如果有可能，计算下列各式。

(a) $\boldsymbol{C}-\boldsymbol{E}$　(b) $\boldsymbol{AB}$　(c) $\boldsymbol{CB}+\boldsymbol{F}$　(d) $\boldsymbol{AB}+\boldsymbol{DF}$

6. 如果有可能，计算下列各式。

(a) $\boldsymbol{A}(\boldsymbol{BD})$和$(\boldsymbol{AB})\boldsymbol{D}$

(b) $\boldsymbol{A}(\boldsymbol{C}+\boldsymbol{E})$和 $\boldsymbol{AC}+\boldsymbol{AE}$

(c) $\boldsymbol{FD}+\boldsymbol{AB}$

7. 如果有可能，计算下列各式。

(a) $\boldsymbol{EB}+\boldsymbol{FA}$　(b) $\boldsymbol{A}(\boldsymbol{B}+\boldsymbol{D})$和 $\boldsymbol{AB}+\boldsymbol{AD}$

(c) $(\boldsymbol{F}+\boldsymbol{D})\boldsymbol{A}$　(d) $\boldsymbol{AC}+\boldsymbol{DE}$

8. 如果有可能，计算下列各式。

(a) $\boldsymbol{A}^{\mathrm{T}}$ 和 $(\boldsymbol{A}^{\mathrm{T}})^{\mathrm{T}}$　　(b) $(\boldsymbol{C}+\boldsymbol{E})^{\mathrm{T}}$ 和 $\boldsymbol{C}^{\mathrm{T}}+\boldsymbol{E}^{\mathrm{T}}$

(c) $(\boldsymbol{AB})^{\mathrm{T}}$ 和 $\boldsymbol{B}^{\mathrm{T}}\boldsymbol{A}^{\mathrm{T}}$　　(d) $(\boldsymbol{B}^{\mathrm{T}}\boldsymbol{C})+\boldsymbol{A}$

9．如果有可能，计算下列各式。

(a) $\boldsymbol{A}^{\mathrm{T}}(\boldsymbol{D}+\boldsymbol{F})$　　(b) $(\boldsymbol{BC})^{\mathrm{T}}$ 和 $\boldsymbol{C}^{\mathrm{T}}\boldsymbol{B}^{\mathrm{T}}$

(c) $(\boldsymbol{B}^{\mathrm{T}}+\boldsymbol{A})\boldsymbol{C}$　　(d) $(\boldsymbol{D}^{\mathrm{T}}+\boldsymbol{E})\boldsymbol{F}$

10．计算 $\boldsymbol{D}^3$。

11．设 $\boldsymbol{A}$ 是一个 $m\times n$ 矩阵，证明 $\boldsymbol{I}_m\boldsymbol{A}=\boldsymbol{A}\boldsymbol{I}_n=\boldsymbol{A}$。(提示：选取 $\boldsymbol{I}_m\boldsymbol{A}$ 中的一般元素。)

12．设 $\boldsymbol{A}=\begin{bmatrix}2 & 1\\ 3 & -2\end{bmatrix}$ 和 $\boldsymbol{B}=\begin{bmatrix}-1 & 2\\ 3 & 4\end{bmatrix}$。证明：$\boldsymbol{AB}\neq\boldsymbol{BA}$。

13．设 $\boldsymbol{A}=\begin{bmatrix}3 & 0 & 0\\ 0 & -2 & 0\\ 0 & 0 & 4\end{bmatrix}$。

(a) 计算 $\boldsymbol{A}^3$。　　(b) $\boldsymbol{A}^k$ 等于多少？

14．证明：对任意矩阵 $\boldsymbol{A}$ 有 $\boldsymbol{A}\mathbf{0}=\mathbf{0}$。

15．证明：$\boldsymbol{I}_n^{\mathrm{T}}=\boldsymbol{I}_n$。

16．(a) 证明：如果 $\boldsymbol{A}$ 有一行为 0，那么 $\boldsymbol{AB}$ 有一对应行为 0。(提示：使用本节对 $\boldsymbol{AB}$ 一般元素的定义。)

(b) 证明：如果 $\boldsymbol{B}$ 有一列为 0，那么 $\boldsymbol{AB}$ 有一对应列为 0。

17．证明：矩阵积 $\boldsymbol{AB}$ 的第 j 列等于矩阵积 $\boldsymbol{AB}_j$，这里 $\boldsymbol{B}_j$ 是 $\boldsymbol{B}$ 的第 j 列。

18．如果 $\mathbf{0}$ 是 2×2 零矩阵，求两个 2×2 矩阵 $\boldsymbol{A}$ 和 $\boldsymbol{B}$，$\boldsymbol{A}\neq\mathbf{0}$ 且 $\boldsymbol{B}\neq\mathbf{0}$，使得 $\boldsymbol{AB}=\mathbf{0}$。

19．若 $\boldsymbol{A}=\begin{bmatrix}0 & 1\\ 1 & 0\end{bmatrix}$，证明 $\boldsymbol{A}^2=\boldsymbol{I}_2$。

20．确定所有的 2×2 矩阵 $\boldsymbol{A}=\begin{bmatrix}0 & a\\ b & c\end{bmatrix}$ 使得 $\boldsymbol{A}^2=\boldsymbol{I}_2$。

21．设 $\boldsymbol{A}$ 和 $\boldsymbol{B}$ 是对称矩阵。

(a) 证明：$\boldsymbol{A}+\boldsymbol{B}$ 也是对称矩阵。

(b) $\boldsymbol{AB}$ 也是对称矩阵吗？

22．设 $\boldsymbol{A}$ 是一个 $n\times n$ 矩阵。

(a) 证明：$\boldsymbol{A}\boldsymbol{A}^{\mathrm{T}}$ 和 $\boldsymbol{A}^{\mathrm{T}}\boldsymbol{A}$ 是对称矩阵。

(b) 证明：$\boldsymbol{A}+\boldsymbol{A}^{\mathrm{T}}$ 是对称矩阵。

23．证明定理 3。(提示：对于(c)，证明$(\boldsymbol{AB})^{\mathrm{T}}$ 中的第(i,j)个元素等于 $\boldsymbol{B}^{\mathrm{T}}\boldsymbol{A}^{\mathrm{T}}$ 中的第(i,j)个元素。)

24．设 $\boldsymbol{A}$ 是一个可逆的 2×2 对称矩阵，那么 $\boldsymbol{A}^{-1}$ 也一定是对称矩阵吗？解释你的理由。

25．求下列各矩阵的逆。

(a) $\begin{bmatrix}2 & 1\\ 5 & 7\end{bmatrix}$　　(b) $\begin{bmatrix}-3 & 4\\ 0 & 9\end{bmatrix}$　　(c) $\begin{bmatrix}6 & 5\\ 4 & -2\end{bmatrix}$

26．求下列各矩阵的逆。

(a) $\begin{bmatrix}-8 & 3\\ 9 & -2\end{bmatrix}$　　(b) $\begin{bmatrix}3 & 4\\ -1 & 10\end{bmatrix}$　　(c) $\begin{bmatrix}-2 & -9\\ -6 & -4\end{bmatrix}$

在题 27 和 28 中，设

$$A=\begin{bmatrix}1&0&1\\0&0&1\\1&1&1\end{bmatrix},\quad B=\begin{bmatrix}0.2&0.4&0.2\\-0.4&0.2&0.6\\0.2&-0.6&0.2\end{bmatrix}$$

$$C=\begin{bmatrix}1&-1&0\\-1&0&1\\0&1&0\end{bmatrix},\quad D=\begin{bmatrix}2&-1&1\\1&0&-1\\1&1&1\end{bmatrix}$$

27. (a) 验证 $\boldsymbol{C}=\boldsymbol{A}^{-1}$。

(b) 验证 $\boldsymbol{D}=\boldsymbol{B}^{-1}$。

28. 判断 $\boldsymbol{CD}$ 是否是 $\boldsymbol{AB}$ 的逆。解释你的理由。

29. 证明：如果 $\boldsymbol{A}$ 和 $\boldsymbol{B}$ 是 $n\times n$ 矩阵且 $\boldsymbol{A}^{-1},\boldsymbol{B}^{-1}$ 都存在，那么 $(\boldsymbol{AB})^{-1}=(\boldsymbol{B}^{-1}\boldsymbol{A}^{-1})$。

在题 30 和 31 中，对给出的矩阵 $\boldsymbol{A}$ 和 $\boldsymbol{B}$，试计算 $\boldsymbol{A}\vee\boldsymbol{B}$, $\boldsymbol{A}\wedge\boldsymbol{B}$ 和 $\boldsymbol{A}\odot\boldsymbol{B}$。

30. (a) $\boldsymbol{A}=\begin{bmatrix}1&0\\0&1\end{bmatrix}$，$\boldsymbol{B}=\begin{bmatrix}1&1\\0&1\end{bmatrix}$

(b) $\boldsymbol{A}=\begin{bmatrix}1&1\\0&1\end{bmatrix}$，$\boldsymbol{B}=\begin{bmatrix}0&0\\1&1\end{bmatrix}$

(c) $\boldsymbol{A}=\begin{bmatrix}1&1\\1&1\end{bmatrix}$，$\boldsymbol{B}=\begin{bmatrix}0&0\\1&0\end{bmatrix}$

31. (a) $\boldsymbol{A}=\begin{bmatrix}1&0&0\\0&1&1\\1&0&0\end{bmatrix}$，$\boldsymbol{B}=\begin{bmatrix}1&1&1\\0&0&1\\1&0&1\end{bmatrix}$

(b) $\boldsymbol{A}=\begin{bmatrix}0&0&1\\1&1&0\\1&0&0\end{bmatrix}$，$\boldsymbol{B}=\begin{bmatrix}0&1&1\\1&1&0\\1&0&1\end{bmatrix}$

(c) $\boldsymbol{A}=\begin{bmatrix}1&0&0\\0&0&1\\1&0&1\end{bmatrix}$，$\boldsymbol{B}=\begin{bmatrix}1&1&1\\1&1&1\\1&0&0\end{bmatrix}$

在 32 和 33 题中，设 $\boldsymbol{F}=[f_{ij}]$是一个 $p\times q$ 矩阵。

32. (a) 给出矩阵 $\boldsymbol{F}$ 中第 k 行的一般元。

(b) j 的最大值是多少？

(c) 给出矩阵 $\boldsymbol{F}$ 中第 l 列的一般元。

(d) i 的最大值是多少？

33. (a) 给出矩阵 $\boldsymbol{F}$ 中左下角元素。

(b) 给出矩阵 $\boldsymbol{F}$ 中左上角元素。

(c) 给出矩阵 $\boldsymbol{F}$ 中右下角元素。

(d) 给出矩阵 $\boldsymbol{F}$ 中右上角元素。

(e) 给出矩阵 $\boldsymbol{F}^{\mathrm{T}}$ 中第 r 行的一般元。

(f) 给出矩阵 $\boldsymbol{F}$ 中对角线上的一般元。

在 34 到 35 题中，设 $\boldsymbol{M}=[m_{ij}]$，$\boldsymbol{N}=[n_{ij}]$，$\boldsymbol{P}=[p_{ij}]$都是大小一样的方阵，用 $\boldsymbol{M}$，$\boldsymbol{N}$，$\boldsymbol{P}$ 中的值表示下面各题中第 ij 位的值。

34．(a) $\boldsymbol{P}+\boldsymbol{M}+\boldsymbol{N}$ (b) $\boldsymbol{P}^{\mathrm{T}}+\boldsymbol{M}$, (c) $\boldsymbol{N}^{\mathrm{T}}$ (d) $\boldsymbol{NM}$

35．(a) $\boldsymbol{PM}$ (b) $\boldsymbol{MP}$ (c) $\boldsymbol{P}(\boldsymbol{M}+\boldsymbol{N})$ (d) $\boldsymbol{MN}+\boldsymbol{PN}$

在 36 到 37 题中，设 $\boldsymbol{M}=[m_{ij}]$，$\boldsymbol{N}=[n_{ij}]$，$\boldsymbol{P}=[p_{ij}]$都是大小一样的布尔方阵，用 $\boldsymbol{M}$，$\boldsymbol{N}$，$\boldsymbol{P}$ 中的值表示下面各题中第 ij 位的值。

36．(a) $\boldsymbol{M}\wedge\boldsymbol{P}$ (b) $\boldsymbol{P}\vee\boldsymbol{N}$, (c) $(\boldsymbol{M}\wedge\boldsymbol{N})\vee(\boldsymbol{M}\wedge\boldsymbol{P})$

37．(a) $\boldsymbol{M}\odot\boldsymbol{P}$ (b) $\boldsymbol{P}\odot\boldsymbol{M}$ (c) $(\boldsymbol{M}\odot\boldsymbol{N})\odot\boldsymbol{P}$

38．完成下列证明。

(a) $\boldsymbol{A}\vee\boldsymbol{A}=\boldsymbol{A}$。证明：设 b_{ij} 是 $\boldsymbol{A}\vee\boldsymbol{A}$ 中的元素，如果 $b_{ij}=0$，那么 $a_{ij}=$______，因为___。如果 $b_{ij}=1$，那么 $a_{ij}=$______，因为____。因此对每个(i,j)对，有 $b_{ij}=a_{ij}$。

(b) $\boldsymbol{A}\wedge\boldsymbol{A}=\boldsymbol{A}$。证明：设 b_{ij} 是 $\boldsymbol{A}\wedge\boldsymbol{A}$ 中的元素，如果 $b_{ij}=0$，那么___。如果 $b_{ij}=1$，那么___。(给予解释。)所以对每个(i,j)对，有 $b_{ij}=a_{ij}$。

39．证明：$\boldsymbol{A}\vee\boldsymbol{B}=\boldsymbol{B}\vee\boldsymbol{A}$。

40．证明：$\boldsymbol{A}\wedge\boldsymbol{B}=\boldsymbol{B}\wedge\boldsymbol{A}$。

41．证明：$\boldsymbol{A}\vee(\boldsymbol{B}\vee\boldsymbol{C})=(\boldsymbol{A}\vee\boldsymbol{B})\vee\boldsymbol{C}$。

42．证明：$\boldsymbol{A}\wedge(\boldsymbol{B}\wedge\boldsymbol{C})=(\boldsymbol{A}\wedge\boldsymbol{B})\wedge\boldsymbol{C}$。

43．证明：$\boldsymbol{A}\odot(\boldsymbol{B}\odot\boldsymbol{C})=(\boldsymbol{A}\odot\boldsymbol{B})\odot\boldsymbol{C}$。

44．证明：$\boldsymbol{A}\wedge(\boldsymbol{B}\vee\boldsymbol{C})=(\boldsymbol{A}\wedge\boldsymbol{B})\vee(\boldsymbol{A}\wedge\boldsymbol{C})$。

45．证明：$\boldsymbol{A}\vee(\boldsymbol{B}\wedge\boldsymbol{C})=(\boldsymbol{A}\vee\boldsymbol{B})\wedge(\boldsymbol{A}\vee\boldsymbol{C})$。

46．例 8 说明了什么问题？

47．设 $\boldsymbol{A}=[a_{ij}]$和 $\boldsymbol{B}=[b_{ij}]$是两个 $n\times n$ 矩阵，$\boldsymbol{C}=[c_{ij}]$表示 $\boldsymbol{AB}$。证明：若 k 是一个整数且对所有的 i, j,有 $k|a_{ij}$，那么对所有的 i, j，有 $k|c_{ij}$。

48．设 p 是一个大于 2 的素数，矩阵 $\boldsymbol{A}$ 和 $\boldsymbol{B}$ 的所有元素是整数，假设 p 整除 $\boldsymbol{A}+\boldsymbol{B}$ 和 $\boldsymbol{A}-\boldsymbol{B}$ 中的所有元素。证明 p 能整除 $\boldsymbol{A}$ 的所有元素和 $\boldsymbol{B}$ 的所有元素。

矩阵上的另一种运算是标量乘法。设 k 是一个实数，$A=[a_{ij}]$是一个 $m\times n$ 矩阵。用标量 k 乘以 A 的结果是矩阵 $kA=[ka_{ij}]$。对于第 49 题～第 53 题，运用已知的标量乘法和矩阵的定义。

$$\boldsymbol{A}=\begin{bmatrix}2&-3&-1\\0&5&2\\4&-4&6\end{bmatrix},\quad \boldsymbol{B}=\begin{bmatrix}2&4&-6\\4&0&9\\7&-1&3\end{bmatrix},\quad \boldsymbol{C}=\begin{bmatrix}4&0\\3&1\\-2&5\end{bmatrix}$$

49．计算下面各式。

(a) $3\boldsymbol{A}$ (b) $5\boldsymbol{B}$ (c) $-1\boldsymbol{C}$

50．计算下面各式。

(a) $3(\boldsymbol{A}+\boldsymbol{B})$ (b) $3\boldsymbol{A}+3\boldsymbol{B}$ (c) $-2(\boldsymbol{AC})$ (d) $\boldsymbol{A}(-2\boldsymbol{C})$

51．证明：标量乘法有下列性质，$k(\boldsymbol{A}+\boldsymbol{B})=k\boldsymbol{A}+k\boldsymbol{B}$。

52．证明：标量乘法有下列性质，$k(\boldsymbol{AB})=(k\boldsymbol{A})\boldsymbol{B}=\boldsymbol{A}(k\boldsymbol{B})$。

53．设 $\boldsymbol{A}$ 是一个 $m\times n$ 矩阵，求一个矩阵 $\boldsymbol{K}$，使得对任意固定的 k，有 $\boldsymbol{KA}=k\boldsymbol{A}$。

1.6 数 学 结 构

在本章中已经几次看到这样一种情况，一种新的数学对象被定义，例如集合或矩阵，于是为了表示这类新的对象首先需要引进记号，确定两个对象是否同所描述的一样。其次，就是把新的对象分类，例如，有限集合或无限集合，布尔矩阵或对称矩阵。然后，对这些对象定义运算并对这些运算的性质进行验证。

这种在它们上面定义了运算并且运算具有某些性质的对象的集合形成了一个**数学结构**或**系统**。在本书中只讨论离散数学结构。

例 1 具有并、交、补运算的集合的全体及其附带性质是一个(离散)数学结构，用(集合,∪,∩,‾)表示这种结构。 ■

例 2 具有加法、乘法和转置运算的 3×3 矩阵的集合是一个数学结构，用(3×3 矩阵，+，*，^{T})表示。 ■

以前还未明确的一条重要性质是封闭性。如果运算总是产生对象集合内的另一个成员，那么称这个结构关于这种运算是**封闭**的。

例 3 结构(5×5 矩阵，+，*，^{T})关于加法是封闭的，因为两个 5×5 矩阵的和是另一个 5×5 矩阵。 ■

例 4 结构(奇整数，+，*)关于加法不是封闭的，因为两个奇数的和是一个偶数。但这个结构对于乘法的确有封闭性质，因为两个奇数的积是一个奇数。 ■

结合两个对象的运算是**二元运算**。只需要一个对象的运算是**一元运算**。二元运算同前面所看到的那些运算往往具有类似的性质。

例 5 (a) 集合交是一个二元运算，因为两个集合的交产生一个新的集合。

(b) 对矩阵取转置是一元运算。 ■

所共通的性质常常被赋予名称。例如，如果对象的次序不影响二元运算的结果，则称运算是**可交换的**，即：若 $x\square y = y\square x$，这里的□是某个二元运算，则□是可交换的。

例 6 (a) 布尔矩阵的并和交是可交换运算。

$$\boldsymbol{A}\vee\boldsymbol{B} = \boldsymbol{B}\vee\boldsymbol{A},\ \boldsymbol{A}\wedge\boldsymbol{B} = \boldsymbol{B}\wedge\boldsymbol{A}$$

(b) 通常的矩阵乘法不是可交换运算。$\boldsymbol{AB}\neq\boldsymbol{BA}$。 ■

注意，当称一种运算有某种性质时，意指当结构中的任何对象做该运算时，这种性质的命题为真。如果还有一种情况使得这种命题为假，那么该运算就没有这种性质。若□是一个二元运算，且有

$$(x\square y)\square z = x\square(y\square z)$$

那么称□是**可结合的**或者有**结合性质**。

例 7 集合的并是一种可结合运算，因为$(A\cup B)\cup C = A\cup(B\cup C)$总是为真。 ■

若一个数学结构有两种二元运算，比如□和▽，那么，**分配性质**有下面的形式：

$$x\square(y\triangledown z) = (x\square y)\triangledown(x\square z)$$

称“□对▽可分配”。

例 8 (a) 大家熟悉实数的分配性质，若 a,b 和 c 是实数，那么 $a\cdot(b+c) = a\cdot b+a\cdot c$。注意，由于在实数算术运算中有乘法优先于加法的规定，所以等式右边的括号不是必需的。

(b) 结构(集合,∪,∩,¯)有两条分配性质：

$$A\cup(B\cap C)=(A\cup B)\cap(A\cup C)$$
$$A\cap(B\cup C)=(A\cap B)\cup(A\cap C) \quad ■$$

大家已看到过几种结构具有一元运算和二元运算。对于这些结构可以根据德·摩根定律是否是这个系统的性质。若一元运算是°，二元运算是□和▽，那么德·摩根定律是

$$(x\square y)^{\circ}=x^{\circ}\triangledown y^{\circ},\qquad (x\triangledown y)^{\circ}=x^{\circ}\square y^{\circ}$$

例 9 (a) 在 1.2 节已经看到，对于并、交和补运算，集合满足德·摩根定律：

$$\overline{(A\cup B)}=\overline{A}\cap\overline{B},\quad \overline{(A\cap B)}=\overline{A}\cup\overline{B}$$

(b) 结构(实数，+，*，$\sqrt{\ }$)不满足德·摩根定律，因为$\sqrt{x+y}\neq\sqrt{x}*\sqrt{y}$。 ■

具有二元运算□的结构可以包含一个特殊对象 e，使得对于集合中的所有 x，具有性质 $x\square e=e\square x=x$。称 e 是□的一个**单位元**。其实，对应于一种运算的单位元必定是唯一的。

定理 1 若 e 是二元运算□的一个单位元，那么 e 是唯一的。

证明 假设另一个对象 i 也具有单位元性质，那么，$x\square i=i\square x=x$。从而 $e\square i=e$，但是因为 e 是□的一个单位元，所以 $i\square e=e\square i=i$。因此运算□至多存在一个具有单位元性质的对象。■

这是本书第一个对命题不直接进行证明的例子。假设存在两个单位元，证明它们实际上就是同一个元。

例 10 对于结构($n\times n$ 矩阵，+，*，^{T})，$\boldsymbol{I}_n$ 是矩阵乘法的单位元，$n\times n$ 零矩阵是矩阵加法的单位元。 ■

若一个二元运算□有单位元 e，且有 $x\square y=y\square x=e$，则称 y 是 x 的□-逆。

定理 2 若□是一个可结合运算，x 有一个□-逆 y，那么 y 是唯一的。

证明 假设 x 存在另一个□-逆，比如 z，那么$(z\square x)\square y=e\square y=y$，$z\square(x\square y)=z\square e=z$。由于□是可结合运算，所以$(z\square x)\square y=z\square(x\square y)$，因此 $y=z$。 ■

例 11 (a) 在结构(3×3 矩阵，+，*，^{T})中，每个矩阵 $\boldsymbol{A}=[a_{ij}]$有一个+-逆或称加法逆，$-\boldsymbol{A}=[-a_{ij}]$。

(b) 在结构(整数，+，*)中，只有整数 1 和−1 有乘法逆。 ■

例 12 设□，▽和°是通过下面表格定义在集合{0，1}上的运算。

□	0	1
0	0	1
1	1	0

▽	0	1
0	0	0
1	0	1

x°	x
0	1
1	0

因此，1□0 = 1，0▽1 = 0，1° = 0。对于({0,1},□,▽,°)，判断下面每个结论是否为真。

(a) □是可交换的。

(b) ▽是可结合的。

(c) 德·摩根定律成立。

(d) 对于这种结构两条分配性质成立。

解 (a) 对于 x 和 y 的所有选择，命题 $x\Box y=y\Box x$ 一定为真。这里只存在一种情况需验证：$0\Box 1=1\Box 0$ 是否为真？因为 $0\Box 1$ 和 $1\Box 0$ 都是 1，所以□是可交换的。

(b) 需验证 8 种可能情况，留做一个练习，见题 6(b)。

(c) $(0\Box 0)^\circ=0^\circ=1 \qquad 0^\circ\triangledown 0^\circ=1\triangledown 1=1$

$(0\Box 1)^\circ=1^\circ=0 \qquad 0^\circ\triangledown 1^\circ=1\triangledown 0=0$

$(1\Box 1)^\circ=0^\circ=1 \qquad 1^\circ\triangledown 1^\circ=0\triangledown 0=0$

最后一对结果表明德·摩根定律对于这种结构不成立。

(d) 一条可能的分配性质是 $x\Box(y\triangledown z)=(x\Box y)\triangledown(x\Box z)$。必须对所有可能的情况进行验证。一种实现途径在下面表格中示出。

x	y	z	$y\triangledown z$	$x\Box(y\triangledown z)$	$x\Box y$	$x\Box z$	$(x\Box y)\triangledown(x\Box z)$
0	0	0	0	0	0	0	0
0	0	1	0	0	0	1	0
0	1	0	0	0	1	0	0
0	1	1	1	1	1	1	1
1	0	0	0	1	1	1	1
1	0	1	0	1	1	0	0
1	1	0	0	1	0	1	0
1	1	1	1	0	0	0	0
				(A)			(B)

因为列(A)和(B)不恒等，所以这种结构中可能的分配性质不成立。对于另一条分配性质的验证见第 7 题。■

在后面几节，将发现把数学结构自身看成对象并且按照它们的运算性质分类是十分有用的。

习 题 1.6

在题 1 和 2 中，说明结构关于运算是否有封闭性质。

1. (a) (集合，∪，∩，¯) 并运算

(b) (集合，∪，∩，¯) 补运算

2. (a) (4×4 矩阵，+，*，^{T}) 乘法运算

(b) (3×5 矩阵，+，*，^{T}) 转置运算

在题 3 和 4 中，说明结构关于运算是否有封闭性质。

3. (a) (整数，+，−，*，÷) 除法运算

(b) (A^*，连接) 连接运算

4. (a) ($n\times n$ 布尔矩阵，∨，∧，^{T}) 交运算

(b) (素数，+，*) 加法运算

5. 证明：⊕对于集合是可交换运算。

6. 使用例 12 的定义。

(a) 证明：□是可结合的。

(b) 证明：▽是可结合的。

7. 用例 12 的定义，判断其他分配性质是否成立。

8. 在下面给出的结构中，对每一个二元运算，如果存在单位元，试给出单位元。

(a) (实数，+，*，$\sqrt{\ }$)

(b) (集合，∪，∩，$\overline{\ }$)

(c) ({0，1}，□，▽，*)如例 12 所定义

(d) (有限集合 A 的子集，⊕，$\overline{\ }$)

9. 在结构(5×5 布尔矩阵，∨，∧，⊙)中，对每一个二元运算，如果存在单位元，试给出单位元。

在第 10 题～第 16 题中，使用结构 $S=(n\times n$ 对角矩阵，+，*，$^{\mathrm{T}})$。

10. 证明：S 关于加法是封闭的。

11. 证明：S 关于乘法是封闭的。

12. 证明：S 关于转置运算是封闭的。

13. S 关于加法有单位元吗？若有，它是什么？

14. S 关于乘法有单位元吗？若有，它是什么？

15. 设 $\boldsymbol{A}$ 是一个 $n\times n$ 对角矩阵，写出 $\boldsymbol{A}$ 的加法逆。

16. 设 $\boldsymbol{A}$ 是一个 $n\times n$ 对角矩阵，写出 $\boldsymbol{A}$ 的乘法逆。

在第 17 题～第 23 题中，用结构 $R=(M,+,*,^{\mathrm{T}})$，这里 M 是形如 $\begin{bmatrix} a & 0 \\ 0 & 0 \end{bmatrix}$ 的矩阵的集合，a 是一个实数。

17. 证明：R 关于加法是封闭的。

18. 证明：R 关于乘法是封闭的。

19. 证明：R 关于转置运算是封闭的。

20. R 关于加法有单位元吗？若有，它是什么？

21. R 关于乘法有单位元吗？若有，它是什么？

22. 设 $\boldsymbol{A}$ 是 M 中的一个元素，写出 $\boldsymbol{A}$ 的加法逆。

23. 设 $\boldsymbol{A}$ 是 M 中的一个元素，写出 $\boldsymbol{A}$ 的乘法逆。

在第 24 题～第 28 题中，设 $R=(\mathbf{Q},\square)$，其中 $x\square y=\dfrac{x+y}{2}$，判断哪些性质对该结构成立。

24. 封闭性质。

25. 交换性质。

26. 结合性质。

27. 有一个单位元。

28. 每一个元有一个逆元。

29. 设 $R=(2\times 1$ 矩阵，▽)，其中

$$\begin{bmatrix} x \\ y \end{bmatrix} \triangledown \begin{bmatrix} w \\ z \end{bmatrix} = \begin{bmatrix} x+w \\ y+z+1 \end{bmatrix}$$

判断下面哪些性质对该结构成立。

(a) 封闭性质。

(b) 交换性质。

(c) 结合性质。

30. 设 R 是第 29 题中给出的，判断下面哪些性质对该结构成立。

(a) 有一个单位元。

(b) 每一个元有一个逆元。

31. 设 $S = (1\times2$ 矩阵，□)，其中$[x \quad y]\square[w \quad z] = [x+w \quad \frac{y+z}{2}]$，判断下面哪些性质对该结构成立。

(a) 封闭性质。　(b) 交换性质。　(c) 结合性质。

32. 设 S 是第 31 题中所给出的结构，判断下面哪些性质对该结构成立。

(a) 有一个单位元。　(b) 每一个元有一个逆元。

33. (a) 已知第 29 题中定义的▽，给出一个标量乘法关于它有分配性质的符号命题。

(b) 在分题(a)中的分配性质是 R 的性质吗?

34. (a) 已知第 31 题中定义的□，给出一个标量乘法关于它有分配性质的符号命题。

(b) 在分题(a)中的分配性质是 S 的性质吗？

35. 设 $\boldsymbol{B}$ 是一个布尔矩阵，定义 comp$\boldsymbol{B}$ 为：$\boldsymbol{B}$ 中的每个 0 项改变为 1，$\boldsymbol{B}$ 中每个 1 项改变为 0。设 R = (5×5 布尔矩阵，∧，∨，comp)，那么德·摩根定律对 R 成立吗？证明你的回答。

用数学结构性质可重写表达式，就像普通代数中所做的那样。在第 36 题～第 39 题中，按要求重写已知表达式。

36. $(A\cup B)\cap(A\cup \overline{B})$，一个集合，无运算。

37. $\overline{(A\cap B)}\cap A$，两个集合，两种运算。

38. $\overline{(A\cup B)}\cup(\overline{A}\cap\overline{B})$，两个集合，两种运算。

39. $\overline{(A\cup\overline{B})}\cap\overline{(\overline{A}\cup B)}$，一个集合，无运算。

证明知识小结

本章许多练习要求证明或验证一个命题。证明一个命题意指给出该命题恒为真的一种书面解释。在本书中，验证一个命题意指对某种特殊情况检验命题是否为真，例如 1.2 节题 16 和 22。

本章大部分证明需要从已知条件出发，用定义和先前的证明事实直接进行证明，例如 1.4 节的定理 2。构造一个证明强有力的工具就是选取一个命题类型的一般对象，然后看从该对象能推出什么。必须牢记要解释命题为什么总是为真，因为选取一个特殊对象仅仅是对该对象验证命题。

证明两个集合相等，最通常的方法就是证明其中一个是另一个的子集(1.2 节的定理 1)。

在证明集合运算或矩阵运算的命题中，要试图在对象名称的层次上而不是在元素或数值的层次上进行分析和证明。例如 1.5 节第 22 题，如果利用：若 $\boldsymbol{A}$ 是对称的，则 $\boldsymbol{A}^{\mathrm{T}} = \boldsymbol{A}$ 且定理 3 成立，比利用：若 $\boldsymbol{A} = [a_{ij}]$是对称的，则对每个 i 和 j 有 $a_{ij} = a_{ji}$，其证明要容易得多。

在 1.6 节的例 12 中，已看到直接证明的另一种风格，有时可通过检查所有可能的情况来证明命题恒为真。

主要概念复习

- 集合：有确切定义的对象的整体。
- $\varnothing$(空集)：没有任何元素的集合。
- 相等集合：有相同元素的集合。
- $A\subseteq B$(A 是 B 的子集)：A 中的每一个元素都是 B 中的元素。
- $|A|$(A 的基数)：A 中元素的个数。
- 无限集合：见 1.1 节。
- $P(A)$(A 的幂集)：A 的所有子集的集合。
- $A\cup B$(A 和 B 的并)：$\{x\,|x\in A$ 或 $x\in B\}$。
- $A\cap B$(A 和 B 的交)：$\{x\,|x\in A$ 且 $x\in B\}$。
- 不相交集合：两个集合没有任何共同元素。
- $A-B$(B 关于 A 的补)：$\{x\,|x\in A$ 且 $x\notin B\}$。
- $\overline{A}$ (A 的补)：$\{x\,|x\notin A\}$。
- 集合运算的代数性质：见 1.2 节。
- 定理(加法原理)：若 A 和 B 是有限集合，那么$|A\cup B| = |A|+|B|-|A\cap B|$。
- 定理(三集合加法原理)：若 A，B，C 是有限集合，那么$|A\cup B\cup C| = |A|+|B|+|C|-|A\cap B|-|A\cap C|-|B\cap C|+|A\cap B\cap C|$。
- 容斥原理：见 1.2 节。
- 序列：对象以确切的次序列举。
- 递归公式：使用前面已定义项的公式。
- 显式公式：不使用前面已定义项的公式。
- 线性数组：见 1.3 节。
- 集合 A 的特征函数：

$$f_A(x) = \begin{cases} 1, & x\in A \\ 0, & x\notin A \end{cases}$$

- 可数集：对应一个序列的集合。
- 字：A 中元素的有限序列。
- 正则表达式：见 1.3 节。
- 定理：若 n 和 m 是整数且 $n>0$，那么可以写出 $m = qn+r$，这里 q 和 r 是整数，$0\leqslant r<n$，而且这种表达方式是唯一的。
- GCD(a,b)：$d = \mathrm{GCD}(a，b)$，若 $d|a$，$d|b$，且 d 是 a 和 b 的最大公约数。
- 定理：若 d 是 GCD(a，b)，则

(a) $d = sa+tb$，s 和 t 是某个整数。

(b) 若 $c|a$ 且 $c|b$，则 $c|d$。

- 互素：两个整数 a 和 b 满足 GCD(a，b) = 1。
- 欧几里得算法：用来求 GCD(a，b)的方法，见 1.4 节。
- LCM(a，b)：c = LCM(a，b)，若 $a|c,b|c$，且 c 是 a 和 b 的最小公倍数。
- 定理：GCD(a，b)·LCM(a，b) = ab
- 以 b 为基数的一个数的展开式：见 1.4 节。
- 密码学：产生并且破译密码的科学。
- 培根密码：见 1.4 节。
- 密码：隐藏编码信息的科学。
- 模 n 函数：$f_n(z) = r$，这里 $z \equiv r(\text{mod } n)$。
- 矩阵：数的矩形阵列。
- 矩阵的大小：如果 $\boldsymbol{A}$ 有 m 行和 n 列，那么 $\boldsymbol{A}$ 是 $m\times n$ 矩阵。
- 对角矩阵：除了主对角元以外其余所有元素均为 0 的方阵。
- 相等矩阵：有相同大小且对应元素相等的矩阵。
- $\boldsymbol{A}+\boldsymbol{B}$：通过把 $\boldsymbol{A}$ 和 $\boldsymbol{B}$ 的对应元素相加而获得的矩阵。
- 零矩阵：所有元素均为 0 的矩阵。
- $\boldsymbol{AB}$：见 1.5 节。
- $\boldsymbol{I}_n$(单位矩阵)：主对角线上的元素为 1，其余元素为 0 的方阵。
- 二维数组：见 1.5 节。
- $\boldsymbol{A}^{\mathrm{T}}$：交换 $\boldsymbol{A}$ 的行和列所获得的矩阵。
- 对称矩阵：$\boldsymbol{A}^{\mathrm{T}} = \boldsymbol{A}$。
- 逆矩阵：见 1.5 节。
- 布尔矩阵：元素为 0 或为 1 的矩阵。
- $\boldsymbol{A}\vee\boldsymbol{B}$：见 1.5 节。
- $\boldsymbol{A}\wedge\boldsymbol{B}$：见 1.5 节。
- $\boldsymbol{A}\odot\boldsymbol{B}$：见 1.5 节。
- 布尔矩阵的运算性质：见 1.5 节。
- 数学结构：定义了运算并且运算具有某些性质的对象的整体。
- 二元运算：结合两个对象的运算。
- 一元运算：只需一个对象的运算。
- 封闭性质：每次运算总是产生集合内的另一个对象。
- 结合性质：$(x\square y)\square z = x\square(y\square z)$
- 分配性质：$x\square(y\triangledown z) = (x\square y)\triangledown(x\square z)$
- 德·摩根定律：$(x\square y)^{\circ} = x^{\circ}\triangledown y^{\circ}$，$(x\triangledown y)^{\circ} = x^{\circ}\square y^{\circ}$

- □的单位元：对于结构中的所有元 x，使得 $x\Box e = e\Box x = x$ 成立的元素 e。
- x 的□-逆：使得 $x\Box y = y\Box x = e$ 成立的元素 y，这里 e 是□的单位元。

第 1 章自测题

1．$P(A)$的数学含义是什么？

2．$|P(A)|$的数学含义是什么？

3．LCM(a，b) 的数学含义是什么？

4．$k\boldsymbol{A}$ 的数学含义是什么？

5．数学结构里的各个分量是什么？

6．设 $A = \{x\,|x$ 是一个实数且 $0<x<1\}$，$B = \{x\,|x$ 是一个实数且 $x^2+1 = 0\}$，$C = \{x\,|x = 4m，m\in\mathbf{Z}\}$，$D = \{0，2，4，6，\cdots\}$，$E = \{x\,|x\in\mathbf{Z}$ 且 $x^2\leqslant 100\}$。

(a) 判断下面各分题的真与假。

(i) $C\subseteq D$ (ii) $\{4，16\}\subseteq C$ (iii) $\{4，16\}\subseteq E$ (iv) $D\subseteq D$ (v) $B\subseteq\varnothing$

(b) 判断下面各分题的真与假。

(i) $C\cap E\nsubseteq(C\cup E)$ (ii) $\varnothing\subseteq(A\cap B)$ (iii) $C\cap D = D$ (iv) $C\cup E\subseteq D$ (v) $A\cap D\subseteq A\cap C$

7．设 $A = \{x|x = 2n,\ \ n\in\mathbf{Z}^+\}$，$B = \{x\,|x = 2n+1,\ n\in\mathbf{Z}^+\}$，$C = \{x\,|x = 4n,\ n\in\mathbf{Z}^+\}$，$D = \{x\,|x(x^2-6x+8)= 0,\ x\in\mathbf{Z}\}$。把 $\mathbf{Z}$ 看成全集，求解下列各分题。

(a) $A\cup B$ (b) $\overline{A}$ (c) $(A\cap D)\oplus(A\cap B)$ (d) $A\cup C$ (e) $A-C$

8．用文氏图表达下面各式。

(a) $A\cap\overline{B}$ (b) $\overline{A}\cap\overline{B}$

9．在什么条件下，$A\cap B = A\cup B$?

10．假设在 Verysmall 学院数学系 150 个学生当中，有 109 个学生在计算机语言 PASCAL、BASIC、C++中至少选取了一种语言进行学习。假设 45 人学习 BASIC，61 人学习 PASCAL，53 人学习 C++，18 人学习 BASIC 和 PASCAL，15 人学习 BASIC 和 C++，23 人学习 PASCAL 和 C++。

(a) 三种语言都学习的学生有多少？

(b) 只学习 BASIC 的学生有多少？

(c) 三种语言都不学习的学生有多少？

11．定义一个序列如下：$a_0 = 0, a_1 = 0, a_n = 1-3a_{n-1}+2a_{n-2}$，计算该序列的前 6 项。

12．设 $U = \{a，b，c，d，e，f，g，h，i，j\}$，$A = \{a，b，d，f\}$，$B = \{a，b，c，h，j\}$，$C = \{b，c，f，h，i\}$，$D = \{g，\ h\}$，用 0 和 1 的数组表达下列各集合。

(a) $A\cup B$ (b) $A\cap B$

(c) $A\cap(B\cup C)$ (d) $(\overline{A}\cap B)\cup D$

13．设 $I = \{a，b，c\}$，在下面各分题中列出了 I^*中的字符串和 I 上的正则表达式，试判断字符串是否属于对应表达式的正则集合。

(a) ab a^*bc^* (b) $acbb$ $((acb)\vee b)^*$

(c) bc $((ab^*)\vee c)$ (d) $abaca$ $(ab)^*ac$

14．用欧几里得算法计算 GCD(4 389，7 293)，并且把它写成 s(7 293)+t(4 389)的形式。

15. 设 $A=\begin{bmatrix}2 & 6 & 4\\ -1 & 3 & 2\end{bmatrix}$，$B=\begin{bmatrix}2 & 0\\ -3 & 1\end{bmatrix}$。如果有可能，则计算下面各式。

(a) AB　(b) BA　(c) B^{T}　(d) $A+B$

(e) $A^{\mathrm{T}}B$　(f) B^{-1}　(g) $B^{-1}A$

16. 设 $C=\begin{bmatrix}1 & 0 & 1\\ 1 & 1 & 0\\ 0 & 1 & 1\end{bmatrix}$，$D=\begin{bmatrix}1 & 1 & 0\\ 0 & 1 & 0\\ 1 & 1 & 0\end{bmatrix}$。计算下面各式。

(a) $C\odot D$　(b) $C\vee D$　(c) $C\wedge D$

17. S = (2×2 布尔矩阵，∧，∨，⊙)，A 是一个 2×2 布尔矩阵，描述 S 中 A 的∧–逆。

实验 1

在许多选举过程中，每个选举人拥有一张选票，按照简单多数的方法选举出候选人中的一员或通过某项决议。当每个选举人拥有超过一张选票或不能按照简单多数的原则来决定的时候，选举过程变得复杂起来。例如下面的情形：公司里的股东各自拥有数额相等的股票，选票按照每个股东拥有的股票数进行分配。那么如果一个股东比另一个股东拥有多一倍的股票，那么相比之下他是否就应该对公司拥有两倍的控制能力或者说权力呢？在本实验里，你将研究该问题和某些相关的问题。首先，从某些定义开始。选举人所拥有的选票数称为这个选举人的**权**。只有计数的选票才能有权。选出候选人或者通过一项决议所需要的选票总数称为**定额**。所有选举人的加权和个人定额所组成的集合称为**加权选举系统**。如果有选举人 v_1，v_2，…，v_k，分配给他们相应的权为 w_1，w_2，…，w_k，q 是定额，那么这个加权选举系统可以很方便地用［q:w_1，w_2，…，w_k］表示。为了便于计算，权通常按照从大到小的顺序排列。

1. 在加权选举系统[9:9，4，2，1]中，定额是多少？有多少选举人？有效的选票总数是多少？

2. 在加权选举系统［q:w_1，w_2，…，w_k］中，对 q 的可能取值有哪些限制？请对每个限制作出解释。

3. 对于加权选举系统[9:9，4，2，1]，选举人 v_1 有多少权力？这样的选举人称为**独裁者**。为什么这是合适的？一个系统中可以同时有两个独裁者吗？请解释为什么可以或不可以。

4. 对于[8:5，3，2，1]，v_1 是独裁者吗？描述 v_1 相对于其他选举人的权力。

当每个选举人的权力并不像上例中那么明显的时候，会发生很多有趣的事情。1965 年 John Banzhaf 提出了一种衡量选举人权力的方法。**联盟**是加权选举系统中选举人的一个子集。如果由联盟成员控制的选票总数等于或超过定额，则称这个联盟为优胜联盟。否则，称为劣势联盟。

5. (a) 列举出[9: 9，4，2，1]中所有的联盟。其中哪些是优胜联盟？

(b) 列举出[8: 5，3，2，1]中所有的优胜联盟。

Banzhaf 的方法中衡量选举人的权力是看他有多少次机会离开联盟能使一个优胜联盟变成劣势联盟。考虑这个系统[7:5，4，3]，优胜联盟有$\{v_1, v_2\}$，$\{v_1, v_3\}$，$\{v_2, v_3\}$和$\{v_1, v_2, v_3\}$。前三个联盟中每一个成员都有权力使优胜联盟变成劣势联盟，但是对于后一个联盟没有任何人有这种权力。总共有 6 次机会可以使联盟发生这种变化，v_1, v_2, v_3 各自拥有两次机会。把这种信息记为该系统的 **Banzhaf 权力分布**：v_1:2/6，v_2:2/6，v_3:2/6。根据这种分析，尽管三个选举人拥有不同的权，但是他们有相同的权力。赋予选举人权力的分数值称为这个选举人的 **Banzhaf 权力指数**。

6. 下面是关于 Banzhaf 权力定义的一个测试。计算[9:9，4，2，1]的 Banzhaf 权力分布。解释这些结果是怎样与任命 v_1 为一个独裁者相一致的。

7．计算[8:5，3，2，1]的 Banzhaf 权力分布。像 v_1 这样的选举人在任意优胜联盟中拥有该系统的**否决权**。

8．假设[q:6，3，1]是一个加权选举系统。

(a) 给出 q 的值使得在系统中有一个独裁者，并指出是哪一位。

(b) 给出 q 的值使得在系统中有一个或多个选举人拥有否决权，并指出是哪些人。

(c) 给出 q 的值使得在系统中至少有一位选举人是无权力的，但又没有独裁者。指出哪位是无权力的。

Banzhaf 的思想适用于每个选举人有一张选票并对选举应用特殊规则的情形。

9．某个公司有 4 个股东，每个股东拥有一张选票并且使用简单多数原则来通过决议。在平局的情况下，大股东所在的联盟就是优胜联盟。给出该系统的 Banzhaf 权力分布。如果打破平局规则变成拥有最小股东的联盟为劣势联盟，权力分布会发生变化吗？请给出解释。

10．假设你是一位选举人并且在系统[8:5，3，2，1]中有一选票。

(a) 你的 Banzhaf 权力指数是什么？

(b) 不幸的是存在这种情况，你需要出钱从其他选举人那里买一张选票。如果他们都愿意出售他们的选票并且要价相同，你愿意买谁的选票？为什么？对于有这种结果的加权选举系统给出 Banzhaf 权力分布。

11．下面是 Banzhaf 方法衡量权力的另一个特征。设［q:w_1，w_2，…，w_k］是一个加权选举系统，n 是一个正整数。证明［q:w_1，w_2，…，w_k］和［nq: nw_1，nw_2，…，nw_k］的 Banzhaf 权力分布是一样的。

12．现在回到有关权力的原问题上来。假设有一个加权选举系统，在该系统中 v_1 拥有权力 w_1，v_2 拥有权力 w_2，并且 $w_1 = 2w_2$。构造一个系统使得 v_1 的 Banzhaf 权力指数是

(a) 与 v_2 相同。

(b) 是 v_2 的两倍。

(c) 比 v_2 的两倍要多。

第 2 章 逻　　辑

必备知识：第 1 章。

逻辑是讨论推理方法的一门学科。一般来说，逻辑为确定一个给出的论证是否有效提供各种法则和技巧。逻辑推理在数学中常用来证明定理，在计算机科学中用来检验程序的正确性和证明定理，在自然科学和物理学中用来从实验导出结论，在社会科学和人们日常生活中用来求解大量的问题。确确实实，人们经常使用逻辑推理。在这一章将讨论一些基本概念。

回　　顾

在 19 世纪 40 年代，英国数学家奥古斯塔斯·德·摩根开始着手拓展由早期希腊人以及其他人发展的逻辑学，并纠正其观点中的不足之处。德·摩根(1806—1871)生于印度，但受教育于英国。他在伦敦大学执教多年，并且第一个在证明方法中使用“归纳”一词。在此之前，人们只在非正式的场合使用该词，而德·摩根赋予了归纳法概念以严格的基础。1847 年，即仅仅在德·摩根拓展逻辑学系统的几年之后，他的同乡乔治·布尔出版了《逻辑学的数学分析》一书，几年之后，接着出版了《思考规律的一项研究》。布尔写这些书的目的是：研究人们进行推理思维活动的基本规律。他试图通过微积分的符号语言来对此进行解释，并在此基础上建立逻辑学，构建逻辑学的方法。*布尔在该领域的研究工作牢固地建立了这样一种观点，即逻辑学必须使用符号，并且需要研究逻辑学中的代数性质。乔治·布尔(1815—1864)在爱尔兰皇家学院执教多年。这样，德·摩根开始将逻辑学的大部分研究纳入数学的任务，而布尔则完成了该项任务。在这一章中将简要地学习德·摩根和布尔在逻辑学中的研究工作。在第 8 章中，还将进一步考察布尔的研究工作在数学和计算机科学等许多领域中的重要应用。

2.1　命题与逻辑运算

命题是或者为真或者为假而不是两者同时成立的一条陈述句。

例 1　下面哪些是命题？

(a) 地球是圆的。

(b) 2+3 = 5

* Katz, V J. A History of Mathematics, An Introduction. New York: Harper-Collins, 1993, p. 619

(c) 你懂英语吗？

(d) $3-x=5$

(e) 服两片阿司匹林。

(f) 金星表面温度是800°F。

(g) 太阳明天会出来。

解 (a)和(b)是为真的陈述句，所以它们是命题。

(c) 是一个疑问句，因此，它不是命题。

(d) 是一个陈述句，但不是命题，因为它是真或是假依赖于 x 的值。

(e) 不是命题，它是一条命令。

(f) 是此时还不知道是真或是假的一条陈述句，但是，在原则上能决定它是真或是假，因此，它是命题。

(g) 是命题，因为它或者是真或者是假，而不是两者同时成立，尽管必须等到明天才能知道它是真或是假。 ■

逻辑联结词和复合命题

在数学里，字母 x，y，z，…常常表示变量，这些变量能通过实数取代也能与人们熟悉的运算+，−，×，÷ 相结合。在逻辑中，字母 p，q，r，…表示**命题变量**，即变量能以命题代替。因此，能够写出 p：今天阳光明媚。q：天气寒冷。命题或命题变量能通过逻辑联结词的结合而获得**复合命题**。例如，可以把刚才的命题通过联结词“且”形成复合命题 p“且”q：今天阳光明媚“且”天气寒冷。复合命题的真假值只依赖于被结合命题的真假和所使用联结词的类型。下面考虑一些最重要的联结词。

若 p 是命题，那么 p 的**否定**是命题“非 p”，用～p 表示。因此，～p 是命题“不是 p 的情况”。从该定义可以知道，若 p 为真，那么～p 为假，若 p 为假，那么～p 为真。～p 的真假值与 p 的关系在表 2.1 中给出。这张表根据复合命题的组成部分给出了复合命题的真假值，称为**真值表**。严格地讲，“非”不是联结词，因为它不联结两个命题，～p 不是真正的复合命题。然而，“非”是命题集合的一元运算。若 p 是命题，那么~p 也是命题。

表 2.1

p	$\sim p$
T	F
F	T

例 2 给出下列命题的否定。

(a) p：$2+3>1$

(b) q：天气寒冷。

解 (a) ~p：2+3 不比 1 大，即：~p：$2+3\leqslant 1$。因为在这种情况下 p 为真，所以~p 为假。

(b) ~q：不是天气寒冷这种情况。可简写为~q：天气不冷。 ■

若 p 和 q 是命题，p 和 q 的**合取**是复合命题“p 且 q”，用 $p\wedge q$ 表示。联结词“且”用符号∧表示。用 1.6 节的语言，“且”是命题集合的二元运算。当 p 和 q 两者都为真时，复合命题 $p\wedge q$ 为真，否则为假。$p\wedge q$ 的真值是根据表 2.2 中 p 和 q 的真值而决定的。可以观察到，在给出 $p\wedge q$

的真值表时，需要查看 4 种可能发生的情况。表就是根据 p 和 q 的真或假得到的。

例 3 对于下面各题，作 p 和 q 的合取。

(a) p：天正在下雪　　　　　q：我很冷

(b) p：2<3　　　　　　　　q：−5>−8

(c) p：天正在下雪　　　　　q：3<5

解 (a) $p\wedge q$：天正在下雪且我很冷。

(b) $p\wedge q$：2<3 且−5>−8

(c) $p\wedge q$：天正在下雪且 3<5。■

表 2.2

p	q	$p\wedge q$
T	T	T
T	F	F
F	T	F
F	F	F

例 3(c)表明，在逻辑中，可以把两个完全不相关的命题通过联结词“且”联结起来，它跟平常的语言不一样。

若 p 和 q 是命题，p 和 q 的**析取**是复合命题“p 或 q”，用 $p\vee q$ 表示。联结词“或”用符号∨表示。如果 p 或 q 至少有一个为真，那么复合命题 $p\vee q$ 为真；当 p 和 q 都为假时，$p\vee q$ 为假。$p\vee q$ 的真值在表 2.3 中给出。

表 2.3

p	q	$p\vee q$
T	T	T
T	F	T
F	T	T
F	F	F

例 4 对于下面各题，作 p 和 q 的析取。

(a) p：2 是一个正整数　　　q：$\sqrt{2}$ 是一个有理数

(b) p：2+3≠5　　　　　　　q：伦敦是法国的首都

解 (a) $p\vee q$：2 是一个正整数或 $\sqrt{2}$ 是一个有理数。因为 p 为真，即使 q 为假，析取 $p\vee q$ 也为真。

(b) $p\vee q$：2+3≠5 或伦敦是法国的首都。因为 p 和 q 都为假，所以 $p\vee q$ 为假。■

例 4(b)表明，在逻辑中，可以把两个完全不相关的命题通过联结词“或”联结起来，它跟平常的语言不一样。

联结词“或”比联结词“且”更复杂，因为在语言里“或”的使用有两种不同的方法。假设说“我星期一去西班牙或我星期五去西班牙”，在这样的复合命题中，有命题析取 p：“我星期一去西班牙”和 q：“我星期五去西班牙”。当然，两种可能性只有一种发生，不可能两者同时发生。因此，联结词“或”是在不兼容的意义上使用的。另一方面，考虑析取“我的数学及格了或我的法语未及格”，在这种情况下，两种可能性至少有一种发生。然而，两者也可同时发生。因此，联结词“或”是在兼容的意义上使用的。在数学和计算机科学中，人们约定总是在可兼容方式上使用联结词“或”。

一般来说，一个复合命题可以有许多组成部分，每个组成部分本身就是一个命题，它们可用某些命题变量来表示。命题 s：$p\vee(q\wedge(p\vee r))$ 包含三个命题：p, q, r，其中每一个又可以独立地取真或假。对于 p, q 和 r 真值的组合情况，总共存在 2^3 即 8 种可能。在 s 的真值表中给出了所有这些情况下 s 的真或假。如果一个复合命题 s 包含 n 个分命题，那么在 s 的真值表中将需要 2^n 行(在 3.1 节，将考虑在这种情况下各种可能性的计算问题)。这种真值表可以系统地用下述方法构造。

步骤 1：表的开始 n 列用分命题变量标明，其余的列是变量的中间组合，最后一列是完整的整个命题。

步骤 2：在开始的 n 个标题的每一个下面，列出 n 个分命题 2^n 种可能的 n 元真值。

步骤 3：对余下的列，按次序计算各自的真值。

例 5　为命题 $(p\wedge q)\vee(\sim p)$ 构造真值表。

解　因为该命题包含两个命题，所以真值表有 2^2 即 4 行。开始两列列出 p 和 q 所有可能的真值对，余下列的最下端数字表示填写列的次序。

p	q	$p\wedge q$	$\vee$	$\sim p$
T	T	T	T	F
T	F	F	F	F
F	T	F	T	T
F	F	F	T	T
		(1)	(3)	(2)

■

量词

在 1.1 节中，定义集合可通过指定集合里的每个元素所共同拥有的性质 $P(x)$。因此，$\{x|P(x)\}$ 中的一个元素是一个对象 t，对于 t 命题 $P(t)$为真。这样一条语句 $P(x)$称为**谓词**，因为在英语里，性质在语法上就是谓词。$P(x)$也称为**命题函数**，因为 x 的每种选择产生一个或为真或为假的命题 $P(x)$。谓词的另一种应用是在程序设计中。“如果 $P(x)$成立，则执行某些步骤”和“当 $Q(x)$ 时，做指定的事情”就是两种常用的结构。谓词 $P(x)$和 $Q(x)$称为程序编码块的**保护**。块保护往往是合取或析取。

例 6　设 $A=\{x|x$ 是比 8 小的整数$\}$，那么 $P(x)$是命题“x 是比 8 小的整数”。共同性质是“是一个比 8 小的整数”。因为 $P(1)$为真，所以 $1\in A$。■

谓词 $P(x)$的**全称量化**是命题“对所有 x 的值，$P(x)$为真”。这里假设仅考虑使得 $P(x)$有意义的 x 值。$P(x)$的全称量化用 $\forall x\,P(x)$表示，符号 $\forall$ 称为**全称量词**。

例 7　（a）考虑下面程序段。

```
1. IF N<10 THEN
a. Replace N with   N+1
 b. RETURN
```

这里命题 N<10 是保护。

（b）考虑下面程序段。

```
1. WHILE t∈T and s∈S
a. PRINT   t+s
b. RETURN
```

这里复合命题 $t\in T$ 和 $s\in S$ 是保护

谓词 $P(x)$的**全称量化**是命题“对所有 x 的值，$P(x)$为真”。这里假设仅考虑使得 $P(x)$有意义

的 x 值。P(x)的全称量化用 $\forall x\ \mathrm{P}(x)$表示，符号 $\forall$ 称为**全称量词**。

例 8 (a) 命题 P(x)：$-(-x)=x$ 是对所有实数 x 都有意义的谓词。P(x)的全称量化 $\forall x\ \mathrm{P}(x)$ 是一个真命题，因为对所有实数有 $-(-x)=x$。

(b) 设 Q(x)：$x+1<4$，那么 $\forall x\ \mathrm{Q}(x)$是假命题，因为 Q(5)为假。 ■

全称量化也能用语言陈述为"对每一个 x"、"所有 x"或"任意 x"。

谓词可以含有几个变量，全称量化可以施加到每个变量上。例如，交换性质可表示为：$\forall x \forall y\quad x\Box y=y\Box x$。全称量词的次序被认为不改变真值。数学命题往往包含不言而喻的全称量化(例如 1.2 节中的定理 1)。

在某些情况只要求至少存在一个值使得谓词为真。谓词 P(x)的**存在量化**是命题"存在一个 x 的值使得 P(x)为真"。P(x)的存在量化用 $\exists x\ \mathrm{P}(x)$表示，符号 $\exists$ 称为存在量词。

例 9 (a) 设 Q(x)：$x+1<4$，那么 Q(x)的存在量化 $\exists x\ \mathrm{Q}(x)$是真命题，因为 Q(2)是真命题。

(b) 命题 $\exists y\quad y+2=y$ 为假。不存在 y 值使得命题函数 $y+2=y$ 成为一个真命题。 ■

$\exists x$ 也读做"存在一个 x"、"存在某个 x"、"有一个 x"或"至少存在一个 x"。全称量词或者存在量词偶尔的一些变化是非常有用的。如变量的可能值可以这样限制：命题 $\forall x\in A\ \mathrm{P}(x)$ 表示"对于 A 集合里的所有 x，P(x)为真"，和命题 $\exists k\geqslant n\ \mathrm{Q}(k)$ 表示"存在 k 大于或者等于 n，使得 Q(k)为真"。

例 10 （a）设 D 是 $n\times n$ 对角矩阵的集合。考虑命题 $\exists M\in D$，使得 M^{-1} 不存在。为了确定该命题的真假，我们必须确定是否存在一个 $n\times n$ 的对角矩阵使其没有逆矩阵。

(b) 对于命题 $\forall n\geqslant 6,\ 2^n>2n$,只需测试大于或等于 6 的整数。

存在量化可以应用到谓词里的几个变量上，并且量化的次序被认为不影响真值。对于有几个变量的谓词，既可以应用全称量化，也可以应用存在量化。存在这种情况，与先后次序有关。

例 11 设 $\boldsymbol{A}$ 和 $\boldsymbol{B}$ 是 $n\times n$ 矩阵。

(a) 命题 $\forall \boldsymbol{A} \exists \boldsymbol{B}\ \boldsymbol{A}+\boldsymbol{B}=\boldsymbol{I}_n$ 可以读做"对每个 $\boldsymbol{A}$，存在一个 $\boldsymbol{B}$ 使得 $\boldsymbol{A}+\boldsymbol{B}=\boldsymbol{I}_n$。"对于给定的 $\boldsymbol{A}=[a_{ij}]$，定义 $\boldsymbol{B}=[b_{ij}]$为：$b_{ii}=1-a_{ii}$，$1\leqslant i\leqslant n$，$b_{ij}=-a_{ij}$，$i\neq j$，$1\leqslant i\leqslant n$，$1\leqslant j\leqslant n$，那么 $\boldsymbol{A}+\boldsymbol{B}=\boldsymbol{I}_n$，因而证明了 $\forall \boldsymbol{A} \exists \boldsymbol{B}\ \boldsymbol{A}+\boldsymbol{B}=\boldsymbol{I}_n$ 是一个真命题。

(b) $\exists \boldsymbol{B} \forall \boldsymbol{A}\ \boldsymbol{A}+\boldsymbol{B}=\boldsymbol{I}_n$ 是命题"存在一个 $\boldsymbol{B}$ 使得对所有 $\boldsymbol{A}$ 有 $\boldsymbol{A}+\boldsymbol{B}=\boldsymbol{I}_n$"。该命题为假，因为没有任何 $\boldsymbol{B}$ 对所有的 $\boldsymbol{A}$ 具有这种性质。

(c) $\exists \boldsymbol{B} \forall \boldsymbol{A}\ \boldsymbol{A}+\boldsymbol{B}=\boldsymbol{A}$ 为真，$\boldsymbol{B}$ 应取什么值使得该命题为真？ ■

设 p：$\forall x\ \mathrm{P}(x)$，那么当 p 为真时，非 p 为假，当 p 为假时，非 p 为真。因为 p 为假，所以必定至少存在一个 x 的值使得 P(x)为假。因此，如果 $\exists x\sim \mathrm{P}(x)$为真，那么 p 为假。另一方面，若 $\exists x\sim \mathrm{P}(x)$为假，那么对每一个 x，$\sim \mathrm{P}(x)$为假；因此，$\forall x\ \mathrm{P}(x)$为真。

例 12 (a) 设 p：对所有正整数 n, $n^2+41n+41$ 是一个素数，那么 $\sim p$：至少存在一个正整数 n，使得 $n^2+41n+41$ 不是素数。

(b) 设 q：存在某个整数 k，使得 $12 = 3k$，那么 $\sim q$：对所有整数 k，有 $12 \neq 3k$。■

例 13 设 p：空集是任意集合 A 的子集。如果 p 为假，那么一定在 $\varnothing$ 里存在一个元素使它不属于 A，显然这是不可能的，因此 p 为真。■

习 题 2.1

1．下面哪些是命题？

(a) 2 是正数吗？

(b) $x^2+x+1 = 0$。

(c) 研究逻辑。

(d) 一月份将有降雪。

(e) 如果股票价格下跌，那么我将赔钱。

2．给出下面各命题的否定命题。

(a) $2+7 \leqslant 11$。

(b) 2 是一个偶数和 8 是一个奇数。

3．给出下面各命题的否定命题。

(a) 明天将下雨或明天将下雪。

(b) 如果你开车，那么我走路。

4．在下面各分题中，建立 p 和 q 的合取和析取。

(a) p:$3+1<5$。　　　q:$7 = 3 \times 6$。

(b) p:我是富裕的。　　q：我是幸福的。

5．在下面各分题中，建立 p 和 q 的合取和析取。

(a) p：我要驾驶我的车。　q：我要迟到了。

(b) p: NUM>10。　　　q: NUM≤15。

6．判断下面各命题的真与假。

(a) $2<3$ 且 3 是一个正整数。

(b) $2 \geqslant 3$ 且 3 是一个正整数。

(c) $2<3$ 且 3 不是一个正整数。

(d) $2 \geqslant 3$ 且 3 不是一个正整数。

7．判断下面各命题的真与假。

(a) $2<3$ 或 3 是一个正整数。

(b) $2 \geqslant 3$ 或 3 是一个正整数。

(c) $2<3$ 或 3 不是一个正整数。

(d) $2 \geqslant 3$ 或 3 不是一个正整数。

在题 8 和 9 中，如果 p 和 r 为真，q 为假，求各命题的真值。

8．(a) $\sim p \wedge \sim q$　　　(b) $(\sim p \vee q) \wedge r$

(c) $p \vee q \vee r$　　　(d) $\sim(p \vee q) \wedge r$

9．(a) $\sim p \wedge (q \vee r)$　　　(b) $p \wedge (\sim(q \vee \sim r))$

(c) $(r\wedge\sim q)\vee(p\vee r)$　　　(d) $(q\wedge r)\wedge(p\vee\sim r)$

10．下面哪个命题是命题“2 是偶数且−3 是负数”的否定命题？

(a) 2 是偶数且−3 不是负数。

(b) 2 是奇数且−3 不是负数。

(c) 2 是偶数或−3 不是负数。

(d) 2 是奇数或−3 不是负数。

11．下面哪个命题是命题“2 是偶数或−3 是负数”的否定命题？

(a) 2 是偶数或−3 不是负数。

(b) 2 是奇数或−3 不是负数。

(c) 2 是偶数且−3 不是负数。

(d) 2 是奇数且−3 不是负数。

在题 12 和 13 中，使用 p：今天是星期一；q：草地是湿的；r：碟子里没有汤匙。

12．根据 p，q，r 和逻辑联结词，写出下面各分题。

(a) 今天是星期一且碟子里有汤匙。

(b) 草地是湿的或今天是星期一。

(c) 今天不是星期一且草地是干的。

(d) 碟子里没有汤匙，但草地是湿的。

13．写出与下面各分题相对应的句子。

(a) $\sim r\wedge q$　　　(b) $\sim q\vee r$

(c) $\sim(p\vee q)$　　　(d) $p\vee\sim r$

在第 14 题～第 19 题中，使用 P(x)：x 是偶数；Q(x)：x 是一个素数；R(x，y)：x+y 是偶数，变量 x 和 y 代表整数。

14．写出与下面各分题相对应的句子。

(a) $\forall x\,P(x)$　　　(b) $\exists x\,Q(x)$

15．写出与下面各分题相对应的句子。

(a) $\forall x\exists y R(x, y)$　　　(b) $\exists x\forall y R(x, y)$

16．写出与下面各分题相对应的句子。

(a) $\forall x\,(\sim Q(x))$　　　(b) $\exists y(\sim P(y))$

17．写出与下面各分题相对应的句子。

(a) $\sim(\exists x P(x))$　　　(b) $\sim(\forall x Q(x))$

18．用 P(x)、Q(x)、R(x，y)、逻辑联结词和量词写出下面各分题。

(a) 每个整数都是奇数。

(b) 任意两个整数的和是一个偶数。

(c) 不存在偶素数。

(d) 每个整数是偶数或一个素数。

19．确定第 14 题～第 18 题中每个命题的真值。

20. 如果 $P(x): x^2<12$, 那么

(a) P(4)是命题：__________。

(b) P(1.5)是命题：__________。

21. 如果 Q(n)：n+3=6, 那么

(a) Q(5) 是命题：__________。

(b) Q(m) 是命题：__________。

22. 如果 P(y): $1+2+\cdots+y=0$, 那么

(a) P(1) 是命题：__________。

(b) P(5) 是命题：__________。

(c) P(k) 是命题：__________。

23. 如果 Q(m): $m\leqslant 3^m$, 那么

(a) Q(0) 是命题：__________。

(b) Q(2) 是命题：__________。

(c) Q(k) 是命题：__________。

24．用适当的量词为实数加法赋予一个具有交换性质的符号命题。

25．用适当的量词为集合赋予一个具有德·摩根定律的符号命题。

26．用适当的量词为实数赋予一个具有乘法可逆性质的符号命题。

在第 27 题～第 30 题中，构造各命题的真值表。

27．$(\sim p\wedge q)\vee p$

28．$(p\vee q)\vee\sim q$

29．$(p\vee q)\wedge r$

30．$(\sim p\vee q)\wedge\sim r$

在第 31 题～第 33 题中，如果既不是 p 也不是 q 为真，那么定义 $p\downarrow q$ 为一个真命题。

p	q	$p\downarrow q$
T	T	F
T	F	F
F	T	F
F	F	T

31．构造$(p\downarrow q)\downarrow r$ 的真值表。

32．构造$(p\downarrow q)\wedge(p\downarrow r)$的真值表。

33．构造$(p\downarrow q)\downarrow(p\downarrow r)$的真值表。

在第 34 题～第 36 题中，若 p 或 q(但非两者同时)为真，则定义 $p\triangle q$ 为真，为该命题建立一个真值表。

34．(a) $p\triangle q$　　　(b) $p\triangle\sim p$

35．$(p\wedge q)\triangle p$

36．$(p\triangle q)\triangle(q\triangle r)$

在第 37 题～第 40 题中，需要修正已知程序块，用~P(x)取代保护 P(x)。

37．IF($x\neq$最大值　且　y>4)THEN 执行某语句

38．WHILE(钥匙="开"　或　t<极限值)　执行某语句

39．WHILE(项≠搜索　且　索引<100)　执行某语句

40．IF(单元>0 或发现)THEN 执行某语句

2.2 条件命题

如果 p 和 q 是命题，那么复合命题“如果 p，那么 q”称为**条件命题**或**蕴涵**，用 $p \Rightarrow q$ 表示。命题 p 称为**前项**或**假设**，命题 q 称为**后项**或**结论**，联结词“如果…那么”用符号 $\Rightarrow$ 表示。

例 1 对于下面各分题，写出蕴涵 $p \Rightarrow q$。

(a) p：我饿了。 q：我要吃东西。

(b) p：天正在下雪。 q：$3+5=8$。

解 (a) 如果我饿了，那么我要吃东西。

(b) 如果天正在下雪，那么 $3+5=8$。 ■

例 1(b)表明，在逻辑中使用的条件命题比日常习惯里使用的条件命题具有更一般的意义。因此，在汉语里，当人们说“如果 p，那么 q”时，就不言而喻地假设了在 p 和 q 之间存在一个因果关系，即：在汉语里不会使用像例 1(b)那样的陈述。因为不存在任何途径使得命题 p 可能对命题 q 产生任何结果。

在逻辑中，蕴涵是用在更弱的意义下。说复合命题 $p \Rightarrow q$ 为真可简单地断言：若 p 为真，那么 q 也为真。换句话说，$p \Rightarrow q$ 只是说不会同时有 p 真与 q 假，而不是说在通常意义下的 p“引起”q。根据 p 和 q 的真值，表 2.4 描述了 $p \Rightarrow q$ 的真值。注意，只是如果 p 为真且 q 为假，那么 $p \Rightarrow q$ 才被认为是假。特别地，若 p 为假，那么对任何 q, $p \Rightarrow q$ 均为真。这一事实有时可通过命题“一个假的假设推出任何结果”来描述。该命题容易使人误解，因为它似乎是说：如果假设是假的，那么结论一定为真，显然是一句荒谬的语句。类似地，若 q 为真，那么对任何命题 p, $p \Rightarrow q$ 均为真。蕴涵“若 $2+2=5$，那么我是英国国王”为真命题，仅仅因为 p：$2+2=5$ 显然为假，所以它不是发生 p 为真同时 q 为假这种情况。

表 2.4

p	q	$p \Rightarrow q$
T	T	T
T	F	F
F	T	T
F	F	T

在汉语和数学里，下面每一种表达都是条件命题 $p \Rightarrow q$ 的一种等价形式：p 推出 q；如果 p，那么 q；仅当 q 时有 p；p 对于 q 是充分条件；q 对于 p 是必要条件。

若 $p \Rightarrow q$ 是一个蕴涵，那么 $p \Rightarrow q$ 的**逆**是蕴涵 $q \Rightarrow p$，$p \Rightarrow q$ 的逆否命题是蕴涵 $\sim q \Rightarrow \sim p$。

例 2 给出蕴涵“如果天正在下雨，那么我淋湿了”的逆命题和逆否命题。

解 p：天正在下雨，q：我淋湿了。逆命题是 $q \Rightarrow p$：如果我淋湿了，那么天正在下雨。逆否命题是 $\sim q \Rightarrow \sim p$：如果我没有淋湿，那么天没有下雨。 ■

表 2.5

p	q	$p \Leftrightarrow q$
T	T	T
T	F	F
F	T	F
F	F	T

如果 p 和 q 都是命题，那么复合命题“p 当且仅当 q”称为**等价**或**双条件**的命题，用 $p \Leftrightarrow q$ 表示。联结词“当且仅当”用符号 $\Leftrightarrow$ 表示。表 2.5 给出了 $p \Leftrightarrow q$ 的真值。注意，只有当 p 和 q 两者都为真或者都为假时，$p \Leftrightarrow q$ 才

为真。等价命题 $p \Leftrightarrow q$ 也可以把 p 看成是 q 的充要条件。

例 3 等价命题 3>2 当且仅当 0<3−2 是真命题吗？

解 设 p 是命题 3>2，q 是命题 0<3−2。因为 p 和 q 都为真，所以得出结论 $p \Leftrightarrow q$ 为真。■

例 4 计算命题 $(p \Rightarrow q) \Leftrightarrow (\sim q \Rightarrow \sim p)$ 的真值表。

解 用 2.1 节的步骤 1、2 和 3 构造下表，列的最下端数字表示构造的次序。

p	q	$p \Rightarrow q$	$\sim q$	$\sim p$	$\sim q \Rightarrow \sim p$	$(p \Rightarrow q) \Leftrightarrow (\sim q \Rightarrow \sim p)$
T	T	T	F	F	T	T
T	F	F	T	F	F	T
F	T	T	F	T	T	T
F	F	T	T	T	T	T
		(1)	(2)	(3)	(4)	(5)

■

对于命题变量的所有可能值都为真的命题称为**重言式**。总是为假的命题称为**矛盾**或**谬论**；依赖于命题变量的真值，即：或者为真或者为假，这种命题称为**不定式**。

例 5 (a) 例 4 中的命题是重言式。

(b) 命题 $p \wedge \sim p$ 是一个谬论(请证明之)。

(c) 命题 $(p \Rightarrow q) \wedge (p \vee q)$ 是一个不定式。■

现在用两个二元运算和一个一元运算来定义一种新的数学结构 (命题，$\wedge$，$\vee$，$\sim$)。说两个命题相等是毫无意义的。然而若 $p \Leftrightarrow q$ 是重言式，那么可以说 p 和 q 是**逻辑等价**的或简称**等价**。当一个等价被证明是重言式时，意味着它的两个组成部分对命题变量的任何值总是同时为真或者同时为假。因此，命题两边只是同一命题的两个不同方面，并且可以看做“相等”。用 $p \equiv q$ 表示 p 等价于 q。于是，如果在相等的地方用等价给出真命题，那么能够把对运算的性质改说成这种结构具有的性质。

例 6 二元运算 $\vee$ 有交换性质，即：$p \vee q \equiv q \vee p$。$(p \vee q) \Leftrightarrow (q \vee p)$ 的真值表表明该命题是重言式。

p	q	$p \vee q$	$q \vee p$	$(p \vee q) \Leftrightarrow (q \vee p)$
T	T	T	T	T
T	F	T	T	T
F	T	T	T	T
F	F	F	F	T

■

用真值表确定两个命题是否等价的另一种方法是对每个命题构造一列真值并且把它们进行比较以判断是否相同。在例 6 中，第 3 列和第 4 列是相同的，这就保证了它们所代表的命题是等价的。

由 p 和 q 形成 $p \Rightarrow q$ 是命题的另一个二元运算，但是可以用 2.1 节中的运算来表示它。

例 7 条件命题 $p \Rightarrow q$ 等价于 $(\sim p) \vee q$。在下表中列(1)和列(3)表明：对 p 和 q 的任何真值，$p \Rightarrow q$ 和 $(\sim p) \vee q$ 有相同的真值。

p	q	$p\Rightarrow q$	$\sim p$	$\vee q$
T	T	T	F	T
T	F	F	F	F
F	T	T	T	T
F	F	T	T	T
		(1)	(2)	(3)

结构(命题，$\wedge$，$\vee$，~) 与结构 (集合，$\cup$，$\cap$，$\overline{\ }$)有许多相同的性质。

定理 1 命题运算具有下列性质。

交换性质

1．$p\vee q\equiv q\vee p$　　2．$p\wedge q\equiv q\wedge p$

结合性质

3．$p\vee(q\vee r)\equiv(p\vee q)\vee r$　　4．$p\wedge(q\wedge r)\equiv(p\wedge q)\wedge r$

分配性质

5．$p\vee(q\wedge r)\equiv(p\vee q)\wedge(p\vee r)$　　6．$p\wedge(q\vee r)\equiv(p\wedge q)\vee(p\wedge r)$

幂等性质

7．$p\vee p\equiv p$　　8．$p\wedge p\equiv p$

否定性质

9．$\sim(\sim p)\equiv p$　　10．$\sim(p\vee q)\equiv(\sim p)\wedge(\sim q)$

11．$\sim(p\wedge q)\equiv(\sim p)\vee(\sim q)$

其中，项 10 和 11 是德·摩根定律。

证明 在例 6 中，已经证明了性质 1。余下的性质可以用相同的方法来证明，留给读者作为练习。 ■

真值表能用来证明命题的语句，因为真值表检查了所有可能出现的情况。

蕴涵运算也有许多重要性质。

定理 2 (a) $(p\Rightarrow q)\equiv((\sim p)\vee q)$

(b) $(p\Rightarrow q)\equiv(\sim q\Rightarrow\sim p)$

(c) $(p\Leftrightarrow q)\equiv((p\Rightarrow q)\wedge(q\Rightarrow p))$

(d) $\sim(p\Rightarrow q)\equiv(p\wedge\sim q)$

(e) $\sim(p\Leftrightarrow q)\equiv((p\wedge\sim q)\vee(q\wedge\sim p))$

证明 在例 7 中证明了(a)，在例 4 中证明了(b)。注意，(b)表明条件命题等价于它的逆否命题。

(d) 给出了条件命题否定的替代形式，它的证明可使用真值表，但用前面已证明的事实也可以证明。因为$(p\Rightarrow q)\equiv((\sim p)\vee q)$，所以 $p\Rightarrow q$ 的否定一定等价于$\sim((\sim p)\vee q)$。由德·摩根定律可知：$\sim((\sim p)\vee q)\equiv(\sim(\sim p))\wedge(\sim q)$或 $p\wedge(\sim q)$。因此，$\sim(p\Rightarrow q)\equiv(p\wedge\sim q)$。

定理 2 其余部分的证明留做练习。 ■

下面的定理 3 给出了 2.1 节中全称量词和存在量词的两个结果和其他几个性质。

定理 3 (a) $\sim(\forall x P(x)) \equiv \exists x \sim P(x)$

(b) $\sim(\exists x\, P(x)) \equiv \forall x\, (\sim P(x))$

(c) $\exists x(P(x) \Rightarrow Q(x)) \equiv \forall x\, P(x) \Rightarrow \exists x\, Q(x)$

(d) $\exists x(P(x) \vee Q(x)) \equiv \exists x\, P(x) \vee \exists x\, Q(x)$

(e) $\forall x\, (P(x) \wedge Q(x)) \equiv \forall x\, P(x) \wedge \forall x\, Q(x)$

(f) $((\forall x\, P(x)) \vee (\forall x\, Q(x))) \Rightarrow \forall x\, (P(x) \vee Q(x))$是一个重言式

(g) $\exists x(P(x) \wedge Q(x)) \Rightarrow \exists x\, P(x) \wedge \exists x\, Q(x)$是一个重言式 ■

下面的定理给出了一些重要的重言式，它们是蕴涵并且被广泛地用来证明数学和计算机科学里的结论，将在 2.3 节对它们进行说明。

定理 4 下列命题都是重言式。

(a) $(p \wedge q) \Rightarrow p$

(b) $(p \wedge q) \Rightarrow q$

(c) $p \Rightarrow (p \vee q)$

(d) $q \Rightarrow (p \vee q)$

(e) $\sim p \Rightarrow (p \Rightarrow q)$

(f) $\sim(p \Rightarrow q) \Rightarrow p$

(g) $(p \wedge (p \Rightarrow q)) \Rightarrow q$

(h) $(\sim p \wedge (p \vee q)) \Rightarrow q$

(i) $(\sim q \wedge (p \Rightarrow q)) \Rightarrow \sim p$

(j) $((p \Rightarrow q) \wedge (q \Rightarrow r)) \Rightarrow (p \Rightarrow r)$ ■

习 题 2.2

在题 1 和 2 中，已知 p：我是醒着的；q：我努力工作；r：我梦见了家。

1．用 p, q, r 和逻辑联结词写出下面各个命题。

(a) 我是醒着的意味着我努力工作。

(b) 我梦见了家仅当我是醒着的。

(c) 努力工作是我醒着的充分条件。

(d) 我是醒着的是我不梦见家的必要条件。

2．用 p, q, r 和逻辑联结词写出下面各命题。

(a) 我不是醒着的当且仅当我梦见了家。

(b) 如果我梦见了家，那么我是醒着的且我努力工作。

(c) 我不努力工作仅当我是醒着的且我没有梦见家。

(d) 我不是醒着的和我梦见家是我努力工作的充分条件。

3．陈述下面各蕴涵的逆。

(a) 若 2+2 = 4，那么我不是英国王后。

(b) 若我不是美国总统，那么我将走路去上班。

(c) 如果我迟到了，那么我不乘火车去上班。

(d) 若我有时间且我不太累，那么我将去商店。

(e) 如果我有足够的钱，那么我将购买一辆汽车和一套房子。

4．陈述第 3 题中每个蕴涵的逆否式。

5．确定下面各命题的真值。

(a) 如果 2 是偶数，那么纽约有大量的人口。

(b) 如果 2 是偶数，那么纽约有少量的人口。

(c) 如果 2 是奇数，那么纽约有大量的人口。

(d) 如果 2 是奇数，那么纽约有少量的人口。

在题 6 和 7 中，设 p, q 和 r 是下列命题。p：我要学习离散数学结构；q：我要去看电影；r：我心情很好。

6．用 p, q, r 和逻辑联结词写出下面各命题。

(a) 如果我心情不好，那么我要去看电影。

(b) 我不去看电影且我要学习离散数学结构。

(c) 我要去看电影仅当我不学习离散数学结构。

(d) 如果我不学习离散数学结构，那么我心情不好。

7．写出与下面各命题相对应的句子。

(a) $((\sim p) \wedge q) \Rightarrow r$　　(b) $r \Rightarrow (p \vee q)$

(c) $(\sim r) \Rightarrow (\sim q \vee p)$　　(d) $(q \wedge (\sim p)) \Leftrightarrow r$

在题 8 和 9 中，设 p, q, r 和 s 是下列命题。p: 4>1；q: 4<5；r: 3≤3；s: 2>2。

8．用 p, q, r 和逻辑联结词写出下面各命题。

(a) 4>1 或 4<5。　　(b) 若 3≤3，则 2>2。

(c) 非 2>2 或 4>1。

9．写出与下面各命题相对应的句子。

(a) $(p \wedge s) \Rightarrow q$　　(b) $\sim(r \wedge q)$

(c) $(\sim r) \Rightarrow p$

在第 10 题～第 12 题中，构造真值表以确定下面各已知命题是否为重言式、不定式或谬论。

10．(a) $p \wedge \sim p$　　(b) $q \vee (\sim q \wedge p)$

11．(a) $p \Rightarrow (q \Rightarrow p)$　　(b) $q \Rightarrow (q \Rightarrow p)$

12．(a) $(q \wedge p) \vee (q \wedge \sim p)$　　(b) $(p \wedge q) \Rightarrow p$　　(c) $p \Rightarrow (q \wedge p)$

13．如果 $p \Rightarrow q$ 为假，那么能否确定$(\sim(p \wedge q)) \Rightarrow q$ 的真值？解释你的答案。

14．如果 $p \Rightarrow q$ 为假，那么能否确定$(\sim p) \vee (p \Rightarrow q)$的真值？解释你的答案。

15．如果 $p \Rightarrow q$ 为真，那么能否确定 $(p \wedge q) \Rightarrow \sim q$ 的真值？解释你的答案。

16．如果 $p \Rightarrow q$ 为真，那么能否确定 $\sim(p \Rightarrow q) \wedge \sim p$ 的真值？解释你的答案。

17．填充下面格子，使得各行各列以及已标明的 2×2 的方块都包含字母 M，A，T，H 并且无重复。

(a)

A			
	M		
T			M
		H	

(b)

T			
		A	
	M		
			H

18．填充下面格子，使得各行各列以及已标明的 2×3 的块都包含数字 1，2，3，4，5，6 并且无重复。

(a)

4			3		
	2	3			
			1	6	5
6	1	5			
			6	5	
		4			1

(b)

1		6		2	3
	2		1		
5		1		6	
			3		
4		5			2
	6			4	

19．填充下面格子，使得各行各列以及已标明的 3×3 的方块都包含数字 1，2，3，4，5，6，7，8，9 并且无重复。

	6		9		3	1		
1			2	8	7			6
	3	4	6		5		8	
6	2	8	1		4	9		5
				3			7	
5					9	4		1
		6						3
	1		7			5		
4		9	3			2	1	

20．填充下面格子，使得各行各列以及已标明的 3×3 的方块都包含数字 1，2，3，4，5，6，7，8，9 并且无重复。

		4						7
	9			1		5		
6		1	7		4	8	9	
	4		1		7	9		
9			8	2	3			4
			4		5		2	
	8	2			6	1		5
		9		7				
5			2			6		

在题 21 和 22 中，若 p 和 q 为真，r, s 和 t 为假，求下面各命题的真值。

21．(a) $\sim(p \Rightarrow q)$　　(b) $(\sim p) \Rightarrow r$

(c) $(p \Rightarrow s) \wedge (s \Rightarrow t)$　　(d) $t \Rightarrow \sim q$

22．(a) $(\sim q) \Rightarrow (r \Rightarrow (r \Rightarrow (p \vee s)))$

(b) $p \Rightarrow (r \Rightarrow q)$

(c) $(q \Rightarrow (r \Rightarrow s)) \wedge ((p \Rightarrow s) \Rightarrow (\sim t))$

(d) $(r \wedge s \wedge t) \Rightarrow (p \vee q)$

23．用 2.1 节的第 31 题所给出的 $p \downarrow q$ 的定义，证明$((p \downarrow p) \downarrow (q \downarrow q))$等价于 $p \wedge q$。

24．用流畅的语言写出下面各分题的否定。

(a) 天气不好且我将不去上班。

(b) 如果卡罗尔不生病，那么，如果她去野餐，她会玩得很愉快。

(c) 我不会赢得这场比赛或我不会进入比赛。

25．用流畅的语言为下面各分题写一个否定(非)。

(a) 杰克不吃肥肉，但他吃茎椰菜。

(b) 玛丽丢失了她的小羊或者狼吃掉了她的小羊。

(c) 如果汤姆偷了一块馅饼并且逃跑了，那么三个警察就不能吃晚餐了。

26. 考虑下面的条件命题。p：如果洪水毁坏了我的房子或大火烧毁了我的房子，那么保险公司将为我进行赔偿。

(a) 下面哪一个命题是 p 的逆？

(b) 下面哪一个命题是 p 的逆否式？

(i) 如果保险公司对我进行赔偿，那么洪水毁坏了我的房子或大火烧毁了我的房子。

(ii) 如果保险公司对我进行赔偿，那么洪水毁坏了我的房子且大火烧毁了我的房子。

(iii) 如果保险公司不对我进行赔偿，那么洪水没有毁坏我的房子或大火没有烧毁我的房子。

(iv) 如果保险公司不对我进行赔偿，那么洪水没有毁坏我的房子且大火没有烧毁我的房子。

27. 证明定理 1 中的 6。

28. 证明定理 1 中的 11。

29. 证明定理 2(e)。

30. 证明定理 3(d)。

31. 证明定理 3(e)。

32. 证明定理 4(a)。

33. 证明定理 4(d)。

34. 证明定理 4(g)。

35. 证明定理 4(j)。

36. 解释为什么定理 4(e)的证明能作为定理 4(f)的一行证明。

37. 解释为什么定理 4(a)的证明能作为定理 4(b)的一行证明。

2.3 证 明 方 法

前面已经使用过的一些证明方法是直接证明，它使用一般的元素、定义和先前证明的事实以及利用各种情况的证明，例如检查真值表中所有可能的真值。下面将更详细地讨论证明。

如果蕴涵 $p \Rightarrow q$ 是一个重言式，那么称从 p **逻辑上得到** q，这里 p 和 q 可以是包含许多命题变量的复合命题。假设一个形如$(p_1 \wedge p_2 \wedge \cdots \wedge p_n) \Rightarrow q$ 的蕴涵是重言式，那么不管这个命题的各分变量的真值如何，该蕴涵为真。在这种情况下，称从 $p_1, p_2, \cdots, p_n$ **逻辑上得到** q。当从 $p_1, p_2, \cdots, p_n$ 逻辑上得到 q 时，记为

$$\begin{array}{c} p_1 \\ p_2 \\ \vdots \\ \underline{p_n} \\ \therefore q \end{array}$$

符号∴意思是所以。这种表示意指如果已知 p_1 为真，p_2 为真，…，p_n 为真，那么就可以知道 q 为真。

实际上所有数学定理都是由类似于

$$(p_1 \wedge p_2 \wedge \cdots \wedge p_n) \Rightarrow q$$

的蕴涵所组成的。$p_i(i=1，2，\cdots，n)$称为**假设**或**前提**，q 称为**结论**。“证明定理”的意思是表明蕴涵是一个重言式。注意，这里并非试图去证明 q(结论)为真，而只是如果所有的 p_i 为真，那么 q 会为真。正因如此，数学证明往往用语句“假设 p_1，p_2，…，p_n 都为真”作为开始，用语句“所以，q 为真”作为结论。证明不是表明 q 为真，而只是表明如果 p_i 都为真，那么 q 一定为真。

基于重言式的论证通常是表达推理的正确方法。它的正确性只依赖于它所包含的命题的形式，而不依赖于它所包含变量的真值。这样的论证称为**推理规则**。在一个定理的数学证明中，各个步骤一定是使用了各种推理规则得到的。一个定理的数学证明必须从假设开始，通过各个步骤进行下去，每一步用某些推理规则给予证明，最后得出结论。

例 1　根据上一小节的定理 4(j)，$((p \Rightarrow q) \wedge (q \Rightarrow r)) \Rightarrow (p \Rightarrow r)$是一个重言式，因此，论证

$$\begin{array}{c} p \Rightarrow q \\ \underline{q \Rightarrow r} \\ \therefore p \Rightarrow r \end{array}$$

通常是正确的，推理规则亦如此。■

例 2　下面的论证正确吗？

如果你在股市上投资，那么你会变富裕。

如果你变富裕了，那么你会是幸福的。

————————————————————

∴如果你在股市上投资，那么你会是幸福的。

解　论证具有例 1 中所给的形式，因此，论证是正确的，虽然结论也许是假的。■

例 3　重言式$(p \Leftrightarrow q) \Leftrightarrow ((p \Rightarrow q) \wedge (q \Rightarrow p))$是2.2节的定理2(c)，因此,下面两个论证都是正确的。

$$\begin{array}{c} \underline{p \Leftrightarrow q} \\ \therefore (p \Rightarrow q) \wedge (q \Rightarrow p) \end{array} \qquad \begin{array}{c} p \Rightarrow q \\ \underline{q \Rightarrow p} \\ \therefore p \Leftrightarrow q \end{array}$$

■

有些数学定理是等价的，即它们具有形式 $p \Leftrightarrow q$。一般陈述为：p 当且仅当 q。由例 3 可知，这种定理的证明与证明 $p \Rightarrow q$ 和 $q \Rightarrow p$ 在逻辑上是等价的，并且证明等价性几乎总是用这种方法。首先假设 p 为真，然后证明 q 必定为真；接着假设 q 为真，去证明 p 必定为真。

一个非常重要的推理规则是

$$\begin{array}{c} p \\ \underline{p \Rightarrow q} \\ \therefore q \end{array}$$

即：p 为真且 $p \Rightarrow q$ 为真，所以 q 为真。该规则可从 2.2 节的定理 4(g)得到。

某些推理规则被一些权威学者赋予拉丁名称，定理 4(g)被称为**假言推理**，或不严格地称为**论断方法**。

例 4　下面的论证正确吗？

抽烟益于健康。

如果抽烟益于健康，那么香烟就被医生作为处方。

$\therefore$香烟被医生作为处方。

解 论证是正确的，因为它具有假言推理的形式。然而，这个结论为假。注意，第一个前提 p：抽烟益于健康为假。第二个前提 $p\Rightarrow q$ 为真，于是两个前提的合取$(p\wedge(p\Rightarrow q))$为假。■

例 5 下面的论证正确吗？

如果税收降低，那么收入增加。

收入增加。

$\therefore$ 税收降低了。

解 设 p：税收降低；q：收入增加，那么论证具有形式

$$\begin{array}{c} p\Rightarrow q \\ q \\ \hline \therefore p \end{array}$$

假设 $p\Rightarrow q$ 和 q 两者都为真，那么当 p 为假时，$p\Rightarrow q$ 可能为真，所以结论 p 为假。因此论证不正确。解答这个问题的另一个途径是证明命题$((p\Rightarrow q)\wedge q)$是否可从逻辑上推出命题 p。真值表表明该命题为假(给予证明)。■

从重言式 $(p\Rightarrow q)\Leftrightarrow((\sim q)\Rightarrow(\sim p))$可得到一种重要的证明技巧，称为**间接方法**。正如前面提到的，这说明一个蕴涵与它的逆否式等价。因此，为了间接地证明 $p\Rightarrow q$，可以假设 q 为假(命题$\sim q$)，然后证明 p 为假(命题$\sim p$)。

例 6 设 n 是一个整数，证明：如果 n^2 是奇数，那么 n 是奇数。

解 设 p: n^2 是奇数；q：n 是奇数。必须证明 $p\Rightarrow q$ 为真，为此代之证明逆否式$\sim q\Rightarrow\sim p$。因此，假设 n 不是奇数，则 n 是偶数，那么 $n=2k$，这里 k 是一个整数。于是有 $n^2=(2k)^2=4k^2=2(2k^2)$，所以 n^2 是偶数。因而证明了若 n 是偶数，则 n^2 是偶数，它是已知命题的逆否式。因此，证明了所给命题。■

另一种重要的间接证明技巧是**反证法**。这种方法是基于重言式$((p\Rightarrow q)\wedge(\sim q))\Rightarrow(\sim p)$的。因此推理规则

$$\begin{array}{c} p\Rightarrow q \\ \sim q \\ \hline \therefore \sim p \end{array}$$

是正确的。不严格地说，该规则描述了如果命题 p 推出假命题 q，那么 p 一定为假。该方法常用于 q 是谬论或矛盾的时候，即命题总是为假的情况。一个例子就是把 q 取为矛盾 $r\wedge(\sim r)$。因此，推出一个矛盾的任何命题一定为假。为了使用反证法，假设要证明从命题 p_1，p_2，…，p_n 逻辑上推出命题 q，那么首先假设$\sim q$ 为真(即 q 为假)作为一个额外的假设，并且假设 p_1, p_2, …, p_n 也都为真。如果这个扩大的假设 $p_1\wedge p_2\wedge\cdots\wedge p_n\wedge(\sim q)$推出一个矛盾，那么命题 p_1，p_2，…，

p_n，$\sim q$ 中至少有一个一定为假。这意味着如果所有的 p_i 为真，那么$\sim q$ 一定为假，所以 q 必为真，故从 p_1，p_2，…，p_n 推出 q。这就是通过反证法进行证明。

例 7 证明：不存在有理数 p/q 其平方为 2。换句话说，证明：$\sqrt{2}$ 是无理数。

解 该命题是用反证法证明的一个很好的例子，因为不可能通过检验所有可能的有理数来证明其中没有任何一个有理数其平方为 2。假设$(p/q)^2=2$ 对某两个整数 p 和 q 成立，并且 p 和 q 没有公因子。如果原来选择的 p/q 不是最小项，那么可以用它等价的最小项形式来取代它。于是 $p^2=2q^2$，所以 p^2 是偶数，这就推出 p 是偶数，因为一个奇数的平方是奇数。因此，存在某个整数 n 使得 $p=2n$ 成立。于是可以看到 $2q^2=p^2=(2n)^2=4n^2$，即 $q^2=2n^2$，所以 q^2 是偶数，从而 q 是偶数。于是得到 p 和 q 都是偶数，故它们有一个公因子 2，这与假设相矛盾。因此假设一定为假。 ■

已经描述了与正确的证明技巧相一致的几种推理规则和逻辑等价。为了证明一个(标准)形式如$(p_1\wedge p_2\wedge\cdots\wedge p_n)\Rightarrow q$ 的定理，从假设 p_1, p_2, …，p_n 开始，证明从逻辑上得到某个结果 r_1。然后，用 p_1, p_2, …，p_n , r_1 证明从逻辑上得到另外的某个命题 r_2。如此继续这个过程，产生中间命题 $r_1, r_2,\cdots, r_k$, 称它们为**证明中的步骤**，直到最终能证明从逻辑上由 p_1, p_2，…，$p_n, r_1, r_2,\cdots$，r_k 得到结论 q 为止。每一个逻辑步骤必须是由某个正确的证明技巧来证明是正确的，而这种证明技巧是基于已有的推理规则或者基于尚未讨论的来自于永真蕴涵的其他某些规则。在任何阶段，可以用一个命题的逆否命题或任何其他等价形式导出的命题来替代原命题。

构造证明实际上是一门艺术，部分是从观察和经验中学到的。中间步骤的选择和导出它们的方法是一种创造性活动，不可能用精确的语言描述。但是，有些简单的证明技巧可应用于各种背景之中。这些技巧是本书将始终关注的内容。在每一章末尾的“证明知识小结”的注解里专门讲述该章内容中最有用的方法。

例 8 设 m 和 n 是整数，证明：$n^2=m^2$ 当且仅当 $m=n$ 或 $m=-n$。

解 按照刚才描述的方法分析证明。假设 p 是命题：$n^2=m^2$，q 是命题：$m=n$，r 是命题：$m=-n$，那么希望证明定理 $p\Leftrightarrow(q\vee r)$。从前面的讨论可以知道可代之证明 s：$p\Rightarrow(q\vee r)$和 t:$(q\vee r)\Rightarrow p$ 都为真。首先，假设 q: $m=n$ 或 r: $m=-n$ 为真。如果 q 为真，那么 $n^2=m^2$。如果 r 为真，那么 $n^2=(-m)^2=m^2$，所以任何一种情况 p 都为真。从而证明了蕴涵 $t:(q\vee r)\Rightarrow p$ 为真。

现在必须证明 s: $p\Rightarrow(q\vee r)$为真，即假设 p 并试图证明 q 或 r。如果 p 为真，那么 $n^2=m^2$，所以 $n^2-m^2=0$，但是 $n^2-m^2=(n-m)(n+m)$。如果 r_1 是中间命题：$(n-m)(n+m)=0$，那么证明了 $p\Rightarrow r_1$ 为真。现在通过证明逆否式 $\sim(q\vee r)\Rightarrow(\sim r_1)$为真来证明 $r_1\Rightarrow(q\vee r)$为真。而$\sim(q\vee r)$等价于$(\sim q)\wedge(\sim r)$，所以证明$(\sim q)\wedge(\sim r)\Rightarrow(\sim r_1)$。因此，若$(\sim q)$:$m\neq n$ 与$(\sim r)$：$m\neq -n$ 为真，那么$(n-m)\neq 0$ 与$(n+m)\neq 0$，所以$(n-m)(n+m)\neq 0$，即 r_1 为假。从而证明了 $r_1\Rightarrow(q\vee r)$为真。最后，从 $p\Rightarrow r_1$ 和 $r_1\Rightarrow(q\vee r)$为真能得到结论 $p\Rightarrow(q\vee r)$为真，这就完成了证明。 ■

通常并不采用这么详尽的方式分析证明，这里之所以这样做只是为了说明可通过把等价性与由推理规则所产生的正确步骤拼凑起来以设计证明。证明当中给出的详尽程度依赖于读者的意愿。

最后提醒读者，许多数学定理实际上意指命题对某一类型的所有对象为真。有时候，这一点不是很明显。因此，例 8 中的定理实际上陈述了对所有整数 m 和 n, $n^2=m^2$ 当且仅当 $m=n$ 或 $m=-n$。

类似地，命题“若 x 和 y 是实数，$x \neq y$，那么 $x<y$ 或 $y<x$”是一个关于所有实数 x 和 y 的命题。为了证明这样的定理，必须确保证明中的步骤对每一个实数都是正确的。例如，不能假设 x 是 2 或 y 是 π 或 $\sqrt{3}$。这就是为什么在证明中常常是通过选一个用变量表示的一般元素开始的原因。另一方面，从 2.2 节知道形如 $\forall x\, P(x)$ 的否命题是 $\exists x \sim P(x)$，因此，只需找命题为假的一个例子反证即可。

例 9 证明或反证命题：若 x 和 y 都是实数，那么 $(x^2 = y^2) \Leftrightarrow (x = y)$。

解 命题能用形式 $\forall x \forall y\, R(x, y)$ 重述。因此，为了证明这个结果，将需要提供一些步骤，每个步骤对所有 x 和 y 都应为真。为了反证这个结论，仅需要找一个蕴涵为假的例子。

因为 $(-3)^2 = 3^2$，但 $-3 \neq 3$，所以结论为假。这样的例子称为**反例**，并且任何其他反例也可奏效。■

总之，如果一个命题断言一个性质对某类型的所有对象都成立，那么，为了证明它，必须使用许多步骤，这些步骤对这种类型的所有对象都是正确的而不是只考虑任何特殊对象。为了反证这个命题，只需给出一个反例，即一个特殊的对象或对象的集合使得断言为假。

习 题 2.3

在第 1 题～第 11 题中，陈述所给的论证是否正确。如果它是正确的，验证重言式或它所基于的重言式。

1. 如果我开车去上班，那么我到达时会很累。
   当我到达上班时我不累。
   ———————————————
   ∴ 我没有开车去上班。
2. 如果我开车去上班，那么我到达时会很累。
   我到达上班时很累。
   ———————————————
   ∴ 我开车去上班。
3. 如果我开车去上班，那么我到达时会很累。
   我没有开车去上班。
   ———————————————
   ∴ 我到达时不会累。
4. 如果我开车去上班，那么我到达时会很累。
   我开车去上班。
   ———————————————
   ∴ 我到达时会很累。
5. 我将成为名人或我不会成为作家。
   我将成为作家。
   ———————————————
   ∴ 我将成为名人。
6. 我将成为名人或我会成为作家。
   我不会是作家。
   ———————————————
   ∴ 我将成为名人。
7. 如果我努力且我有天赋，那么我将成为音乐家。

如果我成为音乐家，那么我是幸福的。

∴如果我不幸福，那么我没有努力或我没有天赋。

8. 如果我这个学期毕业，那么我通过了物理考试。

如果我每个星期不花 10 个小时学习物理，那么我不会通过物理考试。

如果我每星期花 10 个小时学习物理，那么我就不能打排球了。

∴如果我打排球，那么我这个学期不会毕业。

9. 如果我的抽水马桶设计方案不符合建筑法规，那么我不能建造我的房子。

如果我雇用一个有执照的承包商，那么我的抽水马桶设计方案会符合建筑法规。

我雇用一个有执照的承包商。

∴我能建造我的房子。

10. (a) $p \vee q$

$\sim q$

$\therefore p$

(b) $p \Rightarrow q$

$\sim p$

$\therefore \sim q$

11. 把第 10 题中的每一个论证写成一个复合命题。

12. (a) $(p \Rightarrow q) \wedge (q \Rightarrow r)$

$(\sim q) \wedge r$

$\therefore p$

(b) $\sim (p \Rightarrow q)$

p

$\therefore \sim q$

13. 把第 12 题中的每一个论证写成一个复合命题。

14. 证明：两个偶数之和是偶数。

15. 证明：两个奇数之和是偶数。

16. 证明：结构(偶数，+，*)关于*是封闭的。

17. 证明：结构(奇数，+，*)关于*是封闭的。

18. 证明：n^2 是偶数当且仅当 n 是偶数。

19. 证明：$A = B$ 当且仅当 $A \subseteq B$ 且 $B \subseteq A$。

20. 设 A 和 B 是全集 U 的子集，证明 $A \subseteq B$ 当且仅当 $\overline{B} \subseteq \overline{A}$。

21. 证明：(a) $A \subseteq B$ 对于 $A \cup B = B$ 是一个充要条件。

(b) $A \subseteq B$ 对于 $A \cap B = A$ 是一个充要条件。

22. 证明：k 为奇数是 k^3 为奇数的一个充要条件。

23. 证明或反证：$n^2+41n+41$ 对每个整数 n 都是一个素数。

24. 证明或反证：任何 5 个连续整数之和能被 5 整除。

25. 证明或反证：对于每个正整数 n，$3|(n^3-n)$。

26. 证明或反证：对所有 $n \in \mathbf{Z}^+$，$1+2^n>3^n$。

27. 判断下面的论证是否正确。解释你的结论。

证明：$\forall x\, x^3>x^2$。

证明：$\forall x\, x^2>0$, 所以 $\forall x\, x^2(x-1)>0(x-1)$，即 $\forall x\, x^3-x^2>0$，因此 $\forall x\, x^3>x^2$。

28. 判断下面的论证是否正确。解释你的结论。

证明：如果 $\boldsymbol{A}$ 和 $\boldsymbol{B}$ 是矩阵使得 $\boldsymbol{AB} = \boldsymbol{0}$，那么 $\boldsymbol{A} = \boldsymbol{0}$ 或 $\boldsymbol{B} = \boldsymbol{0}$。

证明：需要考虑两种情况，$\boldsymbol{A}=\mathbf{0}$ 或 $\boldsymbol{A}\neq\mathbf{0}$。若 $\boldsymbol{A}=\mathbf{0}$，则证毕。若 $\boldsymbol{A}\neq\mathbf{0}$，则 $\boldsymbol{A}^{-1}(\boldsymbol{AB})=\boldsymbol{A}^{-1}\mathbf{0}$，即$(\boldsymbol{A}^{-1}\boldsymbol{A})\boldsymbol{B}=\mathbf{0}$，所以 $\boldsymbol{B}=\mathbf{0}$。

29．判断下面的论证是否正确，解释你的结论。

设 m 和 n 是两个互素整数，证明：如果 mn 是一个立方数，那么 m 和 n 都是立方数。

证明：首先注意在任何立方数分解成素数因子的因子分解过程中，每一个素数因子一定有一个指数是 3 的倍数。把 m 和 n 写成素数的积：

$$m={p_1}^{a_1}{p_2}^{a_2}\cdots{p_k}^{a_k}\text{ ，}\quad n={q_1}^{b_1}{q_2}^{b_2}\cdots{q_j}^{b_j}$$

假设 m 不是一个立方数，那么至少有一个 a_i 不是 3 的倍数。因为 mn 的每个素数因子必定有一个其指数是 3 的倍数，所以 n 必有一个因子 ${p_i}^{b_i}$ 使得 $b_i\neq0$ 且 a_i+b_i 是 3 的倍数。但这意味着 m 和 n 有一个共同因子 p_i。它与 m 和 n 互素的事实相矛盾。

30．判断下面的论证是否正确。解释你的结论。

证明：如果 x 是一个无理数，那么 $1-x$ 也是一个无理数。

证明：假设 $1-x$ 是有理数，那么可以把 $1-x$ 写成 $\dfrac{a}{b}$，其中 $a,b\in\mathbf{Z}$。于是有 $1-\dfrac{a}{b}=x$，即：$x=\dfrac{b-a}{b}$，它是一个有理数。这是一个矛盾。所以，如果 x 是无理数，那么 $1-x$ 也是无理数。

31．证明：两个素数之和不是一个素数，其中两个素数都比 2 大。

32．证明：如果在平面上两条直线均与第三条直线相垂直，那么这两条直线是平行线。

33．证明：如果 x 是一个有理数，y 是一个无理数，那么 $x+y$ 是一个无理数。

34．证明：如果 $2y$ 是一个无理数，那么 y 是一个无理数。

2.4　数学归纳法

下面将讨论另一种证明技巧。假设要证明的命题能写成形式 $\forall n\geqslant n_0\mathrm{P}(n)$，其中 n_0 是某个固定整数，即：假设希望证明对所有整数 $n\geqslant n_0$ 都有 $\mathrm{P}(n)$为真，那么如下方法可以说明如何做到这一点。假设(a) $\mathrm{P}(n_0)$为真和(b) 如果对某个 $k\geqslant n_0$ 有 $\mathrm{P}(k)$为真，那么 $\mathrm{P}(k+1)$也一定为真。于是对所有 $n\geqslant n_0$，$\mathrm{P}(n)$为真。这种方法称为**数学归纳法原理**。因此，用数学归纳法原理证明命题：$\forall n\geqslant n_0\ \mathrm{P}(n)$为真，必须首先用直接法证明第一个命题 $\mathrm{P}(n_0)$为真，称其为归纳法的**基础步骤**，并且通常来讲该步是非常容易的。

然后必须证明对 $k\geqslant n_0$ 的任何选择，$\mathrm{P}(k)\Rightarrow\mathrm{P}(k+1)$是一个重言式。因为一个蕴涵为假的唯一情况是如果前提为真而结论为假，做这一步通常是证明如果 $\mathrm{P}(k)$为真，那么 $\mathrm{P}(k+1)$也一定为真。注意，它同假设对某个 k 值 $\mathrm{P}(k)$为真不一样。这一步称为**归纳步骤**，并且某些工作通常要求证明蕴涵恒为真。

例 1　用数学归纳法证明：对所有 $n\geqslant1,1+2+3+\cdots+n=\dfrac{n(n+1)}{2}$。

证明　设 $\mathrm{P}(n)$是谓词 $1+2+3+\cdots+n=\dfrac{n(n+1)}{2}$，在本例中 $n_0=1$。

基础步骤　首先必须证明 P(1)为真。P(1)是命题$1=\frac{1(1+1)}{2}$，这显然为真。

归纳步骤　现在必须证明：对于 $k\geqslant 1$，如果 $P(k)$为真，那么 $P(k+1)$也一定为真。假设对某个固定的 $k\geqslant 1$，有

$$1+2+3+\cdots+k=\frac{k(k+1)}{2} \tag{1}$$

现在希望证明 $P(k+1)$为真：

$$1+2+3+\cdots+(k+1)=\frac{(k+1)((k+1)+1)}{2}$$

$P(k+1)$的左边可以写成 $1+2+3+\cdots+k+(k+1)$，于是

$$\begin{aligned}(1+2+3+\cdots+k)+(k+1) &= \frac{k(k+1)}{2}+(k+1) && \text{用式(1)取代 } 1+2+\cdots+k\\ &= (k+1)\left(\frac{k}{2}+1\right) && \text{因子分解}\\ &= \frac{(k+1)(k+2)}{2}\\ &= \frac{(k+1)((k+1)+1)}{2} && P(k+1)\text{的右边}\end{aligned}$$

因此，证明了 $P(k+1)$的左边等于 $P(k+1)$的右边。由数学归纳法原理得到，$P(n)$对所有 $n\geqslant 1$ 为真。■

例 2　设 A_1，A_2，A_3，…，A_n 是任意 n 个集合，用数学归纳法证明

$$\overline{\left(\bigcup_{i=1}^{n}A_i\right)}=\bigcap_{i=1}^{n}\overline{A_i}$$

(这是德·摩根定律的推广形式)设 $P(n)$是谓词：对任意 n 个集合等式成立。用数学归纳法需证明，对所有 $n\geqslant 1$，$P(n)$为真。

基础步骤　P(1)是命题$\overline{A_1}=\overline{A_1}$，这显然成立。

归纳步骤　用 $P(k)$去证明 $P(k+1)$。$P(k+1)$的左边是

$$\begin{aligned}\overline{\left(\bigcup_{i=1}^{k+1}A_i\right)} &= \overline{A_1\cup A_2\cup\cdots\cup A_k\cup A_{k+1}}\\ &= \overline{(A_1\cup A_2\cup\cdots\cup A_k)\cup A_{k+1}} && \cup\text{的结合性质}\\ &= \overline{(A_1\cup A_2\cup\cdots\cup A_k)}\cap\overline{A_{k+1}} && \text{两个集合的德·摩根定律}\\ &= \left(\bigcap_{i=1}^{k}\overline{A_i}\right)\cap\overline{A_{k+1}} && \text{用 } P(k)\end{aligned}$$

$$= \bigcap_{i=1}^{k+1} \overline{A_i} \qquad \text{P}(k+1)\text{的右边}$$

因此，蕴涵 P(k) ⇒ P(k+1)是一个重言式，由数学归纳法原理可知对所有 $n \geqslant 1$，P(n)为真。 ■

例 3 用数学归纳法证明任意有限非空集合是可数的，即它能用列举的方法排列。

设 P(n)是谓词：如果 A 是任意集合，$|A| = n \geqslant 1$，那么 A 是可数的(定义见第 1 章)。

基础步骤 因为 $n_0=1$，所以设 A 是只有一个元素的任意集合，记 $A=\{x\}$。这种情形下 x 形成一个仅由其本身构成的序列，其集合为 A。因此，P(1)为真。

归纳步骤 需要使用命题 P(k)：如果 A 是具有 k 个元素的任意集合，那么 A 是可数的。于是选取任意一个有 k+1 个元素的集合 B，并在 B 中任选一个元素 x。因为 $B-\{x\}$是只有 k 个元素的集合。由归纳假设 P(k)可知存在一个序列 x_1，x_2，…，x_k，它对应的集合为 $B-\{x\}$。那么序列 x_1，x_2，…，x_k，x 所对应的集合为 B，所以 B 是可数的。因为 B 是任意具有 k+1 个元素的集合，所以若 P(k)为真，则 P(k+1)为真。因此，由数学归纳法原理可知，对所有 $n \geqslant 1$，P(n)为真。 ■

在用归纳法证明结论时，不能在到达一个真命题之前就开始假设 P(k+1)为真并试图操纵这个结果。这种常见的错误常常是对数学归纳法原理的一种不正确使用。

因为被递归定义的对象往往在定义中使用一个自然序列，在递归和归纳之间存在一种自然的联系。因此，归纳法常常是最好的，并且也许是证明递归定义对象结果的唯一方法。

例 4 考虑下面阶乘函数的递归定义：$1!=1$，$n!=n\cdot(n-1)!$，$n>1$。假设希望证明对所有 $n \geqslant 1$，$n! \geqslant 2^{n-1}$，那么用数学归纳法实现该过程。设 P(n):$n! \geqslant 2^{n-1}$，这里 n_0 是 1。

基础步骤 P(1)是命题 $1! \geqslant 2^0$。因为 1！是 1，所以命题为真。

归纳步骤 要证明 P(k) ⇒ P(k+1)是一个重言式。如果 P(k)为真保证 P(k+1)为真，那么它是一个重言式。假设对某个 $k \geqslant 1$ 有 $k! \geqslant 2^{k-1}$，那么由递归定义，P(k+1)的左边是

$$\begin{aligned}(k+1)! &= (k+1)\cdot k! \\ &\geqslant (k+1)\cdot 2^{k-1} && \text{用 P}(k) \\ &\geqslant 2\times 2^{k-1} && k+1\geqslant 2,\text{因为 } k\geqslant 1 \\ &= 2^k && \text{P}(k+1)\text{的右边}\end{aligned}$$

因此，P(k+1)为真。由数学归纳法原理可知，对所有 $n \geqslant 1$，P(n)为真。 ■

下面的例子表明归纳法在计算机程序设计中是非常有用的。此例和下面将使用的伪码在附录 A 中描述。

例 5 考虑下面用伪码给出的函数。

FUNCTION SQ(A)

1．$C \leftarrow 0$

2．$D \leftarrow 0$

3．**WHILE**($D \neq A$)

  a．$C \leftarrow C+A$

b．$D \leftarrow D+1$

4．**RETURN**(C)

END OF FUNCTION SQ

函数名 SQ 意指它计算 A 的平方。步骤 3b 表明如果循环结束，A 一定是一个正整数。用 A 的几个特殊值进行试验将为函数执行这项任务提供依据。然而，假设现在要证明无论 A 是多大的值，SQ 总是计算正整数 A 的平方，那么，可用数学归纳法给出一个证明。对于每个整数 $n \geqslant 0$，设 C_n 和 D_n 分别表示变量 C 和 D 在通过 **WHILE** 循环 n 次后的值。特别地，C_0 和 D_0 表示在循环开始之前变量的值。设 P(n)是谓词 $C_n=A \times D_n$，可以通过归纳法证明：$\forall n \geqslant 0$，P(n)为真，这里 n_0 是 0。

基础步骤　P(0)是命题 $C_0=A \times D_0$，因为在通过 0 个 **WHILE** 循环之后，C 和 D 的值都是 0，所以命题为真。

归纳步骤　现在必须使用

$$\mathrm{P}(k):\ C_k=A \times D_k \tag{2}$$

来证明 P(k+1)：$C_{k+1}=A \times D_{k+1}$。在通过一个循环后，C 的增加值为 A，D 的增加值为 1，所以 $C_{k+1}=C_k+A$，$D_{k+1}=D_k+1$。

P(k+1)的左边：$C_{k+1}=C_k+A$

$=A \times D_k+A$　　用式(2)取代 C_k

$=A \times (D_k+1)$　　因式分解

$=A \times D_{k+1}$　　P(k+1)的右边

由数学归纳法原理可知，只要循环存在，就有 $C_n=A \times D_n$ 。循环一定终止(为什么?)。当循环终止时，$D=A$，所以 $C=A \times A$ 或 A^2，这就是函数 SQ 所返回的值。 ■

例 5 解释了**循环不变量**的使用，即保持通过所有循环迭代变量之间的一种关系。证明循环和程序做它们所宣称的事情的这种技术是算法验证理论中的一个重要部分。在例 5 中，很显然，如果 A 是一个正整数(更复杂的情况除外)，那么循环终止也可以用归纳法证明。

例 6　用例 5 中的技巧证明 1.4 节所给的伪码程序确实是计算两个正整数的最大公因子。

解　下面是 1.4 节所给的伪码程序。

FUNCTION GCD(X，Y)

1．**WHILE**($X \neq Y$)

a. **IF**($X>Y$)**THEN**

1．$X \leftarrow X-Y$

b. **ELSE**

1．$Y \leftarrow Y-X$

2．**RETURN**(X)

END OF FUNCTION GCD

我们断言如果 X 和 Y 是正整数，那么 GCD 返回 GCD(X，Y)。为了证明这一点，设 X_n 和 Y_n 是

在 $n \geqslant 0$ 次通过 **WHILE** 循环之后的 X 和 Y 的值。可以断言 P(n)：GCD(X_n，Y_n)=GCD(X，Y)对所有 $n \geqslant 0$ 为真，这可用数学归纳法来证明。这里 n_0 是 0。

基础步骤 因为在循环开始之前存在变量值 $X_0=X$，$Y_0=Y$，因此，P(0)是命题 GCD(X_0，Y_0)=GCD(X，Y)，显然命题为真。

归纳步骤 考虑 P(k+1)的左边，即 GCD(X_{k+1}，Y_{k+1})。在通过 k+1 次循环后，或者 $X_{k+1}=X_k$ 和 $Y_{k+1}=Y_k-X_k$，或者 $X_{k+1}=X_k-Y_k$ 和 $Y_{k+1}=Y_k$。于是如果 P(k)：GCD(X_k，Y_k)=GCD(X，Y)为真，则由 1.4 节的定理 5 有 GCD(X_{k+1}，Y_{k+1})=GCD(X_k，Y_k)=GCD(X，Y)。因此，由数学归纳法原理可知，对于所有 $n \geqslant 0$，P(n)为真。退出循环的条件是 $X_n=Y_n$ 并且有 GCD(X_n，Y_n)=X_n。因此函数总是返回值 GCD(X，Y)。 ■

若讨论如何为给出的循环构造一个循环不变量，那么将脱离本节的中心思想。在编写程序时，构造循环不变量通常先于循环里的执行步骤。在练习题中，在需要的地方提供了循环不变量。

强归纳法

与数学归纳法略有不同的形式在某些证明当中更易于使用。**强形式的数学归纳法**或**强归纳法**中，其归纳步骤是证明

$$P(n_0) \wedge P(n_0+1) \wedge P(n_0+2) \wedge \cdots \wedge P(k) \Rightarrow P(k+1)$$

是一个重言式。同前面一样，需要检验的唯一情况是如果每个 P(j), $j=n_0,\cdots$，k 为真，那么 P(k+1)为真。强归纳法与数学归纳法在形式上是等价的，在一个证明中使用哪一个取决于方便性。

例 7 证明：每个正整数 $n>1$ 能唯一地写成 $p_1^{a_1} p_2^{a_2} \cdots p_s^{a_s}$，其中 p_i 是素数且 $p_1< p_2<\cdots< p_s$ (1.4 节定理 3)。

证明 (用强归纳法)

基础步骤 这里 $n_0=2$，显然 P(2)为真，因为 2 是素数。

归纳步骤 使用 P(2)，P(3)，…，P(k)证明 P(k+1): k+1 能唯一地写成 $p_1^{a_1} p_2^{a_2} \cdots p_s^{a_s}$，其中 p_i 是素数且 $p_1< p_2<\cdots< p_s$。需要考虑两种情况：若 k+1 是一个素数，则 P(k+1)为真。若 k+1 不是素数，则 $k+1=lm$，$2 \leqslant l \leqslant k$，$2 \leqslant m \leqslant k$。利用 P($l$)和 P($m$)，得 $k=lm=q_1^{b_1} q_2^{b_2} \cdots q_t^{b_t}\ r_1^{c_1} r_2^{c_2} \cdots r_u^{c_u} = p_1^{a_1} p_2^{a_2} \cdots p_s^{a_s}$，其中每个 $p_i=q_j$ 或 r_k，$p_1<p_2<\cdots<p_s$。若 $q_j=r_k=p_i$，则 $a_i=b_j+c_k$，否则 $p_i=q_j$ 且 $a_i=b_j$ 或者 $p_i=r_k$ 且 $a_i=c_k$。因为 l 和 m 的因子分解是唯一的，所以 k+1 的因子分解也是唯一的。 ■

习 题 2.4

在第 1 题~第 7 题中，用数学归纳法证明命题为真。

1. $2+4+6+\cdots+2n=n(n+1)$

2. $1^2+3^2+5^2+\cdots+(2n-1)^2=\dfrac{n(2n+1)(2n-1)}{3}$

3. $1+2^1+2^2+\cdots+2^n=2^{n+1}-1$

4. $5+10+15+\cdots+5n=\dfrac{5n(n+1)}{2}$

5. $1^2+2^2+3^2+\cdots+n^2=\dfrac{n(n+1)(2n+1)}{6}$

6. $1+a+a^2+\cdots+a^{n-1}=\dfrac{a^n-1}{a-1}$

7. $a+ar+ar^2+\cdots+ar^{n-1}=\dfrac{a(1-r^n)}{1-r}$，其中 $r\neq 1$

8. 设 $P(n):1^3+2^3+3^3+\cdots+n^3=\dfrac{n^2(n+1)^2+4}{4}$。

(a) 用 $P(k)$证明 $P(k+1)$。

(b) 对所有 $n\geqslant 1$, $P(n)$为真吗？

9. 设 $P(n):1+5+9+\cdots+(4n-3)=(2n+1)(n-1)$。

(a) 用 $P(k)$证明 $P(k+1)$。

(b) 对所有 $n\geqslant 1$, $P(n)$为真吗？

10. 证明：对于 $n\geqslant 2$ 有 $1+2^n<3^n$。

11. 证明：对于 $n>1$ 有 $n<2^n$。

12. 证明：$1+2+3+\cdots+n<\dfrac{(2n+1)^2}{8}$。

13. 求解使得命题为真的最小 n 值，然后证明$(1+n^2)<2^n$。

14. 求解使得命题为真的最小 n 值，然后证明 $10n<3^n$。

15. 用数学归纳法证明：如果一个集合 A 有 n 个元素，那么 $P(A)$有 2^n 个元素。

16. 用数学归纳法证明：$3|(n^3-n)$对每个正整数 n 都成立。

17. 用数学归纳法证明：如果 A_1，A_2，…，A_n 是任意 n 个集合，那么

$$\overline{\left(\bigcap_{i=1}^{n}A_i\right)}=\bigcup_{i=1}^{n}\overline{A_i}$$

18. 用数学归纳法证明：如果 A_1，A_2，…，A_n 和 B 是任意 $n+1$ 个集合，那么

$$\left(\bigcup_{i=1}^{n}A_i\right)\cap B=\bigcup_{i=1}^{n}(A_i\cap B)$$

19. 用数学归纳法证明：如果 A_1，A_2，…，A_n 和 B 是任意 $n+1$ 个集合，那么

$$\left(\bigcap_{i=1}^{n}A_i\right)\cup B=\bigcap_{i=1}^{n}(A_i\cup B)$$

20. 设 $P(n)$是命题 $2|(2n-1)$。

(a) 证明：$P(k)\Rightarrow P(k+1)$是一个重言式。

(b) 证明：$P(n)$对任意整数 n 不为真。

(c) 分题(a)和(b)所做的证明结果与数学归纳法原理相矛盾吗？请解释之。

21. 设 $P(n)$是命题: 对 $n\in\mathbf{Z}^+$，n^2+n 是一个奇数。

(a) 证明：$P(k)\Rightarrow P(k+1)$是一个重言式。

(b) 对所有 n，$P(n)$为真吗？给予解释。

22. 解释下面“论证”中的缺陷。

对 $z\neq0$，$z^n=1, n\geqslant0$。

证明：**基础步骤**　对 $n=0$，由定义知 P(0)：$z^n=1$ 为真。

归纳步骤　$z^{k+1}=\dfrac{z^k}{z^{k-1}}\cdot z^k=\dfrac{1}{1}\cdot1=1$。

23. 解释下面“论证”中的缺陷。

所有汽车都有相同的颜色。

证明：设 P(n)：任意 n 辆汽车的集合是由具有相同颜色的汽车所组成的。

基础步骤　P(1)为真，因为在这种情况下只有一辆汽车。

归纳步骤　使用 P(k)：任意 k 辆汽车的集合是由具有相同颜色的汽车所组成的，去证明 P(k+1)：任意 k+1 辆汽车的集合是由具有相同颜色的汽车所组成的。从 k+1 辆汽车的集合里选一辆汽车，并且考虑剩下的 k 辆汽车的集合。由 P(k)可知这些汽车都有相同的颜色。现在退还已选出的汽车，并且把另一辆汽车放在一边。则由 P(k)可知余下的汽车都有相同的颜色。在这个过程中所有汽车都不改变颜色，于是所有的 k+1 辆汽车都有相同的颜色。

在第 24 题~第 26 题中，设 $\boldsymbol{A}$ 是 $n\times n$ 矩阵，证明所给的矩阵命题。

24. $(\boldsymbol{A}_1+\boldsymbol{A}_2+\cdots+\boldsymbol{A}_n)^{\mathrm{T}}=\boldsymbol{A}_1^{\mathrm{T}}+\boldsymbol{A}_2^{\mathrm{T}}+\cdots+\boldsymbol{A}_n^{T}$。

25. $\boldsymbol{A}^2\boldsymbol{A}^n=\boldsymbol{A}^{2+n}$

26. 设 $\boldsymbol{A}$ 和 $\boldsymbol{B}$ 是方阵，如果 $\boldsymbol{AB}=\boldsymbol{BA}$，那么$(\boldsymbol{AB})^n=\boldsymbol{A}^n\boldsymbol{B}^n$ 对 $n\geqslant1$ 成立。

27. 证明：任何 n 美元($n\geqslant5$)餐费单都能仅用 2 美元和 5 美元的钞票进行支付。

28. 证明：每个比 27 大的整数都能写成 $5a+8b$,其中 a，$b\in\mathbf{Z}^+$。

29. 用归纳法证明如果 p 是一个素数且对 $n>1$，$p|a^n$，那么 $p|a$。

30. 证明：如果 GCD(a，b)=1，那么对所有 $n\geqslant1$，GCD(a^n，b^n)=1。(提示：用第 29 题。)

31. (a) 求最小正整数 n_0，使得 $2^{n_0}>n_0^2$。

(b) 证明：对所有 $n\geqslant n_0$，$2^n>n^2$。

32. 证明或反证：$2+8+18+\cdots+2n^2=n^2+n$。

33. 证明或反证：$x-y$ 整除 x^n-y^n，$n\geqslant1$。

在第 34 题~第 39 题中，正确使用所给的算法产生结果说明，用数学归纳法证明所指定的关系是一个循环不变量并且当循环终止时，检查其值。所有的变量表示非负整数。

34. **SUBROUTINE** COMP(X，Y，Z)

1. $Z\leftarrow X$
2. $W\leftarrow Y$
3. **WHILE**(W>0)
   a. $Z\leftarrow Z+Y$
   b. $W\leftarrow W-1$
4. **RETURN**

END OF SUBROUTINE COMP

COMPUTES：$Z=X+Y^2$

LOOP INVARIANT：$(Y\times W)+Z=X+Y^2$

35. **SUBROUTINE** DIFF(X，Y，Z)

1. $Z\leftarrow X$
2. $W\leftarrow Y$
3. **WHILE**(W>0)

a. $Z \leftarrow Z-1$

b. $W \leftarrow W-1$

4. **RETURN**

END OF SUBROUTINE DIFF

COMPUTES：$Z=X-Y$

LOOP INVARIANT：$X-Z+W=Y$

36. **SUBROUTINE** EXP2(N，M；R)

1. $R \leftarrow 1$

2. $K \leftarrow 2M$

3. **WHILE**($K>0$)

a. $R \leftarrow R \times N$

b. $K \leftarrow K-1$

4. **RETURN**

END OF SUBROUTINE EXP2

COMPUTES：$R=N^{2M}$

LOOP INVARIANT：$R \times N^K=N^{2M}$

37. **SUBROUTINE** POWER(X，Y，Z)

1. $Z \leftarrow 0$

2. $W \leftarrow Y$

3. **WHILE**($W>0$)

a. $Z \leftarrow Z+X$

b. $W \leftarrow W-1$

4. $W \leftarrow Y-1$

5. $U \leftarrow Z$

6. **WHILE**($W>0$)

a. $Z \leftarrow Z+U$

b. $W \leftarrow W-1$

7. **RETURN**

END OF SUBROUTINE POWER

COMPUTES：$Z=X \times Y^2$

LOOP INVARIANT(第一个循环)：

$X+(X \times W)=X \times Y$

LOOP INVARIANT(第二个循环)：

$X+(X \times Y \times W)=X \times Y^2$

(提示：在第二个循环中的第一次循环后使用 Z 值。)

38. **SUBROUTINE** DIV(X，Y)

1. **IF**(Y=0) **THEN**

a. **PRINT**('error Y=0')

2. **ELSE**

a. $R \leftarrow X$

b. $K \leftarrow 0$

c. **WHILE**($K \geqslant Y$)

1. $R \leftarrow R-Y$
2. $K \leftarrow K+1$

d. **IF**(R=0)**THEN**

1. **PRINT**('true')

e. **ELSE**

1. **PRINT**('false')

3. **RETURN**

END OF SUBROUTINE DIV

COMPUTES：$Y|X$ 的真值

LOOP INVARIANT：$R+K\times Y=X$

39 **SUBROUTINE** SQS($X,Y;Z$)

1. $Z \leftarrow Y$
2. $W \leftarrow X$
3. **WHILE**(W>0)

a. $Z \leftarrow Z+X$

b. $W \leftarrow W-1$

4. $W \leftarrow Y-1$
5. **WHILE**(W>0)

a. $Z \leftarrow Z+X$

b. $W \leftarrow W-1$

6. **RETURN**

END OF SUBROUTINE SQS

COMPUTES：$Z= X^2 \times Y^2$

LOOP INVARIANT(第一个循环)：

$Z+(X\times W)=Y+X^2$

LOOP INVARIANT(第二个循环)：

$Z+(Y\times W)=X^2+Y^2$

2.5 数学命题

本章的前几节内容为学习书写证明打下了基础。其例子和习题列出了许多要求读者书写出证明的数学命题。那么，这些命题是怎样产生的呢？构造出一个数学上可能为真的命题最通常的方法就是凭借经验，把旧思想应用到新背景中，把已知的事实扩展到一般情形，甚至通过大量实验。一个没有被证明真伪的数学命题叫做猜想。

例 1 (a) 青年学生很快注意到两个奇数相加得到一个偶数。得到这样一个经验便可得到猜想：两个奇数之和是偶数。

(b) 假设 S 是一些对象的集合，且对这些对象定义一个二元运算 Δ。那么可以通过证明 $s\Delta t = t\Delta s, s, t \in S$ 的真伪来确定 Δ 是否具有可交换性。

(c) 如果 $\boldsymbol{A}$, $\boldsymbol{B}$ 和 $\boldsymbol{C}$ 是 $n\times n$ 阶矩阵，那么 $(\boldsymbol{A}+\boldsymbol{B})^T=\boldsymbol{A}^T+\boldsymbol{B}^T$ 的成立，该事实就给出猜想 $(\boldsymbol{A}+\boldsymbol{B}+\boldsymbol{C})^T=\boldsymbol{A}^T+\boldsymbol{B}^T+\boldsymbol{C}^T$。

例 2 关于 2 的方幂之和，从 2^0 开始写出一个合理的猜想。

解 我们先做个小实验并记录其结果

2^0	1
2^0+2^1	$1+2$
$2^0+2^1+2^2$	$1+2+4$
$2^0+2^1+2^2+2^3$	$1+2+4+8$
$2^0+2^1+2^2+2^3+2^4$	$1+2+4+8+16$

注意每个和是比下一个要添加的项小 1（这里可写出更多组实验数据来记录一个模型）。于是得到一个合理的猜测：从 2^0 开始 2 的方幂之和是比下一个要添加的 2 的方幂少 1。如果用符号形式表示将更加清晰。从 2^0 开始 2 的任意阶方幂之和可以表示为：$2^0+2^1+\cdots+2^n$，其结果是 $2^{n+1}-1$，即比下一个要添加的 2 的方幂少 1。$2^0+2^1+\cdots+2^n=2^{n+1}-1$ 在 2.4 节习题 3 中已经给出证明。

尽管一个数学命题是用日常语言写出来的，但是它的证明常常需要通过一些方法使其一般化。例如，猜想："两个奇数之和是一个偶数"，它的证明就需要一种方法表示一般的奇数，其中一种方法就是用 $2n+1$ 来表示（另一个如何表示?）。这里，我们需要知道 n 代表的含义。如果 n 表示一个非负整数，那么原来的猜想变成：两个非负奇数之和是一个非负偶数。如果 n 表示一个整数，那么命题变成两个奇数之和是一个偶数。我们来看看最后这个命题的证明。猜想里提到两个奇数，所以我们必须表示另一个奇数。这就需要另一个变量，如 k。现在两个奇数便可以用 $2n+1$ 和 $2k+1$ 来表示了，n 和 k 都是整数。需要注意的是这样的描述包含了一个奇数与自己相加的情况。任何偶数都可以写成 $2t$ 的形式，$t\in \mathrm{Z}$。

例 3 两个奇数之和是一个偶数。

证明 设 $2n+1$ 和 $2k+1$ 为两个奇数。它们之和为 $(2n+1)+(2k+1)$ 或者 $2n+2k+2=2(n+k+1)$。因为 $n+k+1$ 是一个整数，所以 $(2n+1)+(2k+1)$ 是一个偶数。

该证明的前提是读者知道分配律和两个整数之和是整数的知识。根据读者的不同，这些事实需要事先证明或阐明。记住，证明是书写沟通交流的过程，所以在写证明时一定要考虑读者的知识情况。

例 4 设 $\boldsymbol{A}$，$\boldsymbol{B}$，$\boldsymbol{C}$ 和 $\boldsymbol{D}$ 为 $n\times n$ 阶布尔矩阵。下述公式成立

$$\boldsymbol{A}\wedge(\boldsymbol{B}\vee\boldsymbol{C})=(\boldsymbol{A}\wedge\boldsymbol{B})\vee(\boldsymbol{A}\wedge\boldsymbol{C})$$

由此推测：扩展到

$$\boldsymbol{A}\wedge(\boldsymbol{B}\vee\boldsymbol{C}\vee\boldsymbol{D})=(\boldsymbol{A}\wedge\boldsymbol{B})\vee(\boldsymbol{A}\wedge\boldsymbol{C})\vee(\boldsymbol{A}\wedge\boldsymbol{D})$$

也许为真。

通常证明一个命题的扩展其关键是应用原命题。因为$\vee$ 具有结合律，所以$\boldsymbol{A}\wedge(\boldsymbol{B}\vee\boldsymbol{C}\vee\boldsymbol{D})=\boldsymbol{A}\wedge((\boldsymbol{B}\vee\boldsymbol{C})\vee\boldsymbol{D})$。当把（$\boldsymbol{B}\vee\boldsymbol{C}$）看成一个矩阵时，三个矩阵的原命题就变成$\boldsymbol{A}\wedge((\boldsymbol{B}\vee\boldsymbol{C})\vee\boldsymbol{D})=(\boldsymbol{A}\wedge(\boldsymbol{B}\vee\boldsymbol{C}))\vee(\boldsymbol{A}\wedge\boldsymbol{D})$。再次应用原命题便可得到

$$\begin{aligned}\boldsymbol{A}\wedge((\boldsymbol{B}\vee\boldsymbol{C})\vee\boldsymbol{D})&=(\boldsymbol{A}\wedge(\boldsymbol{B}\vee\boldsymbol{C}))\vee(\boldsymbol{A}\wedge\boldsymbol{D})\\&=((\boldsymbol{A}\wedge\boldsymbol{B})\vee(\boldsymbol{A}\wedge\boldsymbol{C}))\vee(\boldsymbol{A}\wedge\boldsymbol{D})\\&=(\boldsymbol{A}\wedge\boldsymbol{B})\vee(\boldsymbol{A}\wedge\boldsymbol{C})\vee(\boldsymbol{A}\wedge\boldsymbol{D})\end{aligned}$$

注意在该等式中再次使用了$\vee$的结合律性质。

需要注意的是，在例 4 的证明中，多次使用原命题才完成证明。因此，我们不要期望扩展命题总是正确的。

把老的观点应用在新的背景中一个不同就是要知道一个命题在通常情况下为假，但在新背景中为真的一些特殊情况。例如，通常情况下，矩阵乘法是不能交换的，但是在特殊情况却可以交换 ，即 $AB=BA$

例 5 设 S 是具有如下形式的矩阵集合：

$$\begin{bmatrix}a00\\000\\00b\end{bmatrix}$$

其中 $a,b\in\mathrm{R}$。证明：数学结构（S，矩阵乘法）交换性质成立。

证明 需要写出 S 中两个一般的元素，并且由于要检验矩阵乘法的结果，所以需要给出矩阵中一般元素的值。设

$$\boldsymbol{C}=\begin{bmatrix}c_1&0&0\\0&0&0\\0&0&c_2\end{bmatrix}\quad 和 \quad \boldsymbol{C}=\begin{bmatrix}d_1&0&0\\0&0&0\\0&0&d_2\end{bmatrix}$$

（我们如何知道 $\boldsymbol{C}$ 和 $\boldsymbol{D}$ 是在 $\boldsymbol{S}$ 里呢?）那么

$$\boldsymbol{CD}=\begin{bmatrix}c_1d_1&0&0\\0&0&0\\0&0&c_2d_2\end{bmatrix}\quad 和 \quad \boldsymbol{DC}=\begin{bmatrix}d_1c_1&0&0\\0&0&0\\0&0&d_2c_2\end{bmatrix}$$

因为在 R 里的乘法是可交换的，$c_1d_1=d_1c_1$ 和 $c_2d_2=d_2c_2$，所以有 $\boldsymbol{CD}=\boldsymbol{DC}$。正如例 3 所强调的，作者需要考虑读者对证明的实际理解能力，以确定是否对 R 进行具体解释。

创建猜想的方法，不仅仅是我们提及的这些，还有很多其他方法。在以后的章节中，我们将讨论更多的证明技巧，涵盖更多的方法。

习 题 2.5

1．证明真伪：一个偶数的立方是偶数。

2．证明真伪：一个奇数的立方是奇数。

3．(a) 证明真伪：三个连续整数之和能被 3 整除。

(b) 证明真伪：四个连续整数之和能被 4 整除。

4．证明一个非零有理数与一个无理数的乘积是一个（　　）数。

5．证明一个非零有理数与一个无理数的商是一个（　　）数。

6．把 $\overline{A \cup B} = \overline{A} \cap \overline{B}$ 推广到三个集合，试给出陈述并证明。

7．把 $\overline{A \cap B} = \overline{A} \cup \overline{B}$ 推广到三个集合，试给出陈述并证明。

8．设 $\boldsymbol{A}, \boldsymbol{B}, \boldsymbol{C}$ 和 $\boldsymbol{D}$ 为 $n \times n$ 布尔矩阵，把 $\boldsymbol{A} \vee (\boldsymbol{B} \wedge \boldsymbol{C}) = (\boldsymbol{A} \wedge \boldsymbol{B}) \wedge (\boldsymbol{A} \vee \boldsymbol{C})$ 推广到四个集合，试给出陈述并证明。

9．修改例 4 中的证明和猜想，使得对一般情况下的 $m+1$ 个布尔矩阵成立。

10．设 p 和 q 为命题，把 $\sim(p \vee q) \equiv \sim p \wedge \sim q$ 扩展到下列情况，试给出陈述并证明。

(a) 三个命题　　　　(b) n 个命题

11．设 p 和 q 为命题，把 $\sim(p \wedge q) \equiv \sim p \vee \sim q$ 扩展到下列情况，试给出陈述并证明。

(a) 三个命题　　　　(b) n 个命题

12．证明数学结构（3×3 对角矩阵，矩阵乘法）交换性质成立。

13．证明数学结构（$r \times r$ 对角矩阵，矩阵乘法）交换性质成立。

14．陈述并证明前 n 个正奇数之和的一个猜想。

在下面第 15~第 17 题中，使用序列 3，9，15，21，27，33，…。

15．写出该序列的递归以及显式公式。

16．试验该序列各项之和，构造一个合理的猜想。

17．证明第 16 题的猜想。

18．有序列 6，10，14，18，22，…，陈述并证明该序列前 n 项之和的一个合理的猜想。

在下面第 19~第 22 题中，使用递归定义的序列：$g_1 = 1, g_2 = 3, g_n = g_{n-1} + g_{n-2}$

19．写出该序列的前 10 项。

20．试验该序列各偶数位置上的各项之和，并构造一个合理的猜想。

21．试验该序列各项之和，并构造该序列前 n 项之和的一个合理猜想。

22. 试验该序列各奇数位置上的各项之和，并构造一个合理的猜想。

23. 证明第 20 题的猜想。

24. 证明第 21 题的猜想。

25. 证明第 22 题的猜想。

26. 构造并证明从 3^0 开始 3 的方幂之和的一个猜想。

27. 基于第 3 题，构造 k 个连续整数之和能被 k 整除的一个猜想。

28. 证明第 27 题的猜想。

2.6 逻辑与问题求解

在上几节中，我们阐释了用逻辑来证明数学定理和验证算法计算的正确性。然而，逻辑即使在其他场合中也同样拥有价值。如在每天的日常生活中，我们面对抉择和调查结果时，都会用逻辑去思考并作出决定。在众多情形中，尤其是在精细复杂的情形中，逻辑实质上就是小心细致的思考。逻辑最重要的一个应用便是建立正确、高效的算法来解决问题。尽管问题刚开始也许并不是可计算的，但是通过部分逻辑推理便可得到用一个可计算的形式求解问题。在 2.5 节中，我们提到过一种建立数学猜想的一般方法：把旧思想应用到新背景中，它也是求解问题的一种强有力的技巧。为了证明这两点思想，我们将提供大量看上去不相关的问题，但都能用一种方法解决。

我们先来探讨一个简单的数学问题。已知一个集合 A 和 A 的一个有限子集，如 A_1，A_2，…，A_k 。我们通过如下两点性质，将有可能找到一个由 A_i 组成的集合 S：

1. S 中任意两个子集不相交。

2. S 中的全部子集的并集是 A。

则称集合 S 是关于 A_i 的 A 的一个全覆盖，因为全部 A_i 无重叠地“覆盖”了 A。

例 1 设 $A=\{a, b, c, d, e, f, g, h, i, j\}$, $A_1=\{a, c, d\}$, $A_2=\{a, b, e, f\}$, $A_3=\{b, f, g\}$, $A_4=\{d, h, i\}$, $A_5=\{a, h, j\}$, $A_6=\{e, h\}$, $A_7=\{c, i, j\}$, $A_8=\{i, j\}$，它是一个关于 A_i 的 A 的全覆盖吗？

解 首先考察 A_1 再依次考虑其他每一个集合。因为 $A_1\cap A_2\neq\varnothing$，所以 A_2 被否定，而 A_3 是合适的。A_1 和 A_3 包含了集合 A 里的元素 a，b，c，d，f，g。集合 A_4 和 A_5 分别包含了元素 d 和 a，所以它们也被否定。验证 A_6 和 A_8 后，该搜寻过程完成，因此 A_1, A_3, A_6, A_8 组成了 A 的一个全覆盖。

如果我们没有找到包含 A_1 的一个全覆盖，那么将像第一次那样从 A_2 开始重新搜寻。用该方法直到我们找到一个全覆盖或者所有选择都失败为止。因此，用一个系统的方法去尝试所有可能是写出算法的关键一步，也是计算机程序解许多只有有限个可能解问题的关键所在。我们称该方法为回溯法，它是寻找一个过程里所有可能结果算法中的关键部分，是用暴力搜索可能结果的一种方法并且如果解存在，那么总能得到一个解。

例 2 设 $U=\{1, 2, 3, 4, 5, 6, 7, 8, 9, 10\}$, $A_1=\{2, 4, 6, 7\}$, $A_2=\{1, 2, 5\}$, $A_3=\{9, 10\}$, $A_4=\{5, 8, 1\}$, $A_5=\{1, 3, 5\}$。找一个关于已知子集的 U 的全覆盖。

解 因为 A_1 与 A_2 相交，所以不能用 A_2。A_1, A_3 和 A_4 是一组不相交的集合，但是 A_4 与 A_5 有共同的元素，所以排除 A_5。然而，$A_1 \cup A_3 \cup A_4 \neq A$，所以需从 A_2 开始重新寻找。A_2 只与 A_3 不相交，同样，它们不能覆盖整个 A，$A_2 \cup A_3 \neq A$。因此继续从 A_3, A_4, A_5 依次找，结果发现不存在关于已给子集 U 的一个全覆盖。

解决全覆盖问题所用的方法可产生一个算法，该算法可以用计算机程序来实现。在 1.3 节中已表明如果 U 是包含 n 个元素的集合，那么 U 的每个子集都可以用长度为 n 的 0 和 1 的唯一序列表示。我们可用这种表示方法重新描述全覆盖问题。如果 U 是一个包含 n 个元素的集合，$S_1, S_2, \cdots, S_k$ 是 U 的有限个子集，构造一个矩阵 M，它的每行依次对应 $S_1, S_2, \cdots, S_k$ 的表示，该表示即为 0 和 1 的序列。

例 3 用矩阵 $\boldsymbol{M}$ 来表示例 1 中的子集 $A_1, A_2, \cdots, A_8$。

解 例 1 中的集合 A 有 10 个元素。通过下面矩阵的行依次能表示这 8 个子集。

$$M=\begin{bmatrix}1011000000\\1100110000\\0100011000\\0001000110\\1000000101\\0000100100\\0010000011\\0000000011\end{bmatrix}$$

现在我们用 $\boldsymbol{M}$ 来找关于 $A_1, A_2, \cdots, A_8$ 的 A 的一个全覆盖。设

$$0=[0\,0\,0\,0\,0\,0\,0\,0\,0\,0] \quad 和 \quad 1=[1\,1\,1\,1\,1\,1\,1\,1\,1\,1]$$

则用矩阵的语言描述该问题变成：找矩阵 $\boldsymbol{M}$ 的一个行向量集合 $r_1, r_2, \cdots, r_k$ 具有如下性质：

(a) $r_i \wedge r_j=0$，$1 \leqslant i, j \leqslant k$,

(b) $r_1 \vee r_2 \vee \cdots \vee r_k=I$

很容易看出 1，3，6，8 行是该问题的一个解, 它就是之前得到的解。

一旦该问题被归结到对布尔矩阵的搜索，那么用计算机实现算法将很容易解决全覆盖问题。解决全覆盖问题最著名的是 Donald Knuth 的 Algorithm X 算法。

算法 Algorithm X

把原矩阵 $\boldsymbol{A}$ 的行给予标号并且算法从始到终都保持这些标号，从 $\boldsymbol{M}=\boldsymbol{A}$ 和 $L=\{\ \}$

开始。

步骤 1：如果 $\boldsymbol{M}$ 有一列全为 0，那么无解。因为由行的定义，全覆盖必须是其所有的行放在一起在每一个位置上必须有一个 1。

步骤 2：否则：

(a) 选择矩阵 $\boldsymbol{M}$ 中有最少 1 的第 c 列。

(b) 在列 c 中选择有一个 1 的行 r，并将数字 r 放到 L 中。

(c) 消去具有性质 $r \wedge r_1 \neq 0$ 的任意 r_1（这里 0 表示一行中所有项的值为 0）。

(d) 消去行 r 中含有 1 的所有列。

(e) 消去行 r。

(f) 设 $\boldsymbol{M}$ 为结果矩阵并重复步骤 1 和步骤 2。

在（c）步后的逻辑是任意的行 r_1 表示与行的子集 r 不相交的一个子集。（d）步的逻辑是删除那些元素已经在行的子集 r 里的列号，并且在选择其他行时，这些列也不能使用。

我们重复步骤 1 和步骤 2，产生越来越小的矩阵，每次选择一行并从 $\boldsymbol{A}$ 矩阵中累加相应行的标记，直到该过程终止。我们把一次成功的选择和计算称为一条路径。一般来说，我们可以找到多条路径，因为在算法的每个连续步骤中，我们都有多个列可以选择。如果最终矩阵为空（没有行或者没有列），那么该路径便是成功的，在这种情况下 L 将包含一个全覆盖的列标记。如果最终矩阵一行全为 0，那么该路径失败。

值得注意的是如果开始选择行 r 导致全部路径失败，那么可能仍有解。这种情况下，我们从 L 中删除 r（以后也不再考虑）并选择（如果可能）在 C 列中含有 1 的另一行。

例 4 使用 Algorithm X 算法找一个关于 $A=\{a, b, c, d, e, f, g\}$ 的子集 $A_1=\{a, b, e\}$，$A_2=\{a, b\}$，$A_3=\{a, e, f\}$，$A_4=\{d, f, g\}$，$A_5=\{c, d, e, g\}$，$A_6=\{c, e\}$ 的全覆盖。

解 矩阵 $\boldsymbol{A}$ 代表原始状态。

$$\boldsymbol{A}=\begin{matrix}1\\2\\3\\4\\5\\6\end{matrix}\begin{bmatrix}1100100\\1100000\\1000110\\0001011\\0011101\\0010100\end{bmatrix}$$

$\boldsymbol{A}$ 的每行都标注数字。设 $\boldsymbol{M}=\boldsymbol{A}$，且 $L=\{\ \}$。

步骤 1：$\boldsymbol{M}$ 没有一列为 0

步骤 2：任意一列含有最少 1 的个数是 2，因此首先选择第 2 列。在第 2 列中选有 1 的行，如 $r=1$。那么现在 $L=\{1\}$。通过执行步骤（c）到(e)，消去 2，3，5，6 行，因为它们与第一行在共同的列上含有一个 1。然后再消去 1，2，5 列和第 1 行，得到的新矩阵是 $\boldsymbol{A}$ 矩阵第 4 行的余下部分。

$$4\begin{bmatrix}0 & 1 & 1 & 1\end{bmatrix}$$

注意：原来的行标号仍需标上。但是，该矩阵有一列为 0，所有寻找该路径失败。这意味着我们要回到开头，在接下来的考虑中要删除第 1 行，那么此时 $L=\varnothing$，返回到原始矩阵 $\boldsymbol{A}$。既然第 1 行失败了，那么就尝试第 2 行，它是余下行中唯一符合在第 2 列中含有 1 的行。如果仍然失败，那么该题可能无解。

基于第 2 行，对 $\boldsymbol{M}$ 矩阵执行步骤 1 和步骤 2。首先得到 $L=\{2\}$和如下矩阵：

$$\begin{matrix}4\\5\\6\end{matrix}\begin{bmatrix}01011\\11101\\10100\end{bmatrix}$$

该矩阵的第 4 列是有最少 1 的列，且含有 1 的是第 1 行，所以先选择它来尝试。因为该行对应矩阵 $\boldsymbol{A}$ 的第 4 行，所以得到 $L=\{2,4\}$。选择第 1 行，对新矩阵执行步骤（c）到步骤（e），得到

$$6\begin{bmatrix}1 & 1\end{bmatrix}$$

现在我们只能选择剩下的最后一行并把数字 6 添加到 L 中，所以 $L=\{2，4，6\}$。对该矩阵执行步骤（c）到步骤（e），删去不符合条件的所有行和列后，寻找路径成功，此时易验证 $\boldsymbol{A}$ 矩阵的 2，4，6 行组成 $\boldsymbol{A}$ 的一个全覆盖。

其实，许多益智题和其他问题都等价于一个全覆盖问题。

例 5　图 2.1（a）给出了一个 3×3 矩阵，其中两个位置已填写数字。

$$\begin{bmatrix}1 & \square & \square\\ \square & \square & 2\\ \square & \square & \square\end{bmatrix}\qquad\begin{bmatrix}1 & 2 & 3\\ \square & \square & 2\\ \square & \square & 1\end{bmatrix}\qquad\begin{bmatrix}1 & 2 & 3\\ 3 & 1 & 2\\ 2 & \square & 1\end{bmatrix}$$

(a)　(b)　(c)

图 2.1

使用数字 1、2 和 3 将剩余空格填满，使得各行各列都只含一个 1、一个 2 和一个 3。

解　理由如下：由于各行列数字不能重复，所以位置（1，3）必须填一个 3，因为第一行已经有一个 1 且第三列已经有一个 2。第一行和第三列剩下的空格必须如图 2.1（b）填写。

$$\begin{bmatrix}1 & \square & \square\\ \square & \square & 2\\ \square & 2 & \square\end{bmatrix}$$

图 2.2

同理可知位置（2，1）只能填一个 3，剩下空格必须按照图 2.1（c）填写。最后，位置（3，2）必须填一个 3，此时我们得到了唯一解。

例 6　用数字 1，2 和 3 填满图 2.2 的剩余位置，使得各行各列都只含有一个 1、一个 2 和一个 3。

解　同上面一样，可知位置（1，3）必须填数字 3，但是，这将迫使位置（1，2）必须填 2。另一方面，这又是不可能的，因为那样第二列将有两个 2。因此该题无解。

再次考虑图 2.1 的迷题，我们试图在 3×3 矩阵里填写数字 1、2 和 3，使得各行各列没有相同数字。假设我们可以任意选择该矩阵中的 9 个数字，它们或者是 1，或者是 2，或者是 3（个数不限制），并把它们可放到矩阵的任意位置（一个位置可以放多个数字，有些位置也可以为空）。为了使这种放置方案构成一个可解迷题，以下三个限制必须为真。

(1) 矩阵的每个空格必须填写一个数字（9 种限制）

(2) 每列必须包含所有数字（9 种限制）

(3) 每行必须包含所有数字（9 种限制）

因此，这里共有 27 种限制。

按照上述完全自由的放置方法，很容易填写一个使得上述三个限制条件中的两个都为真，但不满足第三个限制条件的矩阵，尽管该矩阵总是有 1、2、3 这三个数字，某些情况如图 2.3 所示：

$$\begin{bmatrix} 1,2,3 & \square & \square \\ \square & 1,2,3 & \square \\ \square & \square & 1,2,3 \end{bmatrix} \quad \begin{bmatrix} 1 & 2 & 3 \\ 1 & 2 & 3 \\ 1 & 2 & 3 \end{bmatrix} \quad \begin{bmatrix} 1 & 1 & 1 \\ 2 & 2 & 2 \\ 3 & 3 & 3 \end{bmatrix}$$

图 2. 3

因此，为了得到一个解，我们需要满足所有 27 种限制。现在构造一个有 27 列的布尔矩阵 ***A***，使得每列对应一个限制。***A*** 的前 9 列分别代表位置（1，1），（1，2），（1，3），（2，1），…，（3，3）含有一个数字的限制。第 10 到第 18 列分别代表的限制：第一行有一个 1，第二行有一个 1，…，第三行有一个 3。最后，第 19 到第 27 列分别代表的限制：第一列有一个 1，第二列有一个 1，…，第三列有一个 3。

我们把数字 1、2、3 放置到 ***A*** 中一个特定位置上的过程叫做“移动”。因为这里有 3 个数字和 9 个空格，所以将会有 27 种移动。因此，设矩阵 ***A*** 有 27 行，使得每行代表一种可能的移动。***A*** 的行包含有 1 和 0，并按如下方法构造：如果一行对应位置（3，1）放的数字是 2，那么一下满足了 3 个限制——位置（3，1）有一个数字，第三行有数字 2，第一列有数字 2。我们在行的列位置上放置 1 使得对应这三种限制，即在第 7、15、22 列放置 1，其他位置为零。那么，对应于位置（3，1）上是 2 的 ***A*** 的行是

[0 0 0 0 0 0 1 0 0 0 0 0 0 0 1 0 0 0 0 0 0 1 0 0 0 0 0]

因此，***A*** 的每一行都对应一个移动，且满足三个限制：一个在 1~9 列中，一个在 10~18 列中，一个在 19~27 列中。因此，这将正好有三个 1 来对应需满足的限制。该行

[0 0 0 0 0 1 0 0 0 0 0 0 0 0 0 0 1 0 0 0 0 0 0 0 0 0 1]

对应位置（2，3）上放置 3。

例 7 (a) 写出矩阵 ***A*** 的行移动使得在位置（2，2）上是 2。

(b) 矩阵 ***A*** 中的其中一行表示如下，试描述其代表的移动。

[0 1 0 0 0 0 0 0 0 0 0 0 1 0 0 0 0 0 0 0 0 1 0 0 0 0]

解 (a) [0 0 0 0 1 0 0 0 0 0 1 0 0 0 0 0 0 0 0 1 0 0 0 0 0 0 0]

(b) 移动是在位置（1，2）上放置 2。

如果我们现在解由 ***A*** 表示的一个集合的全覆盖问题，那么解的各行对应迷题的一个合理的解，因为每个限制都只被唯一一种情况满足。如果有一个原始数字，那么对应的行必定属于解。因此，图 2.1（a）给出的迷题的解由以下矩阵表示。

$$
\begin{bmatrix}
1&0&0&0&0&0&0&0&0&1&0&0&0&0&0&0&0&0&1&0&0&0&0&0&0&0&0\\
0&1&0&0&0&0&0&0&0&0&0&0&1&0&0&0&0&0&0&0&0&0&1&0&0&0&0\\
0&0&1&0&0&0&0&0&0&0&0&0&0&0&0&1&0&0&0&0&0&0&0&0&0&0&1\\
0&0&0&1&0&0&0&0&0&0&0&0&0&0&0&0&1&0&0&0&0&0&0&0&1&0&0\\
0&0&0&0&1&0&0&0&0&0&1&0&0&0&0&0&0&0&0&1&0&0&0&0&0&0&0\\
0&0&0&0&0&1&0&0&0&0&0&0&0&1&0&0&0&0&0&0&0&0&0&1&0&0&0\\
0&0&0&0&0&0&1&0&0&0&0&0&0&0&1&0&0&0&0&0&0&1&0&0&0&0&0\\
0&0&0&0&0&0&0&1&0&0&0&0&0&0&0&0&0&1&0&0&0&0&0&0&0&1&0\\
0&0&0&0&0&0&0&0&1&0&0&1&0&0&0&0&0&0&0&0&1&0&0&0&0&0&0
\end{bmatrix}
$$

第一行和第六行对应原始数字。

Sudoku 迷

例 5 给出了一个简单普通的迷题，它是最近最流行的迷题游戏之一，即所谓的数独。我们先看如图 2.4（a）所示的 Sudoku 迷的一个简化版。它有 16 个小正方形空格，并组织成 4 个稍大点的 2×2 的正方形格，用粗线标出。

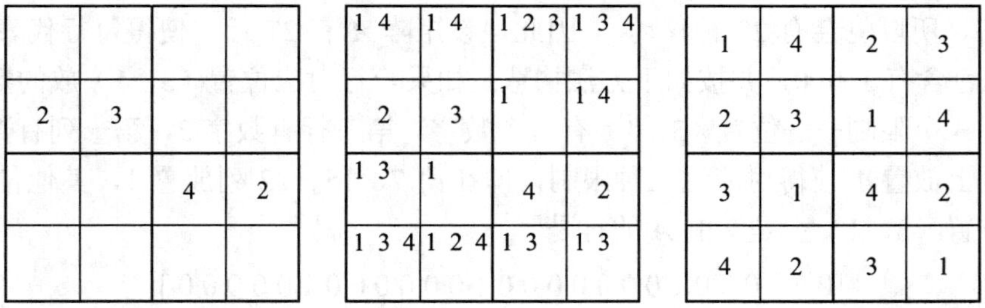

(a)　　(b)　　(c)

图 2.4

该迷题的目的就是往格子里填写 1、2、3 和 4 这 4 个数字，使得各行各列以及各 2×2 的方格里只包含这 4 个数字恰好一次。通常会有如图 2.4（a）所示填写好的一些原始数字。

解 Sudoku 迷的主要技巧是由所谓“猜测并检查结果”的方法变异而来。其思路本质上与例 1 的解法非常相似，但是可能包含更加复杂的逻辑推算。例如，我们可以暂时把所有可能的数都填入格子中，即这些数不是很显然地能够通过初始位置数字来排除。因此，可以在左上方的小格子（1，1）中填 1 和 4，因为在左上的大方格子中已经有了一个 2 和一个 3。结果矩阵如图 2.4（b）所示。所以，如我们做简单的 3×3 矩阵那样，通过检查逻辑结果来测试那些可能的选择。

在图 2.4（b）中我们看到位置（2，3）和（3，2）只能填 1。因为第二列和第三列已有 1，所以位置（1，2）和（4，3）必须分别填写 4 和 3。依次，我们可以推出在 2×2 的左上大方格和右下大方格的位置（1，1）和（4，4）上必须填写 1。我们继续这样的逻辑推算并找到如图 2.4（c）所示的解。有时候，在某些位置我们必须作一个任意选择而得其结果。偶尔，这又会导致矛盾，使得我们必须重新选择并重新开始。

最常见的 Sudoku 迷是由一个 9×9 小格子并分成 9 个稍大的 3×3 大格子所组成的，如图 2.5 所示，并且必须确保各行各列以及各个大格子包含数 1、2、3、4、5、6、7、8、9 且恰好一次。其解法通常相似，但是往往比上述迷题要复杂得多。

Sudoku 类型的迷题可以归结为一个全覆盖问题，如同刚才所解决的 3×3 格子问题。一般情况下，以下的限制条件必须满足：

(a) 矩阵里的每个格子必须填一个数字。

(b) 每列须出现所有数字。

(c) 每行须出现所有数字。

(d) 每个子矩阵格子里须出现所有数字。

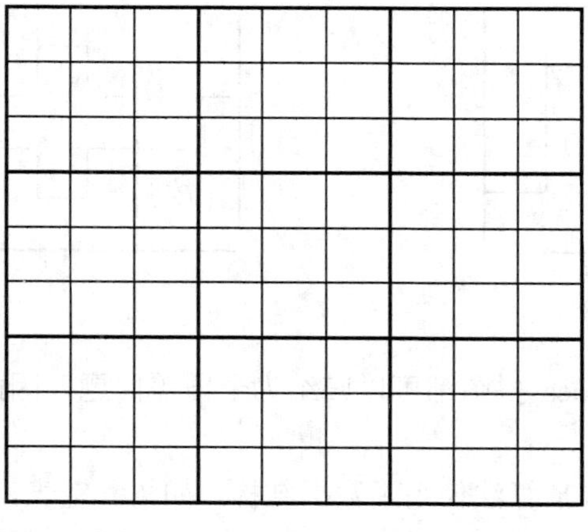

图 2.5

对于一个 4×4 的格子，共有 64 种限制（每种限制有 16 个）。同样，它一共存在 64 种可能的移动（把任意 4 个数字放进 16 个格子中）。因此，对应该问题的布尔矩阵为 64×64。在较常见的 9×9 Sudoku 问题中，相对应的矩阵有 729 行和 324 列（见习题中的第 13 题和第 14 题），尽管它们是非常大型的矩阵，但用计算机执行解算法是一件很容易的事情。

其他形式的迷题也同样可以用类似的方法将其归结为一个全覆盖的问题并用计算机执行 knuths 的 Algorithm X 算法等多种方法来解决。例如，八皇后迷题是把象棋里的 8 个皇后放置到 8×8 的棋盘中，采用象棋标准皇后移动方法使得不能彼此消灭对方。其中一种解法如图 2.6 所示，另外还存在 91 种不同解法。

Pentominoes 拼图是由一条边或更多边相连的 5 个正方形构成的，如图 2.7 所示就是 12 块 Pentominoes 拼图，它用标准字母形状标示来区分它们。目前流行的玩法就是把这些 Pentominoes 拼图拼成矩形或者其他形状。其中两种情况如图 2.8 和 2.9 所示。

图 2.6

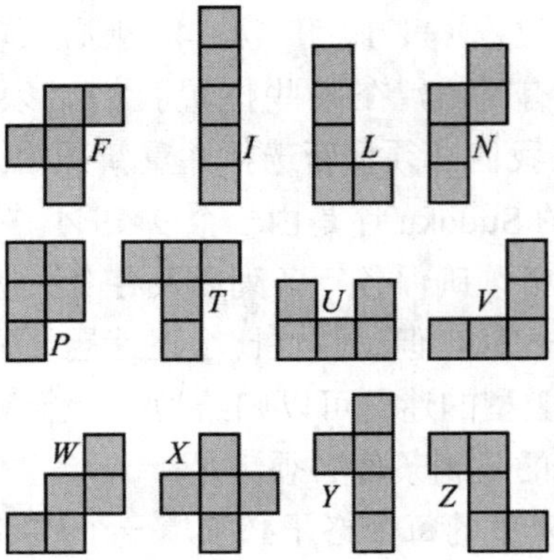

图 2.7

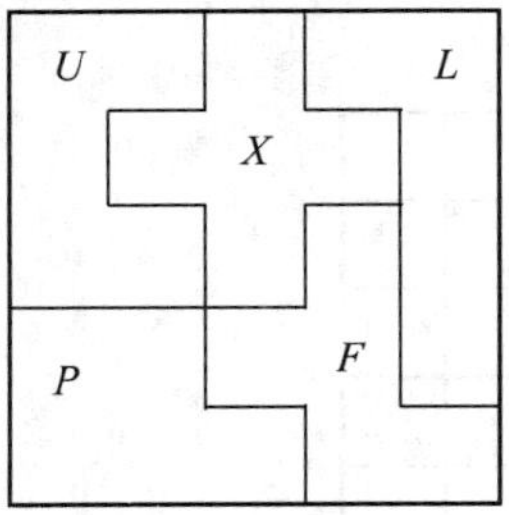

图 2.8

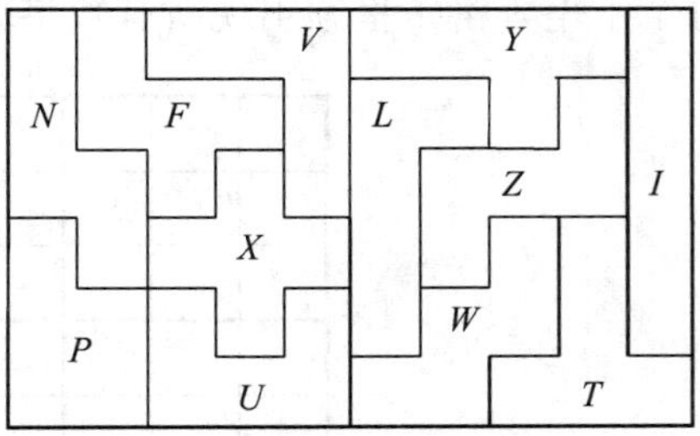

图 2.9

八皇后迷题和 Pentominoes 拼图都可以归结为全覆盖问题，因此我们可以用解该问题的任意算法来解这些问题。

用计算机执行 Algorithm X 算法使用了数据结构，如树和链表，其目的是方便搜索和回溯。我们将在后面的课文中定义这些结构。在 Donald Knuth 的文章“舞蹈链接”中给出了实施这种算法最有效且有趣的方法。有兴趣的读者可以参考该文章的详细内容和其他全覆盖的应用。由于这个算法的广泛应用，其最基础的问题常被称为开覆盖问题。

尽管这一节着重关注相关的某一类问题，但是把一个问题归结为一个已解决的问题这种技巧被广泛应用，在随后的章节中，我们将指出某些这种情况。

习 题 2.6

1．设 $A=\{1, 2, 3, 4, 5, 6, 7, 8, 9, 10\}$，找出关于下面子集的 A 的一个全覆盖：

$A=\{1, 2, 3, 4, 5, 6, 7, 8, 9, 10\}$，$A_1=\{1, 2, 5\}$，$A_2=\{3, 5, 8, 9\}$，$A_3=\{1, 8, 10\}$，$A_4=\{4, 7, 10\}$，$A_5=\{3, 7\}$，$A_6=\{1, 2, 6\}$

2．设 $B=\{a, b, c, d, e, f, g, i\}$，找出关于下面子集的 B 的一个全覆盖：

$B=\{a, b, c, d, e, f, g, i\}$，$B_1=\{a, b, d, h\}$，$B_2=\{c, f, i\}$，$B_3=\{a, e, i\}$，$B_4=\{e, g\}$，$B_5=\{a, g, h\}$

3．用一个矩阵表示第 1 题中 A 的子集。

4．用一个矩阵表示第 2 题中 B 的子集。

5．对第 1 题中的集合应用算法 Algorithm X 构造一个 A 的全覆盖。

6．对第 2 题中的集合应用算法 Algorithm X 构造一个 B 的全覆盖。

在第 7 题~第 10 题中，思考如下问题：在 3×3 的矩阵里填写数字 1、2、3，使得每个数字在各行各列中只出现一次。

7．在位置（1,1）放置了数字 3，写出其行移动。

8．在位置（2,3）放置了数字 2，写出其行移动。

9．在位置（3,2）放置了数字 1，写出其行移动。

10．在位置（1,3）放置了数字 3，写出其行移动。

11．对于 4×4 的 Sudoku 迷，试举例说明第四种限制是非常必要的。

12．描述一种方法标记对应于 4×4 的 Sudoku 迷中第四种限制的列。

在第 13 题～第 16 题中，使用 9×9 的 Sudoku 迷。

13．(a) 描述需要的限制种类。

(b) 在每种限制里需要多少列？

(c) 给出一种列的描述使得列举对应（a）中给出的每种限制。

14．请解释为什么在一个初始布尔矩阵里需要 729 行。

15．(a) 对于在位置（5，7）放置一个 4 的移动，列举出现 1 的列。

(b) 对于在格子中心块的左上角位置放置一个 6 的移动，列举出现 1 的列。

16．(a) 对于在位置（3，8）放置一个 2 的移动，列举出现 1 的列。

(b) 对于在格子行的底部的中心块的中心位置放置一个 8 的移动，列举出现 1 的列。

17．假设使用图 2.7 中的 12 个拼板中的某一些拼出一个 5×6 的长方形，每个拼板只能用一次。

(a) 在这种情形，怎样组成一个移动？

(b) 列举该种情形布尔矩阵所需要的列。

18．利用第 17 题的结论，写出一个矩阵来描述图 2.10 给出的解。

在第 19 题~第 28 题中，将用到如图 2.11 所示的 4 个图标。当图标用来拼接一个已知图形时不能翻转或旋转，例如图标 U 将总是使它的点在上面位置。

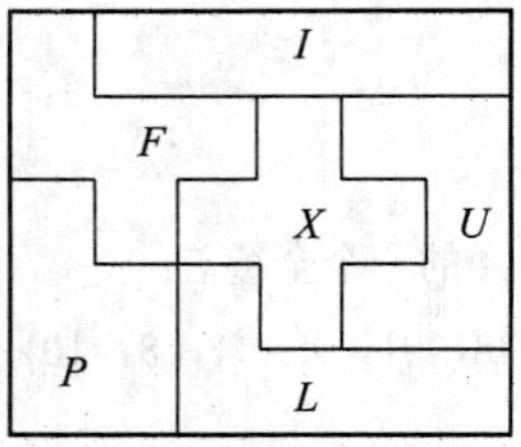

图 2.10

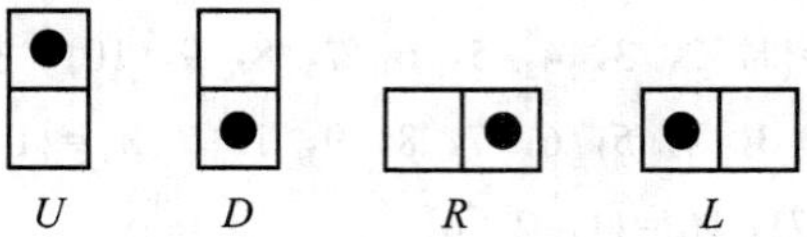

图 2.11

19. 如果每个图标只用一次，那么只能拼成 _ × _ 的矩形。

20. 画出两个不是由矩形而是由正方形构成的图形，并且使它们能用 4 个图标恰好一次拼成。

21.（a）在矩形 *A* 里放置图标 *U* 有多少种方法？

（b）在矩形 *A* 里放置图标 *L* 有多少种方法？

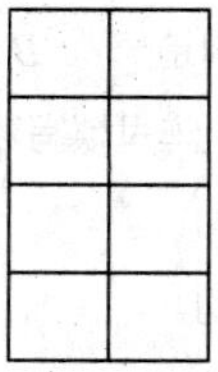

A

22.（a）在矩形 *B* 里放置图标 *U* 有多少种方法？

（b）在矩形 *B* 里放置图标 *R* 有多少种方法？

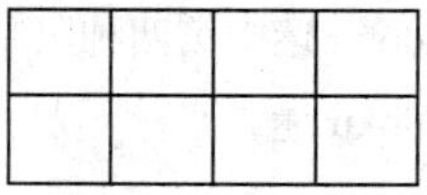

B

23. 用图标 *U*，*D*，*R*，*L* 每个恰好一次以及矩阵 ***A***，定义一个移动需要什么信息？

24. 用图标 *U*，*D*，*R*，*L* 每个恰好一次以及矩阵 ***B***，定义一个移动需要什么信息？

25. 已知如图 2.12 所标出的初始位置图，试给出它的矩阵表示以及列标记。

26. 已知如图 2.13 所标出的初始位置图，试给出它的矩阵表示以及列标记。

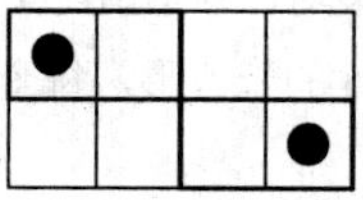

图 2.12

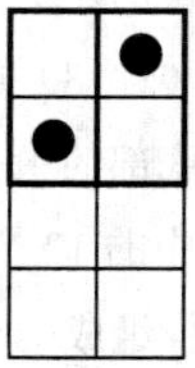

图 2.13

27. 图 2.12 不能用 *U*，*D*，*R*，*L* 拼接，试用算法 Algorithm X 证明。

28. 图 2.13 能用两种不同的方法拼接并且使用 *U*，*D*，*R*，*L* 每个恰好一次，试用算法 Algorithm X 证明。

证明知识小结

虽然本章大部分证明不像 2.3 节所给的证明模式那样规范，但是它提供了证明规范的基础。此外，本章提出了两种新的证明类型：间接证明和归纳证明。间接证明基于模式$(p \Rightarrow q) \wedge \sim q$(反证法)或基于事实$(p \Rightarrow q) \equiv (\sim q \Rightarrow \sim p)$(证明逆反式)。何时使用直接证明或间接证明不存在任何简便的和快速的规则。一种策略就是首先乐观地使用直接证明，如果得不到任何有用的结果，那么使用间接证明或者如果命题本身为假或基于一种间接证明模型来开始一个新的证明，那么可给出一个反例。当试图进行直接证明时，在出现困难的地方可能往往蕴涵着从这种方法产生另一种方法的曙光。记住，任何证明都需要一定的创造性。

有关某方面的计数或整数的命题，即计数某物或描述一个模式的命题，常常用数学归纳法证明比较好。2.4 节习题中第 11 题和第 15 题就是这方面的例子。注意，对于 2.4 节中的大部分归纳证明，首先使用 P(k)，然后使用运算和算术的性质，但在证明循环不变量时，首先使用“算术”，然后使用 P(k)。

在证明命题时，要尝试使用逻辑运算的某些性质(见 2.2 节的定理 1)。建立真值表应该是证明的第二种选择策略。对于一个已知事实（或命题）的扩展猜想，它的证明通常需要应用原事实（或命题）。

主要概念复习

- 命题：或者为真或者为假，但不同为两者的陈述句。
- 命题变量：表示一个命题的字母。
- 复合命题：通过用逻辑联结词把两个或更多的命题结合起来而获得的命题。
- 逻辑联结词：非(~), 且($\wedge$), 或($\vee$), 如果那么($\Rightarrow$), 当且仅当($\Leftrightarrow$)。
- 合取：$p \wedge q$(p 且 q)。
- 析取：$p \vee q$(p 或 q)。
- 谓词(命题函数)：形如 P(x)的句子。
- 全称量化：$\forall x$ P(x)(对所有 x 值，P(x)为真。)
- 存在量化：$\exists x$ P(x)(存在 x 使得 P(x)为真。)
- 条件命题或蕴涵：$p \Rightarrow q$(如果 p 那么 q)；p 是前项或假设，q 是后项或结论。
- $p \Rightarrow q$ 的逆：$q \Rightarrow p$。
- $p \Rightarrow q$ 的逆否式：$\sim q \Rightarrow \sim p$。
- 等价：$p \Leftrightarrow q$。
- 重言式：对命题变量的所有可能值均为真的命题。

- 谬论：对命题变量的所有可能值均为假的命题。
- 不定式：命题可能为真或为假，它依赖于命题变量的真值。
- $p \equiv q$(逻辑等价命题 p 和 q) : $p \Leftrightarrow q$ 是一个重言式。
- 证明方法：
  q 从逻辑上由 p 得到：见 2.3 节。
  推理规则：见 2.3 节。
  假言推理：见 2.3 节。
  间接方法：见 2.3 节。
  反证法：见 2.3 节。
- 反例：反证一个定理或命题的一个例子。
- 数学归纳法原理：设 n_0 是一个固定整数，假设对每个整数 $n \geqslant n_0$，有命题 $P(n)$。假设 (a) $P(n_0)$为真和(b) 如果 $P(k)$为真，那么对每个 $k \geqslant n_0$,$P(k+1)$是一个重言式。所以数学归纳法原理阐明了 $P(n)$对于所有 $n \geqslant n_0$ 为真。
- 循环不变量：通过程序循环后自始至终为真的语句。
- 强数学归纳法：见 2.4 节。
- 猜想：一个还未被证明或者证伪的数学命题。
- 全覆盖：见 2.6 节。
- 算法 Algorithm X：见 2.6 节。

第 2 章自测题

1．为什么识别条件命题中的逆和逆反式是很重要的？

2．强数学归纳法同一般的数学归纳法在形式上有何不同？

3．前面已学过的数学结构与(逻辑命题， ∨，∧，~)有什么相同的性质？

4．间接证明与直接证明有什么不同？

5．反证法的证明结构是什么？

6．若 p 为真，q 为假，确定下面命题的真值。

(a) $\sim p \wedge q$　　　　(b) $\sim p \vee \sim q$

7．假设 $x,y \in \mathbf{Z}$，确定下面命题的真值。

(a) $\forall x, y\ x+y$ 是偶数。

(b) $\exists x$，$\forall y\ x+y$ 是偶数。

8．对$(p \wedge \sim p) \vee (\sim(q \wedge r))$建立真值表。

在第 4 题~第 6 题中，设 p: $1<-1$, q: $|2|=|-2|$，r: $-3<-1$, s: $1<3$。

9．写出下面各命题的逆和逆反式。

(a) $p \Rightarrow q$

(b) $(\sim r) \vee (\sim s) \Rightarrow q$

(c) $q \Rightarrow p \vee s$

10．用文字写出第 4 题中各命题的逆和逆反式。

11　给出第 4 题中各命题的真值。

12 “或”有时有互斥的含义，即：p 或者 q，但两者不同为真。为这种互斥的“或”——xor 构造真值表。

13．设 p：做因特网生意启动非常容易，q：我将开始从事因特网生意，r：因特网生意挣钱少。用文字写出下面各分题的论证，并判断论证是否正确。

(a) $r \Rightarrow (q \Rightarrow p)$

$\dfrac{\sim p}{\therefore (\sim r) \vee (\sim q)}$

(b) $p \Rightarrow q$

$q \Rightarrow r$

$\dfrac{p}{\therefore r}$

14．假设 m 和 n 是整数且 $n \mid m$, $m \mid n$，那么这些假设能足以证明 $m=n$ 吗？如果能，请给出证明。如果不能，请补充一个简单的假设使得保证 $m=n$，并提供证明。

15．证明或者通过给出一个反例反证：任意三个连续奇数的和能被 6 整除。

16．用数学归纳法证明：4^n-1 能被 3 整除。

17．用数学归纳法证明：$1+2+3+\cdots+n<\dfrac{(n+1)^2}{2}$。

实　验　2

许多游戏和智力趣味题使用的策略是基于第 2 章讨论的数学逻辑法则。下面从一个简单的智力趣味题开始：用满足某些已知条件的珠子和导线构造一个对象。在考察该对象之后，你将证明它满足某些性质。

第一部分　下面是第一个对象的条件。

(a) 你必须恰好使用三个珠子。

(b) 在每对珠子之间只有一条导线。

(c) 并非所有的珠子均在同一条导线上。

(d) 任意一对导线至少有一个公共的珠子。

1．画出该对象的图形。

2．你的对象也许不是唯一一种可能的答案，所以证明下面命题时只与条件有关而不是针对你的对象。

T1．任意两条导线至多有一个公共的珠子。

T2．恰好存在三条导线。

T3．没有任何一个珠子是在所有导线上。

第二部分　下面是第二个对象的条件。

(a) 你必须至少使用一个珠子。

(b) 每一条导线上面只有两个珠子。

(c) 每个珠子恰好是在两条导线上。

(d) 已知一条导线，恰好存在三条其他不同的与已知导线没有公共珠子的导线。

1．画出该对象的图形。

2．你的对象也许不是唯一一种可能的答案，所以证明下面命题时只与条件有关而不是针对你的对象。

T1．至少存在一条导线。

T2．已知一条导线，恰好存在两条其他的与已知导线有一个公共珠子的导线。

T3．恰好存在____条导线。

T4．恰好存在____个珠子。

第三部分　你在第一部分和第二部分所创建的两个对象可以从各个角度去观察。考虑选手和双人队，而不是珠子和导线或者用词汇点和直线代替珠子和导线。

1．把第一部分中的命题 T1、T2 和 T3 翻译成关于选手和双人队的命题。

2．把第二部分中所给的条件(a)~(d)翻译成关于点和线的命题。

3．这里所产生的对象类型常常被称为有限几何学，因为每个类型有有限个点和线。第二部分的条件(d)通常描述了什么样的几何概念？

4．Acian Bolex 锦标赛将要举行，根据古代的 Bolex 规则确定需要的选手人数和组队的个数。

(a) 每队必须刚好由三位选手组成。

(b) 两位选手至多共处于一个队。

(c) 每位选手必须至少参加三个队。

(d) 并非所有选手均在同一个队。

(e) 必须至少组建一个队。

(f) 如果一位选手不在某已知队伍里，那么该选手一定刚好在与已知队没有任何公共选手的一个队里。

第 3 章　计　　数

必备知识：第 1 章。

计数技术在数学和计算机科学中是很重要的，特别是在算法分析里。在 1.2 节介绍了加法原理。在本章将提出其他计数技术，特别是排列与组合，并且考虑计数的两个应用，鸽巢原理和概率。此外，还讨论递归关系，它是用于分析计算机程序的另一个工具。

回　　顾

Abraham ben Meir ibn Ezra (1092—1167) 是研究组合学的一位先驱，他生于并卒于西班牙。同时，Rabbi ben Ezra 在当时也致力于占星术、天文学、哲学和医学的研究。另一位在排列与组合领域的早期研究者是法国数学家、天文学家、哲学家 Levi ben Gerson (1288—1344)。

法国数学家 Blaise Pascal (1623—1662)从小便是个神童。1654 年，他与法国律师、数学爱好者 Pierre de Fermat (1601—1665)互通了一些书信。这些书信后来奠定了概率论的基础。当时 Pascal 的一位朋友 Chevalier de Méré 请他解决几个有关骰子的问题。Pascal 与 Fermat 的通信就更加密切了，Pascal 除了在数学和流体静力学领域作出了许多重要贡献之外，还发明了一种机械计算器，这种计算器非常类似于 20 世纪 40 年代在数字电子计算机发明之前使用的一种机械计算器。

3.1　排　　列

首先从一个简单而又普通的结论开始本节内容，该结论在这一节和其他地方将频繁用到。

定理 1　假设两项任务 T_1 和 T_2 要被依次完成。如果 T_1 能用 n_1 种方法完成，而对这些方法中的每一种，T_2 能用 n_2 种方法完成，那么序列 T_1T_2 能用 n_1n_2 种方法完成。

证明　完成任务 T_1 的每一种选择方法将导致完成任务序列的不同途径。完成 T_1 存在 n_1 种方法，并且对每一种方法完成任务 T_2 可以选择 n_2 种方法。因此，完成序列 T_1T_2 总共存在 n_1n_2 种方法。对于 n_1 为 3 且 n_2 为 4 的情况请参看图 3.1。 ■

定理 1 有时称为**计数的乘法原理**(读者应该把它与 1.2 节中计数的加法原理仔细进行比较)。很容易把上面的乘法原理推广如下。

定理 2　假设任务 $T_1, T_2, \cdots, T_k$ 要被依次完成。如果 T_1 能用 n_1 种方法完成，对于完成任务 T_1 的 n_1 种方法中的每一种，T_2 能用 n_2 种方法完成，对于依次完成任务 T_1T_2 的 n_1n_2 种方法中的每一种，T_3 能用 n_3 种方法完成，依此类推，那么序列 $T_1T_2\cdots T_k$ 正好可以用 $n_1n_2\cdots n_k$ 种方法完成。

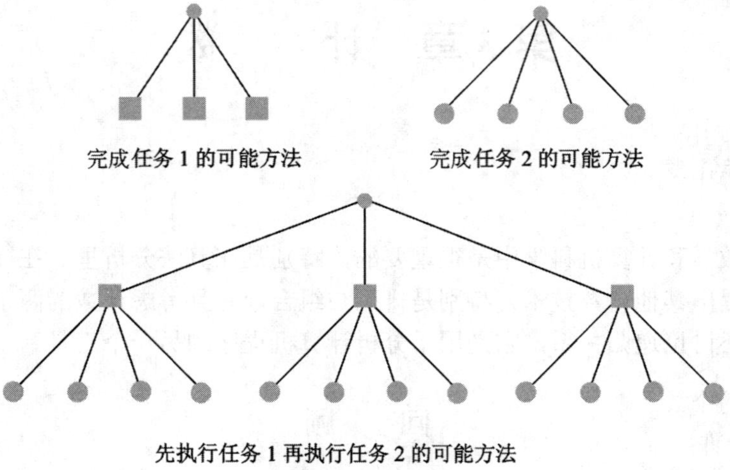

图 3.1

证明　该结论可通过对 k 运用数学归纳法原理来证明。■

例 1　计算机系统的标号标识符是由一个字母后跟三个数字所组成的。如果允许重复的话，那么不同的标号标识符可能有多少种？

解　对于初始字母存在 26 种可能，而对于三个数字的每一个数字则各存在 10 种可能。因此，由推广的乘法原理可知，存在可能的标号标识符有 $26\times10\times10\times10$，即 26 000 种。■

例 2　设 A 是有 n 个元素的集合，A 有多少个子集？

解　从 1.3 节可以知道 A 的每个子集是由该子集的特征函数决定的。如果 A 有 n 个元素，那么这个函数可以用长度为 n 的 0 和 1 的数组来描述。该数组的第一个元素可用两种方法来填充(用 0 或 1)，对于所有后继元素也是如此。因此，由推广的乘法原理可知存在

$$\underbrace{2\times2\times\cdots\times2}_{n\text{ 个因子}}=2^n$$

种方法填充数组，所以 A 有 2^n 个子集。■

下面讨论计数问题。设 A 是有 n 个元素的任意集合并且假设 $1\leqslant r\leqslant n$。

问题 1　如果

(a) 序列中的元素可以重复。

(b) 序列中的所有元素必须互不相同。

那么用 A 中的元素可以形成多少个长度为 r 的不同序列？

首先，注意到长度为 r 的任意序列可用 A 中的元素通过依次填充 r 个盒子而形成。在情形(a)，可以使用 A 中元素的复制。

			…		
盒子 1	盒子 2	盒子 3		盒子 $r-1$	盒子 r

设 T_1 是任务"填充盒子 1"，T_2 是任务"填充盒子 2"等。那么组合任务 $T_1T_2\cdots T_r$ 就可表示成序列的形式。

情况(a)。T_1 能用 n 种方法完成，因为对于序列中的第 1 个位置，可以复制 A 中任意元素。对 T_2，T_3，…，T_r 中的每个任务也同样。那么由推广的乘法原理可知，形成序列的个数是

$$\underbrace{n\cdot n\cdot\cdots\cdot n}_{r\text{ 个因子}}=n^r$$

所以证明了下面的结果。

定理 3 设 A 是有 n 个元素的集合并且 $1\leqslant r\leqslant n$。那么由 A 中元素形成的长度为 r 且允许元素重复的序列的个数是 n^r。 ■

例 3 如果允许字母重复，那么由集合 $\{a,b,y,z\}$ 中的字母可形成多少种三个字母的"字"？

解 这里 n 是 4，r 是 3，所以由定理 3 可知这种字的个数是 4^3 即 64。 ■

现在考虑问题 1 的情况(b)。这里的 T_1 同样也能用 n 种方法完成，因为对于第一个位置 A 中任意元素都能被选择。无论选中哪个元素，余下只有$(n-1)$个元素，所以 T_2 能用$(n-1)$种方法完成等，直到最后 T_r 能用［$n-(r-1)$］即$(n-r+1)$种方法完成。因此，由推广的乘法原理可知，A 中 r 个不同元素的序列能用 $n(n-1)(n-2)\cdots(n-r+1)$种方法形成。

A 中 r 个不同元素的序列通常称为 A 每次取 r 个的**排列**。该术语是标准的，本书将使用它，但它易使人产生误会。更好的术语也许是"从 A 中选 r 个元素的排列"。许多感兴趣的序列是从某 n 个对象的集合中每次取 r 的排列。前面的讨论表明这种序列的个数仅依赖于 n 和 r，而不依赖于 A。这个数通常记为 ${}_nP_r$ 并且称它为 **n 个对象中每次取 r 个的排列数**。刚才已证明了下面的结果。

定理 4 如果 $1\leqslant r\leqslant n$，那么 n 个对象中每次取 r 个的排列数 ${}_nP_r$ 是 $n\cdot(n-1)\cdot(n-2)\cdot\cdots\cdot(n-r+1)$。 ■

例 4 设 A 为$\{1，2，3，4\}$，那么序列 124，421，341 和 243 都是 A 每次取 3 个的排列。序列 12，43，31，24 和 21 都是 A 每次取 2 个的不同排列。由定理 4 可知 A 每次取 3 个的排列总数是 ${}_4P_3$，即 4×3×2 或 24。A 每次取 2 个的排列总数是 ${}_4P_2$，即 4×3 或 12。 ■

当 $r=n$ 时，计数 A 的元素($|A|=n$)排列成长度为 n 的不同序列。这种序列简称为 A 的**排列**。(在第 5 章，为了增加实用性，使用术语"排列"其含义稍有不同。)因此，A 的排列数是 ${}_nP_n$ 或 $n\cdot(n-1)\cdot(n-2)\cdot\cdots\cdot 2\times 1$，这里假设 $n\geqslant 1$。该数也写成 $n!$并且读做 **n 的阶乘**。${}_nP_n$ 和 $n!$ 在许多计算器里是内置函数。

例 5 设 A 是$\{a,b,c\}$，那么 A 的可能排列是序列 abc，acb，bac，bca，cab 和 cba。 ■

为了方便起见，如果约定 0！是 1，那么对每个 $n\geqslant 0$,n 个对象的排列数是 $n!$。如果 $n\geqslant 0$ 且 $0\leqslant r\leqslant n$，可认为 ${}_nP_r$ 给出如下一个更简洁的形式

$${}_nP_r=n\cdot(n-1)\cdot(n-2)\cdot\cdots\cdot(n-r+1)$$

$$=\frac{n\cdot(n-1)\cdot\cdots\cdot(n-r+1)\cdot(n-r)\cdot(n-r-1)\cdot\cdots\cdot 2\cdot 1}{(n-r)\cdot(n-r-1)\cdot\cdots\cdot 2\cdot 1}$$

$$=\frac{n!}{(n-r)!}$$

例 6 设 A 是由一副平常玩的由 52 张纸牌所组成的集合。假设把这副纸牌弄乱并且以 5 张为一套发牌，按照发牌顺序发出的一套牌是按一定次序分发的，就是每次取 5 张时 A 的一个排列。例如 AH，3D，5C，2H，JS；2H，3H，5H，QH，KD；JH，JD，JS，4H，4C；3D，2H，AH，JS，5C。注意第一套和最后一套牌是相同的，但是由于发牌顺序不同，所以它们代表不同的排列。每次取 5 张时 A 的排列数是 ${}_{52}P_5=\frac{52!}{47!}$ 即 52×51×50×49×48，也就是 311 875 200。因此，如果考虑发牌的次序，那么这就是发牌 5 张为一套的排列数。■

例 7 如果 A 是例 5 中的集合，那么 n 是 3，A 的排列数是 3！即 6。因此，A 的所有排列就是例 5 中所列出的排列。■

例 8 单词 MAST 的字母能形成多少种三个不同字母的“单词”？

解 该数是 ${}_4P_3=4!/(4-3)!$ 即 $4!/1!$，也就是 24。■

在例 8 中，如果单词是 MASS，那么 ${}_4P_3$ 将某些不能区分的排列算做不同的。例如，如果把两个 S 标成 S_1 和 S_2，那么 S_1AS_2 和 S_2AS_1 是 24 种排列数中的 2 种，但是没有这种标记，那么它们是相同的“单词”。因此，在限制重复的排列中，有更多的情况需考虑。

例 9 在单词 BANANA 中存在多少种可区别的字母的排列？

解 为了暂时区别 A 和 N，将 A 和 N 予以标记。对于字母 B，A_1，N_1，A_2，N_2，A_3，存在 6！即 720 种排列。若不计 N 出现的次序，这些排列中的某些是相同的。例如，$A_1A_2A_3BN_1N_2$ 和 $A_1A_2A_3BN_2N_1$。事实上，只是在序列中两个 N 的次序不同的情况下才列出 720 种排列。这意味着如果把 N 的标号去掉，只余下 $\frac{720}{2}$ 即 360 种可区别的排列。同理，可以看到这些排列中只有三个 A 的次序不同的排列可分成 3！即 6 个组。例如，6 组中的其中一个组由 $BNNA_1A_2A_3$，$BNNA_1A_3A_2$，$BNNA_2A_1A_3$，$BNNA_2A_3A_1$，$BNNA_3A_1A_2$ 和 $BNNA_3A_2A_1$ 组成。去掉标号，那么这 6 种排列变成一种排列 BNNAAA。因此，字母 BANANA 存在 $\frac{360}{6}$ 即 60 种不同的排列。■

下面的定理描述了有限重复排列的一般情形。

定理 5 在一个有 n 个对象的集合中，第 1 个对象出现 k_1 次，第 2 个对象出现 k_2 次，依此类推。那么由该集合所形成的不同排列数是

$$\frac{n!}{k_1!k_2!\cdots k_t!}$$

其中 $k_1+k_2+\cdots+k_t=n$。■

例 10 从字母 MISSISSIPPI 中能形成不同“单词”的排列数是 $\frac{11!}{1!4!4!2!}$，即 34 650。 ■

习 题 3.1

1．一家银行的密码是由两个英文字母后跟两个数字所组成的。问存在多少种不同的密码？

2．在一次心理实验中，一个人要将一个正方形、一个立方体、一个圆、一个三角形和一个五边形排成一行。问有多少种不同的排法？

3．一枚钱币抛 4 次并且每次抛掷结果被记录下来。问可能有多少种不同的正面和反面的序列？

4．一份午餐包括一道汤、一道主菜、一道甜点和一瓶饮料。假设一个顾客可从 4 道汤、5 道主菜、3 道甜点和 2 瓶饮料中选择，问能选择出多少种不同的午餐？

5．一个均匀的六面形骰子被抛掷 4 次，并且把骰子上的数字按一个排列记录下来。问存在多少种不同的排列？

6．设 A={0，1}。

(a) 在 A^*中存在多少个长度为 3 的字符串？

(b) 在 A^*中存在多少个长度为 7 的字符串？

7．(a) 在与正则表达式(01)*1 对应的集合中，计算长度为 4 的字符串数。

(b) 在与正则表达式(01)*1 对应的集合中，计算长度为 5 的字符串数。

8．计算下面各分题。

(a) ${}_4P_4$　　(b) ${}_6P_5$　　(c) ${}_7P_2$

9．计算下面各分题。

(a) ${}_nP_{n-1}$　　(b) ${}_nP_{n-2}$　　(c) ${}_{n+1}P_{n-1}$

在第 10 题~第 13 题中，计算已知集合的排列数。

10．$\{r, s, t, u\}$

11．{1, 2, 3, 4, 5}

12．$\{a, b, 1, 2, 3, c\}$

13．{4, 7, 10, 13}

在第 14 题~第 16 题中，求每次取 r 个时 A 的排列数。

14．A={1，2，3，4，5，6，7}，r=3。

15．$A=\{a，b，c，d，e，f\}$, r=2。

16．$A=\{x \mid x$ 是一个整数且 $x^2<16\}$, r=4。

17．如果

(a) 任何一个人可挨着另外一个人坐。

(b) 男人和女人必须交替坐。那么 6 个男人和 6 个女人坐成一排，问有多少种坐法？

18．在单词 GROUP 中，求出字母的不同排列数。

19．如果元音字母必须保持相邻，那么在单词 BOUGHT 中能形成字母的多少种不同排列？

20．求出在 BOOLEAN 中字母的不同排列数。

21．求出在 PASCAL 中字母的不同排列数。

22．求出在 ASSOCIATIVE 中字母的不同排列数。

23．求出在 REQUIREMENTS 中字母的不同排列数。

24．7 个人坐成一个圆圈，问有多少种坐法？

25．n 个人围绕一个圆桌坐，问有多少种坐法？

26．为第 25 题的结果给出一个证明。

27．一个书架可用来陈列 6 本新书。假设存在 8 本计算机科学书和 5 本法语书可供选择，如果决定陈列 4 本计算机科学书和 2 本法语书，并且要求每种学科的书放在一起，问可能有多少种不同的陈列方法？

28．掷三个均匀的六面形骰子，骰子上面的数字按掷三次为一组被记录下来。问可能有多少种不同的记录？

29．证明：$ng_{n-1}P_{n-1} = {}_nP_n$。

30．大部分 Pascal 版本允许变量名由 8 个字母或数字组成，但要求第一个字符必须是字母。问 8 个字符的变量名可能有多少种？

31．当前，美国的电话地区码是由 3 个数字组成的，它的中间数字必须是 0 或 1。最后两个数字是 1 的代码用做其他目的，如 911。根据这些条件，问有多少种地区码是可用的？

32．在任意一个时刻能分配多少个社会安全号码？验证你所作的任何假设。

33．12！的末尾有多少个零？26！呢？53！呢？

34．给出一种方法确定 n！末尾零的个数。验证方法的正确性。

在第 35 题~第 37 题中，使用下面的信息。从 Atlanta 到 Athens 有三条路线，从 Athens 到 Augusta 有 4 条路线，从 Atlanta 到 Augusta 有两条路线。

35．(a) 从 Atlanta 到 Augusta 旅行有多少种路线？

(b) 从 Athens 到 Atlanta 旅行有多少种路线？

36．(a) 在 Atlanta 到 Augusta 之间作往返旅行，有多少种不同的路线？

(b) 在 Atlanta 到 Augusta 之间作往返旅行，如果每一条路线只用一次，有多少种不同的路线？

37．(a) 在 Augusta 到 Athens 之间作往返旅行，如果旅行不通过 Atlanta，有多少种不同的路线？

(b) 在 Augusta 到 Athens 之间作往返旅行，如果旅行不通过 Atlanta，并且每条路线只用一次，有多少种不同的路线？

3.2 组　　合

排列的乘法原理和计数方法都用于与次序有关的情形。本节考虑与次序无关的计数问题。

问题 2　设 A 是有 n 个元素的任意集合，并且 $0 \leqslant r \leqslant n$，问存在多少个具有 r 个元素的 A 的不同子集？

对于 n 个元素的集合 A 的 r 个元素的子集，一个传统的名字是 A 的**每次取 r 个的组合**。

例 1　设 A={1，2，3，4},下面是每次取三个时 A 的所有不同组合：A_1={1，2，3}，A_2={1，2，4}, A_3={1，3，4}和 A_4={2，3，4}。注意这些都是子集，不是排列。所以，A_1={2，1，3}={2，3，1}={1，3，2}={3，1，2}={3，2，1}。换句话说，组合不像排列，它与元素次序无关。■

例 2　设 A 是一副通常玩的 52 张纸牌的集合，那么不管发牌顺序如何，每次取 5 张时 A 的组合刚好是 5 张一套。■

设 A 是有 n 个元素的集合，下面要计算集合 A 的 r 个元素的子集的个数。用已知的排列知识很容易完成这种计算。注意，每次取 r 个时 A 的元素的每一种排列能够通过依次完成下面两项任务得到。

任务 1：选一个包含 r 个元素的 A 的子集 B。

任务 2：选 B 的一个特殊排列。

我们试图计算选择 B 的方法数，记它为 C。那么任务 1 能用 C 种方法完成，任务 2 能用 $r!$ 种方法完成。因此，由乘法原理可知完成两项任务的方法总数是 $C \cdot r!$，但它同时也是 ${}_nP_r$。因此

$$C \cdot r! = {}_nP_r = \frac{n!}{(n-r)!}$$

所以

$$C = \frac{n!}{r!(n-r)!}$$

从而证明了下面的结果。

定理 1 设 A 是一个集合且 $|A|=n, 0 \leqslant r \leqslant n$，那么每次取 r 个时 A 的元素的组合数，即 A 的 r 个元素的子集数是

$$\frac{n!}{r!(n-r)!}$$

■

再次注意每次取 r 个时 A 的组合数不依赖于 A，而仅与 n 和 r 有关。这个数常记为 ${}_nC_r$ 且称为 ***n* 个对象每次取 *r* 个时的组合数**。因此，有

$${}_nC_r = \frac{n!}{r!(n-r)!}$$

该计算在许多计算器上是一内置函数。

例 3 计算从一副 52 张纸牌中分发 5 张一套不同牌的数目。

解 该数是 ${}_{52}C_5 = \dfrac{52!}{5!47!}$，即 2 598 960，因为它与发牌的次序无关。请读者把该数与 3.1 节的例 6 中所计算的数进行比较。 ■

在讨论排列时，考虑了允许重复的情况。现在对于组合同样考虑这种情况。

考虑下面的情形。某无线电台为获胜者从已标号的 10 张顶级 CD 中提供三张作为奖品，CD 的选择由获胜者自己决定并且可以重复。选择与顺序无关。为了确定获奖者选择 CD 可能选择的方法数，采用前面已经使用过的解题技巧且用已知如何处置的情形去模拟。

假设通过电台的声音传输系统记录选择结果。当与获胜者正常接通后，如果他要 n 号的 CD，那么要求他按 1，否则按 2。如果按 1，系统会再次询问是否要 n 号 CD。当按 2 时，系统会询问目录中的下一张 CD。当记录了 3 个 1 时，系统会告诉通话者他所选择的 CD 会被传送。系统为每一位通话者产生一条记录，该记录是 1 和 2 的序列。显然在一个序列中有 3 个 1。最多有 9 个 2，例如，如果获胜者拒绝选择开始的 9 张 CD，而选择 3 张 10 号 CD。对获奖者选择 3

张 CD 的方法数计数的模型如下。每 3 张 CD 的选取可用包含 3 个 1 和 9 个 2 或空格，即总共 12 个单元的数组表示，如某些可能的记录为 222122122221(选号为 4，6，10)，1211*bbbbbbbb*(选号为 1 和 2 个 2)，222222222111(选号为 3 个 10)。因为数组有 3+9 即 12 个单元并且该选择与次序无关，所以从数组单元中选 3 个有 1 的方法数是 ${}_{12}C_3$。由此得到下面推广的定理。

定理 2 假设不考虑次序，从 n 项里作 k 次选取并且允许重复(假设 n 项中的每一项允许重复至少 k 次)，那么这种选取的方法数是${}_{(n+k-1)}C_k$。■

例 4 若允许重复选取，获奖者从已标号的 10 张顶级 CD 中选取 3 张，问可能有多少种方法?

解 n=10，k=3，由定理 2 可知存在 ${}_{10+3-1}C_3$ 即 ${}_{12}C_3$ 种选取方法，即获奖者有 220 种选取方法。■

*一般地，当与次序有关时，计算序列或排列数；当与次序无关时，*计算子集数或组合数。

某些问题则需要通过直接使用加法或乘法原理使得排列和组合的计数方法相结合或者相补充才能解决。

例 5 假设一个有效的计算机密码是由 7 个字符组成的，第 1 个字符选自集合{A，B，C，D，E，F，G}中的字母，余下的 6 个字符选自英文字母表中的字母或数字。问可能有多少种不同的密码?

解 构造一个密码可以通过依次完成下面任务 T_1 和 T_2 来实现。

任务 1：从已知集合中选取一个开始的字母。

任务 2：选取一个字母和数字的序列，允许重复。

任务 T_1 能用 ${}_7C_1$ 即 7 种方法完成。对余下的 6 个字符的每一个有 26 个字母和 10 个数字可以选择，并且允许重复。因此，任务 T_2 能用 36^6 即 2 176 782 336 种方法完成。由乘法原理可知存在 7×2 176 782 336 即 15 237 476 352 种不同密码。■

例 6 从 20 个女士和 30 个男士所构成的可用集合中，分别选出 3 个女士和 4 个男士组成 7 人委员会，那么能形成多少种不同的 7 人委员会?

解 委员会能通过依次完成下面二项任务形成：

任务 1：从 20 个女士的集合中选出 3 人。

任务 2：从 30 个男士的集合中选出 4 人。

这里与选择哪一个人的次序无关，所以只要计算可能的子集个数。于是任务 1 能用 ${}_{20}C_3$ 即 1 140 种方法完成，任务 2 能用 ${}_{30}C_4$ 即 27 405 种方法完成。由乘法原理可知存在(1 140)(27 405)即 31 241 700 种不同的 7 人委员会。■

习 题 3.2

1．计算下列各式。

(a) ${}_7C_7$　　(b) ${}_7C_4$　　(c) ${}_{16}C_5$

2．计算下列各式。

(a) ${}_{n}C_{n-1}$　　(b) ${}_{n}C_{n-2}$　　(c) ${}_{n+1}C_{n-1}$

3．证明：${}_{n}C_{r}={}_{n}C_{n-r}$

4．从 7 个教员和 8 个学生中分别选出三个教员和两个学生组成一个委员会，问有多少种方法？

5．从一副 52 张纸牌里分发 6 张牌为一套，问有多少种分法？

6．在某所大学里，房管会决定对每个楼层任命一位男士和一位女士为住房管理员。对于一栋七层楼的房子，从 12 个男候选人和 15 个女候选人中能选出多少不同对的管理员？

7．一位微机制造商正在设计一场广告战，他考虑在 6 种杂志、三种报纸、两个电视台和 4 个无线电台进行广告宣传。如果宣传 6 种广告且满足：

(a) 所有 6 种广告都在杂志上。

(b) 两种广告在杂志上、两种在报纸上、一种在电视台上、一种在无线电台上。

那么分别有多少种方法？

8．从一副 52 张纸牌里分发 5 张红牌和三张黑牌，有多少种不同的 8 张一套？

9．(a) 设某集合含有 4 个元素，求它每一种可能大小的子集数。

(b) 设某集合含有 n 个元素，求它每一种可能大小的子集数。

在第 10 题~第 13 题中，假设某缸中有 15 个球，其中 8 个是红球，7 个是黑球。

10．如果从缸中选取 5 个球，使得

(a) 5 个球都是红球；

(b) 5 个球都是黑球。

那么分别有多少种选取方法？

11．如果从缸中选取 5 个球，使得

(a) 两个是红球，三个是黑球；

(b) 三个是红球，两个是黑球。

那么分别有多少种选取方法？

12．如果从缸中选取 5 个球，使得至多有三个是黑球，那么有多少种选取方法？

13．如果从缸中选取 5 个球，使得至少有两个是红球，那么有多少种选取方法？

14．用组合给出一个模型以对$\{0,1\}^*$中长度为 6 且恰好有 4 个 1 的字符串计数。

15．用组合给出一个模型，对于从 7 个人中选出三个以年龄次序从小到大排列的方法计数。

16．一个 6 人委员会，其中选举一人被任命为该委员会的主席。如果从 10 个人当中选举，有多少个这种类型的不同委员会？

17．一个地方性的书店允许持有礼物券的人从 10 本最畅销的小说和 10 本最畅销的非小说组合书单里选取 6 本书，有多少种不同的选法？

18．某所学院的食谱允许学生每天选择三种水果，可供的水果有苹果、香蕉、梨、桃和李子。问有多少天能使学生作不同的选择？

19．证明：${}_{n+1}C_{r}={}_{n}C_{r-1}+{}_{n}C_{r}$。

20．(a) 在某次考试中，要求学生从 10 个要回答的问题中选 8 个，问有多少种选择方法？

(b) 在某次考试中，要求学生从 10 个要回答的问题中选 8 个，如果前三个问题必须回答，那么有多少种选择方法？

21．掷 5 枚均匀的硬币并且记下抛掷的结果。

(a) 有多少种不同的正面和反面序列？

(b) 在分题(a)中只有一个正面记录的排列有多少？

(c) 在分题(a)中只有三个正面记录的排列有多少？

22．掷三个均匀的六面形骰子并且记下骰子朝上的数字。

(a) 有多少种不同的记录序列？

(b) 在分题(a)中恰好包含一个 6 的记录有多少？

(c) 在分题(a)中恰好包含两个 4 的记录有多少？

23．如果抛掷 n 枚均匀的硬币并且记下结果，那么

(a) 可能有多少种记录序列？

(b) 假设 $n\geqslant3$，恰好包含 3 个反面的排列有多少？

(c) 假设 $n\geqslant k$，恰好包含 k 个正面的排列有多少？

24．如果抛掷 n 个均匀的六面形骰子并且记下骰子朝上的数字，那么

(a) 可能有多少种记录序列？

(b) 恰好包含一个 6 的排列有多少？

(c) 假设 $n\geqslant4$，恰好包含 4 个 2 的排列有多少？

25．你准备从 7 本小说和 6 本非小说中分别选三本和二本书在假期看，问有多少种选法？

26．为了在度假开车期间欣赏音乐，你将从个人收集中选一些音乐磁带。如果你从 35 盒摇滚乐磁带中选 6 盒，从 22 盒古典音乐磁带中选三盒，从 8 盒喜剧磁带中选一盒，那么你有多少种选择方法？

27．通常被称为 Pascal 的三角阵列能够通过给出足够多的信息以建立它的模型来进行定义。

$$
\begin{array}{ccccccccc}
 & & & & 1 & & & & \\
 & & & 1 & & 1 & & & \\
 & & 1 & & 2 & & 1 & & \\
 & 1 & & 3 & & 3 & & 1 & \\
1 & & 4 & & 6 & & 4 & & 1
\end{array}
$$

(a) 写出上面 Pascal 三角阵列的后继三行。

(b) 给出从前几行得到下一行的一种规则。

28．Pascal 三角阵列也能通过显式模型定义。用题 9 和题 27 的结果为 Pascal 三角阵列的第 n 行构建给出一种显式规则。

29．解释题 19、题 27 和题 28 之间的联系。

30．在 Pascal 三角阵列中，任意一行所列出的数从左到右读同从右到左读完全一样。这样的排列称为*回文*。用第 28 题的结果证明 Pascal 三角阵列中的每一行都是回文。

31．(a) 在 Pascal 三角形的第二行里，所有数的和是________________。

(b) 在 Pascal 三角形的第三行里，所有数的和是________________。

(c) 在 Pascal 三角形的第四行里，所有数的和是________________。

32．在 Pascal 三角形的第 n 行里，对所有数之和作一个猜想并且给予证明。

33．玛塞要买一本诗集，如果在一年中(365 天)她每天读三首不同的诗，那么这本书最少应该包含多少首诗？

3.3 鸽巢原理

本节将介绍另一种证明技巧，该技巧充分利用了前面已讨论过的计数方法。

定理 1(鸽巢原理)　如果 n 只鸽子被分配到 m 个鸽巢里且 $m<n$，那么至少有一个鸽巢含有两只或更多只鸽子。

证明　假设每个鸽巢至多有一只鸽子，那么至多分配了 m 只鸽子。但是，因为 $m<n$，所以并不是所有的鸽子都被分配了鸽巢。这出现了一个矛盾。故至少有一个鸽巢含有两只或者更多只鸽子。■

该定理非常平常，也是显而易见的并且易于使用，在证明某些有趣的结论时有意想不到的作用。

例 1　如果从某一群人里任意选出 8 个人，那么他们当中至少有 2 个人出生于一星期的同一天。这里的每个人(鸽子)被分配到他或她出生的一星期中的一天(鸽巢)。因为有 8 个人，一个星期只有 7 天，鸽巢原理表明至少有两个人必定被分配到一个星期当中的同一天。■

注意，鸽巢原理提供了**存在性证明**，一定存在有某种特性的对象或对象群体。在例 1 中，这种特性是出生于一星期当中的同一天。鸽巢原理保证至少有两个人有这种特性，但是没有给出任何信息来识别这些人，只是保证他们的存在性。与此对照，**构造性证明**是通过实际构造出具有某种特性的对象或对象群体来保证存在性。例如，通过表明 $\dfrac{p+q}{2}$ 在 p 和 q 之间可以证明：已知两个有理数 p 和 q 之间一定存在一个有理数。

为了使用鸽巢原理，必须识别鸽子(对象)和鸽巢(某类要求的特征)，并且能够计算出鸽子数和鸽巢数。

例 2　证明：如果从 1 到 8 中任意选出 5 个数，那么其中有两个数的和是 9。

解　构造 4 个不同的集合，每个集合包含两个数且相加的和是 9，即 $A_1=\{1，8\}$，$A_2=\{2，7\}$，$A_3=\{3，6\}$，$A_4=\{4，5\}$。选出的 5 个数中每一个必须属于这些集合中的某一个。因为只有 4 个集合，鸽巢原理告诉人们所选出的数中有两个属于相同集合，它们相加的和为 9。■

例 3　证明：如果从集合$\{1，2，\cdots，20\}$中任选 11 个数，那么它们中有一个数将是另一个数的倍数。

解　求解该问题的关键是产生 10 个或更少的鸽巢，它满足：选取的每一个数都能被指定唯一一个鸽巢，并且当 x 和 y 被指定到相同鸽巢中时，能保证 $x|y$ 或 $y|x$。因此，探索因子分解的特征是很自然的。在 1~20 之间，有 8 个素数，但是显然 x 和 y 是同一个素数的倍数并不能保证 $x|y$ 或 $y|x$。再尝试奇数，在 1~20 之间存在 10 个奇数。每一个正整数 n 能写成 $n=2^km$，这里 m 是奇数且 $k\geqslant0$。这一事实能简单地通过因子分解 n 里的所有 2 的幂(若有)而得到。在这种情况下，称 m 是 n 的奇数部分。如果从集合$\{1，2，\cdots，20\}$中选取 11 个数，那么它们必定有两个数具备相同的奇数部分。这可以从鸽巢原理得到，因为存在 11 个数(鸽子)，但在 1~20(鸽巢)之间只有 10 个奇数可以是这些数的奇数部分。

设 n_1 和 n_2 是两个选出的有相同奇数部分的数，那么必有某个 k_1 和 k_2，使得 $n_1=2^{k_1}m$ 和 $n_2=2^{k_2}m$。如果 $k_1\geqslant k_2$,那么 n_1 是 n_2 的倍数，否则 n_2 是 n_1 的倍数。■

例 4　考虑如图 3.2 所示的区域，它被限制在边长为 1 个单位的正六边形内。证明：如果在该区域内任选 7 个点，那么其中必有两个点的距离不超过 1 个单位长。

解 把这个区域分成 6 个相等的三角形，如图 3.3 所示。如果在这个区域内任选 7 个点，那么能分配每一个点到包含它的一个三角形里。如果这个点属于几个三角形，那么任意指定它属于某一个。于是 7 个点被分配到 6 个三角形区域，由鸽巢原理可知至少有两点必属于同一区域。这两个点的距离不会超过 1 个单位长(为什么？)。 ■

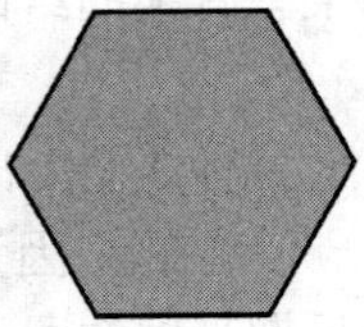

图 3.2

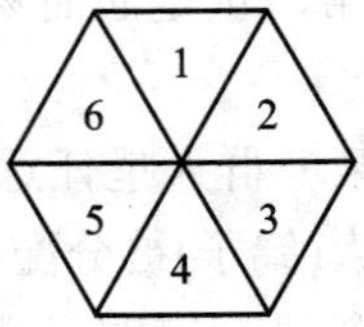

图 3.3

例 5 一个保龄球联盟有 20 个成员，他们身着的衬衫从 1 到 20 连续编码。当从这些成员中任选 3 个以组成一个队时，他们的衬衫号码数之和用来作为该队的编号。证明：如果从 20 个成员中任选 8 个，那么从这 8 个成员中至少可以组成两个不同的队，但是两支队伍有相同的编号。

解 从选出的 8 个球员中，能形成总数为 ${}_8C_3$ 即 56 支不同的队。它们将扮演鸽子的角色。可能的队伍最大编号是 18+19+20 即 57，最小的可能编号是 1+2+3 即 6。因此，在 6 与 57 之间且包括它们在内只有 52 种编号(鸽巢)对 56 支可能的队伍是可用的。由鸽巢原理可知，至少有两支队伍将有相同的编号。因此，联盟应该使用另一种方法设计队伍编号。 ■

推广的鸽巢原理

注意，如果存在 m 个鸽巢和多于 $2m$ 只鸽子，那么将有三只或更多只鸽子被分配到至少一个鸽巢里(考虑最公平的鸽子分配方法)。一般来说，如果鸽子数比鸽巢数大得多，那么定理 1 能重新给出一个更强的结论。

首先引进一个记号。如果 n 和 m 是正整数，那么 $\lfloor n/m \rfloor$ 表示小于或等于有理数 n/m 的最大整数。因此，$\lfloor 3/2 \rfloor$ 是 1，$\lfloor 9/4 \rfloor$ 是 2，$\lfloor 6/3 \rfloor$ 是 2。

定理 2 (推广的鸽巢原理) 如果 n 只鸽子被分配到 m 个鸽巢里，那么有一个鸽巢里至少包含 $\lfloor (n-1)/m \rfloor+1$ 只鸽子。

证明(反证法) 如果每一个鸽巢都不包含多于 $\lfloor (n-1)/m \rfloor$ 只鸽子，那么在所有鸽巢里至多存在 $m\cdot\lfloor (n-1)/m \rfloor \leqslant m \cdot (n-1)/m=n-1$ 只鸽子，这与假设相矛盾，所以必定有一个鸽巢包含至少 $\lfloor (n-1)/m \rfloor+1$ 只鸽子。 ■

该反证法使用了这样一个事实：计算全部鸽子数有两种途径，一是原来的计数 n，二是鸽巢数乘以每个鸽巢里的鸽子数的乘积。

例 6 把例 1 推广。证明：如果任选 30 个人，那么可以选出一个 5 个人的子集使得所有 5

个人都出生在一个星期中的同一天。

解 把每个人指定到他或她出生的某个星期中的一天。那么 30 个鸽子被分配到 7 个鸽巢。由推广的鸽巢原理可知：n=30 且 m=7，至少有$\lfloor (30-1)/7 \rfloor +1$即 5 个人必定出生在星期中的同一天。■

例 7 证明：如果在一个图书馆里 30 本字典共有 61 327 页，那么必定有一本字典至少有 2 045 页。

解 设页是鸽子，字典是鸽巢。把每页分配到它所出现的字典里，那么由推广的鸽巢原理可知，必有一本字典包含至少$\lfloor 61\,326/30 \rfloor +1$即 2 045 页。■

习 题 3.3

1．如果 13 个人被分配到一个房间里，证明：他们当中至少有两人必定有相同月份的生日。

2．证明：如果从 1~12 中选取 7 个数，那么它们当中有两个数之和为 13。

3．设 T 是一个边长为 1 的等边三角形。证明：如果在 T 上或 T 内任选 5 个点，那么它们当中必有两个点的距离不超过$\frac{1}{2}$。

4．证明：如果任选 8 个正整数，那么当用 7 去除时，它们当中至少有两个数有相同的余数。

5．证明：如果用 7 种颜色喷涂 50 辆自行车，那么至少有 8 辆自行车有相同的颜色。

6．从 10 个志愿者中产生三人委员会。这 10 个人中所产生的每一种可能的三人委员会被写在一张纸条上，每一种可能的委员会对应一张纸条，并且把纸条放入 10 个帽子里。证明：至少有一个帽子包含 12 张或更多张纸条。

7．6 个朋友去影院看电影，他们总共有 21.61 美元。证明：他们当中有一人或更多人至少有 3.61 美元。

8．某商店有 12 类糖果柜台，一个顾客可以从 5 个不同种类里任意选一个柜台并且花费不超过 1.75 美元。证明：虽然不同的选择有不同的花费，但是必定至少有两种不同的选择方法使得花费相同。

9．如果在第 8 题中的商店允许有重复选择，证明：至少存在 10 种不同的选择方法使得花费相同。

10．证明：从 1 到 15 中选择 6 个整数，至少有 90 种方法使得所有的选择有相同的和。

11．有多少个朋友才能使你保证他们当中至少有 5 个人的生日月份相同？

12．证明：如果从一个边长为 1 英寸的正方形中选取 5 个点，那么至少有两个点的距离不超过$\sqrt{2}$英寸。

13．设 $\boldsymbol{A}$ 是一个 8×8 布尔矩阵，如果 $\boldsymbol{A}$ 中元素之和是 51，证明：在 $\boldsymbol{A}$ 中一定存在行 i 和列 j 使得行 i 的元素与列 j 的元素之和超过 13。

14．对于一个 12×12 的布尔矩阵，写出一个类似于第 13 题的练习。

15．证明：如果从 1~25 中任选 14 个整数，那么它们当中必有一个数是另一个数的倍数。

16．从 1~50 的整数中必须选择多大的子集，才能保证该子集中的一个数是同一子集中另一个数的倍数？

17．从 1~n 的整数中必须选择多大的子集，才能保证该子集中的一个数是同一子集中另一个数的倍数？

18．有 20 张标号为 1~20 的卡片扣放在桌子上。每次从中选出一张卡片并且翻开，直到选出 10 张卡片为止。如果有两张卡片的号码数加起来等于 21，那么玩游戏者就输了。问有可能赢得这个游戏吗？

19．假设把第 18 题中的游戏进行修改，使得选出 12 张卡片。问有可能赢得这个游戏吗？

20．完成下面的证明。不可能把数 1，2，3，…，10 排列成一个圆环，使得任何连续排列的三个数之和比 15 小。证明：在 1，2，3，…，10 的任何循环排列中，有____对连续排列的三个数，因为___。每个数在___连续排列的三个数中出现。如果每个连续排列的三个数之和比 15 小，那么所有连续排列的三个数的总和比___乘以 15，即___小。但是 1+2+3+…+10=55，并且由于每个数在___连续排列的三个数中出现，所以总和应该是___乘以 55。于是得到一个矛盾，因此，不可能有连续排列的三个数之和比 15 小。

21．证明：6 个整数的任意序列一定含有其和能被 6 整除的子序列。(提示：考虑和数 c_1，c_1+c_2，$c_1+c_2+c_3$，…以及被 6 整除时可能的余数。)

22．证明：n 个数的任意序列一定含有其和能被 n 整除的子序列。

23．证明：6 个正整数的任意集合之和若是 13，则它一定包含一个和为 3 的子集。

24．用鸽巢原理证明：任意一个有理数能够表示成一个有限的数或者有重复小数部分的数。

25．计算机教室有 12 台微型计算机和 5 台打印机。为了保证任意 5 台或更少台微型计算机能同时访问打印机，要做的最少连接数是多少？

3.4 概 率 基 础

计数技术的另一个重要领域是概率论。在本节对概率作一个简要的介绍。

许多试验当反复进行时，不能准确地产生相同的结果。例如，如果抛掷一枚硬币，并不能确定所得到的结果是正面还是反面。如果抛掷一个骰子，没有任何方法可以知道 6 个可能的数将出现哪一个。这类试验称为**不确定性**试验，与此相反，结果总是相同的试验称为**确定性**试验。

样本空间

一次试验中所有可能的结果所组成的集合 A 称为该试验的**样本空间**。在一次给定的试验中往往伴随多个样本空间，它依赖于观察者选择什么样的记录作为结果。

例 1　假设在空中抛掷一枚 5 美分币和一枚 25 美分币，描述与这个试验相关的三种可能的样本空间。

1．如果观察者决定把观察到的正面数作为记录结果，那么样本空间是 $A=\{0，1，2\}$。

2．如果观察者决定把观察到的正面(H)和反面(T)的排列作为记录结果并且按照条件：先镍币后辅币排列，那么样本空间是 $A=\{HH，HT，TH，TT\}$。

3．如果观察者决定把硬币匹配(M)(同为正面或同为反面)和不匹配(N)作为记录结果，那么样本空间是 $A=\{M，N\}$。 ■

因此，可以看到除了描述试验外，还必须确切指明观察者希望记录什么。那么这一类的所有结果所形成的集合就成为该试验的样本空间。

一个样本空间可能包含有限个或无限个结果，但在本章只考虑有限样本空间。

例 2　一次试验是由一颗六面形骰子抛掷两次组成，每抛掷一次，记下骰子朝上的数字，得到数字序列。确定该试验的样本空间。

解　试验的结果能通过一个有序数对(n, m)表达，这里 n 和 m 可以是 1，2，3，4，5 或 6。因此，样本空间 A 包含 6×6 即 36 个元素(乘法原理)。 ■

例 3　从一个含有 4 个便士和 5 个一角硬币的盒子里连续抽取 3 枚硬币组成一次试验，并且记下结果所组成的序列。确定该试验的样本空间。

解 由字母 P(便士)和 D(一角)构造一个长度为 3 的序列作为记录结果。因此，样本空间 A 是

$$\{PPP, PPD, PDP, PDD, DPP, DPD, DDP, DDD\}$$ ■

事件

关于一次试验只有为真或为假这样一种特殊结果的命题被称为描述一个**事件**。因此，例 2 中的命题“每一个记录的数比 3 小”和“所记录的数的和是 4”可被看成是事件。由命题所描述的事件可理解为命题为真的所有结果的集合。由于这种解释，所以任意事件可以看做样本空间的子集。因此，由第 1 个命题所描述的事件 E 是 $E=\{(1, 1), (1, 2), (2, 1), (2, 2)\}$。类似地，由第 2 个命题所描述的事件 F 是 $F=\{(1, 3), (2, 2), (3, 1)\}$。

例 4 考虑例 2 中的试验，确定由下面各命题所描述的事件。

(a) 骰子朝上的数字之和是 8。

(b) 骰子朝上的数字之和至少是 10。

解 (a) 事件是由其和为 8 的所有有序对所组成的。因此，事件是$\{(2, 6), (3, 5), (4, 4), (5, 3), (6, 2)\}$。

(b) 事件是由其和为 10、11 或 12 的所有有序对所组成的，因此，事件是$\{(4, 6), (5, 5), (5, 6), (6, 4), (6, 5), (6, 6)\}$。 ■

如果 A 是某次试验的样本空间，那么 A 本身也是一个事件，称为**必然事件**，A 的空集称为**不可能事件**。

因为事件是集合，所以可以通过应用并、交和补运算把它们结合起来形成新的事件。样本空间 A 是这些事件的全集。因此，如果 E 和 F 是事件，那么能够形成新的事件 $E\cup F$，$E\cap F$ 和 $\overline{E}$。在试验中这些新的事件是什么意思呢？当试验的一个结果属于 E 或 F(或两者)时，它属于 $E\cup F$。换句话说，当 E 或 F 发生时，事件 $E\cup F$ 必然发生。类似地，事件 $E\cap F$ 发生当且仅当 E 和 F 都发生。最后，$\overline{E}$ 发生当且仅当 E 不发生。

例 5 考虑抛掷骰子试验，并且记下骰子朝上的数字。设 E 表示数是偶数的事件，F 表示数是素数的事件。那么 $E=\{2, 4, 6\}$，$F=\{2, 3, 5\}$。或者是偶数或者是素数的事件是 $E\cup F=\{2, 3, 4, 5, 6\}$。所示数字是一个偶素数的事件是 $E\cap F=\{2\}$。最后，所示数字不是偶数的事件是 $\overline{E}=\{1, 3, 5\}$，所示数字不是素数的事件是 $\overline{F}=\{1, 4, 6\}$。 ■

如果 $E\cap F=\{\}$，那么称事件 E 和 F 是**互斥**或**不相交**。如果 E 和 F 是互斥事件，那么 E 和 F 两者不能同时发生。若 E 发生，则 F 不发生，若 F 发生，则 E 不发生。如果 E_1，E_2，$\cdots$，E_n 都是事件，并且每一对事件是互斥的，那么称这些集合**两两互斥**或**不相交**。这意味着在试验里任意给出的结果中至多有一个事件发生。

对事件赋予概率

在概率论里，假设对每个事件 E 已赋予一个数 $p(E)$，称其为**事件 E 的概率**。下面将考虑概率，并且考察各种情况，即如何给它们赋值，它们必须满足什么性质以及可以给予它们的意义。

数 $p(E)$是反映人们对事件 E 发生的可能性的评估。更精确地说，假设基本试验被重复进行，并且在这样进行 n 次后，事件 E 已发生了 n_E 次，那么分式 $f_E=n_E/n$ 是事件 E 发生的可能性的量度，称为 **E 在 n 次试验里发生的频率**。当把概率 $p(E)$赋给事件 E 时，意味着根据人们的判断和经验，相信当 n 变得很大时，分式 f_E 将非常接近某个数，这个数就是 $p(E)$。因此，概率能够想象成事件发生的理想化频率。当试验反复进行时，发生的实际频率将趋于这种理想。

例 6 假设某次试验进行 2 000 次，在 100，500，1 000 和 2 000 次试验后，记录了事件 E 发生的频率 f_E。表 3.1 总结了这些结果。

表 3.1

试验的重复次数	n_E	$f_E=n_E/n$
100	48	0.48
500	259	0.518
1 000	496	0.496
2 000	1 002	0.501

基于这张表，很显然当 n 变得很大时，频率 f_E 接近于 $\frac{1}{2}$。所以,也许有理由使 $p(E)$应该设置成等于 $\frac{1}{2}$。另一方面，在把 $\frac{1}{2}$ 作为 $p(E)$的值之前，人们也许需要更广泛的证据。无论如何，这种证据从未能够“证明” $p(E)$是 $\frac{1}{2}$，它仅能起着作这种似乎合理的假设的作用。 ■

如果赋予各种事件的概率是表达富有意义的事件所发生的频率，那么像上面刚解释的那样，不能以完全任意的方式给它们赋值，它们必须满足某些条件。首先，因为每个频率 f_E 必须满足不等式 $0\leqslant f_E\leqslant 1$。所以

P1：对 A 中的每个事件 E 有 $0\leqslant p(E)\leqslant 1$ 是一个必为合理的假设。

另外，因为事件 A 每次必然发生(每个结果属于 A)，事件 $\varnothing$ 不可能发生，所以假设

P2：$p(A)=1$，$p(\varnothing)=0$。

最后，如果 E_1，E_2，…，E_k 都是两两互斥事件，那么

$$n_{(E_1\cup E_2\cup\cdots\cup E_k)}=n_{E_1}+n_{E_2}+\cdots+n_{E_k}$$

因为这些事件中每次只有一个事件发生。如果用 n 去除这个方程的两边，那么可以看到发生的频率必定满足一个类似的方程。所以假设当事件两两互斥时，有

P3：$p(E_1\cup E_2\cup\cdots\cup E_k)=p(E_1)+p(E_2)+\cdots+p(E_k)$

如果概率总是以满足 P1，P2 和 P3 的方式赋给所有的事件，那么就得到一个**概率空间**，并且称 P1，P2 和 P3 为**概率空间的公理**。

在概率空间上除了给出概率公理 P1，P2 和 P3 之外，在数学上没有作任何要求，认清这一点是非常重要的。概率论从所有赋值的概率开始讨论，然后调查研究这些概率之间的一些关系的结果。概率是如何被赋值的并没有提到。然而，仅当赋值的概率反映实际情况中所发生的事，数学结论对实际情况才是有用的。

试验并不是确定事件合理概率的唯一方法。概率公理有时对选择某种概率能够提供逻辑证明。

例 7 考虑抛掷硬币试验，并且记录正、反面结果。设事件 E：出现正面，F：出现反面。掷硬币的机器不是在细节上可控制。因此，在出现硬币因缺陷也许掷得不平衡的情况下，也可以证明 E 和 F 发生的可能性是相等的。这种情形存在对称性，即：它不可能总是出现这种结果而不出现那种结果。让我们计算一下 E 和 F 的概率是多少。

假设 $p(E)=p(F)$，显然 E 和 F 是互斥事件且 $A=E\cup F$。因此，使用性质 P2 和 P3，可以看到：因为 $p(E)=p(F)$，所以 $1=p(A)=p(E)+p(F)=2p(E)$。这就证明了 $p(E)=\frac{1}{2}=p(F)$。人们常常可以通过把事情的对称性与概率公理结合起来给事件分配适当的概率。 ■

最后，证明把概率分配给事件的问题可以尽量简化。设 A 是概率空间且 A 是有限的，即：$A=\{x_1, x_2, \cdots, x_n\}$，那么恰好由一个结果组成的事件 $\{x_k\}$ 称为**基本事件**。为了简单起见，可以记 $p_k=p(\{x_k\})$，那么 p_k 称为**对应于结果 x_k 的基本概率**。因为基本事件是互斥的，并且它们的并集是 A，所以由概率公理可知

EP1：对所有 k 有 $0\leqslant p_k\leqslant 1$。

EP2：$p_1+p_2+\cdots+p_n=1$。

如果 E 是 A 中的任意事件，比如说 $E=\{x_{i_1}, x_{i_2}, \cdots, x_{i_m}\}$，那么能写出 $E=\{x_{i_1}\}\cup\{x_{i_2}\}\cup\cdots\cup\{x_{i_m}\}$。由公理 P2 得到 $p(E)=p_{i_1}+p_{i_2}+\cdots+p_{i_m}$。因此，如果知道基本概率，那么就能计算任意事件 E 的概率。

例 8 假设一次试验有一个样本空间 $A=\{1, 2, 3, 4, 5, 6\}$，给出基本概率如下：

$$p_1=\frac{1}{12},\ p_2=\frac{1}{12},\ p_3=\frac{1}{3},\ p_4=\frac{1}{6},\ p_5=\frac{1}{4},\ p_6=\frac{1}{12}$$

设 E 是事件“结果是一个偶数”，计算 $p(E)$。

解 因为 $E=\{2, 4, 6\}$，所以 $p(E)=p_2+p_4+p_6=\frac{1}{12}+\frac{1}{6}+\frac{1}{12}$ 即 $\frac{1}{3}$。用类似的方法能求出 A 中任意事件的概率。 ■

因此，可以看到用一种相容性方法把所有事件赋予概率的问题能够简化为求出满足 EP1 和 EP2 的数 $p_1, p_2, \cdots, p_n$ 的问题。再者，用数学的观点来讲，对 p_k 不存在任何其他限制。然而，

如果所产生的数学结构将用于特殊情况，那么 p_k 必须反映发生在这种情况下的实际行为。

等可能结果

假设在样本空间 A 中所有结果出现的可能性是相等的。当然，这只是一种假设，不能被证明。如果试验证据或对称性表明在特殊情况下(见例 7)它是合适的，那么可以作这种假设。实际上，这些情况常常发生。按习惯要引进一些术语。有时试验包含从某个集合中用不确定的方式选择一个对象。如果用这种方式进行选择并且所有对象被选取具有相同的概率，则称我们作了一次**随机选取**或从集合里**随机选取了一个对象**。往往用术语“等可能结果”表示这种特殊的试验。

假设 $|A|=n$ 并且 n 个结果是等可能的，那么基本概率都是相等的。因为它们的和必定是 1，所以这意味着每个基本概率是 $\frac{1}{n}$。设 E 是包含 k 个结果的事件，如 $E=\{x_1,x_2,\cdots,x_k\}$，因为所有基本概率是 $\frac{1}{n}$，所以必有

$$p(E)=\underbrace{\frac{1}{n}+\frac{1}{n}+\cdots+\frac{1}{n}}_{k\text{个和}}=\frac{k}{n}$$

因为 $k=|E|$，所以得到下述原理：如果所有结果是等可能的，那么对于每个事件 E，有

$$p(E)=\frac{|E|}{|A|}=\frac{E\text{的结果总数}}{\text{结果总数}}$$

在这种情况下，概率计算简化为对集合中元素的计数。正因为如此，前几节所讨论的计数方法是十分有用的。

例 9 从一副标准的 52 张纸牌里随机选取 4 张，选到 4 张 K 的概率是多少？

解 该试验的结果是 4 张一套，每一套选取是等可能的。4 张一套的选取数是 ${}_{52}C_4$ 即 270 725。设 E 是 4 张都是 K 的事件，事件 E 只包含一个结果。因此，$p(E)=\frac{1}{270\ 725}$，接近于 0.000 003 694。这是一个完全不可能事件。 ■

例 10 某盒子含有 6 个红球和 4 个绿球。从盒子里随机选取 4 个球。问选到两个红球和两个绿球的概率是多少？

解 结果总数是从 10 个对象中无次序地选取 4 个对象的方法数。它是 ${}_{10}C_4$ 即 210。现在事件 E 是球中有两个红球和两个绿球，它能看做是连续完成下面两项任务的结果。

任务 1：从盒子中的 6 个红球中选 2 个。

任务 2：从盒子中的 4 个绿球中选 2 个。

任务 1 能用 ${}_6C_2$ 即 15 种方法完成，任务 2 能用 ${}_4C_2$ 即 6 种方法完成。因此，事件 E 有 15×6

即 90 种方法。所以 $p(E)=\dfrac{90}{210}$ 即 $\dfrac{3}{7}$。 ■

例 11 一颗均匀的六面形骰子被抛掷三次，记下所产生的数的序列。问事件 E：三个数都相等或者没有任何一个数是 4 的概率是多少？

解 因为骰子被假设是均匀的，所以，所有结果都是等可能的。首先，计算试验结果总数。该数是从集合{1，2，3，4，5，6}中构造的允许重复且长度为 3 的序列数，它是 6^3 即 216。

不能把事件 E 描述为例 10 那样是完成两个连续任务的结果。然而，能够把 E 看成是两个简单事件的并。设 F 是事件：记录的所有三个数是相等的，G 是事件：记录中没有一个数是 4。那么 $E=F\cup G$。由加法原理(1.2 节的定理 2)得

$$|F\cup G|=|F|+|G|-|F\cap G|$$

由于三个数相等只存在 6 种结果，因此$|F|=6$。事件 G 是由集合{1，2，3，5，6}形成的长度为 3 的所有排列组成的，因此$|G|=5^3$ 即 125。最后，事件 $F\cap G$ 是由三个数相等且没有一个数是 4 的所有序列组成的。显然，该情况只存在 5 种可能，因此，$|F\cap G|=5$。用加法原理推出，$|E|=|F\cup G|=6+125-5$ 即 126，从而得到 $p(E)=\dfrac{126}{216}$，即 $\dfrac{7}{12}$。 ■

例 12 再次考虑例 10 中的试验，从一个包含 6 个红球和 4 个绿球的盒子里随机选取 4 个球。

(a) 如果 E 是事件：不多于两个红球，计算 E 的概率。

(b) 如果 F 是事件：不多于三个红球，计算 F 的概率。

解 (a) 能把 E 分解成互斥事件的并。设 E_0 是所选取的两个球没有一个是红球的事件，E_1 是所选取的球中恰好有一个是红球的事件，E_2 是所选取的球中恰好有两个是红球的事件。那么 E_0，E_1 和 E_2 是互斥的且 $E=E_0\cup E_1\cup E_2$。用两次加法原理得到 $|E|=|E_0|+|E_1|+|E_2|$。如果没有一个球是红球，那么所有 4 个球必定是绿球。因为在盒子里只有 4 个绿球，所以事件 E_0 发生只有一种可能。因此，$|E_0|=1$。如果恰好有一个球是红的，那么其他 3 个球必定是绿的。为了作这种选择，必须从 6 个球的集合里选择一个红球，然后从 4 个球的集合里选择三个绿球。因此，E_1 发生的结果数是$({}_6C_1)({}_4C_3)$即 24。

同理，可以证明 E_2 的结果数是$({}_6C_2)({}_4C_2)$即 90。因此，$|E|=1+24+90$ 即 115。另一方面，从盒子里选取 4 个球的方法总数是 ${}_{10}C_4$ 即 210，所以 $p(E)=\dfrac{115}{210}$ 即 $\dfrac{23}{42}$。

(b) 同(a)计算$|E|$一样，通过把 F 分解成 4 个互斥事件来计算$|F|$。然而，分析将比(a)更长。为此，将不选择该方法而选择另一种经常使用的方法。

设 $\overline{F}$ 是事件 F 的补，因为 F 和 $\overline{F}$ 是互斥的且它们的并是样本空间，所以必有 $p(F)+p(\overline{F})=1$。该公式对任何事件 F 都成立，并且当补事件更容易分析时往往采用它。这里就是这种情况，因为 $\overline{F}$ 是所选取的所有 4 个球都是红球的事件。从 6 个红球中选 4 个红球有 ${}_6C_4$ 即 15 种方法，所

以 $p(\overline{F})=\frac{15}{210}$ 即 $\frac{1}{14}$。从而推出 $p(F)=1-\frac{1}{14}$ 即 $\frac{13}{14}$。 ■

在计算机科学中通常用概率来分析算法的效率。例如，如果“期望”算法按“平均”操作数执行，那么通过考虑步骤数就能解决该问题。下面考虑一个简单的情况。如果把一枚均匀的硬币抛掷 500 次，期望出现 $250\left(\frac{1}{2}\times 500\right)$ 次正面。当然，如果出现正面的次数不刚好是 250 次，也不足为奇。这种观点就引出了下面的定义。一次实验的**期望值**是每次结果值乘以它的概率值的和。粗略地说，期望值是描述大量试验的“平均”值。

例 13 在长度为 10 的数组中搜索一个关键字，并且记下需要求解它的步骤数。假设关键字是等可能地出现在数组的任何位置上，那么该试验的期望值是 $1\times\frac{1}{10}+2\times\frac{1}{10}+\cdots+10\times\frac{1}{10}$，即 $\frac{55}{10}$。因此，平均来讲用 5.5 步可以期望找到一个关键字。 ■

习 题 3.4

在第 1 题~第 4 题中，描述相关的样本空间。

1．抛掷一枚硬币三次，记录正面和反面的序列。

2．从字母 a, b, c, d 中随机地同时选取两个字母。

3．某银缸和铜缸里含有蓝、红和绿三种球。随机选择一个缸，然后从该缸中随机选取一个球。

4．某盒子里有 12 张纸条，其中 4 张有错误。随机选取一张并且不放回盒子，直到 4 张有错误的纸条均被选出为止。记录选取纸条的总数。

5．(a) 假设一次试验的样本空间是{1，2，3}，确定所有可能的事件。

(b) 设 S 是含有 n 个元素的样本空间，对于这次试验存在多少种事件？

在第 6 题~第 8 题中，使用下列假设：从一副标准的扑克牌中随机选取一张。设 E，F 和 G 是下列事件。

E：牌是黑色的。

F：牌是方块。

G：牌是一个 A。

用完整的句子描述下列事件。

6．(a) $E\cup G$ (b) $E\cap G$

7．(a) $\overline{E}\cap G$ (b) $E\cup F\cup G$

8．(a) $E\cup\overline{F}\cup G$ (b) $(F\cap\overline{G})\cup E$

在题 9 和题 10 中，假设一颗骰子被抛掷两次并且骰子朝上的点数被依次记录下来。确定下面所给事件的元素。

9．(a) 至少有一个数是 5。

(b) 至少有一个数是 8。

10．(a) 点数之和比 7 小。

(b) 点数之和比 8 大。

11．抛掷一颗骰子并且记录骰子朝上的点数。设 E，F 和 G 是下列事件。

E：点数至少是 3。

F：点数至多是 3。

G：点数能被 2 整除。

(a) E 和 F 是互斥事件吗？验证你的回答。

(b) F 和 G 是互斥事件吗？验证你的回答。

(c) $E\cup F$ 是必然事件吗？验证你的回答。

(d) $E\cap F$ 是不可能事件吗？验证你的回答。

12．从一副标准的 52 张纸牌中选择一张纸牌，考虑下列事件。

E_1：抽出的牌是正面。

E_2：抽出的牌是红桃。

E_3：抽出的牌上面的数为偶数。

E_4：抽出的牌是一张红色的牌。

计算下列各分题。

(a) $p(E_1)$　(b) $p(E_2\cap E_3)$　(c) $p(\overline{E_3}\cup E_2)$

13．对于第 12 题中所定义的事件，下面哪些事件对是互斥事件？

(a) E_2，E_3　(b) E_1，E_2　(c) E_3，E_4　(d) E_1，E_3

14．设 E 是样本空间 A 的一次试验中的事件，证明：

(a) $E\cup\overline{E}$ 是必然事件。

(b) $E\cap\overline{E}$ 是不可能事件。

15．某医疗队根据下列特征将人分类。

喝酒习惯：喝酒(d)，不喝酒(a)

收入水平：低(l)，中(m)，高(u)

吸烟习惯：吸烟者(s)，不吸烟者(n)

设 E，F 和 G 是下列事件。

E：某人喝酒。

F：某人收入水平低。

G：某人吸烟。

列出下面各事件中的元素：

(a) $E\cup F$　(b) $\overline{E}\cap F$　(c) $(E\cup G)\cap F$

在题 16 和题 17 中，设 $S=\{1, 2, 3, 4, 5, 6\}$ 是一次试验中的样本空间，并设 $E=\{1, 3, 4, 5\}$，$F=\{2, 3\}$，$G=\{4\}$。

16．计算事件 $E\cup F$，$E\cap F$ 和 $\overline{F}$。

17．计算下列事件：$\overline{E}\cup F$，$\overline{F}\cap G$。

在题 18 和题 19 中，列出已知试验的基本事件。

18．从所有元音{a, e, i, o, u}的集合中随机选取一个元音。

19．从一副标准的纸牌中随机选取一张牌，并且记下这张牌是梅花、黑桃、方块还是红桃。

20．(a) 能正确地猜中一个人的 4 位数 PIN 码的概率是多少？

(b) 人们经常使用自己生日的 4 位数(月，日)来产生一个 PIN 码。如果生日已知，能正确地猜中用这种方法所产生的PIN码的概率是多少？

21．当抛掷一颗有某些缺陷的骰子时，骰子朝上源自1~6的点数有下列概率。

$$p_1=\frac{2}{18}，p_2=\frac{3}{18}，p_3=\frac{4}{18}，p_4=\frac{3}{18}，p_5=\frac{4}{18}，p_6=\frac{2}{18}$$

求下列概率：

(a) 点数为奇数。

(b) 点数为素数。

(c) 点数比5小。

(d) 点数比3大。

22．假设骰子没有缺陷，重做第21题。

23．假设E和F是互斥事件使得$p(E)=0.3$，$p(F)=0.4$。求下列概率：

(a) E不发生。

(b) E和F发生。

(c) E或F发生。

(d) E不发生或 F不发生。

24．考虑有样本空间$A=\{x_1,x_2,x_3,x_4\}$的一次试验，并且$p_1=\frac{2}{7}$，$p_2=\frac{3}{7}$，$p_3=\frac{1}{7}$，$p_4=\frac{1}{7}$。求下面所给事件的概率。

(a) $E=\{x_1,x_2\}$　　(b) $F=\{x_1,x_3,x_4\}$

25．有4个总统候选人A，B，C和D。假设选A的可能性是B的2倍，选B的可能性是C的3倍，选C和D的可能性相等。每个候选人被选中的概率各是多少？

26．一种特殊的靠碰运气取胜的游戏的结果是1~5的一个整数。整数1，2和3发生是等可能的，整数4和5发生是等可能的。结果比2大的概率是$\frac{1}{2}$。求每一种可能结果的概率。

27．一枚均匀的硬币被抛掷5次，获得三次正面和两次反面的概率是多少？

在第28题~第30题中，假设抛掷一颗均匀的骰子并且记下骰子朝上的点数。设E，F和G是下列事件。

$$E:\{1,2,3,5\},\ F:\{2,4\},\ G:\{1,4,6\}$$

计算下面所指事件的概率。

28．(a) $E\cup F$　　(b) $E\cap F$

29．(a) $\overline{E}\cap F$　　(b) $E\cup G$

30．(a) $\overline{E}\cup\overline{G}$　　(b) $\overline{E}\cap\overline{G}$

31．假设抛掷两颗骰子并且记下骰子朝上的点数，下面事件的概率是多少？

(a) 点数为4。　　(b) 点数是素数。

(c) 点数之和比5小。　　(d) 点数之和至少是7。

32．假设从一副标准52张纸牌中随机抽取两张，两张牌都比10小且没有一张是红色的概率是多少？

33．假设从某个含有7个红球和5个黑球的缸子中随机选取三个球，计算下面概率。

(a) 三个球都是红球。

(b) 至少有两个黑球。

(c) 至多有两个黑球。

(d) 至少有一个红球。

34. 一颗均匀的骰子被连续抛掷三次，求三次结果点数满足以下条件的概率。

(a) 恰好包含两个 3。

(b) 形成一个递增序列。

(c) 至少包含一个 3。

(d) 至多包含一个 3。

(e) 没有包含 3。

35. 有 4 张数为 1，2，3，4 的纸牌，随机选择三张，把它们面朝上挨着放。

(a) 抽出的纸牌上的数从左到右以递增次序排列的概率是多少？

(b) 抽出的纸牌上的数从左到右不是以递减次序排列的概率是多少？

36. 每天有 5 位秘书抽号决定他们休息的次序。

(a) 今天的次序恰好同昨天的次序相同的概率是多少？

(b) 今天的次序有 4 位秘书同昨天的次序相同的概率是多少？

(c) 至少有一位秘书同昨天的次序相同的概率是多少？

37. 在长度为 n 的数组中搜索一个关键字，平均要花多少步才能找到该关键字？

38. 在第 37 题中如果不假设关键字是在数组里，那么分析应作怎样的改变？

39. 通过滚动两颗骰子来玩一种游戏，如果骰子朝上的数之和是 10 或者更大，则庄家要支付玩游戏者与该和等量的美元。对于每次游戏，玩游戏者要支付庄家 3 美元。问该游戏的期望值是多少？

40. 对于第 39 题中所描述的游戏，问玩该游戏一个“公平的”花费应该是多少？验证你的回答。

41. 假设从一副标准 52 张纸牌中任选两张纸牌。

(a) 如果两张纸牌是同时抽出，那么两张牌的号数均为奇数但都不是黑色的概率是多少？

(b) 如果在抽出第二张牌之前，抽出的第一张牌已重新放回，那么两张牌有一张号为奇数但都不是黑色的概率是多少？

3.5 递归关系

1.3 节中序列的递归定义是递归关系的某些例子。当问题是要为一个递归定义的序列求一个显式公式时，这个递归公式才被称为**递归关系**。记住在定义一个递归序列的递归公式时，必须给出序列的开始信息。该信息称为序列的**初始条件**或**条件**。

例 1 (a) 递归关系 $a_1=4$，$a_n=a_{n-1}+3$ 递归定义了序列 4，7，10，13，…，初始条件是 $a_1=4$。

(b) 递归关系 $f_n=f_{n-1}+f_{n-2}$，$f_1=f_2=1$ 定义了 **Fibonacci 序列** 1，1，2，3，5，8，13，21，…，初始条件是 $f_1=1$ 和 $f_2=1$。 ■

在许多计数问题和分析程序设计问题中非常自然地产生了递归关系。

例 2 设 $A=\{0, 1\}$，给出 c_n (A^*中不含邻接 0 且长度为 n 的字符串个数)的一个递归关系。

解 因为 0 和 1 是长度为 1 的仅有的字符串，所以 $c_1=2$。同理可得 $c_2=3$，该情况仅有的字符串是 01，10，11。一般地，不含 00 且长度为 $n-1$ 的任何字符串 w 能与 1 联结形成一个不含 00 且长度为 n 的字符串 $1\cdot w$。对于一个长度为 n 的“合格”字符串，其唯一可能的开始是 01，但这些字符串都必须具有形式 $01\cdot v$，其中 v 是长度为 $n-2$ 的“合格”字符串。因此，$c_n=c_{n-1}+c_{n-2}$，

具有初始条件 $c_1=2$ 和 $c_2=3$。 ■

例 3 假设要打印出由集合{1，2，3，…，n}中所有 n 个元素无重复所组成的序列。那么解决该问题的一种途径是进行如下递归。

步骤 1：产生由{1，2，3，…，$n-1$}中元素无重复组成的所有序列表。

步骤 2：对步骤 1 中的每个序列，依次把 n 插入序列中一个合适的地方(前面、末尾以及序列中每一对数之间)，打印结果并且移动 n。

插入—打印—移动操作的数目是 n 个元素的序列数。它也是步骤 1 所产生序列数的 n 倍。因此，有

$$n\text{ 元序列的数目}=n\times((n-1)\text{元序列的数目})$$

这就给出了 n 个元素序列数的一个递归公式。初始条件是什么呢？ ■

通过递归关系定义的序列去求它的显式公式，有一种技巧称为**回溯**，如下面的例子所述。

例 4 递归关系 $a_n=a_{n-1}+3$，$a_1=2$，定义了序列 2，5，8,…。通过把 a_{n-1}，a_{n-2} 等代入定义并且回溯到 a_n 的值，直到其结构清楚为止。

$$a_n=a_{n-1}+3=(a_{n-2}+3)+3=[(a_{n-3}+3)+3]+3$$

$$\text{或者}\quad a_n=a_{n-1}+3=a_{n-2}+2\times 3=a_{n-3}+3\times 3$$

最终，该过程将产生

$$a_n=a_{n-(n-1)}+(n-1)\times 3=a_1+(n-1)\times 3=2+(n-1)\times 3$$

因此，序列的显式公式是 $a_n=2+(n-1)\times 3$。 ■

例 5 用回溯法求序列显式公式，序列由递归关系 $b_n=2b_{n-1}+1$，初始条件 $b_1=7$ 定义。

解 通过在定义的公式里代替前一项的定义而得到

$$\begin{aligned}b_n&=2b_{n-1}+1=2(2b_{n-2}+1)+1=2[2(2b_{n-3}+1)+1]+1\\&=2^3b_{n-3}+4+2+1=2^3b_{n-3}+2^2+2^1+1\end{aligned}$$

其结构随着 b_n 的重写而慢慢呈现出来。(注意：如何重写这些表达式并没有既定的规则，一定量的尝试也许是必要的。)继续回溯，最后得到

$$\begin{aligned}b_n&=2^{n-1}b_{n-(n-1)}+2^{n-2}+2^{n-3}+\cdots+2^2+2^1+1\\&=2^{n-1}b_1+2^{n-1}-1 &&\text{用 2.4 节的第 3 题}\\&=7\times 2^{n-1}+2^{n-1}-1 &&\text{用 } b_1=7\\&=8\times 2^{n-1}-1\quad\text{或者}\ 2^{n+2}-1\end{aligned}$$

■

在 2.4 节中已经证明了两个有用的求和规则。本节为了使用它们重写如下。

$$\text{S1.}\ 1+a+a^2+a^3+\cdots+a^{n-1}=\frac{a^n-1}{a-1}$$

$$\text{S2.}\ 1+2+3+\cdots+n=\frac{n(n+1)}{2}$$

由递归关系所定义的序列有时回溯还不能揭示一个显式结构。现在介绍一种更一般的技巧以求解递归关系。首先，给出一个定义，如果递归关系具有形式

$$a_n=r_1a_{n-1}+r_2a_{n-2}+\cdots+r_ka_{n-k}$$

其中 r_i 是常数，那么称它是 **k 阶线性齐次关系**。注意，在右边的每一个被加项都以相同(齐次)的方法构造，它是 k(k 阶)个前项之一(线性)的倍数。

例 6 (a) 关系 $c_n=(-2)c_{n-1}$ 是一阶线性齐次递归关系。

(b) 关系 $a_n=a_{n-1}+3$ 不是线性齐次递归关系。

(c) 递归关系 $f_n=f_{n-1}+f_{n-2}$ 是二阶线性齐次关系。

(d) 递归关系 $g_n=g^2_{n-1}+g_{n-2}$ 不是线性齐次关系。 ■

设一个 k 阶线性齐次递归关系为 $a_n=r_1a_{n-1}+r_2a_{n-2}+\cdots+r_ka_{n-k}$，那么把 k 阶伴随多项式 $x^k=r_1x^{k-1}+r_2x^{k-2}+\cdots+r_k$ 称为它的**特征方程**。对于由递归关系和初始条件所定义的序列，特征方程的根在显式公式里起着关键的作用。虽然该问题通常能求解，但是这里仅给出一个阶数为 2 的定理。通常 2 阶特征方程可写成 $x^2-r_1x-r_2=0$。

定理 1 (a) 如果递归关系 $a_n=r_1a_{n-1}+r_2a_{n-2}$ 的特征方程 $x^2-r_1x-r_2=0$ 有两个不相同的根 s_1 和 s_2，那么 $a_n=us_1{}^n+vs_2{}^n$ 是序列的显式公式，其中 u 和 v 依赖于初始条件。

(b) 如果特征方程 $x^2-r_1x-r_2=0$ 有一个单根 s，那么显式公式是 $a_n=us^n+vns^n$，其中 u 和 v 依赖于初始条件。

证明 (a) 假设 s_1 和 s_2 是 $x^2-r_1x-r_2=0$ 的根，那么 $s_1{}^2-r_1s_1-r_2=0$，$s_2{}^2-r_1s_2-r_2=0$，$a_n=us_1{}^n+vs_2{}^n$ ($n\geqslant1$)。证明这样定义的 a_n 与序列 $a_n=r_1a_{n-1}+r_2a_{n-2}$ 相同。首先，注意到 u 和 v 的选取使得 $a_1=us_1+vs_2$ 和 $a_2=us_1{}^2+vs_2{}^2$，并且满足初始条件。所以

$$\begin{aligned}
a_n &=us_1{}^n+vs_2{}^n && \text{分出 } s_1^2 \text{ 和 } s_2^2\\
&=us_1{}^{n-2}s_1{}^2+vs_2{}^{n-2}s_2^2 && \text{替代 } s_1^2 \text{ 和 } s_2^2\\
&=us_1{}^{n-2}(r_1s_1+r_2)+vs_2{}^{n-2}(r_1s_2+r_2)\\
&=r_1us_1{}^{n-1}+r_2us_1{}^{n-2}+r_1vs_2{}^{n-1}+r_2vs_2{}^{n-2}\\
&=r_1(us_1{}^{n-1}+vs_2{}^{n-1})+r_2(us_1{}^{n-2}+vs_2{}^{n-2})\\
&=r_1a_{n-1}+r_2a_{n-2} && \text{用 } a_{n-1} \text{ 和 } a_{n-2} \text{ 的定义}
\end{aligned}$$

(b) 用类似的方法可以证明。 ■

这种直接证明方法需要找出某种途径使用已知的 s_1 和 s_2。由于可以知道 s_1^2 和 s_2^2 的某些信息，由此启发了第一步的代数式改写。在一个证明中找出有用的第一步之前也许会犯某些错误，但要坚持下去。

例 7 序列由 $c_n=3c_{n-1}-2c_{n-2}$ 定义，初始条件为 $c_1=5$ 和 $c_2=3$，求序列的显式公式。

解 递归关系 $c_n=3c_{n-1}-2c_{n-2}$ 是二阶线性齐次关系，它的伴随方程为 $x^2=3x-2$，即：$x^2-3x+2=0$，易知它有两个根 1 和 2。定理 1(a)说明能够求出 u 和 v 使得 $c_1=u(1)+v(2)$和 $c_2=u(1)^2+v(2)^2$。求解该 2×2 系统得到 $u=7$ 和 $v=-1$。

由定理 1 有 $c_n=7\times1^n+(-1)\times2^n$ 或 $c_n=7-2^n$。注意，用 $c_n=3c_{n-1}-2c_{n-2}$，初始条件 $c_1=5$ 和 $c_2=3$，得到序列的前 4 项 5，3，-1，-9，而公式 $c_n=7-2^n$ 也产生 5，3，-1，-9 作为序列的前 4 项。■

例 8　解递归关系 $d_n=2d_{n-1}-d_{n-2}$，初始条件为 $d_1=1.5$ 和 $d_2=3$。

解　线性齐次关系的伴随方程是 $x^2-2x+1=0$，该方程有一个(重)根 1。因此，由定理 1(b)得 $d_n=u(1)^n+vn(1)^n$。由此公式和初始条件有 $d_1=1.5=u+v$ (1), $d_2=3=u+v$ (2)。解之得 $u=0, v=1.5$，所以 $d_n=1.5n$。■

例 1(b)中的 Fibonacci 序列是著名序列，它的显式公式经二百多年时间才求出。

例 9　Fibonacci 序列是由一个二阶线性齐次递归关系所定义的序列。所以，由定理 1 可知，为了描述序列的显式公式，需要知道伴随方程的根。从 $f_n=f_{n-1}+f_{n-2}$ 和 $f_1=f_2=1$，得到 $x^2-x-1=0$。用二次求根公式得到

$$s_1=\frac{1+\sqrt{5}}{2} \text{ 和 } s_2=\frac{1-\sqrt{5}}{2}$$

余下的问题是确定定理 1 中的 u 和 v。求解

$$1=u\left(\frac{1+\sqrt{5}}{2}\right)+v\left(\frac{1-\sqrt{5}}{2}\right) \text{ 和 } 1=u\left(\frac{1+\sqrt{5}}{2}\right)^2+v\left(\frac{1-\sqrt{5}}{2}\right)^2$$

由已知的初始条件求得 $u=\frac{1}{\sqrt{5}}$ 和 $v=-\frac{1}{\sqrt{5}}$。因此，Fibonacci 序列的显式公式是

$$f_n=\frac{1}{\sqrt{5}}\left(\frac{1+\sqrt{5}}{2}\right)^n-\frac{1}{\sqrt{5}}\left(\frac{1-\sqrt{5}}{2}\right)^n$$ ■

有时候，熟悉递归关系的性质是十分有用的。由于在递归和数学归纳法之间存在密切的联系，所以，有关它们的一些性质的归纳证明是相同的。

例 10　对于例 1(b)中的 Fibonacci 数，有 $f_n \leqslant \left(\frac{5}{3}\right)^n$。它给出了 Fibonacci 数增长速度的界值。

证明　(强归纳法)

基础步骤　$n_0=1$，显然 $P(1)=1 \leqslant \frac{5}{3}$。

归纳步骤　使用 $P(j)$ $(j \leqslant k)$去证明 $P(k+1)$：$f_{k+1} \leqslant \left(\frac{5}{3}\right)^{k+1}$。因此考虑 $P(k+1)$的左边：

$$f_{k+1}=f_k+f_{k-1} \leqslant \left(\frac{5}{3}\right)^k+\left(\frac{5}{3}\right)^{k-1}$$

$$=\left(\frac{5}{3}\right)^{k-1}\left(\frac{5}{3}+1\right)=\left(\frac{5}{3}\right)^{k-1}\left(\frac{8}{3}\right)<\left(\frac{5}{3}\right)^{k-1}\left(\frac{5}{3}\right)^2=\left(\frac{5}{3}\right)^{k+1}$$

它是 $P(k+1)$的右边。■

习 题 3.5

在第 1 题~第 6 题中，给出前 4 项并验证已知递归关系是否为线性齐次关系。如果该关系是一个线性齐次关系，请给出它的阶数。

1．$a_n=2.5a_{n-1}$，$a_1=4$

2．$b_n=-3b_{n-1}-2b_{n-2}, b_1=-2, b_2=4$

3．$c_n=2^n c_{n-1}, c_1=3$

4．$d_n=nd_{n-1}, d_1=2$

5．$e_n=5e_{n-1}+3$，$e_1=1$

6．$g_n=\sqrt{g_{n-1}+g_{n-2}}$, $g_1=1$，$g_2=3$

7．设 $A=\{0，1\}$，为 A^*中长度为 n 且不含 01 的字符串数给出一种递归关系。

8．设 $A=\{0，1\}$，为 A^*中长度为 n 且不含 111 的字符串数给出一种递归关系。

9．每月的第一天 Martinez 先生在他的活期存折里存 100 美元，每月 6%的复利。假如不进行取款，那么对 n 个月的月底存款总额给出一个递归关系。

10．年金 10 000 美元，每月能挣 8%的复利，如果从年金里每月支取 250 美元，那么为 n 个月的月底的月收支平衡写一个递归关系。

11．一种游戏是在一条直线道路上把旗标向前移动 2 步或 3 步，设 c_n 是在一条长度为 n 的道路上移动的不同方法数，为 c_n 给出一个递归关系。

在第 12 题~第 17 题中，对于由递归关系和初始条件所定义的序列，用回溯技术求出序列的显式公式。

12．$a_n=2.5a_{n-1}$，$a_1=4$。

13．$b_n=5b_{n-1}+3$，$b_1=3$。

14．$c_n=c_{n-1}+n$，$c_1=4$。

15．$d_n=-1.1d_{n-1}$，$d_1=5$。

16．$e_n=e_{n-1}-2$，$e_1=0$。

17．$g_n=ng_{n-1}$，$g_1=6$。

在第 18 题~第 23 题中，求解各个递归关系。

18．$a_n=4a_{n-1}+5a_{n-2}$，$a_1=2$，$a_2=6$。

19．$b_n=-3b_{n-1}-2b_{n-2}$，$b_1=-2$，$b_2=4$。

20．$c_n=-6c_{n-1}-9c_{n-2}$，$c_1=2.5$，$c_2=4.7$。

21．$d_n=4d_{n-1}-4d_{n-2}$，$d_1=1, d_2=7$。

22．$e_n=2e_{n-2}$，$e_1=\sqrt{2}$ ，$e_2=6$。

23．$g_n=2g_{n-1}-2g_{n-2}$，$g_1=1$，$g_2=4$。

24．对于形如 $a_n=ra_{n-1}+s$ 的非齐次递归关系，其中 r 和 s 是常数，求出一般的显式公式。

25．针对题 13 和题 16 验证第 24 题的结果。

26．设 r_n 是在平面上由 n 条直线产生的区域数，其中每一对直线恰好有一个交点。

(a) 为 r_n 给出一个递归关系。

(b) 求解分题(a)中的递归关系。

27．设 a_n 是一个集合，有 n 个元素，是 2-集合划分数。

(a) 为 a_n 给出一个递归关系。

(b) 求解分题(a)中的递归关系。

28．证明定理 1(b)。(提示：找出能保证存在唯一解 s 的 r_1 和 r_2 的条件)。

29．求解例 2 中的递归关系。

30．对 ${}_nP_r$ 使用例 3 中的论证将得到 ${}_nP_r=r\times{}_nP_{r-1}$，但很容易验证几乎对所有的 n 和 r 都是错的。解释为什么这种论证不正确。

31．对于 Fibonacci 序列，证明当 $n\geqslant 2$ 时，$f_{n+1}^2-f_n^2=f_{n-1}f_{n+2}$。

32．求解第 7 题中的递归关系。

33．求解第 9 题中的递归关系。

定理 1 可以扩展到 k 阶线性齐次关系，$a_n=r_1a_{n-1}+r_2a_{n-2}+\cdots+r_ka_{n-k}$。如果特征方程有 k 个不同的根 $s_1, s_2, \cdots, s_k$，那么 $a_n=u_1s^n_1+u_2s^n_2+\cdots+u_ks^n_k$，其中 $u_1, u_2, \cdots, u_k$ 只依赖于初始条件。

34．设 $a_n=7a_{n-2}+6a_{n-3}$，$a_1=3$，$a_2=6$，$a_3=10$。

(a) 该线性齐次关系的阶是多少？

(b) 求解递归关系。

35．求解递归关系 $a_n=-2a_{n-1}+2a_{n-2}+4a_{n-3}$，$a_1=0$，$a_2=2$，$a_3=8$。

36．用数学归纳法证明：对于递归关系 $b_n=b_{n-1}+2b_{n-2}, b_1=1, b_2=3$,有 $b_n<\left(\dfrac{5}{2}\right)^n$。

37．用数学归纳法证明：对于递归关系 $a_n=2a_{n-1}+a_{n-2}, a_1=10, a_2=12$,有 $5|a_{3n+1}\quad(n\geqslant 0)$。

38．设 $\boldsymbol{A}_1, \boldsymbol{A}_2, \boldsymbol{A}_3, \cdots, \boldsymbol{A}_{n+1}$ 都是 $k\times k$ 矩阵，C_n 表示计算乘积 $\boldsymbol{A}_1\times\boldsymbol{A}_2\times\boldsymbol{A}_3\times\cdots\times\boldsymbol{A}_{n+1}$ 的方法数，其积可通过选择不同次序做 n 个乘法求得。计算 C_1, C_2, C_3, C_4, C_5。

39．为 C_n 给出一个递归关系(其定义在第 38 题中)。

40．说明公式 $C_n=\dfrac{{}_{2n}C_n}{n+1}$ 产生的前 5 个值就是第 38 题中找到的值，验证该公式是第 39 题中递归关系的一个可能的解。(该序列的项称为 Catalan 数。)

证明知识小结

本章介绍了基于鸽巢原理的一些证明。可能有两种情形。一种是在问题的陈述中已隐含定义了鸽子和鸽巢(3.3 节的第 5 题)；另一种是通过定义对象必属于哪个类而产生鸽子和鸽巢(3.3 节的题 12 和题 13)。在第一种情况中，短语“至少 k 个对象”，“有相同的性质”可识别鸽子(对象)和鸽巢上的标记(可能的性质)。

关于 ${}_nC_r$ 和 ${}_nP_r$ 的命题证明通常是基于定义和初等代数的直接证明。记住直接证明一般是尝试的首选方法。

主要概念复习

- **定理**(乘法原理)： 假设两项任务 T_1 和 T_2 要依次完成，如果 T_1 能用 n_1 种方法完成，而对这些方法的每一种，T_2 能用 n_2 种方法完成，那么序列 T_1T_2 能用 n_1n_2 种方法完成。
- **定理**(推广的乘法原理)：见 3.1 节。

- **定理**：设 A 是有 n 个元素的集合，并且 $1 \leqslant r \leqslant n$，那么由 A 中元素形成的长度为 r 且允许重复的序列数是 n^r 。
- n 个对象每次取 r 个的排列($1 \leqslant r \leqslant n$)：由不同元素形成的长度为 r 的序列。
- **定理**：如果 $1 \leqslant r \leqslant n$，那么 n 个对象中每次取 r 个的排列数 ${}_nP_r$ 是 $n \cdot (n-1) \cdot (n-2) \cdot \cdots \cdot (n-r+1)$，即 $\dfrac{n!}{(n-r)!}$。
- 排列：集合 A 中 n 个元素排列成长度为 n 的序列。
- **定理**：在一个有 n 个对象的集合中，第一个对象出现 k_1 次，第二个对象出现 k_2 次，等等，那么由这个集合形成的不同排列数是 $\dfrac{n!}{k_1!k_2!\cdots k_t!}$,其中 $k_1+k_2+\cdots+k_t=n$。
- n 个对象每次取 r 个的组合：从 n 个元素的集合中取 r 个元素的子集。
- **定理**：设 A 是一个集合且$|A|=n, 0 \leqslant r \leqslant n$，那么每次取 r 个时 A 的元素的组合数 ${}_nC_r$ 是 $\dfrac{n!}{r!(n-r)!}$。
- **定理**：假设不考虑次序，从 n 项中作 k 次选取并且允许重复，还假设 n 项中的每一项至少有 k 个复制，那么作这种选取的方法数是 ${}_{(n+k-1)}C_k$。
- 鸽巢原理：见 3.3 节。
- 推广的鸽巢原理：见 3.3 节。
- 样本空间：一次试验中所有可能的结果所组成的集合。
- 事件：样本空间的子集。
- 必然事件：一定会发生的事件。
- 不可能事件：样本空间里的空子集。
- 互斥事件：任意两个满足 $E \cap F=\{\ \}$的事件 E 和 F。
- f_E：在 n 次试验中，事件 E 出现的频率。
- $p(E)$：事件 E 的概率。
- 概率空间：见 3.4 节。
- 基本事件：只由一个结果组成的事件。
- 随机选择：见 3.4 节。
- 期望值：对于一次试验中的所有结果 a_i，乘积(a_i 的值)×($p(a_i)$)的和。
- 递归关系：序列的递归公式。
- 初始条件：递归定义序列的开始信息。
- k 阶线性齐次关系：形如 $a_n=r_1a_{n-1}+r_2a_{n-2}+\cdots+r_ka_{n-k}$ 的递归关系，其中 r_i 是常数。
- 特征方程：见 3.5 节。
- Catalan 数：见 3.5 节。

第3章自测题

1．在一个特殊计数问题中，你是如何确定计数是组合问题还是排列问题或者两者都不是？

2．对于怎样定义鸽子和鸽巢有什么线索？

3．一个递归关系的递归形式有什么优点和缺点？

4．一个递归关系的解形式有什么优点和缺点？

5．回答概率问题的主要工具(用学过的知识)是什么？

6．计算：

(a) 5位二进制数的个数。

(b) 一副52张扑克牌中5张一套的个数。

(c) 单词DISCRETE中字母的不同排列数。

7．常用计算机程序为新药生成所有可能的由 6 个字母所组成的名字。假设可以使用所有的英文字母，那么

(a) 如果字母是各不相同的。

(b) 如果刚好有两个字母重复。

问它们各能形成多少种名字？

8．一颗6个面的骰子滚动5次，如果每次滚动的结果都被记录下来，那么

(a) 可能有多少种记录序列？

(b) 开始为1，2的记录序列有多少种？

9.今天IC商店有14种风味的冰淇淋，如果允许重复，那么有多少种不同的三层斗状冰淇淋锥可供选择？(同做斗状的次序无关。)

10．青春舞蹈委员会成员中必须有3个新生和5个二年级学生，如果有23个合格的新生和18个合格的二年级学生，那么可能有多少种不同的委员会？

11．证明：${}_{2n}C_2=2\cdot{}_nC_2+n^2$。

12．快速比萨饼总是在意大利重辣硬香肠比萨饼上放50种辣香肠泥片，如果把意大利重辣硬香肠比萨饼切成大小相等的8块，那么至少有一块有________种辣香肠泥片。证明你的答案。

13．完成并证明下面的命题。一年至少有________月开始于一个星期中的同一天。

14．当抛掷5枚均匀的硬币时，恰有两枚硬币着地是正面的概率是多少？

15．设$p(A)=0.29$，$p(B)=0.41$，$p(A\cup B)=0.65$，问A和B是互斥事件吗？证明你的答案。

16．求解递归关系$b_n=7b_{n-1}-12b_{n-2}$, $b_1=1$, $b_2=7$。

17．为形如$a_n=ma_{n-1}-1$, $a_1=m$的递归关系的解构建一个公式。

实　验　3

该实验的目的是介绍Markov链的概念。考察工作将使用你的概率和矩阵知识。

假设Acia的天气是下雨或天晴，说天气有两种可能的**状态**。根据大量的保存记录，可以确定一个下雨天紧跟着一个晴天的概率是1/3，一个下雨天紧跟着一个下雨天的概率是1/2。如果知道今天的天气，那么就能预言明天是下雨天的概率。事实上，如果知道今天的天气状态，那么就能预言明天每种可能状态的概率。**Markov**

链就是这样一个过程：在已知观察期系统处于某特殊状态的概率只依赖于在此之前一个观察期其所处的状态。设 t_{ij} 表示这样一种概率，如果在某观察期系统处于状态 j，那么在下一个观察期系统处于状态 i，称 t_{ij} 为**转移概率**。把一个具有 n 种可能状态的系统的转移概率排成一个 $n\times n$ **转移矩阵**是很方便的。Acia 天气的转移矩阵是

$$\begin{matrix} & \text{天晴} & \text{下雨} & \\ \boldsymbol{T}= & \begin{bmatrix} \frac{2}{3} & \frac{1}{2} \\ \frac{1}{3} & \frac{1}{2} \end{bmatrix} & & \begin{matrix}\text{天晴}\\ \text{下雨}\end{matrix} \end{matrix}$$

1．$\boldsymbol{T}$ 中每一列元素的和是多少？解释为什么任何转移矩阵的每一列元素的和一定是相同的？

Markov 链转移矩阵可以用来确定在未来时间系统中 n 种可能状态的任何一种状态的概率。设

$$\boldsymbol{P}^{(k)}=\begin{bmatrix} p_1{}^{(k)} \\ p_2{}^{(k)} \\ \vdots \\ p_n{}^{(k)} \end{bmatrix}$$

表示 Markov 链在观察期 k 的**状态向量**，其中 $p_j{}^{(k)}$ 是在观察期 k 系统处于状态 j 的概率。状态向量 $\boldsymbol{P}^{(0)}$ 称为初始状态向量。

2．假设今天是星期三，在 Acia 是天晴，这是观察期 0。

(a) 给出系统的初始状态向量。

(b) 明天天晴的概率是多少？明天下雨的概率是多少？给出 $\boldsymbol{P}^{(1)}$。

(c) 计算 $\boldsymbol{TP}^{(0)}$。$\boldsymbol{TP}^{(0)}$和 $\boldsymbol{P}^{(1)}$之间的关系如何？

一般来说，可以证明 $\boldsymbol{P}^{(k)}=\boldsymbol{T}^k\boldsymbol{P}^{(0)}$。因此，转移矩阵和初始状态向量完全确定了其他每一种状态向量。

3．使用第 2 部分中的初始状态向量，对于

(a) 星期五。 (b) 星期天。 (c) 星期一。 (d) 该系统看起来处于长期状态。

状态向量是什么？

在某些情况下，Markov 链可达到一个平衡状态，因为状态向量收敛于一个固定向量。该向量称为**稳态向量**。Markov 链最通常的用法是确定长期状态，所以知道 Markov 链是否有稳态向量是很重要的。

4．设

$$\boldsymbol{T}=\begin{bmatrix} 0 & 1 \\ 1 & 0 \end{bmatrix} \qquad \boldsymbol{P}^{(0)}=\begin{bmatrix} \frac{1}{3} \\ \frac{2}{3} \end{bmatrix}$$

计算足够多的状态向量以确定该 Markov 链的长期状态。

Markov 链的转移矩阵 $\boldsymbol{T}$ 称为是**正则的**，如果在 $\boldsymbol{T}$ 的某个幂中所有元素都是正的。如果一个 Markov 链有正则转移矩阵，那么这个过程有一个稳态向量。求稳态向量的一种方法，如果存在的话，就像第 3 题所做的那样，即：计算足够多的连续状态向量直到收敛到某个向量。另一种方法需要求解线性方程组。稳态向量 $\boldsymbol{U}$ 一定是矩阵方程 $\boldsymbol{TU}=\boldsymbol{U}$ 的解，$\boldsymbol{U}$ 的元素之和等于 1。

5．验证：Acia 天气的转移矩阵是正则的且第 4 部分中的转移矩阵不是正则的。

6．解

$$\begin{bmatrix} \frac{2}{3} & \frac{1}{2} \\ \frac{1}{3} & \frac{1}{2} \end{bmatrix} \begin{bmatrix} x \\ y \end{bmatrix} = \begin{bmatrix} x \\ y \end{bmatrix}$$

其中 x,y 满足条件 $x+y=1$，把该解与第 3 部分的结果进行比较。

7．考虑一种植物，它可能有红花(R)、粉红花(P)或白花(W)，这些颜色只依赖于基因类型 RR、RW 和 WW。当把这些基因型的每一种与基因型 RW 杂交，得到下列转移矩阵。

双亲植物花

$$\text{后代植物花}\quad \begin{matrix} \\ R \\ P \\ W \end{matrix} \begin{matrix} \begin{matrix} R & P & W \end{matrix} \\ \begin{bmatrix} 0.5 & 0.25 & 0.0 \\ 0.5 & 0.50 & 0.5 \\ 0.0 & 0.25 & 0.5 \end{bmatrix} \end{matrix}$$

假设每一个连续的一代是通过只与 RW 基因型植物杂交所产生的。

(a) 这个过程会达到一个平衡状态吗？为什么会或不会？

(b) 如果该 Markov 链存在一个稳态向量，那么具有红花、粉红花和白花植物的长期百分率是多少？

8．在 Acia 有两个公司 Widgets Inc.和 Acia Widgets，它们都生产小器具。每一年 Widgets Inc.可留住它的 1/4 顾客，而 3/4 的顾客转向 Acia Widgets 公司。每一年 Acia Widgets 可留住它的 2/3 顾客，而 1/3 的顾客转入 Widgets Inc.。两个公司同时开始营业，在营业的第一年 Widgets Inc.占有 3/5 的市场，Acia Widgets 占有剩下的 2/5 市场。在这些条件下，Acia Widgets 究竟会不会把 Widgets Inc.逐出市场？证明你的答案。

第 4 章　关系与有向图

必备知识：第 1 章和第 2 章。

在人、数、集合以及许多其他实体之间的关系都能用二元关系的概念来形式化。本章将介绍二元关系的概念，给出表达这种对象的几种不同的方法。还要讨论二元关系所具有的许多不同性质．介绍如等价关系这样的重要例子。最后，将介绍在二元关系上可以实现的几种类型的有用的运算，从理论和计算的观点讨论这些运算。

回　顾

据 John N. Warfield 认为，关系的理论是由 Augustus De Morgan 发展起来的，在第 1 章中已提到过他。Warfield 还指出，英国伟大的哲学家和数学家 Bertrand Russell 在 1919 年最早给出了关于有向图的阐述。

4.1　笛卡儿积与划分

笛卡儿积

有序对(a, b)是对象 a 和 b 以指定的次序，a 先出现然后 b 出现的一个列举。因此，有序对只是一个长度为 2 的序列。从前面对序列的讨论(见 1.3 节)可知，有序对(a_1, b_1)和(a_2, b_2)相等，当且仅当 $a_1=a_2$ 且 $b_1=b_2$。

如果 A 和 B 是两个非空集合，定义**笛卡儿积** $A\times B$ 为 $a\in A$ 和 $b\in B$ 的所有有序对(a, b)所组成的集合，因此

$$A\times B=\{(a, b)|a\in A \text{ 且 } b\in B\}$$

例 1　设 $A=\{1, 2, 3\}$，$B=\{r, s\}$，那么

$$A\times B=\{(1, r), (1, s), (2, r), (2, s), (3, r), (3, s)\}$$

可知 $A\times B$ 的元素可按图 4.1 所示用一个很方便的表格数组排列。■

A \ B	r	s
1	$(1,r)$	$(1,s)$
2	$(2,r)$	$(2,s)$
3	$(3,r)$	$(3,s)$

图 4.1

例 2　如果 A 和 B 如例 1 所设，那么

$$B\times A=\{(r, 1), (s, 1), (r, 2), (s, 2), (r, 3), (s, 3)\}$$ ■

定理 1　对于任意两个有限的、非空集合 A 和 B，$|A\times B|=|A||B|$。■

证明　假设$|A|=m$, $|B|=n$，为了形成有序对(a, b), $a\in A$ 且 $b\in B$，必须执行两项连续任务。任

务 1 是从 A 中选第一个元素，任务 2 是从 B 中选第二个元素。完成任务 1 存在 m 种方法，完成任务 2 存在 n 种方法；所以，由乘法原理(见 3.1 节)可知，形成有序对(a, b)存在 $m\times n$ 种方法。换句话说，$|A\times B|=m\cdot n=|A|\cdot|B|$。 ■

例 3 如果 $A=B=\mathbf{R}$，这里 $\mathbf{R}$ 表示所有实数的集合，那么 $\mathbf{R}\times\mathbf{R}$(有时也用 $\mathbf{R}^2$ 表示)是平面上所有点的集合。有序对(a,b)给出了平面上一个点的坐标。 ■

例 4 某市场研究公司把人按照下面两个标准分类：

性别：男人(m)；女人(f)。

获得的最高学历：小学(e)；中学(h)；大学(c)；研究生(g)。

设 $S=\{m,f\}$，$L=\{e,h,c,g\}$，那么笛卡儿积 $S\times L$ 包含了所有人口的分类类别。因此，分类(f,g)表示一位有研究生学历的女士。在该分类方案中有 8 个类别。 ■

现在把先前两个集合的笛卡儿积定义一般化，定义三个或更多非空集合的笛卡儿积，即：非空集合 A_1，A_2，…，A_m 的**笛卡儿积** $A_1\times A_2\times\cdots\times A_m$ 是所有有序 m-元$(a_1, a_2,\cdots,a_m)$所组成的集合，其中 $a_i\in A_i$，$i=1$，2，…，m。因此，有

$$A_1\times A_2\times\cdots\times A_m=\{(a_1,\ a_2,\ \cdots,\ a_m)\mid a_i\in A_i,\ i=1,\ 2,\ \cdots,\ m\}$$

例 5 制造商提供下列冰箱选择。

门：双开门(s)，双层推拉门(u)，三开门(t)。

制冰机：冰柜(f)，家用冰箱(d)

漆：标准漆(r)，金属漆(m)，一般漆(c)

设 $D=\{s, u, t\}$，$I=\{f, d\}$，$F=\{r, m, c\}$，那么笛卡儿积 $D\times I\times F$ 描述了冰箱选择的所有种类，即有 $3\times2\times3=18$ 种。 ■

用推广的乘法原理进行类似于定理 1 的证明方式可以证明：如果 A_1 有 n_1 个元素，A_2 有 n_2 个元素，…，A_m 有 n_m 个元素，那么 $A_1\times A_2\times\cdots\times A_m$ 有 $n_1\cdot n_2\cdot\cdots\cdot n_m$ 个元素。

这一章余下的部分只使用有序对，但对于有序 n-元组有许多应用。其中一种应用就是在**数据库**中表示记录，数据库就是通常存储在计算机中的数据的集合。一个**关系型数据库** D 就是 $A_1\times A_2\times\cdots\times A_n$ 的一个子集，其中每个 A_i 标识一个数据的特征或**属性**。在 D 中的每一个 n-元组是有关信息的一条独有的记录。在关系型数据库中一定存在一条独有的属性(或属性集合)使得它的值在记录中唯一地标识该记录。这种属性(或属性集合)称为一个**关键字**。

表 4.1 给出了一个关系型数据库的部分数据，即包含一个公司雇员的信息。属性是雇员的 ID、姓氏、部门和到公司的工作年限。属性雇员 ID 是该数据库的关键字。为了很容易读到信息，在表中给出了没有括号的 4-元组。

表 4.1 雇 员

雇员 ID	姓氏	部门	工作年限
8341	Croft	办公室	2
7984	Cottongim	销售部	2
2086	King	人力资源部	4

续表

雇员 ID	姓氏	部门	工作年限
0340	Boswell	研究部	3
7182	Chin	人力资源部	3
1748	Harris	销售部	1
4039	Gonzalaz	公共关系部	6
4596	Greene	人力资源部	1
2914	Salamat	销售部	5
5703	Sahni	研究部	7
3465	Harris	销售部	4

在数据库中插入或删除某些记录是很简单的，因为使用了关键字，不必保持一个固定的次序而能直接检索任意一个记录。数据库管理还需要有能力回答数据查询。在数据库 D 上有两种基本运算，它们足以回答大多数数据查询。

选择运算是检索 D 中满足一种特殊条件记录的集合。因此，选择 $D[a_{i_1}=$查询d_1，$a_{i_2}=$查询$d_2,\cdots,a_{i_k}=$查询$d_k]$是 D 中分别在位置$i_1,i_2,\cdots,i_k$上有值为查询d_1,查询d_2，…，查询d_k记录的集合。在实际当中，通常使用属性名来指定位置。参考表 4.1，可以看到

选择雇员[部门=人力资源部]

=\{(2086，King，人力资源部，4)，(7182，Chin，人力资源部，3)，(4596，Greene，人力资源部，1)\}

这个例子表明检索完整的记录也许是很烦琐的，它比回答查询要求要表示更多的信息。

投影运算允许人们检索只有特殊属性的部分记录。集合投影 $D[A_{i_1},A_{i_2},\cdots,A_{i_k}]$是 k–元组的集合，具有属性 $A_{i_1},A_{i_2},\cdots,A_{i_k}$ 使得$(b_{i_1},b_{i_2},\cdots,b_{i_k})\in$投影 $D[A_{i_1},A_{i_2},\cdots,A_{i_k}]$当且仅当存在有 $b_{i_j}=a_{i_j}$，j=1,2，…，k 的一个 n–元组$(a_1,a_2,\cdots,a_n)\in D$，即$(b_{i_1},b_{i_2},\cdots,b_{i_k})$是通过选取 D 中一条记录特定属性的值，而忽略其他值所形成的。选择能看成选取表中的行，而投影是选取表中的列。从表 4.1 得到投影雇员[雇员 ID，工作年限]=\{(8341，2)，(7984，2)，(2086，4)，(0340，3)，(7182，3)，(1748，1)，(4039，6)，(4596，1)，(2914，5)，(5703，7)，(3465，4)\}。可以把选择和投影这两种运算结合起来产生查询所需要的数据。例如，投影(选择 雇员[工作年限≥5])[雇员 ID,姓氏]=\{(4039, Gonzalez)，(2914, Salamat)，(5703, Sahni)\}就是下面问题的答案：在公司至少工作 5 年的雇员是谁？

划分

一个非空集合 A 的**划分**或**商集**是 A 的非空子集的一个集合 p，使得：

1．A 的每个元素属于 p 中的某个集合。

2．如果 A_1 和 A_2 是 p 中的不同元素，那么 $A_1\cap A_2=\varnothing$。

p 中的集合称为划分中的**块**或**单元**。图 4.2 给出了 A 的一个划分 p=$\{A_1, A_2, A_3, A_4, A_5, A_6, A_7\}$，它把 A 分成了 7 个块。

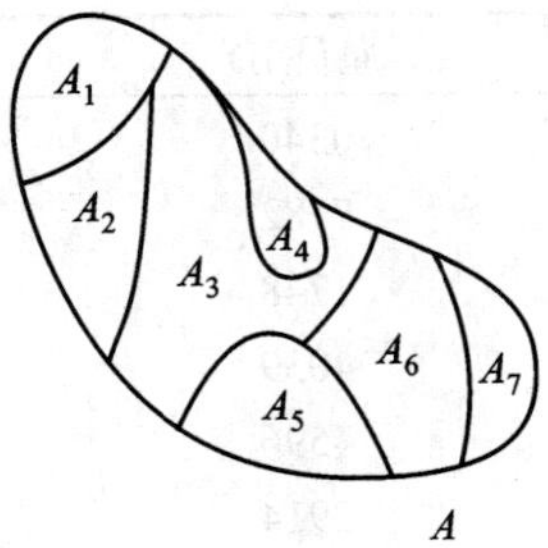

图 4.2

例 6 设 $A=\{a, b, c, d, e, f, g, h\}$，考虑下面 A 的子集：$A_1=\{a, b, c, d\}$, $A_2=\{a, c, e, f, g, h\}$, $A_3=\{a, c, e, g\}$, $A_4=\{b, d\}$, $A_5=\{f, h\}$，那么 $\{A_1, A_2\}$ 不是一个划分，因为 $A_1 \cap A_2 \neq \varnothing$。还有 $\{A_1, A_5\}$ 也不是一个划分，因为 $e \notin A_1$ 且 $e \notin A_5$。集合 p=$\{A_3, A_4, A_5\}$ 是 A 的一个划分。 ■

例 7 设 **Z**=整数集合，A_1=偶数集合，A_2=奇数集合，那么 $\{A_1, A_2\}$ 是 **Z** 的一个划分。 ■

因为一个集合 A 的划分的成员是 A 的子集，所以划分是 A 的幂集 $P(A)$ 的一个子集，即划分可看成 $P(A)$ 的特殊类型的子集。

习 题 4.1

在第 1 题~第 4 题中，求 x 或 y 使得命题为真。

1．(a) $(x, 3)=(4, 3)$　　(b) $(a, 3y)=(a, 9)$

2．(a) $(3x+1, 2)=(7, 2)$　　(b) (C++，PASCAL)=(y, x)

3．(a) $(4x, 6)=(16, y)$　　(b) $(2x-3, 3y-1)=(5, 5)$

4．(a) $(x^2, 25)=(49, y)$　　(b) $(x, y)=(x^2, y^2)$

在题 5 和题 6 中，设 $A=\{a, b\}$ 且 $B=\{4, 5, 6\}$。

5．列出集合中的元素。

(a) $A\times B$　　(b) $B\times A$

6．列出集合中的元素。

(a) $A\times A$　　(b) $B\times B$

7．设 A={Fine，Yang}，B={总统，副总统，国务卿，财政部长}，给出下面各分题的结果。

(a) $A\times B$　　(b) $B\times A$　　(c) $A\times A$

8．一项遗传学试验根据下面两个标准对果蝇进行分类。

性别：雄性(m)，雌性(f)

翼展：短(s)，中等(m)，长(l)

(a) 该分类方案里存在多少类别？

(b) 列出该分类方案的所有类别。

9．某汽车制造厂生产三种不同类型的车架和两种类型的发动机。

车架类型：轿车(s)，小轿车(c)，货车(v)

发动机类型：汽油机(g)，柴油机(d)

列出所有可能的汽车类型。

10．如果 $A=\{a, b, c\}$, $B=\{1, 2\}$, $C=\{\#, *\}$，列出 $A\times B\times C$ 的所有元素。

11．如果 A 有三个元素，B 有 $n\geqslant 1$ 个元素，用数学归纳法证明 $|A\times B|=3n$。

在题 12 和题 13 中，设 $A=\{a|a$ 是一个实数$\}$，$B=\{1, 2, 3\}$，在笛卡儿平面中画出下面各分题的已知集合的草图。

12. $A\times B$

13. $B\times A$

在题 14 和题 15 中，设 $A=\{a|\ a$ 是一个实数且$-2\leqslant a\leqslant 3\}$，$B=\{b|\ b$ 是一个实数且 $1\leqslant b\leqslant 5\}$,在笛卡儿平面中画出下面各分题的已知集合的草图。

14. $A\times B$

15. $B\times A$

16. 证明:如果 A_1 有 n_1 个元素，A_2 有 n_2 个元素，A_3 有 n_3 个元素,那么 $A_1\times A_2\times A_3$ 有 $n_1\cdot n_2\cdot n_3$ 个元素。

17. 如果 $A\subseteq C$ 且 $B\subseteq D$,证明 $A\times B\subseteq C\times D$。

在第 18 题~第 21 题中，参考表 4.1 的雇员表，选用选择、投影运算以及标准的集合运算来描述下面询问的答案。

18. 谁在公共关系部或研究部工作?

19. 在人力资源部工作的雇员的名字是什么?

20. 在销售部有多少雇员?

21. 在该公司的研究部工作的每一个雇员工作了多少年?

在题 22 和题 23 中，设 $A=\{1，2，3，4，5，6，7，8，9，10\}$，$A_1=\{1，2，3，4\}$，$A_2=\{5，6，7\}$，$A_3=\{4，5，7，9\}$，$A_4=\{4，8，10\}$，$A_5=\{8，9，10\}$，$A_6=\{1，2，3，6，8，10\}$。

22. 下面哪个是 A 的划分?

(a) $\{A_1，A_2，A_5\}$　　(b) $\{A_1，A_3，A_5\}$

23. 下面哪个是 A 的划分?

(a) $\{A_3，A_6\}$　　(b) $\{A_2，A_3，A_4\}$

24. 如果 A_1 是正整数集合，A_2 是所有负整数的集合，$\{A_1，A_2\}$是 $\mathbf{Z}$ 的一个划分吗?解释你的结论。

25. 阐述一个集合 T 的全覆盖与 T 的一个划分之间的区别。

26. (a)举一个集合 T 的例子，使得 $|T|=6$ 且 T 有两个划分。

(b) 对于(a)中的集合 T，写出一个非空子集的集合，使得 T 关于该子集没有全覆盖。

在第 27 题~第 29 题中，使用 $A=\{a，b，c，\cdots，z\}$。

27. 给出 A 的一个划分 p 使得$|\mathrm{p}|=4$，并且 p 中有一个元素只包含拼写你姓氏的字母。

28. 给出 A 的一个划分 p 使得$|\mathrm{p}|=3$，并且 p 中每个元素至少包含 A 中的 5 个元素。

29. 存在有 A 的一个划分 p 使得 $\mathrm{p}=\{A_1，A_2，\cdots，A_{10}\}$且对任意 i 有$|A_i|\geqslant 3$ 吗?

30. 如果 $B=\{0，3，6，9，\cdots\}$，分别给出包含下列条件的 B 的一个划分。

(a) 两个无限子集。

(b) 三个无限子集。

31. 列出 $A=\{1，2，3\}$的所有划分。

32. 列出 $B=\{a，b，c，d\}$的所有划分。

33. 一个有 n 个元素的集合被分成 k 个子集，它的划分数满足递归关系

$$S(n，k)=S(n-1，k-1)+k\times S(n-1，k)$$

初始条件为 $S(n，1)=S(n，n)=1$。求具有三个元素的集合被分成两个子集的划分数，即 $S(3，2)$。请把你的结果与第 31 题的结果进行比较。

34. 用第 33 题中的递归关系求具有 4 个元素的集合被分成两个子集的划分数。请把你的结果与第 32 题的结果进行比较。

35. 求基数为 4 的一个集合划分成三个子集的划分数。

36. 求基数为 5 的一个集合划分成两个子集的划分数。

37．设 A, B 和 C 是 U 的子集，证明 $A\times(B\cup C) = (A\times B)\cup(A\times C)$。

38．用集合 $A=\{1,2,4\}, B=\{2,5,7\}$ 和 $C=\{1,3,7\}$ 验证是否有 $A\times(B\cap C) = (A\times B)\cap(A\times C)$。解释你的结论。

39．设 $A\subseteq B$，描述如何用 B 的一个划分产生 A 的一个划分。验证你的过程。

40．设 $p_1=\{A_1, A_2, \cdots, A_k\}$ 是 A 的一个划分，$p_2=\{B_1, B_2, \cdots, B_m\}$ 是 B 的一个划分，证明 $p=\{A_i\times B_j, 1\leqslant i\leqslant k, 1\leqslant j\leqslant m\}$ 是 $A\times B$ 的一个划分。

41．(a) 设 $S(n, k)$是基数为 n 的集合划分成 k 个子集的划分数($n=1, 2, \cdots, 6$；$k=1, 2, \cdots, 6$)，为 $S(n, k)$的值构造一张表。

(b) 基于(a)的结果，为 $S(n, 2)$的值描述一个模型。

4.2　关系与有向图

在对象的两个集合之间的关系概念是非常普通的、直观的和清楚的(一个正式的定义稍后给出)。如果 A 是所有活着的男人所组成的集合，B 是所有活着的女人所组成的集合，那么在 A 和 B 之间可以定义关系 F(父亲)。因此，如果 $x\in A$ 且 $y\in B$，并且假设 x 是 y 的父亲，那么通过关系 F 使得 x 与 y 之间有关系，记为 $x\,F\,y$。因为这里涉及次序问题，把 F 看成是从 A 到 B 的关系。同样可以通过设 $x\,S\,y$(意指 x 是 y 的儿子)和 $x\,H\,y$(意指 x 是 y 的丈夫)考虑从 A 到 B 的关系 S 和 H。

如果 A 是所有实数的集合，那么从 A 到 A 存在许多常用的关系。一个例子就是关系"小于"，常用符号$<$表示，它使得如果 $x<y$，那么 x 与 y 有关系。此外，还有其他有序关系$>$、$\geqslant$和$\leqslant$。可以看到的关系往往是字面上的描述并且可以用熟悉的名字或符号来表示。下面要讨论的问题是从一个抽象集合到另一个集合的任意可能的关系，它是用上述方法解决的问题，而这些关系大部分既没有简单的字面描述也没有熟悉的名字或符号能唤起人们对它们的性质或特征的记忆。而且，如果一定要用字面描述关系，那么要对关系所满足的性质给予准确的证明，这通常是很难处理的，有时几乎是不可能的。

为了解决这个问题，观察到关系的唯一一件重要的事情是人们要精确地知道 A 中的哪些元素与 B 中的哪些元素有关。因此，假设 $A=\{1, 2, 3, 4\}$，R 是从 A 到 A 的一个关系。如果知道 $1\,R\,2$，$1\,R\,3$，$1\,R\,4$，$2\,R\,3$，$2\,R\,4$ 和 $3\,R\,4$，那么就知道了需要知道的关于 R 的每一件事情。实际上，R 是人们熟悉的"小于"关系$<$，但是并不需要知道这一点。只要给出前面所列的关系对就足够了。因此，如果知道了所有 R-相关对，那么就可以说完全知道了 R。于是可以写出 $R=\{(1,2),(1,3),(1,4),(2,3),(2,4),(3,4)\}$，因为 R 实质上是等于有序对集合或完全由有序对集合所指定。每个有序对指定它的第一个元素与它的第二个元素是相关的，至少在原则上假设所有可能的关系对都已给出。这种指定一种关系的方法不需要任何特殊符号或描述，所以它适用于任何两个集合之间的任何关系。注意从这个观点来看，A 到 B 的关系就很简单，是 $A\times B$ 的子集(给出关系对)。反之，$A\times B$ 的任意子集能看成一种关系，即使它是一种人们不熟悉的关系，这种关系或者没有名字或者还没有等价的描述。本书就选择这种方法来定义关系。

设 A 和 B 是非空集合，从 **A 到 B 的一个关系 R** 是 $A\times B$ 的一个子集。如果 $R\subseteq A\times B$ 且 $(a,b)\in R$，那么称 **a 与 b 是 R 相关的**，则记为 $a\,R\,b$。如果 a 与 b 不是 R 相关的，则记为 $a\not R\,b$。通常 A 与

B 是相等的，在这种情况下，往往称 $R\subseteq A\times A$ 是 **A 上的一种关系**而不是从 A 到 A 的关系。

关系在数学及其应用中极为重要，毫不夸张地说本书后续章节中 90%的内容将考虑可以看成关系的某类对象。下面给出一些例子。

例 1 设 $A=\{1, 2, 3\}$，$B=\{r, s\}$，那么 $R=\{(1, r), (2, s), (3, r)\}$ 是从 A 到 B 的一个关系。■

例 2 设 A 和 B 是实数集合，定义从 A 到 B 的如下关系 R(相等)：

$$a\,R\,b \text{ 当且仅当 } a=b$$ ■

例 3 设 $A=\{1, 2, 3, 4, 5\}$，定义 A 上的如下关系 R(小于)：

$$a\,R\,b \text{ 当且仅当 } a<b$$

那么

$$R=\{(1, 2), (1, 3), (1, 4), (1, 5), (2, 3), (2, 4), (2, 5), (3, 4), (3, 5), (4, 5)\}$$ ■

例 4 设 $A=\mathbf{Z}^+$ 是所有正整数的集合，定义 A 上的如下关系 R：

$$a\,R\,b \text{ 当且仅当 } a \text{ 整除 } b$$

那么 $4\,R\,12$，但 $5\not R\,7$。■

例 5 设 A 是世界上所有人的集合，定义 A 上的如下关系 R：$a\,R\,b$ 当且仅当存在人的一个序列 a_0，a_1，…，a_n，使得 $a_0=a$，$a_n=b$，a_{i-1} 认识 a_i，$i=1, 2, \cdots, n$ （n 将依赖于 a 和 b）。■

例 6 设 $A=\mathbf{R}$ 是所有实数的集合，定义 A 上的如下关系 R：

$$x\,R\,y \text{ 当且仅当 } x \text{ 和 } y \text{ 满足方程 } \frac{x^2}{4}+\frac{y^2}{9}=1$$

则集合 R 是由图 4.3 所示的椭圆上所有点组成的集合。■

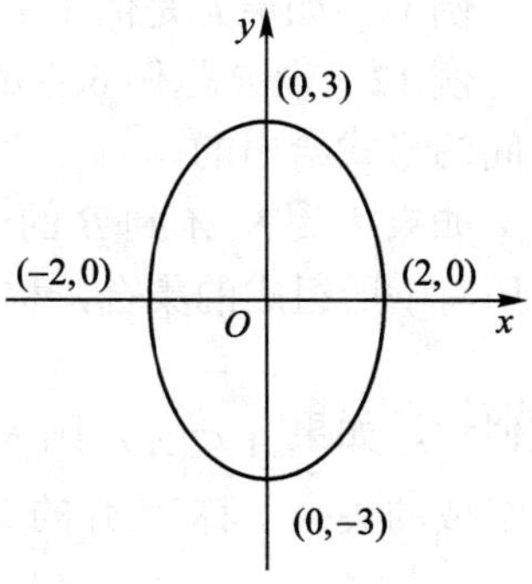

图 4.3

例 7 设 A 是给定的计算机程序所有可能的输入的集合，B 是相同程序所有可能的输出的集合，定义从 A 到 B 的如下关系 R：

$a\,R\,b$ 当且仅当用 a 输入时，b 是由程序所产生的输出 ■

例 8 设 A 是平面上所有直线的集合，定义 A 上的关系 R：

$$l_1\,R\,l_2 \text{ 当且仅当 } l_1 \text{ 平行于 } l_2$$ ■

例 9 某航空公司负责 5 个城市 c_1, c_2, c_3, c_4 和 c_5 间的航运服务，表 4.2 给出了从 c_i 出发(离港)到 c_j(到港)的费用(美元)。因此，从 c_1 到 c_3 的费用是 100 美元，而从 c_4 到 c_2 的费用是 200 美元。

表 4.2

到港 / 离港	c_1	c_2	c_3	c_4	c_5
c_1		140	100	150	200
c_2	190		200	160	220
c_3	110	180		190	250
c_4	190	200	120		150
c_5	200	100	200	150	

在城市集合 $A=\{c_1,c_2,c_3,c_4,c_5\}$ 上定义如下关系 R：$c_i\,R\,c_j$ 当且仅当从 c_i 到 c_j 的费用小于或等于 180 美元。求 R。

解 关系 R 是由所有城市 (c_i, c_j) 所组成的 $A\times A$ 的子集，并且从 c_i 到 c_j 的费用小于或等于 180 美元。因此，有

$$R=\{(c_1,c_2),(c_1,c_3),(c_1,c_4),(c_2,c_4),(c_3,c_1),(c_3,c_2),(c_4,c_3),(c_4,c_5),(c_5,c_2),(c_5,c_4)\}$$ ■

由关系产生的集合

设 $R\subseteq A\times B$ 是从 A 到 B 的一个关系，下面将定义各种既重要又实用的与 R 相关的集合。

R 的**定义域**用 Dom(R)表示，它是 A 中元素的集合，与 B 中的某些元素相关。换句话说，Dom(R)是组成 R 的元素对中所有第一个元素所组成的集合，即 A 的一个子集。类似地，定义 R 的**值域**，用 Ran(R)表示，它是 B 中元素的集合，该元素是 R 中元素对的第二个元素，即所有那些与 A 中某个元素相关的 B 中的元素。

不是 Dom(R)中的 A 的元素无论如何不会在关系 R 里。对于不在 Ran(R)中的 B 的元素也是如此。

例 10 如果 R 是例 1 中所定义的关系，那么 Dom(R)=A，Ran(R)=B。 ■

例 11 如果 R 是例 3 中所给的关系，那么 Dom(R)={1，2，3，4}，Ran(R)={2, 3, 4, 5}。 ■

例 12 设 R 是例 6 中的关系，那么 Dom(R)=[−2, 2], Ran(R)=[−3, 3]。注意，这些集合是以区间的形式给出的。 ■

如果 R 是从 A 到 B 的一个关系且 $x\in A$, 定义 $R(x)$是具有性质——x 与 y 是 R 相关的——B 中所有 y 所组成的集合，称为 ***x* 的 *R*-相关集**。因此，记为符号

$$R(x)=\{y\in B \mid x\,R\,y\}$$

类似地，如果 $A_1\subseteq A$，则 $R(A_1)$是具有性质——对 A_1 中的某个 x, x 与 y 是 R 相关的 B 中所有 y 所组成的集合，称为 A_1 的 ***R*-相关集**，即

$$R(A_1)=\{y\in B \mid \text{对 } A_1 \text{ 中的某个 } x,\ x\,R\,y\}$$

注意，$R(x)$也能记为 $R(\{x\})$，但本书选择更简单的记号。从上面的定义可以看到，$R(A_1)$是集合 $R(x)$的并集，这里 $x\in A_1$。集合 $R(x)$在研究许多类型的关系中起着重要的作用。

例 13 设 $A=\{a, b, c, d\}$, $R=\{(a,a),(a,b),(b,c),(c,a),(d,c),(c,b)\}$，那么 $R(a)=\{a, b\}$，$R(b)=\{c\}$。 如果 $A_1=\{c, d\}$，那么 $R(A_1)=\{a, b, c\}$。 ■

例 14 设 R 是例 6 中的关系，$x\in R$。如果对某些 y, $x\,R\,y$, 那么 $\frac{x^2}{4}+\frac{y^2}{9}=1$。如果 x 不在区间[−2，2]内，那么没有任何 y 能满足上面的方程，因为 $\frac{x^2}{4}>1$。所以，在这种情况下，$R(x)=\varnothing$。如果 $x=-2$，那么 $\frac{x^2}{4}=1$，所以 x 只能与 0 相关。因此，$R(-2)=\{0\}$。类似地，$R(2)=\{0\}$。最后，

如果$-2<x<2$且$x\ R\ y$，那么一定有$y=\sqrt{9-(9x^2/4)}$或$y=-\sqrt{9-(9x^2/4)}$，因为可以通过求解方程$x^2/4+y^2/9=1$得到，所以$R(x)=\{\sqrt{9-(9x^2/4)},-\sqrt{9-(9x^2/4)}\}$。从而，例如，$R(1)=\{(3\sqrt{3})/2,-(3\sqrt{3})/2\}$。 ■

下面的定理给出了R-相关集合关于一般集合运算的特性。

定理 1 设R是从A到B的关系，A_1和A_2是A的子集，那么

(a) 若$A_1\subseteq A_2$，则$R(A_1)\subseteq R(A_2)$。

(b) $R(A_1\cup A_2)=R(A_1)\cup R(A_2)$。

(c) $R(A_1\cap A_2)\subseteq R(A_1)\cap R(A_2)$。

证明 (a) 若$y\in R(A_1)$，则对某个$x\in A_1$有xRy。由于$A_1\subseteq A_2$，$x\in A_2$，因此，$y\in R(A_2)$，这就证明了第(a)部分。

(b) 如果$y\in R(A_1\cup A_2)$，那么由定义可知在$A_1\cup A_2$中存在某个x使得$x\ R\ y$有定义。若$x\in A_1$，则由于xRy，所以必有$y\in R(A_1)$。同理，若$x\in A_2$，则$y\in R(A_2)$。无论哪种情况，都有$y\in R(A_1)\cup R(A_2)$。因此，证明了$R(A_1\cup A_2)\subseteq R(A_1)\cup R(A_2)$。

反之，因为$A_1\subseteq(A_1\cup A_2)$，由(a)可知$R(A_1)\subseteq R(A_1\cup A_2)$。类似地，$R(A_2)\subseteq R(A_1\cup A_2)$。因此，$R(A_1)\cup R(A_2)\subseteq R(A_1\cup A_2)$，所以第(b)部分为真。

(c) 如果$y\in R(A_1\cap A_2)$，那么有某个$x\in(A_1\cap A_2)$，$x\ R\ y$。因为x是在A_1和A_2中，所以得到y在$R(A_1)$和$R(A_2)$中，即$y\in R(A_1)\cap R(A_2)$。因此，第(c)部分成立。 ■

该证明的策略在前面几节已多次看到，就是把有关的定义应用到一般的对象上。

注意，定理 1(c)没有断言集合相等。对于两个集合相等的情况见第 20 题。在下面的例子中，可以看到相等不一定恒成立。

例 15 设$A=\mathbf{Z}$，R是“$\leqslant$”，$A_1=\{0, 1, 2\}$，$A_2=\{9, 13\}$，那么$R(A_1)$是由所有满足$0\leqslant n$或$1\leqslant n$或$2\leqslant n$的整数n所组成的。因此，$R(A_1)=\{0, 1, 2, \cdots\}$。类似地，$R(A_2)=\{9, 10, 11, \cdots\}$，所以$R(A_1)\cap R(A_2)=\{9, 10, 11, \cdots\}$。另一方面，$A_1\cap A_2=\varnothing$；因此$R(A_1\cap A_2)=\varnothing$。这就表明了定理 1(c)中限定的相等不一定恒成立。 ■

例 16 设$A=\{1, 2, 3\}$，$B=\{x, y, z, w, p, q\}$，考虑关系$R=\{(1, x), (1, z), (2, w), (2, p), (2, q), (3, y)\}$。设$A_1=\{1, 2\}$，$A_2=\{2, 3\}$，那么$R(A_1)=\{x, z, w, p, q\}$，$R(A_2)=\{w, p, q, y\}$。因此，$R(A_1)\cup R(A_2)=B$。因为$A_1\cup A_2=A$，可见$R(A_1\cup A_2)=R(A)=B$，如定理 1(b)所述。此外，$R(A_1)\cap R(A_2)=\{w, p, q\}=R(\{2\})=R(A_1\cap A_2)$，所以在这种情况下，定理 1(c)中限定的相等成立。 ■

一个十分有用而又明显的事实是对于A中的元素a，集合$R(a)$完全确定了关系R。把该事实用下面的定理精确地给予描述。

定理 2 设R和S是从A到B的关系，如果对A中的所有a，有$R(a)=S(a)$，那么$R=S$。

证明 若$a\ R\ b$，则$b\in R(a)$。所以，$b\in S(a)$且$a\ S\ b$。同理，若$a\ S\ b$，则$a\ R\ b$，因此$R=S$。 ■

关系矩阵

在两个有限集合之间可以用矩阵提出一种关系，其定义如下。如果 $A=\{a_1, a_2, \cdots, a_m\}$和 $B=\{b_1，b_2，\cdots，b_n\}$分别是包含 m 个和 n 个元素的有限集合，R 是从 A 到 B 的一个关系，那么可用 $m\times n$ 矩阵 $\boldsymbol{M}_R=[m_{ij}]$表示 R。它的定义如下：

$$m_{ij}=\begin{cases}1, & (a_i,b_j)\in R\\ 0, & (a_i,b_j)\notin R\end{cases}$$

矩阵 $\boldsymbol{M}_R$ 称为 **$\boldsymbol{R}$ 的矩阵**。矩阵 $\boldsymbol{M}_R$ 常常为人们提供了一种检验 R 是否具有已知性质的简易方法。

例 17 设 R 是例 1 中所定义的关系，那么 R 的矩阵是

$$\boldsymbol{M}_R=\begin{bmatrix}1 & 0\\ 0 & 1\\ 1 & 0\end{bmatrix}$$ ■

反之，如果已知集合 A 和 B 且$|A|=m$，$|B|=n$，那么元素为 0 和 1 的一个 $m\times n$ 矩阵能够像下面例子解释的那样，确定一个关系。

例 18 考虑矩阵

$$\boldsymbol{M}=\begin{bmatrix}1 & 0 & 0 & 1\\ 0 & 1 & 1 & 0\\ 1 & 0 & 1 & 0\end{bmatrix}$$

因为 $\boldsymbol{M}$ 是 3×4 矩阵，所以可设

$$A=\{a_1，a_2，a_3\}\text{和 }B=\{b_1，b_2，b_3，b_4\}$$

于是，$(a_i，b_j)\in R$ 当且仅当 $m_{ij}=1$。因此，有

$$R=\{(a_1，b_1)，(a_1，b_4)，(a_2，b_2)，(a_2，b_3)，(a_3，b_1)，(a_3，b_3)\}$$ ■

关系的有向图

如果 A 是一个有限集合且 R 是 A 上的关系，那么也能用如下图形表达 R。对于 A 中的每个元素，画一个小圆圈并且用 A 的对应元素标记这个圆圈。这些圆圈称为**顶点**。从顶点 a_i 到顶点 a_j 画一个箭头当且仅当 $a_i\,R\,a_j$，该箭头称为一条**边**。所得的 R 的图形表示称为 R 的**有向图**(或**方向图**)。

因此，如果 R 是 A 上的一个关系，那么 R 的有向图的边刚好对应于 R 中的元素对，顶点刚好对应于集合 A 中的元素。有时候，当要强调 R 的某些性质的几何特征时，可以把 R 中的元素对本身看做边，而把 A 中的元素看做顶点。

例 19 设

$$A=\{1，2，3，4\}，$$

$$R=\{(1,1),(1,2),(2,1),(2,2),(2,3),(2,4),(3,4),(4,1)\}$$

那么 R 的有向图如图 4.4 所示。■

在某些顶点之间，边的顶点集合很自然就确定了一个关系。

例 20 求由图 4.5 所确定的关系。

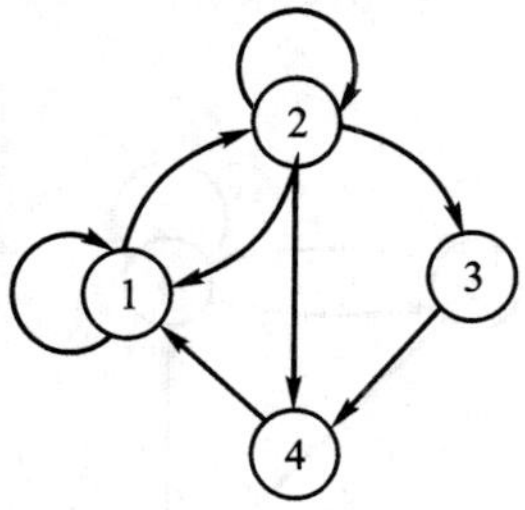

图 4.4

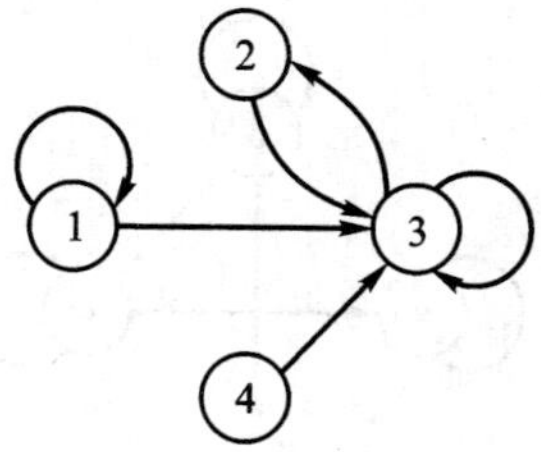

图 4.5

解 因为 $a_i\ R\ a_j$ 当且仅当存在从 a_i 到 a_j 的一条边，所以

$$R=\{(1,1),(1,3),(2,3),(3,2),(3,3),(4,3)\}$$ ■

在本书中，有向图只是关系的几何表示，任何命题所构成的有向图实际上是对应于关系的一个命题。对于许多定理以及它们的证明，这是尤为重要的。在某些情况下，用图形术语描述一个结果更容易或更清楚，但是证明将总是归结于基本关系。读者应该知道某些作者允许更一般的对象作为有向图；例如，在相同顶点之间允许几条同向边。

有向图的可视化形式激发了关系的一个重要概念。如果 R 是集合 A 上的一个关系且 $a\in A$，那么 a 的**入度**(与关系 R 相关)是使得 $(b, a)\in R$ 的 $b\in A$ 的个数，a 的**出度**是使得 $(a, b)\in R$ 的 $b\in A$ 的个数。

根据 R 的有向图，上面的定义意味着一个顶点的入度是以顶点为终点的边数。一个顶点的出度是离开该顶点的边数。注意，a 的出度是 $|R(a)|$。

例 21 考虑图 4.4 的有向图，顶点 1 有入度 3 和出度 2。另外，考虑图 4.5 所示的有向图，顶点 3 有入度 4 和出度 2，而顶点 4 有入度 0 和出度 1。■

例 22 设 $A=\{a,b,c,d\}$，R 是 A 上的关系且具有矩阵

$$\boldsymbol{M}_R=\begin{bmatrix}1&0&0&0\\0&1&0&0\\1&1&1&0\\0&1&0&1\end{bmatrix}$$

构造 R 的有向图，列出所有顶点的入度和出度。

解 R 的有向图如图 4.6 所示。下表给出了所有顶点的入度和出度。注意，所有入度之和必须等于所有出度之和。

	a	b	c	d
入度	2	3	1	1
出度	1	1	3	2

■

例 23 设 $A=\{1, 4, 5\}$，R 由图 4.7 所示的有向图给出。求 $\boldsymbol{M}_R$ 和 R。

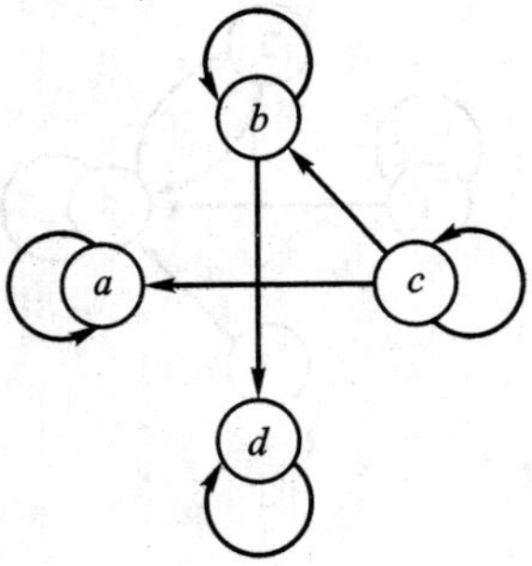

图 4.6

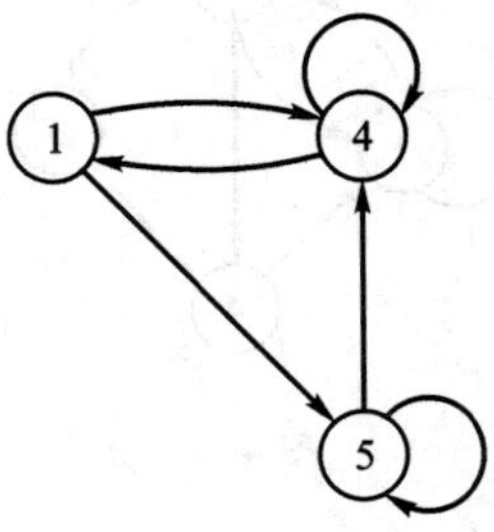

图 4.7

解

$$\boldsymbol{M}_R=\begin{bmatrix}0 & 1 & 1\\ 1 & 1 & 0\\ 0 & 1 & 1\end{bmatrix}$$

$$R=\{(1, 4), (1, 5), (4, 1), (4, 4), (5, 4), (5, 5)\}$$ ■

如果 R 是集合 A 上的一个关系，B 是 A 的一个子集，那么 **R 到 B 的限制**是 $R\cap(B\times B)$。

例 24 设 $A=\{a, b, c, d, e, f\}$，$R=\{(a, a), (a, c), (b, c), (a, e), (b, e), (c, e)\}$，$B=\{a, b, c\}$，那么

$$B\times B=\{(a, a), (a, b), (a, c), (b, a), (b, b), (b, c), (c, a), (c, b), (c, c)\}$$

R 到 B 的限制是 $\{(a, a), (a, c), (b, c)\}$。 ■

习 题 4.2

1．对于例 4 中定义的关系 R，下面哪些有序对属于 R？

(a) (2, 3)　(b) (0, 8)　(c) (1, 3)　(d) (6, 18)　(e) (−6, 24)　(f) (8, 0)

2．对于例 6 中定义的关系 R，下面哪些有序对属于 R？

(a) (2, 0)　(b) (0, 2)　(c) (0, 3)　(d) (0, 0)　(e) $\left(1, \dfrac{3\sqrt{3}}{2}\right)$　(f) (1, 1)

3．设 $A=\mathbf{Z}^+$(正整数)，R 是由 $a\,R\,b$ 当且仅当 $2a\leqslant b+1$ 时定义的关系。下面哪些有序对属于 R？

(a) (2, 2)　(b) (3, 2)　(c) (6, 15)　(d) (1, 1)　(e) (15, 6)　(f) (n, n)

在第 4 题~第 12 题中，求定义域、值域、矩阵以及当 $A=B$ 时关系 R 的有向图。

4．$A=\{a, b, c, d\}$，$B=\{1, 2, 3\}$，$R=\{(a, 1), (a, 2), (b, 1), (c, 2), (d, 1)\}$。

5．A={IBM，COMPAQ，Dell，Gateway，Zenith}，

B={750C，PS60，450SV，$\frac{4}{33}$S，525SX，466V，486SL}，

R={(IBM，750C)，(Dell，466V)，(COMPAQ，450SV)，(Gateway，PS60)}。

6．$A=\{1, 2, 3, 4\}$，$B=\{1, 4, 6, 8, 9\}$；$a\,R\,b$ 当且仅当 $b=a^2$。

7．$A=\{1, 2, 3, 4, 8\}=B$；$a\,R\,b$ 当且仅当 $a=b$。

8．$A=\{1, 2, 3, 4, 8\}$，$B=\{1, 4, 6, 9\}$；$a\,R\,b$ 当且仅当 $a|b$。

9．$A=\{1, 2, 3, 4, 6\}=B$；$a\,R\,b$ 当且仅当 a 是 b 的倍数。

10．$A=\{1, 2, 3, 4, 5\}=B$；$a\,R\,b$ 当且仅当 $a\leqslant b$。

11．$A=\{1, 3, 5, 7, 9\}$，$B=\{2, 4, 6, 8\}$；$a\,R\,b$ 当且仅当 $b<a$。

12．$A=\{1, 2, 3, 4, 8\}=B$；$a\,R\,b$ 当且仅当 $a+b\leqslant 9$。

13．设 $A=\mathbf{Z}^+$是正整数集合，R 是如下定义的关系：$a\ R\ b$ 当且仅当存在 $k\in\mathbf{Z}^+$，使得 $a=b^k$(k 依赖于 a 和 b)。下面那些属于 R？

(a) (4，16)　(b) (1，7)　(c) (8，2)　(d) (3，3)　(e) (2，8)　(f) (2，32)

14．设 $A=\mathbf{R}$，考虑 A 上的关系 R：$a\,R\,b$ 当且仅当 $2a+3b=6$。求 Dom(R)和 Ran(R)。

15．设 $A=\mathbf{R}$，考虑 A 上的关系 R：$a\,R\,b$ 当且仅当 $a^2+b^2=25$。求 Dom(R)和 Ran(R)。

16．设 R 是例 6 中定义的关系，对下面每个集合，求 $R(A_1)$。

(a) $A_1=\{1, 8\}$　(b) $A_1=\{3, 4, 5\}$　(c) $A_1=\{\ \}$

17．设 R 是第 9 题中定义的关系，求下列各分题。

(a) $R(3)$　(b) $R(6)$　(c) $R(\{2, 4, 6\})$

18．设 R 是第 11 题中定义的关系，求下面的关系。

(a) $R(\{3, 7\})$　(b) $R(9)$　(c) $R(\{1, 3\})$

19．设 R 是第 13 题中定义的关系，求下面的关系。

(a) $R(3)$　(b) $R(4)$　(c) $R(\{4, 3\})$　(d) $R(\{2, 4\})$

20．设 R 是从 A 到 B 的关系，证明：对于 A 的所有子集 A_1 和 A_2：

$$R(A_1\cap A_2)=R(A_1)\cap R(A_2)$$

当且仅当对 A 中任意不同的 a，b 有 $R(a)\cap R(b)=\{\ \}$。

21．设 $A=\mathbf{R}$，描述由图 4.8 中阴影部分所指定的关系 R。

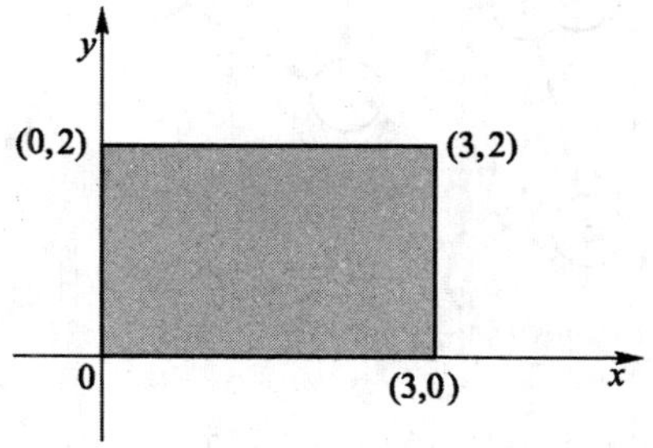

图 4.8

22．如果 A 有 n 个元素，B 有 m 个元素，从 A 到 B 存在多少个不同的关系？

在题 23 和题 24 中，给出定义在 A 上的关系 R 和它的有向图。

23. 设 $A=\{1, 2, 3, 4\}$ 和 $\boldsymbol{M}_R=\begin{bmatrix}1 & 1 & 0 & 1\\ 0 & 1 & 1 & 0\\ 0 & 0 & 1 & 1\\ 1 & 0 & 0 & 0\end{bmatrix}$。

24. 设 $A=\{a, b, c, d, e\}$ 和 $\boldsymbol{M}_R=\begin{bmatrix}1 & 1 & 0 & 0 & 0\\ 0 & 0 & 1 & 1 & 0\\ 0 & 0 & 0 & 1 & 1\\ 0 & 1 & 1 & 0 & 0\\ 1 & 0 & 0 & 0 & 0\end{bmatrix}$。

在题 25 和题 26 中，找出由有向图图 4.9 和图 4.10 所确定的关系并且给出它的矩阵。

25.

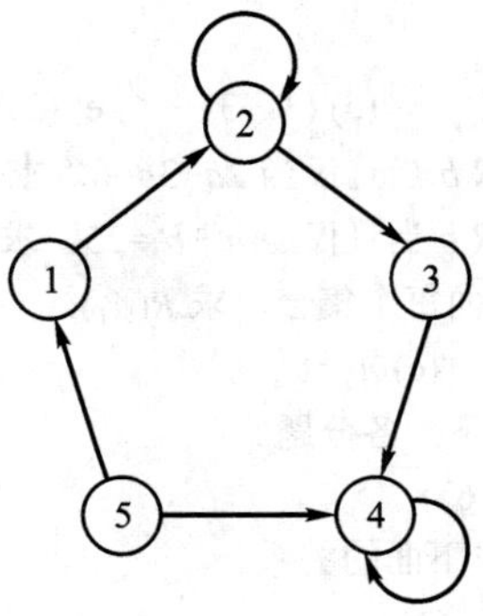

图 4.9

26.

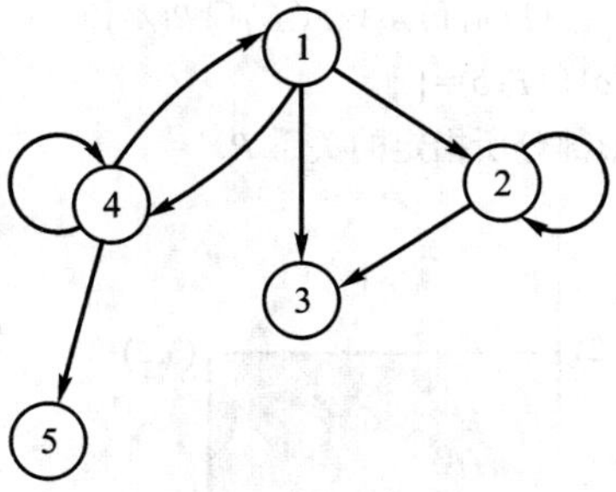

图 4.10

27. 对于第 25 题中的有向图，给出每个顶点的入度和出度。

28. 对于第 26 题中的有向图，给出每个顶点的入度和出度。

29. 描述如何直接从关系矩阵中找出一个顶点的入度和出度。

在题 30 和题 31 中，设 $A=\{1, 2, 3, 4, 5, 6, 7\}$，$R=\{(1, 2), (1, 4), (2, 3), (2, 5), (3, 6), (4, 7)\}$，已知 A 的子集 B，计算 R 在 B 上的限制。

30．B={1，2，4，5}

31．B={2，3，4，6}

32．设 R 是集合 A 上的关系且 $B\subseteq A$，描述如何从 $\boldsymbol{M}_R$ 创建 R 在 B 上的限制矩阵。

33．设 R 是集合 A 上的关系且 $B\subseteq A$，描述如何从 R 的有向图创建 R 在 B 上限制的有向图。

34．设 R 是由矩阵 $\boldsymbol{M}_R$ 给出的 $A=\{a_1, a_2, \cdots, a_n\}$ 上的一个关系，直接用 $\boldsymbol{M}_R$ 求下面的关系。

(a) $R(a_k)$　(b) $R(\{a_1, a_j, a_n\})$

35．设 R 是由它的有向图给出的 $A=\{a_1, a_2, \cdots, a_n\}$ 上的一个关系，直接用有向图求下面的关系。

(a) $R(a_k)$　(b) $R(\{a_1, a_j, a_n\})$

36．设 S 是笛卡儿积{1，2，3}×{a, b}。在 S 上存在多少种关系？

37．设 S 是笛卡儿积 $A\times B$，如果$|A|=m$ 且$|B|=n$，那么在 S 上有多少种关系？

4.3　关系与有向图中的道路

假设 R 是集合 A 上的关系，在 R 中从 a 到 b 且**长度为 n 的道路**是指从 a 开始到 b 结束并且具有 $a\,R\,x, x_1\,R\,x_2, \cdots, x_{n-1}\,R\,b$ 的一条有限序列 π：$a, x_1, x_2, \cdots, x_{n-1}, b$。注意，长度为 n 的一条道路含有 A 的 n+1 个元素并且这些元素可以相同。

借助关系的有向图，一条道路就很容易想象。它作为有向图中的一条几何道路或连续边出现，其中边的指定方向可以从有向图得到。事实上，一条道路可以从这种描述而衍生出它的名字。因此，一条道路的长度是道路中的边数，当然它的顶点不必都不同。

例 1　考虑图 4.11 中的有向图，那么 π_1：1，2，5，4，3 是从顶点 1 到顶点 3 长度为 4 的一条道路，π_2：1，2，5，1 是从顶点 1 到它自身长度为 3 的一条道路，π_3：2，2 是从顶点 2 到它自身长度为 1 的一条道路。■

一条从同一顶点开始并且结束的道路称为**环**。在例 1 中，π_2 和 π_3 分别是长度为 3 和 1 的环。显然，长度为 1 的道路可与属于 R 的有序对(x, y)等同。关系 R 中的道路可用来定义新的关系，这些关系是相当有用的。如果 n 是固定的正整数，定义 A 上的关系 R^n 为：$x\,R^n\,y$ 意指在 R 中存在从 x 到 y 长度为 n 的一条道路。也可定义 A 上的关系 R^∞ 为：$x\,R^\infty\,y$ 意指在 R 中存在从 x 到 y 的某条道路，该道路的长度一般来说将依赖于 x 和 y。关系 R^∞ 有时称为 R 的**连通关系**。

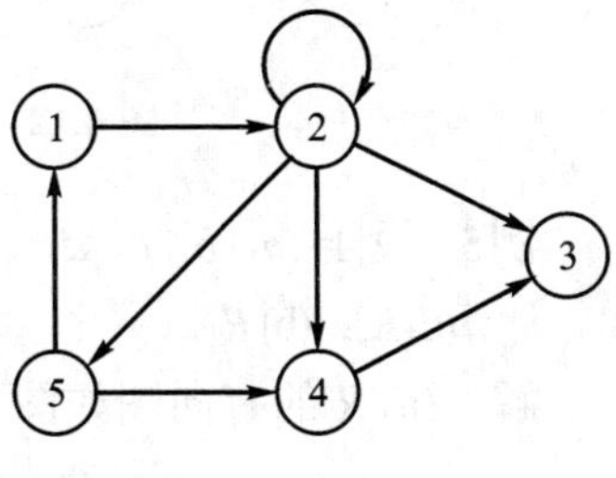

图 4.11

注意，$R^n(x)$是由 R 中长度为 n 的一条道路与 x 相连的所有顶点所组成的集合。$R^\infty(x)$是由 R 中的某条道路与 x 相连的所有顶点所组成的集合。

例 2　设 A 是所有活着的人所组成的集合，R 是彼此间的相识关系，即：$a\,R\,b$ 意指 a 和 b 互相认识，那么 $a\,R^2\,b$ 意指 a 和 b 有一个共同相识的人。一般地，$a\,R^n\,b$ 意指 a 认识某个人 x_1，x_1 又认识 $x_2, \cdots, x_{n-2}$ 认识 x_{n-1}，x_{n-1} 认识 b。最后，$a\,R^\infty\,b$ 意指存在某个相识链，它从 a 开始到 b 结束。一件很有趣的事是(不可知)是否每两个美国人是 R^∞ 相关的。■

例 3　设 A 是美国所有城市的集合，如果从 x 到 y 至少有一条直飞航线，那么 $x\,R\,y$。如果一个人能订一张从 x 到 y 刚好有 $n-1$ 个中间站的飞机票，那么 x 和 y 是 R^n 相关的。如果一个人能乘飞机从 x 到 y，那么 $x\,R^{\infty}\,y$。■

例 4　设 $A=\{1, 2, 3, 4, 5, 6\}$，R 是一个关系，它的有向图在图 4.12 中给出。图 4.13 给出了 A 上的关系 R^2 的有向图。在图 4.13 中一条线连接两个顶点当且仅当它们是 R^2 相关的，即：当且仅当存在连接图 4.12 中长度为 2 的那些顶点的一条道路。因此，有

由 $1\,R\,2$ 和 $2\,R\,2$ 得到 $1\,R^2\,2$
由 $1\,R\,2$ 和 $2\,R\,4$ 得到 $1\,R^2\,4$
由 $1\,R\,2$ 和 $2\,R\,5$ 得到 $1\,R^2\,5$
由 $2\,R\,2$ 和 $2\,R\,2$ 得到 $2\,R^2\,2$
由 $2\,R\,2$ 和 $2\,R\,4$ 得到 $2\,R^2\,4$
由 $2\,R\,2$ 和 $2\,R\,5$ 得到 $2\,R^2\,5$
由 $2\,R\,5$ 和 $5\,R\,6$ 得到 $2\,R^2\,6$
由 $3\,R\,4$ 和 $4\,R\,5$ 得到 $3\,R^2\,5$
由 $4\,R\,5$ 和 $5\,R\,6$ 得到 $4\,R^2\,6$

用类似的方法，对于任意 n，可以构造 R^n 的有向图。■

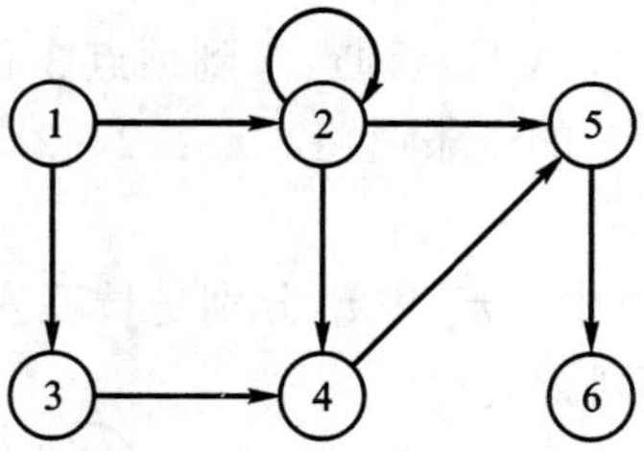

图 4.12

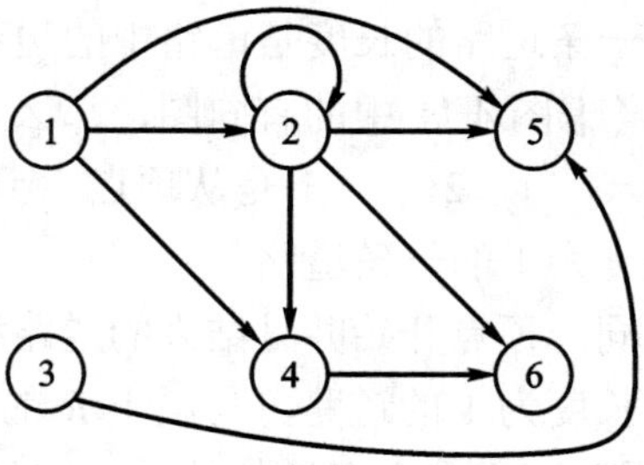

图 4.13

例5　设 $A=\{a, b, c, d, e\}$，$R=\{(a, a), (a, b), (b, c), (c, e), (c, d), (d, e)\}$，计算(a) R^2；(b) R^{∞}。

解　(a) R 的有向图如图 4.14 所示。

因为 $a\,R\,a$ 和 $a\,R\,a$,所以 $a\,R^2\,a$。
因为 $a\,R\,a$ 和 $a\,R\,b$,所以 $a\,R^2\,b$。
因为 $a\,R\,b$ 和 $b\,R\,c$,所以 $a\,R^2\,c$。
因为 $b\,R\,c$ 和 $c\,R\,e$,所以 $b\,R^2\,e$。
因为 $b\,R\,c$ 和 $c\,R\,d$,所以 $b\,R^2\,d$。
因为 $c\,R\,d$ 和 $d\,R\,e$,所以 $c\,R^2\,e$。

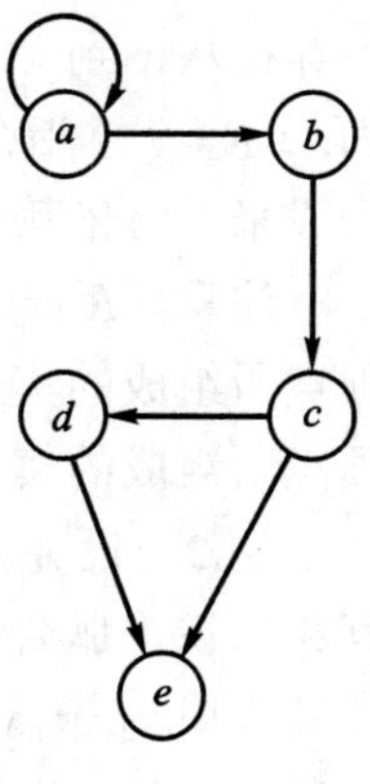

图 4.14

因此，有

R^2={(*a*，*a*)，(*a*，*b*)，(*a*，*c*)，(*b*，*e*)，(*b*，*d*)，(*c*，*e*)}

(b) 为了计算 R^∞，需要顶点的所有有序对，对于这些顶点，存在从第 1 个顶点到第 2 个顶点的某一长度的一条道路。从图 4.14 可以看到：

R^∞={(*a*，*a*)，(*a*，*b*)，(*a*，*c*)，(*a*，*d*)，(*a*，*e*)，(*b*，*c*)， (*b*，*d*)，(*b*，*e*)，(*c*，*d*)，(*c*，*e*)，(*d*，*e*)}

例如，(*a*，*d*) $\in R^\infty$， 因为存在从 *a* 到 *d* 的长度为 3 的一条道路：*a*，*b*，*c*，*d*。类似地，(*a*，*e*)$\in R^\infty$，因为存在从 *a* 到 *e* 的长度为 3 的一条道路：*a*，*b*，*c*，*e* 以及从 *a* 到 *e* 的长度为 4 的一条道路：*a*，*b*，*c*，*d*，*e*。 ■

如果|*R*|很大，从 *R* 的集合表示式计算 R^∞或即便 R^2 是乏味的并且也许很困难。然而，使用 $\boldsymbol{M}_R$ 能够有效地完成这些任务。

设 *R* 是有限集合 $A=\{a_1，a_2，\cdots，a_n\}$上的一个关系，$\boldsymbol{M}_R$ 是表示 *R* 的 $n\times n$ 矩阵。下面将证明如何从 $\boldsymbol{M}_R$ 计算 R^2 的矩阵 $\boldsymbol{M}_{R^2}$。

定理 1 如果 *R* 是集合 $A=\{a_1， a_2，\cdots，a_n\}$上的一个关系，那么 $\boldsymbol{M}_{R^2}=\boldsymbol{M}_R\odot\boldsymbol{M}_R$(见 1.5 节)。

证明 设 $\boldsymbol{M}_R=[m_{ij}]$和 $\boldsymbol{M}_{R^2}=[n_{ij}]$，由定义可知 $\boldsymbol{M}_R\odot\boldsymbol{M}_R$ 中的第$(i，j)$个元素等于 1 当且仅当 $\boldsymbol{M}_R$ 的第 *i* 行和 $\boldsymbol{M}_R$ 的第 *j* 列在一个相对应的位置上为 1，比如位置 *k*。它的意思是对某个 *k*，$1\leqslant k\leqslant n$，有 $m_{ik}=1$ 和 $m_{kj}=1$。由矩阵 $\boldsymbol{M}_R$ 的定义可知，上面的条件意指 $a_i\,R\,a_k$ 和 $a_k\,R\,a_j$，因此，$a_i\,R^2\,a_j$，所以 $n_{ij}=1$。从而证明了 $\boldsymbol{M}_R\odot\boldsymbol{M}_R$ 中位置$(i，j)$上的元素等于 1 当且仅当 $n_{ij}=1$。这就推出了 $\boldsymbol{M}_R\odot\boldsymbol{M}_R=\boldsymbol{M}_{R^2}$。 ■

为简洁起见，通常把 $\boldsymbol{M}_R\odot\boldsymbol{M}_R$ 简记为$(\boldsymbol{M}_R)^2_\odot$(符号$\odot$提醒人们这不是通常的矩阵乘积)。

例 6 设 *A* 和 *R* 如例 5 定义，那么

$$\boldsymbol{M}_R=\begin{bmatrix}1&1&0&0&0\\0&0&1&0&0\\0&0&0&1&1\\0&0&0&0&1\\0&0&0&0&0\end{bmatrix}$$

从前面的讨论可以看到

$$\boldsymbol{M}_{R^2}=\boldsymbol{M}_R\odot\boldsymbol{M}_R=\begin{bmatrix}1&1&0&0&0\\0&0&1&0&0\\0&0&0&1&1\\0&0&0&0&1\\0&0&0&0&0\end{bmatrix}\odot\begin{bmatrix}1&1&0&0&0\\0&0&1&0&0\\0&0&0&1&1\\0&0&0&0&1\\0&0&0&0&0\end{bmatrix}=\begin{bmatrix}1&1&1&0&0\\0&0&0&1&1\\0&0&0&0&1\\0&0&0&0&0\\0&0&0&0&0\end{bmatrix}$$

从 R^2 直接计算 $\boldsymbol{M}_{R^2}$，可以获得相同的结果。 ■

从例 5 和例 6 可以看到，往往很容易通过计算 $\boldsymbol{M}_R\odot\boldsymbol{M}_R$ 来计算 R^2，而不是通过长度为 2 的道路所连接的所有顶点搜索 *R* 的有向图来计算 R^2。类似地，可以证明 $\boldsymbol{M}_{R^3}=\boldsymbol{M}_R\odot(\boldsymbol{M}_R\odot$

$\boldsymbol{M}_R) = (\boldsymbol{M}_R)^3_{\odot}$。事实上，可用数学归纳法把这两个结果推广到一般情形。

定理 2 对于 $n \geqslant 2$ 和有限集合 A 上的一个关系 R，有

$$\boldsymbol{M}_{R^n} = \boldsymbol{M}_R \odot \boldsymbol{M}_R \odot \cdots \odot \boldsymbol{M}_R (n \text{ 个因子})$$

证明 设 $P(n)$是断言：对于整数 $n \geqslant 2$，上面的命题成立。

基础步骤 由定理 1 可知 $P(2)$为真。

归纳步骤 现在证明：若 $P(k)$为真，则 $P(k+1)$为真。考虑矩阵 $\boldsymbol{M}_{R^{k+1}}$，设 $\boldsymbol{M}_{R^{k+1}} = [x_{ij}]$，$\boldsymbol{M}_{R^k} = [y_{ij}]$，$\boldsymbol{M}_R = [m_{ij}]$。如果 $x_{ij} = 1$，那么必定有从 a_i 到 a_j 长度为 $k+1$ 的一条道路。如果设 a_s 是在最后的顶点 a_j 之前这条道路刚好到达的顶点，那么存在从 a_i 到 a_s 长度为 k 的一条道路和从 a_s 到 a_j 长度为 1 的一条道路。因此，$y_{is} = 1$ 和 $m_{sj} = 1$，所以 $\boldsymbol{M}_{R^k} \odot \boldsymbol{M}_R$ 在位置(i,j)上为 1。类似地，可以看到如果 $\boldsymbol{M}_{R^k} \odot \boldsymbol{M}_R$ 在位置(i,j)上为 1，那么 $x_{ij} = 1$。这就推出 $\boldsymbol{M}_{R^{k+1}} = \boldsymbol{M}_{R^k} \odot \boldsymbol{M}_R$。使用

$$P(k):\quad \boldsymbol{M}_{R^k} = \boldsymbol{M}_R \odot \cdots \odot \boldsymbol{M}_R (k \text{ 个因子})$$

通过代入得到

$$\boldsymbol{M}_{R^{k+1}} = \boldsymbol{M}_{R^k} \odot \boldsymbol{M}_R = (\boldsymbol{M}_R \odot \boldsymbol{M}_R \odot \cdots \odot \boldsymbol{M}_R) \odot \boldsymbol{M}_R$$

因此，有

$$P(k+1):\quad \boldsymbol{M}_{R^{k+1}} = \boldsymbol{M}_R \odot \cdots \odot \boldsymbol{M}_R \odot \boldsymbol{M}_R (k+1 \text{ 个因子})$$

为真。因此，由数学归纳法原理，对于所有 $n \geqslant 2$, $P(n)$为真。这就证明了定理。同前面一样，把 $\boldsymbol{M}_R \odot \cdots \odot \boldsymbol{M}_R (n$ 个因子$)$记为 $(\boldsymbol{M}_R)^n_{\odot}$。 ■

注意，归纳步骤的关键是在 $P(k)$和 $P(k+1)$之间找到有用的联系。

已经知道从 R 的矩阵如何计算关系 R^n 的矩阵，现在要看如何计算 R^{∞}的矩阵。可以如下进行。假设 R 是有限集合 A 上的一个关系，$x \in A$，$y \in A$，可以知道 $x\,R^{\infty}\,y$ 意指对某个 n，x 和 y 可以通过 R 中长度为 n 的一条道路连接。一般地，n 将依赖于 x 和 y，但很显然，$x\,R^{\infty}\,y$ 当且仅当 $x\,R\,y$ 或 $x\,R^2\,y$ 或 $x\,R^3\,y$ 或…。因此，上面的命题表明 $R^{\infty} = R \cup R^2 \cup R^3 \cup \cdots = \bigcup_{n=1}^{\infty} R^n$。如果 R 和 S 是 A 上的关系，那么由 $x(R \cup S)y$ 所定义的关系 $R \cup S$ 当且仅当 $x\,R\,y$ 或 $x\,S\,y$。(关系 $R \cup S$ 将在 4.7 节中更详尽地讨论。)读者可以验证 $\boldsymbol{M}_{R \cup S} = \boldsymbol{M}_R \vee \boldsymbol{M}_S$，将在 4.7 节给出它的证明。因此，有

$$\begin{aligned}\boldsymbol{M}_{R^{\infty}} &= \boldsymbol{M}_R \vee \boldsymbol{M}_{R^2} \vee \boldsymbol{M}_{R^3} \vee \cdots \\ &= \boldsymbol{M}_R \vee (\boldsymbol{M}_R)^2_{\odot} \vee (\boldsymbol{M}_R)^3_{\odot} \vee \cdots\end{aligned}$$

n 个元素的集合 A 上的关系 R 的**可达性**关系 R^*定义如下：$x\,R^*\,y$ 意指 $x = y$ 或 $x\,R^{\infty}\,y$。意思是如果 y 是 x 或者存在从 x 到 y 的某条道路，那么 y 是从 x 可达到的。很容易看到 $\boldsymbol{M}_{R^*} = \boldsymbol{M}_{R^{\infty}} \vee \boldsymbol{I}_n$，这里 $\boldsymbol{I}_n$ 是 $n \times n$ 单位矩阵。因此，刚才的讨论证明了

$$\boldsymbol{M}_{R^*} = \boldsymbol{I}_n \vee \boldsymbol{M}_R \vee (\boldsymbol{M}_R)^2_{\odot} \vee (\boldsymbol{M}_R)^3_{\odot} \vee \cdots$$

设π_1：a，x_1，x_2，…，x_{n-1}，b 是从 a 到 b 长度为 n 的关系 R 中的一条道路，π_2：$b,y_1,y_2,\cdots$，y_{m-1}，c 是从 b 到 c 长度为 m 的 R 中的一条道路，那么π_1和π_2的合成是长度为 $n+m$ 的道路 a，x_1，x_2，…，b，y_1，y_2，…，y_{m-1}，c，用$\pi_2\circ\pi_1$表示。它是从 a 到 c 的一条道路。

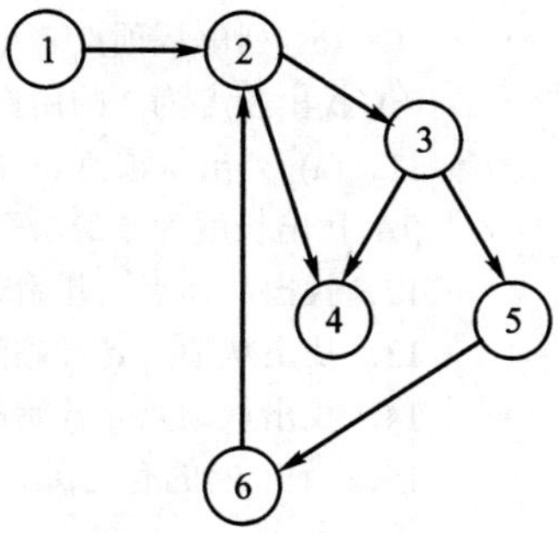

图 4.15

例 7 考虑图 4.15 给出的有向图的关系和道路

$$\pi_1:1,2,3\text{ 和 }\pi_2:3,5,6,2,4$$

那么π_1和π_2的合成是从 1 到 4 长度为 6 的道路$\pi_2\circ\pi_1$：1，2，3，5，6，2，4。■

习 题 4.3

在第 1 题~第 8 题中，设 R 是关系，它的有向图如图 4.16 所示。

1．列出长度为 1 的所有道路。

2．(a) 列出从顶点 2 开始的长度为 2 的所有道路。

(b) 列出长度为 2 的所有道路。

3．(a) 列出从顶点 3 开始的长度为 3 的所有道路。

(b) 列出长度为 3 的所有道路。

4．找出从顶点 2 开始的一个环。

5．找出从顶点 6 开始的一个环。

6．画出 R^2 的有向图。

7．求 $\boldsymbol{M}_{R^2}$。

8．(a) 求 R^{∞}。

(b) 求 $\boldsymbol{M}_R^{\infty}$。

在第 9 题~第 16 题中，设 R 是关系，它的有向图如图 4.17 所示。

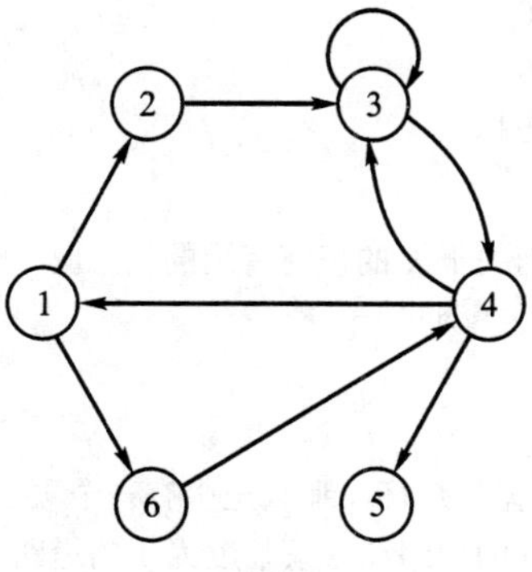

图 4.16

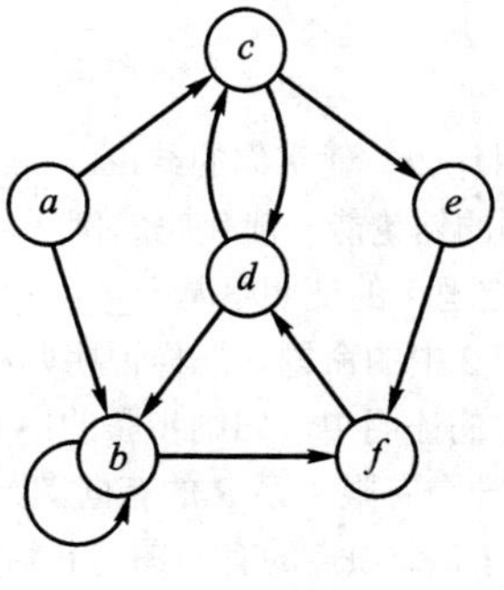

图 4.17

9．列出长度为 1 的所有道路。

10．(a) 列出从顶点 c 开始的长度为 2 的所有道路。

(b) 找出长度为 2 的所有道路。

11．(a) 列出从顶点 a 开始的长度为 3 的所有道路。

(b) 找出长度为 3 的所有道路。

12．找出从顶点 c 开始的环。

13．找出从顶点 d 开始的环。

14．找出从顶点 a 开始的环。

15．画出 R^2 的有向图。

16．求 $\boldsymbol{M}_{R^2}$，该结果与第 15 题的结果一致吗？

17．(a) 求 $\boldsymbol{M}_R^\infty$。　　(b) 求 R^∞。

18．设 R 和 S 是集合 A 上的关系，证明

$$\boldsymbol{M}_{R\cup S}=\boldsymbol{M}_R \vee \boldsymbol{M}_S$$

19．设 R 是有 n 个元素的集合 A 上的一个关系，证明 $\boldsymbol{M}_{R^*}=\boldsymbol{M}_R^\infty \vee \boldsymbol{I}_n$，$\boldsymbol{I}_n$ 是 $n\times n$ 单位矩阵。

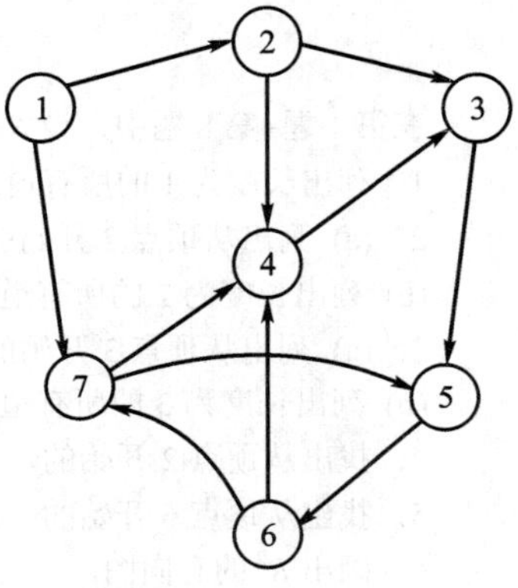

图 4.18

在第 20 题~第 25 题中，设 R 是关系，它的有向图如图 4.18 所示。

20．如果π_1：1，2，4，3 和π_2：3，5，6，4，求合成$\pi_2\circ\pi_1$。

21．如果π_1：1，7，5 和π_2：5，6，7，4，3，求合成$\pi_2\circ\pi_1$。

22．如果π_1：3，4，5，6 和π_2：6，7，4，3，5，求合成$\pi_2\circ\pi_1$。

23．如果π_1：2，3，5，6，7 和π_2：7，5，6，4，求合成$\pi_2\circ\pi_1$。

24．在关系 R 中找两个长度至少是 3 的环。

25．在关系 R 中找有最大长度的环。

26．设 A={1，2，3，4，5}，R 是由 $a\,R\,b$ 当且仅当 $a<b$ 所定义的关系。

(a) 计算 R^2 和 R^3。

(b) 完成下列命题：$a\,R^2\,b$ 当且仅当________。

(c) 完成下列命题：$a\,R^3\,b$ 当且仅当_________。

27．由定理 1 可知 $\boldsymbol{M}_R \odot \boldsymbol{M}_R=\boldsymbol{M}_{R^2}$，这使得 $\boldsymbol{M}_R \odot \boldsymbol{M}_R$ 表明在 R 的有向图中存在长度为 2 的道路。设

$$\boldsymbol{M}_R=\begin{bmatrix}1&1&1&1\\0&0&1&0\\0&1&0&0\\0&1&1&1\end{bmatrix}$$

那么 $\boldsymbol{M}_R\cdot\boldsymbol{M}_R$ 表明什么？证明你的结论。

28．第 27 题的结论能一般化吗？例如，$(\boldsymbol{M}_R)^3$ 能告诉我们关于 R 的任何有用的信息吗？

29．填空：定理 1 的证明是基于_______矩阵_________ 的证明。

30．(a) 定理 2 中的命题是怎样说明归纳法证明是恰当的？

(b) 在定理 2 的证明中，归纳步骤的中心思想是什么？

31．设 D 是一个有限关系 R 的有向图，证明如果在 D 中无任何环，那么至少有一个顶点的出度是 0。

32．画一个有 6 个顶点的有向图，它恰好有一条长度为 6 的道路和 6 条长度为 1 的道路。

33．Juan 和 Nils 每人画一个有向图表示关系 R，并且有向图外表看起来不相同。你将如何判断这两个有向图是否正确地表示关系 R？

4.4 关系的性质

在计算机科学和应用数学的许多应用中，往往讨论集合 A 上的关系而不是从 A 到 B 的关系。而且这些关系往往满足本节将要讨论的某些性质。

自反和非自反关系

集合 A 上的关系 R，如果对所有 $a\in A$ 有$(a, a)\in R$，即对所有 $a\in A$，有 $a\,R\,a$，那么称 R 是**自反的**。在集合 A 上的关系 R，如果对每个 $a\in A$, 有 $a\not R\,a$，那么称 R 是**非自反的**。

因此，如果每个元素 $a\in A$ 与它自身是相关的，那么 R 是自反的，如果没有任何元素与它自身是相关的，那么 R 是非自反的。

例 1 (a) 设$\Delta=\{(a,a)|a\in A\}$，则Δ是集合 A 上的**相等**关系。因为对所有 $a\in A$ 有$(a,a)\in\Delta$，所以 Δ是自反的。

(b) 设 $R=\{(a, b)\in A\times A|a\neq b\}$，则在集合 A 上 R 是**不相等**关系。因为对所有 $a\in A$，$(a, a)\notin R$，所以 R 是非自反的。

(c) 设 $A=\{1，2，3\}$，$R=\{(1，1)，(1，2)\}$，那么因为$(2，2)\notin R$，$(3，3)\notin R$，所以 R 不是自反的。其次，因为$(1，1)\in R$，所以 R 不是非自反的。

(d) 设 A 是一个非空集合，$R=\varnothing\subseteq A\times A$ 称为**空关系**。那么 R 不是自反的，因为对所有 $a\in A$ 有$(a，a)\notin R$(空集没有任何元素)。然而，R 是非自反的。 ■

可以通过其矩阵验证自反关系或非自反关系。一个自反关系的矩阵在它的主对角线上一定都是 1，而一个非自反关系的矩阵在它的主对角线上一定都是 0。

类似地，可以刻画自反或非自反关系的有向图的特征如下。一个自反关系在每个顶点有一个长度为 1 的环，而一个非自反关系没有长度为 1 的环。描述同样一件事的另一种有用的方法是在集合 A 上使用相等关系Δ：R 是自反的当且仅当$\Delta\subseteq R$，R 是非自反的当且仅当$\Delta\cap R=\varnothing$。

最后注意，如果 R 在集合 A 上是自反的，那么 $\mathrm{Dom}(R)=\mathrm{Ran}(R)=A$。

对称、非对称和反对称关系

集合 A 上的关系 R 称为**对称的**，如果 $a\,R\,b$，则 $b\,R\,a$。从而得到如果存在 $a, b\in A$, $a\,R\,b$，但 $b\not R\,a$，那么 R 不是对称的。集合 A 上的关系 R 称为**非对称的**，如果 $a\,R\,b$，那么 $b\not R\,a$。从而得到如果存在 $a, b\in A$，$a\,R\,b$ 且 $b\,R\,a$，那么 R 不是非对称的。

集合 A 上的关系 R 称为**反对称的**，如果 $a\ R\ b$ 且 $b\ R\ a$，则 $a=b$。该定义的逆否式是若 $a\neq b$，则 $a\not R\,b$ 或 $b\not R\,a$，那么 R 是反对称的。从而得到如果在 A 中存在 a 和 b, $a\neq b$, $a\,R\,b$ 且 $b\,R\,a$，那么 R 不是反对称的。

已知一个关系 R，要确定对于 R 哪些性质成立。时刻牢记下面的话：如果能找到一种情况使得性质不成立，那么这条性质通常不成立。

例 2 设 $A=\mathbf{Z}$ 是整数集合，并设

$$R=\{(a, b)\in A\times A \mid a<b\}$$

则 R 是“小于”关系。问 R 是对称的、非对称的还是反对称的？

解 对称性：如果 $a<b$，那么 $b<a$ 不成立，所以 R 不是对称的。

非对称性：如果 $a<b$，那么 $b\nless a$(b 不比 a 小)，所以 R 是非对称的。

反对称性：如果 $a\neq b$，那么或者 $a\nless b$ 或者 $b\nless a$，所以 R 是反对称的。 ■

例 3 设 A 是人的一个集合，$R=\{(x, y)\in A\times A|x$ 是 y 的堂兄弟$\}$，那么 R 是一个对称关系(请验证)。 ■

例 4 设 $A=\{1，2，3，4\}$，$R=\{(1，2)，(2，2)，(3，4)，(4，1)\}$，那么由于$(1，2)\in R$，但$(2，1)\notin R$，所以 R 不是对称的。其次，由于$(2，2)\in R$，所以 R 不是非对称的。最后，因为如果 $a\neq b$，那么或者$(a,b)\notin R$ 或者$(b,a)\notin R$，所以 R 是反对称的。 ■

例 5 设 $A=\mathbf{Z}^+$是正整数集合，并设

$$R=\{(a,b)\in A\times A|a \text{ 整除 } b\}$$

问 R 是对称的、非对称的还是反对称的？

解 因为 $a|b$，不能推出 $b|a$，所以 R 不是对称的。例如 $2|4$，但 $4\nmid 2$。

如果设 $a=b=3$，那么 $a\,R\,b$ 且 $b\,R\,a$，所以 R 不是非对称的。

如果 $a|b$ 且 $b|a$，那么 $a=b$，所以 R 是反对称的(见 1.4 节第 31 题)。 ■

现在用关系的矩阵性质叙述关系的对称性、非对称性和反对称性。对称关系的矩阵 $\boldsymbol{M}_R=[m_{ij}]$ 满足性质：

如果 $m_{ij}=1$，那么 $m_{ji}=1$

而且，如果 $m_{ji}=0$，那么 $m_{ij}=0$。因此，$\boldsymbol{M}_R$ 是使得每一对关于主对角线对称的元素(或者同为 0 或者同为 1)的一个矩阵。从而得到 $\boldsymbol{M}_R=\boldsymbol{M}_R^{\mathrm{T}}$，所以 $\boldsymbol{M}_R$ 是一个对称矩阵(见 1.5 节)。

非对称关系 R 的矩阵 $\boldsymbol{M}_R=[m_{ij}]$满足性质：

如果 $m_{ij}=1$，那么 $m_{ji}=0$

如果 R 是非对称的，那么对所有 i，$m_{ii}=0$；即：矩阵 $\boldsymbol{M}_R$ 的主对角线是全由 0 组成的。该结论一定成立，因为非对称性质推出如果 $m_{ii}=1$,则 $m_{ii}=0$，这就导出了矛盾。

最后，反对称关系 R 的矩阵 $\boldsymbol{M}_R=[m_{ij}]$满足性质：如果 $i\neq j$，那么 $m_{ij}=0$ 或 $m_{ji}=0$。

例 6 考虑图 4.19 中的矩阵，它的每个矩阵是一个指定关系的矩阵。

关系 R_1 和 R_2 是对称的，因为矩阵 $\boldsymbol{M}_{R_1}$ 和 $\boldsymbol{M}_{R_2}$ 是对称矩阵。关系 R_3 是反对称的，因为矩阵 $\boldsymbol{M}_{R_3}$ 没有对称放置的、非对角线位置有两个 1。然而，这些位置可以两个都为 0 并且对角线元素不受限制。因为 $\boldsymbol{M}_{R_3}$ 在主对角线上有 1，所以关系 R_3 不是非对称的。

关系 R_4 不满足三条性质中的任何一条：$\boldsymbol{M}_{R_4}$ 不是对称的，$\boldsymbol{M}_{R_4}$ 在位置(4，1)和(1，4)上出现 1，违反了非对称性和反对称性。

最后，R_5 是反对称的但不是非对称的，R_6 是非对称的和反对称的。 ■

$$\begin{bmatrix} 1 & 0 & 1 \\ 0 & 0 & 1 \\ 1 & 1 & 1 \end{bmatrix} = \boldsymbol{M}_{R_1}$$

(a)

$$\begin{bmatrix} 0 & 1 & 1 & 0 \\ 1 & 1 & 0 & 0 \\ 1 & 0 & 1 & 1 \\ 0 & 0 & 1 & 1 \end{bmatrix} = \boldsymbol{M}_{R_2}$$

(b)

$$\begin{bmatrix} 1 & 1 & 1 \\ 0 & 1 & 0 \\ 0 & 0 & 0 \end{bmatrix} = \boldsymbol{M}_{R_3}$$

(c)

$$\begin{bmatrix} 0 & 0 & 1 & 1 \\ 0 & 0 & 1 & 0 \\ 0 & 0 & 0 & 1 \\ 1 & 0 & 0 & 0 \end{bmatrix} = \boldsymbol{M}_{R_4}$$

(d)

$$\begin{bmatrix} 1 & 0 & 0 & 1 \\ 0 & 1 & 1 & 1 \\ 0 & 0 & 1 & 0 \\ 0 & 0 & 0 & 1 \end{bmatrix} = \boldsymbol{M}_{R_5}$$

(e)

$$\begin{bmatrix} 0 & 1 & 1 & 1 \\ 0 & 0 & 1 & 0 \\ 0 & 0 & 0 & 1 \\ 0 & 0 & 0 & 0 \end{bmatrix} = \boldsymbol{M}_{R_6}$$

(f)

图 4.19

现在考虑这三类关系的有向图。如果 R 是一个非对称关系，那么 R 的有向图不能同时有从顶点 i 到顶点 j 的一条边和从顶点 j 到顶点 i 的一条边。对于任意 i 和 j，特别如果 i 等于 j，它都为真。因此，不可能存在长度为 1 的环，所有的边是“单向通道”。

如果 R 是一个反对称关系，那么对不同的顶点 i 和 j，不可能存在从顶点 i 到顶点 j 的一条边和从顶点 j 到顶点 i 的一条边。当 $i=j$ 时，没有强加任何条件。因此，也许存在长度为 1 的环，但所有的边还是“单向路”。

下面更详细地考察对称关系的有向图。

对称关系 R 的有向图具有性质：如果存在从顶点 i 到顶点 j 的一条边，那么存在从顶点 j 到顶点 i 的一条边。因此，如果两个顶点用一条边连接，那么它们必定总是从两个方向相连的。正因如此，对称关系给出不同的表示是可能的，并且是十分有用的。保留在有向图中出现的顶点，但如果两个顶点 a 和 b 通过两个方向用边连接，那么把这两条边或“双向通道”用一条无向边取代。这条无向边刚好是没有箭头并且连接 a 和 b 的一条单线。所产生的图形称为对称关系的**图**。(第 8 章将给出“图”的更一般的含义。)

例 7 设 $A=\{a, b, c, d, e\}$，R 是由

$R=\{(a, b), (b, a), (a, c), (c, a), (b, c), (c, b), (b, e), (e, b), (e, d), (d, e), (c, d), (d, c)\}$

给出的对称关系。图 4.20(a)给出了 R 通常的有向图，而图 4.20(b)给出了 R 的图。注意，每一条无向边对应于关系 R 中的两个有序对。 ■

在对称关系 R 的图中，a 和 b 之间的无向边对应一个集合 $\{a, b\}$，使得 $(a, b)\in R$ 且 $(b, a)\in R$。有时也把这样一个集合 $\{a, b\}$ 看做关系 R 的**无向边**，并且称 a 和 b 为**邻接顶点**。

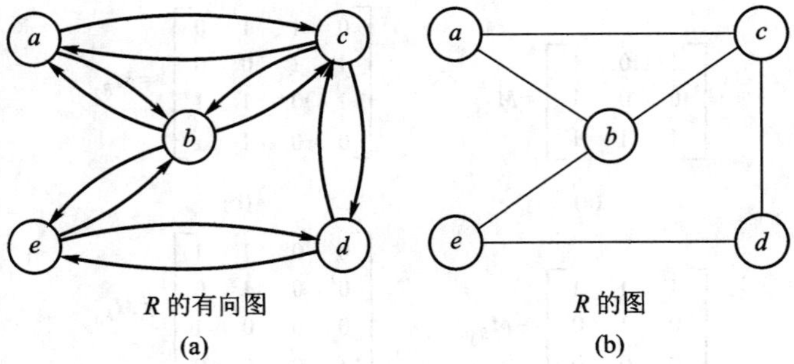

图 4.20

集合 A 上的对称关系 R 如果存在从 A 中任意一个元素到 A 中其他任意一个元素的一条道路，那么称 R 是**连通的**。显然它意指 R 的图都是在一个块中。图 4.21 给出了两个对称关系的图。图 4.21(a)中的图是连通的，而图 4.21(b)中的图不是连通的。

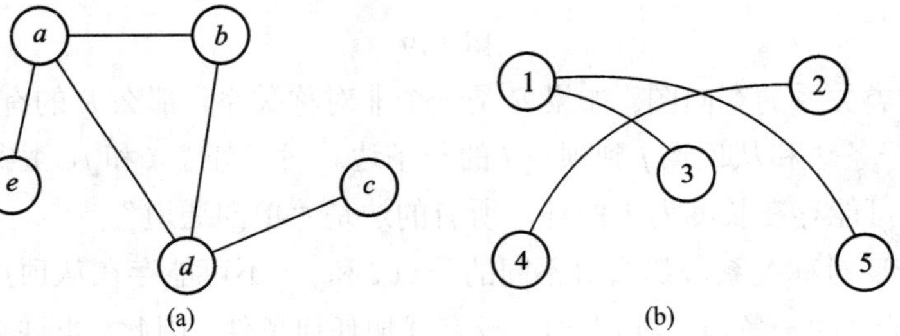

图 4.21

传递关系

集合 A 上的关系 R 称为**传递的**，如果当 $a\ R\ b$ 且 $b\ R\ c$ 时，有 $a\ R\ c$。对于一个关系常常更方便地是说它何时不是传递的。集合 A 上的关系 R 不是传递的，如果在 A 中存在 a,b 和 c 使得 $a\ R\ b$ 且 $b\ R\ c$，但 $a \not R\ c$。如果这样的 a,b 和 c 不存在，那么 R 是传递的。

例 8 设 $A=\mathbf{Z}$ 是整数集合，R 是"小于"关系。为了验证 R 是否是传递关系，假设 $a\ R\ b$ 和 $b\ R\ c$。因此，$a<b$ 且 $b<c$，于是得到 $a<c$，所以 $a\ R\ c$，从而 R 是可传递的。 ■

例 9 设 $A=\mathbf{Z}^+$，R 是例 5 中所考虑的关系，R 是传递关系吗？

解 假设 $a\ R\ b$ 且 $b\ R\ c$，即 $a|b$ 和 $b|c$，那么得到 $a|c$ (见 1.4 节的定理 2(d)。)。因此，R 是传递关系。 ■

例 10 设 $A=\{1, 2, 3, 4\}$，$R=\{(1, 2), (1, 3), (4, 2)\}$，$R$ 是传递关系吗？

解 因为在 A 中不存在元素 a,b 和 c，使得 $a\ R\ b$ 和 $b\ R\ c$，但 $a \not R\ c$，所以 R 是传递关系。 ■

关系 R 是传递的当且仅当它的矩阵 $\mathbf{M}_R=[m_{ij}]$ 有性质：

如果 $m_{ij}=1$ 和 $m_{jk}=1$，那么 $m_{ik}=1$

该命题的左边只是说 $(\boldsymbol{M}_R)^2_{\odot}$ 在位置 (i, k) 上为 1。因此，R 的传递性意味着如果在 $(\boldsymbol{M}_R)^2_{\odot}$ 的任何位置为 1，那么 $\boldsymbol{M}_R$ 在相同位置必定为 1。因此，特别地，如果 $(\boldsymbol{M}_R)^2_{\odot}=\boldsymbol{M}_R$，那么 R 是传递的。反之不成立。

例 11　设 $A=\{1，2，3\}$，R 是 A 上的关系，它的矩阵是

$$\boldsymbol{M}_R=\begin{bmatrix}1 & 1 & 1\\0 & 0 & 1\\0 & 0 & 1\end{bmatrix}$$

说明 R 是传递关系。

解　通过直接计算，$(\boldsymbol{M}_R)^2_{\odot}=\boldsymbol{M}_R$；所以，$R$ 是传递关系。 ■

为了看清在关系的有向图中传递性是什么意思，可以把传递性的定义翻译成几何术语。

如果考虑特殊顶点 a 和 c，那么条件 $a\,R\,b$ 和 $b\,R\,c$ 意指在 R 中存在从 a 到 c 长度为 2 的一条道路。换言之，$a\,R^2\,c$。所以，可以重新描述传递性定义如下：若 $a\,R^2\,c$，则 $a\,R\,c$，即 $R^2\subseteq R$（作为 $A\times A$ 的子集）。换句话说，如果 a 和 c 可以通过 R 中的长度为 2 的一条道路连接，那么它们必定可以通过长度为 1 的一条道路连接。

将上述传递性的几何特征稍加推广，其结果如下。

定理 1　关系 R 是可传递的当且仅当它满足以下性质：如果存在从顶点 a 到顶点 b 长度大于 1 的一条道路，那么存在从 a 到 b 长度为 1 的一条道路(即 a 与 b 相关)。用代数语言陈述就是：R 是传递的当且仅当对所有 $n\geqslant 1$，$R^n\subseteq R$。

证明　证明留给读者。 ■

根据 R-相关集，上面的定理为重新描述某些关系的性质带来了方便。这里列出这些命题但不加证明。

定理 2　设 R 是集合 A 上的一个关系，那么

(a) R 的自反性意指对所有 $a\in A, a\in R(a)$。

(b) R 的对称性意指 $a\in R(b)$ 当且仅当 $b\in R(a)$。

(c) R 的传递性意指如果 $b\in R(a)$ 且 $c\in R(b)$，那么 $c\in R(a)$。 ■

习　题　4.4

在第 1 题~第 8 题中，设 $A=\{1，2，3，4\}$，确定关系是否是自反的、非自反的、对称的、非对称的、反对称的或传递的。

1．$R=\{(1，1)，(1，2)，(2，1)，(2，2)，(3，3)，(3，4)，(4，3)，(4，4)\}$

2．$R=\{(1，2)，(1，3)，(1，4)，(2，3)，(2，4)，(3，4)\}$

3．$R=\{(1，3)，(1，1)，(3，1)，(1，2)，(3，3)，(4，4)\}$

4．$R=\{(1，1)，(2，2)，(3，3)\}$

5. $R=\varnothing$

6. $R=A\times A$

7. $R=\{(1, 2), (1, 3), (3, 1), (1, 1), (3, 3), (3, 2), (1, 4), (4, 2), (3, 4)\}$

8. $R=\{(1, 3), (4, 2), (2, 4), (3, 1), (2, 2)\}$

在题 9 和题 10 中(图 4.22 和图 4.23)，设 $A=\{1, 2, 3, 4, 5\}$，确定有向图为已知的关系 R 是否是自反的、非自反的、对称的、非对称的、反对称的或传递的。

9.

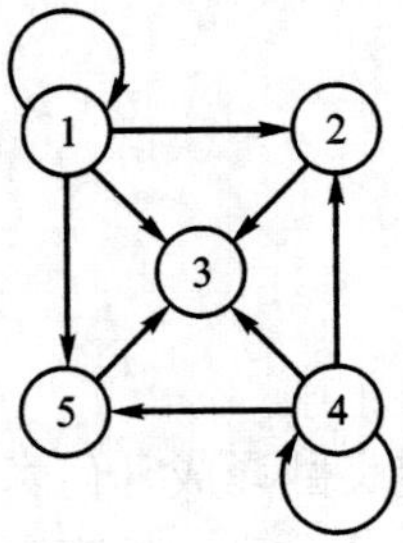

图 4.22

10.

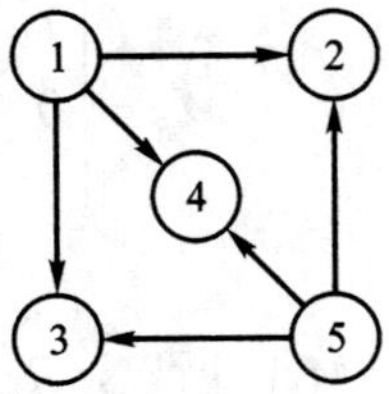

图 4.23

在题 11 和题 12 中，设 $A=\{1, 2, 3, 4\}$，确定矩阵 $\boldsymbol{M}_R$ 为已知的关系 R 是否是自反的、非自反的、对称的、非对称的、反对称的或传递的。

11. $\begin{bmatrix} 0 & 1 & 0 & 1 \\ 1 & 0 & 1 & 1 \\ 0 & 1 & 0 & 0 \\ 1 & 1 & 0 & 0 \end{bmatrix}$　　12. $\begin{bmatrix} 1 & 1 & 0 & 0 \\ 1 & 1 & 0 & 0 \\ 0 & 0 & 1 & 0 \\ 0 & 0 & 0 & 1 \end{bmatrix}$

在第 13 题~第 24 题中，确定集合 A 上的关系 R 是否是自反的、非自反的、对称的、非对称的、反对称的或传递的。

13. $A=\mathbf{Z}$；$a\,R\,b$ 当且仅当 $a\leqslant b+1$。

14. $A=\mathbf{Z}^+$；$a\,R\,b$ 当且仅当$|a-b|\leqslant 2$。

15. $A=\mathbf{Z}^+$；$a\,R\,b$ 当且仅当对某个 $k\in\mathbf{Z}^+$，有 $a=b^k$。

16. $A=\mathbf{Z}$；$a\,R\,b$ 当且仅当 $a+b$ 是偶数。

17. $A=\mathbf{Z}$；$a\,R\,b$ 当且仅当$|a-b|=2$。

18. A=实数集合；$a\,R\,b$ 当且仅当 $a^2+b^2=4$。

19. $A=\mathbf{Z}^+$；$a\,R\,b$ 当且仅当 GCD(a，b)=1。在这种情况下，称 a 和 b 是**互素的**。(GCD 见 1.4 节。)

20. A 是所有有序实数对的集合；$(a, b)R(c, d)$当且仅当 $a=c$。

21. $S=\{1, 2, 3, 4\}$，$A=S\times S$；$(a, b)R(c, d)$当且仅当 $ad=bc$。

22. A 是平面上所有直线的集合，$l_1\,R\,l_2$ 当且仅当 l_1 平行于 l_2。

23. A 是平面上所有三角形的集合，$t_1\,R\,t_2$ 当且仅当 t_1 的三个角同 t_2 的三个角有相同度数。

24. A 是世界上所有人的集合，$a\,R\,b$ 当且仅当 a 是 b 的姐妹。

25. 设 R 是集合 $A=\{1, 2, 3, 4, 5\}$上的下述对称关系

$$R=\{(1, 2), (2, 1), (3, 4), (4, 3), (3, 5), (5, 3), (4, 5), (5, 4), (5, 5)\}$$

画出 R 的图。

26. 设 $A=\{a, b, c, d\}$，R 是对称关系

$$R=\{(a,\ b),\ (b,\ a),\ (a,\ c),\ (c,\ a),\ (a,\ d),\ (d,\ a)\}$$

画出 R 的图。

27. 考虑由图 4.24 给出的集合 $A=\{1,\ 2,\ 3,\ 4,\ 5,\ 6,\ 7\}$上对称关系 R 的图，确定 R(列出所有的对)。

28. 考虑由图 4.25 给出的 $A=\{a, b, c, d, e\}$上对称关系 R 的图，确定 R(列出所有的对)。

29. 设 R 是由矩阵 $\boldsymbol{M}_R$ 给出的对称关系，用 $\boldsymbol{M}_R$ 描述确定 R 的图是否连通的过程。

30. 设 R 是 A 上的一个关系且 $B\subseteq A$，问 R 的哪些相关性质在 R 限制到 B 上时有继承性？

31. 证明或反证：如果一个集合 A 上的一个关系是传递的和非自反的，那么它是反对称的。

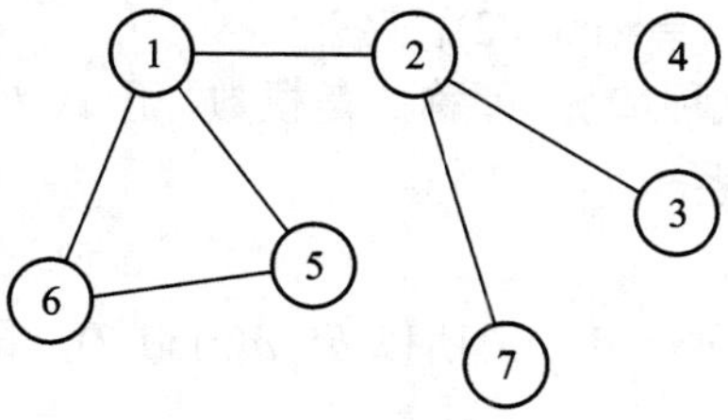

图 4.24

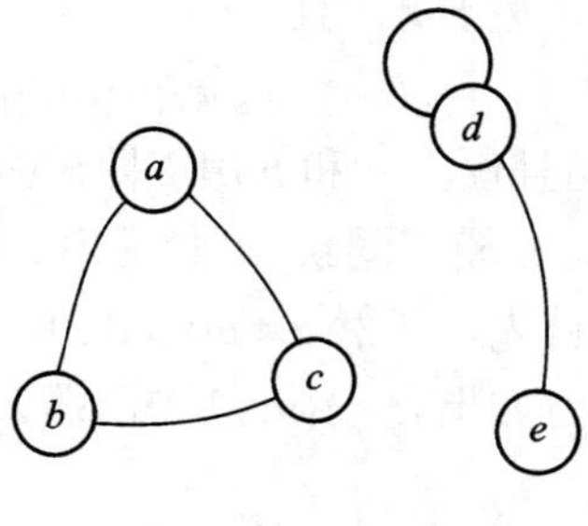

图 4.25

32. 证明或反证：如果 A 上的关系 R 是传递的，那么 R^2 也是传递的。

33. 设 R 是集合 A 上的一个非空关系，假设 R 是对称的和传递的，证明：R 不是非自反的。

34. 证明：如果集合 A 上的关系 R 是对称的，那么关系 R^2 也是对称的。

35. 用数学归纳法证明：如果集合 A 上的关系 R 是对称的，那么 R^n 对任意 $n\geqslant 1$ 也是对称的。

36. 在 $\mathbf{Z}^+$上定义一种关系，使得具有自反性、对称性、传递性且以前从未定义过。

37. 在集合$\{a,\ b,\ c,\ d\}$上定义一个关系，使得

(a) 自反的和对称的，但不是传递的。

(b) 自反的和传递的，但不是对称的。

38. 在集合$\{a,\ b,\ c,\ d\}$上定义一个关系，使得

(a) 反自反的和传递的，但不是对称的。

(b) 反对称的和自反的，但不是传递的。

39. 在集合$\{a,\ b,\ c,\ d\}$上定义一个关系，使得

(a) 传递的、自反的和对称的。

(b) 非对称的和传递的。

40. 为本节定理 1 给出一个直接证明。

4.5 等 价 关 系

集合 A 上的关系 R 称为一个**等价关系**，如果它是自反的、对称的和传递的。

例 1 设 A 是平面上所有三角形的集合，R 是 A 上的关系，其定义如下：

$$R=\{(a,b)\in A\times A|a \text{ 与 } b \text{ 是全等的}\}$$

很容易看到 R 是一个等价关系。 ■

例 2 设 $A=\{1, 2, 3, 4\}$，且

$$R=\{(1, 1), (1, 2), (2, 1), (2, 2), (3, 4), (4, 3), (3, 3), (4, 4)\}$$

很容易证明 R 是一个等价关系。 ■

例 3 设 $A=\mathbf{Z}$ 是整数集合，R 定义为 $a\,R\,b$ 当且仅当 $a \leqslant b$，问 R 是一个等价关系吗？

解 因为 $a \leqslant a$,所以 R 是自反的。如果 $a \leqslant b$，则不一定得到 $b \leqslant a$，因此，R 不是对称的。顺便说一句，R 是可传递的，因为 $a \leqslant b$ 且 $b \leqslant c$ 可推出 $a \leqslant c$。因此 R 不是一个等价关系。 ■

例 4 设 $A=\mathbf{Z}$，且

$$R=\{(a,b) \in A \times A | a \equiv r (\bmod 2), b \equiv r (\bmod 2)\}$$

即 $a\,R\,b$ 当且仅当 a 和 b 用 2 除时有相同的余数 r。在这种情况下，称 2 是**模数**，记 $a \equiv b (\bmod 2)$，读做"a 与 b 模 2 **同余**"。验证模 2 同余是一个等价关系。

解 首先，显然 $a \equiv a (\bmod 2)$，因此，R 是自反的。

其次，如果 $a \equiv b (\bmod 2)$，那么 $a \equiv r (\bmod 2)$且 $b \equiv r (\bmod 2)$，所以 $b \equiv a (\bmod 2)$，即 R 是对称的。

最后，假设 $a \equiv b (\bmod 2)$和 $b \equiv c (\bmod 2)$，那么 $a \equiv r (\bmod 2)$，$b \equiv r (\bmod 2)$,$c \equiv r (\bmod 2)$，即当用 2 去除时，三个数具有相同的余数。因此，$a \equiv c (\bmod 2)$。从而模 2 同余是一个等价关系。 ■

例 5 设 $A=\mathbf{Z}$，$n \in \mathbf{Z}^+$，把例 4 中定义的关系推广如下。设

$$R=\{(a, b) \in A \times A | \ a \ \equiv b (\bmod n)\}$$

即 $a \equiv b (\bmod n)$当且仅当用 n 去除时，a 和 b 有相同的余数。同例 4 中的验证过程完全一样，可以验证模 n 同余是一种等价关系。 ■

注意，如果 $a \equiv b (\bmod n)$，那么 $a=qn+r$，$b=tn+r$，于是 $a-b$ 是 n 的一个倍数。因此，$a \equiv b (\bmod n)$当且仅当 $n|(a-b)$。

等价关系与划分

下面的结果表明如果 p 是集合 A 的一个划分(见 4.1 节)，那么 p 可用来构造 A 上的一个等价关系。

定理 1 设 p 是集合 A 上的一个划分。回顾 p 中集合被称为 p 的块。定义 A 上的关系 R 如下：

$a\,R\,b$ 当且仅当 a 和 b 是相同块中的成员

那么 R 是 A 上的等价关系。

证明 (a) 如果 $a \in A$，显然 a 是在它自身的块中，所以 $a\,R\,a$。

(b) 如果 $a\,R\,b$，那么 a 和 b 在相同的块中，所以 $b\,R\,a$。

(c) 如果 $a\,R\,b$ 且 $b\,R\,c$，那么 a,b 和 c 必定都在 p 的相同块中，因此 $a\,R\,c$。

因为 R 是自反的、对称的和传递的，所以 R 是一个等价关系。R 称为**由 p 确定的等价关系**。

■

例 6 设 $A=\{1, 2, 3, 4\}$，考虑 A 的划分 p=$\{\{1, 2, 3\}, \{4\}\}$，求由 p 决定的 A 上的等价关系 R。

解 p 的块是{1，2，3}和{4}，显然在一个块中的每一个元素与相同块的元素并且只同这些元素相关。因此，在这种情况下，有

R={(1，1)，(1，2)，(1，3)，(2，1)，(2，2)，(2，3)，(3，1)，(3，2)，(3，3)，(4，4)} ■

如果 p 是 A 的一个划分，R 是由 p 所决定的一个等价关系，那么 p 中的块很容易通过 R 来描述。如果 A_1 是 p 的一个块且 $a\in A_1$,由定义可知 A_1 是由满足 $a\,R\,x$ 的所有 A 的元素 x 所组成的，即 $A_1=R(a)$。因此，划分 p 是 $\{R(a)|a\in A\}$。换言之，p 是由 A 中元素所产生的所有不同的 R-相关集所组成的。例如，例 6 中的块{1，2，3}和{4}可分别描述为 $R(1)$和 $R(4)$。当然，{1，2，3}也能被描述为 $R(2)$或 $R(3)$，所以这种表达块的方法不是唯一的。

上面从划分构造等价关系是非常简单的，也许人们试图相信只有很少的等价关系可用这种方式得到。事实上，现在可以证明 A 上的所有等价关系都能由划分产生。

为比，从下面引理开始。因为它的证明用到 4.4 节的定理 2，读者可以首先复习该定理。

引理 1* 设 R 是集合 A 上的等价关系，$a\in A$ 且 $b\in A$，那么 $a\,R\,b$ 当且仅当 $R(a)=R(b)$。

证明 首先假设 $R(a)=R(b)$，因为 R 是自反的，所以 $b\in R(b)$；因此，$b\in R(a)$，即 $a\,R\,b$。

反之，假设 $a\,R\,b$，那么注意到

1．由定义得 $b\in R(a)$，因为 R 是对称的。

2．由 4.4 节的定理 2(b)得 $a\in R(b)$。

必须证明 $R(a)=R(b)$。首先，选一个元素 $x\in R(b)$，因为 R 是传递的，由事实 $x\in R(b)$和上面的(1)以及 4.4 节的定理 2(c)可推出 $x\in R(a)$。因此，$R(b)\subseteq R(a)$。现在选 $y\in R(a)$。由此及上面的(2)可知，同前面一样 $y\in R(b)$。因此，$R(a)\subseteq R(b)$，所以必有 $R(a)=R(b)$。 ■

注意，引理证明中的双向结构。因为要证明一个双条件 $p\Leftrightarrow q$，所以必须证明 $q\Rightarrow p$ 以及 $p\Rightarrow q$。

下面证明主要结果。

定理 2 设 R 是集合 A 上的等价关系，p 是所有不同关系集 $R(a)$的集合，$a\in A$。那么 p 是 A 的一个划分并且 R 是由 p 所决定的等价关系。

证明 根据划分的定义，必须证明下面两条性质：

(a) A 中的每个元素属于某个相关集。

(b) 如果 $R(a)$和 $R(b)$不相等，那么 $R(a)\cap R(b)=\varnothing$。

因为由 R 的自反性得到 $a\in R(a)$，所以性质(a)为真。为了证明性质(b)，证明下面的等价命题：如果 $R(a)\cap R(b)\neq\varnothing$，那么 $R(a)=R(b)$。为了证明这一点，假设 $c\in R(a)\cap R(b)$，那么 $a\,R\,c$ 且 $b\,R\,c$。

因为 R 是对称的，所以 $c\,R\,b$。于是 $a\,R\,c$ 和 $c\,R\,b$，因此由 R 的传递性可得 $a\,R\,b$。从而由引理 1 得到 $R(a)=R(b)$。现在证明了 p 是一个划分。由引理 1 可以看到 $a\,R\,b$ 当且仅当 a 和 b 属于 p 的相同块。因此，p 决定 R，定理证毕。 ■

注意，该定理的证明使用了逆反式。

---

* 一个引理是一个定理，它的主要目的是帮助证明某些其他定理。

如果 R 是 A 上的一个等价关系，那么通常称集合 $R(a)$为 R 的**等价类**。某些作者用$[a]$表示类 $R(a)$(见 9.3 节)。所以定理 2 中构造的划分 p 是由 R 的所有等价类所组成的，这种划分用 A/R 表示。回忆 A 的划分也称为 A 的商集，记号 A/R 提醒人们 p 是由 R 构造的 A 的商集并且决定了 R。

例 7 设 R 是例 2 中定义的关系，确定 A/R。

解 从例 2 可得 $R(1)=\{1，2\}=R(2)$。同样，$R(3)=\{3，4\}=R(4)$。因此，$A/R=\{\{1，2\}，\{3，4\}\}$。■

例 8 设 R 是例 4 中定义的等价关系，确定 A/R。

解 首先，$R(0)=\{\cdots，-6，-4，-2，0，2，4，6，8，\cdots\}$，它是偶数集合，当用 2 去除这些数时，它们的余数都是 0。$R(1)=\{\cdots，-5，-3，-1，1，3，5，7，\cdots\}$，它是奇数集合，当用 2 去除这些数时，它们的余数都是 1。因此，A/R 是由偶数集合和奇数集合所组成的。■

从例 7 和例 8 可以看到，对于有限或可数集 A，可以抽象出一个确定划分 A/R 的通用过程。该过程如下：

步骤 1：选 A 中任意一个元素，计算等价类 $R(a)$。

步骤 2：如果 $R(a)\neq A$，选一个不包含在 $R(a)$中的元素 b，计算等价类 $R(b)$。

步骤 3：如果 A 不是上面两步计算出的等价类的并集，那么，选择 A 中的一个元素 x，它不是前面任何等价类中的元素，计算 $R(x)$。

步骤 4：重复步骤 3，直到 A 中的所有元素都包含在计算出的等价类中。如果 A 是可数的，那么该过程可能继续无限次。在这种情况下，可继续到一个模型出现，使得能对所有等价类进行描述或者给出一个公式为止。

习 题 4.5

在题 1 和题 2 中，设 $A=\{a，b，c\}$，已知关系 R 的矩阵 $\mathbf{M}_R$，确定关系 R 是否是一个等价关系。

1.
$$\mathbf{M}_R=\begin{bmatrix}1&0&0\\0&1&1\\0&1&1\end{bmatrix}$$

2.
$$\mathbf{M}_R=\begin{bmatrix}1&0&1\\0&1&0\\0&0&1\end{bmatrix}$$

在题 3 和题 4 中(图 4.26 和图 4.27)，已知关系 R 的有向图，确定关系 R 是否是一个等价关系。

3.

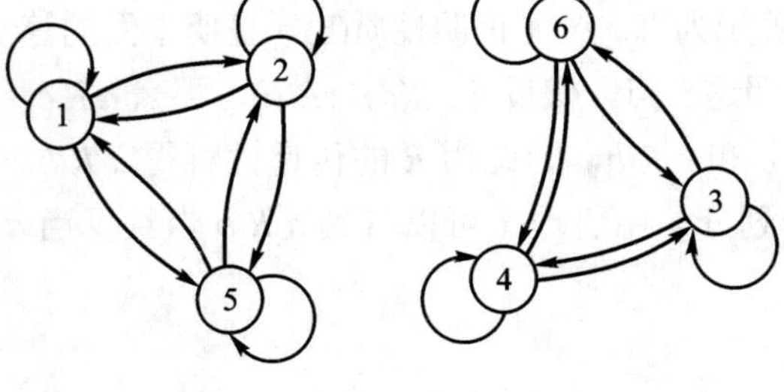

图 4.26

4.

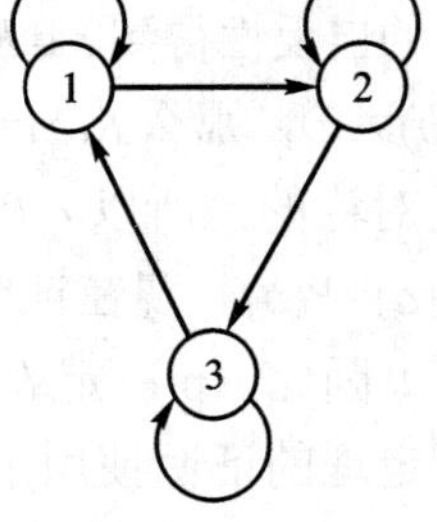

图 4.27

在第 5 题~第 12 题中，确定集合 A 上的关系 R 是否是一个等价关系。

5．$A=\{a, b, c, d\}$，$R=\{(a, a), (b, a), (b, b), (c, c), (d, d), (d, c)\}$。

6．$A=\{1, 2, 3, 4, 5\}$，$R=\{(1, 1), (1, 2), (1, 3), (2, 1), (2, 2), (3, 1), (2, 3), (3, 3), (4, 4), (3, 2), (5, 5)\}$。

7．$A=\{1, 2, 3, 4\}$，$R=\{(1, 1), (1, 2), (2, 1), (2, 2), (3, 1), (3, 3), (1, 3), (4, 1), (4, 4)\}$。

8．A=软件月俱乐部所有成员的集合；$a\,R\,b$ 当且仅当 a 和 b 购买相同数量的程序。

9．A=软件月俱乐部所有成员的集合；$a\,R\,b$ 当且仅当 a 和 b 购买相同的程序。

10．A=社会保险数据库中所有人的集合；$a\,R\,b$ 当且仅当 a 和 b 有相同的姓氏。

11．A=平面上所有三角形的集合；$a\,R\,b$ 当且仅当 a 与 b 相似。

12．$A=\mathbf{Z}^+\times\mathbf{Z}^+$；$(a, b)R(c, d)$当且仅当 $b=d$。

13．如果$\{\{a, c, e\}, \{b, d, f\}\}$是集合 $A=\{a, b, c, d, e, f\}$上的一个划分，确定相对应的等价关系 R。

14．如果$\{\{1, 3, 5\}, \{2, 4\}\}$是集合 $A=\{1, 2, 3, 4, 5\}$上的一个划分，确定相对应的等价关系 R。

15．如果$\{\{1, 3, 5, 7, 9\}, \{2, 4, 6, 8, 10\}\}$是集合 $A=\{1, 2, 3, \cdots, 10\}$上的一个划分，确定相对应的等价关系 R。

16．如果$\{\{a, i\}, \{e, o\}, \{u\}\}$是集合 $A=\{a, e, i, o, u\}$上的一个划分，确定相对应的等价关系 R。

17．设 A 和 R 分别是例 5 中定义的集合和关系，计算 A/R。

18．设 $A=\{1, 2, 3, 4\}$，R 是 A 上的关系且由下面矩阵定义：

$$\boldsymbol{M}_R=\begin{bmatrix}1&0&0&0\\0&1&1&1\\0&1&1&1\\0&1&1&1\end{bmatrix}$$

计算 A/R。

19．设 $A=\mathbf{R}\times\mathbf{R}$，在 A 上定义下述关系 R：$(a, b)R(c, d)$当且仅当 $a^2+b^2=c^2+d^2$。

(a) 证明 R 是一个等价关系。

(b) 计算 A/R。

20．设 $A=\{a, b, c, d, e\}$，R 是 A 上的关系，定义为

$$\boldsymbol{M}_R=\begin{bmatrix}1&1&1&0&1\\1&1&1&0&1\\1&1&1&0&1\\0&0&0&1&0\\1&1&1&0&1\end{bmatrix}$$

计算 A/R。

21．设 $S=\{1, 2, 3, 4, 5\}$，$A=S\times S$，在 A 上定义关系 R 为：$(a, b)R(a', b')$当且仅当 $ab'=a'b$。

(a) 证明 R 是一个等价关系。

(b) 计算 A/R。

22． 设 $S=\{1, 2, 3, 4\}$，$A=S\times S$，在 A 上定义关系 R 为：$(a, b)R(a', b')$当且仅当 $a+b=a'+b'$。

(a) 证明 R 是一个等价关系。

(b) 计算 A/R。

23．集合 A 上的关系 R 称为是**循环的**，如果 $a\,R\,b$ 和 $b\,R\,c$ 推出 $c\,R\,a$。证明 R 是自反的和循环的当且仅当 R 是一个等价关系。

24．证明：如果 R_1 和 R_2 是集合 A 上的等价关系，那么 $R_1\cap R_2$ 是 A 上的一个等价关系。

25. 定义整数集 **Z** 上的一个等价关系 R, 使得它不同于例 4 和例 8 中所使用的等价关系，并且它所对应的划分恰好包含两个无限集。

26. 定义整数集 **Z** 上的一个等价关系 R，使得它所对应的划分恰好包含三个无限集。

在题 27 和题 28 中，使用下列定义：已知一个集合上的等价关系 R，二元运算+，则 R−相关集之和 $R(a)+R(b)$ 定义为 $\{x \mid x=s+t, s\in R(a), t\in R(b)\}$。

27. 设 R 是例 4 中的等价关系，证明：对所有 a,b，有 $R(a)+R(b)=R(a+b)$。

28. 设 R 是第 12 题中的等价关系，证明：对所有 a,b，有 $R(a)+R(b)=R(a+b)$。

29. 设 R 是第 21 题中的等价关系，对 A 中的元素定义$(a, b)+(a', b')=(a+a', b+b')$，证明或反证：$R((a, b))+R((a', b'))=R((a+a', b+b'))$。

4.6 关系与有向图的数据结构

存储数据项最直接的方法是把它们放在一个线性表或数组中。一般地，它是把连续的数据项对应地放入计算机存储器有连续标号的存储单元中。图 4.28 用 5 个数据项 $D_1, D_2, \cdots, D_5$ 说明了这种方法。该方法有效地利用了空间并且至少就大部分程序设计语言来说，它提供对数据的随机访问。因此，线性数组假设是 A，数据被放进单元 $A[1]$，$A[2]$，$A[3]$，$A[4]$，$A[5]$中，通过简单地提供下标 i，就可以访问任意数据项 D_i。

这种存储方法的主要问题是如果不移动大量的项，就不能在已有的数据之间插入新数据。因此，为了把另一项 E 加到图 4.28 中的表格里，例如把 E 放到 D_2 和 D_3 之间，如果存在多余空间，必须移动 D_3 到 $A[4]$，D_4 到 $A[5]$，D_5 到 $A[6]$，然后把 E 赋给 $A[3]$。

表达这种序列的另一种方法是通过如图 4.29 所示的图解方式所表示的**连接表**。信息存储的基本单位是**存储单元**。可把这些单元想象为两个信息项可用的空间。第一项可以是数据(数或符号)，第二项是**指针**，即告诉人们(指向)下一个被考虑的单元位置的标号。因此，单元可以连续地排列，但是并没有假设所表达的数据项同它们有相同的次序，而是通过从每一项到下一项的指针去寻找正确的数据序列。

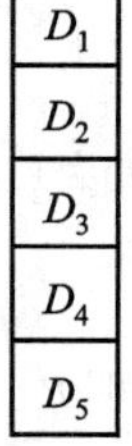

图 4.28

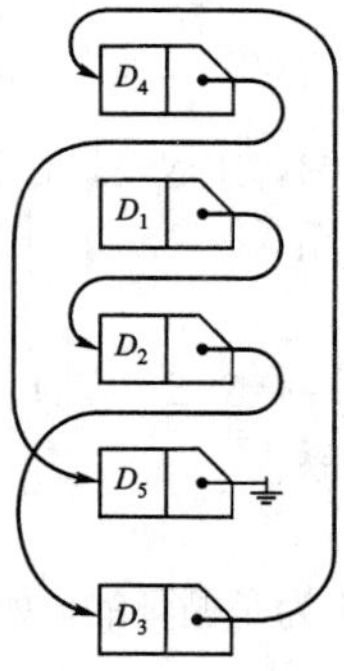

图 4.29

图 4.29 所示，把存储单元表示为一个分隔的盒子[数据 | •]，右边的点表示一个指针。从每一个这种点到对应于指针所指定的下一个单元画一条线。符号●—⏚意指数据已结束并且没有进一步需要跟随的指针。

实际上，连接表概念可以用两个线性数组表示，如图 4.30 所示，一个数据数组 A 和一个指针数组 P。注意，一旦在位置 $A[i]$ 访问数据，那么在位置 $P[i]$ 上的数给出或指向包含下一个数据项的 A 的变址。

因此，如果是在位置 $A[3]$ 访问数据项 D_2，那么位置 $P[3]$ 将包含 5，因为下一个数据项 D_3 是位于 $A[5]$。在 P 的某个位置上的 0 表示不再有数据项存在。在图 4.30 中，因为 $A[4]$ 包含 D_5，它是最后的数据项，所以 $P[4]$ 是 0。在该方案中，先前只用一个数组表示的数据就需要两个数组, 并且只有连续访问。因此，不能直接定位 D_2，而是必须通过连接直至到达它为止。然而，这种方法的最大优点是数据的实际物理次序不一定与逻辑上的或自然的次序相同。在上面的例子里，自然次序是 $D_1D_2D_3D_4D_5$，但是数据不是用这种方式存储。连接允许人们很自然地通过数据，无论它们是如何存储的。因此，很容易在任何地方增加新的项。如果要在 D_2 和 D_3 之间插入项 E，那么就把 E 毗连到数组 A 的末尾，改变一个指针并且毗连到另一个指针，如图 4.31 所示。无论表格有多长，都能用这种方法处理。用一个附加的变量 START 表示第 1 个数据项的变址，如图 4.30 和图 4.31 所示，START 将包含 2，因为 D_1 是在 $A[2]$ 中的。

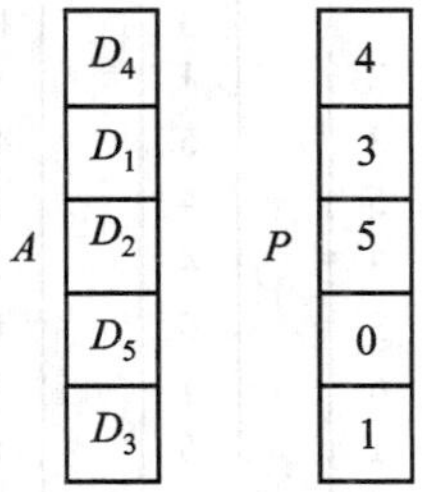

图 4.30

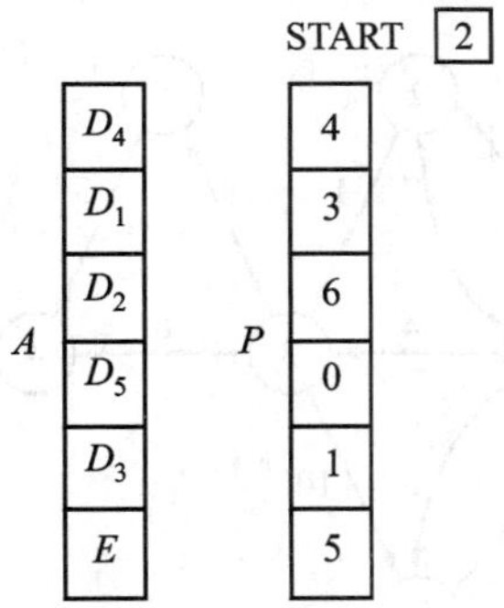

图 4.31

该方法与数据项的大小无关，只要在计算机限制的范围之内，因此，A 实际上可以是一个二维数组或矩阵。第一行有几个数描述第一个数据项，第二行描述下一个数据项，等等。数据甚至可以是实际数据位置的指针。某些程序设计语言可直接实现指针，但是，像上面所表明的那样存在更有利于直接控制连接表的情况。

数组和连接表是数据结构的两个例子。数据结构是组织数据的一种理想方法，实现数据结构的方法依赖于使用的硬件和计算机语言的不同而变化,本书没有提供该方面详细的学习材料，用到的只是抽象的数据结构概念。计算机程序的效率常常跟它使用的数据结构有关。在该节余下的部分，我们将通过考察关系的不同的数据结构来阐述这些问题。

表示一个关系或它的有向图的信息存储问题也有两种解决方法，它们类似于上面对简单数据的表示。首先，从 4.2 节可以知道如果 A 有 n 个元素，那么 A 上的关系 R 能用 $n\times n$ 矩阵 $\boldsymbol{M}_R$ 表示。矩阵 $\boldsymbol{M}_R$ 的元素只是 0 或 1。所以在计算机里表示 R 的直接方法是通过在每个位置存储 0 和 1 的一个 $n\times n$ 数组。因此，如果 $A=\{1，2\}$且 $R=\{(1，1)，(1，2)，(2，2)\}$，那么

$$\boldsymbol{M}_R=\begin{bmatrix}1 & 1\\0 & 1\end{bmatrix}$$

并且这些数据能通过一个二维数组 MAT 表示，其中 MAT [1，1]=1，MAT [1，2]=1，MAT [2，1]= 0，MAT [2, 2]=1。

存储关系和有向图数据的第二种方法是使用前面已描述过的连接表思想。为清楚起见，使用一种图形语言。连接表是由有向图的所有边所构造的，即决定这些边的有序数对。数据可以用两个数组 TAIL 和 HEAD 表示，它们分别给出由所有箭头指示的开始顶点和结束顶点。如果希望这些边的数据构成一个连接表，那么还需要从每一条边到下一条边的一个指针式数组 NEXT。

考虑如图 4.32 所示的关系的有向图，顶点是整数 1~6 并且如图 4.32 所示的那样给边任意编号。如果希望用连接表形式存储有向图使得逻辑次序与边的编号相一致，那么可用如图 4.33 所示的一种方案。START 包含 2，它是第一个数据项的变址，也就是边(2，3)(这条边在图 4.32 中标号是 1)。该边分别被存储在 TAIL 和 HEAD 的第二项中。因为 NEXT [2]包含 10，所以下一条边被定位在 TAIL 和 HEAD 的位置 10 上，即(1，2)(在图 4.32 中是标志边 2)。

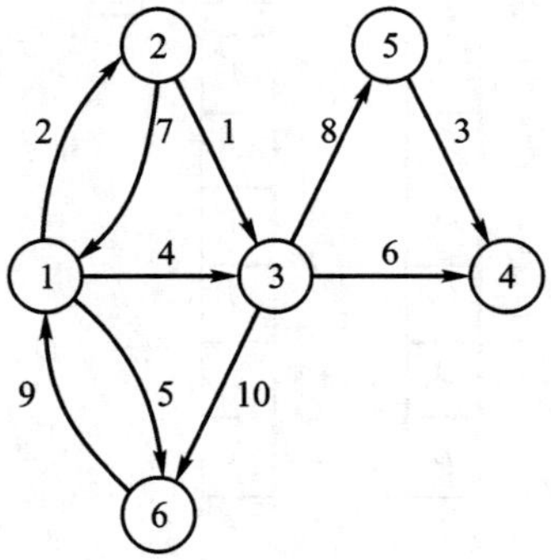

图 4.32

START	TAIL	HEAD	NEXT
2	1	3	9
	2	3	10
	2	1	4
	3	5	8
	5	4	1
	3	4	3
	3	6	0
	6	1	7
	1	6	6
	1	2	5

图 4.33

NEXT [10]包含 5，所以下一个数据位置是 5，它包含边(5，4)。该过程可继续下去直至到达边(3，6)，即数据位置 7 为止。它是最后一条边，这一事实可通过 NEXT [7]包含 0 来指明。同指针一样，用 0 表示不再有任何数据。

如果跟踪这个过程，可以看到所遇到的边刚好对应于边的标号次序。用类似的方法，可安排以任意希望的次序经过这些边。

这种方案以及其他许多等价变异都有重大缺陷。在许多算法中，首先需要有效地定位一个顶点，然后立即开始检查以该顶点开始或结束的边。因此如图 4.33 所示的存储机制一般来说是不可能的。所以，下面给出它的一种修改。使用另外一个线性数组 VERT，使得有向图中的每

个顶点有一个位置。对每个顶点 I，VERT[I]是在 TAIL 和 HEAD 中离开顶点 I 所要考虑的第一条边的变址。在如图 4.32 所示的有向图中，第一条边也许是用最小数标号的边。因此，VERT 同 NEXT 一样含有边的指针。对每个顶点 I，必须在 NEXT 中安排指针使得指针与所有离开 I 的边相联系，开始于 VERT[I]所指向的边。在每一种情况下，这些边的最后的指针指向 0。在某种意义上，数据数组 TAIL 和 HEAD 实际上含有边的几个连接表，每一个顶点有一个连接表。

在图 4.34 中，对如图 4.32 所示的有向图情形说明了这种方法。这里 VERT [1]包含 10，所以离开顶点 1 的第一条边一定存储在第 10 个数据位置上，它是边(1，3)。因为 NEXT [10]=9，那么离开顶点 1 的下一条边是(1，6)，它定位于数据位置 9 上。其次 NEXT [9]=1，它指向数据位置 1 的边(1，2)。又因为 NEXT [1]=0，所以到达从顶点 1 开始的最后一条边。这里所选择边的次序与图 4.32 的标号不同。

然后，继续进行 VERT [2]，得到一个在数据中位置是 2 的指针，这是包含离开顶点 2 的第一条边，即(2，3)，并且可得到访问来自于顶点 2 的所有边的指针。用类似的方法，可以跟踪来自于每个顶点的边(如果有的话)。注意，VERT [4]=0 表明从顶点 4 开始不存在任何边。

图 4.35 给出了图 4.34 所描述有向图的另外一种选择方案。读者应该检查图 4.35 中所描述的方法的正确性。再次提醒读者，离开每个顶点的边的次序可以任意选择。

VERT	TAIL	HEAD	NEXT
10	1	2	0
2	2	3	3
4	2	1	0
0	3	5	6
5	5	4	0
8	3	4	7
	3	6	0
	6	1	0
	1	6	1
	1	3	9

图 4.34

VERT	TAIL	HEAD	NEXT
9	1	2	0
3	2	3	0
6	2	1	2
0	3	5	7
5	5	4	0
8	3	4	4
	3	6	0
	6	1	0
	1	6	10
	1	3	1

图 4.35

于是可以看到有(至少)两种方法存储一个关系或有向图的数据。一种是用关系矩阵，另一种是用连接表。选择使用什么方法存储是由许多因素决定的。集合 A 中元素总数 n、R 中的有序数对或这个数与 n^2(最大可能的有序数对)的比率以及从 R 中取出的可能信息都需要考虑。这些因素的分析将决定哪一种存储方法是占优势的。下面考虑两种情况。

假设 $A=\{1,\ 2,\ \cdots,\ N\}$，R 是 A 上的一个关系，它的矩阵 $\boldsymbol{M}_R$ 由数组 MAT 表示。还假设 R 包含 P 个有序对，使得 MAT 也刚好包含这 P 个。首先，考虑把一对$(I,\ J)$加到 R 中的问题，然后考虑检验 R 的传递性问题。

把$(I,\ J)$加到 R 中是通过命题

$$\text{MAT}[I,\ J] \leftarrow 1$$

完成的。用矩阵存储方法这是相当简单的。

现在，考虑下面的算法，它的返回值 RESULT 是值 T(真)或 F(假)，依赖于 R 是否是传递的。注意，TRANS 本身没有给出 R 是否是传递的。

算法 TRANS

1．RESULT ← T

2．**FOR** I=1 **THRU** N

  a．**FOR** J=1 **THRU** N

    1．**IF** (MAT [I,J]=1) **THEN**

      a．**FOR** K=1 **THRU** N

        1．**IF**(MAT [J,K]=1 and MAT [I,K]=1) **THEN**

          a．RESULT ← F ■

其中，RESULT 开始时被设为 T，仅当发现$(I, J)\in R$ 和$(J, K)\in R$ 但$(I, K)\notin R$(违反传递性的情况)时，它才会改变。

下面提供算法 TRANS 计数所需要的步骤数。注意，每个 I 和 J 都是从 1 到 N，如果(I, J)不在 R 中，那么只需执行一次“**IF** MAT[I，J]=1”为假的判断，算法的其余部分不执行。因为 N^2-P 个有序对不属于 R，所以对这些元素必须执行 N^2-P 步。如果$(I, J)\in R$，那么判断“**IF** MAT [I，J]=1”为真，并且执行下面的 N 步附加循环。

a．**FOR** K=1 **THRU** N

  1．**IF** (MAT [J，K]=1 and MAT [I,K]=0) **THEN**

    a．RESULT ← F

因为 R 包含 P 个有序对，所以对这些元素要执行 PN 步。因此，算法 TRANS 所需要的总步骤数是

$$T_A=PN+(N^2-P)$$

设 $P=kN^2$，其中 $0\leqslant k\leqslant 1$(因为 P 必须在 $0\sim N^2$ 之间)，则算法 TRANS 用

$$T_A=k\,N^3+(1-k)N^2$$

步完成传递性的检查。

现在考虑用 VERT，TAIL，HEAD 和 NEXT 连接表方案表示相同的有向图。首先讨论增加一条边(I, J)的问题。设 TAIL，HEAD 和 NEXT 有多余的一个未用过的空位，边的总数由一个变量 P 来计数。那么下面就是把一条边(I, J)加到关系 R 中的算法。

算法 ADDEDGE

1．$P \leftarrow P+1$

2．TAIL [P] ← I

3．HEAD [P] ← J

4．NEXT [P] ← VERT [I]

5．VERT [I] ← P ■

图 4.36 用指针形式给出了增加边(I, J)前后的图解情况。现在 VERT [I]指向新的边，并且

从这条边的指针指向先前由 VERT [*I*]指向的边，即(*I*，*J′*)。该方法不是太复杂，但是很显然对于增加一条边的任务，矩阵存储方法是有优势的。

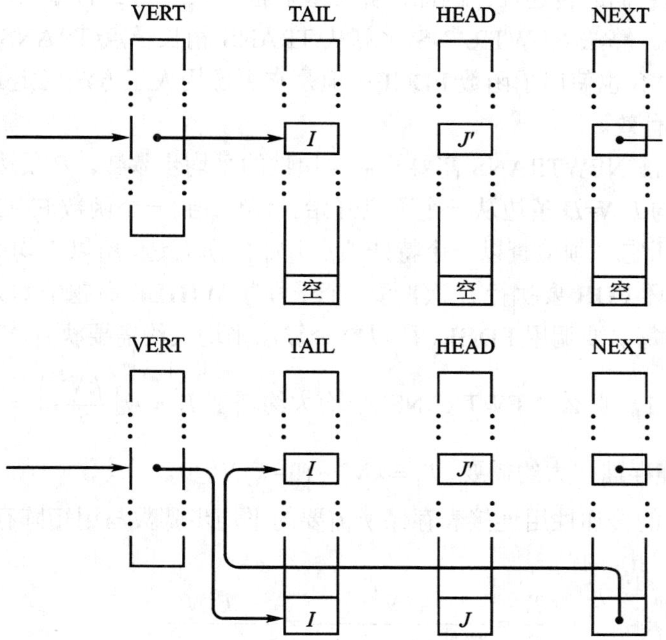

图 4.36

算法 NEWTRANS

1．RESULT ← T

2．**FOR** *I*=1 **THRU** *N*

  a．*X* ← VERT [*I*]

  b．**WHILE**($X \neq 0$)

    1．*J* ← HEAD [*X*]

    2．*Y* ← VERT [*J*]

    3．**WHILE** ($Y \neq 0$)

      a．*K* ← HEAD [*Y*]

      b．TEST ← EDGE [*I*, *K*]

      c．**IF** (TEST) **THEN**

        1．*Y* ← NEXT [*Y*]

      d．**ELSE**

        1．RESULT ← F

        2．*Y* ← NEXT [*Y*]

4．$X \leftarrow$ NEXT [X] ■

读者可以用几个简单的例子得到这种算法的步骤。对每个顶点 I，搜寻从 I 开始的长度为 2 的所有道路并且检查它们的传递性。因此，算法最后检查长度为 2 的每一条道路，看是否存在一条等价的直接道路。算法 NEWTRANS 比算法 TRANS 稍长一点(TRANS 对应于矩阵存储方法)，并且 NEWTRANS 也使用了函数 EDGE；但是它更像用人工方法确定 R 的传递性。而且，NEWTRANS 也许更有效。

现在分析一下算法 NEWTRANS 需要检查传递性的平均步骤数。P 条边的每条边都从唯一顶点开始，所以，平均 $P/N=D$ 条边从一个顶点开始。不难看到一个函数 EDGE，如 NEWTRANS 所需要的 EDGE，由于它必须检查以一个特殊顶点开始的所有边，所以平均大约需要执行 D 步。NEWTRANS 的主循环 **FOR** 要执行 N 次，每一个子程序 **WHILE** 命题平均大约需要执行 D 次。因为最后的 **WHILE** 每次要调用 EDGE，所以整个算法平均大约需要执行 ND^3 步。像前面一样，假设 $P=kN^2$，$0\leqslant k\leqslant 1$，那么 NEWTRANS 平均大约需要 $T_L = N\left(\dfrac{kN^2}{N}\right)^3 = k^3N^4$ 步。回忆算法 TRANS，它使用矩阵存储，大约需要 $T_A = kN^3 + (1-k)N^2$ 步。

现在考虑检验 R 的传递性用连接表存储所需要的平均步骤数与用矩阵存储所需要的步骤数的相对比率 T_L/T_A。因此，有

$$\frac{T_L}{T_A} = \frac{k^3N^4}{kN^3 + (1-k)N^2} = \frac{k^2N}{1+\left(\dfrac{1}{k}-1\right)\dfrac{1}{N}}$$

当 k 接近于 1 时，即当存在许多条边时，那么 T_L/T_A 接近于 N，所以 $T_L \approx T_A N$，即连接表方法的步骤数是矩阵存储方法步骤数的 N 倍。因此，在大部分情况下，矩阵存储方法比连接表方法快 N 倍。

另一方面，如果 k 非常小，那么 T_L/T_A 也许几乎是 0。也就是说，如果边数与 N^2 相比很小，那么在平均意义下，检验传递性用连接表存储方法比用邻接矩阵存储有效得多。

当然，已经作了某些过分的简化。并不是所有的执行步骤都花费相同的时间，检验传递性的每一种算法也许当发现传递性的第一个反例时，通过终止搜寻而被变得简短。尽管如此，结论仍然是正确的,并且阐明了关键点——表示如集合、关系和有向图这些对象时，数据结构的选择对取出对象信息的效率有着重要的影响。

事实上，所有实际应用中重要的关系和有向图都太大以致不能用手工完成。因此，探索关系的计算机存储和各种方法的算法实现具有相当的重要性。

习 题 4.6

1．验证图 4.35 的连接表排列正确地描述了图 4.32 中的有向图。

2．构造一个函数 EDGE(I，J)(用伪码)，使得如果数对(i，j)属于 R，则返回值 T(真)，否则返回值 F(假)。假设关系 R 由数组 VERT，TAIL，HEAD 和 NEXT 给出(如本节所描述的)。

3．证明第 2 题中的函数 EDGE 以平均 D 步运行，其中 $D=P/N$，P 是 R 的边数，N 是 R 的顶点数。(提示：设 P_{ij} 是从顶点 i 到顶点 j 的边数，写出每一对顶点由 EDGE 执行的总步骤数，然后取平均。使用事实 $\sum_{i=1}\sum_{j=1}P_{ij}=P$ 。)

4．设 NUM 是一个拥有 N 个正整数的线性数组，NEXT 是有相同长度的线性数组。假设 START 是 NUM 中“第一个”整数的指针，对每个 I，NEXT [I]指向被考虑的 NUM 中的“下一个”整数。如果 NEXT[I]=0，那么列表结束。

用伪码写一个函数 LOOK(NUM，NEXT，START，N，K)，对一个整数 K 用 NEXT 中的指针搜寻 NUM。若发现 K，则返回 NUM 中 K 的位置。否则，LOOK 打印“NOT FOUND”。

5．设 A={1，2，3，4}且 R={(1，1)，(1，2)，(1，3)，(2，3)，(2，4)，(3，1)，(3，4)，(4，2)}是 A 上的一个关系，计算由 R 给出的矩阵 $\boldsymbol{M}_R$ 和将 R 描述成连接表的数组 VERT，TAIL，HEAD 和 NEXT 的值。你可以用任何合理的方法连接。

6．设 A={1，2，3，4}，R 是关系且它的有向图如图 4.37 所示。描述数组 VERT，TAIL，HEAD 和 NEXT，建立 R 的连接表表示，使得从每个顶点出发的边都以递增次序在该表中到达(与它们在图 4.37 中的标号有关)。

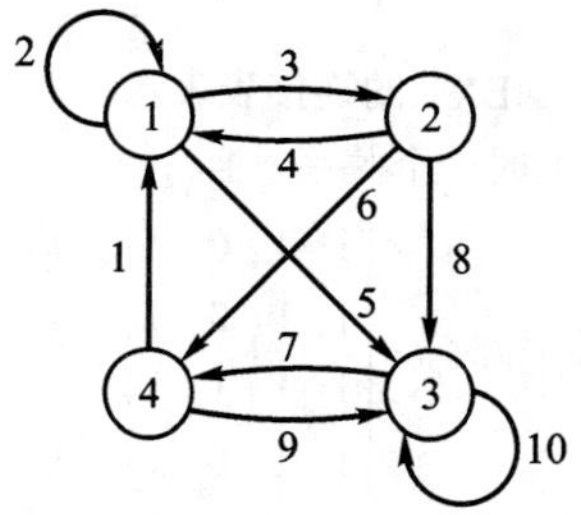

图 4.37

7．考虑下面的数组。

VERT = [1，2，6，4]

TAIL = [1，2，2，4，4，3，4，1]

HEAD = [2，2，3，3，4，4，1，3]

NEXT = [8，3，0，5，7，0，0，0]

它们描述了集合 A = {1，2，3，4}上的一个关系 R。计算 R 的有向图和矩阵 $\boldsymbol{M}_R$。

8．下面的数组描述了集合 A = {1，2，3，4，5}上的一个关系 R，计算 R 的有向图和矩阵 $\boldsymbol{M}_R$。

VERT = [6，2，8，7，10]

TAIL = [2，2，2，2，1，1，4，3，4，5]

HEAD = [4，3，5，1，2，3，5，4，2，4]

NEXT = [3，1，4，0，0，5，9，0，0，0]

9．设 A = {1，2，3，4，5}，R 是 A 上的一个关系，使得

$$\boldsymbol{M}_R=\begin{bmatrix}1&0&0&1&0\\0&1&1&0&0\\0&0&0&1&0\\1&0&1&0&1\\0&1&0&0&1\end{bmatrix}$$

为关系 R 构造一个 VERT，TAIL，HEAD，NEXT 的连接表表示。

10. 设 $A=\{a, b, c, d, e\}$，R 是由

$$M_R=\begin{bmatrix}1&0&0&1&0\\0&0&1&1&0\\1&1&0&0&1\\0&1&0&1&0\\1&0&0&0&1\end{bmatrix}$$

所描述的关系。为关系 R 构造一个 VERT，TAIL，HEAD，NEXT 的连接表表示。

11. 设 $A=\{a, b, c, d\}$，R 是 A 上的一个关系，且

$$M_R=\begin{bmatrix}1&1&0&1\\0&1&1&0\\0&1&1&1\\1&1&1&1\end{bmatrix}$$

为关系 R 构造一个 VERT，TAIL，HEAD，NEXT 的连接表表示。

12. 设 $A=\{$F，M，R，W$\}$，R 是 A 上的一个关系，且

$$M_R=\begin{bmatrix}1&1&0&1\\1&1&0&1\\1&1&1&1\\1&1&0&1\end{bmatrix}$$

为关系 R 构造一个 VERT，TAIL，HEAD，NEXT 的连接表表示。

4.7 关系运算

既然学习了关系按照具有或不具有某些性质所进行的分类，那么下面就定义关系上的某些运算。如 1.6 节所述，关系和关系所附带的性质以及关系上的运算形成了一个数学结构。

设 R 和 S 是从集合 A 到集合 B 的关系，那么，若记 R 和 S 只是 $A\times B$ 的简单子集，则可使用 R 和 S 上的集合运算。例如，R 的补 $\overline{R}$ 被看成是**互补关系**。当然，它也可根据 R 而简单地表示成从 A 到 B 的一个关系：

$$a\ \overline{R}\ b \text{ 当且仅当 } a\ \not R\ b$$

也可形成关系 R 和 S 的交集 $R\cap S$ 和并集 $R\cup S$。用关系的术语，可知 $a\,(R\cap S)b$ 意指 $a\ R\ b$ 和 $a\,S\,b$。所有集合理论中的运算都能用这种方法来产生新的关系。读者应该尝试给出关系 $R\oplus S$ 的关系型描述(见 1.2 节)。

从 A 到 B 的一个关系 R 的一种不同类型的运算是**逆**的构造，通常写成 R^{-1}。关系 R^{-1} 是从 B 到 A(R 的反序)由 $b\ R^{-1}\ a$ 当且仅当 $a\ R\ b$ 所定义的关系。由此显然有$(R^{-1})^{-1}=R$。不难看出 $\mathrm{Dom}\,(R^{-1})=\mathrm{Ran}(R)$和 $\mathrm{Ran}(R^{-1})=\mathrm{Dom}(R)$。将这些简单的事实留给读者验证。

例 1 设 $A=\{1, 2, 3, 4\}$，$B=\{a, b, c\}$，且设

$R=\{(1, a), (1, b), (2, b), (2, c), (3, b), (4, a)\}$，$S=\{(1, b), (2, c), (3, b), (4, b)\}$

计算：(a) $\overline{R}$；(b) $R\cap S$；(c) $R\cup S$；(d) R^{-1}。

解 (a) 首先求得

$$A\times B=\{(1, a), (1, b), (1, c), (2, a), (2, b), (2, c), (3, a), (3, b), (3, c), (4, a), (4, b), (4, c)\}$$

因此，在 $A\times B$ 中 R 的补是

$$\overline{R}=\{(1, c), (2, a), (3, a), (3, c), (4, b), (4, c)\}$$

(b) $R\cap S=\{(1, b), (3, b), (2, c)\}$。

(c) $R\cup S=\{(1, a), (1, b), (2, b), (2, c), (3, b), (4, a), (4, b)\}$。

(d) 因为 $(x, y)\in R^{-1}$ 当且仅当 $(y, x)\in R$，所以有

$$R^{-1}=\{(a, 1), (b, 1), (b, 2), (c, 2), (b, 3), (a, 4)\}$$ ■

例 2 设 $A=\mathbf{R}$，R 是 A 上的关系≤，S 是≥，那么 R 的补是关系>，因为 $a\not\leqslant b$ 意味着 $a>b$。类似地，S 的补是<。另一方面，因为对任意数 a 和 b，$a\,R^{-1}\,b$ 当且仅当 $b\,R\,a$ 当且仅当 $b\leqslant a$ 当且仅当 $a\geqslant b$，所以 $R^{-1}=S$。类似地，有 $S^{-1}=R$。此外，注意到 $R\cap S$ 是相等关系，因为 $a\,(R\cap S)\,b$ 当且仅当 $a\leqslant b$ 且 $a\geqslant b$ 当且仅当 $a=b$。因为对任意 a 和 b，$a\leqslant b$ 或 $a\geqslant b$ 必定成立，所以得到 $R\cup S=A\times A$，即 $R\cup S$ 是任意 a 与任意 b 相关的*全集*关系。 ■

例 3 设 $A=\{a, b, c, d, e\}$，R 和 S 是 A 上的两个关系，它们所对应的有向图如图 4.38 所示。那么读者可验证下列事实：

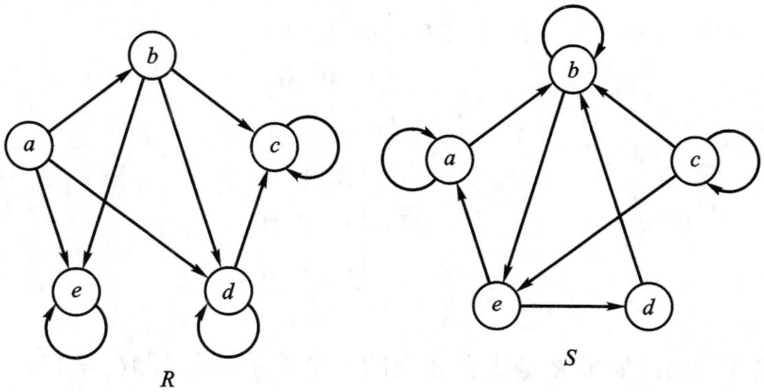

图 4.38

$$\overline{R}=\{(a, a), (b, b), (a, c), (b, a), (c, b), (c, d), (c, e), (c, a), (d, b), (d, a), (d, e), (e, b), (e, a), (e, d), (e, c)\},$$

$$R^{-1}=\{(b, a), (e, b), (c, c), (c, d), (d, d), (d, b), (c, b), (d, a), (e, e), (e, a)\}$$

$$R\cap S=\{(a, b), (b, e), (c, c)\}$$ ■

例 4 设 $A=\{1,2,3\}$，R 和 S 是 A 上的关系，假设 R 和 S 的矩阵是

$$\boldsymbol{M}_R=\begin{bmatrix}1&0&1\\0&1&1\\0&0&0\end{bmatrix} \text{和} \boldsymbol{M}_S=\begin{bmatrix}0&1&1\\1&1&0\\0&1&0\end{bmatrix}$$

那么可以验证

$$\boldsymbol{M}_{\overline{R}}=\begin{bmatrix}0&1&0\\1&0&0\\1&1&1\end{bmatrix},\quad \boldsymbol{M}_{R^{-1}}=\begin{bmatrix}1&0&0\\0&1&0\\1&1&0\end{bmatrix}$$

$$\boldsymbol{M}_{R\cap S}=\begin{bmatrix}0&0&1\\0&1&0\\0&0&0\end{bmatrix},\quad \boldsymbol{M}_{R\cup S}=\begin{bmatrix}1&1&1\\1&1&1\\0&1&0\end{bmatrix}$$

■

例 4 说明了某些一般的事实，回顾 1.5 节布尔矩阵上的运算，可证明(第 31 题)：如果 R 和 S 是 A 上的关系，那么

$$\boldsymbol{M}_{R\cap S}=\boldsymbol{M}_R\wedge\boldsymbol{M}_S$$
$$\boldsymbol{M}_{R\cup S}=\boldsymbol{M}_R\vee\boldsymbol{M}_S$$
$$\boldsymbol{M}_{R^{-1}}=(\boldsymbol{M}_R)^{\mathrm{T}}$$

而且，如果 $\boldsymbol{M}$ 是一个布尔矩阵，那么定义 $\boldsymbol{M}$ 的补 $\overline{\boldsymbol{M}}$ 是通过将 $\boldsymbol{M}$ 中的每个 1 用 0 取代、每个 0 用 1 取代而获得的矩阵。因此，如果

$$\boldsymbol{M}=\begin{bmatrix}1&0&0\\0&1&1\\1&0&0\end{bmatrix}$$

那么

$$\overline{\boldsymbol{M}}=\begin{bmatrix}0&1&1\\1&0&0\\0&1&1\end{bmatrix}$$

同样可以证明(第 31 题)：如果 R 是集合 A 上的一个关系，那么 $\boldsymbol{M}_{\overline{R}}=\overline{\boldsymbol{M}_R}$。

已经知道一个对称关系是满足 $\boldsymbol{M}_R=(\boldsymbol{M}_R)^{\mathrm{T}}$ 的关系 R，因为 $(\boldsymbol{M}_R)^{\mathrm{T}}=\boldsymbol{M}_{R^{-1}}$，所以得到 R 是对称的当且仅当 $R=R^{-1}$。

下面证明有关关系的结合所具备的几个有用的性质。

定理 1 假设 R 和 S 是从 A 到 B 的关系。

(a) 如果 $R\subseteq S$，则 $R^{-1}\subseteq S^{-1}$。

(b) 如果 $R\subseteq S$，则 $\overline{S}\subseteq\overline{R}$。

(c) $(R\cap S)^{-1}=R^{-1}\cap S^{-1}$，$(R\cup S)^{-1}=R^{-1}\cup S^{-1}$。

(d) $\overline{R\cap S}=\overline{R}\cup\overline{S}$，$\overline{R\cup S}=\overline{R}\cap\overline{S}$。

证明 (b)和(d)是一般集合性质的特殊情况，在 1.2 节已证明。

现在证明(a)。假设 $R\subseteq S$ 并设 $(a, b)\in R^{-1}$，那么 $(b, a)\in R$，所以 $(b, a)\in S$。反之推出 $(a, b)\in S^{-1}$。因为 R^{-1} 的每个元素都在 S^{-1} 中，所以得到(a)。

其次证明(c)。首先，假设 $(a, b)\in(R\cap S)^{-1}$，那么 $(b, a)\in R\cap S$，所以 $(b, a)\in R$ 且 $(b, a)\in S$。这意味着 $(a, b)\in R^{-1}$ 和 $(a, b)\in S^{-1}$，所以 $(a, b)\in R^{-1}\cap S^{-1}$。由相反的步骤能够证明相反的包含关系。同理可证 $(R\cup S)^{-1}=R^{-1}\cup S^{-1}$。 ■

关系 $\overline{R}$ 和 R^{-1} 可用来检验 R 是否具有 4.4 节所提出的关系中的某些性质。例如，前面已经看到关系 R 是对称的当且仅当 $R=R^{-1}$。这里所讨论的是关系上的运算和性质之间的某些其他联系。

定理 2 设 R 和 S 是集合 A 上的关系。

(a) 如果 R 是自反的，那么 R^{-1} 也是自反的。

(b) 如果 R 和 S 是自反的，那么 $R\cap S$ 和 $R\cup S$ 也是自反的。

(c) R 是自反的当且仅当 $\overline{R}$ 是非自反的。

证明 设 Δ 是 A 上的相等关系，则 R 是自反的当且仅当 $\Delta\subseteq R$。显然，$\Delta=\Delta^{-1}$，因此，如果 $\Delta\subseteq R$，那么由定理 1 可知 $\Delta=\Delta^{-1}\subseteq R^{-1}$，所以 R^{-1} 也是自反的，这就证明了(a)。为了证明(b)，应注意如果 $\Delta\subseteq R$ 且 $\Delta\subseteq S$，那么 $\Delta\subseteq R\cap S$ 和 $\Delta\subseteq R\cup S$。为了证明(c)，应注意关系 S 是非自反的当且仅当 $S\cap\Delta=\varnothing$。于是 R 是自反的当且仅当 $\Delta\subseteq R$ 当且仅当 $\Delta\cap\overline{R}=\varnothing$ 当且仅当 $\overline{R}$ 是非自反的。 ■

例 5 设 $A=\{1, 2, 3\}$，考虑下面两个自反关系

$$R=\{(1, 1), (1, 2), (1, 3), (2, 2), (3, 3)\},$$
$$S=\{(1, 1), (1, 2), (2, 2), (3, 2), (3, 3)\}$$

那么

(a) $R^{-1}=\{(1, 1), (2, 1), (3, 1), (2, 2), (3, 3)\}$，所以 R 和 R^{-1} 都是自反的。

(b) $\overline{R}=\{(2, 1), (2, 3), (3, 1), (3, 2)\}$，当 R 是自反时，$\overline{R}$ 是非自反的。

(c) $R\cap S=\{(1, 1), (1, 2), (2, 2), (3, 3)\}$ 和 $R\cup S=\{(1, 1), (1, 2), (1, 3), (2, 2), (3, 2), (3, 3)\}$ 都是自反的。 ■

定理 3 设 R 是集合 A 上的一个关系，那么

(a) R 是对称的当且仅当 $R=R^{-1}$。

(b) R 是反对称的当且仅当 $R\cap R^{-1}\subseteq\Delta$。

(c) R 是非对称的当且仅当 $R\cap R^{-1}=\varnothing$。

证明 证明非常简单，留做练习。 ■

定理 4 设 R 和 S 是 A 上的关系。

(a) 如果 R 是对称的，那么 R^{-1} 和 $\overline{R}$ 也是对称的。

(b) 如果 R 和 S 是对称的，那么 $R\cap S$ 和 $R\cup S$ 也是对称的。

证明 如果 R 是对称的，那么 $R=R^{-1}$，因此，$(R^{-1})^{-1}=R=R^{-1}$ 即 R^{-1} 也是对称的。同样，$(a,\ b)\in(\overline{R})^{-1}$ 当且仅当 $(b,\ a)\in\overline{R}$ 当且仅当 $(b,\ a)\notin R$ 当且仅当 $(a,\ b)\notin R^{-1}=R$ 当且仅当 $(a,\ b)\in\overline{R}$，所以 $\overline{R}$ 是对称的，(a)得证。(b)的证明可以从定理 1(c)立即得到。■

例 6 设 $A=\{1,2,3\}$，考虑对称关系

$$R=\{(1,\ 1),\ (1,\ 2),\ (2,\ 1),\ (1,\ 3),\ (3,\ 1)\},$$

$$S=\{(1,\ 1),\ (1,\ 2),\ (2,\ 1),\ (2,\ 2),\ (3,\ 3)\}$$

那么

(a) $R^{-1}=\{(1,\ 1),\ (2,\ 1),\ (1,\ 2),\ (3,\ 1),\ (1,\ 3)\}$ 和 $\overline{R}=\{(2,\ 2),\ (2,\ 3),\ (3,\ 2),\ (3,\ 3)\}$，所以 R^{-1} 和 $\overline{R}$ 都是对称的。

(b) $R\cap S=\{(1,\ 1),\ (1,\ 2),\ (2,\ 1)\}$ 和 $R\cup S=\{(1,\ 1),\ (1,\ 2),\ (1,\ 3),\ (2,\ 1),\ (2,\ 2),\ (3,\ 1),\ (3,\ 3)\}$ 都是对称的。■

定理 5 设 R 和 S 是 A 上的关系。则

(a) $(R\cap S)^2\subseteq R^2\cap S^2$。

(b) 如果 R 和 S 是传递关系，那么 $R\cap S$ 也是传递关系。

(c) 如果 R 和 S 都是等价关系，那么 $R\cap S$ 也是等价关系。

证明 用几何方法证明(a)。显然 $a(R\cap S)^2b$ 当且仅当在 $R\cap S$ 中存在从 a 到 b 长度为 2 的一条道路，该道路的边既在 R 中也在 S 中，所以 $a\,R^2\,b$ 和 $a\,S^2\,b$，这就推出 $a(R^2\cap S^2)b$。为了证明(b)，回顾 4.4 节，关系 T 是传递的当且仅当 $T^2\subseteq T$。如果 R 和 S 是传递的，那么 $R^2\subseteq R$，$S^2\subseteq S$，所以$(R\cap S)^2\subseteq R^2\cap S^2$(由(a))$\subseteq R\cap S$，从而 $R\cap S$ 是传递的。下面证明(c)。关系 R 和 S 都是自反的、对称的和传递的。因此，分别从定理 2(b)、4(b)和 5(b)可知相同的性质对 $R\cap S$ 都成立。从而 $R\cap S$ 是一个等价关系。■

例 7 设 R 和 S 是有限集 A 上的等价关系，A/R 和 A/S 是对应的划分(见 4.5 节)，因为 $R\cap S$ 是一个等价关系，所以它对应一个划分 $A/(R\cap S)$。下面根据 A/R 和 A/S 描述 $A/(R\cap S)$。设 W 是 $A/(R\cap S)$的块，并设 a 和 b 属于 W。那么 $a(R\cap S)b$，所以 $a\,R\,b$ 和 $a\,S\,b$。因此，a 和 b 属于相同的块，比如 A/R 中相同的块 X 和 A/S 中相同的块 Y。这意味着 $W\subseteq X\cap Y$。该推理步骤是可逆的，所以 $W=X\cap Y$。因此，可以通过形成 A/R 中的块与 A/S 中的块的所有可能的交集直接计算划分 $A/(R\cap S)$。■

闭包

如果 R 是集合 A 上的一个关系，那么也许 R 不具有 4.4 节所讨论的某些重要的关系性质，特别是自反性、对称性和传递性。如果 R 不具有某条特殊的性质，也许希望在 R 中添加某些有关的对，直至得到关系*确实*满足所需要的性质为止。自然希望所添加的新关系对尽可能少，所以需要找的是 A 上包含 R 且具有所希望性质的*最小*关系 R_1。有时 R_1 并不存在，如果像 R_1 这样的一个关系存在，则称它是关于该性质的 R 的**闭包**。

例 8 假设 R 是集合 A 上的一个关系，R 不是自反的，这仅当对角关系Δ的某些对不在 R 中时才会出现。因此，$R_1=R\cup\Delta$是 A 上包含 R 的最小自反关系，即 R 的**自反闭包**是 $R\cup\Delta$。■

例 9 设 R 是 A 上的非对称关系，那么在 R 中必存在对$(x,\ y)$使得$(y,\ x)$不在 R 中。当然，$(y,\ x)\in R^{-1}$，所以如果 R 是对称的，则必须从 R^{-1} 中添加所有对，即必须扩大 R 到 $R\cup R^{-1}$。显然，$(R\cup R^{-1})^{-1}=R\cup R^{-1}$，所以 $R\cup R^{-1}$ 是包含 R 的最小对称关系，即 $R\cup R^{-1}$ 是 R 的**对称闭包**。

如果 $A=\{a,\ b,\ c,\ d\}$，$R=\{(a,\ b),\ (b,\ c),\ (a,\ c),\ (c,\ d)\}$，那么 $R^{-1}=\{(b,\ a),\ (c,\ b),\ (c,\ a),\ (d,\ c)\}$，所以 R 的对称闭包是

$$R\cup R^{-1}=\{(a,\ b),\ (b,\ a),\ (b,\ c),\ (c,\ b),\ (a,\ c),\ (c,\ a),\ (c,\ d),\ (d,\ c)\}$$ ■

关系 R 的对称闭包是非常容易几何想象的。R 的有向图中的所有边在 $R\cup R^{-1}$ 中都成了“双向通道”。因此，R 的对称闭包的图就是所有的边具有双向的 R 的有向图。在图 4.39(a)中给出了例 9 中关系 R 的有向图。图 4.39(b)给出了对称闭包 $R\cup R^{-1}$ 的图。

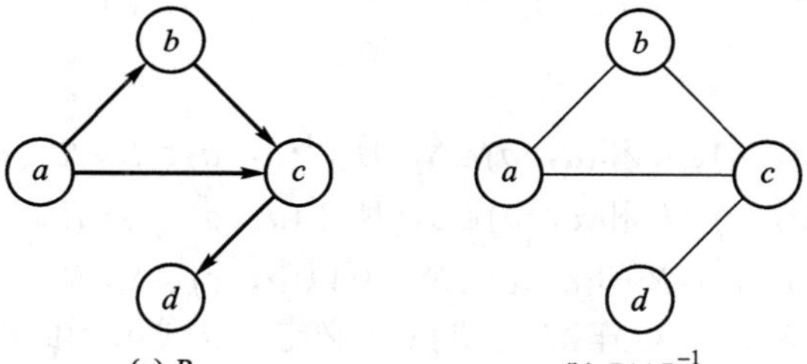

(a) R　　(b) $R\cup R^{-1}$

图 4.39

关系 R 的**传递闭包**是包含 R 的最小传递关系，在下一节讨论传递闭包。

合成

设 A，B 和 C 都是集合，R 是从 A 到 B 的一个关系，S 是从 B 到 C 的一个关系，那么可定义一种新的关系，R 和 S 的**合成**，记为$S\circ R$。关系$S\circ R$是从 A 到 C 的一个关系，并且定义如下。如果 $a\in A$ 且 $c\in C$，那么 $a(S\circ R)c$ 当且仅当对 B 中的某个 b，有 $a\,R\,b$ 和 $b\,S\,c$。换句话说，如果能从 a 到 c 分两个阶段到达：首先通过关系 R 到达中间顶点 b，然后通过关系 S 从 b 到 c，那么 a 是通过$S\circ R$与 c 相关的。关系$S\circ R$可以看做“S 跟随 R”，因为它表示先 R 后 S，是两个关系相结合的结果。

例 10 设 $A=\{1,\ 2,\ 3,\ 4\}$，$R=\{(1,\ 2),\ (1,\ 1),\ (1,\ 3),\ (2,\ 4),\ (3,\ 2)\}$，$S=\{(1,\ 4),\ (1,\ 3),\ (2,\ 3),\ (3,\ 1),\ (4,\ 1)\}$，因为$(1,\ 2)\in R$ 且$(2,\ 3)\in S$，所以必有$(1,\ 3)\in S\circ R$。类似地，因为$(1,\ 1)\in R$ 和$(1,\ 4)\in S$，从而得到$(1,\ 4)\in S\circ R$。如此继续下去，可以得到 $S\circ R=\{(1,\ 4),\ (1,\ 3),\ (1,\ 1),\ (2,\ 1),\ (3,\ 3)\}$。■

下面的结果给出了如何计算有关两个关系的合成的集合。

定理 6 设 R 是从 A 到 B 的一个关系，S 是从 B 到 C 的一个关系，那么，如果 A_1 是 A 的任意子集，则

$$(S\circ R)(A_1)=S(R(A_1)) \tag{1}$$

证明 如果一个元素 $z\in C$ 是在 $(S\circ R)(A_1)$ 中，那么存在某个 $x\in A_1$，$x(S\circ R)z$。由合成的定义可知，存在 B 中的某个 y，使得 xRy 和 ySz。因此，$y\in R(x)$，所以 $z\in S(R(x))$。因为 $\{x\}\subseteq A_1$，4.2 节的定理 1(a)表明 $S(R(x))\subseteq S(R(A_1))$，因此，$z\in S(R(A_1))$，从而 $(S\circ R)(A_1)\subseteq S(R(A_1))$。

反之，假设 $z\in S(R(A_1))$，那么存在 $R(A_1)$ 中的某个 y 使得 $z\in S(y)$。类似地，存在 A_1 中的某个 x，使得 $y\in R(x)$。这意味着 xRy 和 ySz，所以 $x(S\circ R)z$。因此 $z\in(S\circ R)(A_1)$，从而 $S(R(A_1))\subseteq(S\circ R)(A_1)$。这就证明了定理。 ■

例 11 设 $A=\{a,\ b,\ c\}$，R 和 S 是 A 上的关系，它们的矩阵是

$$\boldsymbol{M}_R=\begin{bmatrix}1&0&1\\1&1&1\\0&1&0\end{bmatrix},\quad \boldsymbol{M}_S=\begin{bmatrix}1&0&0\\0&1&1\\1&0&1\end{bmatrix}$$

从矩阵可以看到

$$(a,\ a)\in R\text{ 和 }(a,\ a)\in S\text{，所以 }(a,\ a)\in S\circ R\text{。}$$
$$(a,\ c)\in R\text{ 和 }(c,\ a)\in S\text{，所以 }(a,\ a)\in S\circ R\text{。}$$
$$(a,\ c)\in R\text{ 和 }(c,\ c)\in S\text{，所以 }(a,\ c)\in S\circ R\text{。}$$

因为如果 $(a,x)\in R$ 和 $(x,b)\in S$，那么矩阵 $\boldsymbol{M}_R$ 表明 x 将必定是 a 或 c，因此很容易得到 $(a,\ b)\notin S\circ R$；但矩阵 $\boldsymbol{M}_S$ 表明 $(a,\ b)$ 和 $(c,\ b)$ 都不是 S 的一个元素。

可以看到 $\boldsymbol{M}_{S\circ R}$ 的第一行是 1 0 1，读者用类似的分析可以证明

$$\boldsymbol{M}_{S\circ R}=\begin{bmatrix}1&0&1\\1&1&1\\0&1&1\end{bmatrix}$$

注意 $\boldsymbol{M}_{S\circ R}=\boldsymbol{M}_R\odot\boldsymbol{M}_S$（验证它）。 ■

例 11 说明了一个一般而有用的事实。设 A，B 和 C 分别是有 n，p 和 m 个元素的有限集合，R 是从 A 到 B 的一个关系，S 是从 B 到 C 的一个关系，那么 R 和 S 分别有大小为 $n\times p$ 和 $p\times m$ 的布尔矩阵 $\boldsymbol{M}_R$ 和 $\boldsymbol{M}_S$。于是能够计算 $\boldsymbol{M}_R\odot\boldsymbol{M}_S$ 并且它等于 $\boldsymbol{M}_{S\circ R}$。

为了看清这一点，设 $A=\{a_1,\cdots,a_n\}$，$B=\{b_1,\cdots,b_p\}$，$C=\{c_1,\cdots,c_m\}$，还可以假设 $\boldsymbol{M}_R=[r_{ij}]$，$\boldsymbol{M}_S=[s_{ij}]$，$\boldsymbol{M}_{S\circ R}=[t_{ij}]$，那么 $t_{ij}=1$ 当且仅当 $(a_i,\ c_j)\in S\circ R$，这意味着对某个 k，$(a_i,\ b_k)\in R$ 且 $(b_k,\ c_j)\in S$。换言之，对于在 1 和 p 之间的某个 k，有 $r_{ik}=1$ 和 $s_{kj}=1$。该条件与 $\boldsymbol{M}_R\odot\boldsymbol{M}_S$ 在位置 $(i,\ j)$ 上为 1 所需要的条件相同，因此，$\boldsymbol{M}_{S\circ R}$ 和 $\boldsymbol{M}_R\odot\boldsymbol{M}_S$ 是相等的。

在 R 和 S 相等的特殊情况下，有 $S\circ R=R^2$ 和 $\boldsymbol{M}_{S\circ R}=\boldsymbol{M}_{R^2}=\boldsymbol{M}_R\odot\boldsymbol{M}_R$，这些在 4.3 节已经证明。

例 12 用矩阵重做例 10，可以看到

$$M_R=\begin{bmatrix}1&1&1&0\\0&0&0&1\\0&1&0&0\\0&0&0&0\end{bmatrix}\text{和}\ M_S=\begin{bmatrix}0&0&1&1\\0&0&1&0\\1&0&0&0\\1&0&0&0\end{bmatrix}$$

于是

$$M_R\odot M_S=\begin{bmatrix}1&0&1&1\\1&0&0&0\\0&0&1&0\\0&0&0&0\end{bmatrix}$$

所以

$$S\circ R=\{(1,\ 1),\ (1,\ 3),\ (1,\ 4),\ (2,\ 1),\ (3,\ 3)\}$$

同前面得到的结果一样。在 R 和 S 的数对都很大的情况下，矩阵方法要可靠得多。 ■

定理 7 设 A，B，C 和 D 是集合，R 是从 A 到 B 的一个关系，S 是从 B 到 C 的一个关系，T 是从 C 到 D 的一个关系，那么

$$T\circ(S\circ R)=(T\circ S)\circ R$$ ■

证明 关系 R，S 和 T 分别是由它们的布尔矩阵 M_R，M_S 和 M_T 所决定的。像例 11 后面说明的那样，合成矩阵是布尔矩阵的乘积，即 $M_{S\circ R}=M_R\odot M_S$。因此

$$M_{T\circ(S\circ R)}=M_{S\circ R}\odot M_T=(M_R\odot M_S)\odot M_T$$

类似地，

$$M_{(T\circ S)\circ R}=M_R\odot(M_S\odot M_T)$$

因为布尔矩阵乘法是可结合的(见 1.5 节的第 37 题)，所以必然有

$$(M_R\odot M_S)\odot M_T=M_R\odot(M_S\odot M_T)$$

因此

$$M_{T\circ(S\circ R)}=M_{(T\circ S)\circ R}$$

从而得到

$$T\circ(S\circ R)=(T\circ S)\circ R$$

因为这些关系具有相同的矩阵。 ■

证明说明了用几种方法表达一个关系的优点。上面给出的一个简单证明使用了关系矩阵。

一般情况下，$R\circ S\neq S\circ R$，见下面的例子。

例 13 设 $A=\{a, b\}$，$R=\{(a, a), (b, a), (b, b)\}$，$S=\{(a, b), (b, a), (b, b)\}$，那么 $S\circ R=\{(a,\ b),\ (b,\ a),\ (b,\ b)\}$，而 $R\circ S=\{(a,\ a),\ (a,\ b),\ (b,\ a),\ (b,\ b)\}$。 ■

定理 8 设 A，B 和 C 是集合，R 是从 A 到 B 的一个关系，S 是从 B 到 C 的一个关系，那么 $(S\circ R)^{-1}=R^{-1}\circ S^{-1}$。

证明 设 $c\in C$ 和 $a\in A$，那么 $(c,\ a)\in(S\circ R)^{-1}$ 当且仅当 $(a,\ c)\in S\circ R$，即当且仅当存在一

个 $b\in B$, $(a, b)\in R$ 且$(b, c)\in S$。最终，这等价于命题$(c, b)\in S^{-1}$和$(b, a)\in R^{-1}$，即$(c, a)\in R^{-1}\circ S^{-1}$。

■

习 题 4.7

在题 1 和题 2 中，设 R 和 S 是从 A 到 B 的已知关系，计算：

(a) $\overline{R}$； (b) $R\cap S$； (c) $R\cup S$； (d) S^{-1}。

1．$A=B=\{1，2，3\}$；$R=\{(1，1)，(1，2)，(2，3)，(3，1)\}$；$S=\{(2，1)，(3，1)，(3，2)，(3，3)\}$。

2．$A=\{a，b，c\}$；$B=\{1，2，3\}$；$R=\{(a，1)，(b，1)，(c，2)，(c，3)\}$；$S=\{(a，1)，(a，2)，(b，1)，(b，2)\}$。

3．设 A=人的集合，$a\,R\,b$ 当且仅当 a 和 b 是兄弟，$a\,S\,b$ 当且仅当 a 和 b 是姊妹，描述 $R\cup S$。

4．设 A=人的集合，$a\,R\,b$ 当且仅当 a 比 b 大，$a\,S\,b$ 当且仅当 a 是 b 的兄弟，描述 $R\cap S$。

5．设 A=人的集合，$a\,R\,b$ 当且仅当 a 是 b 的父亲，$a\,S\,b$ 当且仅当 a 是 b 的母亲，描述 $R\cup S$。

6．设 $A=\{2，3，6，12\}$，R 和 S 是 A 上的下述关系：$x\,R\,y$ 当且仅当 $2|(x-y)$，$x\,S\,y$ 当且仅当 $3|(x-y)$。计算：(a) $\overline{R}$； (b) $R\cap S$； (c) $R\cup S$； (d) S^{-1}。

在题 7 和题 8 中，设 R 和 S 是两个关系，它们所对应的有向图如图 4.40 和图 4.41 所示。计算：

(a) $\overline{R}$； (b) $R\cap S$； (c) $R\cup S$； (d) S^{-1}。

7．

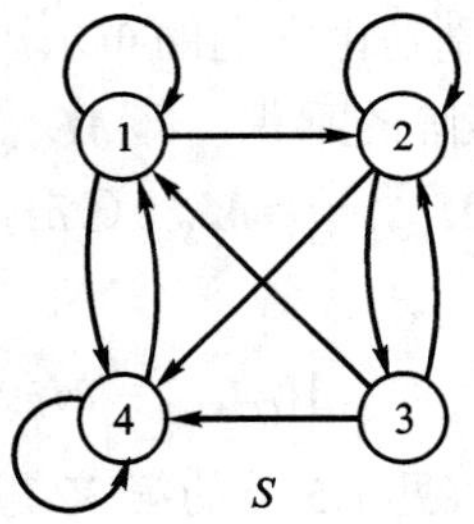

图 4.40

8．

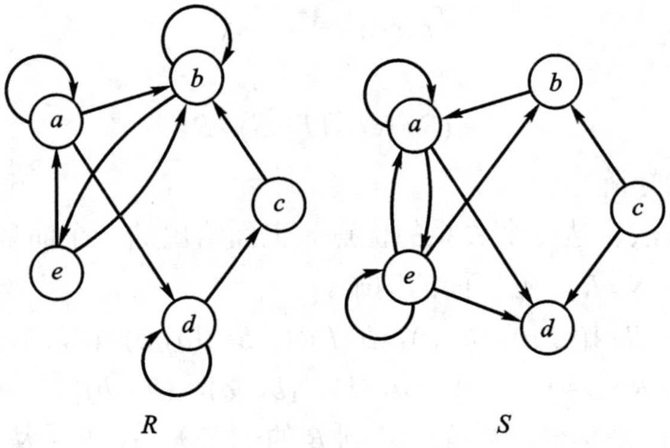

图 4.41

在题 9 和题 10 中，设 $A=\{1，2，3\}$，$B=\{1，2，3，4\}$。R 和 S 是从 A 到 B 的关系，它们的矩阵已知，

计算：

(a) $\overline{S}$；(b) $R\cap S$；(c) $R\cup S$；(d) R^{-1}。

9.
$$\boldsymbol{M}_R=\begin{bmatrix}1&1&0&1\\0&0&0&1\\1&1&1&0\end{bmatrix},\quad \boldsymbol{M}_S=\begin{bmatrix}0&1&1&0\\1&0&0&1\\1&1&0&0\end{bmatrix}$$

10.
$$\boldsymbol{M}_R=\begin{bmatrix}1&0&1&0\\0&0&0&1\\1&1&1&0\end{bmatrix},\quad \boldsymbol{M}_S=\begin{bmatrix}1&1&1&1\\0&0&0&1\\0&1&0&1\end{bmatrix}$$

在题 11 和题 12 中，设 A={1，2，3，4}，B={1，2，3}，已知从 A 到 B 的关系 R 和 S 的矩阵 $\boldsymbol{M}_R$ 和 $\boldsymbol{M}_S$，计算：

(a) $\boldsymbol{M}_{R\cap S}$；(b) $\boldsymbol{M}_{R\cup S}$；(c) $\boldsymbol{M}_{R^{-1}}$；(d) $\boldsymbol{M}_{\overline{S}}$。

11.
$$\boldsymbol{M}_R=\begin{bmatrix}1&0&1\\0&1&1\\0&1&0\\1&0&1\end{bmatrix},\quad \boldsymbol{M}_S=\begin{bmatrix}0&1&0\\1&0&1\\1&0&1\\1&1&1\end{bmatrix}$$

12.
$$\boldsymbol{M}_R=\begin{bmatrix}0&1&0\\0&1&1\\0&0&1\\1&1&1\end{bmatrix},\quad \boldsymbol{M}_S=\begin{bmatrix}1&0&1\\1&0&1\\0&1&0\\0&1&0\end{bmatrix}$$

13．设 $A=B$={1，2，3，4}，R={(1，1)，(1，3)，(2，3)，(3，1)，(4，2)，(4，4)}，S={(1，2)，(2，3)，(3，1)，(3，2)，(4，3)}，计算：

(a) $\boldsymbol{M}_{R\cap S}$；(b) $\boldsymbol{M}_{R\cup S}$；(c) $\boldsymbol{M}_{R^{-1}}$；(d) $\boldsymbol{M}_{\overline{S}}$。

14．设 A={1，2，3，4，5，6}，R 和 S 是 A 上的等价关系且

R={(1，2)，(1，1)，(2，1)，(2，2)，(3，3)，(4，4)，(5，5)，(5，6)，(6，5)，(6，6)}，

S={(1，1)，(1，2)，(1，3)，(2，1)，(2，2)，(2，3)，(3，1)，(3，2)，(3，3)，(4，6)，(4，4)，(6，4)，(6，6)，(5，5)}，

计算与 $R\cap S$ 相对应的划分。

15．设 A={a，b，c，d，e}，在 A 上定义等价关系 R 和 S，它们的矩阵如下：

$$\boldsymbol{M}_R=\begin{bmatrix}1&1&1&1&0\\1&1&1&1&0\\1&1&1&1&0\\1&1&1&1&0\\0&0&0&0&1\end{bmatrix},\quad \boldsymbol{M}_S=\begin{bmatrix}1&0&0&0&0\\0&1&1&0&0\\0&1&1&0&0\\0&0&0&1&1\\0&0&0&1&1\end{bmatrix}$$

计算与 $R\cap S$ 相对应的 A 的划分。

16．设 A={1，2，3，4}，R={(2，1)，(2，3)，(3，2)，(3，3)，(2，2)，(4，2)}。

(a) 求 R 的自反闭包。

(b) 求 R 的对称闭包。

17．设 R 是关系，它的矩阵是

$$\begin{bmatrix} 1 & 0 & 0 & 1 & 1 \\ 0 & 0 & 1 & 0 & 1 \\ 1 & 1 & 1 & 0 & 0 \\ 0 & 1 & 1 & 0 & 0 \\ 0 & 0 & 1 & 0 & 1 \end{bmatrix}$$

(a) 求 R 的自反闭包。

(b) 求 R 的对称闭包。

18. (a) 设 R 是集合 A 上的一个关系，解释如何使用 R 的有向图去创建 R 的自反闭包的有向图。

(b) 设 R 是集合 A 上的一个关系，解释如何使用 R 的有向图去创建 R 的对称闭包的有向图。

19. 解释闭包的概念为什么不适用于非自反、非对称或反对称？

20. 设 $A=B=C=$实数的集合，设 R 和 S 分别是从 A 到 B 和从 B 到 C 的如下关系：

$$R=\{(a, b)|a \leqslant 2b\} \text{和} S=\{(b, c)|b \leqslant 3c\}$$

(a) $(2, 3) \in R \circ S$?　(b) $(8, 1) \in R \circ S$?

21. 设 $A=B=C=$实数集合，R 和 S 分别是从 A 到 B 和从 B 到 C 的如下关系：

$$R=\{(a, b)\,|\,a \leqslant 2b\}, \quad S=\{(b, c)\,|\,b \leqslant 3c\}$$

(a) $(1, 5) \in S \circ R$？

(b) $(2, 3) \in S \circ R$？

(c) 描述 $S \circ R$。

22. 设 $A=\{1, 2, 3, 4\}$，并设

$$R=\{(1, 1), (1, 2), (2, 3), (2, 4), (3, 4), (4, 1), (4, 2)\}$$

$$S=\{(3, 1), (4, 4), (2, 3), (2, 4), (1, 1), (1, 4)\}$$

(a) $(1, 3) \in R \circ R$？　(b) $(4, 3) \in S \circ R$？　(c) $(1, 1) \in R \circ S$？

(d) 计算 $R \circ R$。　(e) 计算 $S \circ R$。　(f) 计算 $R \circ S$。

(g) 计算 $S \circ S$。

23. (a) 集合 A 上关系的哪些性质通过合成可以保留下来？证明你的结论。

(b) 如果 R 和 S 都是集合 A 上的等价关系，$S \circ R$ 是 A 上的一个等价关系吗？证明你的结论。

在题 24 和 25 中，设 $A=\{1, 2, 3, 4, 5\}$，$\boldsymbol{M}_R$ 和 $\boldsymbol{M}_S$ 是 A 上关系 R 和 S 的矩阵，计算：

(a) $\boldsymbol{M}_{R \circ R}$；(b) $\boldsymbol{M}_{S \circ R}$；(c) $\boldsymbol{M}_{R \circ S}$；(d) $\boldsymbol{M}_{S \circ S}$。

24.
$$\boldsymbol{M}_R = \begin{bmatrix} 1 & 0 & 1 & 1 & 1 \\ 0 & 1 & 1 & 0 & 0 \\ 1 & 0 & 0 & 1 & 0 \\ 1 & 0 & 1 & 0 & 0 \\ 0 & 1 & 1 & 1 & 1 \end{bmatrix}, \quad \boldsymbol{M}_S = \begin{bmatrix} 1 & 0 & 0 & 1 & 0 \\ 1 & 0 & 1 & 0 & 0 \\ 1 & 0 & 1 & 0 & 0 \\ 0 & 1 & 1 & 1 & 1 \\ 1 & 0 & 0 & 0 & 1 \end{bmatrix}$$

25.
$$\boldsymbol{M}_R = \begin{bmatrix} 1 & 1 & 0 & 0 & 1 \\ 0 & 0 & 0 & 1 & 0 \\ 1 & 1 & 0 & 0 & 1 \\ 0 & 1 & 0 & 1 & 1 \\ 1 & 0 & 0 & 0 & 0 \end{bmatrix}, \quad \boldsymbol{M}_S = \begin{bmatrix} 0 & 0 & 0 & 1 & 1 \\ 1 & 0 & 0 & 0 & 1 \\ 0 & 1 & 0 & 1 & 0 \\ 1 & 1 & 0 & 1 & 1 \\ 1 & 0 & 1 & 0 & 0 \end{bmatrix}$$

26. 设 R 和 S 是集合 A 上的关系，如果 R 和 S 是非对称的，证明或反证：$R \cap S$ 和 $R \cup S$ 都是非对称的。

27．设 R 和 S 是集合 A 上的关系，如果 R 和 S 是反对称的，证明或反证：$R\cap S$ 和 $R\cup S$ 是反对称的。

在题 28 和 29 中，设 R 是从 A 到 B 的一个关系，S 和 T 是从 B 到 C 的关系，证明或反证

28．$(S\cup T)\circ R=(S\circ R)\cup(T\circ R)$

29．$(S\cap T)\circ R=(S\circ R)\cap(T\circ R)$

30．设 R 和 S 是从 A 到 B 的关系，T 是从 B 到 C 的一个关系，证明：如果 $R\subseteq S$，则 $T\circ R\subseteq T\circ S$。

31．证明：如果 R 和 S 是集合 A 上的关系，那么

(a) $\boldsymbol{M}_{R\cap S}=\boldsymbol{M}_R\wedge\boldsymbol{M}_S$　　(b) $\boldsymbol{M}_{R\cup S}=\boldsymbol{M}_R\vee\boldsymbol{M}_S$

(c) $\boldsymbol{M}_{R^{-1}}=(\boldsymbol{M}_R)^{\mathrm{T}}$　　(d) $\boldsymbol{M}_{\overline{R}}=\overline{\boldsymbol{M}}_R$

32．设 R 和 S 是集合 A 上的关系，证明：对于 $n\geqslant 1$，有

$$(R\cap S)^n\subseteq R^n\cap S^n$$

在第 33 题~第 35 题中，设 R 和 S 是一个有限集 A 上的关系，描述如何直接从 R 和 S 的有向图形成指定关系的有向图。

33．R^{-1}

34．$R\cap S$

35．$R\cup S$

36．设 R 和 S 是集合 A 上的对称关系，证明或反证：$R-S$ 也是 A 上的一个对称关系。

37．证明定理 3。

4.8　传递闭包与 Warshall 算法

传递闭包

本节将考虑有几种解释和许多重要应用的一种结构。假设 R 是集合 A 上的一个关系并且 R 不是传递的，将证明 R 的传递闭包(见 4.7 节)恰好是 4.3 节所定义的连通关系 R^∞。

定理 1　设 R 是集合 A 上的一个关系，那么 R^∞ 是 R 的传递闭包。

证明　回顾如果 a 和 b 是在集合 A 中，那么 $a\,R^\infty\,b$ 当且仅当在 R 中存在一条从 a 到 b 的道路。因为如果 $a\,R^\infty\,b$ 和 $b\,R^\infty\,c$，那么从 a 到 b 和从 b 到 c 的道路的合成形成 R 中从 a 到 c 的一条道路，所以 $a\,R^\infty\,c$，于是 R^∞ 一定是传递的。为了证明 R^∞ 是包含 R 的最小传递关系，必须证明：如果 S 是 A 上任意一个传递关系并且 $R\subseteq S$，那么 $R^\infty\subseteq S$。4.4 节的定理 1 表明如果 S 是传递的，那么对于所有 n，有 $S^n\subseteq S$，即如果 a 和 b 是由一条长度为 n 的道路连接的，那么 $a\,S\,b$。从而得到 $S^\infty=\bigcup\limits_{n=1}^{\infty}S^n\subseteq S$。因为 R 中的任意一条道路也是 S 中的一条道路，所以如果 $R\subseteq S$，那么 $R^\infty\subseteq S^\infty$ 也为真。由这些事实可以看到如果 $R\subseteq S$ 且 S 在 A 上是传递的，那么 $R^\infty\subseteq S^\infty\subseteq S$，这意味着 R^∞ 是包含 R 的 A 上所有传递关系中最小的。■

可以看到 R^∞ 有几种解释。从几何的观点来看，它称为连通关系，因为它指明顶点与其他顶点相连接(通过道路)。如果包括关系 Δ(见 4.4 节)，那么 $R^\infty\cup\Delta$ 是可达性关系 R^*(见 4.3 节)，

这种关系往往更实用。另一方面，从代数的观点来看，R^∞ 就像在定理 1 中证明的那样是 R 的传递闭包。这种形式在等价关系理论和某些语言理论(见 10.1 节)中起着非常重要的作用。

例 1 设 $A=\{1，2，3，4\}$，$R=\{(1，2)，(2，3)，(3，4)，(2，1)\}$，求 R 的传递闭包。

解 **方法 1**：R 的有向图如图 4.42 所示。因为 R^∞ 是传递闭包，所以可以从几何上进行考虑，通过计算所有的道路。可以看到从顶点 1 开始有到顶点 2，3，4 和 1 的道路。注意，从 1 到 1 的道路可以从 1 到 2 再到 1 而得到。因此，有序对(1，1)，(1，2)，(1，3)和(1，4)都在 R^∞ 中。从顶点 2 开始，有到顶点 2，1，3 和 4 的道路，所以有序对(2，1)，(2，2)，(2，3)和(2，4)都在 R^∞ 中。从顶点 3 到顶点 4 是唯一的另一条道路，所以有

$$R^\infty=\{(1，1)，(1，2)，(1，3)，(1，4)，(2，1)，(2，2)，(2，3)，(2，4)，(3，4)\}$$

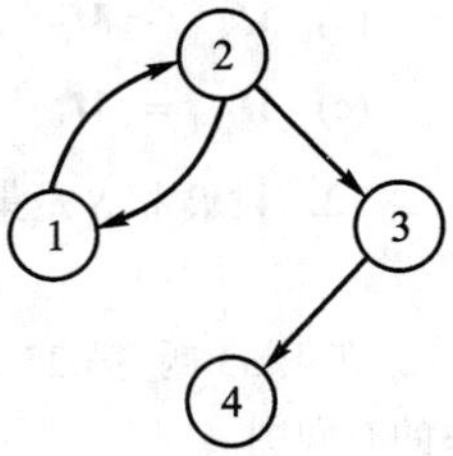

图 4.42

方法 2：R 的矩阵是

$$\boldsymbol{M}_R=\begin{bmatrix}0&1&0&0\\1&0&1&0\\0&0&0&1\\0&0&0&0\end{bmatrix}$$

所以可以从代数上进行考虑并且计算 $\boldsymbol{M}_R$ 的幂，因此

$$(\boldsymbol{M}_R)^2_\odot=\begin{bmatrix}1&0&1&0\\0&1&0&1\\0&0&0&0\\0&0&0&0\end{bmatrix}，\quad (\boldsymbol{M}_R)^3_\odot=\begin{bmatrix}0&1&0&1\\1&0&1&0\\0&0&0&0\\0&0&0&0\end{bmatrix}，\quad (\boldsymbol{M}_R)^4_\odot=\begin{bmatrix}1&0&1&0\\0&1&0&1\\0&0&0&0\\0&0&0&0\end{bmatrix}$$

如此继续下去，可以看到如果 n 是偶数，那么 $(\boldsymbol{M}_R)^n_\odot$ 等于 $(\boldsymbol{M}_R)^2_\odot$，如果 n 是比 1 大的奇数，那么 $(\boldsymbol{M}_R)^n_\odot$ 等于 $(\boldsymbol{M}_R)^3_\odot$，因此

$$\boldsymbol{M}_{R^\infty}=\boldsymbol{M}_R\vee(\boldsymbol{M}_R)^2_\odot\vee(\boldsymbol{M}_R)^3_\odot=\begin{bmatrix}1&1&1&1\\1&1&1&1\\0&0&0&1\\0&0&0&0\end{bmatrix}$$

它给出了同方法 1 相同的关系。■

在例 1 中，获得 R^∞ 并不需要计算 R^n 的所有幂。当集合 A 是有限集合时，这种观察是正确的，现在给出证明。

定理 2 设 A 是一个集合且 $|A|=n$，R 是 A 上的一个关系，那么

$$R^\infty=R\cup R^2\cup\cdots\cup R^n$$

换言之，计算 R^∞ 并不需要计算比 n 次幂大的 R 的幂。

证明 设 a 和 b 属于 A，并假设 a，x_1，x_2，…，x_m，b 是 R 中从 a 到 b 的一条道路，即(a, x_1)，(x_1, x_2)，…，(x_m, b)都在 R 中。如果 x_i 和 x_j 是同一个顶点，比如 $i<j$，那么道路能被分成三个部分。首先，从 a 到 x_i 的一条道路，然后是从 x_i 到 x_j 的一条道路，最后是从 x_j 到 b 的一条道路。因为 $x_i=x_j$，所以中间道路是一个环。为了简单起见，省略这个环，并且把余下的两条道路放在一起，从而它给出了一条从 a 到 b 的更短的道路(见图 4.43)。

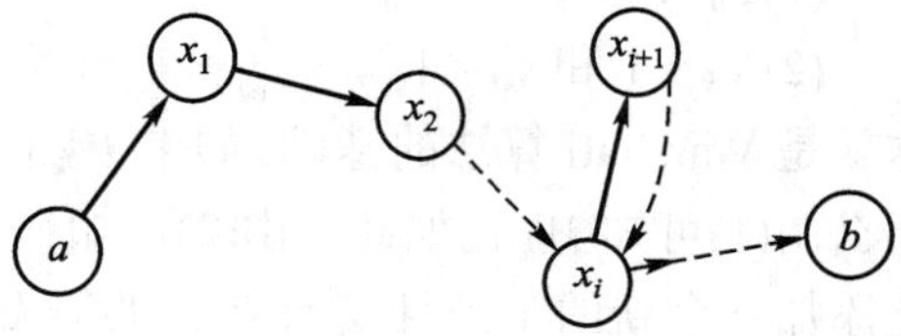

图 4.43

现在设 a，x_1，x_2，…，x_k，b 是从 a 到 b 的最短路径。如果 $a\neq b$，那么所有顶点 a，x_1，x_2，…，x_k，b 都是各不相同的。否则，前面的讨论表明能够找到一条更短的路径。因此，路径的长度至多是 $n-1$(因为$|A|=n$)。如果 $a=b$，那么同上面的理由类似，顶点 a，x_1，x_2，…，x_k 是各不相同的，所以道路的长度至多是 n。换言之，如果 $a\,R^\infty\,b$，那么对某个 k，$1\leqslant k\leqslant n$，有 $a\,R^k\,b$。因此，$R^\infty=R\cup R^2\cup\cdots\cup R^n$。 ■

求解例 1 所用的方法都有某些难处。图解方法对于较大的集合和关系是不现实的，并且不能系统化。矩阵方法虽然能用于一般情况并且足以系统地使用计算机来编程，但是对于大型矩阵，它的效率低，它付出的代价高得令人难以接受。幸亏计算传递闭包可使用一种更有效的算法，它就是根据发明者的名字命名的著名的 Warshall 算法，下面给出它的描述。

Warshall 算法

设 R 是集合 $A=\{a_1, a_2, \cdots, a_n\}$上的一个关系，如果 x_1，x_2，…，x_m 是 R 中的一条道路，那么除了 x_1 和 x_m 之外的任何顶点都称作道路的**内顶点**。对于 $1\leqslant k\leqslant n$，定义一个布尔矩阵 $\boldsymbol{W}_k$ 如下：$\boldsymbol{W}_k$ 在位置(i, j)上为 1 当且仅当在 R 中存在从 a_i 到 a_j 的一条道路，它的内顶点，如果有的话，取自集合$\{a_1, a_2, \cdots, a_k\}$。

因为任何一个顶点必须取自集合$\{a_1, a_2, \cdots, a_n\}$，所以得到矩阵 $\boldsymbol{W}_n$ 在位置(i, j)上为 1 当且仅当在 R 中有 a_i 与 a_j 相连接的某条道路。换言之，$\boldsymbol{W}_n=\boldsymbol{M}_{R^\infty}$。如果定义 $\boldsymbol{W}_0$ 为 $\boldsymbol{M}_R$，那么有序列 $\boldsymbol{W}_0$，$\boldsymbol{W}_1$，…，$\boldsymbol{W}_n$，它的第一项是 $\boldsymbol{M}_R$，最后一项是 $\boldsymbol{M}_{R^\infty}$。下面将表明如何从前一个矩阵 $\boldsymbol{W}_{k-1}$ 计算各个矩阵 $\boldsymbol{W}_k$。于是可以从 R 的矩阵开始，每次执行一步，直到用 n 步到达 R^∞ 的矩阵为止。该过程称作 **Warshall 算法**。矩阵 $\boldsymbol{W}_k$ 不同于矩阵 $\boldsymbol{M}_R$ 的幂，这种差异导致在计算 R 的传递闭包时节约了大量的计算步骤。

假设 $\boldsymbol{W}_k=[t_{ij}]$，$\boldsymbol{W}_{k-1}=[s_{ij}]$，如果 $t_{ij}=1$，那么必定存在从 a_i 到 a_j 的一条道路，它的内顶点取自集合$\{a_1, a_2, \cdots, a_k\}$。如果顶点 a_k 不是这条道路的一个内顶点，那么所有的内顶点实际上必须取自集合$\{a_1, a_2, \cdots, a_{k-1}\}$，所以 $s_{ij}=1$。如果 a_k 是这条道路的一个内顶点，那么这种情况如图 4.44 所示。像定理 2 的证明那样，可以假设所有内顶点各不相同，因此，a_k 在道路中只出现一次，所以子道路 1 和 2 的所有内顶点必须取自集合$\{a_1, a_2, \cdots, a_{k-1}\}$，这意味着 $s_{ik}=1$

和 $s_{kj}=1$。

因此，$t_{ij}=1$ 当且仅当

(1) s_{ij}=1 或者

(2) $s_{ik}=1$ 和 $s_{kj}=1$。

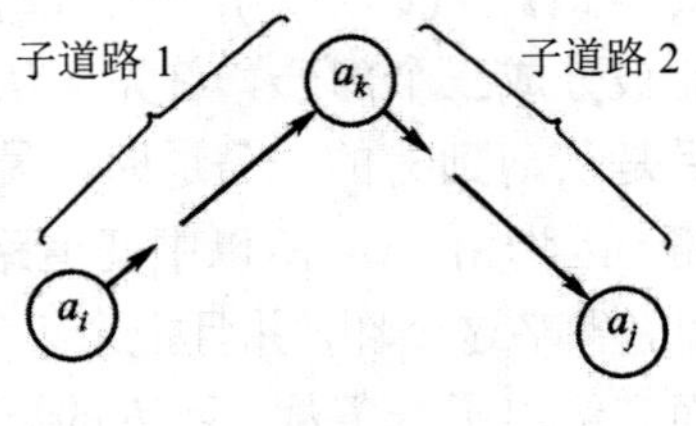

图 4.44

这就是 Warshall 算法的基础。如果 $\boldsymbol{W}_{k-1}$ 在位置$(i,\ j)$上为 1，那么由(1)可知 $\boldsymbol{W}_k$ 也如此。由(2)可知在 $\boldsymbol{W}_k$ 的位置$(i,\ j)$上能添加一个新的 1 当且仅当 $\boldsymbol{W}_{k-1}$ 的第 k 列在位置 i 上为 1，且 $\boldsymbol{W}_{k-1}$ 的第 k 行在位置 j 上为 1。因此，从 $\boldsymbol{W}_{k-1}$ 计算 $\boldsymbol{W}_k$ 有下列过程：

步骤 1：首先把 $\boldsymbol{W}_{k-1}$ 中的所有 1 传送到 $\boldsymbol{W}_k$ 中。

步骤 2：列出 $\boldsymbol{W}_{k-1}$ 中第 k 列上元素为 1 的位置 p_1，p_2，…和 $\boldsymbol{W}_{k-1}$ 中第 k 行上元素为 1 的位置 q_1，q_2，…。

步骤 3：把 $\boldsymbol{W}_k$ 中所有位置$(p_i,\ q_j)$上置为 1(如果该位置不是 1)。

例 2　考虑例 1 中所定义的关系 R，那么

$$\boldsymbol{W}_0=\boldsymbol{M}_R=\begin{bmatrix}0&1&0&0\\1&0&1&0\\0&0&0&1\\0&0&0&0\end{bmatrix}$$

和 n=4。

首先求 $\boldsymbol{W}_1$ 使得 $k=1$。$\boldsymbol{W}_0$ 在第 1 列位置 2 上和第 1 行位置 2 上为 1。因此 $\boldsymbol{W}_1$ 刚好是 $\boldsymbol{W}_0$ 在位置(2，2)上置了新值 1。

$$\boldsymbol{W}_1=\begin{bmatrix}0&1&0&0\\1&1&1&0\\0&0&0&1\\0&0&0&0\end{bmatrix}$$

现在计算 $\boldsymbol{W}_2$ 使得 $k=2$。必须考虑 $\boldsymbol{W}_1$ 的第 2 列和第 2 行。矩阵 $\boldsymbol{W}_1$ 在第 2 列的位置 1 和 2 上以及第 2 行的位置 1，2 和 3 上为 1。

因此，为了得到 $\boldsymbol{W}_2$，必须在矩阵 $\boldsymbol{W}_1$ 的位置(1，1)，(1，2)，(1，3)，(2，1)，(2，2)和(2，3)上置值 1(如果该位置不是 1)。于是得到

$$\boldsymbol{W}_2=\begin{bmatrix}1&1&1&0\\1&1&1&0\\0&0&0&1\\0&0&0&0\end{bmatrix}$$

接着看到 $\boldsymbol{W}_2$ 的第 3 列的位置 1 和 2 上以及 $\boldsymbol{W}_2$ 的第 3 行的位置 4 上都为 1。为了获得 $\boldsymbol{W}_3$，

必须在 $\boldsymbol{W}_2$ 的位置(1，4)和(2，4)上置值 1，所以

$$\boldsymbol{W}_3=\begin{bmatrix}1&1&1&1\\1&1&1&1\\0&0&0&1\\0&0&0&0\end{bmatrix}$$

最后，$\boldsymbol{W}_3$ 在第 4 列的位置 1，2，3 上有值 1，在第 4 行上没有 1，所以没有添加新的 1，$\boldsymbol{M}_{R^\infty}=\boldsymbol{W}_4=\boldsymbol{W}_3$。因此，得到同例 1 一样的结果。■

例 2 中阐述的过程产生了计算矩阵 CLOSURE 的下述算法，它是由 $N\times N$ 矩阵 MAT 所表示的关系 R 的传递闭包。

算法 WARSHALL

1．CLOSURE ← MAT

2．**FOR** K=1 **THRU** N

  a. **FOR** I=1 **THRU** N

    1. **FOR** J=1 **THRU** N

      a. CLOSURE [I，J] ← CLOSURE [I，J]

        ∨(CLOSURE[I，K]∧CLOSURE [K，J]) ■

该算法正是建立在前面已经概述的方法之上，如果把算法步骤稍做某些重排，那么它可变得更有效些。如果把测试和赋值语句看成一步，那么算法 WARSHALL 共需要 n^3 步。两个 $n\times n$ 布尔矩阵 $\boldsymbol{A}$ 和 $\boldsymbol{B}$ 的布尔乘积也需要 n^3 步，因为必须计算 n^2 个元素，这些元素的每一个又需要 n 次比较。为了计算所有乘积 $(\boldsymbol{M}_R)_\odot^2$，$(\boldsymbol{M}_R)_\odot^3$，…，$(\boldsymbol{M}_R)_\odot^n$，需要 $n^3(n-1)$步，因为会需要 $n-1$ 次矩阵乘法。如果直接用公式

$$\boldsymbol{M}_{R^\infty}=\boldsymbol{M}_R\vee(\boldsymbol{M}_R)_\odot^2\vee\cdots\vee(\boldsymbol{M}_R)_\odot^n$$

计算，那么在忽略最终连接的情况下，将需要大约 n^4 步。因此，Warshall 算法是对于用公式(1)直接计算 $\boldsymbol{M}_{R^\infty}$ 的一个重大改进。

传递闭包的一个有趣应用是等价关系。在 4.7 节已经证明如果 R 和 S 是集合 A 上的等价关系，那么 $R\cap S$ 也是 A 上的等价关系。因为 $R\cap S$ 是包含于 R 和 S 中的 $A\times A$ 的最大子集，所以关系 $R\cap S$ 是包含于 R 和 S 中的最大等价关系。人们想知道的是包含 R 和 S 的最小等价关系。自然的候选对象是 $R\cup S$，但是该关系未必是传递的。下面的定理给出了解答。

定理 3 如果 R 和 S 是集合 A 上的等价关系，那么包含 R 和 S 的最小等价关系是$(R\cup S)^\infty$。

证明 回顾Δ是 A 上的相等关系，一个关系是自反的当且仅当它包含Δ。由于 R 和 S 是自反的，于是$\Delta\subseteq R$，$\Delta\subseteq S$，所以$\Delta\subseteq R\cup S\subseteq(R\cup S)^\infty$，从而$(R\cup S)^\infty$ 也是自反的。

因为 R 和 S 是对称的，$R=R^{-1}$ 和 $S=S^{-1}$，所以$(R\cup S)^{-1}=R^{-1}\cup S^{-1}=R\cup S$，从而 $R\cup S$ 也是对称的。由此得到，$R\cup S$ 中的所有道路都是“双向通道”，于是从定义得到$(R\cup S)^\infty$ 也必是对称的。因为已经知道$(R\cup S)^\infty$ 是传递的，所以它是包含 $R\cup S$ 的一个等价关系。由于没有任何包

含 $R \cup S$ 的更小集合是传递的，所以由传递闭包的定义可知它是最小的。 ■

例 3 设 $A=\{1，2，3，4，5\}$，$R=\{(1，1)，(1，2)，(2，1)，(2，2)，(3，3)，(3，4)，(4，3)，(4，4)，(5，5)\}$，$S=\{(1，1)，(2，2)，(3，3)，(4，4)，(4，5)，(5，4)，(5，5)\}$，读者可以验证 R 和 S 是等价关系。对应于 R 的 A 的划分 A/R 是$\{\{1，2\}，\{3，4\}，\{5\}\}$，对应于 S 的 A 的划分 A/S 是$\{\{1\}，\{2\}，\{3\}，\{4，5\}\}$。求包含 R 和 S 的最小等价关系，计算它所产生的 A 的划分。

解 有

$$\boldsymbol{M}_R=\begin{bmatrix}1&1&0&0&0\\1&1&0&0&0\\0&0&1&1&0\\0&0&1&1&0\\0&0&0&0&1\end{bmatrix} \text{和} \boldsymbol{M}_S=\begin{bmatrix}1&0&0&0&0\\0&1&0&0&0\\0&0&1&0&0\\0&0&0&1&1\\0&0&0&1&1\end{bmatrix}$$

所以

$$\boldsymbol{M}_{R\cup S}=\boldsymbol{M}_R \vee \boldsymbol{M}_S=\begin{bmatrix}1&1&0&0&0\\1&1&0&0&0\\0&0&1&1&0\\0&0&1&1&1\\0&0&0&1&1\end{bmatrix}$$

现在用 Warshall 算法计算 $\boldsymbol{M}_{(R\cup S)^\infty}$。首先，$\boldsymbol{W}_0=\boldsymbol{M}_{R\cup S}$。其次计算 $\boldsymbol{W}_1$，所以 $k=1$。因为 $\boldsymbol{W}_0$ 在第 1 列的位置 1 和 2 上以及第 1 行的位置 1 和 2 上为 1，所以在 $\boldsymbol{W}_1$ 中不需要添加新值 1。因此

$$\boldsymbol{W}_1=\boldsymbol{W}_0$$

现在计算 $\boldsymbol{W}_2$，所以 $k=2$。因为 $\boldsymbol{W}_1$ 的第 2 列的位置 1 和 2 上以及第 2 行的位置 1 和 2 上有值 1，所以在 $\boldsymbol{W}_1$ 中不需要添加新值 1。因此

$$\boldsymbol{W}_2=\boldsymbol{W}_1$$

下面计算 $\boldsymbol{W}_3$，所以 $k=3$。因为 $\boldsymbol{W}_2$ 在第 3 列的位置 3 和 4 上以及第 3 行的位置 3 和 4 上为 1，同样在 $\boldsymbol{W}_2$ 中不需要添加新值 1。因此

$$\boldsymbol{W}_3=\boldsymbol{W}_2$$

当要计算 $\boldsymbol{W}_4$ 时，情况发生了变化。因为 $\boldsymbol{W}_3$ 在第 4 列的位置 3，4 和 5 上以及第 4 行的位置 3，4 和 5 上为 1，所以必须在 $\boldsymbol{W}_3$ 中位置(3，5)和(5，3)上添加新的值 1。因此

$$\boldsymbol{W}_4=\begin{bmatrix}1&1&0&0&0\\1&1&0&0&0\\0&0&1&1&1\\0&0&1&1&1\\0&0&1&1&1\end{bmatrix}$$

读者可以验证 $\boldsymbol{W}_5=\boldsymbol{W}_4$，因此

$(R\cup S)^{\infty}=\{(1,1),(1,2),(2,1),(2,2),(3,3),(3,4),(3,5),(4,3),$
$(4,4),(4,5),(5,3),(5,4),(5,5)\}$

那么 A 的对应划分是$\{\{1,2\},\{3,4,5\}\}$(请验证)。 ■

习 题 4.8

1. (a) 设 $A=\{1,2,3\}$，$R=\{(1,1),\ R^{\infty}(1,2),(2,3),(1,3),(3,1),(3,2)\}$，用公式

$$\boldsymbol{M}_{R^{\infty}}=\boldsymbol{M}_R\vee(\boldsymbol{M}_R)^2_{\odot}\vee(\boldsymbol{M}_R)^3_{\odot}$$

计算传递闭包 R 的矩阵 $\boldsymbol{M}_{R^{\infty}}$。

(b) 列出关系 R^{∞}，它的矩阵由分题(a)来计算。

2. 对于第 1 题中的关系 R，用 Warshall 算法计算传递闭包 R^{∞}。

3. 设 $A=\{a_1,a_2,a_3,a_4,a_5\}$，$R$ 是 A 上的一个关系，它的矩阵是

$$\boldsymbol{M}_R=\begin{bmatrix}1&0&0&1&0\\0&1&0&0&0\\0&0&0&1&1\\1&0&0&0&0\\0&1&0&0&1\end{bmatrix}=\boldsymbol{W}_0$$

用 Warshall 算法计算 $\boldsymbol{W}_1$，$\boldsymbol{W}_2$ 和 $\boldsymbol{W}_3$。

4. 对于第 3 题中的关系，求 R^{∞}。

5. 设 $A=\mathbf{Z}^+$，R 是 A 上的关系，定义为 $a\,R\,b$ 当且仅当 $b=a+1$，给出 R 的传递闭包。

6. 设 A 是所有人的集合，R 是 A 上的关系，定义为 $a\,R\,b$ 当且仅当 b 是 a 的母亲，给出 R 的传递闭包。

7. 证明：如果 R 是自反的和传递的，那么对所有 n 有 $R^n=R$。

8. 设 R 是集合 A 上的一个关系，$S=R^2$，证明：如果 a，$b\in A$，那么 $a\,S^{\infty}\,b$ 当且仅当在 R 中存在从 a 到 b 的一条路径且该路径具有偶数条边。

在第 9 题~第 12 题中，设 $A=\{1,2,3,4\}$，已知关系 R 的矩阵，用 Warshall 算法求传递闭包的矩阵。

9.
$$\boldsymbol{M}_R=\begin{bmatrix}1&0&0&1\\1&1&0&0\\0&0&1&0\\0&0&0&1\end{bmatrix}$$

10.
$$\boldsymbol{M}_R=\begin{bmatrix}1&1&0&0\\1&0&0&0\\0&0&0&0\\0&0&1&0\end{bmatrix}$$

11.
$$\boldsymbol{M}_R=\begin{bmatrix}1&0&0&1\\0&1&1&0\\0&1&1&0\\1&0&0&1\end{bmatrix}$$

12.
$$\boldsymbol{M}_R=\begin{bmatrix}0&0&0&1\\1&0&0&1\\0&1&0&1\\0&0&1&0\end{bmatrix}$$

13. 设 $A=\{1,2,3,4\}$，$R=\{(2,1),(2,3),(3,2),(3,3),(2,2),(4,2)\}$，定义 R_r 是 R 的自反闭包，R_s 是 R 的对称闭包。证明或反证：R_r 的对称闭包同 R_s 的自反闭包有相同的关系。

14. 设 $A=\{1,2,3,4\}$，$R=\{(2,1),(2,3),(3,2),(3,3),(2,2),(4,2)\}$，定义 R_t 是 R 的传递闭包，R_s 是 R 的对称闭包。证明或反证：R_t 的对称闭包同 R_s 的传递闭包有相同的关系。

在题 15 和 16 中，设 $A=\{1, 2, 3, 4, 5\}$，R 和 S 是 A 上的等价关系并且已知它们的矩阵，计算包含 R 和 S 的最小等价关系矩阵，并且列出这个关系的元素。

15.
$$\boldsymbol{M}_R=\begin{bmatrix}1&1&1&0&0\\1&1&1&0&0\\1&1&1&0&0\\0&0&0&1&1\\0&0&0&1&1\end{bmatrix},\quad \boldsymbol{M}_S=\begin{bmatrix}1&0&0&0&0\\0&1&1&1&0\\0&1&1&1&0\\0&1&1&1&0\\0&0&0&0&1\end{bmatrix}$$

16.
$$\boldsymbol{M}_R=\begin{bmatrix}1&0&0&0&0\\0&1&1&0&0\\0&1&1&0&0\\0&0&0&1&1\\0&0&0&1&1\end{bmatrix},\quad \boldsymbol{M}_S=\begin{bmatrix}1&1&0&0&0\\1&1&0&0&0\\0&0&1&0&0\\0&0&0&1&0\\0&0&0&0&1\end{bmatrix}$$

17．计算 A/R，A/S 以及 A 的关于第 15 题中求出的等价关系的划分。

18．计算 A/R，A/S 以及 A 的关于第 16 题中求出的等价关系的划分。

19．检查例 3、第 17 题和第 18 题的结果，由此给出一个从 A/R 和 A/S 产生 $A/(R\cup S)^{\infty}$ 的过程，解释该过程为什么可行？

20．为什么第 19 题中给出的过程不是对 Warshall 算法的替代？

21．设 $A=\{1, 2, 3, 4\}$，R 和 S 是由下面矩阵所描述的 A 上的关系。

$$\boldsymbol{M}_R=\begin{bmatrix}0&0&0&1\\0&0&0&0\\0&1&0&0\\0&0&1&0\end{bmatrix} \text{和}\ \boldsymbol{M}_S=\begin{bmatrix}1&1&0&0\\0&1&0&0\\0&0&1&0\\0&1&0&1\end{bmatrix}$$

用 Warshall 算法计算 $R\cup S$ 的传递闭包。

22．设 $A=\{a, b, c, d, e\}$，R 和 S 是 A 上的关系，分别由下述矩阵描述：

$$\boldsymbol{M}_R=\begin{bmatrix}1&0&1&0&1\\0&0&0&1&0\\1&0&0&0&0\\0&0&1&1&0\\1&0&1&0&0\end{bmatrix} \text{和}\ \boldsymbol{M}_S=\begin{bmatrix}0&1&0&1&0\\1&1&0&0&1\\1&1&1&0&0\\0&1&0&0&0\\0&1&0&1&0\end{bmatrix}$$

用 Warshall 算法计算 $R\cup S$ 的传递闭包。

23．总结定理 1 的证明策略，它是哪种类型的证明？

24．总结定理 2 的证明策略，它是哪种类型的证明？

25．设 $A=\mathbf{R}$，R 是由 $a\,R\,b$ 当且仅当$|a|<|b|$所定义的关系，计算包含 R 的最小等价关系。

证明知识小结

在开始证明之前，应该能够用自己的语言重述命题，并且仔细思考命题所陈述的内容。例如，4.1 节中的定理 1，表明如何计算$|A\times B|$的元素个数。因此，要证明它，就应该试图应用第 3 章中的一种计数方法。

有关关系的许多命题可视为有关集合的命题，并且能用第 1 章的技巧证明它们。作为一个例子，考虑 4.2 节的定理 1，注意证明两个集合相等的一种很常用的方法是证明每个集合是另一个集合的子集。确实对关系也有其他表示方法，因此，在某些情况下，基于矩阵或有向图的证明也许更清楚。另外，本章包含许多有关关系的性质、关系上的运算以及它们的相互作用等内容，这些内容是用符号名字本身而非元素来构成一个证明的基础，例如 4.7 节的定理 2。

本章的许多定义是双条件命题。一个双条件，即 p 当且仅当 q，它的证明一般分两部分：若 p 则 q 和若 q 则 p，如 4.5 节的引理 1。一个通常使用的语法结构是在证明的第二部分引进词汇“反之”，如 4.7 节的定理 6。双条件的证明偶尔具有形式 $p \Leftrightarrow q \Leftrightarrow r \Leftrightarrow \cdots \Leftrightarrow t$(4.7 节的定理 2(c))。

检验一个关系是一个等价关系还是具有某种关系的性质，同证明或反证命题 R 有性质 P(x) 是相同的。正因如此，必须用一般的元素进行验证或者如果 R 很小，则验证所有的情况。

本章中的某些习题要求你分析一个证明，并且总结它的思路或者给出其关键点，这些习题将帮助你养成一种习惯——着眼于所有具有这些特征的证明。要理解你所看到的证明是如何实现的，这会帮助你自己创建证明。要做到这些，应该具有能阅读简单证明的能力，并且能理解和识别它的结构。

主要概念复习

- $A \times B$(笛卡儿积)：$\{(a, b) | a \in A, \quad b \in B\}$。
- $|A \times B| = |A||B|$。
- 数据库：数据的集合。
- 关系型数据库：见 4.1 节。
- 属性：数据的特征。
- 选择：检索一系列记录的数据库运算。
- 投影：检索部分记录的数据库运算。
- 划分或商集：见 4.1 节。
- 从 A 到 B 的关系：$A \times B$ 的子集。
- 关系的定义域和值域：见 4.2 节。
- 相关集 $R(a)$，$a \in A$ 且 $R(B)$，$B \subseteq A$：见 4.2 节。
- 关系矩阵：见 4.2 节。
- 关系的有向图：关系的图形表示：见 4.2 节。
- 在关系 R 中从 a 到 b 长度为 n 的道路：有限序列 a，x_1，x_2，…，x_{n-1}，b 使得 $a\ R\ x_1$，$x_1\,Rx_2$，…，$x_{n-1}\,Rb$。
- $xR^n y$ (R 是 A 上的一个关系)：在 R 中存在从 x 到 y 长度为 n 的一条道路。
- $xR^\infty y$ (R 的连通关系)：在 R 中存在从 x 到 y 的某条道路。

- 定理：$\boldsymbol{M}_{R^n}=\boldsymbol{M}_R\odot\boldsymbol{M}_R\odot\cdots\odot\boldsymbol{M}_R$ (n 个因子)。
- 集合 A 上的关系的性质：

  自反性　$(a, a)\in R$，对所有 $a\in A$。

  非自反性　$(a, a)\notin R$，对所有 $a\in A$。

  对称性　$(a, b)\in R$ 推出$(b, a)\in R$。

  非对称性　$(a, b)\in R$ 推出$(b, a)\notin R$。

  反对称性　$(a, b)\in R$ 且$(b, a)\in R$ 推出 $a=b$。

  传递性　$(a, b)\in R$ 且$(b, c)\in R$ 推出$(a, c)\in R$。
- 对称关系的图：见 4.4 节。
- 邻接顶点：见 4.4 节。
- 等价关系：自反的、对称的和传递的关系。
- 由划分确定的等价关系：见 4.5 节。
- 关系的连接表计算机表示：见 4.6 节。
- 数据结构：组织数据的理想方法。
- $a\ \overline{R}\ b$ (R 的补)：$a\ \overline{R}\ b$ 当且仅当 $a \not R\ b$。
- R^{-1}：$(x, y)\in R^{-1}$ 当且仅当 $(y, x)\in R$。
- $\boldsymbol{M}_{R\cap S}=\boldsymbol{M}_R\wedge\boldsymbol{M}_S$。
- $\boldsymbol{M}_{R\cup S}=\boldsymbol{M}_R\vee\boldsymbol{M}_S$。
- $\boldsymbol{M}_{R^{-1}}=(\boldsymbol{M}_R)^{\mathrm{T}}$。
- $\boldsymbol{M}_{\overline{R}}=\overline{\boldsymbol{M}_R}$。
- 如果 R 和 S 是等价关系，那么 $R\cap S$ 也是等价关系：见 4.7 节。
- $R\circ S$：见 4.7 节。
- $\boldsymbol{M}_{S\circ R}=\boldsymbol{M}_R\odot\boldsymbol{M}_S$：见 4.7 节。
- 定理：R^{∞} 是包含 R 的 A 上的最小传递关系：见 4.8 节。
- 定理：如果$|A|=n$，那么 $R^{\infty}=R\cup R^2\cup\cdots\cup R^n$。
- Warshall 算法：高效地计算 $\boldsymbol{M}_{R^{\infty}}$：见 4.8 节。
- 定理：如果 R 和 S 是 A 上的等价关系，那么$(R\cup S)^{\infty}$ 是 A 上包含 R 和 S 的最小等价关系。

第 4 章自测题

1．$A\times B$ 是怎样的数学对象？

2．A 的一个划分是怎样的数学对象？

3．表达集合 A 上的一个关系的方法是什么？

4．对于有限集合 A 上的一个关系 R，你使用哪种表达式测试 R 的传递性？为什么？

5．关系 R 的传递闭包的两种解释是什么？

6．设 $A=\{2，5，7\}$，$B=\{x|x\in \mathbf{Z}^+且x^3<100\}$。

(a) $|A\times B|=?$　　(b) $A\times B=?$

7．设 A 和 B 是全集 U 的子集，则 $A\times B\subseteq U\times U$。$\overline{A\times B}=\overline{A}\times\overline{B}$ 成立吗？验证你的答案。

8．给出$\{a，b，c，d，e\}$的所有两个元素的划分。

9．设 $C=\{2，8，14，18\}$，定义 C 上的一个关系 R 满足 $x\,R\,y$ 当且仅当 $x-y>5$。

(a) 画出 R 的有向图。

(b) 给出 $\boldsymbol{M}_R$。

10．设 $B=\{a，b，c，d\}$，$R=\{(a，a)，(a，b)，(b，c)，(c，d)，(d，b)\}$。

(a) 画出 R 和 R^2 的有向图。

(b) 给出 $\boldsymbol{M}_R$ 和 $\boldsymbol{M}_{R^2}$。

(c) 给出 $\boldsymbol{M}_{R^\infty}$。

11．如果 $A=\mathbf{Z}^+$，xRy 当且仅当 $x\leqslant 3y$，确定集合 A 上的关系 R 是自反的、非自反的、对称的、非对称的、反对称的还是传递的。

12．设 $D=\{1，2，3，4，5，6\}$，R 是 D 上的关系，它的矩阵是

$$\boldsymbol{M}_R=\begin{bmatrix}1&0&0&0&0&1\\0&1&1&0&1&0\\0&0&0&1&0&1\\1&0&0&1&0&1\\0&0&1&0&1&0\\0&1&0&0&1&1\end{bmatrix}$$

确定 R 是自反的、非自反的、对称的、非对称的、反对称的还是传递的。

13．假设 R 是集合 A 上的一个关系，R 是非对称的，则 R 还是反对称的吗？R 一定是反对称的吗？解释你的答案。

14．设 $B=\{1，2，3，4，5\}$，$A=B\times B$，定义 A 上的关系 R 如下：$(u，v)\,R\,(x，y)$当且仅当 $u-v=x-y$。

(a) 证明 R 是一种等价关系。

(b) 求$[(2，3)]$。

(c) 计算 A/R。

15．下面的数组描述了集合 $A=\{1，2，3，4\}$上的一个关系 R。

VERT=[5，3，1，8]

TAIL=[3，3，2，2，1，1，4，4]

HEAD=[1，4，1，3，2，3，4，2]

NEXT=[2，0，4，0，6，0，0，7]

给出 R 的矩阵。

16．设 R 和 S 是$\{a，b，c，d，e\}$上的关系，其中

$R=\{(a，b)，(a，c)，(b，c)，(c，e)，(e，a)，(a，a)，(d，c)\}$，

$S=\{(a，a)，(a，b)，(b，a)，(c，c)，(c，d)，(d，e)，(b，e)，(e，d)\}$

(a) 给出 R^{-1}。

(b) 计算 $R\circ S$。

17．设 $R=\{(1，4)，(2，1)，(2，5)，(2，4)，(4，3)，(5，3)，(3，2)\}$，用 Warshall 算法求解基于 R 的连

通关系的矩阵。

实　验　4

等价关系和偏序被定义为具有某些性质的关系。在本实验中，你将考察相容性关系，该关系也是通过它们所具有的关系性质定义的。**相容性关系**就是一种自反的和对称的关系。每一种等价关系是相容性关系，但是下面将主要考察不是等价关系的相容性关系。

第一部分

1. 证明 A 上的关系 R 是相容性关系。

(a) A 是你所在学院学生的集合，$x\,R\,y$ 当且仅当 x 和 y 已经选修相同的课程。

(b) A 是所有三角形的集合，$x\,R\,y$ 当且仅当 x 和 y 有一个同样大小的角。

(c) $A=\{1，2，3，4，5\}$；$R=\{(1，1)，(2，2)，(3，3)，(4，4)，(5，5)，(2，3)，(3，2)，(4，1)，(1，4)，(2，4)，(4，2)，(1，2)，(2，1)，(4，5)，(5，4)，(1，3)，(3，1)\}$

2．在上面的 1(c)中，关系是用有序对集合给出的。关系还能通过矩阵或有向图来表示，试用它的

(a) 矩阵；(b) 有向图；

描述如何确定 R 是否是一个相容性关系。

3．给出不是等价关系的相容性关系的另一个例子。

第二部分　每一种关系有几种伴随关系，这些关系有或没有它们所共有的性质。

1．如果 R 是一个相容性关系，R 的逆 R^{-1} 也是一个相容性关系吗？如果是，给出证明。如果不是，给出一个反例。

2．如果 R 是一个相容性关系，R 的补 $\overline{R}$ 也是一个相容性关系吗？如果是，给出证明。如果不是，给出一个反例。

3．如果 R 和 S 是相容性关系，$R\circ S$ 也是一个相容性关系吗？如果是，给出证明。如果不是，给出一个反例。

第三部分　在 4.5 节已证明：集合 A 上的每一个等价关系 R 给出 A 的一个划分。集合 A 上的相容性关系 R 却给出 A 的一个覆盖。A 的一个**覆盖**是 A 的一系列子集$\{A_1，A_2，\cdots，A_k\}$，使得$\bigcup_{i=1}^{k} A_i = A$。定义**最大相容块**是 A 的一个子集 B，它满足：B 的每一个元素与 B 中其他各个元素是 R-相关的，并且 $A–B$ 中无元素与 B 中各个元素是 R-相关的。例如，在第一部分 1(c)中，集合$\{1，2，3\}$和$\{1，2，4\}$是最大相容块。与相容性关系 R 相关的所有最大相容块的集合形成了 A 的一个覆盖。

1．对第一部分 1(c)中的关系给出所有最大相容块，验证它们形成 A 的一个覆盖。

2．对第一部分 1(b)中的关系描述最大相容块，所有最大相容块的集合形成 A 的一个覆盖。该覆盖也是该例的一个划分吗？给予解释。

3．相容性关系 R 的有向图可通过省略每个顶点的自环和在相关顶点之间使用无箭头的单边来加以简化。

(a) 对于第一部分 1(c)中的关系画出简化图。

(b) 描述如何求相容性关系的最大相容块，给出其简化图。

4．求 A 的覆盖，A 的伴随关系的简化图给出如下。

(a) 图 1。　　　(b) 图 2。　　　(c) 图 3。

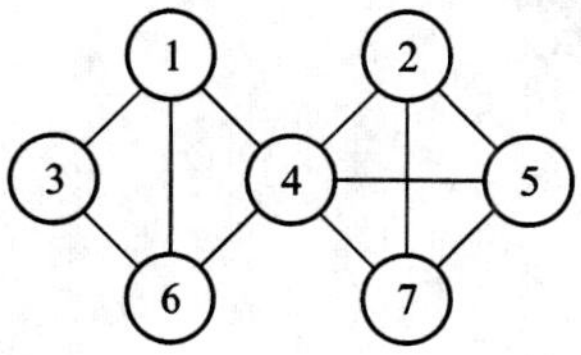

图 1

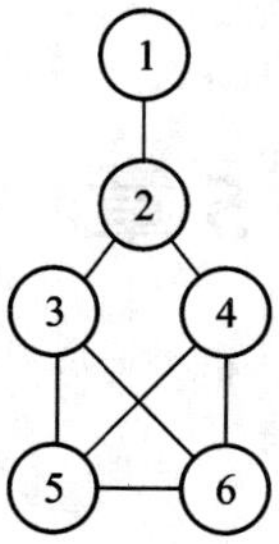

图 2

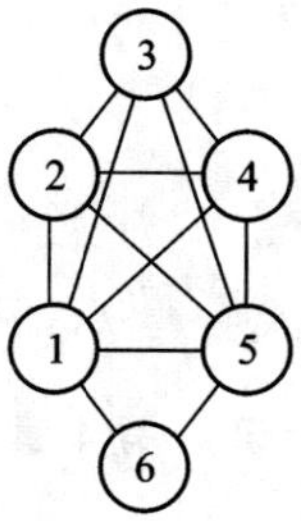

图 3

5．已知 A 的下述覆盖，产生一个伴随相容性关系 R，即它的最大相容块是覆盖的元素。

$\{\{1, 2\}, \{1, 3, 6, 7\}, \{4, 5, 11\}, \{5, 10\}, \{8, 5\}, \{2, 8, 9\}, \{3, 9\}, \{9, 10\}\}$

存在能产生 A 的相同覆盖的另一个相容性关系吗？

第5章　函　　数

必备知识：第 4 章。

本章集中讨论一类特殊的关系——函数，它在数学、计算机科学以及许多应用领域里扮演着重要的角色。本章还将定义在计算机科学中使用的某些函数并且检查函数的增长。

回　　顾

函数概念的起源可以一直追溯到伟大的意大利哲学家、天文学家和数学家 Galileo Galilei (1564—1642)。他在 17 世纪 30 年代就观察到了两个变量之间的关系。在 17 世纪下半叶关于函数的早期研究主要集中在特殊的曲线函数，包括幂函数、指数函数、对数函数和三角函数。Gottfried Wilhelm Leibniz(1646—1716)第一个使用“函数”一词来表示一个量，将其值的变化看成是曲线上的一个点的运动。Leibniz 是一个才华出众的人，他在很多不同的领域都做出了卓越的贡献，如逻辑学、哲学、法律、形而上学、宗教、数学、外交和文学等。他经常被称为“通才”。Leibniz 生于德国莱比锡，卒于德国汉诺威。在他的事业生涯早期，发展了后来被称为符号逻辑的基础知识(在第 2 章中已经讨论)。在 Leibniz 26 岁那年，也就是 1672 年，他开始了对当代高等数学的研究。三年之后，他与 Newton 分别独立地发现了微积分基本定理，两人得出了同样的结论。一场关于究竟谁是微积分之父的激烈争论在 Leibniz 和 Newton 的支持者中持续了多年。现在认为 Newton 和 Leibniz 都是微积分之父。Leibniz 是一个令人惊异的幻想者。他在 17 世纪 70 年代发明了一种被称为“Leibniz 轮”的机械计算器，能够进行加、减、乘、除四则运算。他几乎预见到了现代的计算时代！

人们通常使用符号 $f(x)$表示一个函数值，该符号是由 Leonhard Euler(1707—1783)提出的。他生于瑞士巴塞尔，卒于俄罗斯圣彼得堡。Euler 是历史上最伟大、最多产的数学家之一。在他逝世后将近 50 年之中，才出版了他所有的论文和超过 75 卷的著作。他还能对复杂的计算用心算。在 Euler 生命的最后 17 年，他已经全盲，但他的数学研究成果并没有减少。Euler 在数学的很多领域中做出了杰出贡献，并且运用数学解决了科学中的很多问题。

5.1　函　　数

这一节定义函数的概念，函数是一类特殊的关系。本章研究它的基本性质并讨论几个特殊的函数类。本书的稍后几节将出现许多重要的函数应用，因此，系统而熟练地掌握这一部分的内容是必不可少的。

设 A 和 B 是非空集合，从 A 到 B 的**函数** f 用 f: $A\to B$ 表示，它是从 A 到 B 的一个关系，使得对所有 $a\in \mathrm{Dom}(f)$，$f(a)$(a 的 f-相关集)恰好包含 B 中的一个元素。自然，如果 a 不属于 $\mathrm{Dom}(f)$，那么 $f(a)=\varnothing$。如果 $f(a)=\{b\}$，那么通常把集合 $\{b\}$ 与元素 b 看成相等并且记为 $f(a)=b$。因为不会产生任何误解，所以采用这种习惯记法。于是关系 f 能描述为配对集合 $\{(a, f(a))|a\in \mathrm{Dom}(f)\}$。函数也称作**映射**或**变换**，因为它们在几何上能看做对每个元素 $a\in A$ 赋予唯一元素 $f(a)\in B$ 的法则(见图 5.1)。元素 a 称作函数 f 的**自变量**，$f(a)$称作自变量 a 的**函数值**，它也可以看做是自变量 a 在 f 下的**像**。图 5.1 是函数定义的示意图或图形显示，并且将使用另外几种类似的示意图。切不可将它们与关系 f 的有向图相混淆，一般情况下并不显示 f 的有向图。

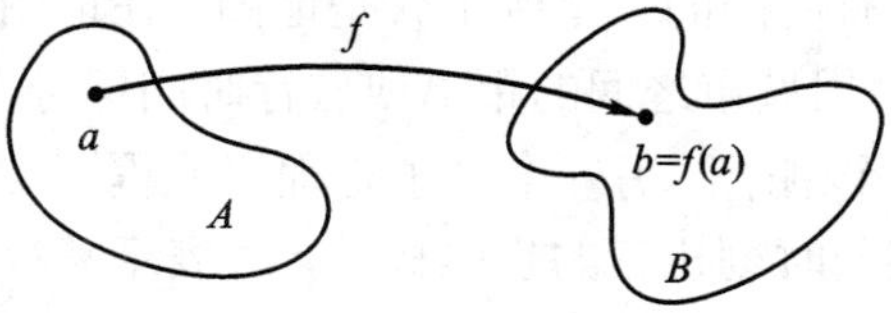

图 5.1

例 1　设 $A=\{1, 2, 3, 4\}$，$B=\{a, b, c, d\}$，$f=\{(1,a),(2,a),(3,d),(4,c)\}$，
显然有

$$f(1)=a,\ f(2)=a,\ f(3)=d,\ f(4)=c$$

因为每个集合 $f(n)$是一个单值，所以 f 是一个函数。

注意元素 $a\in B$ 作为 f 中两个不同有序对的第二个元素出现，它与函数的定义并不冲突。因此，函数可以使 A 中的两个不同元素具有相同的值。 ■

例 2　设 $A=\{1, 2, 3\}$，$B=\{x, y, z\}$，考虑关系 $R=\{(1, x),(2, x)\}$，$S=\{(1, x), (1, y), (2, z), (3, y)\}$。关系 S 不是一个函数，因为 $S(1)=\{x, y\}$。关系 R 是一个函数，$\mathrm{Dom}(R)=\{1, 2\}$且 $\mathrm{Ran}(R)=\{x\}$。 ■

例 3　设 P 是接受一个整数作为输入并产生一个整数作为输出的计算机程序，并设 $A=B=\mathbf{Z}$，那么 P 确定了一个关系 f_P，定义如下：$(m, n)\in f_P$ 意指当输入是 m 时，由程序 P 所产生的输出是 n。

显然 f_P 是一个函数，因为任意一个特殊的输入对应于唯一的输出。(假设计算机结果是可重复的，即程序每次运行都有相同结果。) ■

例 3 可用任意一个可能的输入集合 A 和对应的输出集合 B 而推广到一般情形的程序。所以，通常把函数看做**输入-输出**关系。

例 4　设 $A=\mathbf{R}$ 是实数集合，$p(x)=a_0+a_1x+\cdots+a_nx^n$ 是实多项式，于是 p 可看做 $\mathbf{R}$ 上的一个关系。对 $\mathbf{R}$ 中的每个 r，通过把 r 代入多项式中而确定相关集 $p(r)$。由于所有相关集 $p(r)$是已知的，所以关系 p 是确定的，又因这种代入所产生的值是唯一的，所以关系 p 实际上是一个函数。■

如果定义函数的公式不是对 A 中的所有元素都有意义，那么函数的定义域取为使公式有意义的那些 A 中元素的集合。

在初等数学中，*公式*(如例 4 中的多项式)通常与它所产生的*函数*相混淆。这没有什么害处，除非学生希望每一类函数都有一个公式。

假设在如上所构造的 $p(x)$中使用了会产生多于一个元素的公式，例如 $p(x)=\pm\sqrt{x}$，那么所得到的关系就不是一个函数。正因如此，在旧版教材中，关系有时被称为多值函数。

例 5　**标号有向图**就是用一个集合中的信息把顶点或边(或两者)给予标号的有向图。如果 V 是顶点集合，L 是标号有向图的标号集合，那么 V 的标号可以被指定为一个函数 f: $V\to L$，这里对每个 $v\in V$，$f(v)$是人们希望附在 v 上的标号。类似地，可以把边 E 的标号定义为一个函数 g: $E\to L$，这里对每个 $e\in E$，$g(e)$是人们希望附在 e 上的标号。标号有向图的一个例子就是地图。在地图上，顶点用城市的名字标号，边用城市之间的距离或旅行时间标号。图 5.2 给出了标号有向图的一个例子。另一个例子是程序流程图，在流程图中，顶点用程序里某一时刻执行的步骤标号，边表示从程序的一个部分到另一个部分的流程。■

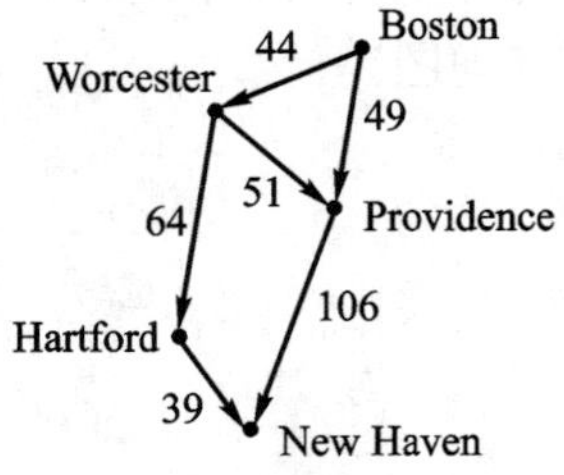

图 5.2

例 6　设 $A=B=\mathbf{Z}$，f: $A\to B$ 定义为 $f(a)=a+1$，$a\in A$，像例 4 一样，这里的 f 是通过给出值 $f(a)$的一个公式来定义的。■

例 7　设 $A=\mathbf{Z}$，$B=\{0, 1\}$，f: $A\to B$ 定义为

$$f(a)=\begin{cases}0, & a\text{是偶数}\\ 1, & a\text{是奇数}\end{cases}$$

那么 f 是一个函数，因为每个集合 $f(a)$是由单一元素组成的。不像例 4 和例 6 中的情形，元素 $f(a)$不是通过一个代数公式来指定的，而是用语言描述给出的。■

例 8　设 A 是任意一个非空集合，A 上的**恒等函数**用 I_A 表示，它定义为

$$I_A(a)=a$$
■

读者也许注意到 I_A 是前面称之为Δ(见 4.4 节)的关系，Δ 表示 $A\times A$ 的对角子集。在函数的关联环境中，人们更喜欢用符号 I_A，因为它强调关系的输入-输出或关系的函数性质。显然，如果 $A_1\subseteq A$，则 $I_A(A_1)=A_1$。

假设 f: $A\to B$，g: $B\to C$ 是函数，那么 f 和 g 的合成 $g\circ f$ (见 4.7 节)是一个关系。设 $a\in\mathrm{Dom}(g\circ f)$，那么由 4.7 节的定理 6 可知$(g\circ f)(a)=g(f(a))$。因为 f 和 g 是函数，所以 $f(a)$是由单一元素 $b\in B$ 所组成的，因此，$g(f(a))=g(b)$。由于 g 也是一个函数，所以 $g(b)$也只含有 C 中的一个元素。因此，对 $a\in\mathrm{Dom}(g\circ f)$，每个集合$(g\circ f)(a)$只含有 C 中的一个元素，从而 $g\circ f$ 是一个函数。图 5.3 从图形上给出了它的解释。

例 9　设 $A=B=\mathbf{Z}$，C 是偶数集合，f: $A\to B$ 和 g: $B\to C$ 定义如下：$f(a)=a+1$，$g(b)=2b$，求 $g\circ f$。

解　有

$$(g \circ f)(a) = g(f(a)) = g(a+1) = 2(a+1)$$

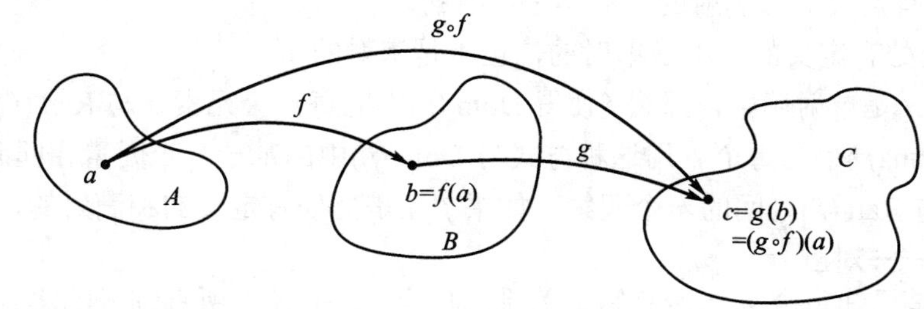

图 5.3

因此，如果 f 和 g 是由已知公式所定义的函数，那么 $g \circ f$ 也是函数，并且 $g \circ f$ 的公式是通过把 f 的公式代入 g 的公式中而得到的。■

特殊函数类

设 f 是从 A 到 B 的一个函数，如果 $\text{Dom}(f)=A$，则称 f 是**处处有定义**的。如果 $\text{Ran}(f)=B$，则称 f 是**满射**。最后，如果对 A 中两个不同的元素 a 和 a'，有 $f(a)\neq f(a')$，则称 f 是**单射**。单射的定义也可以用下面等价的形式描述：

$$若 f(a)=f(a')，则 a=a'$$

这种形式的描述常常更容易用来验证一些特殊的例子。

例 10 考虑例 1 中定义的函数 f，因为 $\text{Dom}(f)=A$，所以 f 是处处有定义的。另一方面，$\text{Ran}(f)=\{a，c，d\}\neq B$，所以 f 不是满射。因为 $f(1)=f(2)=a$，故知 f 不是单射。■

例 11 考虑例 6 中定义的函数 f，问 f 具有上面哪些特殊的性质(如果有的话)?

解 因为定义 f 的公式对所有整数都有意义，所以 $\text{Dom}(f)=\mathbf{Z}=A$，从而 f 处处有定义。

设 $f(a)=f(a')$，a 和 a' 属于 A，那么 $a+1=a'+1$，即 $a=a'$，因此 f 是单射。

为了弄清 f 是否为满射，设 b 是 B 中任意一个元素，能找到一个元素 $a\in A$ 使得 $f(a)=b$ 吗?因为 $f(a)=a+1$，所以在 A 中需要找一个元素 a，使得 $a+1=b$。当然 $a=b-1$ 满足所希望的方程，因为 $b-1\in A$，故 $\text{Ran}(f)=B$，所以 f 是满射。■

例 12 设 $A=\{a_1，a_2，a_3\}$，$B=\{b_1，b_2，b_3\}$，$C=\{c_1，c_2\}$，$D=\{d_1，d_2，d_3，d_4\}$，分别考虑从 A 到 B，从 A 到 D，从 B 到 C，从 D 到 B 的下面 4 个函数。

(a) $f_1=\{(a_1，b_2),(a_2，b_3),(a_3，b_1)\}$

(b) $f_2=\{(a_1，d_2),(a_2，d_1),(a_3，d_4)\}$

(c) $f_3=\{(b_1，c_2),(b_2，c_2),(b_3，c_1)\}$

(d) $f_4=\{(d_1，b_1),(d_2，b_2),(d_3，b_1)\}$

确定每个函数是否为单射、满射和处处有定义。

解 (a) f_1 是处处有定义的、单射的和满射的。

(b) f_2是处处有定义的、单射的，但不是满射的。

(c) f_3是处处有定义的、满射的，但不是单射的。

(d) f_4 不是处处有定义的，不是单射的，也不是满射的。 ■

如果f: $A\to B$ 是单射函数，那么f使得 Dom (f)中的每一个元素 a 与 Ran (f)中的一个元素 $b=f(a)$相联系，Ran (f)中的每个 b 用这种方式与 Dom (f)中的唯一一个元素相匹配。则这样的f常称为 Dom (f)与 Ran (f)之间的一个**双射**。如果f还是处处有定义的和满射的，那么f称为 **A 与 B 之间的一个一一对应**。

例 13 设$\Re$是已知集合 A 上所有等价关系的集合，Π是 A 上所有划分的集合，那么可定义一个函数f: $\Re\to\Pi$如下。对于 A 上的每个等价关系 R，设$f(R)=A/R$，A/R 是对应于 R 的 A 的划分，在 4.5 节的讨论中已证明f是$\Re$和Π之间的一个一一对应。 ■

可逆函数

一个函数f: $A\to B$ 称为是**可逆的**，如果它的逆关系 f^{-1} 也是一个函数。下面的例子说明一个函数不一定是可逆的。

例 14 设f是例 1 中的函数，那么

$$f^{-1}=\{(a,\ 1),(a,\ 2),(d,\ 3),(c,\ 4)\}$$

因为$f^{-1}=(a)=\{1，2\}$，所以f^{-1}不是一个函数。 ■

下面的定理经常会用到。

定理 1 设f: $A\to B$ 是一个函数。

(a) f^{-1}是从 B 到 A 的一个函数当且仅当f是单射。

(b) 如果f^{-1}是一个函数，那么函数f^{-1}也是单射。

(c) f^{-1}处处有定义当且仅当f是满射。

(d) f^{-1}是满射当且仅当f处处有定义。

证明 (a) 证明下列等价命题。

f^{-1}不是一个函数当且仅当f不是单射。

首先假设f^{-1}不是一个函数，那么对 B 中的某个 b, $f^{-1}(b)$必定至少包含两个不同的元素 a_1 和 a_2，于是$f(a_1)=b=f(a_2)$，从而f不是单射。

反之，假设f不是单射，那么对 A 中两个不同的元素 a_1和 a_2，有$f(a_1)=f(a_2)=b$，因此，$f^{-1}(b)$包含了 a_1和 a_2，所以f^{-1}不可能是一个函数。

(b) 因为$(f^{-1})^{-1}$是函数f，(a) 表明f^{-1}是单射。

(c) 回顾 $\text{Dom}(f^{-1})=\text{Ran}(f)$，因此，$B=\text{Dom}(f^{-1})$当且仅当 $B=\text{Ran}(f)$。换言之，f^{-1}处处有定义当且仅当f是满射。

(d) 因为 $\text{Ran}(f^{-1})=\text{Dom}(f)$，$A=\text{Dom}(f)$当且仅当 $A=\text{Ran}(f^{-1})$，即f处处有定义当且仅当f^{-1}是满射。 ■

作为定理 1 的一个直接推论，可以看到如果 f 是 A 和 B 之间的一个一一对应，那么 f^{-1} 是 B 和 A 之间的一一对应。还注意如果 f: $A \to B$ 是单射函数，那么方程 $b=f(a)$ 等价于 $a=f^{-1}(b)$。

例 15 考虑例 6 中定义的函数 f，因为 f 是处处有定义的、单射的和满射的，所以它是 A 和 B 之间的一一对应。因此，f 是可逆的，f^{-1} 是 B 和 A 之间的一一对应。■

例 16 设 $\mathbf{R}$ 是实数集合，f: $\mathbf{R} \to \mathbf{R}$ 定义为 $f(x) = x^2$，f 是可逆的吗?

解 必须确定 f 是否为单射，因为 $f(2)=f(-2)=4$，所以得到 f 不是单射，故 f 不是可逆的。■

关于函数的合成有一些非常有用的结果，把它总结成下述定理。

定理 2 设 f: $A \to B$ 是任意一个函数，那么

(a) $I_B \circ f = f$ 。

(b) $f \circ I_A = f$ 。

如果 f 是 A 和 B 之间的一一对应，那么

(c) $f^{-1} \circ f = I_A$。

(d) $f \circ f^{-1} = I_B$。

证明 (a) 对于 Dom (f) 中的所有 a，$(I_B \circ f)(a) = I_B(f(a)) = f(a)$，因此，由 4.2 节的定理 2 可知 $I_B \circ f = f$ 。

(b) 对于 Dom(f) 中的所有 a，有 $(f \circ I_A)(a) = f(I_A(a)) = f(a)$，所以 $f \circ I_A = f$ 。现在假设 f 是 A 和 B 之间的一一对应，上面已指出，方程 $b = f(a)$ 等价于方程 $a = f^{-1}(b)$。因为 f 和 f^{-1} 都是处处有定义的且是满射的，这就推出对于 A 中所有 a 和 B 中所有 b，有 $f(f^{-1}(b)) = b$ 和 $f^{-1}(f(a)) = a$。于是

(c) 对于 A 中所有 a，有 $I_A(a) = a = f^{-1}(f(a)) = (f^{-1} \circ f)(a)$，因此 $I_A = f^{-1} \circ f$ 。

(d) 对于 B 中所有 b，有 $I_B(b) = b = f(f^{-1}(b)) = (f \circ f^{-1})(b)$ 。因此，$I_B = f \circ f^{-1}$。■

定理 3 (a) 设 f: $A \to B$ 和 g: $B \to A$ 是函数且使得 $g \circ f = I_A$ 和 $f \circ g = I_B$，那么 f 是 A 和 B 之间的一一对应，g 是 B 和 A 之间的一一对应，并且其中一个是另一个的逆。

(b) 设 f: $A \to B$ 和 g: $B \to C$ 是可逆的，那么 $g \circ f$ 是可逆的且 $(g \circ f)^{-1} = f^{-1} \circ g^{-1}$。

证明 (a) 从假设推出对于 A 中所有 a 和 B 中所有 b，有 $g(f(a)) = a$，$f(g(b)) = b$，特别地，它表明 Ran$(f)=B$ 和 Ran$(g) = A$，所以每一个函数是满射。如果 $f(a_1) = f(a_2)$，那么 $a_1 = g(f(a_1)) = g(f(a_2)) = a_2$，因此，$f$ 是单射。类似地，可以看到 g 也是单射，所以 f 和 g 是可逆的。注意，因为 Dom(f^{-1})=Ran$(f)=B$，所以 f^{-1} 是处处有定义的。于是，如果 b 是 B 中任意一个元素，那么 $f^{-1}(b) = f^{-1}(f(g(b))) = (f^{-1} \circ f)(g(b)) = I_A(g(b)) = g(b)$，因此，$g = f^{-1}$，所以，$f = (f^{-1})^{-1} = g^{-1}$。因为 g 和 f 是满射，f^{-1} 和 g^{-1} 是满射，所以 f 和 g 必定是处处有定义的。这就证明了(a)。

(b) 显然 $(g \circ f)^{-1} = f^{-1} \circ g^{-1}$，因为对任意两个关系该命题为真。由假设知 g^{-1} 和 f^{-1} 是函数，所以它们的合成也是函数，于是 $(g \circ f)^{-1}$ 是一个函数，因此，$g \circ f$ 是可逆的。■

例 17 设 $A=B=\mathbf{R}$，即实数集合，设 f: $A \to B$ 由公式 $f(x)=2x^3-1$ 定义，g: $B \to A$ 由

$g(y)=\sqrt[3]{\frac{1}{2}y+\frac{1}{2}}$ 定义。证明 f 是 A 和 B 之间的一个双射，g 是 B 和 A 之间的一个双射。

解 设 $x\in A$，$y=f(x)=2x^3-1$，那么，$\frac{1}{2}(y+1)=x^3$；所以 $x=\sqrt[3]{\frac{1}{2}y+\frac{1}{2}}=g(y)=g(f(x))=(g\circ f)(x)$，因此，$g\circ f=I_A$。类似地，$f\circ g=I_B$，所以由定理 3(a)可知 f 和 g 都是双射。

■

例 17 说明证明一个函数(如 f)是单射和满射的更容易的方法常常是通过构造一个逆而不是直接进行证明。

最后，简要地讨论一下当 A 和 B 是有限集合时所出现的一些特殊结果。设 $A=\{a_1,\cdots,a_n\}$ 和 $B=\{b_1,\cdots,b_n\}$，f 是一个从 A 到 B 处处有定义的函数。如果 f 是单射，那么 $f(a_1)$，$f(a_2)$，…，$f(a_n)$是 B 中 n 个不同的元素。因此，必定得到了 B 的所有元素，所以 f 是满射。另一方面，如果 f 是满射，那么 $f(a_1)$，…，$f(a_n)$形成整个集合 B，所以它们必须都是不同的，因此 f 也是单射，从而证明了下面的事实。

定理 4 设 A 和 B 是两个具有相同元素数目的有限集合，f: $A\to B$ 是一个处处有定义的函数。

(a) 如果 f 是单射，那么 f 是满射。

(b) 如果 f 是满射，那么 f 是单射。 ■

因此，对于具有相同元素数目的有限集合 A 和 B，特别地，如果 $A=B$，仅需证明函数是单射或者是满射即可证明它是一个双射函数。这是鸽巢原理的一个应用。

一一映射函数是密码学中的重要工具，因为需要同时做到加密和解密。很多密文是如下创建的一种简单的**代换编码**。令 $A=\{a, b, \cdots, z\}$是英语字母表，f：$A\to A$ 是通信各方事先确定的一个函数。一条消息是通过将每个字母用其 f 的像代换来进行加密的。而在消息解密的时候，函数 f 必须有一个逆函数。接收方对每个字母使用 f^{-1} 函数来解密消息。根据定理 3(a)可知 f 必定是一一映射。

例 18 假设 f 是由下表定义的。

A	B	C	D	E	F	G	H	I	J	K	L	M
D	E	S	T	I	N	Y	A	B	C	F	G	H
N	O	P	Q	R	S	T	U	V	W	X	Y	Z
J	K	L	M	O	P	Q	R	U	V	W	X	Z

则 f(D)=T，f(R)=O，等等。从一个关键字开始，然后按顺序列出余下的字母，这样把字母表重新排列定义的函数就是一个实例。

短句 THE TRUCK ARRIVES TONIGHT 加密后为

QAIQORSFDOOBUIPQKJBYAQ

在这种情况下，通过上面的表从下排往上排使用就可以很容易得到逆函数。因此，短句

CKAJADPDGKJYEIDOT 解密后得到 JOHNHASALONGBEARD，即 JOHN HAS A LONG BEARD。 ■

习 题 5.1

1．设 $A=\{a,b,c,d\}$，$B=\{1,2,3\}$。确定从 A 到 B 的关系 R 是否是一个函数，如果它是一个函数，给出它的值域。

(a) $R=\{(a，1)，(b，2)，(c，1)，(d，2)\}$

(b) $R=\{(a，1)，(b，2)，(a，2)，(c，1)，(d，2)\}$

2．设 $A=\{a，b，c，d\}$，$B=\{1，2，3\}$。确定从 A 到 B 的关系 R 是否是一个函数。如果它是一个函数，给出它的值域。

(a) $R=\{(a，3)，(b，2)，(c，1)\}$

(b) $R=\{(a，1)，(b，1)，(c，1)，(d，1)\}$

3．确定从 A 到 B 的关系 R 是否是一个函数。

A=美国所有医疗保险成员的集合

$B=\{x|x$ 是一个 9 位数$\}$

如果 b 是 a 的社会保障号码，那么 $a\,R\,b$。

4．确定从 A 到 B 的关系 R 是否是一个函数。

A=美国人的集合，$B=\{x|x$ 是一个 9 位数$\}$

如果 b 是 a 的护照号码，那么 $a\,R\,b$。

在第 5 题~第 8 题中，验证公式产生一个从 A 到 B 的函数。

5．$A=B=\mathbf{Z}$，$f(a)=a^2$。

6．$A=B=\mathbf{R}$，$f(a)=\mathrm{e}^a$。

7．$A=\mathbf{R}$，$B=\{0，1\}$，$\mathbf{Z}$ 是整数集合，注意 $\mathbf{Z}\subseteq\mathbf{R}$，那么对于任意实数 a，设

$$f(a)=\begin{cases}0, & a\notin\mathbf{Z}\\ 1, & a\in\mathbf{Z}\end{cases}$$

8．$A=\mathbf{R}$，$B=\mathbf{Z}$，$f(a)$=小于或等于 a 的最大整数。

9．设 $A=B=C=\mathbf{R}$，f：$A\to B$ 和 g：$B\to C$ 分别由 $f(a)=a-1$ 和 $g(b)=b^2$ 定义，求下列各分题。

(a) $(f\circ g)(2)$　　(b) $(g\circ f)(2)$　　(c) $(g\circ f)(x)$

(d) $(f\circ g)(x)$　　(e) $(f\circ f)(y)$　　(f) $(g\circ g)(y)$

10．设 $A=B=C=\mathbf{R}$，f：$A\to B$ 和 g：$B\to C$ 分别由 $f(a)=a+1$ 和 $g(b)=b^2+2$ 定义，求下列各分题。

(a) $(g\circ f)(-2)$　　(b) $(f\circ g)(-2)$　　(c) $(g\circ f)(x)$

(d) $(f\circ g)(x)$　　(e) $(f\circ f)(y)$　　(f) $(g\circ g)(y)$

11．在下面各分题中，已知集合 A 和 B 以及从 A 到 B 的一个函数，确定函数是单射还是满射(或者两者都是或者两者都不是)。

(a) $A=\{1，2，3，4\}=B$；$f=\{(1，1)，(2，3)，(3，4)，(4，2)\}$。

(b) $A=\{1，2，3\}$；$B=\{a，b，c，d\}$；$f=\{(1，a)，(2，a)，(3，c)\}$。

12．在下面各分题中，已知集合 A 和 B 以及从 A 到 B 的一个函数，确定函数是单射还是满射(或者两者都是或者两者都不是)。

(a) $A=\left\{\frac{1}{2},\frac{1}{3},\frac{1}{7}\right\}$；$B=\{x,\ y,\ z,\ w\}$；$f=\left\{\left(\frac{1}{2},x\right),\left(\frac{1}{4},y\right),\left(\frac{1}{3},w\right)\right\}$。

(b) $A=\{1.1, 7, 0.06\}$；$B=\{p,\ q\}$；$f=\{(1.1,\ p),\ (7,\ q),\ (0.06,\ p)\}$。

13．在下面各分题中，已知集合 A 和 B 以及从 A 到 B 的一个函数，确定函数是单射还是满射(或者两者都是或者两者都不是)。

(a) $A=B=\mathbf{Z}$; $f(a)=a-1$。

(b) $A=\mathbf{R}$，$B=\{x|x$ 是实数且 $x\geqslant 0\}$；$f(a)=|a|$。

14．在下面各分题中，已知集合 A 和 B 以及从 A 到 B 的一个函数，确定函数是单射还是满射(或者两者都是或者两者都不是)。

(a) $A=\mathbf{R}\times\mathbf{R}$，$B=\mathbf{R}$；$f((a,\ b))=a$。

(b) 设 $S=\{1,\ 2,\ 3\}$, $T=\{a,\ b\}$, $A=B=S\times T$，f 定义为：$f(n,\ a)=(n,\ b)$, $n=1,2,3$ 和 $f(n,\ b)=(1,\ a)$，$n=1,2,3$。

15．在下面各分题中，已知集合 A 和 B 以及从 A 到 B 的一个函数，确定函数是单射还是满射(或者两者都是或者两者都不是)。

(a) $A=B=\mathbf{R}\times\mathbf{R}$；$f((a,\ b))=(a+b,\ a-b)$。

(b) $A=\mathbf{R}$, $B=\{x|x$ 是实数且 $x\geqslant 0\}$；$f(a)=a^2$。

16．设 $f(n)$是 n 的因子的个数，$n\in\mathbf{Z}^+$，判断 f 是单射还是满射(或者都是或者都不是)。

17．设 $f(n)$是 n 和 50 中的最大者，$n\in\mathbf{Z}^+$，判断 f 是单射还是满射(或者都是或者都不是)。

18．解释为什么定理 1(a)等价于“f^{-1} 不是一个函数当且仅当 f 不是单射”。

19．设 f：$A\to B$，g：$B\to A$。验证 $g=f^{-1}$。

(a) $A=B=\mathbf{R}$，$f(a)=\dfrac{a+1}{2}$, $g(b)=2b-1$。

(b) $A=\{x|x$ 是实数且 $x\geqslant 0\}$，$B=\{y|y$ 是实数且 $y\geqslant -1\}$；$f(a)=a^2-1$，$g(b)=\sqrt{b+1}$。

20．设 f：$A\to B$，g：$B\to A$。验证 $g=f^{-1}$。

(a) $A=B=P(S)$, 其中 S 是一个集合，如果 $X\in P(S)$，那么设 $f(X)=\overline{X}=g(X)$。

(b) $A=B=\{1,\ 2,\ 3,\ 4\}$；$f=\{(1,\ 4),\ (2,\ 1),\ (3,\ 2),\ (4,\ 3)\}$；$g=\{(1,\ 2),\ (2,\ 3),\ (3,\ 4),\ (4,\ 1)\}$。

21．设 f 是从 A 到 B 的一个函数，求 f^{-1}。

(a) $A=\{x\mid x$ 是实数且 $x\geqslant -1\}$；$B=\{x|x$ 是实数且 $x\geqslant 0\}$；$f(a)=\sqrt{a+1}$。

(b) $A=B=\mathbf{R}$；$f(a)=a^3+1$。

22．设 f 是从 A 到 B 的一个函数，求 f^{-1}。

(a) $A=B=\mathbf{R}$；$f(a)=\dfrac{2a-1}{3}$。

(b) $A=B=\{1,\ 2,\ 3,\ 4,\ 5\}$，$f=\{(1,\ 3),\ (2,\ 2),\ (3,\ 4),\ (4,\ 5),\ (5,\ 1)\}$。

23．设 $f(x,\ y)=(2x-y,\ x-2y)$，$(x,\ y)\in\mathbf{R}\times\mathbf{R}$。

(a) 证明 f 是单射。

(b) 求 f^{-1}。

在题 24 和 25 中，设 f 是从 $A=\{1,\ 2,\ 3,\ 4\}$到 $B=\{a,\ b,\ c,\ d\}$的一个函数，确定 f^{-1} 是否是一个函数。

24．$f=\{(1,\ a),\ (2,\ a),\ (3,\ c),\ (4,\ d)\}$。

25．$f=\{(1,\ a),\ (2,\ c),\ (3,\ b),\ (4,\ d)\}$。

26．设 $A=B=C=\mathbf{R}$, 考虑函数 f：$A\to B$ 和 g：$B\to C$，它们的定义为 $f(a)=2a+1$, $g(b)=\dfrac{b}{3}$，验证定理 3(b)：$(g\circ f)^{-1}=f^{-1}\circ g^{-1}$。

27．如果集合 A 有 n 个元素，那么从 A 到 A 存在多少个函数?

28．如果集合 A 有 n 个元素，那么从 A 到 A 存在多少个双射?

29．如果 A 有 m 个元素，B 有 n 个元素，那么从 A 到 B 存在多少个函数?

30．完成下面的证明。

如果 f：$A\to B$ 和 g：$B\to C$ 是单射函数，则 $g\circ f$ 是单射。

证明：设 a_1，$a_2\in A$，假设 $(g\circ f)(a_1)=(g\circ f)(a_2)$。因为____________，所以 $g(f(a_1))=g(f(a_2))$，$f(a_1)=f(a_2)$。又因为____________，所以 $a_1=a_2$，故 $g\circ f$ 是单射。

31．完成下面的证明。

如果 f：$A\to B$ 和 g：$B\to C$ 是满射函数，则 $g\circ f$ 是满射。

证明：取 $x\in$ __________，则存在 $y\in$ __________使得 $g(y)=x$(为什么?)。于是存在 $z\in$ __________使得 $f(z)=y$(为什么?)和 $(g\circ f)(z)=x$，因此 $g\circ f$ 是满射。

32．设 f：$A\to B$ 和 g：$B\to C$ 是函数，证明：如果 $g\circ f$ 是单射，那么 f 是单射。

33．设 f：$A\to B$ 和 g：$B\to C$ 是函数，证明：如果 $g\circ f$ 是满射，那么 g 是满射。

34．设 A 是一个集合，f：$A\to A$ 是一个双射，对任意整数 $k\geqslant 1$，设 $f^k=f\circ f\circ\cdots\circ f$ (k 个因子)，$f^{-k}=f^{-1}\circ f^{-1}\circ\cdots\circ f^{-1}$($k$ 个因子)，定义 f^0 是 I_A，于是 f^n 对所有 $n\in\mathbf{Z}$ 有定义。对任意 $a\in A$，设 $O(a, f)=\{f^n(a)|n\in\mathbf{Z}\}$，证明：如果 a_1，$a_2\in A$，$O(a_1, f)\cap O(a_2, f)\neq\varnothing$，那么 $O(a_1, f)=O(a_2, f)$。

35．设 f：$A\to B$ 是具有有限定义域和值域的一个函数，假设 $|\mathrm{Dom}(f)|=n$，$|\mathrm{Ran}(f)|=m$，证明：

(a) 如果 f 是单射，则 $m=n$。

(b) 如果 f 不是单射，则 $m<n$。

36．设 $|A|=|B|=n$，f：$A\to B$ 是处处有定义的一个函数，证明：下面三个命题是等价的。

(a) f 是单射。

(b) f 是满射。

(c) f 是一一对应的 (即：f 单射和满射)。

37．在 $\mathbf{Z}^+$(正整数集合)和 $A=\{x|x$ 是一个正偶数$\}$之间给出一个双射。

38．在 $\mathbf{Z}^+$(正整数集合)和 $A=\{x|x$ 是一个正奇数$\}$之间给出一个双射。

39．根据题 37 和 38，问 $|\mathbf{Z}^+|=|A|=|B|$ 吗？证明你的结论。

40．(a) 设 $A=\mathbf{R}$，f：$A\to\mathbf{R}$ 满足 $f(a)=a^2$，证明或反证：$f(a_1+a_2)=f(a_1)+f(a_2)$。

(b) 设 $A=\{a, b\}$，f：$A^*\to\mathbf{Z}$ 定义为 $f(s)$ 是字符串 s 的长度，证明或反证：$f(s_1\cdot s_2)=f(s_1)+f(s_2)$。

41．设 $A=\{0, 1\}$，定义 $a\diamond b=(a+b)\bmod 2$。设 $B=\{$真，假$\}$，定义 f：$A\to B$ 满足 $f(0)=$真，$f(1)=$假。

(a) 证明或反证：$f(a\diamond b)=f(a)\vee f(b)$。

(b) 证明或反证：$f(a\diamond b)=f(a)\wedge f(b)$。

42．(a) 用例 18 中的函数加密消息 COME BACK AT ONCE。

(b) 解密下列消息，它们是用例 18 中的函数加密的。

QODLLITSDJJKQOIQROJ

43．用例 18 中的方法和密钥 JOURNALISM 加密消息 ALL PROJECTS ARE ON TRACK。

44．像例 18 中那样使用代换码并不很安全，请描述一种实际性强的方法破译这种编码。

5.2　计算机科学中的函数

前几章基于非正式的形式，介绍了通常用在计算机科学应用中的某些函数，本节进行一些复习并且定义某些其他函数。

例 1 设 A 是全集 $U=\{u_1, u_2, u_3, \cdots, u_n\}$ 的一个子集，**A 的特征函数**定义为从 U 到 $\{0,1\}$ 的一个函数且

$$f_A(u_i)=\begin{cases}1, & u_i \in A\\ 0, & u_i \notin A\end{cases}$$

如果 $A=\{4, 7, 9\}$，$U=\{1, 2, 3, \cdots, 10\}$，那么 $f_A(2)=0$， $f_A(4)=1$， $f_A(7)=1$，但 $f_A(12)$ 没有定义。很容易检验 f_A 处处有定义且是满射，但不是单射。 ■

例 2 在 1.4 节，对每个正整数 n 定义了一个模 n 函数族，称这些函数为 f_n，即 $f_n(m)=m(\text{mod } n)$。每个 f_n 是从非负整数到集合 $\{0,1,2,3,\cdots, n-1\}$ 的一个函数。对于一个固定的 n，任意一个非负整数 z 能够写作 $z=kn+r$, $0\leqslant r<n$，于是 $f_n(z)=r$。还可以把这种关系表示为 $z\equiv r \pmod n$(见 4.5 节)。模函数族中的每一成员是处处有定义且是满射的，但不是单射。 ■

例 3 设 A 是非负整数集合，$B=\mathbf{Z}^+$，f: $A\to B$ 定义为：$f(n)=n!$。 ■

例 4 鸽巢原理的一般形式(见 3.3 节)需要**弱取整函数**，它定义为对有理数 q，$f(q)$ 为小于或等于 q 的最大整数。它是不用公式定义的函数的又一个例子。记号 $\lfloor q\rfloor$ 常用来表示 $f(q)$。因此

$$f(1.5)=\lfloor 1.5\rfloor=1，f(-3)=\lfloor -3\rfloor=-3，f(-2.7)=\lfloor -2.7\rfloor=-3$$ ■

例 5 类似于例 4 的一个函数是**强取整函数**，它定义为对有理数 q，$c(q)$ 为大于或等于 q 的最小整数。记号 $\lceil q\rceil$ 常用来表示 $c(q)$。因此

$$c(1.5)=\lceil 1.5\rceil=2，c(-3)=\lceil -3\rceil=-3，c(-2.7)=\lceil -2.7\rceil=-2$$ ■

在计算机科学中使用的许多常见代数函数其定义域往往限制在整数的子集上。

例 6 (a) 任意一个具有整系数的多项式 p 可用来定义 $\mathbf{Z}$ 上的一个函数：如果 $p(x)=a_0+a_1x+a_2x^2+\cdots+a_nx^n$ 并且 $z\in\mathbf{Z}$，那么 $f(z)$ 是 p 在 z 点求得的值。

(b) 设 $A=B=\mathbf{Z}^+$，f: $A\to B$ 定义为 $f(z)=2^z$，则称 f 是**以 2 为底的指数函数**，其他底数也可以用来定义类似的函数。

(c) 设 $A=B=\mathbf{R}$，对每个正整数 $n>1$ 定义 f_n: $A\to B$ 为 $f_n(x)=\log_n(x)$，它是以 n 为底 x 的对数。在计算机科学应用中，底数为 2 和 10 的对数是特别有用的。 ■

一般来说，前面几节讨论过的一元运算能够用来构造类似于例 3 函数的函数。在一个函数的定义中，集合 A 和 B 也可以不是数的集合，这一点在下面的例子中可以看到。

例 7 (a) 设 A 是一个有限集合，定义 l: $A^*\to\mathbf{Z}$ 为 $l(w)$，它是字符串 w 的长度(见 1.3 节对 A^* 和字符串的定义)。

(b) 设 B 是全集 U 的一个有限子集，定义 $pow(B)$ 是 B 的幂集，那么 pow 是从 V(U 的幂集)到 V 的幂集的一个函数。

(c) 设 $A=B=$ 元素为实数的所有 2×2 矩阵集合，并且设 $t(\boldsymbol{M})=\boldsymbol{M}^{\mathrm{T}}$，即 $\boldsymbol{M}$ 的转置，那么 t 是处处有定义的、满射的和单射的。 ■

例 8 (a) 对于 $\mathbf{Z}^+\times\mathbf{Z}^+$ 中的元素，定义 $g(z_1,z_2)$ 为 $\text{GCD}(z_1, z_2)$，那么 g 是从 $\mathbf{Z}^+\times\mathbf{Z}^+$ 到 $\mathbf{Z}^+$ 的一个函数。两个数的 GCD 在 1.4 节中已有定义。

(b) 用类似的方法可定义 $m(z_1, z_2)$为 LCM(z_1, z_2)。■

另一类函数——布尔函数——几乎在所有计算机程序中起着关键性作用。设 B={真，假}，那么从一个集合 A 到 B 的函数称作**布尔函数**。2.1 节中的谓词就是布尔函数的一个例子。

例 9 设 P(x)：x 是偶数，Q(y)：y 是奇数，那么 P 和 Q 是从 **Z** 到 B 的函数。显然 P(4)为真，Q(4)为假。谓词 R(x, y)：x 是偶数或 y 是奇数是从 **Z**×**Z** 到 B 的有两个变量的布尔函数。这里 R(3，4)为假，R(6，4)为真。■

散列函数

在 4.6 节中，已介绍过在计算机中存储关系或有向图的数据的两种方法。这里将考虑存储数据更一般的问题。假设必须存储大量的数据记录并且以后需要查询，例如顾客的账目。一般情况下，人们不知道在任意给定的时刻必须存储多少条记录，这意味着连接表存储必须恰如其分，因为存储空间只是在给它分配记录时才会被使用，并且没有利用空闲的存储空间。为了查询一条记录，必须有能力找到这条记录，因此，用一个单一连接表存储数据是不现实的，因为寻找一个项目也许将花费很长时间(相对地讲)。控制这种存储问题的一种技巧就是构造大量的连接表并提供一种方法确定一个新项目应该连接到哪个表。同时，该方法将确定在哪个表中搜寻一个要找的项目。而试图把一个项目随机地分配给某一个表是一个关键点。(从 3.4 节可以想起这意味着挑选每个表都有相等的机会。)这将得到这样一个结果，构造这张表应大致有相同的大小，因此，对任何项目就保持搜寻的时间大致相同。

假设要保留一个大公司的顾客记录并且把信息作为计算机记录存储，那么开始时把每位顾客分配唯一的一个 7 位数账号，一条记录的唯一标识符称作它的**密钥**。目前将完全不考虑每位顾客的账号如何存储以及存储什么信息，而只是描述在计算机内存中找到信息存储的位置。为了确定一条特殊的记录应该被分配到哪一个表中，可以构造从密钥集合到表的号码集的**散列函数**。散列函数频繁地使用模 n 函数，用下面的例子予以说明。

例 10 假设(大致)10 000 位顾客账目记录必须被存储和处理，公司的计算机在可接受的时间内具有查询 100 项内容的表的能力。这里决定构造 101 种连接表用于存储，因为如果散列函数“随机地”把记录分配给表而运行都正常，那么希望看到每个表大约有 100 条记录。定义从 7 位账号的集合到集合{0，1，2，3，…，100}的一个散列函数如下：

$$h(n)=n \pmod{101}$$

即：h 是模 101 的函数。因此

$$\begin{aligned} h(2\,473\,871) &= 2\,473\,871 \pmod{101} \\ &= 78 \end{aligned}$$

这意指账号为 2 473 871 的记录将被分配到表 78，注意 h 的值域是集合{0，1，2，…，100}。■

因为例 10 中的函数 h 不是单射，不同的账号由散列函数可以被分配到相同的表。如果在表 78 的第一个位置已经由存储带有密钥 2 473 871 的记录所占有，那么称发生了冲突。解决冲突有许多种方法。足以满足这里工作的需要且又非常简单的一种方法是在已有表的末尾插入新记录。运用这种方法，当希望找一条记录时，散列它的密钥并且依次地搜索表 h(密钥)即可。

还有许多其他散列函数也适用于这种情形。例如，可以把 7 位账号分成 3 位数和 4 位数，对其做加法，然后应用 mod 101 函数。把密钥分成碎片来构造函数是散列函数名字的由来。除了被存储的记录数目外，还有许多因素需要加以考虑，寻找一个平均长度的表所用的速度和计算一个账目表的数目所需的时间就是两个可能需要考虑的因素。在模函数中使用的模数应该是一个素数，它的原因这里不予讨论。如何为一个特殊应用确定一个“好的”散列函数是一项具有挑战性的任务。

散列函数在其他应用中也常使用，例如在密码学中常用它来产生数字指纹和其他一些电子资源以验证消息的真实性。

模糊集

在我们前面的讨论中，可以看到集合是有明确定义的对象。如果 A 是全集 U 的一个子集，那么给出 U 的任意一个元素 x，必定或至少原理上可以说，x 是 A 里的一个元素或者不是 A 里的一个元素。然而，在日常生活或实用技术中许多集体的描述就没有那么明晰，其性质是很模糊的。举一个例子来说，全集是全人类，从中分类出“高个子的人”的集体。“高”这个形容词是非常不明确的，它的含义可能要依赖于个人的判断和人们所处的环境。

假如给出一个固定高度的范围，那么最困难的核心问题就是集体的边界高度。我们可能认为有些人明显高，有些人明显不高，但是在他们中间的这部分人，我们只能从感觉上认为稍高一点，或者有点高。在高个子成员中高的区分不是简单的对与错的判断题，而是有一个程度。某个成员可以算是高个子，略微算高个子，或者确定不是高个子，这就是模糊集概念。还有其他例子：

富人的集体

快速汽车的集体

移动物体间危险距离的集体

有用规则的集体

我们需要一种明确的方法来处理这些有用的模糊的集体，该集体不是集合。从第 1 章可知，一个集合完全可以用特征函数来描述。根据定义，集合 A 决定了它的特征函数 f_A。另一方面，$A=\{x|\ f_A(x)=1\}$，所以特征函数反过来也决定了集合。选择用哪一种方式表示一个集合取决于任务。任意一个对集合执行的数学运算都对应一个特征函数的运算，1.3 节的定理 1 就陈述了一些这种对应关系。例如，1.3 节的定理 1(a)给出两个集合相交对应的是其特征函数的相乘。明晰地定义一个模糊集的方法就是用一般化的特征函数来表示。

全集 U 里的一个模糊集就是定义在 U 上并在区间[0，1]中取值的一个函数 f。该函数是一个集合特征函数的一般化。如果 $f(x)=0$, 那么称 x 不在模糊集里，如果 $f(x)=1$，那么称 x 在模糊集里。但是，如果 $0<f(x)<1$，那么把 $f(x)$ 看成在某种程度上 x 在模糊集里。如果 f 值的范围只是数字 0 和 1，那么 f 就是一个通常集合的特征函数。因此，通常集合是模糊集的特殊情况。在这里，函数 f 就是模糊集，但是有些其他作者把函数 f 称作模糊集的隶属函数。

例 11 把每年收入在 0 美元到 1 000 000 美元内并以千为单位定义一个全集 U。因此，U 是区间[0，1000]。假定我们想按年收入来定义“富人”这个模糊集合，我们可以考虑把个人年收入超过 250 000 美元的人定义为 “富人”，年收入低于 30 000 美元的人定义为不是“富人”，年收入在这两者之间的人定义为在某种程度上是“富人”。通过这些初始条件，“富人”一个可能的模糊集是如图 5.4 所示的函数 f（水平线一直到 1 000）。

图中斜线段的方程为 $f(x)=(x\text{-}30)/220, 30\leqslant x\leqslant 250$（为什么？），基于此，一个年收入是 100 000 美元（或 X=100）的人在模糊集 f 里有隶属度（100−30）/220=7/22，即大约 0.32，一个年收入少于 30 000 美元的人根本不在该模糊集里，年收入有 30 000 美元的人明显是“富人”。用同样的初始条件，存在很多其他的模糊集也可以定义富人这个集体。选择用怎样的函数来定义是非常主观的，同时，还取决于讨论的情形。

图 5.5 给出了另一个合适的模糊集 g, 这里 $0\leqslant x\leqslant 1\,000$, 当 $0\leqslant x\leqslant 30$, 有 $g(x)=0$，当 $x\geqslant 250$，有 $g(x)=1$

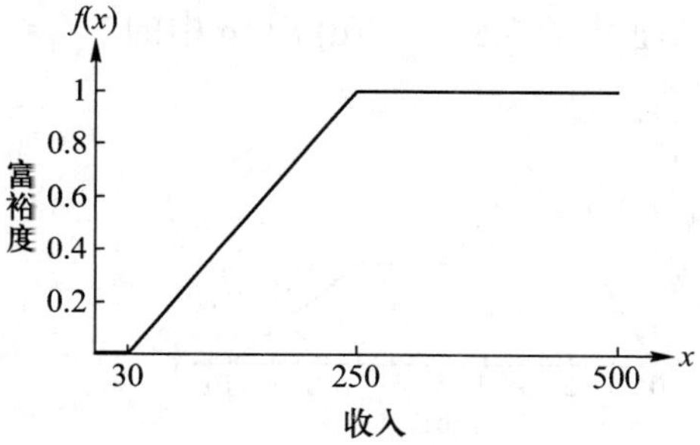

图 5.4

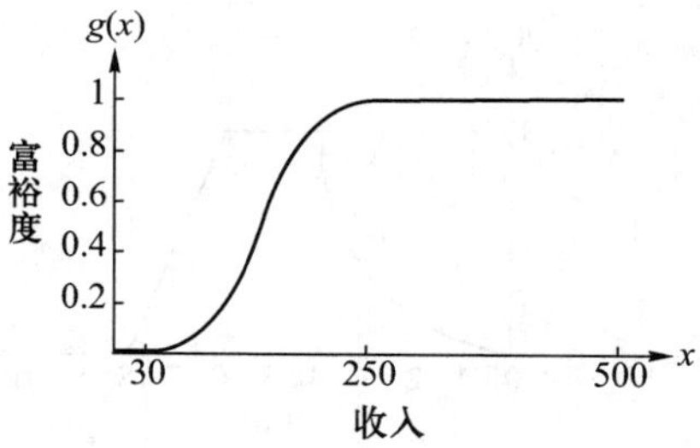

图 5.5

例 12 如图 5.4 和 5.5 所定义的模糊集 f 或 g，试确定下面给出的收入哪个在 f 或 g 里有较高的富裕度。

（a）30 000 美元　(b) 75 000 美元　(c) 200 000 美元　(d) 260 000 美元

解 尽管没有提供 g 的明确定义，但对比图中得知 $f(30)=g(30)=0$ 和 $f(260)=g(260)=1$，所以（a）和(d)不是正确答案。从几何图形上很清楚地看到 $g(75)<f(75)$ 且 $g(200)>f(200)$，因此，（b）和(c)分别在 f 和 g 中有较高的富裕度。

模糊集运算

正如我们可以对集合建立并集、交集和余集等运算，同样可以对模糊集定义类似的运算。1.3 节的定理 1 提供了一种方法，即通过集合的特征函数的计算来描述集合运算。下面是该定理的一般形式，它同样适用于模糊集。

定理 1 设 A 和 B 都是全集 U 的子集，那么

（a）　$f_{A\cap B}(x)=\min\{f_A(x), f_B(x)\}$

（b）　　$f_{A\cup B}(x)=\max\{f_A(x),f_B(x)\}$

（c）　　$f_{\overline{A}}(x)=1-f_A(x)$　(A 的余集的特征函数)

该定理的证明留给读者。结合(a)和(c)可以很容易地表示出一个集合关于另一个集合的余集的特征函数和两个集合对称差的特征函数。值得注意的是这些方程右边的计算对于模糊集来说同样是有意义的。现在，我们用这些计算来定义模糊集里的交集，并集和余集。

如果 f 和 g 都是模糊集，那么可以通过扩展定理 1 中的(a)，(b)和(c)定义的函数，分别定义模糊集 $f\cap g, f\cup g$ 和 $\overline{f}$。

例 13　两个模糊集 f 和 g 的明确定义如图 5.6 所示，其论域为 0 到 10 的实数。计算下面各题的隶属度。

(a) $f\cap g$ 中的 3.5　(b) $f\cap g$ 中的 7　(c) $f\cup g$ 中的 3.5　(d) $f\cup g$ 中的 7

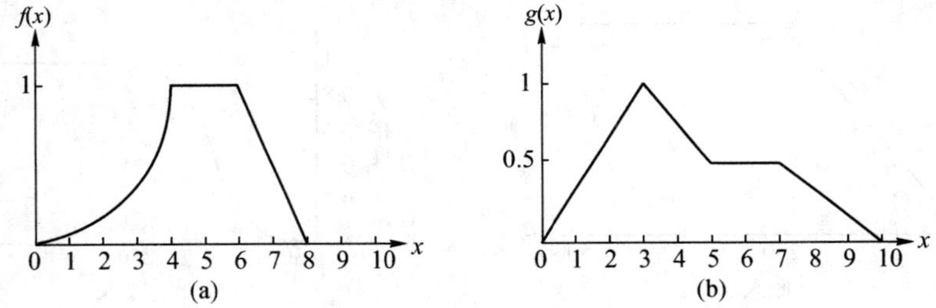

图 5.6

解　利用代数定义，可以得到 $f(3.5)=(3.5^2)/16=49/64$

且 $g(3.5)=(-3.5/4)+(7/4)=56/64$，即$(f\cap g)(3.5)=\min\{49/64，56/64\}$

或者 49/64 和$(f\cup g)(3.5)=56/64$。同理有 $f(7)=4-7/2=1/2$ 且 $g(7)=1/2$，因此，7 在 f 与 g 的并集和交集中的隶属度都是 1/2。

因为 f 和 g 属于同一全集，所以可以通过 f 和 g 在同一坐标系里的图形很快地画出 $f\cap g$（或者 $f\cup g$）的图形，如图 5.7 所示，跟踪较低（或者较高）的图形段。

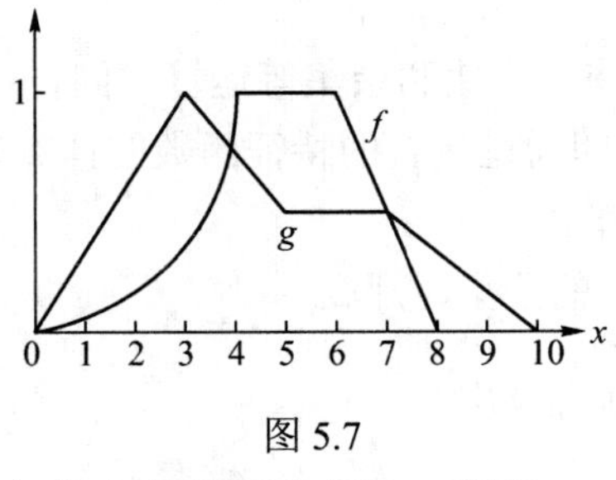

图 5.7

由此构建出 f 和 g 的并集和交集，其结果如图 5.8 所示。

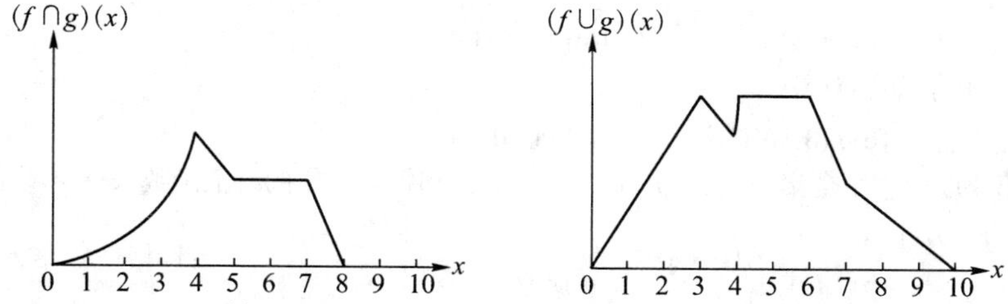

(a) (b)

图 5.8

模糊逻辑

在第 2 章中，我们注意到集合和命题间存在着很多相似之处（例如：比较 1.2 节的定理 1 和 2.2 节的定理 1），这并不会使人感到惊讶，因为许多集合能够通过指定一个元素都共同具有的性质 $P(x)$来表示。一个简单的例子就是 $A=\{x|x$ 是一个偶数$\}$，这里，$P(x)$是"x 是一个偶数"。这样的一个 $P(x)$称为谓词。P 的值域为{假，真}。如果用 0 来表示为假，1 表示为真，那么谓词就跟集合的特征函数一样了。

如果允许谓词在区间[0，1]上取值，那么可建立模糊谓词的概念，这使得命题取值不仅仅是真或假，而且可以使其在某种程度上取真。模糊逻辑包括模糊谓词的分析和操作，以及建立命题，导出结论，在此基础上进行各种操作的过程。

模糊逻辑在控制理论和专家系统中扮演着重要角色，例如，有些计算机利用模糊逻辑来控制一台机器，其方法类似于人类使用的方法，将一些状况如"太近"或"太热"反映出来，并能解释其"模糊"的含义，如"如果你离得太近，请放慢速度并稍微靠右移动一点"。

如今，很多汽车装配的设备都由模糊逻辑来控制。考虑下面这个简单的例子。一台汽车装配了传感器，可以测量前保险杠与前方车辆尾部之间的距离，同时，传感器可以确定轮胎是否与地面发生侧滑。车辆工程师希望设计出一个装置，它可以接收这些输入信号并在不同程度上自动调节刹车。

首先，工程师陈述大体上可能发生的状况，如：

当车离前方车辆太近时，将启动制动(刹车)。

当车离前方车辆非常近时，将启动紧急制动。

当车轮胎接近打滑点时，将启动轻微制动。

解决该问题的一种简单方法便是为谓词 $f(x)$和 $g(x)$建立模糊集，其中 $f(x)$是"x 太近"，$g(x)$是"x 接近打滑点"，那么刹车上的压力可以通过计算模糊集 f 和 g 的隶属度而得到，即通过查看模糊集 f—g。如果(f—g)(x)为 0，则无需在刹车上施加额外的压力。若隶属度增大，则施加到刹车上的压力将增大。该例子是最简单的一种实际情况，如今，更多更复杂的控制已应用到日常生活的方方面面。

习 题 5.2

1．设 f 是 mod 10 函数，计算

(a) $f(417)$　　(b) $f(38)$　　(c) $f(253)$

2．设 f 是 mod 10 函数，计算

(a) $f(81)$　　(b) $f(316)$　　(c) $f(1\ 057)$

在第 3 题和第 4 题中，用全集 $U=\{a, b, c, \cdots, y, z\}$ 和指定子集的特征函数来计算所求的函数值。

3．$A=\{a, e, i, o, u\}$。

(a) $f_A(i)$　　(b) $f_A(y)$　　(c) $f_A(o)$

4．$B=\{m, n, o, p, q, r, z\}$。

(a) $f_B(a)$　　(b) $f_B(m)$　　(c) $f_B(s)$

5．计算下面各分题。

(a) $\lfloor 2.78 \rfloor$　　(b) $\lfloor -2.78 \rfloor$　　(c) $\lfloor 14 \rfloor$　　(d) $\lfloor -17.3 \rfloor$　　(e) $\lfloor 21.5 \rfloor$

6．计算下面各分题。

(a) $\lceil 2.78 \rceil$　　(b) $\lceil -2.78 \rceil$　　(c) $\lceil 14 \rceil$　　(d) $\lceil -17.3 \rceil$　　(e) $\lceil 21.5 \rceil$

7．设 k，n 是正整数且 $k \leqslant n$，证明：在 $1\sim n$ 之间 k 的倍数的个数是 $\left\lfloor \frac{n}{k} \right\rfloor$。

8．证明如果 n 是奇数，则 $\left\lceil \frac{n^2}{4} \right\rceil = \frac{n^2+3}{4}$。

在第 9 题和第 10 题中，计算所指定的值。注意，如果这些函数的定义域是 $\mathbf{Z}^+$，那么对一个无限序列的每个函数是显式公式，因此序列可以看成一类特殊函数。

9．$f(n)=3n^2-1$。

(a) $f(3)$　　(b) $f(17)$　　(c) $f(5)$　　(d) $f(12)$

10．$g(n)=5-2n$。

(a) $g(4)$　　(b) $g(14)$　　(c) $g(129)$　　(d) $g(23)$

11．设 $f_2(n)=2^n$，计算下列各题。

(a) $f_2(1)$　　(b) $f_2(3)$　　(c) $f_2(5)$　　(d) $f_2(10)$

12．设 $f_3(n)=3^n$，计算下列各题。

(a) $f_3(2)$　　(b) $f_3(3)$　　(c) $f_3(6)$　　(d) $f_3(8)$

在第 13 题~第 16 题中，设 $\lg(x) = \log_2(x)$。

13．计算下列各题。

(a) $\lg(16)$　　(b) $\lg(128)$　　(c) $\lg(512)$　　(d) $\lg(1\ 024)$

14．对下面各分题，找小于或等于函数值的最大整数和大于或等于函数值的最小整数。

(a) $\lg(10)$　　(b) $\lg(25)$

15．对下面各分题，找小于或等于函数值的最大整数和大于或等于函数值的最小整数。

(a) $\lg(50)$　　(b) $\lg(100)$

16．对下面各分题，找小于或等于函数值的最大整数和大于或等于函数值的最小整数。

(a) $\lg(256)$　　(b) $\lg(500)$

17．证明例 7(c)中的函数 t：{2×2 实值矩阵} → {2×2 实值矩阵}是处处有定义的、满射的和单射的。

18．设 $A=\{a, b, c, d\}$，对于例 7(a)中的函数 l：

(a) 证明 l 是处处有定义的。

(b) 证明 l 不是单射。

(c) 证明或反证 l 是满射。

19．设 A 是一个具有 n 个元素的集合，S 是 A 上关系的集合，M 是 $n\times n$ 布尔矩阵的集合，定义 f：$S\to M$ 满足 $f(R)=\boldsymbol{M}_R$，证明：f 是 S 和 M 之间的一个双射。

20．设 p 是一个布尔变量。问存在多少个不同的关于 p 的布尔函数？存在多少个不同的有两个布尔变量的布尔函数？

21．对所有可能的 x，y 和 z 值构建一个表，以表示布尔函数 $f(x,y,z)=(\sim x\wedge y)\vee z$。

22．设 P 是由 $P(x，y)=(x\vee y)\wedge\sim y$ 所定义的命题函数，计算下面各分题。

(a) P(真，真)　　(b) P(假，真)　　(c) P (真，假)

23．设 Q 是由 $Q(x)$：$\exists(y\in\mathbf{Z}^+)(xy=60)$定义的命题函数，计算下面各分题。

(a) Q(3)　　(b) Q(7)　　(c) Q(–6)　　(d) Q(15)

在第 24 题~第 26 题中，使用散列函数 h 使得取账号的前面 3 位作为一个账号和后面 4 位作为另一个账号，对其做加法，然后应用 mod 59 函数。

24．假设用散列函数存储 7 500 位顾客的记录。

(a) 存储这些记录需要多少连接表?

(b) 如果偶数个分配大致就可完成存储，那么每个连接表需要大约存储多少条记录?

25．确定下面已知的顾客账号将附在哪个表中。

(a) 3 759 273　　(b) 7 149 021　　(c) 5 167 249

26．确定搜索哪个表能找到下列已知的顾客账号。

(a) 2 561 384　　(b) 6 082 376　　(c) 4 984 620

27．参考 3.4 节的第 37 题在长度为 n 的数组中搜索一个密钥所需要的平均步数。假设基于模 k 的散列函数存储 m 个项，那么搜索一个密钥平均需要多少步?

28．用集合的特征函数证明：如果$|A|=n$，那么$|pow(A)|=2^n$。

29．设 f_A 是 A 关于全集 U 的特征函数，集合 $f^{-1}(1)$表示什么？

在第 30 题~第 36 题中，设 f 和 g 是模糊集，它的图形和定义如图 5.9 所示。

$$f(x)=\begin{cases}\dfrac{1}{9}x+\dfrac{2}{3} & \text{for } 0\leqslant x<3\\ 1-\dfrac{(x-3)^2}{4} & \text{for } 3\leqslant x<5\\ 0 & \text{for } 5\leqslant x<7\\ \dfrac{(x-7)^2}{4} & \text{for } 7\leqslant x<9\\ -\dfrac{2}{3}x+7 & \text{for } 9\leqslant x\leqslant 10\end{cases}\qquad g(x)=\begin{cases}0 & \text{for } 0\leqslant x<2\\ \dfrac{1}{2}x-1 & \text{for } 2\leqslant x<4\\ -x+5 & \text{for } 4\leqslant x\leqslant 5\\ 0 & \text{for } 5\leqslant x<7\\ x-7 & \text{for } 7\leqslant x<8\\ -\dfrac{1}{2}x+5 & \text{for } 8\leqslant x\leqslant 10\end{cases}$$

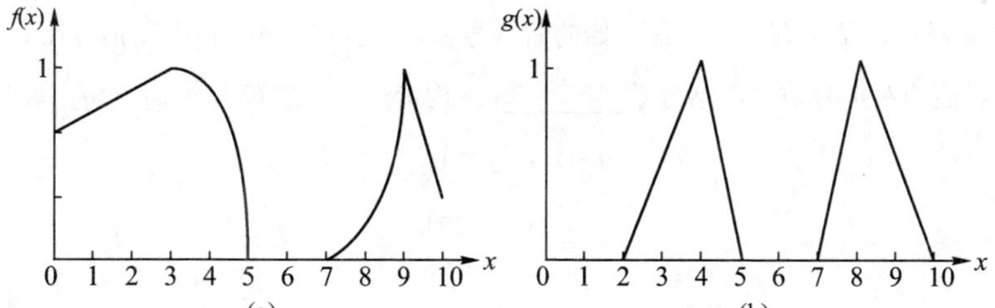

(a)　　(b)

图 5.9

30．在下面各小题中分别求出 2.5 的隶属度。

(a) $f\cap g$　　(b) $f\cup g$　　(c) $\overline{f}$

31．在下面各小题中分别求出 3.5 的隶属度。

(a) $f\cap g$　　(b) $f\cup g$　　(c) $\overline{f}$

32．在下面各小题中分别求出 8 的隶属度。

(a) $f\cap g$　　(b) $f\cup g$　　(c) $\overline{f}$

33． (a) x 取哪些值使其一定属于 f？

(b) x 取哪些值使其一定属于 g？

34．画出 $f\cup g$ 的图形。

35．画出 $f\cap g$ 的图形。

36．画出 $\overline{g}$ 的图形。

37．对于图 5.8（b），求在（3,1）和（5,1）之间最低点的坐标。

38．(a) 通过对集合 $A-B$ 定义的一般化，定义模糊集 g 关于模糊集 f 的补集。

(b) 通过对集合对称差定义的一般化，定义模糊集 f 和 g 的对称差。

在第 39 题和第 40 题中，使用图 5.9 中给出的模糊集 f 和 g。

39．计算 g 关于 f 的补集，即 $f-g$ 在下面给定值的隶属度。

(a) 2　　(b) 9

40．计算 f 和 g 的对称差，即 $f\oplus g$ 在下面给定值的隶属度。

(a) 2　　(b) 4.5

41．证明定理 1。

在第 42 题~第 46 题中使用本节概念，完成 3.5 节第 38 题~第 40 题开始讨论的问题。在数学表达式中经常使用一对括号来表达运算的次序，对于程序设计语言的编译(或解释)程序必须检查一对括号被正确放置。这也许包含许多细节，但是一种简单的检查是检查左、右括号数目相等和从左到右读到的左括号数总是大于或等于读到的右括号数。通过这种检查的表达式称作良结构。下面的任务是计数具有 n 个左括号和 n 个右括号的良结构字符串数。该数是 C_n，即 n 阶 Catalan 数。

42．能形成多少个具有 n 个左括号和 n 个右括号的字符串(不仅仅是良结构)?

43．设 n=1，2，3，列出所有具有 n 个左括号和 n 个右括号的良结构字符串。C_1，C_2 和 C_3 的值是多少?

44．将通过在字符串和更容易计数的字符串的集合之间构造一一对应来计数不是良结构的字符串。假设 $p_1p_2p_3\cdots p_{2n}$ 不是良结构，那么存在一个最开始的右括号 p_i，并且在 $p_1p_2\cdots p_i$ 中左括号比右括号少。问：要少多少个？因此，p_i 右边的左括号数比右括号数_________。构造一个新字符串 $q_1q_2\cdots q_{2n}$ 如下：

$$q_j=p_j,\quad j=1,2,\cdots,i$$

$$q_j=\begin{cases}(, & p_j=)\\), & p_j=(\end{cases}$$

$j=i+1, i+2, \cdots, 2n$。那么该新字符串 $q_1q_2\cdots q_{2n}$ 有____________个左括号和____________个右括号，解释你的理由。

45．为了完成第 44 题中字符串 p 和 q 的一一对应，必须证明具有 n–1 个左括号和 n+1 个右括号的任何字符串能够与一个不是良结构的具有 n 个左括号和 n 个右括号的字符串刚好匹配。设 $r_1 r_2 r_3 \cdots r_{2n}$ 是由 $n-1$ 个左括号和 $n+1$ 个右括号所组成的，那么一定存在一个右括号数比左括号数大的初始位置 j，为什么？所以在 $r_1 r_2 r_3 \cdots r_j$ 中，右括号比左括号多一个。因此，在 $r_{j+1} \cdots r_{2n}$ 中，左括号数比右括号数____________。构造一个新字符串 $s_1 s_2 \ldots s_{2n}$ 如下：

$$s_k = r_k, k=1，2，\cdots，\ j$$

$$s_k = \begin{cases} (, & r_k =) \\ ), & r_k = (\end{cases}$$

$k=j+1$，$j+2$，…，$2n$，那么新字符串 $s_1 s_2 \cdots s_{2n}$ 有____________个左括号和____________个右括号，解释你是如何知道 $s_1 s_2 \cdots s_{2n}$ 不是良结构。

46. 利用题 44 和 45 的结果，则有 n 个左括号和 n 个右括号且不是良结构的字符串数等于有 $n-1$ 个左括号和 $n+1$ 个右括号的字符串数，由 3.2 节可知，该数是____________。

47. 利用题 42 和 46 的结果，为 C_n 给出一个公式。通过对它的值与第 43 题中求得的那些值进行比较，证实该结果。

48. 用组合符号和不用组合符号来表示 C_n。

模函数的另一个应用是对出版的每一本书分配一个 ISBN(国际标准书号)。10 位数字的 ISBN 对出版语言、出版商以及书本身这些信息编码，这是一个检错编码的例子，而不是为了安全目的。例如，本书原版的第 4 版 ISBN 是 0-13-083143-3，0 表示是在英语国家出版的，13 是识别出版商的，最后的数字是校验位，用来帮助防止抄写错误。如果 $d_1 d_2 d_3 \cdots d_9 c$ 是一个 ISBN，那么选择 c 以满足

$$(d_1+2d_2+3d_3+\cdots+9d_9+10c) \equiv 0 \pmod{11}$$

如果 $c=10$，那么使用罗马数Ⅹ。

49. (a) 验证 3 是本书原版 ISBN(0-13-045797-3)的校验位。

(b) 对下列 ISBN 计算校验位 c。

(i) 0-471-80075-c　　(ii) 0-80504826-c　　(iii) 88-8117-275-c　　(iv) 5-05-001801-c

50. (a) 改变 ISBN 0-183-47381-7 前 9 位数中的任何一位数，使得校验位能检查出一个错误。

(b) 改变 ISBN 0-183-47381-7 前 9 位数中的任何 2 位数使得检验位不能检查出一个错误。

5.3　函数的增长

在前面对关系的计算机表示的讨论(4.6 节)中，可以看到决定存储方法的选择因素之一是处理数据的效率。在检验一个关系是否是传递关系的例子里，已计算出用矩阵存储的关系和用连接表存储的关系的算法所需要的平均步数。结果是用矩阵存储大约需要花费 $kn^3+(1-k)n^2$ 步，用连接表存储大约需要花费 k^3n^4 步，其中关系含有 kn^2 个有序对。虽然忽略了许多细节，但是这些大致的比较足以给出信息，使人们能够做出如何选取适当数据存储的某些决定。本节将应用前面几节的某些概念，并且为更复杂的算法分析打下基础。

当用函数计算时，一个函数比另一个函数增长得更快的概念自然而然产生了，本节把该概念形式化。

例 1 设 R 是集合 A 上的一个关系，$|A|=n$，$|R|=\frac{1}{2}n^2$，如果 R 用矩阵存储，那么 $t(n)=\frac{1}{2}n^3+\frac{1}{2}n^2$(大致地)是描述用算法 TRANS(见 4.6 节)确定 R 是否为传递关系所需的平均步数的函数。使用算法 NEWTRANS 并用连接表存储 R，它所需要的平均步骤数(大致)是 $s(n)=\frac{1}{8}n^4$，表 5.1 说明 s 增长得比 t 快。

表 5.1

n	$t(n)$	$s(n)$
10	550	1 250
50	63 750	781 250
100	505 000	12 500 000

■

设 f 和 g 是函数,它们的定义域是正整数集 $\mathbf{Z}^+$的子集。如果存在常数 c 和 k，使得对于所有 $n\geqslant k$，$|f(n)|\leqslant c\cdot|g(n)|$，那么称 f 是 $O(g)$，读作 ***f* 是 *g* 的大 *O***。如果 f 是 $O(g)$，那么 f 增长不如 g 快。

例 2 设 $g(n)=n^3$，那么函数 $f(n)=\frac{1}{2}n^3+\frac{1}{2}n^2$ 是 $O(g)$。为了看清这一点，考虑当 $n\geqslant1$ 时，有

$$\frac{1}{2}n^3+\frac{1}{2}n^2\leqslant\frac{1}{2}n^3+\frac{1}{2}n^3$$

因此，如果 $n\geqslant1$，则

$$\frac{1}{2}n^3+\frac{1}{2}n^2\leqslant1\cdot n^3$$

取 $c=1$，$k=1$，得到对所有 $n\geqslant1$ 有

$$|f(n)|\leqslant c\cdot|g(n)|$$

所以 f 是 $O(g)$。 ■

读者从例 2 可以看到 c,k 甚至 g 的其他选择都是可以的。如果对所有 $n\geqslant k$ 有$|f(n)|\leqslant c|g(n)|$，那么对所有 $n\geqslant k$ 和任意 $C\geqslant c$，$|f(n)|\leqslant C|g(n)|$，且对所有 $n\geqslant K$ 和任意 $K\geqslant k$，$|f(n)|\leqslant c\cdot|g(n)|$。对于例 1 中的函数 t，如果 $d\geqslant1$，那么 t 对于 $h(n)=dn^3$ 是 $O(h)$，因为$|t(n)|\leqslant1\cdot|g(n)|\leqslant|h(n)|$。还要注意，$t$ 对于 $r(n)=n^4$ 是 $O(r(n))$，因为对所有 $n\geqslant1$，$\frac{1}{2}n^3+\frac{1}{2}n^2\leqslant n^3\leqslant n^4$。当分析算法时，想知道"增长最慢的"简单函数 g，对于该函数 f 是 $O(g)$。

通常 $O(g)$中的 g 用定义 g 的公式取代，因此，写 t 是 $O(n^3)$，称它为大 O 记号。

如果 f 是 $O(g)$且 g 是 $O(f)$的，那么称 f 和 g 有**相同的阶**。

例 3 对正整数 n，定义 $f(n)=3n^4-5n^2$ 和 $g(n)=n^4$，那么 f 和 g 具有相同的阶。首先，如果 $n\geqslant1$，则

$$3n^4-5n^2 \leqslant 3n^4+5n^2 \leqslant 3n^4+5n^4 = 8n^4$$

设 $c=8$ 和 $k=1$，则对所有 $n \geqslant k$，$|f(n)| \leqslant c \cdot |g(n)|$，因此 f 是 $O(g)$。反之，如果 $n \geqslant 2$，那么 $n^4=3n^4-2n^4 \leqslant 3n^4-5n^2$，因为如果 $n \geqslant 2$，有 $n^2 > \dfrac{5}{2}$，$2n^2>5$，$2n^4>5n^2$。取 $c=1$ 和 $k=2$，得到 g 是 $O(f)$的。■

如果 f 是 $O(g)$但 g 不是 $O(f)$，则称 f 比 g 的**阶低**或者 f 比 g 增长得慢。

例 4 函数 $f(n)=n^5$ 比 $g(n)=n^7$ 的阶低。显然，如果 $n \geqslant 1$，那么 $n^5 \leqslant n^7$。假设存在 c 和 k，使得对所有 $n \geqslant k$ 有 $n^7 \leqslant c\ n^5$，取 N 使得 $N>k$ 和 $N^2>c$，那么 $N^7 \leqslant cN^5 < N^2 \cdot N^5$，但这是一个矛盾。因此，$f$ 是 $O(g)$，但 g 不是 $O(f)$，f 比 g 的阶低。这与人们的经验——n^5 比 n^7 增长要慢相一致。■

把一个关系Θ(作为一个函数，它的定义域是 $\mathbf{Z}^+$的子集)定义为 $f \Theta g$ 当且仅当 f 和 g 具有相同的阶。

定理 1 上面定义的关系Θ是一个等价关系。

证明 显然，每个函数跟它本身同阶，所以Θ是自反的。因为同阶的定义把 f 和 g 以同等方式对待，它的定义是对称的，所以关系Θ是对称的。

为了看到Θ是传递的，假设 f 和 g 同阶，那么存在 c_1 和 k_1 使得对所有 $n \geqslant k_1$，$|f(n)| \leqslant c_1 \cdot |g(n)|$，存在 c_2 和 k_2 使得对所有 $n \geqslant k_2$，$|g(n)| \leqslant c_2 \cdot |f(n)|$。假设 g 和 h 同阶，那么存在 c_3 和 k_3 使得对所有 $n \geqslant k_3$，$g(n)| \leqslant c_3 \cdot |h(n)|$，存在 c_4 和 k_4 使得对所有 $n \geqslant k_4$，$|h(n)| \leqslant c_4 \cdot |g(n)|$。

于是如果 $n \geqslant k_1$ 和 $n \geqslant k_3$，有$|f(n)| \leqslant c_1 \cdot |g(n)| \leqslant c_1(c_3 \cdot |h(n)|)$。因此，对所有 $n \geqslant \max\{k_1, k_3\}$，有$|f(n)| \leqslant c\ c_3 \cdot |h(n)|$。

类似地，对所有 $n \geqslant \max\{k_2, k_4\}$，有$|h(n)| \leqslant c_2 c_4 \cdot |f(n)|$。因此，$f$ 和 h 有相同的阶，从而Θ是传递的。■

Θ的等价类是由同阶的函数所组成的，在等价类中使用任意一个简单的函数去代表该类中所有函数的阶。一个Θ-类若称为比另一个Θ-类低，意指如果第一个类中的代表元函数比第二个类中的代表元函数阶低。也就是说，第一个类中的函数比第二个类中的函数增长得慢。正是函数的这种Θ-类给出了算法分析中所需要的信息。

例 5 同 $g(n)=n^3$ 有相同阶的所有函数说成是具有阶$\Theta(n^3)$。在计算机科学应用中最常用的阶是$\Theta(1)$，$\Theta(n)$，$\Theta(n^2)$，$\Theta(n^3)$，$\Theta(\lg(n))$，$\Theta(n\lg(n))$和$\Theta(2^n)$。这里的$\Theta(1)$表示常数函数类，lg 表示以 2 为底的对数函数。这些函数中的某些连续函数版本如图 5.10 所示。■

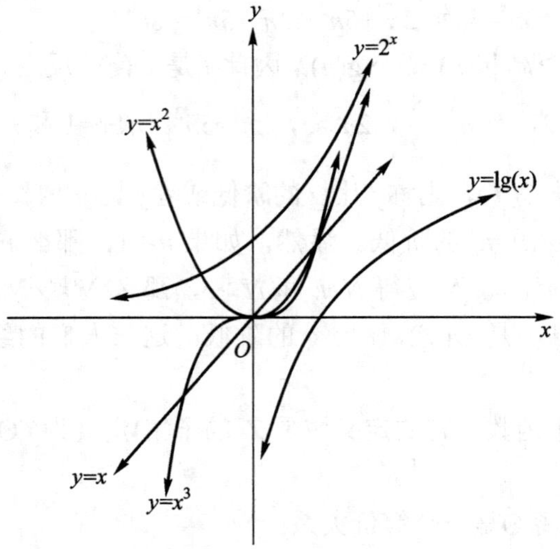

图 5.10

例 6 每个对数函数 $f(n)=\log_b(n)$与 $g(n)=\lg(n)$同阶，由于存在对数换底恒等式 $\log_b(x)=\dfrac{\log_a(x)}{\log_a(b)}$，其中 $\log_a(b)$是一个常数，因此

$$|\log_b(n)|\leqslant\frac{1}{\lg(b)}|\lg(n)|$$

反之有$|\lg(n)|\leqslant\lg(b)\cdot|\log_b(n)|$，从而得到 g 是 $O(f)$和 f 是 $O(g)$的。 ■

有时很有必要对函数合成的算法部分给出它所需要的步数，如在 TRANS(见 4.6 节)分析中，函数做加法运算，在 NEWTRANS 分析中，函数做乘法运算。许多函数类和前面已分类函数的和或积的类都能用Θ-等价类来决定，它的排序存在某些一般性法则。

确定函数Θ-类的法则

1．Θ(1)函数是常数，并且有零增长，它是可能的最慢的增长。

2．$\Theta(\lg(n))$比$\Theta(n^k)$低，其中 $k>0$，也就是说，对数函数比正指数的幂函数增长得慢。

3．$\Theta(n^a)$比$\Theta(n^b)$低当且仅当 $0<a<b$。

4．$\Theta(a^n)$比$\Theta(b^n)$低当且仅当 $0<a<b$。

5．对于任意幂 n^k 和任意 $a>1$，$\Theta(n^k)$比$\Theta(a^n)$低，也就是说，底数大于 1 的任何指数函数比任何幂函数增长得快。

6．如果 $r\neq 0$，那么对任何函数 f，$\Theta(rf)=\Theta(f)$。

7．如果 h 是一个非零函数，$\Theta(f)$比$\Theta(g)$低(或$\Theta(f)$与$\Theta(g)$同阶)，那么$\Theta(fh)$比$\Theta(gh)$低（或$\Theta(fh)$与$\Theta(gh)$同阶）。

8．如果$\Theta(f)$比$\Theta(g)$低，那么$\Theta(f+g)=\Theta(g)$。

例 7 确定下面各Θ-类。

(a) $f(n) = 4n^4 - 6n^7 + 25n^3$

(b) $g(n) = \lg(n) - 3n$

(c) $h(n) = 1.1^n + n^{15}$

解 (a) 由法则 3、6 和 8 可知多项式的阶数决定多项式函数的Θ-类，所以$\Theta(f) = \Theta(n^7)$。

(b) 由法则 2、6 和 8，得到$\Theta(g) = \Theta(n)$。

(c) 由法则 5 和 8，得到$\Theta(h) = \Theta(1.1^n)$。 ■

例 8 用法则求Θ-类的阶，并且依从低到高的次序排列下面各式。

$\Theta(n\lg(n))$ $\Theta(1\,000n^2-n)$ $\Theta(n^{0.2})$ $\Theta(1\,000\,000)$ $\Theta(1.3^n)$ $\Theta(n+10^7)$

解 $\Theta(1\,000\,000)$是常数函数类，所以它排在列表中的第一个。由法则 5 和 8，$\Theta(n+10^7)$比$\Theta(1\,000n^2-n)$低，但比$\Theta(n^{0.2})$要高。为了确定$\Theta(n\lg(n))$在表中的位置，应用法则 2 和 7，它给出$\Theta(n\lg(n))$比$\Theta(n^2)$低而比$\Theta(n)$高。法则 5 表明$\Theta(1.3^n)$是表中的最高类。所以，依次类的排列为

$$\Theta(1\,000\,000) \quad \Theta(n^{0.2}) \quad \Theta(n+10^7) \quad \Theta(n\lg(n)) \quad \Theta(1\,000n^2-n) \quad \Theta(1.3^n)$$ ■

函数的Θ-类描述了一个算法执行的步数,它常常被看成是算法的**运行时间**。例如，算法 TRANS 平均有 n^3 的运行时间。一般地，具有指数运行时间的算法是不现实的，除非 n 的值非常小。在许多情况下，算法的运行时间是通过检查最好、最差或者平均三种情况进行估计的。

习 题 5.3

在题 1 和 2 中，设 f 是描述实现某个算法所需要的步骤数的一个函数，所进行的项数用 n 表示。对于每个函数，如果项数加倍，描述步骤数将发生什么变化。

1．(a) $f(n) = 1\,001$　(b) $f(n)=3n$　(c) $f(n)=5n^2$　(d) $f(n) = 2.5n^3$

2．(a) $f(n) = 1.4\lg(n)$　(b) $f(n)=2^n$　(c) $f(n)=n\lg(n)$　(d) $f(n)=100n^4$

3．证明：$g(n)=n!$ 是 $O(n^n)$的。

4．证明：$h(n)=1+2+3+\cdots+n$ 是 $O(n^2)$的。

5．证明：$f(n)=8n+\lg(n)$是 $O(n)$的。

6．证明：$g(n)=n^2(7n-2)$是 $O(n^3)$的。

7．证明：$f(n)=n\lg(n)$对于 $g(n)=n^2$ 是 $O(g)$的，但 g 不是 $O(f)$的。

8．证明：$f(n)=n^{100}$ 对于 $g(n)=2^n$ 是 $O(g)$的，但 g 不是 $O(f)$的。

9．证明：如果 $f(n)=5n^2+4n+3$ 和 $g(n)=n^2+100n$，那么 f 和 g 具有相同的阶。

10．证明：对于 $f(n)=\lg(n^3)$和 $g(n)=\log_5(6n)$，f 与 g 同阶。

11．确定下面哪些函数在相同的Θ-类中，一个函数可以在它自己本身的类中。

$$f_1(n)=5n\lg(n),\ f_2(n)=6n^2-3n+7,\ f_3(n)=1.5^n,$$
$$f_4(n)=\lg(n^4),\ f_5(n)=13\,463,\ f_6(n)=-15n,$$
$$f_7(n)=\lg(\lg(n)),\ f_8(n)=9n^{0.7},\ f_9(n)=n!,$$
$$f_{10}(n)=n+\lg(n),\ f_{11}(n)=\sqrt{n}+12n,\ f_{12}(n)=\lg(n!)$$

12．在第 11 题中，从低到高按Θ-类排序。

13. 考虑第 11 题中的函数 f_1，f_2，f_4，f_5，f_6，f_{10}，f_{11}，把各函数与下表中的Θ–类进行匹配。

$$\Theta(1),\ \Theta(n),\ \Theta(n\lg(n)),\ \Theta(\lg(n)),\ \Theta(n^2),\ \Theta(\sqrt{n}),\ \Theta(2^n)$$

在第 14 题~第 21 题中，分析伪码部分所执行的运算，写一个描述所需步骤数的函数，给出函数的Θ–类。

14. (1) $A \leftarrow 1$
   (2) $B \leftarrow 1$
   (3) **UNTIL** $(B > 100)$
      a. $B \leftarrow 2A - 2$
      b. $A \leftarrow A + 3$

15. (1) $X \leftarrow 1$
   (2) $Y \leftarrow 100$
   (3) **WHILE** $(X < Y)$
      a. $X \leftarrow X+2$
      b. $Y \leftarrow \frac{1}{2}Y$

16. (1) $I \leftarrow 1$
   (2) $X \leftarrow 0$
   (3) **WHILE** $(I \leqslant N)$
      a. $X \leftarrow X + 1$
      b. $I \leftarrow I + 1$

17. (1) $SUM \leftarrow 0$
   (2) **FOR** I=0 **THRU** 2(N–1) **BY** 2
      a. $SUM \leftarrow SUM + I$

18. 假设 N 是 2 的一个幂。
   (1) $X \leftarrow 1$
   (2) $K \leftarrow N$
   (3) **WHILE** $(K \geqslant 1)$
      a. $X \leftarrow 3X$
      b. $K \leftarrow \lfloor K/2 \rfloor$

19. (1) $I \leftarrow 1$
   (2) $SUM \leftarrow 0$
   (3) **WHILE**$(I \leqslant N)$
      a. **FOR** K=1 **THRU** I
         1. $SUM \leftarrow SUM + K$
      b. $I \leftarrow I + 1$

20. (1) $K \leftarrow 0$
   (2) **FOR** $I = 0$ **THRU** N
      a. **WHILE** $K \leqslant I$
         1. $K \leftarrow K+1$

21. SUBROUTINE MATMUL(A，B，N，M，P，Q；C)
   (1) **IF**$(M=P)$**THEN**
      a. **FOR** I=1 **THRU** N

```
1. FOR J=1 THRU Q
   a. C [I, J] ← 0
   b. FOR  K=1 THRU M
      1. C[I, J] ← C[I, J]+(A[I, K]×B[K, J ] )
(2) ELSE
   a. CALL PRINT('INCOMPATIBLE')
(3) RETURN
END OF SUBROUTINE MATMUL
```

22．确定 1.3 节的第 38 题中定义的函数的Θ−类，计算 $F(N)$所需要的运行时间是多少？

23．(a) 一个 3×3 正方形放在一个 $n \times n$ 的正方形上，正方形的各边平行，写一个计算这种放置方法的递归关系。

(b) 如果用(a)中的递归关系计算放置的方法数，那么该算法的运行时间是多少？

24．证明：法则 3。

25．证明：法则 4。

26．证明：法则 6。

27．证明：法则 7。

28．证明：如果$\Theta(f) = \Theta(g) = \Theta(h)$，那么$f + g$是$O(h)$的。

29．证明：如果$\Theta(f) = \Theta(g)$且$c \neq 0$，那么$\Theta(cf) = \Theta(g)$。

5.4 置换函数

本节讨论从集合 A 到它自身的双射。当 A 是有限集合时，这种情况具有特殊重要性。有限集合上的双射在数学、计算机科学和物理学中有着非常广泛的应用。

集合 A 到它自身的一个双射称作 A 的一个**置换**。

例 1 设 $A=\mathbf{R}$。f: $A \to A$ 满足 $f(a)=2a+1$，因为 f 是单射和满射的(验证之)，所以 f 是 A 的一个置换。 ■

如果 $A=\{a_1, a_2, \cdots, a_n\}$是一个有限集合，$p$ 是 A 上的一个双射，用下列形式列出 A 的元素和对应的函数值 $p(a_1)$，$p(a_2)$，$\cdots$，$p(a_n)$。

$$\begin{pmatrix} a_1 & a_2 & \cdots & a_n \\ p(a_1) & p(a_2) & \cdots & p(a_n) \end{pmatrix} \tag{1}$$

注意(1)完全描述了 p，因为对于 A 中的每个元素，它都给出了 p 的值。常记为

$$p = \begin{pmatrix} a_1 & a_2 & \cdots & a_n \\ p(a_1) & p(a_2) & \cdots & p(a_n) \end{pmatrix}$$

因此，如果 p 是有限集合 $A=\{a_1, a_2, \ldots, a_n\}$上的一个置换，那么序列 $p(a_1)$，$p(a_2)$,…，$p(a_n)$ 恰好是 A 中元素的重排，所以在 3.1 节的意义下它恰好对应于 A 的一个排列。

例 2 设 $A=\{1,2,3\}$，那么 A 的所有置换是

$$I_A=\begin{pmatrix}1&2&3\\1&2&3\end{pmatrix},\quad p_1=\begin{pmatrix}1&2&3\\1&3&2\end{pmatrix},\quad p_2=\begin{pmatrix}1&2&3\\2&1&3\end{pmatrix}$$

$$p_3=\begin{pmatrix}1&2&3\\2&3&1\end{pmatrix},\quad p_4=\begin{pmatrix}1&2&3\\3&1&2\end{pmatrix},\quad p_5=\begin{pmatrix}1&2&3\\3&2&1\end{pmatrix}$$ ■

例 3 用例 2 中的置换，计算：

(a) p_4^{-1}；　　　　(b) $p_3\circ p_2$。

解 (a) 把 p_4 看做一个函数，有

$$p_4=\{(1,\ 3),\ (2,\ 1),\ (3,\ 2)\}$$

于是

$$p_4^{-1}=\{(3,\ 1),\ (1,\ 2),\ (2,\ 3)\}$$

或者把每个有序对的第一个分量按递增的次序书写时，有

$$p_4^{-1}=\{(1,\ 2),\ (2,\ 3),\ (3,\ 1)\}$$

因此

$$p_4^{-1}=\begin{pmatrix}1&2&3\\2&3&1\end{pmatrix}=p_3$$

(b) 函数 p_2 将 1 变到 2，p_3 将 2 变到 3，所以 $p_3\circ p_2$ 将 1 变到 3。还有 p_2 将 2 变到 1，p_3 将 1 变到 2，所以 $p_3\circ p_2$ 将 2 变到 2。最后，p_2 将 3 变到 3，p_3 将 3 变到 1，所以 $p_3\circ p_2$ 将 3 变到 1。因此

$$p_3\circ p_2=\begin{pmatrix}1&2&3\\3&2&1\end{pmatrix}$$

于是可以把形成 $p_3\circ p_2$ 的过程看做如图 5.11 所示。注意 $p_3\circ p_2=p_5$。 ■

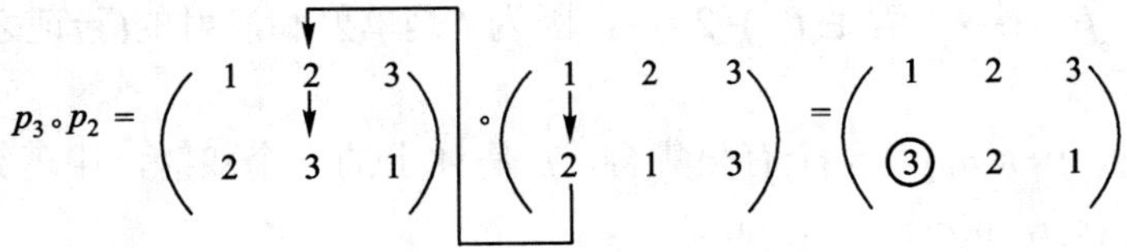

图 5.11

两个置换的合成是另一个置换，通常把这些置换看做置换的**积**。本章的余下部分将遵照这个约定。

定理 1 如果 $A=\{a_1,a_2,\cdots,a_n\}$ 是含有 n 个元素的一个集合，那么存在 A 的

$$n!=n\cdot(n-1)\cdots2\cdot1 \tag{2}$$

种置换。

证明 通过设 $r=n$，从 3.1 节的定理 4 就可得到这个结果。 ■

设 b_1，$b_2,\cdots$，b_r 是集合 $A=\{a_1,\ a_2,\cdots,\ a_n\}$ 的 r 个不同的元素，置换 p：$A\to A$ 由下述定义：

$$p(b_1)=b_2, p(b_2)=b_3, \cdots, p(b_{r-1})=b_r, p(b_r)=b_1$$

$$若\ x\in A, x\notin\{b_1, b_2, \cdots, b_r\}, 则\ p(x)=x$$

那么称 p 是长度为 r 的**循环置换**或简称长度为 r 的**循环**，用$(b_1,b_2,\cdots,b_r)$表示。请不要将此术语同有向图(4.3 节)中的环相混淆。两个概念互不相同，用词稍有差别。如果把元素 $b_1,b_2,\cdots,b_r$ 均匀地排列在一个圆上，如图 5.12 所示，那么长度为 r 的循环 p 就是把这些元素以顺时针方向移动，将 b_1 送到 b_2，b_2 送到 b_3，…，b_{r-1} 送到 b_r，b_r 送到 b_1。A 的所有其他元素在 p 下保持不动。

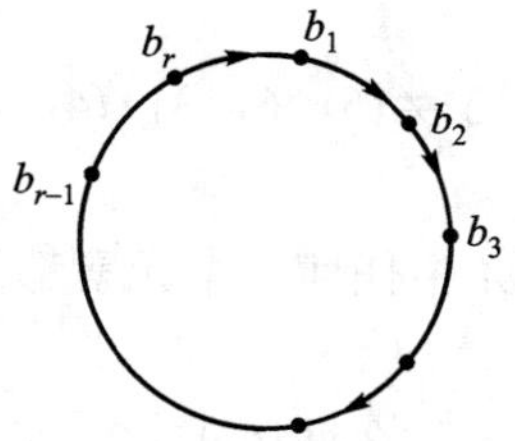

图 5.12

例 4 设 A={1，2，3，4，5}，循环(1，3，5)表示置换

$$\begin{pmatrix}1 & 2 & 3 & 4 & 5\\ 3 & 2 & 5 & 4 & 1\end{pmatrix}$$

■

注意，如果 $p=(b_1, b_2, \cdots, b_r)$是长度为 r 的循环，那么也能从任意 b_i $(1\leqslant i\leqslant r)$开始书写 p，并且以顺时针方向移动，如图 5.6 所示。因此，循环：(3，5，8，2) = (5，8，2，3) = (8，2，3，5) = (2，3，5，8)。

还要注意，循环的符号并不表示集合 A 中元素的个数。因此，循环(3，2，1，4)可能是集合{1，2，3，4}或{1，2，3，4，5，6，7，8}的一个置换。必须清楚地知道定义一个循环的集合。从定义可知，集合 A 上的循环长度为 1 当且仅当它是恒等置换 I_A。

因为循环是置换，所以可以构造它们的积。然而，像下面例子表明的那样，两个循环的积不一定是一个循环。

例 5 设 A={1，2，3，4，5，6}，计算(4，1，3，5)∘(5，6，3)和(5，6，3)∘(4，1，3，5)。

解 显然有

$$(4,1,3,5)=\begin{pmatrix}1 & 2 & 3 & 4 & 5 & 6\\ 3 & 2 & 5 & 1 & 4 & 6\end{pmatrix}$$

$$(5,6,3)=\begin{pmatrix}1 & 2 & 3 & 4 & 5 & 6\\ 1 & 2 & 5 & 4 & 6 & 3\end{pmatrix}$$

于是

$$(4,1,3,5)\circ(5,6,3)=\begin{pmatrix}1 & 2 & 3 & 4 & 5 & 6\\ 3 & 2 & 5 & 1 & 4 & 6\end{pmatrix}\circ\begin{pmatrix}1 & 2 & 3 & 4 & 5 & 6\\ 1 & 2 & 5 & 4 & 6 & 3\end{pmatrix}$$

$$=\begin{pmatrix}1&2&3&4&5&6\\3&2&4&1&6&5\end{pmatrix}$$

$$(5,6,3)\circ(4,1,3,5)=\begin{pmatrix}1&2&3&4&5&6\\1&2&5&4&6&3\end{pmatrix}\circ\begin{pmatrix}1&2&3&4&5&6\\3&2&5&1&4&6\end{pmatrix}$$

$$=\begin{pmatrix}1&2&3&4&5&6\\5&2&6&1&4&3\end{pmatrix}$$

注意

$$(4,1,3,5)\circ(5，6，3)\neq(5，6，3)\circ(4，1，3，5)$$

并且两个循环的积都不是一个循环。 ■

对于集合 A 上的两个循环，如果 A 中任何一个元素都不同时出现在这两个循环中，则称它们**不相交**。

例 6 设 A={1，2，3，4，5，6}，那么循环(1，2，5)和(3，4，6)是不相交的，而循环(1，2，5)和(2，4，6)却相交。 ■

不难证明，如果 $p_1=(a_1，a_2,\cdots，a_r)$和 $p_2=(b_1，b_2,\cdots，b_s)$是 A 上的两个不相交循环，那么 $p_1\circ p_2=p_2\circ p_1$，这也能通过观察 p_1 只影响 a_i 而 p_2 只影响 b_j 看到。

下面将给出一个基本定理而不给予证明，但给出模仿证明的一个例子。

定理 2 有限集合上的一个不是恒等或循环的置换能够写成长度≥2 的不相交循环的积。■

例 7 把集合 A={1，2，3，4，5，6，7，8}上的置换

$$p=\begin{pmatrix}1&2&3&4&5&6&7&8\\3&4&6&5&2&1&8&7\end{pmatrix}$$

写成不相交循环的积。

解 从 1 开始，发现 $p(1)=3$，$p(3)=6$ 和 $p(6)=1$，所以得到循环(1，3，6)。其次，选择不出现在前面循环里的 A 中的第一个元素，因此可选择 2，得到 $p(2)=4$，$p(4)=5$ 和 $p(5)=2$，所以得到循环(2，4，5)。现在选择 7，因为它是不出现在前面循环里的 A 中的第一个元素。由于 $p(7)=8$ 和 $p(8)=7$，所以得到循环(7，8)。于是可以把 p 写成不相交循环的积

$$p=(7，8)\circ(2，4，5)\circ(1，3，6)$$ ■

不难证明，在定理 2 中，当置换被写成不相交循环之积时，除了循环的次序以外，积是唯一的。

在 5.1 节已经看到，通过字母置换如何产生一个代换码，其实置换还可以用来产生**对换码**。在代换码中，每个字母通过一个代换而被取代。而对换码则不同，消息的字母没有改变，而是被重排。因此，如果消息 TEST THE WATERS 经过下面置换

$$(1，2，3)\circ(4，7)\circ(5，10，11)\circ(6，8，12，13，9)$$

其中数字表示字母在消息中的位置，那么消息变成 STEEEATHSTTWR。如果双方都知道置换，那么消息接收方只要应用该置换的逆置换就能解码。

例 8 一种常用的对换码是**关键字列对换**，这种编码只需要记住一个关键字，比如 JONES。消息加密只要在关键字下方把消息写成连续的行，如果有必要可在末尾加以填充。例如，消息 THE FIFTH GOBLET CONTAINS THE GOLD 可以排列如下

J	O	N	E	S
T	H	E	F	I
F	T	H	G	O
B	L	E	T	C
O	N	T	A	I
N	S	T	H	E
G	O	L	D	X

注意，为了填满一行可向消息填充一个 X。那么构造编码消息就可以从第 4 列开始(因为 E 是关键字中按字母表次序第一个出现的字母)依次写下字母，然后第 1, 3, 2, 5 列。因此加密消息是

FGTAHDTFBOGCEHETTLHTLNSOIOCIEX

消息接收者用 5 去除字母的个数从而得到 6 行。首先在列 4，1，3，2，5 的位置上把编码消息每次写上 6 个字母，然后按行就可读出原有消息。 ■

注意 虽然加密消息是原消息字符串的一个置换，但这种置换依赖于消息的长度。在例 8 中是如下 30 个位置的置换

$$\begin{pmatrix} 1 & 2 & 3 & \cdots \\ 7 & 19 & 13 & \cdots \end{pmatrix}$$

但是，用关键字 JONES 编码 MAKE ME AN OFFER 就是如下 15 个位置的置换

$$\begin{pmatrix} 1 & 2 & 3 & \cdots \\ 4 & 10 & 7 & \cdots \end{pmatrix}$$

这种加密思想的一个通常的变化(在美国南北战争期间使用过)是互换字而不是字母，并且为了使消息产生混淆需添加某些多余的已知字。这些额外的字在南北战争期间称为随机。

偶置换与奇置换

长度为 2 的循环称作**对换**，即：一个对换是一个循环 $p=(a_i,a_j)$，这里 $p(a_i)=a_j$ 和 $p(a_j)=a_i$。

注意，如果 $p=(a_i, a_j)$是 A 的一个对换，那么 $p\circ p=I_A$，即 A 的恒等置换。每个循环可以写成对换的积。事实上

$$(b_1,b_2,\cdots,\ b_r)=(b_1,b_r)\circ(b_1,\ b_{r-1})\circ\cdots\circ(b_1,b_3)\circ(b_1,b_2)$$

通过对 r 月归纳法可证明上面的结论。

基础步骤 如果 $r=2$，那么循环恰好是$(b_1,\ b_2)$，它的形式已经符合要求。

归纳步骤 用 P(k)去证明 P(k+1)。设$(b_1,\ b_2,\cdots,b_k,\ b_{k+1})$是长度为 k+1 的一个循环，于是 $(b_1,\ b_2,\cdots,\ b_k,\ b_{k+1})=(b_1,\ b_{k+1})\circ(b_1,\ b_2,\cdots,\ b_k)$，它可以通过计算合成来证明。由 P($k$)归纳假设，$(b_1,$

$b_2, \cdots, b_k) = (b_1, b_k) \circ (b_1, b_{k-1}) \circ \cdots \circ (b_1, b_2)$。因此，通过代入得到

$$(b_1, b_2, \cdots, b_{k+1}) = (b_1, b_{k+1}) \circ (b_1, b_k) \circ \cdots \circ (b_1, b_3) \circ (b_1, b_2)$$

这就完成了归纳步骤。因此，由数学归纳法原理可知，结论对每个循环均成立。例如

$$(1, 2, 3, 4, 5) = (1, 5) \circ (1, 4) \circ (1, 3) \circ (1, 2)$$

于是得到定理 2 的如下推论。

推论 1 至少含有两个元素的有限集合上的每个置换可以写成对换的积。 ■

注意，推论 1 中的对换可以相交。

例 9 把例 7 中的置换 p 写成对换的积。

解 显然有

$$p = (7, 8) \circ (2, 4, 5) \circ (1, 3, 6)$$

因为可以写

$$(1, 3, 6) = (1, 6) \circ (1, 3), \quad (2, 4, 5) = (2, 5) \circ (2, 4)$$

所以有

$$p = (7, 8) \circ (2, 5) \circ (2, 4) \circ (1, 6) \circ (1, 3)$$ ■

已经看到，每个循环可以写成对换的积。然而，这可从许多不同的途径得到。例如

$$\begin{aligned}(1, 2, 3) &= (1, 3) \circ (1, 2) = (2, 1) \circ (2, 3) \\ &= (1, 3) \circ (3, 1) \circ (1, 3) \circ (1, 2) \circ (3, 2) \circ (2, 3)\end{aligned}$$

于是得到在含有两个或更多元素集合上的每个置换可写成多种形式的对换之积。然而，下面的定理把某些排序引入这种情况，它的证明在此省略。

定理 3 如果有限集合上的一个置换可表示成偶数个对换的积，那么它决不能表示成奇数个对换的积，反之亦然。 ■

有限集合上的一个置换如果能表示成偶数个对换的积，则称其为**偶置换**。如果它能表示成奇数个对换的积，则称其为**奇置换**。

例 10 置换

$$p = \begin{pmatrix} 1 & 2 & 3 & 4 & 5 & 6 & 7 \\ 2 & 4 & 5 & 7 & 6 & 3 & 1 \end{pmatrix}$$

是偶置换还是奇置换？

解 首先把 p 写成不相交循环的积，得到

$$p = (3, 5, 6) \circ (1, 2, 4, 7) \text{ (给予验证)}$$

再将每个循环写成对换的积：

$$(1, 2, 4, 7) = (1, 7) \circ (1, 4) \circ (1, 2)$$

$$(3, 5, 6) = (3, 6) \circ (3, 5)$$

于是

$$p = (3, 6) \circ (3, 5) \circ (1, 7) \circ (1, 4) \circ (1, 2)$$

因为 p 是奇数个对换的积，所以它是一个奇置换。 ■

从偶置换和奇置换的定义得到(见第 22 题~第 24 题)：

(a) 两个偶置换之积是偶置换。

(b) 两个奇置换之积是偶置换。

(c) 一个偶置换和一个奇置换的积是奇置换。

定理 4 设 $A = \{a_1,a_2,\cdots,a_n\}$ 是有 n 个元素的有限集合，$n\geqslant 2$，那么存在 $n!/2$ 个偶置换和 $n!/2$ 个奇置换。

证明 设 A_n 是 A 的所有偶置换的集合，B_n 是所有奇置换的集合，定义一个函数 f: $A_n\to B_n$，如果能证明它是单射和满射，那么就证明了 A_n 和 B_n 有相同数目的元素。

因为 $n\geqslant 2$，所以可以选择 A 的一个特殊对换 q_0，如 $q_0 = (a_{n-1}, a_n)$，定义函数 f: $A_n\to B_n$ 为 $f(p) = q_0\circ p$，$p\in A_n$。注意，如果 $p\in A_n$，那么 p 是一个偶置换，所以 $q_0\circ p$ 是一个奇置换，因此，$f(p)\in B_n$。现在假设 p_1 和 p_2 属于 A_n 且 $f(p_1)=f(p_2)$，那么

$$q_0\circ p_1 = q_0\circ p_2 \tag{3}$$

用 q_0 作用于方程(3)的两边，得

$$q_0\circ(q_0\circ p_1) = q_0\circ(q_0\circ p_2)$$

所以，由结合性质得

$$(q_0\circ q_0)\circ p_1 = (q_0\circ q_0)\circ p_2$$

或者因为 $q_0\circ q_0 = I_A$，所以

$$I_A\circ p_1 = I_A\circ p_2,\ p_1 = p_2$$

因此，f 是单射。

现在设 $q\in B_n$，那么 $q_0\circ q\in A_n$，且

$$f(q_0\circ q) = q_0\circ(q_0\circ q) = (q_0\circ q_0)\circ q = I_A\circ q = q$$

这就推出 f 是一个满射。因为 f: $A_n\to B_n$ 是单射和满射，所以得到 A_n 和 B_n 具有相同数目的元素。注意，$A_n\cap B_n = \varnothing$，因为没有任何置换既是偶的又是奇的。同时，由定理 1 有 $|A_n\cup B_n|=n!$。因此，由 1.2 节的定理 2 可知

$$n! = |A_n\cup B_n| = |A_n| + |B_n| - |A_n\cap B_n| = 2|A_n|$$

于是得到 $|A_n|=|B_n|=n!/2$。 ■

习 题 5.4

1．下面函数 f: $\mathbf{R}\to\mathbf{R}$ 哪些是 $\mathbf{R}$ 的置换？

(a) f 定义为 $f(a) = a-1$。

(b) f 定义为 $f(a) = a^2$。

2．下面函数 f: $\mathbf{R}\to\mathbf{R}$ 哪些是 $\mathbf{R}$ 的置换？

(a) f 定义为 $f(a) = a^3$。

(b) f 定义为 $f(a) = e^a$。

3. 下面函数f：$\mathbf{Z}\to\mathbf{Z}$哪些是$\mathbf{Z}$的置换？

(a) f定义为$f(a)=a+1$。

(b) f定义为$f(a)=(a-1)^2$。

4. 下面函数f：$\mathbf{Z}\to\mathbf{Z}$哪些是$\mathbf{Z}$的置换？

(a) f定义为$f(a)=a^2+1$。

(b) f定义为$f(a)=a^3-3$。

在第 5 题~第 8 题中，设A={1，2，3，4，5，6}，且

$$p_1=\begin{pmatrix}1&2&3&4&5&6\\3&4&1&2&6&5\end{pmatrix},\quad p_2=\begin{pmatrix}1&2&3&4&5&6\\2&3&1&5&4&6\end{pmatrix},\quad p_3=\begin{pmatrix}1&2&3&4&5&6\\6&3&2&5&4&1\end{pmatrix}$$

5. 计算：

(a) p_1^{-1}　　(b) $p_3\circ p_1$

6. 计算：

(a) $(p_2\circ p_1)\circ p_2$　　(b) $p_1\circ(p_3\circ p_2^{-1})$

7. 计算：

(a) p_3^{-1}　　(b) $p_1^{-1}\circ p_2^{-1}$

8．计算：

(a) $(p_3\circ p_2)\circ p_1$　　(b) $p_3\circ(p_2\circ p_1)^{-1}$

在题 9 和 10 中，设A={1，2，3，4，5，6，7，8}，计算积。

9．(a) $(3,5,7,8)\circ(1,3,2)$

(b) $(2,6)\circ(3,5,7,8)\circ(2,5,3,4)$

10．(a) $(1,4)\circ(2,4,5,6)\circ(1,4,6,7)$

(b) $(5,8)\circ(1,2,3,4)\circ(3,5,6,7)$

11．设A={a，b，c，d，e，f，g}，计算积。

(a) $(a,f,g)\circ(b,c,d,e)$

(b) $(f,g)\circ(b,c,f)\circ(a,b,c)$

在题 12 和 13 中，设A={1，2，3，4，5，6，7，8}，把每个置换表示成不相交循环的积。

12．(a) $\begin{pmatrix}1&2&3&4&5&6&7&8\\4&3&2&5&1&8&7&6\end{pmatrix}$

(b) $\begin{pmatrix}1&2&3&4&5&6&7&8\\2&3&4&1&7&5&8&6\end{pmatrix}$

13．(a) $\begin{pmatrix}1&2&3&4&5&6&7&8\\6&5&7&8&4&3&2&1\end{pmatrix}$

(b) $\begin{pmatrix}1&2&3&4&5&6&7&8\\2&3&1&4&6&7&8&5\end{pmatrix}$

14．设$A=\{a,b,c,d,e,f,g\}$。把每个置换写成不相交循环的积。

(a) $\begin{pmatrix}a&b&c&d&e&f&g\\g&d&b&a&c&f&e\end{pmatrix}$

(b) $\begin{pmatrix} a & b & c & d & e & f & g \\ d & e & a & b & g & f & c \end{pmatrix}$

15．设A={1，2，3，4，5，6，7，8}。把每个置换表示成对换的积。

(a) (2，1，4，5，8，6)　　(b) (3，1，6)∘(4，8，2，5)

16．应用置换(1，7，3，5，11)∘(2，6，9)∘(4，8，10)来编码消息 WHERE ARE YOU。

17．解密消息 ATEHAOMOMNTI，它是用置换(3，7，1，12)∘(2，5，8)∘(4，10，6，11，9)来加密的。

18．(a) 对于例 8 中的消息，给出一个完全的位置置换。

(b) 把(a)中求得的置换写成一个不相交循环的积。

19．(a) 使用密钥 JONES 和例 8 中的方法来加密消息 MAKE ME AN OFFER。

(b) 对于(a)中的消息，写出位置置换。

在题 20 和 21 中，设A={1，2，3，4，5，6，7，8}，确定置换是偶置换还是奇置换。

20．(a) $\begin{pmatrix} 1 & 2 & 3 & 4 & 5 & 6 & 7 & 8 \\ 4 & 2 & 1 & 6 & 5 & 8 & 7 & 3 \end{pmatrix}$

(b) $\begin{pmatrix} 1 & 2 & 3 & 4 & 5 & 6 & 7 & 8 \\ 7 & 3 & 4 & 2 & 1 & 8 & 6 & 5 \end{pmatrix}$

21．(a) (6，4，2，1，5)　　(b) (4，8)∘(3，5，2，1)∘(2，4，7，1)

22．证明：两个偶置换之积是偶置换。

23．证明：两个奇置换之积是偶置换。

24．证明：一个偶置换和一个奇置换的积是奇置换。

25．设A={1，2，3，4，5}，f=(5，2，3)和g=(3，4，1)是A上的置换，计算下面各分题并且把结果写成不相交循环的积。

(a) $f \circ g$　　(b) $f^{-1} \circ g^{-1}$

26．证明：如果p是有限集合A的一个置换，那么$p^2 = p \circ p$是A的一个置换。

27．设A={1，2，3，4，5，6}，且

$$p = \begin{pmatrix} 1 & 2 & 3 & 4 & 5 & 6 \\ 2 & 4 & 3 & 1 & 5 & 6 \end{pmatrix}$$

是A的一个置换。

(a) 把p表示成不相交循环的积。

(b) 计算p^{-1}。

(c) 计算p^2。

(d) 求p的周期，即使得$p^k = I_A$成立的最小正整数k。

28．设A={1，2，3，4，5，6}，且

$$p = \begin{pmatrix} 1 & 2 & 3 & 4 & 5 & 6 \\ 4 & 3 & 5 & 1 & 2 & 6 \end{pmatrix}$$

是A的一个置换。

(a) 把p写成不相交循环的积。

(b) 计算p^{-1}。

(c) 计算p^2。

(d) 求 p 的周期，即使得 $p^k = I_A$ 成立的最小正整数 k。

29．(a) 用数学归纳法证明：如果 p 是有限集合 A 的一个置换，那么对于 $n\in\mathbf{Z}^+$，$p^n = p\circ p\circ\cdots\circ p$($n$ 个因子)是 A 的一个置换。

(b) 如果 A 是一个有限集合，p 是 A 的一个置换，证明：对某个 $m\in\mathbf{Z}^+$有 $p^m=I_A$。

30．设 p 是集合 A 的一个置换。在 A 上定义关系 R：$a\,R\,b$ 当且仅当对某个 $n\in\mathbf{Z}$，$p^n(a)=b$ (p^0 定义为恒等置换，p^{-n} 定义为$(p^{-1})^n$)。证明：R 是一个等价关系并且描述等价类。

31．为例 2 中 $A=\{1，2，3\}$的置换构造一个合成表。

32．描述如何使用第 31 题中的合成表来验证 p^{-1}，p 是 A 的任意置换。

33．求出$\{I_A，p_1，p_2，p_3，p_4，p_5\}$中满足对合成运算有封闭性的所有子集，其中 I_A，p_1，p_2，p_3，p_4，p_5 是例 2 中的置换。

34．对例 2 中 A 的每个置换 p，确定它的阶。这同第 33 题中 p 所属的那个子集关系如何？

35．设 $A=\{1，2，3，\cdots，n\}$，对于 $a_i< a_{i+1}$，$1\leqslant i\leqslant n-1$，$A$，$p=(a_1，a_2，\cdots，a_n)$存在多少种置换？对于 $a_i>a_{i+1}$，$1\leqslant i\leqslant n-1$，$A$，$p=(a_1，a_2，\cdots，a_n)$存在多少种置换？

36．设 $A=\{1，2，3，4，5\}$，用 A 的元素并且使得 $a_1<a_2<a_3$ 能形成多少种长度为 3 的不同序列？

37．对于一个置换 $p=(a_1，a_2，\cdots，a_n)$，如果在奇数位置的元素形成一个递增序列，在偶数位置的元素形成一个递减序列，那么称置换 $p=(a_1，a_2，\cdots，a_n)$为**增-减置换**。

(a) 设 $A=\{1，2，3\}$，有多少个 A 的增-减置换？

(b) 设 $A=\{1，2，3，4\}$，有多少个 A 的增-减置换？

38．设 $A=\{1，2，3，4，5\}$，有多少个 A 的增-减置换？

39．设 $A=\{1，2，3，\cdots，n\}$，证明 A 的增-减置换数等于由 A 中元素形成的长度为$\left\lceil \frac{n}{2} \right\rceil$的递增序列的数目。

证明知识小结

在开始一个证明之前，你也许会发现思考命题如果没有陈述部分是有帮助的，它有助于你理清思路，思考什么事实和工具对证明是有效的。例如 5.1 节的定理 4，它并没有说如果 f 是单射，那么 f 是满射。在证明中需要附加条件$|A|=|B|$和 f 处处有定义。

为了证明一个函数是单射或满射，需要使用一般的元素，例如 5.1 节的例 11。在证明该例中的性质时，可以使用一一对应的定义或者它的逆反式。因此，有：如果 f: $A\to B$ 处处有定义且$|A|=|B|=n$，那么 f 是单射当且仅当 f 是满射。此外，如果希望证明 f 是单射和满射，可以通过构造逆函数 f^{-1}。建立一个一一对应的关系是一种有效的计数策略，因为它允许人们计数不同的集合而不是原集合。例如，5.4 节的定理 4，5.2 节的第 32 题~第 34 题。

证明 f 和 g 有相同的阶或者其中一个比另一个的阶低，主要的工具是Θ-类法则或者通过不等式运算(如 5.3 节的例 2 和例 3)。

主要概念复习

- 函数：见 5.1 节。

- 恒等函数 I_A：$I_A(a) = a$。
- 从 A 到 B 的单射的函数 f：$a \neq a'$ 推出 $f(a) \neq f(a')$。
- 从 A 到 B 的满射的函数 f：$\mathrm{Ran}(f) = B$。
- 双射：单射和满射的函数。
- 一一对应：满射、单射、处处有定义的函数。
- 如果 f 是从 A 到 B 的一个函数，那么 $I_B \circ f = f$，$f \circ I_A = f$。
- 如果 f 是从 A 到 B 的可逆函数，那么 $f^{-1} \circ f = I_A, f \circ f^{-1} = I_B$。
- $(g \circ f)^{-1} = f^{-1} \circ g^{-1}$
- 代换码：见 5.1 节。
- 布尔函数 f：$\mathrm{Ran}(f) \subseteq$ {真，假}。
- 散列函数：见 5.2 节。
- 模糊集：见 5.2 节。
- 模糊谓词：见 5.2 节。
- $O(g)$ (g 的大 O)：见 5.3 节。
- f 与 g 同阶：f 是 $O(g)$ 且 g 是 $O(f)$。
- 定理：关系Θ($f \Theta g$ 当且仅当 f 与 g 同阶)是一个等价关系。
- 比Θ-类低：见 5.3 节。
- 确定一个函数Θ-类的法则：见 5.3 节。
- 算法的运行时间：描述算法执行所需步骤数的一个函数的Θ-类。
- 置换函数：从集合 A 到它自身的一个双射。
- 定理：如果 A 是有 n 个元素的集合，那么存在 $n!$ 种 A 的置换。
- 长度为 r 的循环：$(b_1, b_2, \cdots, b_r)$：见 5.4 节。
- 定理：有限集合上不是恒等或循环的置换能够表示成不相交循环的积。
- 对换：长度为 2 的一个循环。
- 推论：至少有两个元素的有限集合上的每个置换能够表示成对换的积。
- 对换码：见 5.4 节。
- 关键字列式对换码：见 5.4 节。
- 偶(奇)置换：能够表示成偶(奇)数个对换的积。
- 定理：如果有限集合上的置换能够表示成偶数个对换的积，那么它决不能写成奇数个对换的积，反之亦然。
- 积：(a) 两个偶置换之积是偶置换。
  (b) 两个奇置换之积是偶置换。
  (c) 一个偶置换与一个奇置换的积是奇置换。
- 定理：如果 A 是有 n 个元素的集合，那么存在 A 的 $n!/2$ 个偶置换和 $n!/2$ 个奇置换。

第 5 章自测题

1．函数同一般的关系有何不同？

2．证明一个函数是单射，通常的策略是什么？

3．证明一个函数是满射，通常的策略是什么？

4．为什么经常用模函数来构造哈希函数(散列函数)？

5．一个函数的Θ－类说明什么？

6．设 $A=\{a，b，c，d\}$，$B=\{1，2，3\}$，$R=\{(a，2)，(b，1)，(c，2)，(d，1)\}$，问：$R$ 是一个函数吗？R^{-1} 是一个函数吗？解释你的答案。

7．设 $A=B=\mathbf{R}$，$f：A\to B$ 是由 $f(x)=-5x+8$ 定义的函数，证明 f 是单射和满射。

8．计算：

(a) $\lfloor 16.29\rfloor$　　(b) $\lfloor -1.6\rfloor$

9．计算：

(a) $\lceil 16.29\rceil$　　(b) $\lceil -1.6\rceil$

10．计算：

(a) lg(1)　　(b) lg(64)

11．设 Q 是由

$$Q(x)：\exists y\, x\, y=\begin{bmatrix}1 & 0\\ 0 & 1\end{bmatrix}$$

定义的命题函数。求 $Q\left(\begin{bmatrix}2 & 1\\ 0 & 3\end{bmatrix}\right)$ 和 $Q\left(\begin{bmatrix}2 & 3\\ 4 & 6\end{bmatrix}\right)$ 的值。

12．假设有 9 500 个账户记录需要用哈希函数 h 存储，把账户的前两位数字看做一个数，最后 4 位数字看做另一个数，把它们相加，然后应用模 89 函数。

(a) 需要多少个连接表？

(b) 如果达到了大约偶数条记录，那么每个连接表中大致要存储多少条记录？

(c) 计算 $h(473\,810)$，$h(125\,332)$和 $h(308\,691)$。

13．证明：$f(n)=2n^2+9n+5$ 是 $O(n^2)$的。

14．确定 $f(n)=\lg(n)+n^2+2^n$ 的Θ−类。

15．考虑下面伪码：

1．$X\leftarrow 10$

2．$I\leftarrow 0$

3．**UNTIL** $(I>N)$

　a. $X\leftarrow X+I$

　b. $I\leftarrow I+2$

写出一个描述所需要的步骤数 N 的函数，且给出该函数的Θ−类。

16．设 $A=\{1，2，3，4，5，6\}$，$p_1=(3，6，2)$和 $p_2=(5，1，4)$是 A 的置换。

(a) 计算 $p_1\circ p_2$，并且把该结果写成循环的积和对换的积。

(b) 计算 $p_1^{-1}\circ p_2^{-1}$。

17. 设 $p_1=\begin{pmatrix}1&2&3&4&5&6&7\\7&3&2&1&4&5&6\end{pmatrix}$， $p_2=\begin{pmatrix}1&2&3&4&5&6&7\\6&3&2&1&5&4&7\end{pmatrix}$。

(a) 计算 $p_1\circ p_2$。

(b) 计算 p_1^{-1}。

(c) p_1 是偶置换还是奇置换？解释之。

实 验 5

描述算法执行步骤数的函数的Θ-类称为算法的**运行时间**。在该实验中，你将分析几个用伪码表示的算法，确定它们的运行时间。

第 1 部分　第一个算法是计算两个 $n\times n$ 矩阵乘积的一种方法。假设每个矩阵以二维数组存储，$\boldsymbol{A}[i,j]$拥有 $\boldsymbol{A}$ 的第 i 行、第 j 列元素。

算法 MATMUL(***A***，***B***；***C***)

1．**FOR** *I*=1 **THRU**　*N*

　a. **FOR** *J*=1 **THRU** *N*

　　1．***C***[*I*，*J*]←0

　　2．**FOR** *K* = 1 **THRU** *N*

　　　a. ***C***[*I*，*J*]←***C*** [*I*，*J*] + ***A***[*I*，*K*]×***B***[*K*，*J*] ■

假设每个赋值、加法、元素乘法都取相同的固定时间量。

(1) 在第二个 **FOR** 循环中有多少次赋值？

(2) 在第三个 **FOR** 循环中有多少次元素乘法？

(3) MATMUL 的运行时间如何？证明你的答案。

第 2 部分　下面的递归算法将是对任意正整数 n，计算 $n!$。

算法　FAC(*N*)

1．**IF**(*N*=1) **THEN**

　a. *A* ← 1

2．**ELSE**

　a . *A* ← *N*×FAC (*N*–1)

3．**RETURN**　(*A*) ■

(1) 设 S_n 是用 FAC 计算 $n!$所需要的步骤数，根据 S_{n-1} 为 S_n 写一个递归关系。

(2) 求解上面的递归关系并且使用该结果来确定 FAC 的运行时间。

第 3 部分　函数 SEEK 将给出在一个数组 A 从 i 到 $i+n-1$(包括它们)的存储单元中存储一个指定值的存储单元。假设 $i\geqslant 1$。

FUNCTION SEEK (ITEM，*I*，*I* + *N*–1)

1．CELL ← 0

2．**FOR** *J* = *I* **THRU** *I* + *N* – 1

　a. **IF** (*A*[*J*] = ITEM) **THEN**

　b. CELL ← *J*

3．**RETURN**(CELL)

END OF FUNCTION SEEK ■

(1) 从 $A[i]$到 $A[i+n-1]$(包括它们)存在多少个存储单元？

(2) 给出 SEEK 是如何运算的语言描述。

(3) SEEK 的运行时间如何？证明你的答案。

第 4 部分　算法 HUNT 将给出在一个数组 A 从 i 到 $i+n-1$(包括它们)的存储单元中存储一个指定值的存储单元。假设 $i \geqslant 1$，为了简化该算法的分析，假设被检查的存储单元数 n 是 2 的幂。

算法 HUNT(*ITEM*，*I*，*I* + *N*–1)

1．CELL ← 0

2．**IF** (*N*=1 **AND** *A*[*I*]=*ITEM*)**THEN**

a. CELL ← *I*

3．**ELSE**

a. CELL1 ← HUNT (*ITEM*, *I*, *I* + *N* /2–1)

b. CELL2 ← HUNT (*ITEM*, *I* + *N*/2, *I* + *N* – 1)

4．**IF** (CELL1 ≠ 0) **THEN**

a. CELL ← CELL1

5．**ELSE**

a. CELL ← CELL2

6．**RETURN**　(CELL) ■

(1) 给出 HUNT 是如何运算的语言描述。

(2) HUNT 的运行时间如何？证明你的答案。

(3) 在什么情况下最好使用 SEEK(第 3 部分)而不是 HUNT？何时最好使用 HUNT 而不是使用 SEEK？

第 6 章　序关系与序结构

必备知识：第 4 章。

本章学习偏序集，包括格和布尔代数。这些结构在集合论、代数学、排序和搜索(特别是布尔代数)、计算机电路逻辑表示的构造中都是十分有用的。

回　顾

在第 2 章中已介绍过乔治·布尔，并且知道他所发展的符号逻辑的重要性。1938 年，美国数学家香农(Claude E. Shannon，在第 11 章还会提到他)在他 MIT 的一篇硕士论文“继电器和开关电路的符号分析”中，给出了在电路设计中如何使用布尔的工作成果。

计算机的核心是由执行许多不同的运算和计算机任务的电路所组成的，每一个电子电路能写成联结词与、或和非的组合，并且能通过开或关的装置构造每一类联结词。因为这种组合不是唯一的，所以希望用一种尽可能简单的方法来表达它(是本章简要考察的问题)。这样做的好处有很多，包括更高的速度、较小的电路和低能源消耗。在计算机科学领域中讨论该问题就是逻辑设计，并且布尔代数在该领域中起着主要的作用。当电子电路在规模和复杂性上有巨大发展时，计算机辅助设计(Computer-Aided Design，CAD)领域得到了长足的发展，它是依靠非常复杂的计算机程序来实现逻辑设计的。

6.1　偏　序　集

在某个集合 A 上的关系 R 如果是自反的、反对称的和传递的，那么称 R 是一个**偏序**。集合 A 与偏序 R 一起称作**偏序集**，用(A, R)表示。如果不会产生混淆的话，那么可以把偏序集简单地记成 A 而非(A, R)。

例 1　设 A 是集合 S 的子集的集合，集合的包含关系$\subseteq$是 A 上的一个偏序，所以$(A, \subseteq)$是一个偏序集。 ■

例 2　设 $\mathbf{Z}^+$是正整数集合，通常的关系$\leqslant$(小于或等于)是 $\mathbf{Z}^+$上的一个偏序。同样$\geqslant$(大于或等于)也是 $\mathbf{Z}^+$上的一个偏序。 ■

例 3　整除关系($a\,R\,b$ 当且仅当 $a \mid b$)是 $\mathbf{Z}^+$上的一个偏序。 ■

例 4　设$\mathcal{R}$是集合 A 上所有等价关系的集合，因为$\mathcal{R}$是由 $A\times A$ 的子集所组成的，所以在集合的包含偏序下$\mathcal{R}$是一个偏序集。如果 R 和 S 是 A 上的等价关系，那么某些性质可以用关系符号表示如下：

$$R \subseteq S \text{ 当且仅当 } x\,R\,y \text{ 推出对 } A \text{ 中所有 } x, y \text{ 有 } x\,S\,y,$$

于是($\mathcal{R}$，$\subseteq$)是一个偏序集。 ■

例 5 $\mathbf{Z}^+$上的关系<不是一个偏序，因为它不是自反的。 ■

例 6 设 R 是集合 A 上一个偏序，R^{-1} 是 R 的逆关系，那么 R^{-1} 也是一个偏序。为了看清这一点，回顾 4.4 节给出的自反性、反对称性和传递性的特征。如果 R 有这三种性质，那么$\Delta \subseteq R$，$R \cap R^{-1} \subseteq \Delta$，$R^2 \subseteq R$，通过取逆有$\Delta = \Delta^{-1} \subseteq R^{-1}$，$R^{-1} \cap (R^{-1})^{-1} = R^{-1} \cap R \subseteq \Delta$，$(R^{-1})^2 \subseteq R^{-1}$，所以，由 4.4 节可知，$R^{-1}$ 是自反的、反对称的和传递的。因此，R^{-1} 也是一个偏序。偏序集(A，R^{-1})称为偏序集(A，R)的**对偶**，偏序 R^{-1} 称为偏序 R 的**对偶**。 ■

最熟悉的偏序是 $\mathbf{Z}$ 和 $\mathbf{R}$ 上的关系≤和≥。由于这个原因，当一般谈到集合 A 上的偏序 R 时，常常对 R 使用符号≤或≥，这使得 R 的性质更熟悉和更容易记忆。因此，读者可以把符号≤用来当做不同集合上许多不同的偏序。但不要误认为这些关系都是相同的或者它们是熟知的 $\mathbf{Z}$ 或 $\mathbf{R}$ 上的关系≤。如果需要同另一个偏序区别开来，也可以使用如$\leqslant_1$，$\leqslant'$，$\geqslant_1$，$\geqslant'$等符号来表示偏序。

本书将遵守下面的约定，当(A，≤)是一个偏序集时，总是使用符号≥代替偏序$\leqslant^{-1}$，因此，(A，≥)将是对偶偏序集。类似地，偏序集(A，$\leqslant_1$)的对偶将用(A，$\geqslant_1$)表示，偏序集(B，$\leqslant'$)的对偶用(B，$\geqslant'$)表示。这种约定再一次使人想起熟悉的对偶偏序集(Z，≤)和(Z，≥)以及偏序集($\mathbf{R}$，≤)和($\mathbf{R}$，≥)。

如果(A，≤)是一个偏序集，对 A 的元素 a 和 b，如果 $a \leqslant b$ 或 $b \leqslant a$，那么说 a 和 b 是**可比的**。注意，在偏序集中每一对元素不必都是可比的。例如，考虑例 3 中的偏序集，元素 2 和 7 不是可比的，因为$2 \nmid 7$ 且 $7 \nmid 2$。因此，在偏序集中的“偏”字意味着某些元素可能不是可比的。如果在一个偏序集 A 中每一对元素都是可比的，则称 A 是一个**全序**集，偏序称为**全序**，也称 A 是一个**链**。

例 7 例 2 中的偏序集是全序集。 ■

下面的定理有时是很有用的，因为它给出了从已知偏序集如何构造一个新的偏序集。

定理 1 如果(A，≤)和(B，≤)是偏序集，那么($A \times B$，≤)是一个偏序集，它的偏序≤由下述定义：如果在 A 中 $a \leqslant a'$和在 B 中 $b \leqslant b'$，那么$(a, b) \leqslant (a', b')$。

注意，上面使用的符号≤表示三种不同的偏序，读者在任何时候都应该很容易确定它意指三种不同偏序中的哪一种。

证明 如果$(a, b) \in A \times B$，因为在 A 中有 $a \leqslant a$ 和在 B 中有 $b \leqslant b$，所以$(a,b) \leqslant (a,b)$，从而≤在 $A \times B$ 中满足自反性质。现在假设$(a,b) \leqslant (a', b')$和$(a', b') \leqslant (a,b)$，其中 $a, a' \in A$，$b, b' \in B$。于是在 A 中有

$$a \leqslant a',\quad a' \leqslant a$$

且在 B 中有

$$b \leqslant b',\quad b' \leqslant b$$

因为 A 和 B 是偏序集，所以在 A 和 B 中，由偏序的反对称性推出 $a = a'$ 和 $b = b'$，因此，$\leqslant$ 在 $A\times B$ 中满足反对称性。

最后，假设 $(a,b)\leqslant(a', b')$ 和 $(a', b')\leqslant(a'', b'')$，其中 $a, a', a''\in A$ 且 $b, b', b''\in B$，那么 $a\leqslant a'$ 且 $a'\leqslant a''$，所以，由 A 中偏序的传递性推出 $a\leqslant a''$。类似地，$b\leqslant b'$ 且 $b'\leqslant b''$，所以由 B 中偏序的传递性推出 $b\leqslant b''$。因此，$(a,b)\leqslant(a'', b'')$，由此推出在 $A\times B$ 中偏序的传递性成立，从而得到 $A\times B$ 是一个偏序集。 ■

在如上笛卡儿积 $A\times B$ 上定义的偏序 $\leqslant$ 称作**积偏序**。

设 $(A, \leqslant)$ 是一个偏序集，如果 $a\leqslant b$，但 $a\neq b$，则称 $a<b$。现在假设 $(A, \leqslant)$ 和 $(B, \leqslant)$ 是偏序集，在定理 1 中已经在 $A\times B$ 上定义了积偏序。现在在 $A\times B$ 上定义另一个有用的偏序，用 $\prec$ 表示，它的定义如下：如果 $a< a'$(或者 $a = a'$)且 $b\leqslant b'$，那么 $(a, b)\prec(a', b')$，这种排序称为**字典序**。除第一个坐标“相等”的情况外，第一个坐标元素的排序起决定性作用而可以忽略第二个坐标的排序。如果 $(A, \leqslant)$ 和 $(B, \leqslant)$ 是全序集，那么在 $A\times B$ 上的字典序 $\prec$ 也是一个全序。

例 8 设 $A = \mathbf{R}$，用通常的排序 $\leqslant$，那么平面 $\mathbf{R}^2 = \mathbf{R}\times\mathbf{R}$ 给出了字典序，如图 6.1 所示。可以看到平面是由字典序所产生的全序，每条垂直线有通常的序，并且在该直线上的点比它更靠近右边的垂直线上的点小。因此，在图 6.1 中，$p_1\prec p_2$，$p_1\prec p_3$，$p_2\prec p_3$。 ■

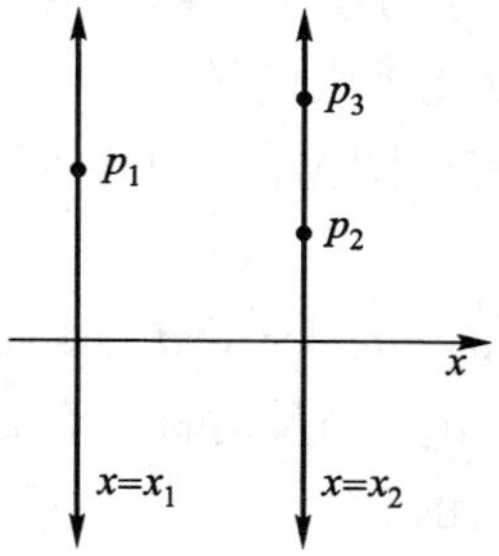

图 6.1

字典序很容易扩展到笛卡儿积 $A_1\times A_2\times\cdots\times A_n$：

$$(a_1,a_2,\cdots,a_n)\prec(a_1',a_2',\cdots,a_n')\ \text{当且仅当}$$
$$a_1 < a_1'\ \text{或}$$
$$a_1 = a_1'\ \text{和}\ a_2 < a_2'\ \text{或}$$
$$a_1 = a_1',\ a_2 = a_2'\ \text{和}\ a_3 < a_3'\ \text{或}\cdots$$
$$a_1 = a_1',\ a_2 = a_2',\ \cdots,\ a_{n-1} = a_{n-1}'\ \text{和}\ a_n\leqslant a_n'$$

因此，第一个坐标完全决定了排序（除非它们相等），在第一个坐标相等的情况下，考虑第二个坐标。如果再次相等，考虑第三个坐标，等等。

例 9 设 $S = \{a, b, \cdots, z\}$ 是通常的字母表，采用通常的全序方法($a\leqslant b$，$b\leqslant c$，$\cdots$，$y\leqslant z$)。于是 $S^n = S\times S\times\cdots\times S$ (n 个因子)能与长度为 n 的所有字集合等同。在 S^n 上的字典序具有性质：如果 $w_1\prec w_2$(w_1，$w_2\in S^n$)，那么 w_1 在字典列表中将先于 w_2。这一事实说明了字典序名称的由来。

因此，$park \prec part$，$help \prec hind$，$jump \prec mump$。因为 $j < m$，所以第三个为真。因为 $h = h, e < i$，所以第二个为真。因为 $p = p$，$a = a$，$r = r$，$k < t$，所以第一个为真。■

如果 S 是一个偏序集，那么可以用下面的方法把字典序扩展到 S^*(见 1.3 节)。

如果 $x = a_1a_2\cdots a_n$ 和 $y = b_1b_2\cdots b_k$ 属于 S^* 并且 $n \leqslant k$，那么如果在 S^n 的字典序下有$(a_1, \cdots, a_n) \prec (b_1, \cdots, b_n)$，则称 S^n 中 $x \prec y$。

在上一自然段，使用了 n 个数组$(a_1, a_2, \cdots, a_n) \in S^n$，它实际上与字符串 $a_1a_2\cdots a_n \in S^*$ 是长度为 n 的同一序列，只不过用不同的符号表示罢了。这种符号的不同是出于历史原因，在使用它们时依赖于上下文环境而转换。

例 10 设 S 是$\{a, b, \cdots, z\}$，按通常的次序，那么 S^* 是任意长度的所有可能的“词”的集合，无论这些“词”是否有意义。

因此，在 S^* 中有 $help \prec helping$，因为在 S^4 中，$help \prec help$。类似地，因为在 S^6 中 $helper \prec helping$，所以 $helper \prec helping$。正如例子 $help \prec helping$ 所示，排序包括了词头排序，即：任意一个词比它的所有词头(开始部分)大，这也是字典中词的出现方法。因此，再次得到字典序，但是这次是对任意有限长度的词。■

因为一个偏序是一种关系，所以可考虑在有限集合上任意偏序的有向图。将看到偏序的有向图表示方法比那些一般的关系有向图表示方法更简单。下面的定理提供了该方向的第一个结果。

定理 2 偏序的有向图中没有长度比 1 大的环。

证明 假设在集合 A 上偏序≤的有向图包含一个长度为 $n \geqslant 2$ 的环，那么存在互不相同的元素 $a_1, a_2, \cdots, a_n \in A$，使得

$$a_1 \leqslant a_2, \ a_2 \leqslant a_3, \ \cdots, \ a_{n-1} \leqslant a_n, \ a_n \leqslant a_1$$

由偏序的传递性，使用 $n-1$ 次得到 $a_1 \leqslant a_n$。由反对称性有 $a_n \leqslant a_1$ 和 $a_1 \leqslant a_n$，从而推出 $a_n = a_1$，这与假设 $a_1, a_2, \cdots, a_n$ 互不相同是矛盾的。■

哈塞图

设 A 是一个有限集合，定理 2 表明 A 上偏序的有向图只有长度为 1 的环。事实上，因为偏序是自反的，所以在偏序的有向图中每个顶点被包含在长度为 1 的环中。为了简化这件事情，将去掉有向图中所有这种环。因此，在图 6.2(a)中表示的有向图将画成如图 6.2(b)所示的图。

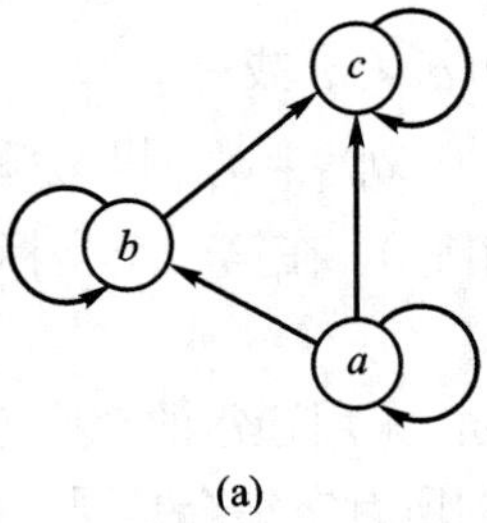

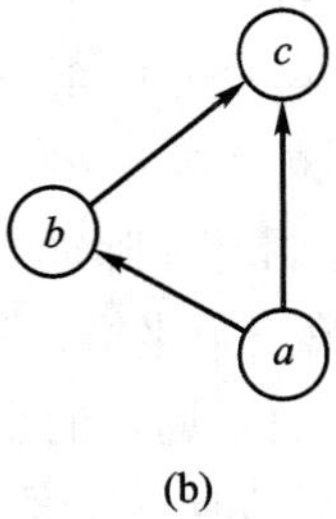

图 6.2

我们也将去掉由传递性推出的所有边。因此，如果 $a \leqslant b$ 且 $b \leqslant c$，那么得到 $a \leqslant c$。在这种情况下，省略从 a 到 c 的边，但确实要画从 a 到 b 和从 b 到 c 的边。例如，图 6.3(a)所示的有向图将画成图6.3(b)所示的图。还约定用所有朝上的边来画偏序的有向图，以致箭头可以从边上省略。最后，用点取代圆圈来表示顶点。因此，图 6.4 所示的图给出了图 6.2(a)所示有向图的最终形式。这样的偏序图比它的有向图简单得多，称作偏序集上偏序的**哈塞图**。因为哈塞图完全描述了有关的偏序，所以它是一种非常有用的工具。

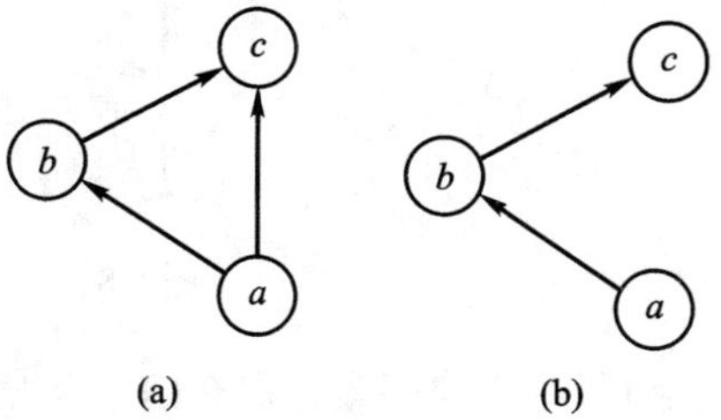

图 6.3

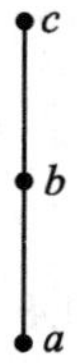

图 6.4

例 11 设 $A=\{1, 2, 3, 4, 12\}$，考虑 A 上的整除性偏序，即：如果 $a, b \in A$，$a \leqslant b$ 当且仅当 $a \mid b$。画出偏序集$(A, \leqslant)$的哈塞图。

解 哈塞图如图 6.5 所示。为了强调哈塞图的简单性，在图 6.6 中给出了图 6.5 的偏序集的有向图。 ■

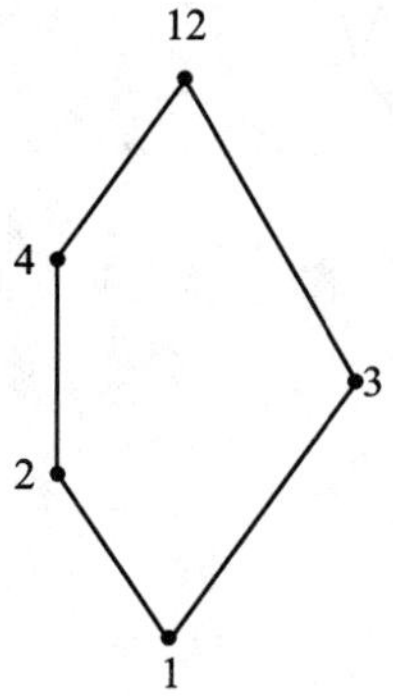

图 6.5

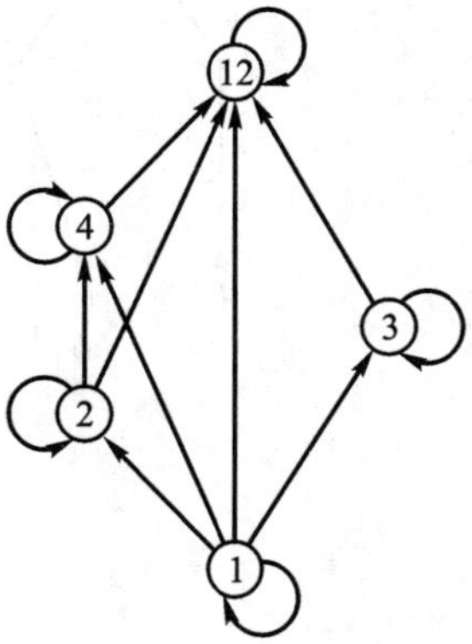

图 6.6

例 12 设 $S=\{a, b, c\}$和 $A = P(S)$，画出具有偏序$\subseteq$(集合包含)关系的偏序集 A 的哈塞图。

解 首先确定 A，得到

$$A = \{\varnothing, \{a\}, \{b\}, \{c\}, \{a, b\}, \{a, c\}, \{b, c\}, \{a, b, c\}\}$$

于是哈塞图如图 6.7 所示。 ■

注意，一个有限全序集的哈塞图总是具有图 6.8 所示的形式。

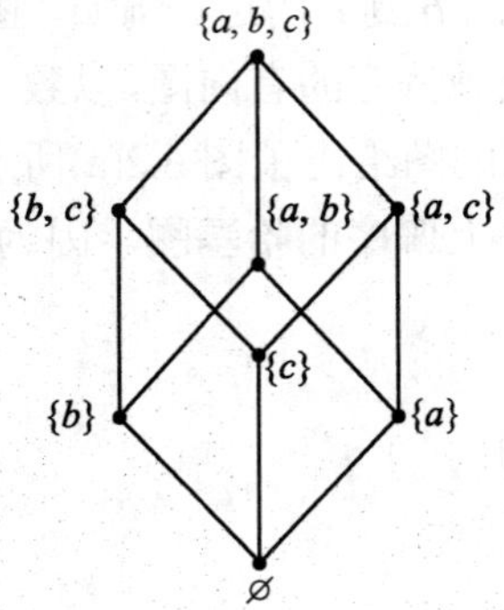

图 6.7

图 6.8

容易看到如果(A，≤)是一个偏序集，(A，≥)是对偶偏序集，那么(A，≥)的哈塞图恰好是把(A，≤)的哈塞图颠倒过来。

例 13 图 6.9(a)给出了偏序集(A，≤)的哈塞图，其中 $A=\{a, b, c, d, e, f\}$。图 6.9(b)给出了对偶偏序集(A，≥)的哈塞图。注意，像刚才提到的那样，这些图能够通过把另一个图颠倒过来而得到。■

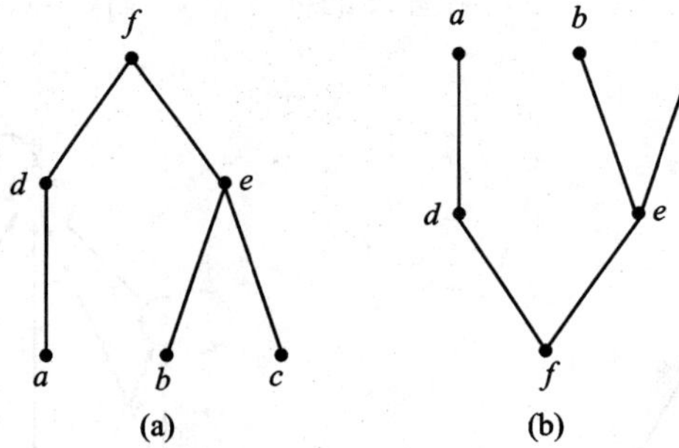

图 6.9

拓扑排序

如果 A 是具有偏序≤的一个偏序集，有时需要对集合 A 找一个全序≺，使得该全序只不过是已知偏序在如下意义：如果 $a\leqslant b$，那么 $a \prec b$ 的一个扩展。构造如≺的一个全序的过程称作**拓扑排序**。该问题产生于当人们必须把有限偏序集 A 输入计算机时。A 中的元素必须以某种次序被输入，并且也许要求它们输入后保持偏序，即：如果 $a\leqslant b$，那么 a 是在 b 之前被输入。拓扑排序≺将给出遇到这种情况时元素输入的次序。

例 14 对于哈塞图如图 6.10 所示的偏序集，给出一个拓扑排序。

解 显然如图 6.11(a)所示的哈塞图的偏序≺是一个全序。容易看到每一对元素用≤排序也就是用$\prec$排序，所以$\prec$是偏序$\leqslant$的拓扑排序。图 6.11(b)和(c)给出了此问题的另外两种解答。 ■

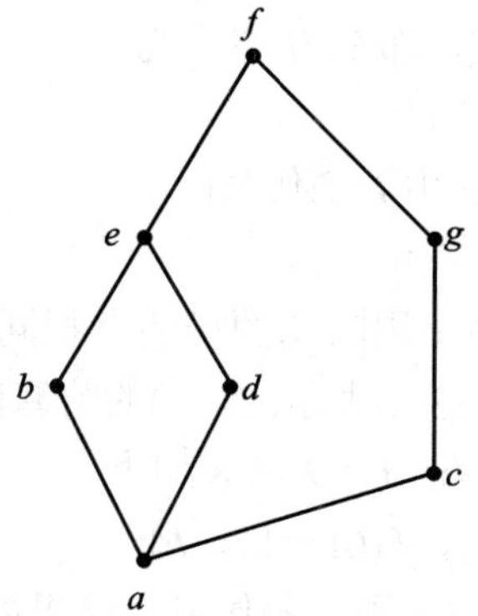

图 6.10

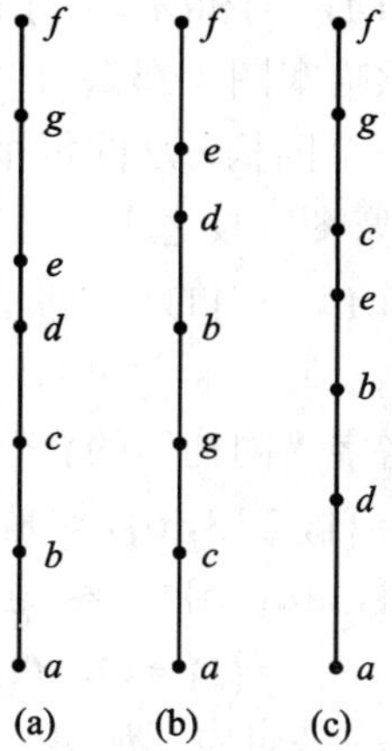

图 6.11

同构

设$(A, \leqslant)$和$(A', \leqslant')$是偏序集，$f: A \to A'$是 A 与 A'之间的一一对应。如果对于 A 中任意的 a 和 b，$a \leqslant b$ 当且仅当 $f(a) \leqslant' f(b)$，那么称函数 f 是从$(A, \leqslant)$到$(A', \leqslant')$的一个**同构**。如果 $f: A \to A'$是一个同构，那么称$(A, \leqslant)$和$(A', \leqslant')$是**同构的**偏序集。

例 15 设 A 是正整数集合 $\mathbf{Z}^+$，$\leqslant$是 A 上通常的偏序(见例 2)。A'是正偶数集合，$\leqslant'$是 A' 上通常的偏序。函数 $f: A \to A'$ 由 $f(a) = 2a$ 给出，它是从$(A, \leqslant)$到$(A', \leqslant')$的一个同构。

首先，因为如果 $f(a) = f(b)$，那么 $2a = 2b$，即 $a = b$，所以 f 是单射。其次，$\mathrm{Dom}(f) = A$，所以 f 是处处有定义的。最后，如果 $c \in A'$，那么有某个 $a \in \mathbf{Z}^+$使得 $c = 2a$，所以 $c = f(a)$。这就证明了 f 是满射。因此，f 是一一对应。最后，如果 a 和 b 是 A 中的元素，则显然 $a \leqslant b$ 当且仅当 $2a \leqslant 2b$。因此 f 是一个同构。 ■

假设 $f: A \to A'$是从偏序集$(A, \leqslant)$到偏序集$(A', \leqslant')$的一个同构。还假设 B 是 A 的一个子集，$B' = f(B)$是对应的 A'的子集。那么从同构的定义可以看到下面的原理必定成立。

定理 3 (对应原理) 如果 B 的元素相互间或者与 A 的其他元素间有某种性质，并且这种性质可完全根据关系$\leqslant$定义，那么 B'的元素一定具有由$\leqslant'$定义的完全相同的性质。 ■

例 16 设$(A, \leqslant)$是偏序集，它的哈塞图如图 6.12 所示。假设 f 是从$(A, \leqslant)$到某个其他偏序集$(A', \leqslant')$的一个同构。首先注意对 A 中任意 x 有 $d \leqslant x$(稍后将 d 这样的元称为 A 的"最小元")，那么在 A'中对应元 $f(d)$一定满足性质：对 A'中的所有 y 有 $f(d) \leqslant' y$。作为另一个例子，注意 $a \not\leqslant b$ 和 $b \not\leqslant a$，这种元素对称为在 A 中是不可比的。于是从对应原理得到 $f(a)$和 $f(b)$在 A'中一定也是不可比的。 ■

对于有限偏序集，由偏序完全定义的对象之一就是偏序集的哈塞图。从对应原理得到两个同构的有限偏序集必定有相同的哈塞图。

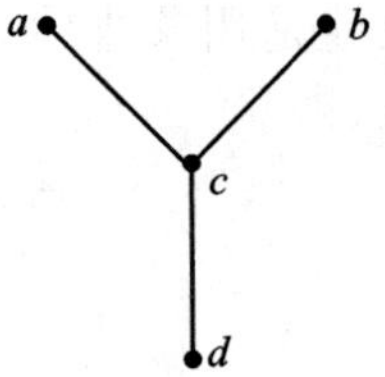

图 6.12

确切地说，设$(A, \leqslant)$和$(A', \leqslant')$是有限偏序集，$f\colon A \to A'$是一一对应，H是$(A, \leqslant)$的任意哈塞图。那么

1．如果f是一个同构，H的每个符号a用$f(a)$取代，那么H将变为$(A', \leqslant')$的一个哈塞图。反之

2．如果H是$(A', \leqslant')$的一个哈塞图，当每个符号a由$f(a)$代替时，那么f是一个同构。

这就说明了名字“同构”的合理性，因为同构偏序集用哈塞图描述有相同的“形状”。

例 17　设$A = \{1, 2, 3, 6\}$，$\leqslant$是关系 $|$(整除)，图 6.13(a)表示$(A, \leqslant)$的哈塞图。设$A' = P(\{a, b\}) = \{\varnothing, \{a\}, \{b\}, \{a, b\}\}$，$\leqslant'$是集合包含$\subseteq$，如果$f\colon A \to A'$定义如下

$$f(1) = \varnothing,\ f(2) = \{a\},\ f(3) = \{b\},\ f(6) = \{a, b\}$$

那么容易看到f是一一对应。如果哈塞图的每个符号$a \in A$用$f(a)$代替，结果如图 6.13(b)所示。因为很显然这是$(A', \leqslant')$的一个哈塞图，所以函数f是一个同构。■

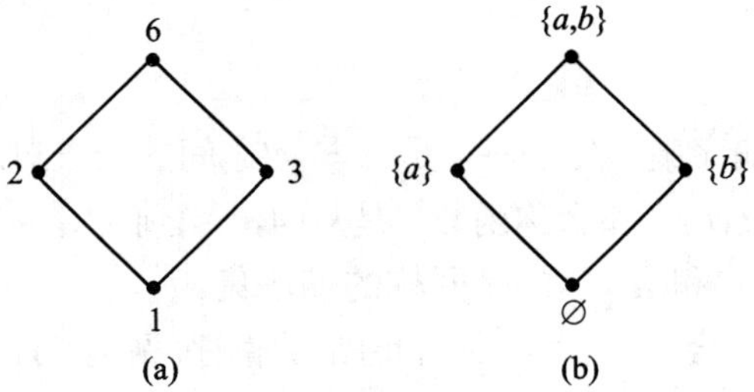

图 6.13

习　题　6.1

1．确定关系R是否是集合A上的偏序。

(a) $A = \mathbf{Z}$，$a\,R\,b$ 当且仅当 $a = 2b$。

(b) $A = \mathbf{Z}$，$a\,R\,b$ 当且仅当 $b^2 \mid a$。

2．确定关系R是否是集合A上的偏序。

(a) $A = \mathbf{Z}$，$a\,R\,b$ 当且仅当对某个 $k \in \mathbf{Z}^+$，$a = b^k$。注意 k 依赖于 a 和 b。

(b) $A = \mathbf{R}$，$a\,R\,b$ 当且仅当 $a \leqslant b$。

3．确定关系R是否是集合A上的全序。

(a) $A = \mathbf{R}$，$a\,R\,b$ 当且仅当 $a \leqslant b$。

(b) $A = \mathbf{R}$，$a\,R\,b$ 当且仅当 $a \geqslant b$。

4．确定关系R是否是集合A上的全序。

(a) $A=P(S)$，S 是一个集合，关系 R 是集合包含。

(b) $A=\mathbf{R}\times\mathbf{R}$, $(a, b)R(a', b')$当且仅当 $a\leqslant a'$和 $b\leqslant b'$，这里≤是 **R** 上通常的偏序。

5．在集合 $A=\{a, b, c\}$上求满足 $a\leqslant b$ 的所有偏序≤。

6．如果集合 A 上的关系 R 是一个偏序且是一个等价关系，你能对 R 做何解释？

7．概括定理 1 的证明结构。

8．概括定理 2 的证明结构。

在题 9 和 10 中，确定关系 R 的哈塞图。

9．$A=\{1, 2, 3, 4\}$，$R=\{(1, 1), (1, 2), (2, 2), (2, 4), (1, 3), (3, 3), (3, 4), (1, 4), (4, 4)\}$。

10．$A=\{a, b, c, d, e\}$，$R=\{(a, a),(b, b),(c, c),(a, c),(c, d),(c, e),(a, d),(d, d),(a, e),(b, c),(b, d),(b, e),(e, e)\}$。

在题 11 和 12 中，用集合 $A=\{1, 2, 3, 4\}$上的哈塞图(在图 6.14 和图 6.15 中)所确定的关系描述有序对。

11．

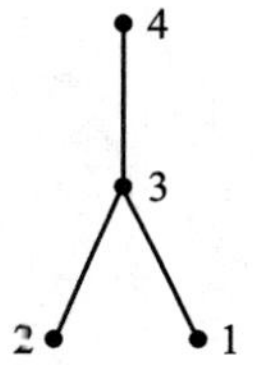

图 6.14

12．

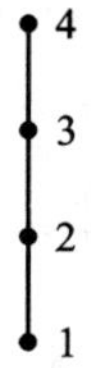

图 6.15

在题 13 和 14 中，对于给定有向图的偏序，确定哈塞图(图 6.16 和图 6.17)。

13．

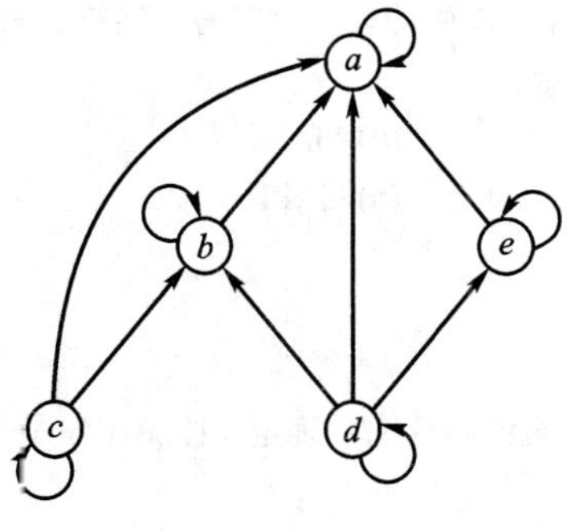

图 6.16

14．

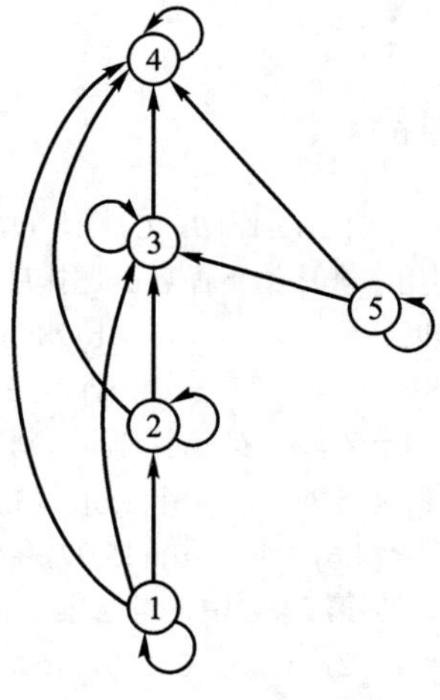

图 6.17

15．已知 $A=\{1, 2, 3, 4, 5\}$上的关系矩阵

$$\begin{bmatrix} 1 & 1 & 1 & 1 & 1 \\ 0 & 1 & 1 & 1 & 1 \\ 0 & 0 & 1 & 1 & 1 \\ 0 & 0 & 0 & 1 & 1 \\ 0 & 0 & 0 & 0 & 1 \end{bmatrix}$$

确定它的哈塞图。

16．已知 $A=\{1，2，3，4，5\}$上的关系矩阵

$$\begin{bmatrix} 1 & 0 & 1 & 1 & 1 \\ 0 & 1 & 1 & 1 & 1 \\ 0 & 0 & 1 & 1 & 1 \\ 0 & 0 & 0 & 1 & 0 \\ 0 & 0 & 0 & 0 & 1 \end{bmatrix}$$

确定它的哈塞图。

在题 17 和 18 中，已知偏序的哈塞图(图 6.18 和图 6.19)，确定它们的矩阵。

17．

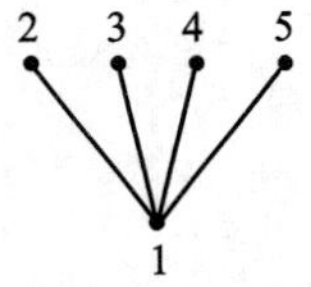

图 6.18

18．

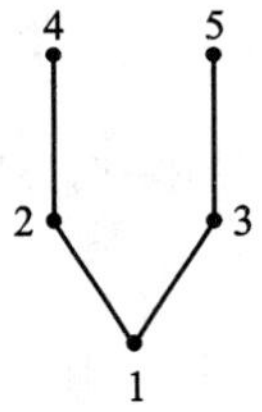

图 6.19

19．设 $A=\{□，A，B，C，E，O，M，P，S\}$有通常的字母序，其中□表示“空格”字符，对所有 $x\in A$ 有$□\leqslant x$。则用字典序给下面各分题排序(作为 $A\times A\times A\times A$ 中的元素)。

(a) MOP□　(b) MOPE　(c) CAP□　(d) MAP□

(e) BASE　(f) ACE□　(g) MACE　(h) CAPE

20．设 $A=\mathbf{Z}^+\times\mathbf{Z}^+$有字典序，判断下面各分题的真假。

(a) $(2,12)\prec(5,3)$　(b) $(3,6)\prec(3,24)$

(c) $(4,8)\prec(4,6)$　(d) $(15,92)\prec(12,3)$

在第 21 题~第 24 题中，考虑集合 A 上的整除偏序，画出偏序集的哈塞图，确定哪些偏序集是全序。

21．A={1，2，3，5，6，10，15，30}

22．A={2，4，8，16，32}

23．A={3，6，12，36，72}

24．A={1，2，3，4，5，6，10，12，15，30，60}

25．描述如何用 $\boldsymbol{M}_R$ 去确定 R 是否是一个偏序。

26．偏序可以是一个全序也可以不是，但任意一个偏序集可以划分成几个子集，每一个子集都有

全序，对下面各分题给出其子集有全序的一个划分，并且子集数目尽可能少。偏序集的哈塞图如分题中给出。

(a) 图 6.5　(b) 图 6.9(a)　(c) 图 6.15　(d) 图 6.20　(e) 图 6.21

27．已知偏序集的哈塞图如下面各分题所示，对于每一个分题给出一个尽可能大的元素集合，使得集合中的每个元素与另一个元素是不可比的。

(a) 图 6.5　(b) 图 6.9(a)　(c) 图 6.15　(d) 图 6.20　(e) 图 6.21

28．把一个偏序集划分成具有全序的子集所需要的最少子集个数与元素在偏序下都是不可比的最大集合的基数之间有什么关系？证明你的回答。

在题 29 和 30 中，已知偏序集的拓扑排序，画出它们的哈塞图(图 6.20 和图 6.21)。

29.

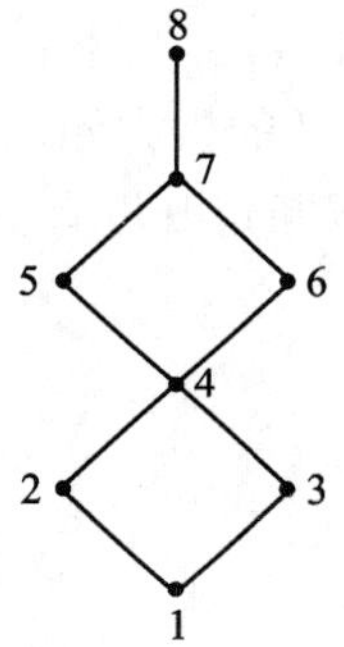

图 6.20

30.

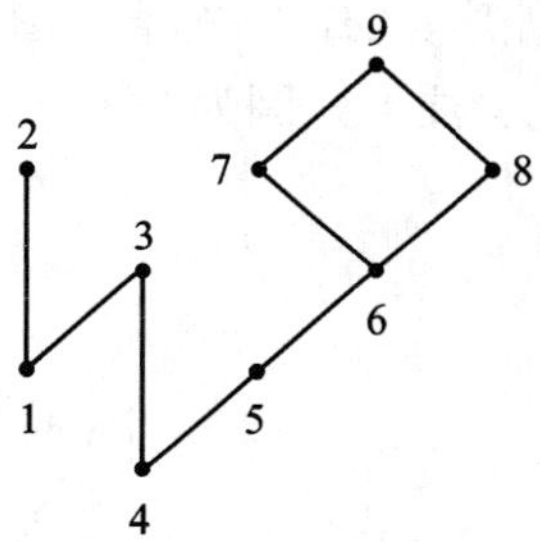

图 6.21

31．如果(A，≤)是一个偏序集，A'是 A 的一个子集，证明：(A'，≤′)也是一个偏序集，其中≤′是≤在 A' 上的限制。

32．证明：如果 R 是集合 A 上的全序，那么 R^{-1} 也是 A 上的全序。

33．集合 A 上的关系 R，如果它是传递的和非自反的，那么称它为一个**拟序**。设 $A=P(S)$是集合 S 的幂集，考虑 A 上的如下关系 R：$U\,R\,T$ 当且仅当 $U\subset T$(真包含)。证明：R 是一个拟序。

34．设 $A=\{x|x$ 是一个实数且$-5\leqslant x\leqslant 20\}$，证明：通常的关系<是 A 上的一个拟序(见第 33 题)。

35．如果 R 是 A 上的一个拟序(见第 33 题)，证明 R^{-1} 也是 A 上的一个拟序。

36．修改例 3 中的关系，使它成为 $\mathbf{Z}^{+}$上的一个拟序。

37．设 $B=\{2，3，6，9，12，18，24\}$，$A=B\times B$，在 A 上定义如下关系：$(a，b)\prec(a', b')$当且仅当 $a|a'$和 $b\leqslant b'$，这旦≤是通常的偏序。证明：≺是一个偏序。

38．设 A 是 2×2 布尔矩阵的集合，且 $\boldsymbol{M}\,R\,\boldsymbol{N}$ 当且仅当 $m_{ij}\leqslant n_{ij}$，$1\leqslant i\leqslant 2$，$1\leqslant j\leqslant 2$。证明：R 是 A 上的一个偏序。

39．设 $A=\{1，2，3，5，6，10，15，30\}$，考虑 A 上的整除偏序≤，即定义 $a\leqslant b$ 为 $a\mid b$。设 $A'=P(S)$是有偏序⊆的偏序集，这里 $S=\{e，f，g\}$。证明：(A，≤)和(A'，⊆)是同构的。

40．设 $A=\{1，2，4，8\}$，≤是集合 A 上的整除偏序，$A'=\{0，1，2，3\}$，≤′是在整数上通常的“小于或等于”关系。证明：(A，≤)和(A'，≤′)是同构偏序集。

41．证明：第 38 题中的偏序(A，R)与($P(\{a，b，c，d\})$，⊆)是同构的。

6.2 偏序集的极值元

在一个偏序集中，某些元素对于偏序集的许多性质和应用具有特殊的重要性。在这一节讨论这些元素，在稍后几节可以看到它们所起的重要作用。本节考虑一个偏序集$(A, \leqslant)$。

一个元素 $a \in A$，如果在 A 中不存在任何元素 c 使得 $a<c$ (见 6.1 节)，则称 a 是 A 的一个**极大元**。一个元素 $b \in A$，如果在 A 中不存在任何元素 c 使得 $c<b$，则称 b 是 A 的一个**极小元**。

由此立即得到：如果$(A, \leqslant)$是一个偏序集，那么$(A, \geqslant)$是它的对偶偏序集。元素 $a \in A$ 是$(A, \geqslant)$的一个极大元当且仅当 a 是$(A, \leqslant)$的一个极小元。同样，a 是$(A, \geqslant)$的一个极小元当且仅当它是$(A, \leqslant)$的一个极大元。

例 1　考虑偏序集 A，它的哈塞图如图 6.22 所示。元素 a_1, a_2 和 a_3 是 A 的极大元，元素 b_1, b_2 和 b_3 是极小元。注意，因为在 b_2 与 b_3 之间不存在任何直线，所以可以断定既没有 $b_3 \leqslant b_2$ 也没有 $b_2 \leqslant b_3$。■

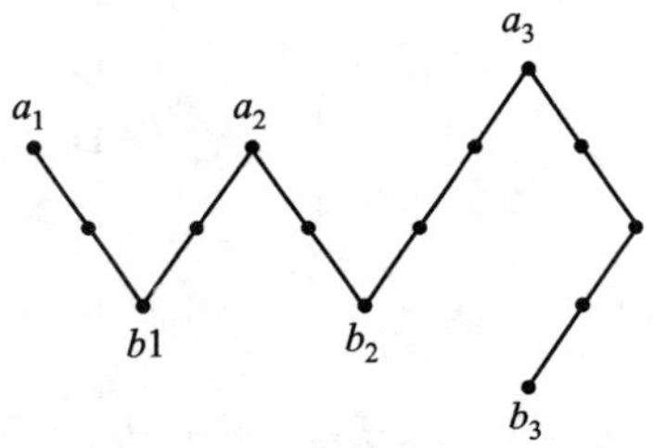

图 6.22

例 2　设 A 是有通常偏序$\leqslant$的非负实数偏序集，那么 0 是 A 的极小元，A 不存在极大元。■

例 3　偏序集 **Z** 具有通常的偏序$\leqslant$，它没有极大元也没有极小元。■

定理 1　设 A 是有偏序$\leqslant$的有限非空偏序集，那么 A 至少有一个极大元和一个极小元。

证明　设 a 是 A 的任意一个元素，如果 a 不是极大元，那么能够找到一个元 $a_1 \in A$，使得 $a<a_1$；如果 a_1 不是极大元，那么能够找到一个元 $a_2 \in A$，使得 $a_1<a_2$。因为 A 是有限集，所以这种推理不能无限次继续下去。因此，最终获得有限链：$a<a_1<a_2<\cdots<a_{k-1}<a_k$，它不能再扩充了。因此，对任意 $b \in A$，不能有 $a_k<b$，所以 a_k 是$(A, \leqslant)$的一个极大元。

同理可得对偶偏序集$(A, \geqslant)$有一个极大元，所以$(A, \leqslant)$有一个极小元。■

用极小元的概念，能够为已知有限偏序集$(A, \leqslant)$给出一种求拓扑排序的算法。首先注意如果 $a \in A$ 且 $B=A-\{a\}$，那么 B 也是$\leqslant$在 $B \times B$ 限制下的一个偏序集(见 4.2 节)。于是得到如下的算法，该算法产生一个名为 SORT 的线性数组。假设 SORT 是按递增下标排序，即：SORT[1]$\prec$SORT[2]$\prec\cdots$，那么用这种方式定义 A 上的关系$\prec$是$(A, \leqslant)$的一种拓扑排序。

算法　找有限偏序集$(A, \leqslant)$的拓扑排序。

步骤 1：选择 A 的一个极小元 a。

步骤 2：使 a 成为 SORT 的下一项并且用 $A-\{a\}$代替 A。

步骤 3：重复步骤 1 和步骤 2 直到 $A=\{\}$。 ■

例 4 设 $A=\{a，b，c，d，e\}$，A 上偏序≤的哈塞图如图 6.23(a)所示，该偏序集的一个极小元是标号为 d 的顶点(也可选 e)。把 d 放入 SORT[1]中，并且在图 6.23(b)中给出 $A-\{d\}$的哈塞图。新 A 的一个极小元是 e，所以 e 成为 SORT[2]，$A-\{e\}$如图 6.23(c)所示。这个过程继续下去，直至用完 A 中元素为止，并且填充 SORT。图 6.23(f)给出了全部数组 SORT 和对应于 SORT 的偏序集的哈塞图。这就是$(A，\leqslant)$的一个拓扑排序。 ■

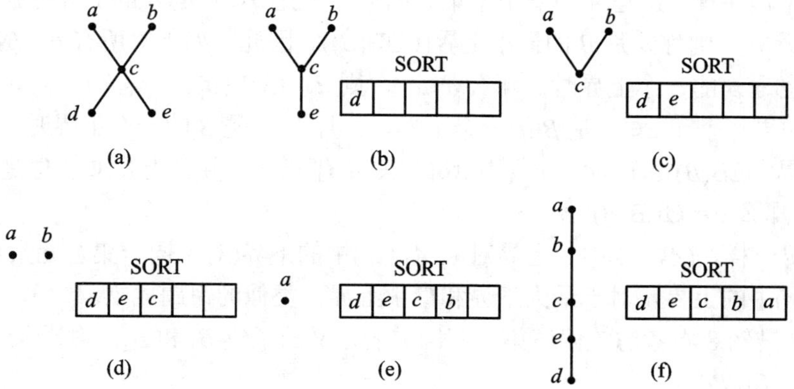

图 6.23

一个元素 $a\in A$，如果对所有 $x\in A$ 有 $x\leqslant a$，则称 a 是 A 的**最大元**。一个元素 $a\in A$，如果对所有 $x\in A$ 有 $a\leqslant x$，则称 a 是 A 的**最小元**。

同前面一样，$(A，\leqslant)$的一个元 a 是最大元(最小元)当且仅当它是$(A，\geqslant)$的最小元(最大元)。

例 5 考虑例 2 中定义的偏序集，那么 0 是一个最小元，不存在最大元。 ■

例 6 设 $S=\{a，b，c\}$，考虑 6.1 节的例 12 定义的偏序集 $A=P(S)$，空集是 A 的一个最小元，集合 S 是 A 的一个最大元。 ■

例 7 有通常偏序的偏序集 **Z** 既无最小元也无最大元。 ■

定理 2 一个偏序集至多有一个最大元也至多有一个最小元。

证明 假设 a 和 b 是偏序集 A 的最大元，那么，由于 b 是一个最大元，所以有 $a\leqslant b$。类似地，由于 c 是一个最大元，所以有 $b\leqslant a$。因此，由反对称性质得到 $a=b$，故如果偏序集有一个最大元，那么它只有一个这样的元。因为对所有偏序集这一事实都为真，所以对偶偏序集$(A，\geqslant)$至多有一个最大元，故$(A，\leqslant)$也至多有一个最小元。 ■

一个偏序集的最大元，如果存在的话，用 I 表示，它常称作**单位元**。类似地，一个偏序集的最小元，如果存在的话，用 0 表示，它常称作**零元**。

考虑某个偏序集 A 和 A 的子集 B，一个元素 $a\in A$，如果对所有 $b\in B$ 有 $b\leqslant a$，则称 a 是 B

的一个**上界**。如果对所有 $b \in B$ 有 $a \leqslant b$，则称 a 是 B 的一个**下界**。

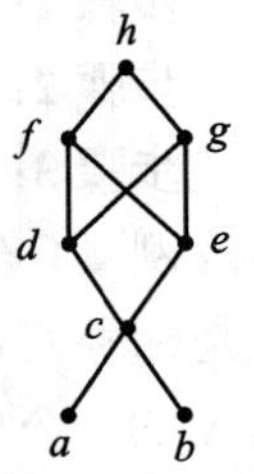

图 6.24

例 8 考虑偏序集 $A=\{a, b, c, d, e, f, g, h\}$，它的哈塞图如图 6.24 所示。求 A 的下列子集的所有上界和下界。

(a) $B_1=\{a, b\}$ (b) $B_2=\{c, d, e\}$

解 (a) B_1 没有下界，它的上界是 c, d, e, f, g, h。

(b) B_2 的上界是 f, g 和 h，它的下界是 c，a 和 b。■

例 8 表明一个偏序集的子集 B 可以有也可以没有上界或下界(在 A 中)，而且 B 的上界或下界可以属于也可以不属于 B 本身。

设 A 是一个偏序集，B 是 A 的一个子集。如果一个元 $a \in A$ 是 B 的上界并且当 a' 是 B 的一个上界时，有 $a \leqslant a'$，则称 a 是 B 的**最小上界**(LUB(B))。因此，如果对所有 $b \in B$，有 $b \leqslant a$ 并且如果当 $a' \in A$ 也是 B 的一个上界时，那么 $a \leqslant a'$，则 $a=\text{LUB}(B)$。

类似地，如果一个元 $a \in A$ 是 B 的一个下界，并且当 a' 是 B 的一个下界时，$a' \leqslant a$，则称 a 是 B 的**最大下界**(GLB(B))。因此，如果对所有 $b \in B$ 有 $a \leqslant b$，并且当 $a' \in A$ 也是 B 的一个下界时，有 $a' \leqslant a$，那么 $a=\text{GLB}(B)$。

同通常情况一样，$(A, \leqslant)$中的上界对应$(A, \geqslant)$中的下界(对于同一集合元素)，$(A, \leqslant)$中的下界对应$(A, \geqslant)$中的上界。对于最大下界和最小上界，类似的命题成立。

例 9 设 A 是例 8 中考虑的偏序集，有例中所定义的子集 B_1 和 B_2，对于

(a) B_1; (b) B_2;

求所有最小上界和最大下界。

解 (a) 因为 B_1 没有下界，所以它没有最大下界。然而，$\text{LUB}(B_1)=c$。

(b) 因为 B_2 的下界是 c，a 和 b，所以易得

$$\text{GLB}(B_2)=c$$

B_2 的上界是 f，g 和 h。因为 f 和 g 不是可比的，所以推出 B_2 没有最小上界。■

定理 3 设$(A, \leqslant)$是一个偏序集，那么 A 的一个子集 B 至多有一个 LUB 和一个 GLB。■

证明 类似于定理 2 的证明。

在即将结束这一节之前，用 A 的哈塞图的观点对有限偏序集 A 上的 LUB 和 GLB 做一些解释。设 $B=\{b_1, b_2, \cdots, b_r\}$，如果 $a=\text{LUB}(B)$，那么 a 是通过向上道路从 $b_1, b_2, \cdots, b_r$ 可能到达的第一个顶点。类似地，如果 $a=\text{GLB}(B)$，那么 a 是通过向下道路从 $b_1, b_2, \cdots, b_r$ 可能到达的第一个顶点。

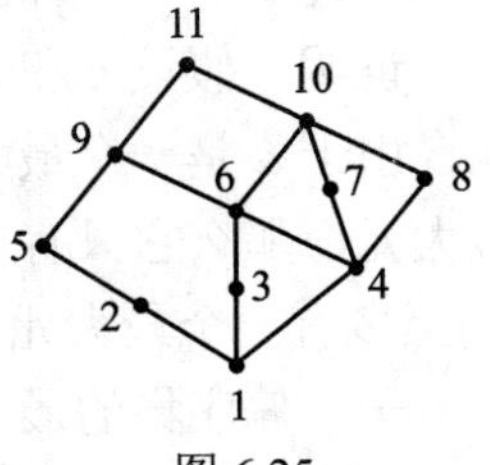

图 6.25

例 10 设 $A=\{1, 2, 3, 4, 5, \cdots, 11\}$是偏序集，它的哈塞图如图 6.25 所示，如果 LUB 和 GLB 存在的话，求 $B=\{6, 7, 10\}$的 LUB 和 GLB。

解 从顶点 6,7 和 10 搜索所有向上的道路，可以发现 $\text{LUB}(B)=10$。类似地，从 6，7 和 10 通过检查所有向下的道路，可以发现 $\text{GLB}(B)=4$。■

从对立原理(见 6.1 节)立即得到下面的结果。

定理 4 假设$(A, \leqslant)$和$(A', \leqslant')$是在同构$f: A \to A'$下的同构偏序集。

(a) 如果a是$(A, \leqslant)$的一个极大(极小)元，那么$f(a)$是$(A', \leqslant')$的一个极大(极小)元。

(b) 如果a是$(A, \leqslant)$的最大(最小)元，那么$f(a)$是$(A', \leqslant')$的最大(最小)元。

(c) 如果a是A的子集B的一个上界(下界，最小上界，最大下界)，那么$f(a)$是A'的子集$f(B)$的一个上界(下界，最小上界，最大下界)。

(d) 如果$(A, \leqslant)$的每个子集有一个 LUB(GLB)，那么$(A', \leqslant')$的每个子集有一个 LUB(GLB)。■

例 11 验证偏序集$(A, \leqslant)$与$(A', \leqslant')$不同构，它们的哈塞图分别如图 6.26(a)和(b)所示。

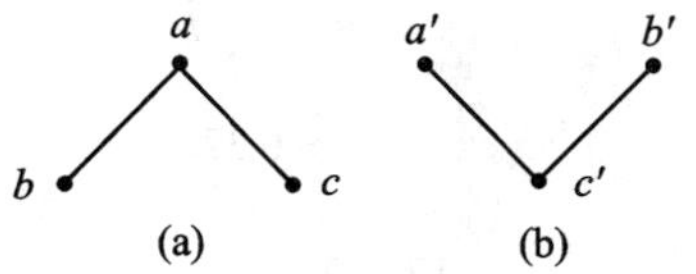

图 6.26

解 因为$(A, \leqslant)$有一个最大元a，而$(A', \leqslant')$没有最大元，所以两个偏序集不是同构的。因为$(A, \leqslant)$没有一个最小元，而$(A', \leqslant')$有一个最小元，所以也能推出它们不是同构的。■

习 题 6.2

在第 1 题~第 8 题中(图 6.27~图 6.30)，确定偏序集的所有极大元和极小元。

1.

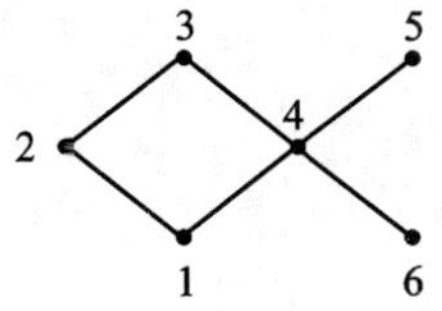

图 6.27

2.

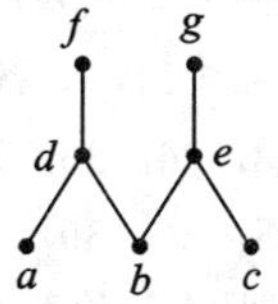

图 6.28

3.

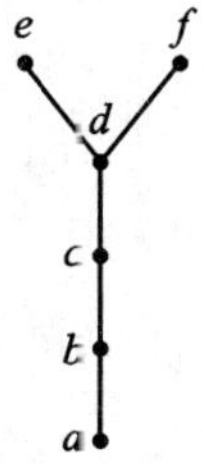

图 6.29

4.

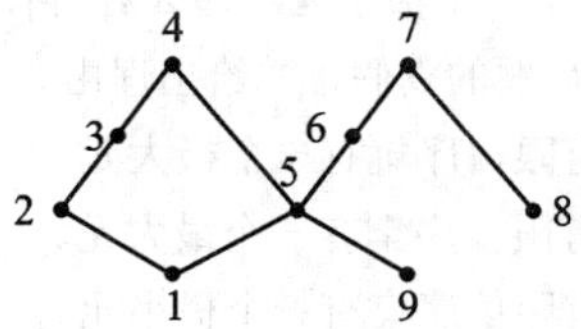

图 6.30

5. A=**R**，具备通常偏序≤。

6. A={x|x 是一个实数且 0≤x <1}，具备通常偏序≤。

7. A={x|x 是一个实数且 0<x≤1}，具备通常偏序≤。

8. A={2，3，4，6，8，24，48}，具备整除偏序。

在第 9 题~第 16 题中(图 6.31~图 6.34)，如果偏序集的最大元和最小元存在的话，确定最大元和最小元。

9.

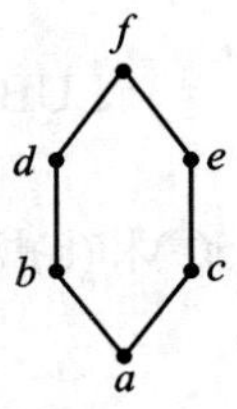

图 6.31

10.

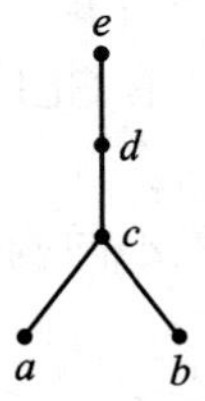

图 6.32

11.

图 6.33

12.

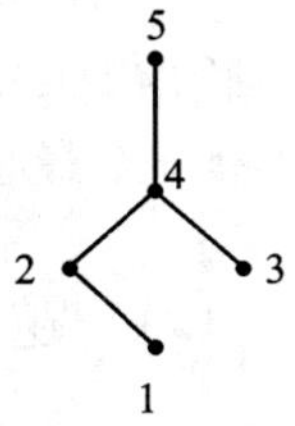

图 6.34

13. A={x|x 是一个实数且 0<x<1}，具备通常偏序≤。

14. A={x|x 是一个实数且 0≤x≤1}，具备通常偏序≤。

15. A={2，4，6，8，12，18，24，36，72}，具备整除偏序。

16. A={2，3，4，6，12，18，24，36}，具备整除偏序。

在题 17 和 18 中，判断命题是否等价，并给出理由。

17. (a) 如果 $a \in A$ 是一个极大元，那么不存在 $c \in A$ 使得 $a<c$。

(b) 如果 $a \in A$ 是一个极大元，那么对所有 $b \in A$，有 $b \leq a$。

18. (a) 如果 $a \in A$ 是一个极小元，那么不存在 $c \in A$ 使得 $c<a$。

(b) 如果 $a \in A$ 是一个极小元，那么对所有 $b \in A$，有 $a \leq b$。

19. 判断下列命题的真假，并给出理由。

(a) 一个非空有限偏序集有一个极大元。

(b) 一个非空有限偏序集有一个最大元。

(c) 一个非空有限偏序集有一个极小元。

(d) 一个非空有限偏序集有一个最小元。

20. 证明：如果(A，≤)有一个最大元，那么(A，≤)有唯一最大元。

21．证明：如果$(A, \leqslant)$有一个最小元，那么$(A, \leqslant)$有唯一最小元。

22．证明定理 3。

在第 23 题~第 32 题中(图 6.35~图 6.38)，如果它们的界存在，求(a) B 的所有上界；(b) B 的所有下界；(c) B 的最小上界；(d) B 的最大下界。

23.

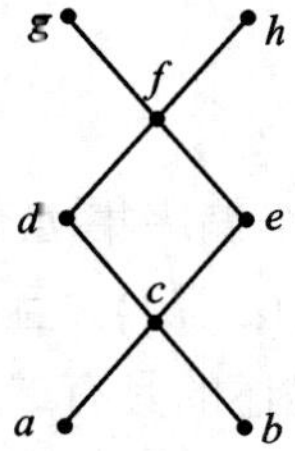

$B=\{c,d,e\}$

图 6.35

24.

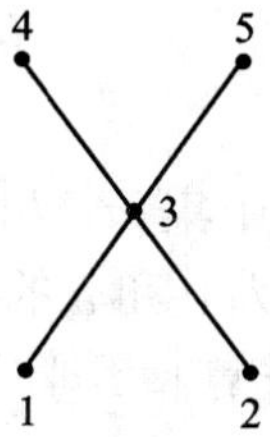

$B=\{1,2,3,4,5\}$

图 6.36

25.

$B=\{b,c,d\}$

图 6.37

26.

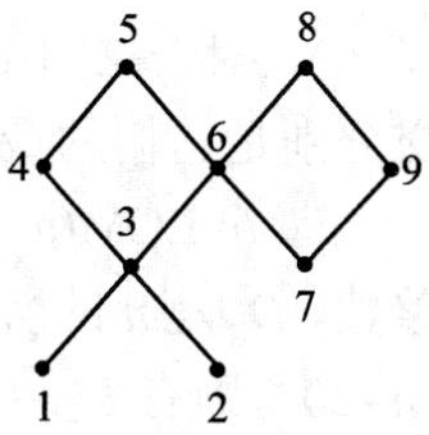

$B=\{3,4,6\}$

图 6.38

27．$(A, \leqslant)$是第 23 题中的偏序集，$B=\{b, g, h\}$。

28．(a) $(A, \leqslant)$是第 26 题中的偏序集，$B=\{4，6，9\}$。

(b) $(A, \leqslant)$是第 26 题中的偏序集，$B=\{3，4，8\}$。

29．$A=\mathbf{R}$，$\leqslant$表示通常的偏序，$B=\{x|x$ 是一个实数且 $1<x<2\}$。

30．$A=\mathbf{R}$，$\leqslant$表示通常的偏序，$B=\{x|x$ 是一个实数且 $1\leqslant x<2\}$。

31．A 是 2×2 布尔矩阵的集合且$\leqslant$表示关系 R，它满足 $\boldsymbol{M}\,R\,\boldsymbol{N}$ 当且仅当 $m_{ij}\leqslant n_{ij}$，$1\leqslant i\leqslant 2$，$1\leqslant j\leqslant 2$。B 是 A 中恰好有两个元素值为 1 的矩阵的集合。

32．A 是 2×2 布尔矩阵的集合且$\leqslant$表示关系 R，它满足 $\boldsymbol{M}\,R\,\boldsymbol{N}$ 当且仅当 $m_{ij}\leqslant n_{ij}$，$1\leqslant i\leqslant 2$，$1\leqslant j\leqslant 2$。$B=\left\{\begin{bmatrix}0&1\\0&1\end{bmatrix},\begin{bmatrix}1&1\\0&1\end{bmatrix},\begin{bmatrix}1&0\\0&1\end{bmatrix}\right\}$。

33．已知哈塞图如图 6.35 所示的偏序集，用算法 SORT 构造该偏序集拓扑排序的哈塞图。

34．用算法 SORT 构造偏序集拓扑排序的哈塞图，该偏序集的哈塞图如图 6.36 所示。

35．设 R 是有限集合 A 上的一个偏序，描述如何用 $\boldsymbol{M}_R$ 去求 A 的最小元和最大元(如果存在的话)。

36．在集合 $A=\{a,\ b,\ c,\ d,\ e\}$上给出一个偏序的例子，使得有两个极大元且没有最小元。

37．设 $A=\{2,\ 3,\ 4,\ \cdots,\ 100\}$有整除偏序。

(a) $(A,\ \leqslant)$有多少个极大元？

(b) 给出 A 的一个子集，使得整除是一个全序且子集尽可能大。

38．设$(A,\ \leqslant)$是第 37 题中给出的偏序集，$(A,\ \leqslant)$有多少个极小元？

6.3 格

格是任意两个元素所组成的子集$\{a,\ b\}$都有最小上界和最大下界的一个偏序集$(L,\leqslant)$。用 $a\vee b$ 表示 LUB($\{a,\ b\}$)并且称它为 a 和 b 的**并**。类似地，用 $a\wedge b$ 表示 GLB($\{a,\ b\}$)并且称它为 a 和 b 的**交**。格结构经常出现在计算和数学应用中。注意，格是如 1.6 节所描述的具有二元运算“并”与“交”的一种数学结构。

例 1 设 S 是一个集合，$L=P(S)$，已看到包含$\subseteq$是 L 上的一个偏序。设 A 和 B 属于偏序集$(L,\ \subseteq)$，那么 $A\vee B$ 是集合 $A\cup B$。为了看清这一点，注意 $A\subseteq A\cup B$, $B\subseteq A\cup B$，如果 $A\subseteq C$ 和 $B\subseteq C$，那么得到 $A\cup B\subseteq C$。类似地，可证明在$(L,\ \subseteq)$中元素 $A\wedge B$ 是集合 $A\cap B$。所以，L 是一个格。■

例 2 考虑偏序集$(\mathbf{Z}^+,\ \leqslant)$，对于 $\mathbf{Z}^+$中的 a 和 b，$a\leqslant b$ 当且仅当 $a\mid b$，于是 L 是一个格。在这个格中，a 与 b 的并和交分别是它们的最小公倍数和最大公约数(见 1.4 节)，即

$$a\vee b=\mathrm{LCM}(a,\ b),\ a\wedge b=\mathrm{GCD}(a,\ b)$$ ■

例 3 设 n 是一个正整数，D_n 是 n 的所有正因子的集合。那么 D_n 在例 2 所考虑的整除关系下是一个格。因此，如果 $n=20$，则有 $D_{20}=\{1,\ 2,\ 4,\ 5,\ 10,\ 20\}$，$D_{20}$ 的哈塞图如图 6.39(a)所示。如果 $n=30$，则有 $D_{30}=\{1,2,3,5,6,10,15,30\}$。$D_{30}$ 的哈塞图如图 6.39(b)所示。■

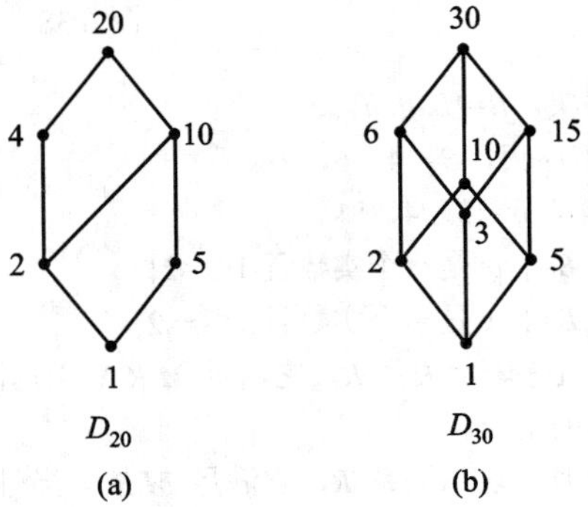

图 6.39

例 4 图 6.40 中的哪些哈塞图表示格？

解 哈塞图(a)，(b)，(d)和(e)表示格。图(c)不表示一个格，因为 $f\vee g$ 不存在。图(f)不表示一个格，因为 $d\wedge e$ 和 $b\vee c$ 都不存在。图(g)不表示一个格，因为 $c\wedge d$ 不存在。■

例 5 在 6.1 节的例 4 中已经看到，在集合 A 上所有等价关系所组成的集合 $\mathfrak{R}$ 在集合包含偏序下是一个偏序集。现在能够推出 $\mathfrak{R}$ 是一个格。等价关系 R 和 S 的交是它们的交集 $R\cap S$，并且它们的并是它们的并集的传递闭包$(R\cup S)^{\infty}$(见 4.8 节)。 ■

设$(L, \leqslant)$是一个偏序集，$(L, \geqslant)$是对偶偏序集。如果$(L, \leqslant)$是一个格，可以证明$(L, \geqslant)$也是一个格。事实上，对于 L 中任意 a 和 b，在$(L, \leqslant)$中 a 和 b 的最小上界等于$(L, \geqslant)$中 a 和 b 的最大下界。类似地，在$(L, \leqslant)$中 a 和 b 的最大下界等于$(L, \geqslant)$中 a 和 b 的最小上界。如果 L 是一个有限集合，那么通过检验偏序集的哈塞图和它对偶的哈塞图，就很容易看到这一性质。

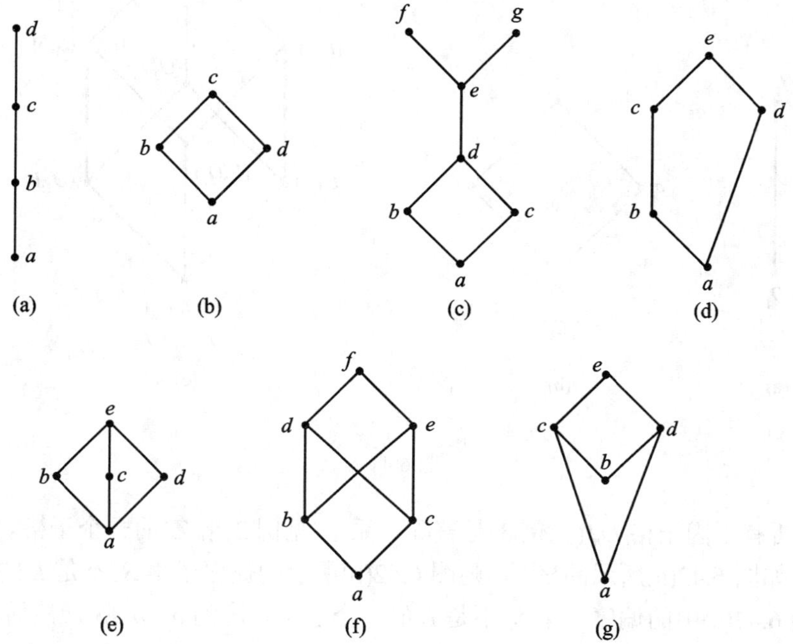

图 6.40

例 6 设 S 是一个集合，$L=P(S)$，那么$(L, \subseteq)$是一个格，它的对偶格是$(L, \supseteq)$，这里$\subseteq$是“包含于”，$\supseteq$是“包含”。于是本例前面的讨论表明在偏序集$(L, \supseteq)$中的并 $A\vee B$ 是集合 $A\cap B$，交 $A\wedge B$ 是集合 $A\cup B$。 ■

定理 1 如果$(L_1, \leqslant)$和$(L_2, \leqslant)$是格，那么$(L, \leqslant)$是一个格，其中 $L=L_1\times L_2$，L 的偏序$\leqslant$是积偏序。

证明 分别用$\vee_1$和$\wedge_1$表示 L_1 中的并和交，用$\vee_2$和$\wedge_2$表示 L_2 中的并和交。从 6.1 节的定理 1 可知，L 是一个偏序集。现在需要证明如果$(a_1,b_1), (a_2,b_2)\in L$，那么$(a_1,b_1)\vee(a_2, b_2)$和$(a_1, b_1)\wedge(a_2,b_2)$在 L 中存在。事实上，可以验证(留作练习)：

$$(a_1,b_1)\vee(a_2,b_2) = (a_1\vee_1 a_2,\ b_1\vee_2 b_2)$$
$$(a_1,b_1)\wedge(a_2,b_2) = (a_1\wedge_1 a_2,\ b_1\wedge_2 b_2)$$

于是 L 是一个格。 ■

例 7 设 L_1 和 L_2 分别是由图 6.41(a)和(b)给出的格，那么 $L=L_1\times L_2$ 是如图 6.41(c)所示的格。 ■

设$(L, \leqslant)$是一个格，S 是 L 的一个非空子集，如果当 $a\in S$ 且 $b\in S$ 时，有 $a\vee b\in S$ 和 $a\wedge b\in S$，则称 S 是 L 的**子格**。

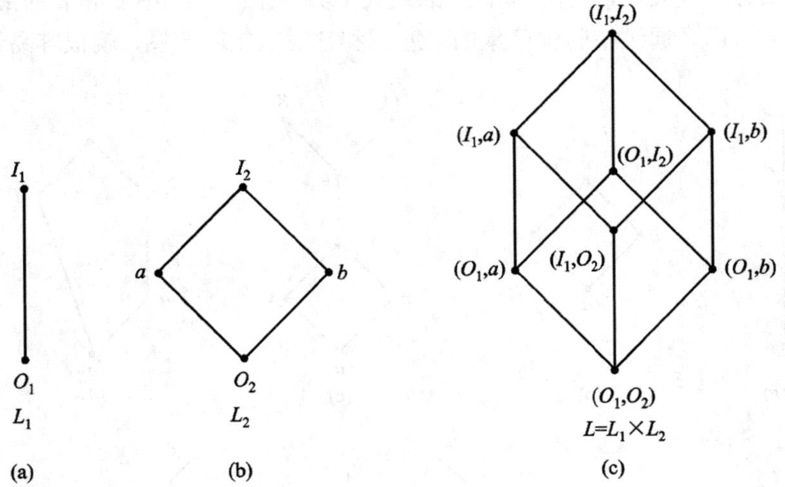

图 6.41

例 8 n 的所有正因子格 D_n (见例 3)是整除关系下(见例 2)格 $\mathbf{Z}^+$的一个子格。 ■

例 9 考虑如图 6.42(a)所示的格 L，则图 6.42(b)所示的偏序子集 S_b 不是 L 的一个子格，因为 $a\wedge b\notin S_b$。图 6.42(c)中的偏序子集 S_c 不是 L 的一个子格，因为 $a\vee b\notin S_c$。然而，当把 S_c 自身视为一个偏序集时，它是一个格。如图 6.42(d)所示的偏序子集 S_d 是 L 的一个子格。 ■

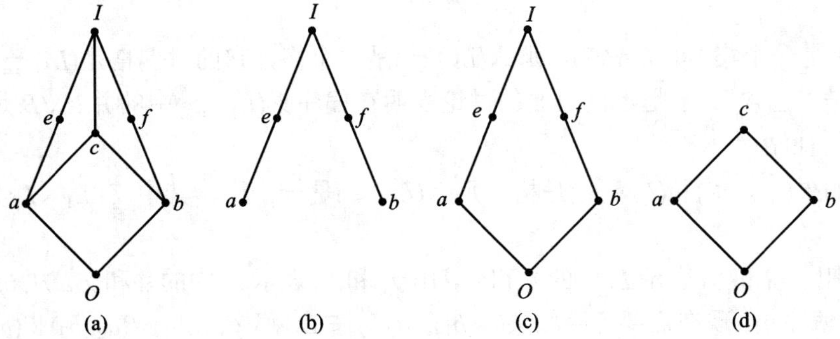

图 6.42

同构的格

如果 f: $L_1 \to L_2$ 是从偏序集(L_1，$\leqslant_1$)到偏序集(L_2，$\leqslant_2$)的一个同构，那么 6.2 节的定理 4 表明 L_1 是一个格当且仅当 L_2 是一个格。事实上，如果 a 和 b 是 L_1 的元素，那么 $f(a \wedge b)=f(a) \wedge f(b)$ 和 $f(a \vee b)=f(a) \vee f(b)$。如果两个格作为偏序集是同构的，则称它们是**同构的格**。

例 10 设 L 是格 D_6，L'是在包含关系下的格 $P(S)$，$S=\{a, b\}$，这些偏序集在 6.1 节的例 16 中已经讨论过，并且已证明它们是同构的。因此，由于两者都是格，所以它们是同构的格。■

如果 f: $A \to B$ 是从格(A，$\leqslant$)到集合 B 的一一对应，那么可用函数 f 在 B 上定义偏序$\leqslant'$。如果 b_1 和 b_2 是在 B 中，那么有 A 的唯一元 a_1 和唯一元 a_2 使得 $b_1=f(a_1)$和 $b_2=f(a_2)$。

定义 $b_1 \leqslant' b_2$ (在 B 中)当且仅当 $a_1 \leqslant a_2$ (在 A 中)。如果 A 和 B 是有限的，那么能够从几何上描述这个过程如下。对(A，$\leqslant$)构造哈塞图，于是每个符号 a 用 B 中的对应元 $f(a)$取代，结果得到 B 上偏序$\leqslant'$的哈塞图。

当给出 B 上的偏序$\leqslant'$时，f 将是从偏序集(A，$\leqslant$)到偏序集(B，$\leqslant'$)的一个同构。为了看清这一点，注意到 f 已经被假设是一一对应。$\leqslant'$的定义说明对于 A 中任意的 a_1 和 a_2，$a_1 \leqslant a_2$ 当且仅当 $f(a_1) \leqslant' f(a_2)$。因此，f 是一个同构。因为(A，$\leqslant$)是一个格，所以(B，$\leqslant'$)也是格，且它们是同构的格。

例 11 如果 A 是一个集合，设 $\mathfrak{R}$ 是 A 上所有等价关系所组成的集合，Π 是 A 上所有划分的集合。在 5.1 节的例 13 中，已构造了从 $\mathfrak{R}$ 到 Π 的一一对应 f。在 6.1 节的例 4 中，考虑了在 $\mathfrak{R}$ 上的偏序$\subseteq$。从这个偏序可用上面解释的 f 构造 Π 上的偏序$\leqslant'$。由构造可知，如果 $\mathscr{P}_1$ 和 $\mathscr{P}_2$ 是 A 的划分，R_1 和 R_2 分别是对应于这些划分的等价关系，那么 $\mathscr{P}_1 \leqslant \mathscr{P}_2$ 将意味着 $R_1 \subseteq R_2$。因为在例 5 中已证明($\mathfrak{R}$，$\subseteq$)是一个格，并且知道 f 是一个同构，所以得到(Π，$\leqslant'$)也是一个格。在习题 6.3 第 35 题中可直接根据它们本身的划分描述偏序$\leqslant'$。■

格的性质

在证明格的许多性质之前，回顾 $a \vee b$ 和 $a \wedge b$ 的意义。

1．$a \leqslant a \vee b$ 且 $b \leqslant a \vee b$；$a \vee b$ 是 a 和 b 的上界。

2．若 $a \leqslant c$ 且 $b \leqslant c$，则 $a \vee b \leqslant c$；$a \vee b$ 是 a 和 b 的最小上界。

1′．$a \wedge b \leqslant a$ 且 $a \wedge b \leqslant b$；$a \wedge b$ 是 a 和 b 的下界。

2′．若 $c \leqslant a$ 且 $c \leqslant b$，则 $c \leqslant a \wedge b$；$a \wedge b$ 是 a 和 b 的最大下界。

定理 2 设 L 是一个格，那么对 L 中每个 a 和 b，有

(a) $a \vee b=b$ 当且仅当 $a \leqslant b$。

(b) $a \wedge b=a$ 当且仅当 $a \leqslant b$。

(c) $a \wedge b=a$ 当且仅当 $a \vee b=b$。

证明 (a) 假设 $a \vee b=b$，因为 $a \leqslant a \vee b=b$，所以有 $a \leqslant b$。反之，如果 $a \leqslant b$，那么因 $b \leqslant b$，则 b 是 a 和 b 的一个上界；因此，由最小上界的定义得到 $a \vee b \leqslant b$。因为 $a \vee b$ 是一个上界，$b \leqslant a \vee b$，所

以 $a\vee b=b$。

(b) 类似于(a)的证明，留给读者作为练习。

(c) 从(a)和(b)的证明即得证。 ■

例 12 设 L 是一个全序集，如果 $a,b\in L$，那么或者 $a\leqslant b$ 或者 $b\leqslant a$。从定理 2 可知 L 是一个格，因为每对元素有最小上界和最大下界。 ■

定理 3 设 L 是一个格，那么

1. 幂等性质

(a) $a\vee a=a$

(b) $a\wedge a=a$

2. 交换性质

(a) $a\vee b=b\vee a$

(b) $a\wedge b=b\wedge a$

3. 结合性质

(a) $a\vee(b\vee c)=(a\vee b)\vee c$

(b) $a\wedge(b\wedge c)=(a\wedge b)\wedge c$

4. 吸收性质

(a) $a\vee(a\wedge b)=a$

(b) $a\wedge(a\vee b)=a$

证明 1. 命题从 LUB 和 GLB 的定义可得到。

2. LUB 和 GLB 的定义对 a 和 b 是对称的，所以结论成立。

3. (a) 从 LUB 的定义得到 $a\leqslant a\vee(b\vee c)$和 $b\vee c\leqslant a\vee(b\vee c)$。而且 $b\leqslant b\vee c$ 和 $c\leqslant b\vee c$，于是由传递性得 $b\leqslant a\vee(b\vee c)$和 $c\leqslant a\vee(b\vee c)$。因此，$a\vee(b\vee c)$是 a 和 b 的一个上界，所以由最小上界的定义有

$$a\vee b\leqslant a\vee(b\vee c)$$

因为 $a\vee(b\vee c)$是 $a\vee b$ 和 c 的一个上界，所以得到

$$(a\vee b)\vee c\leqslant a\vee(b\vee c)$$

类似地有：$a\vee(b\vee c)\leqslant(a\vee b)\vee c$，由$\leqslant$的反对称性可知性质 3(a)成立。

(b) 证明类似于第(a)部分，略去不证。

4. (a) 因为 $a\wedge b\leqslant a$ 和 $a\leqslant a$，于是 a 是 $a\wedge b$ 和 a 的一个上界，所以 $a\vee(a\wedge b)\leqslant a$。另一方面，由 LUB 的定义有 $a\leqslant a\vee(a\wedge b)$，所以 $a\vee(a\wedge b)=a$。

(b) 证明类似于第(a)部分，略去不证。 ■

从性质 3 知道，可把 $a\vee(b\vee c)$和$(a\vee b)\vee c$ 仅写作 $a\vee b\vee c$，类似地有 $a\wedge b\wedge c$，而且可把 $\text{LUB}(\{a_1, a_2,\cdots, a_n\})$写作 $a_1\vee a_2\vee\cdots\vee a_n$，$\text{GLB}(\{a_1, a_2,\cdots, a_n\})$写作 $a_1\wedge a_2\wedge\cdots\wedge a_n$，因为可以用归纳法证明这些并和交的各项的分组是独立的。

定理 4　设 L 是一个格，那么对于 L 中的每个 a，b 和 c，有

1．如果 $a\leqslant b$，那么

(a) $a\vee c\leqslant b\vee c$　　　　(b) $a\wedge c\leqslant b\wedge c$

2．$a\leqslant c$ 和 $b\leqslant c$ 当且仅当 $a\vee b\leqslant c$。

3．$c\leqslant a$ 和 $c\leqslant b$ 当且仅当 $c\leqslant a\wedge b$。

4．如果 $a\leqslant b$ 和 $c\leqslant d$，那么

(a) $a\vee c\leqslant b\vee d$　　　　(b) $a\wedge c\leqslant b\wedge d$

证明　证明留作练习。■

几种特殊类型的格

一个格 L 称为是**有界的**，如果它有最大元 I 和最小元 0(见 6.2 节)。

例 13　格 $\mathbf{Z}^+$在整除偏序下(如例 2 中的定义)不是一个有界的格，因为它有最小元——数 1，但没有最大元。■

例 14　格 $\mathbf{Z}$ 在偏序≤下不是有界的，因为它既无最大元也无最小元。■

例 15　格 $P(S)$（如例 1 所定义，它是集合 S 的所有子集）的集合是有界的。它的最大元是 S，最小元是∅。■

如果 L 是一个有界格，那么对所有 $a\in A$，有

$$0\leqslant a\leqslant I，a\vee 0=a，a\wedge 0=0$$

$$a\vee I=I，a\wedge I=a$$

定理 5　设 $L=\{a_1,a_2,\cdots,a_n\}$是一个有限格，那么 L 是有界的。

证明　L 的最大元是 $a_1\vee a_2\vee\cdots\vee a_n$，$L$ 的最小元是 $a_1\wedge a_2\wedge\cdots\wedge a_n$。■

注意，定理 5 的证明是一个构造性证明。证明 L 有界是通过构造最大元和最小元完成的。

称格 L 是**分配的**，如果对 L 中的任意 a, b 和 c，有下面的**分配性质**：

1．$a\wedge(b\vee c)=(a\wedge b)\vee(a\wedge c)$

2．$a\vee(b\wedge c)=(a\vee b)\wedge(a\vee c)$

如果 L 不是分配的，则称 L 是**非分配的**。

当元素 a,b 或 c 中任意两个元素是相等的或者元素中任意一个是 0 或 I 时，可证明分配性质成立，将它留作一个练习。该结论可减少在证明分配性质成立时所必须检验的情形的数目。然而，分配性质的证明通常是一项冗长乏味的任务。

例 16　对于集合 S，$P(S)$是分配格，因为并集和交集(分别为并和交)都满足如 1.2 节所给出的分配性质。■

例 17　如图 6.43 所示的格是分配的。因为可以通过从元素 a, b, c 和 d 中选出所有有序对来验证分配性质。■

例 18　证明：图 6.44 所示的格是非分配的。

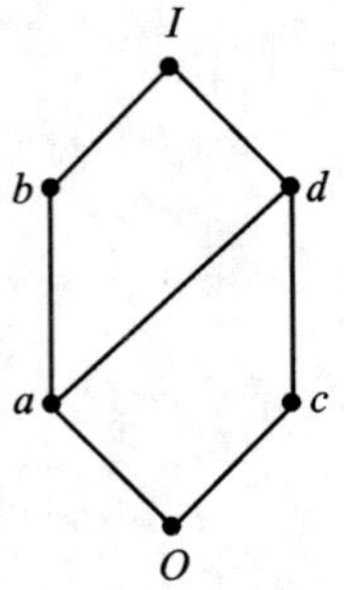

图 6.43

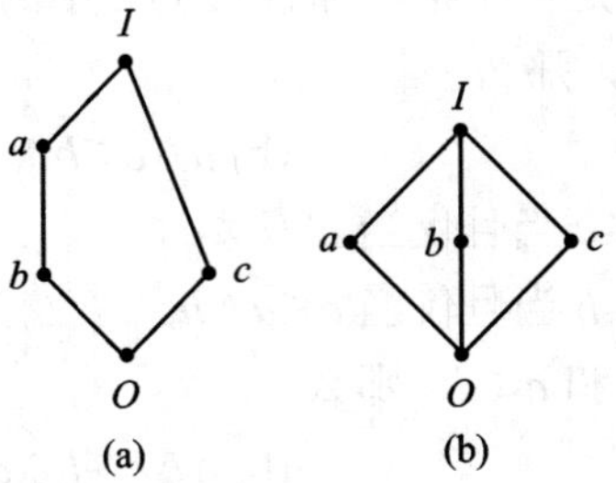

图 6.44

解 (a) 显然有

$$a\wedge(b\vee c)=a\wedge I=a$$

而

$$(a\wedge b)\vee(a\wedge c)=b\vee 0=b$$

(b) 注意到

$$a\wedge(b\vee c)=a\wedge I=a$$

而

$$(a\wedge b)\vee(a\wedge c)=0\vee 0=0$$ ■

例18 中讨论的非分配格对于证明一个已知格为非分配格是十分有用的，正如下面定理所断言，至于它的证明此处省略。■

定理 6 格 L 是非分配的当且仅当它包含一个同构于例 18 中两个格之一的子格。

可通过检查 L 的哈塞图使定理 6 得到十分有效的使用。

设 L 是有最大元 I 和最小元 0 的一个有界格，$a\in L$。一个元素 $a'\in L$ 称作 a 的**补**，如果

$$a\vee a'=I，\ a\wedge a'=0$$

注意：$0'=I, I'=0$。

例 19 格 $L=P(S)$中的每个元素有一个补，因为如果 $A\in L$，那么它的补集 $\overline{A}$ 有性质 $A\vee\overline{A}=S$ 和 $A\wedge\overline{A}=\varnothing$，即集合的补也是格 L 中的补。■

例 20 图 6.44 具有每个格中的每个元素均有补的性质。元素 c 在两种情况下有两个补 a 和 b。■

例 21 考虑例 3 中讨论的格 D_{20} 和 D_{30}，如图 6.39 所示。注意，在 D_{30} 中每个元素有一个补。例如，如果 $a=5$，那么 $a'=6$，然而在 D_{20} 中的元素 2 和元素 10 没有补。■

例 20 和例 21 表明一个格中的元素 a 不一定有补，并且它可能有几个补。然而，对于一个有界分配格，情况大为受限，正如下面定理所表明的那样。

定理 7 设 L 是一个有界的分配格，如果一个补存在，那么它是唯一的。

证明 设 a'和 a''是元素 $a\in L$ 的补，那么

$$a\vee a'=I，\ a\vee a''=I，\quad a\wedge a'=0，\ a\wedge a''=0$$

用分配律得到

$$a'=a'\vee 0=a'\vee(a\wedge a'')=(a'\vee a)\wedge(a'\vee a'')$$
$$=I\wedge(a'\vee a'')=a'\vee a''$$

同样

$$a''=a''\vee 0=a''\vee(a\wedge a')=(a''\vee a)\wedge(a''\vee a')$$
$$=I\wedge(a'\vee a'')=a'\vee a''$$

因此 $a'=a''$。 ■

定理 7 的证明是一个直接证明，但是在如何选择 a' 和 a'' 的表达方式方面并不是很清楚。在这种证明中，含有某些尝试和错误，但是人们希望使用 L 是有界的和 L 是可分配的假设。另外一种证明方法见习题 6.3 第 36 题。

一个格 L 称作**有补的**，如果它是有界的并且 L 中的每个元素有一个补。

例 22 格 $L=P(S)$ 是有补的。注意在这种情况下，L 中的每个元素有唯一的补，这一点能够直接看到或者通过定理 7 看到。 ■

例 23 在例 20 中所讨论的格是有补的(见图 6.44)。在这种情况下，补不是唯一的。 ■

习 题 6.3

在第 1 题~第 6 题中(图 6.45~图 6.50)，确定哈塞图是否表示一个格。

1.

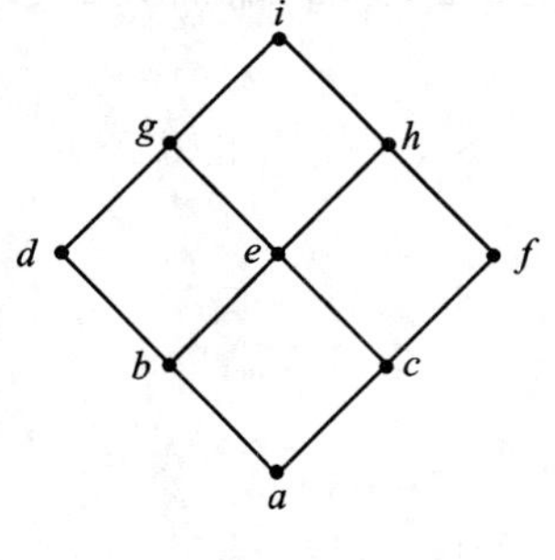

图 6.45

2.

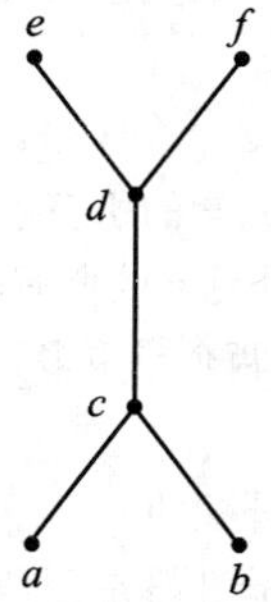

图 6.46

3.

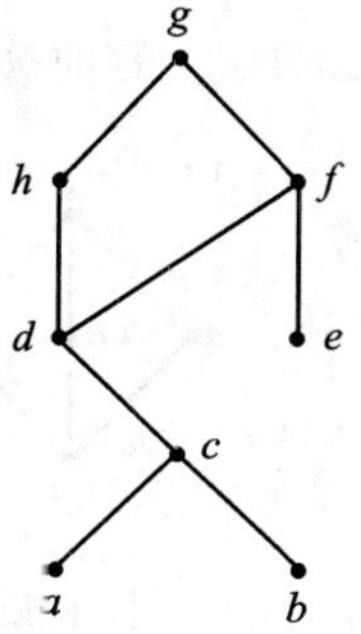

图 6.47

4.

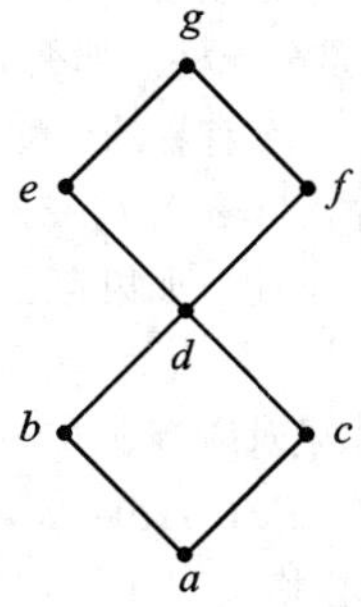

图 6.48

5. 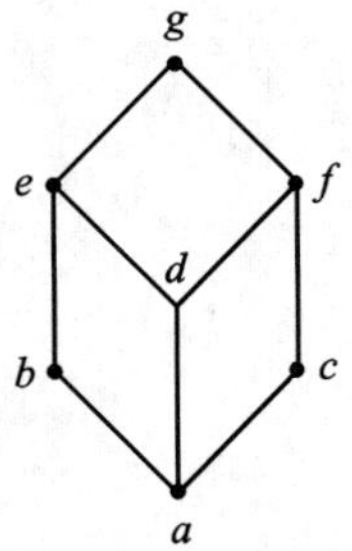

图 6.49

6. 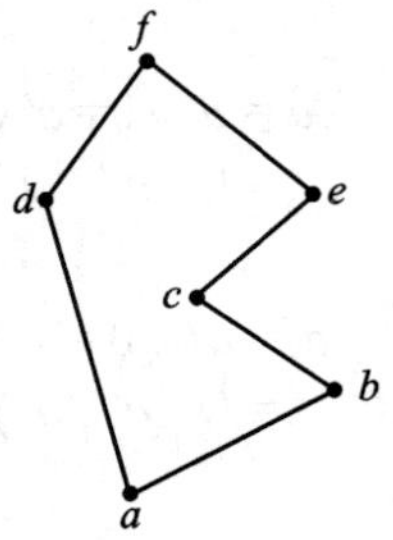

图 6.50

7. 偏序集 $A=\{2, 3, 6, 12, 24, 36, 72\}$在整除关系下是一个格吗？

8. 设 A 是 2×2 布尔矩阵的集合且 $\boldsymbol{M}R\boldsymbol{N}$ 当且仅当 $m_{ij}\leqslant n_{ij}$，$1\leqslant i\leqslant 2$，$1\leqslant j\leqslant 2$。(A, R)是一个格吗？

9. 设 A 是 2×2 矩阵的集合且 $\boldsymbol{M}R\boldsymbol{N}$ 当且仅当 $m_{ij}\leqslant n_{ij}$，$1\leqslant i\leqslant 2$，$1\leqslant j\leqslant 2$。(A, R)是一个格吗？

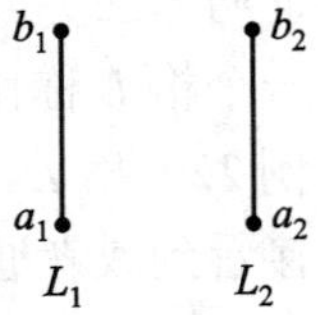

图 6.51

10. 进一步阐述在例 4 的解答中为什么指定的对象不存在。

11. 如果 L_1 和 L_2 是如图 6.51 所示的格，画出具有积偏序 $L_1\times L_2$ 的哈塞图。

12. 通过验证$(a_1, b_1)\vee(a_2, b_2)=(a_1\vee_1 a_2, b_1\vee_2 b_2)$ 和$(a_1, b_1)\wedge(a_2,b_2)=(a_1\wedge_1 a_2, b_1\wedge_2 b_2)$，完成定理 1 的证明。

13. 设 $L=P(S)$是在包含关系下集合 S 的所有子集所组成的格，设 T 是 S 的一个子集，证明 $P(T)$是 L 的一个子格。

14. L 是一个格，a 和 b 是 L 中的元素且使得 $a\leqslant b$。对所有 $x\in L$，使得 $a\leqslant x\leqslant b$ 成立的集合定义了**区间** $[a, b]$。证明：$[a, b]$是 L 的一个子格。

15. 证明：全序偏序集的子集是一个子格。

16. 找出 D_{24} 中至少包含 5 个元素的所有子格。

17. 给出有 1，2，3，4 或 5 个元素的所有非同构格的哈塞图。

18. 证明：如果某个有界格有两个或更多元素，那么 $0\neq I$。

19. 证明定理 2(b)。

20. 证明：格 D_n 对任意 n 是分配的。

21. (a) 在例 17 中(图 6.43)，验证格是否是分配的必须检查多少个有序对？

(b) 在例 18 中(图 6.44)，证明格是非分配的最多需要检查多少个有序对？

22. 证明：分配格的子格是分配格。

23. 证明：如果 L_1 和 L_2 是分配格，那么 $L=L_1\times L_2$ 也是分配格，其中 L 的序是 L_1 和 L_2 的序的积。

24. 证明：如果 a 和 b 是一个有界的分配格中的元素，a 有一个补 a'，那么

$$a\vee(a'\wedge b)=a\vee b，a\wedge(a'\vee b)=a\wedge b$$

25. 设 L 是一个分配格，证明：如果存在一个 a，有 $a\wedge x=a\wedge y$ 和 $a\vee x=a\vee y$，那么 $x=y$。

26. 一个格称为**模格**，如果对所有 $a, b, c, a\leqslant c$ 推出

$$a\vee(b\wedge c)=(a\vee b)\wedge c$$

(a) 证明：一个分配格是模格。

(b) 证明：图 6.52 所示的格是一个非分配的模格。

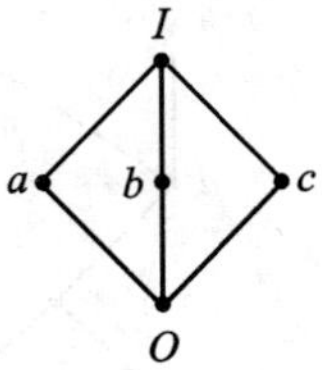

图 6.52

27. 求 D_{42} 中每个元素的补。

在第 28 题～第 31 题中(图 6.53～图 6.56)，判断每个格是否是分配的、有补的或者两者都成立。

28.

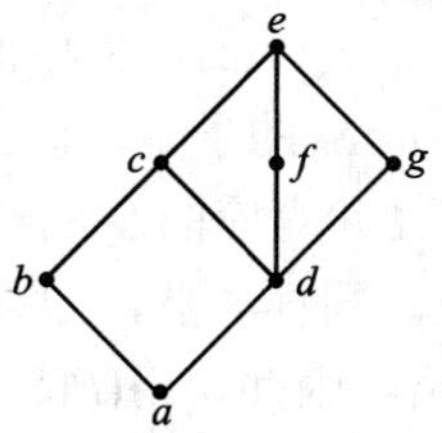

图 6.53

29.

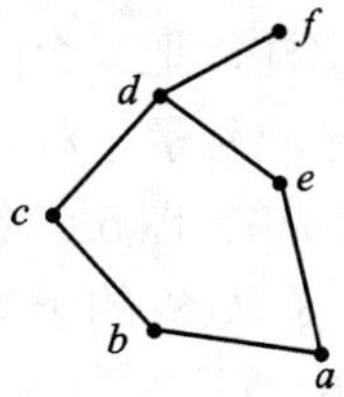

图 6.54

30.

图 6.55

31.

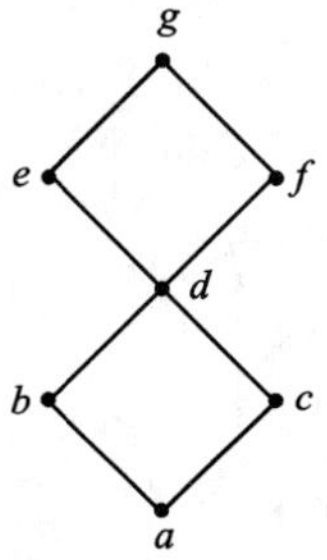

图 6.56

32．证明定理 4 的(2)。

33．设 L 是至少有两个元素的有界格，证明：L 中任何元素都不是它自己的补。

34．考虑图 6.57 所示的补格，给出每个元素的补。

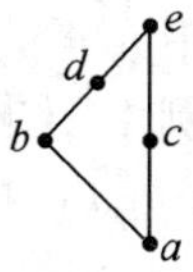

图 6.57

35．设 $\mathscr{P}_1=\{A_1, A_2, \cdots\}$，$\mathscr{P}_2=\{B_1, B_2, \cdots\}$是集合 S 的两个划分，证明：$\mathscr{P}_1 \leqslant \mathscr{P}_2$(见例 11 的定义)当且仅当每个 A_i 包含于某个 B_j 中。

36．完成定理 7 的下列证明。

证明：设 a' 和 a'' 是 $a \in L$ 的补，那么 $a' = a' \wedge I=$____________________，同理 $a''= a'' \wedge I=$____________________。因此，$a' = a''$。

37．证明或反证：一个补格的子格也是可补的。

38．证明或反证：一个有界格的子格也是有界的。

39．证明或反证：一个模格的子格也是可模的。

40．证明：任何一个全序是一个分配格。

6.4 有限布尔代数

本节讨论在计算机科学中有着大量应用的一类格。在 6.3 节的例 6 中已经看到，如果 S 是一个集合，$L=P(S)$，$\subseteq$ 是通常的包含关系，那么偏序集$(L, \subseteq)$是一个格。这些格有许多非一般格所共有的性质。正因如此，它们很容易用来处理许多实际问题，并且在各种应用中起着非常重要的作用。

本节将仅限于考虑格$(P(S), \subseteq)$，其中 S 是一个有限集合。从寻找所有本质上不同的例子开始。

定理 1 如果 $S_1=\{x_1, x_2,\cdots, x_n\}$和 $S_2=\{y_1, y_2,\cdots, y_n\}$是有 n 个元素的任意两个有限集合，那么格$(P(S_1), \subseteq)$和$(P(S_2), \subseteq)$是同构的。特别可以同样地画出它们的哈塞图。

证明 像图 6.58 所示的那样，把集合的元素排列起来，使得 S_1 在 S_2 上面，S_1 中的每个元素直接对应于 S_2 中有相同标号的元素。对 S_1 的每个子集 A，设 $f(A)$是 S_2 的子集，该子集是由与 A 中元素对应的所有元素组成的。图 6.59 给出了 S_1 的一个特殊子集 A 和对应的 S_2 的子集 $f(A)$。容易看到，刚才描述的函数 f 是从 S_1 的子集到 S_2 的子集的一一对应。同样显然，如果 A 和 B 是 S_1 的任意子集，那么 $A\subseteq B$ 当且仅当 $f(A)\subseteq f(B)$。有关的细节省略。因此，格$(P(S_1), \subseteq)$和$(P(S_2), \subseteq)$是同构的。 ■

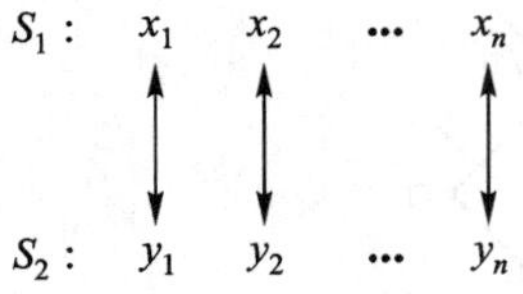

图 6.58

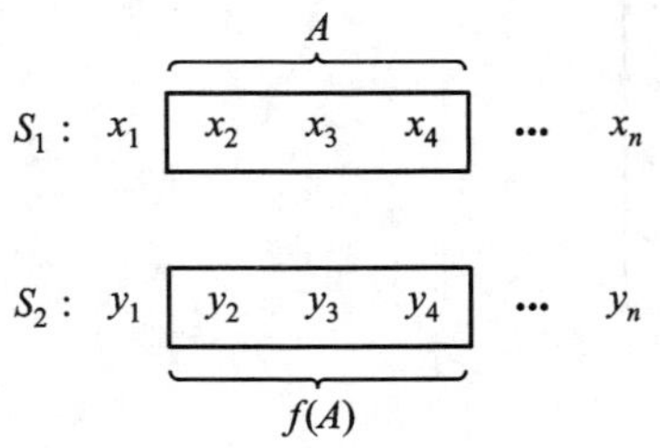

图 6.59

该定理的一个基本要点是格$(P(S), \subseteq)$完全由偏序集的数$|S|$所决定，在任何情况下它不依赖于 S 中元素的性质。

例 1 图 6.60(a)和(b)分别给出了格$(P(S), \subseteq)$和$(P(T), \subseteq)$的哈塞图，其中 $S=\{a,b,c\}$，$T=\{2, 3, 5\}$。从此图很容易看到两个格是同构的。事实上，一种可能的同构 $f: S\rightarrow T$ 由下述给出：

$$f(\{a\})=\{2\}, f(\{b\})=\{3\}, \quad f(\{c\})=\{5\}, \quad f(\{a,b\})=\{2, 3\}, \quad f(\{b, c\})=\{3, 5\},$$
$$f(\{a, c\})=\{2, 5\}, \quad f(\{a, b, c\})=\{2, 3, 5\}, \quad f(\varnothing)=\varnothing$$ ■

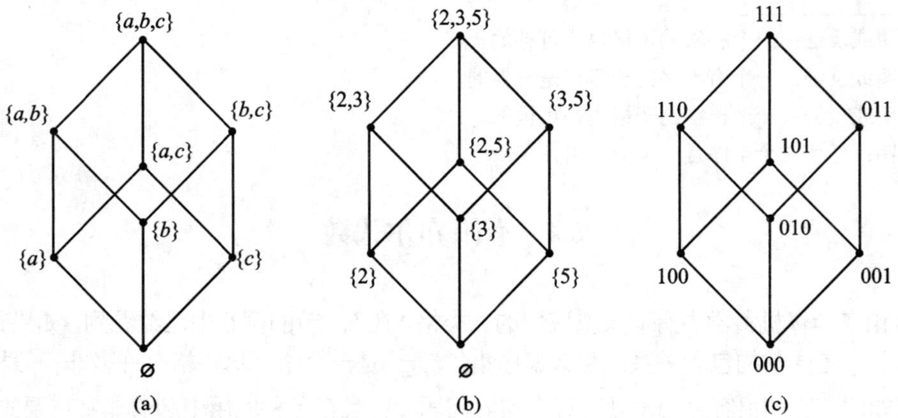

图 6.60

因此，对每个 $n=0, 1, 2,\cdots$只存在形如$(P(S), \subseteq)$的一类格。这种格仅依赖于 n 而不依赖

于 S，正如 3.1 节的例 2 所表示的那样，它有 2^n 个元素。回顾 1.3 节，如果一个集合 S 有 n 个元素，那么 S 的所有子集可用长度为 n 的 0 和 1 的序列来表示。所以，可用这种序列给格$(P(S)，\subseteq)$的哈塞图标号。这样做的目的就是使图不依赖于特殊集合 S，并且强调它只依赖于 n 的事实。

例 2 图 6.60(c)给出了图 6.60(a)和(b)中出现的图是如何用 0 和 1 的序列来标号的。这种标号同样能很好地用于描述图 6.60(a)或(b)的格，或者从任意有三个元素的集合 S 产生的格$(P(S)，\subseteq)$。■

一个有 n 个元素的集合，如果对应它的格的哈塞图是用长度为 n 的 0 和 1 的序列标号的(如上所述)，那么得到的格取名为 B_n。在 B_n 中的偏序性质能够直接描述如下。如果 $x=a_1a_2\cdots a_n$ 和 $y=b_1b_2\cdots b_n$ 是 B_n 的两个元素，那么

1．$x\leqslant y$ 当且仅当对 $k=1,2,\cdots，n$ 有 $a_k\leqslant b_k$(按数 0 或 1)。

2．$x\wedge y=c_1c_2\cdots c_n$，这里 $c_k=\min\{a_k，b_k\}$。

3．$x\vee y=d_1d_2\cdots d_n$，这里 $d_k=\max\{a_k, b_k\}$。

4．x 有一个补 $x'=z_1z_2\cdots z_n$，其中如果 $x_k=0$，则 $z_k=1$，如果 $x_k=1$，则 $z_k=0$。

这些命题的真实性可通过观察$(B_n，\leqslant)$与$(P(S)，\subseteq)$是同构的这一事实看到，所以在 B_n 中的每个 x 和 y 对应于 S 中的子集 A 和 B。于是 $x\leqslant y, x\wedge y, x\vee y$ 和 x' 分别对应于 $A\subseteq B, A\cap B, A\cup B$ 和 $\overline{A}$(集合补)(请验证)。对于 $n=0,1,2,3$,图 6.61 给出了格 B_n 的哈塞图。

由上可知，每个格$(P(S)，\subseteq)$与 B_n 同构，其中 $n=|S|$。其他的格也可能与某个 B_n 同构，因此它也具有 B_n 所具有的所有特殊性质。

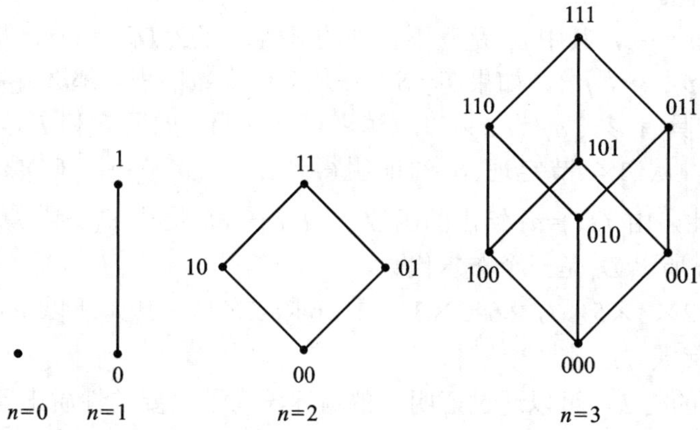

图 6.61

例 3 在 6.1 节的例 17 中，已考虑在整除偏序下 6 的所有正整数因子所组成的格 D_6，它的哈塞图在该例中也已给出。现在可以看到，D_6 与 B_2 是同构的。事实上，$f: D_6\to B_2$ 是一个同构，其中

$$f(1)=00，f(2)=10，f(3)=01，f(6)=11$$ ■

所以可以给出以下定义。一个有限格称为一个**布尔代数**，如果对某个非负整数 n 它与 B_n 是同构的。因此，每个 B_n 是一个布尔代数，所以每个格$(P(S)，\subseteq)$也是一个布尔代数，其中 S

是一个有限集合。例 3 表明 D_6 也是一个布尔代数。

在本节只讨论有限偏序集。然而，对于这种难以理解的限制，已注意到存在无限偏序集与格($P(S)$，$\subseteq$)(当然 S 是无限集合)共享所有相关的性质，但是它不与这些格中任何一个格同构。因此，把布尔代数的定义限制到有限的情况是非常必要的，它对于我们提到的应用也是足够的。

例 4 考虑格 D_{20} 和 D_{30}，它们分别是在整除偏序下 20 和 30 的所有正整数因子所组成的格。这些偏序集在 6.3 节的例 3 中已介绍过，它们的哈塞图在图 6.39 中已给出。因为 D_{20} 有 6 个元素，对任意整数 $n\geqslant 0$，$6\neq 2^n$，所以推出 D_{20} 不是布尔代数。偏序集 D_{30} 有 8 个元素，因为 $8=2^3$，所以它可能是一个布尔代数。通过图 6.39(b)和图 6.61 的比较，可以看到 D_{30} 与 B_3 是同构的。事实上，由

$$f(1)=000,\quad f(2)=100,\quad f(3)=010,$$

$$f(5)=001,\ f(6)=110,\ f(10)=101,\ f(15)=011,\ f(30)=111$$

定义的 f: $D_{30}\to B_3$ 是一一对应，并且是一个同构。因此，D_{30} 是一个布尔代数。 ■

对于某个非负整数 n，如果一个有限格 L 不是包含 2^n 个元素，那么 L 不可能是一个布尔代数。如果$|L|=2^n$，则 L 可以是也可以不是一个布尔代数。如果 L 相对来说比较小，那么能够把它的哈塞图与 B_n 的哈塞图进行比较。用这种方法在例 4 中已看到 D_{30} 是一个布尔代数。然而，如果 L 很大，那么这种技巧是不现实的。在这种情况下，也许能够通过直接构造一个与某个 B_n 的同构或者等价地与($P(S)$，$\subseteq$)(S 为某个有限集)的同构来证明 L 是一个布尔代数。例如，假设想要知道格 D_n 是否是一个布尔代数，就需要一种方法进行判断，无论 n 是多大。下面的定理给出了该问题的部分回答。

定理 2 设 $n=p_1p_2\cdots p_k$，其中 p_i 是互不相同的素数，那么 D_n 是一个布尔代数。

证明 设 $S=\{p_1, p_2, \cdots, p_k\}$，如果 $T\subseteq S$，a_T 是 T 中素数的积，那么 $a_T|n$。对 S 的某个子集 T，n 的任何因子一定具有形式 a_T(设 $a_\varnothing=1$)。读者可以证明，如果 V 和 T 是 S 的子集，$V\subseteq T$ 当且仅当 $a_V|a_T$。同样，从 1.4 节定理 6 的证明得到 $a_{V\cap T}=a_V\wedge a_T=\mathrm{GCD}(a_V, a_T)$和 $a_{V\cup T}=a_V\vee a_T=\mathrm{LCM}(a_V, a_T)$。因此，由 $f(T)=a_T$ 给出的函数 f∶$P(S)\to D_n$ 是从 $P(S)$到 D_n 的一个同构。因为 $P(S)$是一个布尔代数，所以 D_n 是一个布尔代数。 ■

例 5 因为 $210=2\times3\times5\times7$，$66=2\times3\times11$，$646=2\times17\times19$，所以由定理 2 得到，$D_{210}$，$D_{66}$ 和 D_{646} 都是布尔代数。 ■

对于其他非常大的格 L，可以通过证明 L 的偏序没有所需要的性质来证明 L 不是一个布尔代数。一个布尔代数与某个 B_n 是同构的，所以它与某个格($P(S)$, $\subseteq$)也是同构的。因此，一个布尔代数 L 一定是一个有界格和补格(见 6.3 节)。换言之，它有一个与集合 S 对应的最大元 I 和与子集$\varnothing$对应的最小元 0。同样，L 的每个元素 x 有一个补 x'。根据 6.3 节的例 16，L 也一定是分配格。于是对应原理(见 6.1 节)告诉人们下面的法则成立。

定理 3(布尔代数的替换法则) 如果用$\wedge$替代$\cap$，用$\vee$替代$\cup$，那么集合 S 上任意子集关于包含$\cup$或$\cap$成立的任何公式对于布尔代数 L 的任意元素将继续成立。 ■

例 6 如果 L 是任一布尔代数，x，y，$z\in L$，那么下面三条性质成立。

1．$(x')'=x$，　　对合性质

2．$(x\wedge y)'=x'\vee y'$　　德·摩根定律

3．$(x\vee y)'=x'\wedge y'$

由布尔代数的替换法则易知上述命题为真，因为它们对应的公式

1′．$\overline{(\overline{A})}=A$

2′．$\overline{(A\cap B)}=\overline{A}\cup\overline{B}$

3′．$\overline{(A\cup B)}=\overline{A}\cap\overline{B}$

对于集合 S 的任意子集 A 和 B 成立。■

类似地，用替换法则能够列出任何布尔代数必定成立的其他性质。下面总结了布尔代数 $(L,\leqslant)$ 的所有基本性质，每条性质的右边列出集合 S 的子集所对应的性质。假设 x, y 和 z 是 L 中的任意元素，A，B 和 C 是 S 的任意子集。同样，I 和 0 分别表示 L 的最大元和最小元。

1．$x\leqslant y$ 当且仅当 $x\vee y=y$。　　1′．$A\subseteq B$ 当且仅当 $A\cup B=B$。

2．$x\leqslant y$ 当且仅当 $x\wedge y=x$。　　2′．$A\subseteq B$ 当且仅当 $A\cap B=A$。

3．(a) $x\vee x=x$。　　3′．(a) $A\cup A=A$。

(b) $x\wedge x=x$。　　(b) $A\cap A=A$。

4．(a) $x\vee y=y\vee x$。　　4′．(a) $A\cup B=B\cup A$。

(b) $x\wedge y=y\wedge x$。　　(b) $A\cap B=B\cap A$。

5．(a) $x\vee(y\vee z)=(x\vee y)\vee z$。　　5′．(a) $A\cup(B\cup C)=(A\cup B)\cup C$。

(b) $x\wedge(y\wedge z)=(x\wedge y)\wedge z$。　　(b) $A\cap(B\cap C)=(A\cap B)\cap C$。

6．(a) $x\vee(x\wedge y)=x$。　　6′．(a) $A\cup(A\cap B)=A$。

(b) $x\wedge(x\vee y)=x$。　　(b) $A\cap(A\cup B)=A$。

7．对 L 中的所有 x, $0\leqslant x\leqslant I$。　　7′．对所有 $A\in P(S)$, $\varnothing\subseteq A\subseteq S$。

8．(a) $x\vee 0=x$。　　8′．(a) $A\cup\varnothing=A$。

(b) $x\wedge 0=0$。　　(b) $A\cap\varnothing=\varnothing$。

9．(a) $x\vee I=I$。　　9′．(a) $A\cup S=S$。

(b) $x\wedge I=x$。　　(b) $A\cap S=A$。

10．(a) $x\wedge(y\vee z)$。$=(x\wedge y)\vee(x\wedge z)$。　　10′．(a) $A\cap(B\cup C)=(A\cap B)\cup(A\cap C)$。

(b) $x\vee(y\wedge z)=(x\vee y)\wedge(x\vee z)$。　　(b) $A\cup(B\cap C)=(A\cup B)\cap(A\cup C)$。

11．每个元素 x 有唯一的补 x' 满足：　　11′．每个子集 A 有唯一的补 $\overline{A}$ 满足：

(a) $x\vee x'=I$。　　(a) $A\cup\overline{A}=S$。

(b) $x\wedge x'=0$。　　(b) $A\cap\overline{A}=\varnothing$。

12．(a) $0'=I$。　　12′．(a) $\overline{\varnothing}=S$。

(b) $I'=0$。

13．$(x')'=x$。

14．(a) $(x\wedge y)'=x'\vee y'$。

(b) $(x\vee y)'=x'\wedge y'$。

(b) $\overline{S}=\varnothing$。

13′．$\overline{(\overline{A})}=A$。

14′．(a) $\overline{(A\cap B)}=\overline{A}\cup\overline{B}$。

(b) $\overline{(A\cup B)}=\overline{A}\cap\overline{B}$。

因此，要证明一个格 L 不是一个布尔代数，可以通过证明它不具有上面性质中的一条或更多条来实现。

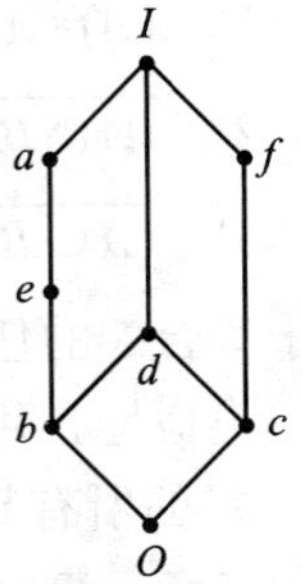

图 6.62

例 7　证明：如图 6.62 所示的哈塞图的格不是一个布尔代数。

解　元素 a 和 e 都是 c 的补，即：它们两个关于元素 c 都满足性质 11(a) 和 11(b)。但是性质 11 要求这样的元素在布尔代数中是唯一的。因此，所给出的格不可能是一个布尔代数。■

例 8　证明：如果 n 是一个正整数，p 是一个素数并且 $p^2|n$，那么 D_n 不是布尔代数。

解　假设 $p^2|n$，所以对某个正整数 q，有 $n=p^2q$。因为 p 也是 n 的一个因子，所以 p 是 D_n 的一个元素。因此，由上面给出的评述可知，如果 D_n 是一个布尔代数，那么 p 一定有补 p'。于是 $\mathrm{GCD}(p,p')=1$ 和 $\mathrm{LCM}(p,p')=n$。由 1.4 节的定理 6 得 $pp'=n$，所以 $p'=n/p=pq$。从而证明了 $\mathrm{GCD}(p,pq)=1$，这是不可能的，因为 p 和 pq 有一个公因子 p。因此，D_n 不可能是一个布尔代数。■

如果把例 8 和定理 2 结合起来，可以看到 D_n 是一个布尔代数当且仅当 n 是互不相同素数的积，即：当且仅当整除 n 的素数不多于一次。

例 9　如果 $n=40$，那么 $n=2^3\times5$，所以 2 除尽 n 需要 3 次。如果 $n=75$，则 $n=3\times5^2$，所以 5 除尽 n 需要二次。因此，D_{40} 和 D_{75} 都不是布尔代数。■

现在把上面已证明的关于布尔代数一些内容概括一下。如果想证明一个格 L 是一个布尔代数，可以通过检验它的哈塞图或者直接在 L 和 B_n 或$(P(S),\subseteq)$之间构造一个同构。如果想证明 L 不是一个布尔代数，可以通过检查 L 中元素的数目或者它的偏序性质。如果 L 是一个布尔代数，那么可以使用性质 1～性质 14 中任何一条去操作或重写 L 中元素的表达式，好像元素就是子集，操作运算就像在集合论中那样简单地进行。因为使用性质 1～性质 14 恰好与中学代数中使用的实数性质一样，所以称这种格为代数。

从现在开始，将把布尔代数 B_1 简记为 B。因此，B 仅包含两个元素 0 和 1。事实上，任意一个布尔代数 B_n 能够通过 B 来描述。下面的定理给出这种描述。

定理 4　对任意 $n\geqslant1$，B_n 是 B 的积 $B\times B\times\cdots\times B$($n$ 个因子)，其中 $B\times B\times\cdots\times B$ 被赋予积偏序。

证明　由定义可知，B_n 是由所有 0 和 1 的 n-元数组所组成的，即 B 中的所有 n-元数组。因此，作为一个集合，B_n 等于 $B\times B\times\cdots\times B$($n$ 个因子)。而且，如果 $x=x_1x_2\cdots x_n$ 和 $y=y_1y_2\cdots y_n$ 是 B_n 的两个元素，那么 $x\leqslant y$ 当且仅当对所有 k，$x_k\leqslant y_k$。因此，B_n 与 $B\times B\times\cdots\times B$($n$ 个因子)恒等并且有积偏序。■

习　题　6.4

在第 1 题～第 10 题(图 6.63~图 6.70)中，判断偏序集是否是一个布尔代数，并且给予解释。

1.

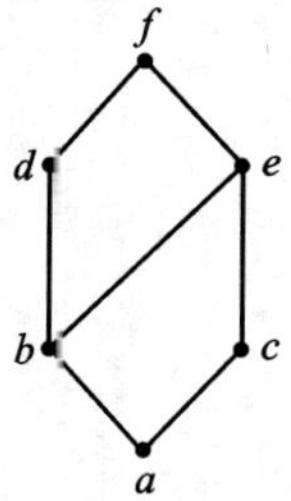

图 6.63

2.

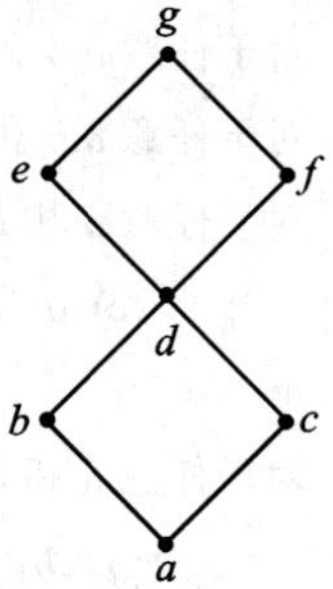

图 6.64

3.

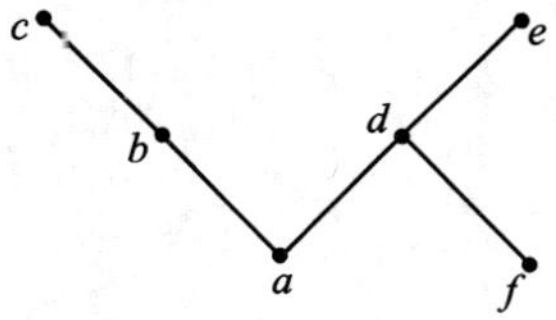

图 6.65

4.

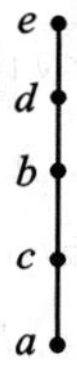

图 6.66

5.

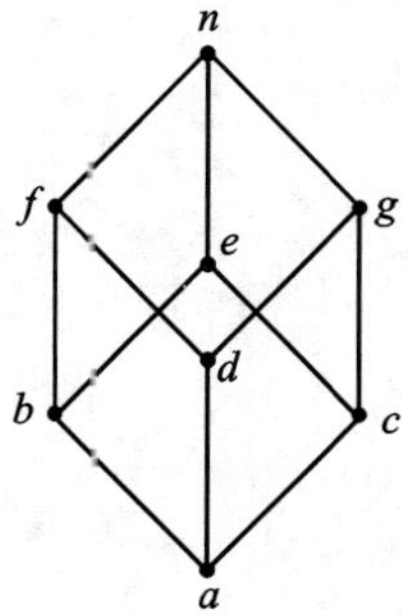

图 6.67

6.

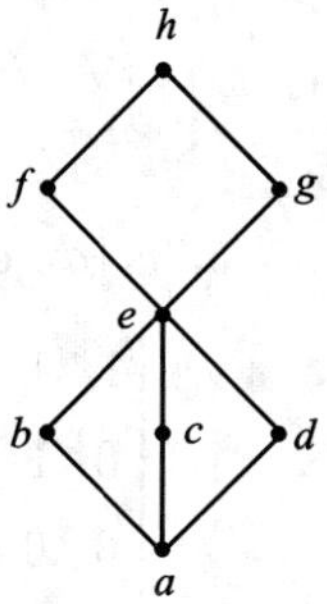

图 6.68

7.

图 6.69

8.

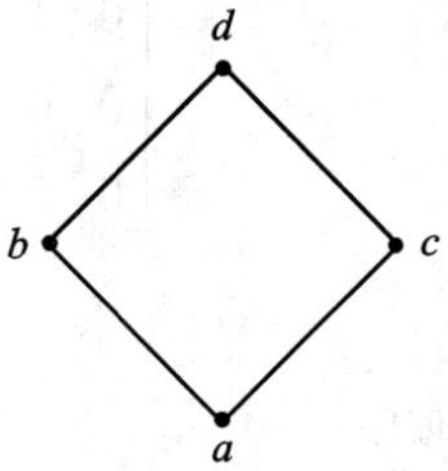

图 6.70

9．D_{385}　　　　10．D_{60}

11．存在有三个元素的布尔代数吗？为什么？

12．证明：在一个布尔代数中，对于任意 a 和 b，$a \leqslant b$ 当且仅当 $b' \leqslant a'$。

13．证明：在一个布尔代数中，对于任意 a 和 b，$a=b$ 当且仅当$(a \wedge b') \vee (a' \wedge b)=0$。

14．证明：在一个布尔代数中，对于任意 a,b 和 c，如果 $a \leqslant b$，则 $a \vee c \leqslant b \vee c$。

15．证明：在一个布尔代数中，对于任意 a,b 和 c，如果 $a \leqslant b$，则 $a \wedge c \leqslant b \wedge c$。

16．证明：在一个布尔代数中，对于任意 a 和 b，下面命题是等价的。

(a) $a \vee b=b$　　(b) $a \wedge b=a$　　(c) $a' \vee b=I$

(d) $a \wedge b'=0$　　(e) $a \leqslant b$

17．证明：在一个布尔代数中，对于任意 a 和 b，有

$$(a \wedge b) \vee (a \wedge b')=a$$

18．证明：在一个布尔代数中，对于任意 a 和 b，有

$$b \wedge (a \vee (a' \wedge (b \vee b')))=b$$

19．证明：在一个布尔代数中，对于任意 a, b 和 c，有

$$(a \wedge b \wedge c) \vee (b \wedge c)=b \wedge c$$

20．证明：在一个布尔代数中，对于任意 a，b 和 c，有

$$((a \vee c) \wedge (b' \vee c))'=(a' \vee b) \wedge c'$$

21．证明：在一个布尔代数中，对于任意 a，b 和 c，如果 $a \leqslant b$，那么

$$a \vee (b \wedge c)=b \wedge (a \vee c)$$

22．解释例 7 和例 8 之间的联系。

在第 23 题～第 26 题中，设 $A=\{a, b, c, d, e, f, g, h\}$，$R$ 是由

$$\boldsymbol{M}_R=\begin{bmatrix}1&1&1&1&0&0&0&0\\0&1&0&1&0&0&0&0\\0&0&1&1&0&0&0&0\\0&0&0&1&0&0&0&0\\1&1&1&1&1&1&1&1\\0&1&0&1&0&1&0&1\\0&0&1&1&0&0&1&1\\0&0&0&1&0&0&0&1\end{bmatrix}$$

定义的关系。

23．证明：(A, R)是一个偏序。

24．偏序(A, R)有最小元吗？有最大元吗？如果有，请指明。

25．证明：偏序$(A，R)$有补，并且给出所有补对。

26．证明或反证：$(A，R)$是一个布尔代数。

27．设$A=\{a，b，c，d，e，f，g，h\}$，R是由

$$\boldsymbol{M}_R=\begin{bmatrix}1&1&1&1&1&1&1&1\\0&1&0&0&1&1&1&1\\0&0&1&0&1&1&1&1\\0&0&0&1&0&1&1&1\\0&0&0&0&1&1&1&1\\0&0&0&0&0&1&0&1\\0&0&0&0&0&0&1&1\\0&0&0&0&0&0&0&1\end{bmatrix}$$

定义的关系，证明或反证：$(A，R)$是一个布尔代数。

28．设A是2×2布尔矩阵的集合且$\boldsymbol{MRN}$当且仅当$m_{ij}\leqslant n_{ij}$, $1\leqslant i\leqslant2$, $1\leqslant j\leqslant2$。证明：$(A，R)$是一个布尔代数。

29．布尔代数的一个**原子**B是一个非零元素a，使得在B中没有任何x有$0<x<a$。

(a) 求图6.60(a)中布尔代数的原子。

(b) 求D_{30}的原子。

30．B_n有多少个原子？

31．(A, R)如第28题所定义，求它的原子。

32．同物理中的原子一样，布尔代数的原子是组成布尔代数元素的基本单位。把下列已知布尔代数的每一个非零元素写成不同原子的交。

(a) B_3　　(b) D_{42}　　(c) 第28题中的(A,R)

6.5　布尔代数上的函数

对于B_n中的所有元素列出函数f值的表，通常称为f的真值表，如图6.71(a)所示。这是因为它们与逻辑(见2.1节)中出现的表是相似的。假设x_k表示命题，$f(x_1, x_2,\cdots，x_n)$表示由x_k构造的复合命题，如果把一个命题的值为0看成意味着命题为假，1意味着命题为真，那么如图6.71(a)所示的表告诉人们$f(x_1, x_2,\cdots，x_n)$的真/假值是如何依赖于它的分命题x_k的真/假值。因此，这些表常常称作**真值表**。甚至当它们不是出现在逻辑领域中时，例如布尔代数，也常如此称呼。

这些函数之所以很重要，其理由就是如图6.71(b)给出的图那样，它们可能用来表示所有可能的输入值的一个电路的输出要求。因此，每个x_i表示能够携带两个指示电压(一个电压为0，另一个不同的电压为1)的输入电路，函数f表示在各种情况下所期待的输出响应。这些要求出现在所有组合与顺序计算机电路的设计阶段。

仔细注意函数 $f: B_n \to B$ 的说明，它只是简单地列出电路的要求。但对这些要求如何能够满足并没有给出任何指示。产生从 B_n 到 B 的函数的一种重要方法是通过使用下面要讨论的布尔多项式。

x_1	x_2	x_3	$f(x_1,x_2,x_3)$
0	0	0	0
0	0	1	1
0	1	0	1
0	1	1	0
1	0	0	1
1	0	1	0
1	1	0	1
1	1	1	0

(a)

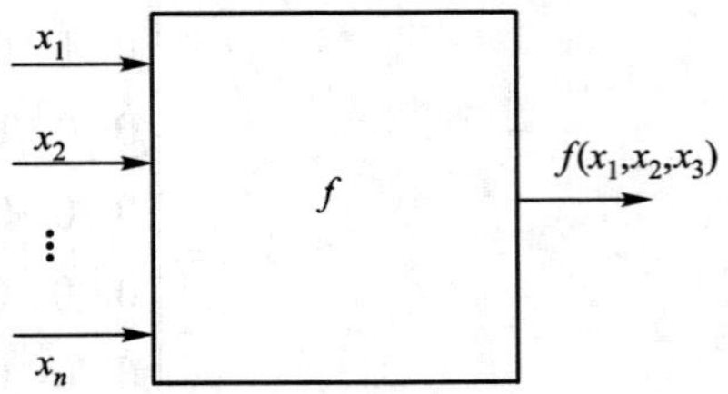

(b)

图 6.71

布尔多项式

设 $x_1, x_2,\cdots, x_n$ 是 n 个符号或变量的一个集合，对变量为 x_k 的一个**布尔多项式** $p(x_1, x_2, \cdots, x_n)$递归定义如下：

1．x_1，x_2，…，x_n 都是布尔多项式。

2．符号 0 和 1 是布尔多项式。

3．如果 $p(x_1, x_2, \cdots, x_n)$和 $q(x_1, x_2,\cdots, x_n)$是两个布尔多项式，那么

$$p(x_1, x_2,\cdots, x_n)\vee q(x_1, x_2, \cdots, x_n) \text{和} p(x_1, x_2, \cdots, x_n)\wedge q(x_1, x_2,\cdots, x_n)$$

都是布尔多项式。

4．如果 $p(x_1, x_2,\cdots, x_n)$是一个布尔多项式，那么$(p(x_1, x_2,\cdots, x_n))'$ 也是布尔多项式。按照惯例，$(0)'$ 用 $0'$ 表示，$(1)'$ 用 $1'$ 表示，$(x_k)'$ 用 x_k' 表示。

5．除了通过重复使用法则 1、2、3 和 4 获得的布尔多项式外，不存在任何用 x_k 作为变量的布尔多项式。

布尔多项式也称作**布尔表达式**。

例 1　下面是以 x, y 和 z 为变量的布尔多项式。

$$p_1(x, y, z)=(x\vee y)\wedge z$$

$$p_2(x, y, z)=(x\vee y')\vee(y\wedge 1)$$

$$p_3(x, y, z) = (x\vee(y' \wedge z))\vee(x\wedge(y\wedge 1))$$

$$p_4(x, y, z) = (x\vee(y\vee z'))\wedge((x' \wedge z)' \wedge(y' \vee 0))$$

■

通常有几个变量的多项式，例如 $x^2y + z^4$, $xy + yz + x^2y^2$, $x^3y^3 + xz^4$ 等，一般理解为表示未指定数值的代数计算表达式。所以，它们应服从通常的算术法则。因此，多项式 x^2+2x+1 和 $(x+1)(x+1)$ 被认为是相等的，$x(xy + yz)(x + z)$和 $x^3y +2x^2yz + xyz^2$ 也是相等的，因为在每一种情况下，可以

用代数运算使它们互相转化。

类似地，布尔多项式也可以理解为表示未指定的 B 中元素即 0 和 1 的布尔计算。因此，这些多项式应服从布尔算术法则，即布尔代数中 $\wedge$，$\vee$ 和 $'$ 所服从的法则。与通常的多项式一样，如果能把两个布尔多项式用布尔运算互相转化，则认为这两个布尔多项式是等价的。

在 5.1 节给出了怎样用通常的多项式通过替换产生函数。该过程所使用的多项式包含一个变量或者几个变量。因此，多项式 $xy+yz^3$ 通过设 $f(x, y, z) = xy + yz^3$ 产生一个函数 f：$\mathbf{R}^3 \to \mathbf{R}$。例如，$f(3, 4, 2) = (3)(4) + (4)(2^3) = 44$。用类似的方法，含有 n 个变量的布尔多项式产生从 B_n 到 B 的函数。这些布尔函数是 5.2 节所介绍的那些函数的一个自然推广。

例 2　考虑布尔多项式

$$p(x_1, x_2, x_3)=(x_1 \wedge x_2) \vee (x_1 \vee (x_2' \wedge x_3)),$$

为由此布尔多项式所确定的布尔函数 f：$B_3 \to B$ 构造真值表。

解　布尔函数 f：$B_3 \to B$ 可以通过用 B 中所有 2^3 个有序三元组替代 x_1, x_2 和 x_3 来描述。所得函数的真值表如图 6.72 所示。■

x_1	x_2	x_3	$f(x_1,x_2,x_3)=(x_1 \wedge x_2) \vee (x_1 \vee (x'_2 \wedge x_3))$
0	0	0	0
0	0	1	1
0	1	0	0
0	1	1	0
1	0	0	1
1	0	1	1
1	1	0	1
1	1	1	1

图 6.72

布尔多项式也能用图示或图解的方式表达。如果 x 和 y 是变量，那么在图 6.73 中用图解方式给出了基本多项式 $x \vee y$，$x \wedge y$ 和 x'。左边的每条符号线代表变量，右边的一条线表示整个多项式。代表 $x \vee y$ 的符号称作**或门**，代表 $x \wedge y$ 的符号称作**与门**，代表 x' 的符号称作**反相器**。出现逻辑名字是因为由 $x \vee y$ 和 $x \wedge y$ 表示的函数所给出的真值表确实分别类似于联结词“或”和“与”的真值表。

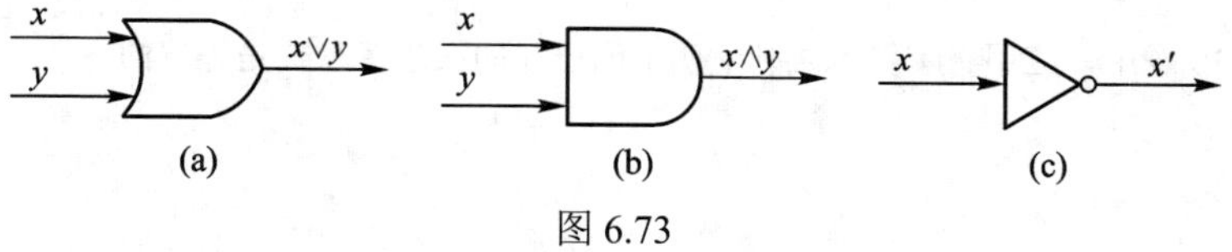

图 6.73

回顾从 B_n 到 B 的函数能够用来描述 n 个 0 或 1 输入和一个 0 或 1 输出的理想电路的情况。至于对应于布尔多项式 $x \vee y$，$x \wedge y$ 和 x' 的函数，这些理想电路能够被实现，并且常用图 6.73 的图解形式来表示这些电路。通过重复地用这些图解形式替代 $\vee$，$\wedge$ 和 $'$，能够用图解形式表示任何布尔多项式。由于上述这些原因，这种图称作多项式的**逻辑图**。

例 3　设 $p(x, y, z)=(x\wedge y)\vee(y\wedge z')$，图 6.74(a)给出了对应函数 $f: B_3\to B$ 的真值表，图 6.74(b)给出了 p 的逻辑图。■

x	y	z	$f(x,y,z)=(x\wedge y)\vee(y\wedge z')$
0	0	0	0
0	0	1	0
0	1	0	1
0	1	1	0
1	0	0	0
1	0	1	0
1	1	0	1
1	1	1	1

(a)

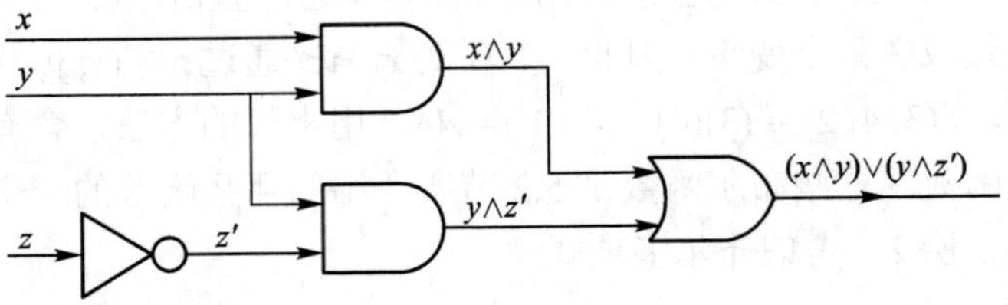

(b)

图 6.74

假设 p 是有 n 个变量的布尔多项式，f 是从 B_n 到 B 的对应函数，那么 f 可以看成是描述有 n 个输入和一个输出的电路情况。同样，p 的逻辑图能够看成是描述至少是根据与门、或门以及反相器这种电路构造。因此，如果描述理想电路的函数 f 能够通过布尔多项式 p 产生，那么 p 的逻辑图将给出构造这种情况电路的一种方法。一般地，许多不同的多项式会产生相同的函数。这些多项式的逻辑图为构造理想的电路提供了可选择的方法，它对计算机电路研究的重要性怎样估计都不过分。尽管所有的电路设计基本上都是通过软件包实现的，但是理解本节和下一节所总结的电路设计基本原理是非常重要的。

习　题　6.5

1．考虑布尔多项式 $p(x, y, z)=x\wedge(y\vee z')$，如果 $B=\{0, 1\}$，计算由 p 定义的函数 $f: B_3\to B$ 的真值表。

2．考虑布尔多项式 $p(x, y, z)=(x\vee y)\wedge(z\vee x')$，如果 $B=\{0, 1\}$，计算由 p 定义的函数 $f: B_3\to B$ 的真值表。

3．考虑布尔多项式 $p(x,y,z)=(x\wedge y')\vee(y\wedge(x'\vee y))$，如果 $B=\{0, 1\}$，计算由 p 定义的函数 $f: B_3\to B$ 的真值表。

4．考虑布尔多项式 $p(x, y, z)=(x\wedge y)\vee(x'\wedge(y\wedge z'))$，如果 $B=\{0, 1\}$，计算由 P 定义的函数 $f: B_3\to B$ 的真值表。

在第 5 题～第 10 题中，应用布尔算术法则证明下面已知的布尔多项式是等价的。

5．$(x\vee y)\wedge(x'\vee y)$；$y$

6．$x\wedge(y\vee(y'\wedge(y\vee y')))$；$x$

7．$(z'\vee x)\wedge((x\wedge y)\vee z)\ \wedge(z'\vee y)$；$x\wedge y$

8．$[(x\wedge z)\vee(y'\vee z)']\vee[(y\wedge z)\vee(x\wedge z')]$；$x\vee y$

9．$(x'\vee y)'\vee z\vee(x\wedge((y\wedge z)\vee(y'\wedge z')))$；$(x\wedge y')\vee z$

10．$(x\wedge z)\vee(y'\vee(y'\wedge z))\vee((x\wedge\ y')\wedge z')$；$(x\wedge z)\vee y'$

在第 11 题～第 14 题中，把已知的布尔多项式改写成所要求的形式。

11．$(x\wedge y'\wedge z)\vee(x\wedge y\wedge z)$；两个变量和一种运算。

12．$(z\vee(y\wedge(x\vee x')))\wedge(y\wedge z')'$；一个变量。

13．$(y\wedge z)\vee x'\vee(w\wedge w')'\vee(y\wedge z')$；两个变量和两种运算。

14．$(x'\wedge y'\wedge z'\wedge w)\vee(x'\wedge z'\wedge w'\wedge y')\vee(w'\wedge x'\wedge y\wedge z')\vee(w\wedge x'\wedge y\wedge z')$；两个变量和三种运算。

15．对下面各分题中的函数 f，构造一个逻辑图。

(a) 第 1 题　　(b) 第 2 题

16．对下面各分题中的函数 f，构造一个逻辑图。

(a) 第 3 题　　(b) 第 4 题

17．设

(a) $f(x,y,z)=(x\vee(y'\wedge z))\vee(x\wedge(y\wedge 1))$。

(b) $f(x,y,z)=(x\vee(y\vee z'))\wedge((x'\wedge z)'\wedge(y'\vee 0))$。

为实现函数 f 构造一个逻辑图。

18．试给出由图 6.75 中的逻辑图所描述的布尔函数。

19．试给出由图 6.76 中的逻辑图所描述的布尔函数。

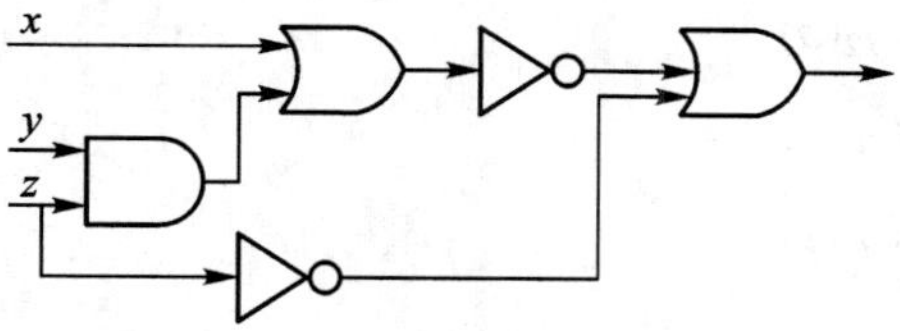

图 6.75

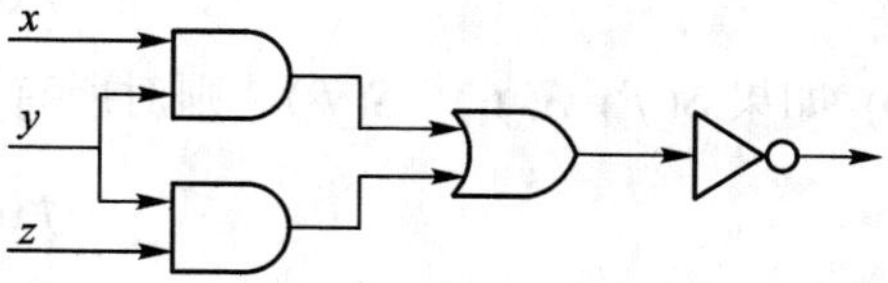

图 6.76

20．试给出由图 6.77 中的逻辑图所描述的布尔函数。

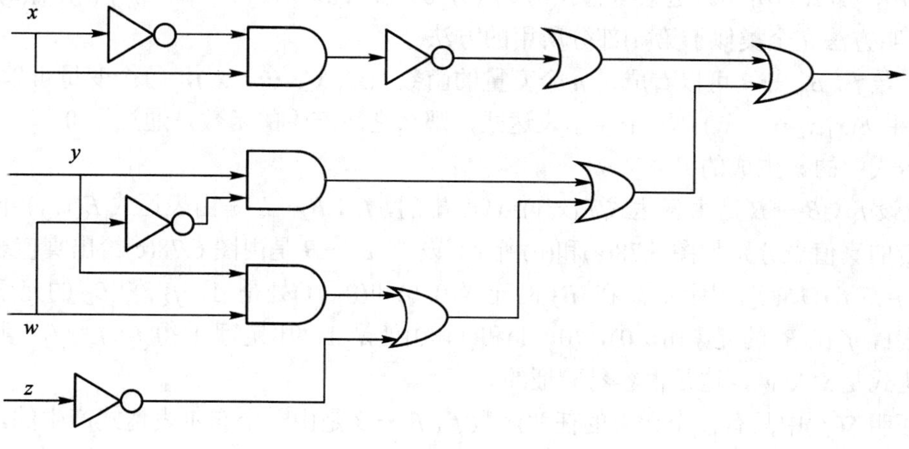

图 6.77

21．使用布尔代数的性质以及最小变量数和运算数，简化第 18 题中的函数，并且画出新函数的逻辑图。

22．使用布尔代数的性质以及最小变量数和运算数，简化第 19 题中的函数，并且画出新函数的逻辑图。

23．使用布尔代数的性质以及最小变量数和运算数，简化第 20 题中的函数，并且画出新函数的逻辑图。

6.6 电路设计

在 6.5 节讨论了从 B_n 到 B 的函数，其中 B 是布尔代数{0，1}。注意到这种函数可代表许多实际的计算机电路模型的输入-输出要求。同时指出，如果函数是由某个布尔表达式给出的，那么可对它构造一个逻辑图并且由此模拟函数的执行情况。在本节将证明从 B_n 到 B 的所有函数都可由布尔表达式给出，因此，对于任何这样的函数，可以构造它的逻辑图。这里的讨论为求给定函数的布尔表达式阐明了一种方法。

如果 $f: B_n \to B$，则设 $S(f)=\{b\in B_n | f(b)=1\}$，于是得到下面的结果。

定理 1　设 f，f_1 和 f_2 是从 B_n 到 B 的三个函数。

(a) 如果 $S(f)=S(f_1)\cup S(f_2)$，则对所有 $b\in B$，有

$$f(b)=f_1(b)\vee f_2(b)$$

(b) 如果 $S(f)=S(f_1)\cap S(f_2)$，则对所有 $b\in B$，有

$$f(b)=f_1(b)\wedge f_2(b)$$

$\vee$ 和 $\wedge$ 分别是 B 中的 LUB 和 GLB。

证明　(a) 设 $b\in B_n$，如果 $b\in S(f)$，那么由 $S(f)$ 的定义可知 $f(b)=1$。因为 $S(f)=S(f_1)\cup S(f_2)$，所以或者 $b\in S(f_1)$，或者 $b\in S(f_2)$，或者两者都成立。无论哪种情况，都有 $f_1(b)\vee f_2(b)=1$。于是，如果 $b\notin S(f)$，那么 $f(b)=0$。这意味着 $f_1(b)\vee f_2(b)=0$。 因此，对所有 $b\in B_n$，$f(b)=f_1(b)\vee f_2(b)$。

(b) 证明方法完全类似于第(a)部分所用的方法。■

回顾函数 $f: B_n \to B$ 可以看成是 n 个变量的函数 $f(x_1, x_2, \cdots, x_n)$，每个变量可以假设值为 0 或 1。如果 $E(x_1,x_2,\cdots, x_n)$ 是一个布尔表达式，那么它所产生的函数是通过用 0 和 1 的所有组合代替表达式中的 x_i 生成的。

例 1　设 $f_1: B_2\to B$ 是由表达式 $E(x, y)=x'$ 产生的，$f_2: B_2\to B$ 是由表达式 $E(x, y)=y'$ 产生的，于是 f_1 和 f_2 的真值表分别如图 6.78(a)和(b)所示。设 $f: B_2\to B$ 是由图 6.78(c)给出真值表的函数。显然，$S(f)=S(f_1)\cup S(f_2)$，因为 f_1 在 B_2 的元素(0, 0)和(0，1)处是 1，f_2 在 B_2 的元素(0，0)和(1，0)处是 1，f 在 B_2 的元素(0，0)，(0，1)和(1，0)处是 1。由定理 1 得 $f= f_1\vee f_2$，所以产生 f 的布尔表达式是 $x'\vee y'$，这是很容易验证的。■

不难证明 $S(f)$ 中只有一个元素的任意函数 $f: B_n\to B$ 是由一个布尔表达式产生的。表 6.1 给出了只在一个元素上取 1 的两个变量的函数和产生这些函数的布尔表达式之间的对应关系。

x	y	$f_1(x,y)$
0	0	1
0	1	1
1	0	0
1	1	0

(a)

x	y	$f_2(x,y)$
0	0	1
0	1	0
1	0	1
1	1	0

(b)

x	y	$f(x,y)$
0	0	1
0	1	1
1	0	1
1	1	0

(c)

图 6.78

表 6.1

$S(f)$	产生 f 的表达式	$S(f)$	产生 f 的表达式
{(0，0)}	$x'\wedge y'$	{(1，0)}	$x\wedge y'$
{(0，1)}	$x'\wedge y$	{(1，1)}	$x\wedge y$

例 2 设 f：$B_2\rightarrow B$ 是函数，它的真值表如图 6.79(a)所示，该函数只是在 B_2 的元素(0，1)上等于 1，即：$S(f)=\{(0,1)\}$。因此，只有当 x=0 和 y=1 时，$f(x, y)$=1。对于表达式 $E(x, y)=x'\wedge y$ 这也为真，所以该表达式产生了 f。

x	y	$f(x,y)$
0	0	0
0	1	1
1	0	0
1	1	0

(a)

x	y	z	$f(x,y,z)$
0	0	0	0
0	0	1	0
0	1	0	0
0	1	1	1
1	0	0	0
1	0	1	0
1	1	0	0
1	1	1	0

(b)

图 6.79

真值表如图 6.79(b)所示的函数 f：$B_3\rightarrow B$ 有 $S(f)=\{(0，1，1)\}$，即：只有当 $x=0$，$y=1$ 和 z=1 时，f=1。对于布尔表达式 $x'\wedge y\wedge z$ 这也为真，所以它必定产生 f。 ■

如果 $b\in B_n$，那么 b 是长度为 n 的一个序列($c_1, c_2, \cdots, c_n$)，其中每个 c_k 是 0 或 1。设 E_b 是布尔表达式 $\overline{x_1}\wedge\overline{x_2}\wedge\cdots\wedge\overline{x_n}$，其中当 c_k=1 时，$\overline{x_k}=x_k$，当 c_k=0 时，$\overline{x_k}=x_k'$。这种表达式称作**小项**。例 2 阐明了这样一个事实：$S(f)$中只有 B_n 的一个元素的任意函数 f：$B_n\rightarrow B$ 是由一个小项表达式产生的。事实上，如果 $S(f)=\{b\}$，很容易看到小项表达式 E_b 产生 f。于是有下面的结果。

定理 2 任意函数 f：$B_n\rightarrow B$ 是由一个布尔表达式产生的。

证明 设 $S(f)=\{b_1,b_2,\cdots, b_k\}$。对每个 i，设 f_i：$B_n\rightarrow B$ 是由 $f_i(b_i)=1$，$f_i(b)=0\ (b\neq b_i)$ 定义的函数，那么 $S(f_i)=\{b_i\}$，所以 $S(f)=S(f_1)\cup\cdots\cup S(f_n)$，由定理 1 可知 $f=f_1\vee f_2\vee\cdots\vee f_n$。

由上面给出的讨论可知，每个 f_i 是由小项 E_{b_i} 产生的，因此 f 是由布尔表达式

$$E_{b_1} \vee E_{b_2} \vee \cdots \vee E_{b_n}$$

产生的。证毕。 ■

例 3 考虑函数 $f: B_3 \to B$，它的真值表如图 6.80 所示。因为 $S(f)=\{(0，1，1)，(1，1，1)\}$，那么定理 2 表示 f 是由布尔表达式 $E(x, y, z)=E_{(0,1,1)} \vee E_{(1,1,1)}=(x' \wedge y \wedge z) \vee (x \wedge y \wedge z)$ 产生的。然而，该表达式不是产生 f 的最简单的布尔表达式。运用布尔代数的性质，有

$$\begin{aligned}(x' \wedge y \wedge z) \vee (x \wedge y \wedge z) &= (x' \vee x) \wedge (y \wedge z)\\ &=1 \wedge (y \wedge z)=(y \wedge z)\end{aligned}$$

因此，f 也是由简单表达式 $y \wedge z$ 产生的。 ■

可以用许多系统化的方法把一个函数写成"或"的小项组合和简化的结果表达式。可以利用所谓的卡诺图给出一个图解过程。如果 n 不是太大，该过程对手工使用函数 $f: B_n \to B$ 是很容易的，下面将对 n=2,3,4 说明这种方法。如果 n 很大或者希望一个可编程的算法，那么其他方法也许更好。习题给出了一个非图解方法。

首先考虑 n=2 的情况，即 f 是两个变量的函数，譬如 x 和 y 的函数。在图 6.81(a)中，给出了一个 2×2 方阵，每个方块里包含一个 B_2 中可能的输入 b。在图 6.81(b)中，用对应的小项 E_b 代替每个输入 b。在图 6.81 中，方块的标号只是作为参考，以后不显示这些标号，但是假设读者已记住了它们的位置。在图 6.81(b)中，注意在第一行每处出现变量 x'，第二行每处出现变量 x。相应地把这些行标号，对列进行类似的标号。

x	y	z	$f(x,y,z)$
0	0	0	0
0	0	1	0
0	1	0	0
0	1	1	1
1	0	0	0
1	0	1	0
1	1	0	0
1	1	1	1

图 6.80

00	01
10	11

(a)

	y'	y
x'	$x' \wedge y'$	$x' \wedge y$
x	$x \wedge y'$	$x \wedge y$

(b)

图 6.81

例 4 设 $f: B_2 \to B$ 是真值表如图 6.82(a)所示的函数。在图 6.82(b)中，以适当的方块排列 f 的值，并且保持行和列的标号。结果形成 0 和 1 的2×2 数组，称作 f 的**卡诺图**。因为 $S(f)=\{(0,0),(0,1)\}$，所以 f 的对应表达式是 $(x' \wedge y') \vee (x' \wedge y)=x' \wedge (y' \vee y)=x'$。 ■

例 4 的结果具有代表性。当函数 $f: B_2 \to B$ 的 1-值恰好填满一行或一列时，行或列的标号给出 f 的布尔表达式。当然，已经知道如果 f 的 1-值恰好填满一个方块，那么 f 是由对应的小项产生的。能够证明 f 的 1-值矩形越大，f 的表达式越小。最后，如果 f 的 1-值并不位于一个

矩形中，那么可以把这些值分解成矩形的并集(可能重叠)。然后，由定理 1 可通过计算对应于每个矩形的表达式并且把它们用∨结合起来求出 f 的布尔表达式。

x	y	$f(x,y)$
0	0	1
0	1	1
1	0	0
1	1	0

f 的真值表

(a)

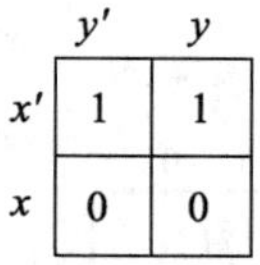

f 的卡诺图

(b)

图 6.82

例 5　考虑函数 $f: B_2 \to B$，它的真值表如图 6.83(a)所示。在图 6.83(b)中，给出了 f 的卡诺图并把 1-值分解成两个已标明的矩形。在水平矩形有值 1 的函数表达式是 x'(请验证)，在垂直矩形中所有值均为 1 的函数对应表达式 y'(请验证)。因此，f 对应于表达式 $x' \vee y'$。在图 6.83(c)中，给出了 f 的 1-值分解成不同的矩形，这种分解也是正确的，但是它导出更复杂的表达式 $y' \vee (x' \wedge y)$。因此，分解成矩形不是唯一的，并且应该试图使用最大可能的矩形。■

x	y	$f(x,y)$
0	0	1
0	1	1
1	0	1
1	1	0

(a)

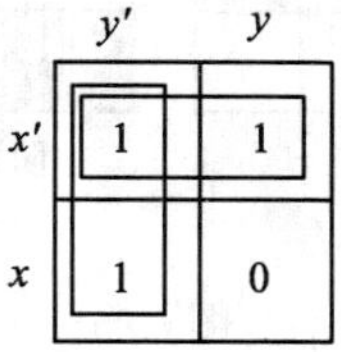

(b)

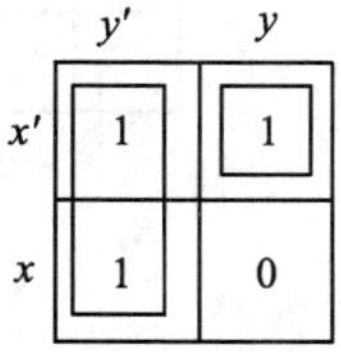

(c)

图 6.83

现在转到讨论函数 f: $B_3 \to B$ 的情形。考虑 f 是 x, y 和 z 的函数。可按照两个变量的情况进行分析，构造边长为 2 的立方体使得它包含 f 的值。这是可行的，但是画三维图形和使用三维图形都很不方便，并且这种思想并不能一般化。所以，使用大小为 2×4 的矩形代之。在图 6.84(a)和(b)中，分别给出了这种矩形的每个方块的输入(从 B_3)和对应的小项。

考虑图 6.85 中给出的矩形区域，如果函数 f: $B_3 \to B$ 的 1-值恰好填充已给矩形之一，那么该函数的布尔表达式是如图 6.85 所示的 6 个表达式 x, y, z, x', y', z' 中的某一个。

考虑图 6.85(a)所示的情形。定理 1(a)表明 f 可用符号∨连接所有的对应于方块区域的小项进行计算得到。因此，f 是由

$$\begin{aligned}&(x' \wedge y' \wedge z') \vee (x' \wedge y' \wedge z) \vee (x \wedge y' \wedge z') \vee (x \wedge y' \wedge z)\\ =&((x' \vee x) \wedge (y' \wedge z')) \vee ((x' \vee x) \wedge (y' \wedge z))\\ =&(1 \wedge (y' \wedge z')) \vee (1 \wedge (y' \wedge z)) = (y' \wedge z') \vee (y' \wedge z)\end{aligned}$$

$=y' \wedge (z' \vee z) = y' \wedge 1 = y'$

产生的。类似的计算表明其余 5 个区域标识都是正确的。

	0 0	0 1	1 1	1 0
0	0 0 0	0 0 1	0 1 1	0 1 0
1	1 0 0	1 0 1	1 1 1	1 1 0

(a)

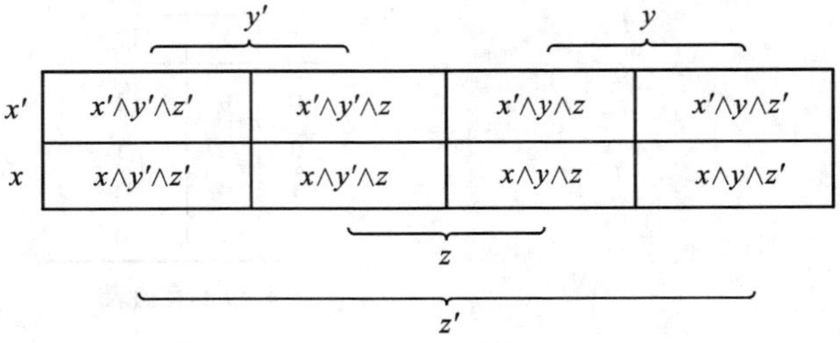

(b)

图 6.84

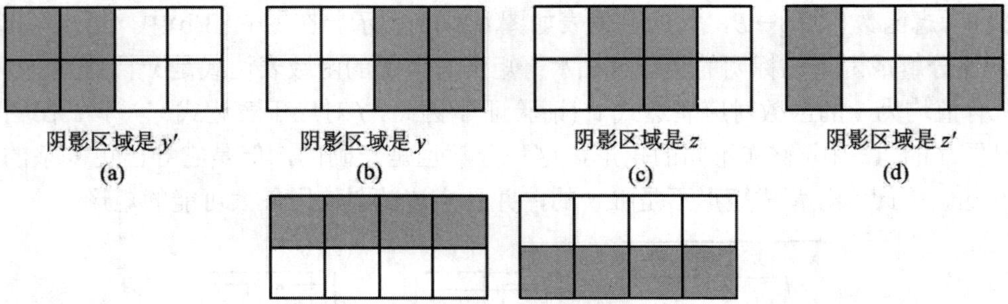

阴影区域是 y' (a)　阴影区域是 y (b)　阴影区域是 z (c)　阴影区域是 z' (d)

阴影区域是 x' (e)　阴影区域是 x (f)

图 6.85

如果把基本矩形的左边和右边互相粘在一起使其成为一个圆柱面，如图 6.86 所示，那么可以说图 6.85 所示的 6 个大区域是由任意两个相邻圆柱的柱面或相邻顶或底半圆柱的柱面所组成的。

图 6.85 所示的 6 个基本矩形对应的布尔表达式是人们所需要考虑的唯一情形，这就是为什么使用布尔表达式标识图 6.84(b)，并且把它们作为从 B_3 到 B 所有函数的卡诺图的标识。定理 1(b)表明，如果函数 $f: B_3 \to B$ 的 1-值恰好能看成 6 个基本矩形中的 2 个或 3 个的交，那么 f 的布尔表达式可通过把这些基本矩形的表达式与符号 $\wedge$ 结合起来进行计算而得到。

因此，如果函数 f 的 1-值是如图 6.87(a)所示，那么可通过把图 6.85(a)和(d)所示的矩形相交而得到 f，所以 f 的布尔表达式是 $y' \wedge z'$。类似的推导可得到其余三列的布尔表达式。如果 f 的 1-值是如图 6.87(b)所示，那么它们可通过把图 6.85(c)和(e)所示的矩形相交而得到，所以 f 的布尔表达式是 $z \wedge x'$。

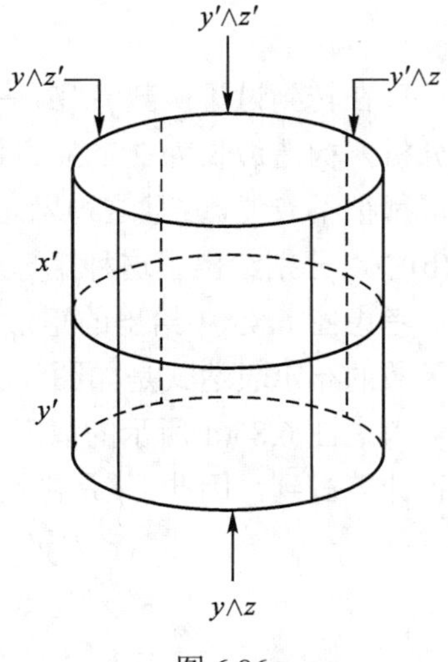

图 6.86

用类似的方式，能够计算 f 的 1-值填充两个水平面上相邻方块的任意函数的表达式。如果再次考虑能形成一个圆柱的矩形，那么存在 8 种这样的函数。因此，包含了 f 的 1-值如图 6.87(c)所示的情况，其布尔表达式是 $z' \wedge x'$。

如果把基本矩形中的三个做相交运算并且交集非空，那么交集一定是一个单一方块，形成的布尔表达式是一个小项。在图 6.87(d)中，f 的 1-值是图 6.85(a), (c) 和(f)中所示的三个矩形的交集。对应的小项是 $y' \wedge z \wedge x$。因此，不必记住图 6.84(b)中小项的位置，它可以重新构造。

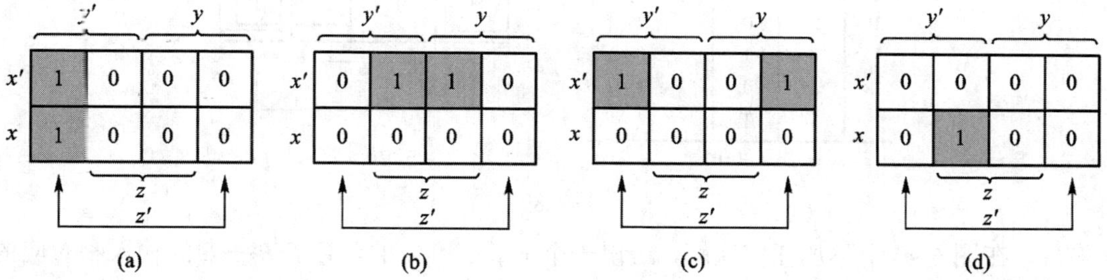

图 6.87

对于任意函数 $f: B_3 \to B$，它的 1-值形成大小为 $2^n \times 2^m$ 相邻方块的矩形(在圆柱中)，n=0,1；m=0,1,2，从上面已经看到如何计算 f 的布尔表达式。一般地，如果 f 的 1-值集合不形成这样一个矩形，那么可以把该集合写成这种矩形的并集。于是 f 的布尔表达式可通过每个矩形相关的表达式、结合 $\vee$ 符号进行计算而得到。由定理 1(a)知这是正确的。前面的讨论表明选择的矩形越大，得到的布尔表达式越简单。

例 6 考虑函数 f，它的真值表和对应的卡诺图如图 6.88 所示。通过设置图 6.84(a)中对应的输入能够导出 1 的位置。f 的 1-值的一种分解如图 6.88(b)所示。由此得到 f 的布尔表达式是 $(y' \wedge z') \vee (x' \wedge y') \vee (y \wedge z)$。 ■

x	y	z	$f(x,y,z)$
0	0	0	1
0	0	1	1
0	1	0	0
0	1	1	1
1	0	0	1
1	0	1	0
1	1	0	0
1	1	1	1

(a)

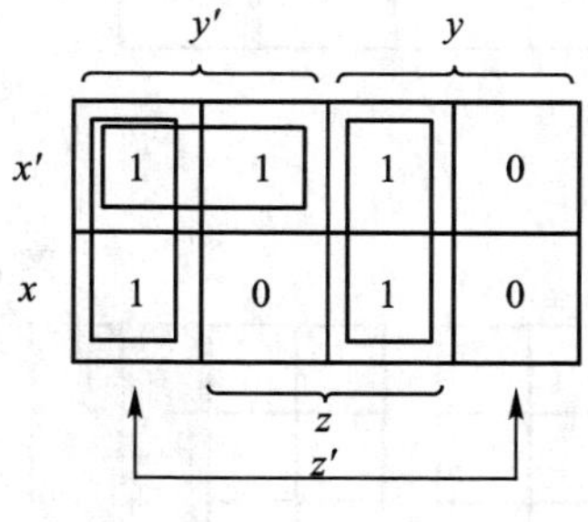

(b)

图 6.88

例 7 图 6.89 给出了函数 f 的真值表和对应的卡诺图。图 6.89(b)给出的矩形分解使用了第一列和最后一列认为是相邻的思想(通过卷成圆柱)。因此第一列和最后一列标识的符号表示它们连接成对应于 z' 的一个 2×2 矩形。结果布尔表达式是 $z'\vee(x\wedge y)$(请验证)。 ■

x	y	z	$f(x,y,z)$
0	0	0	1
0	0	1	0
0	1	0	1
0	1	1	0
1	0	0	1
1	0	1	0
1	1	0	1
1	1	1	1

(a)

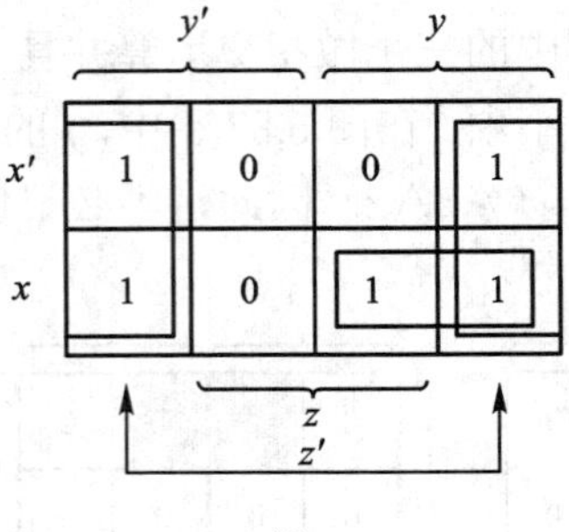

(b)

图 6.89

最后，在图 6.90 中不加任何注解，给出一个 x, y, z 和 w 的函数 $f:B_4\to B$ 的输入和对应的标识矩形的分布情况。这里再一次把第一列和最后一列看成是相邻的，第一行和最后一行看成是相邻的，两者通过环绕粘在一起，寻找边长为 2 的某个方幂的矩形，所以长度是 1、2 或 4。对应于这些矩形的表达式可以通过图 6.91 中众多的标识矩形的交给出。

	00	01	11	10
00	0000	0001	0011	0010
01	0100	0101	0111	0110
11	1100	1101	1111	1110
10	1000	1001	1011	1010

(a)

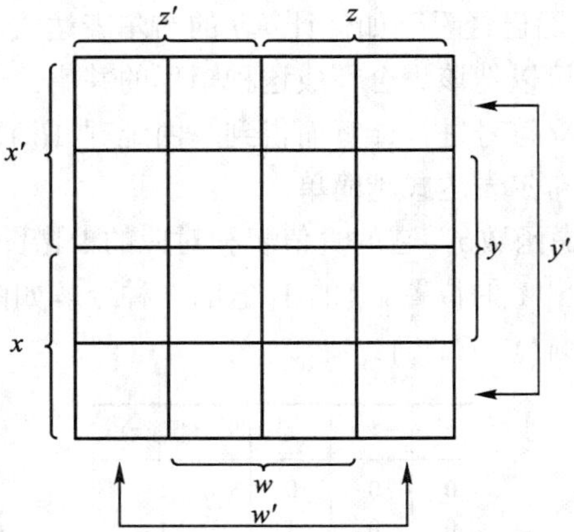

(b)

图 6.90

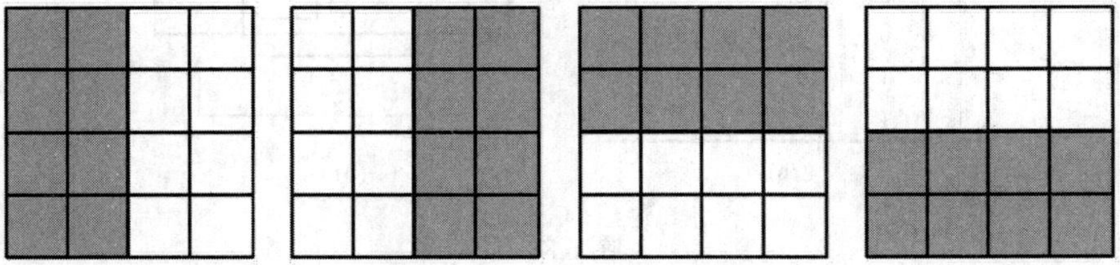

阴影区域是 z' (a)　阴影区域是 z (b)　阴影区域是 x' (c)　阴影区域是 x (d)

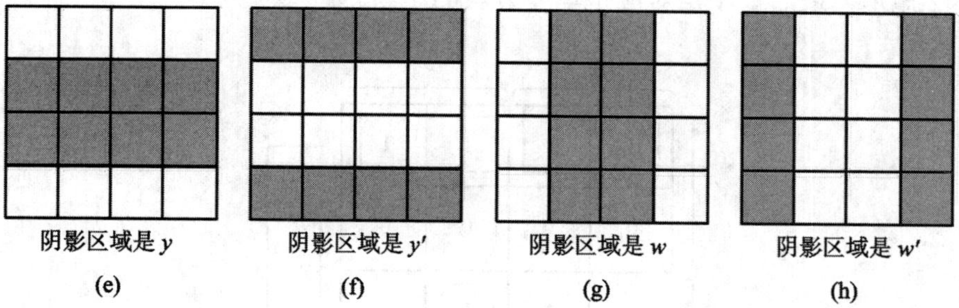

图 6.91

例 8 图 6.92 给出了函数 $f:B_4 \to B$ 的卡诺图，通过考虑图 6.90(a)中输入的位置给出 1-值。因此，$f(C101)=1, f(0001)=0$，等等。

中心的 2×2 方块代表布尔表达式 $w \wedge y$(请验证)。

4 个角也形成边长为 2 的方块，因为右边和左边、顶边和底边都被认为是相邻的。从几何的观点来看，如果把这个矩形在水平面上卷起来(可得到一个圆柱)，然后进一步在垂直面上卷起来，那么就得到一个环面或内管。在该内管上面，4 个角形成一个边长为 2 的方块，它表示布尔表达式 $w' \wedge y'$(请验证)。

于是上面的分解推出 f 的布尔表达式为$(w \wedge y) \vee (w' \wedge y')$。 ■

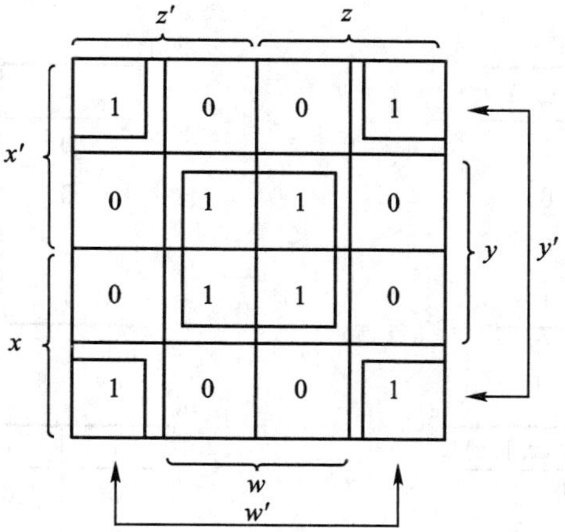

图 6.92

例 9 图 6.93 给出了函数 $f:B_4 \to B$ 的卡诺图，再次使用顶行与底行卷起来的性质，1-值被分解成如图所示的边长为 2^n 的矩形。产生 f 的结果表达式为

$$(z' \wedge y') \vee (x' \wedge y' \wedge z) \vee (x \wedge y \wedge z \wedge w) \quad \text{(请予验证)}$$

第一项来自于上面左角 1×2 矩形与下面左角 1×2 矩形连接形成的 2×2 方块。第二项来自于

上面右角 1×2 矩形，最后一项是对应于单一方块的小项。 ■

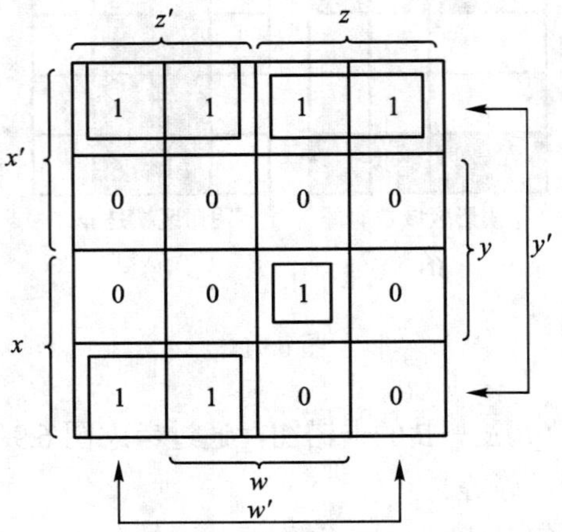

图 6.93

习 题 6.6

在第 1 题～第 6 题中，已知函数的真值表，构造其卡诺图。

1.

x	y	$f(x, y)$
0	0	1
0	1	0
1	0	0
1	1	1

2.

x	y	$f(x, y)$
0	0	1
0	1	0
1	0	1
1	1	0

3.

x	y	z	$f(x, y, z)$
0	0	0	1
0	0	1	1
0	1	0	0
0	1	1	0
1	0	0	1
1	0	1	0
1	1	0	1
1	1	1	0

4.

x	y	z	$f(x, y, z)$
0	0	0	0
0	0	1	1
0	1	0	1
0	1	1	1
1	0	0	0
1	0	1	0
1	1	0	0
1	1	1	1

5.

x	y	z	w	$f(x, y, z, w)$
0	0	0	0	1
0	0	0	1	0
0	0	1	0	1
0	0	1	1	0
0	1	0	0	0
0	1	0	1	1
0	1	1	0	1
0	1	1	1	0
1	0	0	0	0
1	0	0	1	0
1	0	1	0	0
1	0	1	1	0
1	1	0	0	1
1	1	0	1	0
1	1	1	0	1
1	1	1	1	0

6.

x	y	z	w	$f(x, y, z, w)$
0	0	0	0	0
0	0	0	1	0
0	0	1	0	1
0	0	1	1	0
0	1	0	0	0
0	1	0	1	0
0	1	1	0	1
0	1	1	1	0
1	0	0	0	0
1	0	0	1	0
1	0	1	0	0
1	0	1	1	1
1	1	0	0	0
1	1	0	1	0
1	1	1	0	1
1	1	1	1	1

7．已知 $S(f)=\{(0, 0, 1), (0, 1, 1), (1, 0, 1), (1, 1, 1)\}$，构造函数 f 的卡诺图。

8．已知 $S(f)=\{(0, 0, 0, 1), (0, 0, 1, 1), (1, 0, 1, 0), (1, 1, 0, 1), (0, 1, 0, 0), (1, 0, 0, 0)\}$，构造函数 f 的卡诺图。

在第 9 题～第 16 题中(图 6.94～图 6.101)，已知函数的卡诺图和 1-值分解矩形，写出由这些图和矩形分解所产生的函数的布尔表达式。

9.

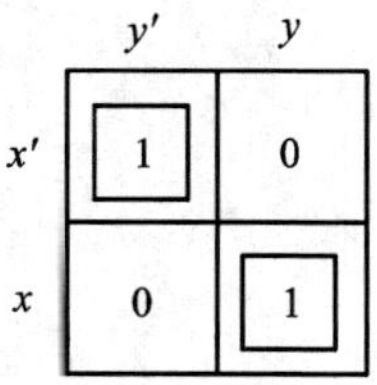

图 6.94

10.

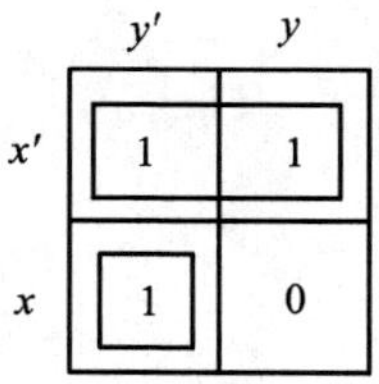

图 6.95

11.

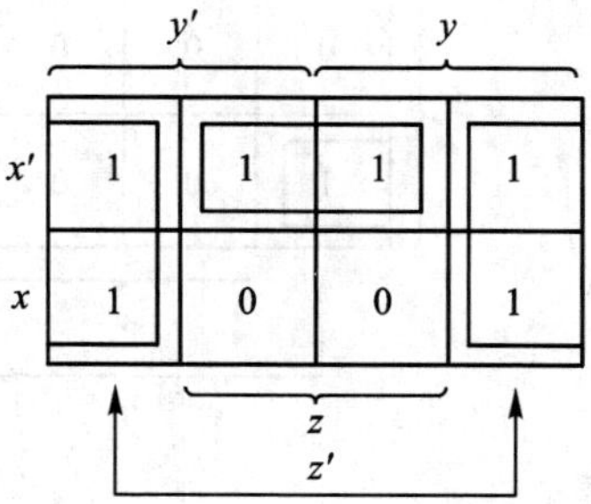

图 6.96

12.

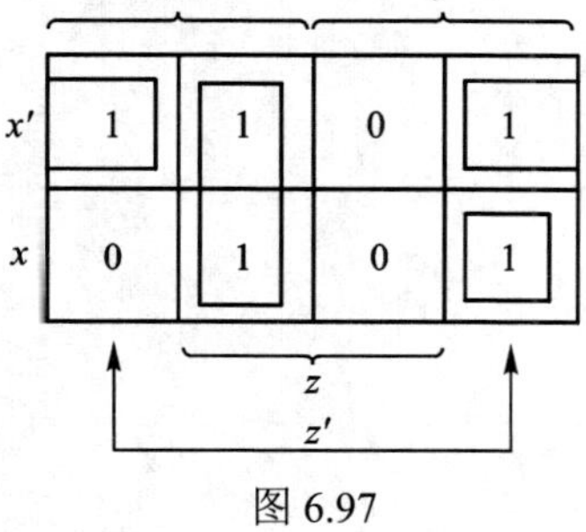

图 6.97

13.

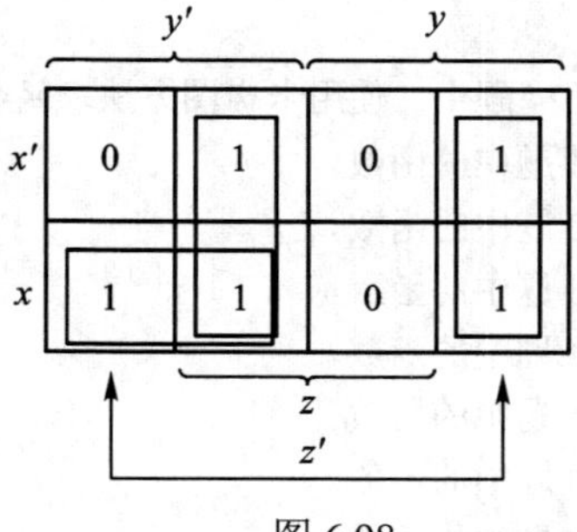

图 6.98

14.

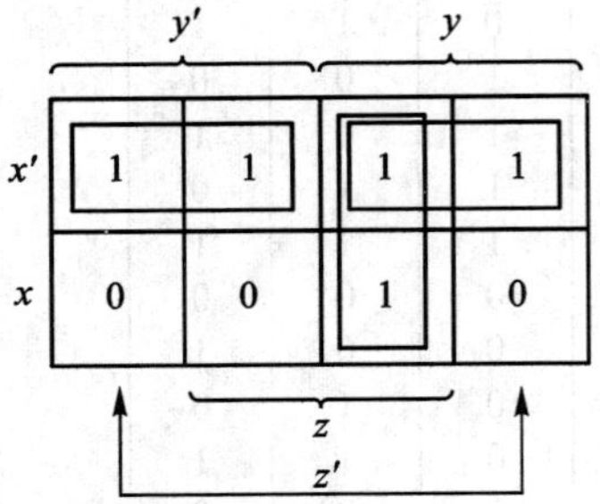

图 6.99

15.

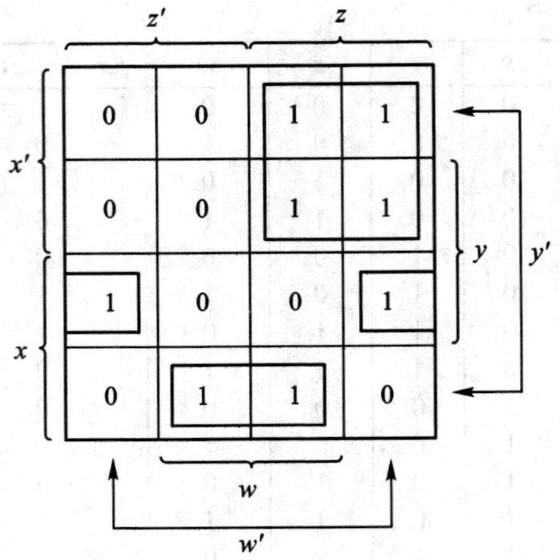

图 6.100

16.

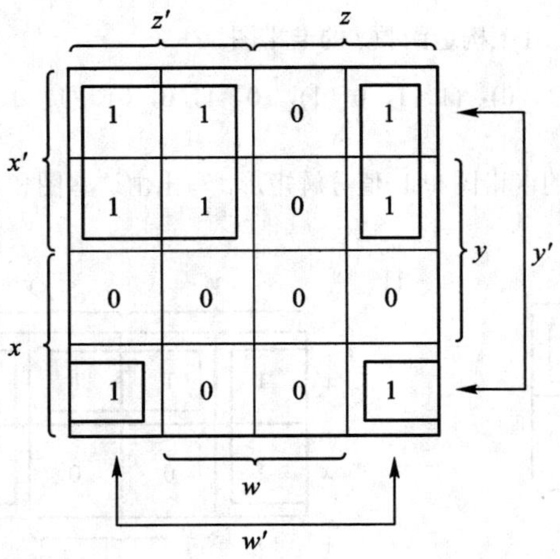

图 6.101

在第 17 题～第 24 题中，使用卡诺图方法求函数 f 的布尔表达式。

17．设 f 是第 1 题中的函数。

18．设 f 是第 2 题中的函数。

19．设 f 是第 3 题中的函数。

20．设 f 是第 4 题中的函数。

21．设 f 是第 5 题中的函数。

22．设 f 是第 6 题中的函数。

23．设 f 是第 7 题中的函数。

24．设 f 是第 8 题中的函数。

下列练习为布尔函数发展了另一种产生表达式的方法，对于题 25 和 26，设 $f: B_2 \to B$ 有 $S(f)=\{(0，0)，(0，1)，(1，0)\}$。

25．(a) 对于 $S(f)$的每一个元素给出对应的小项。

(b) 如果 $S(f)$中的两个元素 s_1，s_2 恰好有一个位置不同，那么在对应于 s_1 和 s_2 的小项的交里就不需要该位置的变量 x_i，解释为什么。

26．对于 $S(f)$中恰好有一个位置不同的每一对元素形成了如下化简的小项。假设对应的小项 $a_1 \wedge a_2 \wedge \cdots \wedge a_n$ 和 $b_1 \wedge b_2 \wedge \cdots \wedge b_n$ 只在位置 i 上不同，那么用化简的小项 $a_1 \wedge a_2 \wedge \cdots \wedge a_{i-1} \wedge a_{i+1} \wedge \cdots \wedge a_n$ 取代它们，其中 x_i 不出现。

(a) 对 $S(f)=\{(0，0)，(0，1)，(1，0)\}$给出化简的小项。

(b) 验证 f 是由(a)中化简的小项的交所产生的。

第 26 题中的过程可以重复，在第 27 题～第 29 题中，设 $f: B_3 \to B$ 有 $S(f)=\{(0，0，0), (0，1，0), (1，0，0), (1，1，0), (1，1，1)\}$。

27．对 $S(f)$中恰好有一个位置不同的每一对元素给出化简的小项。

28．利用第 27 题中所产生的化简的小项，再次取代恰好在一个位置上不同的每一对化简的小项。

29．(a) 对于第 28 题中化简的小项和任何还未取代的(化简的)小项，形成表达式的交。

(b) 验证(a)中形成的表达式产生 f。

证明知识小结

命题形式 $\forall x\, P(x)$或者$\sim(\exists x Q(x))$是反证法的另一种选择，因为考察一个对象是否具有性质 Q 或不具有性质 P 时将发生什么是很自然的，见 6.1 节的定理 2。有关有限集合的命题也经常借助该方法去间接证明，如 6.2 节的定理 1。

本章许多例子和练习要求读者检验一个指定的格是否是一个布尔代数，记住这同证明格是一个布尔代数是一样的。元素的个数是 2 的方幂是格的一个必要条件，但不是一个充分条件。这意味着如果元素的个数不是 2 的方幂，则格不是一个布尔代数，但存在拥有 2^n 个元素而不是布尔代数的格，如可除格 D_n，很容易验证它属于这种情况并且值得记住。如果哈塞图很“小”，那么实现检验的一种最有效的方法是把它与 B_n 进行比较。另一种最有效的方法是尝试在已知格和已知布尔代数之间构造一个同构。最后一种方法是尝试证明格满足布尔代数的性质，但对此要保持敏感。首先试“个别”情况——存在唯一最小元 0，存在唯一最大元 I，$0'=I$，等等——不包括那些需要检查许多情况的性质，例如$\wedge$的结合性质。

主要概念复习

- 集合上的偏序：具有自反性、反对称性和传递性的关系。
- 偏序集合：具有偏序的集合。
- 全序集：每对元素是可比的偏序集合。

- 定理：如果 A 和 B 是偏序集，那么 $A\times B$ 是具有积偏序的偏序集。
- 偏序集$(A, \leqslant)$的对偶：偏序集$(A, \geqslant)$，其中$\geqslant$表示$\leqslant$的逆。
- 哈塞图：见 6.1 节。
- 拓扑排序：见 6.1 节。
- 偏序集的同构：见 6.1 节。
- 偏序集的极大(极小)元：见 6.2 节。
- 定理：一个有限非空偏序集至少有一个极大元和一个极小元。
- 偏序集 A 的最大(最小)元：见 6.2 节。
- 定理：一个偏序集至多有一个最大元和一个最小元。
- 偏序集 A 的子集 B 的上(下)界：元素 $a\in A$，使得 $b\leqslant a(a\leqslant b)$对所有 $b\in B$ 成立。
- 偏序集 A 的子集 B 的最小上界(最大下界)：元素 $a\in A$，使得 a 是 B 的一个上界(下界)并且 $a\leqslant a'$ $(a'\leqslant a)$，其中 a' 是 B 的任意上界(下界)。
- 格：每两个元素组成的子集都有一个 LUB 和一个 GLB 的偏序集。
- 定理：如果 L_1 和 L_2 是格，那么 $L=L_1\times L_2$ 是一个格。
- 定理：设 L 是一个格，$a, b\in L$，那么

  (a) $a\vee b=b$ 当且仅当 $a\leqslant b$。

  (b) $a\wedge b=a$ 当且仅当 $a\leqslant b$。

  (c) $a\wedge b=a$ 当且仅当 $a\vee b=b$。
- 定理：设 L 是一个格，那么

  1．(a) $a\vee a=a$

  　　(b) $a\wedge a=a$

  2．(a) $a\vee b=b\vee a$

  　　(b) $a\wedge b=b\wedge a$

  3．(a) $a\vee(b\vee c)=(a\vee b)\vee c$

  　　(b) $a\wedge(b\wedge c)=(a\wedge b)\wedge c$

  4．(a) $a\vee(a\wedge b)=a$

  　　(b) $a\wedge(a\vee b)=a$
- 定理：设 L 是一个格，$a, b, c\in L$。

  1．如果 $a\leqslant b$，那么

  　　(a) $a\vee c\leqslant b\vee c$

  　　(b) $a\wedge c\leqslant b\wedge c$

  2．$a\leqslant c$ 和 $b\leqslant c$ 当且仅当 $a\vee b\leqslant c$。

  3．$c\leqslant a$ 和 $c\leqslant b$ 当且仅当 $c\leqslant a\wedge b$。

  4．如果 $a\leqslant b$ 和 $c\leqslant d$，那么

  　　(a) $a\vee c\leqslant b\vee d$

(b) $a\wedge c\leqslant b\wedge d$

- 同构格：见 6.3 节。
- 有界格：有最大元 I 和最小元 0 的格。
- 定理：一个有限格是有界的。
- 分配格：满足分配法则的格：

$$a\wedge(b\vee c)=(a\wedge b)\vee(a\wedge c)$$

$$a\vee(b\wedge c)=(a\vee b)\wedge(a\vee c)$$

- a 的补：元素 $a'\in L$(有界格)使得

$$a\vee a'=I,\quad a\wedge a'=0$$

- 定理：设 L 是一个有界的分配格，如果补存在，那么它是唯一的。
- 补格：每个元素有一个补的有界格。
- 布尔代数：对某个有限集合 S，与$(P(S)，\subseteq)$同构的一个格。
- 布尔代数的性质：见 6.4 节。
- 真值表：见 6.5 节。
- 布尔表达式：见 6.5 节。
- 小项：形如 $\overline{x}_1\wedge\overline{x}_2\wedge\cdots\wedge\overline{x}_n$ 的布尔表达式，其中每个 $\overline{x}_k$ 是 x_k 或是 x_k'。
- 定理：任意函数 f：$B_n\to B$ 是由布尔表达式产生的。
- 卡诺图：见 6.6 节。

第 6 章自测题

1．偏序概念是基于什么样的普通关系？

2．偏序同一个格有何区别？

3．任意一个布尔代数的模型是什么？

4．一个函数的卡诺图是怎样的数学对象？它如何使用？

5．布尔函数和布尔表达式之间有什么关系？

6．判断下面给出的关系是否是一个偏序，并且给出解释。

(a) A 是任意一个集合，aRb 当且仅当 $a=b$。

(b) A 是平面内的平行线的集合，$l_1R\,l_2$ 当且仅当 l_1 与 l_2 重合或者 l_1 与 l_2 平行。

7．已知图 6.102 中的哈塞图。

(a) 画出所定义偏序 R 的有向图。

(b) 画出偏序 R^{-1} 的哈塞图。

8．设$(A，\leqslant)$是偏序集，它的哈塞图如图 6.103 所示。

(a) 找出 A 的所有极小元和极大元。

(b) 找出 A 的最小元和最大元。

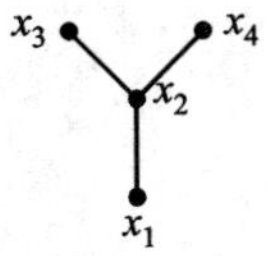

图 6.102

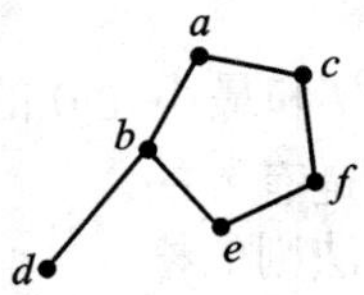

图 6.103

9．设 $A=\{2，3，4，6，8，12，24，48\}$，$\leqslant$表示整除偏序，$B=\{4，6，12\}$，如果下面各分题情况存在的话，那么

(a) 求 B 的所有上界。

(b) 求 B 的所有下界。

(c) 求 B 的最小上界。

(d) 求 B 的最大下界。

10．证明：全序的偏序集是一个可分配格。

11．找出 D_{105} 中每个元素的补。

12．设 $A=\{a，b，c，d\}$，R 是 A 上的一个关系，它的矩阵是

$$\boldsymbol{M}_R=\begin{bmatrix}1&0&1&1\\0&1&1&1\\0&0&1&1\\0&0&0&1\end{bmatrix}$$

(a) 证明：R 是一个偏序。

(b) 画出 R 的哈塞图。

13．设 L 是一个格，证明：对 L 中的每个 a, b 和 c，如果 $a\leqslant b$ 且 $c\leqslant d$，那么 $a\vee c\leqslant b\vee d$，$a\wedge c\leqslant b\wedge d$。

14．考察图 6.104 所给出的哈塞图。

(a) 哪些偏序集不是格？给出解释。

(b) 哪些偏序集不是布尔代数？给出解释。

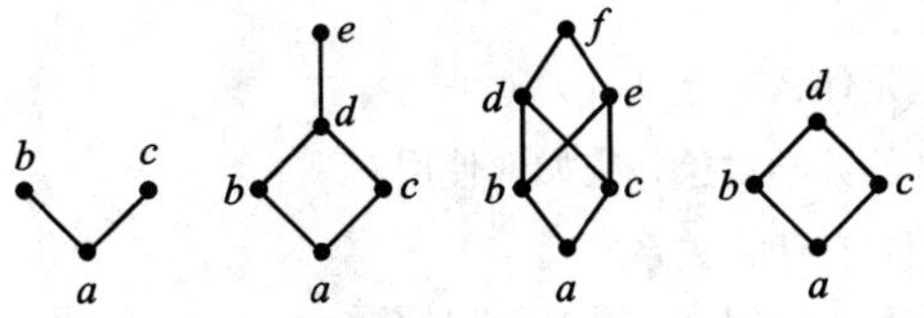

（a）　(b)　(c)　(d)

图 6.104

15．设(D_{63}，$\leqslant$)表示 63 的所有正因子且 $x\leqslant y$ 意指 $x \mid y$ 的格。

(a) 画出该格的哈塞图。

(b) 证明或反证命题：(D_{63}，$\leqslant$)是一个布尔代数。

16．(a) 已知逻辑图如图 6.105 所示，写出它的布尔表达式。

(b) 使用布尔算术运算法则求出与(a)所求出的表达式等价且运算更少的表达式。

(c) 画出(b)所求出的表达式的逻辑图。

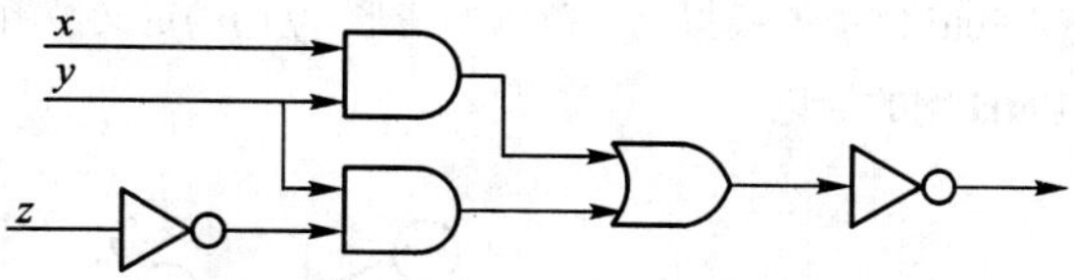

图 6.105

17. 使用卡诺图方法求出函数 f 的布尔表达式，其中 f 的真值表如下。

x	y	z	$f(x,y,z)$
0	0	0	0
0	0	1	0
0	1	0	1
0	1	1	0
1	0	0	1
1	0	1	1
1	1	0	1
1	1	1	0

实 验 6

许多现实中的生活过程和计算机的过程都可以用一个偏序来模拟，给出完成该过程所必需的动作次序。6.1 节已简单地描述了如何将一个偏序转化成人或者计算机程序能模仿的全序。在很多情况下，严格的全序是不必要的，例如，多个动作可以同时发生。在本实验中，将针对这种并发动作学习另一种模拟技术的基本思想。

第一部分　为获得 Ole 大学计算机科学的学位，必须学习下面这些课程：计算机科学 I，计算机科学 II，离散数学，数据结构，编译器设计，算法分析，汇编体系结构，形式化语言，操作系统和复杂性理论。计算机科学 I 和离散数学是计算机科学 II 的先修课。计算机科学 II 是数据结构、汇编体系结构和形式化语言的先修课。数据结构是算法分析和操作系统的先修课。算法分析是复杂性理论的先修课。编译器设计则要求必须先学习汇编体系结构和形式化语言。

1. 给出一个哈塞图来描述这些课程之间的先修关系。

2. 假设你每个学期只能学习一门课程。给出问题 1 中偏序的一个拓扑排序。

第二部分　根据获得学位所花费的时间要求以全序的方式学习必修课程并不必要，肯定也不是一个最佳选择。这里给出几类不同的有向图来模拟这些条件(先决条件)和可能的并发行为。

Petri 网是一个有向图，它的顶点集合能被分为**状态**(或条件)集合 P、带有函数 f 的**变换**(或行为)集合 T，其中 f 满足对 P 中的每个元素有一个非负数。在该有向图中每一条边是 P 中的一个元素和 T 中的一个元素的连接。即该有向图表示一个关系 R，其中 $R = I \cup O$，$I \subseteq P \times T, O \subseteq T \times P$。通常 P 的元素用圆圈表示，T 的元素用竖线表示。当表示一个条件 $p_i \in P$ 的方式满足时，在 p_i 的圆圈内标记一个或多个圆点，这些圆点称作**令牌**。通过在状态中使用多个令牌使得 Petri 网能够模拟更大范围的情形。$f(p_i)$定义了函数f，$f(p_i)$是在点p_i的令牌数；因此函数f有时又被称作 **Petri 网的标记**。

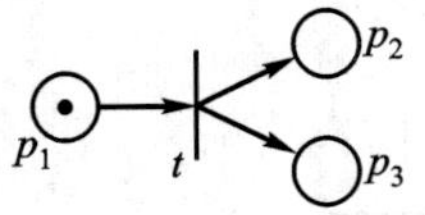

图 1

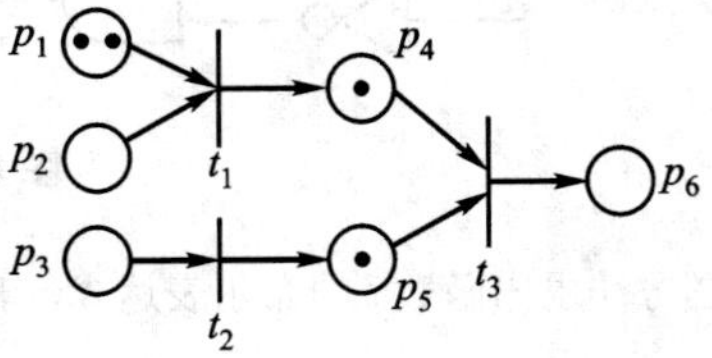

图 2

1．给出图 1 中 Petri 网的 P，T，R 和 f。

2．给出图 2 中 Petri 网的 P，T，R 和 f。

完成由 $t \in T$ 表示的动作称作**触发变换**。只有当满足动作所需要的条件时才会触发一个变换。通常，变换 t 只有当每个 p_i 使得 $(p_i,t) \in I$ 至少拥有一个令牌时才能被触发。当这种情况为真时，称 t 被**启动**。触发一个变换 t 产生一个新的 Petri 网，在该网中从满足 $(p_i,t) \in I$ 的每个 p_i 中移走一个令牌，并且在满足 $(t,p_j) \in O$ 的每个 p_j 中放上一个令牌。在图 1 中，触发 t 产生了图 3 的网。在图 2 中只有 t_2 被启动。触发 t_2 的结果如图 4 所示。如果有几个变换被启动，那么随时可以触发它们中的任何一个。这能模拟并发动作具有随机选择特征的情形。

1．构造一个 Petri 网用来表示第一部分中课程的先修情况，指出状态集合和变换集合。根据你的学习记录给网络以适当的标记。在该有向图中哪些变换被启动？

2．(a) 为图 3 所表示的网络给出新的标记函数。

(b) 为图 4 所表示的网络给出新的标记函数。

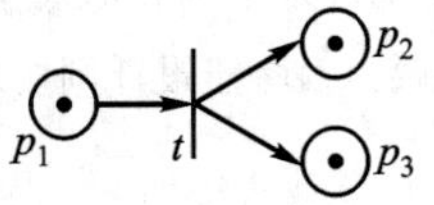

图 3

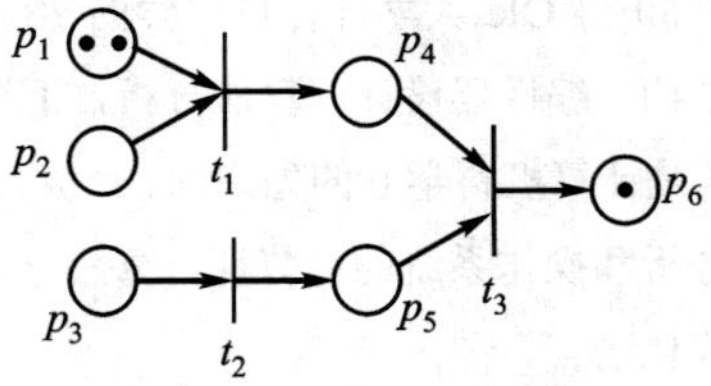

图 4

第三部分　第一部分中有关课程先修的条件缺乏通常可重复的、并发的特征。考虑下面如图 5 所示的 Petri 网 N。

可以看到在 T 中的每一个变换都是可重复地启动和触发。如果每一个变换可通过触发变换的某个序列而触发，则称 Petri 网的标记是**活**的。并不是每一个标记都是活的。在图 6 所示的网络中，一旦 t_1 或 t_2 被触发，t_3

或者 t_4 被启动(但不是两者同时)。在变换被触发后，不可能再有进一步的动作。

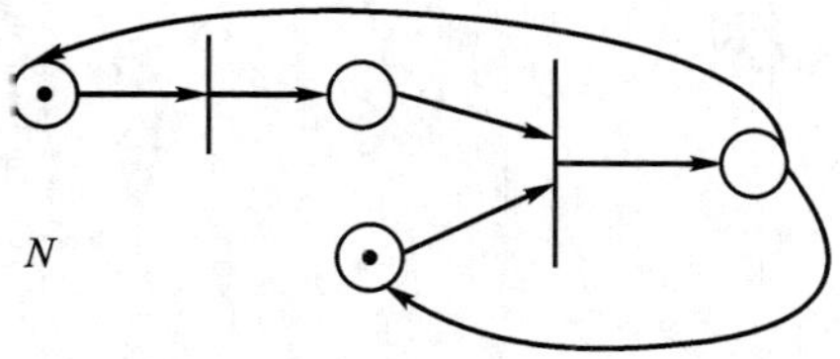

图 5

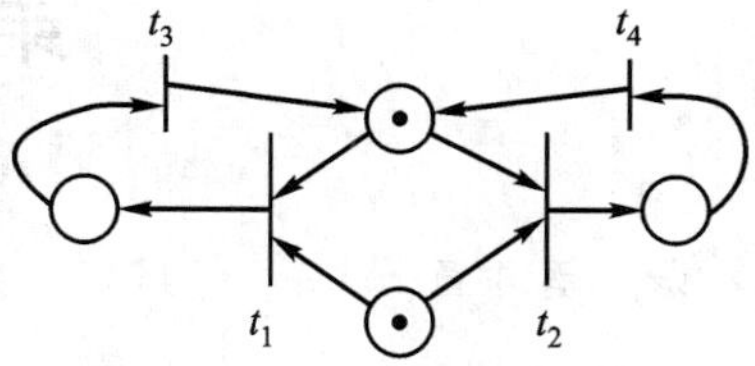

图 6

如果没有任何变换能被触发，则称这种情况是一个**死锁**。

1．用某些令牌标记图 5 有可能发生死锁吗？如果有可能，那么画出此有标记的 Petri 网。如果不可能，解释为什么。

2．用某些令牌标记图 6 使得从不发生死锁有可能吗？如果有可能，那么画出此有标记的 Petri 网。如果不可能，解释为什么。

第四部分　图 7 给出了一个很简单的计算机网络模型，其中有两个工作人员共享一个高速因特网通信线路和一个数据库。每次只允许一种资源被一个用户使用，但工作人员执行某些任务需要两种资源。

1．给出一个网络回到原标记的触发变换序列，解释工作人员做了哪些工作。

2．给出一个在此网络中产生死锁的触发变换序列，解释工作人员做了哪些工作。

3．如果工作人员是在同一房间，那么他们也许可以选择避免死锁的通信方式，但不可能总是这样。在图 7 中重新设计 Petri 网，使得不会发生死锁。考虑使用条件如 p: 系统是可用的；q: A 控制该系统；r: B 控制该系统。明确指出所有的条件和动作。

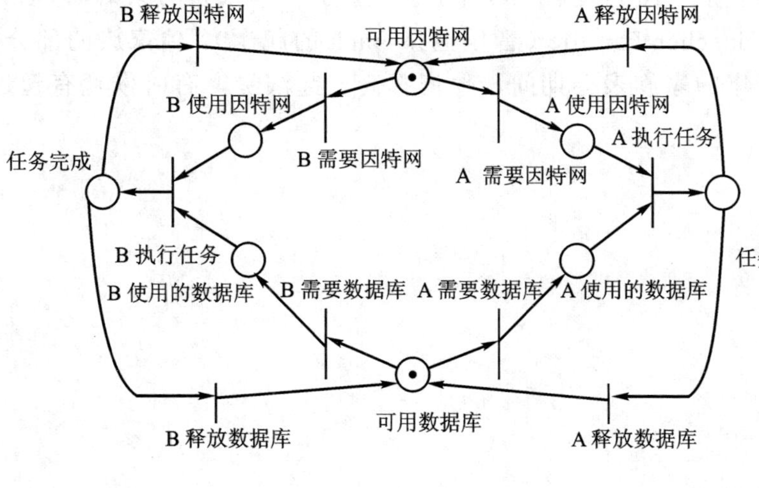

图 7

第7章 树

必备知识：第 4 章。

本章将学习一类特殊关系，它在计算机科学的许多应用中显得格外有用，并且通常用它的有向图来表示。这些关系对于数据库和语言编译程序的构建是必不可少的（数据库和语言编译程序是两个重要的领域）。由于它们的有向图的形状的原因，它们被称为树或者有时也称为有根树。

回　顾

树的第一次使用出现在 1847 年德国数学家 Karl Georg Christian von Staudt 有关射影几何的研究工作中以及同一年德国物理学家 Gustav Robert Kirchhoff 关于电力网络的一篇论文中。然而，第一次使用“树”这个字则是在 Arthur Cayley（在第 1 章中提到过他）的一篇关于微分变换的数学论文中。

树被广泛应用于各个领域，如家谱、机构图表、体育竞赛、生物学和计算机文件结构等。

伟大的德国作曲家 Johann Sebastian Bach 为自己的家族具有悠久的音乐传统而感到自豪，其历史可追溯到 16 世纪。1735 年，他编纂了一本家族的家谱，命名为，Ursprung der musicalisch-Bachischen Familie（音乐世家 Bach 的起源）。他家族的部分结构如下面的树状图所示。每年的家族聚会期间，他们都会一起演奏，有时候竟有超过 100 多个家庭成员到场。

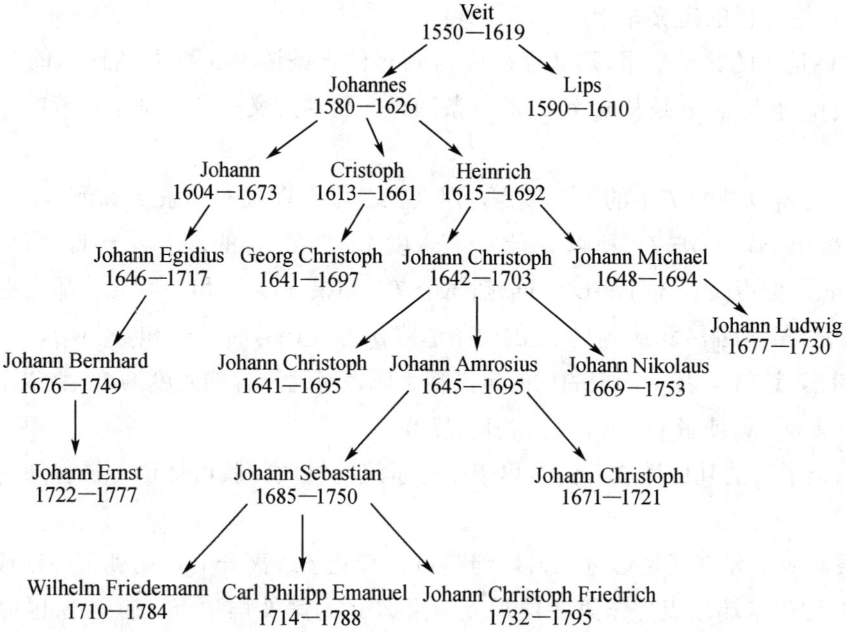

Johann Sebastian Bach 家谱树

7.1 树

设 A 是一个集合，T 是 A 上的一个关系，如果在 A 中存在某个顶点 v_0 具有性质：在 T 中存在唯一一条从 v_0 到 A 中其余每个顶点的道路，但没有任何从 v_0 到 v_0 的道路，那么称 T 是一棵**树**。

下面证明上面树定义中描述的顶点 v_0 是唯一的，常常称它为树 T 的**根**，于是称 T 为**根树**。用（T，v_C）表示以 v_0 为根的根树 T。

如果（T，v_0）是集合 A 上的一棵根树，那么 A 中的元素 v 常常被看成是 ***T* 的一个顶点**。因为 T 的基本集合 A 不具有重要性，所以该术语简化了讨论。

为了帮助人们了解树的本质，将证明树所满足的一些简单性质。

定理 1　设（T，v_0）是一棵根树，那么

（a）　在 T 中不存在任何回路。

（b）　v_0 是 T 的唯一根。

（c）　T 中每个顶点(v_0 除外)有入度 1，v_0 有入度 0。

证明　（a）　假设在 T 中存在一条回路 q，它以顶点 v 为始点和终点，那么由树的定义可知 $v \neq v_0$ 并且一定存在从 v_0 到 v 的一条道路 p。于是 $q \circ p$（见 4.3 节）是从 v_0 到 v 且不同于

p 的一条道路，这与树的定义相矛盾。

(b) 如果 v_0'是 T 的另一个根，那么存在从 v_0 到 v_0'的一条道路 p 和从 v_0'到 v_0 的一条道路 q(因为 v_0'是一个根)，于是 $q\circ p$ 是从 v_0 到 v_0 的一条回路，而由定义知道这是不可能的。因此，顶点 v_0 是唯一根。

(c) 设 w_1 是 v_0 以外的 T 中的一个顶点，那么在 T 中存在唯一一条从 v_0 到 w_1 的道路 v_0，…，v_k，w_1，这就推出$(v_k，w_1)\in T$，所以 w_1 至少有入度 1。如果 w_1 的入度大于 1，那么必存在不同的顶点 w_2 和 w_3，使得$(w_2，w_1)$和$(w_3，w_1)$都属于 T。如果 $w_2\neq v_0$ 和 $w_3\neq v_0$，那么由定义可知存在从 v_0 到 w_2 的一条道路 p_2 和从 v_0 到 w_3 的一条道路 p_3,于是$(w_2, w_1)\circ p_2$ 和$(w_3, w_1)\circ p_3$ 是从 v_0 到 w_1 的两条不同道路，这就与以 v_0 为根的树的定义相矛盾。因此，w_1 的入度为 1。将以下的证明留作一个练习：如果 $w_2= v_0$ 或者 $w_3= v_0$，则 v_0 有入度 0。 ■

定理 1 总结了树的几何性质，由于思想中有了这些性质，就可知道一棵普通树的有向图应是何状态。

首先画根 v_0，不允许任何边进入 v_0，但是可以有几条边离开 v_0，用朝下的线段画这些边。以 v_0 为始点的边的末端顶点称作**第 1 层**顶点，而称 v_0 为**第 0 层**顶点，有时 v_0 也称作第 1 层顶点的**父亲**，而第 1 层顶点称作 v_0 的**后代**，如图 7.1(a)所示。由定理 1(c)可知没有任何其他边进入第 1 层的各个顶点，但是可以有边离开这些顶点。离开第 1 层顶点的边向下画，并且以其他不同的顶点为终点，这些点称作**第 2 层**顶点，图 7.1(b)给出了这些点的情形。对于这些层(在每个连续的层对上)父亲-后代关系也成立。例如，v_3 称为三个后代 v_7，v_8 和 v_9 的父亲。任意一个顶点的后代有时也称作**兄弟**。

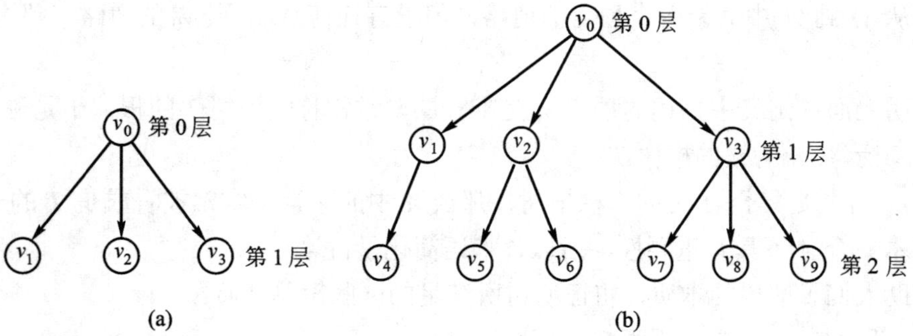

图 7.1

上面的过程按照完成有向图的要求可以继续许多层。如果把有向图颠倒过来看，那么就会看到为什么这些关系被称为树。树的最大层数称作树的**高度**。

应该注意，一棵树可以有无限多层，除第 0 层之外任意一层可以含有无限多个顶点。事实上，任意顶点可能有无限多后代。然而，在后面的所有讨论中，假设树只有有限个顶点。因此，树总有一个底层(最大数)，其所含顶点没有后代。没有任何后代的树的顶点被称作树的**叶**。

位于树的任何一层上的顶点很简单地形成了 A 的子集。然而，假设树的每个顶点的后代具有全序是很有用的。因此，如果一个顶点 v 有 4 个后代，那么可以假设它们是有序的，所以可以把它们分别看成是 v 的第 1 个、第 2 个、第 3 个或第 4 个后代。每当画一棵树的有向图时，自动假设有某种从左到右排列每个顶点的后代的排序。这样的树称作**有序树**。一般地，不会明确地提及树中后代的排序。如果需要进行排序，通常当需求发生时才引进它，并且常常通过画树的有向图方法来指定它。下面的树的关系性质很容易证明。

定理 2 设(T, v_0)是集合 A 上的根树，那么

(a) T 是非自反的。

(b) T 是非对称的。

(c) 对 A 中所有 a, b 和 c，如果$(a, b)\in T$ 且$(b, c)\in T$，那么$(a, c)\notin T$ 成立。

证明 它的证明留作练习。 ■

例 1 设 A 是某个已知女性 v_0 及其所有女性后代的集合，在 A 上定义关系 T 为：如果 v_1 和 v_2 是 A 的元素，那么 $v_1\,T\,v_2$ 当且仅当 v_1 是 v_2 的母亲。A 上的关系 T 是以 v_0 为根的一棵根树。 ■

例 2 设 $A=\{v_1, v_2, v_3, v_4, v_5, v_6, v_7, v_8, v_9, v_{10}\}$，$T=\{(v_2, v_3), (v_2, v_1), (v_4, v_5), (v_4, v_6), (v_5, v_8), (v_6, v_7), (v_4, v_2), (v_7, v_9), (v_7, v_{10})\}$，证明 T 是一棵根树并给出它的根。

解 因为没有任何道路以顶点 v_1，v_3，v_8，v_9 和 v_{10} 为始点，所以这些顶点不可能是树的根。从顶点 v_6，v_7 ，v_2，v_5 到顶点 v_4 不存在任何道路，所以必须排除这些可能作为根的顶点。因此，如果 T 是一棵根树，那么它的根一定是顶点 v_4。很容易证明存在从 v_4 到其余每个顶点的道路。例如，从 v_4 到 v_9 有道路 v_4，v_6，v_7，v_9，因为(v_4, v_6), (v_6, v_7)和(v_7, v_9)都在 T 中。从顶点 v_4 开始并且用向下指示的边画 T 的有向图，结果如图 7.2 所示。对该有向图迅速检查表明从顶点 v_4 到其余每个顶点的道路是唯一的，并且不存在从 v_4 到 v_4 的道路。因此，T 是以 v_4 为根的一棵树。 ■

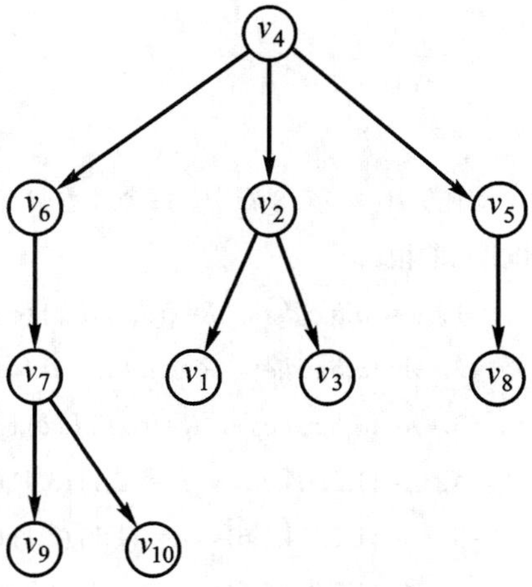

图 7.2

如果 n 是一个正整数，树 T 的每个顶点至多有 n 个后代，那么称树 T 是一棵 **n-树**。如果 T 的所有顶点(而不是叶)恰好有 n 个后代，则称 T 是一棵**完全 n-树**。特别地，一棵 2-树常常称作**二元树**，一棵完全 2-树常称作**完全二元树**。

二元树是非常重要的，因为在计算机上实现和搜寻它们存在有效的方法，其中某些方法将在 7.3 节中讨论，并且还会看到任意树可以用一棵二元树来表示。

设(T, v_0)是集合 A 上的一棵根树，v 是 T 的一个顶点，B 是由 v 以及它的所有**后代**所组成的集合，即：能够通过以 v 为始点的一条道路到达 T 的所有顶点。注意 $B\subseteq A$。设 $T(v)$是关系 T 在 B 上的限制，即：$T\cap(B\times B)$(见 4.2 节)。换句话说，$T(v)$是由 T 用以下方法产生的关系：去掉不是 v 的后代的所有顶点以及不是以这种顶点为始点和终点的所有边。于是得到下面的结果。

定理 3　如果(T, v_0)是一棵根树并且 $v\in T$，那么 $T(v)$也是以 v 为根的一棵根树，称 $T(v)$是以 v 为始点的 T 的**子树**。

证明　由 $T(v)$的定义可知存在从 v 到 $T(v)$中其余每个顶点的一条道路。如果在 $T(v)$中存在一个顶点 w 使得从 v 到 w 存在两条不同的道路 q 和 q' 并且 p 是 T 中从 v_0 到 v 的道路，那么 $q\circ p$ 和 $q'\circ p$ 是 T 中从 v_0 到 w 的两条不同的道路。因为 T 是以 v_0 为根的一棵树，所以这是不可能的。因此，从 v 到 $T(v)$中另一个顶点 w 的每一条道路必定是唯一的。同样，如果 q 是 $T(v)$中以 v 为顶点的一条回路，那么 q 也是 T 中的一条回路。这与定理 1(a)相矛盾，所以，不可能存在 q，从而得到 $T(v)$是以 v 为根的一棵树。■

子树和子格(见 6.3 节)是数学结构中子结构的例子。一般地，如果集合 A 和运算以及运算的性质构成一个数学结构(见 1.6 节)，那么相同类型的子结构就是具有满足定义该类结构的所有性质的相同运算的 A 的一个子集。在第 9 章会再次用到这个概念。

例 3　考虑例 2 中的树 T，它有根 v_4，如图 7.2 所示。在图 7.3 中画出了 T 的子树 $T(v_5)$，$T(v_2)$和 $T(v_6)$。

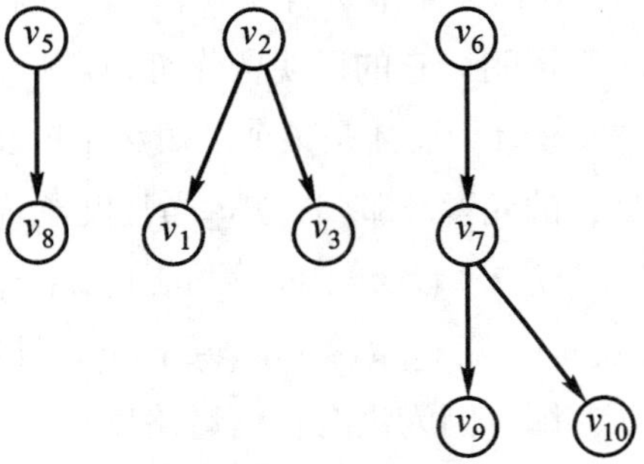

图 7.3

习　题　7.1

在第 1 题~第 8 题中，每个关系 R 定义在集合 A 上。在每一种情况下，判断 R 是否是一棵树，如果它是树，求出它的根。

1．$A=\{a,b,c,d,e\}$，$R=\{(a,d),(b,c),(c,a),(d,e)\}$。

2．$A=\{a,b,c,d,e\}$，$R=\{(a,b),(b,e),(c,d),(d,b),(c,a)\}$。

3．$A=\{a,b,c,d,e,f\}$，$R=\{(a,b),(c,e),(f,a),(f,c),(f,d)\}$。

4．$A=\{1,2,3,4,5,6\}$，$R=\{(2,1),(3,4),(5,2),(6,5),(6,3)\}$。

5．$A=\{1,2,3,4,5,6\}$，$R=\{(1,1),(2,1),(2,3),(3,4),(4,5),(4,6)\}$。

6．$A=\{1,2,3,4,5,6\}$，$R=\{(1,2),(1,3),(4,5),(4,6)\}$。

7．$A=\{t,u,v,w,x,y,z\}$，$R=\{(t,u),(u,w),(u,x),(u,v),(v,z),(v,y)\}$。

8．$A=\{u,v,w,x,y,z\}$，$R=\{(u,x),(u,v),(w,v),(x,z),(x,y)\}$。

在第 9 题~第 13 题中，考虑如图 7.4 所示的根树(T, v_0)。

9. (a) 列出所有第 3 层顶点。

(b) 列出所有叶。

10. (a) v_8的兄弟是什么？

(b) v_8的后代是什么？

11. (a) 计算树 $T(v_2)$。

(b) 计算树 $T(v_3)$。

12. (a) 求 (T, v_0)的高度。

(b) 求 $T(v_3)$的高度。

13. (T, v_0)是一棵 n-树吗？如果是，对于怎样的整数 n 成立？(T, v_0)是一棵完全 n-树吗？如果是，对于怎样的整数 n 成立？

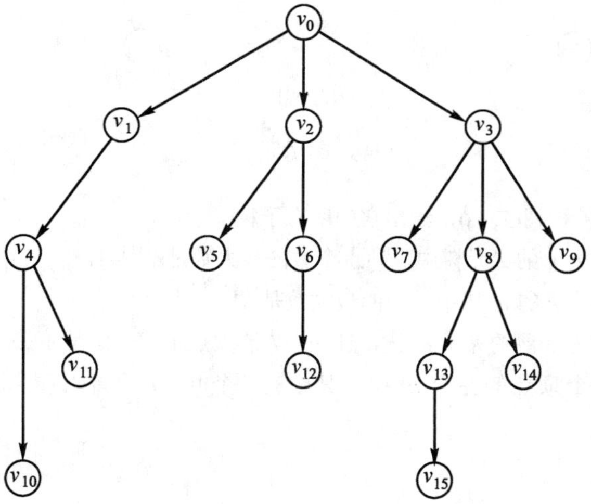

(T, v_0)

图 7.4

在第 14 题~第 18 题中，考察如图 7.5 所示的根树(T, v_0)。

14. (a) 列出所有第 4 层顶点。

(b) 列出所有叶。

15. (a) v_2 的兄弟是什么？

(b) v_2 的后代是什么？

16. (a) 计算树 $T(v_4)$。

(b) 计算树 $T(v_2)$。

17. (a) 求(T, v_0)的高度。

(b) 求 $T(v_4)$的高度。

18. 添加顶点使(T, v_0)成为一棵完全 3-树，那么需添加的顶点个数的最小值是多少？画出新树。

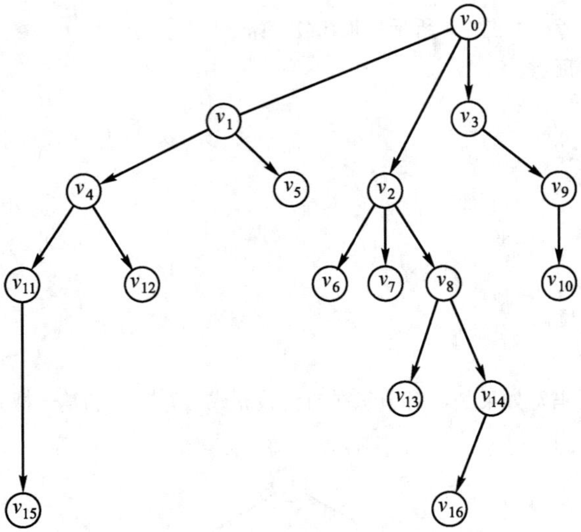

(T, v_0)

图 7.5

19．对于如图 7.2 所示的根树(T, v_0)，给出它的所有子树。

20．证明：在一棵高度为 n 的二元树中，顶点个数的最大数是 $2^{n+1}-1$。

21．证明：在一棵高度为 k 的 n–树中，叶的最大数是 n^k。

22．如果 T 是一棵刚好有 3 层的完全 n–树，证明：T 的顶点个数一定是 $1+kn$，其中 $2 \leqslant k \leqslant n+1$。

23．设 T 是一棵有 m 个顶点的完全 n–树，其中有 l 个叶，k 个非叶(即 $m=k+l$)，证明：$m=nk+1$ 和 $l=(n-1)k+1$。

24．证明定理 2(a)。

25．证明定理 2(b)。

26．证明定理 2(c)。

27．设 T 是一棵树，假设 T 有 r 个顶点和 s 条边，求 r 与 s 之间关系的一个公式。

28．在集合 $S=\{a,b,c\}$上画所有可能的无序树。

29．集合 $S=\{a,b,c,d,e\}$上的一棵树的最大高度是多少？请予解释。

30．集合 $S=\{a,b,c,d,e\}$上的一棵完全二元树的最大高度是多少?

31．证明：如果(T, v_0)是一棵根树，那么 v_0 有入度 0。

32．一棵高为 k 的 n–树，如果所有的叶是在层 k 或 $k-1$，则称它是均衡的。下面哪些树是均衡的？

(a) 图 7.1(a)　　(b) 图 7.1(b)　　(c) 图 7.4　　(d) 图 7.5

33．设 T 是有 125 个叶的一棵均衡的 n–树。

(a) n 的可能值是多少？

(b) T 的高度可能值是多少？

34．设 T 是有 125 个叶、高度为 4 的一棵均衡的 n–树，n 的可能值是多少？

7.2 标 号 树

有时对有向图的顶点或边给予标号，指明该有向图正用于某特殊目的,这种方法是十分有用的。特别是在计算机科学中对树的许多使用尤为如此。下面将给出一系列例子，在这些例子中树的顶点集合不是重要的，相反，通过在这些顶点上给予标号凸显了树的用途。因此，把顶点简单地表示成圆点，并且在表示顶点的圆点旁对顶点予以标号。

考虑全括号代数表达式

$$(3-(2\times x))+((x-2)-(3+x))$$

在此表达式中假设在它的两个自变量已计算出后才执行如–，+，×或÷这样的运算，即：直到左边和右边两个自变量中的所有计算都执行完后才执行如–，+，×或÷这样的运算。所以，当计算出$(3-(2\times x))$和$((x-2)-(3+x))$时才执行中间的加法。同样当计算出$(x-2)$和$(3+x)$时才能执行中间的减法，等。容易看到每一个这样的表达式有一个**中心运算符**，它是最后执行的计算。因此，+是上面主表达式的中心，–是$(3-(2\times x))$的中心，等。这种表达式的一个重要的图形表示是一棵有标号的二元树。在这棵树中，根是用主表达式的中心运算符给予标号。根的两个后代分别用左、右自变量表达式的中心运算符标号。如果自变量是一个常数或变量，而不是一个表达式，那么该常数或变量通常用于对应后代顶点的标号。这个过程可以继续下去直到表达式用完为止。图 7.6 给出了该例原表达式的树。为了进一步解释这种技巧，在图 7.7 中给出了与全括号表达式

$$(3\times(1-x))\div((4+(7-(y+2)))\times(7+(x\div y)))$$

对应的树。

下一个给树标号的例子对一棵树的数据结构的计算机实现有很重要的意义。从 n–树(T, v_C)开始，T 中的每个顶点至多有 n 个后代。设想每个顶点可能恰好有 n 个后代，并且从 1 到 n 排序，但是在该序列中某些后代可省略。余下的后代用它们在假设序列中所占据的位置来标号。因此，任意顶点的后代是用集合$\{1, 2, \cdots, n\}$中的不同数来标号的。

这样一个有标号的有向图有时称作**按位**，下面将使用这个术语。注意按位树也是有序树。当要画一棵按位树的有向图时，设想每个顶点的 n 个后代的位置在顶点的下方对称地排列，并且把实际出现的每个后代放到它的适当位置上。

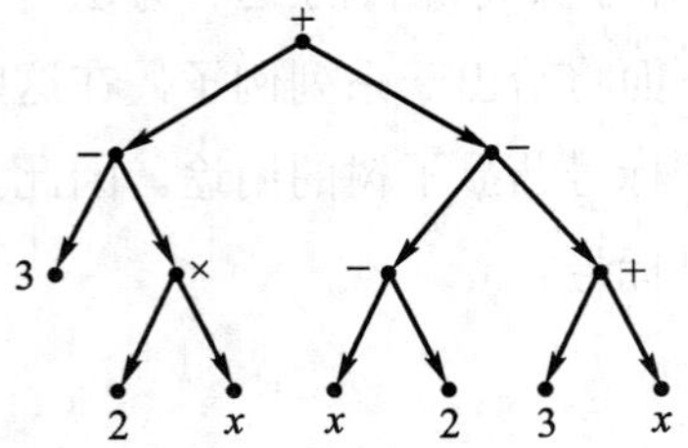

图 7.6

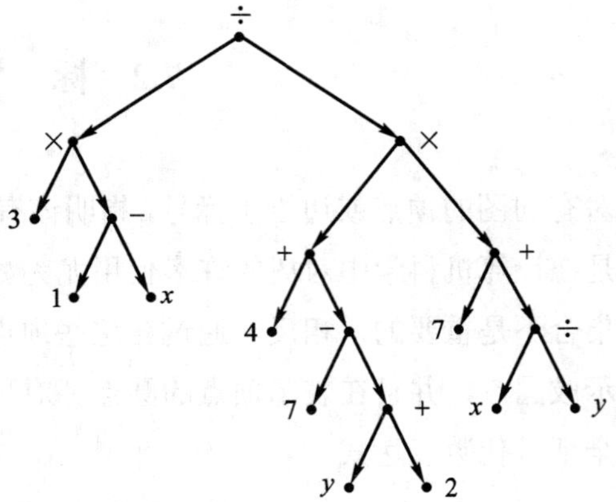

图 7.7

图 7.8 给出了用所有实际出现的位置标号的一棵按位 3-树的有向图。如果任意顶点 v 的后代 1 真正存在的话，那么从 v 到这个后代的边向左边倾斜画。任意顶点 v 的后代 2 无论何时出现，都从 v 朝下垂直画。类似地，标号为 3 的后代向右边倾斜画。显然，根不是一个后代，所以它没有标号。

按位二元树具有特殊的重要性。在这种情况下，一个明显的理由是潜在按位后代的位置常常用左和右标号而不是用 1 和 2 标号。图 7.9 给出了一棵按位二元树的有向图，它的左后代用 L 标号，右后代用 R 标号。标号树也许有几个标号集合，它们同时都有效。为了强调其他有用的标号，通常省略按位二元树的左-右标号。于是后代的位置将通过边的方向指示，如图 7.9 所示。

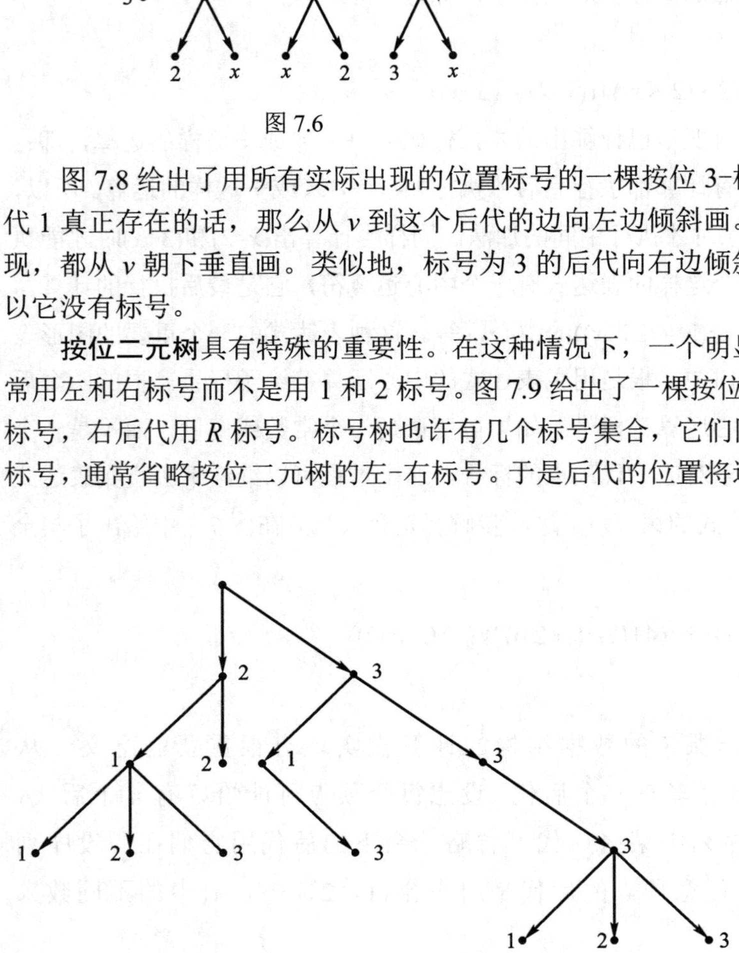

图 7.8

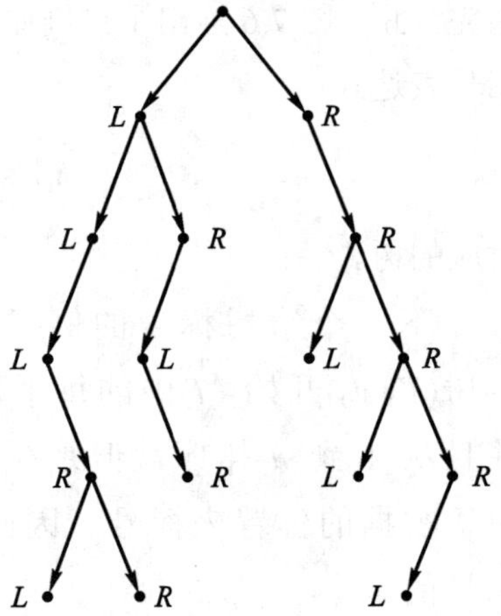

图 7.9

二元按位树（一种数据结构）

在 4.6 节，讨论了一种理想的信息存储单位，称为单元。一个单元包含两项，一项是某种数据，另一项是下一个单元的指针，即确定下一个单元位置的地址。这些用指针连接在一起的单元其集合称作连接表。在 4.6 节的讨论中既包含了连接表的图形表示，也包含了使用数组对它们的实现。

这里将把这个概念拓广成所谓的**双重连接表**，在该连接表中每个单元包含两个指针和一个数据项。使用图形符号表示这些新的单元。中间的空格表示数据存储，同以前一样用圆点和箭头表示两个指针，称作**左指针**和**右指针**。再次使用符号表示没有任何其他数据的指针。有时安排一个双重连接表使得每个单元既指向下一个单元又指向上一个单元。如果要在两个方向上对一系列数据项进行搜索，那么这是十分有用的。这里的双重连接表的使用是相当不同的，用它们表示二元按位标号树。每个单元将对应一个顶点，数据部分可包含顶点的一个标号或者这种标号的一个指针。左、右指针指出左、右后代顶点(如果它们存在的话)。如果左、右后代都不存在，那么对应的指针是。

使用三个数组实现这种表示：LEFT 承载左边后代的指针，RIGHT 承载右边后代的指针，DATA 承载信息或者与每个顶点有关的标号，或者指向这种信息的指针。指针使用值 0 表示对应的后代不存在。对于连接表和数组，添加一个指向树根的开始项。

例 1　重新考虑图 7.6 所示的按位二元树。在图 7.10(a)中，将这棵树用符号形式表示成双重连接表。在图 7.10(b)中，用三个数组的一个序列给出了此表的实现(也见 4.6 节)。这些数组的第一行刚好是左指针指向树根的始点。如何解释这三个数组，作为一个例子，考虑数组 DATA 中第 5 项，它是×。在 LEFT 中的第 5 项是 6，它意指×的左边后代是 DATA 中的第 6 项，即 2。类似地，在 RIGHT 中的第 5 项是 7，所以×的右后代是 DATA 中的第 7 项，即 x。■

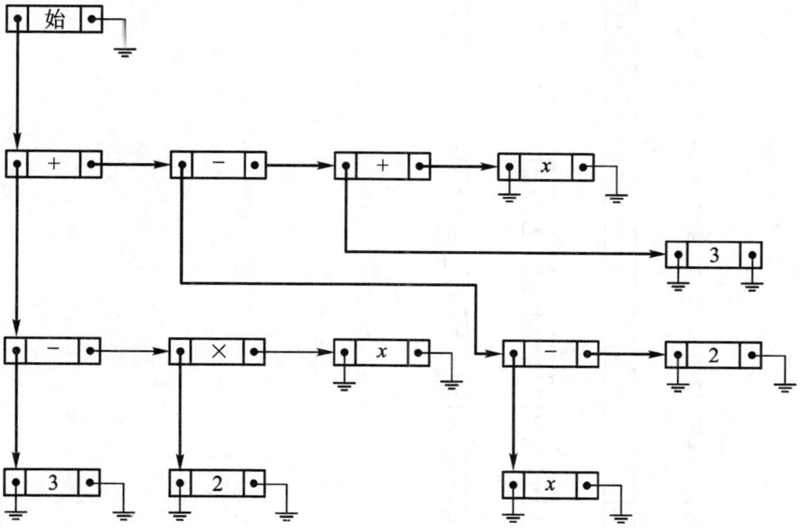

(a)

下标	左	数据	右
1	2	⊠	0
2	3	+	8
3	4	−	5
4	0	3	0
5	6	×	7
6	0	2	0
7	0	x	0
8	9	−	12
9	10	−	11
10	0	x	0
11	0	2	0
12	13	+	14
13	0	3	0
14	0	x	0

(b)

图 7.10

例 2　考虑图 7.7 所示的树，把这棵树用图 7.11(a)表示成双重连接表。同上例一样，图 7.11(b)用三个数组给出了这种连接表的实现。第一个元是左指针指向树根的始点。采用稍微非自然的次序列出顶点来表明：如果能够正确地确定指针，那么就可以使用任意顶点排序。■

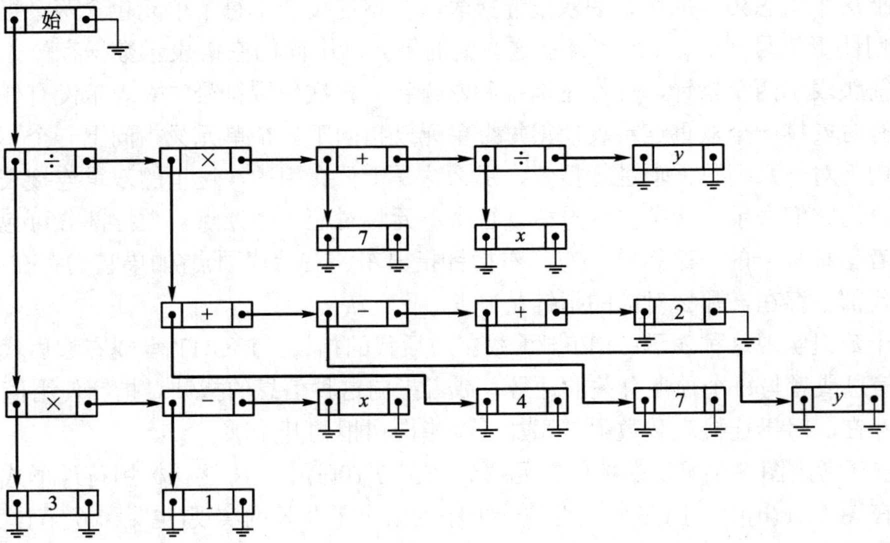

(a)

下标	左	数据	右
1	7	⊠	0
2	0	3	0
3	2	×	5
4	0	1	0
5	4	−	6
6	0	x	0
7	3	÷	15
8	0	4	0
9	8	+	11
10	0	7	0
11	10	−	13
12	0	y	0
13	12	+	14
14	0	2	0
15	9	×	17
16	0	7	0
17	16	+	19
18	0	x	0
19	18	÷	20
20	0	y	0

(b)

图 7.11

哈夫曼编码树

简单的 ASCII 编码是用 7 位的 0 和 1 的字符串表示英文字母表中的每个字母。哈夫曼编码也使用 0 和 1 的字符串来表示字母，但不同的是字符串是可变长的。最常用的字母其编码较短。与 ASCII 编码相比，这种方式能够显著地缩短消息的长度。表示哈夫曼编码一个有效的方法就是使用标号按位二元树。赋给一个字母的字符串给出了从树的根到以该字母标号的叶的一条道路。0 表明应该往左走，1 表明应该往右走。为了解码一个消息，沿着指示的道路前进。当到达一个叶时，就记下标号，然后返回到根节点并且继续余下的字符串。至于如何构造一个哈夫曼编码，这里省略讨论。

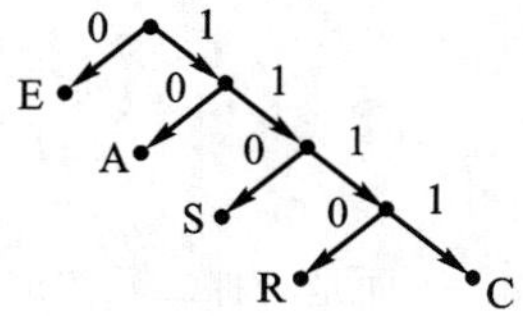

图 7.12

例 3 用图 7.12 中的哈夫曼编码树来解码字符串 0101100。

解 从根节点开始访问它的左节点(用第一个 0)。此叶有标号 E。返回到根节点并且使用字符串 101100。访问右边，然后访问左边并且记下 A。用 1100 重复这个过程得到 S，最后是另一个 E。于是得到字符串 0101100 表示 EASE。 ■

例 4 哈夫曼编码的缺点在于传输过程中可能会蕴藏错误。如果字符串 0101100 在传输过程中发生了错误，接收到的字符串是 0101110，那么解码后的单词是 EAR 而非 EASE。 ■

习 题 7.2

在第 1 题~第 10 题中，构造代数表达式的树。

1. $(7+(6-2))-(x-(y-4))$
2. $(x+(y-(x+y)))\times((3\div(2\times7))\times4)$
3. $3-(x+(6\times(4\div(2-3))))$
4. $(((2\times7)+x)\div y)\div(3-11)$
5. $((2+x)-(2\times x))-(x-2)$
6. $(11-(11\times(11+11)))+(11+(11\times11))$
7. $(3-(2-(11-(9-4))))\div(2+(3+(4+7)))$
8. $(x\div y)\div((x\times3)-(z\div4))$
9. $((2\times x)+(3-(4\times x)))+(x-(3\times11))$
10. $((1+1)+(1-2))\div((2-x)+1)$
11. 每年的 NCAA 篮球锦标赛开始有 64 支球队，输一场将淘汰一个负队。假设锦标赛的结果采用一棵二元树表示，它的叶用原来的队标号，内部顶点用顶点的儿子之间比赛的胜者标号。所创建的这棵树的高度是多少？
12. 构造一棵“家谱”树，给出你祖先之一的所有后代。
13. 构造有三条边或者更少边且高度为 2 的所有不同二元按位树的有向图。
14. 存在多少棵高度为 2 的不同的二元按位树？
15. 存在多少棵高度为 2 的不同的按位 3-树？

16. 构造有两条边或者更少边的所有不同的按位 3-树的有向图。

17. 下面是一棵二元按位标号树的双重连接表表示，构造该树的有向图，使得它的每个顶点标号如表所示。

下标	左	数据	右
1	8		0
2	5	D	7
3	9	E	0
4	2	C	3
5	0	F	0
6	0	B	4
7	0	G	0
8	6	A	0
9	0	H	0

18. 下面是一棵二元按位标号树的双重连接表表示，构造该树的有向图，使得它的每个顶点标号如表所示。

下标	左	数据	右
1	9		0
2	10	M	7
3	0	Q	0
4	8	T	0
5	3	V	4
6	0	X	2
7	0	K	0
8	0	D	0
9	6	G	5
10	0	C	0

19. 下面是一棵二元按位标号树的双重连接表表示，构造该树的有向图，使得它的每个顶点标号如表所示。

	左	数据	右
1	7		0
2	0	c	9
3	2	a	6
4	0	t	0
5	0	s	0
6	10	a	11
7	3	n	8
8	4	d	13
9	0	f	0
10	0	r	0
11	0	o	0
12	0	g	0
13	12	s	5

20．用数组 LEFT，DATA 和 RIGHT 描述如图 7.13 所示的树的双重连接表。

在第 21 题~第 24 题中，用数组 LEFT, DATA 和 RIGHT 描述在指定练习中所创建的树。

21．第 1 题。

22．第 4 题。

23．第 5 题。

24．第 8 题。

25．用图 7.12 中的哈夫曼编码树对下面各消息解码。

(a) 111101110　　(b) 1100101110

(c) 11101011110　　(d) 1101111101110

26．用图 7.12 中的哈夫曼编码树求表达下面已知字的字符串。

(a) CARE　　(b) SEA

(c) ACE　　(d) CASE

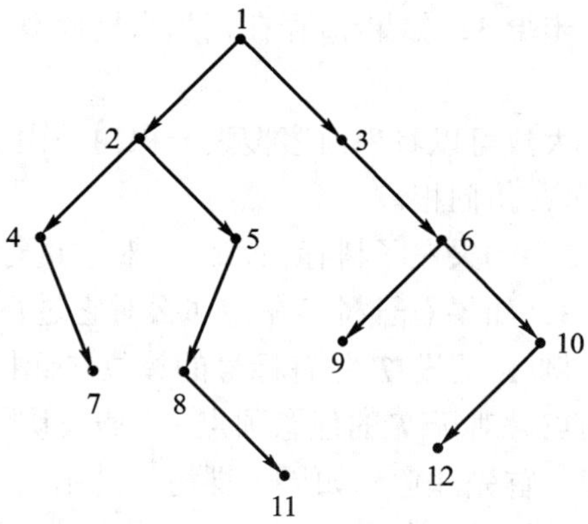

图 7.13

27．构造表达下面哈夫曼编码的标号树。

(a) 000　　(b) 01　　(c) 001　　(d) 1100　　(e) 1101

7.3 搜 索 树

有许多场合十分需要考虑一棵树 T 的每个顶点在某种指定的次序中恰好出现一次。当遇到各个连续顶点时，希望对适合于树表示的应用采取某种操作或者执行某种计算。例如，如果树 T 是有标号的，那么每个顶点的标号就可以列出来。如果树 T 是由代数表达式给出的，那么对每个顶点希望执行标示顶点的运算符所指定的计算。对顶点执行适当的任务称作**访问**该顶点。这是一个很方便的非明确的术语，它允许人们在特殊情况下书写算法时无需给出组成“访问”的细节。

以某种指定的次序访问一棵树的每个顶点的过程称作**搜索**树或执行**树的搜索**。在某些教材中，该过程也称作**走过**树或**遍历**树。

考虑二元按位树的搜索树。回顾在一棵二元按位树中每个顶点有两个可能的后代，用 v_L(左后代)和 v_R(右后代)表示这些可能的后代，并且它们可以缺一个或者两者都没有。如果一棵二元树 T 不是按位的，那么总会有标号使得它成为按位的。

设 T 是有根 v 的二元按位树，那么如果 v_L 存在，则子树 $T(v_L)$(见 7.1 节)称作 T 的**左子树**。如果 v_R 存在，则子树 $T(v_R)$称作 T 的**右子树**。

注意如果 $T(v_L)$存在，那么它是有根 v_L 的按位二元树。类似地，$T(v_R)$是有根 v_R 的按位二元树。该记号使得人们可以用通常的而又非常有效的递归形式来指定搜索算法。回顾递归算法就是归之于其本身的算法。首先描述一种搜索方法，称作**前序搜索**。如果未特别提到，暂时不描述访问树的顶点的细节。考虑搜索有根 v 的按位二元树 T 的如下算法。

算法　PREORDER

步骤 1：访问 v。

步骤 2：如果 v_L 存在，那么把此算法应用到$(T(v_L), v_L)$。

步骤 3：如果 v_R 存在，那么把此算法应用到$(T(v_R), v_R)$。 ■

大致可以看出前序搜索一棵树是由下面三个步骤所组成的。

1．访问根。

2．如果左子树存在，那么对它进行搜索。

3．如果右子树存在，那么对它进行搜索。

例 1　设 T 是有标号的按位二元树，它的有向图如图 7.14(a)所示。该树的根是标号为 A 的顶点。对于 T 的任意顶点 v，假设访问 v 就是打印出 v 的标号，现在把前序搜索算法应用到此树。首先注意到如果一棵树只是由一个顶点即它的根所组成，那么搜索该树就是简单地打印出根的标号。在图 7.14(b)中，围绕 T 的子树放置一个框，并且为了方便起见，把这些子树编号(在框的角上)。

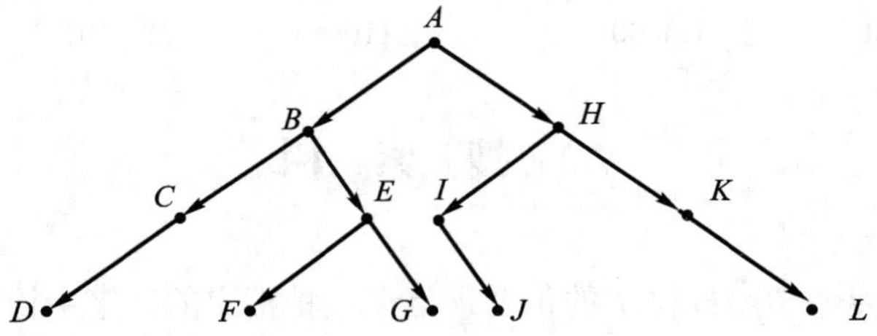

(a)

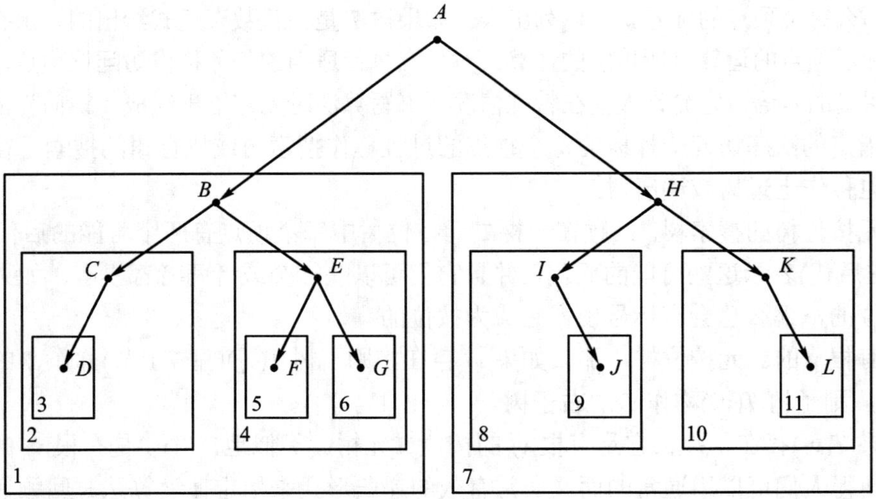

(b)

图 7.14

根据 PREORDER 并且把它应用到 T，首先访问根并且打印出 A，其次搜索子树 1，然后是子树 7。把 PREORDER 应用到子树 1 导致访问子树 1 的根并打印出 B，然后搜索子树 2，最后搜索子树 4。子树 2 的搜索首先打印符号 C，然后搜索子树 3。子树 3 恰好有一个顶点，所以，如前所述，该树的搜索刚好得到符号 D。这样，搜索直至产生字符串 $ABCD$。注意，为了将搜索程序应用于子树，必须中断每棵树的搜索(除了子树 3 之外，它是 T 的叶)。因此，直至将搜索程序应用于子树 2 和 4 时，才能通过搜索子树 7 来完成 T 的搜索。直至完成搜索子树 3 时，才能完成子树 2 的搜索等。由这些中断所带来的簿记以期望的次序产生标号，并且递归是详细说明这本簿记的一种简单方法。

现在回到搜索，已完成搜索子树 2，当前必须搜索子树 4，因为它是树 1 的右子树。因此，打印 E 并且依次搜索子树 5 和 6。这些搜索产生 F 和 G。子树 1 的搜索现已完成，而进行子树 7 的搜索。应用同样的过程，可以看到子树 7 的搜索最终将产生字符串 $HIJKL$。于是，完成 T 的搜索得到的结果是打印字符串 $ABCDEFGHIJKL$。 ■

例 2 考虑完全括号表达式$(a-b)\times(c+(d\div e))$，图 7.15(a)给出了该表达式按位二元树表示的具有标号的有向图。将搜索程序 PREORDER 应用于该树，像在例 1 中那样对树进行搜索。图 7.15(b)给出了在搜索中所遇到的各种子树。像例 1 那样，再次假设访问 v 就是简单地打印出 v 的标号。可以看到字符串$\times - ab+c\div de$ 是搜索的结果。它就是已知代数表达式的**前缀**或**波兰形式**。图 7.15(b)中框里的编号再次给出了算法 PREORDER 应用于子树的次序。 ■

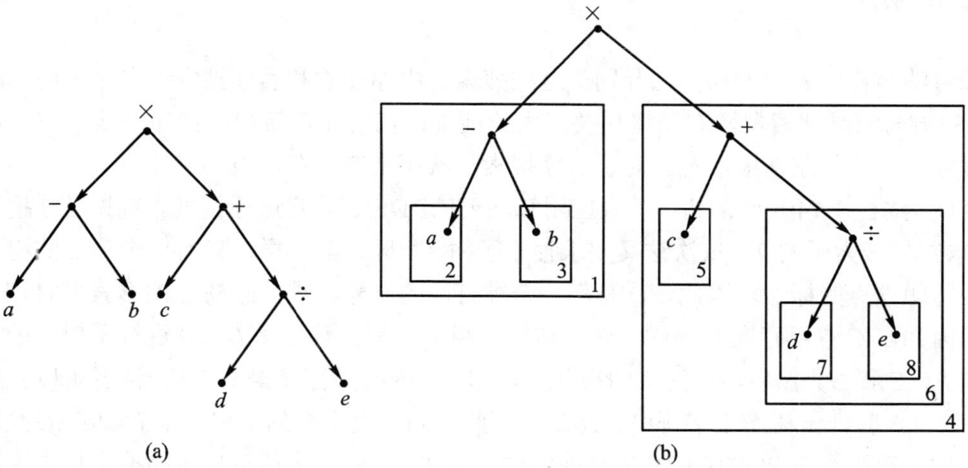

图 7.15

一个代数表达式的波兰形式是非常有趣的，因为它没有括号并且无歧义地表示了表达式。求波兰形式表达式的值的过程如下：从左到右进行直至发现形如 Fxy 的字符串为止，其中 F 是二元运算符(如+, −, ×等)，x 和 y 是数，求 xFy 的值并且作为字符串 Fxy 的答案。继续此过程直至只剩一个数为止。

例如，在上面的表达式中，假设 a=6，b=4，c=5，d=2 和 e=2，那么求 $\times-64+5\div22$ 的值可

以用下面的步骤实现。

1．$\times -64+5\div 22$。

2．$\times$ $2+5\div 22$，因为正确类型的第一个字符串是-64和$6-4=2$。

3．$\times$ $2+51$，用$2\div 2$或1代替$\div 22$。

4．$\times 26$，用$5+1$或6代替$+51$。

5．12，用2×6代替$\times 26$。

该例子是把这类搜索称为前序搜索的最基本的原因之一，因为这里的运算符是在自变量的前面。

下面对搜索有根v的按位二元树T的另外两个程序给出一个非正式的描述。

算法 INORDER

步骤1：如果左子树$(T(v_L), v_L)$存在，那么对它进行搜索。

步骤2：访问根v。

步骤3：如果右子树$(T(v_R), v_R)$存在，那么对它进行搜索。 ■

算法 POSTORDER

步骤1：如果左子树$(T(v_L), v_L)$存在，那么对它进行搜索。

步骤2：如果右子树$(T(v_R), v_R)$存在，那么对它进行搜索。

步骤3：访问根v。 ■

正如算法名称所表明的那样，分别称这些搜索为**中序搜索**和**后序搜索**。名称表明何时访问树(子树)的根与何时搜索左、右子树相关。大致地说，在前序搜索中，次序是根，左，右。对于中序搜索，次序是左，根，右。对于后序搜索，次序是左，右，根。

例3 考虑图7.14(b)中的树，并且应用算法INORDER对它进行搜索。首先必须搜索子树1，这要求首先搜索子树2，依次这又要求搜索子树3。同以前一样，只有一个顶点的树的搜索仅简单地打印顶点的标号。因此，D是第一个被打印的符号。继续子树2的搜索并打印C，然后中止，因为在C点不存在右子树。然后访问子树1的根并且打印B，并进行子树4的搜索，依次得到F，E和G。然后，访问T的根并且打印A，继续进行搜索子树7。读者可以完成子树7的搜索分析，验证子树产生字符串$IJHKL$。因此，完全搜索得到了字符串$DCBFEGAIJHKL$。

现在假设应用算法POSTORDER来搜索同一棵树。只有一个顶点的树的搜索将再次产生该顶点的标号。一般地，在打印出v点的标号之前，必须搜索以v为根的树的左、右子树。

再次参考图7.14(b)，可以看到在打印出A之前必须搜索子树1和子树7，在打印出B之前必须搜索子树2和子树4等。

子树2的搜索要求搜索子树3，D是第一个被打印出的符号。继续子树2的搜索，打印出C。现在搜索子树4，得到F，G和E。接下来访问子树1的根并且打印出B。然后继续子树7的搜索并且打印出符号J，I，L，K和H。最后，访问T的根并且打印出A。因此，可以打印出字符串$DCFGEBJILKHA$。 ■

例 4 将中序搜索和后序搜索应用于例 2 中的代数表达式(见图 7.15(a))。使用 INORDER 得到字符串 $a-b\times c+d\div e$。注意到这恰好是例 2 中去掉所有括号时开始使用的表达式。因为代数符号位于它们的自变量之间，所以常常称它为**中缀记号**，而且这也解释了名称 INORDER。前面的表达式如果没有括号，那么它是含糊不清的，它可能来自于表达式 $a-(b\times((c+d)\div e))$，这就产生了一棵不同的树。因此，树不能从搜索程序 INORDER 的输出中得以恢复，但可以证明树可从 PREORDER 所产生的波兰形式得以恢复。由于这个原因，尽管人们对于中缀形式更为熟悉，但波兰记号对于计算机应用往往更好。

对该树使用搜索程序 POSTORDER 产生字符串 $ab-cde\div+\times$，这是表达式的**后缀形式**或**逆波兰形式**。求它的值，除了运算符是在它的变量之后而不是在它们之前外，使用方法类似于波兰形式。如果 $a=2, b=1, c=3, d=4$ 和 $e=2$，求前面表达式的值可以使用下面的步骤顺序。

1．$21-342\div+\times$。

2．$1342\div+\times$，用 $2-1$ 或 1 代替 $21-$。

3．$132+\times$，用 $4\div2$ 或 2 代替 $42\div$。

4．$15\times$，用 $3+2$ 或 5 代替 $32+$。

5．5，用 1×5 或 5 代替 $15\times$。 ■

逆波兰形式也是无括号的，从它可以恢复表达式的树。因此它甚至比波兰形式使用得更频繁，并且是某些计算器中对表达式求值的方法。

搜索一般的树

到目前为止，仅仅说明了如何搜索二元按位树。下面证明任意有序树 T(见 7.1 节)可以表示成二元按位树，尽管它不同于 T，但它具备 T 的所有结构并且可用来重新构造 T。采用二元按位树的描述，可以应用先前已给出的计算机表示和搜索方法。因为任何树都可以有序化，所以可以对任意(有限)树使用这种技巧。

设 T 是任意有序树，A 是 T 的顶点集合，在顶点集合 A 上定义一棵二元按位树 $B(T)$如下。如果 $v\in A$，并且 $B(T)$中 v 的左后代 v_L 存在的话，那么它是 T(以 T 中兄弟的给定次序)中 v 的第一个后代。如果 $B(T)$中 v 的右后代 v_R 存在的话，那么它是 T 中 v 的另一个后代(以 T 中兄弟的给定次序)。

例 5 图 7.16(a)给出了标号树 T 的有向图，假设每个兄弟集合像图所画的那样从左到右排序。那么顶点 1 的后代即为顶点 2，3 和 4，它的排序次序是顶点 2 第一，顶点 3 第二，顶点 4 第三。类似地，顶点 5 的第一个后代是顶点 11，第二个是顶点 12，第三个是顶点 13。

在图 7.16(b)中，给出了对应二元按位树 $B(T)$的有向图。为了获得图 7.16(b)，从每个顶点 v 到它的第一个后代(如果 v 有后代的话)只画一条左边，然后从每个顶点 v 到它的下一个后代(以给定的次序)画一条右边，如果 v 有下一个后代的话。因此，在图 7.16(b)中，从顶点 2 的左边是到顶点 5，因为顶点 5 是树 T 中顶点 2 的第一个后代。同样，在图 7.16(b)中，从顶点 2 的右边是到顶点 3，因为顶点 3 是线段上的另一个后代(在顶点 1 的所有后代中)。$B(T)$的双重连接表表示有时可简单地看成是 ***T* 的连接表表示**。 ■

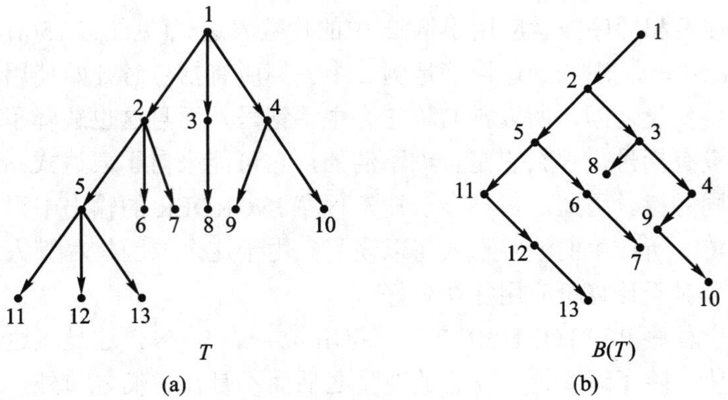

图 7.16

例 6　图 7.17(a)给出了另一棵标号树的有向图，它具有图中所示从左到右的兄弟排序。图 7.17(b)给出了对应树 $B(T)$的有向图，图 7.17(c)给出了 $B(T)$的一种数组表示。如上所述，图 7.17(c)中的数据被称为 T 的**连接表表示**。　■

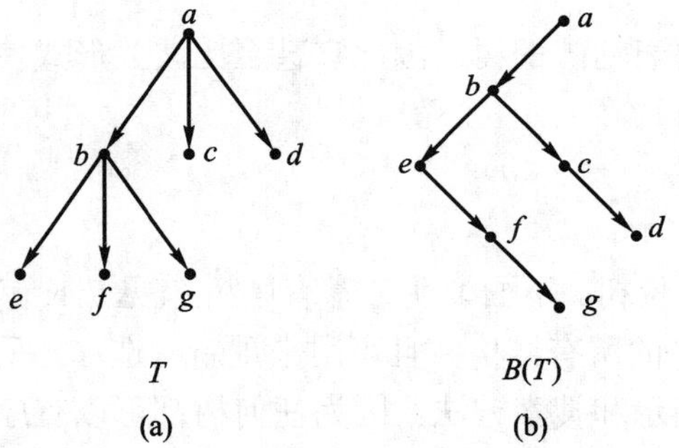

下标	左	数据	右
1	2	☒	0
2	3	*a*	0
3	6	*b*	4
4	0	*c*	5
5	0	*d*	0
6	0	*e*	7
7	0	*f*	8
8	0	*g*	0

(c)

图 7.17

伪码描述

下面对本节中的三种搜索算法给出简单的伪码描述。在每种描述中，假设子程序 VISIT 在前面已有定义。

SUBROUTINE PREORDER(T，v)

1．**CALL** VISIT(v)

2．**IF** (v_L 存在) **THEN**

　a．**CALL** PREORDER($T(v_L)$，v_L)

3．**IF**(v_R 存在)**THEN**

　a．**CALL** PREORDER($T(v_R)$，v_R)

4．**RETURN**

END OF SUBROUTINE PREORDER

SUBROUTINE INORDER(T, v)

1. **IF**(v_L 存在)**THEN**
   a. **CALL** INORDER($T(v_L)$, v_L)
2. **CALL** VISIT(v)
3. **IF**(v_R 存在)**THEN**
   a **CALL** INORDER($T(v_R)$, v_R)
4. **RETURN**

END OF SUBROUTINE INORDER

SUBROUTINE POSTORDER(T, v)

1. **IF**(v_L 存在)**THEN**
   a. **CALL** POSTORDER($T(v_L)$, v_L)
2. **IF**(v_R 存在)**THEN**
   a. **CALL** POSTORDER($T(v_R)$, v_R)
3. **CALL** VISIT(v)
4. **RETURN**

END OF SUBROUTINE POSTORDER

习 题 7.3

在第 1 题~第 5 题中(图 7.18~图 7.22)，给出了标号按位二元树的有向图。在每种情况下，假设访问一个顶点就是打印出该顶点的标号。那么为每个练习给出执行前序搜索树（有向图已知）的结果。

1.

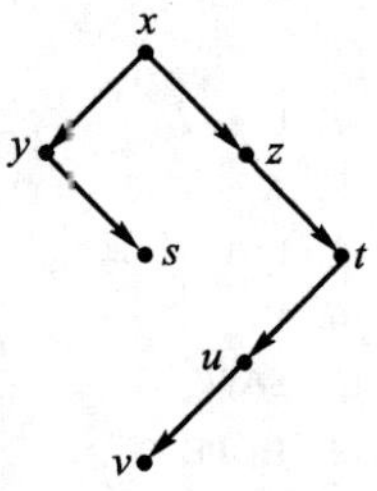

图 7.18

2.

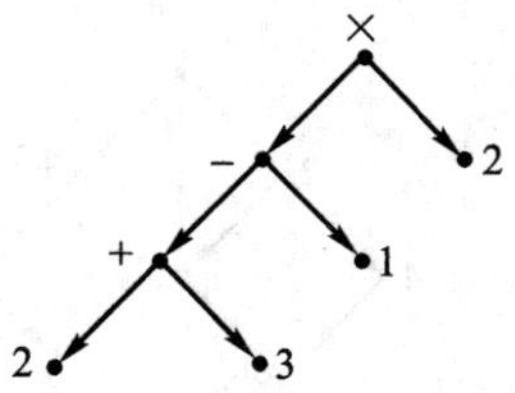

图 7.19

3.

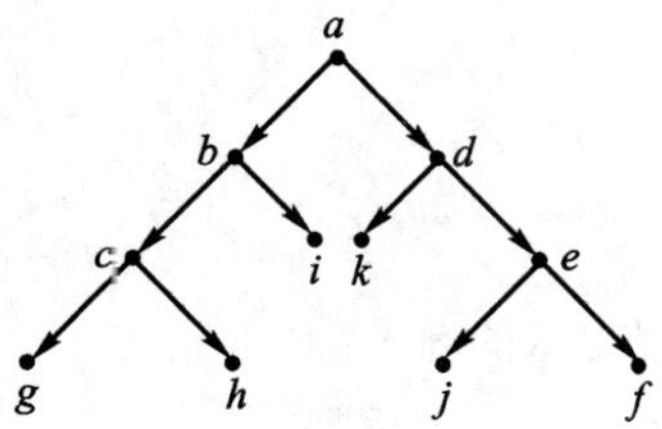

图 7.20

4.

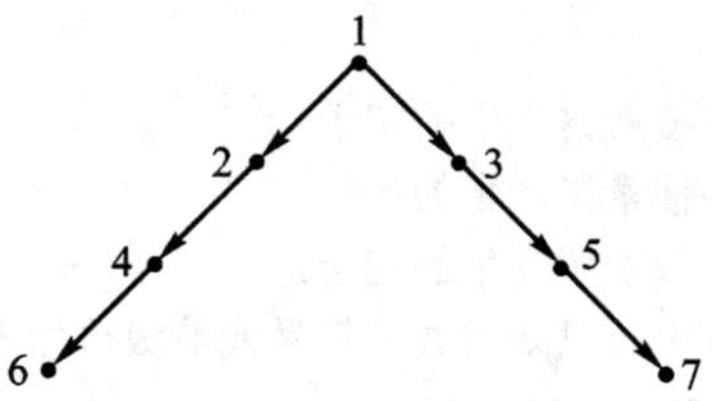

图 7.21

5.

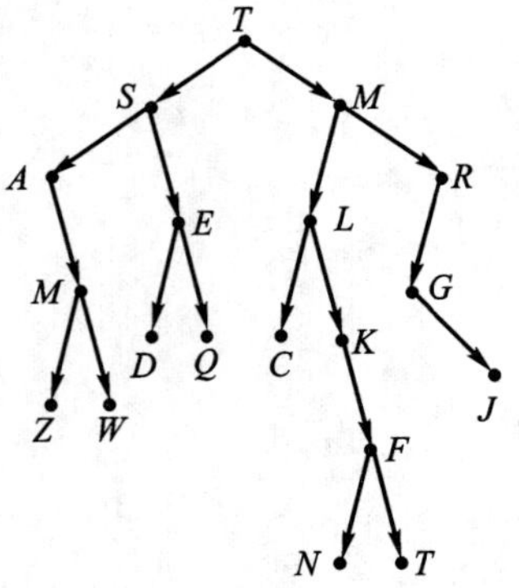

图 7.22

在第 6 题~第 15 题中，访问一个节点意指打印出节点的标号。

6. 已知图 7.18 所示的树，给出执行中序搜索的结果。

7. 已知图 7.19 所示的树，给出执行中序搜索的结果。

8. 已知图 7.20 所示的树，给出执行中序搜索的结果。

9. 已知图 7.21 所示的树，给出执行中序搜索的结果。

10. 已知图 7.22 所示的树，给出执行后序搜索的结果。

11. 已知图 7.18 所示的树，给出执行后序搜索的结果。

12. 已知图 7.19 所示的树，给出执行后序搜索的结果。

13. 已知图 7.20 所示的树，给出执行后序搜索的结果。

14. 已知图 7.21 所示的树，给出执行后序搜索的结果。

15. 已知图 7.22 所示的树，给出执行中序搜索的结果。

在第 16 题~第 18 题中，考虑有向图如图 7.23 所示的树以及列出的词表，假设访问该树的节点意指打印出对应标号节点数的词。

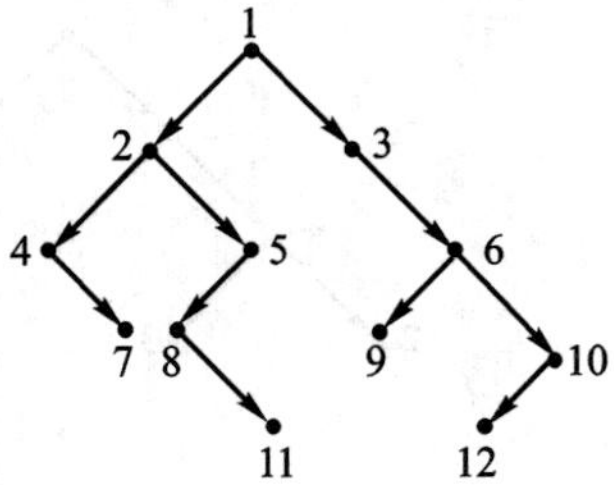

1. ONE	7. I
2. COW	8. A
3. SEE	9. I
4. NEVER	10. I
5. PURPLE	11. SAW
6. NEVER	12. HOPE

图 7.23

16. 给出前序搜索树产生的句子。

17. 给出中序搜索树产生的句子。

18. 给出后序搜索树产生的句子。

在题 19 和 20 中，已知用波兰符号或前缀符号表示的表达式，求表达式的值。

19. $\times - + 3 4 - 7 2 \div 1 2 \times 3 - 6 4$

20．÷−×3x×4y+15×2−6y，其中 x 是 2，y 是 3。

在第 21 题~第 24 题中，已知用逆波兰符号或后缀符号表示的表达式，求表达式的值。

21．432÷−5×42×5×3÷÷

22．37×4−9×65×2+÷

23．x 2−3+23y +−w 3−×÷，其中 x 是 7，y 是 2，w 是 1。

24．7x×y−8x×w+×，其中 x 是 7，y 是 2, w 是 1。

25．画一棵二元树，使得前序搜索产生字符串 *JBACDIHEGF*。

26．画一棵二元树，使得前序搜索产生字符串 *CATSANDDOGS*。

27．画一棵二元树，使得后序搜索产生字符串 *SEARCHING*。

28．画一棵二元树，使得后序搜索产生字符串 *TREEHOUSE*。

29．(a) 前序搜索产生字符串 *JBACDIHEGF* 的每一棵二元树一定有 10 个顶点，此外树之间还有什么共同点？

(b) 后序搜索产生字符串 *SEARCHING* 的每一棵二元树一定有 9 个顶点，此外树之间还有什么共同点？

30．证明：字符串 *ABCDEF* 的任何元素可以是中序搜索产生该字符串的二元树的根。

在题 31 和 32 中(图 7.24 和图 7.25)，画出与已知树相对应的二元按位树 $B(T)$的有向图，并且给 $B(T)$的顶点标号，使得它们与 T 的顶点相对应。

31.

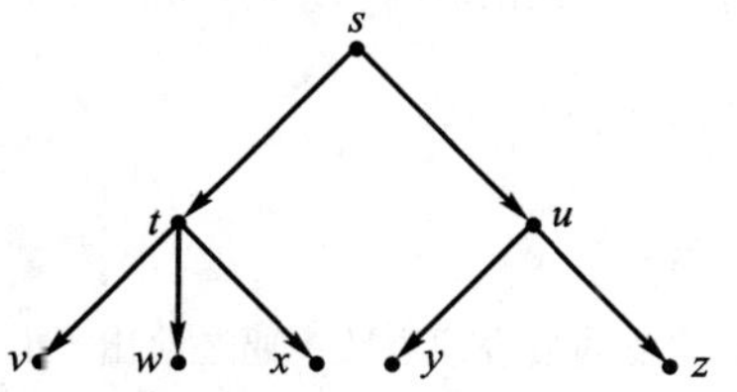

图 7.24

32.

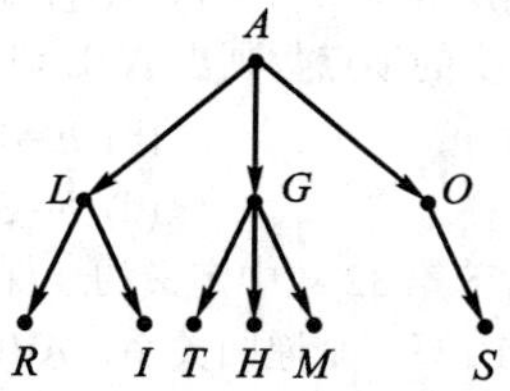

图 7.25

在题 33 和 34 中，已知用数组的形式给出标号树 T(不是二元树)的双重连接表表示，画出用数组实际存储的标号二元树 $B(T)$的有向图以及以 $B(T)$为二元表示的标号树 T 的有向图。

33.

下标	左	数据	右
1	2	×	0
2	3	*a*	0
3	4	*b*	5
4	6	*c*	7
5	8	*d*	0
6	0	*e*	10
7	0	*f*	0
8	0	*g*	11
9	0	*h*	0
10	0	*i*	9
11	0	*j*	12
12	0	*k*	0

34.

下标	左	数据	右
1	12	×	0
2	0	T	0
3	0	W	0
4	2	O	3
5	0	B	0
6	0	R	0
7	0	A	0
8	6	N	7
9	5	C	8
10	4	H	9
11	0	E	10
12	11	S	0

在题 35 和 36 中(图 7.26 和图 7.27)，已知标号二元按位树的有向图，如果该树是某棵树 T 的二元形式 $B(T)$，画出标号树 T 的有向图。

35.

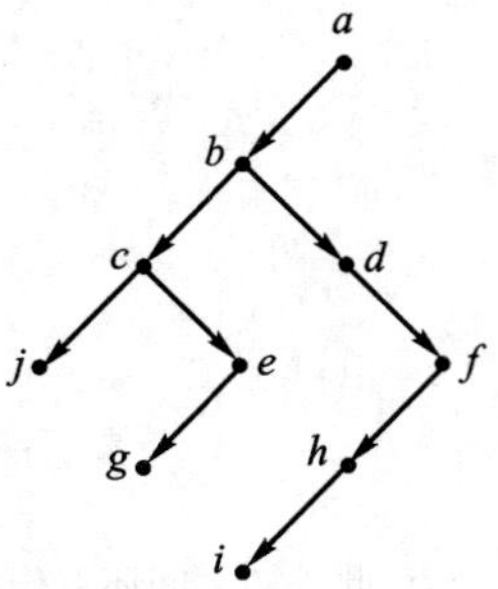

图 7.26

36.

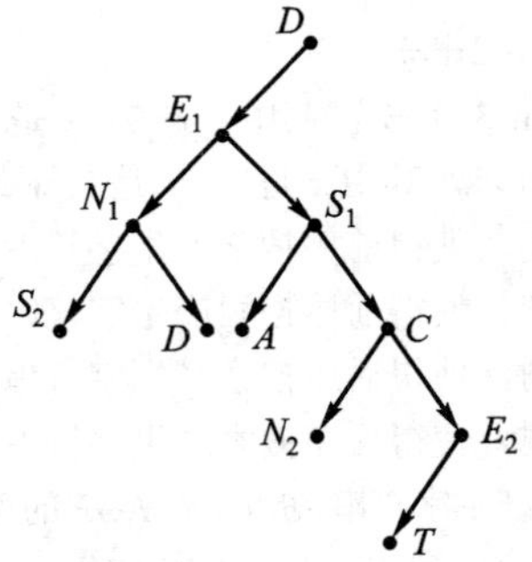

图 7.27

37．找出用二元树存储的信息是一项普通任务，这能通过构造一棵“均衡”树提高这种搜索的效率。一棵 **AVL 树**(T, v_0)是对每个 $v \in T$，$T(v_L)$的高度同 $T(v_R)$的高度至多有一个不同的一棵二元树。对于下面已知的高度，用尽可能最少的顶点数画出 AVL 树。

(a) ht=0　　(b) ht=1

(c) ht=2　　(d) ht=3

38．在 7.1 节第 32 题中定义的一棵均衡 2-树是一棵 AVL 树吗？

39．为 AVL_n 写一个递归关系，AVL_n 是高度为 n 的 AVL 树所需要的最少顶点数。通过给出下面这样一个过程验证你的递归关系：从具有最少顶点数且较小的 AVL 树中形成一棵有最少顶点数且高度为 k 的 AVL 树。

7.4 无　向　树

无向树就是树的对称闭包(见 4.7 节)，即它是所有边都成双向的树。按照对称关系的习惯，通常用无向图而不是有向图来表示无向树。当(a, b)和(b, a)属于 T 时，无向树 T 的图将有一条连接顶点 a 和 b 且无箭头的单一连线。集合$\{a,b\}$称作 T 的**无向边**，其中(a,b)和(b, a)都属于 T(见 4.4 节)。在这种情况下，顶点 a 和 b 称作**邻接顶点**。因此，每一条无向边$\{a, b\}$ 对应于两条通常的边(a, b)和(b, a)。在无向树 T 的图中的连线对应于 T 中的无向边。

例 1　图 7.28(a)给出了无向树 T 的图，在图 7.28(b)和(c) 中，分别给出了普通树 T_1 和 T_2 的有向图，T 是它们的对称闭包。这表明无向树通常对应许多有向树。其所含标号表明这三种关系中基本顶点的对应关系。注意，虽然关系 T 包含 12 对边，但是图 7.28(a)中 T 的图只有 6 条线(无向边)。■

对无向树要提出其他一些更有用的定义，为此，必须针对对称关系做一些解释。

设 R 是一个对称关系，p：$v_1, v_2, \cdots$，v_n 是 R 中的道路，如果 p 不存在任何两条边对应于同一条无向边，则称 p 是**简单的**。此外，如果 v_1 等于 v_n(使得 p 是一条回路)，则称 p 是一条**简单回路**。

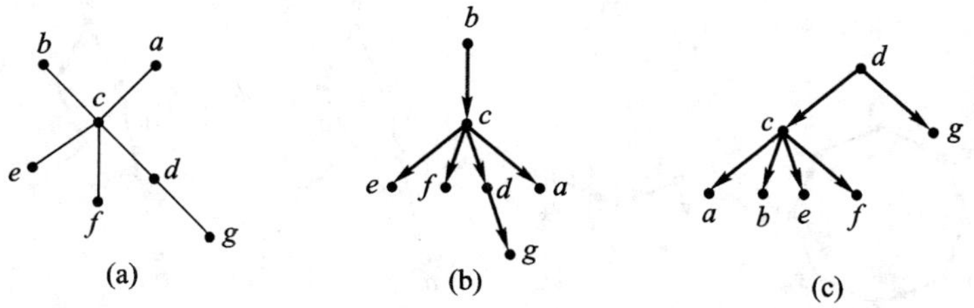

图 7.28

例 2 图 7.29 给出了对称关系 R 的图，道路 a, b, c, e, d 是简单的，但是道路 f, e, d, c, d, a 不是简单的，因为 d, c 和 c, d 对应于同一条无向边。同样，f, e, a, d, b, a, f 和 d, a, b, d 是简单回路，但 f, e, d, c, e, f 不是一条简单回路，因为 f, e 和 e, f 对应于同一条无向边。■

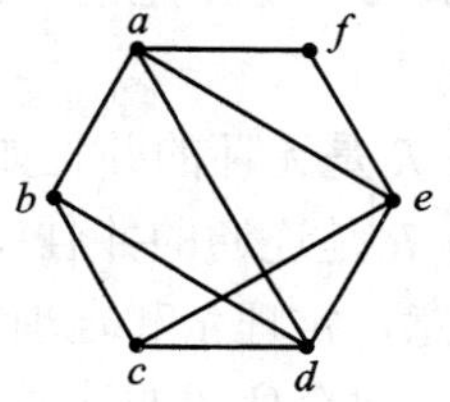

图 7.29

如果对称关系 R 不包含任何简单回路，则称 R 是**无环的**。回路(见 4.4 节)如果在 R 中存在从任意一个顶点到其他顶点的一条道路，那么对称关系 R 是连通的。

下面的定理对前面无向树的定义提供了一条有用的等价命题。

定理 1 设 R 是集合 A 上的对称关系，那么下面的命题是等价的。

(a) R 是一棵无向树。

(b) R 是连通的和无环的。

证明 将证明(a)推出(b)，但省略(b)推出(a)的证明。假设 R 是一棵无向树，这意味着 R 是 A 上某棵树 T 的对称闭包。首先注意，如果$(a, b) \in R$, 那么必有 $(a, b) \in T$ 或者$(b, a) \in T$。在几何术语中，这意味着 R 的图中的每条无向边在 T 的有向图中是以指向同一方向或者相反方向出现的。

用反证法证明 R 没有简单回路。假设 R 有一条简单回路 p：$v_1, v_2,\cdots$，v_n，v_1。对于 p 中每条边(v_i, v_j) 无论选择 T 中的(v_i, v_j)还是(v_j, v_i)，结果得到 T 中边的封闭图形，其中每条边可能指向两个方向中的任意一个。现在存在三种可能性，所有箭头都是顺时针指向，像图 7.30(a)那样所有点都是逆时针指向，或者某些边像图 7.30(b) 那样指向。图 7.30(b)是不可能的，因为在树 T 中每个顶点(根除外)只有入度 1(见 7.1 节的定理 1)。但是其他两种情况中任何一种都意味着 T 包含一条回路，这也是不可能的。因此，R 中存在回路 p 导致矛盾，所以这是不可能的。

还必须证明 R 是连通的。设 v_0 是树 T 的根，如果 a 和 b 是 A 中任意两个顶点，那么一定存在如图 7.30(c)所示的从 v_0 到 a 的道路 p 和从 v_0 到 b 的道路 q。于是得到 T 中所有道路在 R 中都可逆，所以如图 7.30(d)所示的道路 $q \circ p^{-1}$ 用 R 中的 b 连接 a，其中 p^{-1} 是 p 的逆路径。因为 a 和 b 是任意的，所以 R 是连通的，这就证明了(b)。■

无向树中还存在其他一些有用的特征，不予证明，陈述其中两条于下面的定理之中。

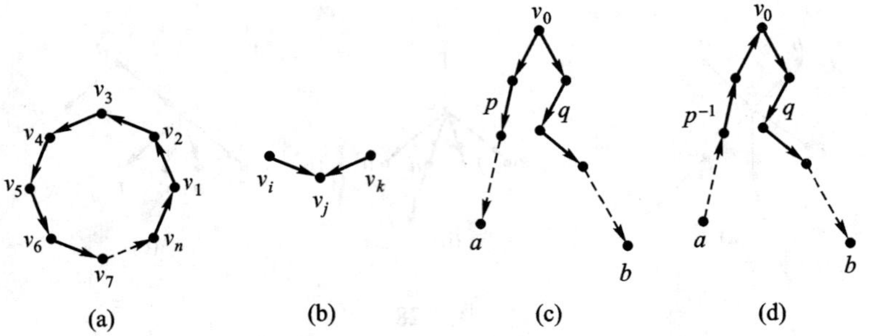

图 7.30

定理 2　设 R 是集合 A 上的一个对称关系，那么 R 是一棵无向树当且仅当下面的命题之一为真。

(a) R 是无环的并且如果在 R 中添加任何一条无向边，那么新的关系就不是无环的。

(b) R 是连通的并且如果从 R 中去掉任意一条无向边，那么新的关系将不是连通的。　■

注意，定理 1 和定理 2 表明一棵无向树一定刚好有“恰当”的边数：边太多，会产生环；边太少，树会变成非连通。

下面的定理在求某些类型的树时是有用的。

定理 3　n 个顶点的树有 $n-1$ 条边。

证明　因为树是连通的，所以一定至少存在连接 n 个顶点的 $n-1$ 条边。假设存在多于 $n-1$ 条边，那么或者根有入度 1 或者某个其他顶点至少有入度 2。但是由 7.1 节的定理 1 可知，这是不可能的。因此，恰好存在 $n-1$ 条边。　■

连通关系的生成树

如果 R 是集合 A 上的一个对称的连通关系，A 上的树 T 是同 R 恰好有相同顶点并且是通过从 R 中删去某些边而获得的树，则称 T 是 R 的一棵**生成树**。

例 3　对称关系 R 的图如图 7.31(a)所示，它有树 T' 作为生成树，T' 的有向图如图 7.31(b)所示。同样，树 T'' 的有向图如图 7.31(c)所示，它也是 R 的一棵生成树。因为 R，T' 和 T'' 都是同一集合 A 上的关系，所以给顶点标号以便表明元素的对应。正如该例子所表明的那样，生成树并不是唯一的。　■

对于一个对称的连通关系 R，它的**无向生成树**在某些应用中是十分有用的。无向生成树就是生成树的对称闭包。图 7.31(d)给出了从图 7.31(c)的生成树导出的 R 的一棵无向生成树。如果 R 是一个对称的和连通的复杂关系，那么也许很难设计一种方案来搜索 R，即用某种系统化的方式访问它的每个顶点一次。如果 R 能化简成一棵生成树，那么 7.3 节所讨论的搜索算法就能使用。

定理 2(b)为关系 R 找无向生成树提供了一种算法，它就是从 R 中简单地去掉无向边直至再去掉一条无向边将导致关系是不连通的时候为止。所得的结果就是一棵无向生成树。

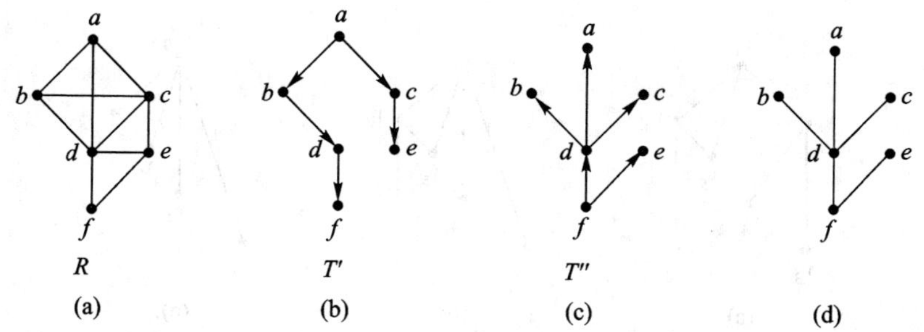

图 7.31

例4 在图 7.32(a)中，重复图 7.31(a)的图，于是得到去掉无向边的逐次结果，终止于图 7.32(f)，它就是与图 7.31(d)完全一致的无向生成树。 ■

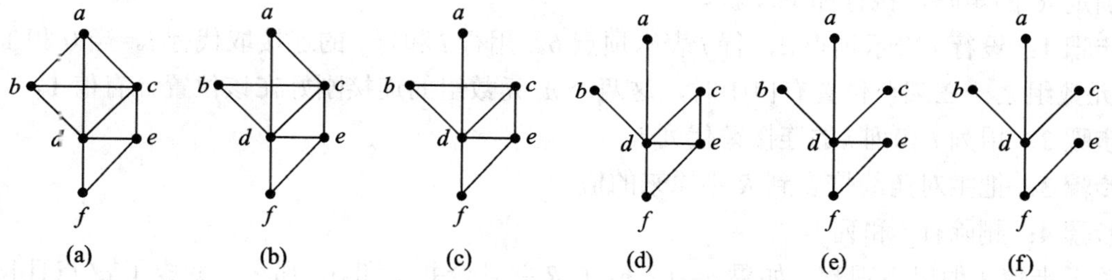

图 7.32

该算法对于关系图很容易画出的小型关系是有效的。但对于大型关系，也许在计算机里需要存储，该方法就显得效率很低，因为在每一步必须检查连通性，而这本身就需要一种复杂的算法。下面介绍一种也产生一棵生成树而不是一棵无向生成树的更有效的方法。

设 R 是集合 A 上的一个关系，$a,b\in A$，$A_0=A-\{a,b\}$，$A'=A_0\cup\{a'\}$，其中 a' 是不在 A 中的某个新元素。在 A' 上定义一个关系 R' 如下。假设 $u,v\in A'$，$u\neq a'$，$v\neq a'$。设$(a', u)\in R'$当且仅当$(a, u)\in R$ 或者$(b, u)\in R$。设$(u, a')\in R'$当且仅当$(u, a)\in R$ 或者$(u, b)\in R$。最后，设$(u, v)\in R'$当且仅当$(u, v)\in R$。那么称 R' 是顶点 a 和 b 合并的结果。

在 R 的有向图中设想顶点是针，边是能够收缩到长度为 0 的弹性带状物。于是如果存在针 a 和 b 之间的边可收缩到 0 长度，那么针 a 和 b 就物理地移到一起了，所形成的有向图就是 R' 的有向图。如果 R 是对称的，则可以对 R 的图执行这种操作。其结果是对称关系 R' 的图。

例 5 图 7.33(a)给出了一个对称关系 R 的图。在图 7.33(b)中，给出了顶点 v_0 和 v_1 合并到新顶点 v_0'的结果。在图 7.33(c)中，给出了关系图如图 7.33(b)所示的顶点 v_0'和 v_2 合并到新顶点 v_0'' 的结果。注意，在图 7.33(c)中，刚才提到的 v_0'与 v_5 之间和 v_2 与 v_5 之间的无向边已经合成了一条无向边。 ■

这种合并过程的代数形式也是非常重要的。这里仅限于考虑对称关系和它们的图。从 4.2 节已经知道如何构造关系 R 的矩阵。

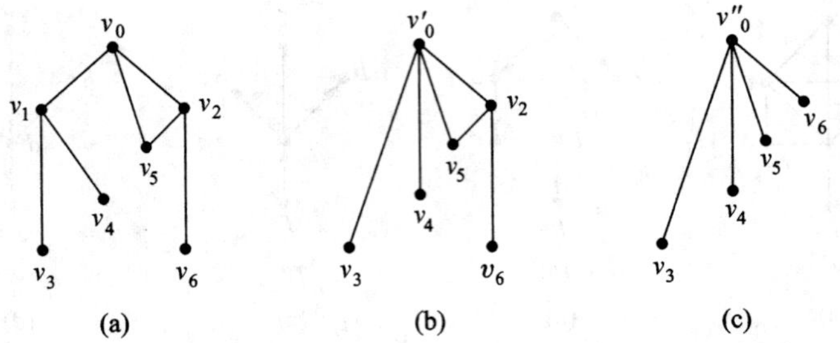

图 7.33

如果 R 是 A 上的一个关系，则为了便于讨论，将暂时把 A 的元素看成 R 的顶点。

现在假设一个关系 R 的顶点 a 和 b 被合并成一个新的顶点 a'(取代 a 和 b)后获得关系 R'。为了确定 R' 的矩阵，执行如下步骤。

步骤 1：设行 i 表示顶点 a，行 j 表示顶点 b，用行 i 和行 j 的连接取代行 i。当 0 和 1 的两个 n-元数组之一在某个位置有值 1 时，这两个 n-元数组的连接刚好在该位置上有值 1。

步骤 2：用列 i 和列 j 的连接替代列 i。

步骤 3：把主对角线恢复到 R 中原来的值。

步骤 4：删除行 j 和列 j。

关于步骤 3 做以下观察。如果 $e=(a, b) \in R$ 并且合并 a 和 b，那么 e 变成了 a' 点且长度为 1 的环。不想发生这种情况，因为它与“收缩(a, b)到 0”不相一致。步骤 3 就是对出现这种情况的校正。

例 6 图 7.34 给出了图 7.33 所示的对称关系的图所对应的矩阵。在图 7.34(b)中，已将顶点 v_0 和 v_1 合并成 v_0'。注意，要做到这一点可通过取开始两行的连接并且把该结果放入第一行，对列进行同样的操作，然后恢复对角线，去掉第二行和第二列。如果图 7.34(b)所给矩阵的图中的顶点 v_0' 和 v_2 被合并，那么形成的图有图 7.34(c)所给出的矩阵。■

	v_0	v_1	v_2	v_3	v_4	v_5	v_6
v_0	0	1	1	0	0	1	0
v_1	1	0	0	1	1	0	0
v_2	1	0	0	0	0	1	1
v_3	0	1	0	0	0	0	0
v_4	0	1	0	0	0	0	0
v_5	1	0	1	0	0	0	0
v_6	0	0	1	0	0	0	0

(a)

	v'_0	v_2	v_3	v_4	v_5	v_6
v'_0	0	1	1	1	1	0
v_2	1	0	0	0	1	1
v_3	1	0	0	0	0	0
v_4	1	0	0	0	0	0
v_5	1	1	0	0	0	0
v_6	0	1	0	0	0	0

(b)

	v''_0	v_3	v_4	v_5	v_6
v''_0	0	1	1	1	1
v_3	1	0	0	0	0
v_4	1	0	0	0	0
v_5	1	0	0	0	0
v_6	1	0	0	0	0

(c)

图 7.34

对定义在集合 $A=\{v_1, v_2, \cdots, v_n\}$上的对称连通关系 R，现在可给出一种求其生成树的算法。

该方法是所谓的 **Prim 算法**的一种特殊情况，步骤如下。

步骤 1：选 R 的一个顶点 v_1 并且安排 R 的矩阵，使其第一行对应 v_1。

步骤 2：选 R 的一个顶点 v_2 使得$(v_1, v_2)\in R$，把 v_1 和 v_2 合并成一个新的顶点 v_1'，用$\{v_1, v_2\}$表示，并且用 v_1'取代 v_1。计算刚得到的关系 R' 的矩阵，称顶点 v_1'为一个合并顶点。

步骤 3：对 R' 和所有随后的关系重复步骤 1 和步骤 2 直至获得单一顶点的关系为止。在每一步，记录每个合并顶点所表示的原顶点集合。

步骤 4：构造生成树如下。在每一步，当合并顶点 a 与 b 时，在 R 中选一条由 a 表示的原顶点之一到由 b 表示的原顶点之一的边。

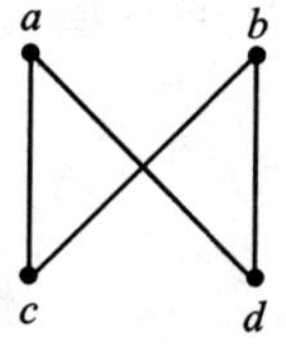

图 7.35

例 7 已知对称关系以及它的图如图 7.35 所示，对该对称关系应用 Prim 算法。在表 7.1 中，给出了当顶点的原集合被化简时得到的矩阵，这种化简是通过顶点合并直至获得单一顶点时为止。在每一步，记录每个合并顶点所表示的原顶点集合以及即将合并的新顶点。

表 7.1

矩阵	由合并顶点表示的原顶点	即将合并的新顶点(用第一行)
$\begin{array}{c} \\ a \\ b \\ c \\ d \end{array}\begin{array}{c} \begin{matrix} a & b & c & d \end{matrix} \\ \begin{bmatrix} 0 & 0 & 1 & 1 \\ 0 & 0 & 1 & 1 \\ 1 & 1 & 0 & 0 \\ 1 & 1 & 0 & 0 \end{bmatrix} \end{array}$	—	c
$\begin{array}{c} \\ a' \\ b \\ d \end{array}\begin{array}{c} \begin{matrix} a' & b & d \end{matrix} \\ \begin{bmatrix} 0 & 1 & 1 \\ 1 & 0 & 1 \\ 1 & 1 & 0 \end{bmatrix} \end{array}$	$a' \leftrightarrow \{a,c\}$	b
$\begin{array}{c} \\ a'' \\ d \end{array}\begin{array}{c} \begin{matrix} a'' & d \end{matrix} \\ \begin{bmatrix} 0 & 1 \\ 1 & 0 \end{bmatrix} \end{array}$	$a'' \leftrightarrow \{a,c,b\}$	d
$\begin{array}{c} \\ a''' \end{array}\begin{array}{c} a''' \\ \begin{bmatrix} 0 \end{bmatrix} \end{array}$	$a''' \leftrightarrow \{a,c,d,b\}$	—

选取的第一个顶点是 a，并且选取 c 作为即将与 a 合并的顶点，因为在第一行顶点 c 有值 1。同时从原图中选择边(a, c)。第二步，因为在第一行顶点 b 有值 1，所以把 b 与顶点 a' 合并，在原关系 R 中选择从$\{a, c\}$的一个顶点到 b 的一条边，如(c, b)。第三步，必须把 d 与顶点 a'' 合并，而且需要 R 中从$\{a, c, b\}$的一个顶点到 d 的一条边，如(a, b)。选出的边(a, c)，(c, b)和(a, d)形成了 R 的生成树，如图 7.36 所示。注意，选出的第一个顶点成为已构造出的生成树的根。■

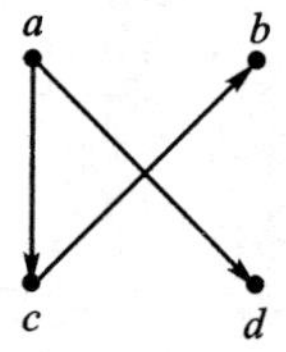

图 7.36

习 题 7.4

在第 1 题~第 6 题中，已知连通图 G，用逐次去边方法构造一棵无向生成树，并且给出无向树的结果图。

1．设 G 是如图 7.37 所示的图。

2．设 G 是如图 7.38 所示的图。

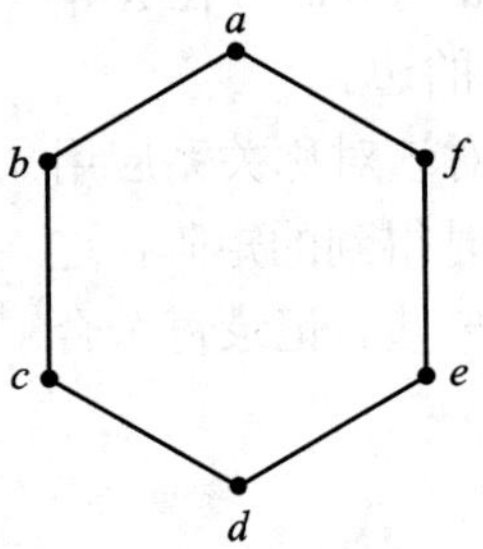

图 7.37

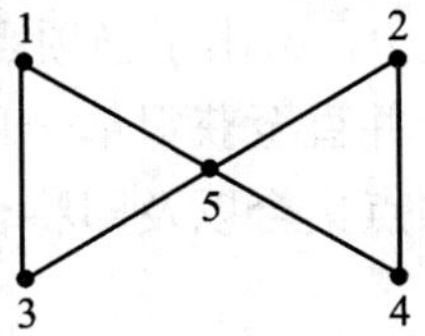

图 7.38

3．设 G 是如图 7.39 所示的图。

4．设 G 是如图 7.40 所示的图。

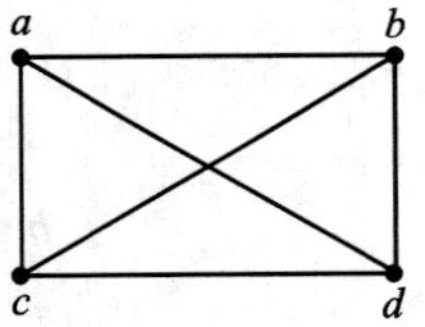

图 7.39

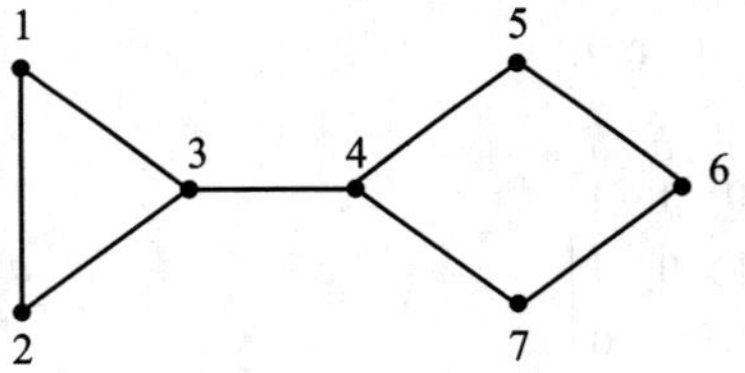

图 7.40

5．设 G 是如图 7.41 所示的图。

6．设 G 是如图 7.42 所示的图。

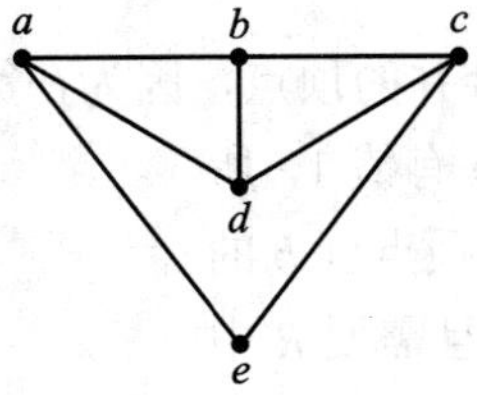

图 7.41

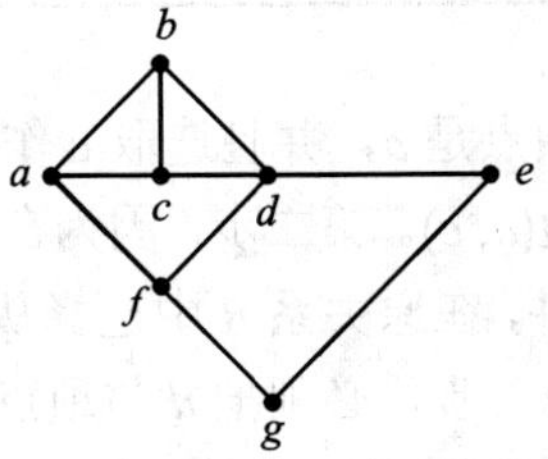

图 7.42

在第 7 题～第 12 题中(图 7.37~图 7.42)，对已知的连通图用 Prim 算法构造一棵生成树，并且用指定的顶点作为树的根，画出所产生的生成树的有向图。

7．在图 7.37 中，以 e 为根。

8．在图 7.38 中，以 5 为根。

9．在图 7.39 中，以 c 为根。

10．在图 7.40 中，以 4 为根。

11．在图 7.41 中，以 e 为根。

12．在图 7.42 中，以 d 为根。

13．考虑如图 7.43 所示的连通图，给出三棵不同无向生成树的图。

14．对于图 7.44 所示的连通图，给出所有无向生成树的图。

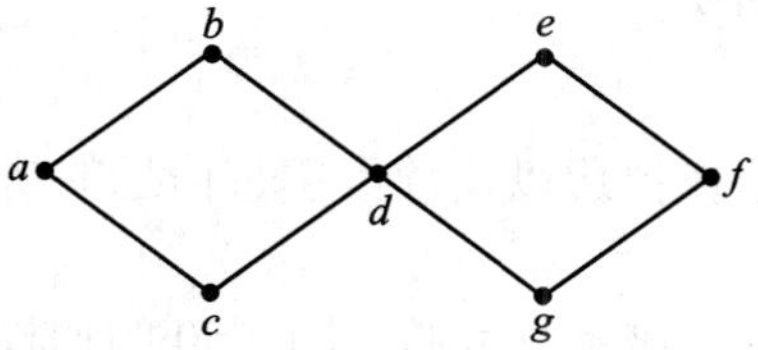

图 7.43

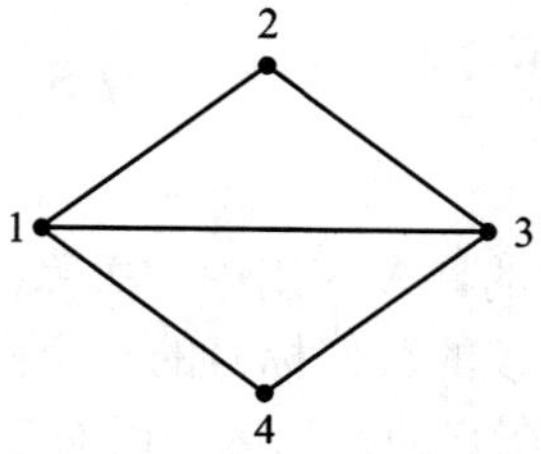

图 7.44

15．对于图 7.45 所示的无向树，给出所有生成树的有向图。存在多少个这样的图？

两棵树 T_1 和 T_2，如果它们是同构的偏序集，则称它们是**同构的**，即：在 T_1 和 T_2 的顶点之间存在一个一一对应 f，(a, b)是 T_1 中的一条边当且仅当$(f(a), f(b))$是 T_2 中的一条边。

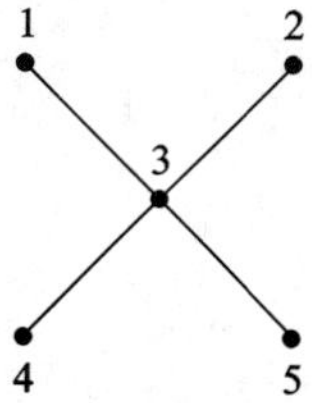

图 7.45

16．对于图 7.44 所示的图，给出所有非同构无向生成树的图。

17．对于图 7.45 所示的图，给出所有非同构生成树的图。

18．对于图 7.46 中的图，给出所有生成树。

19．对于图 7.47 中的图，给出所有生成树。

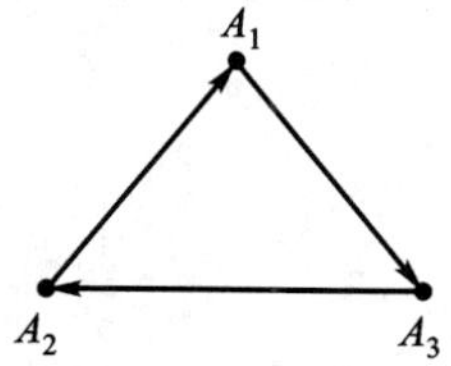

图 7.46

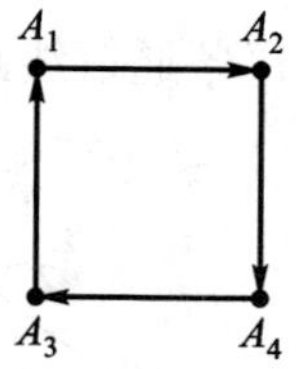

图 7.47

20．对于图 7.47 中的图，给出所有非同构生成树的图。

21．对于图 7.48 中的图，存在多少棵不同的生成树？

22．对于图 7.48 所示的图，给出所有非同构生成树的图。

23．对于图 7.49 中的图，存在多少棵不同的生成树？

24．把图 7.49 的结论写成一个定理并且加以证明。

25．对于图 7.49 所示的图，存在多少棵非同构生成树？证明答案。

26．证明：一个对称的连通关系有一棵无向生成树。

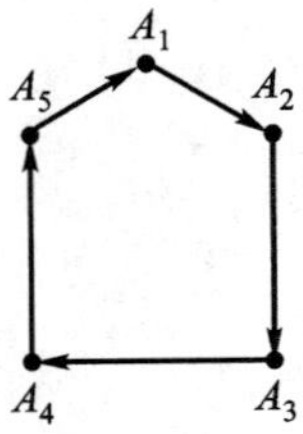

图 7.48

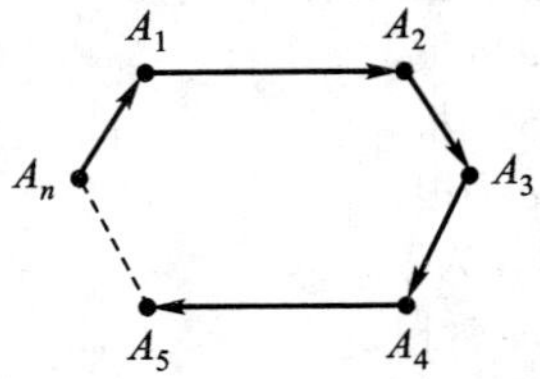

图 7.49

7.5 最小生成树

在对称连通关系的许多应用中，关系(无向)图可以模拟边以及顶点携带信息的情形。**加权图**就是每条边用称为**权**的数值标号的一个图。

例 1 环形小镇在它的娱乐区之间有散步小道系统，该系统可通过图 7.50 的加权图模拟，其中权表示地点之间用千米表示的距离。■

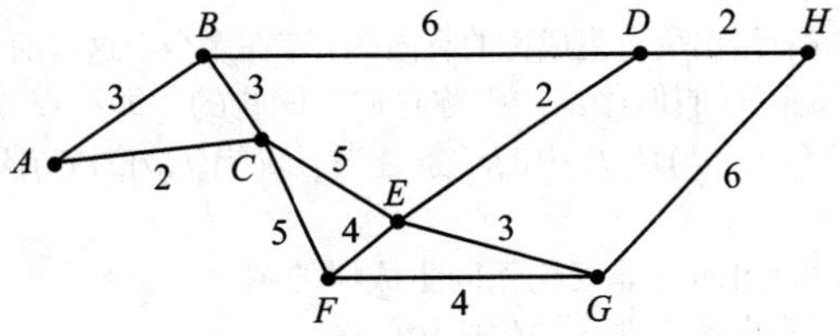

图 7.50

例 2 某通信公司正在调查在它所拥有的转播站之间改进通信线路的花费。图 7.51 的加权图给出了转播站和改进每条通信线路以百万美元表示的花费。■

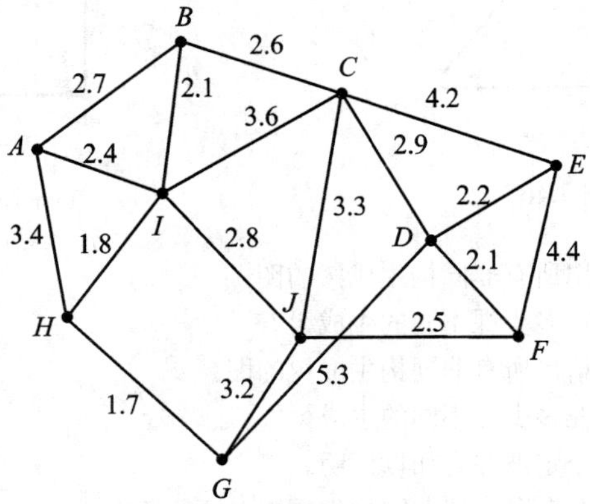

图 7.51

一条边(v_i, v_j)的权有时被看成**顶点 v_i 与 v_j 之间的距离**。如果 u 和 v 是邻接的并且没有其他顶点通过比(u, v)权更小的边与 v 连接，那么顶点 u 是顶点 v 的**最近邻元**。注意，不从语法上考虑，v 可以有多个最近邻元。

例 3 在图 7.50 所示的图中，顶点 C 是顶点 A 的最近邻元，顶点 E 和 G 都是顶点 F 的最近邻元。 ■

在一个图中，如果 v 与 V 中某个元素 v_i 是邻接的并且没有其他顶点与 V 的元邻接其边比(v, v_i)权更小，那么 v 是**顶点集合** $V=\{v_1, v_2, \cdots, v_k\}$**的最近邻元**。该顶点 v 可以属于 V。

例 4 参照图 7.51 给出的图，设 $V=\{C, E, J\}$，那么顶点 D 是 V 的最近邻元，因为(D, E)有权 2.2 并且没有其他顶点与 C，E 或 J 邻接其边比该顶点的连接边权更小。 ■

关于加权图的应用，常常需要找一棵无向生成树，其边的总权尽可能小。这样的一棵生成树称作**最小生成树**。Prim 算法(7.4 节)很容易改写为用于产生加权图的最小生成树。当 Prim 算法应用于由无向加权图所给出的对称连通关系时，重述算法如下。

算法 Prim 算法

设 R 是有 n 个顶点的对称连通关系。

步骤 1：选取 R 的一个顶点 v_1，设 $V=\{v_1\}$，$E=\{\}$。

步骤 2：选取与 $v_j \in V$ 邻接的 V 的最近邻元 v_i，并且边(v_i, v_j)不与 E 中元素形成回路。添加 v_i 到 V 中，添加(v_i, v_j)到 E 中。

步骤 3：重复步骤 2 直到 $|E|=n-1$，于是 V 包含 R 的所有 n 个顶点，E 包含 R 的最小生成树的边。 ■

在该 Prim 算法描述中，从 R 的任意顶点开始，通过把一条边加到已经连接的顶点集合的最近邻元上构造一棵最小生成树，只要所加的这条边不产生一个回路。它是**贪婪算法**的一个例子。在每一步是基于局部情况而非整体情况选择什么是“最好的”。贪婪算法不总产生最佳解，但是可以证明对于 Prim 算法而言解是最佳的。

定理 1 上面给出的 Prim 算法产生关系的一个最小生成树。

证明 设 R 有 n 个顶点，T 是由 Prim 算法为 R 产生的生成树。假设 T 的边是 $t_1, t_2, \cdots, t_{n-1}$(以选取这些边时的次序)。对于每个 $i(i=1,\cdots, n-1)$，定义 T_i 是具有边 $t_1, t_2, \cdots, t_i$ 且 $T_0=\{\}$的树，则 $T_0 \subset T_1 \subset \cdots \subset T_{n-1}=T$。下面用数学归纳法证明 R 的最小生成树包含每个 T_i。

基础步骤：显然 P(0)：R 的每个最小生成树包含 $T_0=\{\}$。

归纳步骤：利用 P(k)：R 的最小生成树 T' 包含 T_k，证明 P(k+1)：R 的最小生成树包含 T_{k+1}。由定义可知$\{t_1, t_2, \cdots, t_k\} \subseteq T'$，如果 t_{k+1} 也属于 T'，那么 $T_{k+1} \subseteq T'$，则 P(k+1)为真。如果 t_{k+1} 不属于 T'，那么 $T' \cup \{t_{k+1}\}$ 必定包含一个回路(为什么?)，这个回路由 T' 中的某些边 $s_1, s_2, \cdots, s_r$ 组成，如图 7.52 所示。由于该回路中的边不可能都来自于 T_k 或 T_{k+1}，所以可设 s_l 是不在 T_k 中且有最小下标 l 的边。那么 s_l 在树 T_k 中有一个顶点，另一个顶点不在 T_k 中。也就是说，当由 Prim 算法选取 t_{k+1} 时，s_l 也是有效的。因此，s_l 的权至少

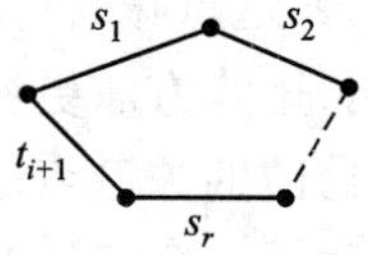

图 7.52

同 t_{k+1} 的权一样大。生成树$(T'-\{s_1\})\cup\{t_{k+1}\}$包含 T_{k+1}。由于该树的权小于或等于 T' 的权，所以它是 R 的最小生成树。于是 P(k+1)为真，故 $T_{n-1}=T$ 被包含在最小生成树中，并且它必定就是那个最小生成树(为什么?)。 ■

例 5 例 1 中的环形小镇计划把某些步行小道铺设成自行车道。作为第一步，小镇计划用花费尽可能少的自行车道连接所有的娱乐区。假设在该系统的所有部分构造费用都相同，用 Prim 算法为小镇的铺路设计一种方案。

解 参考图 7.50，如果选择 A 作为第一个顶点，那么最近邻元是 C，距 A 点 2 km。所以(A, C)是所选的第一条边。考虑顶点集合$\{A, C\}$，B 是最近邻元，既可选择(A, B)也可选择(B, C)作为下一条边。任意选择(B, C)。B 是$\{A, B, C\}$的最近邻元，但是只有可用的(A, B)边能形成一个环，所以必须移至下一个最近邻元，并且选择(C, F)或(C, E)。图 7.53(a)~(c)给出了开始步骤，图 7.53(d)给出了可能的最终结果。图 7.53(e)给出了用 Prim 算法从顶点 E 开始的一棵最小生成树。在这两种情况中，自行车道路都是 21 km 长。 ■

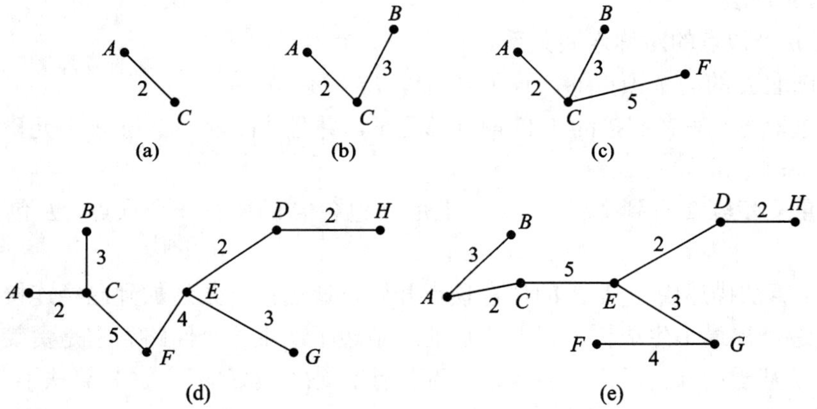

图 7.53

例 6 可以使用 Prim 算法以任意顶点为始点，求出例 2 中通信网络的最小生成树。图 7.54 给出了以 I 为始点所产生的最小生成树。改进这些连接的总花费是 20 200 000 美元。 ■

7.4 节中介绍的 Prim 算法和本节中的 Prim 算法有什么联系？前面的算法是每条边的权为 1 的一种特殊情形，所以任意一棵生成树都是最小的。(注意，每一棵生成树有 n–1 条边到达 n 个顶点。）这意味着可以把 7.4 节中的 Prim 算法的矩阵实现方法进行改进，以解决带权图的一般情形。矩阵方法更容易编程实现。

修改的关键点是矩阵中的每一项不仅要表示一条边的存在，而且要表示边的权重。这样，就构建了一个带边的权重的矩阵，其中 0 同以前一样，表示一对顶点之间没有边。图 7.55 表示一个连通加权图和相应的权重矩阵。

算法 Prim 算法(矩阵描述)

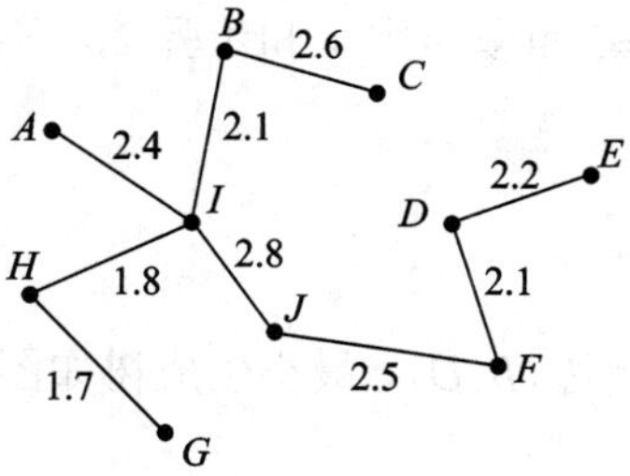

图 7.54

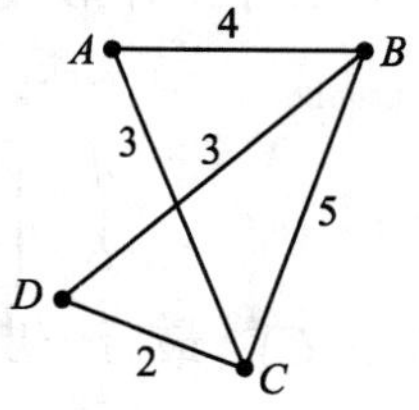

(a)

$$\begin{array}{c} \\ A \\ B \\ C \\ D \end{array}\begin{array}{c} \begin{array}{cccc} A & B & C & D \end{array} \\ \begin{bmatrix} 0 & 4 & 3 & 0 \\ 4 & 0 & 5 & 3 \\ 3 & 5 & 0 & 2 \\ 0 & 3 & 2 & 0 \end{bmatrix} \end{array}$$

(b)

图 7.55

设 R 是有 n 个顶点的一个对称连通关系，$\boldsymbol{M}$ 是相应的带权重的矩阵。

步骤 1：选择 $\boldsymbol{M}$ 中最小项，比如 m_{ij}。设 a 表示第 i 行所对应的顶点，b 表示第 j 列所对应的顶点。

步骤 2：对 a 和 b 进行如下合并。

将第 i 行替换为

$$m_{ik}=\begin{cases} m_{ik}, & m_{jk}=0 \\ m_{jk}, & m_{ik}=0 \\ \min(m_{ik},m_{jk}), & m_{ik}\neq 0, m_{jk}\neq 0 \\ 0, & m_{ik}=m_{jk}=0 \end{cases} \qquad 1\leqslant k\leqslant n$$

将第 i 列替换为

$$m_{ki}=\begin{cases} m_{ki}, & m_{kj}=0 \\ m_{kj}, & m_{ki}=0 \\ \min(m_{ki},m_{kj}), & m_{ki}\neq 0, m_{kj}\neq 0 \\ 0, & m_{ki}=m_{kj}=0 \end{cases} \qquad 1\leqslant k\leqslant n$$

将主对角线上的项用 $\boldsymbol{M}$ 中原来的项取代。

删除第 j 行和第 j 列。称这样得到的矩阵为 $\boldsymbol{M}'$。

步骤 3：对 $\boldsymbol{M}'$ 和后继矩阵重复步骤 1 和步骤 2 的操作，直至只剩下单独的一个顶点。每一个阶段保留原始顶点集合的一个记录，这些原始顶点是由每个合并顶点所表示的。

步骤 4：按如下方法构造最小生成树。在每一个阶段，当合并顶点 a 和 b 时，选择 a 所代表的原始顶点之一到 b 所代表的原始顶点之一有最小权重的边。■

例 7 对于图 7.55 所表示的图和相应的矩阵，用 Prim 算法的矩阵描述方法实现。

解 可任选矩阵中的一个 2 作为 m_{ij}。选择 $m_{3,4}$ 并合并顶点 C 和 D，得到

$$\boldsymbol{M}'=\begin{array}{c} \\ A \\ B \\ C' \end{array}\begin{array}{c} \begin{array}{ccc} A & B & C' \end{array} \\ \begin{bmatrix} 0 & 4 & 3 \\ 4 & 0 & 3 \\ 3 & 3 & 0 \end{bmatrix} \end{array}$$

其中 $C' \leftrightarrow \{C,D\}$，第一条边是 (C,D)。对 $\boldsymbol{M'}$ 选择 $m_{1,3}=3$ 重复步骤 1 和步骤 2，得到

$$\begin{array}{cc} & \begin{array}{cc} A' & B \end{array} \\ \begin{array}{c} A' \\ B \end{array} & \begin{bmatrix} 0 & 3 \\ 3 & 0 \end{bmatrix} \end{array}$$

其中 $A' \leftrightarrow \{A,C,D\}$，且选择边 (A,C)。最后一步合并得到边 (B,D)。最小生成树如图 7.56 所示。

■

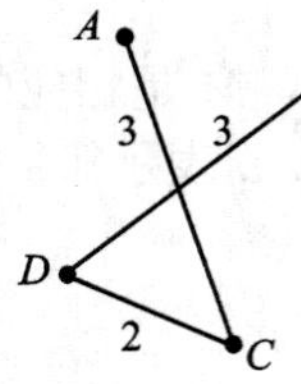

图 7.56

如果对称连通关系 R 有 n 个顶点，那么 Prim 算法的运行时间是 $\Theta(n^2)$(它还能稍加改进)。如果 R 相对来说边很少，那么有一种不同的更有效的算法，它类似于 4.6 节中确定一个关系是否为传递关系的情况。Kruskal 算法是贪婪算法的又一个例子，并且产生最佳解。

算法 Kruskal 算法

设 R 是有 n 个顶点的对称连通关系。$S=\{e_1,e_2,\cdots,e_k\}$ 是 R 的加权边的集合。

步骤 1：在 S 中选择最小权的边 e_1，设 $E=\{e_1\}$，用 $S-\{e_1\}$ 取代 S。

步骤 2：在 S 中选最小权的边 e_i，并且不与 E 中的元素形成回路。用 $E\cup\{e_i\}$ 代替 E，并用 $S-\{e_i\}$ 代替 S。

步骤 3：重复步骤直到 $|E|=n-1$。 ■

因为 R 有 n 个顶点，E 中的 $n-1$ 条边将形成一棵生成树。步骤 2 的选择过程保证了该树是一棵最小生成树(证明省略)。粗略地说，Kruskal 算法的运行时间是 $\Theta(k\lg(k))$，其中 k 是 R 中的边数。

例 8 对于例 1 中的步行道使用 Kruskal 算法得到的最小生成树如图 7.57 所示。选择边的一种序列是 (D, E)，(D, H)，(A, C)，(A, B)，(E, G)，(E, F)，(C, E)，总权是 21 km。显然，最小生成树的两种算法将产生具有相同权的树。 ■

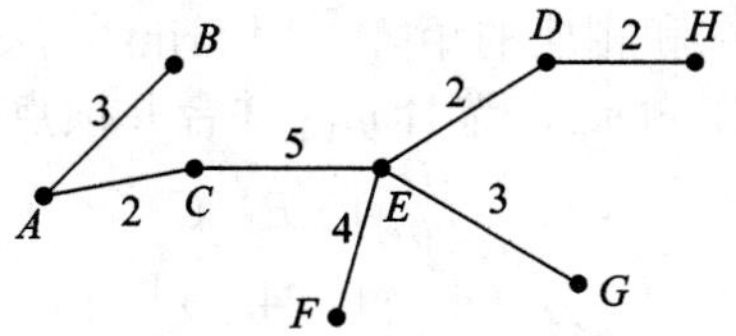

图 7.57

例 9 对于由图 7.58 中的图所给出的关系，用 Kruskal 算法求一棵最小生成树。

解 首先，存在两条最小权的边(B, C)和(E, F)，这两条边都可选择。其次，存在权是 12 的三条边(A, G)，(B, G)和(D, E)。这三条边都可添加作为本例的选择，它们不会产生任何回路。权为 14 的边(F, G)是余下边中权最小的。添加(F, G)，这样得到 6 条边、7 个顶点的图，所以最小生成树已求得。■

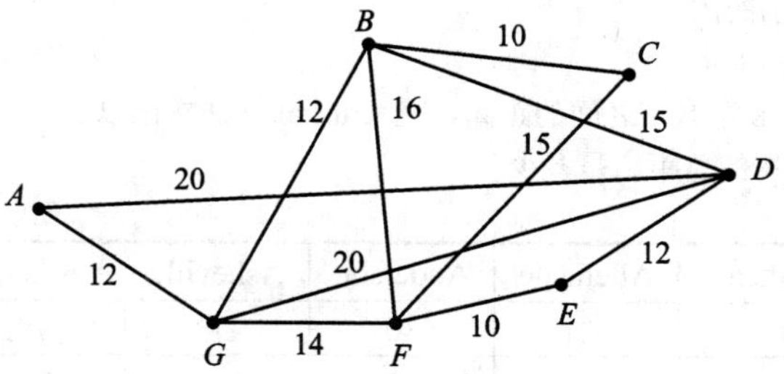

图 7.58

习 题 7.5

在第 1 题～第 6 题中，用本节给出的 Prim 算法求指定连通图的最小生成树，以指定的顶点作为初始顶点。

1. 设 G 是如图 7.50 所示的图，始点为 F。
2. 设 G 是如图 7.51 所示的图，始点为 A。
3. 设 G 是如图 7.58 所示的图，始点为 G。
4. 设 G 是如图 7.59 所示的图，始点为 E。
5. 设 G 是如图 7.60 所示的图，始点为 K。
6. 设 G 是如图 7.60 所示的图，始点为 M。

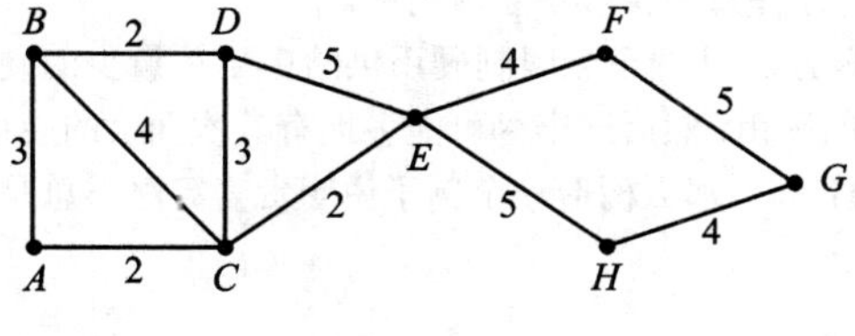

图 7.59

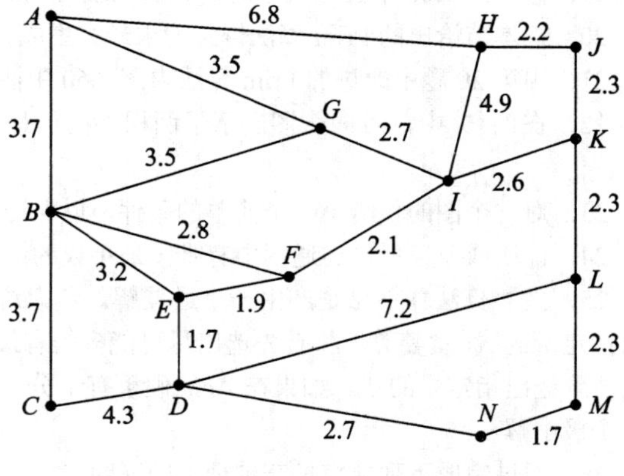

图 7.60

在第 7 题~第 9 题中，用 Prim 算法的矩阵描述求指定图的最小生成树。

7．设 G 是如图 7.61 所示的图。

8．设 G 是如图 7.50 所示的图。

9．设 G 是如图 7.59 所示的图。

在第 10 题~第 12 题中，用 Kruskal 算法求指定图的最小生成树。

10．设 G 是如图 7.51 所示的图。

11．设 G 是如图 7.59 所示的图。

12．设 G 是如图 7.60 所示的图。

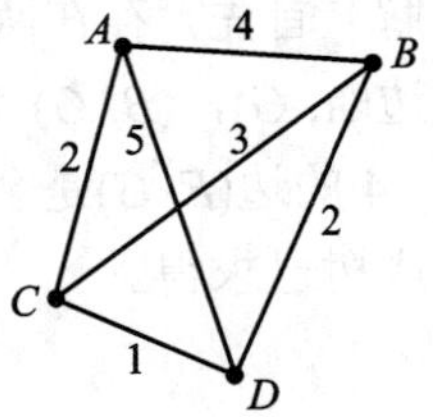

图 7.61

13．在下面的表中给出了 8 个城市之间的距离，用 Kruskal 算法求出以这些城市为顶点的最小生成树。树的总距离是多少？

	Abbeville	Aiken	Allendale	Anderson	Asheville	Athens	Atlanta	Augusta
Abbeville		69	121	30	113	70	135	63
Aiken	69		52	97	170	117	163	16
Allendale	121	52		149	222	160	206	59
Anderson	30	97	149		92	63	122	93
Asheville	113	170	222	92		155	204	174
Athens	70	117	160	63	155		66	101
Atlanta	135	163	206	122	204	66		147
Augusta	63	16	59	93	174	101	147	

14．假设在构造最小生成树时必须包含某一条边，那么给出这种情况下的 Kruskal 算法的一种改进版本。

15．重做第 13 题，要求必须包括从 Atlanta 到 Augusta 的路线，这使这棵树增加多长？

16．把 Prim 算法修改为：如果树中必须包含某条边，求它的最大生成树。

17．在图 7.60 所示的图中，如果树中必须包含从 D 到 L 边，使用第 16 题中改进的 Prim 算法求它的最大生成树。

18．修改 Kruskal 算法，使得它产生一棵最大生成树，即：该树权之和可能最大。

19．假设图 7.60 中的图表示通过管道系统可能的某种流动，求出该系统最大可能流动的生成树。

20．把本节给出的 Prim 算法修正为求最大生成树。

21．用第 20 题中改进的 Prim 算法求图 7.60 中图的最大生成树。

22．在例 5 中，对同一图展示了两棵不同的最小生成树。加权图何时有唯一最小生成树？给出答案的理由。

23．对一个图的权给出一个简单的条件，以保证该图存在唯一的最大生成树。

24．证明或反证：在连通图中有唯一最小权的边一定包含在任意一棵极小生成树中。

25．贪婪算法并不总是产生一个最佳解。考虑这样一个问题：从一个无限制硬币供给中用尽量少的硬币选出指定量的钱。贪婪算法将首先选出尽可能多的有最大面值的硬币，然后选出尽可能多地有其次面值的硬币，等，直到选出指定量的钱。如果在 Acia 硬币有 1 分、7 分和 11 分，那么构造一个例子说明贪婪算法不总是给出一个极小解。

26．通过完成下列填空扩充定理 1 的证明。

(a) T 一定有 n–1 条边，因为__________。

(b) $T' \cup \{t_{k+1}\}$ 一定包含一条回路，因为__________。

(c) $(T'-\{s_l\})\cup\{t_{k+1}\}$是 R 的一棵生成树，因为____________。

(d) 如果 R 的最小生成树包含 T，那么 T 一定是最小生成树。为什么？

证明知识小结

根或者根到其他顶点的道路的唯一性构成了有关树的命题中许多间接证明的基础[见 7.1 节的定理 1(c)]。计数论证方法在树的证明中也是常用的，例如 7.4 节的定理 3。因为一棵树(像一个格)是一种具有某些性质的关系，所以关系的各种事实和表达方式对于构造树的定理的证明是有效的，如 7.1 节的定理 2。7.4 节 Prim 算法的拓广使用了关系的矩阵表示，该表示法可于算法的运行时间为$\Theta(n^2)$的证明之中。

主要概念复习

- 树：有限集合 A 上的关系，使得存在一个顶点 $v_0\in A$ 具有性质：存在唯一一条从 v_0 到 A 中其他顶点的道路并且没有从 v_0 到 v_0 的道路。
- 树的根：上面定义中的顶点 v_0。
- 根树(T, v_0)：具有根 v_0 的树 T。
- 定理：设(T, v_0)是一棵根树，那么
  (a) 在 T 中没有回路。
  (b) v_0 是 T 的唯一根。
  (c) T 中的每个顶点(除 v_0 外)有入度 1，v_0 有入度 0。
- 层：见 7.1 节。
- 树的高度：树的最大层数。
- 叶：没有后代的顶点。
- 定理：设 T 是集合 A 上的一棵根树，那么
  (a) T 是非自反的。
  (b) T 是非对称的。
  (c) 对于 A 中所有 a, b 和 c，如果$(a, b)\in T$ 且$(b, c)\in T$，那么有$(a, c)\notin T$。
- n-树：每个顶点至多有 n 个后代的树。
- 完全 n-树：见 7.1 节。
- 二元树：2-树。
- 定理：如果(T, v_0)是一棵根树，$v\in T$, 那么 $T(v)$也是有根 v 的一棵根树。
- $T(v)$: 以 v 为始点的 T 的子树。
- 按位二元树：见 7.2 节。

- 树的计算机表示：见 7.2 节。
- Huffman(哈夫曼)编码树：见 7.2 节。
- 前序搜索：见 7.3 节。
- 中序搜索：见 7.3 节。
- 后序搜索：见 7.3 节。
- 逆波兰符号表示法：见 7.3 节。
- 搜索一般树：见 7.3 节。
- 树的连接表表示：见 7.3 节。
- 无向树：树的对称闭包。
- 简单道路：没有两条边对应于同一无向边。
- 连通对称关系 R：在 R 中存在从任意顶点到其他顶点的一条道路。
- 定理：有 n 个顶点的树有 $n-1$ 条边。
- 对称连通关系 R 的生成树：到达 R 的所有顶点的树，并且它的边都是 R 的边。
- 无向生成树：生成树的对称闭包。
- Prim 算法：见 7.4 节。
- 加权图：每条边用数值标号的图。
- 顶点 v_i 与 v_j 之间的距离：(v_i，v_j)的权。
- v 的最近邻元：见 7.5 节。
- 最小生成树：边的总权尽可能小的无向生成树。
- Prim 算法(第二种描述)：见 7.5 节。
- 贪婪算法：见 7.5 节。
- Kruskal 算法：见 7.5 节。

第 7 章自测题

1．在本章中，树是怎样的数学对象？

2．在执行前序搜索、中序搜索或后序搜索时有何变化？

3．搜索一棵二元树，其他三种可能的序列是什么？

4．作为一种数据存储结构，一棵完全 n-树比一般的 n-树有什么优点？

5．有什么信息帮助你选择用 Prim 算法还是 Kruskal 算法求最小生成树？

6．判断关系 R={(1，7)，(2，3)，(4，1)，(2，6)，(4，5)，(5，3)，(4，2)}是否是集合 A={1，2，3，4，5，6，7}上的一棵树。如果是，其根是什么？如果不是，做最少的改动使它成为一棵树并且给出树的根。

7．考虑树(T，v_0)，它的有向图如图 7.62 所示。

(a) T 的高度是多少？

(b) 列出 T 的叶。

(c) T 的子树有多少棵包含 v_4?

(d) 列出 v_7 的兄弟。

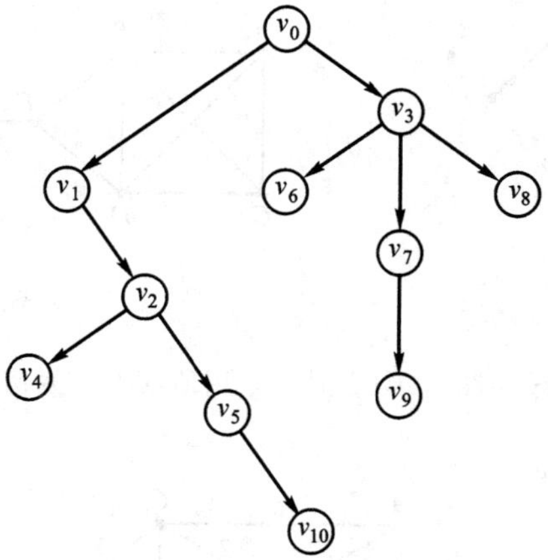

图 7.62

8．设 (T, v_0)是一棵根树，证明：如果从 T 中删除任意一条边，那么得到的关系不可能是一棵树。

9．构造下面代数表达式的标号树。

$$(((x+3)(x+3)-(x-2)(x-2))\div(6x-5))+(13-\pi x)$$

10．数组 LEFT, DATA, RIGHT 给出了一棵标号二元按位树的双重连接表表示，构造该树的有向图。

下标	左	数据	右
1	8	×	0
2	0	S	5
3	2	T	0
4	0	R	0
5	4	U	7
6	0	C	9
7	0	T	0
8	6	U	3
9	0	R	10
10	0	E	0

11．访问一个顶点就意味着打印出该顶点的内容。

(a) 对第 5 题中构造的树执行前序搜索，给出搜索的结果。

(b) 对第 5 题中构造的树执行后序搜索，给出搜索的结果。

12. 构造一棵二元树，使得执行前序搜索的结果是 $S_1TRE_1S_2S_3E_2D$，执行后序搜索的结果是 $DE_2S_3S_2E_1RTS_1$，并且假设访问一个顶点就意味着打印出该顶点的内容。

13．用最少的顶点画出一棵高度为 3 的完全 3-树。

14．一棵有标号的二元按位树的有向图如图 7.63 所示，构造标号有序树 T' 的有向图，使得 $T=B(T')$。

15．已知关系的图如图 7.64 所示，给出它的无向生成树。

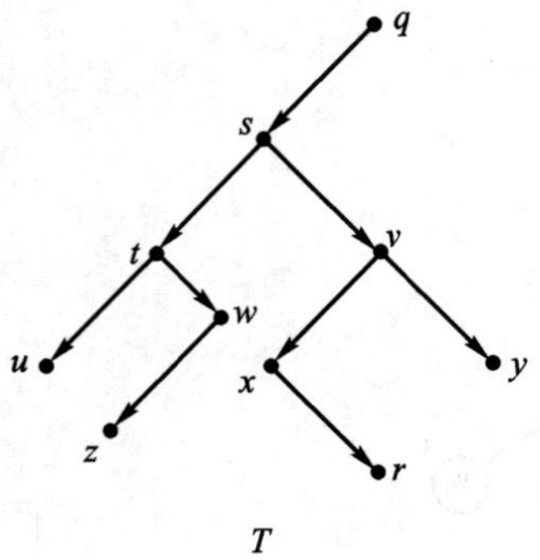

图 7.63

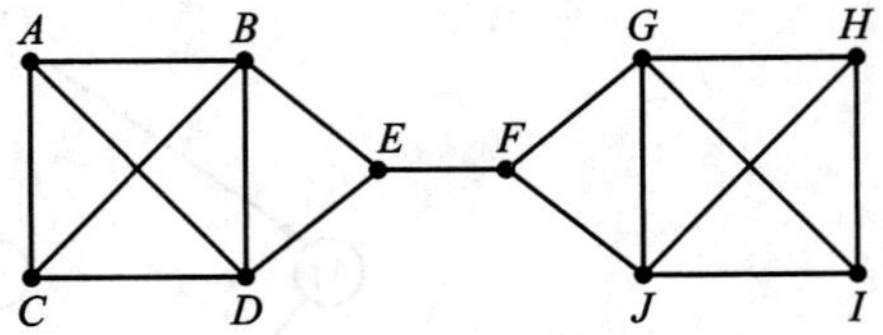

图 7.64

16. 用 Prim 贪婪算法求图 7.65 中图的最小生成树，用顶点 E 作为初始顶点并且以选择边的次序列出所有边。

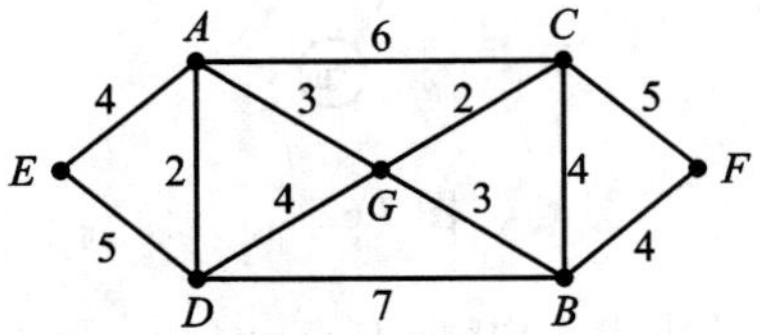

图 7.65

17. 用 Kruskal 算法找图 7.65 中图的最小生成树，以选择边的次序列出所有边。

实　验　7

在 7.2 节和 7.3 节，介绍了用二元树存储和检索信息的几种方法。在本实验中，将考察经常用于数据存储的另一类树。

一棵 ***k* 度的 B-树**是具有下列性质的树。

1. 所有叶都在相同层上。
2. 如果它不是叶，则根至少有两个孩子，至多有 k 个孩子。
3. 不是叶或根的任何顶点至少有 $k/2$ 个孩子，至多有 k 个孩子。

图 1 所示的树就是一棵 3 度的 B-树。

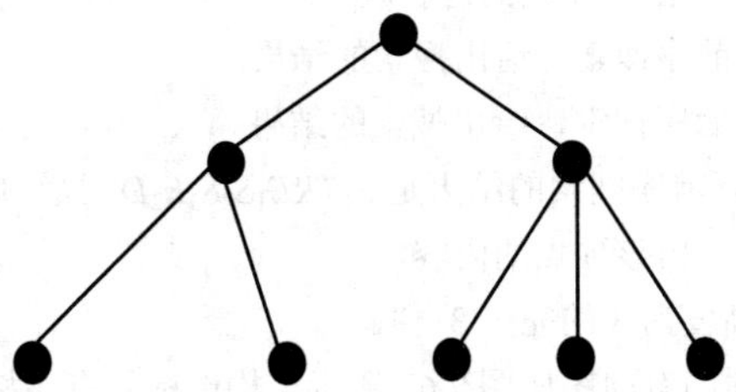

图 1

第一部分　回顾一棵树的高度是从根到叶的最长道路的长度。

1．画出三棵高度为 2、度为 3 的不同的 B-树，同时例子不具有度为 2 或 1。

2．画出三棵高度为 3、度为(不小于)4 的不同的 B-树。

3．给出一个高度为 4、度为(不小于)5 的 B-树的例子。

4．讨论上面题 1~3 中给出的例子里具有良好存储结构的 B-树的特征。

第二部分　定义一棵度为 k 的 B-树的性质不仅限制了树的外形，而且限制了已知高度情况下的叶数和已知叶数情况下的高度。

1．如果 T 是一棵 k 度的 B-树并且有高度 h，则 T 可能有的最多叶数是多少？解释理由。

2．如果 T 是一棵 k 度的 B-树并且有高度 h，则 T 可能有的最少叶数是多少？解释理由。

3．如果 T 是一棵 k 度的 B-树并且有 n 个叶，则 T 可能有的最大高度是多少？解释理由。

4．如果 T 是一棵 k 度的 B-树并且有 n 个叶，则 T 可能有的最小高度是多少？解释理由。

5．解释第二部分问题 3 和问题 4 的结果是如何支持第一部分问题 4 的结论。

第 8 章　图论问题

必备知识：第 3 章和第 5 章。

图论始于非常简单的几何思想，并且有许多重要的应用。图的某些应用在第 4 章、第 6 章和第 7 章中已讨论过。在这些章节中，图与对称关系的有向图相联系。本章将给出图的另一种定义，它包括更一般的多重图并且更适应于本章所出现的一些应用。

回　顾

图论始于 1736 年，当时 Leonhard Euler 解决了一个困扰 Prussia 小镇 Königsberg(今俄罗斯加里宁格勒)市民的一个问题。在 Euler 当时所处年代，Pregel 河将小镇划分为 4 个区，有 7 座桥连接着这些区域。人们想要知道是否有可能从小镇的任何一个地方出发，穿过每座桥各一次，然后回到出发的地点。Euler 证明了不存在这样一种走法。

图论中另一个更引人注目的问题是地图四色着色问题。Augustus De Morgan 从前的一个学生 Frank Guthrie 发现，他可以用 4 种不同的颜色对英格兰地图着色，使得没有两个相邻的县是相同的颜色。他让自己的兄弟，De Morgan 1852 年的一个学生，去请教 De Morgan 有关他用 4 种颜色足以对任意一张地图着色使得没有两个相邻的郡县颜色相同的猜想是否正确。De Morgan 将该问题公诸于众，在此之后很多年，人们都在研究这个问题。

1879 年，一位在剑桥大学学习数学的律师 Alfred Bray Kempe 公布了对四色猜想的一个证明，人们对此交口称赞。然而遗憾的是，他的证明存在一个致命的错误。该定理最终被美国伊利诺斯大学的美籍数学家 Kenneth Appel 和 Wolfgang Haken 所证明。他们的证明是基于 Kempe 的研究成果，在计算机上用 1 000 小时测试了 1 936 种不同的地图结构而得到的。他们的证明(第一次用计算机解决一个重要的数学问题)最初还遭到了相当多的质疑。几年之后，证明所使用的地图结构数目大为减少。但时至今日，还没有一种证明方法是不倚重于计算机来求解四色问题的。

8.1　图

图 G 是由对象(称为**顶点**)的一个有限集合 V 和对象(称为**边**)的一个有限集合 E 以及分配给每条边一个子集$\{v, w\}$的函数 γ 所组成的，这里 v 和 w 是顶点(也许相同)。当需要强调 G 的各成员时，则记 $G = (V, E, \gamma)$。如果 e 是一条边，$\gamma(e)=\{v, w\}$，那么称 e 是在 v 和 w 之间的一

条边且 e 是由 v 和 w 决定的。顶点 v 和 w 称作 e 的**端点**。如果在 v 和 w 之间只存在一条边，则常常用集合$\{v, w\}$表示 e，这不会引起任何误会。只存在有限个顶点的限制是可以去掉的，但是这里讨论的所有图只有有限个顶点。

例 1 设 $V=\{1, 2, 3, 4\}$，$E=\{e_1, e_2, e_3, e_4, e_5\}$，$\gamma$ 定义为

$$\gamma(e_1)=\gamma(e_5)=\{1, 2\}, \gamma(e_2)=\{4, 3\}, \gamma(e_3)=\{1, 3\}, \gamma(e_4)=\{2, 4\},$$

那么 $G=(V, E, \gamma)$是一个图。 ■

图通常由每个顶点用一个点和每条边用一条线的图解来表示。如图 8.1 就给出了例 1 的 G 的表示。通常省略边的名字，因为它们没有任何本质上的意义。而且，也许要在边上放置某些其他更有用的标号。如果图解信息对于所讨论的问题已经足够，有时也省略顶点上的标号。

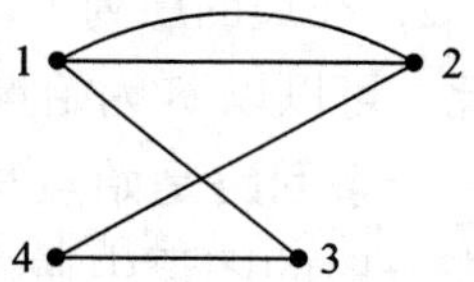

图 8.1

图往往用来记录关系或连接的信息，在 v_i 和 v_j 之间的一条边表示对象 v_i 和 v_j 之间的联系。在一个图的图解表示中，连接是最重要的信息，一般地，许多不同的图解可以表示同一张图。

例 2 图 8.2 和图 8.3 都表示例 1 中所给出的图。 ■

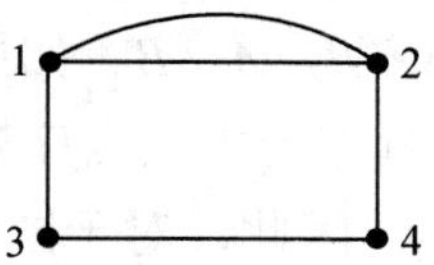

图 8.2

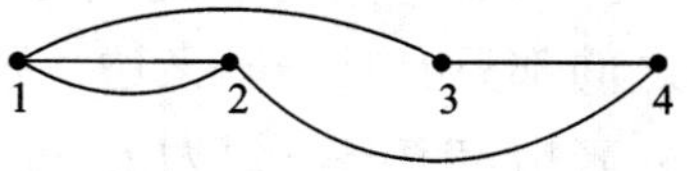

图 8.3

一个**顶点的度**是以这个顶点为端点的边的数目。图可以包含从一个顶点到它自身的一条边，这样的边被看做一个**自环**。一个自环对顶点度数的贡献是 2，因为顶点可看做自环的两个端点。

例 3 (a) 在图 8.4 的图中，顶点 A 有度 2，顶点 B 有度 4，顶点 D 有度 3。

(b) 在图 8.5 中，顶点 a 有度 4，顶点 e 有度 0，顶点 b 有度 2。

(c) 在图 8.6 中，图的每个顶点有度 2。 ■

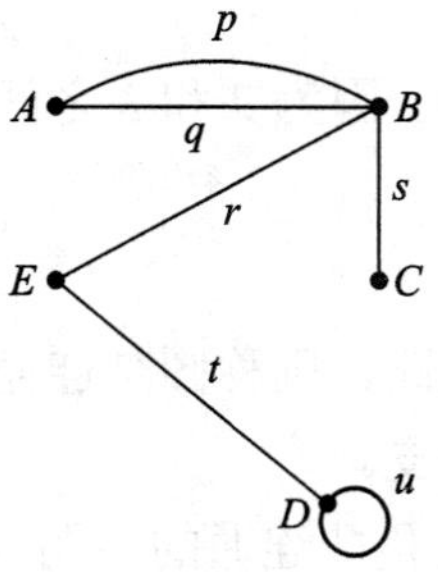

图 8.4

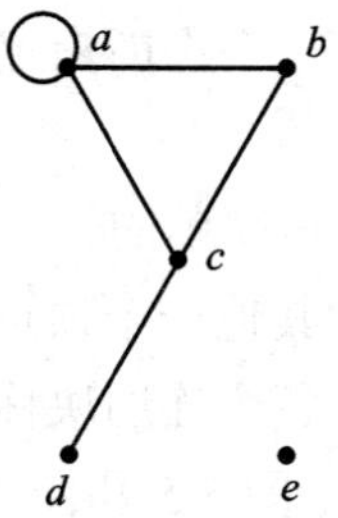

图 8.5

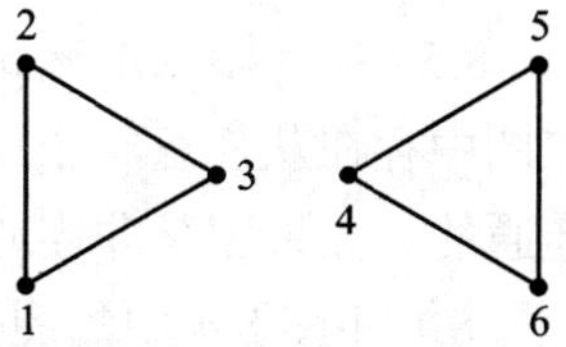

图 8.6

0 度的顶点称作**孤立**顶点，决定一条边的一对顶点称作**邻接**顶点。

例 4 在图 8.5 中，顶点 e 是一个孤立顶点，顶点 a 和 b 是邻接顶点，顶点 a 和 d 不是邻接顶点。■

图 G 中的一条道路 π 是由序列对(V_π, E_π)所组成的，其中顶点序列 V_π：$v_1, v_2,\cdots$，v_k 和边序列 E_π：e_1, e_2，$\cdots$，e_{k-1} 满足：

1．G 中的每个连续顶点对 v_i, v_{i+1} 是邻接的，边 e_i 以 v_i 和 v_{i+1} 为端点$(i=1, 2, \cdots, k-1)$。

2．在边的序列中，任何边出现决不多于一次。

因此，可以以 v_1 为始点，沿边 $e_1,e_2,\cdots, e_{k-1}$ 移动到 v_k 并且通过任何边不多于一次。

一条**回路**是始点与终点均在同一顶点的一条道路，在第 4 章中称这样的道路为环，但是在一般的图论中通常使用“回路”这个词。在顶点序列中如果没有任何顶点的出现多于一次(除非可能有 $v_1= v_k$)，则称这样的道路是**简单**的。如果 $v_1= v_k$，则称它是**简单回路**。这样扩展的道路定义是处理多重图中道路的需要。对于图 8.4 中的图，用序列V_{π_1}：A, B, E, D, D 和 E_{π_1}：p, r, t, u 定义道路π_1，用序列V_{π_2}：A, B, A 和E_{π_2}：p, q 定义道路π_2。在定义这些道路时仅有顶点是不够的，如π_1，并不知道从 A 移动到 B 是边 p 还是边 q。在π_2 中，不知道哪条边首先使用，哪条边其次使用。当然仅有边也是不够的，例如，在π_2 中如果只知道边序列 p，q，那么就不知道顶点序列是否是 A，B，A 或 B，A，B。如果在一条道路的顶点中，每个邻接对之间都只有唯一一条边，那么边序列就完全由顶点序列确定。在这种情况下，只用顶点序列来指定道路，记为π：v_1，v_2，$\cdots, v_k$。因此，对于图 8.2 中的图，可以写出π_3：1，3，4，2，因为这条道路在任何邻接顶点之间没有两条边。像这种情况，标明边是没有必要的。

例 5 (a) 在图 8.4 的图中，前面已定义过道路π_1 和π_2。道路π_1 不是简单的，因为顶点 D 出现过两次，但π_2 是一条简单回路，因为出现过两次的顶点只发生在道路的始点和终点。

(b) 在图 8.4 的图中，道路π_4：D，E，B，C 是简单的，这里不需要提到边。

(c) 在图 8.5 的图中，道路示例有π_5：a, b, c, a 和π_6：d, c, a, a，其中π_5 是一条简单回路，但π_6 不是简单的。

(d) 在图 8.6 的图中，顶点序列 1，2，3，2 不能指定一条道路，因为 2 和 3 之间的单边要被经过两次。

(e) 在图 8.5 中，道路π_7：c, a, b, c, d 不是简单的。■

如果在图中存在从任意一个顶点到任意其他一个顶点的一条道路，则称图是**连通**的，否则称图是**非连通**的。如果图是非连通的，那么各个连通块称为图的**分支**。

例 6 图 8.1 和图 8.4 中的图是连通的，图 8.5 和图 8.6 中的图是非连通的。图 8.6 中的图有两个分支。■

某些重要的特殊类型的图在讨论中将是十分有用的，现将其陈述如下。

1．对每个整数 $n \geqslant 1$，设 U_n 表示具有 n 个顶点且无任何边的图。图 8.7 表示 U_2 和 U_5。称 U_n 为 n 个顶点的**离散图**。

2．对于每个整数 $n \geqslant 1$，设 K_n 表示具有顶点$\{v_1, v_2, \cdots, v_n\}$并且对每个 i 和 j 都有一条边$\{v_i, v_j\}$的图。换句话说，K_n 中的每个顶点是与其余顶点相连接的。图 8.8 给出了 K_3，K_4 和 K_5。图 K_n 称为 n 个顶点的完全图。更一般地，如果图的每个顶点与其余每个顶点有相同的度，那么称图为**正则**的。图 U_n 也是正则的。

图 8.7

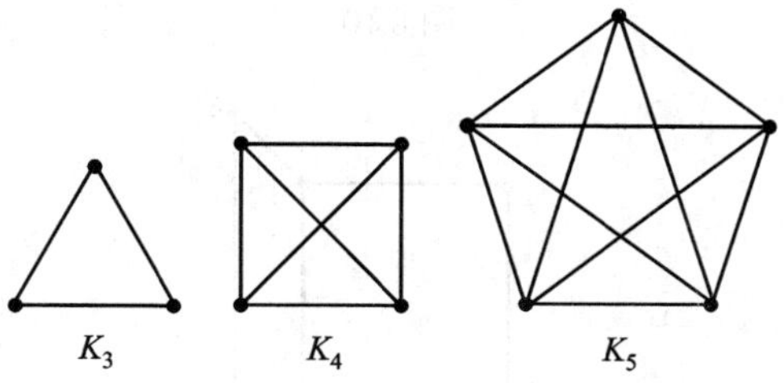

图 8.8

3．对于每个整数 $n \geqslant 1$，设 L_n 表示具有 n 个顶点$\{v_1, v_2, \cdots, v_n\}$和边$\{v_i, v_{i+1}\}$ $(1 \leqslant i \leqslant n)$的图，图 8.9 给出了 L_2 和 L_4，则称 L_n 为 n 个顶点的**线性图**。

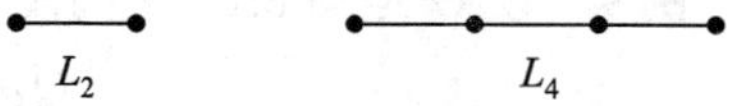

图 8.9

例 7　所有的 K_n 和 L_n 是连通的，而 U_n 是非连通的$(n>1)$。事实上，图 U_n 恰有 n 个分支。■

子图与商图

假设 $G=(V, E, \gamma)$是一个图，选择 E 中边的一个子集 E_1 和 V 中顶点的一个子集 V_1，使得 V_1(至少)包含 E_1 中边的所有端点，那么 $H=(V_1, E_1, \gamma_1)$也是一个图，这里γ_1是γ 在 E_1 中边上的限制。这种图 H 称作 G 的**子图**。在分析图的性质时，子图起着非常重要的作用。

例 8　图 8.11、图 8.12 和图 8.13 所表示的图是图 8.10 表示的图的子图。■

最重要的子图之一就是通过删除一条边且不删除任何顶点所产生的图。如果 $G=(V, E, \gamma)$是一个图并且 $e \in E$，那么用 G_e 表示通过从 E 中删去边 e 且保持所有顶点而获得的子图。如果 G 是图 8.10 所表示的图，$e=\{a, b\}$，那么 G_e 是图 8.13 所表示的图。

对于相同顶点间没有多重边的图可以定义另一种重要的结构。假设 $G(V, E, \gamma)$是没有多重边的图，R 是集合 V 上的等价关系，那么用下面的方法构造**商图** G^R。G^R 的顶点是由 R 所产生的 V 的等价类(见 4.5 节)。如果$[v]$和$[w]$是 G 的顶点 v 和 w 的等价类，在图 G 中$[v]$里的某个顶点与$[w]$里的某个顶点是连接的，那么在 G^R 中存在从$[v]$到$[w]$的一条边。用非正式的语言来说，所得到的 G^R 是把每个等价类中的所有顶点合并成单独一个顶点并且把该过程所遇到的任何边结合在一起。

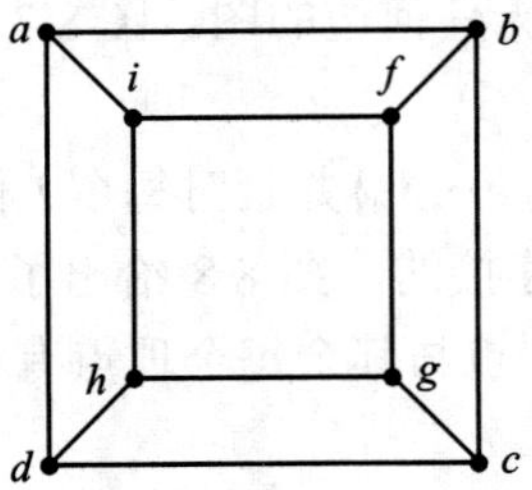

图 8.10

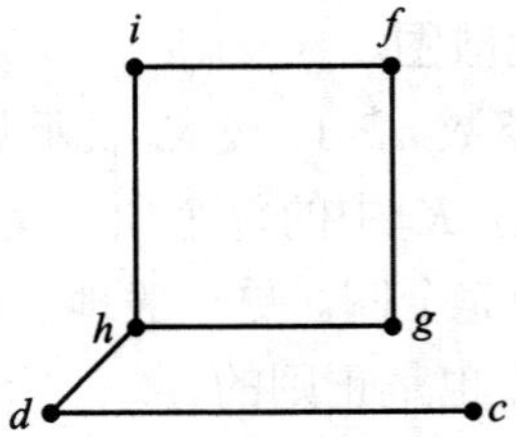

图 8.11

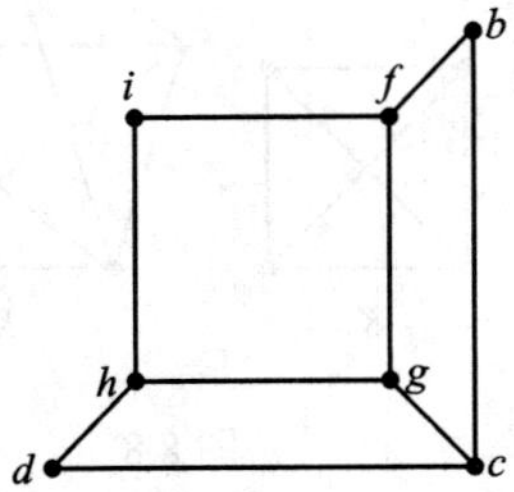

图 8.12

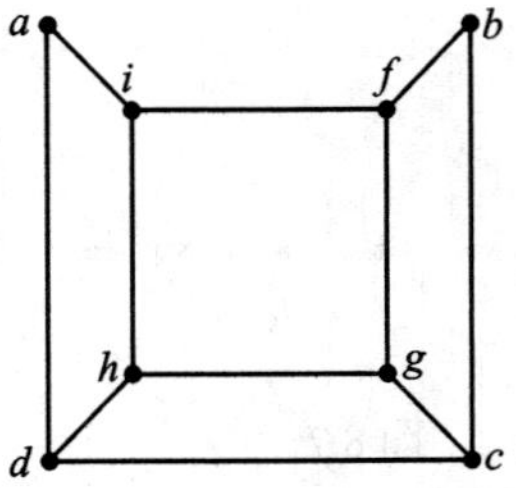

图 8.13

例 9 设 G 是图 8.14 中的图(没有任何多重边)，R 是由划分

$$\{\{a, m, i\}, \{b, f, j\}, \{c, g, k\}, \{d, h, l\}\}$$

定义的 V 上的等价关系，那么 G^R 如图 8.15 所示。

如果 S 也是 V 上的等价关系，它由划分

$$\{\{i, j, k, l\}, \{a, m\}, \{f, b, c\}, \{d\}, \{g\}, \{h\}\}$$

定义，那么商图 G^s 如图 8.16 所示。 ■

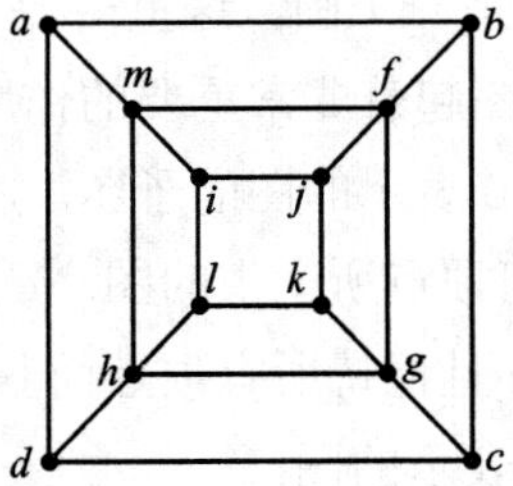

图 8.14

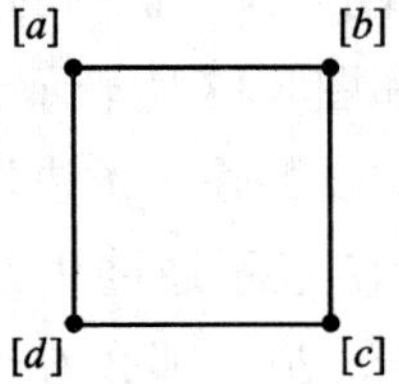

图 8.15

还有另一种最重要的情况是恰好用一条边所产生的图。如果 e 是图 $G=\{V, E, \gamma\}$ 中顶点 v 和顶点 w 之间的一条边，那么对每个 $v_i \neq v$, $v_i \neq w$，考虑由划分 $\{v, w\}$ 和 $\{v_i\}$ 所组成的等价关系，即：合并 v 和 w，其余顶点不动。这样所产生的商图用 G^e 表示。如果 G 是图 8.14 中的图，$e=\{i, j\}$，那么 G^e 是图 8.17 所表示的图。

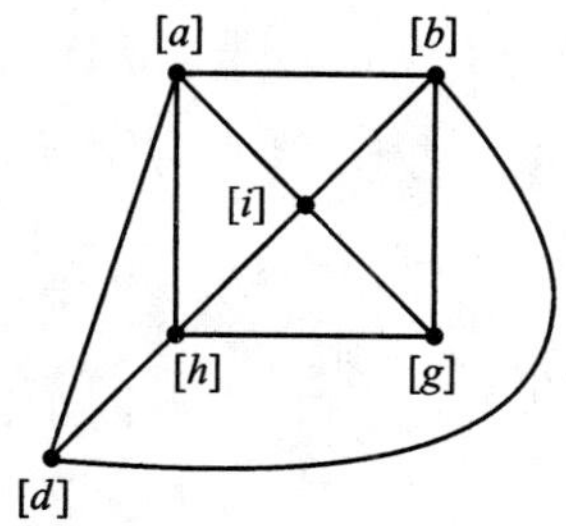

图 8.16

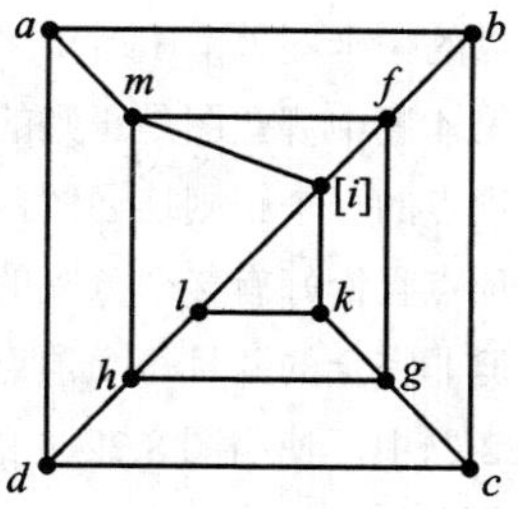

图 8.17

习 题 8.1

在第 1 题～第 4 题中，对于图 8.18～图 8.21 中的图 $G=(V, E, \gamma)$给出顶点集合 V 和边的集合 E。

1．

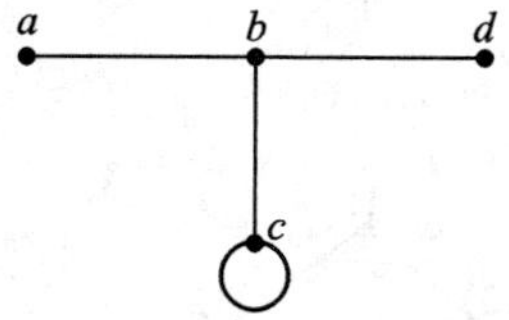

图 8.18

2．

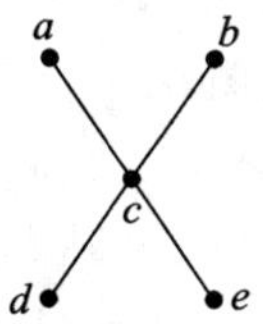

图 8.19

3．

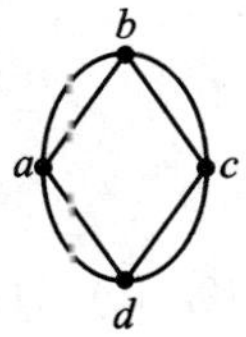

图 8.20

4．

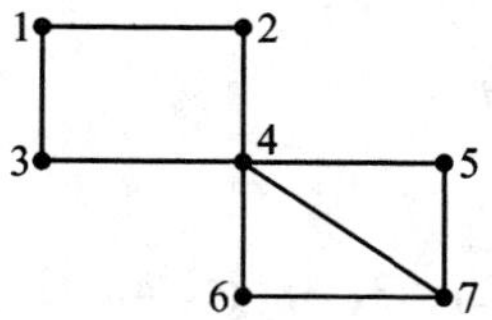

图 8.21

5．已知图 8.20 所示的图，给出该图有三个顶点的二个子图。

6．已知图 8.21 所示的图，给出该图有 4 个顶点和 4 条边的三个子图。

7．画出图 $G=(V, E, \gamma)$的图形，这里 $V=\{a, b, c, d, e\}$，$E=\{e_1, e_2, e_3, e_4, e_5, e_6\}$，$\gamma(e_1)=\gamma(e_5)=\{a, c\}$，$\gamma(e_2)=\{a, d\}$，$\gamma(e_3)=\{e, c\}$，$\gamma(e_4)=\{b, c\}$，$\gamma(e_6)=\{e, d\}$。

8．画出图 $G=(V, E, \gamma)$的图形，这里 $V=\{a, b, c, d, e, f, g, h\}$，$E=\{e_1, e_2, \cdots, e_9\}$，$\gamma\{e_1\}=\{a, c\}$，$\gamma(e_2)=\{a, b\}$，$\gamma(e_3)=\{d, c\}$，$\gamma(e_4)=\{b, d\}$，$\gamma(e_5)=\{e, a\}$，$\gamma(e_6)=\{e, d\}$，$\gamma(e_7)=\{f, e\}$，$\gamma(e_8)=\{e, g\}$，$\gamma(e_9)=\{f, g\}$。

9．给出图 8.18 中每个顶点的度数。

10．给出图 8.20 中每个顶点的度数。

11．列出图 8.19 中从 a 开始的所有道路。

12．列出图 8.21 中从 5 开始的三条回路。

13．画出 7 个顶点的完全图。

14. 考虑 n 个顶点的完全图 K_n，每个顶点的度数是多少？

15. 在第 1 题～第 4 题中哪些图是正则的？

16. 给出有 6 个顶点的一个正则连通图，但不是完全的。

17. 给出有 5 个顶点且恰好有 2 个分支的一个图例。

18. 给出正则的但非完全的并且每个顶点度数是 3 的一个图例。

在第 19 题～第 22 题中，使用图 8.22 中的图。

19. 如果 R 是由划分$\{\{a,f\},\{e,b,d\},\{c\}\}$所定义的等价关系，求商图 G^R。

20. 如果 R 是由划分$\{\{a,b\},\{e\},\{d\},\{f,c\}\}$所定义的等价关系，求商图 G^R。

21. (a) 给出不包含 f 的 G 的最大子图。

(b) 给出不包含 a 的 G 的最大子图。

22. 设 e_1 是 c 和 f 之间的边，画出下面各分题的图。

(a) G_{e_1}　　　　(b) G^{e_1}

在题 23 和 24 中，使用图 8.23 中的图 G。

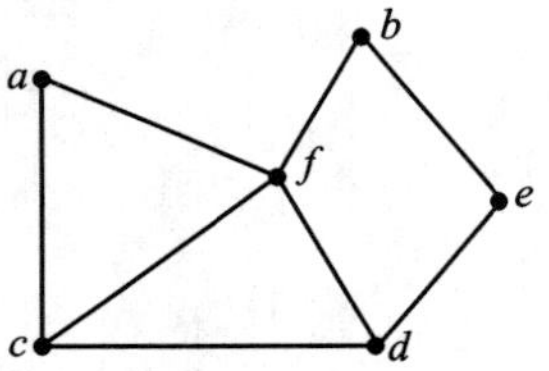

图 8.22

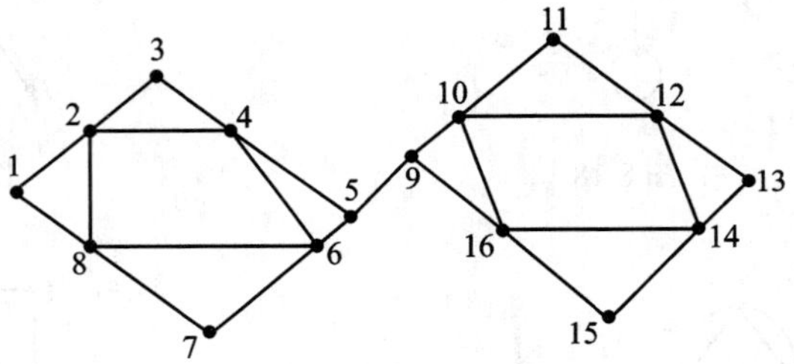

图 8.23

23. 设 R={(1，1)，(2，2)，(3，3)，(4，4)，(5，5)，(6，6)，(7，7)，(8，8)，(9，9)，(10，10)，(11，11)，(12，12)，(13，13)，(14，14)，(15，15)，(16，16)，(1，10)，(10，1)，(3，12)，(12，3)，(5，14)，(14，5)，(2，11)，(11，2)，(4，13)，(13，4)，(6，15)，(15，6)，(7，16)，(16，7)，(8，9)，(9，8)}，画出商图 G^R。

24. 设 R ={(1，1)，(2，2)，(3，3)，(4，4)，(5，5)，(6，6)，(7，7)，(8，8)，(9，9)，(10，10)，(11，11)，(12，12)，(13，13)，(14，14)，(15，15)，(16，16)，(1，2)，(2，1)，(3，4)，(4，3)，(5，6)，(6，5)，(7，8)，(8，7)，(9，16)，(16，9)，(10，11)，(11，10)，(12，13)，(13，12)，(14，15)，(15，14)}，画出商图 G^R。

25. 完成下面命题。n 个顶点的每个线性图一定有____条边。解释答案。

26. n 个顶点的完全图 K_n 的总边数是多少？证明答案。

27. 利用同构树的定义来定义同构图，请给予描述。

28. 证明或反证：图 8.24(a)和(b)所示的图是同构的。

29. 证明或反证：图 8.24(a)和(c)所示的图是同构的。

30. 证明或反证：图 8.24(a)和(d)所示的图是同构的。

31. 解释第 4 章中有向图的定义同本节中图的定义有何不同。

32. 证明：如果图 G 没有自环或多重边，那么边数的 2 倍等于所有顶点度数之和。

33. 用第 32 题中的结果证明：如果图 G 没有自环或多重边，那么奇数度的顶点数是一个偶数。

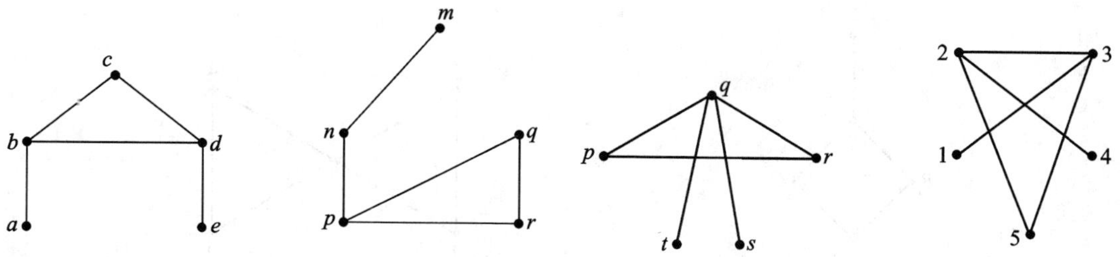

(a) (b) (c) (d)

图 8.24

8.2 欧拉道路与回路

在本节和下一节中，将考虑图论使用得非常广泛的几类问题。在第一类问题中，任务是沿图中一条道路移动时，恰好经过图中每条边一次。它可以是或者没有必要是从同一个顶点起止。它的一个简单例子就是通常的一笔画问题，要求笔不离纸或者经过一条边最多一次，在纸上用铅笔描一个几何图形。

图 G 中的一条道路如果它包含每条边恰好一次，则称作**欧拉道路**。**欧拉回路**是一条欧拉道路为回路的情况。欧拉(Leonhard Euler, 1707—1783) 在数学的许多领域中都从事过研究，名称“欧拉道路”和“欧拉回路”是为了认可他对所谓的 Königsberg 桥问题所做的工作而命名的。

例 1 图 8.25 给出了一个小街区的街道图。为执行已被通过的回收可循环使用废物的法令，一辆卡车负责收集废品，卡车每次从回收站出发并回到回收站。现需设计卡车的运行路线，使得运行路线覆盖整个街区并且每条街道只需行驶一次。通过在每个交叉路口设置一个顶点，为任意交叉路口之间的每条街道设置一条边来构造一个图。那么问题就是对此图求一条欧拉回路。 ■

图 8.25

例 2 (a) 图 8.26 中的一条欧拉道路是 π: E, D, B, A, C, D。

(b) 图 8.27 中的一条欧拉回路是 π: 5, 3, 2, 1, 3, 4, 5。 ■

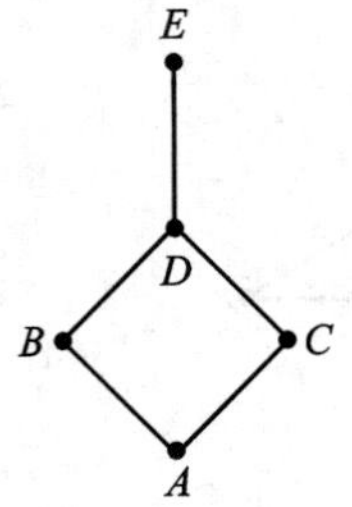

图 8.26

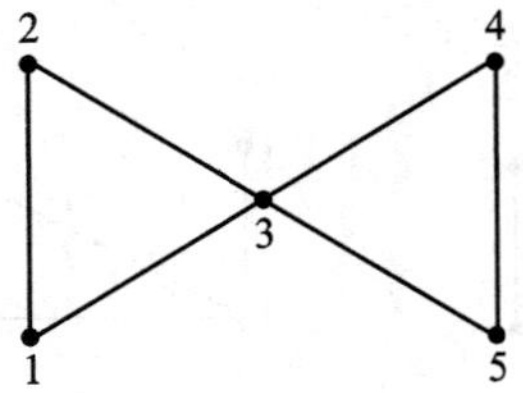

图 8.27

少量的实验表明图 8.26 中设有任何欧拉回路。还可以看到在 8.1 节的图 8.6 中不可能有一条欧拉道路(为什么?)。

例 3 考虑图 8.28 所示的有三个房间结构的平面设计。每个房间两两共墙相连，每面墙上有门通向房外。问题是：从某个房间里或房外开始恰好经过每个门一次去散步，这可能吗？它的图示也能够被描写成一个图，每个房间和房外构成一个顶点，而边相当于一扇门。这种结构的一种可能的图如图 8.29 所示。该问题转化为该图是否存在一条欧拉道路。稍后将解答此问题。■

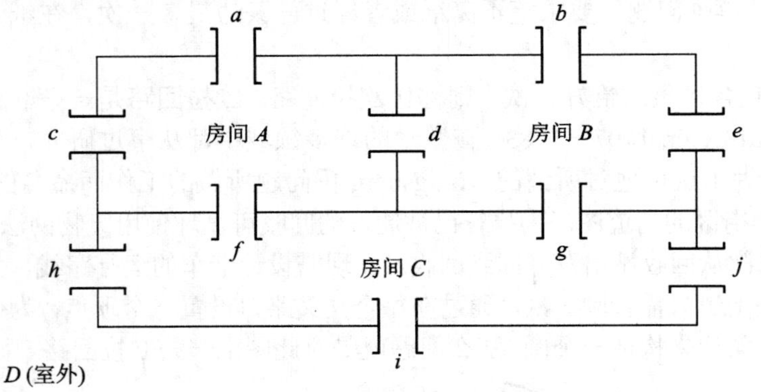

图 8.28

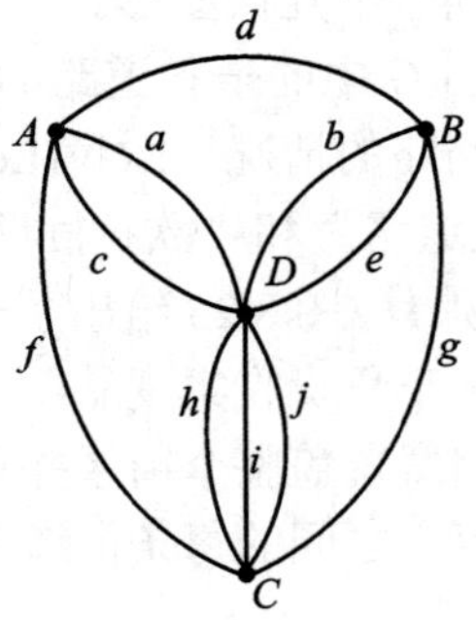

图 8.29

由上面的问题自然产生了两个疑问。在没有实际找到欧拉道路或欧拉回路的情况下，是否能确定它的存在呢？如果欧拉道路或回路一定存在，那么是否存在有效的方法找到它呢？

再次考虑例 2 中的图。在图 8.26 中，边$\{D, E\}$一定是被最先或最后经过，因为从顶点 E 开始(或者到达 E)不存在任何其他的路。这意味着如果 G 有 1 度的一个顶点，那么不可能存在欧拉回路，如果存在欧拉道路，那么它一定从该顶点开始或结束。类似的论证可以应用到任意一个具有奇数度如 $2n+1$ 的顶点 v。可以从这些边之一进入并且从另一条边出来 n 次，并且使得从 v 开始的一条边未被经过。最后一条边可以用作离开 v 或到达 v，但不同时发生，所以不能完成一条回路。刚才已证明了下面结果的第一部分。

定理 1 (a) 如果图 G 有奇数度的顶点，那么在 G 中不可能存在欧拉回路。

(b) 如果 G 是一个连通图并且每个顶点都有偶数度，那么在 G 中存在一条欧拉回路。

证明 (b) 假设存在每个顶点有偶数度的连通图，但它不存在任何欧拉回路。那么选择一个具有最少边数的图 G。G 一定具有多于一个顶点，因为如果只存在一个偶数度的顶点，那么显然存在一条欧拉回路。

首先，证明 G 中必定至少有一条回路。如果 v 是 G 的一个固定顶点，那么由于 G 是连通的且其顶点不止一个，所以在 v 和某个其他顶点 v_1 之间一定存在一条边。它是一条简单道路(长度为 1)，故简单道路是存在的。设 π_0 是 G 中可能有最长长度的一条简单道路，它的顶点序列是 v_1，v_2，…，v_s。因为 v_s 的度是偶数并且 π_0 使用以 v_s 为顶点的边只有一条，所以一定存在也以 v_s 作为顶点的一条边 e 且该边不在 π_0 中。如果 e 的另一顶点不是 v_i，那么可以构造一条比 π_0 更长的简单道路，这就得到一个矛盾。因此，e 有某个 v_i 作为它的另一顶点，故可在 G 中构造一条回路 v_i，v_{i+1}，…，v_s, v_i。

因为 G 现在有回路，所以可以在 G 中选择一条回路 π 使得它可能有最长的长度。由于已假设 G 没有欧拉回路，所以 π 不能包含 G 的所有边。设 G_1 是从 G 中通过删除 π 中的所有边(但非顶点)而形成的图，因为 π 是一条回路，删除它的边将使每个顶点的度数减少 0 或者 2，所以 G_1 也是一个所有顶点都有偶数度的图。图 G_1 可以不连通，但可以选择一个最大连通分支(块)，记该图为 G_2(G_2 可以是 G_1)。现在 G_2 比 G 有更少的边，所以(由于选择 G 的方式)，G_2 一定有一条欧拉道路 π'。

如果 π' 通过 G 中的所有顶点，则显然 π 和 π' 有一些公共顶点。如果 π' 不通过 G 中的所有顶点，则一定在属于 π' 的某个顶点 v' 和不属于 π' 的某个顶点 v 之间存在 G 的一条边 e，否则不能从 π' 中的顶点到达 G 中的其他顶点，从而 G 是非连通的。因为 e 不属于 π' (当从 G 产生 G_1 时，e 必定已被删除)，所以 e 一定是属于 π 的边。于是 v' 也是在 π 的顶点序列中，因此无论如何 π 和 π' 至少有一个公共顶点 v'，故能够通过在 v' 点连接 π 和 π' 而在 G 中构造一条比 π 更长的回路。这是一个矛盾，因为所选择的 π 是 G 中可能最长的回路。因此，假设图 G 存在就总会产生一个矛盾，故这样的图 G 不可能存在。 ■

该证明的策略前面已经使用过：假设存在一个最大(最小)的对象，并且构造一个同类型的更大(更小)的对象，从而产生一个矛盾。如上面在 G 中有以 v 为始点和终点的一条可能最长的回路 π，并且构造了一条更长的以 v 为始点和终点的回路。

上面已证明如果 G 有奇数度的顶点，那么对于 G 不可能构造出一条欧拉回路，但是欧拉道路是可能的。在前面的讨论中已注意到有奇数度的顶点一定是任意一条可能的欧拉道路的始点或终点，所以得到下面的定理。

定理 2 (a) 如果图 G 有多于两个顶点是奇数度，那么在 G 中不可能存在欧拉道路。

(b) 如果 G 是连通的且刚好有两个顶点是奇数度，那么在 G 中存在一条欧拉道路。G 中任意一条欧拉道路一定以奇数度的顶点为始点，而以另一个奇数度的顶点为终点。

证明 (a) 设 v_1，v_2，v_3 是有奇数度的顶点。因为这些顶点都有奇数度，所以任意一条可能的欧拉道路一定从 v_1，v_2，v_3 中的某个顶点离开(或到达)而无路返回(或离开)。这三个顶点当中可能某个点是欧拉道路的始点，另一个点是终点，但是它从一条未经过边的一个端点离开第三个顶点。因此，不存在任何欧拉道路。

(b) 设 u 和 v 是两个有奇数度的顶点，把边 $\{u, v\}$ 添加到 G 中产生一个连通图 G'，G' 的所有顶点有偶数度。由定理 1(b)可知，在 G' 中存在一条欧拉回路π'，从π' 中去掉$\{u, v\}$得到以 u(或 v)为始点和以 v(或 u)为终点的一条欧拉道路。 ■

例 4 图 8.30、图 8.31 和图 8.32 中哪些有欧拉回路？哪些有欧拉道路但非欧拉回路？哪些两者都不是？

解 (a) 在图 8.30 中，4 个顶点都各有度 3，因此，由定理 1 和定理 2 可知既没有一条欧拉回路也没有一条欧拉道路。

(b) 图 8.31 中恰有两个顶点有奇数度，因此，不存在欧拉回路，但一定存在一条欧拉道路。

(c) 在图 8.32 中，每个顶点有偶数度，因此，一定有一条欧拉回路。 ■

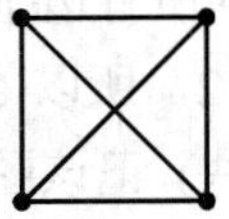

图 8.30

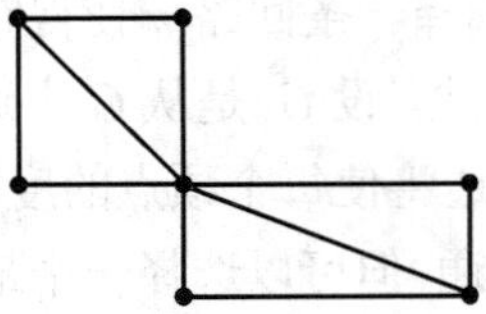

图 8.31

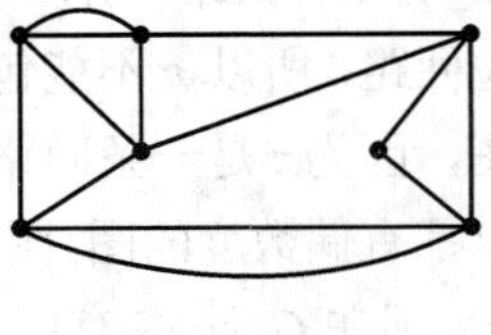

图 8.32

例 5 再考虑例 3，可以看到 4 个顶点分别有度 4、度 4、度 5 和度 7。因此，由定理 2 便得到该问题的解，即：存在一条欧拉道路，如图 8.33 所示。用图 8.29 的标号，道路 π 记为 V_π: $C, D, C, A, D, A, B, D, B, C$ 和 E_π: $i, h, f, c, a, d, b, e, g, j$。 ■

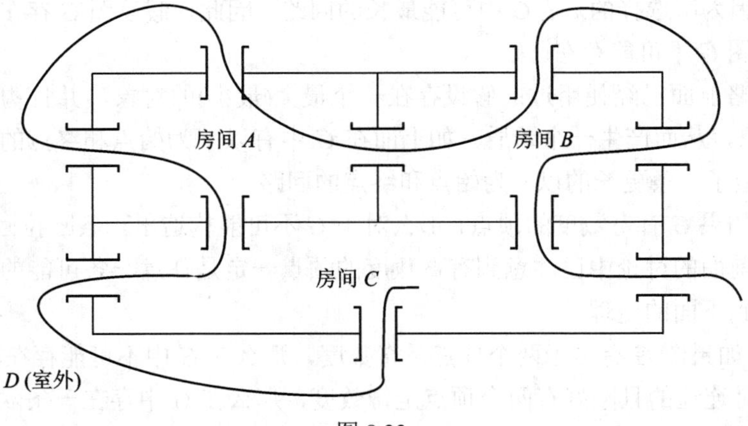

图 8.33

定理 1 和定理 2 是存在性定理的例子，它们保证某类对象的存在性，但是它们并没有给出任何信息如何产生这类对象。在定理 2 (b)中关于如何产生对象给出了一个提示。在图 8.34 中，欧拉道路一定以 B 为始点(或终点)且以 C 为终点(或始点)。该图一条可能的欧拉道路记为 V_π: B, A, D, C, A, B, C 和 E_π: a, c, d, f, b, e。

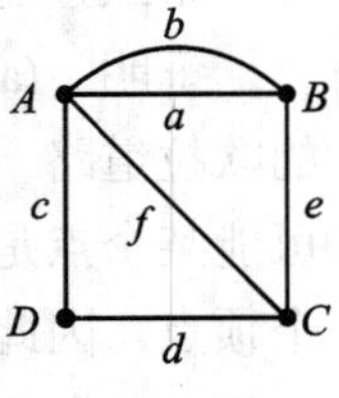

图 8.34

对于没有任何奇数度顶点的一个连通图，下面给出一个产生欧拉回路的算法。在给出该算法之前，需要另外一个定义。一条边称为是连通图 G 的**桥**是指如果删除它，将会导致图 G 不连通。例如 8.1 节图 8.4 中的图，$\{B, E\}$是一座桥。

算法 Fleury 算法

设 $G=(V, E, \gamma)$是每个顶点具有偶数度的一个连通图。

步骤 1：在 G 中选择一条不是桥的边 e_1，设它的顶点是 v_1, v_2, π 是由 V_π：v_1, v_2 和 E_π：e_1 所指定的道路。从 E 中删除 e_1，得到图 G 的子图 G_1。

步骤 2：假设到目前为止已构造出 V_π：v_1，v_2，…，v_k 和 E_π：$e_1,e_2,\cdots,e_{k-1}$，并且所有这些边和所得孤立顶点已从 V 和 E 中被删除，形成图 G_{k-1}。因为 v_k 的度是偶数并且是 e_{k-1} 的终点，所以一定在 G_{k-1} 中存在一条边 e_k 也以 v_k 作为顶点。如果这样的边不止一条，那么选择一条不是 G_{k-1} 桥的边即可。用 v_{k+1} 而不是 v_k 表示 e_k 的顶点，把 V_π 和 E_π 扩展到 V_π: $v_1, v_2,\cdots$，v_k,v_{k+1} 和 E_π: $e_1,e_2,\cdots$，e_{k-1}, e_k。于是，从 G_{k-1} 中删除 e_k 和任何孤立顶点形成 G_k。

步骤 3：重复步骤 2，直到 E 中没有边为止。■

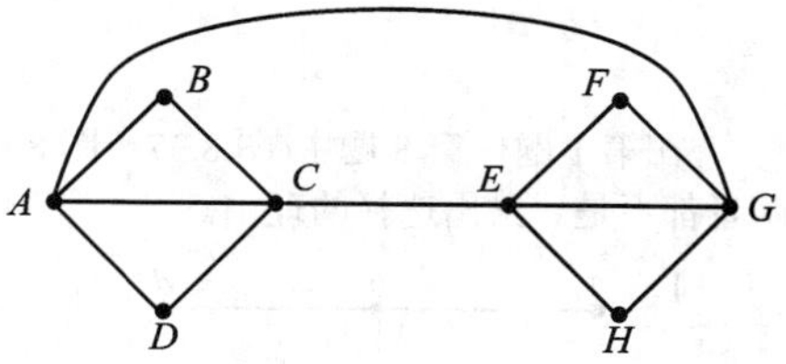

图 8.35

例 6 用 Fleury 算法为图 8.35 构造一条欧拉回路。

解 根据步骤 1，无论从哪个顶点开始都可以。因此任取一个顶点 A，重复应用步骤 2，得到的结果总结在表 8.1 中。

表 8.1

当 前 道 路	下 一 条 边	理 由
π: A	$\{A, B\}$	从 A 开始没有任何边是桥，任选一条边
π: A,B	$\{B, C\}$	从 B 开始只余下一条边
π: A,B,C	$\{C, A\}$	从 C 开始没有任何边是桥，任选一条边
π: A,B,C,A	$\{A, D\}$	从 A 开始没有任何边是桥，任选一条边
π: A,B,C,A,D	$\{D, C\}$	从 D 开始只余下一条边
π: A,B,C,A,D,C	$\{C, E\}$	从 C 开始只余下一条边
π: A,B,C,A,D,C,E	$\{E, G\}$	从 E 开始没有任何边是桥，任选一条边
π: A,B,C,A,D,C,E,G	$\{G, F\}$	$\{A, G\}$是桥，选择$\{G, F\}$或$\{G, H\}$
π: A,B,C,A,D,C,E,G,F	$\{F, E\}$	从 F 开始只余下一条边
π: A,B,C,A,D,C,E,G,F,E	$\{E, H\}$	从 E 开始只余下一条边
π: A,B,C,A,D,C,E,G,F,E,H	$\{H, G\}$	从 H 开始只余下一条边
π: A,B,C,A,D,C,E,G,F,E,H,G	$\{G, A\}$	从 G 开始只余下一条边
π: $A,B,C,A,D,C,E,G,F,E,H,G,A$		

在图 8.36 中，给出了应用步骤 2 依次选择边的标号。有几个地方也可以做其他选择。一般来说，如果某个图有一条欧拉回路，那么它可能有几条不同的欧拉回路。

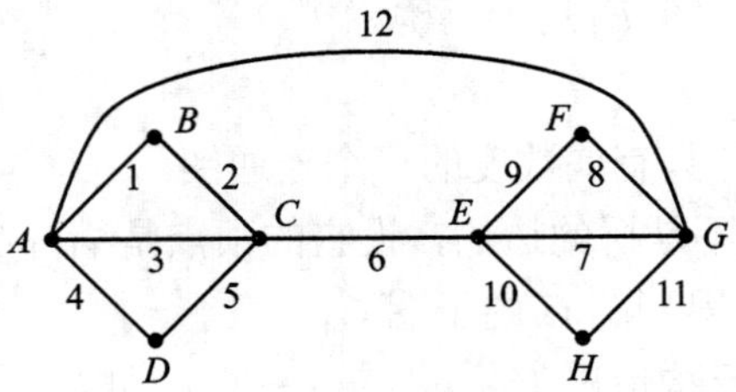

图 8.36

习 题 8.2

在第 1 题～第 8 题中(图 8.37～图 8.44)，回答图是否有一条欧拉回路，还是欧拉道路但非欧拉回路，或者两者都不是。给出选择的理由。

1.

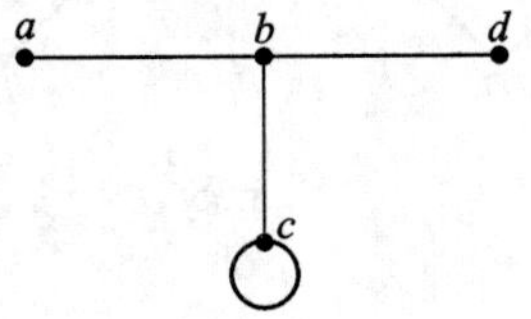

图 8.37

2.

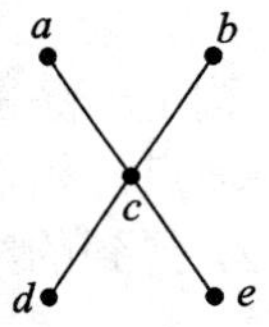

图 8.38

3.

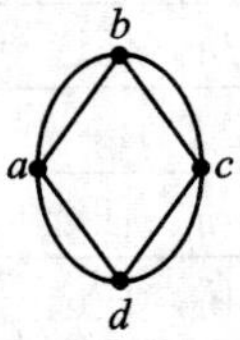

图 8.39

4.

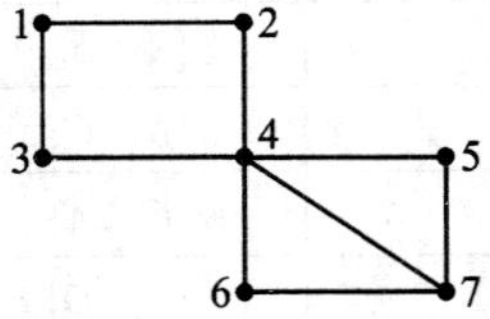

图 8.40

5.

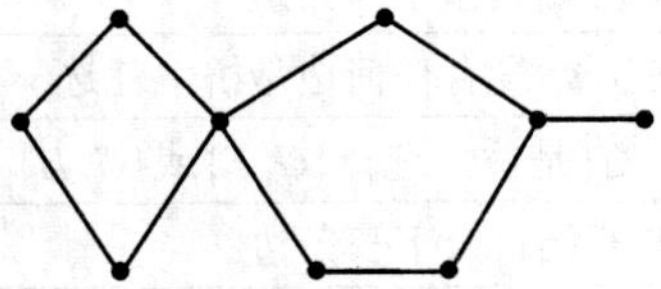

图 8.41

6.

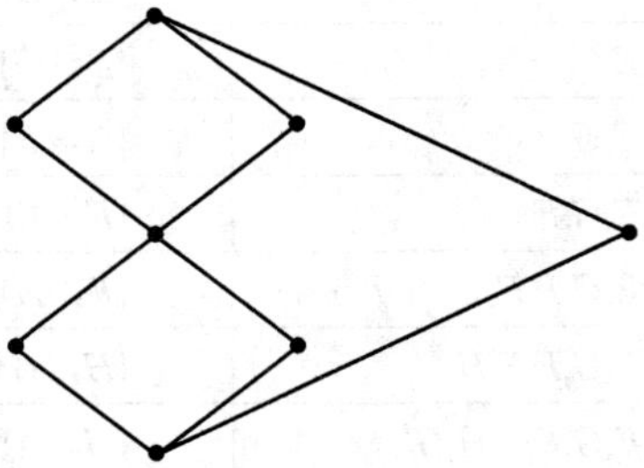

图 8.42

7.

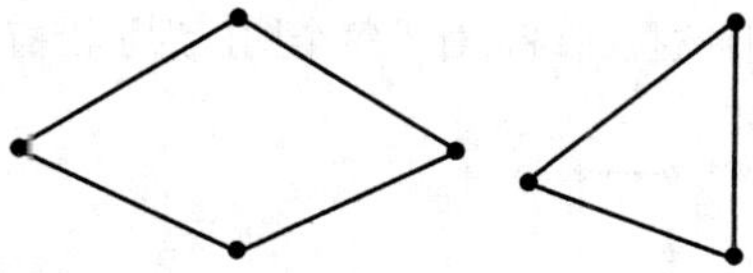

图 8.43

8.

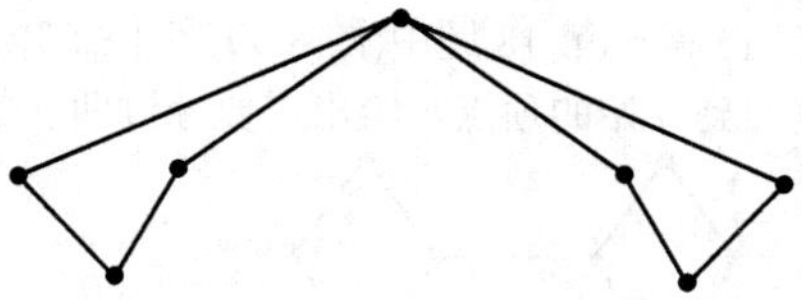

图 8.44

在题 9 和 10 中(图 8.45 和图 8.46)，判断图形是否可以一笔画。解释理由。

9.

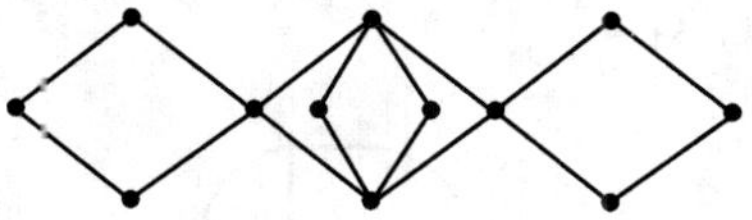

图 8.45

10.

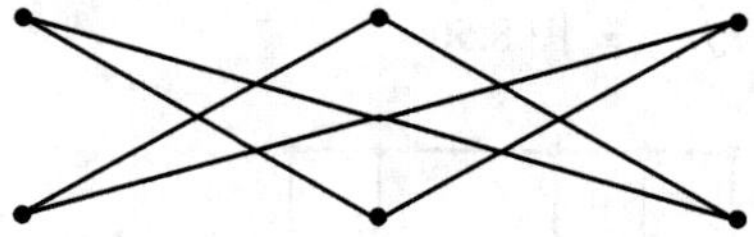

图 8.46

11．用 Fleury 算法为图 8.47 中的图形构造一条欧拉回路。

12．用 Fleury 算法为图 8.45 中的图形构造一条欧拉回路。

13．某艺术博物馆在如图 8.48 所示的 5 个房间里安排它目前的展览，参观这个展览是否存在通过每个门刚好一次的道路？如果存在，给出参观路线。

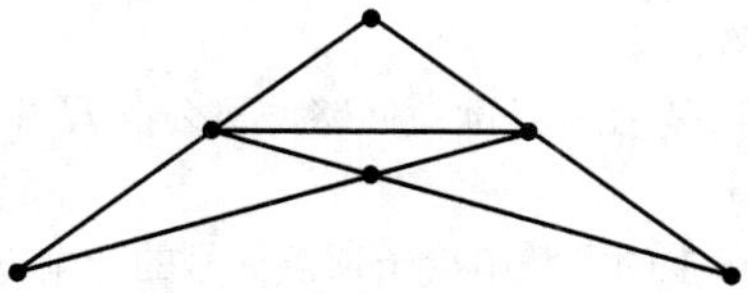

图 8.47

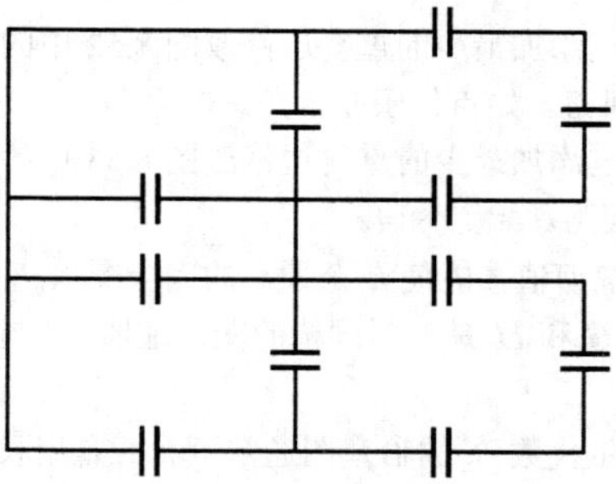

图 8.48

14．在某历史大厦的门口，得到该房屋平面设计的复印件(图 8.49)。参观这栋房子的每个房间是否存在通过每个门刚好一次的道路？解释理由。

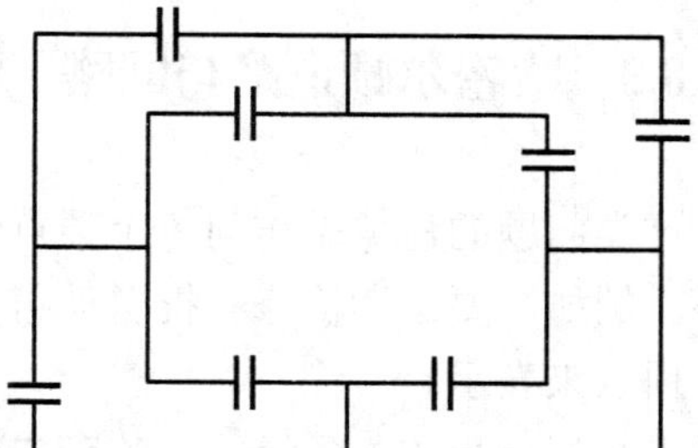

图 8.49

在第 15 题～第 18 题中(图 8.50～图 8.53)，给定的图不可能有欧拉回路。对于每个图，为了沿着每条边移动并且返回到开始的顶点，给出需要经过两次的边的最小数目。

15.

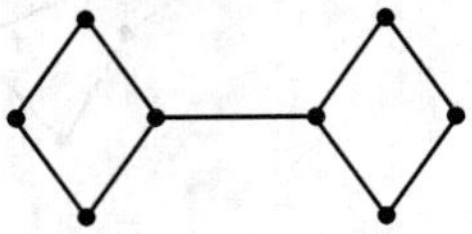

图 8.50

16.

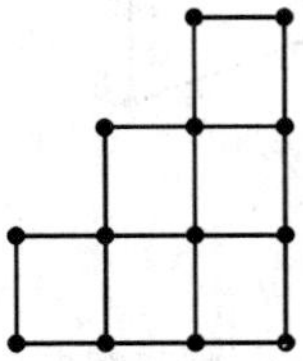

图 8.51

17.

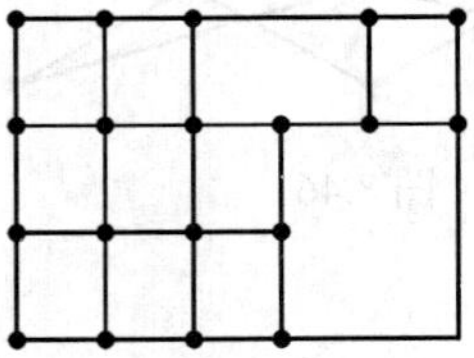

图 8.52

18.

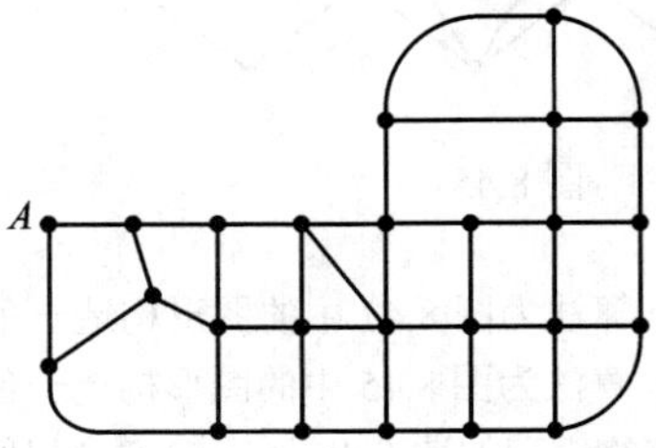

图 8.53

19．通过添加最少的重复边修改图 8.52 中的图形，使得所有顶点有偶数度。用 Fleury 算法求修改后的图的一条欧拉回路。始点位于左上角。

20．通过添加最少的重复边修改图 8.53 中的图形，使得所有顶点有偶数度。用 Fleury 算法求修改后的图的一条欧拉回路。始点为 A。

21．n 取何值才能使 n 个顶点的完全图 K_n 有一条欧拉回路？

22．设 G 和 H 是一对同构的图，证明或反证：如果在 G 中存在一条欧拉回路，那么在 H 中也有一条欧拉回路。

23．布尔代数 B_n 的哈塞图通常可看成是用长度为 n 的 0 和 1 的字符串给予顶点标号的一个无向图(见 6.4 节)。证明：在该图的两个顶点之间存在一条边当且仅当在终点标号的字符串中只有一个位置不同。

24．用第 23 题描述的 B_n，下面哪些图有一条欧拉回路？

(a) B_2　(b) B_3　(c) B_4　(d) B_5

25．一般来说，哪些 B_n 的哈塞图有一条欧拉回路？证明答案。

8.3 哈密尔顿道路与回路

现在转到图的第二类问题，这类问题的任务是访问每个顶点恰好一次，如果该顶点是始点并且也必须是终点的情况则除外。例如，要定期检修一批自动售货机，这样的道路就是十分有用的。每台自动售货机可用一个顶点来表示。

哈密尔顿道路是包含每个顶点恰好一次的一条道路。**哈密尔顿回路**是包含每个顶点恰好一次的回路，除非该顶点是始点并且也是终点。这种道路是用数学家 William Hamilton 爵士的名字命名的，他研制和销售一种形状为正十二面体、木制的游戏图，该图指导人们寻找所谓的哈密尔顿回路。这种立体图的平面描述如图 8.54(a)所示，通过用连续标数顶点的方法，图 8.54(b)给出了一条哈密尔顿回路(许多条回路之一)。

显然，自环和多重边在寻找哈密尔顿回路中是毫无用处的，因为自环不能使用，并且在任意两个顶点之间只能使用一条边。因此，假设下面将提到的图根本没有自环或多重边。

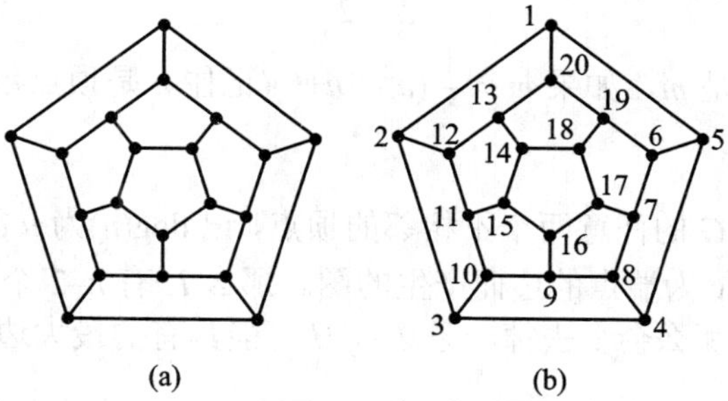

图 8.54

例 1 考虑图 8.55 中的图，道路 a, b, c, d, e 是一条哈密尔顿道路，因为它包含每个顶点恰好一次。然而，不难看到该图不存在哈密尔顿回路。对于图 8.56 中的图，道路 A, D, C, B, A 是一条哈密尔顿回路。在图 8.57 和图 8.58 中，不可能存在哈密尔顿道路(请验证)。 ■

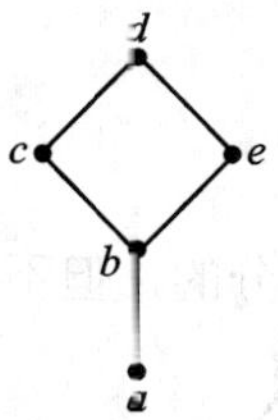

图 8.55

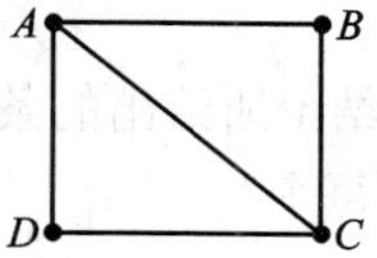

图 8.56

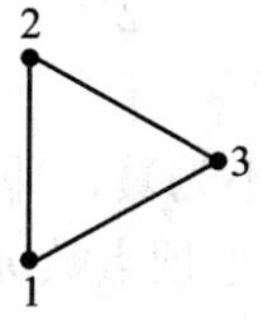

图 8.57

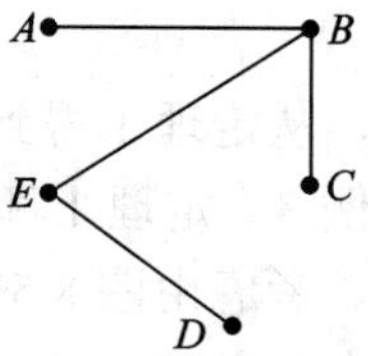

图 8.58

例 2 任意完全图 K_n 有哈密尔顿回路。事实上，可以从任意顶点开始，以任意期望的次序相继访问其余顶点。 ■

关于哈密尔顿道路和回路有类似于欧拉道路和回路的一些问题。是否能够确定哈密尔顿道路或回路的存在性？如果哈密尔顿道路或回路一定存在，寻找它是否存在有效的方法？令人惊奇的是，即使考虑 8.2 节的定理 1 和定理 2，关于哈密尔顿道路和回路的第一个问题也不能得到完全的回答，第二个问题也未被回答。然而，能够基于一些例子看出某些结果。

如果 n 个顶点的图 G 有一条哈密尔顿回路，那么 G 至少有 n 条边。

下面对于如果图 G 有"足够多"的边，那么就能找到哈密尔顿回路给出部分回答。它们也是存在性命题，对于如何构造一条哈密尔顿回路没有给出方法。

定理 1 设 G 是有 n 个顶点($n>2$)并且没有自环或多重边的一个连通图。如果对 G 中的任

意两个不相邻的顶点u和v,它们的度数之和大于或等于n,那么G有一条哈密尔顿回路。 ■

在此省略该定理的证明，但是从它可以证明下面的推论。

推论 1 如果每个顶点的度数大于或等于$\frac{n}{2}$，那么G有一条哈密尔顿回路。

证明 任意两个顶点的度数之和至少是$\frac{n}{2}+\frac{n}{2}=n$，所以定理 1 的假设成立。 ■

定理 2 设G的边数是m，如果$m\geqslant\frac{1}{2}(n^2-3n+6)$(记住$n$是顶点数)，那么$G$有一条哈密尔顿回路。

证明 假设u和v是G的任意两个不相邻的顶点，记$\deg(u)$为u的度数。设H是从G中删除u和v以及任何以u和v为端点的边而产生的图。那么H有$n-2$个顶点，$m-\deg(u)-\deg(v)$条边(如果u和v是相邻的，那么会少去掉一条边)。H可能具有的最大边数是${}_{n-2}C_2$(见 3.2 节)。这出现在每对不同的顶点间都有一条边相连的情况。因此，H的边数至多是${}_{n-2}C_2=\frac{(n-2)(n-3)}{2}$，即$\frac{1}{2}(n^2-5n+6)$。

于是$m-\deg(u)-\deg(v)\leqslant\frac{1}{2}(n^2-5n+6)$，所以$\deg(u)+\deg(v)\geqslant m-\frac{1}{2}(n^2-5n+6)$。由定理的假设得

$$\deg(u)+\deg(v)\geqslant\frac{1}{2}(n^2-3n+6)-\frac{1}{2}(n^2-5n+6)=n$$

因此，从定理 1 得到定理 2 的结果。 ■

例 3 定理 1 和定理 2 的逆命题不为真，即：针对结论所给出的条件是充分的，但不是必要的。考虑由图 8.59 所表示的图，这里顶点数n是 8，每个顶点有 2 度，对于每一对非邻接的顶点u和v，$\deg(u)+\deg(v)=4$。边的总数也是 8。因此，定理 1 和定理 2 的前提未能满足，但是该图肯定存在哈密尔顿回路。 ■

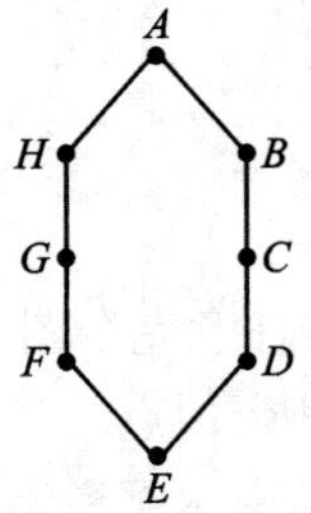

图 8.59

刚才考虑的问题有许多重要的变种。一种情况是边可能有表示距离、花费等的加权。于是，问题变为在道路中寻找权的总和为最小值的一条哈密尔顿回路(或道路)。例如，顶点可能代表城市，边代表运输路线，边的权代表沿着该边运行的花费。常常把描述这种问题称为旅行推销员问题。这种含有带权边的图是另一类重要问题，已在 7.5 节讨论过。

习 题 8.3

在第 1 题～第 6 题中(图 8.60～图 8.65)，判断已知图是否有一条哈密尔顿回路，哈密尔顿道路但非哈密尔

顿回路，或两者都不是。如果图中有一条哈密尔顿回路，那么给出该回路。

1.

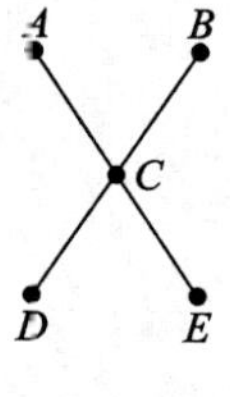

图 8.60

2.

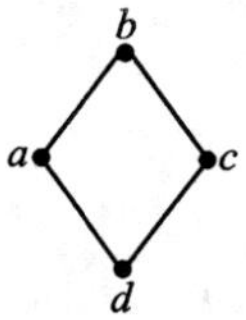

图 8.61

3.

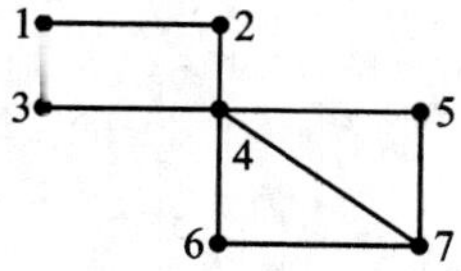

图 8.62

4.

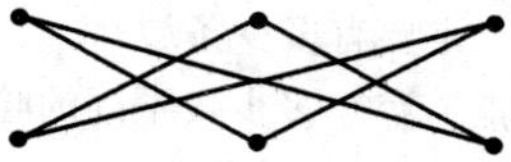

图 8.63

5.

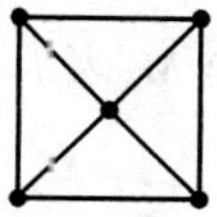

图 8.64

6.

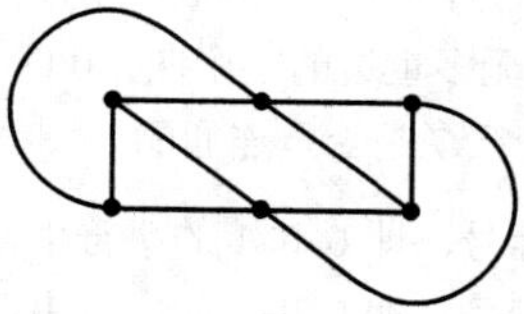

图 8.65

7．在 K_5 中给出二条无任何共同边的哈密尔顿回路。

在第 8 题～第 11 题中(图 8.66～图 8.69)，对于所给的图求一条哈密尔顿回路。

8.

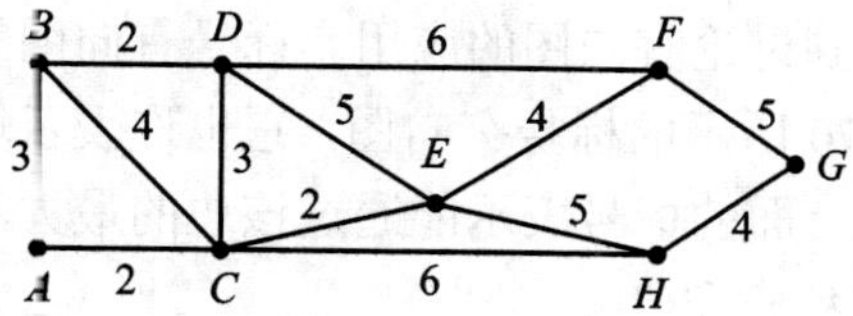

图 8.66

9.

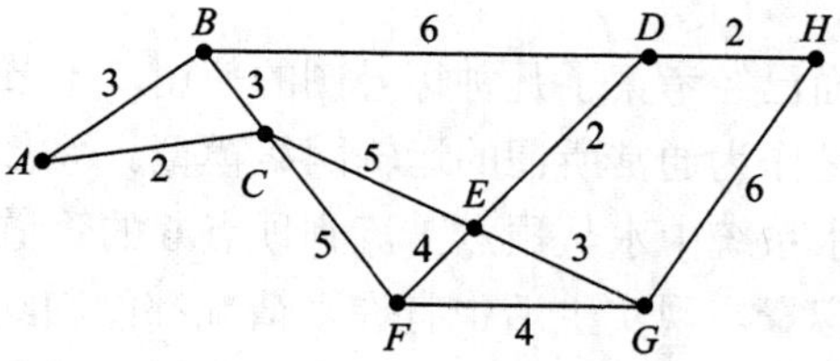

图 8.67

10.

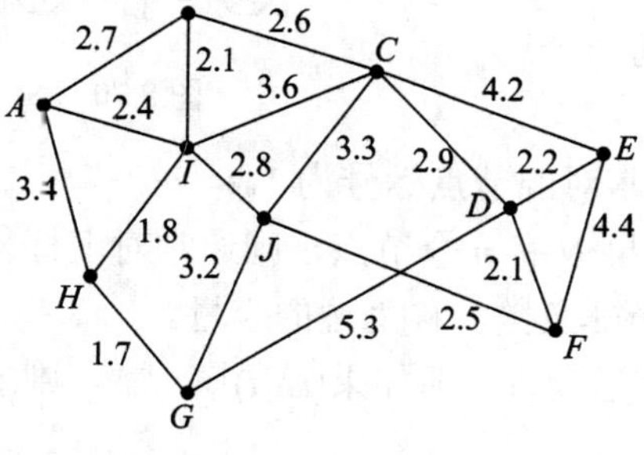

图 8.68

11.

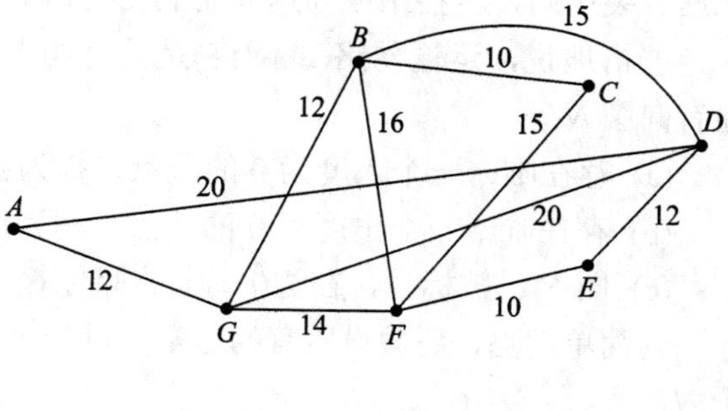

图 8.69

在第 12 题～第 15 题中，已知图形所表示的图，找出权最小的哈密尔顿回路。

12．图 8.66。

13．图 8.67。

14．图 8.68。

15．图 8.69。

16．在图 8.66 所表示的图中，以 D 为始点和终点，找出权最小的一条哈密尔顿回路。

17．在图 8.67 所表示的图中，以 F 为始点和终点，找出权最小的一条哈密尔顿回路。

18．对于有 n 个顶点的完全图 $K_n\,(n \geqslant 3)$。

(a) 一条哈密尔顿回路一定要有多少条边？

(b) 以一个固定点为始点，存在多少条不同的哈密尔顿回路？

19．证明：有 $n(n \geqslant 3)$个顶点的完全图 K_n 有$(n-1)!$条哈密尔顿回路。

20．给出一个至少有 4 个顶点和一条既是欧拉回路又是哈密尔顿回路的图例。

21．给出一个有一条欧拉回路和一条哈密尔顿回路但两者不相同的图例。

22．设 $G = (V, E, \gamma)$是无多重边的一个图，$|V| = n$，由 G 定义的 V 上的关系 R 能用矩阵 $\boldsymbol{M}_R$ 表示。解释如何使用 M_{R^∞} (见 4.3 节)去判断 G 是否是连通的。

23．使用通常的顶点标号，即 0 和 1 的字符串，为 B_3 的哈塞图给出一条哈密尔顿回路。

24．使用通常的顶点标号，即 0 和 1 的字符串，为 B_4 的哈塞图给出一条哈密尔顿回路。

25．为 B_n 的哈塞图寻找哈密尔顿回路的问题等价于有关长度为 n 的 0 和 1 的字符串问题。请对此问题给予描述。

8.4 运 输 网 络

前面已经考察了几种标号图的使用，本节将回到讨论有向图的应用。标号有向图的一个重要应用是作为通常所谓的运输网络模型。考虑图 8.70 所示的标号有向图，它也许表示城市里的部分供水系统中水从顶点 1 流到顶点 6 的管道，边上面的标号表示能通过该边的最大流量，称作边的**容量**。现实生活中有许多情况都能归纳为这种模型。例如，图 8.70 很可能表示石油管道系统、高速公路系统、通信网络或电力网等。网络的顶点通常称为节点，可以表示抽水站、装运站、转播站或高速公路的交叉路口等。

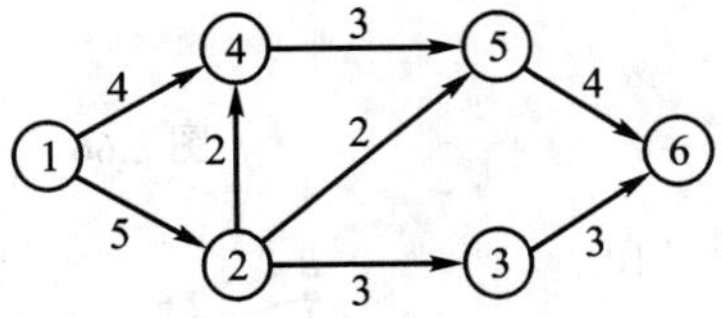

图 8.70

严格地说，**运输网络**(或**网络**)是具有如下性质的一个连通有向图 N：

(a) 存在唯一一个入度为 0 的节点，称为**源**。通常对源节点标号为 1。

(b) 存在唯一一个出度为 0 的节点，称为**汇**。如果 N 有 n 个节点，则通常对汇标号为 n。

(c) 图 N 已被标号，在边(i, j)上的标号 C_{ij} 是一个非负数，称为边的容量。

为简单起见，还假设所有的边都只以一个方向运送物资，即如果$(i，j)$属于 N，则$(j，i)$不属于 N。

流

网络的目的是实现水、油、电、交通或所设计的网络运送物资的流动。从数学上讲，网络 N 中的**流**就是一个函数，它使 N 的每条边(i, j)都指定一个不超过 C_{ij} 的非负数 F_{ij}。直观地讲，当流是 F 时，F_{ij} 表示通过边(i, j)的物资量。非正式地讲，F_{ij} 表示通过边(i, j) 的流。还要求除源和汇之外，对每个节点而言，进入节点 k 的边上的 F_{ik} 之和必须等于离开节点 k 的边上的 F_{kj} 之和。也就是说，除源和汇外，在任何节点物资不能积累、再生、消耗或丢失，这称作**流的守恒**。该项要求的结果便是离开源的流之和必须等于进入汇的流之和。该和称为**流量**，记为 $value(F)$。可以对每条边(i, j)标上数据对(C_{ij}, F_{ij})表示流 F。图 8.70 所表示的网络中的流 F 如图 8.71 所示。

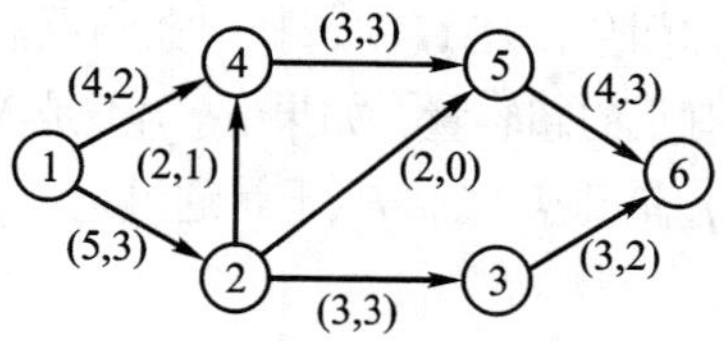

图 8.71

例 1 在图 8.71 中，节点 4 的流是守恒的，因为输入流的大小是 2 和 1，输出流的大小是 3。(验证其他节点的流也是守恒的。）这里 $value(F)=5$。 ■

最大流

对于任何一个网络，一个重要的问题是确定通过网络的最大流量，并且描述具有最大流量的流。由于这种显而易见的原因，该问题通常称为**最大流问题**。

例 2 图 8.72(a)给出了流量为 8 的流。5 条边中有 3 条边通过了它们的最大容量。这似乎是一个好的流函数，但是图 8.72(b)给出了同一网络流量为 10 的流。 ■

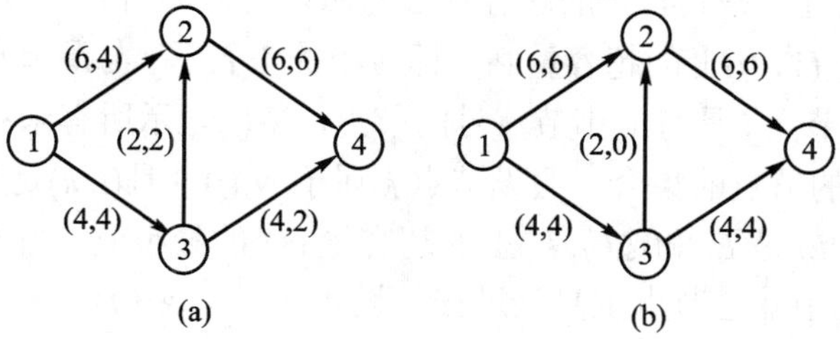

图 8.72

例 2 表明即使一个很小的网络，求最大流问题也需要一个系统化的处理过程。检查图 8.72(a)中的流表明刚才使用从节点 3 到节点 2 的边就是一个错误。应该在边(3，2)上减少流使得在其他边上能增加流。

假设在某个网络 N 中，一条边(i, j)上通过 5 个单位的流，如果希望该流减少到 3 个单位，那么可以推测它在相反的方向应有 2 个单位的流相配合。虽然边(j, i)不属于 N，但是只要它有减少实际边(i, j)上所存在的流的效果，考虑这种虚拟流是毫无害处的。图 8.73 显示了图 8.72(a)中所示的一部分流。

道路π：1，2，3，4 在此网络中不是一条实际道路，因为(2，3)不是一条实际边。然而，π是网络的对称闭包中的一条道路(参见 4.7 节中的对称闭包)。而且，如果考虑有 2 个单位的虚拟流通过π，那么对网络的影响是通过边(1，2)和(3，4)上的流要增加 2 个单位，通过边(3，2)上的流要减少 2 个单位。因此，图 8.72(a)中的流变成了图 8.72(b)中的流。

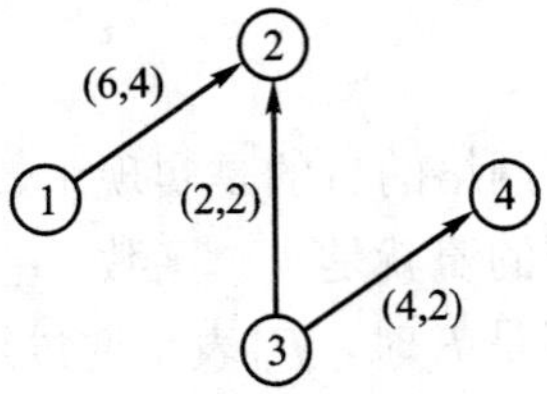

图 8.73

现在用通用术语来描述这种改进。设 N 是一个网络，G 是 N 的对称闭包，在 G 中选择一条道路和该道路上的一条边(i, j)。如果(i, j)属于 N，$e_{ij}=C_{ij}-F_{ij}>0$，则称该边有正的超容量。如果$(i,\ j)$不是 N 中的边，则以反方向通过该边，在这种情况下，如果 $F_{ji}>0$，则称(i, j)有超容量 $e_{ij}=F_{ji}$,于是通过边(i, j)的增流将产生减少 F_{ji} 的结果。下面给出求解最大流问题的具体步骤。

最大流算法

下面将提到的算法应归于 Ford 和 Fulkerson，常称为**标号算法**。这里所指的标号是节点的附加标记。为简单起见，容量使用整数，但 Ford 和 Fulkerson 已证明如果容量是有理数，此算法将在有限步骤内结束。

设 N 是有 n 个节点的一个网络，G 是 N 的对称闭包，要使用的所有边和道路都属于 G。开始的所有流都设为 0。当执行算法时，很方便跟踪边上的超容量以及它们的变化情况，而不是跟踪增流。当算法结束时，很容易从最终的超容量中找出最大流。

算法 标号算法

步骤 1：设 N_1 是通过一条具有正的超容量边与源相连接的所有节点的集合，N_1 中的每个 j 标以$[E_j, 1]$，其中 E_j 是边$(1，j)$上的超容量 $e_{1,\,j}$,标号中的 1 表示 j 与源节点 1 连接。

步骤 2：设 N_1 中的节点 j 是有最小节点号的节点，$N_2(j)$表示所有未标号的(除源外)与节点 j 相连并且有正的超容量的节点的集合。假设节点 k 属于 $N_2(j)$并且(j, k)是有正的超容量的边，则节点 k 标以$[E_k, j]$，其中 E_k 是 E_j 和边(j, k)上的超容量 $e_{j,\,k}$ 的最小值。当 $N_2(j)$中的所有节点都用这种方法标号时，对 N_1 中其他节点重复该过程，设 $N_2=\bigcup\limits_{j\in N_1} N_2(j)$。

注意，在步骤 1 之后，对 N_1 中的每个节点已标号 E_j，它是通过一条边能从源流到 j 的物质量并且含有来自于节点 1 的流的信息。在步骤 2 中，从源通过道路π:1, j, k 到达先前未标号节点 k 是用$[E_k, j]$标号，其中 E_k 是能通过 π 的最大流，因为它是能到达 j 然后通过 k 的更小的量。因此，当步骤 2 结束时，对 N_2 中的所有节点都已构造了所谓的两步道路，每个节点标号记录了通过道路到达该节点和该道路中它的前一节点的总流。继续尝试这种构造，以增加道路的长度直至达到汇为止(如果可能的话)。于是增加了总流，并且能够回溯用于增流的这条道路。

步骤 3：重复步骤 2，给所有 N_3 中未标号的节点标号，其中 N_3 表示从 N_2 中的一个节点能通过一条有正的超容量的边到达的节点的集合。继续该过程形成集合 N_4，N_5，…，直到经过有限步骤后出现下列情形为止。

(a) 汇没有得到标号并且没有其他任何节点可以标号，这也许会发生没有任何节点得到标号，注意源没有被标号。

(b) 汇得到了标号。

步骤 4：在情形(a)，算法终止，则总流就是最大流(后面将给出证明)。

步骤 5：在情形(b)，汇(即节点 n)得到标号$[E_n, m]$，其中 E_n 是通过道路 π 到达汇的额外流量。以相反的次序检查π，如果边$(i, j)\in N$，则在(i, j)上增流 E_n，并且减少相同量的超容量 $e_{i,j}$。同时给(虚)边(j, i)增加超容量 E_n，因为在(i, j)上与它的反向相比有更多的流。另一方面，如果$(i, j)\notin N$，则在(j, i)上减少流 E_n，并且增加它的超容量 E_n。同时在(i, j)上减少相同量的超容量，因为在(i, j)上与它的反向相比有更少的流。现在得到了一个新的比前面大 E_n 个单位的流，并且回到步骤 1。 ■

例 3 用标号算法求图 8.70 所示网络中的最大流。

解 图 8.74 给出了 G 中的所有边上带初始容量的网络。所有边上的初始流是 0。

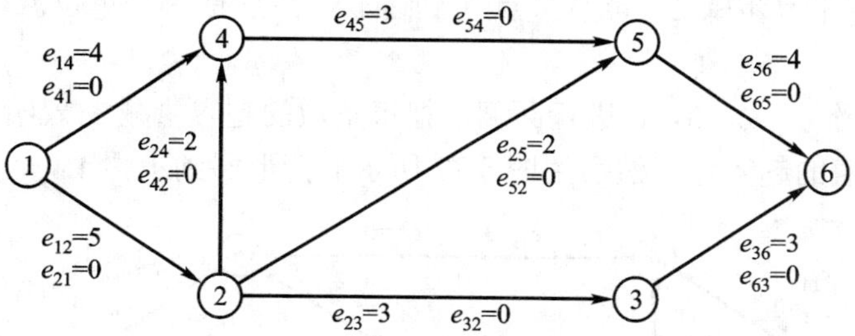

图 8.74

步骤 1：从源开始，通过有超容量的边能到达节点 2 和 4，所以 N_1={2，4}，给节点 2 和 4 分别以[5，1]和[4，1]标号，如图 8.75 所示。

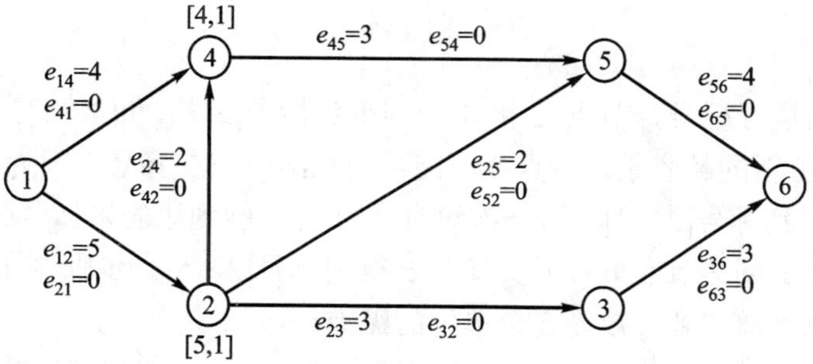

图 8.75

步骤 2：从节点 2 开始，通过具有正的超容量的边能到达节点 5 和 3。节点 5 用[2，2]标号，因为只有 2 个额外的单位流能通过边(2，5)。节点 3 用[3，2]标号，因为只有 3 个额外的单位流能通过边(2，3)。这一步的结果如图 8.76 所示。不能通过某条边从节点 4 移到其他任何未标号的节点。因此，N_2={3，5}，步骤 2 结束。

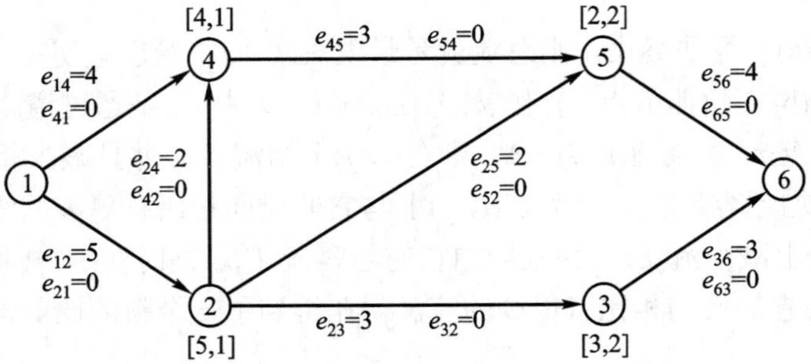

图 8.76

步骤 3：使用 N_2 重复步骤 2，能从节点 3 到达汇，并且有 3 个单位流能通过(3，6)，因此汇有标号[3，3]。

步骤 4：通过道路 1，2，3，6 进行回溯，把每条边的超容量减 3(表明给每条边增流)，并且把该(虚)边增加等值的超容量。然后用图 8.77 所示的情形回到步骤 1。

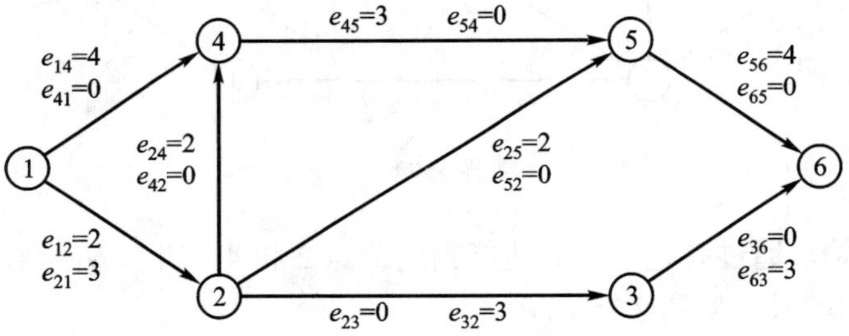

图 8.77

像前面那样继续进行标号，节点 2 和 4 分别得到标号[2，1]和[4，1]。注意 E_2 现在只是 2 个单位，即边(1，2)上新的超容量。节点 2 不能再用来给节点 3 标号，因为在边(2，3)上没有超容量。但节点 5 将得到标号[2，2]。再一次没有从节点 4 能到达的未标号的节点，所以转到步骤 3。于是能从节点 5 到达节点 6，所以节点 6 得到标号[2，5]。步骤 3 的最终结果如图 8.78 所示，把 2 个单位流已增加到总数为 5 个单位的流上。

再次转到步骤 5 并且沿道路 1，2，5，6 回溯，把这些边上的超容量减 2，对应的(虚)边增加相同的容量 2。用图 8.79 所示的情形回到步骤 1。这一次的步骤 1 和步骤 2 产生下列结果。只有节点 4 从节点 1 得到标号[4，1]，而节点 5 是从节点 4 得到的唯一的节点标号[3，4]。用图 8.80 开始步骤 3。此时节点 5 本可以用边(5，2)上的超容量给节点 2 标号(验证节点 2 标号是

[2，5])。然而，节点 5 同样能用来给汇标号，其标号是[2，5]并且总流增加到 7 个单位。步骤 4 沿道路 1．4，5，6 进行回溯，调整超容量。然后，如图 8.81 所示回到步骤 1。

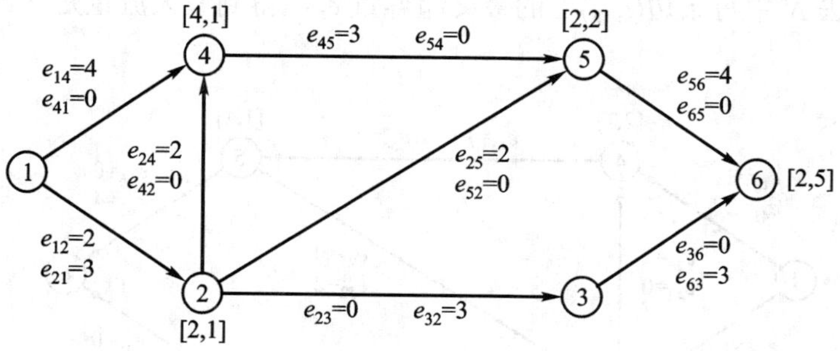

图 8.78

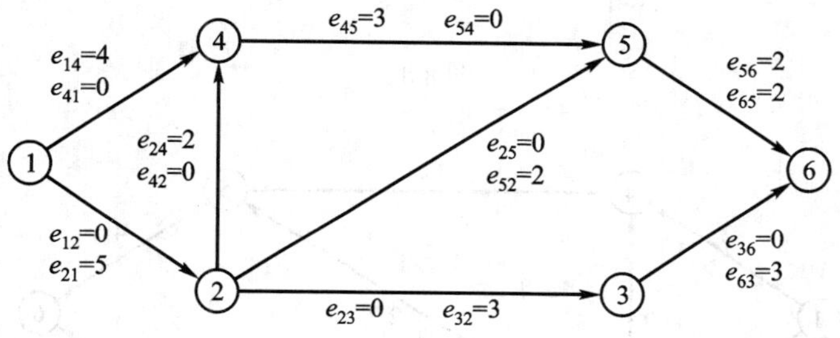

图 8.79

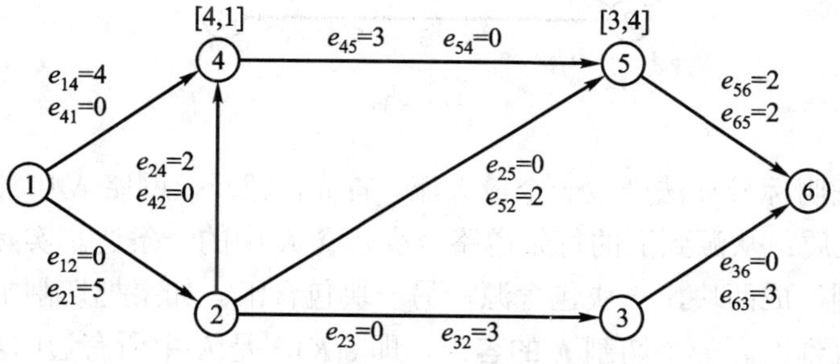

图 8.80

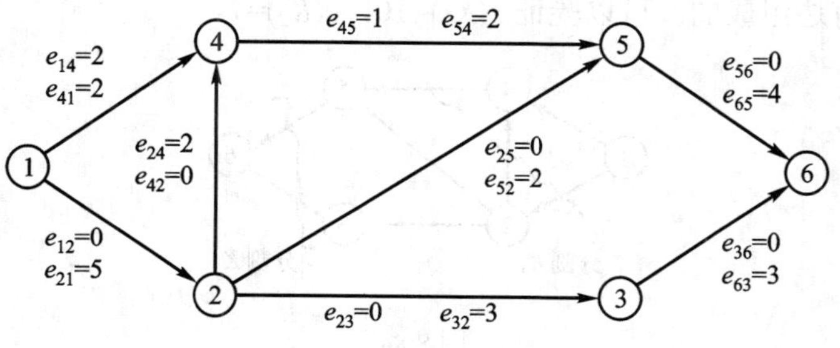

图 8.81

可以验证在经过步骤 1、步骤 2 和步骤 3 之后，节点 4、5 和 2 得到如图 8.82 所示的标号并且不可能还有别的标号。节点 2 的最终标号使用了虚边(5，2)。因此，最终的总流量是 7。通过从容量 C_{ij} 中减去 N 中每条边(i, j)上的最终超容量 e_{ij}，得到最大流量是 7 的流 F，如图 8.83 所示。■

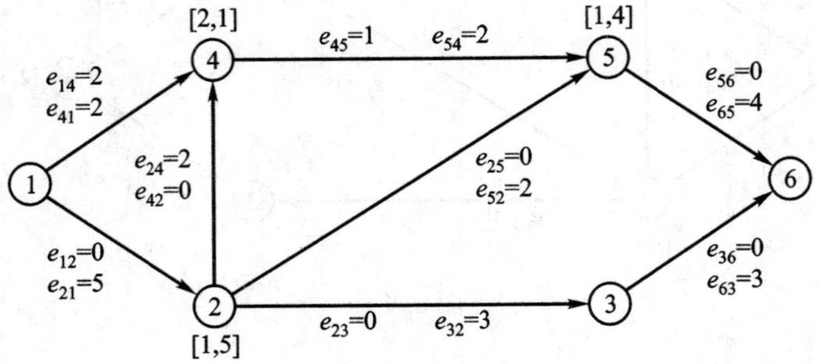

图 8.82

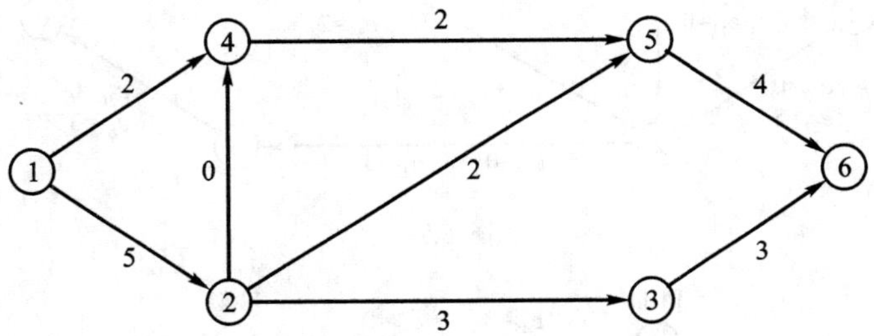

图 8.83

余下的问题是证明标号算法产生一个最大流。首先，把一个网络 N 中的**切割**定义为某些边的集合 K，它具有性质：从源到汇的每条道路至少包含 K 中的一条边。实际上，一个切割就是把一个有向图"切割"成两块，一块包含源，另一块包含汇。如果把切割中的边都删除，那么没有什么可以从源流到汇。一个**切割 *K* 的容量**，即 $c(K)$，是 K 中所有边的容量之和。

例 4 图 8.84 给出了图 8.70 中网络的两个切割，每个切割都用锯齿状的线标识，它是由锯齿状线所碰到的所有边组成的。可以验证 $c(K_1)=10$，$c(K_2)=7$。■

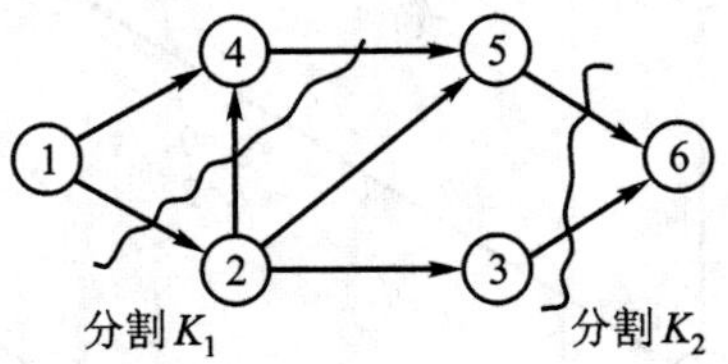

图 8.84

如果 F 是任意流，K 是任意切割，则 $value(F)\leqslant c(K)$。因为 F 中的所有流都必须通过 K 中的边，而 $c(K)$是能通过 K 中边的最大数值。现在假设对于某个流 F 和某个切割 K 有 $value(F)=c(K)$。换句话说，流 F 使用 K 中所有边的满容量。那么 F 是具有最大流量的一个流，因为没有流能够比 $c(K)$的值大。类似地，K 一定是一个最小容量切割，因为每个切割的容量一定至少等于 $value(F)$。于是得到下面的结论。

定理 1 (最大流-最小切割定理)　在一个网络中的最大流 F 与该网络中的最小切割容量相等。

■

现在通过找一个容量与流量相等的最小切割来证明标号算法确实产生最大流。假设算法已执行并且在步骤 4 停止，那么汇没有得到标号。把节点分成两个集合 M_1 和 M_2，其中 M_1 包含源以及所有已标号的节点，M_2 包含所有未标号节点(源不在其中)。设 K 是由网络 N 中 M_1 里的一个节点与 M_2 里的一个节点相连接的所有边组成，则从源到汇的 N 中的任何道路 π 都是以 M_1 里的一个节点开始，以 M_2 里的一个节点结束。如果 i 是属于 M_1 的 π 中最后一个节点，j 是该道路中跟随 i 后的节点，那么 j 属于 M_2,于是由(i,j)的定义可知 j 属于 K。所以，K 是一个切割。

假设(i,j)是 K 中的一条边，则 $i\in M_1, j\in M_2$，由算法所产生的最终流 F 一定导致(i,j)传送满容量。否则，可以用节点 i 和超容量给 j 标号(由定义可知 j 没有标号)。因此算法的最终流量等于容量 $c(K)$，故 F 是一个最大流。

例 5　与例 3 中找到的最大流相对应的最小切割是 $K=\{(5，6)，(3，6)\}$且 $c(K)=7=value(F)$。

■

习　题　8.4

在第 1 题～第 4 题中(图 8.85～图 8.88)，已知用流标号的网络并且除源和汇之外每个节点的流守恒，则用它的最大容量为每条边标号。

1.

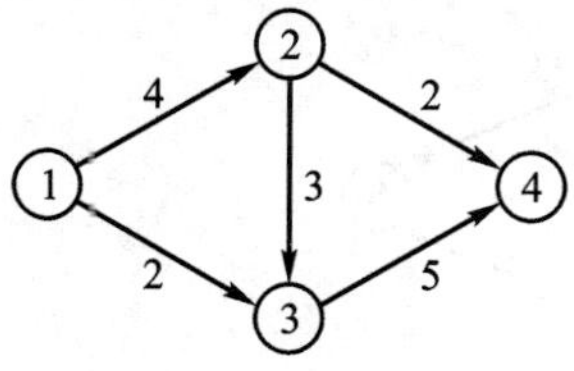

图 8.85

2.

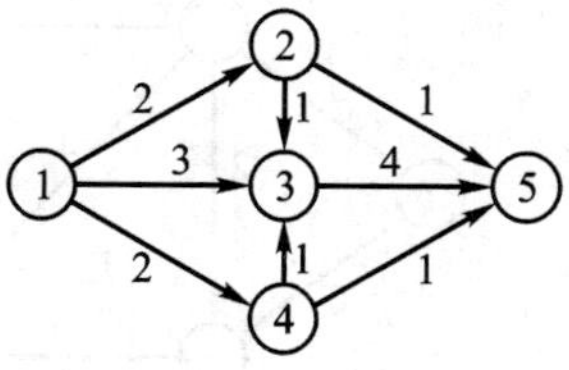

图 8.86

3.

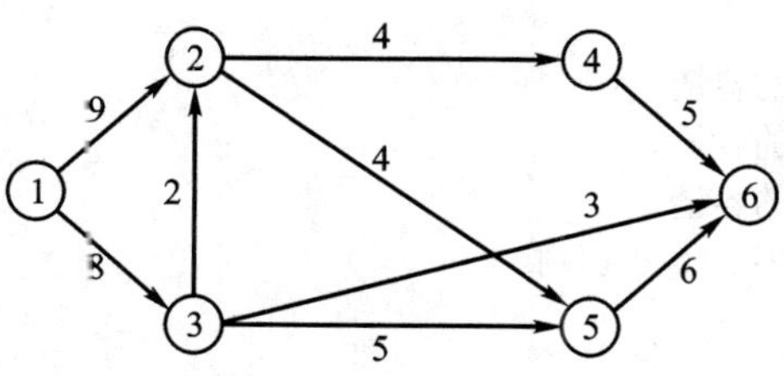

图 8.87

4.

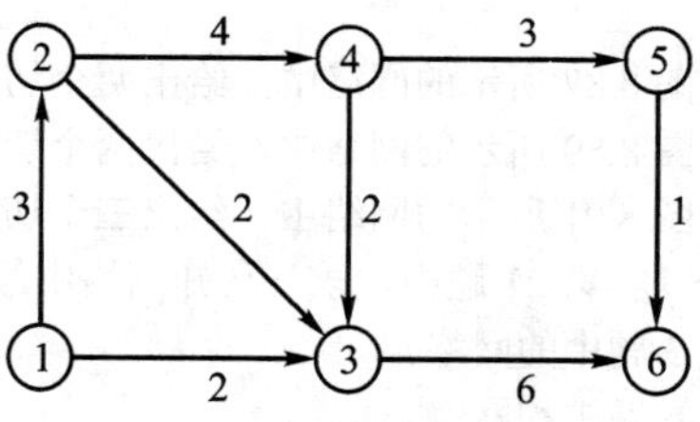

图 8.88

在第 5 题~第 11 题中，在已知的网络中用标号算法求最大流。

5．网络如图 8.85 所示。

6．网络如图 8.86 所示。

7．网络如图 8.87 所示。

8．网络如图 8.88 所示。

9．网络如图 8.89 所示。

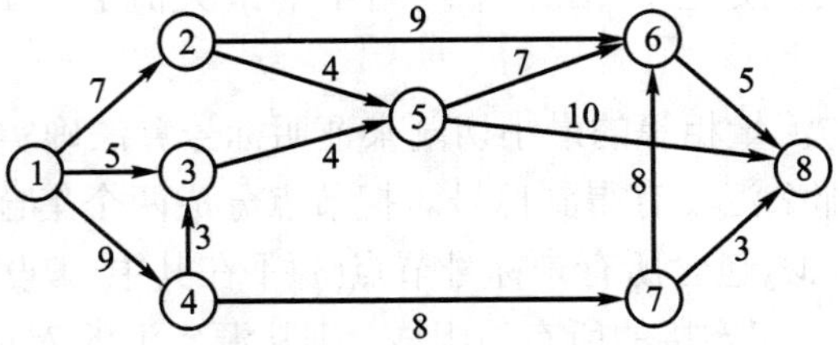

图 8.89

10．网络如图 8.90 所示。

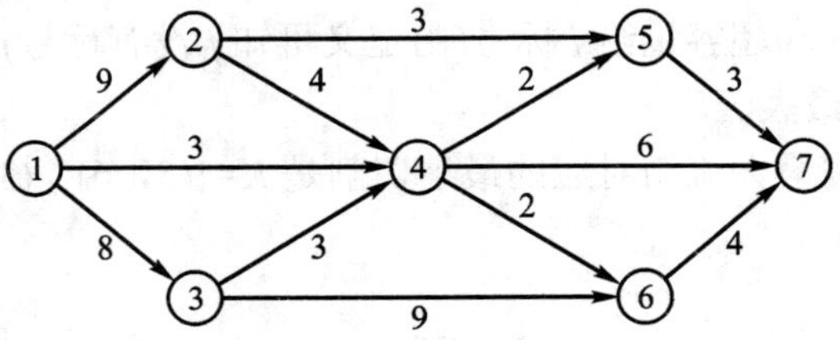

图 8.90

11．网络如图 8.91 所示。

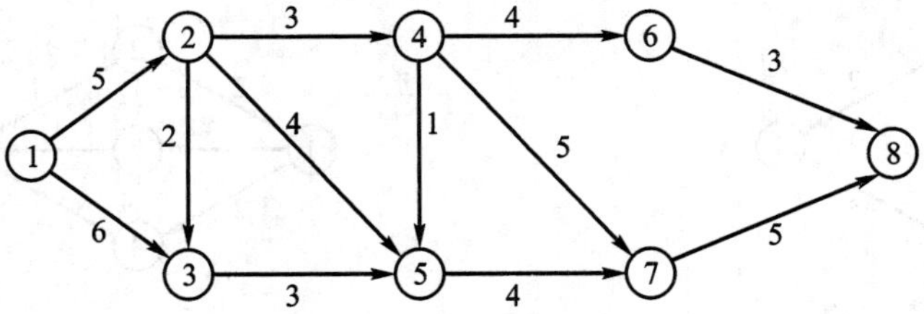

图 8.91

12．在图 8.87 所示的网络中，给出两个切割和它们的容量。

13．在图 8.89 所示的网络中，给出两个切割和它们的容量。

14．在图 8.91 所示的网络中，给出三个切割和它们的容量。

在第 15 题~第 21 题中，求与已知网络中最大流相对应的最小切割。

15．第 5 题中的网络。

16．第 6 题中的网络。

17．第 7 题中的网络。
18．第 8 题中的网络。
19．第 9 题中的网络。
20．第 10 题中的网络。
21．第 11 题中的网络。

8.5 匹 配 问 题

可以把运输网络的定义加以拓广，并且能够用网络最大流概念来模拟那些初看似乎不是网络的一些问题。这些问题可与 2.6 节相比较，2.6 节中大量看似不相关的问题都可以用开覆盖的问题来构建模型。在本节考虑两个例子。

第一个例子是允许网络像许多现实网络那样有多个源或多个汇。在如图 8.92 所示的网络 N 中，节点 1，2 和 3 都是源，节点 6 和 7 是汇。例如，源能够把一个湖中不同抽水站的水输送到供两个镇子人们饮水用的两个储水池里(节点 6 和节点 7)。

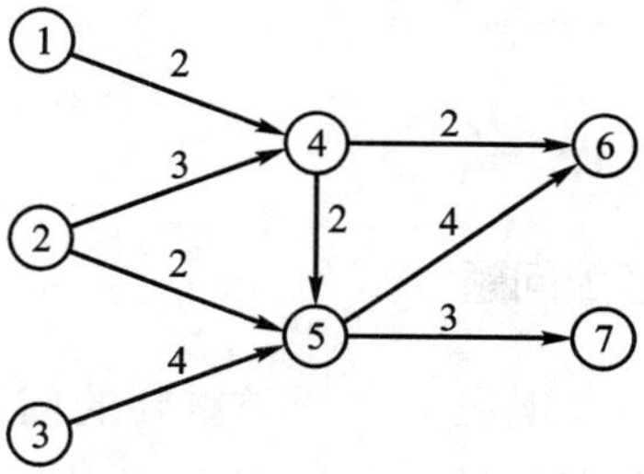

图 8.92

像这种情况，希望从所有源之和到所有汇之和的流达到最大程度。同前面所讨论的一样，流 F 是由指定每条边$(i,\ j)$上的量 F_{ij} 所组成的。除了源和汇外，要求在每个节点流守恒，每条边上的流不超过该边的容量。流 F 的值，即 $value(F)$，是来自于任何源的所有边上的流之和。不难证明该值一定等于通向任何汇的所有边上的流之和。为了在一般的网络 N 中找出最大流，通过把 N 扩大到 N' 使问题变成单源和单汇网络问题。方法如下：添加 2 个节点，记为 a 和 b，节点 a 是 N'的源，它与 N 中所有源节点相连接。类似地，结点 b 是 N'的汇，N 中所有汇节点都与它相连接。节点 a 和 b 分别称作**超源**和**超汇**。为了完成这个新的网络，设所有新的边上的容量是某个数 C_0，该 C_0 非常之大使得没有任何通过 N'的真实流能比通过新边上 C_0 单位更大。有些作者选 C_0 为无穷大。

例 1　图 8.92 网络的一个扩大网络 N'如图 8.93 所示，设 C_0 为 11，即离开 N 的源的所有容量之和。■

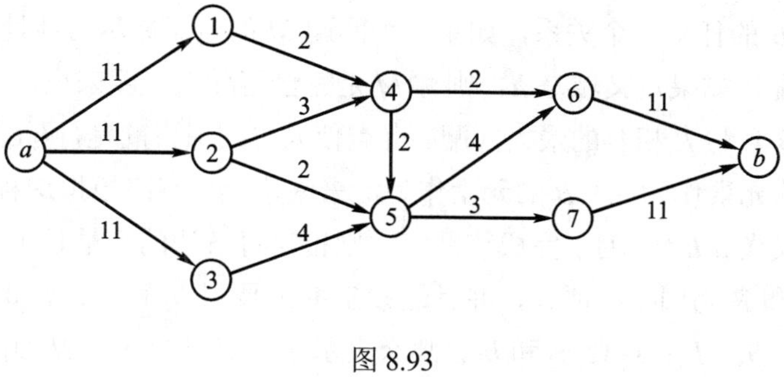

图 8.93

通过给网络增加一个超源和超汇(如果必要的话)，则可以应用标号算法求出被扩大网络的最大流，该流同时也是原网络的最大流。

例 2 求图 8.92 所示网络 N 的最大流。

解 把标号算法应用于图 8.93 所示的扩大网络 N' 上，所得结果如图 8.94 所示(请验证)。流的值是 9，也是 N 中从节点 1，2 和 3 到节点 6 和 7 的最大流。 ■

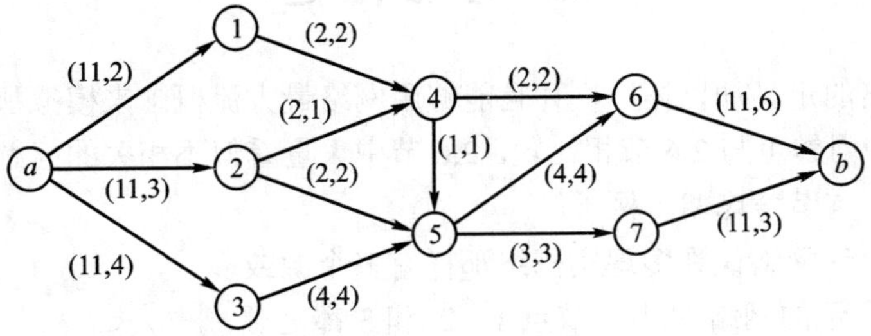

图 8.94

匹配问题

现在考虑一类重要的问题——匹配问题，它同样也能用网络流进行模拟。首先设有两个有限集合 A 和 B 以及从 A 到 B 的一个关系 R，**匹配函数** M 是从 A 的一个子集到 B 的一个子集的单射函数，如果 $M(a)=b$，则称 a 与 b 匹配。如果 $M\subseteq R$，则匹配函数 M **与 R 相容**，即如果 $M(a)=b$，则 $a\,R\,b$。

例 3 设 A 表示出席某学校舞会的女生集合，B 表示男生集合，定义 R 为 $a\,R\,b$ 当且仅当 a 认识 b。一个从 A 到 B 的匹配函数 M 定义为：如果 a 和 b 都会跳三步舞，则 $M(a)=b$。因此，如果每个女生都认识会跳三步舞的舞伴，则 M 与 R 是相容的。 ■

例 4 设 $A=\{s_1, s_2, s_3, s_4, s_5\}$是进行某项研究计划学生的集合，$B=\{b_1, b_2, b_3, b_4, b_5\}$是图书馆里保存该项研究计划参考书的集合，定义 R 为 $s_i\ R\ b_k$ 当且仅当学生 s_i 要给 b_k 签名。如果每个学生与他(或她)要签名的书相匹配，则学生与书的一个匹配同 R 是相容的。 ■

设 R 是从 A 到 B 的任意一个关系，如果一个匹配 M 的定义域尽可能地大，则称与 R 相容的匹配 M 是**最大匹配**。如果定义域是 A，则称 M 是**完全匹配**。一般来说，已知 A，B 和 R，匹配问题是求从 A 到 B 且与 R 相容的最大匹配。有点使人感到惊奇的是，匹配问题能通过网络进行解决。可以用 A 的元素作为源，B 的元素作为汇来创建一个网络模拟这种情形。而且存在一条有向边(a, b)当且仅当 $a\,R\,b$，为了完成该网络，则指定每条边的容量是 1。

例 5 设 A，B 和 R 为例 4 中所设，并且假设学生 s_1 要书 b_2 和 b_3；s_2 要 b_1，b_2，b_3，b_4；s_3 要 b_2 和 b_3；s_4 要 b_2，b_3，b_4；s_5 要 b_2 和 b_3。那么表示这种情况的网络 N 如图 8.95 所示。 ■

对于图 8.95 中的网络，一个最大匹配 M 可查明为：$M(s_1)=b_2, M(s_2)=b_1, M(s_3)=b_3$，$M(s_4)=b_4$，很容易看到该情况不可能有完全匹配。通常求一个最大匹配可能非常困难，因此，可以检查匹配问题的一个网络解。在图 8.96 中，假设有一个超源 x 和一个超汇 y，并且每条新的边被指定容量为 1，这样创建一个网络 N'。

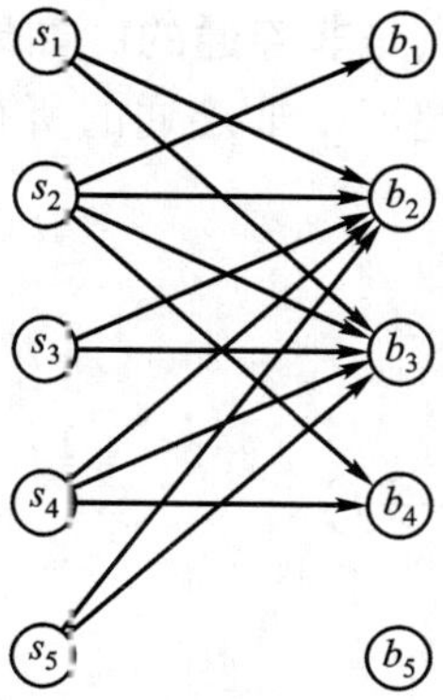

图 8.95

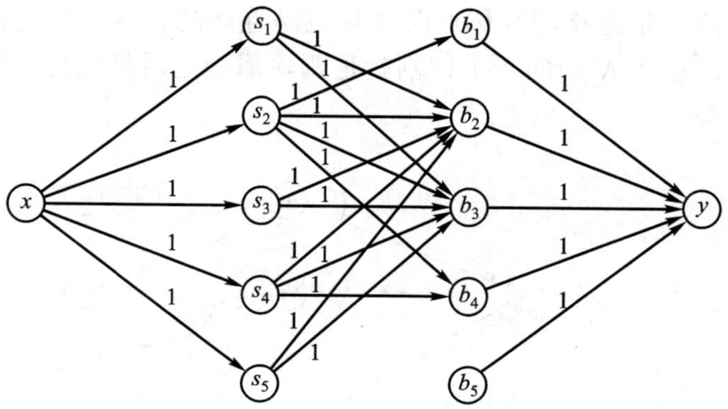

图 8.96

在 N 中每一个流提供了一个与 R 相容的学生得到书的匹配，并且每一个相容匹配是由 N 中的流产生的。为了看清这一点，假设 F 是 N 中的一个流，如果进入节点 s_m 的流是 1，那么出去的流一定是 1，因此，从 s_m 而来的流(如果有的话)只能流入一个节点，如 b_n。类似地，至多有一个节点 s_m 的流能进入节点 b_n，因为从 b_n 出去的流是 1。因此，s_m 与 b_n 匹配当且仅当在这两个节点之间存在流。所构造的匹配函数 M 显然是与 R 相容的。反之，如果有一个与 R 相容的匹配 M，那么可以通过在任意两个匹配节点之间设流是 1 来定义一个流 F，即从 x 到与一本书匹配的每一个学生和从每一本匹配的书到 y 的流是 1，在其他边上流是 0。该流又产生了匹配 M。因此，在 N 中的流和与 R 相容的匹配函数之间存在一个一一对应。也就是说，能够像此例那样通过构造 N 和 N' 使用标号算法来求解匹配问题。

显然可以看到在上面学生一书的例子中不可能有完全匹配，对于一个特殊问题是否存在一个完全匹配通常并不明显。保证存在完全匹配的一个条件首先是在这样一个匹配问题中发现的：男人集合与女人集合有关系“适合结婚”。因为提出的这个问题是“每一个男人跟一个适合的女人结婚有可能吗？”因此，该问题常常被看成是婚姻问题。

***R*-相关集**的概念在 4.2 节中已经定义，它简化了下面定理的陈述。

定理 1 (Hall 婚姻定理)　设 R 是从 A 到 B 的一个关系，则存在一个完全匹配 M 当且仅当对每个 $X\subseteq A$，有 $|X|\leqslant|R(X)|$。

证明　如果存在一个完全匹配 M，那么对 A 的每一个子集 X 有 $M(X)\subseteq R(X)$(见 4.2 节 R-关系集合的定义)。但是 M 是单射，所以 $|X|=|M(X)|\leqslant|R(X)|$。

反之，假设对任意 $X \subseteq A$，有$|X| \leqslant |R(X)|$，则可构造与 R 相对应的网络 N。假设$|A|=n$，要证明：在 N 中存在值为 n 的流，它对应于一个完全匹配。由最大流-最小切割定理可知，只要证明在 N 中的最小切割之值是 n 就可以了。一种典型的情况如图 8.97 所示，其中波浪线表示 N 中的一种切割。

注意到所有的边都指向右边并且容量是1。如果 N 中的两个顶点存在从一个顶点到另一个顶点的一条道路，则称这两个顶点是**连通的**，否则称这两个顶点是**非连通的**。如果用这种术语，那么 N 中的一个切割就是删除那些边后将使得超源 x 和超汇 y 非连通的所有这些边的集合。

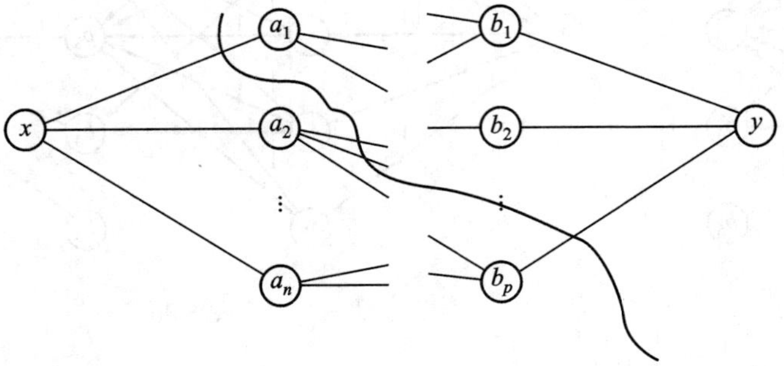

图 8.97

设 $n=|A|$ 且 $p=|B|$，并且假设 K 是 N 的一个最小切割。把 K 的边分成三个集合：S_1 包含以 x 为始点的边，S_2 包含对应于 R 的元素对的边，S_3 包含以 y 为终点的边。每次考虑删除 K 中某些边的一个集合。假设$|S_1|=k$，则 x 与 A 的 k 个元素是连通的。设 A_1 表示这些元素的集合，它是 A 的子集，当删除 S_1 中的边时，从 x 到 y 没有任何道路能通过 A_1 中的元素。因为 K 是最小的，所以可以假设 K 中没有任何边以 A_1 中的元素作为始点。设 $A_2=A-A_1$，则$|A_2|=n-k$。设 $B_2=R(A_2)$，因此，B_2 中的每个元素标明是以 A_2 中的元素为始点的一条边的终点。因为超源 x 与 A_2 中的每个元素是连通的，所以 x 与 B_2 中的每个元素也是连通的。由于$|A_2| \leqslant |R(A_2)|=|B_2|$，所以在 B_2 中至少存在 $n-k$ 个元素。

设$|S_2|=r$，则 S_2 中的每条边把某个元素 $a \in A_2$ 与某个元素 $b \in B_2$ 相连。删除 S_2 中的一条边可能(或者不可能)把 x 同 B_2 中的一个元素分开，但是肯定不可能把 x 同 B_2 中的两个或两个以上的元素分开。因此，当 S_2 中的所有边都被删除时，x 仍至少与 B_2 中$(n-k)-r$ 个元素相连通。于是这些元素与 y 一定是非连通的，以确保从 x 到 y 不存在任何道路，因此 S_3 一定包含至少$(n-k)-r$ 条边，所以 K 的容量$=K$ 中的边数$=|S_1|+|S_2|+|S_3| \geqslant k+r+((n-k)-r)=n$。

因为删除以 x 为始点的所有边的切割具有容量 n，所以最小切割(从而最大流量)确实是 n。 ■

注意，定理 1 是一个存在性定理，对于如何找一个完全匹配(如果存在的话)没有给出任何方法。

例 6 设 $\boldsymbol{M}_R$ 是 5 个男人和 5 个女人之间的一个适当的婚姻关系矩阵，每个男人能与一个适当的女人结婚吗？

$$\boldsymbol{M}_R=\begin{bmatrix}1&1&0&0&0\\0&0&0&1&1\\1&0&1&0&0\\0&0&1&0&1\\0&1&0&1&0\end{bmatrix}$$

解 本可以构造一个扩大的网络 N' 来模拟此问题，并且为了回答此问题可以采用标号算法。但在这里转而使用 Hall 婚姻定理。注意，每个男人只考虑两个适合的女人，而每个女人只被两个男人认为是适合的。考虑表达这个问题的网络。设 S 是男人集合中的任意一个子集，E 是以 S 中元素为始点的边的集合，显然 $|E|=2|S|$，E 中的每一条边必定以 $R(S)$ 中的一个节点为终点。但人们知道以 $R(S)$ 中元素为终点的边的数目恰好是 $2|R(S)|$，因此 $2|S|\leqslant 2|R(S)|$，所以 $|S|\leqslant|R(S)|$。由 Hall 婚姻定理可知存在一个完全匹配。 ■

习 题 8.5

1. 为例 5 寻找一个不同的最大匹配，能找到 s_5 与一本书匹配的一个最大匹配吗？

2. 在图 8.96 的网络中，验证使用标号算法给出的最大匹配是 $M(s_1)=b_2$，$M(s_2)=b_1$，$M(s_3)=b_3$，$M(s_4)=b_4$。

在第 3 题~第 5 题中(图 8.98~图 8.100)，通过网络寻找一个最大流。

3.

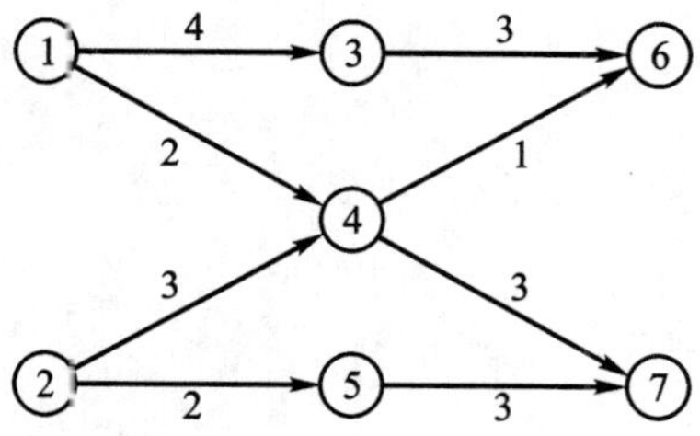

图 8.98

4.

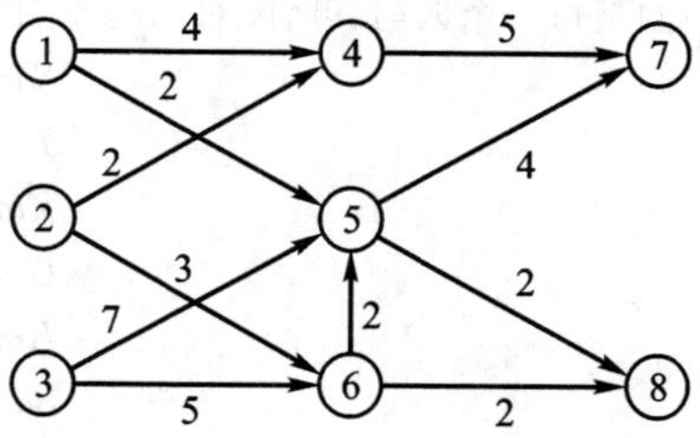

图 8.99

5.

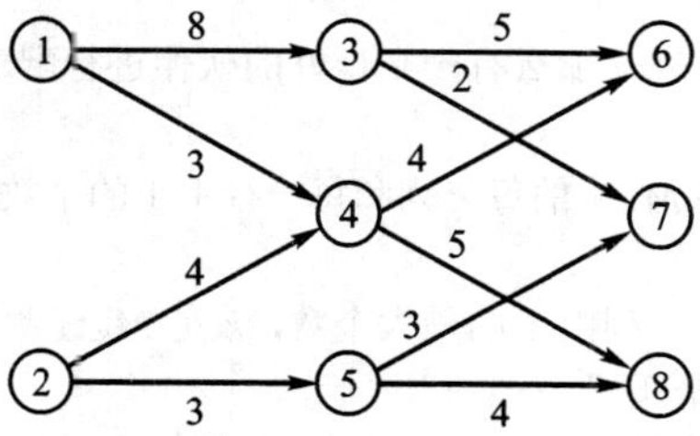

图 8.100

在第 6 题~第 10 题中，已知从 A 到 B 的一个关系矩阵 $\boldsymbol{M}_R$，求 A，B 和 R 的一个最大匹配。

6. $\begin{bmatrix} 1 & 0 & 1 & 0 \\ 0 & 0 & 1 & 0 \\ 1 & 0 & 0 & 0 \\ 1 & 1 & 0 & 1 \end{bmatrix}$

7. $\begin{bmatrix} 1 & 0 & 1 & 0 \\ 0 & 1 & 0 & 1 \\ 1 & 0 & 0 & 1 \\ 0 & 1 & 1 & 0 \end{bmatrix}$

8. $\begin{bmatrix} 1 & 0 & 1 & 0 & 1 \\ 0 & 1 & 1 & 0 & 0 \\ 0 & 0 & 1 & 0 & 0 \\ 1 & 1 & 0 & 1 & 1 \\ 0 & 0 & 1 & 0 & 0 \end{bmatrix}$

9. $\begin{bmatrix} 1 & 0 & 1 & 0 & 1 \\ 0 & 1 & 1 & 0 & 1 \\ 1 & 0 & 1 & 1 & 0 \\ 1 & 1 & 0 & 1 & 0 \\ 0 & 1 & 0 & 1 & 1 \end{bmatrix}$

10. $\begin{bmatrix} 1 & 0 & 1 & 0 & 1 & 1 \\ 0 & 1 & 1 & 0 & 1 & 0 \\ 1 & 0 & 1 & 1 & 0 & 0 \\ 1 & 1 & 0 & 1 & 0 & 1 \\ 0 & 1 & 0 & 1 & 1 & 1 \\ 0 & 0 & 1 & 0 & 0 & 1 \end{bmatrix}$

11．在第 6 题~第 10 题中，问求出的哪些匹配是完全匹配？

12．Ann，Bing，Carmen，D'Andrea，Emilio 和 Henri 要继承 6 幅画(价值大致相同)。每一个继承人在一张小纸条上写下字母以识别他或她所想要的画。Ann：E；Bing：B，D；Carmen：A，E；D'Andrea：B，D；Emilio：C；Henri：A，D，F。你作为遗产的执行者，你能用小纸条上所写的信息给每一个继承人一幅他或她想要的画吗？如果能，请给出继承人与画的匹配。

13．8 个朋友搭乘由 4 个雪橇组成的狗拉雪橇旅行。当然，并不是每一个人对另外一个人都是一个好的伙伴。下面是每一个人与其所配对的朋友的一张列表。

Sam：Jane，Gail
Jane：Sam，Kip，Rufus
Kip：Kirk，Jane，Gail
Gail：Sam，Kip，Rufus
Homer：Kirk，Rufus，Stacey
Stacey：Homer，Kirk
Kirk：Kip，Homer，Stacey
Rufus：Sam，Homer，Jane，Gail

(a) 为这次旅行给一个有 4 个良好合作伙伴的集合。

(b) 如果列表出现一次错误，并且你能给出不能配对的人员表，那么有一个良好的伙伴进行配对还可能吗？如果可能，请给出这样一个配对。

14．设 R 是从 A 到 B 的一个关系且 $|A|=|B|=n$，证明：如果 $\boldsymbol{M}_R$ 中的每一列和每一行中 1 的个数都是 k，那么对于 A，B 和 R，存在一个完全匹配。

15．设 R 是从 A 到 B 的一个关系且 $|A|=|B|=n$，j 是 $\boldsymbol{M}_R$ 任意一列中 1 的最大个数，k 是 $\boldsymbol{M}_R$ 任意一行中 1 的最小个数，证明：如果 $j \leqslant k$，则对于 A，B 和 R，存在一个完全匹配。

16．设 R 是从 A 到 B 的一个关系且 $|A|=|B|=n$，证明：如果在与 A，B 和 R 相对应的网络中，每一个节点

的度数至少是 $\frac{n}{2}$，那么对于 A，B 和 R，存在一个完全匹配。(提示：使用 8.3 节中的结果。)

图 8.95 是一个**二分图**的例子，顶点集合是一个 2-集合划分并使得在该图中的所有边与该划分中不同集合的成员相连接。

17. 下面哪些图是二分图？如果图是二分图，那么给一个划分以示表明。如果不是，解释这为什么不可能。

(a)

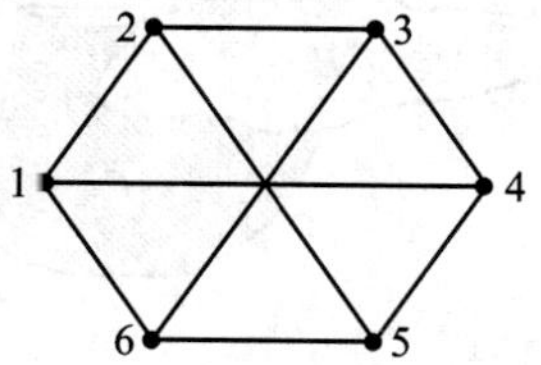

图 8.101

(b)

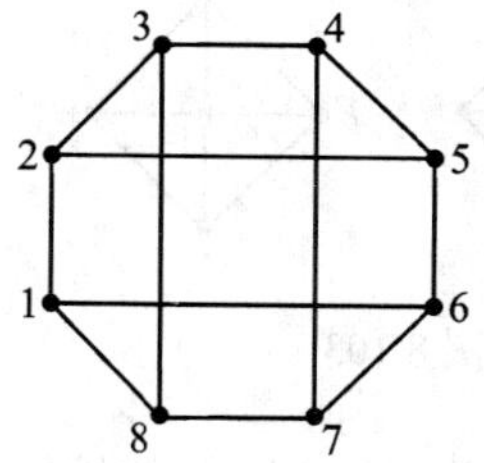

图 8.102

18. 证明：有 n 个顶点的布尔代数 B_n 的哈塞图是二分图，其中 $n \geqslant 2$。

19. 证明：如果一个无向图包含一个三角形，那么该图不是二分图。

8.6 图的着色

假设 $G=(V, E, \gamma)$是没有多重边的一个图，$C=\{c_1, c_2, \cdots, c_n\}$是任意 n 种“颜色”的集合。称函数 f: $V \to C$ 是**用 n 种颜色**(或用 C 的颜色)**为图 G 着色**。对于每个顶点 v，$f(v)$是 v 的颜色。由于通常用图示表示一个图，所以在仅用 C 中的颜色绘制每个顶点时，还要考虑直观的着色方法。然而，图的着色问题有着非常广泛的实际应用，在应用中“颜色”几乎可以是任何意义。例如，如果图表示各城市的联系网，那么每个城市能够用往返于此城市之间有最多航班的航线名字予以标号。在这种情况下，顶点是城市，颜色是航线名字。其余例子稍后给出。

如果任意两个邻接顶点 v 和 w 有不同的颜色，那么称着色是**正常的**。

例 1 设 $C=\{r, w, b, y\}$，所以 $n=4$。图 8.103 通过两种不同方法用 C 中的颜色给出了图 G 的正常着色。一种是用 C 中的 3 种颜色，另一种是用 C 的所有 4 种颜色。可以把颜色作为标号，这就是为什么要避免给出顶点名字的原因。用 3 种或 4 种颜色给该图正常着色有许多种方法，但是不难看到用两种或更少种颜色就不能完成。(经验使你相信这是正确的。) ■

产生图 G 的正常着色所需颜色的最小数称作 **G 的色数**，用$\chi(G)$表示。对于图 8.103 中的图 G，前面的讨论使人相信有$\chi(G)=3$。

许多问题都能看成图的着色问题，其中最古老的问题之一是地图着色问题。考虑图 8.104 给出的地图。

地图着色就是用一种方法给每个地区(国家、州、县、省等)着色，使得任意两个有公共边界的不同地区没有相同的颜色。地图着色问题就是找可使用的最小颜色数。可把此问题看成下面图的正常着色问题。已知一个地图 M，把每个地区看成一个顶点，用边连接任意两个有公共边界的顶点，由此构造一个图 G_M。那么，G_M 的正常着色恰好对应于 M 的着色。

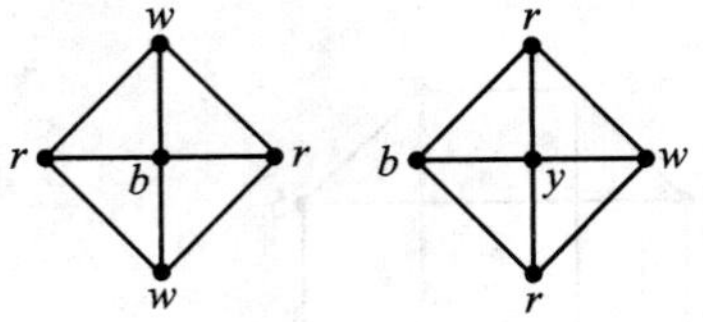

图 8.103

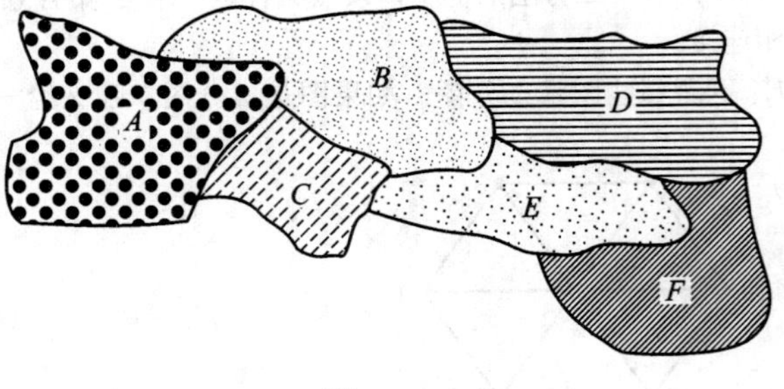

图 8.104

例 2　考虑图 8.104 所给的地图 M，那么图 8.105 表示 G_M。 ■

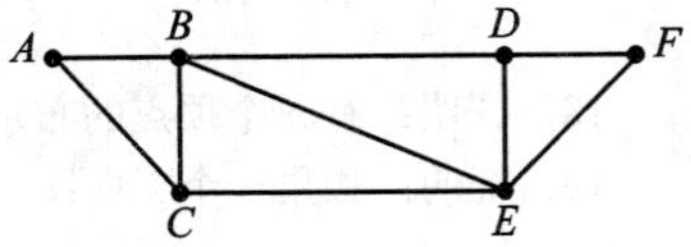

图 8.105

地图着色问题可追溯到 19 世纪中叶，并且自从那以后的各个时期，它已成为一个热门的研究对象。一个猜想就是用 4 种颜色总足以给画在平面上的任何地图着色。这一猜想直到 1976 年借助于计算机对大约 2000 幅各种形状的图执行计算才得以证明。如果不依靠计算机验证，则至今还不知道如何证明。

对应于一幅地图的图是**平面图**的一个例子，即它能画在一个平面上使得除了顶点外没有边相交。图 8.105 描述了对应于图 8.104 所示地图的图的平面性。完全图 K_5 不是平面的，所以图着色问题比地图着色问题更一般化。稍后将看到对 K_5 着色需要 5 种颜色。

计数问题也能产生图着色问题。

例 3　在同一台冰箱的分隔间里放有 15 种不同的食品，它们某些能放在一起保存，但另一些食品必须分开保存。例如，香肉和干酪应该同一般的肉和蔬菜分开。苹果、蛋和洋葱应该分开存放，否则它们会弄脏许多其他食品。黄油、人造黄油和奶酪可保存在一起，但必须同具有强烈气味的食品隔开。可以构造一个图 G 如下。对每种食品构造一个顶点，如果两种食品保存在冰箱隔离的分隔间里，则用一条边连接它们。那么 $\chi(G)$ 是适当保存 15 种食品所需隔离容器的最小数。 ■

如果需要把互相靠近存储会相互产生化学反应的化学药品隔开，那么可以使用类似的方法计算存储化学药品所需实验室抽屉的最小数。

色多项式

与计算 $\chi(G)$ 一个密切相关的问题是用颜色集合 $C=\{c_1, c_2, \cdots, c_n\}$ 计算一个图 G 不同的正常着色的总数问题。

如果 G 是一个图，并且 $n(\geqslant 0)$ 是一个整数，$P_G(n)$ 表示使用 n 种或更少颜色给 G 正常着色的方法数。因为 $P_G(n)$对于每个 n 是一个有限数，所以 P_G是一个函数。至于 P_G是关于 n 的一个多项式，这一事实不是太明显。一般来说，这是可以证明的。在本节的一些例子中将很清楚地看到这一点。称 P_G是 G 的**色多项式**。

例 4 考虑 8.1 节所定义的线性图 L_4，如图 8.9 所示。假设有 x 种颜色，第一个顶点能用任意颜色着色，不管这一步怎样做，第二个顶点能用顶点 1 未选用的颜色着色。因此，顶点 2 存在 $x-1$ 种选择。于是顶点 3 能用顶点 2 未选用的 $x-1$ 种颜色中的任意一种着色。对于顶点 4 有类似的结果成立。由计数(3.1 节)乘法原理，正常着色的总数是 $x(x-1)^3$。因此，$P_{L_4}=x(x-1)^3$。

■

从例 4 可以看到 $P_{L_4}(0)=0$，$P_{L_4}(1)=0$，$P_{L_4}(2)=2$。因此，用 0 种颜色(显然)或 1 种颜色根本不存在 L_4 的正常着色，用两种颜色存在两种正常着色。由此得到$\chi(L_4)=2$。这种联系对一般情形也成立，有下面原理：如果 G 是无多重边的一个图，P_G是 G 的色多项式，那么$\chi(G)$就是 $P_G(x)\neq 0$ 的最小正整数 x。

类似于例 4 中所给的论证，可以证明对于 $L_n(n\geqslant 1)$有 $P_{L_n}=x(x-1)^{n-1}$。因此，由上面的原理得到对每个 n，$\chi(L_n)=2$。

例 5 对于任意 $n\geqslant 1$，考虑 8.1 节定义的完全图 K_n。假设还是用 x 种颜色给 K_n 着色。如果 $x<n$，那么不可能有正常的着色。所以设 $x\geqslant n$。顶点 v_1 能在 x 种颜色中任选一种着色，而顶点 v_2 只剩下 $x-1$ 种颜色可选，因为 v_2 与 v_1 是相连接的。对于 v_3 只能用 $x-2$ 种颜色着色，因为 v_3 是与 v_1 和 v_2 相连接的，所以 v_1 和 v_2 的颜色不能再使用。类似地，对于 v_4，只留下 $x-3$ 种颜色等。再使用计数乘法原理，可以得到 $P_{K_n}(x)=x(x-1)(x-2)\cdots(x-n+1)$。这就证明了$\chi(K_n)=n$。注意，如果至少存在 n 种颜色，那么 $P_{K_n}(x)$ 是每次从 x 个对象中取 n 个的排列数(见 3.1 节)。 ■

假设一个图 G 是非连通的，G_1 和 G_2 是 G 的两个分支，即 G_1 中的顶点不与 G_2 中的任何顶点相连接。那么 G_1 中任意着色能与 G_2 中任意着色配对。该结论可以推广到有任意个分支的情形，因此计数乘法原理给出下述结果。

定理 1 如果 G 是有分支 G_1，G_2，…，G_m 的一个非连通图，那么 $P_G(x)=P_{G_1}(x)P_{G_2}(x)\cdots P_{G_m}(x)$，即每个分支的色多项式的乘积。 ■

例 6 设 G 是图 8.6 给出的图，那么 G 有两个分支，每个都是 K_3，而 K_3 的色多项式是 $x(x-1)(x-2)$，$x\geqslant 3$。因此，由定理 1 得到 $P_G(x)=x^2(x-1)^2(x-2)^2$。可以看到$\chi(G)=3$，而用三种颜色给 G 着色的不同方法数是 $P_G(3)=36$。如果 $x=4$，那么 G 的正常着色总数是 $4^2\cdot 3^2\cdot 2^2$ 即 576 种。 ■

例 7 考虑 8.1 节的离散图 U_n，它有 n 个顶点，没有任何边，所有 n 个分支是单点。单点的色多项式是 x，所以由定理 1 可得 $P_{U_n}(x)=x^n$。因此，$\chi(U_n)=1$。该结果同直接看到的

一致。 ■

用 8.1 节构造的子图和商图计算色多项式有一条有用的定理。设 $G=(V, E, \gamma)$是无多重边的一个图，$e\in E$，如 $e=\{a, b\}$。同 8.1 节一样，设 G_e 是去掉 e 而获得的 G 的子图。G^e 是合并 e 的端点而获得的 G 的商图。那么有下面的结果。

定理 2 用上面的记号并使用 x 种颜色，则有

$$P_G(x)=P_{G_e}(x)-P_{G^e}(x)$$

证明 考虑 G_e 的所有正常着色。它们具有两类，一类是那些 a 和 b 有不同的颜色，另一类是那些 a 和 b 有相同的颜色。第一类着色也就是 G 的正常着色，因为 a 和 b 在 G 中是连接的，这类着色给予顶点不同的颜色。另一方面，第二类 G_e 的着色对应于 G^e 的正常着色。事实上，因为 a 和 b 在 G^e 中是结合在一起的，所以它们一定有相同的颜色。G_e 的其他顶点与在 G 中一样有相同的连接。因此，就证明了 $P_{G_e}(x)=P_G(x)+P_{G^e}(x)$，即 $P_G(x)=P_{G_e}(x)-P_{G^e}(x)$。 ■

例 8 对于图 8.106 中所给的图 G，计算 $P_G(x)$，这里使用边 e。于是 G^e 是 K_3 而且 G_e 有两个分支，一个是单点，另一个是 K_3。由定理 1 得：如果 $x\geqslant 2$，则

$$P_{G_e}(x)=x(x(x-1)(x-2))=x^2(x-1)(x-2)$$

同样 $P_{G^e}(x)=x(x-1)(x-2)$。因此，由定理 2 得到

$$P_G(x)=x^2(x-1)(x-2)-x(x-1)(x-2)$$

即 $x(x-1)^2(x-2)$。显然，$P_G(1)=P_G(2)=0$ 且 $P_G(3)=12$。这就证明了 $\chi(G)=3$。

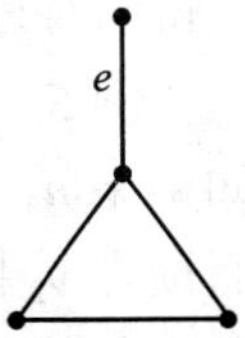

图 8.106

在 2.6 节中，通过构建开覆盖问题这样的数学模型来求解 Sudoku 迷问题。如果存在解，那么通过算法 Algorithm X 可以填满一个完整的格子。一个初始的 Sudoku 格子能否成功填满的问题也可以用图的着色问题来建模。在该模型中允许使用色多项式作为工具来计算解的个数以及回答问题是否存在一个唯一解。 ■

习 题 8.6

在第 1 题~第 4 题中(图 8.107~图 8.110)，像例 2 所表示的那样，对已知地图构造一幅图。

1.

图 8.107

2.

图 8.108

3.

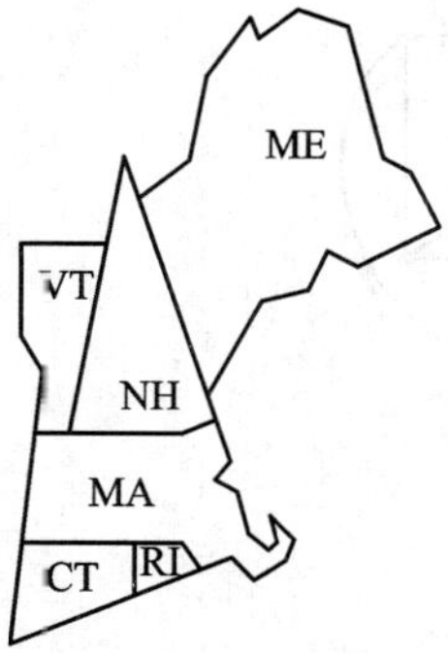

图 8.109

4.

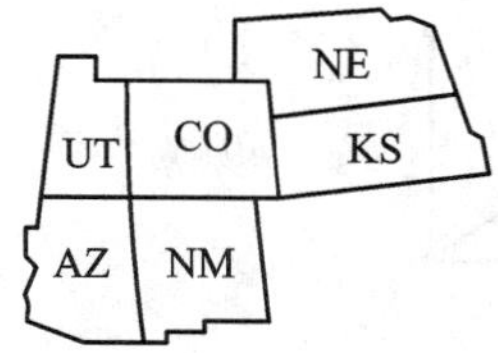

图 8.110

在第 5 题~第 8 题中(图 8.111~图 8.114)，通过观察确定图的色数。

5.

图 8.111

6.

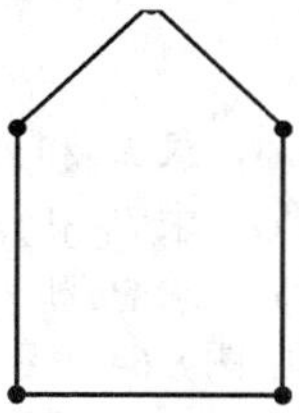

图 8.112

7.

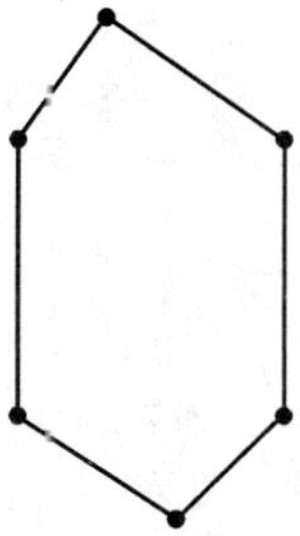

图 8.113

8.

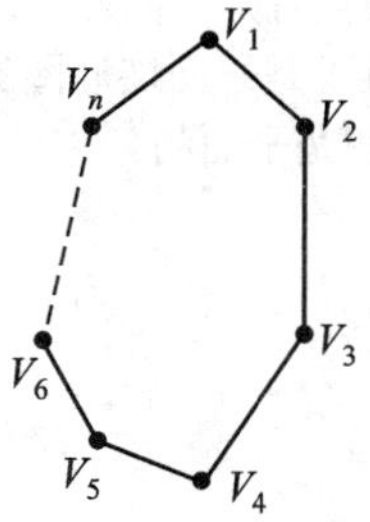

图 8.114

在第 9 题~第 12 题中，求已知图所代表的图形的色多项式，并且用第 5 题~第 8 题的结果验证每一题。

9．图 8.111。

10．图 8.112。

11．图 8.113。

12．图 8.114。

在第 13 题~第 16 题中(图 8.115~图 8.118)，求已知图的色多项式 P_G 并且用 P_G 求 $\chi(G)$。

13.

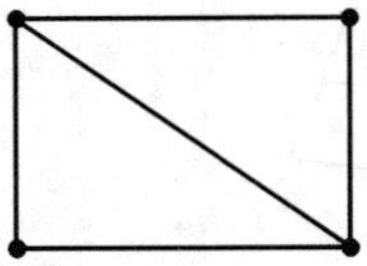

图 8.115

14.

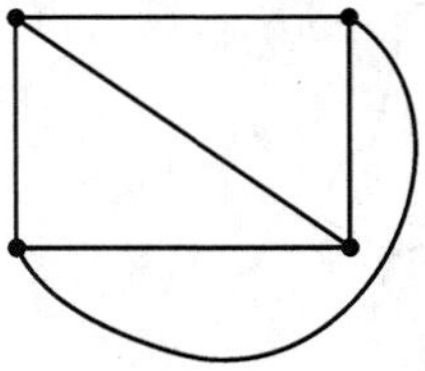

图 8.116

15.

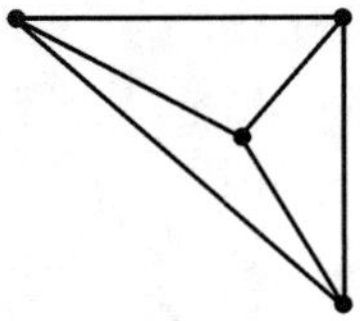

图 8.117

16.

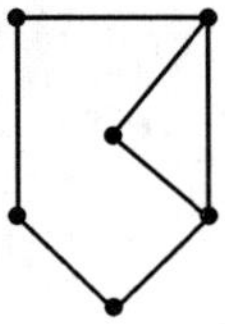

图 8.118

17．已知第 1 题中地图的图 G，求 P_G 和 $\chi(G)$。

18．已知第 3 题中地图的图 G，求 P_G 和 $\chi(G)$。

19．已知第 4 题中地图的图 G，求 P_G 和 $\chi(G)$(考虑用定理 2 实现)。

20．设 G 是 8.3 节的第 5 题中图 8.64 表示的图，求 P_G 并计算 $\chi(G)$。

21．设 G 是一个二分图，$\chi(G)$＝？解释答案。

22．证明：如果 G 是一个图，它最长回路的长度 n 是奇数，并且 n 大于 2，则 $\chi(G) \leqslant n+1$。

23．用数学归纳法证明：$P_{L_n}(x) = x(x-1)^{n-1}$，$n \geqslant 1$。

24．(a) 给一个有 5 个顶点且是平面连通图的例子。

(b) 给一个有 5 个顶点且不是平面连通图的例子。

25．证明：下面所给的图是平面的。

(a)

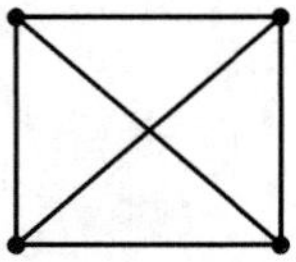

图 8.119

(b)

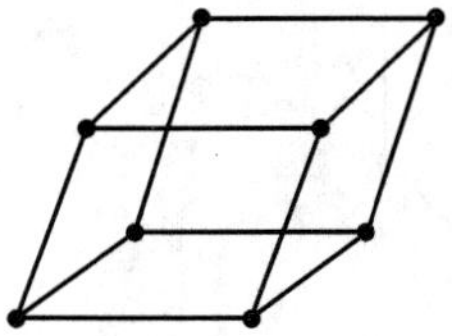

图 8.120

26．构造一个期末考试时刻表，使得该方案时间开销最小并且使学生没有时间冲突，这个问题能用一个图的着色问题模拟。如果顶点表示课程，那么

(a) 边表示什么？

(b) 颜色表示什么？

(c) 对已经构造的图，$\chi(G)$回答了什么问题？

27．Pet Fishe 商店库存 20 种鱼，由于某种鱼要吃另一种鱼，所以商店主人为了防止任何鱼的不幸，想知道所需要的最少容器数。把此问题模拟成一个图的着色问题。

28. 将一个 $n^2 \times n^2$ 的 Sudoku 迷的填格子问题建模成一个图的着色问题，图的顶点代表格子，给一个顶点着色意味着用一个数字填对应的格子。

(a) 该图有多少个顶点？

(b) 为了表示每个数字在各行各列中只出现一次，该图的边表示什么？

(c) 求解该谜题的一个解，需要几种颜色？

29. (a) 对于第 28 题中的模型，解释为什么产生的图是正则的。

(b) 对于第 28 题中的模型，当 $n=3$ 时，每个顶点的度是多少？

(c) 对于第 28 题中的模型，当 $n=3$ 时，每个顶点的度是多少？

证明知识小结

本章没有引进新的证明技巧，但是前面使用的证明技巧大部分都已呈现——直接证明，反证法的间接证明，数学归纳法。关于图的命题，反证法的通常结构是检查具有某种性质的最大(或最小)对象，并且证明如果命题不为真，那么可以构造出具有相同性质的一个更大(或更小)的对象。8.2 节定理 1(b)的证明就是这种结构。间接证明往往也是存在性证明，因为它们只告诉人们具有某种性质的对象一定存在，但没有告诉如何构造它。8.2 节定理 1 和定理 2 的证明就是这种类型。在图论中，归纳法证明是常见的，因为许多定理是根据顶点数或边数陈述的。各种可能情况的分析也是常见的；前面提到的四色定理的证明是这种证明技巧的一个极端情况。

主要概念复习

- 图：$G=(V, E, \gamma)$，其中 V 是对象的一个有限集合，这些对象称为顶点，E 是边的对象的集合，γ 是指定每条边所对应的 V 中 2-元子集的一个函数。
- 顶点的度：顶点上的边数。
- 道路：见 8.1 节。
- 回路：以同一顶点为始点和终点的道路。
- 简单道路或简单回路：见 8.1 节。
- 连通图：存在从任意顶点到其他任一顶点的一条道路。
- 子图：见 8.1 节。
- 欧拉道路(回路)：包含图的每条边刚好一次的道路(回路)。
- 定理：(a) 如果图 G 有奇数度的一个顶点，那么在 G 中不存在欧拉回路。
  (b) 如果 G 是一个连通图并且每个顶点有偶数度，那么在 G 中存在欧拉回路。
- 定理：(a) 如果图 G 有多于两个的奇数度顶点，那么在 G 中不可能存在欧拉道路。
  (b) 如果 G 是连通的并且恰有两个奇数度顶点，那么在 G 中存在一条欧拉道路。
- 桥：去掉该边就会使图不连通的那条边。

- Fleury 算法：见 8.2 节。
- 哈密尔顿道路：包含图的每个顶点刚好一次的道路。
- 哈密尔顿回路：除第一个顶点(也是最后一个顶点)外，包含图的每个顶点恰好一次的回路。
- 定理：设 G 是有 n 个顶点且没有自环或多重边的一个图($n>2$)，如果对于 G 的任意两个顶点 u 和 v，u 的度数加 v 的度数至少是 n，那么 G 有一个哈密尔顿回路。
- 定理：设 G 是有 n 个顶点且没有自环或多重边的一个图($n>2$)，如果 G 的边数至少是 $\frac{1}{2}(n^2-3n+6)$，那么 G 有一条哈密尔顿回路。
- 运输网络：见 8.4 节。
- 容量：通过一条边的最大流。
- 网络流：为网络中的每条边指定一个流的函数。
- 流量：进入汇的流之和。
- 标号算法：见 8.4 节。
- 网络切割：网络中的边集合使得从源到汇的每条道路至少包含该集合中的一条边。
- 切割容量：见 8.4 节。
- 最大流-最小切割定理：网络中的最大流与网络中的最小切割容量相等。
- 与关系 R 相容的匹配(函数)M：使得 $M\subseteq R$ 的单射函数。
- Hall 婚姻定理：设 R 是从 A 到 B 的一个关系，则存在一个完全匹配 M 当且仅当对每个 $X\subseteq A$ 有 $|X|\leqslant|R(X)|$。
- 用 n 种颜色为图着色：见 8.6 节。
- 图的正常着色：邻接边有不同的颜色。
- 图 G 的色数 $\chi(G)$：G 的正常着色所需颜色的最小数。
- 平面图：能够画在平面上且没有交叉边的图。
- 图 G 的色多项式 P_G：根据可供颜色数所产生的 G 的正常着色数。

第 8 章自测题

1．商图和商集之间有什么关系？

2．欧拉回路和哈密尔顿回路之间有何差别？

3．对于顶点的子集和边的子集需要什么才能形成一个子图？

4．最大流问题与匹配问题有什么关系？

5．一个图的色多项式如何帮助人们求图的色数？

6．画出图 $G=(V, E, \gamma)$的示意图，其中 $V=\{j, k, l, m, n\}$，$E=\{e_1, e_2, e_3, e_4, e_5\}$，$\gamma(e_1)=\{m, k\}$, $\gamma(e_2)=\{j, l\}$, $\gamma(e_3)=\{n, k\}$, $\gamma(e_4)=\{m, j\}$, $\gamma(e_5)=\{n, l\}$。

7．给出一个图例使得有 7 个顶点且恰有三个分支。

8．如果 R 是由划分$\{\{v_2, v_4, v_5\}, \{v_1, v_3\}, \{v_7, v_8\}, \{v_6, v_9\}\}$所定义的等价关系，求由图 8.121 所表示的图 G 的商图 G^R。

题 9 和题 10 使用图 8.122 和图 8.123。

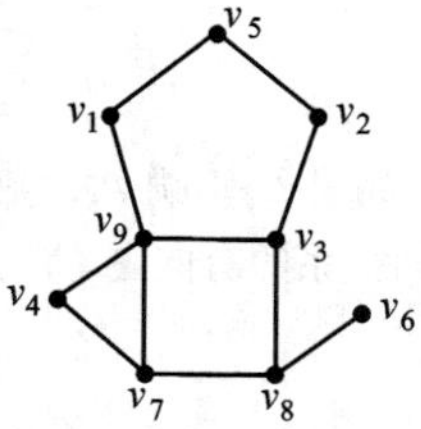

图 8.121

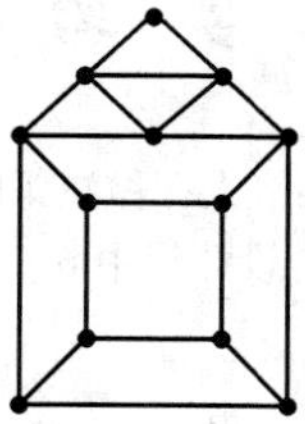

图 8.122

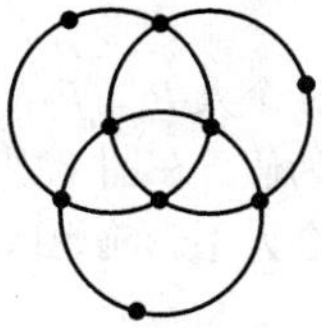

图 8.123

9．在指定的图形中回答图是否有一条欧拉回路，欧拉道路但非欧拉回路，或者两者都不是。

(a) 图 8.122　　　　(b) 图 8.123

10．在指定的图形中回答是否有哈密尔顿回路，哈密尔顿道路但非哈密尔顿回路，或者两者都不是。

(a) 图 8.122　　　　(b) 图 8.123

11．(a) 由图 8.124 所表示的图没有一条欧拉回路，为了通过每条边并且回到开始的顶点，标明必须通过两次的最少边数。

(b) 对于在分题(a)中已标明的每条边，在相同的顶点之间添加一条边，用 Fleury 算法求图 8.124 修改后的一条欧拉回路。

12．对于图 8.125 所表示的图，通过为边标数给出一条欧拉回路，始点为 A。

13．对于图 8.125 所表示的图，通过为边标数给出一条哈密尔顿回路。

14．对于图 8.126 所表示的图，求有最小权的哈密尔顿回路。

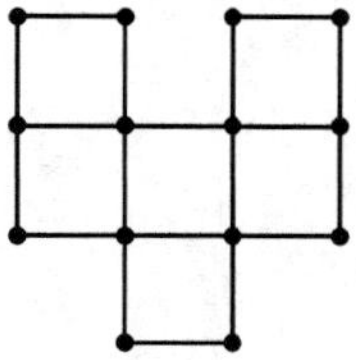

图 8.124

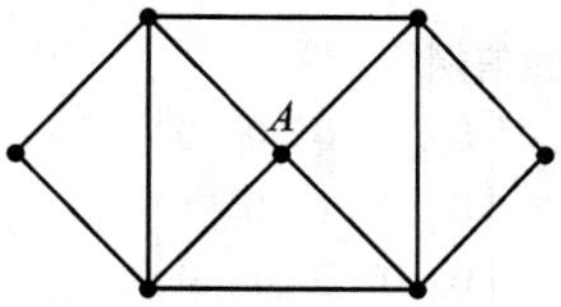

图 8.125

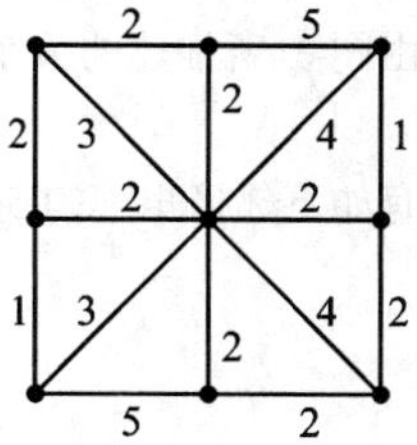

图 8.126

15．求图 8.127 所给网络中的最大流。

16．(a) 为图 8.128 所给的地图构造一个图。

(b) 要求给地图正常着色，求色数。

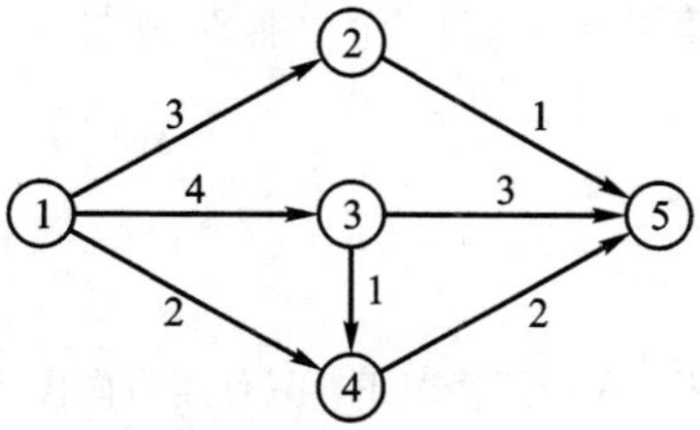

图 8.127

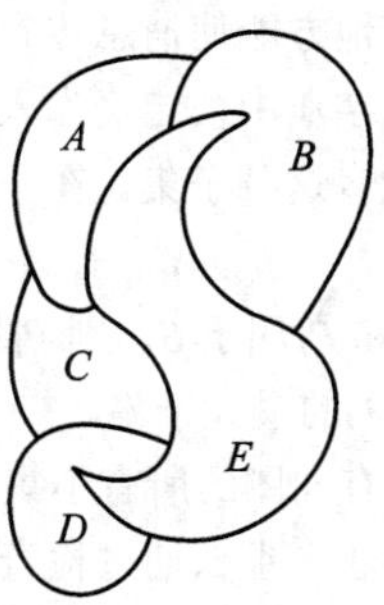

图 8.128

17．已知题 16(a)中构造的图，计算色多项式，并且用它证明题 16(b)的结果。

实 验 8

假设存在 n 个人 P_1，P_2，$\cdots$, P_n，其中某些人在做决策时能够互相影响。如果 P_3 影响 P_5，那么 P_5 影响 P_3 或者为真或者为假。在图 1 中，画出了在一个设计组中 6 个成员之间描述影响关系的有向图。注意，该有向图没有自环，每个人不影响她或他自己。

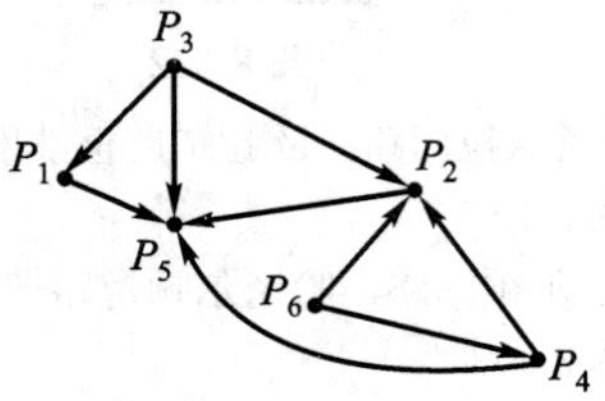

图 1

1．(a) 对该关系给出邻接矩阵。

(b) 在这个设计组中有领导吗？证明答案。

由图 1 有向图所描述的关系不是传递的，但可以提到二级影响。如果存在一条从 P_i 到 P_j 长度为 2 的道路，则称 P_i 对 P_j 有**二级影响**。类似地，如果存在一条从 P_i 到 P_j 长度为 r 的道路，则称 P_i 对 P_j 有 ***r* 级影响**。在 4.3 节，介绍了确定是否存在从 P_i 到 P_j 长度为 r 的一条道路的方法。

2．对于由图 1 所描述的关系，用邻接矩阵对设计组中不同成员的每一个有序对确定是否 P_i 对 P_j 有二级影响。

3．考虑有如下邻接矩阵的 5 个地方的通信网络。

$$\begin{bmatrix} 0 & 1 & 0 & 0 & 0 \\ 0 & 0 & 1 & 0 & 1 \\ 0 & 0 & 0 & 1 & 0 \\ 0 & 0 & 0 & 0 & 0 \\ 0 & 0 & 1 & 1 & 0 \end{bmatrix}$$

(a) P_3 能至多用二级影响使一条消息传到 P_5 吗？

(b) 保证每个地方能使消息传到任何其他不同地方的最小级数是多少？

(c) 保证每个地方能使消息传到包括其本身在内的任何地方的最小级数是多少？

一个小集团在字典中被定义为人的一个小团体。在学习组织结构时，经常找任意一对人是相关的子集。借用词“小集团”代替这种子集。在一个影响有向图中，**小集团**是顶点的一个子集 S，使得

(1) $|S|\geqslant 3$。

(2) 如果 P_i 和 P_j 属于 S，则 P_i 影响 P_j 且 P_j 影响 P_i。

(3) S 是满足(2)的最大子集。

4．找出图 2 有向图的所有小集团。

如果有向图很小，那么通过检查有向图就能找出小集团。在一般情况下，只使用有向图确定小集团是很困难的。算法 CLIQUE 对于用矩阵所给出的影响关系可找出哪些顶点属于小集团。

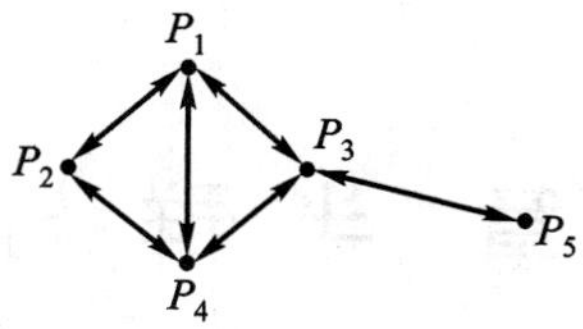

图 2

算法　CLIQUE

(1) 如果$\boldsymbol{A}=[a_{ij}]$是影响关系的邻接矩阵，那么构造矩阵$\boldsymbol{S}=[s_{ij}]$如下：$s_{ij}=s_{ji}=1$ 当且仅当 $a_{ij}=a_{ji}=1$。否则 $s_{ij}=0$。

(2) 计算$\boldsymbol{S}\odot\boldsymbol{S}\odot\boldsymbol{S}=\boldsymbol{C}=[c_{ij}]$。

(3) P_i属于一个小集团当且仅当 c_{ii} 是正的。 ■

(4) 用 CLIQUE 和邻接矩阵对图 2 中的有向图确定哪些顶点属于一个小集团。检验它与上面第 4 题的结果是一致的。解释 CLIQUE 为什么可行。

5．有 5 个人驻扎在遥远的岛上，管理一个气象站，已观察到下列社交的相互影响：

P_1与P_2，P_3和P_4相处融洽。

P_2与P_1，P_3和P_5相处融洽。

P_3与P_1，P_2和P_4相处融洽。

P_4与P_3和P_5相处融洽。

P_5与P_4相处融洽。

找出该人员集合的所有小集团。

6．小集团的另一个应用是确定图的色数(见 8.6 节)。解释在图 G 中如何使用所知道的小集团来求$\chi(G)$。

第9章 半群与群

必备知识：第 4 章、第 5 章和第 6 章。

在 1.6 节已经介绍了数学结构的概念。在下面一些章节中，将展开讨论其他类型的数学体系，例如(命题，∧，∨，～)这样一些还没有给出明确名字的结构，但是其他一些结构如 B_n 已给出了名字，它是有 n 个元素的布尔代数。本章将认识另外几类数学结构——半群、群、环和域。在第 10 章学习有限状态机时将用到半群。对于群、环和域的一些基本概念也将展开讨论，并且将它应用到第 11 章的编码理论中。

回　顾

群的术语最初是由 Evariste Galois(1811—1832)在 1830 年提出的，它应用于满足某些性质的一个有限集的一系列置换之中。Galois 生于并卒于法国巴黎。直到 12 岁他才进入了巴黎一所颇负名望的公立中学学习，在此之前，他在家里由母亲进行教育。在 16 岁的时候，他就完全沉浸在数学的学习之中，甚至忽略了其他课程。他两次参加有高度声誉的 École Polytechnique 的入学考试，但都没有通过，最后进入了一所较小的高等研究所 École Normale。他在这里的第一年就发表了 4 篇论文。其后不久他又写了 3 篇论文，但在他将论文交给一些著名的数学家，希望他们能够引见给科学院时，却都被弄丢了。1831 年，Galois 又写了一篇论文，仔细地描述了他的研究结果。但这篇论文却因为“难以理解”而被退回。在 1830 年法国革命期间，Galois 因指责其学校领导而被校方开除了。另外，他还因政治活动被捕入狱。1832 年 5 月 30 日，他在一场决斗中受了致命伤，并在第二天去世，年仅 20 岁。在决斗之前，Galois 留了一封信给他的一位朋友，信中详述了他的研究成果。他的成果对于同时代的人来说实在太超前了，因此直到 1870 年他的所有研究成果才完全展现在人们的面前。

大家都知道二次多项式求根公式。由于通过算术运算和开方就能得到根，因此称二次多项式是可通过根式求解的多项式。到 16 世纪，人们已经发现了通过系数求解 3 次和 4 次多项式有类似于求解二次多项式的公式。在此后三百多年中，数学家试图用求根公式解一般的 5 次多项式，但一直都没有成功。挪威数学家 Niels Henrik Abel(1802—1829)在 19 岁时证明了一般的 5 次或更高次数多项式不能通过根式求解。然而，许多特殊的 5 次或更高次的多项式可通过根式求解，因此确定哪些多项式具有这种性质就变得很重要了。Galois 通过研究与多项式相关的群的性质(现在称为伽罗瓦群)，发现了可通过根式求解的多项式的特征。

9.1　再论二元运算

本书在前面(见 1.6 节)定义了二元运算并且在 5.2 节提到二元运算可以用来定义一个函数。下面将把该过程反过来看，即把二元运算定义为具有某种性质的一个函数。

集合 A 上的二元运算是一个处处有定义的函数 $f: A\times A\to A$。注意二元运算必须满足下面的性质。

1．$\mathrm{Dom}(f)=A\times A$，所以 f 把 $A\times A$ 中每个有序对 (a, b) 对应于 A 中的一个元素 $f(a, b)$，即：二元运算必须为 A 的每个有序元素对而定义。

2．因为二元运算是一个函数，所以每个有序对仅对应 A 中唯一元素。

因此，可以说二元运算是把 A 中元素的每个有序对对应于 A 的唯一元素的一个法则。读者应该注意，此定义比第一章给出的定义有更多的限制，但是这样做简化了这一章的讨论。下面将给出大量的例子。

人们习惯上用一个符号如$*$而不是 f 来表示二元运算。用 $a*b$(而不是$*(a,b)$)表示对应于(a, b)的元素。应该强调的是如果 a 和 b 是 A 中的元素，那么 $a*b\in A$，并且常常把该性质说成是在运算$*$下 A **是封闭的**。

例 1　设 $A=\mathbf{Z}$，定义 $a*b$ 为 $a+b$，那么$*$是 $\mathbf{Z}$ 上的一个二元运算。■

例 2　设 $A=\mathbf{R}$，定义 $a*b$ 为 a/b，那么$*$不是一个二元运算，因为 A 中元素的每个有序对并非都有定义，例如 $3*0$ 没有定义，因为不能用 0 作为除数。■

例 3　设 $A=\mathbf{Z}^+$，定义 $a*b$ 为 $a-b$，那么$*$不是一个二元运算，因为 A 中元素的每个有序对并不都对应于 A 中的一个元素，例如 $2*5\notin A$。■

例 4　设 $A=\mathbf{Z}$，定义 $a*b$ 为比 a 和 b 两者都小的一个数，那么$*$不是一个二元运算，因为 A 中元素的每个有序对并不都对应于 A 的唯一元素，例如 $8*6$ 可能是 5,4,3,1 等。因此，在这种情况下，$*$是从 $A\times A$ 到 A 的一种关系，但不是一个函数。■

例 5　设 $A=\mathbf{Z}$，定义 $a*b$ 为 $\max\{a, b\}$，那么$*$是一个二元运算。例如，$2*4=4$，$-3*(-5)=-3$。

■

例 6　设 $A=P(S)$，其中 S 是某个集合，如果 V 和 W 是 S 的子集，定义 $V*W$ 为 $V\cup W$，那么$*$是 A 上的一个二元运算。而且，如果定义 $V*'W$ 为 $V\cap W$，那么$*'$是 A 上的另一个二元运算。

■

正如例 6 所示，在同一集合上可以定义多个二元运算。

例 7　设 M 是所有 $n\times n$(n 为固定值)布尔矩阵的集合，定义 $\boldsymbol{A}*\boldsymbol{B}$ 为 $\boldsymbol{A}\vee\boldsymbol{B}$(见 1.5 节)，那么$*$是一个二元运算。同样若定义 $\boldsymbol{A}*\boldsymbol{B}$ 为 $\boldsymbol{A}\wedge\boldsymbol{B}$，则$*$也是一个二元运算。■

例 8　设 L 是一个格，定义 $a*b$ 为 $a\wedge b$(a 和 b 的最大下界)，那么$*$是 L 上的一个二元运算。对于 $a\vee b$(a 和 b 的最小上界)，这也是正确的。■

表

如果 $A=\{a_1, a_2, \cdots, a_n\}$是一个有限集合，可通过图 9.1 所示的表在 A 上定义一个二元运算。在(i, j)位置上的值表示元素 a_i*a_j。

*	a_1	a_2	…	a_j	…	a_n
a_1						
a_2						
⋮						
a_i				a_i*a_j		
⋮						
a_n						

图 9.1

例 9 设 $A=\{0,1\}$，可以用下面的表定义二元运算$\vee$和$\wedge$。

$\vee$	0	1
0	0	1
1	1	1

（a）

$\wedge$	0	1
0	0	0
1	0	1

(b)

■

设 $A=\{a, b\}$，现在确定能够定义在 A 上的二元运算的个数。A 的每个二元运算$*$可以用下表描述。

*	a	b
a		
b		

因为每个空格可以用元素 a 或 b 填充，所以推出存在 $2\cdot 2\cdot 2\cdot 2=2^4$ 即 16 种方法完成这张表。因此，在 A 上存在 16 种二元运算。

二元运算的性质

在 1.6 节中定义的二元运算的几条性质在本章具有特殊的重要性，对其重述如下。

如果对于 A 中的所有元素 a 和 b 有 $a*b=b*a$，则称集合 A 上的二元运算是交换的。

例 10 **Z** 上的加法二元运算(像例 1 中讨论的那样)是交换的。 ■

例 11 **Z** 上的减法二元运算不是交换的，因为 $2-3\neq 3-2$。 ■

由一张表描述的二元运算是交换的当且仅当表中的值关于主对角线是对称的。

例 12 集合 $A=\{a, b, c, d\}$ 在下述的哪个二元运算是交换的？

*	a	b	c	d
a	a	c	b	d
b	b	c	b	a
c	c	d	b	c
d	a	a	b	b

(a)

*	a	b	c	d
a	a	c	b	d
b	c	d	b	a
c	b	b	a	c
d	d	a	c	d

(b)

解 (a) 中的运算不是交换的，因为 $a*b$ 是 c 而 $b*a$ 是 b。(b) 中的运算是交换的，因为表中的值关于主对角线是对称的。■

如果对于 A 中元素 a, b 和 c，有

$$a*(b*c)=(a*b)*c$$

则称集合 A 上的二元运算是**结合的**。

例 13 **Z** 上的加法二元运算是结合的。■

例 14 **Z** 上的减法二元运算不是结合的，因为 $2-(3-5)\neq(2-3)-5$。■

例 15 设 L 是一个格，由 $a*b=a\wedge b$ 定义的二元运算(见例 8)是交换的和结合的。它还满足**幂等**性质 $a\wedge a=a$。此例的部分逆命题也是正确的，如例 16 所述。■

例 16 设*是集合 A 上的一个二元运算，假设*满足下面的性质：对于 A 中的任意 a，b 和 c，有

1．$a=a*a$　　　　幂等性质。

2．$a*b=b*a$　　　　交换性质。

3．$a*(b*c)=(a*b)*c$　　　　结合性质。

那么在 A 上定义一个关系≤为：$a\leqslant b$ 当且仅当 $a=a*b$，证明：$(A,\leqslant)$是一个偏序集，并且对于 A 中的所有 a 和 b，有 $\mathrm{GLB}(a, b)=a*b$。

解 必须证明≤是自反的、反对称的和传递的。因为 $a=a*a$，所以对于 A 中的所有 a 有 $a\leqslant a$，从而≤是自反的。

现在假设 $a\leqslant b$ 且 $b\leqslant a$，那么由定义和性质 2 有

$$a=a*b=b*a=b$$

所以 $a=b$, 因此≤是反对称的。

如果 $a\leqslant b$ 且 $b\leqslant c$，那么

$$a=a*b=a*(b*c)=(a*b)*c=a*c$$

所以 $a\leqslant c$，因此≤是传递的。

最后，必须证明对于 A 中的所有 a 和 b，有 $a*b=a\wedge b$(a 和 b 关于≤的最大下界)。因为 $a*b=a*(b*b)=(a*b)*b$，所以 $a*b\leqslant b$。用类似的方法可以证明 $a*b\leqslant a$，所以 $a*b$ 是 a 和 b 的一个下界。于是，如果 $c\leqslant a$ 且 $c\leqslant b$，那么由定义得 $c=c*a$ 和 $c=c*b$。因此，$c=(c*a)*b=c*(a*b)$，所以 $c\leqslant a*b$，这就证明了 $a*b$ 是 a 和 b 的最大下界。■

习 题 9.1

在第 1 题~第 8 题中，确定$*$的描述是否是已知集合上一个正确的二元运算的定义。

1．在 **R** 上，$a*b$ 是 ab(普通乘法)。

2．在 $\mathbf{Z}^+$上，$a*b$ 是 a/b。

3．在 **Z** 上，$a*b$ 是 a^b。

4．在 $\mathbf{Z}^+$上，$a*b$ 是 a^b。

5．在 $\mathbf{Z}^+$上，$a*b$ 是 $a-b$。

6．在 **R** 上，$a*b$ 是 $a\sqrt{b}$ 。

7．在 **R** 上，$a*b$ 是比 ab 小的最大有理数。

8．在 **Z** 上，$a*b$ 是 $2a+b$。

在第 9 题~第 19 题中，确定二元运算$*$是否是已知集合上交换的和结合的运算。

9．在 $\mathbf{Z}^+$上，$a*b$ 是 $a+b+2$。

10．在 **Z** 上，$a*b$ 是 ab。

11．在 **R** 上，$a*b$ 是 $a\times|b|$。

12．在非零实数集合上，$a*b$ 是 a/b。

13．在 **R** 上，$a*b$ 是 a 和 b 中的最小值。

14．在 $n\times n$ 布尔矩阵的集合上，$\boldsymbol{A}*\boldsymbol{B}$ 是 $\boldsymbol{A}\odot\boldsymbol{B}$(见 1.5 节)。

15．在 **R** 上，$a*b$ 是 $ab/3$。

16．在 **R** 上，$a*b$ 是 $ab+2b$。

17．在一个格 A 上，$a*b$ 是 $a\vee b$。

18．在 2×1 矩阵的集合上，有

$$\begin{bmatrix}a\\b\end{bmatrix}*\begin{bmatrix}c\\d\end{bmatrix}=\begin{bmatrix}a+c\\b+d+1\end{bmatrix}$$

19．在有理数集合上，$a*b=\dfrac{a+b}{2}$ 。

20．证明或反证：$\mathbf{Z}^+$ 上的二元运算 $a*b=\mathrm{GCD}(a, b)$有幂等性质。

21．证明或反证：第 19 题中的二元运算有幂等性质。

22．填写下表使得二元运算$*$是交换的。

$*$	a	b	c
a	b		
b	c	b	a
c	a		c

23．填写下表使得二元运算$*$是交换的并且有幂等性质。

$*$	a	b	c
a		c	
b			
c	c	a	

24．考虑由下表定义在集合 $A=\{a, b, c\}$ 上的二元运算$*$。

*	a	b	c
a	b	c	b
b	a	b	c
c	c	a	b

(a) $*$是一个交换运算吗？

(b) 计算 $a*(b*c)$和$(a*b)*c$。

(c) $*$是一个结合运算吗？

25．考虑由下表定义在集合 $A=\{a, b, c, d\}$ 上的二元运算$*$。

*	a	b	c	d
a	a	c	b	d
b	d	a	b	c
c	c	d	a	a
d	d	b	a	c

计算：

(a) $c*d$ 和 $d*c$。

(b) $b*d$ 和 $d*b$。

(c) $a*(b*c)$和$(a*b)*c$。

(d) $*$是交换运算吗？是结合运算吗？

在题 26 和 27 中，完成所给定的表，使得二元运算$*$是结合运算。

26.

*	a	b	c	d
a	a	b	c	d
b	b	a	d	c
c	c	d	a	b
d				

27.

*	a	b	c	d
a	b	a	c	d
b	b	a	c	d
c				
d	d	c	c	d

28．设 A 是有 n 个元素的集合，则在 A 上可定义多少种二元运算？

29．设 A 是有 n 个元素的集合，则在 A 上可定义多少种交换的二元运算？

30．设 $A=\{a, b\}$。

(a) 为可定义在 A 上的 16 种二元运算制作一张表。

(b) 利用分题(a)确定 A 上交换的二元运算。

31．设 $A=\{a, b\}$。

(a) 利用第 30 题确定 A 上结合的二元运算。

(b) 利用第 30 题确定 A 上满足幂等性质的二元运算。

32．设*是集合 A 上的一个二元运算，假设*满足例 16 中讨论的幂等律、交换律和结合律，在 A 上用 $a \leqslant b$ 当且仅当 $b=a*b$ 定义一个关系≤。证明：$(A, \leqslant)$是一个偏序集，并且对所有 a 和 b，$\mathrm{LUB}(a, b)=a*b$。

33．描述集合 A 上二元运算的定义与 1.6 节给出的二元运算的定义有什么不同。同时根据 1.6 节的定义解释在一个集合上的二元运算是否是一个二元运算。

34．在集合 S 上由 $a*b=b$ 定义一个二元运算。问*是结合运算吗？是交换运算吗？是幂等运算吗？

9.2 半　　群

本节定义由集合以及一个二元运算所组成的一个简单数学结构，它有许多重要的应用。

半群就是非空集合 S 以及一个定义在 S 上的可结合的二元运算*，将用$(S, *)$表示半群，或者当运算*很清楚时可简记为 S。还可以把 $a*b$ 看成是 a 和 b 的**积**。如果*是一个交换运算，则称半群$(S, *)$是交换半群。

例 1　从 9.1 节得到 $(\mathbf{Z}, +)$是一个交换半群。■

例 2　集合 $P(S)$，其中 S 是一个集合，加上并运算，它是一个交换半群。■

例 3　集合 $\mathbf{Z}$ 以及减法二元运算就不是一个半群，因为减法不是可结合运算。■

例 4　设 S 是一个固定的非空集合，S^S 是所有函数 $f: S\to S$ 的集合。如果 f 和 g 是 S^S 的元素，定义 $f*g$ 为 $f\circ g$，即函数的合成。那么*是 S^S 上的一个二元运算。从 4.7 节得到*是结合的。因此，$(S^S,*)$是一个半群。半群 S^S 不是交换的。■

例 5　设$(L, \leqslant)$是一个格，在 L 上用 $a*b=a\vee b$ 定义一个二元运算，那么 L 是一个半群。

■

例 6　设 $A=\{a_1, a_2, \cdots, a_n\}$是一个非空集合，从 1.3 节可知 A^*是 A 中元素的所有有限序列的集合，即 A^*是由 A 中字母表所形成的所有词组成的。设α和β是 A^*的元素，注意连接是 A^*上的一个二元运算·。回顾如果$\alpha=a_1a_2\cdots a_n$和$\beta=b_1b_2\cdots b_k$，那么$\alpha\cdot\beta=a_1a_2\cdots a_nb_1b_2\cdots b_k$。容易看到如果$\alpha$,$\beta$和$\gamma$是 A^*中的任意元素，那么

$$\alpha\cdot(\beta\cdot\gamma)=(\alpha\cdot\beta)\cdot\gamma$$

所以·是一个结合二元运算，从而$(A^*, \cdot)$是一个半群。称半群$(A^*, \cdot)$是由 **A 产生的自由半群**。■

在半群$(S, *)$中，可以建立如下一般化的结合性质，其证明省略。

定理 1　如果 $a_1, a_2, \cdots, a_n(n\geqslant 3)$是半群中的任意元素，那么在由元素 $a_1, a_2, \cdots, a_n$ 形成的积中任意插入有意义的括号，积的结果都是相等的。■

例 7　定理 1 表明下面的积

$$((a_1*a_2)*a_3)*a_4,\ a_1*(a_2*(a_3*a_4)),\ (a_1*(a_2*a_3))*a_4$$

都是相等的。■

如果 $a_1, a_2, \cdots, a_n$ 是半群$(S, *)$中的元素，那么把它们的积写成 $a_1*a_2*\cdots*a_n$ 而省略括号。

半群$(S, *)$中的一个元素 e 如果对所有 $a\in S$ 有 $e*a=a*e=a$，那么称它为**单位元**。由 1.6 节的定理 1 可知，单位元一定是唯一的。

例 8 半群$(\mathbf{Z}, +)$中的数 0 是单位元。 ■

例 9 半群$(\mathbf{Z}^+, +)$没有单位元。 ■

一个**幺半群**是有单位元的半群$(S, *)$。

例 10 例 2 中定义的半群 $P(S)$有单位元$\varnothing$，因为$\varnothing*A=\varnothing\cup A=A=A\cup\varnothing=A*\varnothing$对于任意 $A\in P(S)$都成立，因此 $P(S)$是一个幺半群。 ■

例 11 例 4 中定义的半群 S^S 有单位元 I_S，因为对任意$f\in S^S$，$I_S*f=I_S\circ f= f\circ I_S= f*I_S$，所以 S^S 是一个幺半群。 ■

例 12 例 6 中定义的半群 A^*实际上是一个具有单位元Λ(空序列)的幺半群，因为$\alpha\cdot\Lambda=\Lambda\cdot\alpha=\alpha$对所有$\alpha\in A^*$都成立。 ■

例 13 集合 A 上所有关系的集合是在合成运算下的幺半群，单位元是相等关系Δ(见 4.7 节)。 ■

设$(S, *)$是一个半群，T 是 S 的一个子集，如果 T 在运算$*$下是封闭的(即当 a 和 b 是 T 中的元素时，$a*b\in T$)，那么$(T, *)$称为$(S, *)$的**子半群**。类似地，设$(S, *)$是有单位元 e 的幺半群，T 是 S 的一个非空子集，如果 T 在运算$*$下是封闭的，并且 $e\in T$，那么$(T, *)$称为$(S, *)$的**子幺半群**。

注意到在半群的任意子集上结合性质成立，从而半群$(S, *)$的子半群$(T, *)$本身就是一个半群。类似地，幺半群的子幺半群本身是幺半群。

例 14 如果 T 是所有偶数的集合，那么$(T,\times)$是幺半群$(\mathbf{Z}, \times)$的子半群，其中$\times$是普通乘法，但它不是子幺半群，因为 $\mathbf{Z}$ 的单位元(数 1)不属于 T。 ■

例 15 如果$(S, *)$是一个半群，那么$(S, *)$是$(S, *)$的一个子半群。类似地，设$(S, *)$是一个幺半群，那么$(S, *)$是$(S, *)$的一个子幺半群，并且如果 $T=\{e\}$，那么$(T, *)$也是$(S, *)$的一个子幺半群。 ■

假设$(S, *)$是一个半群，$a\in S$，对任意 $n\in\mathbf{Z}^+$，递归定义幂 a^n 如下：

$$a^1=a，\quad a^n=a^{n-1}*a，\quad n\geqslant 2$$

而且如果$(S, *)$是一个幺半群，还可定义 $a^0=e$。能够证明：如果 m 和 n 是非负整数，那么 $a^m*a^n=a^{m+n}$。

例 16 (a) 如果$(S, *)$是一个半群，$a\in S$，$T=\{a^i|i\in\mathbf{Z}^+\}$，那么$(T, *)$是$(S, *)$的一个子半群。

(b) 如果$(S, *)$是一个幺半群，$a\in S$，$T=\{a^i|i\in\mathbf{Z}^+或\ i=0\}$，那么$(T, *)$是$(S, *)$的一个子幺半群。 ■

同构和同态

两个偏序集之间的同构在 6.1 节是作为一一对应定义的，该对应保持序关系以及偏序集的主要特征。现在在保持二元运算的两个一一对应半群之间定义一个同构。一般地，在两个同类数学结构之间的同构应该保持结构的主要特征。

设$(S, *)$和$(T, *')$是两个半群，如果函数f：$S\to T$ 是从 S 到 T 的一个一一对应，并且对 S 中的所有 a 和 b 有 $f(a*b)=f(a)*'f(b)$，则称 f：$S\to T$ 是从$(S, *)$到$(T, *')$的一个**同构**。

如果 f 是从$(S, *)$到$(T, *')$的一个同构，那么因为 f 是一一对应的，所以从 5.1 节的定理 1 得到 f^{-1} 存在并且是从 T 到 S 的一一对应。现在证明 f^{-1} 是从$(T, *')$到$(S, *)$的一个同构。设 a'和 b'是 T 的任意两个元素，因为 f 是满射，所以能够找到 S 中的元素 a 和 b，使得 $f(a)=a'$和 $f(b)=b'$。于是 $a=f^{-1}(a')$和 $b=f^{-1}(b')$。从而

$$f^{-1}(a'*'b')=f^{-1}(f(a)*'f(b))=f^{-1}(f(a*b))$$
$$=(f^{-1}\circ f)(a*b)=a*b=f^{-1}(a')*f^{-1}(b')$$

因此，f^{-1} 是一个同构。

此时称半群$(S, *)$和$(T, *')$是**同构的**并且记为 $S\simeq T$。

为了证明半群$(S, *)$与$(T, *')$是同构的，必须使用下述步骤。

步骤 1：定义一个函数 f：$S\to T$，$\mathrm{Dom}(f)=S$。

步骤 2：证明 f 是单射。

步骤 3：证明 f 是满射。

步骤 4：证明 $f(a*b)=f(a)*'f(b)$。

例 17 设 T 是所有偶数的集合，证明半群$(\mathbf{Z}, +)$与$(T, +)$是同构的。

解 **步骤 1**：定义函数 f：$\mathbf{Z}\to T$ 满足 $f(a)=2a$。

步骤 2：证明 f 是如下单射。假设 $f(a_1)=f(a_2)$，那么 $2a_1=2a_2$，所以 $a_1=a_2$，因此，f 是单射。

步骤 3：证明 f 是满射。假设 b 是任意偶数，那么 $a=b/2\in\mathbf{Z}$，且 $f(a)=f(b/2)=2(b/2)=b$，所以 f 是满射。

步骤 4：显然有 $f(a+b)=2(a+b)=2a+2b=f(a)+f(b)$。因此，$(\mathbf{Z}, +)$和$(T, +)$是同构的半群。■

一般地，证明一个已知函数 f：$S\to T$ 是或不是一个同构是相当简单的。然而，证明两个半群是同构的一般来讲是很难的，因为人们必须创建同构 f。

同偏序集或格的同构情况一样，当两个半群$(S, *)$与$(T, *')$同构时，它们只是在元素的性质上可能不同，它们的半群结构是相同的。如果 S 和 T 是有限半群，那么它们各自的二元运算可用表给出。于是如果可以把 S 的元素重排并且重新标号，使得它的表与 T 的表是完全相同的，则 S 和 T 是同构的。

例 18 设 $S=\{a, b, c\}$，$T=\{x, y, z\}$，容易证明下面的运算表分别给出了 S 和 T 的半群结构。

*	a	b	c
a	a	b	c
b	b	c	a
c	c	a	b

(a)

*	x	y	z
x	z	x	y
y	x	y	z
z	y	z	x

(b)

设 $f(a)=y$，$f(b)=x$，$f(c)=z$，用它们的象取代 S 中的元素并且重排表格，恰好得到 T 的表。因此，S 和 T 是同构的。■

定理 2 设$(S, *)$和$(T, *')$是分别有单位元 e 和 e'的幺半群，f: $S\to T$ 是一个同构，那么 $f(e)=e'$。

证明　设 b 是 T 的任意一个元素，因为 f 是满射，所以在 S 中存在一个元素 a，使得 $f(a)=b$。于是 $a=a*e$　$b=f(a)=f(a*e)=f(a)*'f(e)=b*'f(e)$。类似地，因为 $a=e*a$，$b=f(e)*'b$，所以，对任意 $b\in T$，$b=b*'f(e)=f(e)*'b$。这就推出 $f(e)$是 T 的一个单位元。因为单位元是唯一的，所以得到 $f(e)=e'$。 ■

如果$(S, *)$和$(T, *')$都是半群且 S 有单位元但 T 没有，那么由定理 2 得到$(S, *)$与$(T, *')$不可能是同构的。

例 19　设 T 是所有偶数的集合，$\times$是普通乘法，那么半群$(\mathbf{Z}, \times)$与$(T, \times)$不是同构的，因为 $\mathbf{Z}$ 有单位元而 T 没有。 ■

在两个半群同构的定义中去掉单射和满射的条件，可以得到比较两个半群的代数结构的另一个重要方法。

设$(S, *)$和$(T, *')$是两个半群，如果一个处处有定义的函数 f：$S\to T$ 对于 S 中的所有 a 和 b 有 $f(a*b)=f(a)*'f(b)$，则称 f 是从$(S, *)$到$(T, *')$的一个**同态**。如果 f 还是满射，则称 T 是 S 的**同态象**。

例 20　$A=\{0,1\}$，考虑半群$(A^*, \cdot)$和$(A, +)$，其中 $\cdot$ 是连接运算，+ 由下表定义：

+	0	1
0	0	1
1	1	0

定义函数 f：$A^*\to A$ 为

$$f(\alpha)=\begin{cases}1, & \alpha\text{有奇数个 }1\\0, & \alpha\text{有偶数个 }1\end{cases}$$

易证：如果α和β是 A^*的任意元素，那么

$$f(\alpha\cdot\beta)=f(\alpha)+f(\beta)$$

因此，f 是一个同态。函数 f 是满射，因为 $f(0)=0$，$f(1)=1$，但是 f 不是一个同构，因为它不是单射。 ■

同构与同态之间的差异是同构必须是单射和满射。同构与同态两者都有积的象是象的积。

下面定理的证明完全类似于定理 2 的证明，留给读者作为练习。

定理 3　设$(S, *)$和$(T, *')$分别是有单位元 e 和 e'的幺半群，f：$S\to T$ 是从$(S, *)$到$(T, *')$的一个同态且是满射，那么 $f(e)=e'$。 ■

定理 3 是一个比定理 2 更强或更一般的命题，因为结论只需要更少(更弱)的条件。

定理 3 以及下面的两个定理表明如果半群$(T, *')$是半群$(S, *)$的一个同态象，那么$(T, *')$在代数上很像$(S, *)$。

定理 4　设 f 是从半群$(S, *)$到半群$(T, *')$的一个同态，如果 S'是$(S, *)$的一个子半群，那么

$$f(S')=\{t\in T\mid t=f(s),\text{ 对 } s\in S'\}$$

即在 f 下 S'的象是$(T, *')$的一个子半群。

证明　如果 t_1 和 t_2 是 $f(S')$的任意两个元素，那么在 S'中存在 s_1 和 s_2 具有 $t_1=f(s_1)$和 $t_2=f(s_2)$，于是 $t_1*'t_2=f(s_1)*'f(s_2)=f(s_1*s_2)=f(s_3)$，其中 $s_3=s_1*s_2\in S'$，从而 $t_1*'t_2\in f(S')$。

因此，$f(S')$在运算$*'$下是封闭的。因为结合性质在 T 中成立，所以它在 $f(S')$中也成立，因此，$f(S')$是$(T, *')$的一个子半群。 ■

定理5 如果 f 是从交换半群$(S, *)$到半群$(T, *')$的一个同态且是满射，那么$(T, *')$也是交换半群。

证明 设 t_1 和 t_2 是 T 的任意元素，那么在 S 中存在 s_1 和 s_2 使得

$$t_1=f(s_1), \quad t_2=f(s_2)$$

所以

$$t_1*'t_2=f(s_1)*'f(s_2)=f(s_1*s_2)=f(s_2*s_1)=f(s_2)*'f(s_1)=t_2*'t_1$$

因此，$(T, *')$也是交换的。 ■

习 题 9.2

1．设 $A=\{a, b\}$，下面哪些表定义了 A 上的一个半群？哪些定义了 A 上的一个幺半群？

(a)

*	a	b
a	a	b
b	a	a

(b)

*	a	b
a	a	b
b	b	b

2．设 $A=\{a, b\}$，下面哪些表定义了 A 上的一个半群？哪些定义了 A 上的一个幺半群？

(a)

*	a	b
a	b	a
b	a	b

(b)

*	a	b
a	a	b
b	b	a

3．设 $A=\{a, b\}$，下面哪些表定义了 A 上的一个半群？哪些定义了 A 上的一个幺半群？

(a)

*	a	b
a	a	a
b	b	b

(b)

*	a	b
a	b	b
b	a	a

在第 4 题~第 16 题中，确定有二元运算的集合是否是一个半群、一个幺半群或者两者都不是。如果它是一个幺半群，指出它的单位元。如果它是一个半群或一个幺半群，确定它是否是交换的。

4．$\mathbf{Z}^+$，$*$定义为普通的乘法。

5．$\mathbf{Z}^+$，$a*b$ 定义为 $\max\{a, b\}$。

6．$\mathbf{Z}^+$，$a*b$ 定义为 $\mathrm{GCD}\{a, b\}$。

7．$\mathbf{Z}^+$，$a*b$ 定义为 a。

8．非零实数，$*$定义为普通乘法。

9．$P(S)$，S 是一个集合，$*$定义为交。

10．布尔代数 B，$a*b$ 定义为 $a\wedge b$。

11．$S=\{1,2,3,6,12\}$，$a*b$ 定义为 $\mathrm{GCD}(a, b)$。

12．$S=\{1,2,3,6,9,18\}$，$a*b$ 定义为 $\mathrm{LCM}(a, b)$。

13．$\mathbf{Z}$，$a*b=a+b-ab$。

14．偶数集合，$a*b$ 定义为 $\dfrac{ab}{2}$。

15．2×1 矩阵的集合，定义为

$$\begin{bmatrix} a \\ b \end{bmatrix} * \begin{bmatrix} c \\ d \end{bmatrix} = \begin{bmatrix} a+c \\ b+d+1 \end{bmatrix}$$

16．形如 $3k+1$ 的整数的集合，$k\in\mathbf{Z}^+$，其中$*$是普通的乘法。

17．下表定义了一个半群或幺半群吗？

*	a	b	c
a	c	b	a
b	b	c	b
c	a	b	c

18．下表定义了一个半群或幺半群吗？

*	a	b	c
a	a	c	b
b	c	b	a
c	b	a	c

19．完成下表使其成为一个半群。

*	a	b	c
a	c	a	b
b	a	b	c
c			a

20．完成下表使其定义一个幺半群。

*	a	b	c	d
a	c	d	a	b
b		a	b	
c			c	
d	b		d	a

21．设 $S=\{a, b\}$，为半群 S^S 写出运算表。此半群是交换的吗？

22．设 $S=\{a, b\}$，为半群$(P(S),\cup)$写出运算表。

23．设 $A=\{a, b, c\}$，考虑半群$(A^*,\cdot)$，其中 · 是连接运算。如果$\alpha=abac$，$\beta=cba$，$\gamma=babc$，计算
(a) $(\alpha\cdot\beta)\cdot\gamma$，　(b) $\gamma\cdot(\alpha\cdot\alpha)$　(c) $(\gamma\cdot\beta)\cdot\alpha$

24．对一个半群中元素的一个子集，使其成为一个子半群有什么要求？

25．对一个幺半群中元素的一个子集，使其成为一个子幺半群有什么要求？

26．证明或反证：半群$(S, *)$的两个子半群的交是$(S, *)$的一个子半群。

27．证明或反证：幺半群$(S, *)$的两个子幺半群的交是$(S, *)$的一个子幺半群。

28．设$A=\{0, 1\}$，考虑半群$(A^*, \cdot)$，其中·是连接运算，设T是由奇数个1的所有序列所组成的A^*的子集，$(T, \cdot)$是$(A, \cdot)$的一个子半群吗？

29．设$A=\{a, b\}$，存在两个不同构的半群$(A, *)$和$(A, *')$吗？

30．幺半群中的一个元素x称作**幂等的**，如果它满足$x^2=x*x=x$。证明：在交换幺半群S中所有幂等元素的集合是S的一个子幺半群。

31．设$(S_1, *_1)$，$(S_2, *_2)$和$(S_3, *_3)$是半群，f：$S_1\to S_2$和g：$S_2\to S_3$是同态，证明：$g\circ f$是从S_1到S_3的一个同态。

32．设$(S_1, *)$，$(S_2, *')$和$(S_3, *'')$是半群，f：$S_1\to S_2$和g：$S_2\to S_3$是同构，证明：$g\circ f$：$S_1\to S_3$是一个同构。

33．在定理2的证明中使用了f的哪些性质？

34．解释为什么定理1的证明能够用来作为定理3的证明？

35．设$\mathbf{R}^+$是所有正实数的集合，证明：由$f(x)=\ln x$所定义的函数f：$\mathbf{R}^+\to\mathbf{R}$是半群$(\mathbf{R}^+, \times)$到半群$(\mathbf{R}, +)$上的一个同构，其中×和+分别是普通乘法和加法。

36．设$(S, *)$是一个半群，A是S的一个有限子集。定义$\hat{A}$是A中所有元素的有限乘积的集合。

(a) 证明：$\hat{A}$是$(S, *)$的一个子半群。

(b) 证明：$\hat{A}$是包含A的$(S, *)$的最小子半群。

9.3 半群的积与商

本节将从已有的半群得到新的半群。

定理1 如果$(S, *)$和$(T, *')$是半群，那么$(S\times T, *'')$是一个半群，其中$*''$由$(s_1, t_1)*''(s_2, t_2)=(s_1*s_2, t_1*'t_2)$定义。

证明 证明留作练习。 ■

从定理1可以得到如果S和T分别是有单位元e_S和e_T的幺半群，那么$S\times T$是有单位元(e_S, e_T)的一个幺半群。

下面讨论半群$(S, *)$上的等价关系。由于一个半群不仅仅是一个集合，所以将会发现半群上的某些等价关系给出了半群结构的一些附加信息。

半群$(S, *)$上的一个等价关系R称为一个**同余关系**，如果$a\,R\,a'$和$b\,R\,b'$推出$(a*b)R(a'*b')$。

例1 考虑半群$(\mathbf{Z}, +)$和$\mathbf{Z}$上的等价关系R，它由$a\ R\ b$当且仅当$a\equiv b \pmod 2$定义。回顾4.5节已讨论过这种等价关系。注意，如果a和b被2除时有相同的余数，那么$2|(a-b)$。现在证明这种关系是如下同余关系。

如果$a\equiv b(\mathrm{mod}\ 2)$和$c\equiv d(\mathrm{mod}\ 2)$，那么2整除$a-b$和2整除$c-d$，所以$a-b=2m$和$c-d=2n$，其中$m$和$n$属于$\mathbf{Z}$。此外，有

$$(a-b)+(c-d)=2m+2n$$

或

$$(a+c)-(b+d)=2(m+n)$$

所以

$$a+c\equiv b+d \pmod 2$$

因此，关系是同余关系。 ■

例 2 设 $A=\{0,1\}$，考虑由 A 产生的自由半群 $(A^*,\cdot)$，在 A 上定义下面的关系：

$\alpha R \beta$ 当且仅当 α 和 β 有相同个数的 1。

证明：R 是 $(A^*,\cdot)$ 上的一个同余关系。

解 首先证明 R 是一个等价关系。有

1．对任意 $\alpha \in A^*$，有 $\alpha R \alpha$。

2．如果 $\alpha R \beta$，那么 α 和 β 有相同个数的 1，所以 $\beta R \alpha$。

3．如果 $\alpha R \beta$ 且 $\beta R \gamma$，那么 α 和 β 有相同个数的 1，β 和 γ 有相同个数的 1，所以 α 和 γ 有相同个数的 1。因此，有 $\alpha R \gamma$。

其次证明 R 是一个同余关系。假设 $\alpha R \alpha'$ 且 $\beta R \beta'$，那么 α 和 α' 有相同个数的 1，β 和 β' 有相同个数的 1。因为在 $\alpha\cdot\beta$ 中 1 的个数是 α 里 1 的个数和 β 里 1 的个数之和，所以推出 $\alpha\cdot\beta$ 里 1 的个数同 $\alpha'\cdot\beta'$ 里 1 的个数相等。因此，$(\alpha\cdot\beta)R(\alpha'\cdot\beta')$，从而 R 是一个同余关系。 ■

例 3 考虑半群 $(\mathbf{Z},+)$，其中+是普通加法。设 $f(x)=x^2-x-2$，在 $\mathbf{Z}$ 上定义下面的关系：$a R b$ 当且仅当 $f(a)=f(b)$。容易证明 R 是 $\mathbf{Z}$ 上的一个等价关系。然而，R 不是一个同余关系，因为有 $-1\ R\ 2(f(-1)=f(2)=0)$ 和 $-2\ R\ 3(f(-2)=f(3)=4)$，但是 $(-1+(-2))\not R\ (2+3)$，因为 $f(-3)=10$ 和 $f(5)=18$。 ■

从 4.5 节易知，半群 $(S,*)$ 上的等价关系 R 决定 S 的一个划分。设 $[a]=R(a)$ 是包含 a 的等价类，S/R 表示所有等价类的集合。这种背景下更常用记号 $[a]$，并且在计算中很少产生混淆。

定理 2 设 R 是半群 $(S,*)$ 上的一个同余关系，考虑从 $S/R\times S/R$ 到 S/R 的关系⊛，它对于 S 中的 a 和 b，有序对 $([a],[b])$ 与 $[a*b]$ 有关。

(a) ⊛是从 $S/R\times S/R$ 到 S/R 的一个函数，像通常一样用 $[a]\circledast[b]$ 表示 $\circledast([a],[b])$。因此，$[a]\circledast[b]=[a*b]$。

(b) $(S/R,\circledast)$ 是一个半群。

证明 假设 $([a],[b])=([a'],[b'])$，那么 $a R a'$ 和 $b R b'$，所以一定有 $a*b\ R\ a'*b'$，因为 R 是一个同余关系。于是，$[a*b]=[a'*b']$，即⊛是一个函数。这意味着⊛是 S/R 上的一个二元运算。

其次，必须证明⊛是一个结合运算。有

$$
\begin{aligned}
[a]\circledast([b]\circledast[c])&=[a]\circledast[b*c]=[a*(b*c)]\\
&=[(a*b)*c] \qquad (\text{由 } S \text{ 中}*\text{的结合性质})\\
&=[a*b]\circledast[c]=([a]\circledast[b])\circledast[c]
\end{aligned}
$$

因此 S/R 是一个半群。称 S/R 是**商半群或因子半群**。注意到⊛是 S/R 上的一类“商二元关系”，S/R 是由同余关系 R 从 S 上原来的二元关系∗构造而来的。 ■

推论 1 设 R 是幺半群 $(S,*)$ 上的一个同余关系，如果通过 $[a]\circledast[b]=[a*b]$ 定义 S/R 中的运算⊛，那么 $(S/R,\circledast)$ 是一个幺半群。

证明 如果 e 是 $(S,*)$ 中的单位元，那么容易证明 $[e]$ 是 $(S/R,\circledast)$ 中的单位元。 ■

例 4 考虑例 2 中的情况。因为 R 是幺半群 $S=(A^*,\cdot)$ 上的一个同余关系，所以推出 $(S/R,\odot)$

是一个幺半群，其中$[\alpha]\odot[\beta]=[\alpha\cdot\beta]$。 ■

例 5 如 4.5 节所指出的那样，可以用正整数 n 而不是 2 重复那一小节中的例 4，即在半群 $(\mathbf{Z},+)$上定义下面的关系：

$$a\,R\,b \text{ 当且仅当 } a\equiv b(\mathrm{mod}\ n)$$

使用与 4.5 节的例 4 中完全相同的方法，可以证明 R 是一个等价关系，同 $n=2$ 这种情况一样，$a\equiv b(\mathrm{mod}\ n)$推出 $n|(a-b)$。因此，如果 n 是 4，那么

$$2\equiv 6\ (\mathrm{mod}\ 4)$$

即 4 整除(2−6)。将证明$\equiv(\mathrm{mod}\ n)$是 $\mathbf{Z}$ 上的一个同余关系留给读者。

现在设 $n=4$，计算由 $\mathbf{Z}$ 上的同余关系$\equiv(\mathrm{mod}\ 4)$所确定的等价类。可以得到

$$[0]=\{\cdots,-8,-4,0,4,8,12,\cdots\}=[4]=[8]=\cdots$$

$$[1]=\{\cdots,-7,-3,1,5,9,13,\cdots\}=[5]=[9]=\cdots$$

$$[2]=\{\cdots,-6,-2,2,6,10,14,\cdots\}=[6]=[10]=\cdots$$

$$[3]=\{\cdots,-5,-1,3,7,11,15,\cdots\}=[7]=[11]=\cdots$$

这些都是形成商集合 $\mathbf{Z}/\equiv(\mathrm{mod}\ 4)$的所有不同的等价类。习惯上用 Z_n 表示商集 $\mathbf{Z}/\equiv(\mathrm{mod}\ n)$；$Z_n$ 是有运算⊕和单位元[0]的一个幺半群。下面确定半群 Z_4 带运算⊕的加法表。

⊕	[0]	[1]	[2]	[3]
[0]	[0]	[1]	[2]	[3]
[1]	[1]	[2]	[3]	[0]
[2]	[2]	[3]	[0]	[1]
[3]	[3]	[0]	[1]	[2]

该表的元素是从$[a]\oplus[b]=[a+b]$得到的。因此

$$[1]\oplus[2]=[1+2]=[3],\ [1]\oplus[3]=[1+3]=[4]=[0]$$

$$[2]\oplus[3]=[2+3]=[5]=[1],\ [3]\oplus[3]=[3+3]=[6]=[2]$$

可以证明，Z_n 通常有 n 个等价类

$$[0],[1],[2],\cdots,[n-1]$$

且$[a]\oplus[b]=[r]$，其中 r 是当 $a+b$ 用 n 除时的余数。因此，如果 n 是 6，那么

$$[2]\oplus[3]=[5],\ [3]\oplus[5]=[2],\ [3]\oplus[3]=[0]$$ ■

下面考察在半群$(S,*)$与商半群$(S/R,\circledast)$结构之间的联系，其中 R 是$(S,*)$上的一个同余关系。

定理 3 设 R 是半群$(S,*)$上的一个同余关系，$(S/R,\circledast)$是对应的商半群，那么由 $f_R(a)=[a]$ 定义的函数 f_R：$S\to S/R$ 是一个同态，且是满射，称其为**自然同态**。

证明 如果$[a]\in S/R$，那么 $f_R(a)=[a]$，所以 f_R 是一个满射函数。此外，如果 a 和 b 是 S 的元素，那么

$$f_R(a*b)=[a*b]=[a]\circledast[b]=f_R(a)\circledast f_R(b)$$

所以 f_R 是一个同态。 ■

定理 4 (同态基本定理) 设 f：$S \to T$ 是半群$(S, *)$到半群$(T, *')$的一个同态，R 是 S 上的关系且定义为对于 S 中的 a 和 b，$a\,R\,b$ 当且仅当 $f(a)=f(b)$。那么

(a) R 是一个同余关系。

(b) $(T, *')$和商半群$(S/R, \circledast)$是同构的。

证明 (a) 证明 R 是一个等价关系。首先因为 $f(a)=f(a)$，所以对每个 $a \in S$，有 $a\,R\,a$。其次，如果 $a\,R\,b$，那么 $f(a)=f(b)$，所以 $b\,R\,a$。最后，如果 $a\,R\,b$ 且 $b\,R\,c$，那么 $f(a)=f(b)$和 $f(b)=f(c)$，所以 $f(a)=f(c)$，即 $a\,R\,c$。因此，R 是一个等价关系。现在假设 $a\,R\,a_1$ 且 $b\,R\,b_1$，那么

$$f(a)=f(a_1),\quad f(b)=f(b_1)$$

用 T 中的乘法，可得

$$f(a) *' f(b)=f(a_1) *' f(b_1)$$

因为 f 是同态的，所以上面的方程可以重写为

$$f(a*b)=f(a_1*b_1)$$

因此

$$(a*b)R(a_1*b_1)$$

所以 R 是一个同余关系。

(b) 现在考虑从 S/R 到 T 的关系 $\overline{f}$，它的定义如下：

$$\overline{f}=\{([a],\ f(a)) \mid [a] \in S/R\}$$

首先证明 $\overline{f}$ 是一个函数。假设$[a]=[a']$，那么 $a\,R\,a'$，所以 $f(a)=f(a')$，这就推出 $\overline{f}$ 是一个函数。于是可以写出 $\overline{f}$：$S/R \to T$，其中对于 $[a] \in S/R$ 有 $\overline{f}([a])=f(a)$。

其次证明 $\overline{f}$ 是单射。假设 $\overline{f}([a])=\overline{f}([a'])$，那么 $f(a)=f(a')$。所以 $a\,R\,a'$，这就推出$[a]=[a']$。因此，$\overline{f}$ 是单射。

下面证明 $\overline{f}$ 是满射。假设 $b \in T$，因为 f 是满射，所以在 S 中存在某个元素 a 使得 $f(a)=b$，于是 $\overline{f}([a])=f(a)=b$，从而 $\overline{f}$ 是满射。

最后，有

$$\begin{aligned}\overline{f}([a] \circledast [b]) &= \overline{f}([a*b])=f(a*b)=f(a) *' f(b)\\ &= \overline{f}([a]) *' \overline{f}([b])\end{aligned}$$

因此，$\overline{f}$ 是一个同构。 ■

例 6 设 $A=\{0,1\}$，考虑在连接运算下由 A 所产生的自由半群 A^*。注意 A^*是由空字符串Λ作为单位元的一个幺半群。设 $\mathbf{N}$ 是所有非负整数的集合，那么 $\mathbf{N}$ 是在普通加法运算下的一个半群，用$(\mathbf{N}, +)$表示。函数 f：$A^* \to \mathbf{N}$ 定义为

$$f(\alpha)=\alpha \text{ 中含 1 的个数}$$

容易验证它是一个同态。设 R 是 A^*上由下面定义的关系：

$$\alpha R \beta \text{ 当且仅当 } f(\alpha)=f(\beta)$$

即$\alpha R \beta$当且仅当α和β有相同个数的1。定理4推出在下面定义的同构映射$\overline{f}$：$A^*/R \to \mathbf{N}$

$$\overline{f}([\alpha])=f(\alpha)=\alpha \text{ 中含 1 的个数}$$

中有$A^*/R \simeq \mathbf{N}$。■

定理4(b)可用图9.2给出的图解描述，其中f_R是自然同态。从f_R和$\overline{f}$的定义得到

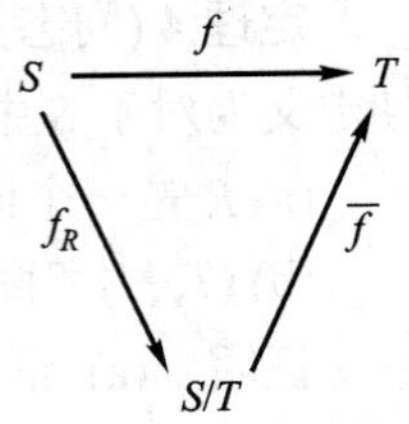

图 9.2

$$\overline{f} \circ f_R = f$$

因为$(\overline{f} \circ f_R)(a) = \overline{f}(f_R(a)) = \overline{f}([a]) = f(a)$。

习 题 9.3

1．设$(S, *)$和$(T, *')$是交换半群，证明：$S \times T$(见定理1)也是一个交换半群。

2．设$(S, *)$和$(T, *')$是幺半群，证明：$S \times T$也是一个幺半群，$S \times T$的单位元是(e_S, e_T)。

3．设$(S, *)$和$(T, *')$是半群，证明：由$f(s, t)=s$所定义的函数f：$S \times T \to S$是半群$S \times T$到半群S上的一个同态且是满射。

4．设$(S, *)$和$(T, *')$是半群，证明：$S \times T$和$T \times S$是同构的半群。

5．证明定理1。

在第6题~第16题中，确定半群S上的关系R是否是一个同余关系。

6．$S=\mathbf{Z}$，在普通的加法运算下，$a R b$当且仅当2不能整除$a-b$。

7．$S=\mathbf{Z}$，在普通的加法运算下，$a R b$当且仅当$a+b$是偶数。

8．S是任意半群，$a R b$当且仅当$a=b$。

9．S是所有有理数在加法运算下的集合，$a/b \ R \ c/d$，当且仅当$ad=bc$。

10．S是所有有理数在乘法运算下的集合，$a/b \ R \ c/d$当且仅当$ad=bc$。

11．$S=\mathbf{Z}$，在普通的加法运算下，$a R b$当且仅当$a \equiv b \pmod 3$。

12．$S=\mathbf{Z}$，在普通的加法运算下，$a R b$当且仅当a和b都是偶数或者a和b都是奇数。

13．$S=\mathbf{Z}^+$，在普通的乘法运算下，$a R b$当且仅当$|a-b| \leqslant 2$。

14．$A=\{0,1\}$且$S=A^*$，即在连接运算下由A产生的自由半群，$\alpha \ R \ \beta$当且仅当α和β都有偶数个1或者都有奇数个1。

15．$S=\{0,1\}$，在由下表定义的运算$*$下，

*	0	1
0	0	1
1	1	0

$a R b$当且仅当$a*a=b*b$。(提示：注意如果x是S中任意一个元素，那么$x*x=0$。)

16．$S=\{3k+1, k \in \mathbf{Z}^+\}$，在普通的乘法运算下，$a R b$当且仅当$a \equiv b \pmod 5$。

17．描述第16题中所给的S和R的商半群。

18．证明：半群上的两个同余关系的交是一个同余关系。

19．证明：半群上的两个同余关系的合成不一定是一个同余关系。

20．描述第10题中所给的S和R的商半群。

21．描述第 11 题中所给的 S 和 R 的商半群。

22．描述第 12 题中所给的 S 和 R 的商半群。

23．设 $S=\mathbf{Z}$，具有普通的加法运算，R 定义为：$a\,R\,b$ 当且仅当 $a\equiv b(\text{mod } 5)$，描述 S 和 R 的商半群。

24．设半群 $S=\{a,b,c,d\}$，它有下面的运算表。

*	a	b	c	d
a	a	b	c	d
b	b	a	d	c
c	c	d	a	b
d	d	c	b	a

考虑 S 上的同余关系

$$R=\{(a,a),(a,b),(b,a),(b,b),(c,c),(c,d),(d,c),(d,d)\}$$

(a) 写出商半群 S/R 的运算表。

(b) 描述自然同态 f_R：$S\to S/R$。

25．考虑有下面运算表的幺半群 $S=\{e,a,b,c\}$。

*	e	a	b	c
e	e	a	b	c
a	a	e	b	c
b	b	c	b	c
c	c	b	b	c

设 S 上的同余关系为

$$R=\{(e,e),(e,a),(a,e),(a,a),(b,b),(b,c),(c,b),(c,c)\}$$

(a) 写出商幺半群 S/R 的运算表。

(b) 描述自然同态 f_R：$S\to S/R$。

26．设 $A=\{0,1\}$，考虑在连接运算下由 A 产生的自由半群 A^*，设 N 是在普通加法运算下的所有非负整数的半群。

(a) 验证：函数 f：$A^*\to N$ 是一个同态，f 定义为

$$f(\alpha)=\alpha\text{ 中数字的个数}$$

(b) 设 R 是 A^*上的下述关系：$\alpha\,R\,\beta$ 当且仅当 $f(\alpha)=f(\beta)$，证明：R 是 A^*上的一个同余关系。

(c) 证明：A^*/R 和 N 是同构的。

27．证明或反证：Z_2 与第 22 题中的半群是同构的。

28．证明或反证：Z_4 与第 24 题中的半群是同构的。

29．描述定理 4 证明的策略，概述证明。

30．设 S 是一个非空集合且有 $a*b=b$，证明：S 上的任意等价关系是一个同余关系。

9.4 群

本节将考查一类特殊的幺半群，亦称为群，在每一个存在对称的领域中都有它的应用。关于群的应用可以在数学、物理、化学以及还不太明显的领域如社会学中找到。近来，令人兴奋

的群论应用出现在粒子物理领域和 Rubik 的魔方解法中。本书将在 11.2 节的二元编码中介绍群论的一个重要应用。

群$(G, *)$是有单位元 e 的一个幺半群，并具有附加性质：对于每个元素 $a\in G$，存在一个元素 $a'\in G$，使得 $a*a'=a'*a=e$。因此，群是一个集合 G 加上 G 上的一个二元运算$*$，使得

1．$(a*b)*c=a*(b*c)$，对于 G 中的任意元素 a, b 和 c 都成立。

2．在 G 中存在唯一元素 e，使得对于任意 $a\in G$ 有 $a*e=e*a$。

3．对于每个 $a\in G$，存在称为 a 的**逆元**的一个元素 $a'\in G$，使得

$$a*a'=a'*a=e$$

注意，如果$(G, *)$是一个群，那么$*$是一个二元运算，所以 G 在$*$下一定是封闭的，即对于 G 中任意元素 a 和 b 有 $a*b\in G$。

为了简化记号，从现在开始，当只是考虑一个群$(G, *)$时，并且在不存在任何误解的情况下，将群$(G, *)$中的元素 a 和 b 的积 $a*b$ 简写为 ab，将$(G, *)$简写为 G。

如果对于群 G 中的所有元素 a 和 b 有 $ab=ba$，则称群 G 是**阿贝尔群**。

例 1 具有普通加法运算的所有整数的集合 $\mathbf{Z}$ 是一个阿贝尔群。如果 $a\in\mathbf{Z}$，那么 a 的逆是它的负数$-a$。 ■

例 2 在普通乘法运算下，集合 $\mathbf{Z}^+$不是一个群，因为 $\mathbf{Z}^+$中的元素 2 没有逆元素。然而，在给出的运算下该集合是一个幺半群。 ■

例 3 在普通乘法运算下，所有非零实数集合是一个群。$a\neq 0$ 的逆是 $1/a$。 ■

例 4 设 G 是所有非零实数集合，且设

$$a*b=\frac{ab}{2}$$

验证$(G, *)$是一个阿贝尔群。

解 首先验证$*$是一个二元运算。如果 a 和 b 是 G 的元素，那么 $\frac{ab}{2}$ 是一个非零实数，因此它在 G 中。其次验证结合性。因为

$$(a*b)*c=\left(\frac{ab}{2}\right)*c=\frac{(ab)c}{4}$$

$$a*(b*c)=a*\left(\frac{bc}{2}\right)=\frac{a(bc)}{4}=\frac{(ab)c}{4}$$

所以运算$*$是结合的。

数 2 是 G 中的单位元，因为如果 $a\in G$，那么

$$a*2=\frac{(a)(2)}{2}=a=\frac{(2)(a)}{2}=2*a$$

最后，如果 $a\in G$，那么 $a'=4/a$ 是 a 的一个逆，因为

$$a*a'=a*\frac{4}{a}=\frac{a(4/a)}{2}=2=\frac{(4/a)(a)}{2}=\frac{4}{a}*a=a'*a$$

因为对于 G 中所有的 a 和 b 有 $a*b=b*a$，所以推出 G 是一个阿贝尔群。 ■

在列举另外一些群的例子之前，对于在任意群 G 中所满足的几条重要性质展开讨论。

定理 1 设 G 是一个群，则 G 中的每个元素 a 在 G 中仅有一个逆元。

证明 设 a' 和 a'' 都是 a 的逆，那么

$$a'(aa'')=a'e=a'$$
$$(a'a)a''=ea''=a''$$

因此，由结合性可知 $a'=a''$。 ■

从现在起，将用 a^{-1} 表示 a 的逆。因此，在群 G 中有 $aa^{-1}=a^{-1}a=e$。

定理 2 设 G 是一个群，a,b 和 c 是 G 的元素，那么

(a) $ab=ac$ 推出 $b=c$ (**左消去性质**)。

(b) $ba=ca$ 推出 $b=c$ (**右消去性质**)。

证明

(a) 假设 $ab=ac$，用 a^{-1} 左乘该方程的两边，得到

$$a^{-1}(ab)=a^{-1}(ac)$$
$$(a^{-1}a)b=(a^{-1}a)c \qquad \text{（由结合性）}$$
$$eb=ec \qquad \text{（由逆的定义）}$$
$$b=c \qquad \text{（由单位元的定义）}$$

(b) 证明类似于上述(a)。 ■

推论 1 设 G 是一个群且 $a\in G$。定义一个函数 $M_a:G\rightarrow G$ 满足公式：$M_a(g)=ag$，那么 M_a 是单射。

证明 它是定理 2 的一个直接结果。 ■

定理 3 设 G 是一个群，a 和 b 是 G 的元素，那么

(a) $(a^{-1})^{-1}=a$ (b) $(ab)^{-1}=b^{-1}a^{-1}$

证明 (a) 证明 a 是 a^{-1} 的逆：

$$a^{-1}a=aa^{-1}=e$$

因为一个元素的逆元是唯一的，所以得到 $(a^{-1})^{-1}=a$。

(b) 容易验证：

$$(ab)(b^{-1}a^{-1})=a(b(b^{-1}a^{-1}))=a((bb^{-1})a^{-1})=a(ea^{-1})=aa^{-1}=e$$

类似地，有

$$(b^{-1}a^{-1})(ab)=e$$

所以

$$(ab)^{-1}=b^{-1}a^{-1}$$ ■

定理 4 设 G 是一个群，a 和 b 是 G 的元素，那么

(a) 方程 $ax=b$ 在 G 中有唯一解。

(b) 方程 $ya=b$ 在 G 中有唯一解。

证明

(a) 因为 $a(a^{-1}b)=(aa^{-1})b=eb=b$，所以元素 $x=a^{-1}b$ 是方程 $ax=b$ 的一个解。现在假设 x_1 和 x_2 是方程 $ax=b$ 的两个解，那么

$$ax_1=b, \quad ax_2=b$$

因此

$$ax_1=ax_2$$

由定理 2 推出 $x_1=x_2$。

(b) 证明类似于上述(a)。 ■

从幺半群的讨论中可以知道，如果群 G 具有有限元素，那么它的二元运算可以通过某个表给出，通常称作**乘法表**。一个群 $G=\{a_1,a_2,\cdots,a_n\}$ 在二元运算∗下的乘法表一定满足下面的性质：

1．用 e 标号的行一定是

$$a_1, a_2, \cdots, a_n$$

用 e 标号的列一定是

$$\begin{matrix} a_1 \\ a_2 \\ \vdots \\ a_n \end{matrix}$$

2．由定理 4 可知群中的每个元素 b 一定在表的每行和每列中恰好出现一次。因此，每一行和列是 G 中元素 $a_1, a_2, \cdots, a_n$ 的排列，并且每行(每列)决定不同的排列。

如果 G 是具有有限元素的一个群，则称 G 是**有限群**，G 的**阶**是 G 中元素的个数$|G|$。下面将确定阶为 1、2、3 和 4 的所有非同构群的乘法表。

如果 G 是一个 1 阶群，那么 $G=\{e\}$并且有 $ee=e$。现在设 $G=\{e,a\}$是阶为 2 的一个群，那么得到一个需要填充空格的乘法表(表 9.1)。空格能够用 e 或 a 填充。因为在任意行或列中不能存在重复的元素，所以必须在空格里填 e。表 9.2 所给出的乘法表满足结合性质和群的其余性质，所以它是 2 阶群的乘法表。

表 9.1

	e	a
e	e	a
a	a	

表 9.2

	e	a
e	e	a
a	a	e

其次设 $G=\{e,a,b\}$是阶为 3 的群，有一个必须填充 4 个空格的乘法表(表 9.3)。少量试验表明只能完成表 9.4 给出的这种表。可以证明(冗长乏味的工作)表 9.4 满足结合性质和群的其余性质。因此，它是 3 阶群的乘法表。注意，阶为 1、2 和 3 的群也是阿贝尔群，并且对于元素的固定标号来说，每个阶刚好存在一个群。

现在讨论阶为 4 的群 $G=\{e, a, b, c\}$。不难证明 G 的可能的乘法表如表 9.5~表 9.8 所示。能

够证明这些表中每一个都满足结合性和群的其余性质。因此，对于阶为 4 的群存在 4 种可能的乘法表，而且注意阶为 4 的群是阿贝尔群。本节的末尾将再次讨论阶为 4 的群，在那里会看到只存在两个而不是 4 个不同的 4 阶非同构群。

表 9.3

	e	a	b
e	e	a	b
a	a		
b	b		

表 9.4

	e	a	b
e	e	a	b
a	a	b	e
b	b	e	a

表 9.5

	e	a	b	c
e	e	a	b	c
a	a	e	c	b
b	b	c	e	a
c	c	b	a	e

表 9.6

	e	a	b	c
e	e	a	b	c
a	a	e	c	b
b	b	c	a	e
c	c	b	e	a

表 9.7

	e	a	b	c
e	e	a	b	c
a	a	b	c	e
b	b	c	e	a
c	c	e	a	b

表 9.8

	e	a	b	c
e	e	a	b	c
a	a	c	e	b
b	b	e	c	a
c	c	b	a	e

例 5　设 $B=\{0,1\}$，$+$是如下表定义在 B 上的运算。

+	0	1
0	0	1
1	1	0

那么 B 是一个群。在该群中每个元是它自身的逆。■

下面给出群的一个很重要的例子。

例 6　考虑图 9.3 给出的具有顶点 1、2 和 3 的等边三角形。三角形(或任意几何图形)的**对称性**是从形成三角形点的集合(几何图形)到其本身邻接点之间保持距离的一一对应。因为三角形是由顶点决定的，所以三角形的对称性只是邻接点之间保持距离的顶点置换。设 l_1，l_2 和 l_3 是图 9.3 所示的对应角的角平分线，O 是它们的交点。

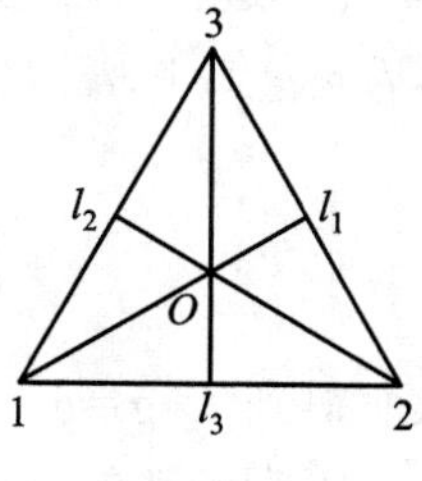

图 9.3

现在开始描述该三角形的对称性。首先，存在三角形关于 O 的 120° 逆时针旋转 f_2，那么 f_2 能够写成置换(见 5.3 节)

$$f_2=\begin{pmatrix}1 & 2 & 3\\ 2 & 3 & 1\end{pmatrix}$$

其次，获得关于 O 的 240°逆时针旋转 f_3，它能够写成置换

$$f_3=\begin{pmatrix}1 & 2 & 3\\ 3 & 1 & 2\end{pmatrix}$$

最后，存在关于 O 的 360° 逆时针旋转 f_1，它能够写成置换

$$f_1=\begin{pmatrix}1 & 2 & 3\\ 1 & 2 & 3\end{pmatrix}$$

当然，f_1 也能看成三角形关于 O 旋转 0°的结果。

还可以分别通过关于角平分线 l_1，l_2 和 l_3 的反射 g_1，g_2 和 g_3 获得三角形的另外三个对称性。把这些反射表示成下面的置换：

$$g_1=\begin{pmatrix}1 & 2 & 3\\ 1 & 3 & 2\end{pmatrix},\quad g_2=\begin{pmatrix}1 & 2 & 3\\ 3 & 2 & 1\end{pmatrix},\quad g_3=\begin{pmatrix}1 & 2 & 3\\ 2 & 1 & 3\end{pmatrix}$$

注意三角形的所有对称性的集合可以通过集合{1,2,3}的置换的集合来描述，它已在 5.3 节讨论过并且用 S_3 表示。因此

$$S_3=\{f_1, f_2, f_3, g_1, g_2, g_3\}$$

通过在集合 S_3 上引进运算∗(依次序定义)可获得如表 9.9 所示的乘法表。

表 9.9

*	f_1	f_2	f_3	g_1	g_2	g_3
f_1	f_1	f_2	f_3	g_1	g_2	g_3
f_2	f_2	f_3	f_1	g_3	g_1	g_2
f_3	f_3	f_1	f_2	g_2	g_3	g_1
g_1	g_1	g_2	g_3	f_1	f_2	f_3
g_2	g_2	g_3	g_1	f_3	f_1	f_2
g_3	g_3	g_1	g_2	f_2	f_3	f_1

该表中的每个元可用代数或几何方法之一获得。例如，假设要用几何方法计算 f_2*g_2，可以像图 9.4 那样进行。注意上面提到的“依次序定义”是指几何次序。为了用代数方法计算 f_2*g_2，计算 $f_2\circ g_2$ 如下：

$$\begin{pmatrix}1 & 2 & 3\\ 2 & 3 & 1\end{pmatrix}\circ\begin{pmatrix}1 & 2 & 3\\ 3 & 2 & 1\end{pmatrix}=\begin{pmatrix}1 & 2 & 3\\ 1 & 3 & 2\end{pmatrix}=g_1$$

从而得到 $f_2*g_2=g_1$。

因为函数的合成是可结合运算，所以∗是 S_3 上的结合运算。注意 f_1 是 S_3 中的单位元并且 S_3 中每个元在 S_3 中有唯一逆。例如，$f_2^{-1}=f_3$。因此，群 S_3 称为**三角形的对称群**。注意 S_3 是这里给出的群中不是阿贝尔群的第一个例子。 ■

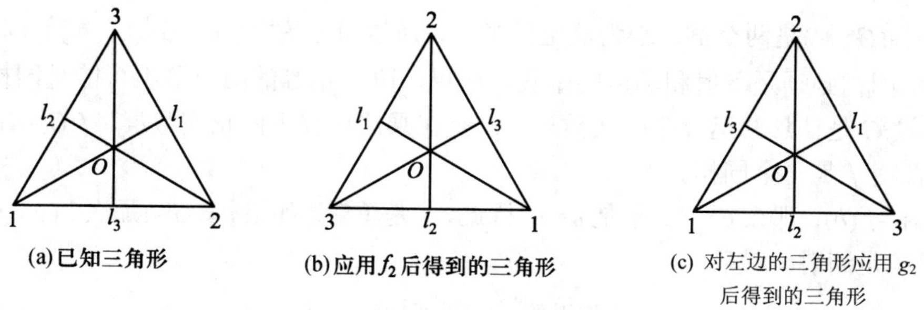

图 9.4

例 7 n 个元素的所有置换的集合在合成运算下是一个阶为 $n!$ 的群，称这个群为 ***n* 个字母上的对称群**，用 S_n 表示。已经看到，S_3 还表示等边三角形的对称群。 ■

同例 5 一样，同样可以考虑一个正方形的对称群。然而，得出这个群的阶为 8，所以它与群 S_4 不一样，S_4 的阶是 $4!=24$。

例 8 在 9.3 节讨论过幺半群 Z_n，现在证明 Z_n 是如下的一个群。设 $[a]\in Z_n$，那么可以假设 $0\leqslant a<n$，而且 $[n-a]\in Z_n$。因为

$$[a]\oplus[n-a]=[a+n-a]=[n]=[0]$$

所以推出 $[n-a]$ 是 $[a]$ 的逆。因此，如果 n 是 6，那么 $[2]$ 是 $[4]$ 的逆。注意 Z_n 是一个阿贝尔群。 ■

下面主要讨论群的重要子集。设 H 是群 G 的一个子集，使得

(a) G 的单位元 e 属于 H。

(b) 如果 a 和 b 属于 H，那么 $ab\in H$。

(c) 如果 $a\in H$，那么 $a^{-1}\in H$。

则称 H 为 G 的一个**子群**。(a)和(b) 说明 H 是 G 的子幺半群。因此 G 的子群可看成是具有性质 (a) 和(c) 的一个子幺半群。

注意，如果 G 是一个群，H 是 G 的一个子群，那么 H 也是关于 G 中运算的一个群，因为 G 中的结合性质在 H 中也成立。

例 9 设 G 是一个群，那么 G 和 $H=\{e\}$ 是 G 的子群，称它们为 G 的**平凡子群**。 ■

例 10 考虑等边三角形的对称群 S_3，它的乘法表如表 9.9 所示。容易证明 $H=\{f_1, f_2, f_3\}$ 是 S_3 的一个子群。 ■

例 11 设 A_n 是群 S_n 中所有偶置换的集合(见 5.4 节)，从偶置换的定义能够证明 A_n 是 S_n 的一个子群，称它为 ***n* 个字母的交错群**。 ■

例 12 设 G 是一个群，$a\in G$，因为群是一个幺半群，在 9.2 节对 $n\in \mathbf{Z}^+$，a_n 定义为 $aa\cdots a$ (n 个因子)，a^0 定义为 e。如果 n 是一个负整数，那么定义 a^{-n} 为 $a^{-1}a^{-1}\cdots a^{-1}$($n$ 个因子)。于是，如果 n 和 m 是任意整数，那么有 $a^n a^m=a^{n+m}$。容易证明

$$H=\{a^i | i\in \mathbf{Z}\}$$

是 G 的一个子群。 ■

设$(G, *)$和$(G', *')$是两个群，因为群也是半群，所以可考虑从$(G, *)$到$(G', *')$的同构和同态。

因为一个同构必须是单射和满射的函数，所以，阶不相等的两个群不可能是同构的。

例 13 设 G 是在加法运算下的实数群，G'是在乘法运算下的正实数群，$f:G\to G'$由 $f(x)=e^x$ 定义，现在证明 f 是一个同构。

如果 $f(a)=f(b)$，那么 $e^a=e^b$，于是 $a=b$。因此，f 是单射。如果 $c\in G'$，那么 $\ln c\in G$，$f(\ln c)=e^{\ln c}=c$，所以 f 是满射。最后

$$f(a+b)=e^{a+b}=e^a e^b=f(a)\,f(b)$$

因此 f 是一个同构。■

例 14 设 G 是 n 个字母的对称群，G'是例 5 中定义的群 B，$f:G\to G'$定义如下：对于 $p\in G$，有

$$f(p)=\begin{cases}0, & p\in A_n(G\text{ 中所有偶置换的子群})\\ \\ 1, & p\notin A_n\end{cases}$$

那么 f 是一个同态。■

例 15 设 G 是在加法运算下的整数群，G'是例 8 中讨论的群 Z_n，f：$G\to G'$定义如下：如果 $m\in G$，那么 $f(m)=[r]$，其中 r 是当 m 被 n 除时的余数。下面证明 f 是 G 到 G'的一个同态且是满射。

设$[r]\in Z_n$，那么可以假设 $0\leqslant r<n$，所以

$$r=0\cdot n+r$$

这意味着当 r 用 n 除时余数是 r。因此，$f(r)=[r]$，从而 f 是满射。

其次，设 a 和 b 是 G 的元素，它们可表示为

$$a=q_1n+r_1,\quad 0\leqslant r_1<n,\ r_1\text{ 和 }q_1\text{ 是整数} \tag{1}$$

$$b=q_2n+r_2,\quad 0\leqslant r_2<n,\ r_2\text{ 和 }q_2\text{ 是整数} \tag{2}$$

并且使得 $f(a)=[r_1]$，$f(b)=[r_2]$，那么

$$f(a)+f(b)=[r_1]+[r_2]=[r_1+r_2]$$

为了找出$[r_1+r_2]$，需要当 r_1+r_2 用 n 除时的余数。记

$$r_1+r_2=q_3n+r_3,\quad 0\leqslant r_3<n,\ r_3\text{ 和 }q_3\text{ 是整数}$$

因此

$$f(a)+f(b)=[r_3]$$

此外，有

$$a+b=q_1n+q_2n+r_1+r_2=(q_1+q_2+q_3)n+r_3$$

所以

$$f(a+b)=[r_1+r_2]=[r_3]$$

因此

$$f(a+b)=f(a)+f(b)$$

这就推出 f 是一个同态。

当 n 是 2 时，f 指定每个偶数为[0]且每个奇数为[1]。 ■

定理 5 设$(G, *)$和$(G', *')$是两个群，f：$G\to G'$是从 G 到 G'的一个同态。

(a) 如果 e 是 G 的单位元，e'是 G'的单位元，那么 $f(e)=e'$。

(b) 如果 $a\in G$，那么 $f(a^{-1})=(f(a))^{-1}$。

(c) 如果 H 是 G 的一个子群，那么

$$f(H)=\{f(h)|h\in H\}$$

是 G'的一个子群。

证明 (a) 设 $x=f(e)$，那么

$$x *'x=f(e)*'f(e)=f(e*e)=f(e)=x$$

所以 $x*'x=x$。用 x^{-1} 右乘等式两边，得到

$$x=x *'x *'x^{-1}=x *'x^{-1}=e'$$

因此 $f(e)=e'$。

(b) 因为 $a*a^{-1}=e$，所以 $f(a*a^{-1})=f(e)=e'$(由(a))或者因为 f 是一个同态，所以 $f(a) *' f(a^{-1})=e'$。类似地，$f(a^{-1})*' f(a)=e'$。因此，$f(a^{-1})=(f(a))^{-1}$。

(c) 从 9.2 节的定理 4、上述(a)和(b)得到结论。 ■

例 16 群 S_3 和 Z_6 都是 6 阶群，然而 S_3 不是阿贝尔群而 Z_6 是阿贝尔群。因此，它们不是同构的。记住同构保持由群运算所定义的所有性质。 ■

例 17 在本节的开始对 4 阶群求出了 4 种可能的乘法表(表 9.5~表 9.8)，现在证明乘法表为表 9.6、表 9 7 和表 9.8 的群是如下同构的。设 $G=\{e, a, b, c\}$是乘法表为表 9.6 的群，$G'=\{e', a', b', c'\}$是乘法表为表 9.7 的群，其中在表 9.7 的每个元上放上符号“′”。设 f：$G\to G'$定义为 $f(e)=e'$，$f(a)=b'$，$f(b)=a'$，$f(c)=c'$，那么可以验证在这些元素重新命名的意义下，两个表变得完全相同，所以对应的群是同构的。类似地，设 $G''=\{e'', a'', b'', c''\}$是乘法表为表 9.8 的群，其中在表 9.8 的每个元上放上符号“″”。设 g：$G\to G''$是由 $g(e)=e''$，$g(a)=c''$，$g(b)=b''$，$g(c)=a''$定义的，那么可以验证在这些元素重新命名的意义下，两个表变成完全一致，所以对应的群是同构的，即由表 9.6、表 9.7 和表 9.8 给出的群是同构的。

现在怎样才能确定表 9.5 和表 9.6 不生成同构的群呢？注意，如果 x 是由表 9.5 确定的群中的任意元素，那么 $x^2=e$。如果群是同构的，那么由表 9.6 确定的群有相同性质。然而事实并非如此，所以推得这两个群不是同构的。因此，确实存在两个阶为 4 的非同构群。

由乘法表 9.5 给出的群称为 **Klein 四元群**，用 V 表示。由乘法表 9.6、表 9.7 和表 9.8 给出的群用 Z_4 表示，因为 Z_4 的元素重新标号后可得到这些乘法表。 ■

习　题　9.4

在第 1 题~第 11 题中，确定集合辅以二元运算是否是一个群。如果它是一个群，确定它是否是阿贝尔群，指出单位元和元素 a 的逆。

1．$\mathbf{Z}$，$*$是普通乘法。

2．$\mathbf{Z}$，$*$是普通减法。

3．所有有理数的集合 $\mathbf{Q}$ 在加法运算下。

4．所有有理数的集合 $\mathbf{Q}$ 在乘法运算下。

5．$\mathbf{R}$，在乘法运算下。

6．$\mathbf{R}$，$a*b=a+b+2$。

7．$\mathbf{Z}^+$，在加法运算下。

8．不等于-1 的实数，满足 $a*b=a+b+ab$。

9．奇数集合在乘法运算下。

10．所有 $m\times n$ 矩阵的集合在矩阵加法运算下。

11．如果 S 是一个非空集合，集合 $P(S)$，$A*B=A\oplus B$(见 1.2 节)。

12．设 $S=\{x \mid x$ 是一个实数且 $x\neq 0$，$x\neq -1\}$，考虑下列函数 f_i：$S\to S(i=1, 2, \cdots, 6)$：

$$f_1(x)=x，f_2(x)=1-x，f_3(x)=\frac{1}{x}，f_4(x)=\frac{1}{1-x}，f_5(x)=1-\frac{1}{x}，f_6(x)=\frac{x}{x-1}$$

证明：$G=\{f_1, f_2, f_3, f_4, f_5, f_6\}$是在合成运算下的一个群。给出 G 的乘法表。

13．考虑等边三角形的对称群 S_3 和第 12 题中的群，证明或反证：这两个群是同构的。

14．证明：例 14 中的映射是一个同态。

15．设 G 是例 4 中所定义的群，求解下列方程：

(a) $3*x=4$　　(b) $y*5=-2$

16．设 $i=\sqrt{-1}$，证明：$S=\{1, -1, i, -i\}$ 在复数乘法的运算下是一个群。该群是阿贝尔群吗？

17．求第 16 题中群的所有子群。

18．设 G 是有单位元 e 的一个群，证明：如果对 G 中所有的 a 有 $a^2=e$，那么 G 是阿尔贝群。

19．考虑图 9.5 所示的正方形，此正方形的对称性是分别通过旋转 0°，90°，180°和 270°的 f_1, f_2, f_3 和 f_4 得到的，f_5 和 f_6 分别是关于线段 v 和 h 的反射，f_7 和 f_8 分别是关于对角线 d_1 和 d_2 的反射。写出正方形对称群 D_4 的乘法表。

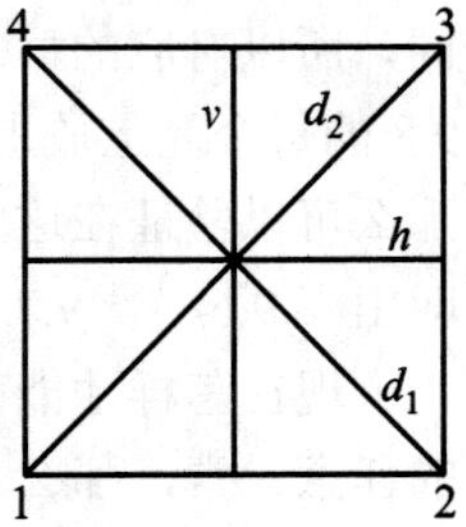

图 9.5

20．设 G 是一个群，证明：如果 $g\in G$ 有性质 $gg=g$，那么 g 是 G 的单位元。

21．设 G 是有单位元 e 的一个有限群，a 是 G 的任意一个元素，证明：存在非负整数 n，使得 $a^n=e$。

22. 设 G 是在乘法运算下的非零整数群，$H=\{3^n|n\in\mathbf{Z}\}$。问 H 是 G 的一个子群吗？

23．设 G 是在加法运算下的整数群，$H=\{3k|k\in\mathbf{Z}\}$。问 H 是 G 的一个子群吗？

24．设 G 是具有单位元 e 的阿贝尔群，$H=\{x|x^2=e\}$。证明：H 是 G 的一个子群。

25．设 G 是一个群，$H=\{x|x\in G$，对所有 $y\in G$，$xy=yx\}$。证明：H 是 G 的一个子群。

26．设 G 是一个群，$a\in G$，定义 $H_a=\{x|x\in G$，$xa=ax\}$。证明：H_a 是 G 的一个子群。

27．设 A_n 是 S_n 中所有偶置换的集合，证明：A_n 是 S_n 的一个子群。

28．设 H 和 K 是群 G 的一个子群。

(a) 证明：$H\cap K$ 是 G 的一个子群。

(b) 证明：$H\cup K$ 不一定是 G 的一个子群。

29．求出第 19 题中群的所有子群。

30．设 G 是一个阿贝尔群，n 是固定的整数。证明：对于 $a\in G$，由 $f(a)=a^n$ 定义的函数 f：$G\to G$ 是一个同态。

31．证明：函数 $f(x)=|x|$是从非零实数群 G 到正实数群 G'的一个同态，其中群 G 和 G'中的运算是乘法。

32．设 G 是具有单位元 e 的一个群。证明：对所有 $a\in G$，由 $f(a)=e$ 定义的函数 f：$G\to G$ 是一个同态。

33．设 G 是一个群。证明：由 $f(a)=a^2$ 定义的函数 f：$G\to G$ 是一个同态当且仅当 G 是阿贝尔群。

34．设 G 是一个群。证明：由 $f(a)=a^{-1}$ 定义的函数 f：$G\to G$ 是一个同构当且仅当 G 是阿贝尔群。

35．设 G 是一个群，a 是 G 中的一个固定元素。证明：对于 $x\in G$，由 $f_a(x)=axa^{-1}$ 定义的函数 f_a：$G\to G$ 是一个同构。

36．设 $G=\{e,a,a^2,a^3,a^4,a^5\}$是在运算 $a^ia^j=a^r$，$i+j\equiv r \pmod 6$下的一个群，证明：G 和 Z_6 是同构的。

37．设 G 是一个群，用数学归纳法证明：如果 $ab=ba$，那么对于 $n\in\mathbf{Z}^+$，$(ab)^n=a^nb^n$。

38．证明：在一个群的乘法表中，每个元素在每行和每列恰好只出现一次。

39．证明：第 38 题中的条件是必要的，但对于这样的群的乘法表而言，条件不是充分的。

9.5 群的积与商

在这一节，将通过使用积和商的概念从已知的群得到新的群。因为群比半群有更多的结构，所以本节结果比 9.3 节讨论的半群中的类似结果更深刻。

定理 1 如果 G_1 和 G_2 是群，那么 $G=G_1\times G_2$ 是二元运算由$(a_1,b_1)(a_2,b_2)=(a_1a_2,b_1b_2)$ (式(1))定义的群。

证明 由 9.3 节的定理 1 可知 G 是一个半群，单位元和逆元的存在性很容易通过验证得到。 ■

例 1 设 G_1 和 G_2 是群 Z_2，为简化记号，将 Z_2 中的元素分别写成$\bar{0}$和$\bar{1}$而不是[0]和[1]。那么 $G=G_1\times G_2$ 的乘法表由表 9.10 给出。

因为 G 是一个 4 阶群，所以它一定同构于 V 或 Z_4(见 9.4 节)，即仅有的 4 阶群。通过查看乘法表可知由 $f(e)=(\bar{0},\bar{0})$，$f(a)=(\bar{1},\bar{0})$，$f(b)=(\bar{0},\bar{1})$，$f(c)=(\bar{1},\bar{1})$所定义的函数 f：$V\to Z_2\times Z_2$ 是一个同构。 ■

表 9.10 $Z_2\times Z_2$ 的乘法表

	$(\bar{0},\bar{0})$	$(\bar{1},\bar{0})$	$(\bar{0},\bar{1})$	$(\bar{1},\bar{1})$
$(\bar{0},\bar{0})$	$(\bar{0},\bar{0})$	$(\bar{1},\bar{0})$	$(\bar{0},\bar{1})$	$(\bar{1},\bar{1})$
$(\bar{1},\bar{0})$	$(\bar{1},\bar{0})$	$(\bar{0},\bar{0})$	$(\bar{1},\bar{1})$	$(\bar{0},\bar{1})$
$(\bar{0},\bar{1})$	$(\bar{0},\bar{1})$	$(\bar{1},\bar{1})$	$(\bar{0},\bar{0})$	$(\bar{1},\bar{0})$
$(\bar{1},\bar{1})$	$(\bar{1},\bar{1})$	$(\bar{0},\bar{1})$	$(\bar{1},\bar{0})$	$(\bar{0},\bar{0})$

如果用 Z_2 和 Z_3 重复例 1，可得到 $Z_2\times Z_3\simeq Z_6$。一般地，可以证明 $Z_m\times Z_n\simeq Z_{mn}$ 当且仅当

$GCD(m, n)=1$，即：当且仅当 m 和 n 互素。

显然，定理 1 可推广为：如果 $G_1, G_2, \cdots, G_n$ 是群，那么 $G=G_1\times G_2\times\cdots\times G_n$ 也是一个群。

例 2　设 $B=\{0,1\}$ 是 9.4 节例 5 中定义的群，这里的+定义如下：

+	0	1
0	0	1
1	1	0

那么 $B^n=B\times B\times\cdots\times B$($n$ 个因子)是一个群，它的运算 $\oplus$ 定义为

$$(x_1, x_2, \cdots, x_n)\oplus(y_1, y_2, \cdots, y_n)=(x_1+y_1, x_2+y_2, \cdots, x_n+y_n)$$

B^n 的单位元是$(0, 0, \cdots, 0)$并且每一个元素是它自身的逆。该群基本上同 6.4 节定义的布尔代数 B_n 相同，但是二元运算同$\wedge$和$\vee$是完全不同的。■

在一个群上的同余关系就是当该群被看成半群时的一个同余关系。下面讨论由群上的同余关系所决定的商结构。

定理 2　设 R 是群$(G, *)$上的一个同余关系，那么半群$(G/R, \circledast)$是一个群，其中运算$\circledast$定义在 G/R 上且满足$[a]\circledast[b]=[a*b]$(见 9.3 节)(式(2))。

证明　因为群是幺半群，从 9.3 节的推论 1 可知 G/R 是一个幺半群，需要证明 G/R 的每个元素有一个逆。设$[a]\in G/R$，那么$[a^{-1}]\in G/R$，$[a]\circledast[a^{-1}]=[a*a^{-1}]=[e]$，所以$[a]^{-1}=[a^{-1}]$。因此，$(G/R, \circledast)$是一个群。■

因为群的同态、同构以及同余的定义仅仅包含群的半群和幺半群的结构，所以下面的推论是 9.3 节定理 3 和定理 4 的直接结果。

推论 1　(a) 如果 R 是群 G 上的一个同余关系，那么由 $f_R(a)=[a]$给出的函数 f_R: $G\to G/R$ 是群的同态。

(b) 如果 $f: G\to G'$是从群$(G, *)$到群$(G', *')$上的一个同态且是满射，R 是定义在 G 上的关系，满足 $a\,R\,b$ 当且仅当对 G 中的 a 和 b 有 $f(a)=f(b)$，那么

1．R 是一个同余关系。

2．由 $\overline{f}([a])=f(a)$ 给出的函数 $\overline{f}: G/R\to G'$是从群$(G/R, \circledast)$到群$(G', *')$的一个同构且是满射。

■

群上的同余关系有非常特殊的形式，下面进一步讨论。设 H 是群 G 的一个子群，$a\in G$，由 a 决定的 G 中 H 的**左陪集**是集合 $aH=\{ah|h\in H\}$，由 a 决定的 G 中 H 的**右陪集**是集合 $Ha=\{ha|h\in H\}$。最后，如果对 G 中所有的 a 有 $aH=Ha$，则称 G 的子群 H 是**正规子群**。

警告　如果 $Ha=aH$，由此并不能得到：对于 $h\in H$ 和 $a\in G$，有 $ha=ah$，而只能得到 $ha=ah'$，其中 h'是 H 中的某个元素。

如果 H 是 G 的一个子群，那么需要在某些应用里计算 G 中 H 的所有左陪集。首先，假设 $a\in H$，因为 H 是 G 的一个子群，所以 $aH\subseteq H$，而且如果 $h\in H$，那么 $h=ah'$，其中 $h'=a^{-1}h\in H$，所以 $H\subseteq aH$。因此，如果 $a\in H$，那么 $aH=H$，也就是说，当寻找 H 的所有陪集时，对于 $a\in H$，

则不需要计算 aH，因为它总是 H。

例 3　设 G 是 9.4 节例 6 中讨论的对称群 S_3，子集 $H=\{f_1, g_2\}$是 G 的一个子群，计算 G 中 H 的所有不同的左陪集。

解　如果 $a\in H$，那么 $aH=H$。因此

$$f_1H=g_2H=H$$

同样

$$f_2H=\{f_2, g_1\}，f_3H=\{f_3, g_3\}，g_1H=\{g_1, f_2\}=f_2H，g_3H=\{g_3, f_3\}=f_3H$$

G 中 H 的不同左陪集是 H，f_2H 和 f_3H。 ■

例 4　设 G 和 H 是例 3 中给出的，那么右陪集 $Hf_2=\{f_2, g_3\}$。在例 3 中看到 $f_2H=\{f_2, g_1\}$，从而得到 H 不是 G 的一个正规子群。 ■

例 5　说明如果 G 是一个阿贝尔群，那么 G 的每个子群都是一个正规子群。

解　设 H 是 G 的一个子群，$a\in G$ 且 $h\in H$，那么 $ha=ah$，所以 $Ha=aH$，这就推出 H 是 G 的一个正规子群。 ■

定理 3　设 R 是群 G 上的一个同余关系，$H=[e]$，即包含单位元的等价类，那么 H 是 G 的一个正规子群，并且对每个 $a\in G$，$[a]=aH=Ha$。

证明　设 a 和 b 是 G 中任意元素，因为 R 是一个等价关系，$b\in[a]$当且仅当$[b]=[a]$。此外，由定理 2 可知 G/R 是一个群，所以$[b]=[a]$当且仅当$[e]=[a]^{-1}[b]=[a^{-1}b]$。因此，$b\in[a]$当且仅当 $H=[e]=[a^{-1}b]$，即 $b\in[a]$当且仅当 $a^{-1}b\in H$ 或 $b\in aH$，这就证明了对每个 $a\in G$，$[a]=aH$。类似地，可证明 $b\in[a]$当且仅当 $H=[e]=[b][a]^{-1}=[ba^{-1}]$，这等价于语句$[a]=Ha$。因此，$[a]=aH=Ha$，故 H 是正规子群。 ■

结合定理 3 与推论 1 可以看到在这种情况下商群 G/R 是由 $N=[e]$的所有左陪集所组成的，G/R 中的运算由

$$(aN)(bN)=[a]\circledast[b]=[ab]=abN$$

给出，并且由 $f_R(a)=aN$ 所定义的函数 f_R：$G\to G/R$ 是从 G 到 G/R 的一个同态且是满射。正因如此，常把 G/R 写成 G/N。

下面考虑这样一个问题，对于某个同余关系，群 G 中的每个正规子群是否是 G 的单位元的等价类。

定理 4　设 N 是群 G 的一个正规子群，R 是 G 上的下述关系：$a\ R\ b$ 当且仅当 $a^{-1}b\in N$。那么

(a) R 是 G 上的同余关系。

(b) N 是关于 R 的等价类$[e]$，其中 e 是 G 的单位元。

证明　(a) 设 $a\in G$，因为 $a^{-1}a=e\in N$，所以 $a\ R\ a$，从而 R 是自反的。其次，假设 $a\ R\ b$ 使得 $a^{-1}b\in N$. 那么$(a^{-1}b)^{-1}=b^{-1}a\in N$，所以 $b\ R\ a$，因此 R 是对称的。最后，假设 $a\ R\ b$ 和 $b\ R\ c$，那么 $a^{-1}b\in N$ 和 $b^{-1}c\in N$，于是$(a^{-1}b)(b^{-1}c)=a^{-1}c\in N$，所以 $a\ R\ c$，因此 R 是传递的。从而得到 R 是 G 上的一个等价关系。

下面证明 R 是 G 上的一个同余关系。假设 $a\,R\,b$ 和 $c\,R\,d$，那么 $a^{-1}b\in N$ 和 $c^{-1}d\in N$。因为 N 是正规子群，所以 $Nd=dN$，即对任意 $n_1\in N$，存在某个 $n_2\in N$，使得 $n_1d=dn_2$。特别地，因为 $a^{-1}b\in N$，所以对某个 $n_2\in N$，有 $a^{-1}bd=dn_2$，于是

$$(ac)^{-1}bd=(c^{-1}a^{-1})(bd)=c^{-1}(a^{-1}b)d=(c^{-1}d)n_2\in N$$

从而 $ac\,R\,bd$，因此 R 是 G 上的一个同余关系。

(b) 假设 $x\in N$，那么因为 N 是一个子群，从而 $x^{-1}e=x^{-1}\in N$，所以 $x\ R\ e$，即 $x\in[e]$，因此 $N\subseteq[e]$。反之，如果 $x\in[e]$，那么 $x\,R\,e$，所以 $x^{-1}e=x^{-1}\in N$，于是 $x\in N$ 和 $[e]\subseteq N$，因此 $N=[e]$。 ■

从定理 3 和定理 4 可以看到，如果 G 是任意一个群，那么 G 上的同余关系的等价类总是 G 的某个正规子群的陪集。反之，G 的任意一个正规子群的陪集恰好是关于 G 上某个同余关系的等价类。所以，现在可以把推论 1(b)作如下解释：设 f 是从群$(G, *)$到群$(G', *')$上的同态并且是满射，f 的**核**记做 $\ker(f)$，定义为

$$\ker(f)=\{a\in G|f(a)=e'\}$$

那么

(a) $\ker(f)$是 G 的一个正规子群。

(b) 商群 $G/\ker(f)$与 G'是同构的。

从推论 1 和定理 3 很容易证明上述结论，因为如果 R 是 G 上的同余关系并且已知

$$a\,R\,b \quad 当且仅当\ f(a)=f(b)$$

那么易证 $\ker(f)=[e]$。

例 6 考虑从 $\mathbf{Z}$ 到 Z_n 上由 $f(m)=[r]$所定义的一个同态和满射 f，其中 r 是当 m 用 n 除时的余数(见 9.4 节的例 15)。求 $\ker(f)$。

解 $\mathbf{Z}$ 中的整数 m 属于 $\ker(f)$当且仅当 $f(m)=[0]$，即当且仅当 m 是 n 的倍数。因此 $\ker(f)=n\mathbf{Z}$。 ■

习 题 9.5

1. 写出群 $Z_2\times Z_3$ 的乘法表。
2. 证明：如果 G 和 G'是阿贝尔群，那么 $G\times G'$是一个阿贝尔群。
3. 设 G_1 和 G_2 是群，证明：$G_1\times G_2$ 和 $G_2\times G_1$ 是同构的。
4. 设 G_1 和 G_2 是群，证明：函数 f：$G_1\times G_2\to G_1$ 是一个同态，其中 f 定义为对 $a\in G_1$ 和 $b\in G_2$，有 $f(a,b)=a$。
5. 确定商群 $\mathbf{Z}/3\mathbf{Z}$ 的乘法表，其中 $\mathbf{Z}$ 有运算+。
6. 设 $\mathbf{Z}$ 是在加法运算下的整数群。证明：由 $f(a, b)=a+b$ 定义的函数 f：$\mathbf{Z}\times\mathbf{Z}\to\mathbf{Z}$ 是一个同态。
7. 已知第 4 题中的函数 f，求 $\ker(f)$是什么？
8. 已知第 6 题中的函数 f，求 $\ker(f)$是什么？
9. 设 $G=Z_4$，求 G 中 $H=\{[0]\}$的所有左陪集。
10. 设 $G=Z_4$，求 G 中 $H=\{[0], [2]\}$的所有左陪集。

11．设 $G=Z_4$，求 G 中 $H=\{[0], [1], [2], [3]\}$的所有左陪集。

12．设 $S=\{1, -1, i, -i\}, i=\sqrt{-1}$，$G=(S,$ 复数乘法)。

(a) 证明：$H=\{1, -1\}$是 G 的一个子群。

(b) 确定 H 的所有左陪集。

13．证明或反证：第 12 题中的 G 与 Z_4 是同构的。

14．设 $G=S_3$，求 G 中 $H=\{f_1, g_1\}$的所有左陪集。

15．设 $G=S_3$，求 G 中 $H=\{f_1, g_3\}$的所有左陪集。

16．设 $G=S_3$，求 G 中 $H=\{f_1, f_2, f_3\}$的所有左陪集。

17．设 $G=S_3$，求 G 中 $H=\{f_1\}$的所有左陪集。

18．设 $G=S_3$，求 G 中 $H=\{f_1, f_2, f_3, g_1, g_2, g_3\}$的所有左陪集。

19．设 $G=Z_8$，求 G 中 $H=\{[0], [4]\}$的所有左陪集。

20．设 $G=Z_8$，求 G 中 $H=\{[0], [2], [4], [6]\}$的所有左陪集。

21．设 $\mathbf{Z}$ 是在加法运算下的整数群，$G=\mathbf{Z}\times\mathbf{Z}$，考虑 G 的子群 $H=\{(x, y)|x=y\}$，描述 G 中 H 的左陪集。

22．设 N 是群 G 的一个子群，$a\in G$，定义

$$a^{-1}Na=\{a^{-1}na|n\in N\}$$

证明：N 是 G 的一个正规子群当且仅当对所有 $a\in G$，$a^{-1}Na=N$。

23．设 N 是群 G 的一个子群，证明：N 是 G 的一个正规子群当且仅当对所有 $a\in G, a^{-1}Na\subseteq N$。

24．求 S_3 的所有正规子群。

25．求 D_4(见 9.4 节的第 19 题)的所有正规子群。

26．设 G 是一个群，$H=\{x|x\in G$，对所有 $a\in G$，$xa=ax\}$。证明：H 是 G 的一个正规子群。

27．设 H 是群 G 的一个子群，证明：H 的每个左陪集 aH 和 H 有相同数目的元素，即证明由 $f_a(h)=ah$，$h\in H$ 定义的函数 f_a：$H\to aH$ 是单射和满射。

28．设 H 和 K 是 G 的正规子群，证明：$H\cap K$ 是 G 的一个正规子群。

29．设 G 是一个群，H 是 G 的一个子群，S 是 G 中 H 的所有左陪集集合，T 是 G 中 H 的所有右陪集集合。证明：由 $f(aH)=Ha^{-1}$ 定义的函数 f：$S\to T$ 是单射和满射。

30．设 G_1 和 G_2 是群，f：$G_1\times G_2\to G_2$ 是从 $G_1\times G_2$ 到 G_2 上的一个同态且是满射，其中 $f(g_1, g_2)=g_2$。计算 $\ker(f)$。

31．设 f 是从群 G_1 到群 G_2 上的一个同态，且是满射，假设 G_2 是阿贝尔群，证明：$\ker(f)$包含了所有形如 $aba^{-1}b^{-1}$ 的 G_1 的元素，其中 a 和 b 是 G_1 中的任意元素。

32．设 G 是一个阿贝尔群，N 是 G 的一个子群，证明：G/N 是一个阿贝尔群。

33．设 H 是有限群 G 的一个子群，假设在 G 中只存在 H 的两个左陪集，证明：H 是 G 的一个正规子群。

34．设 H 和 N 是群 G 的子群。证明：如果 N 是 G 的一个正规子群,那么 $H\cap N$ 是 H 的一个正规子群。

35．设 f：$G\to G'$是群的同态。证明：f 是单射当且仅当 $\ker(f)=\{e\}$。

36．设 $S=\{1, 3, 7, 9\}$,$G=(S,$ 乘法 mod 10)。

(a) 证明：G 是一个群。

(b) 确定子群$\{1, 9\}$的所有左陪集。

37．设 G 是一个有限群，H 是 G 的一个子群。证明：H 的所有不同左陪集的集合是 G 的一个划分。

38．使用题 27 和 37 的结果，描述 H 的阶和 G 的阶之间的关系。

9.6 其他数学结构

环

在以前的章节中，已看到过很多情况，在一个集合 S 上定义了两种二元运算。现在将更详细地学习这种结构。特别地，令 S 是一个非空集合，在它上面定义了两种二元运算＋和$*$使得(S，＋)是一个阿贝尔群，而$*$对于＋满足分配律。(这两种运算符号与人们最熟悉的实数运算结构相同。）如果$*$满足结合律，那么结构(S，＋，$*$)称作一个**环**。如果$*$同时满足结合律和交换律，则称(S，＋，$*$)为**交换环**。如果(S，$*$)是一个幺半群，则称(S，＋，$*$)为**含幺环**。$*$的单位元通常用 1 表示，＋的单位元通常用 0 表示。

例 1 令 S=**Z**，**Z** 是整数集合，令＋和$*$为普通的整数加法和乘法，则(S，＋，$*$)为可交换的含幺环。 ■

例 2 设 S 是所有 2×2 矩阵的集合，令＋和$*$是 1.5 节中定义的矩阵的加法和乘法运算。根据 1.5 节所证明的定理可知(S，＋，$*$)是一个非交换环。令 $\boldsymbol{I}=\begin{bmatrix}1 & 0\\ 0 & 1\end{bmatrix}$，则 $\boldsymbol{I}$ 是矩阵乘法运算的一个单位元，即对 S 中的所有元素 $\boldsymbol{A}$ 有 $\boldsymbol{AI}=\boldsymbol{IA}=\boldsymbol{A}$。因此，($S$，＋，$*$)是一个不可交换的含幺环。 ■

前面提到过，如果 a，b 和 n 是整数且 $n>1$，$a-b$ 是 n 的倍数，或者说 a 和 b 除 n 的余数相同，则称 a 和 b 关于模 n 同余，记为 $a\equiv b(\bmod n)$。9.4 节中已经证明关于模 n 的同余在整数上是一个等价关系，由所有这样的等价类所构成的集合 Z_n 是关于加法模 n 的一个阿贝尔群。如果整数 a 的等价类表示为表达式 $\overline{a}$，则 $Z_n=\left\{\overline{0},\ \overline{1},\ \overline{2},\ \cdots,\ \overline{n-1}\right\}$，并满足 $\overline{a}+\overline{b}=\overline{a+b}$。

现在在 Z_n 上定义乘法。假设 a，b，x 和 y 都是整数，$a\equiv x(\bmod\ n)$，$b\equiv y(\bmod\ n)$，这些假设推出对于某个整数 s 和 t 有 $a=x+sn,\ b=y+tn$。于是 $ab=xy+xtn+ysn+stn^2$，这就推出 $ab-xy=n(xt+ys+stn)$，所以 $ab\equiv xy(\bmod n)$。故可以定义 $\overline{a}*\overline{b}$ 为 $\overline{ab}$。该定义并不依赖于表示每个等价类所选取的整数。

例 3 集合 Z_n 上定义了关于模 n 的加法和上面定义的乘法，它是一个可交换含幺环。由于

$$(\overline{a}*\overline{b})*\overline{c}=\overline{ab}*\overline{c}=\overline{(ab)c}=\overline{a(bc)}=\overline{a}*\overline{bc}=\overline{a}*(\overline{b}*\overline{c})$$

且

$$\overline{a}*(\overline{b}+\overline{c})=\overline{a}*\overline{(b+c)}=\overline{a(b+c)}=\overline{ab+ac}=\overline{ab}+\overline{ac}=(\overline{a}*\overline{b})+(\overline{a}*\overline{c})$$

表明乘法满足结合律且乘法对于加法满足分配律。同样可以证明乘法满足结合律，乘法的单位元为 $\overline{1}$。 ■

一般地，把＋和$*$看成加法和乘法，甚至它们不是通常意义下的加法和乘法运算时也如此认为。

整数环的许多性质对于任意可交换含幺环也成立。下面的定理给出两个例子。

定理 1　设 R 是可交换含幺环，加法单位元为 0，乘法单位元为 1。则

(a) 对于 R 中的任意元素 x，有 $0*x=0$。

(b) 对于 R 中的任意元素 x，有 $-x=(-1)*x$。

证明　(a) 设 y 表示元素 $0*x$。由于 R 是一个环，所以有

$$y+y=0*x+0*x=(0+0)*x=0*x=y$$

而$(R,+)$是一个阿贝尔群，所以

$$0=(-y)+y=(-y)+(y+y)=[(-y)+y]+y=0+y=y$$

从而(a) 得证。

(b) 由于 $x+((-1)*x)=(1*x)+((-1)*x)=(1+(-1))*x=0*x=0$，所以(b) 得证。 ■

在定理 1(b) 的证明过程中，使用了阿贝尔群中的逆元是唯一的特性，因此，如果一个元素要作为一个逆元表现，则它必是一个逆元。

对于有单位元 1 的可交换环 R 中的一个非零元 x，如果有元素 y 满足 $x*y=y*x=1$，则称 y 是 x 的一个乘法逆元。如果这样的 y 存在，则它是唯一的(1.6 节的定理 1)。因此称之为 x 的乘法逆，用 x^{-1} 或有时用 $1/x$ 表示。

整数集 **Z** 中有乘法逆元的只有整数 1 和−1。但在环 Z_n 中情形是不同的。能够证明如果 a 和 n 互素，即 $\mathrm{GCD}(a,n)=1$，那么 $\overline{a}$ 在 Z_n 中有一个乘法逆元。事实上，根据 1.4 节的定理 4(a)，存在整数 k 和 s 满足方程 $ak+ns=1$，或者 $1-ak=ns$，这就推出 $\overline{1}=\overline{ak}=\overline{a}*\overline{k}$，于是 $\overline{a}$ 有乘法逆元 $\overline{k}$。

例 4　整数 25 和 384 互素，于是 $\overline{25}$ 在 Z_{384} 中有一个乘法逆元。为了求出这个元素，利用 1.4 节中的欧几里得算法计算可得

$$384=15\times 25+9$$
$$25=2\times 9+7$$
$$9=1\times 7+2$$
$$7=3\times 2+1$$

通过连续的替代，有

$$\begin{aligned}1&=7-3\cdot 2=7-3(9-7)=(4\cdot 7)-(3\cdot 9)\\&=4(25-2\cdot 9)-(3\cdot 9)=(4\cdot 25)-(11\cdot 9)\\&=(4\cdot 25)-11(384-15\cdot 25)=(169\cdot 25)-(11\cdot 384)\end{aligned}$$

因此，$169\cdot 25\equiv 1(\mathrm{mod}\ 384)$。所以 $\overline{25}$ 在 Z_{384} 中的乘法逆元为 $\overline{169}$。 ■

域

假设 F 是一个可交换的含幺环。如果 F 中的每个非零元 x 都有一个乘法逆元，则称 F 是一个域。下面总结了域 F 的一些性质。

域的性质

F 有两种二元运算：加法＋和乘法∗，另外有两个特殊的元 0 和 1，使得对于 F 中的任意元

素 x，y 和 z，有

(1) $x+y=y+x$　　(2) $x*y=y*x$

(3) $(x+y)+z=x+(y+z)$　　(4) $(x*y)*z=x*(y*z)$

(5) $x+0=x$　　(6) $x*1=x$

(7) $x*(y+z)=(x*y)+(x*z)$　　(8) $(y+z)*x=(y*x)+(z*x)$

(9) 对于 F 中的任一元素 x，在 F 中都有唯一元素 $-x$，使得 $x+(-x)=0$。

(10) 对于 F 中的任一元素 $x\neq 0$，在 F 中都有唯一元素 x^{-1}，使得 $x*x^{-1}=1$。

例 5 所有实数的集合 R 以及普通的加法和乘法运算构成一个域。这里 $x^{-1}=1/x$。上面列出的域的性质就是算术运算的标准规则。■

例 6 有理数集合 Q 以及普通的加法和乘法运算构成一个域。■

上面的一些例子是典型的域。域事实上符合算术和代数运算中的所有类似的规则，大多数代数技巧都可以用于域中。值得注意的是，存在只有有限个元素的域。下面的定理介绍一些有限域，它们在以后的讨论中是非常重要的。

定理 2 当 n 是一个素数时，环 Z_n 是一个域。

证明 回顾 n 如果除了它本身和 1 之外没有其他除数，那么 n 是一个素数。如果 $\overline{a}$ 是 Z_n 的任意一个非零元，则 a 不能被 n 整除，从而 $\mathrm{GCD}(a,n)=1$。根据前面例 4 的结论，$\overline{a}$ 有一个乘法逆元，因此 Z_n 是一个域。■

例 7 根据定理 2，$Z_5=\{\overline{0},\overline{1},\overline{2},\overline{3},\overline{4}\}$ 是一个域。因为 2＋3＝5，所以 $\overline{2}+\overline{3}=\overline{0}$，故 $-\overline{2}=\overline{3},-\overline{3}=\overline{2}$。类似地，$-\overline{4}=\overline{1},-\overline{1}=\overline{4}$。为了表示方便，将该域中的一个非零元 $\overline{a}$ 的乘法逆元表示为 $\dfrac{1}{\overline{a}}$，将 $\overline{a}$ 和 $\overline{b}$ 的积用 $\overline{a}\cdot\overline{b}$ 表示。这样，由于 $2\cdot 3=6=1\cdot 5+1$，所以 $\overline{2}\cdot\overline{3}=\overline{1}$。于是 $\dfrac{1}{\overline{2}}=\overline{3},\dfrac{1}{\overline{3}}=\overline{2}$。类似地，由于 $4\cdot 4=16=3\cdot 5+1$，所以 $\dfrac{1}{\overline{4}}=\overline{4}$，并且同实数域中一样，$\overline{1}$ 的乘法逆元是它自身。在实数域中使用的一些运算方法对该域同样适用。例如，假设要同时求解如下方程组：

$$\begin{cases}\overline{3}x+\overline{2}y=\overline{4}\\ \overline{2}x+\overline{4}y=\overline{2}\end{cases}$$

开始可以先将第一个方程两边乘上 $\dfrac{1}{\overline{3}}=\overline{2}$，得到 $x+\overline{4}y=\overline{3}$（因为 $\overline{2}\cdot\overline{4}=\overline{3}$），或者 $x=\overline{3}-\overline{4}y=\overline{3}+(-\overline{4})y=\overline{3}+y$。根据定理 1(b)把 x 表达式代入第二个方程，得到

$$\overline{2}\cdot(\overline{3}+y)+\overline{4}y=\overline{1}+y=\overline{2}$$

这里利用了 $\overline{2}\cdot\overline{3}=\overline{1},\overline{2}+\overline{4}=\overline{1}$ 的事实。于是 $y=\overline{1}$，从而 $x=\overline{4}$。■

读者可以将结果代入原方程组进行检验。

费尔马小定理

域 F 的一个重要性质是 F 中的非零元所组成的集合 F' 关于乘法是一个阿贝尔群。需要证明

F'关于乘法运算是一个闭集，也就是说，F 中非零元之积也是非零元。从域的性质(2)、(4)、(6)和(10)中可以推出这个结果。假设在 F 中，$a*b=0$，如果 a 不等于 0，那么可以在等式 $a*b=0$ 两边乘上 a^{-1}，根据定理 1(a)得到

$$b=a^{-1}*0=0$$

因此 a 或 b 中必有一个为 0。从而证明了 F 中的非零元之积也是非零元。于是 F' 关于乘法是闭集，故它是一个阿贝尔群。

下面的结果在数学上有很多用途，而(b)和(c)将用在第 11 章的公钥密码算法中。

定理 3 (a) 如果 $G=\{g_1, g_2, \ldots, g_n\}$ 是一个有限阿贝尔群，单位元记为 e，a 是 G 中的任意一个元素。则 $a^n=e$。

(b) **费尔马小定理**：如果 p 是一个素数，且 $\text{GCD}(a, p)=1$，则

$$a^{p-1}\equiv 1(\text{mod } p)$$

(c) 如果 p 是一个素数，a 是任意整数，那么 $a^p \equiv a(\text{mod } p)$。

证明 (a) 根据 9.4 节中的推论 1，群中的一个元的乘法运算是一对一的函数，所以，积 $ag_1, ag_2, \cdots, ag_n$ 各不相同且它们只是元素 $g_1, g_2, \cdots, g_n$ 以不同次序的一个排列。由此和 G 中乘法的可交换性得

$$g_1g_2\cdots g_n=(ag_1)(ag_2)\cdots(ag_n)=g_1g_2\cdots g_n(a^n)$$

在上式两端左乘 $(g_1g_2\cdots g_n)^{-1}$，则(a)得证。

(b) 如果 p 是一个素数，则由定理 2 可知 Z_p 是一个域，于是非零元关于乘法运算构成了一个阿贝尔群。该群的单位元为 $\overline{1}$。由于该群中有 $p-1$ 个元素，所以根据(a) 的结果推出如果 $\overline{a}\neq\overline{0}$，则 $[\overline{a}]^{p-1}=\overline{1}$。这与(b) 是等价的。

(c) 如果 a 不被 p 整除，那么可以运用费尔马小定理，在两边乘上 a 的同余，就可以得到(c)的结果。如果 a 能被 p 整除，则 $a^p\equiv 0(\text{mod } p), a\equiv 0(\text{mod } p)$，所以 a^p 和 a 相互同余。 ■

例 8 根据费尔马小定理，$12^{30}\equiv 1(\text{mod } 31), 74^{83}\equiv 74(\text{mod } 83)$。 ■

例 9 53 除 4^{900} 的余数是多少？

解 根据费尔马小定理，$4^{52}\equiv 1(\text{mod } 53)$。由于

$$900=(17\times 52)+16$$

可以得到

$$4^{900}=4^{(17\times 52)+16}=(4^{52})^{17}4^{16}\equiv 4^{16}(\text{mod } 53)$$

现在

$$4^3=64\equiv 11(\text{mod } 53)$$

$$4^6\equiv 11^2\equiv 15(\text{mod } 53)$$

$$4^{12}\equiv 15^2\equiv 13(\text{mod } 53)$$

$$4^{16}\equiv 4^{12}\bullet 128\equiv 13\bullet 22\equiv 21(\text{mod } 53)$$

所以 53 除 4^{900} 的余数是 21。 ■

习 题 9.6

在第 1 题~第 6 题中，确定已知的数学结构是一个环、一个交换环还是一个含幺环。

1. (2×2 矩阵，+，∗)

2. ($n \times n$ 对角矩阵，+，∗)

3. $n \times n$ 布尔矩阵，其中+是∨，∗是∧。

4. S={0，1}，其中+和∗由下表定义：

+	0	1
0	0	1
1	1	0

(a)

∗	0	1
0	0	0
1	0	1

(b)

5. $S = \{a + b\sqrt{2},\ a,\ b \in \mathbf{Z}\}$，其中+和∗是通常的加法和乘法。

6. $S=\{a+b\sqrt{5}$，a，$b \in \mathbf{Z}\}$，其中+和∗是通常的加法和乘法。

一个环 R，如果在 R 中存在元素 a 和 b 使得 $a \neq 0$，$b \neq 0$ 且 $a*b=0$，那么 R 有**零因子**。

7. 证明：(2×2 矩阵，+，∗)是一个有零因子的环。

8. 证明：Z_{10} 是一个有零因子的环。

一个环 R 的元素 r 称为 R 的一个**单位**，如果在 R 中 r 有一个乘法逆 r^{-1}。在第 9 题~第 12 题中，给出已知环的所有单位。

9. Z_4　　10. Z_7　　11. Z_{10}　　12. Z_{11}

如果(T，+)是(R，+)的一个子群并且(T，∗)是(R，∗)的一个子半群，则 T 是环 R 的一个**子环**。

13. 证明：形如$\begin{bmatrix} 0 & a \\ 0 & b \end{bmatrix}$的 2×2 矩阵的集合是第 1 题中环的一个子环。

14. 证明：整数集合是第 5 题中所给环的一个子环。

15. 对于第 1 题~第 6 题中的每一个结构，确定结构是否是一个域。解释原因。

16. 在域 Z_7 中，求下面每一个元素。

(a) $-\bar{3}$　　(b) $-\bar{2}$　　(c) $-\bar{6}$　　(d) $\dfrac{\bar{1}}{\bar{2}}$　　(e) $\dfrac{\bar{2}}{\bar{3}}$

17. 在 Z_{196} 中求 $\overline{55}$ 的乘法逆。

18. 在 Z_{196} 中求 $\overline{29}$ 的乘法逆。

19. 在 Z_5 中求解下面的方程组。

$$\begin{cases} \bar{4}x - \bar{3}y = \bar{1} \\ \bar{2}x + y = \bar{3} \end{cases}$$

20. 在 Z_7 中求解下面的方程组。

$$\begin{cases} \bar{4}x - \bar{3}y = \bar{1} \\ \bar{2}x + \bar{4}y = \bar{2} \end{cases}$$

21．在 Z_7 中，求下面方程的所有解。

(a) $x^2+\bar{2}x+\bar{3}=\bar{4}$　　(b) $x^2+\bar{4}x+\bar{1}=\bar{3}$

22．在 Z_5 中，求下面方程的所有解。

(a) $x^2+\bar{2}x+\bar{3}=\bar{4}$　　(b) $x^2+\bar{4}x+\bar{1}=\bar{3}$

23．当 3^{850} 用 17 除，余数是多少？

24．当 5^{219} 用 17 除，余数是多少？

25．域 Z_2 与 6.5 节定义的有限布尔代数 B 可以等同，其中+和*是由第 4 题中的表给出的运算。如果把这些表看成是真值表，那么每一个表有表达它的一个布尔函数。

(a) 求布尔函数 f 使得 $f(x,y)=x+y$。

(b) 求布尔函数 g 使得 $g(x,y)=x*y$。

26．证明：一个域不能有任何零因子。

27．对于一个环 R 的单位的集合，有什么条件才能保证 R 是一个域？

28．证明：如果 n 不是一个素数，那么 Z_n 不是一个域。

29．证明：Z_n 是一个域当且仅当 n 是一个素数。

证明知识小结

本章中的证明大部分是一些简单的直接证明，从某种程度来讲是介绍了几种新的数学结构(半群、幺群、群、阿贝尔群、环和域)。首先用新的数学结构考察了所定义的一些简单结果，例如 9.2 节的定理 1。然而，像 9.4 节中定理 1 和定理 4 那样的唯一性证明往往是间接的。

在本章中，子结构概念出现了几次。一般来说，要证明一个子集形成一个数学结构的一个子结构，必须证明该子集合以及其上的运算满足这种类型结构的定义。但是任何整体性质，例如结合律，子集合都是会继承的，因此，只需检验封闭性和涉及某些特殊元素的性质。所以，证明一个子集合是一个子群，只需验证乘法的封闭性，单位元属于子集合，子集合中的每一个元素的逆元属于该子集合。

同构是证明命题的一个强有力的工具，因为粗略地说，如果在两个结构之间建立了一个同构，则允许将其中一个结构的性质转到另一个结构上，如 9.2 节的定理 4 所示。

主要概念复习

- A 上的二元运算：处处有定义的函数 $f:A\times A\to A$。
- 可交换二元运算：$a*b=b*a$。
- 可结合二元运算：$a*(b*c)=(a*b)*c$。
- 半群：非空集合 S 加上一个定义在 S 上的可结合二元运算*。
- 幺半群：具有单位元的半群。
- 半群$(S, *)$的子半群$(T, *)$：T 是 S 的一个非空子集并且当 a 和 b 属于 T 时，$a*b\in T$。
- 幺半群$(S, *)$的子幺半群$(T, *)$：T 是 S 的非空子集，$e\in T$，当 a 和 b 属于 T 时，$a*b\in T$。

- 同构：见 9.2 节。
- 同态：见 9.2 节。
- 定理：设$(S, *)$和$(T, *')$分别是具有单位元 e 和 e'的幺半群，假设 $f: S\to T$ 是一个同构，那么 $f(e)=e'$。
- 定理：如果$(S, *)$ 和$(T, *')$是半群，那么$(S\times T, *'')$是一个半群，其中$*''$ 定义为

$$(s_1, t_1)*''(s_2, t_2)=(s_1*s_2, t_1*'t_2)$$

- 半群$(S, *)$上的同余类系 R：等价关系 R 使得 $a\,R\,a'$ 和 $b\,R\,b'$推出$(a*b)R(a'*b')$。
- 定理：设 R 是半群$(S, *)$上的一个同余关系，定义 S/R 中的运算$\circledast$如下：

$$[a]\circledast[b]=[a*b]$$

  那么$(S/R, \circledast)$是一个半群。
- 商半群或因子半群 S/R：见 9.3 节。
- Z_n：见 9.3 节。
- 定理(同态基本定理)：设 f：$S\to T$ 是半群$(S, *)$到半群$(T, *')$上的一个同态且是满射，R 是 S 上的关系且定义为 $a\,R\,b$ 当且仅当对于 S 中的 a 和 b 有 $f(a)=f(b)$，那么
  (a) R 是一个同余关系。(b) T 与 S/R 是同构的。
- 群$(G, *)$：具有单位元 e 的幺半群，使得对每个 $a\in G$，存在 $a'\in G$ 具有性质 $a*a'=a'*a=e$。
- 定理：设 G 是一个群，a, b 和 c 是 G 的元素，那么
  (a) $ab=ac$ 推出 $b=c$ (左消去性质)。
  (b) $ba=ca$ 推出 $b=c$ (右消去性质)。
- 定理：设 G 是一个群，a 和 b 是 G 的元素，那么
  (a) $(a^{-1})^{-1}=a$。　(b) $(ab)^{-1}=b^{-1}a^{-1}$。
- 群 G 的阶：$|G|$，G 中元素的个数。
- S_n：n 个字母上的对称群。
- 子群：见 9.4 节。
- 定理：设 R 是群$(G, *)$上的一个同余关系，那么半群$(G/R, \circledast)$是一个群，其中在 G/R 中的运算$\circledast$定义为

$$[a]\circledast[b]=[a*b]$$

- 由 a 确定的 G 中 H 的左陪集 aH：$\{ah|b\in H\}$。
- 正规子群：子群 H，使得对 G 中所有的 a 有 $aH=Ha$。
- 定理：设 R 是群 G 上的一个同余关系，$H=[e]$(即包含单位元的等价类)，那么 H 是 G 的正规子群并且对每个 $a\in G, [a]=aH=Ha$。
- 定理：设 N 是群 G 的一个正规子群，R 是 G 上的如下关系：$a\ R\ b$ 当且仅当 $a^{-1}b\in N$，那么
  (a) R 是 G 上的一个同余关系。
  (b) N 是关于 R 的等价类$[e]$，其中 e 是 G 的单位元。

- 环$(S, +, *)$：非空集合 S 使得$(S, +)$是一个阿贝尔群，$*$是可结合的，$*$关于$+$是可分配的。
- 交换环：运算$*$是可交换的环。
- 定理：设 R 是有加法单位元 0 和乘法单位元 1 的一个交换环，那么
  (a) 对 R 中的任意 x，有 $0*x=0$。
  (b) 对 R 中的任意 x，有$-x=(-1)*x$。
- 域：具有单位元的交换环并且每个非零元有一个乘法逆。
- 定理：当 n 是一个素数时，环 Z_n 是一个域。
- 定理：(a) 如果 $G=\{g_1, g_2, \cdots, g_n\}$是一个有单位元 e 的有限阿贝尔群，a 是 G 中的任意一个元素，那么 $a^n=e$。
  (b) (费尔马小定理) 如果 p 是一个素数，$\text{GCD}(a, p)=1$，那么 $a^{p-1}\equiv 1(\text{mod } p)$。
  (c) 如果 p 是一个素数且 a 是任意一个整数，那么 $a^p\equiv a(\text{ mod } p)$。

第 9 章自测题

1．说一个集合关于二元运算是封闭的，其含义是什么？

2．半群同构与偏序集同构有何不同？群的同构与偏序集同构有何相同？

3．定义一个同余关系的性质是什么？

4．为什么说群比半群有更多的结构？

5．一个域与一个环有何不同？

6．对于下面每一个分题，判断$*$的描述是否是已知集合上一个二元运算的正确定义。

(a) 2×2 布尔矩阵集合，$\boldsymbol{A}*\boldsymbol{B}=[(a_{ij}+b_{ij}) (\text{mod } 2)]$。

(b) 偶数集合，$a*b=a+b$。

(c) $\mathbf{Z}^+$上的运算，$a*b=2^{ab}$。

7．完成下面的运算表使得$*$是一个交换的和幂等的二元运算。

$*$	a	b	c
a		c	
b			
c		b	

8．设 $\mathbf{Q}$ 是有理数集合，定义 $a*b=a+b-ab$。

(a) $(\mathbf{Q}, *)$是一个幺半群吗？证明答案。

(b) 如果$(\mathbf{Q}, *)$是一个幺半群，$\mathbf{Q}$ 的哪些元素有一个逆元？

9．判断第 1 题中所给的集合和运算是否是一个半群、一个幺半群或者两者都不是。

10．设 $A=\{0, 1\}$，考虑半群$(A^*, \cdot)$，其中$\cdot$是连接运算，定义该半群上的关系 R 为$\alpha\ R\ \beta$当且仅当α和β有相同的长度。证明：R 是一个同余关系。

11．设 G 是一个群，定义 $f: G\rightarrow G$ 为 $f(a)=a^{-1}$。问 f 是一个同态吗？证明答案。

12. 设 G 是一个群，它的乘法表如下所示，H 是子群$\{c, d, e\}$。

*	e	a	b	c	d	f
e	e	a	b	c	d	f
a	a	e	c	b	f	d
b	b	d	e	f	a	c
c	c	f	a	d	e	b
d	d	b	f	e	c	a
f	f	c	d	a	b	e

在 G 中找 H 的右陪集。

13. 设 f: $G_1 \to G_2$ 是从群$(G_1, *_1)$到群$(G_2, *_2)$上的一个同态满射，如果 N 是 G_1 的一个正规子群，证明：它的像 $f(N)$是 G_2 的一个正规子群。

14. 设 G 是具有单位元 e 的一个群，证明: 如果 $x^2=x$ 对 G 中某个 x 成立，则 $x=e$。

15. 设 G 是在加法运算下的整数群，G'是在加法运算下的所有偶数的群，证明：由 $f(a)=2a$ 定义的函数 f: $G \to G'$是一个同构。

16. 设 H_1，H_2，…，H_k 是群 G 的子群，证明：$\bigcap_{i=1}^{k} H_i$ 也是 G 的一个子群。

17. 证明：如果 $\sqrt{n}$ 是一个无理数，那么所有形如 $a+b\sqrt{n}$ 的数的集合以及普通的加法和乘法运算是一个域，其中 a 和 b 是整数。

实 验 9

本实验的目的是考察群、子群和元素之间的关系。在考察中将给出 5 个群的例子，当然你也可以决定寻找其他群以检验猜想。

S_3 是{1，2，3}的置换群，运算为合成。它也是一个三角形的对称群(见 9.4 节)。

D_4 是一个正方形的对称群(见 9.4 节的第 19 题所示)。

S_4 是{1，2，3，4}的置换群，运算为合成。

G_1 是乘法表如表 1 所示的群。

G_2 是乘法表如表 2 所示的群。

写出 S_3，D_4 和 S_4 的乘法表也许是有帮助的。

表 1

	1	2	3	4	5	6	7	8
1	1	2	3	4	5	6	7	8
2	2	5	4	7	6	1	8	3
3	3	8	5	2	7	4	1	6
4	4	3	6	5	8	7	2	1
5	5	6	7	8	1	2	3	4
6	6	1	8	3	2	5	4	7
7	7	4	1	6	3	8	5	2
8	8	7	2	1	4	3	6	5

表 2

	1	2	3	4	5
1	1	2	3	4	5
2	2	3	4	5	1
3	3	4	5	1	2
4	4	5	1	2	3
5	5	1	2	3	4

1．指出上面 5 个群的单位元 e。

2．对于上面 5 个群，做下面的事情：对于群中的每个元 g，求满足 $g^k=e$(单位元)的最小 k，该数 k 称为 g 的阶。

3．在群的元素阶与群的阶(群的阶是其元素的个数)之间有什么关系？

4．对于上面 5 个群中的每一个群找出群的所有子群。

5．如果群的元素是某个元素的方幂，则称该群是**循环群**。确定每个群的子群中的循环群。

6．在子群的阶和群的阶之间有什么关系？

7．G_1 和 D_4 都是阶为 8 的群，它们同构吗？解释理由。

第 10 章　语言和有限状态机

必备知识：第 7 章和第 9 章。

当人们让一台现代的数字计算机完成一项任务时，必须向计算机传输一系列精确的循序渐进的指令，指示它如何完成这项任务。人们使用什么语言与计算机交流呢？在发明计算机的初期，所使用的是机器语言，它是劳动密集型的，使用笨拙而且誊抄工作容易产生失误。很快，人们意识到最理想的编程语言是自然语言，例如英语、西班牙语或法语。虽然在该领域中已取得了不少研究成果，但仍然很难让计算机理解日常语言。计算机科学家和语言学家发展了形式语言理论，获得了自然语言的数学模型。于是这些模型能用来构造形式语言以便与计算机进行交流。在这一章中，将学习形式语言，并且给出另一种数学结构——短语结构文法，它是实用形式语言结构的一种简单设计。本章还为表达这些文法考查几种流行的方法。最后，将介绍一下有限状态机的概念，它是一个抽象的计算机数学模型，能够识别形式语言的元素。

回　顾

第一个计算机程序是在 1843 年由 Lovelace 伯爵夫人，伟大的英国诗人 Lord Byron 的女儿，Ada Byron King (1815—1852)完成的。这个计算机程序出现在一本关于分析器操作的意大利出版物的翻译及附录中。这个分析器是英国数学家 Charles Babbage (1791—1871)早年设计但从未实现的一个计算机，它和当今使用的计算机有很多共同的特征。计算机程序设计语言 Ada 是为了纪念伯爵夫人 Lovelace 而命名的。

10.1　语　言

在 1.3 节，介绍了由集合 S 中元素的所有有限字符串所组成的集合 S^*。S^*中的元素可依赖于 S 的性质而存在许多种可能的解释。如果把 S 看成是“字”集合，那么 S^*可以看成是由 S 中的字所形成的所有可能的“句子”的集合。当然，这种“句子”可以没有意义或者甚至可以没有合理的结构。可以把一种语言看成是完整的说明，至少在原理上把它看成是三件事情。首先，一定存在被看成是语言一部分的所有“字”所组成的集合 S。其次，必须指定 S^*的一个子集为语言中“正常构造句子”的集合，它的意义将完全依赖于被构造的语言。最后，必须确定哪些正常构造的句子有意义以及它们的意义是什么。

例如，假设 S 是由英语中所有单词组成的集合，一个正常构造的句子说明包括完整的英语语法规则。句子的意义是由这个结构和词的意义决定的，如句子“Going to the store John George to sing.”是 S^* 中的一个字符串，但是它不是正常构造的句子。名词和动词短语的排列是非法的。另一方面，句子“Noiseless blue sounds sit cross-legged under the mountaintop.”是正常构造的，但它完全没有意义。

另一个例子，S 是由整数、符号+、–、×和 ÷ 以及左、右括号所组成的集合，如果把 S^*中那些正常的字符串指定为表示有明确括号的代数表达式，那么将获得一种语言。因此，((3–2)+(4×7)) ÷ 9 和(7–(8–(9–10)))是这种语言中的正常构造的“句子”。另一方面，三个字符串(2–3))+4，4–3–2 和)2+(3–)×4 就不是正常构造的。第一个有多余的括号，第二个缺少括号(人们不知道首先应该执行哪个减法)，第三个的括号和数完全放错了地方。所有正常构造的表达式除了那些被零除的除法外都是有意义的。一个表达式的意义就是它所表示的有理数。因此，((2–1) ÷ 3)+(4×6)的意义是 73/3，而 2+(3 ÷ 0)和(4+2)–(0 ÷ 0)都是无意义的。

句子的正常结构说明被称作语言的**语法**。句子的意义说明被称作语言的**语义**。在计算机科学中最重要的语言是程序设计语言，这包括 BASIC，FORTRAN，JAVA，PASCAL，C++，LISP，ADA，FORTH 以及许多其他普通的和用于特殊目的的语言。当老师用某种程序设计语言教学生编制程序时，实际上是教他们语言的语法。在编译语言如 FORTRAN 中，语法中的大部分错误由编译程序检查出来，并且会产生适当的错误信息。程序设计语言的语义形成了具有相当难度而又先进的研究主题。程序设计路线的意义就是把计算机内部事件发生的全部顺序作为执行或者编译该路线的结果。

本章不讨论语义，只学习被称为短语结构文法的这样一类语言的语法。虽然这些语法远非复杂到足以包含自然语言，如英语，但是它们通常足以包含计算机科学中的许多重要的语言。尽管某些高级程序设计语言的完整说明超出了这些文法的范围，但是它包含了程序设计语言的大部分侧面。另一方面，短语结构文法非常简单，能够准确地掌握，因为语法是由替换规则决定的。文法是人们学习的主要对象，它引出了标号树的许多有趣的例子。

文法

短语结构文法 G 定义为 4–元组(V，S，v_0，$\mapsto$)，其中 V 是一个有限集，S 是 V 的一个子集，$v_0 \in V-S$，$\mapsto$ 是 V^*上的有限关系。该定义中的 S 是刚才上面讨论过的语言里所有被允许“字”的集合，V 是由 S 加上某些其他符号所组成的。V 的元素 v_0 是替换的始点，关于它的细节稍后讨论。最后，V^*上的关系 $\mapsto$ 是指在如下意义上所允许的替换：如果 $w \mapsto w'$，那么当字符串 w 单独出现或者作为某些其他字符串的子串出现时，可以用 w'取代 w。习惯上，语句 $w \mapsto w'$称为 G 的**生成式**，并且分别称 w 和 w' 是生成式的**左边**和**右边**。假设 G 的生成式的左边不会出现空字符串 Λ，则称 $\mapsto$ 是 G 的**生成关系**。

用这些组成部分能够引进 V^*上的替换关系，用 $\Rightarrow$ 表示。设 $x \Rightarrow y$ 意指 $x=l \cdot w \cdot r$, $y=l \cdot w' \cdot r$, $w \mapsto w'$，其中 l 和 r 是 V^*中完全任意的字符串。换言之，$x \Rightarrow y$ 意指 y 是由 x 通过使用允许的生

成式中的某一个去取代 x 中的一部分或全部而产生的。关系 $\Rightarrow$ 通常称为**直接推导**。最后，设 $\Rightarrow^{\infty}$ 是 $\Rightarrow$ 的传递闭包(见 4.3 节)，规定 S^*中的字符串 w 是语法上的正确句子当且仅当 $v_0 \Rightarrow^{\infty} w$。更详细地说，如果 w 不只是在 V^*中，它也在 S^*中，并且能够通过做有限次替换从 v_0 到达 w，那么字符串 w 是正常构造的句子。这似乎很复杂，但正如下面的例子所表明，它实际上是很简单的概念。

如果 $G=(V, S, v_0, \mapsto)$是短语结构文法，称 S 是**终结符**集合，$N=V-S$ 是**非终结符**集合。注意 $V=S \cup N$。

应该告诫读者的是笔者所使用的短语结构文法的定义和记号与其他教材稍微有所不同。

例 1　设 S={John，Jill，开车，轻推，粗心地，迅速地，经常地}，N={句子，名词，动词短语，动词，副词}，$V=S \cup N$，v_0=句子。假设 V^*上的关系 $\mapsto$ 描述如下

句子 $\mapsto$ 名词　动词短语

名词 $\mapsto$ John

名词 $\mapsto$ Jill

动词短语 $\mapsto$ 动词　副词

动词 $\mapsto$ 开车

动词 $\mapsto$ 轻推

副词 $\mapsto$ 粗心地

副词 $\mapsto$ 迅速地

副词 $\mapsto$ 经常地

集合 S 包含了语言中所有允许的字，N 是由描述句子部分的字所组成的，但是它实际上不包含在语言中。

声称句子“Jill 开车经常地”是在这种语言中允许的或语法上正确的句子，用 w 表示。为了证明该结论，考虑下面 V^*中字符串序列。

句子		
名词	动词短语	
Jill	动词短语	
Jill	动词	副词
Jill	开车	副词
Jill	开车	经常地

于是这些字符串的每一个是从先前一个通过使用生成式做部分或全部替换得到的。换句话说，每个字符串是通过关系 $\Rightarrow$ 与下面的字符串相关联，所以句子 $\Rightarrow^{\infty} w$。从而由定义可知 w 在语法上是正确的，因为对这个例子 v_0 是句子。在短语结构文法中，正确的语法只不过是指形成句子的过程，而不是任何其他东西。■

应该注意产生一个有效的句子，它的替换序列不是唯一的。序列被称为句子的**推导**。下面的推导产生例 1 的句子 w，但是它与例 1 所给出的推导不完全相同。

句子

名词　动词短语

名词　动词　副词

名词　动词　经常地

名词　开车　经常地

Jill　开车　经常地

由文法 G 产生的所有正常构造的句子的集合称为 G 的**语言**，并且用 $L(G)$表示。例 1 中给出的文法语言是思维比较简单的英语中的子语言，它只包含 12 个句子。读者可以证明“John 轻推粗心地”是在这种文法的 $L(G)$语言中，而“Jill 经常地轻推”不在 $L(G)$中。

许多不同的短语结构文法可以产生相同的语言，即它们恰好有相同的语法上正确的句子集合。因此，文法不能从它的语言被重新构造。在 10.2 节，将给出不同的文法可用来构造相同的语言的一些例子。

例 1 说明了在一个短语结构文法里英文句子的推导过程。表明这种推导过程有时可以使用另一种方法，就是构造句子的**推导树**。开始的符号 v_0 取做这棵树根的标号，第一层顶点与第一次替代 v_0 的各种字依次对应并且给予标号。然后在每一个相继层上的每个顶点的后代用下一次此顶点将被替代的替代顶点的各种字(如果有的话)标号。例如，考虑例 1 中句子 w 的第一次推导。它的推导树从“句子”开始，下一层顶点对应“名词”和“动词短语”，因为第一次替代是用字符串“名词　动词短语”取代字“句子”，树的这一部分如图 10.1(a)所示。其次，用“Jill”

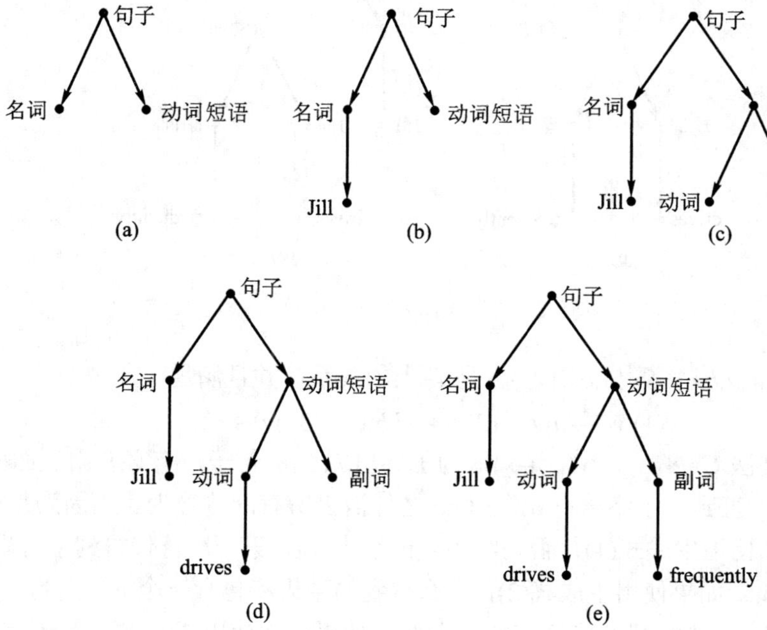

图 10.1

取代“名词”，树成为图 10.1(b) 所示。下面两个替代，“动词　副词”取代“动词短语”和“drives”取代“动词”，把树扩展成如图 10.1(c) 和(d)所示。最后，用“frequently (经常地)”取代“副词”，这就完成了这棵树的构造。最后的推导树如图 10.1(e)所示。

对于例 1 中给出的句子 w，第二种推导序列产生如图 10.2 所示的推导树 (英文)。注意，同一棵树导致两种图形。因此，两种推导产生相同的树，并且不同的替代次序是以不同的方法创建树。被导出的句子标明在所得到的树的叶上。

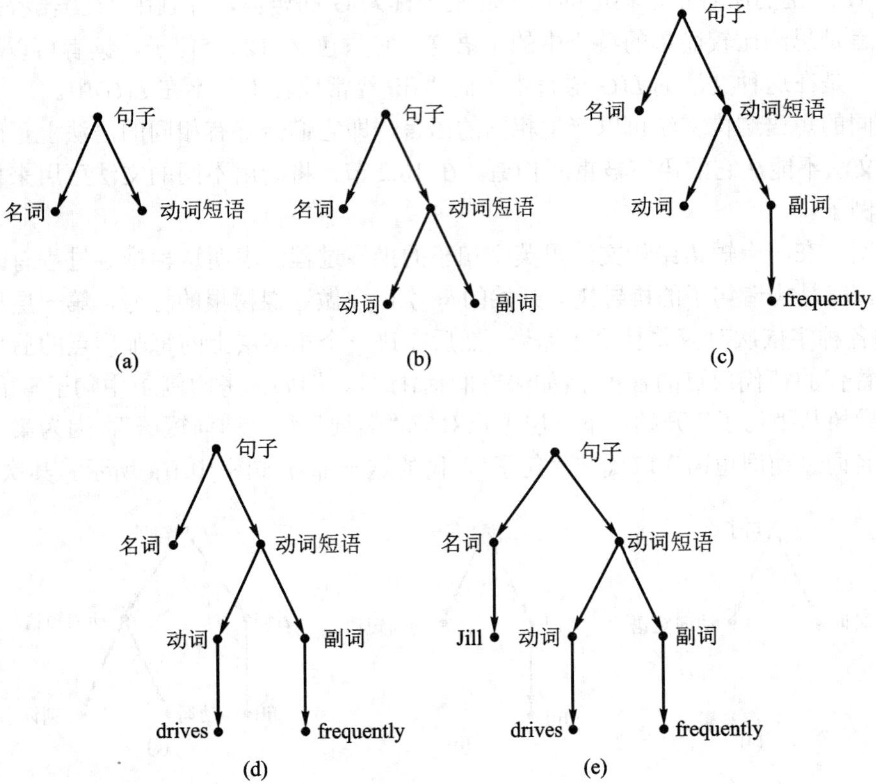

图 10.2

例 2　设 $V=\{v_0,w,a,b,c\}$, $S=\{a,b,c\}$，$\mapsto$是 V^*上的关系，并且满足

$$(1)\ v_0 \mapsto aw.\quad (2)\ w \mapsto bbw.\quad (3)\ w \mapsto c.$$

考虑短语结构文法 $G=(V,\ S,\ v_0,\ \mapsto)$，为了导出 $L(G)$的句子，有必要用上面的(1)、(2)和(3) 执行连续的替代，直到除了终结符 a，b 和 c 之外消去所有的符号为止。因为是从符号 v_0 开始的，所以必须首先使用生成式(1)，否则绝不可能消去 v_0。第一次替代得到字符串 aw。然后可以用(2)或(3)替代 w。如果使用生成式(2)，那么得到的结果将包含一个 w。因此，(2)应用一次到 aw 产生字符串 ab^2w (这里 b^n 意指连续的 n 个 b)。如果再次使用(2)，那么得到字符串 ab^4w。可以使用生成式(2)任意次，但是最终必须使用生成式(3)才能消去符号 w。一旦使用(3)，那么只

剩下终结符，所以执行过程结束。可以把这种分析总结为$L(G)$是S^*的子集，它对应于正则表达式 $a(bb)^*c$ (见 1.3 节)。因此，字 ab^6c 是在 G 的语言中，并且它的推导树如图 10.3 所示。注意，与例 1 中的树不同，ab^6c 的推导树不是一棵二元树。■

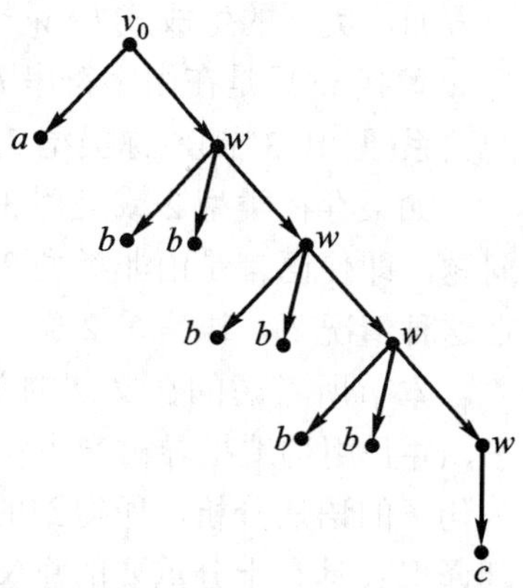

图 10.3

例 3 设 $V=\{v_0, w, a, b, c\}$, $S=\{a, b, c\}$, $\mapsto$是 V^*上的一个关系且满足

(1) $v_0 \mapsto av_0b$. (2) $v_0b \mapsto bw$. (3) $abw \mapsto c$.

设 $G=(V, S, v_0, \mapsto)$是对应的短语结构文法。同例 2 一样，确定 $L(G)$中允许句子的形式。

因为必须从符号 v_0 单独开始，所以必须首先使用生成式(1)。可以如此继续使用(1)任意次，但是最终必须使用生成式(2)来消去 v_0。重复使用(1)得到形如 $a^nv_0b^n$ 的一个字符串，即：存在相等个数的 a 和 b。当使用(2)时，得到形如 $a^m(abw)b^m$ ($m\geqslant 0$)的一个字符串。此时可以使用的生成式只有(3)，并且必须使用它才能去掉非终结符 w。使用(3)后结束了替代过程并且产生 S^*中的一个字符串。因此，文法 G 的允许句子 $L(G)$都具有形式 $w=a^ncb^n$($n\geqslant 0$)。在这种情况下，可以证明 $L(G)$并不对应 S 上的一个正则表达式。■

例 3 中文法的另一个有趣的特征是句子的推导不能表达为树。推导树的构造仅仅是当所有使用的生成式的左边是由单一的非终结符组成时才可行。例 3 中的生成式的左边没有这种简单的形式。虽然构造这些推导树的图形表示是可能的，但是所得到的有向图不是一棵树。如果对生成式不加任何限制，那么还有可能出现许多其他问题。正因如此，设计了短语结构文法的一个分类。

设 $G=(V, S, v_0, \mapsto)$是一个短语结构文法，那么把 G 分为：

类型 0：如果对 G 的生成式不加任何限制。

类型 1：如果对任意生成式 $w_1 \mapsto w_2$，w_1 的长度小于或等于 w_2 的长度 (字符串的**长度**是字符串中字的个数)。

类型 2：如果每个生成式的左边是单一的非终结符并且右边是由一个或多个符号组成的。

类型 3：如果每个生成式的左边是单一的非终结符并且右边有一个或多个符号，但至多包含一个非终结符，并且它必须在字符串的最右边。

在上面的每一类中，允许包含平凡生成式 $v_0 \mapsto \Lambda$，这里的Λ表示空字符串。虽然它对于类型 1、2 和 3 的定义规则是一个例外，但是包含它可使得空字符串成为语言的一部分。这样就避免了常常去考虑不重要的特殊情况。

从定义得到每类文法是它前面类型的特殊情况。例 1 是类型 2 文法，例 2 是类型 3 文法，例 3 是类型 0 文法。类型 0 或类型 1 文法学习是相当困难的并且很少为人所知。它们包含许多病理学上的例子，这些例子的实际应用还无人知晓。笔者只考虑类型 2 和类型 3 的文法。这些类型对它们语言的句子有推导树，并且足以复杂到可描述实际程序设计语言的许多方面。类型

2 文法有时称作**上下文无关文法**，因为在生成式的左边符号无论它们出现在哪里都被替代。另一方面，类型的生成式 $l\cdot w\cdot r\mapsto l\cdot w'\cdot r$(它不可能出现在类型 2 文法中)称为**上下文相关**，因为 w 替代 w' 只是在由字符串 l 和 r 所包围的上下文中。类型 3 文法与有限状态机有着非常密切的关系(见 10.3 节)，称类型 3 文法为**正则文法**。

如果存在类型 2 或类型 3 产生的文法，那么称语言是 **2 类**或 **3 类**。该概念可能会引起一些问题，即使语言是由非类型 2 文法所产生的，也很可能有某类型 2 文法产生这种相同的语言。在这种情况下，语言是 2 类。在类型 3 文法中也可能出现同样的情况。

本节所考虑的在文法的范围内导出句子有一个相反的过程。这个逆过程包括得到一个句子，并且用构造推导树产生句子的方法验证在某文法 G 中此句子在语法上是正确的。该过程称为句子的**语法分析**，所得到的推导树常称为句子的**分析树**。语法分析对于编译程序和其他语言翻译形式具有十分重要的意义。对某种语言中的句子进行语法分析就是给出它的结构并构造一棵树，然后搜索这棵树，并且在每一步用另一种语言产生对应的句子。例如，C++程序被编译成机器语言程序就是用这种方法。这一节和后面两节的内容对于编译过程是必不可少的，但是有关完整而详细的内容将留给更高等的课程。

习 题 10.1

在第 1 题~第 7 题中，已知文法 G，对每一种情况准确地描述由该文法所产生的语言 $L(G)$，即：描述所有语法上正确的“句子”。

1．$G=(V, S, v_0, \mapsto)$，$V=\{v_0, v_1, x, y, z\}$, $S=\{x, y, z\}$，$\mapsto$:$v_0\mapsto xv_0$, $v_0\mapsto yv_1$, $v_1\mapsto yv_1$, $v_1\mapsto z$。

2．$G=(V, S, v_0, \mapsto)$, $V=\{v_0, a\}$, $S=\{a\}$，$\mapsto$: $v_0\mapsto aav_0$, $v_0\mapsto aa$。

3．$G=(V, S, v_0, \mapsto)$, $V=\{v_0, a, b\}$, $S=\{a, b\}$，$\mapsto$: $v_0\mapsto aav_0$, $v_0\mapsto a$, $v_0\mapsto b$。

4．$G=(V, S, v_0, \mapsto)$, $V=\{v_0, x, y, z\}$, $S=\{x, y, z\}$，$\mapsto$: $v_0\mapsto xv_0$, $v_0\mapsto yv_0$, $v_0\mapsto z$。

5. $G=(V, S, v_0, \mapsto)$, $V=\{v_0, v_1, v_2, \mapsto, +, (,)\}$, $S=\{(,), a, +\}$，$\mapsto$: $v_0\mapsto (v_0)$(左、右括号是 S 中的符号), $v_0\mapsto a+v_1$, $v_1\mapsto a+v_2$, $v_2\mapsto a+v_2$, $v_2\mapsto a$。

6．$G=(V, S, v_0, \mapsto)$, $V=\{v_0, v_1, a, b\}$, $S=\{a, b\}$，$\mapsto$: $v_0\mapsto av_1$, $v_1\mapsto bv_0$, $v_1\mapsto a$。

7．$G=(V, S, v_0, \mapsto)$, $V=\{v_0, v_1, v_2, x, y, z\}$, $S=\{x, y, z\}$，$\mapsto$:$v_0\mapsto v_0v_1$, $v_0v_1\mapsto v_2v_0$, $v_2v_0\mapsto xy$, $v_2\mapsto x$, $v_1\mapsto z$。

8．对第 1 题~第 7 题中的每个文法，陈述文法是类型 1、类型 2 还是类型 3。

9．设 $G=(V, S, I, \mapsto)$，其中 $V=\{I, L, D, W, a, b, c, 0, 1, 2, 3, 4, 5, 6, 7, 8, 9\}$, $S=\{a, b, c, 0, 1, 2, 3, 4, 5, 6, 7, 8, 9\}$。$\mapsto$ 给出如下：1. $I\mapsto L$, 2. $I\mapsto LW$, 3. $W\mapsto LW$, 4. $W\mapsto DW$, 5. $W\mapsto L$, 6. $W\mapsto D$, 7. $L\mapsto a$, 8. $L\mapsto b$, 9. $L\mapsto c$, 10. $D\mapsto 0$, 11. $D\mapsto 1$,…，19. $D\mapsto 9$。

则对该文法下面哪些命题为真？

(a) $ab092\in L(G)$ (b) $2a3b\in L(G)$

(c) $aaaa\in L(G)$ (d) $I\Rightarrow a$

(e) $I\Rightarrow^{\infty} ab$ (f) $DW\Rightarrow 2$

(g) $DW\Rightarrow^{\infty} 2$ (h) $W\Rightarrow^{\infty} 2abc$

(i) $W\Rightarrow^{\infty} ba2c$

10．用第 9 题中的文法，画出 $ab3$ 的推导树。

11．如果 G 是第 9 题中的文法，描述 $L(G)$。

12．设 $G=(V, S, v_0, \mapsto)$，其中 $V=\{v_0, v_1, v_2, a, b, c\}$, $S=\{a, b, c\}$, $\mapsto$: $v_0 \mapsto aav_0$, $v_0 \mapsto bv_1$, $v_1 \mapsto cv_2b$, $v_1 \mapsto cb$, $v_2 \mapsto bbv_2$, $v_2 \mapsto bb$。说明下面哪些属于 $L(G)$。

(a) $aabcb$ (b) $abbcb$

(c) $aaaabcbb$ (d) $aaaabcbbb$

(e) $abcbbbbb$

13．如果 G 是第 12 题中的文法，描述 $L(G)$。

14．用第 2 题中的文法画出字符串 a^8 的一棵推导树。

15．对字符串 $xyz \in L(G)$，给出两种不同的推导(替换序列以 v_0 为始点)，其中 G 是第 7 题中的文法。

16．设 G 是第 5 题中的文法，你能给出字符串$((a+a+a))$的两种不同的推导吗？(见第 15 题。)

17．设 G 是第 9 题中的文法，对字符串 $a100$ 给出两种不同的推导。(见第 15 题。)

18．设 $G=(V, S, v_0, \mapsto)$,其中 $V=\{v_0, v_1\}$,$S=\{a,b\}$，且

$\mapsto$: $v_0 \mapsto bv_0$

$v_0 \mapsto av_1$

$v_0 \mapsto b$

$v_1 \mapsto av_0$

$v_1 \mapsto bv_1$

$v_1 \mapsto a$

描述 $L(G)$。

19．设 $G=(V, S, v_0, \mapsto)$，其中 $V=\{v_0, v_1, v_2\}$，$S=\{a, b\}$，且

$\mapsto$: $v_0 \mapsto v_1v_1v_0$

$v_0 \mapsto v_2v_2v_1$

$v_1 \mapsto a$

$v_2 \mapsto b$

证明或反证：$L(G)$与第 18 题中描述的语言相同。

在第 20 题~第 26 题中，构造短语结构文法 G，使得 G 的语言 $L(G)$等于语言 L。

20．$L=\{a^nb^n | n \geqslant 1\}$

21．L={0 和 1 具有相等个数 $n \geqslant 0$ 的 0 和 1 的字符串}

22．$L=\{a^nb^m | n \geqslant 1，m \geqslant 1\}$

23．$L=\{a^nb^n | n \geqslant 3\}$

24．$L=\{a^nb^m | n \geqslant 1，m \geqslant 3\}$

25．$L=\{x^ny^m | n \geqslant 2$，$m$ 是非负偶数$\}$

26．$L=\{x^ny^m | n$ 是偶数，m 是正奇数$\}$

27．**回文**是从右到左读与从左到右读都一样的字符串。构造短语结构文法 G 使得 $L(G)$是用$\{a, b\}$描述的回文的集合。

28．构造一个短语结构文法 G 使得 $L(G)$是 $x_1, x_2, \cdots, x_n$ 的布尔多项式的集合(见 6.5 节)。

在题 29 和 30 中，设 $V=\{v_0, v_1, v_2, v_3\}$, $S=\{a\}$, $\mapsto$ 是由下面给出的 V^*上的关系。

1. $v_0 \mapsto av_1$ 2. $v_1 \mapsto av_2$ 3. $v_2 \mapsto av_3$ 4. $v_2 \mapsto a$ 5. $v_3 \mapsto av_1$

设 $G=(V, S, v_0, \mapsto)$

29．完成下面命题的证明：每一个$(aaa)^*$, ($n \geqslant 1$)属于 $L(G)$。

证明：**基础步骤**：对于 n=1，aaa 是由____产生的。因此，$aaa \in L(G)$。

归纳步骤：使用 P(k)：$(aaa)^k$ 属于 $L(G)$，要证明 P(k+1)：$(aaa)^{k+1}$ 属于 $L(G)$。如果$(aaa)^k=a^{3k}$ 属于 $L(G)$，则必定对____使用____。但是可以使用生成规则____产生 $a^{3k}av_3$(完成 aaa^{3k+3} 的推导)。因此$(aaa)^{3(k+1)}$属于 $L(G)$。

30．完成证明：$L(G)$中的任意字符串具有形式$(aaa)^n$。

证明：显然 $L(G)$中的所有字符串具有形式 $a^i(i \geqslant 1)$，因为____。设 P(n)：如果 a^i 属于 $L(G)$，$3n<i \leqslant 3(n+1)$，则 $i=3(n+1)$。

基础步骤：对 n=0，假设 a^i 属于 $L(G)$并且____，则使用生成规则很容易得到最小可能的 i 是 3。因此 P(0)为真。

归纳步骤：设 $k \geqslant 1$，使用 P(k)：____去证明 P(k+1)：____。假设 $3(k+1)<i \leqslant 3(k+2)$，则一定可通过生成规则____从____产生 a^i。但是这一步只是在对 $a^{i-2}v_1$ 使用生成规则____之前。字符串 $a^{i-2}v_1$ 不可能使用生成规则 1 产生，因为____，但是可以由____产生。因为 $3(k+1)<i \leqslant 3(k+2)$，所以 $3k < i \leqslant 3(k+1)$，于是由 P(k)，得到____。

31．设 G_1 和 G_2 分别是语言 L_1 和 L_2 的正则文法，定义一个新的语言 $L_3=\{w_1 \cdot w_2 | w_1 \in L_1$ 且 $w_2 \in L_2\}$。描述如何从 G_1 和 G_2 产生 L_3 的一个正则文法。

32．完成下面的证明：没有任何正则文法 G 能产生第 20 题中的语言。

证明：假设存在具有 n 个非终结符的一个正则文法 $G=(V, S, v_0, \mapsto)$，则 $L(G)$一定刚好包含形如 a^ib^i 的字符串。但是由于 G 是正则的，所以在推导 a^ib^i 过程中，一定有____，它具有某个非终结符 v_j，但是由于只有 n 个非终结符，所以至少存在两个具有相同非终结符的字符串 (1) 和 (2) (为什么？)。由于没有任何方法保证对(1)和(2)使用生成规则将刚好分别产生____个 b 和____个 b，因此不存在这种正则文法 G。

33．证明：$\{a^mba^n, m \geqslant 0, n \geqslant 1\}$是上下文无关语言。

10.2　特殊文法和语言的表示

BNF 标志法

对于类型 2 文法(包括类型 3 文法)，有另外一些实用的方法显示生成式。一种称作 **BNF**(Backus-Naur 范式)的**标志法**就是通常遇到的方法。大家知道在类型 2 文法中所有生成式的左边都是单一的非终结符。对于任意这样的非终结符 w，将有 w 作为左边的所有生成式都结合起来。保持符号 w 在左边，与 w 相关联的所有右边都列在一起，用符号 | 分隔开。关系符$\mapsto$用符号∷= 取代。最终，无论非终结符出现在哪里，都用尖括号< >把它括起来。这有另外一个优点，非终结符可以被允许有嵌入空间。因此 <字 1　字 2>表示在括号之间的字符串应被看成是一个“字”而不是两个“字”，即：可以把空格作为字中既合适又合理的“字母”使用，只要用尖括号把字加以定界。

例 1　用 BNF 记法，10.1 节例 1 中的生成式可改写如下。

<句子>∷=<名词><动词短语>

<名词>∷=John | Jill

<动词短语>∷=<动词><副词>

<动词>∷=开车| 轻推

<副词>∷=粗心地 | 迅速地 | 经常地 ■

例 2 用 BNF 记法，10.1 节例 2 中的生成式可改写如下。

<v_0>∷＝a <w>

<w>∷=bb<w>|c ■

注意，生成式的左边也可以出现在右边字符串的其中之一中。因此，在例 2 的第 2 行中，<w>出现在左边并且它也出现在右边字符串 $b\,b$<w>中。当发生这种情况时，则称对应的生成式 $w \mapsto bbw$ 是**递归的**。如果一个递归生成式有 w 作为左边，而 w 在右边只出现一次且是最右端的符号，则称生成式是**正规的**。当然，其余的非终结符也可以出现在右边。例 2 所给的递归生成式 $w \mapsto bbw$ 是正规的。注意，由类型 3 的定义可知出现在类型 3(正则)文法中的任何递归生成式是正规的。

例 3 BNF 记法常常用来说明实际应用中的程序设计语言。PASCAL 和许多其他语言最初是用 BNF 中所给的文法。在此例子中，考虑 PASCAL 文法的一个小子集，该子集描述十进制数的语法并且视其所对应的语言恰好是由所有正常结构的十进制数所组成的一个小文法。

设 S={0，1，2，3，4，5，6，7，8，9，.}，V 是 S 与集合 N={十进制数，十进制小数，无符号整数，数字} 的并集，G 是用符号集合 V 和 S、开始符“十进制数”以及如下 BNF 形式给出的生成式所组成的文法。

1．<十进制数>∷=<无符号整数>|<十进制小数>|<无符号整数> <十进制小数>

2．<十进制小数>∷=.<无符号整数>

3．<无符号整数>∷=<数字>|<数字> <无符号整数>

4．<数字>∷ =0|1|2|3|4|5|6|7|8|9

图 10.4 给出了在这种文法中十进制数 23.14 的推导树。注意，上面行号为 3 的 BNF 语句在它的右边第 2 部分是递归的，即：生成式“无符号整数 ↦ 数字　无符号整数”是递归的，并且它还是正规的。通常大家知道许多不同的文法可以产生相同的语言。如果上面标号为 3 的行用下面的行取代。

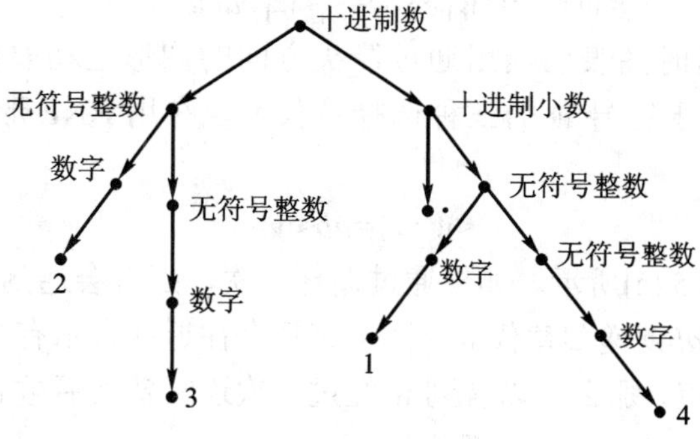

图 10.4

3′. <无符号整数>::=<数字>|<无符号整数> <数字>

那么确实得到产生相同语言的不同文法，即正常形式的十进制数。然而，这种文法所包含的生成式是递归的但不是正规的。■

例 4 同例 3 一样，给出能说明几部分实际程序设计语言的文法。在这些语言中，标识符(变量名，函数名，子程序名，等)必须是由字母和数字所组成的并且必须是以字母作为开始。下面的文法(用 BNF 给出生成式)正好有这些标识符作为它的语言。

$G=(V, S,$ 标识符，$\mapsto)$

$N=\{$标识符，余数，数字，字母$\}$

$S=\{a, b, c, \cdots, z, 0, 1, 2, 3, \cdots, 9\}$，$V=N\cup S$

1. <标识符>::=<字母>|<字母> <余数>
2. <余数>::=<字母>|<数字>|<字母> <余数>|<数字> <余数>
3. <字母>::= $a|b|c|\cdots|z$
4. <数字>::=0|1|2|3|4|5|6|7|8|9

再次看到出现在 BNF 语句 2 中的生成式“余数$\mapsto$字母余数”和“余数$\mapsto$数字余数”是递归的和正规的。■

语法图

在类型 2 文法中显示生成式的可选择的第二种方法是**语法图**，就是允许使用者用动态的观点去看待替换，即把生成式看成是通过图的运动所得到的图形显示。在图 10.5 中将解释由转换一般生成式的集合所产生的图，所有的生成式通常出现在某个 BNF 语句的右边。

恰好包含一个生成式的 BNF 语句，例如<w>::=<w_1><w_2><w_3>将产生图 10.5(a)所示的图。把组成生成式右边的符号(字)从左到右依次画出，箭头表示完成一个替代的运动方向，而标号 w 表示正在替代符号 w。最后，w_1，w_2 和 w_3 的矩形框表示它们是非终结符这一事实。如果出现终结符，那么代之用圆或椭圆框表示它们。图 10.5(b)给出了几个生成式都具有相同左边时的情形，该图是下述 BNF 说明的语法图翻译：

<w>::=<w_1> <w_2> |<w_1>$a|bc$<w_2>

(a，b 和 c 是终结符)。这时图表明当用通过箭头方向的图形运动取代 w 时，可以取三条道路中的任何一条，它对应于符号 w 的三种选择替代。现在用 BNF 形式考虑下面正规的递归生成式：

<w>::=ab<w>

该生成式的语法图如图 10.5 (c)所示。如果通过循环一次，那么会遇到 a，其次 b，然后回到由 w 所标示的始点。这表示 abw 递归替代 w。图中有几个往返就表示有几个连续替换。因此，如果经过图三次并且回到始点，那么可以看到 w 经过三次连续替换后被 $abababw$ 所取代。这是通过语法图的运动方式表示替换过程的一般方法。

上面的描述给出了如何构造正规递归生成式的一个语法图。对于非正规递归生成式，则不能得到刚才讨论过的简单图，但是有时可以用正规的递归生成式取代非正规的递归生成式，并且获得产生相同语言的一个文法。因为在正则文法中的递归生成式必须是正规的，所以语法图总能用来表示正则文法。

还注意到一种语言的语法图绝不是唯一的，当使用不同的等价生成式时，它们不仅发生变化而且可以通过许多方法结合和简化。考虑下面的 BNF 说明：

<*w*>∷=*ab* | *ab*<*w*>

如果准确地使用所示的规则构造 w 的语法图，那么将得到图 10.5(d) 的图。这表明能够“逃避” w，即：只通过最上层道路就完全消除了 w。另一方面，可以首先任意次地通过最下层循环。因此，通过连续替换最后导致完全消除 w 的这种图的运动，将产生形如 $(ab)^n$ ($n \geqslant 1$)的终结符字符串。

容易看到，用一种很显然的方法把图 10.5(d)的道路组合起来，就产生了图 10.5(e)这种更简单的图，它是完全等价的语法图。可能的时候均做这种类型的简化。

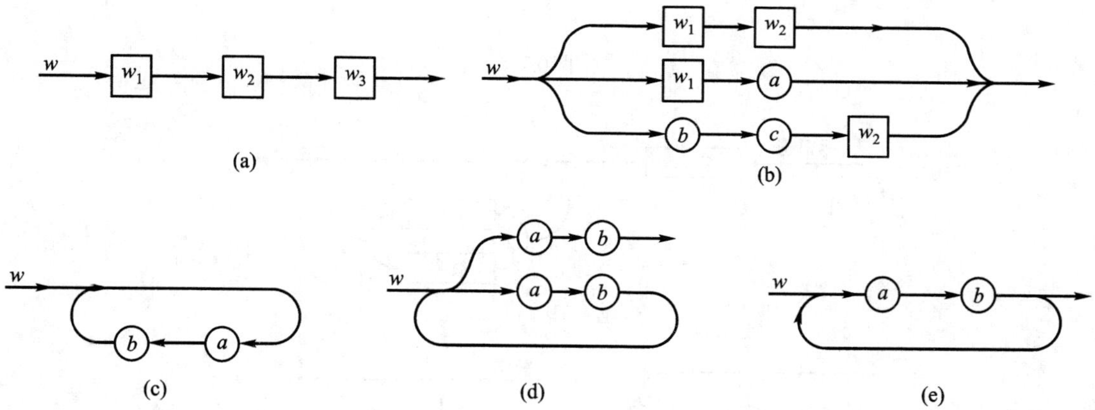

图 10.5

例 5　图 10.6(a)的语法图表示例 2 中的 BNF 语句，它是用原来画语法图的规则来构造的。稍微更优美一点的描述如图 10.6(b)所示。■

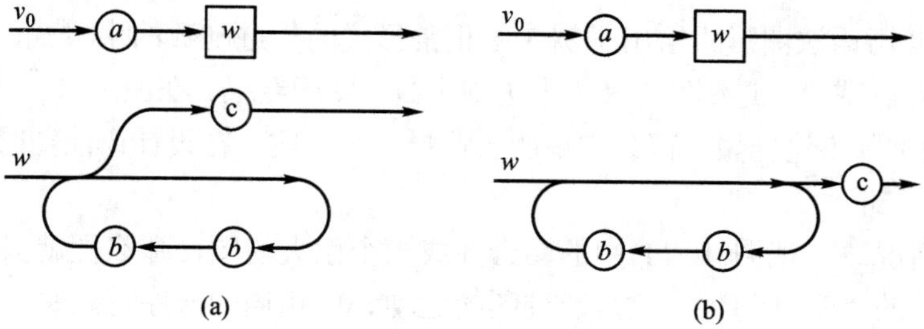

图 10.6

例 6 考虑例 4 中 BNF 语句 1、2、3 和 4，如果直接翻译成语法图，则如图 10.7 所示。在图 10.8 中将图 10.7 开始的两个图进行结合并且简化了这个结果。因此，消去了符号“余数”并且得到了标识符通常的语法图。 ■

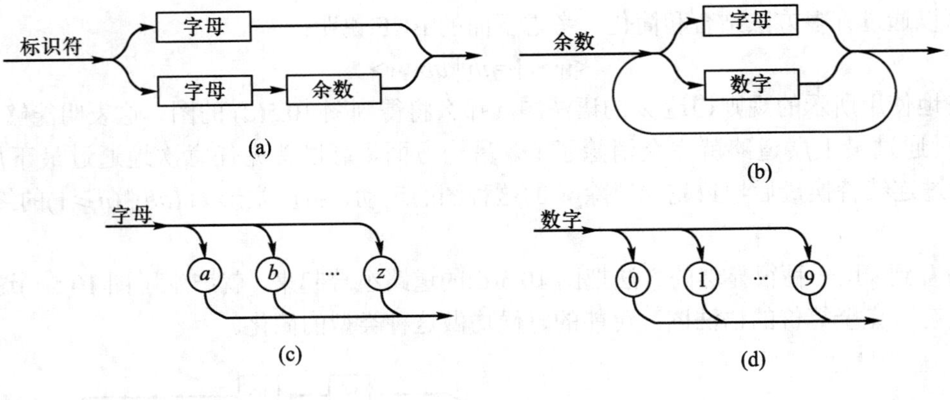

图 10.7

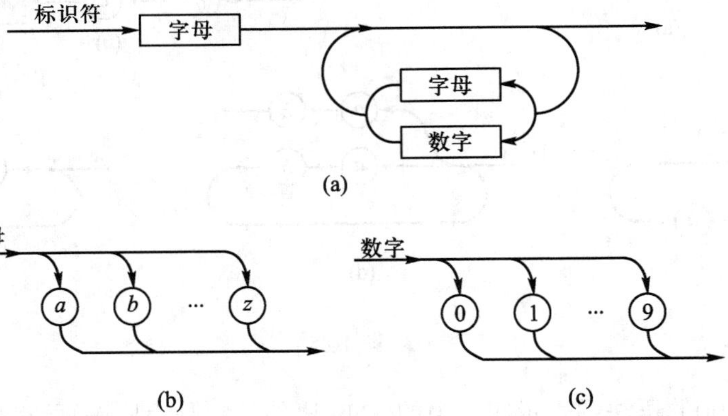

图 10.8

例 7 图 10.9 用语法图形式给出了例 3 中正常形式的十进制数的生成式，图 10.10 给出了“无符号整数”图替代成“十进制数”和“十进制小数”图的结果。在图 10.11 中又进行了一步替代过程。虽然通常并不这样做，但是它说明了这样一个事实，在设计语法图时可以非常灵活。 ■

如果取极端情况并且把图 10.11 中的图合并成一个巨大的图，那么图就只包含终结符。在这种情况一个有效的“十进制数”就是通过图的运动、以相遇的次序记录每个遇到的符号并且最终退出右边而产生的任何字符串。

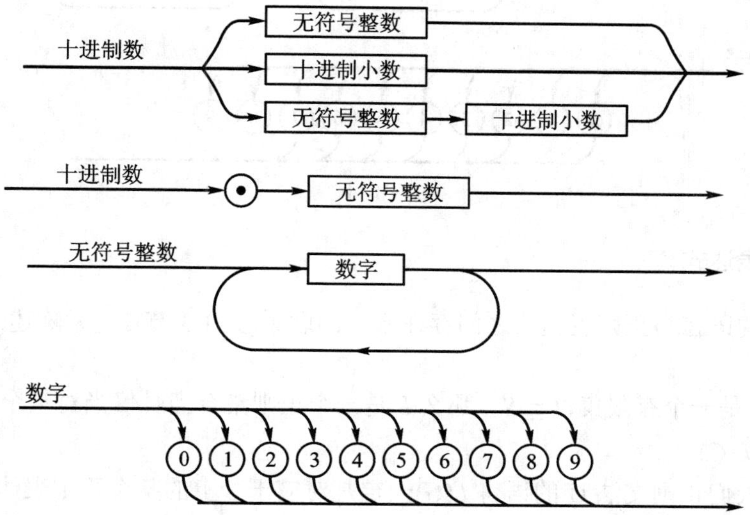
十进制数
无符号整数
十进制小数
无符号整数
十进制小数
十进制数
无符号整数
无符号整数
数字
数字
0
1
2
3
4
5
6
7
8
9

图 10.9

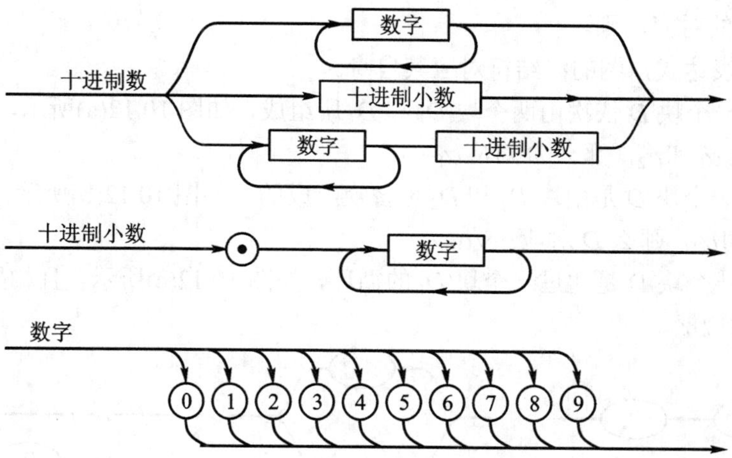
数字
十进制数
十进制小数
数字
十进制小数
十进制小数
数字
数字
0
1
2
3
4
5
6
7
8
9

图 10.10

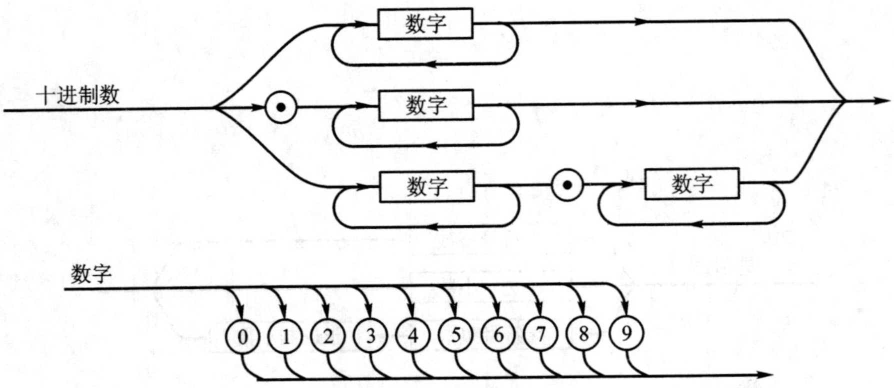

图 10.11

正则文法与正则表达式

在正则文法的语言与正则表达式之间存在密切的联系(见 1.3 节)。笔者陈述下面的定理而不加证明。

定理 1　设 S 是一个有限集，$L\subseteq S^*$，那么 L 是一个正则集合当且仅当对某个正则文法 $G=(V, S, v_0, \mapsto)$，有 $L=L(G)$。■

定理 1 告诉人们正则文法 G 的语言 $L(G)$一定是对应于 S 上的某个正则表达式的集合，但是它没有告诉人们如何去找这种正则表达式。如果 G 的关系$\mapsto$是用 BNF 形式或语法图形式指定的，那么可以用一种合理的直接方法来计算所期望的正则表达式。例如，假设 $G=(V, S, v_0, \mapsto)$ 和$\mapsto$是由语法图集合指定的，正如前面提到的那样，有可能把所有语法图合并成表示 v_0 并且只包含终结符的一个大图，称该结果图是 G 的**主图**。下面考虑在正则表达式与 G 的主图中的某些部分(或块)之间的对应规则。

1．作为正则表达式，图的终结符对应其自身。

2．如果图的一个块 D 依次由两个块 D_1 和 D_2 所组成，如图 10.12(a)所示，并且 D_1 和 D_2 分别对应正则表达式α_1 和α_2，那么 D 对应$\alpha_1\cdot\alpha_2$。

3．如果图的一个块 D 是由块 D_1 和 D_2 可替换组成的，如图 10.12(b)所示，D_1 和 D_2 分别对应正则表达式α_1 和α_2，那么 D 对应$\alpha_1\vee\alpha_2$。

4．如果图的一个块 D 是通过一个块 D_1 的循环，如图 10.12(c)所示，且如果 D_1 对应正则表达式α，那么 D 对应α^*。

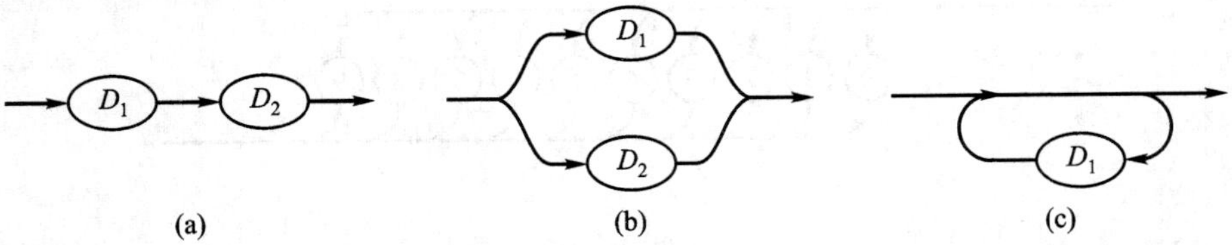

图 10.12

规则 2 和规则 3 可以推广到图的任意有限块 D_i。使用上面的规则，总体上可以构造出对应于主图的一个表达式，该表达式是对应于 $L(G)$的正则表达式。

例 8 考虑图 10.13(a) 所示的语法图，它是由三个可选择块构成的，第一块对应表达式“a”，第二块对应表达式“b”，第三块(一个循环)对应表达式“c^*”。因此，整个图对应正则表达式“$a\vee b\vee c^*$”。

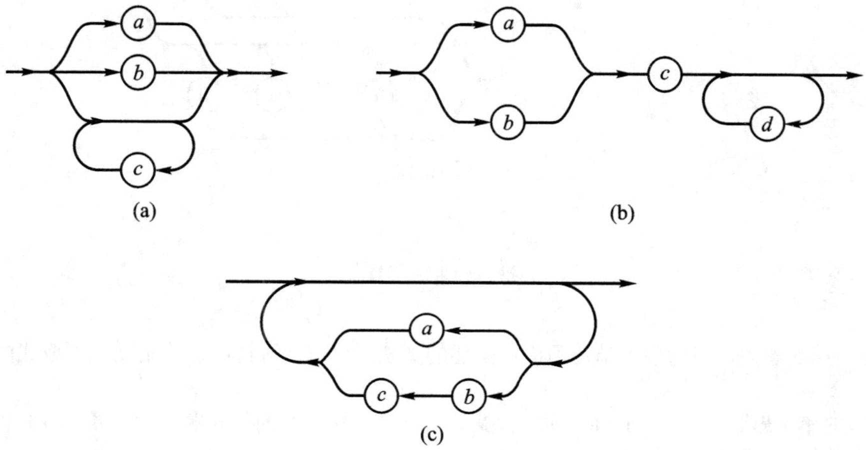

图 10.13

图 10.13 (b)所示的图是由三个连续块组成的，第一块是由两个可选择子块所组成的，它对应正则表运式“$a\vee b$”。图的第二分块对应正则表达式“c”，第三分块(一个循环)对应正则表达式“d^*”。因此，整个图对应正则表达式“$(a\vee b)cd^*$”。

最后，考虑图 10.13(c)所示的语法图，它是通过一个块的一个大循环，块对应正则表达式“$a\vee bc$”。因此，整个图对应正则表达式“$(a\vee bc)^*$”。 ■

例 9 考虑例 2 中用 BNF 给出的文法 G，该文法的语法图在例 5 中已经讨论过，如图 10.6(b) 所示。如果把表示 w 的图代入表示 v_0 的图，那么得到该文法的主图。这很容易看到，它表明 $L(G)$对应正则表达式“$a\,(bb)^*c$”，这和 10.1 节例 2 所陈述的一样。 ■

例 10 考虑例 4 和例 6 中的文法 G，那么 $L(G)$是合法标识符集合，它的语法图如图 10.8 所示。在图 10.14 中给出了由图 10.7 中图的合并所产生的主图，得到对应于 $L(G)$的一个正则表达式是

$$(a\vee b\vee\cdots\vee z)\ (a\vee b\vee\cdots\vee z\vee 0\vee 1\vee\cdots\vee 9)^*$$ ■

在图 10.12 中说明的这类图块可以合并产生任意正则文法的语法图。因此，总可以像上面说明的那样来求对应的正则表达式。随着实践的深入，人们能够直接从多重语法图或 BNF 学会计算这种表达式，因此避免了做主图的必要。无论如何，对于复杂情况，用手工分析证明也许太繁琐了。

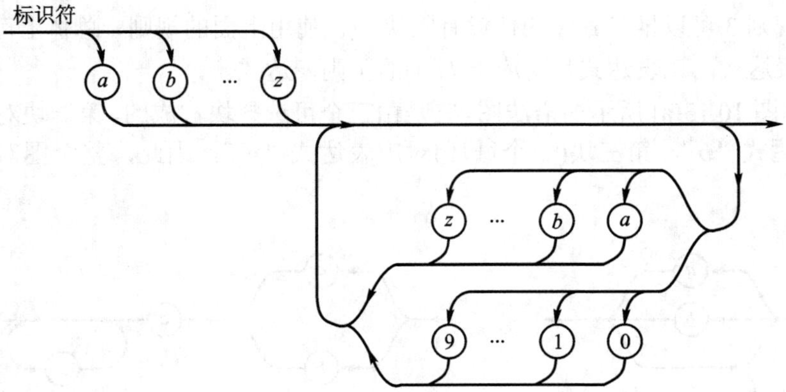

图 10.14

习　题　10.2

在第 1 题～第 5 题中，参考前一节练习中所描述的文法，对每一种情况，给出文法生成式的 BNF 和对应的语法图。

1．10.1 节的第 1 题。　　2．10.1 节的第 2 题。　　3．10.1 节的第 6 题。　　4．10.1 节的第 9 题。

5．10.1 节的第 12 题。

6．给出 10.1 节的第 3 题中生成式的 BNF。

7．给出 10.1 节的第 4 题中生成式的 BNF。

8．给出 10.1 节的第 5 题中生成式的 BNF。

9．给出 10.1 节的第 6 题中生成式的 BNF。

10．设 $G=(V, S, v_0, \mapsto)$, $V=\{v_0, v_1, 0, 1\}$, $S=\{0,1\}$，$\mapsto$: $v_0 \mapsto 0v_1$, $v_1 \mapsto 11v_1$, $v_1 \mapsto 010v_1$, $v_1 \mapsto 1$,给出 G 的生成式的 BNF 表示。

在第 11 题～第 16 题中，已知语法图的 BNF 表示，符号 a, b, c 和 d 是某文法的终结符。当在 BNF 生成式中需要使用(除 v_0 之外的)非终结符时，可以提供。如果需要，也可以用几个 BNF 语句。

11．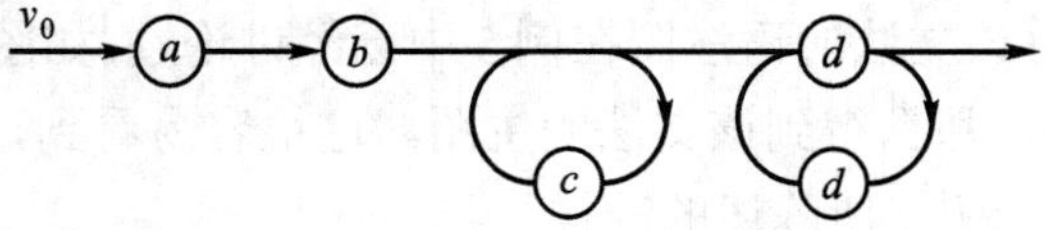

图 10.15

12．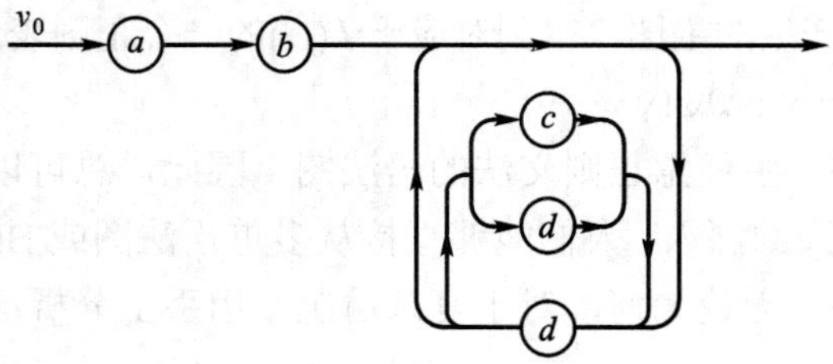

图 10.16

13.

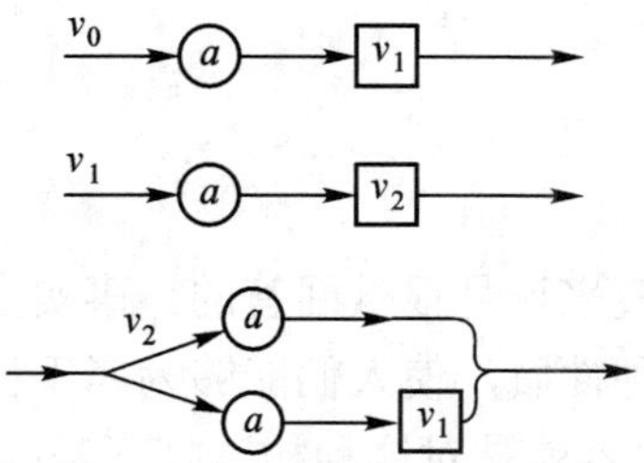

图 10.17

14.

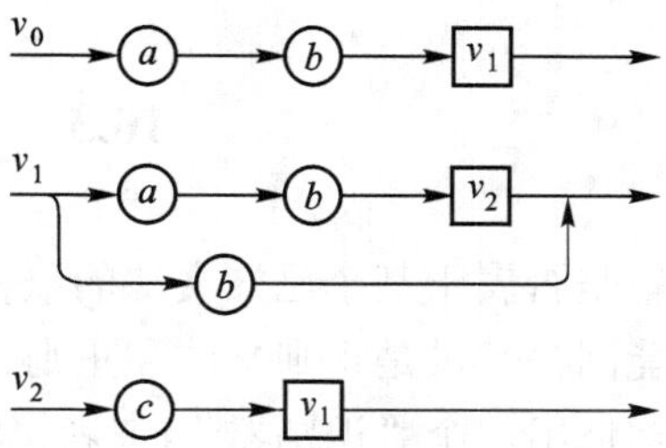

图 10.18

15.

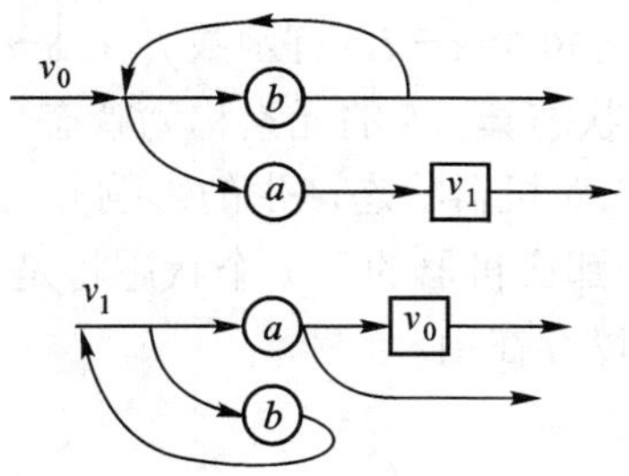

图 10.19

16.

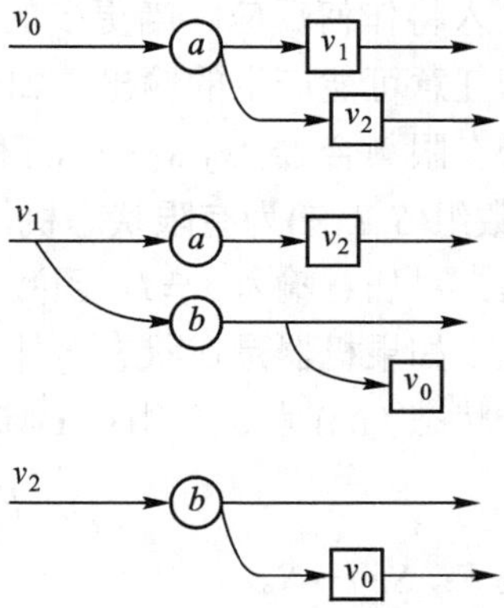

图 10.20

在第 17 题～第 21 题中，参考上一节练习中所描述的文法 G，对每一种情况求对应于语言 $L(G)$的一个正则表达式。

17．10.1 节的第 2 题。

18．10.1 节的第 3 题。

19．10.1 节的第 5 题。

20．10.1 节的第 6 题。

21．10.1 节的第 9 题。

22．求对应于第 11 题的语法图的正则表达式。

23．求对应于第 12 题的语法图的正则表达式。

24．求对应于第 13 题的语法图的正则表达式。

25．求对应于第 14 题的语法图的正则表达式。

26．求对应于第 15 题的语法图的正则表达式。

27．求对应于第 16 题的语法图的正则表达式。

28．对于第 10 题中所给的 G，求对应于 $L(G)$的正则表达式。

29．给出第 10 题中文法的语法图。

10.3　有限状态机

某个字符串是否属于某个已知文法的语言的问题。一般来说是很难回答的。事实上，在某些情况根本不能回答。可是正则文法和正则语言就具有这种性质，使人们能够为属于已知正则文法的字符串构造出一个“识别器”(或者接收器)。本节内容就是对这种构造打下基础。

可以把一部机器看成一个系统，它能够接受**输入**，可能产生**输出**，并且具有能保持前面输入的某些信息记录的某种内存。在任意指定时刻，机器的整个内部条件和它的所有存储称为机器在该特定时刻所构成的**状态**。机器随时寻找自己所处的状态就是总结它过去输入的存储并且决定对后面的输入将作何反应。当更多的输入到达时，机器的已知状态决定(与输入一起)下一个占有的状态和任意可能产生的输出。如果状态数是有限的，那么机器是一个有限状态机。

假设有一个有限集合 $S=\{s_0, s_1,\cdots, s_n\}$和有限集合 I，对每个 $x\in I$，有函数 f_x ：$S\to S$。设 $\mathrm{F}=\{f_x|x\in I\}$，则称数组$(S, I, \mathrm{F})$为**有限状态机**，$S$ 称为机器的**状态集**，S 的元素称为**状态**。集合 I 称为机器的**输入集**。对任意输入 $x\in I$，函数 f_x 描述这种输入对机器状态产生的影响并且称为**状态转换函数**。因此，如果机器是在状态 s_i 并且出现输入 x，那么机器的下一个状态将是 $f_x(s_i)$。

因为下一个状态 $f_x(s_i)$是由一对(s_i, x)唯一决定的，所以存在由

$$F(s_i, x) = f_x(s_i)$$

给出的一个函数 F：$S\times I\to S$。

由于单值函数 f_x 都能从 F 的信息中得以恢复，所以许多作者使用函数 F：$S\times I\to S$ 而不是集合$\{f_x \mid x\in I\}$来定义一个有限状态机。这些定义完全是等价的。

例 1　设 $S=\{s_0, s_1\}$，$I=\{0,1\}$，定义 f_0 和 f_1 如下：

$$f_0(s_0)=s_0 \quad f_1(s_0)=s_1$$

$$f_0(s_1)=s_1 \quad f_1(s_1)=s_0$$

该有限状态机有两种状态 s_0 和 s_1，并且接受两种可能的输入 0 和 1。输入 0 使各状态固定不变，输入 1 将改变状态。■

可以把例 1 中的这种机器看成一个电路(或逻辑)装置的模型，并且可将这种装置想象成图 10.21。在任意给定的时刻，输出信号是由两个电压组成的，其中一个电压比另一个高。线 1 处于高压和线 2 处于低压或者相反。输出条件的第一个集合表示为 s_0，第二个集合表示为 s_1。用符号 1 表示输入脉冲，它将改变输出电压。符号 0 表示没有输入脉冲，所以导致无任何输出变化。该装置常常称为 **T 触发器**，它是这个例子中机器的具体实现。

将该机器概括在图 10.22 中。所示表的左边列出状态，顶部列出输入。在每个输入的下面各列给出对应于左边所示各状态的输入的函数值。

图 10.22 总结了各种状态下输入的结果，这样的排列称为有限状态机的**状态转换表**。它可用于适当大小的任意机器并且是说明机器的一种很便利的方法。

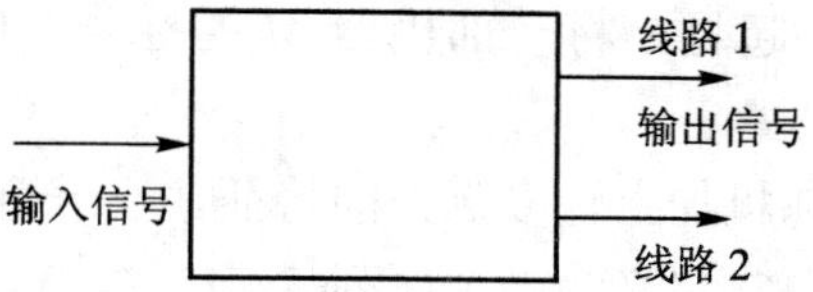

图 10.21

	0	1
s_0	s_0	s_1
s_1	s_1	s_0

图 10.22

例 2　考虑图 10.23 所示的状态转换表，其中 a 和 b 是可能的输入，并且存在三种状态 s_0, s_1 和 s_2。该表表明：

$$f_a(s_0)=s_0,\quad f_a(s_1)=s_2,\quad f_a(s_2)=s_1$$
$$f_b(s_0)=s_1,\quad f_b(s_1)=s_0,\quad f_b(s_2)=s_2$$

■

如果 M 是有状态 S、输入 I 以及状态转换函数 $\{f_x \mid x\in I\}$ 的一个有限状态机，那么可以用自然方式决定 S 上的一个关系 R_M。如果 $s_i, s_j\in S$ 且若存在一个输入 x 使得 $f_x(s_i)=s_j$，则称 $s_i\, R_M\, s_j$。

因此，$s_i\, R_M\, s_j$ 意指如果机器处于状态 s_i，那么存在某个输入 $x\in I$，使得如果机器接收下一个输入的话，那么机器就处于状态 s_j。关系 R_M 使人们可以把机器 M 描述为 S 上关系 R_M 的标号有向图,其中每条边的方向是用引起机器改变状态的所有输入的集合的标号来作为该边的指示。

例 3　考虑例 2 中的机器，图 10.24 给出了关系 R_M 的有向图，每条边有适当的标号。注意，M 的整个结构可从该有向图得以恢复,因为所有边和标号指出了每个输入在何处发送每个状态。

■

	a	b
s_0	s_0	s_1
s_1	s_2	s_0
s_2	s_1	s_2

图 10.23

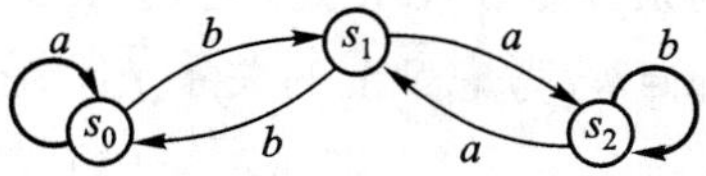

图 10.24

例 4　考虑机器 M，它的状态表如图 10.25(a)所示。那么各边具有适当标号的 R_M 的有向图如图 10.25(b)所示。

■

	a	b	c
s_0	s_0	s_0	s_0
s_1	s_2	s_3	s_2
s_2	s_1	s_0	s_3
s_3	s_3	s_2	s_3

(a)

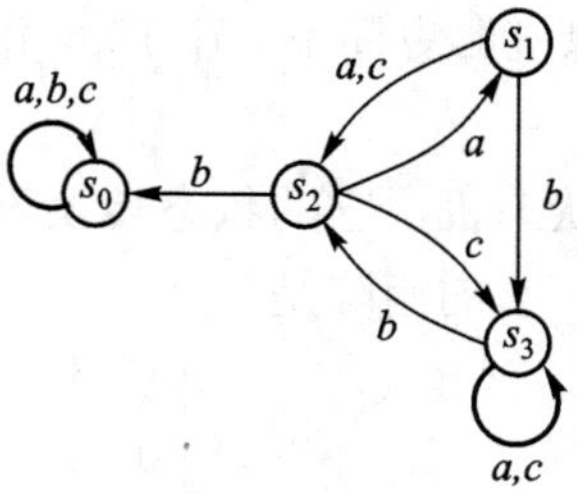

(b)

图 10.25

注意，一条边可以用多个输入标号，因为几个输入可以引起状态的相同变化。读者可以看到每个输入一定刚好是一条边离开每个状态的部分标号。这是一条一般的性质，它对于所有有限状态机的标号有向图都成立。为简洁起见，将一部机器 M 的标号有向图简称为 M 的有向图。

为了增加概念的实用性，有可能为有限状态机加上许多额外的特征。一个简单而又非常有用的推广就是人们通常所称的**摩尔机**或**识别机**。它定义为一个序列(S，I，$\mathcal{F}$，s_0，T)，其中(S，I，$\mathcal{F}$)构成一个有限状态机，$s_0 \in S$ 且 $T \subseteq S$。状态 s_0 称为 M 的**初始状态**，它常用来表示在接收任何输入之前的机器条件。集合 T 称为 M 的接收状态集合。这些状态在 10.4 节将会用到，它们与语言识别相联系。

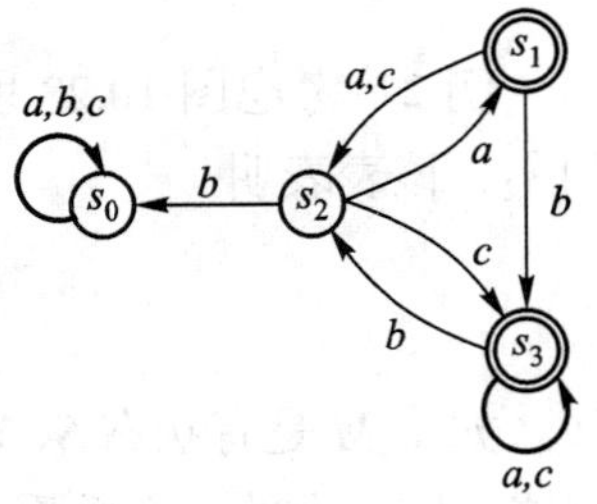

图 10.26

当绘制一个摩尔机的有向图时，接收状态是用两个同心圆而非一个圆圈表示的。开始状态(除特殊指定外)在这些有向图上不使用任何特殊的记号，该状态取名为 s_0。

例 5 设 M 是摩尔机(S，I，F，s_0，T)，其中(S，I，$\mathcal{F}$)是图 10.25 的有限状态机，$T=\{s_1, s_3\}$。图 10.26 给出了 M 的有向图。 ■

机器同余与商机器

设 M=(S，I，F)是一个有限状态机，假设 R 是 S 上的一个等价关系。如果对任意 $s, t \in S$，$s\,R\,t$ 推出 $f_x(s)\,R\,f_x(t)$对所有 $x \in I$ 成立，则称 R 是 M 上的一个**机器同余**。换句话说，如果 R-等价状态对通过 I 中每个输入总是变为 R-等价状态对，那么 R 是机器同余的。如果 R 是关于 M=(S，I，F) 的一个机器同余，令 $\overline{S}=S/R$ 是对应于 R 的 S 的划分(见 4.5 节)，那么 $\overline{S}=\{[s] \mid s \in S\}$。

对于任意输入 $x \in I$，考虑 $\overline{S}$ 上的关系 $\overline{f}_x$，它定义为

$$\overline{f}_x=\{([s],[f_x(s)])\}$$

如果$[s]=[t]$，那么 sRt，所以 $f_x(s)\,R\,f_x(t)$，从而$[f_x(s)]=[f_x(t)]$，这就证明了关系 $\overline{f}_x$ 是从 $\overline{S}$ 到 $\overline{S}$ 的一个函数，并且对 $\overline{S}$ 中的所有等价类 $[s]$，可以写出 $\overline{f}_x([s])=[f_x(s)]$。如果设 $\overline{\mathrm{F}}=\{\overline{f}_x \mid x \in I\}$，那么三元组 $\overline{M}=(\overline{S}, I, \overline{\mathrm{F}})$是一个有限状态机，称它为**对应 *R* 的 *M* 的商**，也用 M/R 表示 $\overline{M}$。

一般地，商机器比原机器更简单。在 10.6 节将证明为了某些目的寻找更简单的商机器取代原机器通常是可能的。

例 6 设 M 是有限状态机，它的状态转换表如图 10.27 所示，那么 $S=\{s_0, s_1, s_2, s_3, s_4, s_5\}$。设 R 是 S 上的等价关系，它的矩阵是

$$\boldsymbol{M}_R=\begin{bmatrix}1&0&1&0&0&0\\0&1&0&1&0&1\\1&0&1&0&0&0\\0&1&0&1&0&1\\0&0&0&0&1&0\\0&1&0&1&0&1\end{bmatrix}$$

那么有 S/R={[s_0]，[s_1]，[s_4]}，其中[s_0]={s_0，s_2}=[s_2]，[s_1]={s_1，s_3，s_5}=[s_3]=[s_5]，[s_4]={s_4}。可以检验 R 是一个机器同余。图 10.27 中的状态转换表表明 f_a 把 [s_i]中的每个元素视为[s_i]的一个元素($i=0, 1, 4$)。同样，f_b 把[s_0]中的每个元素视为 [s_4]的一个元素，[s_1]中的每个元素视为[s_0]的一个元素，[s_4]中的每个元素视为[s_1]的一个元素。这些结果表明 R 是一个机器同余。商机器 M/R 的状态转换表如图 10.28 所示。 ■

	a	b
s_0	s_0	s_4
s_1	s_1	s_0
s_2	s_2	s_4
s_3	s_5	s_2
s_4	s_4	s_3
s_5	s_3	s_2

图 10.27

	a	b
[s_0]	[s_0]	[s_4]
[s_1]	[s_1]	[s_0]
[s_4]	[s_4]	[s_2]

图 10.28

例 7 设 I={0，1}，S={s_0，s_1，s_2，s_3，s_4，s_5，s_6，s_7}，M=(S，I，$\mathcal{F}$)，有限状态机的有向图如图 10.29 所示。

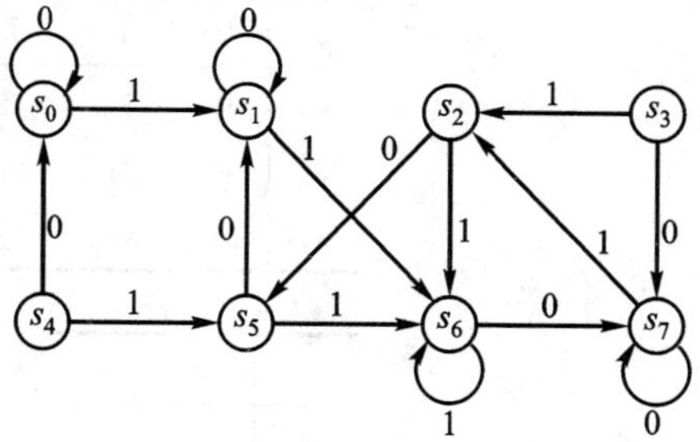

图 10.29

假设 R 是等价关系，它对应 S 的划分 S/R 是{{s_0，s_4}，{s_1，s_2，s_5}，{s_6}，{s_3，s_7}}，那么从图 10.29 的有向图很容易检查 R 是一个机器同余。为了获得商机器 $\overline{M}$ 的有向图，把每个等价类[s_0]={s_0, s_4}, [s_1]={s_1, s_2, s_5}, [s_6]={s_6}, [s_3]={s_3, s_7}画成一个顶点，并且如果在原有向图里存在从[s_i]中某个顶点到[s_j]中某个顶点的一条边，那么构造从[s_i]到[s_j]的一条边。在这种情况下，构造的边用[s_i]中的某个顶点到[s_j]中的某个顶点的所有输入来标号。图 10.30 表示了这个结果。本例所描述的过程适宜于一般情况。 ■

如果 M={S, I, $\mathcal{F}$, s_0, T}是一个摩尔机，R 是 M 上的一个机器同余，那么设 $\overline{T}$={[t] | $t\in T$}，因此序列 $\overline{M}$={ $\overline{S}$，I，$\overline{\mathrm{F}}$，[s_0]，$\overline{T}$ }是一个摩尔机。换句话说，计算通常的商机器 M/R。于是指定[s_0]为开始状态，并且设 $\overline{T}$ 是接收状态等价类的集合。用这种构造方式得到的摩尔机 $\overline{M}$ 称

为 M 的商摩尔机。

例 8 考虑摩尔机$(S, I, \mathcal{F}, s_0, T)$，其中$(S, I, \mathcal{F})$是例 6 中的有限状态机，$T$ 是集合$\{s_1, s_3, s_4\}$，得到的商摩尔机的有向图如图 10.31 所示。■

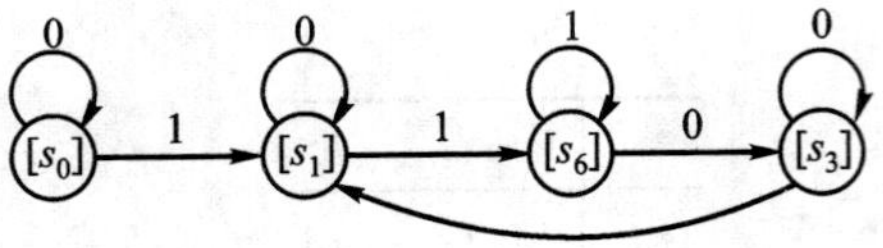

图 10.30

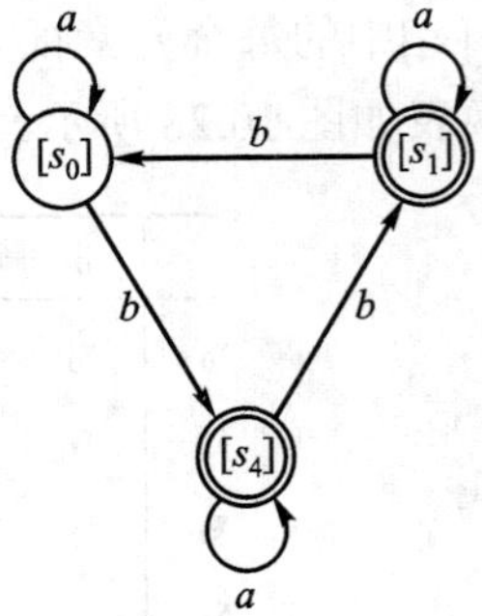

图 10.31

习 题 10.3

在第 1 题~第 6 题中，已知状态转换表，画出机器的有向图。用适当的输入为边标号。

1.

	0	1
s_0	s_0	s_1
s_1	s_1	s_2
s_2	s_2	s_0

2.

	0	1	2
s_0	s_1	s_0	s_2
s_1	s_0	s_0	s_1
s_2	s_2	s_0	s_2

3.

	a	b
s_0	s_1	s_0
s_1	s_2	s_0
s_2	s_2	s_0

4.

	a	b
s_0	s_1	s_0
s_1	s_2	s_1
s_2	s_3	s_2
s_3	s_3	s_3

5.

	a	b	c
s_0	s_0	s_1	s_2
s_1	s_2	s_1	s_1
s_2	s_1	s_1	s_2
s_3	s_2	s_0	s_1

6.

	0	1	2
s_0	s_0	s_2	s_1
s_1	s_1	s_3	s_2
s_2	s_2	s_1	s_3
s_3	s_3	s_3	s_2

在第 7 题~第 12 题中(图 10.32~图 10.37)，已知有向图，构造有限状态机的状态转换表。

7.

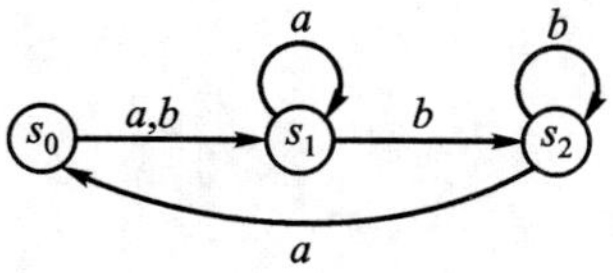

图 10.32

8.

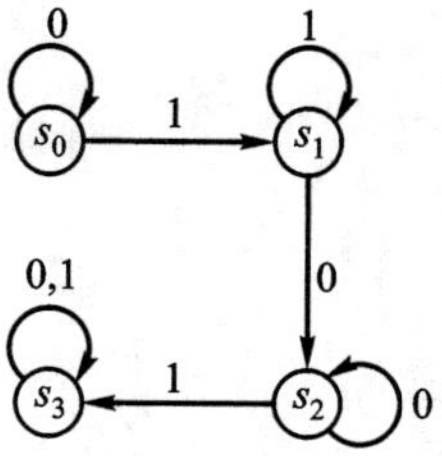

图 10.33

9.

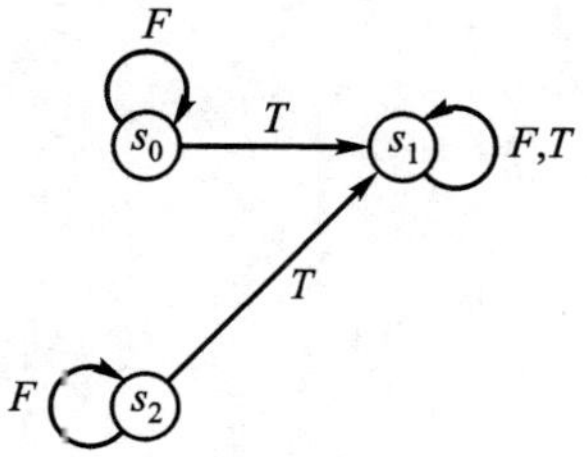

图 10.34

10.

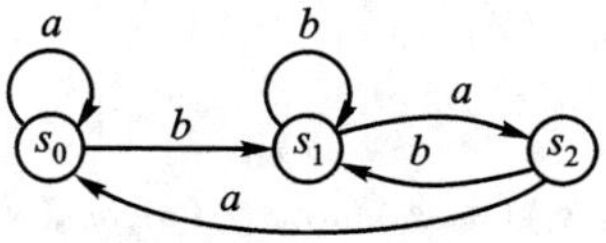

图 10.35

11.

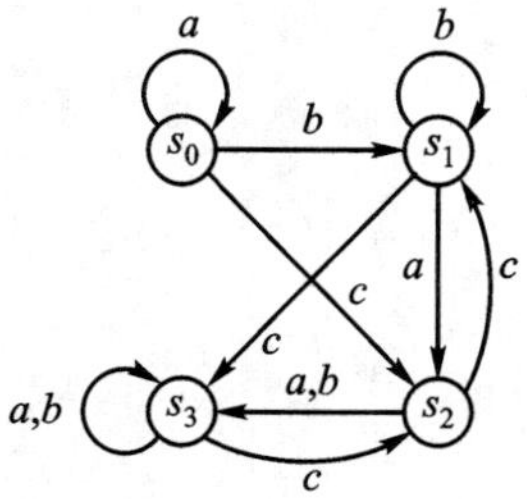

图 10.36

12.

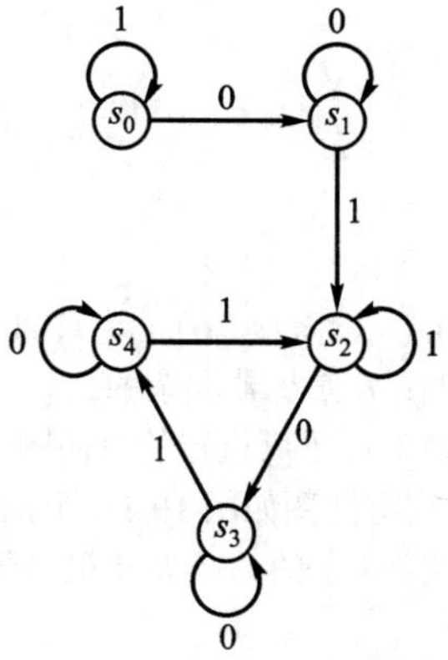

图 10.37

13. 设 $M=(S, I, \mathcal{F})$是一个有限状态机，定义 I 上的一个关系 R 如下：x_1 R x_2 当且仅当对 S 中的每个 s 有 $f_{x_1}(s)=f_{x_2}(s)$，证明：R 是 I 上的一个等价关系。

14. 设$(S, *)$是一个有限半群，那么可以考虑机器$(S, S, \mathcal{F})$，其中$\mathcal{F}=\{f_x|x\in S\}$，并且对所有 $x, y\in S$ 有 $f_x(y)=x*y$。因此，有状态集合与输入是相同的一个有限状态机。定义 S 上的一个关系 R 如下：$x R y$ 当且仅当存在某个 $z\in S$ 使得 $f_z(x)=y$。证明：R 是传递的。

15. 考虑一个有限群$(S, *)$并且设$(S, S, \mathcal{F})$是第 14 题中构造的有限状态机，证明：如果 R 是第 10 题中定义的关系，那么 R 是一个等价关系。

16. 设 $I=\{0, 1\}$，$S=\{a, b\}$，构造 S 作为状态集、I 作为输入集的有限状态机的所有可能的状态转换表。

17. 考虑具有如下状态转换表的机器。

	0	1
1	1	4
2	3	2
3	2	3
4	4	1

这里 $S=\{1，2，3，4\}$。

(a) 证明 $R=\{(1，1)，(1，4)，(4，1)，(4，4)，(2，2)，(2，3)，(3，2)，(3，3)\}$ 是机器同余的。

(b) 构造对应于商机器的状态转换表。

18．考虑状态转换表如下所示的机器。

	a	b	c
s_0	s_0	s_1	s_3
s_1	s_0	s_1	s_2
s_2	s_2	s_3	s_0
s_3	s_2	s_2	s_0

设 $R=\{(s_0, s_1),(s_0, s_0),(s_1, s_1),(s_1, s_0),(s_3, s_2),(s_2, s_2),(s_3, s_3),(s_2, s_3)\}$。

(a) 证明：R 是机器同余的。

(b) 构造对应于商机器的有向图。

19．考虑状态转换表如下所示的机器。

	0	1
s_0	s_1	s_2
s_1	s_0	s_2
s_2	s_3	s_0
s_3	s_1	s_3

设 $R=\{(s_0, s_0), (s_1, s_1), (s_2, s_2), (s_3, s_3), (s_0, s_1), (s_1, s_0)\}$。

(a) 证明：R 是机器同余的。

(b) 构造对应于商机器的有向图。

20．考虑有向图如图 10.38 所示的摩尔机。

(a) 证明：S 上的关系 R 是机器同余的，关系 R 的矩阵为

$$\boldsymbol{M}_R=\begin{bmatrix}1&0&0&0&0\\0&1&0&0&0\\0&0&1&1&1\\0&0&1&1&1\\0&0&1&1&1\end{bmatrix}$$

(b) 画对应于商机器的有向图。

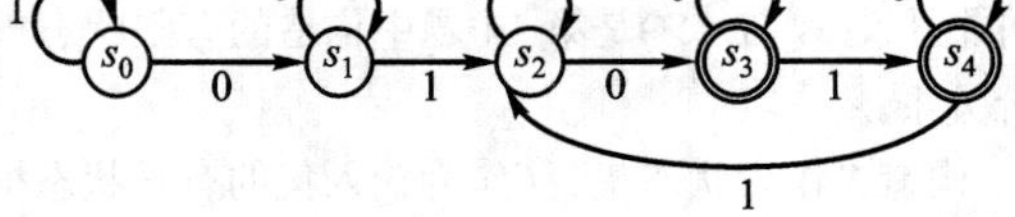

图 10.38

21．考虑有向图如图 10.39 所示的摩尔机，证明：如果 S 上的关系 R 的矩阵是

$$\boldsymbol{M}_R = \begin{bmatrix} 1 & 0 & 0 & 0 & 1 & 0 \\ 0 & 1 & 0 & 0 & 0 & 1 \\ 0 & 0 & 1 & 1 & 0 & 0 \\ 0 & 0 & 1 & 1 & 0 & 0 \\ 1 & 0 & 0 & 0 & 1 & 0 \\ 0 & 1 & 0 & 0 & 0 & 1 \end{bmatrix}$$

那么 R 是机器同余的。画出对应商摩尔机的有向图。

22．考虑有向图如图 10.40 所示的摩尔机，在 S 上的关系 R 的矩阵是

$$\boldsymbol{M}_R = \begin{bmatrix} 1 & 0 & 0 & 0 & 0 \\ 0 & 1 & 0 & 0 & 0 \\ 0 & 0 & 1 & 1 & 1 \\ 0 & 0 & 1 & 1 & 1 \\ 0 & 0 & 1 & 1 & 1 \end{bmatrix}$$

证明：关系 R 是机器同余的，并且画出对应商摩尔机的有向图。

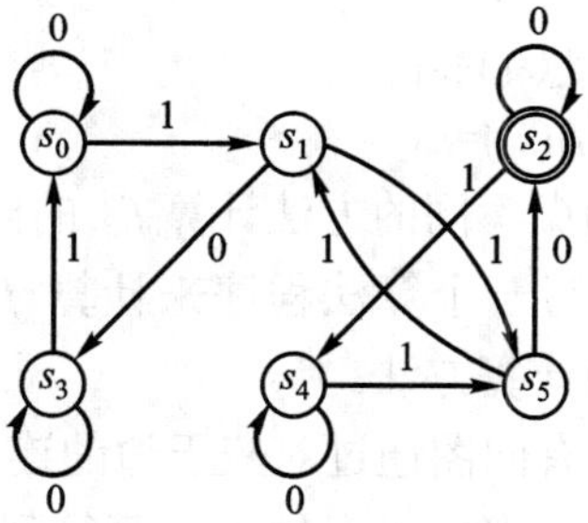

图 10.39

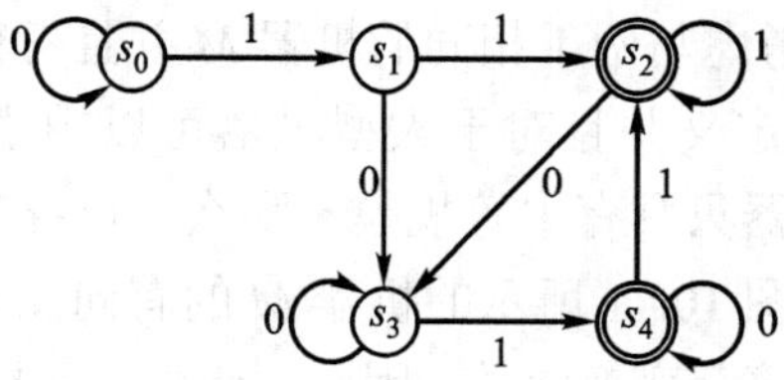

图 10.40

23．设 $M'=(S', I, \mathcal{F}', s_0', T')$，$M''=(S'', I, \mathcal{F}'', s_0'', T'')$是两个具有相同输入集的摩尔机。定义：$S=S'\times S''$，$s_0=(s_0', s_0'')$，$T=T'\times T''$，$\mathcal{F}$为$f_x(s', s'')=(f_x'(s'), f_x''(s''))$。证明：$M=(S, I, \mathcal{F}, s_0, T)$是一个摩尔机。

24．设 $M'=(S', I, \mathcal{F}', s_0', T')$，$M''=(S'', I, \mathcal{F}'', s_0'', T'')$是两个具有相同输入集的摩尔机，定义：$S=S'\times S''$，$s_0=(s_0', s_0'')$，$T=\{(t', t'')|t'\in T'$或者$t''\in T''\}$，$\mathcal{F}$为$f_x(s', s'')=(f_x'(s'), f_x''(s''))$。证明：$M=(S, I, \mathcal{F}, s_0, T)$是一个摩尔机。

25．用第 23 题中定义的 M 给出它的状态转换表，这里的 M'是第 1 题中的机器，M''是第 8 题中的机器。

10.4　幺半群、机器和语言

设 $M=\{S, I, \mathcal{F}\}$是具有状态集合 $S=\{s_0, s_1, \cdots, s_n\}$、输入集合 I 和状态转换函数$\mathcal{F}=\{f_x \mid x\in I\}$的一个有限状态机。

将 M 与两个幺半群联系起来，关于幺半群的构造可以回顾 9.2 节。首先，在输入集合 I 上存在自由幺半群 I^*，该幺半群是由 I 中所有有限序列(或“字符串”或“字”)组成的，用连接作为它的二元运算。单位元是空字符串Λ。其次有幺半群 S^s，它是由 S 到 S 的所有函数组成的并且用函数合成作为它的二元运算。S^s 中的单位元是函数 I_s，它的定义是对于 S 中所有的 s 有 $I_S(s)=s$。

如果 $w=x_1x_2\cdots x_n\in I^*$，那么设 $f_w = f_{x_n} \circ f_{x_{n-1}} \circ\cdots\circ f_{x_1}$ 是函数 $f_{x_n}, f_{x_{n-1}},\cdots, f_{x_1}$ 的合成。同样，定义 f_Λ是 I_S。用这种方法将 S^s 中的一个元素 f_w 赋值给 I^*中的各个元素 w。如果把每个 f_x 看成是关于机器 M 的状态上的输入 x 的结果，那么 f_w 表示字 w 中所有输入字母的合成结果，输入字母是以 w 所指定的序列接收的。称 f_w 是**对应于 w 的状态转换函数**。

例 1 设 $M=(S, I, \mathcal{F})$，$S=\{s_0, s_1, s_2\}$，$I=\{0, 1\}$，$\mathcal{F}$是由下面的状态转换表给出的。

	0	1
s_0	s_0	s_1
s_1	s_2	s_2
s_2	s_1	s_0

设 $w = 011\in I^*$，那么

$$f_w(s_0)=(f_1\circ f_1\circ f_0)(s_0)=f_1(f_1(f_0(s_0)))=f_1(f_1(s_0))=f_1(s_1)=s_2$$

类似地，有

$$f_w(s_1)=f_1(f_1(f_0(s_1)))=f_1(f_1(s_2))=f_1(s_0)=s_1$$
$$f_w(s_2)=f_1(f_1(f_0(s_2)))=f_1(f_1(s_1))=f_1(s_2)=s_0$$ ■

例 2 考虑与例 1 相同的机器 M 并且考察用与例 1 稍微不同的方法计算 f_w 的问题。在例 1 中直接使用定义并且对于大型机器可以用刚才的方法编写一个算法程序来计算 f_w 的值。然而，如果机器只具有中等规模，那么可以寻找另外更好的计算方法。

从画如图 10.41 所示的机器 M 的有向图开始，用这个有向图通过对应于边的连续输入字母变换就可计算字变换函数。因此，计算 $f_w(s_0)$可以从状态 s_0 开始，并且输入 0 可得到状态 s_0。输入 1 可得到状态 s_1，最后输入 1 得到 s_2。因此，同上面一样，得到 $f_w(s_0)=s_2$。

现在计算 $f_{w'}$，其中 $w'=01011$。s_0 的连续变换是

$$s_0 \xrightarrow{0} s_0 \xrightarrow{1} s_1 \xrightarrow{0} s_2 \xrightarrow{1} s_0 \xrightarrow{1} s_1$$

所以 $f_{w'}(s_0) = s_1$。类似地可得到 $f_{w'}(s_1) = s_2$ 和 $f_{w'}(s_2) = s_0$。 ■

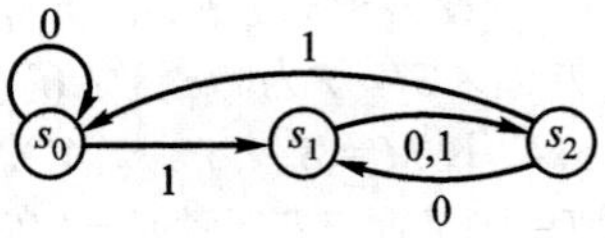

图 10.41

这种翻译字变换函数(如 f_w 和 $f_{w'}$)的方法在设计具有某些期望性质的字变换的机器时是十分有用的。在理论的实际应用中这是至关重要的一步，在下一节将讨论它。

设 $M=(S, I, \mathcal{F})$是一个有限状态机，定义从 I^*到 S^s 的一个函数 T，如果 w 是 I^*里的字符串，那么与前面的定义一样令 $T(w)=f_w$。于是有下面的结果。

定理 1 (a) 如果 w_1 和 w_2 属于 I^*，那么 $T(w_1\cdot w_2)=T(w_2)\circ T(w_1)$。

(b) 如果 $\mathrm{M}=T(I^*)$，那么 M 是 S^s 的子幺半群。

证明 (a) 设 $w_1=x_1x_2\cdots x_k$ 和 $w_2=y_1y_2\cdots y_m$ 是 I^*中两个字符串，则

$$T(w_1 \cdot w_2) = T(x_1 x_2 \cdots x_k y_1 y_2 \cdots y_m)$$
$$= (f_{y_m} \circ f_{y_{m-1}} \circ \cdots \circ f_{y_1}) \circ (f_{x_k} \circ f_{x_{k-1}} \circ \cdots \circ f_{x_1}) = T(w_2) \circ T(w_1)$$

同样，由定义得 $T(\Lambda)=I_S$。因此，T 是一个幺半群同态。

(b) 上面的(a)证明了如果 f 和 g 属于 M，那么 $f \circ g$ 和 $g \circ f$ 都属于 M。因此 M 是 S^s 的一个子半群。因为 $I_S = T(\Lambda)$, $I_S \in$ M，所以 M 是 S^s 的一个子幺半群。幺半群 M 称为**机器 *M* 的幺半群**。

■

例 3 设 $S=\{s_0, s_1, s_2\}$，$I=\{a, b, d\}$，考虑由图 10.42 中的有向图所定义的有限状态机 $M=(S, I, \mathcal{F})$。计算函数 f_{bad}，f_{add} 和 f_{badadd}，并且证明

$$f_{add} \circ f_{bad} = f_{badadd}$$

解 计算 f_{bad} 可以用下面的变换序列：

$$s_0 \xrightarrow{b} s_0 \xrightarrow{a} s_0 \xrightarrow{d} s_1$$
$$s_1 \xrightarrow{b} s_1 \xrightarrow{a} s_2 \xrightarrow{d} s_1$$
$$s_2 \xrightarrow{b} s_1 \xrightarrow{a} s_2 \xrightarrow{d} s_1$$

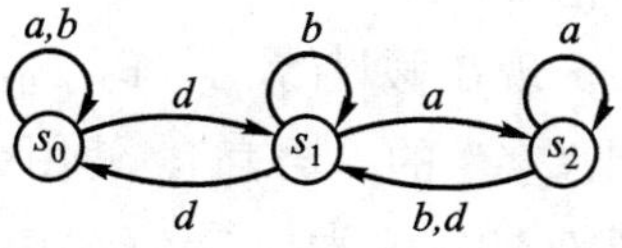

图 10.42

因此，$f_{baa}(s_0)=s_1$，$f_{bad}(s_1)=s_1$，$f_{bad}(s_2)=s_1$。

类似地，对于 f_{add} 有

$$s_0 \xrightarrow{a} s_0 \xrightarrow{d} s_1 \xrightarrow{d} s_0$$
$$s_1 \xrightarrow{a} s_2 \xrightarrow{d} s_1 \xrightarrow{d} s_0$$
$$s_2 \xrightarrow{a} s_2 \xrightarrow{d} s_1 \xrightarrow{d} s_0$$

所以 $f_{add}(s_i)=s_0$，i=0, 1, 2。类似的计算得到 $f_{badadd}(s_0)=s_0$，$f_{badadd}(s_1)=s_0$，$f_{badadd}(s_2)=s_0$。对于 $f_{add} \circ f_{bad}$ 有相同的结果成立。事实上

$$(f_{add} \circ f_{bad})(s_0)=f_{add}(f_{bad}(s_0))=f_{add}(s_1)=s_0$$
$$(f_{add} \circ f_{bad})(s_1)=f_{add}(f_{bad}(s_1))=f_{add}(s_1)=s_0$$
$$(f_{add} \circ f_{bad})(s_2)=f_{add}(f_{bad}(s_2))=f_{add}(s_1)=s_0$$

■

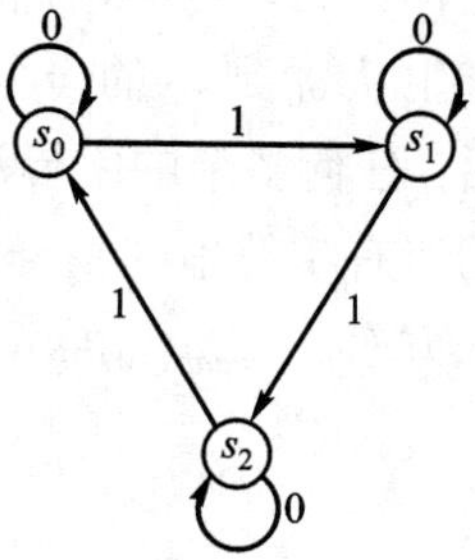

图 10.43

例 4 考虑其图如图 10.43 所示的机器，证明 $f_w(s_0)=s_0$ 当且仅当对某个 $n \geqslant 0$，w 有 $3n$ 个 1。

解 从图 10.43 可以看到 $f_0=I_s$，所以字符串 $w \in I^*$中的 0 对 f_w 没有任何影响。因此，如果 $\overline{w}$ 是 w 去掉所有 0 而得到的，那么 $f_w = f_{\overline{w}}$。设 $l(w)$表示 w 的**长度**，即 w 中数字的个数。那么 $l(\overline{w})$是对所有 $w \in I^*$的 w 中 1 的个数。对于每个 $n \geqslant 0$，考虑命题

P(n): 设 $w \in I^*$，$l(\overline{w})=m$。

(a) 若 $m=3n$，　　则 $f_w(s_0)=s_0$。

(b) 若 $m=3n+1$，　　则 $f_w(s_0)=s_1$。

(c) 若 $m=3n+2$， 则 $f_w(s_0)=s_2$。

用数学归纳法证明对所有 $n\geqslant 0$，P(n)为真。

基础步骤：假设 $n=0$，在情况(a)中，$m=0$；所以，w 中没有 1 并且 $f_w(s_0)=I_s\ (s_0)=s_0$。在情况(b)中，$m=1$，所以 $\bar{w}=1$ 和 $f_w(s_0)=f_{\bar{w}}(s_0)=f_1(s_0)=s_1$。最后，在情况(c)中，$m=2$，所以 $\bar{w}=11$，且 $f_w(s_0)=f_{\bar{w}}(s_0)=f_{11}(s_0)=f_1(s_1)=s_2$。

归纳步骤：必须证明 $P(k)\to P(k+1)$恒为真。设 $w\in I^*$，用 m 表示 $l(\bar{w})$。在情况(a)下，$m=3(k+1)=3k+3$；所以，$\bar{w}=w'\cdot 111$，其中 $l(w')=3k$，于是由情况(a)的 P(k)得 $f_{w'}(s_0)=s_0$，通过直接计算得 $f_{111}(s_0)=s_0$，所以 $f_{\bar{w}}(s_0)=f_{w'}(f_{111}(s_0))=f_{w'}(s_0)=s_0$。同理可证明(b)和(c)的情况。因此，P($k$+1)为真。由数学归纳法可知，对所有 $n\geqslant 0$，P(n)为真，所以 $f_w(s_0)=s_0$ 当且仅当 w 中 1 的个数是 3 的倍数。 ■

现在假设(S，I，F，s_0，T)是一个摩尔机，像 10.1 节那样，可以把 I^*的某些子集看成 I 中有“字”的“语言”。使用 M 就能定义这样的一个子集并用 $L(M)$表示，称为**机器 M 的语言**。把 $L(M)$定义为使得 $f_w(s_0)\in T$ 的所有 $w\in I^*$的集合。换句话说，$L(M)$是由所有字符串组成的，该字符串当用作机器的输入时，使开始状态 s_0 运行到 T 的接收状态。因此，在这种意义下，M 接收字符串。正因如此，在 10.3 节中 T 里的状态取名为接收状态。

例 5 设 $M=(S, I, \text{F}, s_0, T)$是摩尔机，($S$，$I$，F)是有限状态机，它的有向图如图 10.43 所示，$T=\{s_1\}$。例 4 的讨论证明了 $f_w(s_0)=s_1$ 当且仅当 w 中 1 的个数具有形式 $3n+1$(对某个 $n\geqslant 0$)。因此，$L(M)$恰好是对某个 $n\geqslant 0$ 有 $3n+1$ 个 1 的所有字符串的集合。 ■

例 6 考虑有向图如图 10.44 所示的摩尔机 M，这里的状态 s_0 是开始状态，$T=\{s_2\}$。$L(M)$是什么呢？显然，输入集合是 $I=\{a, b\}$。注意，为了使字符串 w 产生从 s_0 到 s_2 的一个变换，w 必须至少包含两个 b。在到达 s_2 之后，任何多余的字母没有影响。因此，$L(M)$是有两个或多于两个 b 的所有字符串的集合。例如，$f_{aabaa}(s_0)=s_1$，所以 $aabaa$ 被拒绝。另一方面，$f_{abaab}(s_0)=s_2$，所以 $abaab$ 被接收。 ■

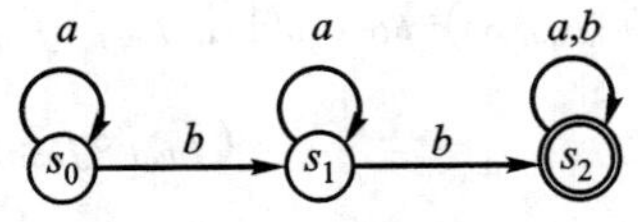

图 10.44

习 题 10.4

在第 1 题~第 5 题中提到的有限状态机的状态转换表是

	0	1
s_0	s_0	s_1
s_1	s_1	s_2
s_2	s_2	s_3
s_3	s_3	s_0

1. 列出 w=01001 的变换函数 f_w 的值。

2. 列出 w=11100 的变换函数 f_w 的值。

3. 描述具有性质 $f_w(s_0)=s_0$ 的二元字(0 和 1 的序列)w 的集合。

4. 描述具有性质 $f_w=f_{010}$ 的二元字 w 的集合。

5. 描述具有性质 $f_w(s_0)=s_2$ 的二元字 w 的集合。

在第 6 题~第 10 题中，已知有限状态机的有向图如图 10.45 所示。

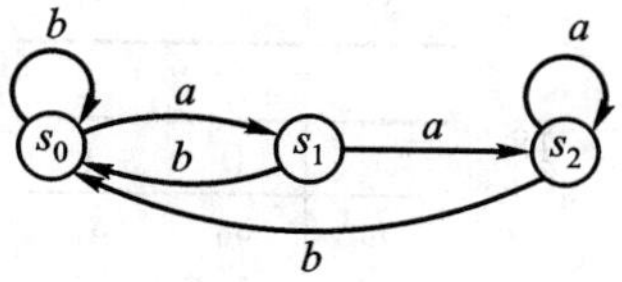

图 10.45

6. 列出 w=*abba* 的变换函数 f_w 的值。

7. 列出 w=*babab* 的变换函数 f_w 的值。

8. 描述具有性质 $f_w(s_0)=s_2$ 的字 w 的集合。

9. 描述具有性质 $f_w(s_0)=s_0$ 的字 w 的集合。

10. 描述具有性质 $f_w=f_{aba}$ 的字 w 的集合。

在第 11 题~第 15 题中，已知摩尔机的有向图如图 10.46~图 10.50 所示，(用字)描述由摩尔机接收的语言。

11.

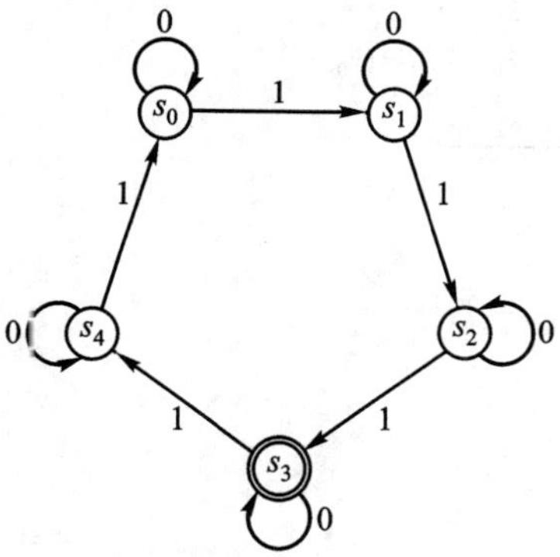

图 10.46

12.

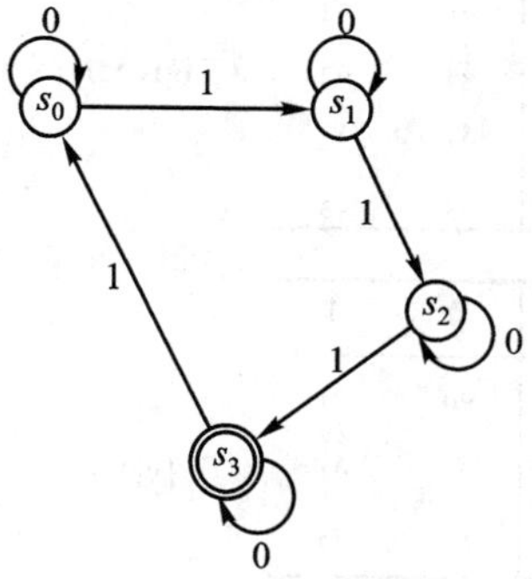

图 10.47

13.

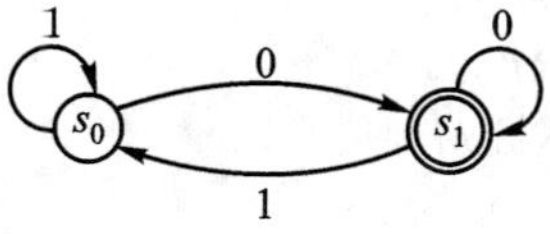

图 10.48

14.

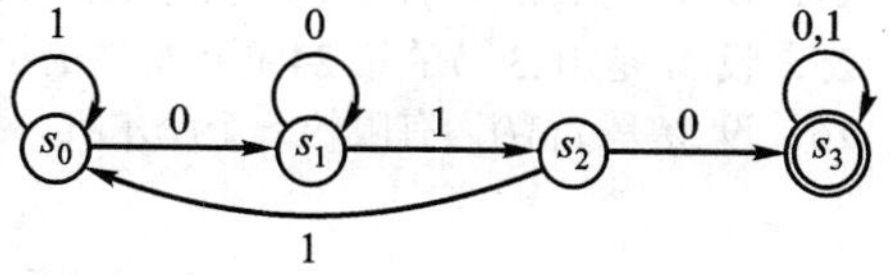

图 10.49

15.

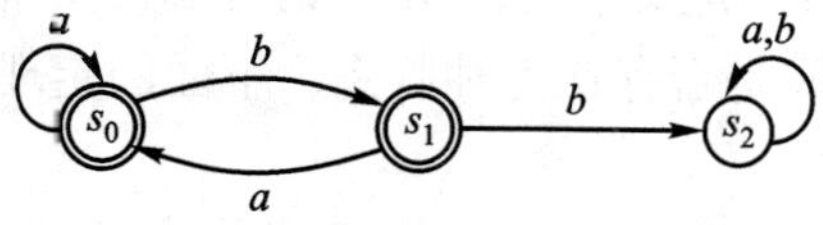

图 10.50

在第 16 题~第 22 题中，已知开始状态 s_0 和接收状态集 T 以及摩尔机的状态表，(用字)描述由摩尔机接收的语言。

16.

	0	1
s_0	s_1	s_2
s_1	s_1	s_2
s_2	s_2	s_1

$T=\{s_2\}$

17.

	0	1
s_0	s_1	s_0
s_1	s_1	s_2
s_2	s_1	s_0

$T=\{s_2\}$

18.

	0	1
s_0	s_0	s_1
s_1	s_0	s_1

$T=\{s_1\}$

19.

	x	y	z
s_0	s_1	s_3	s_4
s_1	s_4	s_2	s_4
s_2	s_4	s_4	s_4
s_3	s_4	s_4	s_2
s_4	s_4	s_4	s_4

$T=\{s_2\}$

20.

	x	y
s_0	s_1	s_2
s_1	s_3	s_2
s_2	s_1	s_2
s_3	s_3	s_3

$T=\{s_1, s_2\}$

21.

	0	1
s_0	s_2	s_1
s_1	s_1	s_1
s_2	s_1	s_2

$T=\{s_0, s_1\}$

22.

	0	1
s_0	s_0	s_1
s_1	s_2	s_1
s_2	s_2	s_2

$T=\{s_1\}$

23．设 $M=\{S, I, \mathcal{F}, s_0, T\}$ 是一个摩尔机，假设如果 $s\in T$ 且 $w\in I^*$，那么 $f_w(s)\in T$。证明：$L(M)$是$(I^*, \cdot)$的一个子半群，其中·是连接。

24．设 M 是 10.3 节的第 23 题中构造的机器。证明：$L(M)=L(M')\cap L(M'')$。

25．设 M 是 10.3 节的第 24 题中构造的机器。证明：$L(M)=L(M')\cup L(M'')$。

26．设 M 是 $L(M)$为有限的一个摩尔机。描述接收 $I^*-L(M)$的一个摩尔机 M'。

10.5 机器与正则语言

设 $M=(S, I, \mathcal{F}, s_0, T)$是一个摩尔机，在 10.4 节中定义了机器 M 的语言 $L(M)$，很自然要问这种语言与 10.1 节所讨论的短语结构文法语言之间是否存在一种联系。下面的定理(应归于 S. Kleene)描述了这种联系。

定理 1 设 I 是一个集合，$L\subseteq I^*$，那么 L 是类型 3 语言，即：$L=L(G)$当且仅当对某个摩尔机 $M=(S, I, \mathcal{F}, s_0, T)$有 $L=L(M)$，其中 G 是以 I 作为它的终结符集合的类型 3 文法。 ■

在 10.2 节中已陈述一个集合 $L \subseteq I^*$ 是类型 3 语言当且仅当 L 是一个正则集合，即：当且仅当 L 对应于 I 上的某个正则表达式。这就导出定理 1 的如下推论。

推论 1 设 I 是一个集合，$L \subseteq I^*$，那么对某个摩尔机 $M=(S,I,F\ ,s_0,T)$，$L=L(M)$ 当且仅当 L 是一个正则集合。 ■

这里不给出定理 1 完整而详细的证明。然而，很容易从已知摩尔机给出产生类型 3 文法的语法结构。为此只需文法和机器有相同的语言。设 $M=(S,I,\mathcal{F},s_0,T)$ 是已给定的摩尔机，构造类型 3 文法 $G=(V,I,s_0,\mapsto)$ 如下。设 $V=I \cup S$，即 I 是 G 的终结符集合，而 S 是非终结符集合。设 s_i 和 s_j 属于 S，$x \in I$，如果 $f_x(s_i)=s_j$，即：如果输入 x 能使状态 s_i 变到 s_j，那么记 $s_i \mapsto xs_j$。如果 $f_x(s_i) \in T$，即：如果输入 x 能使状态 s_i 变到某个接收状态，那么同样记 $s_i \mapsto x$。现在设 $\mapsto$ 是由上面两个条件所决定的关系并且把这种关系看作 G 的生成式关系。

上面构造的文法 G 与 M 有相同的语言，例如，假设 $w=x_1x_2x_3 \in I^*$，字符串 w 属于 $L(M)$ 当且仅当 $f_w(s_0)=f_{x_3}(f_{x_2}(f_{x_1}(s_0))) \in T$。设 $a=f_{x_1}(s_0)$，$b=f_{x_2}(a)$，$c=f_{x_3}(b)$，其中 $c=f_w(s_0)$ 属于 T，那么上面所给的 $\mapsto$ 的构造规则表明

$$(1)\ s_0 \mapsto x_1a \quad (2)\ a \mapsto x_2b \quad (3)\ b \mapsto x_3$$

是 G 中的所有生成式。出现最后一种情况是因为 $c \in T$。如果从 s_0 开始并且连续用(1)、(2)和(3)取代，那么可以看到 $s_0 \Rightarrow^* x_1x_2x_3=w$(见 10.1 节)，所以 $w \in L(G)$。对于 $L(M)$ 中的任意字符串可以实行类似的论证，所以 $L(M) \subseteq L(G)$。如果把上面所给的论证倒过来，则可得到 $L(G) \subseteq L(M)$。因此，M 和 G 有相同的语言。

例 1 考虑图 10.44 所示的摩尔机 M，构造类型 3 文法 G 使得 $L(G)=L(M)$，并求 $I=\{a,b\}$ 上对应 $L(M)$ 的一个正则表达式。

解 设 $I=\{a,b\}$，$S=\{s_0,s_1,s_2\}$，$V=I \cup S$，构造文法$(V, I, s_0, \mapsto)$，其中 $\mapsto$ 描述如下：

$$\begin{aligned}\mapsto:\ & s_0 \mapsto as_0,\ s_2 \mapsto bs_2\\ & s_0 \mapsto bs_1,\ s_1 \mapsto b\\ & s_1 \mapsto as_1,\ s_2 \mapsto a\\ & s_1 \mapsto bs_2,\ s_2 \mapsto b\\ & s_2 \mapsto as_2\end{aligned}$$

生成式关系 $\mapsto$ 的构造与先前指定的一样，所以 $L(M)=L(G)$。

如果考查图 10.44，则可以看到字符串 $w \in L(M)$ 有如下性质。任意 n ($n \geqslant 0$)个 a 可出现在 w 的开始，为了产生从 s_0 到 s_1 的变换，在字符串的某个位置必须出现一个 b，在该 b 之后，可以出现任意 k ($k \geqslant 0$)个 a，紧接另一个 b 产生到 s_2 的变换。w 的余下部分(如果有的话)是完全任意的，因为机器一旦进入这种状态之后就不能离开 s_2。从这种描述很容易看到 $L(M)$ 对应于正则表达式 $a^*ba^*b(a \vee b)^*$ ■

例 2 考虑摩尔机，它的有向图如图 10.51 所示，用通常的词汇描述语言 $L(M)$，然后构造

对应于 $L(M)$的正则表达式并且用 BNF 形式描述对应文法 G 的生成式。

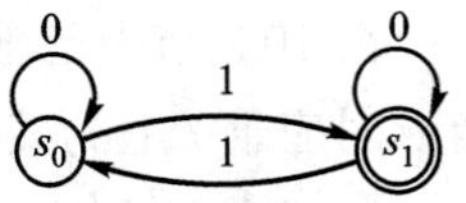

图 10.51

解 显然在输入字符串中 0 对状态不产生任何影响。如果输入字符串 w 有奇数个 1，那么 $f_w(s_0)=s_1$。如果 w 有偶数个 1，那么 $f_w(s_0)=s_0$。因为 $T=\{s_1\}$，所以 $L(M)$是由 I^*中有奇数个 1 的所有 w 组成的。

下面求对应于 $L(M)$的正则表达式。因为表达式 0^*10^*只有一个 1，所以对应于表达式 0^*10^*的任意输入字符串将被接收。如果输入 w 用这种方式开始，但它有多于一个 1，那么其余的 1 必须成对出现，每一对 1 之间或之后允许出现任意个 0。前面的语句描述了对应于表达式$(10^*10^*)^*$的字符串的集合。因此，$L(M)$对应于正则表达式

$$0^*10^*(10^*10^*)^*$$

最后，从 M 构造出的类型 3 文法是 $G=(V, I, s_0, \mapsto)$，$V=I\cup S$。关系$\mapsto$的 BNF 是

$$< s_0>::=0<s_0>|1<s_1>|1$$
$$<s_1>::=0<s_1>|1<s_0>|0$$

■

也许偶尔需要确定用已知的摩尔机实现的函数，如上面例子所示的那样。然而，更通常要做的事是必须构造一部完成一项给定任务的机器。该任务也许是通过日常语言描述、一个正则表达式或者等价的类型 3 文法定义给出的，也许是用 BNF 形式或语法图定义给出的。构造这样一部机器存在一些系统的几乎是机械的方法。它们大部分使用了非确定性机器的概念并且从这种机器到已讨论的摩尔机使用了冗长的翻译过程。如果机器的任务不太复杂，那么可以在进程中使用简单的推理来构造机器，通常是用它的有向图形式。无论使用哪种方法，所得到的机器也许是非常低效的；例如，它可能有非需要的状态。在 10.6 节，将给出构造效率高得多的等价机器的一个过程。

例 3 构造一个摩尔机 M 使它从 0 和 1 的输入字符串中刚好接收字符串 001，换句话说，$I=\{0,1\}$，$L(M)=\{001\}$。

解 必须从状态 s_0 开始，如果 w 是 0 和 1 的输入字符串并且 w 用一个 0 开始，那么 w 也许被接收(依赖于它的余下部分)。因此，朝着接收方向走了一步并且需要存在对应于该步骤的一个状态 s_1。所以可以像图 10.52(a)那样开始。如果下一次收到另一个 0，那么朝接收方向又多前进了一步，所以构造另一个状态 s_2 并且设 0 给出从 s_1 到 s_2 的一个变换。状态 s_1 表示条件“输入的第一个符号是一个 0”，而状态 s_2 表示条件“输入的开始两个符号是 00”。这种情形如图 10.52(b)所示。最后，如果第三个输入符号是一个 1，那么运行到接收状态，如图 10.52(c)所示。以任何其他序列开始输入数字或任何多余的数字都将不可避免地运行到“失败状态”s_4。因此，图 10.52(d)给出了完整的机器。 ■

例 3 中阐明的过程很难精确地描述或推广。可以试图构造出表示输入复杂性导致一个可接收字符串的每个连续阶段的状态，也一定存在描述当收到某个符号时就破坏已有的输入模式的方法的状态。如果机器能识别几种本质上不同的输入类型，那么必须构造对应于每类输入的单独分支。这个过程也许会很冗长，但是这种机器稍后能被简化。

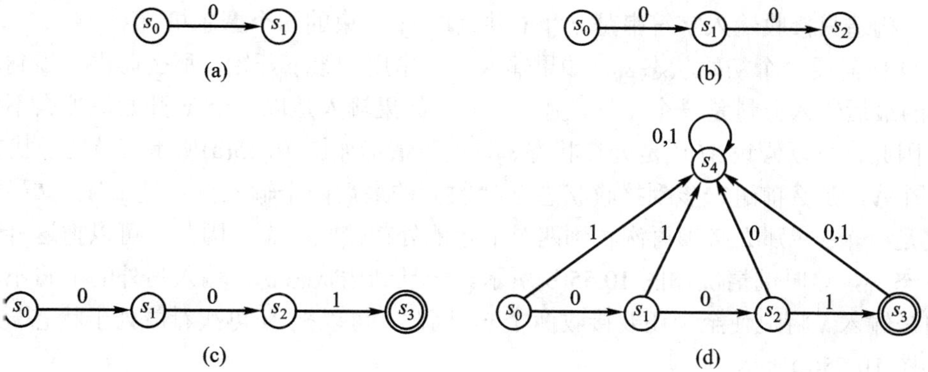

图 10.52

例 4 设 $I=\{0, 1\}$，构造一个摩尔机使它接收的输入序列 w 包含字符串 01 或字符串 10 而不管这些字符串在 w 中的位置情况。换言之，只接收不是全部由 0 或者 1 所组成的那些字符串。

解 这是一个简单的例子，在该例子中无论开始收到什么样的输入数字，字符串被接收当且仅当最后收到其他数字。一定存在一个开始状态 s_0，状态 s_1 和 s_2 分别对应于开始收到的 0 或 1，而当收到其他数字时就到达了(接收)状态 s_3 和 s_4。一旦到达一个接收状态，机器就停留在此状态。因此，构造这种机器的有向图如图 10.53 所示。 ■

在例 3 中，一旦到达接收状态，任何多余的输入将永远变换到非接收状态。在例 4 中，一旦到达接收状态，任何多余的输入将不产生影响。有时情形处于这两种极端之间。当收到输入时，机器也许重复地进入和离开接收状态。考虑摩尔机 M，它的有向图如图 10.54 所示，该机器是对 10.4 节的例 4 中所给的有限状态机的稍微修改。从例中可以知道 $w\in L(M)$当且仅当 w 中 1 的个数具有形式 $3n(n\geqslant 0)$。当收到输入符号时，M 可以重复进入和离开 s_0。理想状态“收到一个 1”和“收到 4 个 1”两者都可以用 s_1 表示。当构造机器时应该记住，先前定义的表示一个理想的输入条件的状态可以用作新的输入条件，如果这两个条件对于朝接收方向的输入流都表示相同的前进程度的话。下一个例子说明了这个事实。

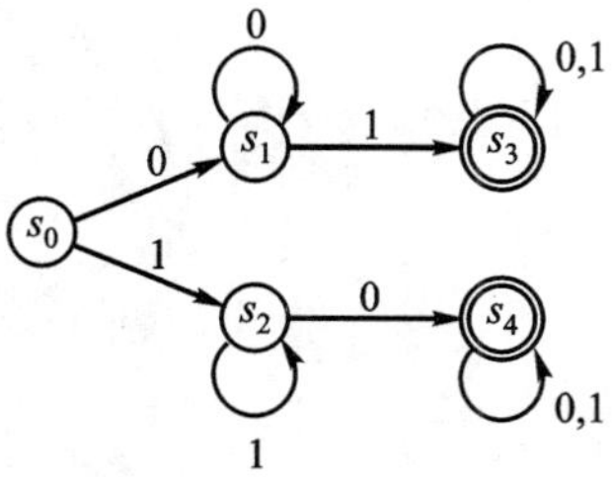

图 10.53

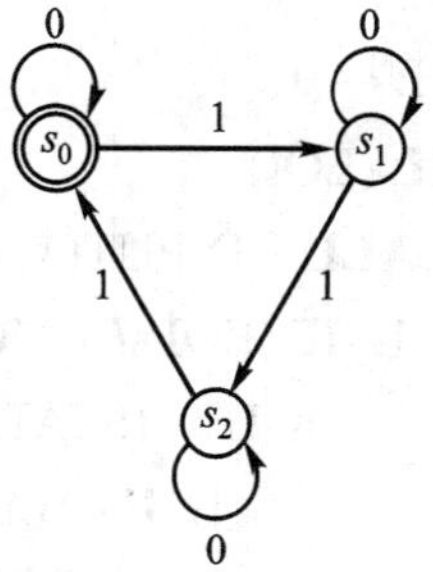

图 10.54

例 5 构造只接收输入字符串是 x 和 y 并且以 yy 结束的一个摩尔机。

解 同样需要一个初始状态 s_0。如果输入字符串用一个 y 开始，那么前进一步到新的状态 s_1(“收到的最后输入分量是一个 y”)。另一方面，如果输入是以一个 x 开始，那么不朝接收方向前进。因此，可以假设 M 还是处在状态 s_0，这种情形如图 10.55(a)所示。当处于状态 s_1 时如果收到一个 y，那么前进一步到接收状态 s_2(“收到的最后两个输入符号是 y”)。如果所收到的输入代之是一个 x，那么必须再次收到两个 y 才能处在接收状态。因此，可以把这种情况再看做回到状态 s_0，这时的情况如图 10.55(b)所示。一旦到达状态 s_2，输入另外的 y 将不产生任何影响，但是输入 x 将迫使至少还要接收两个 y。因此，可以把 M 再次看成处于状态 s_0。最终的摩尔机如图 10.55(c)所示。 ■

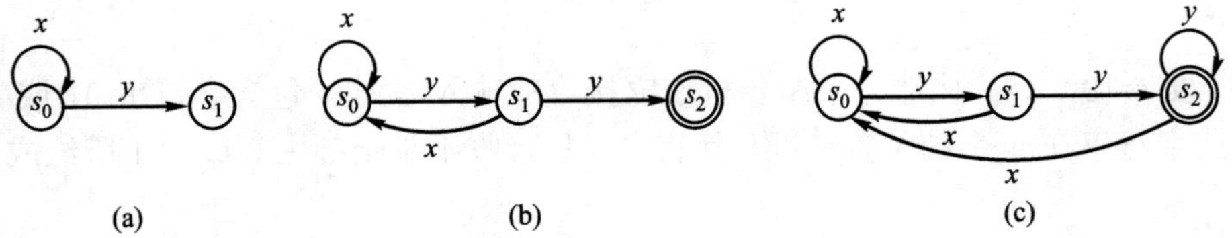

图 10.55

目前尚未提到有限状态机的实现问题。实际上，有许多这样的有限状态机，包括所有的数字式计算机都是用硬件装置即电子电路实现的。然而，也存在许多场合，是用软件模拟有限状态机的。在编译程序和解释程序中常常可以看到摩尔机被编制成检索和翻译输入字符串中的字和符号的程序。通过用伪码模拟例 2 中的机器只是为可用技术提供指导。有关机器的详细情况，读者应该返回看例 2 和图 10.51。下面的子程序给出了该机器的伪码程序。

这个程序使用子程序 INPUT 得到变量 X 的下一个 0 或 1 并且假设当没有进一步可用的输入时，逻辑变量 EOI 为真。如果输入字符串包含奇数个 1，那么变量 RESULT 将为真，否则为假。

SUBROUTINE ODDONES(RESULT)

1. EOI ← F
2. RESULT ← F
3. STATE ← 0
4. **UNTIL** (EOI)
    a. **CALL** INPUT(X, EOI)
        1. **IF** (EOI=F) **THEN**
            a. **IF** (STATE=0) **THEN**
                1. **IF** (X=1) **THEN**
                    a. RESULT ← T
                    b. STATE ← 1

b. **ELSE**

1. **IF** (X=1) **THEN**

a. RESULT ← F

b. STATE ← 0

5. **RETURN**

END OF SUBROUTINE ODDONES

在这种特殊编码技术中，状态是用变量表示的，该变量也许依赖于输入而被赋予不同的值，然后它的值又决定输入的其余效果。一个可选择过程是通过编码中的特殊位置去表示一种状态，然后该位置决定输入的效果和到新位置的分支(后继状态)。下面的子程序就是用可选择的方法给出的同一子程序 ODDONES 的编码。

```
SUBROUTINE ODDONES(RESULT)(第二种形式)
    1. RESULT ← F
S0: 2. CALL   INPUT (X, EOI)
    3. IF (EOI) THEN
        a. RETURN
    4. ELSE
        a. IF (X=1) THEN
            1. RESULT ← T
            2. GO TO S1
        b. ELSE
            1. GO TO S0
S1: 5. CALL   INPUT (X, EOI)
    6. IF (EOI) THEN
        a. RETURN
    7. ELSE
        a. IF (X=1)   THEN
            1. RESULT ← F
            2. GO TO S0
        b. ELSE
            1. GO TO S1
END OF SUBROUTINE ODDONES (第二种形式)
```

在这种方法中避免 **GO TO** 语句是很难处理的，这里用到了它们。在用复合 **GO TO** 语句的语言中，例如 FORTRAN 的标号 **GO TO** 或 PASCAL 的 CASE 语句，该方法对有大量状态的有限状态机也许特别有效。在这种情况下，第一种方法也许就显得相当不方便了。

习 题 10.5

1. 设 M 是图 10.56 所示的摩尔机，构造类型 3 文法 $G=(V, I, s_0, \mapsto)$，使得 $L(M)=L(G)$。
2. 设 M 是图 10.57 所示的摩尔机，给出 $I=\{0, 1\}$上对应于语言 $L(M)$的正则表达式。

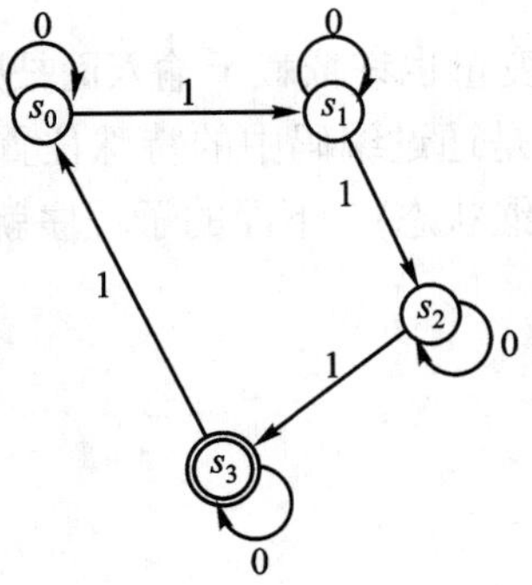

图 10.56

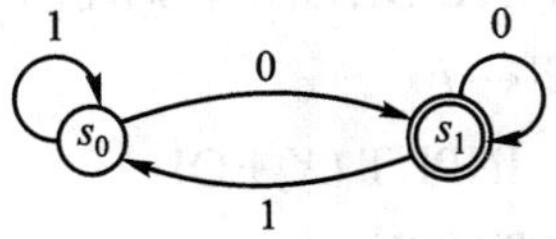

图 10.57

3. 设 M 是 10.4 节的第 18 题中的摩尔机，给出 $I=\{0, 1\}$上对应于语言 $L(M)$的一个正则表达式。
4. 设 M 是图 10.58 所示的摩尔机，构造类型 3 文法 $G=(V, I, s_0, \mapsto)$使得 $L(M)=L(G)$。用 BNF 描述$\mapsto$。
5. 设 M 是图 10.59 所示的摩尔机，构造类型 3 文法 $G=(V, I, s_0, \mapsto)$使得 $L(M)=L(G)$。用 BNF 描述$\mapsto$。

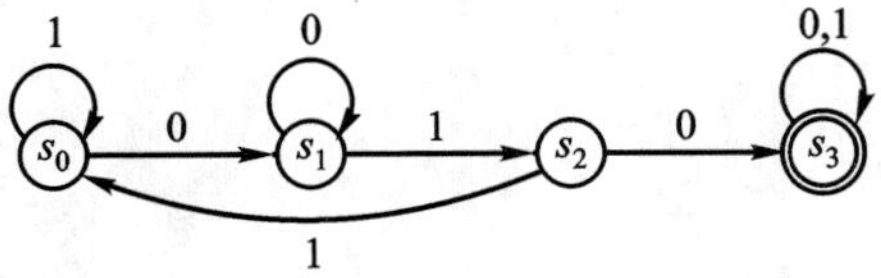

图 10.58

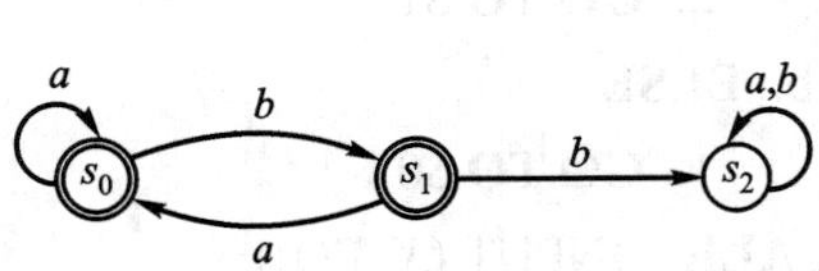

图 10.59

在第 6 题~第 20 题中，构造摩尔机的有向图，使得该机器只接收所描述的输入字符串而拒绝其他串。

6. 输入 a, b:以 ab 结束的字符串。
7. 输入 a, b: b 的个数能被 3 整除的字符串。
8. 输入 a, b: a 的个数是偶数和 b 的个数是 3 的倍数的字符串。
9. 输入 x, y: 有偶数个 y 的字符串。
10. 输入 0，1：包含 0011 的字符串。
11. 输入 0，1：以 0011 结束的字符串。
12. 输入□，△：包含□△或△□的字符串。
13. 输入+, ×：包含+××或×++的字符串。
14. 输入 w，z：包含 wz 或 zzw 的字符串。
15. 输入 a, b：包含 ab 并且以 bbb 结束的字符串。
16. 输入+，×：以+××结束的字符串。

17. 输入 w, z: 以 wz 或 zzw 结束的字符串。

18. 输入 0，1，2：字符串 0120。

19. 输入 a, b, c：字符串 aab 或 abc。

20. 输入 x, y, z：字符串 xzx 或 yx 或 zyx。

在第 21 题~第 25 题中，构造能识别所给输入字符串而拒绝其他串的摩尔机的状态表。

21. 输入 0，1: 以 0101 结束的字符串。

22. 输入 a, b:b 的个数能被 4 整除的字符串。

23. 输入 x, y：恰好有两个 x 的字符串。

24. 输入 a, b：没有两个连续 b 的字符串。

25. 设 $M=(S, I, \mathcal{F}, s_0, T)$是一个摩尔机，定义 S 上的关系 R 如下：$s_i R s_j$ 当且仅当对每个 $w\in I^*$有 $f_w(s_i)$ 和 $f_w(s_j)$两者都属于 T 或者都不属于 T。证明：R 是 S 上的一个等价关系。

在 1.3 节递归定义了正则表达式，第 26 题~第 30 题考察相关的摩尔机，设 $I=\{a, b\}$。

26. 画出接收空字符串 Λ 的摩尔机的有向图。

27. 画出接收字符串 a 的摩尔机的有向图。

28. 设 M_α是接收 I^*中字符串 α 的摩尔机，M_β 是接收 I^*中字符串 β 的摩尔机。描述接收字符串 $\alpha\beta$ 的摩尔机的有向图。

29. 设 M_α是接收 I^*中字符串 α 的摩尔机，M_β 是接收 I^*中字符串 β 的摩尔机。描述接收字符串 $\alpha\vee\beta$ 的一个摩尔机的有向图。

30. 设 M_α是接收 I^*中字符串 α 的摩尔机。描述接收字符串 $(\alpha)^*$ 的摩尔机的有向图。

10.6 机器的简化

像在 10.5 节所看到的那样，构造完成已知任务的有限状态机的方法同科学研究一样有许多艺术。一般地，首先使用图解方法，并且为图解过程中的所有中间步骤构造状态。用这种方法构造机器也许效率并不高，这不足为奇，需要寻找一种方法来得到一个等价的、效率更高的机器。幸运的是，有一种实用而系统化的方法(甚至能用计算机计算)，不管这种方法是多么冗长，但它能得到符合要求的机器并且通常它将产生更有效的等价机器。下面用状态数作为效率的测度，并且就摩尔机来论证这种技术，但是它的原理只要稍加修改就可推广到各种其他类型的有限状态机。设(S，I，$\mathcal{F}$，s_0，T)是一个摩尔机，定义 S 上的一个关系 R 如下：对于任意 s，$t\in S$ 和 $w\in I^*$，如果 $f_w(s)$和 $f_w(t)$都属于 T 或者都不属于 T，则称 s 和 t 是 **w–相容**的。设 $s\,R\,t$ 意指对所有 $w\in I^*$，s 和 t 是 w–相容的。

定理 1 设(S，I，$\mathcal{F}$, s_0，T)是一个摩尔机，R 是其上定义的关系。

(a) R 是 S 上的一个等价关系。

(b) R 是机器同余的(见 10.3 节)。

证明 (a) 显然 R 是自反的和对称的。现在假设对 $s, t, u\in S$ 有 $s\,R\,t$ 和 $t\,R\,u$，并且设 $w\in I^*$，那么 s 与 t 是 w–相容的，t 与 u 也是 w–相容的。因此如果考虑 $f_w(s), f_w(t), f_w(u)$，可以得到它们都属于 T 或者都属于 T 的补 $\overline{T}$。由此推得 s 与 u 是 w–相容的，所以 R 是传递的。故 R 是一个等价关系。

(b) 必须证明如果 s 和 t 属于 S 且 $x\in I$，那么 $s\ R\ t$ 推出 $f_x(s)\ R\ f_x(t)$。为了证明这一点，设 $w\in I^*$，$w'=x\cdot w$（• 是连接运算）。因为 $s\ R\ t$，所以 $f_{w'}(s)$ 和 $f_{w'}(t)$ 都属于 T 或者都属于 $\overline{T}$，但是 $f_{w'}(s)=f_{x\cdot w}(s)=f_w(f_x(s))$ 和 $f_{w'}(t)=f_{x\cdot w}(t)=f_w(f_x(t))$，所以 $f_x(s)$ 与 $f_x(t)$ 是 w–相容的。因为 w–是 I^* 中的任意元素，所以 $f_x(s)\ R\ f_x(t)$。 ■

因为 R 是机器同余的，所以可以像 10.3 节那样形成商摩尔机 $\bar{M}=(S/R,\ I,\ \overline{\mathcal{F}},\ [s_0], T/R)$。机器 $\bar{M}$ 就是前面所描述的关于 M 的效率更高的机器。将证明 $\bar{M}$ 等价于 M，即 $L(\bar{M})=L(M)$。

例 1 考虑有向图如图 10.60 所示的摩尔机。在这个机器中，$I=\{0,1\}$，初始状态是 s_0，$T=\{s_2, s_3\}$。下面计算商机器 $\bar{M}$。首先，可以看到 $s_0\ R\ s_1$。事实上，$f_w(s_0)\in T$ 当且仅当 w–至少包含一个 1 并且在完全相同的条件下，$f_w(s_1)\in T$。因此，s_0 和 s_1 对所有的 $w\in I^*$ 是 w–相容的。因为 $f_0(s_2)\in T$，$f_0(s_3)\in T$，但 $f_0(s_0)\notin T$，所以 $s_2\not R\ s_0$ 和 $s_3\not R\ s_0$。这就推出 $\{s_0, s_1\}$ 是 R 的一个等价类。同样，$s_2\ R\ s_3$，因为对所有 $w\in I^*$，$f_w(s_2)\in T$ 且 $f_w(s_3)\in T$。这就证明了

$$S/R=\{\{s_0,\ s_1\},\ \{s_2,\ s_3\}\}=\{[s_0],\ [s_2]\}$$

同时注意 $T/R=\{[s_2]\}$，于是所得的商摩尔机 $\bar{M}$ 等价于 M，它的有向图如图 10.61 所示。 ■

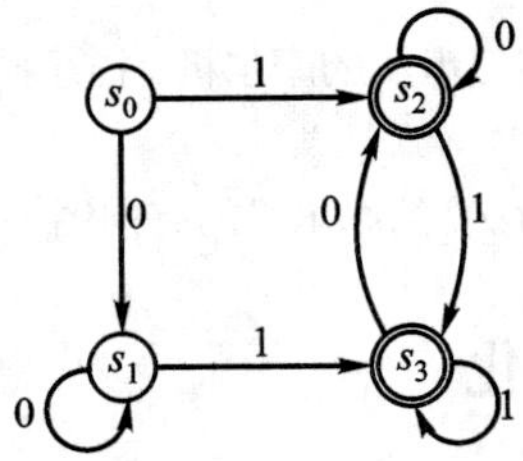

图 10.60

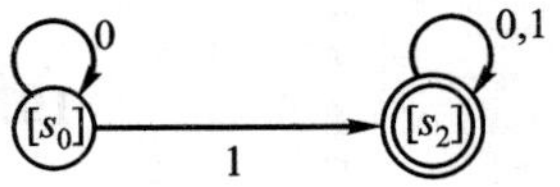

图 10.61

在这种情况下，M 与 $\bar{M}$ 等价是很显然的，因为接收一个字 w 当且仅当 w 至少有一个 1。一般地，有下面的结果。

定理 2 设 $M=\{S,\ I,\ \mathcal{F},\ s_0,\ T\}$ 是一个摩尔机，R 是上面定义的等价关系，$\bar{M}=(S/R,\ I,\ \overline{\mathcal{F}},\ [s_0],\ T/R)$ 是对应的商摩尔机，那么 $L(\bar{M})=L(M)$。

证明 假设 M 接收 w 且使得 $f_w(s_0)\in T$，那么 $\bar{f}_w([s_0])=[f_w(s_0)]\in T/R$，即 $\bar{M}$ 也接收 w。

反之，假设 $\bar{M}$ 接收 w 使得 $\bar{f}_w([s_0])=[f_w(s_0)]$ 是在 T/R 中，这意味着对 T 中某个元素 t 有 $t\ R\ f_w(s_0)$。由 R 的定义可知，对每个 $w'\in I^*$，t 和 $f_w(s_0)$ 是 w'–相容的。如果 $w'=\wedge$，即空字符串，那么 $f_{w'}=I_s$，所以 $t=f_{w'}(t)$ 和 $f_w(s_0)=f_{w'}(f_w(s_0))$ 都在 T 中或都在 $\overline{T}$ 中。因为 $t\in T$，所以一定有 $f_w(s_0)\in T$，从而 M 接收 w。 ■

因此，仿照最初设计的摩尔机 M，可以计算 R 并且传给商机器 $\bar{M}=M/R$，从而获得效率高得多的一个等价机器，该有效性应理解为它也许有很多较少的状态。商机器往往是在开始很难看出的一种机器。

现在需要计算关系 R 的一种算法。在例 1 中求 R 是通过对输入直接进行分析，但是这个例子选取是特别简单的。一般地，直接分析是非常困难的。下面定义并且考察为计算 R 提供一种有效方法的一系列关系。

如果 k 是一个非负整数，在 S 上定义一个关系 R_k，S 是摩尔机(S，I，$\mathcal{F}$，s_0，T)的状态集合。如果 $w\in I^*$，回顾 $l(w)$是字符串 w 的长度，即 w 中的符号数。注意 $l(\wedge)=0$，于是，如果 s, $t\in S$，则设 $s\,R_k\,t$ 意指对所有 $w\in I^*$，$l(w)\leqslant k$，s 与 t 是 w-相容的。关系 R_k 不是机器同余的，但它是理想同余 R 的连续逼近。

定理 3 (a) 对所有 $k\geqslant 0$，$R_{k+1}\subseteq R_k$。

(b) 每个 R_k 是一个等价关系。

(c) 对所有 $k\geqslant 0$，$R\subseteq R_k$。

证明 如果 $s, t\in S$, 并且对所有 $w\in I^*$或者使得 $l(w)\leqslant k+1$ 的所有 w，s 与 t 是 w-相容的，那么在这两种情况都有对所有 $l(w)\leqslant k$ 的 w，s 与 t 是相容的。这就证明了(a)和(c)。(b)的证明类似于定理 1(a)的证明，省略不证。 ■

递归计算关系 R_k 的关键结果是下面的定理。

定理 4 (a) $S/R_0=\{T,\ \bar{T}\}$，其中 $\bar{T}$ 是 T 的补。

(b) 设 k 是一个非负整数，$s, t\in S$,那么 $s\,R_{k+1}\,t$ 当且仅当：

(1) $s\,R_k\,t$。

(2) 对所有 $x\in I$，$f_x(s)\,R_k\,f_x(t)$。

证明 (a) 因为只有 $\wedge$ 有长度 0，所以得到 $s\,R_0\,t$ 当且仅当 s 和 t 都在 T 中或者都在 $\bar{T}$ 中。这就证明了 $S/R_0=\{T,\ \bar{T}\}$。

(b) 设 $w\in I^*$满足 $l(w)\leqslant k+1$，那么对某个 $x\in I$ 和使 $l(w')\leqslant k$ 的某个 $w'\in I^*$，有 $w=x\cdot w'$。反之，如果对任意 $x\in I$ 并且选取 $w'\in I^*$使 $l(w')\leqslant k$，那么得到的字符串 $w=x\cdot w'$有小于或等于 $k+1$ 的长度。

于是对 S 中的任意 s 和 t，$f_w(s)=f_{x\cdot w'}(s)=f_{w'}(f_x(s))$ 以及 $f_w(t)=f_{w'}(f_x(t))$。这就证明了对任意 $w\equiv I^*(l(w)\leqslant k+1)$，$s$ 与 t 是 w-相容的当且仅当对所有 $x\in I$ 以及具有 $l(w')\leqslant k$ 的任意 w'，$f_x(s)$与 $f_x(t)$是 w'-相容的，即 $s\,R_{k+1}\,t$ 当且仅当对所有 $x\in I, f_x(s)\,R_k\,f_x(t)$。

于是这些等价条件中任何一条都推出 $s\,R_k\,t$，因为 $R_{k+1}\subseteq R_k$，因此定理得证。 ■

该结果告诉人们，求与关系 R_k 相对应的划分 P_k 可用下面的递归方法：

步骤 1：开始用 $P_0=\{T,\ \bar{T}\}$。

步骤 2：得到划分 $P_k=\{A_1,\ A_2,\ \cdots,\ A_m\}$后，检查每个等价类 A_i 并且把它分成块。分块按如下进行：如果所有输入 x 能使 A_i 中的两个元素 s 和 t 都属于相同子集 A_j(依赖于 x)，那么 s 和 t 属于相同的块。

步骤 3：S 的新划分是 P_{k+1}，它是通过取所有 A_i 的所有分块获得的。

上述方法的最终步骤，即表明何时中止，将由下述结果给出。

定理 5 如果对任意非负整数 k，$R_k=R_{k+1}$，那么 $R_k=R$。

证明 假设 $R_k=R_{k+1}$，那么由定理 4 可知，$s\,R_{k+2}\,t$ 当且仅当对所有 $x\in I, f_x(s)\,R_{k+1}\,f_x(t)$或(因为 $R_k=R_{k+1}$)当且仅当对所有 $x\in I$，$f_x(s)\,R_k\,f_x(t)$，即当且仅当 $s\,R_{k+1}\,t$。因此，$R_{k+2}=R_{k+1}=R_k$。由归纳法得到，对所有 $n\geqslant k$，$R_k=R_n$。于是容易看到 $R=\bigcap\limits_{n=0}^{\infty}R_n$,因为 I^*中每个字符串 w 一定有某个有

限长度。因为 $R_1 \supseteq R_2 \supseteq \cdots \supseteq R_k = R_{k+1} = \cdots, R_n$ 的交刚好是 R_k，所以 $R=R_r$。 ■

下面步骤是把已知摩尔机简化成等价机器的一个过程。

步骤 1： 从划分 $P_0=\{T, \overline{T}\}$开始。

步骤 2： 用定理 4 后面总结的方法构造对应于等价关系 R_1，R_2，…的连续划分 P_1，P_2，…。

步骤 3： 当 $P_k=P_{k+1}$ 时停止。得到对应于关系 R 的划分 $P=P_k$。

步骤 4： 所得到的商机器与已知的摩尔机等价。

例 2 考虑例 1 中的机器，其中 $S=\{s_0, s_1, s_2, s_3\}$，$T=\{s_2, s_3\}$。用上面的方法计算等价商机器。首先，$P_0=\{\{s_0, s_1\}, \{s_2, s_3\}\}$。为了求出 P_1，必须分解这个划分。首先考虑集合$\{s_0, s_1\}$。输入 0 使这些状态的每一个都属于$\{s_0, s_1\}$。输入 1 使 s_0 和 s_1 都属于$\{s_2, s_3\}$。因此等价类$\{s_0, s_1\}$在变化到 P_1 时不能分解。还看到输入 0 使 s_2 和 s_3 属于$\{s_2, s_3\}$，输入 1 使 s_2 和 s_3 属于$\{s_2, s_3\}$。等价类$\{s_2, s_3\}$在变化到 P_1 时也不能分解。这就推出 $P_1=P_0$，所以 P_0 对应于同余 R。在例 1 中直接求出了这个结果。 ■

例 3 设 M 是图 10.62 所示的摩尔机，求关系 R 并且画出对应商机器 $\overline{M}$ 的有向图。

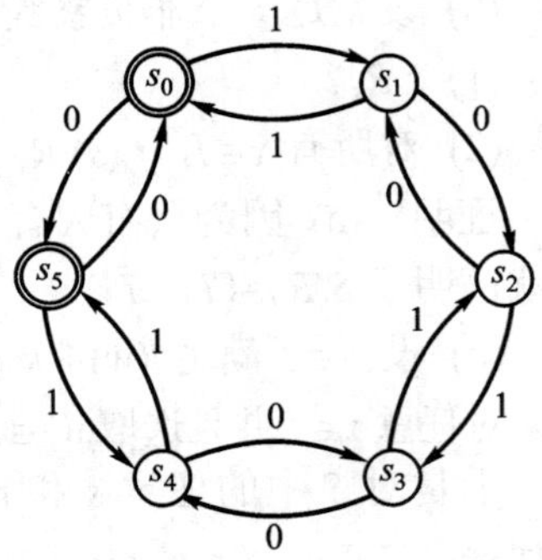

图 10.62

解 划分 $P_0=\{T, \overline{T}\}=\{\{s_0, s_5\}, \{s_1, s_2, s_3, s_4\}\}$。首先考虑集合$\{s_0, s_5\}$，输入 0 使 s_0 和 s_5 属于 T，输入 1 使它们属于$\overline{T}$。因此$\{s_0, s_5\}$在变化到 P_1 时不能进一步分解。其次考虑集合$\overline{T}=\{s_1, s_2, s_3, s_4\}$，状态 s_1 通过输入 0 属于$\overline{T}$，输入 1 属于 T。同样对于状态 s_4 也是如此，但对于 s_2 和 s_3 却不是；所以在 P_1 中 s_1 的等价类是$\{s_1, s_4\}$。因为状态 s_2 和 s_3 通过输入 0 和 1 都属于$\overline{T}$，所以它们也形成 P_1 中的一个等价类。因此，$\overline{T}$ 在变到 P_1 时被分解成子集$\{s_1, s_4\}$和$\{s_2, s_3\}$，并且 $P_1=\{\{s_0, s_5\}, \{s_1, s_4\}, \{s_2, s_3\}\}$。

为了求 P_2，必须依次检查 P_1 的每个子集。考虑$\{s_0, s_5\}$。输入 0 使 s_0 和 s_5 属于$\{s_0, s_5\}$，输入 1 使它们中的每一个都属于$\{s_1, s_4\}$。这意味着在变化到 P_2 时$\{s_0, s_5\}$不能进一步分解。类似的推理可以得到集合$\{s_1, s_4\}$和$\{s_2, s_3\}$都不能分解，所以 $P_2=P_1$。因此，P_1 对应 R。所得的商机器如图 10.63 所示。能够证明(证明省略)这些机器中的每一部机器接收$\{0, 1\}^*$中的一个字符串 $w=b_1b_2\cdots b_n$ 当且仅当 w 是能被 3 整除的一个数的二元表示。 ■

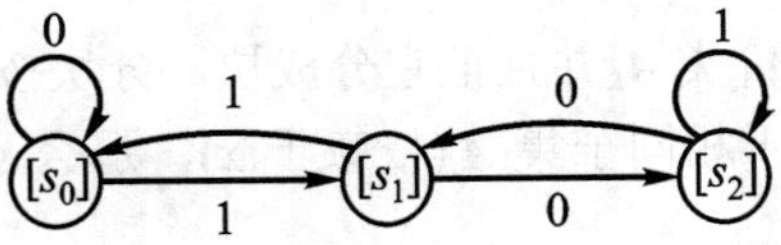

图 10.63

习　题　10.6

在第 1 题～第 8 题中，已知摩尔机的有向图，求指定关系 R_k。

1. 求 R_0。

2. 已知图 10.64 所示的摩尔机，求 R_1。

3. 已知图 10.65 所示的摩尔机，求 R_1。

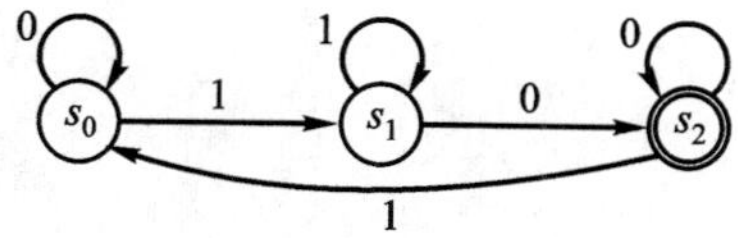

图 10.64

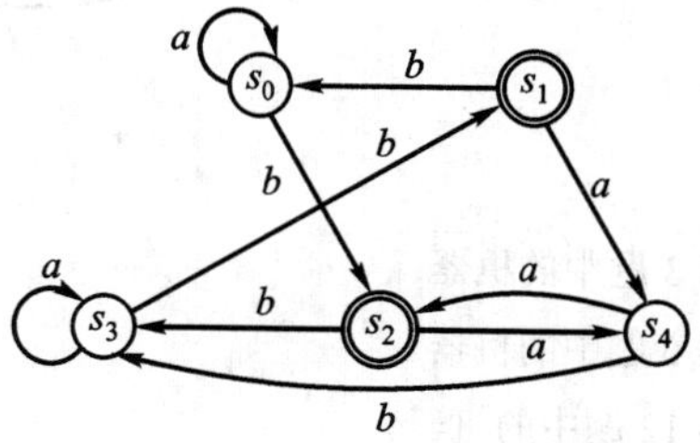

图 10.65

4. 已知第 3 题中的机器，求 R_2。

5. 已知第 3 题中的机器，求 R_{127}。

6. 已知图 10.66 所示的摩尔机，求 R_1。

7. 已知第 6 题中的机器，求 R_2。

8. 已知图 10.67 所示的摩尔机，求 R_1。

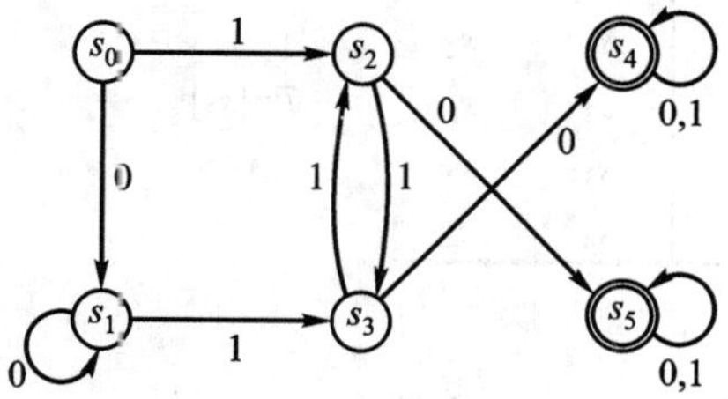

图 10.66

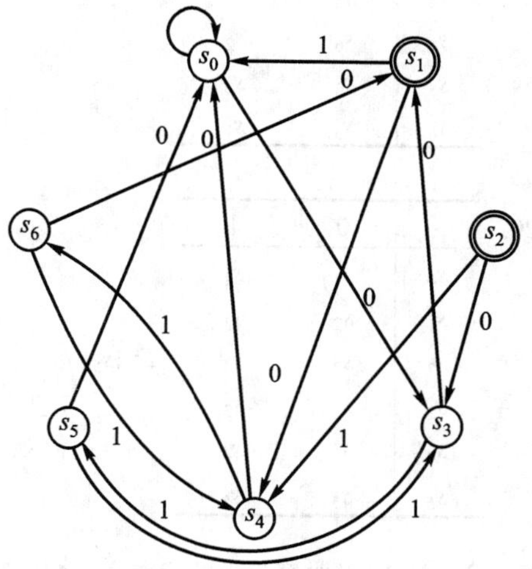

图 10.67

9. 已知第 1 题中的机器，求 R。

10. 已知第 3 题中的机器，求 R。

11. 已知第 6 题中的机器，求 R。

12. 已知图 10.68 所示的摩尔机，求 R。

13. 已知摩尔机的有向图如图 10.67 所示，求关系 R，并且构造与等价商机器相对应的有向图。

在第 14 题～第 17 题中，对于给定的机器，画出商机器 $\overline{M}$ 的有向图。

14. 第 1 题中的机器。

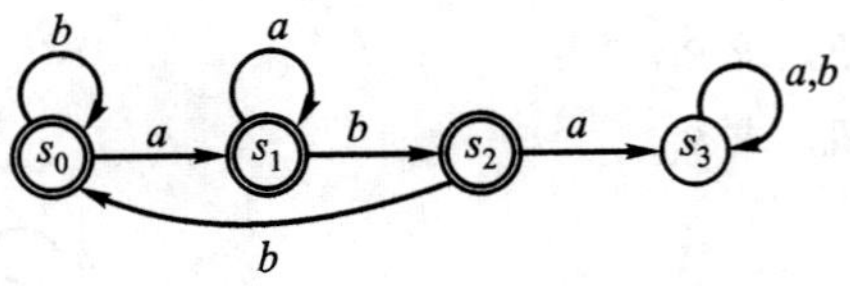

图 10.68

15. 第 3 题中的机器。

16. 第 6 题中的机器。

17. 第 12 题中的机器。

在第 18 题～第 21 题中，已知摩尔机的状态表，求对应于关系 R 的划分，并且构造对应于商机器的状态表，该商机器与摩尔机等价。

18.

	0	1
s_0	s_5	s_2
s_1	s_6	s_2
s_2	s_0	s_4
s_3	s_3	s_5
s_4	s_6	s_2
s_5	s_3	s_0
s_6	s_3	s_1

$T=\{s_2\}$

19.

	0	1
a	a	c
b	g	d
c	f	e
d	a	d
e	a	d
f	g	f
g	g	c

$s_0=a$, $T=\{d, e\}$

20.

	0	1
s_0	s_1	s_2
s_1	s_2	s_3
s_2	s_2	s_4
s_3	s_2	s_3
s_4	s_5	s_4
s_5	s_5	s_5

$T=\{s_5\}$

21.

	0	1
s_0	s_1	s_4
s_1	s_4	s_2
s_2	s_3	s_2
s_3	s_3	s_2
s_4	s_4	s_4

$T=\{s_3\}$

22. 已知第 18 题中摩尔机的状态表，画出它的有向图以及商机器 $\bar{M}$ 的有向图。

23. 已知第 19 题中摩尔机的状态表，画出它的有向图以及商机器 $\bar{M}$ 的有向图。

24. 已知第 20 题中摩尔机的状态表，画出它的有向图以及商机器 $\bar{M}$ 的有向图。

25. 已知第 21 题中摩尔机的状态表，画出它的有向图以及商机器 $\bar{M}$ 的有向图。

26. 对第 25 题中的 $\bar{M}$ 描述 $L(\bar{M})$。

证明知识小结

第 2 章中的证明技巧已足以处理本章中所提出的所有证明。这些技巧现在读者应该是非常熟悉了。使用定义和先前已证明的结论去证明命题这种直接证明方法通常是首先尝试的一种策略。在 10.4 节的例 4 中使用了一个归纳证明，因为要证明的命题具有形式 P(n)，$n\geqslant 0$。命题的形式往往是选择何种证明策略的线索。作为另一个例子，如果在定理或命题中多少能辨认出如“至少有两个”这样的短语，这对于用鸽巢原理证明就是一个好的候选方案(见 10.1 节的第 32 题)。即使产生对证明技巧十分有用的一个好想法，但在证明实施的过程中仍然有可能存在一些尝试和错误发生。就怎样使用定义或者先前哪个定理正好适合于要做的证明，一般来说并不总是很明显的。但是，持之以恒地坚持下去，对完成一个证明同样是一个强有力的工具。

主要概念复习

- 短语结构文法(V，S，v_0，$\mapsto$)：见 10.1 节
- 生成式：语句 $w\mapsto w'$，其中(w，w')$\in\mapsto$。
- 直接推导：见 10.1 节。
- 终结符：S 的元素。
- 非终结符：$V-S$ 的元素。
- 句子的推导：产生有效句子的替代过程。
- 文法 G 的语言：能从 G 中产生的所有正常构造的句子的集合。
- 句子的推导树：见 10.1 节。
- 类型 0，1，2，3 短语结构文法：见 10.1 节。
- 上下文无关文法：类型 2 文法。
- 正则文法：类型 3 文法。
- 语法分析：获得产生一个给定句子的推导树的过程。
- BNF 记法：见 10.2 节。
- 语法图：见 10.2 节。
- 定理：设 S 是一个有限集，$L\subseteq S^*$，那么 L 是正则集当且仅当对某正则文法 $G=(V，S，v_0，\mapsto)$有 $L=L(G)$。
- 有限状态机：(S，I，$\mathcal{F}$)，其中 S 是状态的有限集合，I 是输入集合，$\mathcal{F}=\{f_x|x\in I\}$。
- 状态转换表：见 10.3 节。
- R_M：$s_i R_M s_j$，如果存在输入 x 使得 $f_x(s_i)=s_j$。
- 摩尔机：$M=(S，I，\mathcal{F}，s_0，T)$，其中 $s_0\in S$ 是开始状态，$T\subseteq S$ 是接收状态集合。
- 关于 M 的机器同余 R：对任意 $s,t\in S,s\,R\,t$ 推出对所有 $x\in I$ 有 $f_x(s)\,R\,f_x(t)$。
- 对应于 R 的 M 的商：见 10.3 节。
- 状态转换函数 f_w，$w=x_1x_2\cdots x_n:f_w=f_{x_n}\circ f_{x_{n-1}}\circ\cdots\circ f_{x_1},f_\wedge=I_s$。
- 定理:设 $M=(S,I,\mathcal{F})$是一个有限状态机,定义 $T:I^*\to S^S$ 满足 $T(w)=f_w,w\neq\wedge,T(\wedge)=I_s$，那么
  (a) 如果 w_1 和 w_2 属于 I^*，那么 $T(w_1\cdot w_2)=T(w_2)\circ T(w_1)$。
  (b) 如果 $M=T(I^*)$，那么 M 是 S^S 的子幺半群。

- 机器的幺半群：上面定理中的 M。
- w-相容：见 10.6 节。
- 等价机器 M 和 N：$L(M)=L(N)$。
- $l(w)$：字符串 w 的长度。
- 由 M 接收的语言：$L(M)=\{w \in I^* \mid f_w(S_0)\ T\} \in T\}$。
- 定理：设 I 是一个集合并且 $L \subseteq I^*$，那么 L 是类型 3 语言，即：$L=L(G)$当且仅当对某个摩尔机 M 有 $L=L(M)$。

第 10 章自测题

1. 每一类短语结构文法都能用 BNF 给出吗？
2. 什么类型的短语结构文法能用语法图表示？
3. 语言$\{0^k1^k，k \geqslant 1\}$的类型是什么？
4. 一部机器接收或识别一种语言，其含义是什么？
5. 正则语言与摩尔机之间的联系是什么？
6. 设 $G=(V，S，v_0，\mapsto)$是一个短语结构文法，其中 $V=\{v_0，v_1，a, b, c, d\}$, $S=\{a, b, c, d\}$,且

$$\mapsto：v_0 \mapsto av_0b \quad v_0 \mapsto v_1 \quad v_1 \mapsto cv_1 \quad v_1 \mapsto d$$

判断下面各分题的真与假。

(a) $abcd \in L(G)$　　(b) $aaav_1bbb \Rightarrow *aaaccv_1bbb$

(c) $ccccd \in L(G)$　　(d) $av_1b \Rightarrow acdb$

7. 精确地描述第 6 题中所给的语言 G 的 $L(G)$。
8. 设 $G=(V，S，v_0，\mapsto)$是一个短语结构文法，其中 $V=\{v_0，v_1，1，2，3，4，5\}$，$S=\{1，2，3，4，5\}$，且

$$\begin{aligned}\mapsto：v_0 \mapsto 1v_1 \quad & v_0 \mapsto 3v_1 \quad v_0 \mapsto 5v_1\\ v_1 \mapsto 1v_1 \quad & v_1 \mapsto 2v_1 \quad v_1 \mapsto 3v_1\\ v_1 \mapsto 4v_1 \quad & v_1 \mapsto 5v_1 \quad v_1 \mapsto 2\end{aligned}$$

(a) 画出 G 的生成式的语法图。

(b) 给出 G 的生成式的 BNF 记法。

9. 描述第 3 题中所给的 G 的语言。
10. 构造一个短语结构文法 G 使得 $L(G)=\{0^n10^m \mid n \geqslant 0，m \geqslant 1\}$。
11. 考虑有限状态机的状态转换表为

	a	b
s_0	s_0	s_1
s_1	s_1	s_2
s_2	s_2	s_3
s_3	s_3	s_0

构造该机器的有向图。

12. 已知摩尔机的有向图如图 10.69 所示，描述由该机器所接收的语言。

13. 已知摩尔机 M 的有向图如图 10.70 所示，考虑此摩尔机。

(a) 证明：$R=\{(s_0, s_0),(s_1, s_1),(s_2, s_2),(s_3, s_3),(s_4, s_4),(s_5, s_5),(s_6, s_6),(s_7, s_7),(s_1, s_2),(s_1, s_4),(s_2, s_1),(s_2, s_4),(s_4, s_1),(s_4, s_2),(s_5, s_5),(s_6, s_5)\}$是一个机器同余。

(b) 画出对应于商摩尔机的有向图。

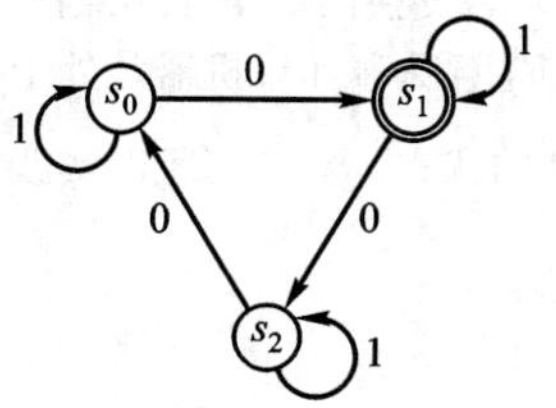

图 10.69

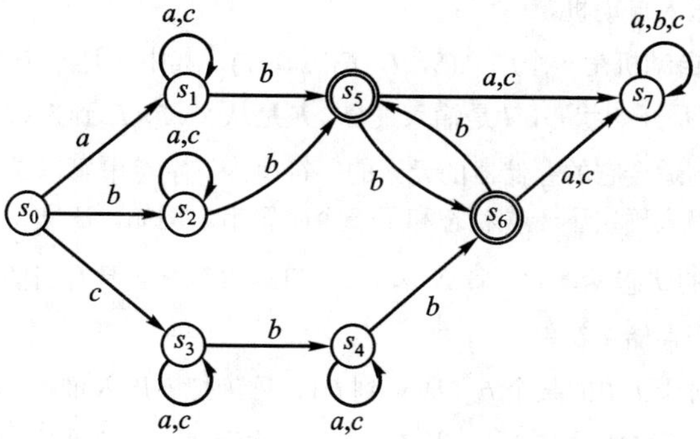

图 10.70

14. 对于第 11 题中描述的机器，描述$\{a, b\}^*$中所有的字 w 使得 $f_w(s_0)=s_0$。

15. 构造一个摩尔机使得接收一个 0 和 1 的字符串当且仅当该字符串恰好有两个 1。

16. 考虑摩尔机 M，其有向图如图 10.71 所示，定义 $R_k\,(k=0,1,2,\cdots)$如下：$s\ R_k\ t$ 当且仅当对于所有长度 $w\leqslant k$ 的 $w\in\{0, 1\}^*$，s 和 t 是 w-相容的。

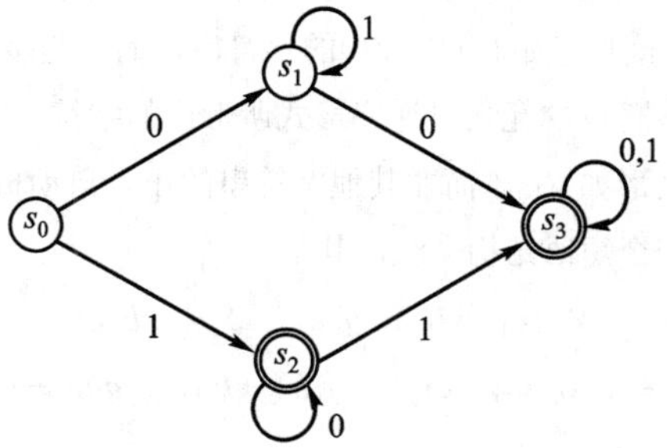

图 10.71

(a) 求 R_0 的矩阵。

(b) 列出 R_1 的元素。

17. 使用摩尔机 M 和第 16 题中的定义。

(a) 求使得 $R_k=R_{k+1}$ 的最小 k。

(b) 设 $R=R_k$，其中 k 是分题(a)中所求出的，画出 M/R 的有向图。

实 验 10

摩尔机(10.3 节)是识别正则语言的有限状态自动机的范例。然而，许多计算机语言不是正则的(类型 3)，而是与上下文无关的(类型 2)。例如，计算机语言可以包括使用平衡括号的表达式(每一个左括号有一个右括号)。一个摩尔机无法记录从已读入多少左括号确定是否也读入了同样多的右括号。包含具有这种功能的一个有限状态机称作压入自动机。

压入自动机是一个序列(S，I，F，s_0，T)，其中 S 是一个状态集合，T 是 S 的一个子集并且是最终状态集合，$s_0 \in S$ 是开始状态，I 是输入集合，F 是从 $S \times I \times I^*$ 到 $S \times I^*$ 的一个函数。粗略地说，有限状态机能够产生从输入集到适合它的存储器的元素的字符串。该字符串可以是空字符串 $\wedge$。变换函数 F 使用当前的状态、输入和字符串去确定下一次状态和下一个字符串。例如，$F(s_3,a,w)=(s_2,w')$ 意味着如果机器是处于有当前存储字符串 w 的状态 s_3，并且读入 a，那么机器将运行到具有新的字符串 w' 的状态 s_2。在真正的实践中只存在两种途径改变存储字符串：

(1) 对于 I 中的某个 b，从 w 到 bw，称为把 b 压入堆栈。

(2) 对于 I 中的某个 b，从 bw 到 w，称为把 b 弹出堆栈。

如果一个字符串 v 的输入引起压入自动机从有存储字符串 $\wedge$ 的状态 s_0 运行到有存储字符串 $\wedge$ 的最终状态 s_j，那么压入自动机接收字符串 v。

1. 构造将接收形如 $0^m1^n(m, n\geqslant 0)$的字符串而不是其他字符串的一个摩尔机。

2. 解释为什么第 1 题中的摩尔机不能修改为接收形如 $0^n1^n(n\geqslant 0)$的字符串而不是其他字符串。

3. 设 P=(S，I，F，s_0，T)，其中 $S=\{s_0, s_1\}$，$I=\{0, 1\}$，$T=\{s_1\}$，

$$F(s_0, 0, w)=(s_0, 0w),\ F(s_0, 1, 0w)=(s_1, w),\ F(s_1, 1, 0w)=(s_1, w)$$

w 是 I^* 中的任意字符串。证明：P 接收形如 $0^n1^n(n\geqslant 0)$的字符串，而不是接收其他形式的字符串。

4. 设 $I=\{a, b, c\}$，$w\in\{a, b\}^*$，把 w 的元素以逆序形式所形成的字符串定义为 w^R。例如，如果 w 是 $aabab$，那么 w^R 是 $babaa$。设计一部将接收形如 wcw^R 而非其他字符串的压入自动机。

5. 设 G=(V，S，s_0，$\mapsto$)是一个短语结构文法，其中

$$V=\{v_0, w, a, b, c\},\quad S=\{a, b, c\}$$

$$\mapsto:\ v_0 \mapsto a\,v_0b,\quad v_0b \mapsto bw,\quad abw \mapsto c$$

(a) 描述语言 $L(G)$。

(b) 设计语言是 $L(G)$的一个压入自动机，即：它只接收 $L(G)$中的字符串。

第11章 群与编码

必备知识：第9章。

在当今的现代通信世界中，数据传送通常是端到端传输。这种传输可以是从计算机终端与200英尺以外的大型机相互作用这种简单的工作(经由远离地球20 000英里之外的轨道上的卫星传送信号)，或者是打一个电话或寄一封信到这个国家的另一个地区。数据传输存在的基本问题是收到送来的数据和收不到失真部分的数据。失真是由许多因素引起的。

编码理论为在数据传输中引入冗余信息来帮助检错、有时纠错而发展了各种技巧。其中某些技巧就是利用群论。

在数据传输过程中经常发生的另一类完全不同的问题，就是修改了发送出去的数据使得只有潜在的接收者才能重构原有数据。该问题可以追溯到古希腊早期。密码学是研究安全数据传输这种所谓密码系统技术的学科。随着电子商务和 ATM 的广泛应用，密码学已成为当今社会十分重要的学科。在前面一些章节中已给出了许多有关密码学的例子。在本章要对公钥密码学这一重要问题作一些简要介绍。

回　顾

美国数学家香农(Claude E. Shannon,1916—2001)在贝尔实验室工作，于1948年发表了一篇论文，描述了通信的数学理论，从此开创了信息论领域。此后不久，Richard Hamming 和他的同事在贝尔实验室奠定了纠错码的理论基础。

20 世纪上半叶，密码学的大部分研究工作主要由军方进行并服务于军队。1949 年，香农发表了论文“保密系统通信理论”，从此开创了密码学研究的新领域。该领域一直停滞不前，一直到1975年，美国斯坦福大学的两位研究人员发现了公钥密码学，这才导致密码学领域出现了大量的研究活动。1976年，美国麻省理工学院的三位研究人员发现了一个公钥密码系统，称为RSA (Rivest，Shamir 和 Adelman)系统并且得到了广泛的应用。今天，用得最广泛的系统是一个所谓的DES系统，它是一个对称密码系统。

11.1　二元信息码与检错码

信息的基本单位称为**报文**，它是一个有限字母表中字符的有限序列。可以选择字母表为集合 $B=\{0, 1\}$，于是要传送的每一个字符或符号可表示为 B 中的 m 个元素的序列，即：每个字符或符号表示成二进制形式。信息的基本单位称作**字**，它是 m 个 0 和 1 的序列。

集合 B 在表 11.1 中给出的二元运算+下是一个群(见 9.4 节的例 5)。如果把 B 看成群 Z_2，那么+只是模 2 加法。从 9.5 节的定理 1 得到 $B^m=B\times B\times\cdots\times B$($m$ 个因子)在运算 $\oplus$ 下是一个群，其中 $\oplus$ 定义为

$$(x_1, x_2, \cdots, x_m)\oplus(y_1, y_2, \cdots, y_m)=(x_1+y_1, x_2+y_2, \cdots, x_m+y_m)$$

该群在 9.5 节的例 2 中已经讨论过，它的单位元是 $\overline{0}=(0,0,\cdots,0)$ 并且每个元素是它自身的逆。B^m 中的元素记为 $(b_1,b_2,\cdots,b_m)$ 或简记为 $b_1b_2\cdots b_m$。注意 B^m 有 2^m 个元素，即：群 B^m 的阶是 2^m。

图 11.1 给出了在传输通道上把一个字从某个点传输到另一点的基本过程。元素 $x\in B^m$ 通过传输通道传送并且作为元素 $x_t\in B^m$ 被接收。在实际操作中，由于天气干扰，电子问题等使得传输通道也许会遭到干扰，通常称它为**噪声**，它可能引起 0 作为 1 接收或者完全相反。在传送一个字的过程中这种错误的数字传输可以上升到所收到的字不同于被发出的字，即 $x\neq x_t$。如果传输确实发生了错误，那么 x_t 可能是 B^m 的任意元素。

表 11.1

+	0	1
0	0	1
1	1	0

图 11.1

信息传输中的基本任务是减小收到的字不同于发送字的可能性。采用如下方法可做到这一点。首先选取一个整数 $n>m$ 和单射函数 $e: B^m\to B^n$。函数 e 称为一个(m, n)**编码函数**，并且可把它看做是 B^m 中的每个字表示成 B^n 中的一个字的一种方法。如果 $b\in B^m$，那么 $e(b)$ 称作表示 b 的**代码字**。附加的 0 和 1 能够提供一种方法检测或纠正在传输通道中所产生的错误。

现在通过传输通道来传送代码字，于是每个代码字 $x=e(b)$作为 B^n 中的字 x_t 被接收。这种情况如图 11.2 所示。

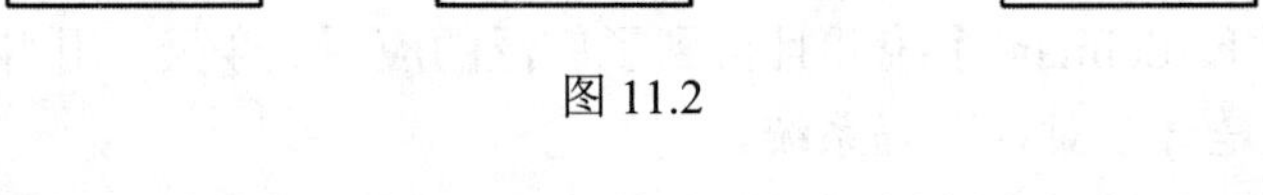

图 11.2

注意到要求编码函数 e 是单射，使得 B^m 中不同的字将被指定为不同的代码字。

如果传输通道是无噪声的，那么对 B^n 中的所有 x 有 $x_t=x$。在这种情况下，对每个 $b\in B^m$，$x=e(b)$都能接收到，因为 e 是一个已知函数，所以可以识别 b。

一般地，在传输中错误总是会发生的。如果 x 和 x_t 至少有一个但不超过 k 个位置不同，则

称代码字 $x=e(b)$有 k 个或更少的错误传送。

设 $e:B^m \to B^n$ 是$(m，n)$编码函数，如果每当 $x=e(b)$有 k 个或更少的错误被传送时，那么 x_t 不是一个代码字(因此，x_t 不可能是 x，所以不可能被正确地传输)，则说 e **检测到 k 个或更少的错误**。对于 $x \in B^n$，x 中 1 的个数称作 x 的**权**，并且用$|x|$表示。

例 1 在 B^5 中求下面每个字的权。

(a) x=01000 (b) x=11100 (c) x=00000 (d) x=11111

解 (a) $|x|=1$ (b) $|x|=3$ (c) $|x|=0$ (d) $|x|=5$ ■

例 2 (奇偶校验码) 下面的编码函数 $e:B^m \to B^{m+1}$ 称为**奇偶$(m, m+1)$校验码**：如果 $b=b_1b_2\cdots b_m \in B^m$，定义 $e(b)=b_1b_2\cdots b_mb_{m+1}$，其中

$$b_{m+1}=\begin{cases}0, & |b| \text{是偶数。} \\ 1, & |b| \text{是奇数。}\end{cases}$$

注意 b_{m+1} 为 0 当且仅当 b 中 1 的个数是一个偶数。于是得到每个代码字 $e(b)$有偶数权。在代码字的传输中仅一个错误将会使收到的字变成奇数权的字，所以它能被检测到。同理可以看到任何奇数个错误都能被检测。

为了具体地说明这种编码函数，设 $m=3$，于是

$$\left.\begin{aligned}e(000)&=0000\\e(001)&=0011\\e(010)&=0101\\e(011)&=0110\\e(100)&=1001\\e(101)&=1010\\e(110)&=1100\\e(111)&=1111\end{aligned}\right\}\text{代码字}$$

现在假设 $b=111$，那么 $x=e(b)=1111$。如果传输通道把 x 作为 $x_t=1101$ 传送，那么$|x_t|=3$，于是可以知道出现了奇数个错误(至少一个)。 ■

应注意如果收到的字有偶数权，那么不能确定代码字是否被正确地传输，因为该编码函数不能检测偶数个错误。尽管受到这种限制，但奇偶校验码还是被广泛地采用。

例 3 考虑下面的$(m, 3m)$编码函数 e：$B^m \to B^{3m}$，如果

$$b=b_1b_2\cdots b_m \in B^m$$

定义

$$e(b)=e(b_1b_2\cdots b_m)=b_1b_2\cdots b_mb_1b_2\cdots b_mb_1b_2\cdots b_m$$

即：编码函数 e 把 B^m 中的每个字重复三次。对于一个具体的例子，设 m=3，那么

$$\left.\begin{aligned}
e(000)&=000000000\\
e(001)&=001001001\\
e(010)&=010010010\\
e(011)&=011011011\\
e(100)&=100100100\\
e(101)&=101101101\\
e(110)&=110110110\\
e(111)&=111111111
\end{aligned}\right\}\text{代码字}$$

现在假设 b=011，那么 $e(011)=011\underline{0}11011$，还假设传输通道使下面加线的数字出错并收到字 011111011。由于这不是代码字，所以检测到了错误。不难看到任意一个错误和两个错误都能够被检测到。■

设 x 和 y 是 B^m 中的字，在 x 与 y 之间的 **Hamming 距离** $\delta(x,y)$ 是指 $x\oplus y$ 的权 $|x\oplus y|$。因此，在 $x=x_1x_2\cdots x_m$ 与 $y=y_1y_2\cdots y_m$ 之间的距离是 $x_i\neq y_i$ 的 i 值的个数，即 x 与 y 不相同的位置数。因此，使用 $x\oplus y$ 的权计算不相同的位置数是一种很方便的方法。

例 4 求 x 与 y 之间的距离。

(a) x=110110， y=000101。

(b) x=001100， y=010110。

解 (a) $x\oplus y$=110011，所以 $|x\oplus y|=4$。

(b) $x\oplus y$=011010，所以 $|x\oplus y|=3$。■

定理 1 (距离函数的性质) 设 x, y 和 z 是 B^m 中的元素，那么

(a) $\delta(x,y)=\delta(y,x)$

(b) $\delta(x,y)\geqslant 0$

(c) $\delta(x,y)=0$ 当且仅当 $x=y$

(d) $\delta(x,y)\leqslant \delta(x,z)+\delta(z,y)$

证明 性质(a)、(b)和(c)的证明是非常简单的，留给读者作为练习。

(d) 对于 B^m 中的 a 和 b，因为在 a 与 b 的任意位置上相异一定含有一个 1，所以

$$|a\oplus b|\leqslant |a|+|b|$$

此外，如果 $a\in B^m$，那么 $a\oplus a=\overline{0}$，即 B^m 中的单位元。于是

$$\begin{aligned}
\delta(x,y)=|x\oplus y|&=|x\oplus \overline{0}\oplus y|=|x\oplus z\oplus z\oplus y|\\
&\leqslant |x\oplus z|+|z\oplus y|=\delta(x,z)+\delta(z,y)
\end{aligned}$$

■

编码函数 $e:B^m\to B^n$ 的**最短距离**是指所有不同对代码字之间距离的最小值，即

$$\min\left\{\delta(e(x),e(y))\,\middle|\,x,y\in B^m\right\}$$

例 5 考虑下面的(2,5)编码函数 e：

$$\left.\begin{aligned} e(00)&=00000\\ e(10)&=00111\\ e(01)&=01110\\ e(11)&=11111 \end{aligned}\right\}\text{代码字}$$

它的最短距离是 2，这能通过计算 6 对不同代码字之间距离的最小值得到验证。■

定理 2 一个(m, n)编码函数 $e: B^m \to B^n$ 能够检测 k 个或更少错误当且仅当它的最短距离至少是 k+1。

证明 假设在任意两个代码字之间的最短距离至少是 k+1。设 $b\in B^m$，$x=e(b)\in B^n$ 表示 b 的代码字，那么传送 x 并且收到的是 x_t。如果 x_t 是与 x 不同的代码字，那么 $\delta(x,x_t)\geqslant k+1$，所以传送 x 有 k+1 个或更多的错误。因此，如果传送 x 只有 k 个或更少的错误，那么 x_t 不可能是一个代码字。这就推出 e 能检测 k 个或更少的错误。

反之，假设代码字之间的最短距离是 $r\leqslant k$，并且设 x 和 y 是有 $\delta(x,y)=r$ 的代码字。如果 $x_t=y$，即：如果传送 x 并且接收错误的 y，那么就会出现 $r\leqslant k$ 个错误并且它们没有被检测到。因此，e 能检测 k 个或更少错误是不成立的。■

例 6 考虑(3, 8)编码函数 $e: B^3 \to B^8$ 定义为

$$\left.\begin{aligned} e(000)&=00000000\\ e(001)&=10111000\\ e(010)&=00101101\\ e(011)&=10010101\\ e(100)&=10100100\\ e(101)&=10001001\\ e(110)&=00011100\\ e(111)&=00110001 \end{aligned}\right\}\text{代码字}$$

问 e 能检测多少个错误？

解 e 的最短距离是 3，这能通过在所有 28 对不同代码字之间计算距离的最小值得到检验。由定理 2，代码能检测 k 个或更少错误当且仅当它的最短距离至少是 k+1。因为最短距离是 3，所以 $3\geqslant k+1$，即 $k\leqslant 2$。因此，代码能检测两个或更少的错误。■

群码

到目前为止，还没有利用$(B^n, \oplus)$是一个群这一事实，下面将考虑利用 B^n 的这个性质的编码函数。

一个(m, n)编码函数 $e: B^m \to B^n$ 称为一个**群码**，如果

$$e(B^m)=\{e(b)\mid b\in B^m\}=\mathrm{Ran}(e)$$

是 B^n 的一个子群。

回顾 9.4 节子群的定义，如果 N 满足下述条件，则 N 是 B^n 的一个子群：(a) B^n 的单位元在 N 中。(b)如果 x 和 y 属于 N，那么 $x\oplus y\in N$。(c) 如果 x 属于 N，那么它的逆属于 N。性质(c)不必在此检验，因为 B^n 中的每个元素都是它自身的逆。此外，因为 B^n 是阿贝尔群，所以 B^n 的每个子群是一个正规子群。

例 7 考虑(3, 6)编码函数 $e:B^3\to B^6$ 定义为

$$\left.\begin{aligned}&e(000)=000000\\&e(001)=001100\\&e(010)=010011\\&e(011)=011111\\&e(100)=100101\\&e(101)=101001\\&e(110)=110110\\&e(111)=111010\end{aligned}\right\}\text{代码字}$$

表明该编码函数是一个群码。

解 必须表明所有代码字的集合

N={000000，001100，010011，011111，100101，101001，110110，111010}

是 B^6 的一个子群。首先注意到 B^6 的单位元属于 N，其次通过验证所有的可能性可以验证如果 x 和 y 是 N 中的元素，那么 $x\oplus y$ 是 N 中的元素。因此，N 是 B^6 的一个子群，且所给编码函数是一个群码。■

下面定理的证明方法同证明两个集合 A 和 B 相等，即证明 $A\subseteq B$ 且 $B\subseteq A$ 是相似的。这里通过证明 $\delta\leqslant\eta$ 和 $\eta\leqslant\delta$ 来证明 $\delta=\eta$。

定理 3 设 $e:B^m\to B^n$ 是一个群码，那么 e 的最短距离是非零代码字的最小权。

证明 设 δ 是群码的最短距离，并且假设 $\delta=\delta(x,y)$，其中 x 和 y 是不同的代码字。同样，设 η 是非零代码字的最小权，并且假设对一个代码字 z，$\eta=|z|$。因为 e 是一个群码，所以 $x\oplus y$ 是一个非零代码字。因此

$$\delta=\delta(x,y)=|x\oplus y|\geqslant\eta$$

另一方面，因为 0 和 z 是不同的代码字，所以

$$\eta=|z|=|z\oplus 0|=\delta(z,0)\geqslant\delta$$

因此，$\eta=\delta$。■

下面的例子给出了群码的一个优点。

例 8 例 7 中的群码的最短距离是 2，因为由定理 3 可知该距离等于 7 个非零代码字中 1 的最小个数。直接检验将需要 28 种不同的计算。■

下面简要地看一看产生群码的过程。首先，需要几个关于布尔矩阵的附加结果。考虑表 11.1 中定义的具有+运算的集合 B。现在设 $\boldsymbol{D}=[d_{ij}]$，$\boldsymbol{E}=[e_{ij}]$都是 $m\times n$ 布尔矩阵，把**模 2 的和** $\boldsymbol{D}\oplus\boldsymbol{E}$ 定义为 $m\times n$ 布尔矩阵 $F=[f_{ij}]$，其中

$$f_{ij}=d_{ij}+e_{ij},\quad 1\leqslant i\leqslant m, 1\leqslant j\leqslant n \text{ (这里的+是 } B \text{ 中的加法)}$$

例 9

$$\begin{bmatrix}1&0&1&1\\0&1&1&0\\1&0&0&1\end{bmatrix}\oplus\begin{bmatrix}1&1&0&1\\1&1&0&1\\0&1&1&1\end{bmatrix}=\begin{bmatrix}1+1&0+1&1+0&1+1\\0+1&1+1&1+0&0+1\\1+0&0+1&0+1&1+1\end{bmatrix}=\begin{bmatrix}0&1&1&0\\1&0&1&1\\1&1&1&0\end{bmatrix}$$

注意，如果 $\boldsymbol{F}=\boldsymbol{D}\oplus\boldsymbol{E}$，那么当 d_{ij} 和 e_{ij} 都是 0 或者都是 1 时，f_{ij} 是 0。■

其次，考虑表 11.2 所给的具有二元运算的集合 $B=\{0, 1\}$。该运算早就在不同的背景和不同的符号表示中看到过。在第 6 章中已经证明 B 是有两个元素的唯一的布尔代数。特别地，B 是具有偏序≤定义为 0≤0，0≤1，1≤1 的一个格。于是读者容易检验如果 a 和 b 是 B 的任意两个元素，那么

表 11.2

•	0	1
0	0	0
1	0	1

$$a\cdot b=a\wedge b \text{ (} a \text{ 与 } b \text{ 的最大下界)}$$

因此，表 11.2 恰好是运算∧重新命名为•的表。

设 $\boldsymbol{D}=[d_{ij}]$是一个 $m\times p$ 布尔矩阵，$\boldsymbol{E}=[e_{ij}]$是一个 $p\times n$ 布尔矩阵，把**模 2 的布尔积** $\boldsymbol{D}*\boldsymbol{E}$ 定义为 $m\times n$ 矩阵 $\boldsymbol{F}=[f_{ij}]$，其中

$$f_{ij}=d_{i1}\cdot e_{1j}+d_{i2}\cdot e_{2j}+\cdots+d_{ip}\cdot e_{pj},\quad 1\leqslant i\leqslant m, 1\leqslant j\leqslant n$$

这类乘法在图 11.3 中给予说明。请把该图与 1.5 节的类似图加以比较。

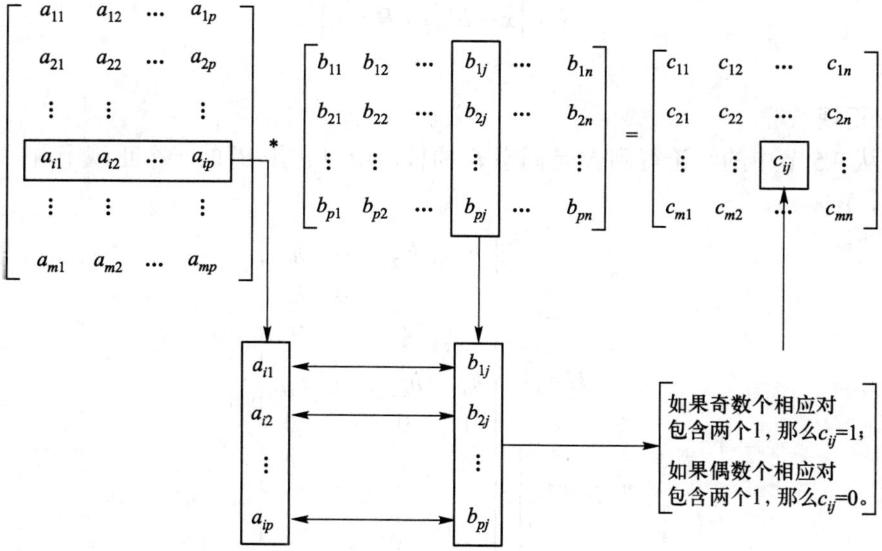

图 11.3

例 10

$$\begin{bmatrix}1&1&0\\0&1&1\end{bmatrix}*\begin{bmatrix}1&0\\1&1\\0&1\end{bmatrix}=\begin{bmatrix}1\cdot1+1\cdot1+0\cdot0 & 1\cdot0+1\cdot1+0\cdot1\\0\cdot1+1\cdot1+1\cdot0 & 0\cdot0+1\cdot1+1\cdot1\end{bmatrix}=\begin{bmatrix}0&1\\1&0\end{bmatrix}$$ ■

下面定理的证明留作练习。

定理 4 设 $\boldsymbol{D}$ 和 $\boldsymbol{E}$ 是 $m\times p$ 布尔矩阵，$\boldsymbol{F}$ 是一个 $p\times n$ 布尔矩阵，那么

$$(\boldsymbol{D}\oplus\boldsymbol{E})*\boldsymbol{F}=(\boldsymbol{D}*\boldsymbol{F})\oplus(\boldsymbol{E}*\boldsymbol{F})$$

即：对 $\oplus$ 和 $*$ 分配性质成立。 ■

现在把元素 $x=x_1x_2\cdots x_n\in B^n$ 看成是 $1\times n$ 矩阵 $[x_1\quad x_2\quad\cdots\quad x_n]$。

定理 5 设 m 和 n 是非负整数且 $m<n$, $r=n-m$, $\boldsymbol{H}$ 是一个 $n\times r$ 布尔矩阵，那么函数 $f_H:B^n\to B^r$ 定义为

$$f_H(x)=x*\boldsymbol{H},\quad x\in B^n$$

是从群 B^n 到群 B^r 的一个同态。

证明 如果 x 和 y 是 B^n 中的元素，那么

$$\begin{aligned}f_H(x\oplus y)&=(x\oplus y)*\boldsymbol{H}=(x*\boldsymbol{H})\oplus(y*\boldsymbol{H})\quad(\text{由定理 4})\\&=f_H(x)\oplus f_H(y)\end{aligned}$$

因此，f_H 是从 B^n 到 B^r 的一个同态。 ■

推论 1 设 $m, n, r, \boldsymbol{H}$ 和 f_H 如定理 5 所定义，那么

$$N=\left\{x\in B^n \,\middle|\, x*\boldsymbol{H}=\overline{0}\right\}$$

是 B^n 的一个正规子群。

证明 从 9.5 节中的结论得到 N 是同态 f_H 的核，所以它是 B^n 的一个正规子群。 ■

设 $m<n$，$r=n-m$。

$$\boldsymbol{H}=\begin{bmatrix}h_{11}&h_{12}&\cdots&h_{1r}\\h_{21}&h_{22}&\cdots&h_{2r}\\\vdots&\vdots&&\vdots\\h_{m1}&h_{m2}&\cdots&h_{mr}\\1&0&\cdots&0\\0&1&\cdots&0\\\vdots&\vdots&&\vdots\\0&0&\cdots&1\end{bmatrix}\quad(\text{后 } n-m=r \text{ 行})$$

是一个 $n\times r$ 布尔矩阵，它的最后 r 行形成 $r\times r$ 单位矩阵，称 $\boldsymbol{H}$ 为**奇偶校验矩阵**。下面用 $\boldsymbol{H}$ 定义

一个编码函数 $e_H: B^m \to B^n$。如果 $b = b_1 b_2 \cdots b_m$，那么设 $x = e_H(b) = b_1 b_2 \cdots b_m x_1 x_2 \cdots x_r$，其中

$$\begin{aligned} x_1 &= b_1 \cdot h_{11} + b_2 \cdot h_{21} + \cdots + b_m \cdot h_{m1} \\ x_2 &= b_1 \cdot h_{12} + b_2 \cdot h_{22} + \cdots + b_m \cdot h_{m2} \\ &\vdots \\ x_r &= b_1 \cdot h_{1r} + b_2 \cdot h_{2r} + \cdots + b_m \cdot h_{mr} \end{aligned} \tag{1}$$

定理 6 设 $x = y_1 y_2 \cdots y_m x_1 \cdots x_r \in B^n$，那么 $x * \boldsymbol{H} = \bar{0}$ 当且仅当对某个 $b \in B^m, x = e_H(b)$。

证明 假设 $x * \boldsymbol{H} = \bar{0}$，那么

$$\begin{aligned} y_1 \cdot h_{11} + y_2 \cdot h_{21} + \cdots + y_m \cdot h_{m1} + x_1 &= 0 \\ y_1 \cdot h_{12} + y_2 \cdot h_{22} + \cdots + y_m \cdot h_{m2} + x_2 &= 0 \\ &\vdots \\ y_1 h_{1r} + y_2 \cdot h_{2r} + \cdots + y_m \cdot h_{mr} + x_r &= 0 \end{aligned}$$

上面第一个方程具有形式

$$a + x_1 = 0, \quad a = y_1 \cdot h_{11} + y_2 \cdot h_{21} + \cdots + y_m \cdot h_{m1}$$

把该方程两边同加 a，得到

$$\begin{aligned} & a + (a + x_1) = a + 0 = a \\ & (a + a) + x_1 = a \\ & 0 + x_1 = a \qquad\qquad (\text{因为 } a + a = 0) \\ & x_1 = a \end{aligned}$$

对每一行都可如此进行，所以

$$x_i = y_1 \cdot h_{1i} + y_2 \cdot h_{2i} + \cdots + y_m \cdot h_{mi}, \quad 1 \leqslant i \leqslant r$$

设 $b_1 = y_1, b_2 = y_2, \cdots, b_m = y_m$，则 $x_1, x_2, \cdots, x_r$ 满足方程(1)，因此 $b = b_1 b_2 \cdots b_m \in B^m$ 和 $x = e_H(b)$。

反之，如果 $x = e_H(b)$，那么通过把第 i 个方程两边同加 $x_i, i = 1, 2, \cdots, n$，可以重写方程(1)为

$$\begin{aligned} b_1 \cdot h_{11} + b_2 \cdot h_{21} + \cdots + b_m \cdot h_{m1} + x_1 &= 0 \\ b_1 \cdot h_{12} + b_2 \cdot h_{22} + \cdots + b_m \cdot h_{m2} + x_2 &= 0 \\ &\vdots \\ b_1 h_{1r} + b_2 \cdot h_{2r} + \cdots + b_m \cdot h_{mr} + x_r &= 0 \end{aligned}$$

这就表明 $x * \boldsymbol{H} = \bar{0}$。 ■

推论 2 $e_H(B^m) = \left\{ e_H(b) \middle| b \in B^m \right\}$ 是 B^n 的一个子群。

证明 从推论 1 和

$$e_H(B^m) = \ker(f_H)$$

可以证得结论。因此 e_H 是一个群码。 ■

例 11 设 m=2，n=5，且

$$H=\begin{bmatrix}1&1&0\\0&1&1\\1&0&0\\0&1&0\\0&0&1\end{bmatrix}$$

确定群码 $e_H : B^2 \to B^5$。

解 有 B^2={00,10,01,11},于是

$$e(00)=00x_1x_2x_3$$

其中 x_1, x_2 和 x_3 是由方程(1)决定的，因此

$$x_1=x_2=x_3=0$$

$$e(00)=00000$$

其次

$$e(10)=10x_1x_2x_3$$

用方程(1)并取 b_1=1 和 b_2=0，得到

$$x_1=1\cdot 1+0\cdot 0=1$$

$$x_2=1\cdot 1+0\cdot 1=1$$

$$x_3=1\cdot 0+0\cdot 1=0$$

因此 x_1=1，x_2=1 和 x_3=0，所以 e(10)=10110。类似地(验证)有

$$e\,(01)=01011,\quad e\,(11)=11101$$

■

习 题 11.1

在题 1 和 2 中，求所给字的权。

1. (a) 1011 (b) 0110 (c) 1110
2. (a) 011101 (b) 11111 (c) 010101
3. 考虑(3，4)奇偶校验码，对每一个所接收的字，判断是否能检测出一个错误。

(a) 0100 (b) 1100

4. 考虑(3，4)奇偶校验码，对每一个所接收的字，判断是否能检测出一个错误。

(a) 0010 (b) 1001

5. 考虑(6，7)奇偶校验码，对每一个所接收的字，判断是否能检测出一个错误。

(a) 1101010 (b) 1010011

(c) 0011111 (d) 1001101

在第 6 题～第 8 题中，已知 m 的值，用例 3 中的(m, 3m)解码函数，对每一个所接收的字，判断是否能检测出一个错误。

6. m=3

(a) 110111110　(b) 110011011

7. m=4

(a) 011010011111　　(b) 110110010110

8. m=4

(a) 010010110010　　(b) 001001111001

9. ISBN 系统也是错误检测码。在 5.2 节的第 38 题中，它表明能检测出传送中的一个错误，但两个错误不能被检测。证明：在检验码之前的任何相邻数字的对换能被检测出来。

10. 12 位数字的条码使用第 12 位数字作为检验码，它满足条件：在偶数位置数字之和与奇数位置数字之和的三倍关于 0 mod 10 同余。证明：这种条码能检测偶数位置数字的一个错误，但不能检测出偶数位置上的两个错误。

11. 解释如何用$|x \oplus y|$计算 x 和 y 不相同的位置数目？

12. 求 x 和 y 之间的距离。

(a) x=1100010，y=1010001

(b) x=0100110，y=0110010

13. 求 x 和 y 之间的距离。

(a) x=00111001，y=10101001

(b) x=11010010，y=00100111

14. (a) 证明定理 1(a)。

(b) 证明定理 1(b)。

15. 证明定理 1(c)。

16. 求(2，4)编码函数 e 的最短距离。

$$e(00)=0000$$
$$e(10)=0110$$
$$e(01)=1011$$
$$e(11)=1100$$

17. 求(3，8)编码函数 e 的最短距离。

$e(000)$=00000000，　$e(001)$=01110010

$e(010)$=10011100，　$e(011)$=01110001

$e(100)$=01100101，　$e(101)$=10110000

$e(110)$=11110000，　$e(111)$=00001111

18. 考虑(2，6)编码函数 e。

$e(00)$=000000，　$e(10)$=101010

$e(01)$=011110，　$e(11)$=111000

(a) 求 e 的最短距离。

(b) e 能检测出多少个错误？

19. 考虑(3，9)编码函数 e。

$e(000)$=000000000，　$e(001)$=011100101

$e(010)$=010101000，　$e(011)$=110010001

$e(100)=010011010$, $e(101)=111101011$

$e(110)=001011000$, $e(111)=110000111$

(a) 求 e 的最短距离。

(b) e 能检测出多少个错误？

20. 验证：(2，5)编码函数 $e: B^2 \to B^5$ 是一个群码，其中

$e(00)=00000$, $e(01)=01110$

$e(10)=10101$，$e(11)=11011$

21. 验证：(3，7)编码函数 e：$B^3 \to B^7$ 是一个群码，其中

$e(000)=0000000$，$e(001)=0010110$

$e(010)=0101000$，$e(011)=0111110$

$e(100)=1000101$，$e(101)=1010011$

$e(110)=1101101$，$e(111)=1111011$

22. 已知第 20 题中定义的群码，求它的最短距离。
23. 已知第 21 题中定义的群码，求它的最短距离。
24. 计算

$$\begin{bmatrix} 1 & 1 & 0 \\ 0 & 1 & 1 \end{bmatrix} \oplus \begin{bmatrix} 1 & 1 & 1 \\ 0 & 1 & 1 \end{bmatrix}$$

25. 计算

$$\begin{bmatrix} 1 & 0 & 1 \\ 1 & 1 & 0 \\ 0 & 1 & 0 \\ 0 & 1 & 1 \end{bmatrix} \oplus \begin{bmatrix} 1 & 0 & 1 \\ 0 & 1 & 0 \\ 1 & 1 & 1 \\ 0 & 0 & 1 \end{bmatrix}$$

26. 计算

$$\begin{bmatrix} 1 & 0 \\ 1 & 1 \\ 0 & 1 \end{bmatrix} * \begin{bmatrix} 1 & 1 & 0 \\ 0 & 1 & 1 \end{bmatrix}$$

27. 计算

$$\begin{bmatrix} 1 & 0 & 1 \\ 0 & 1 & 1 \\ 1 & 0 & 1 \end{bmatrix} * \begin{bmatrix} 1 & 1 & 0 \\ 0 & 1 & 1 \\ 1 & 0 & 1 \end{bmatrix}$$

28. 结构($m \times n$ 布尔矩阵，$\oplus$)有下列哪些性质？

(a) 结合性　　(b) 交换性

(c) 单位元　　(d) 可逆性

29. 结构($n \times n$ 布尔矩阵，$*$)有下列哪些性质？

(a) 结合性　　(b) 交换性

(c) 单位元　　　　　　　　　(d) 可逆性

30. 设

$$
\boldsymbol{H}=\begin{bmatrix}0 & 1 & 1\\0 & 1 & 1\\1 & 0 & 0\\0 & 1 & 0\\0 & 0 & 1\end{bmatrix}
$$

是一个奇偶校验矩阵，确定(2，5)群码函数 $e_H : B^2 \to B^5$。

31. 设

$$
\boldsymbol{H}=\begin{bmatrix}1 & 0 & 0\\0 & 1 & 1\\1 & 1 & 1\\1 & 0 & 0\\0 & 1 & 0\\0 & 0 & 1\end{bmatrix}
$$

是一个奇偶校验矩阵，确定(3，6)群码 $e_H : B^3 \to B^6$。

32. 证明定理 4。

33. 概括定理 2 的证明结构。

11.2 译码与纠错

考虑一个(m, n)编码函数 e：$B^m \to B^n$。对于 $b\in B^m$，一旦代码字 $x=e(b)\in B^n$ 作为字 x_t 被接收，那么面临识别字 b 是否是源报文的问题。

一个满射函数 d：$B^n \to B^m$ 称为是**与 e 有关的(n, m)译码函数**，如果 $d(x_t)=b' \in B^m$，使得当传输通道没有任何噪声时，$b' =b$，即：$d\circ e = I_{B^m}$，其中 I_{B^m} 是 B^m 上的恒等函数。要求译码函数 d 是满射，从而保证从每个接收的字能够译出 B^m 中所给的字。收到的字是正确的，则译码是正确的，但是如果收到的字是错误的，则译码也许正确也许不正确。

例 1　考虑 11.1 节例 2 中定义的奇偶校验码，定义译码函数 d：$B^{m+1} \to B^m$。如果 $y=y_1y_2\cdots y_my_{m+1}\in B^{m+1}$，那么

$$
d(y)=y_1y_2\cdots y_m
$$

注意，如果 $b=b_1b_2\cdots b_m\in B^m$，那么

$$
(d\circ e)(b)=d(e(b))=b
$$

所以 $d\circ e = I_{B^m}$。

对于一个具体的例子，设 m=4，那么得到 d(10010)=1001，d(11001)=1100。■

设 e 是一个(m, n)编码函数，d 是与 e 相关的一个(n, m)译码函数。如果无论 $x=e(b)$是正确

地传输还是有 k 个或更少的错误传输并且接收的是 x_t，都有 $d(x_t)=b$，则称数据对(e, d)**校正 k 个或更少的错误**。因此，从 x_t 能够译出正确的报文 b。

例 2 考虑 11.1 节例 3 中定义的$(m, 3m)$编码函数，现在定义译码函数 $d: B^{3m} \to B^m$。设

$$y = y_1 y_2 \cdots y_m y_{m+1} \cdots y_{2m} y_{2m+1} \cdots y_{3m}$$

那么

$$d(y) = z_1 z_2 \cdots z_m$$

其中

$$z_i = \begin{cases} 1, & \{y_i, y_{i+m}, y_{i+2m}\} \text{ 至少有两个 1。} \\ 0, & \{y_i, y_{i+m}, y_{i+2m}\} \text{ 有少于两个 1。} \end{cases}$$

即：在传送的三块数中，译码函数 d 检查每一块的第 i 个数字。在三个块中至少出现两次的数字选作译码的第 i 个数字。对于一个具体的例子，设 $m=3$，那么

$$e(100)=100100100,\ e(011)=011011011,\ e(001)=001001001$$

现在假设 $b=011$,那么 $e(011)=011\underline{0}11011$。如果假设传输通道使下面加线的数字出错并且收到字 $x_t=011111011$，那么，因为三个块中有两个块的第一个数字是 0，所以译出第一个数字是 0。类似地，译出第二个数字是 1，因为在三个块中第二个数字都是 1。最后，出于类似的理由，译出第三个数字也是 1。因此，$d(x_t)=011$，即：译码字是 011，这正好是送出的字。所以，纠正了单一的错误。类似的分析表明如果对如上定义的任意 m 和 d，e 是这个$(m, 3m)$代码，那么(e, d)纠正任意单一的错误。 ■

已知一个(m,n)编码函数 e：$B^m \to B^n$，常常需要确定与 e 相关的一个(n, m)译码函数 $d: B^n \to B^m$。下面讨论一种方法，称作**最大似然方法**，它从一个已知 e 确定一个译码函数 d。

因为 B^m 有 2^m 个元素，所以在 B^n 中存在 2^m 个代码字。首先以一种固定的次序列出代码字：

$$x^{(1)}, x^{(2)}, \cdots, x^{(2m)}$$

如果收到的字是 x_t，那么对于 $1 \leqslant i \leqslant 2^m$，计算 $\delta(x^{(i)}, x_t)$ 并且选取第一个代码字，譬如说 $x^{(s)}$，使得

$$\lim_{1 \leqslant i \leqslant 2^m} \{\delta(x^{(i)},\ x_t)\} = \delta(x^{(s)},\ x_t)$$

即：$x^{(s)}$是所列表中第一个最接近 x_t 的一个代码字。如果 $x^{(s)}=e(b)$，那么用 $d(x_t)=b$ 定义与 e 相关的**最大似然译码函数** d。注意 d 依赖于 $e(B^n)$中代码字所列的特殊顺序。如果代码字是以另一个不同的顺序列出的，那么可以得到与 e 相关的不同的最大似然译码函数 d。

定理 1 假设 e 是一个(m, n)编码函数，d 是与 e 相关的最大似然译码函数，那么(e, d)能纠正 k 个或更少的错误当且仅当 e 的最短距离至少是 $2k+1$。

证明 假设 e 的最短距离至少是 $2k+1$，$b \in B^m$, $x=e(b) \in B^n$。假设 x 传输有 k 个或更少的错

误，并且收到的是 x_t。这意味着 $\delta(x,x_t)\leqslant k$。如果 z 是另一个代码字，那么

$$2k+1\leqslant \delta(x,z)\leqslant \delta(x,x_t)+\delta(x_t,z)\leqslant k+d(x_t,z)$$

因此，$\delta(x_t,z)\geqslant 2k+1-k=k+1$。这意味着 x 是最接近 x_t 的唯一代码字，所以 $d(x_t)=b$。因此，(e,d)纠正 k 个或更少的错误。

反之，假设代码字之间的最短距离是 $r\leqslant 2k$，并且设 $x=e(b)$和 $x'=e(b')$ 是有 $\delta(x,x')=r$ 的代码字。假设 x' 在定义 d 的代码字列表中先于 x，记 $x=b_1b_2\cdots b_n, x'=b_1'b_2'\cdots b_n'$，那么在 1 到 n 之间恰好有 r 个整数 i 使得 $b_i\neq b_i'$。为简单起见，假设 $b_1\neq b_1', b_2\neq b_2', \cdots, b_r\neq b_r'$，但当 $i>r$ 时，$b_i=b_i'$。同理可处理其他情况。

(a) 假设 $r\leqslant k$，如果 x 作为 $x_t=x'$ 传送，那么出现了 $r\leqslant k$ 个错误，但是 $d(x_t)=b'$，所以(e, d)没有纠正这 r 个错误。

(b) 假设 $k+1\leqslant r\leqslant 2k$，设 $y=b_1'b_2'\cdots b_k'b_{k+1}\cdots b_n$，如果 x 作为 $x_t=y$ 传送，那么 $\delta(x_t,x')=r-k\leqslant k$ 和 $\delta(x_t,x)\geqslant k$。因此，x' 至少是和 x 一样接近 x_t 并且 x' 在代码字列表中先于 x，所以 $d(x_t)\neq b$。于是出现了 k 个错误，这就推出(e, d)没有纠正错误。 ■

例 3 设 e 是 11.1 节例 6 中定义的(3，8)编码函数，d 是与 e 相关的(8，3)最大似然译码函数，(e, d)能纠正多少个错误？

解 因为 e 的最短距离是 3，所以有 $3\geqslant 2k+1$，即 $k\leqslant 1$。因此，(e, d)能纠正一个错误。 ■

现在讨论关于确定最大似然译码函数的一种简单而有效的方法，该方法与已知群码有关。首先，证明下面的结果。

定理 2 如果 K 是群 G 的一个有限子群，那么 G 中 K 的每一个左陪集与 K 恰好有同样多的元素。

证明 设 aK 是 G 中 K 的左陪集，其中 $a\in G$。考虑函数 f: $K\rightarrow aK$ 定义为

$$f(k)=ak,\quad k\in K$$

可以证明 f 是单射和满射。

为了证明 f 是单射，假设

$$f(k_1)=f(k_2),\quad k_1,k_2\in K$$

那么

$$ak_1=ak_2$$

由 9.4 节的定理 2 可知，$k_1=k_2$。因此，f 是单射。

为了证明 f 是满射，设 b 是 aK 中的任意元素，那么对某个 $k\in K$，有 $b=ak$，于是

$$f(k)=ak=b$$

所以 f 是满射。因为 f 是单射和满射，所以 K 与 aK 有相同个数的元素。 ■

设 e: $B^m\rightarrow B^n$ 是一个(m, n)编码函数并且是一个群码。因此，B^n 中的代码字集合 N 是 B^n 的一个子群，它的阶是 2^m，如 $N=\{x^{(1)}, x^{(2)}, \cdots, x^{(2^m)}\}$。

假设代码字 $x=e(b)$ 被传输并且收到的字是 x_t。x_t 的左陪集是

$$x_t \oplus N = \left\{\varepsilon_1, \varepsilon_2, \cdots, \varepsilon_{2^m}\right\}$$

其中 $\varepsilon_i = x_t \oplus x^{(i)}$。从 x_t 到代码字 $x^{(i)}$ 的距离恰好是 ε_i 的权 $|\varepsilon_i|$。因此，如果 ε_j 是有最小权的陪集成员，那么 $x^{(j)}$ 一定是最接近 x_t 的代码字。在这种情况下，$x^{(j)}=\overline{0} \oplus x^{(j)} = x_t \oplus x_t \oplus x^{(j)} = x_t \oplus \varepsilon_j$。一个有最小权的元素 ε_j 称作**陪集首部**。注意，一个陪集的首部不必是唯一的。

如果 e：$B^m \to B^n$ 是一个群码，那么下面就是关于得到与 e 相关的最大似然译码函数的步骤。

步骤 1：确定 B^n 中 $N=e(B^m)$ 的所有左陪集。

步骤 2：对于每个陪集，求陪集首部(最小权的字)。步骤 1 和步骤 2 能够用系统化的列表方式实现，稍后描述它。

步骤 3：如果收到字 x_t，那么确定 x_t 属于 N 的陪集。因为 N 是 B^n 的一个正规子群，所以从 9.5 节的定理 3 和定理 4 得到 N 的陪集形成了 B^n 的一个划分，于是 B^n 的每个元素属于 B^n 中 N 的一个且是唯一的陪集。而且，在 B^n 中存在 $2^n/2^m=2^r$ 个 N 的不同陪集。

步骤 4：设 ε 是步骤 3 中确定的陪集的首部，计算 $x = x_t \oplus \varepsilon$。如果 $x=e(b)$，那么设 $d(x_t)=b$，即：x_t 的译码是 b。

为了执行上面的步骤，必须保存 B^n 中 N 的所有陪集的一张完整表。该表通常采用表格形式，表的每一行含有一个陪集。首先确定每一行的陪集首部。然后，当一个字 x_t 被收到时，确定包含它的行，求该行的陪集首部并且把它与 x_t 相加。这就给出了最接近 x_t 的代码字。如果要构造一张更系统化的表，那么可以去掉对这些加法的需求。

在用一个例子说明上述方法之前，提出下面一些注解。设 $N = \left\{x^{(1)}, x^{(2)}, \cdots, x^{(2^m)}\right\}$，其中 $x^{(1)}$ 是 $\overline{0}$，即 B^n 的单位元。

在上面的译码算法中，步骤 1 和步骤 2 实现如下。首先，在一行的左边从单位元 $\overline{0}$ 开始列出 N 的所有元素。因此，得到

$$\overline{0} \qquad x^{(2)} \qquad x^{(3)} \qquad \cdots \qquad x^{(2^m)}$$

该行是陪集 $[\overline{0}]$，并且用 $\overline{0}$ 作为它的陪集首部。正由于此，也可以把 $\overline{0}$ 看作 ε_1。现在选择未列在第一行里 B^n 中的任意字 y。把陪集 $y \oplus N$ 中的元素列作第二行。该陪集也有 2^m 个元素。因此，有两行

$$\begin{array}{ccccc} \overline{0} & x^{(2)} & x^{(3)} & \cdots & x^{(2^m)} \\ y \oplus \overline{0} & y \oplus x^{(2)} & y \oplus x^{(3)} & \cdots & y \oplus x^{(2^m)} \end{array}$$

在陪集 $y \oplus N$ 中，选取一个最小权的元素作为陪集首部，用 $\varepsilon^{(2)}$ 表示。万一最小权元素不止一个，则选取最小权中任意一个元素即可。回顾 9.5 节，因为 $\varepsilon^{(2)} \in y \oplus N$，所以有 $y \oplus N=\varepsilon^{(2)} \oplus N$。这意味着第二行中的每个字能被写作 $\varepsilon^{(2)} \oplus v$，$v \in N$。于是可重写第二行如下：

$$\varepsilon^{(2)} \quad \varepsilon^{(2)} \oplus x^{(2)} \quad \varepsilon^{(2)} \oplus x^{(3)} \quad \cdots \quad \varepsilon^{(2)} \oplus x^{(2^m)}$$

其中$\varepsilon^{(2)}$在最左边的位置上。

其次，选取B^n中未列在第一行和第二行中的另一个元素z并且形成第三行$(z \oplus x^{(j)})$, $1 \leqslant j \leqslant 2^m$ (B^n中N的另一个陪集)。该行可重写为形如

$$\varepsilon^{(3)} \quad \varepsilon^{(3)} \oplus x^{(2)} \quad \varepsilon^{(3)} \oplus x^{(3)} \quad \cdots \quad \varepsilon^{(3)} \oplus x^{(2^m)}$$

其中$\varepsilon^{(3)}$是这行的陪集首部。

继续这个过程直到列出B^n中的所有元素为止。形成的表 11.3 称作**译码表**。注意它包含2^r行，每行表示N的某个陪集。如果收到字x_t，那么确定它在表中的位置。如果x是包含x_t的顶列中N的元素，那么x是最接近x_t的代码字。因此，如果$x=e(b)$，那么设$d(x_t)=b$。

表 11.3

$\bar{0}$	$x^{(2)}$	$x^{(3)}$	$\cdots$	$x^{(2^m-1)}$
$\varepsilon^{(2)}$	$\varepsilon^{(2)} \oplus x^{(2)}$	$\varepsilon^{(2)} \oplus x^{(3)}$	$\cdots$	$\varepsilon^{(2)} \oplus x^{(2^m-1)}$
$\vdots$	$\vdots$	$\vdots$		$\vdots$
$\varepsilon^{(2^r)}$	$\varepsilon^{(2^r)} \oplus x^{(2)}$	$\varepsilon^{(2^r)} \oplus x^{(3)}$	$\cdots$	$\varepsilon^{(2^r)} \oplus x^{(2^m-1)}$

例 4　考虑 11.1 节例 7 中定义的(3，6)群码，其中

N={000000，001100，010011，011111，100101，101001，110110，111010}$=\{x^{(1)}, x^{(2)}, \cdots, x^{(8)}\}$

在例 1 中已定义。对e实现上面的译码过程如下。

步骤 1 和步骤 2：确定B^6中N的所有左陪集，把它作为表的行。对于每行i，确定陪集首部ε_i并且依次重写行：

$$\varepsilon_i, \quad \varepsilon_i \oplus 001100, \quad \varepsilon_i \oplus 010011, \cdots, \quad \varepsilon_i \oplus 111010$$

结果如表 11.4 所示。

表 11.4

000000	001100	010011	011111	100101	101001	110110	111010
000001	001101	010010	011110	100100	101000	110111	111011
000010	001110	010001	011101	100111	101011	110100	111000
000100	001000	010111	011011	100001	101101	110010	111110
010000	011100	000011	001111	110101	111001	100110	101010
100000	101100	110011	111111	000101	001001	010110	011010
000110	001010	010101	011001	100011	101111	110000	111100
010100	011000	000111	001011	110001	111101	100010	101110

步骤 3 和步骤 4：如果收到字 000101，那么首先通过确定它在译码表中的位置然后译出它；

该字出现在第 5 列，即表中下面加线的数字。在第 5 列顶端的字是 100101。因为 $e(100)=100101$，所以 000101 译码为 100。类似地，如果收到字 010101，那么首先定位它在译码表的第三列上，即表中加两条下划线的数字。在第三列顶端的字是 010011，因为 $e(010)=010011$。所以 010101 译码为 010。

对于这个例子，提请读者注意，在确定步骤 1 和步骤 2 的译码表时，最后两个陪集的陪集首部存多个候选字。在第 7 行，选择 00110 作为陪集首部。如果选取 001010 代之，那么第 7 行将会出现下面重新排列的形式

$$001010 \quad 001010 \oplus 001100 \quad \cdots \quad 001010 \oplus 111010$$

或

$$001010 \quad 000110 \quad 011001 \quad 010101 \quad 101111 \quad 100011 \quad 111100 \quad 110000$$

新的译码表如表 11.5 所示。

表 11.5

000000	001100	010011	011111	100101	101001	110110	111010
000001	001101	010010	011110	100100	101000	110111	111011
000010	001110	010001	011101	100111	101011	110100	111000
000100	001000	010111	011011	100001	101101	110010	111110
010000	011100	000011	001111	110101	111001	100110	101010
100000	101100	110011	111111	000101	001001	010110	011010
001010	000110	011001	<u>010101</u>	101111	100011	111100	110000
010100	011000	000111	001011	110001	111101	100010	101110

于是，如果收到字 010101，那么首先确定它在表 11.5 中第 4 列，在该列顶端的字是 011111。因为 $e(011)=011111$，所以 010101 译码为 011。 ■

假设 (m, n) 群码是 e_H: $B^m \to B^n$，其中 $\boldsymbol{H}$ 是已知的奇偶校验矩阵。在这种情况下，可以简化上面的译码方法。下面讨论这种情形。

回顾 11.1 节，$r=n-m$。

$$\boldsymbol{H} = \begin{bmatrix} h_{11} & h_{12} & \cdots & h_{1r} \\ h_{21} & h_{22} & \cdots & h_{2r} \\ \vdots & \vdots & & \vdots \\ h_{m1} & h_{m2} & \cdots & h_{mr} \\ 1 & 0 & \cdots & 0 \\ 0 & 1 & \cdots & 0 \\ \vdots & \vdots & & \vdots \\ 0 & 0 & \cdots & 1 \end{bmatrix}$$

由 $f_H(x)=x*\boldsymbol{H}$ 定义的函数 $f_H: B^n \to B^r$ 是从群 B^n 到群 B^r 的一个同态。

定理 3 如果 $m, n, r, \boldsymbol{H}$ 以及 f_H 如上定义，那么 f_H 是满射。

证明 设 $b=b_1b_2\cdots b_r$ 是 B^r 中任意元素，且设

$$x=\underbrace{00\cdots0}_{m个0}b_1b_2\cdots b_r$$

于是得到 $x*\boldsymbol{H}=b$。因此，$f_H(x)=b$，所以 f_H 是满射。 ■

从 9.5 节的推论 1 得到 B^r 和 B^n/N 是同构的，其中 $N=\ker(f_H)=e_H(B^m)$，同构映射 $g: B^n/N \to B^r$ 定义为

$$g(xN)=f_H(x)=x*\boldsymbol{H}$$

元素 $x*\boldsymbol{H}$ 称为 x 的**校验子**。于是有下面的结果。

定理 4 设 x 和 y 是 B^n 中的元素，那么 x 和 y 属于 B^n 中 N 的相同左陪集当且仅当 $f_H(x)=f_H(y)$，即当且仅当它们有相同的校验子。

证明 从 9.5 节的定理 4 得到 x 和 y 属于 B^n 中 N 的相同左陪集当且仅当 $x\oplus y=(-x)\oplus y\in N$，因为 $N=\ker(f_H)$，所以 $x\oplus y\in N$ 当且仅当

$$f_H(x\oplus y)=\bar{0}_{B^r}$$
$$f_H(x)\oplus f_H(y)=\bar{0}_{B^r}$$
$$f_H(x)=f_H(y)$$ ■

在这种情况，先前给出的译码步骤可以修改如下。假设计算每个陪集首部的校验子。如果收到的字是 x_t，那么同样也计算 x_t 的校验子 $f_H(x_t)$。通过 $f_H(x_t)$ 与陪集首部的校验子进行比较，求 x_t 所在的陪集。假设该陪集的陪集首部是 ε，则计算 $x=x_t\oplus\varepsilon$。如果 $x=e(b)$，那么 x_t 译码为 b。因此，为了译码只需陪集首部和它们的校验子。详尽描述新的步骤如下。

步骤 1：确定 B^n 中 $N=e_H(B^m)$ 的所有左陪集。

步骤 2：对每个陪集，求陪集首部并且计算所有首部的校验子。

步骤 3：如果收到 x_t，计算 x_t 的校验子并且求具有相同校验子的陪集首部 ε。那么 $x_t\oplus\varepsilon=x$ 是代码字 $e_H(b)$，所以 $d(x_t)=b$。

对于上面这个过程，不需要保存一张陪集表，并且能够避免计算译码表的工作量。而只要简单地以任意顺序一次列出所有陪集，并且从每个陪集中选择一个陪集首部。然后保存这些陪集首部和它们的校验子的一张表。上面的步骤很容易用这张表实现。

例 5 考虑奇偶校验矩阵

$$\boldsymbol{H}=\begin{bmatrix}1&1&0\\1&0&1\\0&1&1\\1&0&0\\0&1&0\\0&0&1\end{bmatrix}$$

和(3，6)群 $e_H: B^3 \to B^6$。那么

$$\left.\begin{aligned}e(000)&=000000\\e(001)&=001011\\e(010)&=010101\\e(011)&=011110\\e(100)&=100110\\e(101)&=101101\\e(110)&=110011\\e(111)&=111000\end{aligned}\right\}\text{代码字}$$

因此

N={000000，001011，010101，011110，100110，101101，110011，111000}

实现上面的译码步骤如下。

在表 11.6 中，只给出陪集首部以及它们的校验子。现在假设收到字 001110，则计算 x_t=001110 的校验子，得到 $f_H(x_t)=x_t*\boldsymbol{H}=101$，它是表 11.6 中第一列的第 6 个值。这意味着 x_t 所属的陪集其首部是 ε=010000。计算 $x=x_t\oplus\varepsilon$= 001110 ⊕ 010000=011110。因为 e(011)=011110，所以 001110 译码为 011。■

表 11.6

陪集首部的校验子	陪集首部
000	000000
001	000001
010	000010
011	001000
100	000100
101	010000
110	100000
111	001100

习 题 11.2

1. 设 d 是例 1 中通过设 m 为 3 所定义的(4，3)译码函数。对 B^4 中的字 y，求 $d(y)$。

(a) y=0110　　(b) y=1011

2. 设 d 是例 1 中通过设 m 为 5 所定义的(6，5)译码函数。对 B^6 中的字 y，求 $d(y)$。

(a) y=001101　　(b) y=110100

3. 设 d 是例 2 中定义的(6，2)译码函数。对 B^6 中的字 y，求 $d(y)$。

(a) y=111011　　(b) y=010100

4. 设 d 是像例 2 中那样定义的(9，3)译码函数。对 B^9 中的字 y，求 $d(y)$。

(a) y=101111101　　(b) y=100111100

5. 设 e：$B^2 \to B^4$ 是由 e (00)=0000, e (0 1)=1011, e (1 0)=0110, e (11)=1101 所定义的(2，4)编码函数，为 N={0000，1011，0110，1101}构造 B^4 中的一个左陪集表。把陪集首部放在每一行的开始。

6. 设 e 是 11.1 节的第 20 题中定义的(2，5)编码函数，为 $N=e(B^2)$构造 B^4 中的一个左陪集表。把陪集首部放在每一行的开始。

在第 7 题～第 12 题中，设 e 是指定的编码函数，d 是有关的最大似然译码函数，确定(e, d)将纠正的错误的数目。

7. e 是 11.1 节的第 16 题中的编码函数。

8. e 是 11.1 节的第 17 题中的编码函数。

9. e 是 11.1 节的第 18 题中的编码函数。

10. e 是 11.1 节的第 19 题中的编码函数。

11. e 是 11.1 节的第 20 题中的编码函数。

12. e 是 11.1 节的第 21 题中的编码函数。

13. 考虑 11.1 节的第 20 题中所定义的群码，用相关的最大似然译码函数，译出下面各字。

(a) 11110　(b) 10011　(c) 10100

14. 考虑(2，4)群码函数 e：$B^2 \to B^4$，它定义为

e (00)=0000，　e (01)=0111

e (10)=1001，　e (11)＝1111

用相关的最大似然译码函数，译出下面各字。

(a) 0011　(b) 1011　(c) 1111

15. 考虑(3，5)群码编码函数 e：$B^3 \to B^5$，它定义为

e (000)=00000，e (001)=00110

e (010)=01001，e (011)=01111

e (100)=10011，e (101)=10101

e (110)=11010，e (111)=11100

用相关的最大似然译码函数，译出下面各字。

(a) 11001　(b) 01010　(c) 00111

16. 考虑(3，6)群码编码函数 e：$B^3 \to B^6$，它定义为

e (000)=000000，　e (001)=000110

e (010)=010010，　e (011)=010100

e (100)=100101，　e (101)=100011

e (110)=110111，　e (111)=110001

用相关的最大似然译码函数，译出下面各字。

(a) 011110　(b) 101011　(c) 110010

17. 设 G 是一个群，H 是 G 的一个子群。

(a) 证明：如果 g_1 和 g_2 是 G 的元素，则 $g_1H=g_2H$ 或者 $g_1H \cap g_2H=\{\}$。

(b) 利用分题(a)的结果证明：H 的左陪集形成 G 的一个划分。

18. 设 e：$B^m \to B^n$ 是群的编码函数。

(a) 在 B^n 中存在多少个编码字？

(b) 设 $N=e(B^m)$，$|N|$是多少？

(c) 在 B^n 中存在多少个不同的有关 N 的左陪集？

19. 设 e 是第 18 题中定义的群编码函数，给出关于 m 和 n 的条件使得陪集首部具有小于或等于 1 的权。

在第 20 题～第 22 题中，对于已知的奇偶校验矩阵 $\boldsymbol{H}$，求 $N=e_H(B^m)$的陪集首部。

20.

$$\boldsymbol{H}=\begin{bmatrix}1&1\\1&0\\1&0\\0&1\end{bmatrix}$$

21.

$$\boldsymbol{H}=\begin{bmatrix}0&1&1\\1&0&1\\1&0&0\\0&1&0\\0&0&1\end{bmatrix}$$

22.

$$\boldsymbol{H}=\begin{bmatrix}1&0&0\\1&1&0\\0&1&1\\1&0&0\\0&1&0\\0&0&1\end{bmatrix}$$

在第 23 题～第 25 题中，计算指定练习中每个陪集首部的校验子。

23. 第 20 题。

24. 第 21 题。

25. 第 22 题。

26. 设

$$\boldsymbol{H}=\begin{bmatrix}1&1\\1&0\\1&0\\0&1\end{bmatrix}$$

是一个奇偶校验矩阵，用相关的最大似然译码函数译出下面各字。

(a) 0101　　(b) 1010　　(c) 1101

27. 设

$$\boldsymbol{H}=\begin{bmatrix}0&1&1\\1&0&1\\1&0&0\\0&1&0\\0&0&1\end{bmatrix}$$

是一个奇偶校验矩阵，用与 e_H 相关的最大似然译码函数译出下面各字。

(a) 10100　　(b) 01101　　(c) 11011

28. 设

$$\boldsymbol{H}=\begin{bmatrix}1&0&0\\1&1&0\\0&1&1\\1&0&0\\0&1&0\\0&0&1\end{bmatrix}$$

是一个奇偶校验矩阵，用与 e_H 相关的最大似然译码函数译出下面各字。

(a) 011001　(b) 101011　(c) 111010

29. 设 e 是 11.1 节的第 20 题中定义的(2，5)编码函数，d 是与之相关的最大似然译码函数。

(a) 给一个例子来验证(e, d)能纠正一个错误。

(b) 给一个例子验证(e, d)不总能纠正两个错误。

11.3　公钥密码学

1978 年，Ronald Rivest，Adi Shamir 和 Leonard Adelman 发表了一篇文章“一种获取数字签名的方法和公钥密码系统”。在该论文中，作者提出了一种方法，即用一对公开的可得到的整数来发送编码信息。这种方法通常称为 RSA 公钥密码系统。从关于同余的一个结果，即费尔马小定理(9.5 节的定理 3(b))的一个扩展开始说明。

定理 1　假设 p 和 q 是不同的素数，k 是任意一个整数。则

(a) 对任何满足 $\mathrm{GCD}(a, pq)=1$ 的整数 a，有

$$a^{k(p-1)(q-1)} \equiv 1 (\mathrm{mod}\ pq) \tag{1}$$

(b) 对于任何整数 a，有

$$a^{k(p-1)(q-1)+1} \equiv a (\mathrm{mod}\ pq) \tag{2}$$

证明　(a) 如果 $\mathrm{GCD}(a, pq)=1$，则 a 不能被 p 或 q 整除，即 a 与 p 和 q 都互素。根据费尔马小定理(9.6 节的定理 3(b))，有 $a^{(p-1)} \equiv 1 (\mathrm{mod}\ p)$，于是

$$a^{k(p-1)(q-1)} \equiv 1^{k(q-1)} = 1 (\mathrm{mod}\ p)$$

同样，$a^{k(p-1)(q-1)} \equiv 1 (\mathrm{mod}\ q)$。因此，存在整数 r 和 s 满足

$$a^{k(p-1)(q-1)} = 1 + rp = 1 + sq$$

于是得到 $rp=sq$。同时，由于 q 不能被 p 整除，则 s 必然被 p 整除，假设 $s=pt$，则

$$a^{k(p-1)(q-1)} = 1 + pqt$$

且有

$$a^{k(p-1)(q-1)} \equiv 1 (\mathrm{mod}\ pq)$$

(b) 如果 a 与 pq 互素，则在式(1)两边乘上 a 就得到结果。不然，则 a 能够被 p 或 q 或两者同时整除。如果 a 被 pq 整除，则式(2)的两边都关于模 pq 与 0 同余，因此它们也是互相同余的。剩下的情况就是 a 只被 p 或 q 之一整除，不失一般性，假设 a 被 p 整除。则 $a = bp^s$，且 $s \geqslant 1$，

b 与 pq 互素。在后面将说明 b 必须满足式(2)。

由于 p 与 q 互素，类似于(a)的证明，存在整数 r，使得 $p^{k(p-1)(q-1)}=1+rq$。两边乘上 p 得

$$p^{k(p-1)(q-1)+1}\equiv p(\text{mod}\ pq)$$

于是有

$$(p^s)^{k(p-1)(q-1)+1}=(p^{k(p-1)(q-1)+1})^s\equiv p^s(\text{mod}\ pq)$$

因此 b 和 p^s 都满足式(2)，故二者相乘的结果 a 也满足式(2)。 ■

例 1 设 p=5 和 q=13。因为 28 与 5×13=65 互素，48=4×12=(5–1)×(13–1)，所以 $28^{48}\equiv 1(\text{mod}\ 65)$。 ■

例 2 计算 7^{293} 被 65 除后的余数。

解 使用定理 1(a)，令 p=5，q=13，则 65=pq。有

$$293=(48\times 6)+5$$

且由于 7 和 65 互素，所以

$$7^{293}=(7^{48})^6\times 7^5\equiv 7^5(\text{mod}\ 65)$$

又由于 $7^3\equiv 343\equiv 18(\text{mod}\,65)$，则

$$7^5\equiv 18\times 49=882\equiv 37(\text{mod}\ 65)$$

所以 7^{293} 被 65 整除余 37。 ■

现在构造了一个系统，在该系统中用一种公开的方法加密信息，称之为**公钥**。但同时还必须相对确保只有自己才能解密信息。定理 1 对于达到这个目的起着主要作用。首先，注意到任何信息都能够通过许多方法转换为整数的字符串。其中一种方法就是用字母表的字母来表示以 26 为基数的数字。设 A，B，…，Z 分别表示整数 0，1，…，25。于是任何一对字母 $\alpha\beta$ 能够看成是以 26 为基数的数的表达式 $(26\alpha)+\beta$。这样，0 到 675 之间的数字都可以用两个字母的对表示。对于任何信息，当按照两个字母一对进行分组时，都可以在上述范围内用一个整数序列来表示。

例 3 考虑消息 ACT FIRST，把字母分成对，每一对用以 26 为基数所表示的数取代。那么 AC，TF，IR 和 ST 分别变成整数 2，499，225 和 487。如果一个消息有奇数个字母，那么在末尾加一个约定的填充字母，比如 X。也可以把该方法加以变化，用以 26 为基数表示的数来取代三元字母。那么使用的数在 0 到 $25\times 26^2+25\times 26+25=17\ 575$ 的范围内。 ■

现在描述一种加密信息的方法。选择两个素数 p 和 q，且令 m=pq，n=$(p–1)(q–1)$。现在选择一个与 n 互素的整数 s。“公开”整数 m 和 s (即：使它们可以公开地得到)，并告诉任何想发送秘密信息的人遵循如下步骤：将信息分成字母组 $\alpha\beta$，并将每组用一个数字

$x=(26\alpha)+\beta$ 表示，x 的范围是 0～675。然后将 x 替换为 0～m–1 之间的唯一整数 y，满足 $y\equiv x^s(\text{mod}\, m)$。这样，只要发来这个最后的整数序列即可。为了使结果唯一，m 必须至少为 675。

解密

由于 s 的选择使得与 n 互素，s 模 n 的余数类 $\overline{s}$ 在环 Z_n 中有一个乘法逆 $\overline{t}$ 。因此对于某个整数 t，有 $st\equiv 1(\text{mod}\ n)$ 或者对于某个整数 k 有 $st=1+k(p-1)(q-1)$。可以用欧几里得算法来求 t，如 9.6 节的例 4 所述。如果收到整数 $y\equiv x^s(\text{mod}\, m)$，计算 $y^t(\text{mod}\, m)$，并应用定理 1。由于 $m=pq$，通过定理 1(a)，有

$$y^t=x^{st}=x^{1+k(p-1)(q-1)}\equiv x(\text{mod}\ m)$$

由于 x 不超过 m，得到 $y^t(\text{mod}\ m)=x$，于是恢复了原来的整数 x。对所有收到的整数进行上述处理，就能够对信息解密了。

例 4 设 p=19 和 q=37。因为 $m=pq=703>675$，所以能用 RSA 方法加密两个字母一组的报文。这里 $n=18\times36=648$。选取与 648 互素的数 s=25。现在把整数 703 和 25 作为公钥公开。如果某人要传送消息 GO，她首先计算 $6\times26+14=170$，然后计算 $170^{25}(\text{mod}\ 703)$。注意 $170^2=28900\equiv77(\text{mod}\ 703)$。所以

$$170^4\equiv77^2=305(\text{mod}\ 703)$$
$$170^8\equiv305^2=229(\text{mod}\ 703)$$
$$170^{16}\equiv229^2=419(\text{mod}\ 703)$$

从而得到

$$170^{25}=170^{16}170^{8}170\equiv419\cdot229\cdot170=16\,311\,670\equiv664(\text{mod}\ 703)$$

所以它传送 664。

为了解密消息，首先求 t。使用欧几里得算法，计算

$$648=25\times25+23$$
$$25=1\times23+2$$
$$23=11\times2+1$$

因此

$$\begin{aligned}1&=23-11\times2=23-11\times(25-23)\\&=12\times23-11\times25=12\times(648-25\times25)-11\times25\\&=12\times648-311\times25\end{aligned}$$

故 $t=-311\equiv337(\text{mod}\ 648)$。

现在计算 $664^{337} \pmod{703}$。对 664 经过一系列上面使用的那些方法进行计算，表明 $664^{337} \equiv 170 \pmod{703}$。因为 $6\times 26+14=170$，所以能恢复原来的消息 GO。 ■

安全性

在讨论 Bacon 编码的时候(1.4 节)，注意到这种编码方法通过对普通语言中字母出现的频率进行分析的方法来攻击是存在漏洞的。如果用本节的公钥方法，对二元字或三元字的字母组合进行编码，那么通过频率分析来实现攻击要困难得多。但仍然可以找到其他方法对公钥密码系统进行攻击。

为了对信息解密，人们必须知道 t，这意味着必须知道 n。这又要求知道 p 和 q。所以，问题是要对数 m 进行因式分解，已知 m 是两个素数的积。在 1.4 节已经证明如果用比 $\sqrt{m}$ 要小的所有素数去除 n，通过尝试和误差的方法就能求出 m 的素数因子。在例 4 中，m=703,它的平方根比 27 小。因此要求出它的素数因子至多用 2，3，5，7，11，13，17，19 和 23 这 9 个除数去除就可以了。在实际应用中，人们选择 p 和 q 都是 100 位的十进制数，即 10^{100} 数量级的数，那么 m 是 10^{200} 数量级的数。一个著名的关于素数的定理，称作近似素数定理，指出小于或等于一个整数 m 的素数的个数约为 $\dfrac{m}{\ln(m)}$，并且随着 m 的增大，近似效果更好。因此，比 $\sqrt{m}=10^{100}$ 小的素数的个数约为

$$\frac{10^{100}}{\ln(10^{100})}=\frac{10^{100}}{100\ln 10}\approx\frac{10^{100}}{230}>10^{97}$$

现在，最快的计算机的速度为每秒 360 000 亿次运算。用这台计算机计算所需的除法次数需要花 10^{83} 秒的时间，相当于 10^{67} 亿年。同样，即使知道了全部这些结果，还需要如此巨大的世界上最大的硬盘来保存这些素数分解的结果。

大整数的因式分解的难度提供了某种程度上的安全性。即使如此，如果有额外的信息泄漏，信息仍可能被破解。例如，如果知道 $n=(p-1)(q-1)$，就能求出因式分解。根据 p 和 q 都是二次方程式

$$0=(x-p)(x-q)=x^2-(p+q)x+pq=x^2-(p+q)x+m$$

的解，另外，有

$$n=(p-1)(q-1)=pq-(p+q)+1=m-(p+q)+1$$

于是 $(p+q)=m-n+1$。这样可以通过求解方程 $0=x^2+(n-m-1)x+m$ 得到 p 和 q。

编码的效率、错误检测和纠错以及它的安全性都是数学研究中的活跃领域。本书仅仅给出了一些基本的概念、原理和方法。

习 题 11.3

1. 验证 $12^{704} \equiv 1 \pmod{391}$。
2. 验证 $10^{577} \equiv 10 \pmod{221}$。

在第 3 题～第 6 题中，对已知的值，当 a^k 用 c 除时，求余数。

3. a=9，k=199，c=221。
4. a=17，k=1 123，c=1 189。
5. a=23，k=3 750，c=3 869。
6. a=12，k=1 540，c=1 649。
7. 设 p=23， q =41。

(a) 计算 $m=pq$，$n=(p-1)(q-1)$。

(b) 设 s=41，求 t 使得 $st \equiv 1 \pmod{n}$。

8. 使用第 7 题中的 m 和 s 以及字母对，应用 RSA 方法加密报文 BEAR。
9. 使用第 7 题中的 m 和 s 以及字母对，应用 RSA 方法解密消息 371，640。

在第 10 题～第 12 题中，使用 RSA 方法、字母对以及公钥 m=779，s=49。

10. 加密报文 STOP。
11. 加密报文 NO。
12. 加密报文 EXIT。

在第 13 题～第 15 题中，使用 RSA 方法、三个字母以及公钥 m=19 781，s=19。

13. 加密报文 RUN。
14. 加密报文 YES。
15. 加密报文 END。
16. 已公开公钥 m=779，s=49，假设发现该密码系统的 n=720，求 p 和 q。
17. 已公开公钥 m=19 781，s=19，假设发现该密码系统的 n=19 500，求 p 和 q。
18. 使用第 16 题中的信息解密消息 142，525。
19. 使用第 17 题中的信息解密消息 14 032。

证明知识小结

本章中的证明密切依赖于前面几章的结果。本书所建立的许多概念被应用到本章编码和译码问题中。在 11.1 节，已指出证明两个数相等与证明两个集合相等是类似的。因此，对于任意有反对称性质的关系，类似的证明可以发展，就像“比……少”和“是……的一个子集”一样。

在 11.2 节的定理 2 中，为了证明两个集合有同样多的元素，使用了一个单射和满射函数来“匹配”两个集合中的元素。如果其中有一个集合的基数是已知的，那么这也是一种能用来解计数问题的技巧。

主要概念复习

- 报文：从有限个字母表中得到的字符的有限序列。
- 字：0 和 1 的序列。
- (m, n)编码函数：单射函数 e：$B^m \to B^n$，$m<n$。
- 代码字：Ran(e)中的元素。
- x 的权，$|x|$：x 中 1 的个数。
- 奇偶校验码：见 11.1 节。
- x 与 y 之间的 Hamming 距离，$\delta(x,y):|x \oplus y|$。
- 定理(距离函数性质)：设 x, y 和 z 是 B^m 的元素，那么
  (a) $\delta(x,y)=\delta(y,x)$。
  (b) $\delta(x,y) \geqslant 0$。
  (c) $\delta(x,y)=0$ 当且仅当 $x=y$。
  (d) $\delta(x,y) \leqslant \delta(x,z)+\delta(z,y)$。
- (m, n)编码函数的最短距离：所有不同对代码字之间的最短距离。
- 定理：一个(m, n)编码函数 e：$B^m \to B^n$ 能够检测 k 个或更少错误当且仅当它的最短距离至少是 $k+1$。
- 群码：(m, n)编码函数 e：$B^m \to B^n$ 使得 $e(B^m)=\{e(b)|b \in B^m\}$是 B^n 的一个子群。
- 定理：群码的最短距离是非零代码字的最小权。
- 布尔矩阵 $\boldsymbol{D}$ 与 $\boldsymbol{E}$ 的模 2 和，$\boldsymbol{D} \oplus \boldsymbol{E}$：见 11.1 节。
- 布尔矩阵 $\boldsymbol{D}$ 与 $\boldsymbol{E}$ 的模 2 布尔积，$\boldsymbol{D} * \boldsymbol{E}$：见 11.1 节。
- 定理：设 m 和 n 是非负整数，$m<n$，$r=n-m$，$\boldsymbol{H}$ 是一个 $n \times r$ 布尔矩阵，那么函数 f_H: $B^n \to B^r$ 是从群 B^n 到群 B^r 的一个同态，其中 f_H 定义为
  $$f_H(x)=x*\boldsymbol{H}, \quad x \in B^n$$
- 对应于奇偶校验矩阵 $\boldsymbol{H}$ 的群码 e_H：见 11.1 节。
- (n, m)译码函数：见 11.2 节。
- 与 e 相关的最大似然译码函数：见 11.2 节。
- 定理：假设 e 是一个(m, n)编码函数并且 d 是与 e 相关的最大似然译码函数，那么(e, d)能纠正 k 个或更少错误当且仅当最短距离至少是 $2k+1$。
- 群码的译码过程：见 11.2 节。
- 由奇偶校验矩阵给出的群码的译码过程：见 11.2 节。
- RSA 公钥密码系统：见 11.3 节。
- 定理：假设 p 和 q 是不同的素数，k 是任意一个整数，那么
  (a) 对于任意整数 a 且 GCD$(a, pq)=1$，$a^{k(p-1)(q-1)} \equiv 1(\bmod pq)$。

(b) 对于任意整数 a，$a^{k(p-1)(q-1)+1} \equiv a \pmod{pq}$。

第 11 章自测题

1. 一个(m, n)编码函数的最短距离与它能检测到的错误数之间有什么关系？
2. 为什么 $e(B^m)$的左陪集对于形成 B^n 的一个划分是很重要的？
3. 本章中的最大似然译码函数涉及什么内容？
4. 编码一个消息的三条基本原则是什么？
5. 考虑(3，4)奇偶校验码，对每一个所接收的字，判断是否能检测出一个错误。

(a) 1101　　(b) 1010　　(c) 1111　　(d) 0011

6. 考虑 m=4 的$(m, 3m)$译码函数。对每一个接收字，判断是否能检测出一个错误。

(a) 001100100011　　(b) 110111001101　　(c) 010111010011

7. 设 e 是由下面定义的(3，5)编码函数。

$$
\begin{aligned}
&e(000)=00000, \quad e(100)=01010\\
&e(001)=11110, \quad e(101)=10100\\
&e(010)=01101, \quad e(110)=00111\\
&e(011)=10011, \quad e(111)=11001
\end{aligned}
$$

则 e 能检测出多少个错误？

8. 证明：第 7 题中的(3，5)编码函数是一个群码。
9. 设 e 是第 7 题中定义的编码函数，d 是与它相关的最大似然译码函数，求(e, d)的纠错数目。
10. 设

$$
\boldsymbol{H} = \begin{bmatrix} 1 & 1 \\ 0 & 1 \\ 1 & 0 \\ 0 & 1 \end{bmatrix}
$$

是一个奇偶校验矩阵，用与 e_H 相关的最大似然译码函数译出 0110。

11. 当 58^{1226} 用 91 除时，计算其余数。
12. 用 RSA 方法，字母对和公钥 m=91, s=25 来加密报文 LAST。

附录 A 算法与伪码

算　法

算法是必须完成一项任务或一种计算的一张完整的步骤表。算法步骤可以是留下许多细节有待填写的一般性描述，或者每一步细节都是完全精确的描述。

例 1　制作烤蛋糕的菜谱可以看成一种算法，描述如下。

1. ADD MILK TO CAKE MIX.
2. ADD EGG TO CAKE MIX AND MILK.
3. BEAT MIXTURE FOR 2 MINUTES.
4. POUR MIXTURE INTO PAN AND COOK IN OVEN FOR 40 MINUTES AT 350° F. ■

1. 把牛奶加在糕点里混合。
2. 把蛋加在混合的糕点和牛奶里。
3. 把混合物搅拌两分钟。
4. 把混合物倒入平锅里，并且放到华氏 350°的炉子上烧 40 分钟。

上面的算法是相当一般的并且假设用户已知道如何倒牛奶，打鸡蛋，在炉子上设置控制以及执行其他许多未指定的操作。如果包括所有这些步骤，除长而笨拙外，算法将是非常详细的。如果添加的细节是必要的，那么一种可能的解决方案就是把相关步骤的集合归类成其他算法，称作**子程序**并且在主算法的适当位置只要提及这些子程序。需要马上指出的是，使用术语“子程序”是在算法的一般意义下，它的主要目的是形成更一般算法中的部分算法。这里不给出该术语在计算机程序设计语言中所具有的精确含义。子程序有它自己的名字，当一个算法希望执行子程序中的步骤时，通过调用子程序实现它，用语句 **CALL** NAME 表示，NAME 是子程序的名字。 ■

例 2　考虑例 1 的如下描述，它使用子程序添加细节，给予算法以标题 BAKECAKE。

算法　BAKECAKE

1. **CALL** ADDMILK。
2. **CALL** ADDEGG。
3. **CALL** BEAT(2)。
4. **CALL** COOK(OVEN，40，350)。 ■

算法　BAKECAKE

1. 调用 ADDMILK。
2. 调用 ADDEGG。
3. 调用 BEAT(2)。
4. 调用 COOK(OVEN，40，350)。

该例子的子程序将给出每一步的细节，如子程序 ADDEGG 也许是由下面的一般步骤组成的。

SUBROUTINE ADDEGG

1. Remove egg from carton.

2. Break egg on edge of bowl.

3. Drop egg, without shell, into bowl.

4. **RETURN**

END OF SUBROUTINE ADDEGG

子程序　ADDEGG

1. 从纸板盒里拿出蛋。

2. 在碗的边上打蛋。

3. 把蛋滴入碗里，不要蛋壳。

4. 返回。

子程序 ADDEGG 结束。

当然，这些步骤有可能被分解成许多子步骤，而子步骤本身又可能作为子程序实现。步骤 4 的“return”语句的目的是表明应该继续原来“调用”该子程序的算法。■

人们主要关心的是用算法去实现数学计算，调查数学问题，操作字符串或者符号与数的序列，移动数组中的数据，等。有时算法具有一般的性质，适宜于人们使用，而有时算法是用一种规范的、详细的适宜于用计算机语言编程的方法来描述的。稍后在本附录里对描述算法给出一种合理的语言。

在算法的某个位置常常发生执行检测并且该检测的结果将决定下一步该执行两种步骤设置中的哪一种。这种检测和开始执行某指令设置的最终决定称为**转移**。

例 3　考虑下面的算法，确定是否为“离散结构”考试而学习。

算法　FLIP

1. Toss a coin.
2. **IF** the result is “heads”, **GO TO** 5.
3. Study for test.
4. **GO TO** 6.
5. See a show.
6. Take test next day. ■

算法　FLIP

1. 掷一枚硬币。
2. 如果结果是“正面”，转步骤 5。
3. 为考试而复习。
4. 转步骤 6。
5. 看一场演出。
6. 参加第二天的考试。

注意，转移是通过 **GO TO** 语句完成的，假如不是按顺序执行下一条指令，那么 **GO TO** 语句告诉使用者下一条要执行的指令。在过去，特别是用计算机程序设计语言写的算法，如 FORTRAN，**GO TO** 语句被广泛用来描述转移。从那以后，在算法艺术与计算机程序设计方面有了许多进展。出于经验使人看到，不加区别地使用 **GO TO** 语句从一条指令转移到另一条指令将导致算法(计算机程序)既难理解又难修改并且容易出错。而且就实际证明一种算法或者算法所期望编写的程序而言，新技术在不受限制的 **GO TO** 语句前是不可行的。

根据上面所说，算法**结构化**是人们广泛持有的一种见解。结构化术语对转移有大量的限制，它有助于克服 **GO TO** 语句所造成的困难。在结构化转移里，测试条件跟随一条 **IF** 语句。当测试条件为真时，得到执行一条 **THEN** 语句的指令，否则得到执行一条 **ELSE** 语句的指令。

例 4　再次考虑例 3 中描述的算法 **FLIP**，下面是 **FLIP** 的结构化描述。

算法 FLIP

1. Toss a coin.
2. **IF** (heads)**THEN**
   a. Study for test.
3. **ELSE**
   a. See a show.
4. Take test next day. ■

算法 FLIP

1. 掷一枚硬币。
2. 如果(出现正面)那么
   a. 为考试而复习。
3. 否则
   a. 看一场演出。
4. 参加第二天的考试。

该算法容易阅读并且算法没有公式化的 **GO TO** 语句。事实上，它并不需要对步骤做数字标号或字母标号，保持这些标号是为了衬托和强调指令。当然，例 3 的算法 FLIP 并不是完全不同于例 4。关键是 **GO TO** 语句蕴藏着滥用，而在结构化形式中就消除了这种隐患。 ■

另一个通常遇到需要转移的情形是**循环**，在循环中的一系列指令可以通过重复确定的次数或直至遇到某条件而得到。在结构化算法中，循环可以像下面的例子那样程式化。

例 5 下面的算法描述了邮寄 50 封邀请函的过程。

算法 INVITATIONS

1. COUNT←50
2. **WHILE**(COUNT>0)
   a. Address envelope.
   b. Insert invitation in envelope.
   c. Place stamp on envelope.
   d. COUNT←COUNT−1
3. Place envelopes in mailbox. ■

算法 INVITATIONS

1. COUNT←50
2. 当(COUNT>0)
   a. 在信封上写地址。
   b. 将邀请函放入信封。
   c. 在信封上贴邮票。
   d. COUNT←COUNT−1
3. 将信放入邮筒。

在这个算法里，变量 COUNT 首先被赋值 50，符号←可以读作“赋值”。循环是用 **WHILE** 语句控制的。条件 COUNT>0 被测试，并且只要它为真，那么执行语句 a～d。当 COUNT=0(在 50 步之后)时，循环终止。 ■

稍后将给出上面这种循环的细节和其他循环方法，它们一般被认为已结构化。在结构化算法中，同标准的顺序执行步骤所唯一允许的偏差是那些用循环或迭代给出的步骤和那些使用 **IF-THEN-ELSE** 结构所产生的步骤。使用后者结构的转移称作**选择**。

在本书需要描述许多算法，大部分算法具有很高的技巧。这些算法用日常语言描述也许是可行的，并且在许多情况将给出这种描述。然而，如果采用简洁的符号形式表示它，那么常常更容易得到算法的概貌。有些作者为此使用图解表表示，称作**流程图**。图 A.1 表示例 4 中所给算法的流程图。这些图有一定的帮助作用并且在计算机程序设计领域还在使用。但是许多人认为它们不令人满意，因为它们比结构化程序设计概念更迎合旧程序设计习惯。

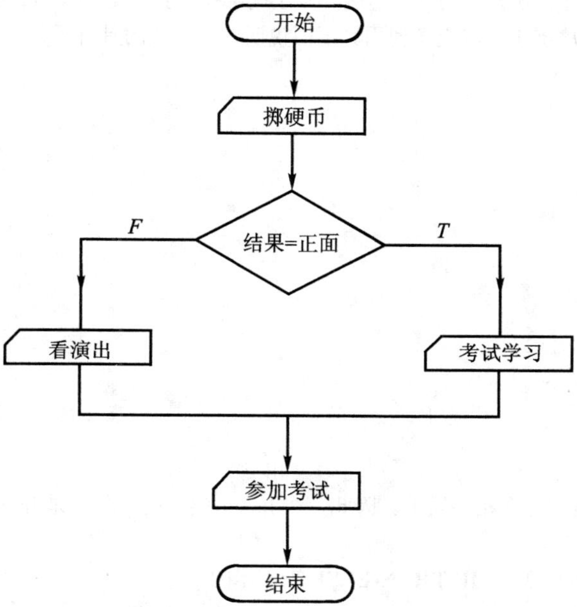

图 A.1

用类似于计算机程序设计语言或者使用实际程序设计语言如 PASCAL 来表示算法将是另外一种选择。笔者选择使用**伪码**语言而不是实际程序设计语言。至于伪码形式结构，在这一部分开始的一些例子中已提供了一些。做这种选择存在几个理由。首先，理解本书的内容并不需要程序设计语言知识。程序设计语言的详尽细节对于与计算机进行通信是必要的，但结果却使算法描述难以理解，而且笔者感到算法应该用很容易翻译成任何所期望的计算机程序设计语言成为可能这种方式进行表达。学习伪码非常简单，也容易使用，并且一点也不妨碍人们对实际程序设计语言的学习。

使用伪码的第二个理由是许多职业程序员认为在翻译一种实际程序设计语言的前后，发展和掌握程序的伪码描述能较好地促进程序设计实践并帮助开发和修正程序。笔者感到学生应该看到伪码正是用于这些原因。伪码描述许多内容取自 Rader(《高级软件设计技巧》，Petrocelli, New York，1968)一书，并且在实际程序设计环境中已看到了它的作用。为了教学法的需要笔者做了某些适当的改动。

值得提醒的是，用伪码写一种算法，如果非常详细，那么也许使人真正联想起计算机程序。在写伪码时甚至连使用 **SUBROUTINE** 这样的术语以及在子程序的末尾用表示返回到主算法步骤的语句 **RETURN** 都是经过深思熟虑的。而且，通过伪码与程序设计语言的相似性使算法的实际程序设计变得便利。然而，总要记住伪码算法不是一个计算机程序，它是为人准备的而不是为机器，并且为了使算法很清楚地面对读者，被迫包含足够多的细节。

伪　码

在伪码中，连续步骤通常是用连续的数字标号。如果某步骤开始一个选择或者一个循环，那么相继的几步可以认为是该步的子程序(例如循环体)。子程序的行要缩进几个空间编排，并且用连续字母而不是数字给予标号。如果这些步骤有子程序，那么它们依次缩进几个空间编排并且用数字标号。笔者仅使用连续数字或字母作为标号，并且在相继子程序层里采取交替使用。下面说明一个一般的具有子程序步骤的步骤构造。

```
1. line 1
  a. line 2
  b. line 3
    1. line 4
    2. line 5
  c. line 6
2. line 7
3. line 8
  a. line 9
    1. line 10
  b. line 11
4. line 12
```

缩进同样程度的步骤被称为在**相同层**上。因此，在 line 1 层上的下一行是 line 7，而在 line 3 层上的下一行是 line 6，等。

“选择”在伪码中是用如下形式 **IF-THEN-ELSE** 来表示的。

1. **IF** (CONDITION) **THEN**

true-block

2. **ELSE**

false-block

true-block 和 false-block(分别当 CONDITION 为真和 CONDITION 为假时执行)可以包含任意合法的伪码，包括选择或迭代。有时省略语句 2(即 **ELSE** 语句)和 false-block。在这种情况下，只有当 CONDITION 为真时执行 true-block，而且无论 CONDITION 为真还是为假，控制传给同语句 1 有相同层次的下一条语句。

例 6　用伪码考虑下面的语句。假设 X 是一个有理数。

1. **IF**　(X>13 000)　**THEN**
   a. $Y \leftarrow X+0.02(X-13\,000)$
2. **ELSE**
   a. $Y \leftarrow X+0.03X$

在语句 1 中，CONDITION 是 X>13 000。如果 X 比 13 000 大，那么 Y 由公式

$$X+0.02(X-13\,000)$$

计算。而如果 $X \leqslant 13000$，那么 Y 由公式

$$X+0.03X$$

计算。 ■

在伪码中使用通常的数学符号表达代数关系和条件。符号+, –, ×, / 将用作基本的算术运算，符号<, >, ≤, ≥, =, ≠将用作测试条件。数 X 的 Y 次幂用 X^Y 表示，数 A 的平方用 A^2 表示，等。而且，只要不会混淆，乘积例如 $3\times A$ 用 $3A$ 表示，等。

使用左箭头←而不是相等符号代表变量的赋值。因此，像在例 6 中那样，表达式 $Y\leftarrow X+0.03X$ 意思是用右边所指定的值赋给 Y。在这种情况下，如果使用=就与测试条件所使用的符号相冲突。因此，$X=X+1$ 可以是关于数 X 的一个赋值或是一个问题。而使用←就避免了这个问题。

用伪码表示迭代表达式的一种基本方法是用 **WHILE** 形式：

1\. **WHILE** (CONDITION)

repeat-block

其中 CONDITION 被测试并且如果它为真，那么就执行下面的伪码块。重复该过程直到 CONDITION 是假为止，在此之后控制传给与语句 1 有相同层次的下一条语句。

例 7 用伪码考虑下面的算法；假设 N 是一个正整数。

1\. $X\leftarrow 0$

2\. $Y\leftarrow 0$

3\. **WHILE**($X<N$)

  a. $X\leftarrow X+1$

  b. $Y\leftarrow Y+X$

4\. $Y\leftarrow Y/2$

在这个算法中，CONDITION 是 $X<N$。只要 CONDITION 为真，即只要 $X<N$，那么就重复执行语句 a 和 b。只要 CONDITION 为假，即只要 $X=N$，则执行语句 4。这意味着 WHILE 循环被执行 N 次并且算法计算

$$\frac{1+2+\cdots+N}{2}$$

它就是算法完成时变量 Y 的值。 ■

WHILE 形式的一个简单的修正称为 **UNTIL** 形式，它是非常有用的并且尽管它可以用完全等价的语句 **WHILE** 取代，但是笔者还是介绍它。该结构是

1\. **UNTIL** (CONDITION)

repeat-block

这里继续执行循环直到条件是真为止，即只要条件为假就继续执行循环。而且，测试 CONDITION 是在 repeat-block 之后而不是之前，所以 block 必定至少重复一次。

例 8 例 7 中的算法也可以写成如下的 **UNTIL** 语句。

1\. $X\leftarrow 0$

2\. $Y\leftarrow 0$

3\. **UNTIL** ($X\geq N$)

  a. $X\leftarrow X+1$

  b. $Y\leftarrow Y+X$

4\. $Y\leftarrow Y/2$

在这个算法中，步骤 3 完成时的测试是 CONDITION $X\geq N$。如果它为假，那么重复步骤 3 的循环体。该过程继续直到测试出现 CONDITION 是真(当 $X=N$)为止。此时步骤 4 被立即执行。 ■

使用 **UNTIL** 迭代形式是很方便的并且能用 **WHILE** 语句程式化。形式

1. **UNTIL** (CONDITION)

block 1

实际上等价于形式

1. | block 1 |
|---|

2. **WHILE** (CONDITION=FALSE)

block 1

在每一种情况下，无论 CONDITION 如何，得到 block 1 中指令一次。在此之后，测试 CONDITION，如果它为真，则过程终止；否则再次得到 block 1 的指令。如果 CONDITION 为假，则测试 CONDITION 以及重复 block 1 中的指令的过程继续直到 CONDITION 是真为止。因为这两种形式产生相同的结果，所以它们是等价的。

迭代的另一种形式是最相似于传统 DO 循环，并且把它表达为 **For** 语句：

1. **FOR** VAR=X **THRU** Y [**BY** Z]

repeat-block

其中 VAR 是一个整数变量，用来计数得到 repeat-block 中指令的次数。如果希望的话，则 X，Y 和 Z 是整数或者它的计算值是整数的表达式。变量 VAR 从 X 开始并且每次增加 Z 个单位(如果不指定的话，Z 是 1)。在 X 每次增加之后，只要 X 的新值不比 Y 大就执行 repeat-block。在 block 里的指令每次重复之前，测试由 X，Y 和 Z 所指定的 VAR 的条件。仅当这些条件为真时才重复 block。**BY** Z 前后的括号不是语句部分，只简单地意指该部分是可选的并且可以省略。注意，repeat-block 总是至少执行一次，因为直到 X 变化时才做测试。

例 9 伪码语句

FOR VAR=2 **THRU** 10 **BY** 3

将使 repeat-block 执行三次，对应于 VAR=2，5，8。因为 VAR 的下次值是 11，它比 10 大，所以这时执行过程结束。 ■

可以通过使用伪码的各行本身去阐明计算的不同部分。然而，当代码表示一个完整的思想时，可以选择表达它为一个算法、子程序或函数。

在不同的地方由其他算法经常使用的一系列指令常常被指定为**子程序**。而且给子程序一个指代的名字，一个将接受自其他算法的输入变量表和将传给该算法使用的输出变量表。子程序的通常标题是

SUBROUTINE NAME (A，B，…；X，Y，…)

当使用子程序时，假设输入变量的值已提供给它。NAME 是一个名字，一般选作有助于记忆子程序所执行的任务；A、B 等是输入变量；X、Y 等是输出变量。分号通常用来把输入变量同输出变量隔开。

子程序将用语句 **RETURN** 结束，像在本节前面所说，它只是提醒人们返回到正在使用子程序的算法中(如果有的话)。

算法使用子程序是通过调用语句

CALL NAME (A，B，…；X，Y，…)

其中 NAME 是一个子程序并且输入变量 A、B 等都已经被赋值。在前面的例子中也说明了这个过程。

例 10 下面的子程序通过连续相加计算正整数 N 的平方。

SUBROUTINE SQR (N；X)

1. $X \leftarrow N$

2. $Y \leftarrow 1$

3. **WHILE** ($Y \neq N$)

a. $X \leftarrow X+N$

b. $Y \leftarrow Y+1$

4. **RETURN**

END OF SUBROUTINE SQR ■

子程序 SQR (N; X)

1. $X \leftarrow N$
2. $Y \leftarrow 1$
3. 当($Y \neq N$)

a. $X \leftarrow X+N$

b. $Y \leftarrow Y+1$

4. 返回。

子程序 SQR 结束。

如果通过子程序的执行步骤得到的结果只是一个数，那么可以调用 **FUNCTION** 子程序。在这种情况下，对该程序使用如下标题：

FUNCTION NAME (A，B，C，…)

其中 NAME 是函数的名字，A，B，C，…是输入变量。还指定返回值如下

RETURN (Y)

其中 Y 是返回值。

使用名字 **FUNCTION** 是因为这种子程序使人想起熟悉的函数，如 sin(x), log(x)，等。当一个算法需要使用别处定义的一个函数时，只需用熟悉的方式使用该函数，并不使用短语 **CALL**。因此，如果函数 FN1 已被定义，则下面的伪码步骤将计算 1 加函数 FN1 在 $3X+1$ 处的值。

1. $Y \leftarrow 3X+1$
2. $Y \leftarrow 1+\text{FN1}(Y)$

例 11 例 10 所给的程序可写成如下函数。

FUNCTION SQR(N)

1. $X \leftarrow N$
2. $Y \leftarrow 1$
3. **WHILE** ($Y \neq N$)

a. $X \leftarrow X+N$

b. $Y \leftarrow Y+1$

4. **RETURN** (X)

END OF FUNCTION SQR ■

在例 10 和例 11 中的变量 Y 称作**局部变量**，因为它们只是用在算法的计算中，不是输入或输出部分。

有许多地方用到线性数组，所以需要使它们能够用于伪码所编写的算法中。数组 A 将用 $A[1]$,$A[2]$,$A[3]$,…表示位置(像 1.3 节表示的那样)并且在伪码语句中也使用该记号。后面将引进多维数组。在大部分实际程序设计语言中，这些数组一定是通过维数语句或说明来引进的，它表示数组中可能使用的位置的最大数和数据存储的性质。在伪码中，不需要这种语句，并且在变量后出现括号将表示一个数组的变量名。

例 12 假设 $X[1]$，$X[2]$，…，$X[N]$包含实数，要找出这些数的最大者，下述指令将完成这个任务。

1. MAX $\leftarrow X[1]$
2. **FOR** I=2 **THRU** N

a. **IF** (MAX$<X[I]$) **THEN**

1. MAX←$X[I]$

3. **RETURN** (MAX) ■

例 13 假设 $A[1]$，$A[2]$，…，$A[N]$包含 0 和 1，使得 A 表示具有 N 个元素的全集 U 的子集(还称为 A)。类似地，U 的一个子集 B 用另一个数组 $B[1]$，$B[2]$，…，$B[N]$表示。下面的伪码将计算并集 $C=A\cup B$，并且把它存储在数组 C 的位置 $C[1]$，$C[2]$，…，$C[N]$里。

1. **FOR** I =1 **THRU** N
   a. **IF** (($A[I]$=1) OR ($B[I]$=1)) **THEN**
      1. $C[I]$←1
   b. **ELSE**
      1. $C[I]$←0 ■

可以发现在伪码中包含 **PRINT** 语句是很方便的。结构是

1. **PRINT** ('message')

该语句将产生打印‘message’。这里并没有指定执行打印是在计算机屏幕上还是在纸介质上。

最后，伪码肯定要包括直接转向算法中某个其他位置的 **GO TO** 语句，用法是 **GO TO** LABEL。这里的 LABEL 是赋给算法中某行的名字。例如，如果行有号码 1，那么行将有开始

LABEL：1…

尽可能避免 **GO TO** 语句，但有时 **GO TO** 语句格外有用，例如，如果检测到某些条件，则可提前退出循环。

习　题

在第 1 题~第 8 题中，用伪码写出完成所描述任务的步骤。

1. 在某个国家，税的结构如下。收入为 30 000 美元或更多的将支付税金 6 000 美元，收入为 20 000 美元到 30 000 美元的支付税金 2 500 美元，收入少于 20 000 美元的支付税金为 10%。写一个函数 TAX 使得接收一个变量 INCOME 并且输出与之相适宜的收入所得税。

2. 基于每份价格和购买份数，表 A.1 给出了为商行 X 做代理的回扣。用输入变量 NUMBER 和 PRICE(给出购买份数和每份价格)以及输出变量 FEE 写一个子程序 COMM，给出整个交易的佣金(不是每份的佣金)。

表 A.1　代理计划表（每份）

	少于 150 美元/份	150 美元/份或更多
少于 100 份	3.25 美元	2.75 美元
100 份或更多	2.75 美元	2.50 美元

3. 设 $X_1, X_2, \cdots, X_N$ 是已知的数的集合，写出计算这些数的和与平均数所需的步骤。

4. 写一个算法计算从 1 到 N 所有数的立方和(即 $1^3+2^3+3^3+\cdots+N^3$)。

5. 假设数组 X 是由实数 $X[1]$，$X[2]$，$X[3]$所组成的，数组 Y 是由实数 $Y[1]$，$Y[2]$，$Y[3]$所组成的。写一个算法计算

$$X[1]Y[1]+X[2]Y[2]+X[3]Y[3]$$

6. 设数组 $A[1]$，$A[2]$，…，$A[N]$包含多项式 $\sum_{i=1}^{N} a_i x^i$ 的系数 $a_1,a_2,\cdots,a_N$，写一个子程序使得数组 A 和变量 N 以及 X 作为输入，多项式在 X 的值作为输出。

7. 设 $A[1]$，$A[2]$，$A[3]$是二次方程 $ax^2+bx+c=0$ 的系数(即 $A[1]$包含 a，$A[2]$包含 b，$A[3]$包含 c)，写一个算

法使得如果两个根是实数且互异，则计算方程的根 $R1$ 和 $R2$。如果根是实数且相等，则值赋给 $R1$ 且打印信息。如果根不是实数，则打印适当的信息且计算终止。可以使用函数 SQRT(返回任何非负数 X 的平方根)。

8. 设$[a_1, a_2),[a_2, a_3),\cdots,[a_{N-1}, a_N)$是实轴上的相邻区间，如果 $A[1]$，…，$A[N]$分别包含数 a_1，…，a_n 且 X 是一个实数，则写一个计算变量 INTERVAL 的算法如下：如果 X 不在 a_1 和 a_N 之间，则 INTERVAL=0；然而，如果 X 在第 i 个区间中，则 INTERVAL=i。因此，INTERVAL 指定了包含数 X 的区间(如果有的话)。

在第 9 题～第 12 题中，设 A 和 B 是包含 0 和 1 且长度为 N 的数组，并且假设它们表示有 N 个元素的某个全集 U 的子集(也称为 A 和 B)，写一个算法使得用数组 C 表示所指定的集合。

9. $C=A\oplus B$　　10. $C=A\cap\overline{B}$

11. $C=\overline{A}\cap\overline{B}$　　12. $C=A\cap(A\oplus\overline{B})$

在第 13 题～第 20 题中，写一个计算指定量的伪码程序，其中 N 是一个正整数。

13. 前 N 个非负偶数的和。

14. 前 N 个非负奇数的和。

15. 前 N 个正偶数的积。

16. 前 N 个正奇数的积。

17. 前 77 个正整数的平方和。

18. 前 23 个正整数的立方和。

19. 级数 $\sum_{n=1}^{\infty}\frac{1}{3n+1}$ 的前 10 项的和。

20. 级数 $\sum_{n=1}^{\infty}\frac{1}{n+1}$ 的和超过 5 的最小项数。

在第 21 题～第 25 题中，用伪码完成所给的描述。未指定的输入或变量 X 和 Y 表示有理数，而 N 和 M 表示整数。

21. **SUBROUTINE** MAX(X，Y；Z)
   1. $Z\leftarrow X$
   2. **IF**($X<Y$) **THEN**
      a. $Z\leftarrow Y$
   3. **RETURN**

   END OF SUBROUTINE MAX

22. 1. $X\leftarrow 0$
   2. $I\leftarrow 1$
   3. **WHILE**　($X<10$)
      a. $X\leftarrow X+(1/I)$
      b. $I\leftarrow I+1$

23. **FUNCTION** $F(X)$
   1. **IF**($X<0$)**THEN**
      a. $R\leftarrow -X$
   2. **ELSE**
      a. $R\leftarrow X$
   3. **RETURN** (R)

   END OF FUNCTION F

24. **FUNCTION** $F(X)$

1. **IF** (X<0) **THEN**

  a. $R \leftarrow X^2+1$

2. **ELSE**

  a. **IF** (X<3) **THEN**

    1. $R \leftarrow 2X+6$

  b. **ELSE**

    1. $R \leftarrow X+7$

3. **RETURN** (R)

END OF FUNCTION F

25. 1. **IF** (M<N) **THEN**

  a. $R \leftarrow 0$

 2. **ELSE**

  a. $K \leftarrow N$

  b. **WHILE** (K<M)

   1. $K \leftarrow K+N$

  c. **IF** (K=M) **THEN**

   1. $R \leftarrow 1$

 3. **ELSE**

   1. $R \leftarrow 0$

在第 26 题～第 30 题中，当已知指令集合终止时，给出所有变量的值，N 总是表示一个正整数。

26. 1. $I \leftarrow 1$

 2. $X \leftarrow 0$

 3. **WHILE** ($I \leqslant N$)

  a. $X \leftarrow X+1$

  b. $I \leftarrow I+1$

27. 1. $I \leftarrow 1$

 2. $X \leftarrow 0$

 3. **WHILE** ($I \leqslant N$)

  a. $X \leftarrow X+I$

  b. $I \leftarrow I+1$

28. 1. $A \leftarrow 1$

 2. $B \leftarrow 1$

 3. **UNTIL** (B>100)

  a. $B \leftarrow 2A-2$

  b. $A \leftarrow A+3$

29. 1. **FOR** I=1 **THRU** 50 **BY** 2

  a. $X \leftarrow 0$

  b. $X \leftarrow X+I$

 2. **IF** (X<50) **THEN**

  a. $X \leftarrow 25$

 3. **ELSE**

a. $X \leftarrow 0$

30. 1. $X \leftarrow 1$

2. $Y \leftarrow 100$

3. **WHILE** $(X<Y)$

a. $X \leftarrow X+2$

b. $Y \leftarrow \frac{1}{2} Y$

附录 B　离散数学附加实验

实　验　A

在本实验中，将考察数学结构族，并且根据成员具有或不具有某种性质把它们分类。在 4.5 节，已定义：如果 $x=kn+r, 0\leqslant r\leqslant n-1$，则 $x\equiv r\ (\mathrm{mod}\ n)$。该概念常用来定义要研究的结构族中的运算。对于每个正整数 n，一定存在一个成员。每个成员有如下定义的两种运算：

$$a\oplus_n b=a+b(\mathrm{mod}\,n)，\quad a\otimes_n b=ab(\mathrm{mod}\,n)$$

例如，$5\oplus_3 8=13(\mathrm{mod}\ 3)=1$，因为 13=4×3+1。同理 $4\oplus_5 8=32(\mathrm{mod}\ 5)=2$。每种运算 mod n 的结果一定是在 0 和 $n-1$(包含)之间的一个数，所以为了使每种运算满足封闭性质，把结构里的对象通过 mod n 限制到 0, 1, 2, …, $n-1$。设 $Z_n=(\{0, 1, 2, 3, \cdots n\text{-}1\}, \oplus_n, \otimes_n)$，则 Z_n 就是要研究的结构类。

第一部分　在开始考察前需要收集某些例子。

1. 计算下面各式。

(a) $7\oplus_8 5$　　(b) $4\oplus_6 2$

(c) $2\oplus_4 3$　　(d) $1\oplus_5 3$

(e) $6\oplus_7 6$　　(f) $7\otimes_8 5$

(g) $4\oplus_6 2$　　(h) $2\otimes_4 3$

(i) $1\otimes_5 3$　　(j) $6\otimes_7 6$

2. 对于 n=2, 3, 4, 5, 6，分别为 $\oplus_n$ 和 $\otimes_n$ 构造运算表，总共有 10 个表，在第二部分将用到它们。

第二部分　有关数学结构所具备的性质在 1.6 节已介绍过，在这一部分将对选出的 n 值，考察 Z_n 是否满足这些性质。

1. 对 n=2, 3, 4, 5, 6, $\oplus_n$ 可交换吗？解释你是如何做出决定的。

2. 对 n=2, 3, 4, 5, 6, $\oplus_n$ 可结合吗？解释你是如何做出决定的。

3. 对 n=2, 3, 4, 5, 6和运算 $\oplus_n$，在 Z_n 中存在单位元吗？如果存在单位元，请给出单位元。

4. 对 n=4, 5, 6和运算 $\oplus_n$，Z_n 中的每个元有逆元吗？如果存在逆元，设 $-z$ 表示 z 的 $\oplus_n$ 逆，并且定义 $a\ominus_n b=a\oplus_n(-b)$，请构造一个 $\ominus_n$ 表。

5. 解下面各方程。

(a) $3\oplus_4 x=2$　　(b) $3\oplus_5 x=2$　　(c) $3\oplus_6 x=2$

6. 对 n=2, 3, 4, 5, 6, $\otimes_n$ 可交换吗？解释你是如何做出决定的。

7. 对 n=2, 3, 4, 5, 6, $\otimes_n$ 可结合吗？解释你是如何做出决定的。

8. 对 n=2, 3, 4, 5, 6 和运算 $\otimes_n$，Z_n 中存在单位元吗？如果存在单位元，请给出单位元。

9. 对 n=4, 5, 6 和运算 $\otimes_n$，Z_n 中的每个元有逆元吗？如果存在逆元，设 $1/z$ 表示 z 的 $\otimes_n$-逆，并且定义 $a\oslash_n b=a\otimes_n(1/b)$，请构造一个 $\oslash_n$ 表。

10. 解下面各方程。

(a) $2\otimes_n x=0$，　n=3,4,5,6。

(b) $x \otimes_n 3 = 2$， n=4, 5, 6, 7。

(c) $2 \otimes_n x = 1$， n=3, 4, 5, 6。

第三部分　下面将就 Z_n 类发展某些一般性的结论。

1. 设 $a \in Z_n, a \neq 0$，说出如何用 n 和 a 计算 $-a$。
2. 对于每个 a 和哪些正整数 k，$0<a<k-1$，$a \otimes_k x = 1$ 有唯一解？
3. 对于每个 a 和哪些正整数 k，$0<a<k-1$，$a \otimes_k x = 1$ 不具有唯一解？
4. 对 k=9，10，11，检验你对问题 2 和问题 3 的猜想。如果有必要，修改问题 2 和问题 3 的答案。
5. 如果对每个 a，$0<a<k-1$，$a \otimes_k x = 1$ 不具有唯一解，那么请描述 a 和 k 之间满足如下条件的关系：

(a) $a \otimes_k x = 1$ 无解。

(b) $a \otimes_k x = 1$ 存在多个解。

6. 描述 k 使得下面命题对 Z_k 为真。

$$a \otimes_k b = 0 \text{ 仅当 } a=0 \text{ 或 } b=0$$

实　验　B

据一个古老的民间故事传说：在一座很久以前的寺院里有一个平台，在平台上有三根巨大的标杆，世界诞生之时，在其中某根标杆上堆放着 64 个金黄色的盘子。这些盘子大小不同并且底层的盘子最大，最上层的盘子最小，以大小次序排列。盘子根据下面规则从最初的标杆移动到另一根标杆。

1. 每次只有一个盘子从一根标杆移动到另一根标杆。
2. 大盘从不搁在小盘的上面。
3. 盘子或者在标杆上或者处在从一根标杆移动到另一根标杆的运动中。

当和尚完成把盘子从最初的标杆移动到其他某根标杆的工作时，世界末日到了。世界将存在多久？

一种实用的策略是试验较小的情况并且寻找模型。设 N_k 是从某根标杆移动 k 个盘子到另一根标杆所需要移动的最小数，那么 N_1 是 1，N_2 是 3(给出验证)。

1. 通过实验，求 N_3，N_4，N_5。
2. 描述 k 个盘子从标杆 1 转移到标杆 3 的递归过程。写出一种算法去实现该过程。
3. 使用上面 2 所描述的递归过程，为 N_k 找出一种递归关系。
4. 求解上面 3 的递归关系，并且通过对解所产生的结果与上面 1 找到的值进行比较来检验解。
5. 从上面的 4 获得了 N_k 的显式公式，用数学归纳法证明该命题为真。
6. 如果和尚每秒钟移动一个盘子并且从不出错，世界将存在多久(最接近的年)？

实　验　C

为某种情况或问题建立模型是数学和计算机科学中强有力的工具，它能够很好地分析和解决问题。通常，看似不同的问题可以建立相同的模型。只要其中一个问题解决了，其他类似的问题也就解决了。在本实验中，将研究建模的过程，并对产生证明获得更多的经验。

第一部分　下面是要研究的第一个问题。由 n 个 1 和 n 个 -1 所组成的序列，各项从左到右依次相加，使得每一步之和都是非负的，这样的序列共有多少个？通常开始时可以先考虑特殊的较小的情形，然后建立一个模型。例如，如果 n=1，那么只有一个这样的序列满足要求，即 1，-1。

1. 当 n=2 时，这样的序列有多少个？列出每一个序列。

2. 用语言描述序列必须满足什么条件，才能使每一步相加的和都非负。

3. 第 2 题的描述和之前的某个问题类似。对 5.2 节的第 30 题～第 36 题中分析和解决问题的方法做调整，就可以分析和解决这里的序列问题。

(a) 按照序列问题重新描述 5.2 节的第 30 题～第 35 题。

(b) 对重新描述的问题给出解答。

第二部分 下面是另一个需要建模的问题。一个 Acian 哲学家每天下午都会从她的家里走路去公园。她当然想知道从家里到公园有多少条不同的路径可以走。下面给出了该城镇相关部分的地图。

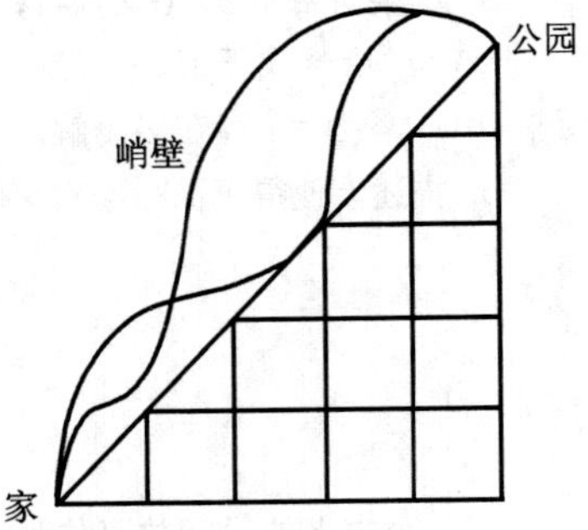

1. 如果她不会两次走同一个街区，描述哲学家从家走到公园所选择的道路应满足什么条件。

2. 第 1 题的描述和之前的某个问题类似。对 5.2 节的第 30 题～第 36 题中分析和解决问题的方法做调整，就可以分析和解决这里的道路问题。

(a) 按照道路问题重新描述 5.2 节的第 30 题～第 35 题。

(b) 对重新描述的问题给出解答。

第三部分 讨论三种问题(括号问题、序列问题和路径问题)的相似之处。描述这些问题的共同结构，并指出如何识别该模型的其他实例。

建立模型的作用在于，如果某个问题具有第三部分所描述的特征，那么可以用 5.2 节中所发展的方案来解决新的问题，而不用重新进行完整的分析。这相当于找到了求解问题的一个公式。

第四部分 5.2 节中的括号问题最初是用递归关系描述的。这为人们提供了另一种识别该模型并获得一个解的方法。

1. 描述如何对括号问题建模，以建立起递归关系。给出括号问题的递归关系以及该递归关系的解。

2. 考虑 n 个顶点的非同构二元树的计数问题。

(a) 分别画出有 1、2 和 3 个顶点的非同构二元树，并对其计数。

(b) 说明该递归关系和括号问题有什么关系，给出二元树问题的显式解。

3. 下面是另一个计数问题。考虑具有 n+2 条边和 n+2 个顶点的凸多边形，如图 1 所示。该问题是在多边形不相邻的顶点之间画连线，并且要求它们各不相交，计算这样划分多边形能得到的三角形的最大个数。例如，图 2 所示是 n=2 和 n=3 的情形。

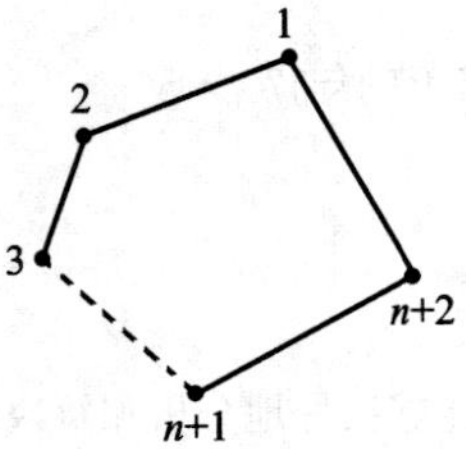

图 1

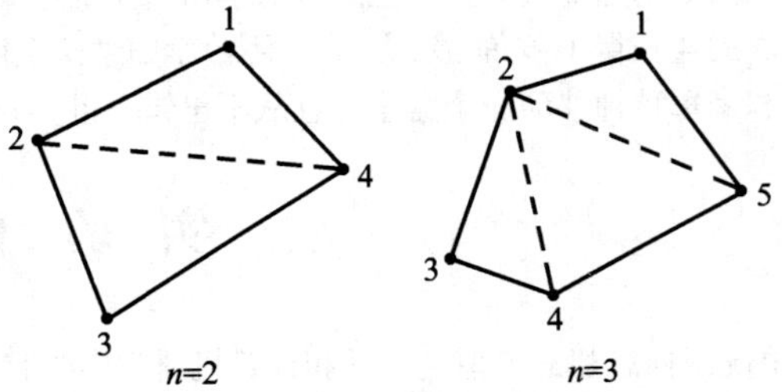

图 2

(a) 给出由这种方法产生的三角形个数的递归关系。明确指出该递归关系中的变量。

(b) 说明该递归关系和括号问题有什么关系，并给出三角形问题的显式解。

4. 讨论括号问题、二元树问题和三角形计数问题的相似之处。说明如何识别该模型的其他实例。

附录C 编 码 练 习

对于下面各题，用伪码(描述见附录 A)或你所知道的程序设计语言写出符合要求的程序或子程序。通过手工或计算机运行，检验编码。

第 1 章

在第 1 题～第 3 题中，假设 A 和 B 是有限整数集，写一个子程序来计算指定的集合。

1．$A \cup B$　　　　2．$A \cap B$　　　　3．$A-B$

4．考虑如下递归定义的序列：

$$g(0) = 1,\quad g(1) = -1,\quad g(n) = 3g(n-1)-2g(n-2)$$

(a) 写一个能打印出该序列前 20 项的子程序。

(b) 写一个能打印出该序列前 n 项的子程序。用户能够在运行期间提供值 n。

5．写一个可以求两个正整数的最小公倍数的子程序。

第 2 章

1．写一个能打印出 $p \wedge \sim q$ 真值表的程序。

2．写一个能打印出$(p \vee q) \Rightarrow r$ 真值表的程序。

3．对任意两个变量的命题函数，写一个能打印出它的真值表的程序。

4．写一个确定两个逻辑表达式是否等价的子程序 EQUIVALENT。

5．写一个确定一个逻辑表达式是否为重言式、不定式或谬论的子程序。

第 3 章

1．写一个子程序：输入两个正整数 n 和 r，如果 $r \leqslant n$，那么返回从 n 个对象中每次取 r 个的排列数。

2．写一个程序：输入正整数 n 和 r，如果 $r \leqslant n$，那么打印出从 1，2，3,…，n 中每次取 r 个的排列。

3．写一个子程序：输入正整数 n 和 r，如果 $r \leqslant n$，那么返回从 n 个对象中每次取 r 个的组合数。

4．写一个程序：输入正整数 n 和 r，如果 $r \leqslant n$，那么打印出从 1，2，3，…, n 中每次取 r 个的组合。

5．(a) 写一个递归子程序：输入 k，打印出前 k 个 Fibonacci 数。

(b) 写一个非递归子程序：输入 k，打印出第 k 个 Fibonacci 数。

第 4 章

1．写一个程序 CROSS，使得输入为正整数 m 和 n 且输出为集合 $A \times B$，这里 $A=\{1，2，3，\cdots，m\}$，$B=\{1，2，3，\cdots，n\}$。

2．(a) 写一个子程序，使得输入为一个关系的矩阵，并确定该关系是否是自反的。

(b) 写一个子程序，使得输入为一个关系的矩阵，并确定该关系是否是对称的。

3．写一个程序，使得输入为一个关系的矩阵，并确定该关系是否是等价关系。

4．设 R 和 S 分别是由矩阵 $\boldsymbol{M}_R$ 和 $\boldsymbol{M}_S$ 所表示的关系，写一个子程序以产生下面的关系矩阵。

(a) $R\cup S$　　　(b) $R\cap S$　　　(c) $R\circ S$

5．设 R 是由矩阵 $\boldsymbol{M}_R$ 所表示的一个关系，写一个子程序以产生下面的关系矩阵。

(a) R^{-1}　　　(b) $\overline{R}$

第 5 章

1．设 $U=\{u_1, u_2, \cdots, u_n\}$是可能输入集合的全集，写一个函数 CHARFCN，使得已知集合作为输入，返回该集合的特征函数作为输出序列。

2．写一个函数 TRANSPOSE，使得返回已知 $n\times n$ 矩阵的转置。

3．写一个程序使得把已知的置换写成不相交循环的积。

4．写一个程序把已知的置换写成对换的积。

5．用第 4 题中的程序作为确定一个已知置换是偶置换还是奇置换这个程序的子程序。

第 6 章

1．写一个子程序确定由矩阵所表示的关系 R 是否是一个偏序。

在第 2 题～第 4 题中，设

$$B_n=\{(x_1, x_2, x_3, \cdots, x_n) \mid x_i\in\{0,1\}\}$$

其中 $x, y\in B_n$ 。

2．写一个子程序确定是否有 $x\leqslant y$。

3．(a) 写一个函数计算 $x\wedge y$。

(b) 写一个函数计算 $x\vee y$。

(c) 写一个函数计算 x'。

4．写一个子程序，已知 x 产生对应的小项。

5．设 $B=\{0, 1\}$，写一个程序打印出由

$$p(x, y, z)=(x\vee y')\vee(y\wedge(x'\vee y))$$

定义的函数 $f: B_3\rightarrow B$ 的真值表。

第 7 章

1．在程序中用数组 LEFT, DATA, RIGHT(7.2 节)存储字母，使得所产生的树的后序搜索将以字母序打印出字母。

2．写一个程序，用有序树作为输入，对应的二元按位树作为输出(如 7.3 节所述)。

3．写一个子程序，像 7.4 节的 Prim 算法所描述的那样实现顶点合并。

4．为 Prim 算法的第二种描述(7.5 节)写出编码。

5．为 Kruskal 算法写编码。

第 8 章

在下面练习中假设图是由 $G=(V, E, \gamma)$定义的。

1．写一个函数，已知 G 和 V 的一个元素 v，返回 v 的度数。

2．写一个子程序确定 G 的两个顶点是否是邻接的。

3．为 Fleury 算法写编码。

4．写一个子程序，用 G 的顶点序列作为输入，报告该序列是否定义了一条正确的哈密尔顿道路。

5．在第 4 题中，修改编码使得子程序检验哈密尔顿回路。

第 9 章

设 Z_n 是 9.3 节中所定义的集合。

1．写一个函数 SUM 使得取 Z_n 的两个元素$[x]$和$[y]$，返回它们的和$[x]+[y]$，并且用户能够输入对 n 的选择。

2．设 $H=\{[0],[2]\}$，写一个计算 Z_6 中 H 的左陪集的子程序。

3．设 $H=\{[0],[2],[4],[6]\}$，写一个计算 Z_8 中 H 的右陪集的子程序。

4．写一个程序使得已知一个有限的运算表，确定该运算是否满足结合性质。

5．写一个程序使得已知一个有限群 G 和一个子群 H，确定 H 是否是 G 的一个正规子群。

第 10 章

1. 设 $M=\{S,I,\mathcal{F}\}$是一个有限状态机，其中 $S=\{s_0,s_1\}$，$I=\{0,1\}$，$\mathcal{F}$ 由下面的状态转换表给出。

	0	1
s_0	s_0	s_1
s_1	s_1	s_0

写一个子程序：已知一个状态和一个输入，返回机器的下一个状态。

2. 写一个函数 ST_TRANS，使得取一个字 w (即 0 和 1 的字符串)和一个状态 s，返回 $f_w(s)$，即求对应于 w 在点 s 的状态转换函数值。

3. 设 $M=(S,I,\mathcal{F})$是一个摩尔机，其中 $S=\{s_0,s_1,s_2\}$，$I=\{0,1\}$，$T=\{s_2\}$，$\mathcal{F}$由下面的状态转换表给出。

	0	1
s_0	s_0	s_1
s_1	s_2	s_2
s_2	s_1	s_0

写一个程序确定所给的字 w 是否在 $L(M)$中。

4. 写一个子程序模拟 10.5 节的第 2 题中所给的摩尔机。

5. 写一个子程序模拟 10.5 节的第 4 题中所给的摩尔机。

第 11 章

1. 写一个函数求 B^n 中的字的权。
2. 写一个子程序，计算 B^n 中两个字之间的 Hamming 距离。
3. 设 $\boldsymbol{M}$ 和 $\boldsymbol{N}$ 都是 $n \times n$ 布尔矩阵，写一个程序已知 $\boldsymbol{M}$ 和 $\boldsymbol{N}$，返回它们的模 2 布尔积。
4. 写一个子程序模拟 11.1 节例 3 中描述的$(m, 3m)$编码函数 e：$B^m \to B^{3m}$。
5. 像 11.2 节的例 2 所描述的那样，为第 4 题中的编码函数写一个模拟译码函数 d 的子程序。

奇数号习题答案

第 1 章习题答案

习题 1.1

1. (a) 真　(b) 假　(c) 假　(d) 假　(e) 真　(f) 假

3. (a) {A，R，D，V，K}　(b) {B，O，K}　(c) {M，I，S，P}

5. (a) 假　(b) 真　(c) 假　(d) 真　(e) 假　(f) 假

7. $\{x \mid x$ 是一个元音$\}$

9. $\{x \mid z \in \mathbf{Z}$且$x^2 < 5\}$

11. (b)，(c)，(e)。

13. { }，{JAVA}，{PASCAL}，{C++}，{JAVA，PASCAL}，{JAVA，C++}，{PASCAL，C++}，{JAVA，PASCAL，C++}。

15. (a) 真　(b) 假　(c) 假　(d) 真　(e) 真　(f) 真　(g) 真　(h) 真

17. (a) $\subseteq$　(b) $\subseteq$　(c) $\not\subseteq$　(d) $\subseteq$　(e) $\not\subseteq$　(f) $\subseteq$

19. {1，2，3}

21. 有，会，一个集合的补没有很明确的定义。

23. (a) 假　(b) 假　(c) 无足够信息　(d) 假　(e) 真　(f) 真

25. 8 人。当除去集合的通常部分时，表达每个集合所剩下的元素有三个部分。一是表示三个集合中任意一对集合所共有的部分就有三个区域，二是表示三个集合的公共部分有一个区域，三是表示在三个集合之外的一个区域。

27. $B=\{m, n\}$　　29. $B=\{a, b, c\}$

31.

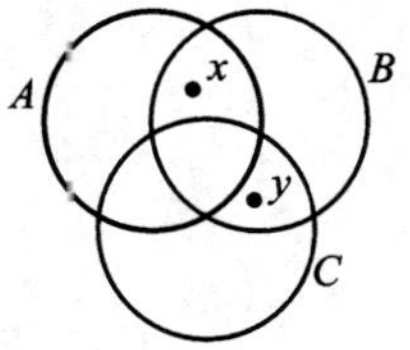

是一种解。

33. $\varnothing \subseteq \mathbf{Z}^+ \subseteq \mathbf{N} \subseteq \mathbf{Z} \subseteq \mathbf{Q} \subseteq \mathbf{R}$。

35. B; 3。　　37. 4; 8。

习题 1.2

1. (a) $\{a, b, c, d, e, f, g\}$　(b) $\{a, c, d, e, f, g\}$　(c) $\{a, c\}$　(d) $\{f\}$　(e) $\{b, g, d, e\}$　(f) $\{a, b, c\}$
(g) $\{a, e, f, h, k\}$　(h) $\{a, b, c, d, e, f\}$　(i) $\{b, g, f\}$　(j) $\{g\}$

3. (a) $\{a, b, c, d, e, f, g\}$ (b) { } (c) $\{a, c, g\}$ (d) $\{a, c, f\}$ (e) $\{h, k\}$ (f) $\{a, b, c, d, e, f, h, k\}$

5. (a) {1,2,4,5,6,8,9} (b) {1,2,3,4,6,8} (c) {1,2,4,6,7,8} (d) {1,2,3,4,5,9} (e) {1,2,4}
(f) {8} (g) {2,4} (h) { }

7. (a) {1,2,3,4,5,6,8,9} (b) {2,4} (c) {1,2,4} (d) {8} (e) {3,7} (f) {1,3,5,6,7,8,9}

9. (a) $\{b, d, e, h\}$ (b) $\{b, c, d, f, g, h\}$ (c) $\{b, d, h\}$ (d) $\{b, c, d, e, f, g, h\}$
(e) { } (f) $\{c, f, g\}$

11. (a) 除–1 和 1 之外的所有实数。
(b) 除–1 和 4 之外的所有实数。
(c) 除–1，1 和 4 之外的所有实数。
(d) 除–1 之外的所有实数。

13. (a) 真 (b) 真 (c) 假 (d) 假

15. 1

17. (a) $|A\cup B|=10$，$|A|=6$，$|B|=7$，$|A\cap B|=3$，因此，$|A\cup B|=|A|+|B|-|A\cap B|$。
(b) $|A\cup B|=11$，$|A|=5$，$|B|=6$，$|A\cap B|=0$，因此，$|A\cup B|=|A|+|B|-|A\cap B|$。

19. B 一定是空集。

21. 两个集合交集的补集就是两个集合补集的并集。

23. $|A|=6$，$|B|=5$，$|C|=6$，$|A\cap B|=2$，$|A\cap C|=3$，$|B\cap C|=3$，$|A\cap B\cap C|=2$，$|A\cup B\cup C|=11$，因此 $|A\cup B\cup C|=|A|+|B|+|C|-|A\cap B|-|A\cap C|-|B\cap C|+|A\cap B\cap C|$

25. (a) 106 (b) 60

27. 16; 23。

29. (a) 162 (b) 118 (c) 236 (d) 290 (e) 264

31.

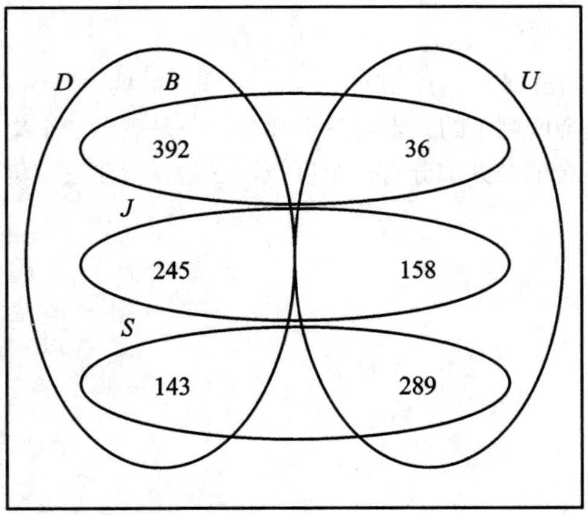

33. (a) 真 (b) 真 (c) 假 (d) 假

35. (a) 无法决定 (b) 无法决定
(c) 无法决定 (d) 无法决定
(e) 无法决定 (f) 无法决定

37. (a) 无法决定 (b) 无法决定

(c) 无法决定　(d) 无法决定

(e) 无法决定

39. A 和 B。

41. (a) 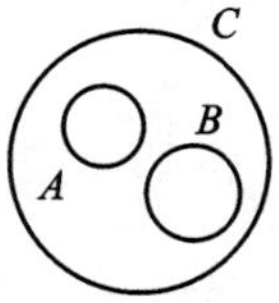

(b) $A\cup B$

(c) 设 $x\in A\cup B$，则 $x\in A$ 或 $x\in B$，因为 $A\subseteq C$ 且 $B\subseteq C$，$x\in A$ 或 $x\in B$ 意味着 $x\in C$，因此 $A\cup B\subseteq C$。

43. 能。假设 $x\in B$。由于 $x\in A$ 或者 $x\notin A$，如果 $x\in A$，则 $x\notin A\oplus B=A\oplus C$，但是 x 一定属于 C。如果 $x\notin A$，则 $x\in A\oplus B=A\oplus C$，因此 $x\in C$，故 $B\subseteq C$。类似可证 $C\subseteq B$，所以 $B=C$。

45. 否。设 $A=\{1,2,3\}$，$B=\{4\}$，$C=\{3,4\}$，则 $A\cup B=A\cup C$ 且 $B\neq C$。

47. (a) 设 $x\in A\cup C$，则 $x\in A$ 或 $x\in C$，因此，$x\in B$ 或 $x\in D$ 和 $x\in B\cup D$，所以 $A\cup C\subseteq B\cup D$。

(b) 设 $x\in A\cap C$，则 $x\in A$ 且 $x\in C$，因此 $x\in B$ 且 $x\in D$，所以 $x\in B\cap D$，故 $A\cap C\subseteq B\cap D$。

49. 一定要减$|B\cap C|$，因为 $B\cap C$ 中的每一个元素在$|A|+|B|+|C|$中已计数两次，但是当减去$|B\cap C|$和$|A\cap C|$时，"未计数"同时属于 A 和 B 的 C 中的元素，这些元素(A 和 B 中类似的元素)通过加$|A\cap B\cap C|$而再次计数。

51. n 个集合并的基数等于这 n 个集合的每一个集合基数之和减去 ${}_nC_2$ 个不同的两个集合之交的基数之和加上 ${}_nC_3$ 个不同的三个集合之交的基数之和，等，交替使用运算加和减 ${}_nC_k$ 个 k-集合之交的基数之和，$k=4,\cdots,n$。

习题 1.3

1. $\{1,2\}$　3. $\{a, b, c, \cdots, z\}$

5. 可能的答案包括 $xyzxyz\cdots$，$xxyyzzxxyyzz$ 和 $yzxyzx$。

7. 5，25　125，625。　9. 1，2，6，24。　11. 2.5，4，5.5，7。

13. 0，−2，−4，−6。

15. $a_n=a_{n-1}+2$，$a_1=1$，递归；$a_n=2n-1$，显式。

17. $c_n=(-1)^{n+1}$，显式。

19. $e_n=e_{n-1}+3$，$e_1=1$，递归。

21. $a_n=2+3(n-1)$

23. A，不可数；B，有限；C，可数；D，有限；E，有限。

25. (a) 是　(b) 不是　(c) 是　(d) 是　(e) 不是　(f) 不是

27. (a) 1　(b) 0　(c) f_B : 10000000，f_C : 01010011，f_D : 01000101。

(d) 11010011, 01010111, 01000001。

29.
$$\begin{aligned}f_{(A\oplus B)\oplus C} &= f_{A\oplus B}+f_C-2f_{A\oplus B}f_C\\ &=(f_A+f_B-2f_Af_B)+f_C-2(f_A+f_B-2f_Af_B)f_C\\ &=f_A+(f_B+f_C-2f_Bf_C)-2f_A(f_B+f_C-2f_Bf_C)\\ &=f_A+f_{B\oplus C}-2f_Af_{B\oplus C}\\ &=f_{A\oplus(B\oplus C)}\end{aligned}$$

因为特征函数是相同的，所以集合一定相同。

31. (a) 属于　(b) 属于　(c) 属于

33. 可能的答案包括∨*ac*　*a*∨　*ab*(。

35. (a) 01^*0　　(b) $0(00)^* \vee (00)^*1$

37. 由(1)可知 8 是一个 *S*–数，由(3)可知 1 是一个 *S*–数，由(2)可知所有 1 的倍数，即所有整数是 *S*–数。

39. 1,2,3,7,16。

习题 1.4

1. 20=6×3+2　　3. $3 = 0 \cdot 22 + 3$

5. (a) $828=2^2\times3^2\times23$　(b) 1 666=$2\times7^2\times17$　(c) 1 781=13×137　(d) 1 125=$3^2\times5^3$　(e) 107

7. d=3；3=3×45–4×33

9. d=1；1=5×77–3×128

11. 1 050

13. 864

15. (a) 6　(b) 1　(c) 0　(d) 1　(e) 20　(f) 14

17. (a) 10　(b) 22　(c) 2　(d) 14

19. *f* (*a*)+*f* (*b*)可能比 *n* 大。

21. (a) { 2,7,12,17,⋯ }　(b) { 1,6,11,16,⋯ }

23. 如果 *a*|*b*, 那么对某些 $k\in$ Z，有 *b*=*ka*，因此，*mb*=*m*(*ka*)=(*mk*)*a* 且 *mb* 是 *a* 的倍数。

25. *p* 的唯一因子是±*p* 和±1，但 *p* 不能整除 *a*。(用 *b* 乘以两边。) *p*| *sab*, *p*| *tpb*。如果 *p* 整除方程的右边，那么它一定同时整除左边。

27. 因为 *a*|*m*，所以 *ac*|*mc*。因为 *c*|*m*，所以 *ac*|*am*。如果 GCD(*a*, *c*)=1,那么存在整数 *s*, *t* 使得 1=*sa*+*tc*。因此 *m*=*sam*+*tcm*。但 *ac* 整除左边的每一项，所以 *ac*|*m*。

29. 设 *d*=GCD(*a*, *b*)，那么 *cd*|*ca* 和 *cd*|*cb*，即 *cd* 是 *ca* 和 *cb* 的一个公因子。设 *e*=GCD(*ca*,*cd*),那么 *cd*|*e* 和 *e*=*cdk* 是 *ca* 和 *cb* 的一个因子,但另一方面 *dk*|*a* 和 *dk*|*b*,由于 *d* 是 *a* 和 *b* 的最大公因子,所以 *k* 一定是 1,故 *e*=*cd*。

31. 由定理 6，GCD(*a*,*b*)・LCM(*a*,*b*)=*ab*。因为 GCD(*a*,*b*)=1,所以 LCM(*a*,*b*)=*ab*。

33. *a*|*b* 意味着 *b*=*am*，*b*|*a* 意味着 *a*=*bn*，因此 *b*=*am*=*bnm*，故 *nm*=1 和 *n*=*m*=1，因为 *a* 和 *b* 是正数。

35. 不能；考虑 *a*=6，*b*=4，*c*=3。

37. 为真。使用第 36 题中相同的理由，*m* 和 *n* 没有任何共同的素因子，所以 *mn* 是一个完全 *t* 次幂，在 *m* 和 *n* 的因子分解中的每一个素因子一定出现 *t* 的倍数次。这意味着 *m* 和 *n* 的每一个也是完全 *t* 次幂。

39. (a) 112　(b) 10　(c) 30

41. (a) (i) $(104)_5$　(ii) $(243)_5$　(iii) $(1330)_5$　(iv) $(10412)_5$

(b) (i) 49　(ii) 85　(iii) 197　(iv) 816

43. (a) $(11101)_2$　$(1001001)_2$　$(11010111)_2$　$(1011011100)_2$

(b) $(131)_4$　$(1021)_4$　$(3113)_4$　$(23130)_4$

(c) $(1D)_{16}$　$(49)_{16}$　$(D7)_{16}$　$(2DC)_{16}$

45. (a) 答案是变化的，但斜体和非斜体字母模式应该是匹配的。

A A A *A* A A *A* *A* *A* A A *A* *A* A A A A *A* A A A A A A A *A* A A A *A* A A A *A* A *A* A

(b) STUDY WELL

47. BIJS

习题 1.5

1. (a) –2,1,2。(b) 3,4。(c) 4,–1,8。(d) 2,6,8。

3. a=3, b=1, c=8, d= –2。

5. (a) $\begin{bmatrix} 4 & 0 & 2 \\ 9 & 6 & 2 \\ 3 & 2 & 4 \end{bmatrix}$ (b) $\boldsymbol{AB}=\begin{bmatrix} 7 & 13 \\ -3 & 0 \end{bmatrix}$

(c) 不可能。 (d) $\begin{bmatrix} 21 & 14 \\ -7 & 17 \end{bmatrix}$

7. (a) $\boldsymbol{EB}$ 是 3×2 的，$\boldsymbol{FA}$ 是 2×3 的；和无定义。

(b) $\boldsymbol{B}-\boldsymbol{D}$ 不存在。

(c) $\begin{bmatrix} 10 & 0 & -25 \\ 40 & 14 & 12 \end{bmatrix}$

(d) $\boldsymbol{DE}$ 不存在。

9. (a) $\begin{bmatrix} 22 & 34 \\ 3 & 11 \\ -31 & 3 \end{bmatrix}$ (b) $\boldsymbol{BC}$ 没有定义。

(c) $\begin{bmatrix} 25 & 5 & 26 \\ 20 & -3 & 32 \end{bmatrix}$

(d) $\boldsymbol{D}^{\mathrm{T}}+\boldsymbol{E}$ 没有定义。

11. 设 $\boldsymbol{B}=[b_{jk}]=\boldsymbol{I}_m\boldsymbol{A}$，则对 $1\leqslant j\leqslant m$ 和 $1\leqslant k\leqslant n$，有 $b_{jk}=\sum\limits_{l=1}^{m} i_{jl}a_{lk}$，但是如果 $j\neq l$，那么 $i_{jj}=1$ 和 $i_{jl}=0$。因此，$b_{jk}=i_{jj}a_{jk}$，$1\leqslant j\leqslant m$，$1\leqslant k\leqslant n$。这意味着 $\boldsymbol{B}=\boldsymbol{I}_m\boldsymbol{A}=\boldsymbol{A}$。类似地，如果 $\boldsymbol{C}=\boldsymbol{A}\boldsymbol{I}_n=[c_{jk}]$，那么对 $1\leqslant j\leqslant m$，$1\leqslant k\leqslant n$，有 $c_{jk}=\sum\limits_{l=1}^{n} a_{jl}i_{lk}=a_{jk}i_{kk}=a_{jk}$。

13. $$\boldsymbol{A}^3=\begin{bmatrix} 27 & 0 & 0 \\ 0 & -8 & 0 \\ 0 & 0 & 64 \end{bmatrix} \text{ 或 } \begin{bmatrix} 3^3 & 0 & 0 \\ 0 & (-2)^3 & 0 \\ 0 & 0 & 4^3 \end{bmatrix}$$

$$\boldsymbol{A}^k=\begin{bmatrix} 3^k & 0 & 0 \\ 0 & (-2)^k & 0 \\ 0 & 0 & 4^k \end{bmatrix}$$

15. $\boldsymbol{I}_n^{\mathrm{T}}$ 的元素满足 $i'_{kj}=i_{jk}$，但如果 $j=k$ 则 $i_{jk}=1$，否则为 0。因此，如果 $k=j$，则 $i_{kj}'=1$。如果 $k\neq j$，$1\leqslant j\leqslant n$，$1\leqslant k\leqslant n$，则 $i_{kj}'=0$。

17. $\boldsymbol{AB}$ 的第 j 列有值 $c_{ij}=\sum\limits_{k=1}^{n} a_{ik}b_{kj}$。设 $\boldsymbol{D}=[d_{ij}]=\boldsymbol{AB}_j$，其中 $\boldsymbol{B}_j$ 是 $\boldsymbol{B}$ 的第 j 列，那么 $d_{ij}=\sum\limits_{m=1}^{n} a_{im}b_{mj}=c_{ij}$。

19. $\boldsymbol{A}^2=\begin{bmatrix} 1 & 0 \\ 0 & 1 \end{bmatrix}=\boldsymbol{I}_2$

21. (a) 由定理 3 得 $(\boldsymbol{A}+\boldsymbol{B})^{\mathrm{T}}=\boldsymbol{A}^{\mathrm{T}}+\boldsymbol{B}^{\mathrm{T}}$，因为 $\boldsymbol{A}$ 和 $\boldsymbol{B}$ 是对称的，所以 $\boldsymbol{A}^{\mathrm{T}}+\boldsymbol{B}^{\mathrm{T}}=\boldsymbol{A}+\boldsymbol{B}$ 且 $\boldsymbol{A}+\boldsymbol{B}$ 也是对称的。

(b) $(\boldsymbol{AB})^{\mathrm{T}}=\boldsymbol{B}^{\mathrm{T}}\boldsymbol{A}^{\mathrm{T}}=\boldsymbol{BA}$，但它可能不等于 $\boldsymbol{AB}$，所以 $\boldsymbol{AB}$ 可能不是对称的。设 $\boldsymbol{A}=\begin{bmatrix}1 & 2\\ 2 & 4\end{bmatrix}$， $\boldsymbol{B}=\begin{bmatrix}3 & -1\\ -1 & 2\end{bmatrix}$，那么 $\boldsymbol{AB}$ 不是对称的。

23. (a) $(\boldsymbol{A}^{\mathrm{T}})^{\mathrm{T}}$ 的第(i, j)位置上的元素是 $\boldsymbol{A}^{\mathrm{T}}$ 中的第(j, i)位置上的元素，但 $\boldsymbol{A}^{\mathrm{T}}$ 的第(j, i)位置上的元素是 $\boldsymbol{A}$ 中第(i, j)位置上的元素。因此，$(\boldsymbol{A}^{\mathrm{T}})^{\mathrm{T}}=\boldsymbol{A}$。

(b) $(\boldsymbol{A}+\boldsymbol{B})^{\mathrm{T}}$ 中第(i, j)位置上的元素是 $\boldsymbol{A}+\boldsymbol{B}$ 中第(j, i)位置上的元素 $a_{ji}+b_{ji}$，但它是 $\boldsymbol{A}$ 的第(j, i)位置上的元素与 $\boldsymbol{B}$ 的第(j, i)位置上的元素之和，它也是 $\boldsymbol{A}^{\mathrm{T}}$ 的第(i, j)位置上的元素与 $\boldsymbol{B}^{\mathrm{T}}$ 的第(i, j)位置上的元素之和。因此，$(\boldsymbol{A}+\boldsymbol{B})^{\mathrm{T}}=\boldsymbol{A}^{\mathrm{T}}+\boldsymbol{B}^{\mathrm{T}}$ 。

(c) 设 $\boldsymbol{C}=[c_{ij}]=(\boldsymbol{AB})^{\mathrm{T}}$，那么 $c_{ij}=\sum_{k=1}^{n}a_{jk}b_{ki}$,即 $\boldsymbol{AB}$ 的第(j, i)位置的元素。设 $\boldsymbol{D}=[d_{ij}]=\boldsymbol{B}^{\mathrm{T}}\boldsymbol{A}^{\mathrm{T}}$，则 $d_{ij}=\sum_{k=1}^{n}b'_{ik}a'_{kj}=\sum_{k=1}^{n}b_{ki}a_{jk}=\sum_{k=1}^{n}a_{jk}b_{ki}=c_{ij}$。因此，$(\boldsymbol{AB})^{\mathrm{T}}=\boldsymbol{B}^{\mathrm{T}}\boldsymbol{A}^{\mathrm{T}}$。

25. (a) $\begin{bmatrix}\frac{7}{9} & -\frac{1}{9}\\ -\frac{5}{9} & \frac{2}{9}\end{bmatrix}$ (b) $\begin{bmatrix}-\frac{9}{27} & \frac{4}{27}\\ \frac{0}{27} & \frac{3}{27}\end{bmatrix}$ (c) $\begin{bmatrix}\frac{2}{32} & \frac{5}{32}\\ \frac{4}{32} & -\frac{6}{32}\end{bmatrix}$

27. (a) $\boldsymbol{C}=\boldsymbol{A}^{-1}$，因为 $\boldsymbol{CA}=\boldsymbol{I}_3$。

(b) $\boldsymbol{D}=\boldsymbol{B}^{-1}$，因为 $\boldsymbol{DB}=\boldsymbol{I}_3$。

29. 因为$(\boldsymbol{B}^{-1}\boldsymbol{A}^{-1})(\boldsymbol{AB})=\boldsymbol{B}^{-1}(\boldsymbol{A}^{-1}\boldsymbol{A})\boldsymbol{B}=\boldsymbol{B}^{-1}\boldsymbol{I}_n\boldsymbol{B}=\boldsymbol{B}^{-1}\boldsymbol{B}=\boldsymbol{I}_n$，所以 $\boldsymbol{B}^{-1}\boldsymbol{A}^{-1}=(\boldsymbol{AB})^{-1}$。

31. (a) $\boldsymbol{A}\vee\boldsymbol{B}=\begin{bmatrix}1 & 1 & 1\\ 0 & 1 & 1\\ 1 & 0 & 1\end{bmatrix}$； $\boldsymbol{A}\wedge\boldsymbol{B}=\begin{bmatrix}1 & 0 & 0\\ 0 & 0 & 1\\ 1 & 0 & 0\end{bmatrix}$；

$\boldsymbol{A}\odot\boldsymbol{B}=\begin{bmatrix}1 & 1 & 1\\ 0 & 0 & 1\\ 1 & 1 & 1\end{bmatrix}$。

(b) $\boldsymbol{A}\vee\boldsymbol{B}=\begin{bmatrix}0 & 1 & 1\\ 1 & 1 & 0\\ 1 & 0 & 1\end{bmatrix}$； $\boldsymbol{A}\wedge\boldsymbol{B}=\begin{bmatrix}0 & 0 & 1\\ 1 & 1 & 0\\ 1 & 0 & 0\end{bmatrix}$；

$\boldsymbol{A}\odot\boldsymbol{B}=\begin{bmatrix}1 & 0 & 1\\ 1 & 1 & 1\\ 0 & 1 & 1\end{bmatrix}$。

(c) $\boldsymbol{A}\vee\boldsymbol{B}=\begin{bmatrix}1 & 1 & 1\\ 1 & 1 & 1\\ 1 & 0 & 1\end{bmatrix}$； $\boldsymbol{A}\wedge\boldsymbol{B}=\begin{bmatrix}1 & 0 & 0\\ 0 & 0 & 1\\ 1 & 0 & 0\end{bmatrix}$；

$\boldsymbol{A}\odot\boldsymbol{B}=\begin{bmatrix}1 & 1 & 1\\ 1 & 0 & 0\\ 1 & 1 & 1\end{bmatrix}$。

33. (a) f_{p1} (b) f_{11} (c) f_{pq}

(d) f_{1q} (e) f_{ir} (f) 如果 $p=q$，f_{ii}

35. (a) $p_{i1}m_{1j}+p_{i2}m_{2j}+\cdots+p_{it}m_{tj}$

(b) $m_{i1}p_{1j}+m_{i2}p_{2j}+\cdots+m_{it}p_{tj}$

(c) $p_{i1}(m_{1j}+n_{1j})+p_{i2}(m_{2j}+n_{2j})+\cdots+p_{it}(m_{tj}+n_{tj})$

(d) $(m_{i1}n_{1j}+m_{i2}n_{2j}+\cdots+m_{it}n_{tj})+(p_{i1}n_{1j}+p_{i2}n_{2j}+\cdots+p_{it}n_{tj})$

37. (a) $\begin{cases}1 & \text{如果对某些}k\text{有}m_{ik}=p_{kj}=1\\ 0 & \text{其他}\end{cases}$

(b) $\begin{cases}1 & \text{如果对某些}k\text{有}p_{ik}=m_{kj}=1\\ 0 & \text{其他}\end{cases}$

(c) $\begin{cases}1 & \text{如果对某些}k\text{有}m_{ik}=n_{kl}=p_{lj}=1\\ 0 & \text{其他}\end{cases}$

39. 设 $\boldsymbol{C}=[c_{ij}]=\boldsymbol{A}\vee\boldsymbol{B}$，$\boldsymbol{D}=[d_{ij}]=\boldsymbol{B}\vee\boldsymbol{A}$。

$$c_{ij}=d_{ij}\begin{cases}1, & a_{ij}=1\text{或}b_{ij}=1\\ 0, & a_{ij}=0=b_{ij}\end{cases}$$

因此 $\boldsymbol{C}=\boldsymbol{D}$。

41. 设$[d_j]=\boldsymbol{B}\vee\boldsymbol{C}$，$[e_{ij}]=\boldsymbol{A}\vee(\boldsymbol{B}\vee\boldsymbol{C})$，$[f_{ij}]=\boldsymbol{A}\vee\boldsymbol{B}$，$[g_{ij}]=(\boldsymbol{A}\vee\boldsymbol{B})\vee\boldsymbol{C}$，则

$$d_{ij}=\begin{cases}1, & b_{ij}=1\text{或}c_{ij}=1\\ 0, & \text{其他}\end{cases}$$

$$e_{ij}=\begin{cases}1, & a_{ij}=1\text{或}d_{ij}=1\\ 0, & \text{其他}\end{cases}$$

但这意味着如果 $a_{ij}=1$ 或 $b_{ij}=1$ 或 $c_{ij}=1$，则 $d_{ij}=1$,否则 $d_{ij}=0$。

$$f_{ij}=\begin{cases}1, & a_{ij}=1\text{或}b_{ij}=1\\ 0, & \text{其他}\end{cases}$$

$$g_{ij}=\begin{cases}1, & f_{ij}=1\text{或}c_{ij}=1\\ 0, & \text{其他}\end{cases}$$

因此，如果 $a_{ij}=1$ 或 $b_{ij}=1$ 或 $c_{ij}=1$，则 $g_{ij}=1$，否则 $g_{ij}=0$。故 $\boldsymbol{A}\vee(\boldsymbol{B}\vee\boldsymbol{C})=(\boldsymbol{A}\vee\boldsymbol{B})\vee\boldsymbol{C}$。

43. 设$[d_{ij}]=\boldsymbol{B}\odot\boldsymbol{C}$，$[e_{ij}]=\boldsymbol{A}\odot(\boldsymbol{B}\odot\boldsymbol{C})$，$[f_{ij}]=\boldsymbol{A}\odot\boldsymbol{B}$，$[g_{ij}]=(\boldsymbol{A}\odot\boldsymbol{B})\odot\boldsymbol{C}$，则

$$d_{ij}=\begin{cases}1, & b_{ik}=c_{kj},\text{某个}k\\ 0, & \text{其他}\end{cases}$$

$$e_{ij}=\begin{cases}1, & a_{il}=1=d_{lj},\text{某个}l\\ 0, & \text{其他}\end{cases}$$

因此

$$e_{ij}=\begin{cases}1, & a_{il}=1=b_{lk}=c_{kj},\text{某个}k,l\\0, & \text{其他}\end{cases}$$

$$f_{ij}=\begin{cases}1, & a_{ik}=1=b_{kj},\text{某个}k\\0, & \text{其他}\end{cases}$$

$$g_{ij}=\begin{cases}1, & f_{il}=1=c_{lj},\text{某个}l\\0, & \text{其他}\end{cases}$$

于是

$$g_{ij}=\begin{cases}1, & a_{ik}=1=b_{kl}=c_{lj},\text{某个}k,l\\0, & \text{其他}\end{cases}$$

故 $\boldsymbol{A}\odot(\boldsymbol{B}\odot\boldsymbol{C})=(\boldsymbol{A}\odot\boldsymbol{B})\odot\boldsymbol{C}$。

45. 类似于第 38 题的证明可证 $\boldsymbol{A}\vee(\boldsymbol{B}\wedge\boldsymbol{C})=(\boldsymbol{A}\vee\boldsymbol{B})\wedge(\boldsymbol{A}\vee\boldsymbol{C})$。

47. 因为 $c_{ij}=\sum_{t=1}^{n}a_{it}b_{tj}$ 且对任意 i 和 t 有 $k|a_{it}$，所以 k 整除 c_{ij} 中的每一项，因此，对所有 i 和 j 有 $k|c_{ij}$。

49. (a) $\begin{bmatrix}6 & -9 & -3\\0 & 15 & 6\\12 & -12 & 18\end{bmatrix}$　(b) $\begin{bmatrix}10 & 20 & -30\\20 & 0 & 45\\35 & -5 & 15\end{bmatrix}$　(c) $\begin{bmatrix}-4 & 0\\-3 & -1\\2 & -5\end{bmatrix}$

51. 设 $\boldsymbol{A}=[a_{ij}]$和 $\boldsymbol{B}=[b_{ij}]$是两个 $m\times n$ 矩阵，那么 $k(\boldsymbol{A}+\boldsymbol{B})=k[a_{ij}+b_{ij}]=[k(a_{ij}+b_{ij})]=[ka_{ij}+kb_{ij}]=[ka_{ij}]+[kb_{ij}]=k\boldsymbol{A}+k\boldsymbol{B}$。

53. 设 $\boldsymbol{K}$ 是 $m\times m$ 对角矩阵，每一个对角线元素的值等于 k，那么 $\boldsymbol{KA}=k\boldsymbol{A}$。

习题 1.6

1. (a) 是　(b) 是　3. (a) 否　(b) 是

5. $A\oplus B=\{x|(x\in A\cup B)\text{且}(x\notin A\cap B)\}=\{x|(x\in B\cup A)\text{且}(x\notin B\cap A)\}=B\oplus A$

7.

$x\ y\ z$	$y\ \square\ z$	$x\ \nabla\ (y\ \square\ z)$	$x\ \nabla\ y$	$x\ \nabla\ z$	$(x\ \nabla\ y)\ \square\ (x\ \nabla\ z)$
0 0 0	0	0	0	0	0
0 0 1	1	0	0	0	0
0 1 0	1	0	0	0	0
0 1 1	0	0	0	0	0
1 0 0	0	0	0	0	0
1 0 1	1	1	0	1	1
1 1 0	1	1	1	0	1
1 1 1	0	0	1	1	0

(A)　(B)

因为列(A)和列(B)是相同的，所以分配性质 $x \nabla (y \square z)=(x \nabla y) \square (x \nabla z)$成立。

9. 对于∨，5×5 零矩阵。对于∧，元素全为 1 的 5×5 矩阵。对于⊙，$\boldsymbol{I}_5$。

11. 设 $\boldsymbol{A},\boldsymbol{B}$ 都是 $n\times n$ 对角矩阵，$[c_{ij}]=\boldsymbol{AB}$，那么 $c_{ij}=\sum_{k=1}^{n} a_{ik}b_{kj}$，但如果 $i\neq k$，则 $a_{ik}=0$。因此，$c_{ij}=a_{ii}b_{ij}$。如果 $i\neq j$，则 $b_{ij}=0$。因此，如果 $i\neq j$,则 $c_{ij}=0$，所以 $\boldsymbol{AB}$ 是一个 $n\times n$ 对角矩阵。

13. 有，$n\times n$ 零矩阵，它是对角矩阵。

15. $-\boldsymbol{A}$，是第$(i，i)$位置上元素为$-a_{ii}$的对角矩阵。

17. $\begin{bmatrix} a & 0 \\ 0 & 0 \end{bmatrix}+\begin{bmatrix} b & 0 \\ 0 & 0 \end{bmatrix}$，即$\begin{bmatrix} a+b & 0 \\ 0 & 0 \end{bmatrix}$属于 M。

19. $\begin{bmatrix} a & 0 \\ 0 & 0 \end{bmatrix}^{\mathrm{T}}$，即 $\begin{bmatrix} a & 0 \\ 0 & 0 \end{bmatrix}$属于 M。

21. 有，$\begin{bmatrix} 1 & 0 \\ 0 & 0 \end{bmatrix}$，由第 16 题可知，它是单位元且 $1\in \mathbf{R}$。

23. 如果 $a\neq 0$，则 $\boldsymbol{A}^{-1}=\begin{bmatrix} \frac{1}{a} & 0 \\ 0 & 0 \end{bmatrix}$。

25. 成立。

27. 否

29. (a) 成立。 (b) 成立。 (c) 成立。 (d) 成立，$\begin{bmatrix} 0 \\ -1 \end{bmatrix}$。 (e) 成立，$\begin{bmatrix} -x \\ -y-2 \end{bmatrix}$。

31. (a) 成立 (b) 成立 (c) 不成立

33. (a) $k\left(\begin{bmatrix} x \\ y \end{bmatrix}\nabla\begin{bmatrix} w \\ z \end{bmatrix}\right)=\left(k\begin{bmatrix} x \\ y \end{bmatrix}\nabla k\begin{bmatrix} w \\ z \end{bmatrix}\right)$ (b) 不是

35. 设 $\boldsymbol{C}=[c_{ij}]=\mathrm{comp}\,(\boldsymbol{A}\vee\boldsymbol{B})$，$\boldsymbol{D}=[d_{ij}]=\mathrm{comp}(\boldsymbol{A})\wedge\mathrm{comp}(\boldsymbol{B})$，那么

$$c_{ij}=\begin{cases} 0, & a_{ij}=1\text{或}b_{ij}=1 \\ 1, & a_{ij}=0=b_{ij} \end{cases}，\quad d_{ij}=\begin{cases} 0, & a_{ij}=1\text{或}b_{ij}=1 \\ 1, & a_{ij}=0=b_{ij} \end{cases}$$

因此，$\boldsymbol{C}=\boldsymbol{D}$。类似地，能证明 $\mathrm{comp}(\boldsymbol{A}\wedge\boldsymbol{B})=\mathrm{comp}(\boldsymbol{A})\vee\mathrm{comp}(\boldsymbol{B})$。

37. $A\cap\overline{B}$ 39. { }

第 2 章习题答案

习题 2.1

1. (b), (d)和(e)都是命题。

3. (a) 明天不下雨且不下雪。

(b) 不是，如果你开车，我就走路。

5. (a) 我将开我的汽车且我将迟到。

我将开我的汽车或我将迟到。

(b) $10<NUM\leqslant 15$；$NUM>10$ 或 $NUM\leqslant 15$

7. (a) 真 (b) 真 (c) 真 (d) 假

9. (a) 假 (b) 真 (c) 真 (d) 假

11. (d) 是否定。

13. (a) 盘与匙放在一起且草地是湿的。

(b) 草地是干的或盘与匙分开。

(c) 今天是星期一或草地是湿的都不是真的。

(d) 今天是星期一或盘与匙放在一起。

15. (a) 对于所有 x 存在一个 y 使得 $x+y$ 是偶数。

(b) 存在一个 x 使得对所有 y，$x+y$ 是偶数。

17. (a) 存在一个 x 使得 x 是偶数为假。

(b) 对所有 x, x 是一个素数为假。

19. 14: (a) 假；(b) 真。 17: (a) 假；(b) 真。

15: (a) 真；(b) 假。 18: (a) 假；(b) 假；(c) 假；(d) 假。

16: (a) 假；(b) 真。

21. (a) $5+3=6$ (b) $m+3=6$

23. (a) $0\leqslant 3^0$ (b) $2\leqslant 3^2$ (c) $k\leqslant 3^k$

25. $\forall A\forall B(\overline{A\cup B})=\overline{A}\cap\overline{B};\forall A\forall B(\overline{A\cap B})=\overline{A}\cup\overline{B}$ 。

27.

p	q	$(\sim p\wedge q)$		$\vee p$
T	T	F	F	T
T	F	F	F	T
F	T	T	T	T
F	F	T	F	F
		(1)	(2)	↑

29.

p	q	r	$(p\vee q)$	$\wedge r$
T	T	T	T	T
T	T	F	T	F
T	F	T	T	T
T	F	F	T	F
F	T	T	T	T
F	T	F	T	F
F	F	T	F	F
F	F	F	F	F
			(1)	↑

31.

p	q	r	$(p\downarrow q)$	$\downarrow r$
T	T	T	F	F
T	T	F	F	T
T	F	T	F	F
T	F	F	F	T
F	T	T	F	F
F	T	F	F	T
F	F	T	T	F
F	F	F	T	F
			(1)	↑

33.

p	q	r	$(p\downarrow q)$	$\downarrow$	$(p\downarrow r)$
T	T	T	F	T	F
T	T	F	F	T	F
T	F	T	F	T	F
T	F	F	F	T	F
F	T	T	F	T	F
F	T	F	F	F	T
F	F	T	T	F	F
F	F	F	T	F	T
			(1)	↑	(2)

35.

p	q	$(p\wedge q)$	Δp
T	T	T	F
T	F	F	T
F	T	T	T
F	F	F	F
		(1)	↑

37. ($x=max$)或者($y\leqslant 4$)。

39. WHILE (项=搜索或者索引≥101)时执行某语句。

习题 2.2

1. (a) $p\Rightarrow q$　(b) $r\Rightarrow p$　(c) $q\Rightarrow p$　(d) $\sim r\Rightarrow p$

3. (a) 如果我不是英国女王，那么2+2=4。

(b) 如果我走路去上班，那么我不是美国总统。

(c) 如果我不乘火车去上班，那么我会迟到。

(d) 如果我去商店，那么我有时间且不是太累。

(e) 如果我买一辆汽车且买一幢房子，那么我有足够的钱。

5. (a) 真　(b) 假　(c) 真　(d) 真

7. (a) 如果我不学习离散结构并且去看电影，那么我心情好。

(b) 如果我心情好，那么我将学习离散结构或去看电影。

(c) 如果我心情不好，那么我将不去看电影或学习离散结构。

(d) 我去看电影且不学习离散结构当且仅当我心情好。

9. (a) 如果 4>1 且 2>2，则 4<5。

(b) 3≤3 且 4<5 不正确。

(c) 如果 3>3，则 4>1。

11. (a)

p	q	$p \Rightarrow$	$(q \Rightarrow p)$
T	T	T	T
T	F	T	T
F	T	T	F
F	F	T	T
		↑ 重言式	

(b)

p	q	$q \Rightarrow$	$(q \Rightarrow p)$
T	T	T	T
T	F	T	T
F	T	F	F
F	F	T	T
		↑ 不定式	

13. 解。如果 $p \Rightarrow q$ 为假，则 p 为真且 q 为假。因此，$p \wedge q$ 为假，$\sim(p \wedge q)$为真，故$(\sim(p \wedge q)) \Rightarrow q$ 为假。

15. 不能，因为如果 $p \Rightarrow q$ 为真，那么 p 和 q 为真，于是$(p \wedge q) \Rightarrow \sim q$ 为假。但这也可能 p 和 q 都为假，于是$(p \wedge q) \Rightarrow \sim q$ 为真。

17. 自己核对。

19. 自己核对。

21. (a) 假　(b) 真　(c) 假　(d) 真

23.

p	q	$p \wedge q$	$(p \downarrow p)$	$\downarrow$	$(q \downarrow q)$
T	T	T	F	T	F
T	F	F	F	F	T
F	T	F	T	F	F
F	F	F	T	F	T
		(A)		(B)	

因为列(A)和列(B)是相同的，所以命题是等价的。

25. (a) Jack 吃肥肉或者他不吃花茎甘蓝。

(b) Mary 没有丢失她的小羊羔并且狼没有吃小羊羔。

(c) Tom 偷了一个派并逃跑了且三个警察吃晚饭了。

27.

p	q	r	$p \wedge$	$(q \vee r)$	$(p \wedge q)$	$\vee$	$(p \wedge r)$
T	T	T	T	T	T	T	T
T	T	F	T	T	T	T	F
T	F	T	T	T	F	T	T
T	F	F	F	F	F	F	F
F	T	T	F	T	F	F	F
F	T	F	F	T	F	F	F
F	F	T	F	T	F	F	F
F	F	F	F	F	F	F	F
			(A)			(B)	

因为(A)和(B)是相同的，所以命题是等价的。

29.

p	q	$\sim$	$(p \Leftrightarrow q)$	$(p \wedge \sim q)$	$\vee$	$(q \wedge \sim p)$
T	T	F	T	F	F	F
T	F	T	F	T	T	F
F	T	T	F	F	T	T
F	F	F	T	F	F	F
		(A)			(B)	

因为列(A)和列(B)是相同的，所以命题是等价的。

31. 命题 $\forall x(\mathrm{P}(x) \wedge \mathrm{Q}(x))$ 为真当且仅当 $\forall x$ 有 $\mathrm{P}(x)$ 和 $\mathrm{Q}(x)$ 都为真，但这意味着 $\forall x\mathrm{P}(x)$ 为真和 $\forall x\mathrm{Q}(x)$ 为真。它成立当且仅当 $\forall x\mathrm{P}(x) \wedge \forall x\mathrm{Q}(x)$ 为真。

33.

p	q	$q \Rightarrow$	$(p \vee q)$
T	T	T	T
T	F	T	T
F	T	T	T
F	F	T	F
		↑	

35.

p	q	r	$((p \Rightarrow q)$	$\wedge$	$(q \Rightarrow r))$	$\Rightarrow$	$(p \Rightarrow r)$
T	T	T	T	T	T	T	T
T	T	F	T	F	F	T	F
T	F	T	F	F	T	T	T
T	F	F	F	F	T	T	F
F	T	T	T	T	T	T	T
F	T	F	T	F	F	T	T
F	F	T	T	T	T	T	T
F	F	F	T	T	T	T	T
			(1)	(3)	(2)	↑	(4)

37. 因为 $(p \wedge q) \equiv (q \wedge p)$，所以定理 4(a)和(b)所陈述的是同一件事情；即 p 或 q 都能看成第一个命题。

习题 2.3

1. 正确：$((d \Rightarrow t) \wedge \sim t) \Rightarrow \sim d$。
3. 不正确。
5. 正确：$((f \vee \sim w) \wedge w) \Rightarrow f$。
7. 正确：$[(ht \Rightarrow m) \wedge (m \Rightarrow hp)] \Rightarrow [\sim hp \Rightarrow \sim ht]$。
9. 不正确。
11. (a) $((p \vee q) \wedge \sim q) \Rightarrow p$ (b) $((p \Rightarrow q) \wedge \sim p) \Rightarrow \sim q$

13. (a) $(((p \Rightarrow q) \wedge (q \Rightarrow r)) \wedge ((\sim q) \wedge r)) \Rightarrow p$ (b) $(\sim (p \Rightarrow q) \wedge p) \Rightarrow \sim q$

15. 假设m和n是奇数，那么存在整数j和k使得$m=2j+1$和$n=2k+1$, $m+n=(2j+1)+(2k+1)=2j+2k+2=2(j+k+1)$。因为$j+k+1$是一个整数，所以$m+n$是偶数。

17. 假设m和n是奇数，那么存在整数j和k使得$m=2j+1$和$n=2k+1$，$m \cdot n=2j \cdot 2k+2j+2k+1=2(2jk+j+k)+1$。因为$2jk+j+k$是一个整数，所以$m \cdot n$是奇数，因此，系统关于乘法是封闭的。

19. 如果$A=B$，那么显然有$A \subseteq B$和$B \subseteq A$。如果$A \subseteq B$和$B \subseteq A$，那么$A \subseteq B \subseteq A$，因此$B$一定与$A$相等。

21. (a) 如果$A \subseteq B$，则$A \cup B \subseteq B$，但$B \subseteq A \cup B$。因此$A \cup B=B$。如果$A \cup B=B$，则由于$A \subseteq A \cup B$，有$A \subseteq B$。

(b) 如果$A \subseteq B$，则$A \subseteq A \cap B$，但$A \cap B \subseteq A$。因此$A \cap B=A$。如果$A \cap B=A$，则由于$A \cap B \subseteq B$，有$A \subseteq B$。

23. 对于$n=41$，有一个反例。$41^2+41\times41+41$是$41\times(41+41+1)$或41×83。

25. $n^3-n=n(n-1)(n+1)$，三个连续整数的积。三个数之一必是3的倍数，所以$3|n^3-n$。

27. 有效。用$(x-1)$相乘也许会改变不等式方向，也许不会。

29. 有效。

31. 设x和y是素数且都比2大，那么x和y是奇数且它们的和是偶数(第15题)。由于只有2是偶素数，所以$x+y$不是一个素数。

33. 假设$x+y$是有理数，则存在整数a和b使得$x+y=\frac{a}{b}$。因为x是有理数，所以可以写出$x=\frac{c}{d}$，其中c和d是整数。但是$y=x+y-x=\frac{a}{b}-\frac{c}{d}$，$y=\frac{ad-bc}{bd}$。$ad-bc$和$bd$都是整数，这是一个矛盾，因为$y$是一个无理数，它不能表示为两个整数的商。

习题 2.4

注意：只给出归纳法证明的概要，不是完整的证明。

1. 基础步骤：$n=1$, P(1): $2(1)=1(1+1)$为真。

归纳步骤：P(k)：$2+4+\cdots+2k=k(k+1)$。

P(k+1)：$2+4+\cdots+2(k+1)=(k+1)(k+2)$

P(k+1)的左边：$2+4+\cdots+2k+2(k+1)=k(k+1)+2(k+1)=(k+1)(k+2)$，即P($k$+1)的右边。

3. 基础步骤：$n=0$, P(0): $2^0=2^{0+1}-1$为真。

归纳步骤：P(k+1)的左边：$1+2^1+2^2+\cdots+2^k+2^{k+1}=(2^{k+1}-1)+2^{k+1}=2\times2^{k+1}-1=2^{k+2}-1$，即P($k$+1)的右边。

5. 基础步骤：$n=1$, P(1): $1^2=\frac{1(1+1)(2+1)}{6}$为真。

归纳步骤：P(k+1)的左边：

$$
\begin{aligned}
&1^2+2^2+\cdots+k^2+(k+1)^2 \\
&=\frac{k(k+1)(2k+1)}{6}+(k+1)^2 \\
&=(k+1)\left(\frac{k(2k+1)}{6}+(k+1)\right) \\
&=\frac{k+1}{6}(2k^2+k+6(k+1)) \\
&=\frac{k+1}{6}(2k^2+7k+6)=\frac{(k+1)(k+2)(2k+3)}{6}=\frac{(k+1)((k+1)+1)(2(k+1)+1)}{6}
\end{aligned}
$$

即 P(k+1)的右边。

7. 基础步骤：n=1， P(1): $a=\dfrac{a(1-r^1)}{1-r}$ 为真。

归纳步骤： P(k+1)的左边：$a+ar+\cdots+ar^{k-1}+ar^k=\dfrac{a(1-r^k)}{1-r}+ar^k=\dfrac{a-ar^k+ar^k-ar^{k+1}}{1-r}=\dfrac{a(1-r^{k+1})}{1-r}$，即 P($k$+1)的右边。

9. (a) P(k+1)的左边：$1+5+9+\cdots+(4(k+1)-3)=(2k+1)(k-1)+4(k+1)-3=2k^2+3k=(2k+3)(k)=(2(k+1)+1)((k+1)-1)$，即 P($k$+1)的右边。

(b) 否。P(1)：$1=(2\times1+1)(1-1)$为假。

11. 基础步骤：n=2, P(2): $2<2^2$ 为真。

归纳步骤：P(k+1)的左边：$k+1<2^k+1<2^k+2^k=2\times 2^k=2^{k+1}$，即 P($k$+1)的右边。

13. 基础步骤：n=5, P(5): $1+5^2<2^5$ 为真。

归纳步骤：P(k+1)的左边：

$1+(k+1)^2=k^2+1+2k+1<2^k+2k+1<2^k+k^2+1<2^k+2^k=2\cdot 2^k=2^{k+1}$，即 P($k$+1)的右边。

15. 基础步骤：n=0, A={ }和 $P(A)$={{ }}，所以$|P(A)|=2^0$ 和 P(0)为真。

归纳步骤：使用 P(k)：如果$|A|=k$，则$|P(A)|=2^k$，要证明 P(k+1)：如果$|A|=k+1$，则$|P(A)|=2^{k+1}$。设$|A|=k+1$，暂且假设去掉 A 的一个元素 x，那么$|A-\{x\}|=k$ 且 $A-\{x\}$有 2^k 个子集，这些子集也是 A 的子集。通过用 $A-\{x\}$的每个子集形成$\{x\}$的并可以形成 A 的另外 2^k 个子集。这些子集中没有一个是相重的。于是 A 有 2^k+2^k 即 2^{k+1} 个子集。

17. 基础步骤：n=1，P(1): $\overline{A_1}=\overline{A}_1$ 为真。

归纳步骤：P(k+1)的左边：$\overline{\bigcap_{i=1}^{k+1} A_i}=\overline{(\bigcap_{i=1}^{k} A_i)\cap A_{k+1}}=\overline{\bigcap_{i=1}^{k} A_i}\cup\overline{A_{k+1}}$ (德·摩根定律)$=(\bigcup_{i=1}^{k}\overline{A}_i)\cup\overline{A}_{k+1}=\bigcup_{i=1}^{k+1}\overline{A}_i$，即 P($k$+1)的右边。

19. 基础步骤：n=1, P(1): $A_1\cup B=A_1\cup B$ 为真。

归纳步骤：P(k+1)的左边：$(\bigcap_{i=1}^{k+1} A_i)\cup B$

$$=\left((\bigcap_{i=1}^{k} A_i)\cap A_{k+1}\right)\cup B=\left((\bigcap_{i=1}^{k} A_i)\cup B\right)\cap\left(A_{k+1}\cup B\right)\ \text{(分配性质)}$$

$$=\left(\bigcap_{i=1}^{k}\left(A_i\cup B\right)\right)\cap\left(A_{k+1}\cup B\right)=\bigcap_{i=1}^{k+1}\left(A_i\cup B\right)$$，即 P(k+1)的右边。

21. (a) $(k+1)^2+(k+1)=k^2+2k+1+k+1=k^2+k+2(k+1)$。用 P($k$)，$k^2+k$ 是奇数；显然 2(k+1)是偶数。因此它们的和是奇数。

(b) 否，P(1)为假。

23. 缺陷是在归纳步骤中的执行过程。你必须至少有三辆卡车，但在基础步骤只是对一辆卡车。

25. 基础步骤：n=1, P(1): $\boldsymbol{A}^2\cdot\boldsymbol{A}=\boldsymbol{A}^{2+1}$ 为真。

归纳步骤：P(k+1)的左边：$\boldsymbol{A}^2\cdot\boldsymbol{A}^{k+1}=\boldsymbol{A}^2(\boldsymbol{A}^k\cdot\boldsymbol{A})=(\boldsymbol{A}^2\cdot\boldsymbol{A}^k)\cdot\boldsymbol{A}=\boldsymbol{A}^{2+k}\cdot\boldsymbol{A}=\boldsymbol{A}^{2+k+1}$，即 P($k$+1)的。右边。

27. 基础步骤：n=5，P(5)：5 美元的餐馆账单恰好能用 5 美元的账单支付。

归纳步骤：用 P(j)：j 美元的餐馆账单恰好能用 2 美元和 5 美元的账单支付(j=5,6，…，k)。证明 P(k+1)。把 k+1 写成 $2m+r$，$0\leqslant r<2$。如果 r=0，那么账单能用 m 个 2 美元账单支付。如果 r=1，那么 $2m+r=2m+1=2(m-2)+5$。因为 $k+1\geqslant 7$，$m\geqslant 2$，$m-2\geqslant 0$，因此，k+1 美元的账单恰好能用(m−2)个 2 美元和 5 美元的账单支付。

29. 基础步骤：$n=1$，P(1)：如果 p 是素数且 $p|a^1$，那么 $p|a$ 为真。

归纳步骤：如果 $p|a^{k+1}$，那么 $p|a^k \cdot a$ 且 $p|a^k$ 或 $p|a$。如果 $p|a^k$，那么(用 P(k)) $p|a$。

31. (a) 5。

(b) 基础步骤：$n=5$，P(5)：$2^5>5^2$ 为真。

归纳步骤：P(k+1)的左边：$2^{k+1}=2\times2^k=2^k+2^k>k^2+k^2>k^2+3k>k^2+2k+1$（因为 $k\geqslant5$）$=(k+1)^2$，即 P(k+1)的右边。

33. 基础步骤：$n=1$，P(1): $x-y$ 整除 $x-y$ 为真。

归纳步骤：$x^{k+1}-y^{k+1}=x\cdot x^k-y\cdot y^k=x\cdot x^k-x\cdot y^k+x\cdot y^k-y\cdot y^k=x(x^k-y^k)+y^k(x-y)$，重写可以看出 $x-y$ 整除每一项，所以也整除其和。

35. 循环不变量检查：

基础步骤：$n=0$，P(0)：$X-Z_0+W_0=Y$ 为真，因为 $Z_0=X$，$W_0=Y$。

归纳步骤：P(k+1)左边：$X-Z_{k+1}+W_{k+1}=X-(Z_k-1)+(W_k-1)=X-Z_k+W_k=Y$，即 P($k$+1)右边。

退出系统件检查：$W=0$，$X-Z+W=Y$ 产生 $X-Z=Y$ 或 $Z=X-Y$。

37. 循环不变量检查：

基础步骤：$n=0$，P(0)：$Z_0+(X\times W_0)=X\times Y$ 为真，因为 $Z_0=0$ 和 $W_0=Y$。

归纳步骤：P(k+1)的左边：$Z_{k+1}+(X\times W_{k+1})=Z_k+X+(X\times(W_k-1))= Z_k+(X\times W_k)=X\times Y$，即 P($k$+1)的右边。

退出条件检查：$W=0$，$Z+(X\times W)=X\times Y$ 产生 $Z=X\times Y$。

循环不变量检查：

基础步骤：$n=0$，P(0)：$Z_0+(X\times Y\times W_0)=X+Y^2$ 为真，因为 $Z_0=X\times Y$ 和 $W_0=Y-1$。

归纳步骤：P(k+1)的左边：$Z_{k+1}+(X\times Y\times W_{k+1})=Z_k+X\times Y+(X\times Y+(X\times Y\times(W_k-1))=Z_k+X\times Y\times W_k=X+Y^2$，即 P($k$+1)的右边。

退出条件检查：$W=0$，$Z+X\times Y\times W=X+Y^2$ 产生 $Z=X+Y^2$。

39. 循环不变量检查：

基础步骤：$n=0$，P(0)：$Z_0+(X\times W_0)=Y+X^2$ 为真，因为 $Z_0=Y$ 和 $W_0=X$。

归纳步骤：P(k+1)的左边：$Z_{k+1}+(X\times W_{k+1})=(Z_k+X)+(X\times(W_k-1))= Z_k+(X\times W_k)=Y+X^2$，即 P($k$+1)的右边。

退出条件检查：$W=0$，$Z+(X\times W)=Y+X^2$ 产生 $Z=Y+X^2$。

循环不变量检查：

基础步骤：$n=0$，P(0)：$Z_0+(Y\times W_0)=X^2+Y^2$ 为真，因为 $Z_0=Y+X^2$ 和 $W_0=Y-1$。

归纳步骤：P(k+1)的左边：$Z_{k+1}+(Y\times W_{k+1})=Z_k+Y+Y\times(W_k-1)= Z_k+Y\times W_k=X^2+Y^2$，即 P($k$+1)的右边。

退出条件检查：$W=0$，$Z+Y\times W=X^2+Y^2$ 产生 $Z=X^2+Y^2$。

习题 2.5

1. 设 $2k$ 为任意偶数，$(2k)^3=8k^3=2(4k^3)$，显然它为偶数。

3. (a) 设 n，$n+1$ 和 $n+2$ 为任意三个连续整数。$n+(n+1)+(n+2)=3n+3=3(n+1)$，显然能被 3 整除。

(b) 设 n，$n+1$，$n+2$ 和 $n+3$ 为任意四个连续整数。$n+(n+1)+(n+2)+(n+3)=4n+6$，显然不能被 4 整除。

5. 一个非零有理数与一个无理数的商为无理数。

证明：设 $r=\dfrac{a}{b}, a\neq0$ 是一个有理数且 j 为无理数。假设 $\dfrac{r}{j}$ 为有理数。那么 $\exists c,d\in Z$ 使得 $\dfrac{r}{j}=\dfrac{c}{d}=\dfrac{a}{b}/j$。但

是 $\frac{ad}{bc}=j$，这显然矛盾。

7. $\overline{A\cap B\cap C}=\overline{A}\cup\overline{B}\cup\overline{C}$

证明：

$$\begin{aligned}&\overline{A\cap B\cap C}\\&=\overline{A\cap(B\cap C)}\quad(\text{由}\cup\text{的结合律})\\&=\overline{A}\cup\overline{(B\cap C)}\quad(\text{由德•摩根律})\\&=\overline{A}\cup(\overline{B}\cup\overline{C})\quad(\text{由德•摩根律})\\&=\overline{A}\cup\overline{B}\cup\overline{C}\quad(\text{由}\cup\text{的结合律})\end{aligned}$$

9. 设 A_1 A_2，…,A_m 是 m 个大小相同的布尔矩阵，则

$$\begin{aligned}&A_1\wedge(A_2\vee\cdots\vee A_m)\\&=(A_1\wedge A_2)\vee(A_1\wedge A_2)\vee\cdots\vee(A_1\wedge A_m)\end{aligned}$$

证明：（归纳法）

基础步骤：n=3，它是 1.5 节定理 5 的 3(a)。

归纳步骤：P(k+1)的 LHS：

$$\begin{aligned}&A_1\wedge(A_2\vee\cdots\vee A_{k+1})\\&=A_1\wedge((A_2\vee\cdots\vee A_k)\vee A_{k+1})\\&=(A_1\wedge A_2)\vee(A_1\wedge A_2)\vee\cdots\vee(A_1\wedge A_{k+1})\end{aligned}$$

即 P(k+1)的 RHS。

11. (a) $\sim(p\wedge q\wedge r)\equiv\sim p\vee\sim q\vee\sim r$

证明：$\sim(p\wedge q\wedge r)\equiv\sim(p\wedge(q\wedge r))$，因为 $\wedge$ 具有结合律，所以：

$\sim(p\wedge q\wedge r)\equiv\sim p\vee\sim q\vee\sim r$

（b）$\sim(p_1\wedge p_2\cdots\wedge p_n)\equiv\sim p_1\vee\sim p_2\vee\cdots\vee\sim p_n$

基础步骤：n=2，由 2.2 节定理 1 的 11 可得：$\sim(p_1\wedge p_2)\equiv\sim p_1\vee\sim p_2$

归纳步骤：P(k+1)的 LHS：

$$\sim(p_1\wedge p_2\cdots\wedge p_{k+1})\equiv\sim p_1\vee\sim p_2\vee\cdots\vee\sim p_{k+1}$$

即 P(k+1)的 RHS。

13. 设 $\boldsymbol{A}=[a_{ij}]$和 $\boldsymbol{B}=[b_{ij}]$是两个 $r\times r$ 对角矩阵，因此，如果 $i\neq j$，则 $a_{ij}=0$ 和 $b_{ij}=0$。在 $\boldsymbol{AB}$ 里的第 ij 位置上的值是 $a_{i1}b_{1j}+a_{i2}b_{2j}+\cdots+a_{ir}b_{rj}$，但该和是 $a_{ij}b_{ij}$。类似地，在 $\boldsymbol{BA}$ 里的第 ij 位置上的值是 $b_{ij}a_{ij}$，因此，$\boldsymbol{AB}=\boldsymbol{BA}$。

15. 递归 $d_n=d_{n-1}+6$，$d_1=3$；显式 $d_n=3(2n-1)$

17. 基础步骤：n=1,3=3（2(1)−1）=3 为真。

归纳步骤：P(k+1)的 LHS:

3+9+⋯+3(2(k+1)−1=3(k+1), 即 P(k+1)的 RHS。

19. 1,3, ⋯, 123。

21. 和是 1,4,8,15,26,44,73,120, 一个合理的猜想是：$g_1+g_2+\cdots+g_n=g_{n+2}-3$。

23. 证明：基础步骤：$n=1, g_2=3=g_3-1=g_{2(1)+1}-1$。

归纳步骤：P(k+1)的 LHS：

$g_2+g_4+\cdots+g_{2k}+g_{2(k+1)}$

$=g_{2k+1}-1+g_{2(k+1)}=g_{2k+1}+g_{2k+2}-1$

$=g_{2k+3}-1=g_{2(k+1)+1}-1$，即 P($k$+1)的 RHS。

25. 证明：基础步骤：$n=1, g_1=1=g_2-2=g_{2(1)}-2$。

归纳步骤：P(k+1)的 LHS：

$g_1+g_3+\cdots+g_{2k-1}+g_{2(k+1)-1}$

$=g_{2k}-2+g_{2(k+1)-1}=g_{2k}+g_{2k+1}-2$

$=g_{2k+2}-2=g_{2(k+1)}-2$，即 P(k+1)的 RHS。

27. 进一步实验启发猜想：k 个连续整数之和能被 k 整除当且仅当 k 是奇数。

习题 2.6

1. A_2, A_6, A_4

3. $$\begin{bmatrix} 1 & 1 & 0 & 0 & 1 & 0 & 0 & 0 & 0 & 0 \\ 0 & 0 & 1 & 0 & 1 & 0 & 0 & 1 & 1 & 0 \\ 1 & 0 & 0 & 0 & 0 & 0 & 0 & 1 & 0 & 1 \\ 0 & 0 & 0 & 1 & 0 & 0 & 1 & 0 & 0 & 1 \\ 0 & 0 & 1 & 0 & 0 & 0 & 1 & 0 & 0 & 0 \\ 1 & 1 & 0 & 0 & 0 & 1 & 0 & 0 & 0 & 0 \end{bmatrix}$$

5. 选择 A_4，$\begin{bmatrix} 1 & 1 & 0 & 1 & 0 & 0 & 0 \\ 0 & 0 & 1 & 1 & 0 & 1 & 1 \\ 1 & 1 & 0 & 0 & 1 & 0 & 0 \end{bmatrix}\begin{matrix} A_1 \\ A_2 \\ A_6 \end{matrix}$

选择 A_2，$[111]A_6$。一个覆盖是：A_2, A_6, A_4。

7. $\left[1000000000000001000000000100\right]$

9. $[00000001000100000001000000000]$

11. 一种可能的解是：

1	2	3	4
2	3	4	1
3	4	1	2
4	1	2	3

13. （a）1. 81 个格子里每一个必须有一个数字。

2. 从 1 到 9 的每一个数字必须出现在 9 列中的每一列里。

3. 从 1 到 9 的每一个数字必须出现在 9 行中的每一行里。

4. 从 1 到 9 的每一个数字必须出现在 9 个 3×3 的块中的每一块里。

（b）81；9×9；9×9；9×9，共 324 列。

（c）1. (1,1)，(1,2)，(1,3)，…，(1,9)，(2,1)，…，(9,9)。

2. 在第 1 列里有一个 1，在第 2 列里有一个 1，…，在第 9 列里有一个 1，在第 1 列里有一个 2，…，在第 9 列里有一个 9。

3. 在第 1 行里有一个 1，在第 2 行里有一个 1，…，在第 9 行里有一个 1，在第 1 行里有一个 2，…，在第 9 行里有一个 9。

4. 在第 1 块里有一个 1，在第 2 块里有一个 1，…，在第 9 块里有一个 1，在第 1 块里有一个 2，…，在第 9 块里有一个 9。

15. (a) (5,7)；4 在第 7 列；4 在第 5 行；4 在第 6 块（利用第 13 题（c）4）。

(b)（4, 4）；**6 在第 4 列；6 在第 4 行；6 在第 5 块。**

17. (a) 把 F,I,L,N,P,T,U,V,W,X,Y,Z 放在 5 个指定的方格里组成一个移动，方格可以用位置（1,1),(1,2),…,(5,6)表示。

(b) **一种解是：F,I,L,N,P,T,U,V,W,X,Y,Z, (1, 1), (1, 2), …, (1, 6), (2, 1), …, (5, 6), 共 42 列。**

19. 2×4

21. （a）6 （b）4

23. 把 U,D,R,L 放在 2 个指定的方格里组成一个移动，方格可以用位置（1,1),(1,2), (2,1)，…,(4,2) 表示。

25.

	U	D	R	L	(1,1)	(1,2)	(1,3)	(1,4)	(2,1)	(2,2)	(2,3)	(2,4)
1	1	0	0	0	1	0	0	0	1	0	0	0
2	1	0	0	0	0	1	0	0	0	1	0	0
3	1	0	0	0	0	0	1	0	0	0	1	0
4	1	0	0	0	0	0	0	1	0	0	0	1
5	0	1	0	0	1	0	0	0	1	0	0	0
6	0	1	0	0	0	1	0	0	0	1	0	0
7	0	1	0	0	0	0	1	0	0	0	1	0
8	0	1	0	0	0	0	0	1	0	0	0	1
9	0	0	1	0	0	0	0	0	0	0	1	1
10	0	0	0	1	1	1	0	0	0	0	0	0

27. 使用 25 题的矩阵，并且在算法 Algorithm X 中选择第 9 行。

$$\begin{array}{r}1\\2\\5\\6\\10\end{array}\begin{bmatrix}1&0&0&1&0&0&0&1&0\\1&0&0&0&1&0&0&0&1\\0&1&0&1&0&0&0&1&0\\0&1&0&0&1&0&0&0&1\\0&0&1&1&1&0&0&0&0\end{bmatrix}$$

两个 0 列表明用第 9 行无解，但第 9 行表示一个初始位置，因此，用该初始位置无解。

第 3 章习题答案

习题 3.1

1. 67 600
3. 16
5. 1 296
7. (a) 0 (b) 1
9. (a) $n!$ (b) $\dfrac{n!}{2}$ (c) $\dfrac{(n+1)!}{2}$
11. 120
13. 4!或 24
15. 30
17. (a) 479 001 600 (b) 1 036 800
19. 240
21. 360
23. 39 916 800
25. $(n-1)!$
27. 67 200

29. $n\times_{n-1}P_{n-1}=n\cdot(n-1)(n-2)\cdots 2\cdot 1=n!={}_nP_n$

31. 190

33. 2；6；12。

35. (a) 14　(b) 11

37. (a) 16　(b) 12

习题 3.2

1. (a) 1　(b) 35　(c) 4 368

3. ${}_nC_r=\dfrac{n!}{r!(n-r)!}=\dfrac{n!}{(n-(n-r))!(n-r)!}={}_nC_{n-r}$

5. 20 358 520

7. (a) 1　(b) 360

9. (a) 0 个元素的有 1 个，1 个元素的有 4 个，2 个元素的有 6 个，3 个元素的有 4 个，4 个元素的有 1 个。

(b) 对于每个 r，$0\leqslant r\leqslant n$，存在 ${}_nC_r$ 个大小为 r 的子集。

11. (a) 980　(b) 1 176

13. 2 702

15. 因为从年龄最小的到年龄最大的三个人排列只有一种方法，问题是对从 7 个人中选出三个人的方法计数。

17. 177 100

19. ${}_nC_{r-1}+{}_nC_r=\dfrac{n!}{(r-1)!(n-(r-1))!}+\dfrac{n!}{r!(n-r)!}=\dfrac{n!r+n!(n-r+1)}{r!(n-r+1)!}$

$=\dfrac{n!(n+1)}{r!(n+1-r)!}=\dfrac{(n+1)!}{r!(n+1-r)!}={}_{n+1}C_r$

21. (a) 32　(b) 5　(c) 10

23. (a) 2^n　(b) ${}_nC_3$　(c) ${}_nC_k$

25. 525

27. (a) 1　5　10　10　5　1

1　6　15　20　15　6　1

1　7　21　35　35　21　7　1

(b) 行的开始为 1，然后从左到右书写，每一个数是前一行两个连续数之和，行的最后一个数是 1。

29. 第 19 题给出了另一种表达题 27(b)和第 28 题结果的方法。

31. (a) 2　(b) 4　(c) 8

33. 15

习题 3.3

1. 设出生月份扮演鸽子，日历的每个月扮演鸽巢，那么存在 13 只鸽子和 12 个鸽巢，由鸽巢原理可知，至少有两只鸽子出生在同一个月。

3. 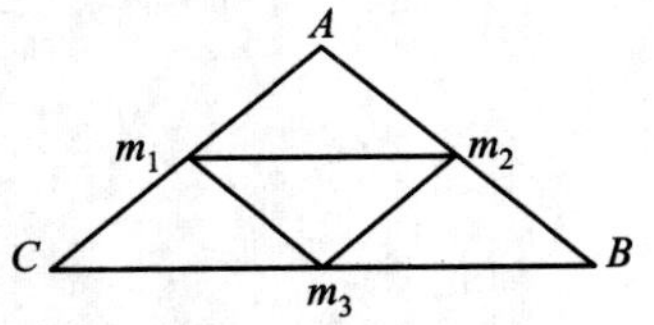

m_1，m_2，m_3 分别是边 AC，AB 和 BC 的中点。设 4 个小三角形扮演鸽巢，对于三角形 ABC 上面或里面任意 5 个点，至少有两个点一定是在同一个小三角形上面或里面，因此，它们相距不超过 $\frac{1}{2}$ 个单位。

5. 由扩展的鸽巢原理可知，至少有 $\lfloor (50-1)/7 \rfloor + 1$，即 8 辆有相同的颜色。

7. 设 2 161 分是鸽子，6 位朋友是鸽巢，那么至少有一位朋友有 $\lfloor (2\,161-1)/6 \rfloor + 1$ 即 361 分。

9. 如果允许重复，那么存在 ${}_{16}C_5$ 即 4 368 种选择，至少有 $\lfloor 4\,367/175 \rfloor + 1$ 即 25 种有相同花费的选择。

11. 至少有 49 个朋友。

13. 首先考虑 8 行，存在某行一定至少有 7 个 1，因为矩阵总共有 51 个 1。类似地，存在一列至少有 7 个 1。因此，存在一行和一列使得它们的元素值之和至少是 14。

15. 1 到 25 之间的所有奇数 1，3，5，…，25 标记为鸽巢，把选出的 14 个数分配给用它的奇数部分做标记的鸽巢。由于只存在 13 个鸽巢，所以一定有两个数有相同的奇数部分，其中一个是另一个的倍数。

17. 用第 16 题类似的论证，子集一定至少含有 $\left\lfloor \frac{n-1}{2} \right\rfloor + 1$ 个元素。

19. 否。12 张盘中至少有一对其和是 21。

21. 考虑 6 个和：c_1，c_1+c_2，$c_1+c_2+c_3$，…，$c_1+c_2+c_3+c_4+c_5+c_6$，如果这些和被 6 除时有一个其余数是 0，那么证明完成。如果没有一个被 6 除时其余数为 0，那么一定有两个数有相同的余数。这两个的正差是其和能被 6 整除的一个子序列。

23. 考虑有三个或更多个 1，两个 1，一个 1 和没有 1 的情况。如果至少存在三个 1，那么证毕。如果有两个 1，没有 2，那么和至少是 $1+1+4\times 3$，但这是不可能的。所以如果存在两个 1，那么至少有一个 2，于是完成论证。如果存在一个 1，没有 2，那么和至少是 $1+5\times 3$，但这是不可能的。如果没有任何 1 和 3，那么和是 6×2 或至少是 $5\times 2+5$。这两者都是不可能成立的。

25. 至少需要 40 个连接，如果一台打印机与 PC 机有 7 个或更少的连接，那么可能存在 5 台 PC 机的集合请求打印机通道，但只有 4 台打印机可用。

习题 3.4

1. {HHH，HHT，HTH，THH，HTT，THT，TTH，TTT}。

3. {sb, sr, sg, cb, cr, cg}

5. (a) { },{1},{2},{3},{2,3},{1,2},{1,3},{1,2,3}。

(b) 2^n

7. (a) 牌是红色的 A。

(b) 牌是黑的或方块或 A。

9. (a) {(5,1),(5,2),(5,3),(5,4),(5,5),(5,6),(1,5),(2,5),(3,5),(4,5),(6,5)}。

(b) { }

11. (a) 不是，3 满足所有要求。

(b) 不是，2 满足所有要求。

(c) 是，$E \cup F=\{3,4,5,1,2,3\}$。

(d) 不是，$E \cap F=\{3\}$。

13. (a) 不是 (b) 不是 (c) 不是 (d) 是

15. (a) {*dls, dln, dms, dmn, dus, dun, als, aln*}

(b) {*als, aln*}

(c) {*dls, dln, als*}

17. $\overline{E} \cup F=\{2,6,3\}, \overline{F} \cap G=\{4\}$。

19. {梅花}，{黑桃}，{方块}，{红桃}。

21. (a) $\frac{10}{18}$ (b) $\frac{11}{18}$ (c) $\frac{12}{18}$ (d) $\frac{9}{18}$

23. (a) 0.7 (b) 0 (c) 0.7 (d) 1

25. $p(A)=\frac{6}{11}$，$p(B)=\frac{3}{11}$，$p(C)=\frac{1}{11}$，$p(D)=\frac{1}{11}$。

27. $\frac{10}{32}$

29. (a) $\frac{1}{6}$ (b) 1

31. (a) $\frac{11}{36}$ (b) $\frac{27}{36}$ (c) $\frac{6}{36}$ (d) $\frac{21}{36}$

33. (a) $\frac{35}{220}$ (b) $\frac{80}{220}$ (c) $\frac{210}{220}$ (d) $\frac{210}{220}$

35. (a) $\frac{2}{24}$ (b) $\frac{20}{24}$

37. $\frac{n+1}{2}$

39. $-\frac{11}{9}$ 美元

41. (a) $\frac{8}{52}\cdot\frac{7}{51}$ (b) $\frac{8}{52}\cdot\frac{8}{52}$

习题 3.5

1. 4，10，25，62.5。是，度为 1。

3. 3，12，24，48。不是。

5. 1，8，43，216。不是。

7. $s_1 = 2, s_2 = 3, s_n = s_{n-1} + 1$。

9. $A_1 = 100\left(1+\frac{0.06}{12}\right), A_n = \left(1+\frac{0.06}{12}\right)(A_{n-1}+100)$。

11. $c_n = c_{n-2} + c_{n-3}, c_1 = 0, c_2 = 1, c_3 = 1$。

13. $b_n = 3\cdot 5^{n-1} + \frac{3}{4}(5^{n-1}-1)$。

15. $d_n = 5(-1.1)^{n-1}$。

17. $g_n = n!\cdot 5$。

19. $b_n=(-2)^n$。

21. $d_n=-\dfrac{3}{4}\cdot 2^n+\dfrac{5}{4}\cdot n\cdot 2^n$。

23. $g_n=\dfrac{-1-2i}{2}(1+i)^n+\dfrac{-1+2i}{2}(1-i)^n$。

27. (a) $a_n=2a_{n-1}+1, a_1=0$。(b) $a_n=2^{n-1}-1$。

29. $c_1=2, c_2=3, c_n=u\left(\dfrac{1+\sqrt{5}}{2}\right)^n+v\left(\dfrac{1-\sqrt{5}}{2}\right)^n, u=\dfrac{5+3\sqrt{5}}{10}, v=\dfrac{5-3\sqrt{5}}{10}$。

31. 对 $n\geqslant 2$，由 f_k 的定义，$f_{n+1}^2-f_n^2=(f_{n+1}-f_n)(f_{n+1}+f_n)=f_{n-1}f_{n+2}$。

33. $A_1=100.5$。

$A_n=(1.005)^{n-1}(100.5)+20\,100\,[(1.005)^{n-1}-1]$。

35. $a_n=-2(-2)^n+\left(\dfrac{5}{2}-\sqrt{2}\right)\left(\sqrt{2}\right)^n+\left(\dfrac{5}{2}+\sqrt{2}\right)\left(-\sqrt{2}\right)^n$

37. 基础步骤：$n=0$，P(0)：$5|a$，显然成立。

归纳步骤：用 P(k)：$5|a_{3k+1}$ 去证明 P(k+1)：$5|\ a_{3(k+1)+1}$。考虑 $a_{3(k+1)+1}=2a_{3(k+1)}+a_{3k+2}=2(2a_{3k+2}+a_{3k+1})+a_{3k+2}=5a_{3k+2}+2a_{3k+1}$。显然 $5|5a_{3k+2}$，P(k)保证 $5|a_{3k+1}$。

39. $C_n=C_1C_{n-1}+C_2C_{n-2}+\cdots+C_{n-1}C_1$，$C_1=1$。

第 4 章习题答案

习题 4.1

1. (a) x 是 4。 (b) y 是 3。

3. (a) x 是 4；y 是 6。

(b) x 是 4；y 是 2。

5. (a) $\{(a,4),(a,5),(a,6),(b,4),(b,5),(b,6)\}$

(b) $\{(4,a),(5,a),(6,a),(4,b),(5,b),(6,b)\}$

7. (a) {(Fine，总统)，(Fine，副总统)，(Fine，国务卿)，(Fine，财政部长)，(Yang，总统)，(Yang，副总统)，(Yang，国务卿)，(Yang，财政部长)}

(b) {(总统，Fine)，(副总统，Fine)，(国务卿，Fine)，(财政部长，Fine)，(总统，Yang)，(副总统，Yang)，(国务卿，Yang)，(财政部长，Yang)}

(c) {(Fine，Fine)，(Fine，Yang)，(Yang，Fine)，(Yang，Yang)}

9. gs, ds, gc, dc, gv, dv。

11. (概要)基础步骤：$n=1$，P(1)：如果$|A|=3$，$|B|=1$，那么$|A\times B|=3$，$A\times B=\{(a_1,*),(a_2,*),(a_3,*)\}$。显然，$|A\times B|=3$。

归纳步骤：假设$|B|=k>1$，设 $x\in B$，$C=B-\{x\}$，则$|C|=k-1\geqslant 1$。利用 P(k)推得$|A\times C|=3(k-1)$，$|A\times\{x\}|=3$。因为$(A\times C)\cap(A\times\{x\})=\{\ \}$，$(A\times C)\cup(A\times\{x\})=A\times B$，所以$|A\times B|=3(k-1)+3$，即 $3k$。

13.

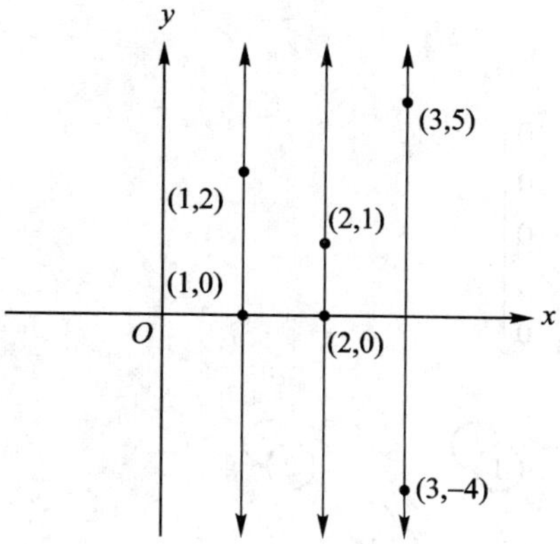

15.

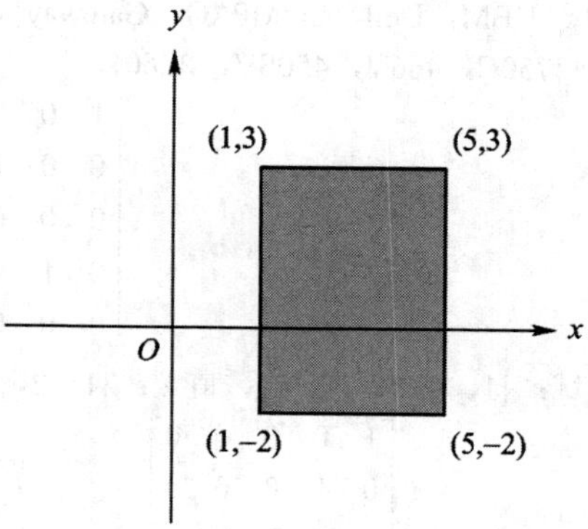

17. 设$(x,y) \in A \times B$，则 $x \in A$ 且 $y \in B$。因为 $A \subseteq C$ 且 $B \subseteq D$，所以 $x \in C$ 且 $y \in D$，因此，$(x,y) \in C \times D$。

19. 一种可能的答案是投影(选择雇员[部门=人事部])[姓]。

21. 一种可能的答案是投影(选择雇员[部门=研究部])[公司的年份]。

23. (a) 是划分。 (b) 不是划分。

25. T 的一个全覆盖是由 T 的子集组成的一个整体，并且这些子集选自于 T 中指定的子集，T 的一个划分可以使用 T 的任意子集，这两种情况都要满足子集的并等于 T。

27. 答案随问题变化。

29. 否。$|A|=26$。

31. {{1}，{2}，{3}}，{{1}，{2，3}}，{{2}，{1，3}}，{{3}，{1，2}}，{{1，2，3}}。

33. 3。就是第 31 题答案中列出的含有两个元素的三个划分。

35. 6

37. 设$(x,y) \in A \times (B \cup C)$，于是，$x \in A$，$y \in B \cup C$。因此，$(x,y) \in A \times B$ 或$(x,y) \in A \times C$。故$A \times (B \cup C) \subseteq (A \times B) \cup (A \times C)$。设$(x,y) \in (A \times B) \cup (A \times C)$，则 $x \in A$，$y \in B$ 或者 $y \in C$。因此，$y \in B \cup C$，$(x,y) \in A \times (B \cup C)$，故$(A \times B) \cup (A \times C) \subseteq A \times (B \cup C)$。

39. 设$\{B_1,B_2,\cdots,B_m\}$是 B 的一个划分，构造集合：$\{B_1 \cap A, B_2 \cap A, \cdots, B_m \cap A\}$，删除该集合中交集为空集的集合，其结果就是 A 的一个划分。如果 $a \in A$，那么 $a \in B$。我们知道 B 中的一个元素 a 一定属于唯一某个 B_i，因此，也就属于 $A \cap B_i$。

41. (a)

	划分的子集合数					
元素个数	1	2	3	4	5	6
1	1					
2	1	1				
3	1	3	1			
4	1	7	6	1		
5	1	15	25	10	1	
6	1	31	90	65	10	1

(b) 在 $S(n,2)$中列的每一个值能用公式 $2^{n-1}-1$ 计算。

习题 4.2

1. (a) 不属于 (b) 不属于 (c) 属于 (d) 属于 (e) 属于 (f) 属于

3. (a) 不属于 (b) 不属于 (c) 属于 (d) 属于 (e) 不属于 (f) 仅当 n=1 时属于

5. 定义域: {IBM，Dell，COMPAQ，Gateway}，
值域: {750C，466V，450SV，PS60}。

$$\begin{bmatrix} 1 & 0 & 0 & 0 & 0 & 0 & 0 \\ 0 & 0 & 1 & 0 & 0 & 0 & 0 \\ 0 & 0 & 0 & 0 & 0 & 1 & 0 \\ 0 & 1 & 0 & 0 & 0 & 0 & 0 \\ 0 & 0 & 0 & 0 & 0 & 0 & 0 \end{bmatrix}$$

7. 定义域：{1，2，3，4，8}，值域：{1，2，3，4，8}。

$$\begin{bmatrix} 1 & 0 & 0 & 0 & 0 \\ 0 & 1 & 0 & 0 & 0 \\ 0 & 0 & 1 & 0 & 0 \\ 0 & 0 & 0 & 1 & 0 \\ 0 & 0 & 0 & 0 & 1 \end{bmatrix}$$

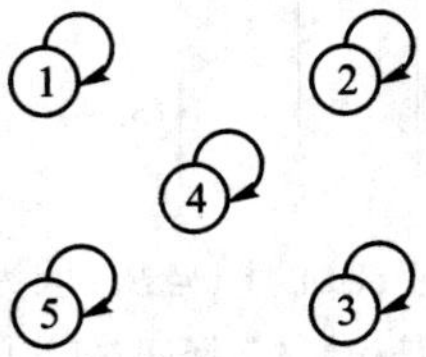

9. 定义域：{1，2，3，4，6}，值域：{1，2，3，4，6}。

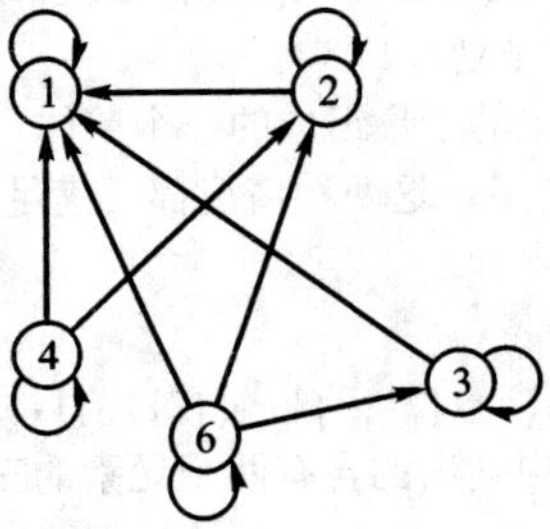

$$\begin{bmatrix} 1 & 0 & 0 & 0 & 0 \\ 1 & 1 & 0 & 0 & 0 \\ 1 & 0 & 1 & 0 & 0 \\ 1 & 1 & 0 & 1 & 0 \\ 1 & 1 & 1 & 0 & 1 \end{bmatrix}$$

11. 定义域：{3，5，7，9}，值域：{2，4，6，8}。

$$\begin{bmatrix} 0 & 0 & 0 & 0 \\ 1 & 0 & 0 & 0 \\ 1 & 1 & 0 & 0 \\ 1 & 1 & 1 & 0 \\ 1 & 1 & 1 & 1 \end{bmatrix}$$

13. (a) 不属于 (b) 不属于 (c) 属于 (d) 属于 (e) 不属于 (f) 不属于

15. Dom(R)=[−5,5]，Ran(R)=[−5,5]。

17. (a) {1,3} (b) {1，2，3，6} (c){1，2，4，3，6}

19. (a) {3} (b) {2,4} (c) {3,2,4} (d) {2，4}

21. $a\ R\ b$ 当且仅当 $0 \leqslant a \leqslant 3$ 且 $0 \leqslant b \leqslant 2$。

23. R={(1，1)，(1，2)，(1，4)，(2，2)，(2，3)，(3，3),(3，4)，(4，1)}

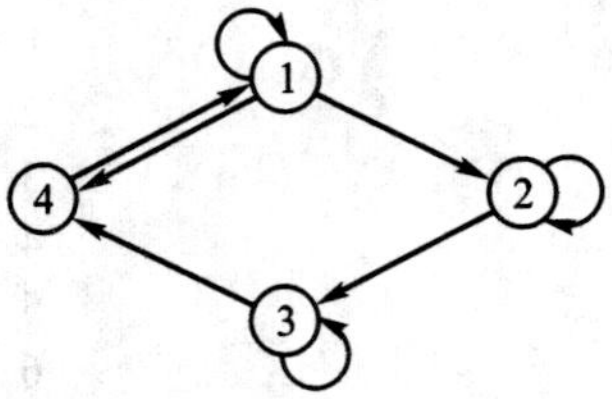

25. R={(1，2)，(2，2)，(2，3)，(3，4)，(4，4)，(5，1)，(5，4)}

$$\begin{bmatrix} 1 & 0 & 0 & 0 & 0 \\ 0 & 1 & 1 & 0 & 0 \\ 0 & 0 & 0 & 1 & 0 \\ 0 & 0 & 0 & 1 & 0 \\ 1 & 0 & 0 & 1 & 0 \end{bmatrix}$$

27.

顶点	1	2	3	4	5
入度	1	2	1	3	0
出度	1	2	1	1	2

29. 一个顶点的入度是该顶点标号列中 1 的个数，一个顶点的出度是该顶点标号行中 1 的个数。

31. {(2，3)，(3，6)}

33. 删除由 $A–B$ 中元素标号的任何顶点，然后删除不指向一个顶点的任何边。

35. (a) $R(a_k)$的元素是 A 的一些元素，这些元素能从 a_k 开始用一步到达。

(b) $R(\{a_1,a_j,a_n\})$的元素是 A 的一些元素，这些元素能从 a_1,a_j 或 a_n 一步到达。

37. 2^{mn}

习题 4.3

1. 1，2　1，6　2，3　3，3　3，4　4，3　4，5　4，1　6，4

3. (a) 3，3，3，3　3，3，4，3　3，3，4，5　3，4，1，6　3，4，1，2　3，4，3，3　3，4，3，4　3，3，4，1　3，3，3，4

(b) 在分题(a)中附加 1，2，3，3　1，2，3，4　1，6，4，1
1，6，4，5　2，3，3，3　2，3，3，4　2，3，4，3
2，3，4，5　4，1，2，3　4，1，6，4　6，4，3，3
6，4，3，4　6，4，1，2　6，4，1，6　1，6，4，3
2，3，4，1　4，3，3，3　4，3，4，3　4，3，4，1
4，3，4，5　4，3，3，4

5. 一种是 6，4，1，6。

7. $\begin{bmatrix} 0 & 0 & 1 & 1 & 0 & 0 \\ 0 & 0 & 1 & 1 & 0 & 0 \\ 1 & 0 & 1 & 1 & 1 & 0 \\ 0 & 1 & 1 & 1 & 0 & 1 \\ 0 & 0 & 0 & 0 & 0 & 0 \\ 1 & 0 & 1 & 0 & 1 & 0 \end{bmatrix}$

9. *a,c　a,b　b,b　b,f　c,d　c,e　d,c　d,b　e,f　f,d*

11. (a) *a,c,d,c　a,c,d,b　a,c,e,f　a,b,b,b　a,b,b,f　a,b,f,d*

(b) 在分题(a)中附加 *b,b,b,b　b,b,b,f　b,b,f,d　b,f,d,b　b,f,d,c　c,d,c,d　c,d,c,e　c,d,b,b　c,d,b,f　c,e,f,d　d,c,d,c　d,c,e,f　d,b,b,b　d,b,b,f　d,b,f,d　d,c,e,f　e,f,d,b　e,f,d,c　f,d,c,d　f,d,c,e　f,d,b,b　f,d,b,f*

13. 一种是 *d,b,f,d*。

15.

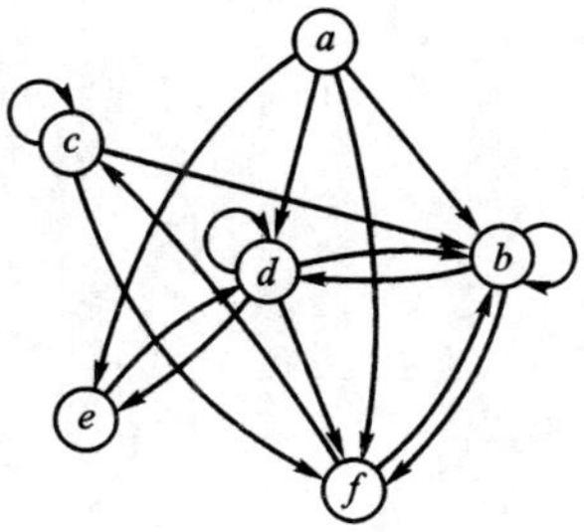

17. (a) $\begin{bmatrix} 0 & 1 & 1 & 1 & 1 & 1 \\ 0 & 1 & 1 & 1 & 1 & 1 \\ 0 & 1 & 1 & 1 & 1 & 1 \\ 0 & 1 & 1 & 1 & 1 & 1 \\ 0 & 1 & 1 & 1 & 1 & 1 \\ 0 & 1 & 1 & 1 & 1 & 1 \end{bmatrix}$

(b) $\{(a,c),(a,d),(a,b),(a,e),(a,f),(b,b),(b,c),(b,d),(b,e),(b,f),(c,b),(c,c),(c,d),(c,e),(c,f),(d,b),(d,c),(d,d),(d,e),(d,f),(e,b),(e,c),(e,d),(e,e),(e,f),(f,b),(f,c),(f,d),(f,e),(f,f)\}$

19. $x_i \quad R^* \quad x_j$当且仅当$x_i=x_j$或对某个n, $x_i \quad R^n \quad x_j$。$\boldsymbol{M}_{R^*}$的第(i,j)位置元素为1当且仅当$i=j$或对某个n，$\boldsymbol{M}_{R^n}$的第(i,j)位置元素为1。因为$R^\infty=\bigcup_{k=1}^{\infty}R^k$，所以$M_{R^*}$的第$(i,j)$位置元素为1当且仅当$i=j$或$\boldsymbol{M}_{R^\infty}$的第$(i,j)$位置元素为1。因此，$\boldsymbol{M}_{R^*}=\boldsymbol{I}_n \vee \boldsymbol{M}_{R^\infty}$ 。

21. 1,7,5,6,7,4,3

23. 2,3,5,6,7,5,6,4

25. 7,4,3,5,6,7 是一种可能的答案。

27. $\boldsymbol{M}_R \cdot \boldsymbol{M}_R$中第$(i, j)$位置元素是从$i$到$j$长度为2的道路数, 因为它也是满足$a_{ik}=b_{kj}=1$的$k$的个数。

29. 直接;布尔乘法。

31. 假设每个顶点至少有出度1，选择一个顶点，比如v_i，构造一条道路$R \quad v_i,v_{i+1},v_{i+2},\cdots$。这是有可能的，因为每个顶点有一条离开它的边。但只存在有限个顶点，所以对某个k和j，有$V_j=V_k$，于是产生了一条回路。

33. 有向图的本质是通过箭头表示的联系，把离开每个顶点的箭头依次与R中顶点对的第一个元素进行比较。

习题 4.4

1. 自反，对称，传递。

3. 都不是。

5. 非自反，对称，非对称，反对称，传递。

7. 传递。

9. 反对称，传递。

11. 非自反，对称。

13. 自反。

15. 自反，反对称，传递。

17. 非自反，对称。

19. 对称。

21. 自反，对称，传递。

23. 自反，对称，传递。

25. 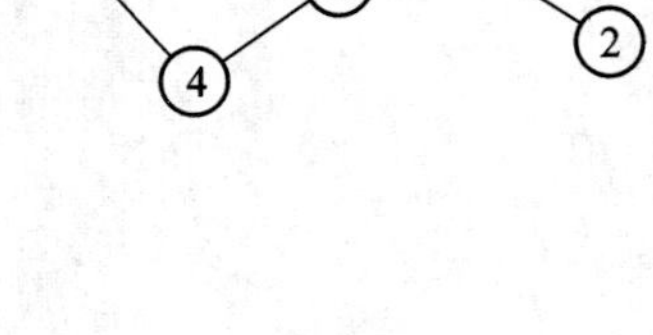

27. {(1,5),(5,1),(1,6),(6,1),(5,6),(6,5),(1,2),(2,1),(2,7),(7,2),(2,3),(3,2)}

29. 设 $a_1,a_2,\cdots,a_n$ 是基本集合中的元素，如果对每个 a_i，在 $(\boldsymbol{M}_R)_e^k$ (某个 k)的第 i 列里存在一个 1，那么 R 的图是连通的。

31. 设 R 是传递的和非自反的。假设 $a\,R\,b$ 和 $b\,R\,a$，那么 $a\,R\,a$，因为 R 是传递的。但这与 R 是非自反这一事实相矛盾。因此 R 是非对称的。

33. 设 $R\neq\{\}$是对称的和传递的，则存在$(x, y)\in R$ 和$(y, x)\in R$。因为 R 是传递的，所以有$(x, x)\in R$，故 R 不是非自反的。

35. (概要)基础步骤：n=1，P(1)：如果 R 是对称的，则 R^1 是对称的为真。

归纳步骤：使用 P(k)：如果 R 是对称的，则用 R^k 是对称的去证明 P(k+1)。假设 $a\,R^{k+1}\,b$，那么存在一个 $c\in A$，使得 $a\,R^k\,c$ 和 $c\,R\,b$，从而有 $b\,R\,c$ 和 $c\,R^k\,a$。因此 $b\,R^{k+1}\,a$。

37. (a) 一种答案是 {(a,a),(b,b),(c,c),(d,d)}。

(b) 一种答案是 {(a,a),(b,b),(c,c),(d,d),(a,b)}。

39. (a) 一种答案是 {(a,a),(b,b),(c,c),(d,d)}。

(b) 一种答案是 {(a,b),(b,c),(a,c)}。

习题 4.5

1. 是　　3. 是　　5. 不是　　7. 不是　　9. 是　　11. 是

13. {(a,a),(a,c),(a,e),(c,a),(c,c),(c,e),(e,a),(e,c),(e,e),(b,b),(b,f),(b,d),(d,b),(d,d),(d,f),(f,b),(f,d),(f,f)}

15. {(1,1),(2,2),(3,3),(4,4),(5,5),(6,6),(7,7),(8,8),(9,9),(10,10),(1,3),(3,1),(1,5),(5,1),(1,7),(7,1),(1,9),(9,1),(3,5),(5,3),(3,7),(7,3),(3,9),(9,3),(5,7),(7,5),(5,9),(9,5),(7,9),(9,7),(2,4),(4,2),(2,6),(6,2),(2,8),(8,2),(2,10),(10,2),(4,6),(6,4),(4,8),(8,4),(4,10),(10,4),(6,8),(8,6),(6,10),(10,6),(8,10),(10,8)}

17. {{⋯,−3,−1,1,3,5,⋯},{⋯,−4,−2,0,2,4,⋯}}

19. (a) R 是自反的，因为 $a^2+b^2=a^2+b^2$。R 是对称的，因为 $a^2+b^2=b^2+a^2$。R 是传递的，因为如果 $a^2+b^2=c^2+d^2$ 和 $c^2+d^2=e^2+f^2$，一定有 $a^2+b^2=e^2+f^2$。

(b) A/R 的等价类是以(0，0)为中心的许多同心圆，包括半径为 0 的圆。

21. (a) 因为 $ab=ba$，所以$(a,b)R(a,b)$，因此 R 是自反的。如果$(a,b)R(a',b')$，则 $ab'=ba'$，于是 $a'b=b'a$ 和$(a',b')R(a,b)$，所以 R 是对称的。现在假设$(a,b)R(a',b')$和$(a',b')R(a'',b'')$，那么 $ab'=ba'$，$a'b''=b'a''$，$ab''=a\dfrac{b'a''}{a'}=ab'\dfrac{a''}{a'}=ba'\dfrac{a''}{a'}=ba''$。因此$(a,b)R(a'',b'')$，所以 R 是传递的。

(b) {{(1,1),(2,2),(3,3),(4,4),(5,5)},{(1,2),(2,4)},{(1,3)},{(1,4)},{(1,5)},{(2,1),(4,2)},{(2,3)},{(2,5)},{(3,1)},{(3,2)},{(3,4)},{(3,5)},{(4,1)},{(4,3)},{(4,5)},{(5,1)},{(5,2)},{(5,3)},{(5,4)}}

23. 设 R 是自反的和循环的。如果 $a\,R\,b$，则 $a\,R\,b$ 且 $b\,R\,b$，所以 $b\,R\,a$。因此 R 是对称的。如果 $a\,R\,b$ 且 $b\,R\,c$，则 $c\,R\,a$。但由于 R 是对称的，所以 $a\,R\,c$，故 R 是传递的。设 R 是一个等价关系，则 R 是自反的。如果 $a\,R\,b$ 且 $b\,R\,c$，则 $a\,R\,c$ (传递性)和 $c\,R\,a$(对称性)，所以 R 是循环的。

25. $a\,R\,b$ 当且仅当 $ab>0$。

27. 如果 z 是偶数(或奇数)，那么 $R(z)$是偶(或奇)数集合。因此，如果 a 和 b 都是偶(奇)数，那么 $R(a)+R(b)=\{x|x=s+t,s\in R(a),t\in R(b)\}=\{x|x$ 是偶数$\}=R(a+b)$。如果 a 和 b 有相反的奇偶性，那么 $R(a)+R(b)=\{x|x=s+t,s\in R(a),t\in R(b)\}=\{x|x$ 是奇数$\}=R(a+b)$。

29. (1, 2)R(2, 4)和(1, 3) R(1, 3)，但((1, 2)+(1, 3)) $\not R$ ((2, 4)+(1, 3))，所以集合 $R((a,b))+R((a', b'))$不是一个等价类。

习题 4.6

1. VERT[1]=9　(1，6)　NEXT[9]=10　(1，3)
   NEXT[10]=1　(1，2)　NEXT[1]=0
   VERT[2]=3　(2，1)　NEXT[3]=2　(2，3)
   NEXT[2]=0
   VERT[3]=6　(3，4)　NEXT[6]=4　(3，5)
   NEXT[4]=7　(3，6)　NEXT[7]=0
   VERT[4]=0
   VERT[5]=5　(5，4)　NEXT[5]=0
   VERT[6]=8　(6，1)　NEXT[8]=0

3. 通常 EDGE 必须检查从任意顶点出发的平均边数，如果 R 有 P 条边和 N 个顶点，那么 EDGE 平均检查 $\frac{\sum P_{ij}}{N}=\frac{P}{N}$ 条边。

5. $\begin{bmatrix}1 & 1 & 1 & 0\\0 & 0 & 1 & 1\\1 & 0 & 0 & 1\\0 & 1 & 0 & 0\end{bmatrix}$

VERT
1
4
6
8

TAIL	HEAD	NEXT
1	1	2
1	2	3
1	3	0
2	3	5
2	4	0
3	1	7
3	4	0
4	2	0

7. $\begin{bmatrix}0 & 1 & 1 & 0\\0 & 1 & 1 & 0\\0 & 0 & 0 & 1\\1 & 0 & 1 & 1\end{bmatrix}$

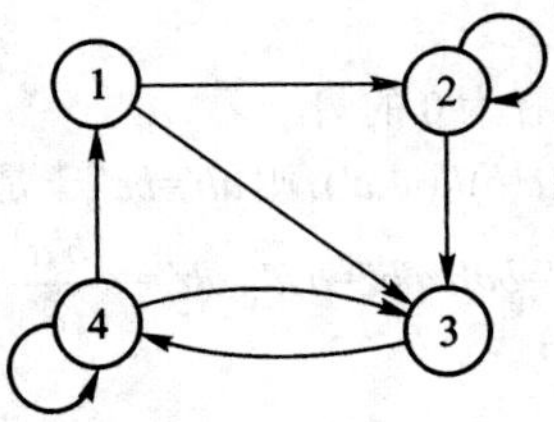

9.

VERT
1
3
5
6
9

TAIL	HEAD	NEXT
1	1	2
1	4	0
2	2	4
2	3	0
3	4	0
4	1	7
4	3	8
4	5	0
5	2	10
5	5	0

11.

VERT
1
4
6
9

TAIL	HEAD	NEXT
a	a	2
a	b	3
a	d	0
b	b	5
b	c	0
c	b	7
c	c	8
c	d	0
d	a	10
d	b	11
d	c	12
d	d	0

习题 4.7

1. (a) {(1,3),(2,1),(2,2),(3,2),(3,3)}

(b) {(3,1)}

(c) {(1,1),(1,2),(2,1), (2,3),(3,1),(3,2),(3,3)}

(d) {(1,2),(1,3),(2,3),(3,3)}

3. $\{(a, b) \mid a, b$ 是姐妹或 a, b 是兄弟$\}$

5. $a(R\cup S)b$ 当且仅当 a 是 b 的父亲或母亲。

7. (a) {(2,1),(3,1),(3,2),(3,3),(4,2),(4,3), (4,4),(1,4)}

(b) {(1,1),(1,2),(2,2),(2,3),(2,4),(4,1),(3,4)}

(c) {(1,1), (1,2),(1,3),(1,4),(2,2),(2,3),(2,4),(3,1),(3,2),(3,4),(4,1),(4,4) }

(d) {(1,1), (2,1),(2,2),(1,4),(4,1),(2,3),(3,2),(1,3),(4,2),(3,4),(4,4)}

9. (a) {(1,1), (1,4),(2,2),(2,3),(3,3)(3,4)}

(b) {(1,2), (2,4), (3,1),(3,2)}

(c) {(1,1), (1,2), (1,3),(1,4),(2,1),(2,4),(3,1), (3,2), (3,3)}

(d) {(1,1), (2,1),(4, 1),(4,2),(1,3),(2,3),(3,3)}

11. (a) $\begin{bmatrix}0&0&0\\0&0&1\\0&0&0\\1&0&1\end{bmatrix}$ (b) $\begin{bmatrix}1&1&1\\1&1&1\\1&1&1\\1&1&1\end{bmatrix}$ (c) $\begin{bmatrix}1&0&0&1\\0&1&1&0\\1&1&0&1\end{bmatrix}$ (d) $\begin{bmatrix}1&0&1\\0&1&0\\0&1&0\\0&0&0\end{bmatrix}$

13. (a) $\begin{bmatrix}0&0&0&0\\0&0&1&0\\1&0&0&0\\0&0&0&0\end{bmatrix}$ (b) $\begin{bmatrix}1&1&1&0\\0&0&1&0\\1&1&0&0\\0&1&1&1\end{bmatrix}$ (c) $\begin{bmatrix}1&0&1&0\\0&0&0&1\\1&1&0&0\\0&0&0&1\end{bmatrix}$ (d) $\begin{bmatrix}1&0&1&1\\1&1&0&1\\0&0&1&1\\1&1&0&1\end{bmatrix}$

15. $R\cap S=\{(a,a),(b,b),(b,c),(c,b),(c,c),(d,d),(e,e)\}$

$\{\{a\},\{b,c\},\{d\},\{e\}\}$

17. (a) $\{(a,a),(a,d),(a,e),(b,b),(b,c),(b,e),(c,a),(c,b),(c,c),(d,b),(d,c),(d,d),(e,c),(e,e)\}$

(b) $\{(a,a),(a,d),(d,a),(a,e),(e,a),(b,c),(c,b),(b,e),(e,b),(c,a),(a,c),(c,c),(d,b),(b,d),(d,c),(c,d),(e,c),(c,e),(e,e)\}$

19. 非自反、非对称和反对称都要求有一对不在 R 中。不能以在 R 中添加对来“限定”这个条件。

21. (a) 是 (b) 是

(c) $x(S\circ R)y$ 当且仅当 $x\leqslant 6y$。

23. (a) 自反 $a\,R\,a\wedge a\,S\,a\Rightarrow a(S\circ R)a$

非自反 无 $1\,R\,2\wedge 2\,S\,1\Rightarrow 1(S\circ R)1$

对称 无 $1\,R\,3, 3\,R\,1, 3\,S\,2, 2\,S\,3\Rightarrow 1(S\circ R)2$，但 $2\not{S\circ R}1$。

非对称 无 $R=\{(1,2),(3,4)\}$和 $S=\{(2,3),(4,1)\}$是一个反例。

反对称 无 $R=\{(a,b),(c,d)\}$和 $S=\{(b,c),(d,a)\}$是一个反例。

传递性 无 $R=\{(a,d),(b,e)\}$和 $S=\{(d,b),(e,c)\}$是一个反例。

(b) 不是，没有对称性和传递性。

25. (a) $\begin{bmatrix}1&1&0&1&1\\0&1&0&1&1\\1&1&0&1&1\\1&1&0&1&1\\1&1&0&0&1\end{bmatrix}$ (b) $\begin{bmatrix}1&0&1&1&1\\1&1&0&1&1\\1&0&1&1&1\\1&1&1&1&1\\0&0&0&1&1\end{bmatrix}$

(c) $\begin{bmatrix}1&1&0&1&1\\1&1&0&0&1\\0&1&0&1&1\\1&1&0&1&1\\1&1&0&0&1\end{bmatrix}$ (d) $\begin{bmatrix}1&1&1&1&1\\1&0&1&1&1\\1&1&0&1&1\\1&1&1&1&1\\0&1&0&1&1\end{bmatrix}$

27. $R\cap S$ 是反对称的。如果 $a(R\cap S)b$ 和 $b(R\cap S)a$，那么 $a\ R\ b$ 和 $b\ R\ a$。由于 R 是反对称的，因此 $a=b$。$R\cup S$ 可以不是反对称的。设 $R=\{(1，2)\}$，$S=\{(2，1)\}$。

29. 设 $R=\{(x,z),(x,m)\}$, $S=\{(z,y)\}$, $T=\{(m,y)\}$，那么$(x,y)\in(S\circ R)\cap(T\circ R)$，但$(S\cap T)\circ R=\{\ \}$。

31. (a) 设 $\boldsymbol{M}_{R\cap S}=[m_{ij}]$, $\boldsymbol{M}_R=[r_{ij}]$, $\boldsymbol{M}_s=[s_{ij}]$, $m_{ij}=1$ 当且仅当$(i,j)\in R\cap S$。$(i,j)\in R$ 当且仅当 $r_{ij}=1$ 和$(i,j)\in S$ 当且仅当 $s_{ij}=1$。但它成立当且仅当 $\boldsymbol{M}_R\wedge\boldsymbol{M}_S$ 的第(i,j)位置元素是 1。

(b) 设 $\boldsymbol{M}_{R\cup S}=[m_{ij}]$, $\boldsymbol{M}_R=[r_{ij}]$, $\boldsymbol{M}_S=[s_{ij}]$。$m_{ij}=1$ 当且仅当$(i,j)\in R\cup S$。$(i,j)\in R$ 当且仅当 $r_{ij}=1$ 或$(i,j)\in S$ 当且仅当 $s_{ij}=1$。但它成立当且仅当 $\boldsymbol{M}_R\vee\boldsymbol{M}_S$ 的第(i,j)位置元素是 1。

(c) $\boldsymbol{M}_{R^{-1}}$ 的第(i,j)位置元素是 1 当且仅当$(i,j)\in R^{-1}$ 当且仅当$(j,i)\in R$ 当且仅当 $\boldsymbol{M}_R$ 的第(j,i)位置元素是 1 当且仅当 $\boldsymbol{M}_R^{\mathrm{T}}$ 的第(i,j)位置元素是 1。

(d) $\boldsymbol{M}_{\overline{R}}$ 的第(i,j)位置元素是 1 当且仅当$(i,j)\in\overline{R}$ 当且仅当$(i,j)\notin R$ 当且仅当 $\boldsymbol{M}_R$ 的第(i,j)位置元素是 0 当且仅当 $\bar{\boldsymbol{M}}_R$ 的第(i,j)位置元素是 1.

33. 为了形成 R^{-1} 的有向图，把 R 的有向图中的箭头反向即可。

35. $R\cup S$ 的有向图中的边是 R 的有向图或者 S 的有向图中出现的边。

37. (a) R 是对称的当且仅当 $x\,R\,y\Rightarrow y\,R\,x$ 当且仅当 $R\subseteq R^{-1}\subseteq R$。

(b) 假设 R 是反对称的，并且设$(x,y)\in R\cap R^{-1}$，那么 $x=y$ 和$(x,y)\in\Delta$。假设 $R\cap R^{-1}\subseteq\Delta$，如果 $x\,R\,y$ 和 $y\,R\,x$，那么 $x\,R\,y$ 和 $x\,R^{-1}\,y$，因此$(x,y)\in\Delta$，所以 $x=y$。

(c) 假设 R 是非对称的，设$(x,y)\in R\cap R^{-1}$，这就与 R 是非对称这一事实相矛盾，因此 $R\cap R^{-1}=\varnothing$。设 $x\,R\,y$

和 $y\,R\,x$, 那么$(x, y)\in R\cap R^{-1}=\varnothing$，因此 R 是非对称的。

习题 4.8

1. (a) $\begin{bmatrix}1&1&1\\1&1&1\\1&1&1\end{bmatrix}$

(b) {(1，1)， (1，2)，(1，3)，(2，1)，(2，2)，(2，3)，(3，1)，(3，2)，(3，3)}

3. $W_1=\begin{bmatrix}1&0&0&1&0\\0&1&0&0&0\\0&0&0&1&1\\1&0&0&1&0\\0&1&0&0&1\end{bmatrix}$， $W_2=W_1=W_3$。

5. $a\,R^{\infty}\,b$ 当且仅当 $b>a$。

7. 设 R 是自反的和传递的。假设 $x\,R^n\,y$，则 x，a_1，a_2，…，a_{n-1}，y 是从 x 到 y 长度为 n 的一条道路。$x\,R\,a_1\wedge a_1\,R\,a_2\Rightarrow x\,R\,a_2$。类似地，有 $x\,R\,a_k\wedge a_k\,R\,a_{k+1}\Rightarrow x\,R\,a_{k+1}$，最终 $x\,R\,a_{n-1}\wedge a_{n-1}\,R\,y\Rightarrow x\,R\,y$。因此 $R^n\subseteq R$。如果 $x\,R\,y$，那么由于 R 是自反的，所以能建立从 x 到 y 长度为 n 的一条道路 x，x，x，…，x，y，故 $x\,R^n\,y$。

9. $\begin{bmatrix}1&0&0&1\\1&1&0&1\\0&0&1&0\\0&0&0&1\end{bmatrix}$

11. $\begin{bmatrix}1&0&0&1\\0&1&1&0\\0&1&1&0\\1&0&0&1\end{bmatrix}$

13. 集合是相同的，这可以通过计算每一个集合得到证实。

15. $A\times A$

17. A/R={{1，2，3}，{4，5}}， A/S={{1}，{2，3，4}，{5}}，$A/(R\cup S)^{\infty}=\{A\}$。

19. 在 A/R 和 A/S 中元素的集合能分成一些不相交集合的子集，$A/(R\cup S)^{\infty}$中的每一个元素是这些子集的并集。

21. {(1,1),(1,2),(1,4),(2,2),(3,2),(3,3),(4,2),(4,3),(4,4),(1,3)}

23. 首先证明 R^{∞}是传递的，然后证明它是包含 R 的最小关系。这是一个直接证明。

25. $\mathbf{R}\times\mathbf{R}$

第 5 章习题答案

习题 5.1

1. (a) 是。Ran(R)={1，2}。 (b) 不是。

3. 是

5. 每个整数有唯一平方且该平方也是一个整数。

7. 每个 $r\in\mathbf{R}$ 或者是一个整数或者不是。

9. (a) 3 (b) 1 (c) $(x-1)^2$ (d) x^2-1 (e) $y-2$ (f) y^4

11. (a) 都是 (b) 都不是

13. (a) 都是 (b) 满射

15. (a) 都是 (b) 满射

17. 都不是

19. (a) $(g\circ f)(a)=g\left(\dfrac{a+1}{2}\right)=2\left(\dfrac{a+1}{2}\right)-1=a$

(b) $(g\circ f)(a)=g(a^2-1)=\sqrt{a^2+1-1}=|a|=a$，因为 $a\geqslant 0$。

21．(a) $f^{-1}(b)=b^2-1$

(b) $f^{-1}(b)=\sqrt[3]{b-1}$

23. (a) 假设 $f(x, y)=f(w, z)$, 那么 $2x-y=2w-z$ 和 $x-2y=w-2z$。求解这个方程组得到 $x=w, y=z$，所以 f 是单射。

(b) $f^{-1}(x,y)=\left(\dfrac{2x-y}{3},\dfrac{x-2y}{3}\right)$

25. 是 27. n^n 29. n^m

31. C; B; 因为 g 是满射；A; 因为 f 是满射。

33. 假设 $g\circ f$ 是满射，设 $c\in C$，那么存在 $a\in A$ 使得 $(g\circ f)(a)=c$，但 $(g\circ f)(a)=g(f(a)), f(a)\in B$, 所以 g 是满射。

35. (a) 设 $\mathrm{Dom}(f)=\{a_1,a_2,\cdots,a_n\}$，那么 $\mathrm{Ran}(f)=\{f(a_1), f(a_2),\cdots, f(a_n)\}$，因为 f 是单射，$f(a_i)$ 都是不同的，所以 $\mathrm{Ran}(f)$ 有 n 个元素，因此 $m=n$。

(b) 如果 f 不是单射，那么有某个 $f(a_i)=f(a_j)$,于是 $m<n$。

37. 一种可能的一一对应是 $f:\mathbf{Z}^+\to B$，$f(z)=2z$。

39. 正确，一个集合的基数可以通过在集合与 $\mathbf{Z}^+$ 的一个子集之间构造一个一一对应来确定。

41．(a)和(b)。考虑◇的表：

◇	0	1
0	0	1
1	1	0

因为 $f(0)$=真，$f(1)$=假，所以可以看到这不是∨或∧的表。

43．JCCGKFMNUQPJKNFEQKJUM

习题 5.2

1. (a) 7 (b) 8 (c) 3

3. (a) 1 (b) 0 (c) 1

5. (a) 2 (b) −3 (c) 14 (d) −18 (e) 21

7. $n=ak+r, 0\leqslant r<n$, 因为 $k<2k<3k<\cdots<ak\leqslant n$, 所以 1 和 n 之间 k 的倍数是 a。但是 $n/k=a+r/n, 0\leqslant r/n<1$, 所以 $\left\lfloor\dfrac{n}{k}\right\rfloor=a$。

9. (a) 26 (b) 866 (c) 74 (d) 431

11. (a) 2 (b) 8 (c) 32 (d) 1 024

13. (a) 4 (b) 7 (c) 9 (d) 10

15.（a）5;6 (b) 6;7

17. 对任意 2×2 矩阵 $\boldsymbol{M}$，$\boldsymbol{M}^{\mathrm{T}}$ 存在，所以 t 处处有定义。如果 $\boldsymbol{M}$ 是一个 2×2 矩阵，那么 $t(\boldsymbol{M}^{\mathrm{T}})=\boldsymbol{M}$，所以 t

是满射。假设 $M^T=N^T$，则$(M^T)^T=(N^T)^T$，即 $M=N$，所以 t 是单射。

19．A 上的每个关系 R 定义了唯一矩阵 M_R，所以f是处处有定义的和单射的。任意 $n\times n$ 布尔矩阵 M 定义了 A 上的一个关系，所以f是满射。

21.

x	y	z	$f(x,y,z)$
T	T	T	T
T	T	F	F
T	F	T	T
T	F	F	F
F	T	T	T
F	T	F	T
F	F	T	T
F	F	F	F

23. (a) 真　(b) 假　(c) 假　(d) 真

25. (a) 31　(b) 0　(c) 36

27. $\dfrac{\left\lfloor \dfrac{m}{k}+2 \right\rfloor}{2}$

29. $f^{-1}(1)$是 A 的元素的集合。

31. (a) 3/4　(b) 15/16　(c) 1/16

33. (a) 3 和 9　(b) 4 和 8

35. $$\begin{cases} 0 & \text{for} 0 \leqslant x < 2 \\ \dfrac{1}{2}x-1 & \text{for} 2 \leqslant x < 2+\sqrt{3} \\ 1-\dfrac{(x-3)^2}{4} & \text{for} 2+\sqrt{3} \leqslant x < 5 \\ 0 & \text{for} 5 \leqslant x < 7 \\ \dfrac{(x-7)^2}{4} & \text{for} 7 \leqslant x \leqslant 6+\sqrt{7} \\ -\dfrac{1}{2}x+5 & \text{for} 6+\sqrt{7} \leqslant x < 10 \end{cases}$$

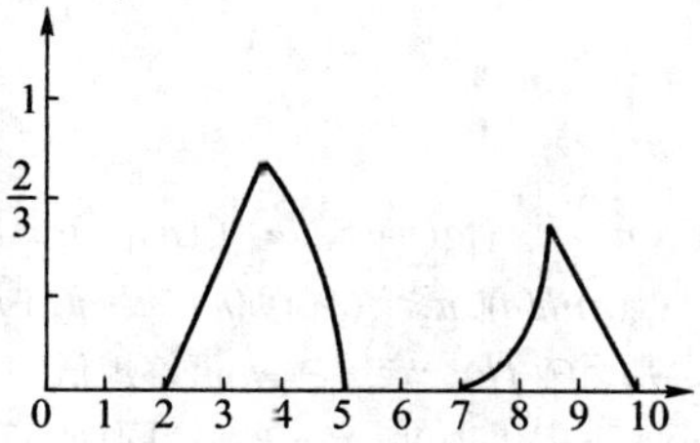

37. $\left(-2+4\sqrt{2}, \dfrac{9-4\sqrt{2}}{4}\right)$

39. (a) 8/9 (b) 1/2

41. (a) 证明：如果 $x \in A \cap B$，则 $f_{A\cap B}(x)=1$ 和 $f_A(x)=1=f_B(x)=\min\{f_A(x), f_B(x)\}$，但是如果 $x \notin A \cap B$，则 $f_{A\cap B}(x)=0$，从而 $f_A(x)=0$ 或者 $f_B(x)=0$，因此，$\min\{f_A(x), f_B(x)\}=0=f_{A\cap B}(x)$。

（b）证明：如果 $x \in A \cup B$，则 $f_{A\cup B}(x)=1$，从而 $f_A(x)=1$ 或者 $f_B(x)=1$，因此，$\max\{f_A(x), f_B(x)\}=1=f_{A\cup B}(x)$。如果 $x \notin A \cup B$，则 $f_{A\cup B}(x)=0$，从而 $f_A(x)=f_B(x)=0=\max\{f_A(x), f_B(x)\}$。

（c）证明：如果 $x \in \overline{A}$，那么 $f_{\overline{A}}(x)=1$ 和 $f_A(x)=0$，所以 $f_{\overline{A}}(x)=1-f_A(x)$。如果 $x \notin \overline{A}$，那么 $f_{\overline{A}}(x)=0$ 和 $f_A(x)=1$ 以及 $f_{\overline{A}}(x)=1-f_A(x)$。

43. ( ); (( )), ( ) ( ); ((( ))), (( ))( ),(( )( )), ( )(( )),( ) ( )( );

C_1=1, C_2 =2, C_3 =5。

45. 因为右括号比左括号多；少 1 个；n 个左括号和 n 个右括号。$s_1s_2\cdots s_{2n}$ 不是好的形式，因为在 $s_1s_2\cdots s_k$ 中，右括号比左括号多。

47. ${}_{2n}C_n - {}_{2n}C_{n-1}$

49. (a) 0+2+9+0+40+18+7+32+27=135; 135+30=165 或者 0 (mod 11)。

(b) (i) 9 (ii) X (iii) 5 (iv) 3

习题 5.3

1. (a) 步数仍是 1 001。(b) 步数加倍。

(c) 步数是原来的 4 倍。

(d) 步数增加 8 倍。

3. $|n!|=|n(n-1)(n-2)\cdots 2 \cdot 1| \leqslant 1 \cdot |n \cdot n \cdots n|$，$n \geqslant 1$。

5. $|8n+\lg(n)| \leqslant |8n+n|=9|n|$, $n \geqslant 1$。

7. $|n\lg(n)| \leqslant |n \cdot n|=n^2$, $n \geqslant 1$。假设存在 c 和 k 使得 $n^2 \leqslant c \cdot n\lg(n)$，$n \geqslant k$，取满足 $N > c \cdot \lg(N)$ 的 $N>k$，则 $N^2 \leqslant c \cdot N \cdot \lg(N) < N^2$，产生一个矛盾。

9. $|5n^2+4n+3| \leqslant |5n^2+500n|, n \geqslant 1$;

$|5n^2+500n| \leqslant 5|n^2+100n|$，推出 $|n^2+100n|=|n^2+4 \cdot 25n| \leqslant |n^2+4n^2|, n \geqslant 25$，但是 $|5n^2| \leqslant |5n^2+4n+3|$。

11. $\{f_5\},\{f_6, f_{10}, f_{11}\},\{f_7\},\{f_4\},\{f_8\},\{f_1\},\{f_2\},\{f_3\},\{f_9\},\{f_{12}\}$。

13. f_1，$\Theta(n\lg n)$; f_2，$\Theta(n^2)$; f_4，$\Theta(\lg n)$; f_5，$\Theta(1)$; f_6，$\Theta(n)$; f_{10}，$\Theta(n)$; f_{11}，$\Theta(n)$。

15. $f(n)=2+4\times 5+1$ 或者 $f(n)=23$ $\Theta(1)$。

17. $f(n)=1+2n$, $\Theta(n)$

19. $f(n)=2+2n+\dfrac{n(n+1)}{2}$，$\Theta(n^2)$

21. $f(n,m,q)=1+nq+3nmq+1$，设 $N=\max(n,m,q)$，那么 f 是 $\Theta(N^3)$.

23. (a) $P_n=P_{n-1}+(n-2)+(n-3)$, $P_3=1, P_4=4$。 (b) $\theta(n^2)$

25. 假设 $h(n)>0$，$\forall n$，$\Theta(f)$ 比 $\Theta(g)$ 低(或相同)。$|f(n)| \leqslant c \cdot |g(n)|$，$n \geqslant k$，($|g(n)| \leqslant d \cdot |f(n)|$，$n \geqslant l$)。$h(n)|f(n)| \leqslant c \cdot h(n) \cdot |g(n)|$, $n \geqslant k$ ($h(n)|g(n)| \leqslant d \cdot h(n) \cdot |f(n)|$, $n \geqslant l$)。于是，$|f(n) \cdot h(n)| \leqslant c \cdot |g(n) \cdot h(n)|$, $n \geqslant k$ ($|g(n)h(n)| \leqslant d \cdot |f(n) \cdot h(n)|$, $n \geqslant l$)。因此，$\Theta(fh)$ 比 $\Theta(gh)$ 低(或相同)。注意，如果 $\Theta(f)$ 是比 $\Theta(g)$ 严格地低，那么 $\Theta(fh)$ 一定比 $\Theta(gh)$ 严格地低。

27. 存在 c_1，k_1，使得 $|f(n)| \leqslant c_1|g(n)|$，$\forall n \geqslant k_1$，所以 $|cf(n)|=|c| \cdot |f(n)| \leqslant c_1|c| \cdot |g(n)|$，$\forall n \geqslant k_1$。同样，存在 c_2，k_2 使得 $|g(n)| \leqslant c_2|f(n)|$，$\forall n \geqslant k_2$，所以 $|g(n)| \leqslant c_2|f(n)|=(c_2/|c|) \cdot |cf(n)|$，$\forall n \geqslant k_2$。

29. $|rf(n)| \leqslant |r| \cdot |f(n)|$, $n \geqslant 1$，所以 rf 是 $O(f)$。选择 c 使得 $c \cdot |r| \geqslant 1$，那么 $|f(n)| \leqslant c \cdot |r| \cdot |f(n)|=c \cdot |rf(n)|$, $n \geqslant 1$，所

以 f 是 $O(rf)$。

习题 5.4

1. (a) 是 (b) 不是 3. (a) 是 (b) 不是

5. (a) $\begin{pmatrix} 1 & 2 & 3 & 4 & 5 & 6 \\ 3 & 4 & 1 & 2 & 6 & 5 \end{pmatrix}$ (b) $\begin{pmatrix} 1 & 2 & 3 & 4 & 5 & 6 \\ 2 & 5 & 6 & 3 & 1 & 4 \end{pmatrix}$

7. (a) $\begin{pmatrix} 1 & 2 & 3 & 4 & 5 & 6 \\ 6 & 3 & 2 & 5 & 4 & 1 \end{pmatrix}$ (b) $\begin{pmatrix} 1 & 2 & 3 & 4 & 5 & 6 \\ 1 & 3 & 4 & 6 & 2 & 5 \end{pmatrix}$

9. (a) (1，5，7，8，3，2) (b) (2，7，8，3，4，6)

11. (a) $(a,f,g)\circ(b,c,d,e)$ (b) $(a,c)\circ(b,g,f)$

13. (a) (1,6,3,7,2,5,4,8)

(b) $(5,6,7,8)\circ(1,2,3)$

15. (a) $(2,6)\circ(2,8)\circ(2,5)\circ(2,4)\circ(2,1)$

(b) $(3,6)\circ(3,1)\circ(4,5)\circ(4,2)\circ(4,8)$

17. I AM NOT AT HOME.

19. (a) EOXMEFKNRAAEMFX

(b) $\begin{pmatrix} 1 & 2 & 3 & 4 & 5 & 6 & 7 & 8 & 9 & 10 & 11 & 12 & 13 & 14 & 15 \\ 4 & 10 & 7 & 1 & 13 & 5 & 11 & 8 & 2 & 14 & 6 & 12 & 9 & 3 & 15 \end{pmatrix}$

21. (a) 偶 (b) 奇

23. 假设 p_1 是 $2k_1+1$ 个对换的积，p_2 是 $2k_2+1$ 个对换的积，那么 $p_2\circ p_1$ 可以写成 $2(k_1+k_2)+2$ 个对换的积。由定理 3 推出 $p_2\circ p_1$ 是偶置换。

25. (a) (1，5，2，3，4) (b) (1，4，2，5，3)

27. (a) (1, 2, 4)

(b) $\begin{pmatrix} 1 & 2 & 3 & 4 & 5 & 6 \\ 4 & 1 & 3 & 2 & 5 & 6 \end{pmatrix}$ (c) $\begin{pmatrix} 1 & 2 & 3 & 4 & 5 & 6 \\ 4 & 1 & 3 & 2 & 5 & 6 \end{pmatrix}$

(d) 3

29. (a) 基础步骤：n=1。如果 p 是一个有限集合 A 的一个置换，那么 p^1 是 A 的一个置换为真。

归纳步骤：第 26 题的证明表明：如果 p^{n-1} 是 A 的一个置换，那么 $p^{n-1}\circ p$ 是 A 的一个置换，因此 p^n 是 A 的一个置换。

(b) 如果 $|A|=n$，那么存在 A 的 n！个置换。因此，序列 $I_A, p, p^2, p^3,\cdots$ 是有限的且对某个 $i\neq j$, $p^i=p^j$。假设 $i<j$，则 $p^{-i}\circ p^i=I_A=p^{-i}\circ p^j$，所以 $p^{j-i}=I_A$， $j-i\in\mathbf{Z}$。

31.

	I_A	p_1	p_2	p_3	p_4	p_5
I_A	I_A	p_1	p_2	p_3	p_4	p_5
p_1	p_1	I_A	p_4	p_5	p_2	p_3
p_2	p_2	p_3	I_A	p_1	p_5	p_3
p_3	p_3	p_2	p_5	p_4	I_A	p_1
p_4	p_4	p_5	p_1	I_A	p_3	p_2
p_5	p_5	p_4	p_3	p_2	p_1	I_A

33. $\{I_A\},\{I_A,p_1\},\{I_A,p_2\},\{I_A,p_5\},\{I_A,p_3,p_4\},\{I_A,p_1,p_2,p_3,p_4,p_5\}$。

35. 每一种恰好只存在一个。

37. (a) 3　(b) 6

39. 对于每一个长度为$\left\lceil \frac{n}{2} \right\rceil$的递增序列，恰好存在一种与之对应的 A 的增减置换。因为只存在一种方法以递减的次序排列 A 中所剩元素，并且把它们插入到偶数位置上。

第 6 章习题答案

习题 6.1

1. (a) 不是　(b) 不是

3. (a) 是　(b) 是

5. $\{(a,a),(b,b),(c,c),(a,b)\}$, $\{(a,a),(b,b),(c,c),(a,b),(a,c)\}$, $\{(a,a),(b,b),(c,c),(a,b),(c,b)\}$, $\{(a,a),(b,b),(c,c),(a,b),(b,c),(a,c)\}$, $\{(a,a),(b,b),(c,c),(a,b),(c,b),(c,a)\}$, $\{(a,a),(b,b)(c,c),(a,c),(c,b),(a,b)\}$。

7. 证明的结构是直接检查偏序所要求的三个性质。

9. 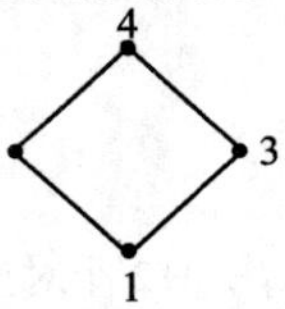

11. {(1，1)，(2，2)，(3，3)，(4，4)，(1，3)，(1，4)，(2，3)，(2，4)，(3，4)}

13. 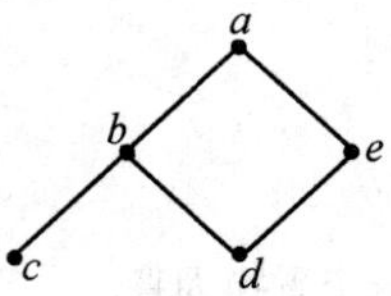

15. 

17. $\begin{bmatrix} 1 & 1 & 1 & 1 & 1 \\ 0 & 1 & 0 & 0 & 0 \\ 0 & 0 & 1 & 0 & 0 \\ 0 & 0 & 0 & 1 & 0 \\ 0 & 0 & 0 & 0 & 1 \end{bmatrix}$

19. ACE，BASE，CAP，CAPE，MACE，MAP，MOP，MOPE。

21. 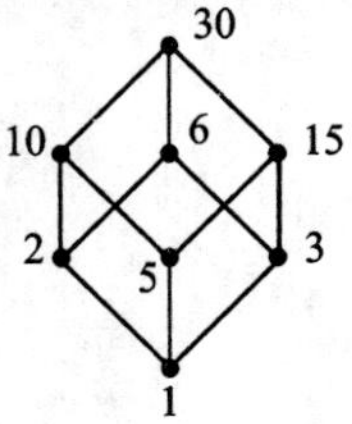

23. 全序 

25．如果 $\boldsymbol{M}_R$ 的主对角线都是 1，则 R 是自反的。如果 $\boldsymbol{M}_R \odot \boldsymbol{M}_R = \boldsymbol{M}_R$，则 R 是传递的。如果在 $\boldsymbol{M}_R$ 中，$a_{ij}=1$，$i \neq j$，则为了使 R 是反对称的，a_{ji} 一定是 0。

27. (a) $\{2,3\}$　(b) $\{b,c,d\}$　(c) $\{3\}$　(d) $\{2,3\}$　(e) $\{2,3,7,8\}$

29. 

31. 对所有 $a \in A'$, $a \leqslant a$ 推出 $a \leqslant' a$，所以 $\leqslant'$ 是自反的。假设 $a \leqslant' b$ 和 $b \leqslant' a$，那么 $a \leqslant b, b \leqslant a$，得 $a=b$。因此 $\leqslant'$ 是反对称的。假设 $a \leqslant' b$ 和 $b \leqslant' c$，那么 $a \leqslant b$，$b \leqslant c$，得 $a \leqslant c$。因此 $a \leqslant' c$，于是 $\leqslant'$ 是传递的。

33. 假设 $U \subset T$ 和 $T \subset V$，那么 $U \subset V$，所以 R 是传递的。没有任何集合是自己本身一个适当的子集，所以 R 是非自反的，故 R 是一个拟序。

35. 假设 $a\,R^{-1}\,b$ 和 $b\,R^{-1}\,c$，那么 $c\,R\,b$，$b\,R\,a$，于是 $c\,R\,a$。因此 $a\,R^{-1}\,c$，R^{-1} 是传递的。假设 $x\,R^{-1}\,x$，那么 $x\,R\,x$，但这是一个矛盾。因此 R^{-1} 是非自反的，并且是一个拟序。

37. $(a, b) \prec (a, b)$，因为 $a|a$ 和 $b \leqslant b$，因此 $\prec$ 是自反的。假设 $(a,b) \prec (c,d)$ 和 $(c,d) \prec (a,b)$，那么 $a|c$ 和 $c|a$。这意味着 $c=ka=k(mc)$。对于 B 中的 a 和 c，$km=1$ 推出 $k=m=1$。因此 $a=c$。同样，$b \leqslant d$ 和 $d \leqslant b$，所以 $b=d$。因此 $\prec$ 是反对称的。

39. 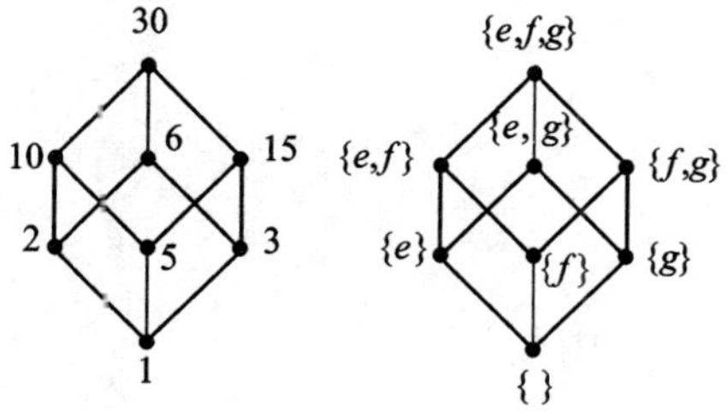

定义 F 如下：$F(1)=\{\ \}$；$F(2)=\{e\}$；$F(5)=\{f\}$；$F(3)=\{g\}$；$F(10)=\{e,f\}$；$F(6)=\{e,g\}$；$F(15)=\{f,g\}$；$F(30)=\{e,f,g\}$。

41. 设 $U=\{a,b,c,d\}$，S 是 U 的一个子集，f_s 是 S 的特征函数(与 U 相关)，定义

$$g(S)=\begin{bmatrix} f_s(a) & f_s(b) \\ f_s(c) & f_s(d) \end{bmatrix}$$

那么 g 是 $P(U)$ 和 A 之间的一个一一对应。如果在$(U, \subseteq)$中，$S \leqslant T$，那么 $f_s(x) \leqslant f_T(x)$ 对 U 中所有 x 成立。因此 $g(S) \leqslant g(T)$。

习题 6.2

1. 极大：3,5；极小：1，6。

3. 极大：e, f; 极小：a。

5. 没有极大；没有极小。

7. 极大：1；没有极小。

9. 最大：f；最小：a。

11. 无最大或者最小。

13. 无最大；无最小。

15. 最大：72；最小：2。

17. 否, a 可以是极大元，在 A 中存在一个元素 b，使得 a 和 b 不是可比的。

19. (a) 真。不可能存在 $a_1<a_2<\cdots$，因为 A 是有限的。

(b) 假。并非所有的元素都是可比的。

(c) 真。不可能存在$\cdots<a_2<a_1$, 因为 A 是有限的。

(d) 假。并非所有元素都是可比的。

21. 假设 a 和 b 是$(A, \leqslant)$的最小元，那么有 $a\leqslant b$ 和 $b\leqslant a$, 因为$\leqslant$是反对称的，所以 $a=b$。注意：这是定理 2 的一个重新描述。

23. (a) f, g, h　(b) a, b, c　(c) f　(d) c

25. (a) d, e, f　(b) b, a　(c) d　(d) b

27. (a) 不存在　(b) b　(c) 不存在　(d) b

29. (a) $x\in[2,\infty)$　(b) $x\in(-\infty,1]$　(c) 2　(d) 1

31. (a) $\begin{bmatrix}1 & 1\\1 & 1\end{bmatrix}$　(b) $\begin{bmatrix}0 & 0\\0 & 0\end{bmatrix}$　(c) $\begin{bmatrix}1 & 1\\1 & 1\end{bmatrix}$　(d) $\begin{bmatrix}0 & 0\\0 & 0\end{bmatrix}$

33.

35. A 的最小元是都为 1 的行的标号。A 的最大元是都为 1 的列的标号。

37. (a) 49　(b) {2, 4, 8, 16, 32, 64}

习题 6.3

1. 是。所有性质都被满足。

3. 不是。GLB($\{e,b\}$)不存在。

5. 是。所有性质都被满足。

7. 不是。

9. 是。LUB($\boldsymbol{M}$，$\boldsymbol{N}$)=$[a_{ij}=\max\{m_{ij}, n_{ij}\}]$, GLB($\boldsymbol{M}, \boldsymbol{N}$)=$[b_{ij}=\min\{m_{ij}, n_{ij}\}]$。

11.

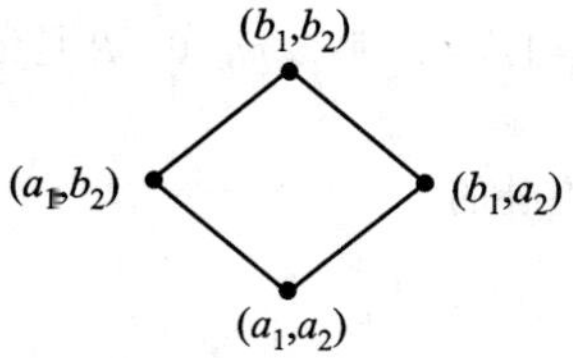

13. 对每个 T_1，$T_2 \subseteq T$，$T_1 \cap T_2$ 和 $T_1 \cup T_2$ 都是 T 的子集，所以 $P(T)$是 $P(S)$的一个子格。

15. 对于一个全序偏序集中的任意元素 x, y 有 $x \leqslant y$ 或 $y \leqslant x$。比如 $x \leqslant y$。那么 $x=x \wedge y$ 且 $y=x \vee y$。因此，任意全序偏序集的子集是一个子格。

17.

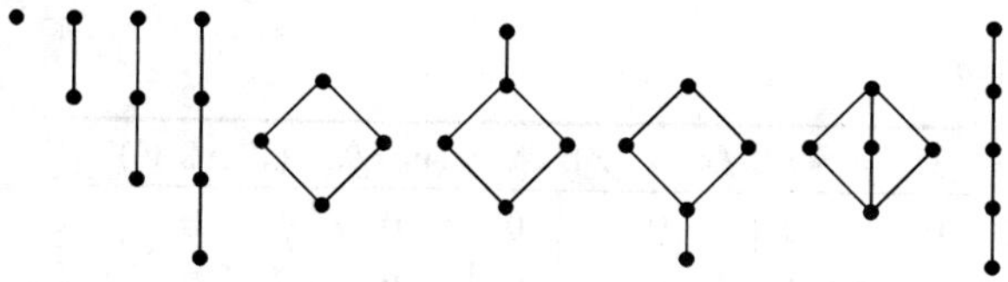

19. 假设 $a \wedge b=a$。$a \leqslant a \vee b=(a \wedge b) \vee b=(a \vee b) \wedge b \leqslant b$，因此 $a \leqslant b$。假设 $a \leqslant b$，$a \wedge b \leqslant a$ 和 $a \leqslant a$，$a \leqslant b$ 推出 $a \leqslant a \wedge b$，因此 $c \wedge b=a$。

21. (a) 12 (b) 图 6.44(a): 3， 图 6.44(b): 3。

23. $(a_1,a_2) \wedge ((b_1,b_2) \vee (c_1, c_2))=(a_1,a_2) \wedge (b_1 \vee c_1, b_2 \vee c_2)=(a_1 \wedge (b_1 \vee c_1), a_2 \wedge (b_2 \vee c_2))=((a_1 \wedge b_1) \vee (a_1 \wedge c_1), (a_2 \wedge b_2) \vee (a_2 \wedge c_2))=((a_1,a_2) \wedge (b_1,b_2)) \vee ((a_1,a_2) \wedge (c_1,c_2))$。类似的论证可得另一条分配性质。

25. 假设 $a \wedge x=a \wedge y, a \vee x=a \vee y$，则 $y \leqslant y \vee (y \wedge a)=(y \wedge y) \vee (y \wedge a)=y \wedge (y \vee a)=y \wedge (a \vee x)=(y \wedge a) \vee (y \wedge x)=(a \wedge x) \vee (y \wedge x)=x \wedge (a \vee y) \leqslant x$。因此 $y \leqslant x$。类似可证 $x \leqslant y$，所以 $x=y$。

27. $1'=42$， $42'=1$， $2'=21$， $21'=2$， $3'=14$， $14'=3$， $7'=6$， $6'=7$。

29. 都不是。

31. 分配的，但不是可补的。

33. 如果 $x=x'$，则 $x=x \vee x=\mathrm{I}$，$x=x \wedge x=0$。但由第 18 题可知 $0 \neq \mathrm{I}$。因此，$x \neq x'$。

35. 假设 $\mathrm{p}_1 \leqslant \mathrm{p}_2$，则 $R_1 \subseteq R_2$。设 $x \in A_i$，则 $A_i=\{y|a R_1 y\}$，$A_i \subseteq \{y\{x R_2 y\}=B_j$，其中 $x \in B_j$。假设每个 $A_i \subseteq B_j$，则 $x R_1 y$ 推出 $x R_2 y$ 和 $R_1 \subseteq R_2$。因此 $\mathrm{p}_1 \leqslant \mathrm{p}_2$。

37. 图 6.57 的子格$\{a, b, d\}$不是可补的。

39. 对于子格中有 $a \leqslant c$ 的任意 a, b, c 有 $a \vee (b \wedge c)=(a \vee b) \wedge c$，因为在满格里这为真。

习题 6.4

1. 不是，它有 6 个元素，没有 2^n 个元素。

3. 不是，它有 6 个元素，没有 2^n 个元素。

5. 是，它是 B_3。 7. 是，它是 B_1。

9. 是；385=5 • 7 • 11。

11. 没有，每个布尔代数一定有 2^n 个元素。

13. 假设 $a=b$，则$(a \wedge b') \vee (a' \wedge b)=(b \wedge b') \vee (a' \wedge a)=0 \vee 0=0$。假设$(a \wedge b') \vee (a' \wedge b)=0$，则 $a \wedge b'=0$ 和 $a' \wedge b=0$。于是有 $I=0'=(a \wedge b')'=a' \vee b$。所以 a'是 b 的补；$b'=a'$。

15. 假设 $a \leqslant b$，则 $a \wedge c \leqslant a \leqslant b$，$a \wedge c \leqslant c$，所以 $a \wedge c \leqslant b \wedge c$。

17. $(a \wedge b) \vee (a \wedge b')=a \wedge (b \vee b')=a \wedge I=a$

19. $(a \wedge b \wedge c) \vee (b \wedge c)=(a \vee I) \wedge (b \wedge c)=I \wedge (b \wedge c)=b \wedge c$

21. 假设 $a \leqslant b$，则 $a \vee (b \wedge c)=(a \vee b) \wedge (a \vee c)=b \wedge (a \vee c)$。

23. R 是自反的，因为 $m_{ii}=1$, $i=1, 2, \cdots, 8$。R 是反对称的，因为如果 $m_{ij}=1$, $i\neq j$, 那么 $m_{ji}=0$。R 是传递的，因为 $\boldsymbol{M}_R \odot \boldsymbol{M}_R$ 表明 $R^2\subseteq R$。

25. 补对是 a,h; b,g; c,f; d,e。因为每个元素有唯一的补，所以(A, R)是有补的。

27. (A, R)不是一个布尔代数；补不是唯一的。

29. (a) $\{a\}, \{b\}, \{c\}$.　　　(b) 2,3,5。

31. 恰好有一个 1 的矩阵。

习题 6.5

1.

x	y	z	$x\wedge(y\vee z')$	
0	0	0	0	1
0	0	1	0	0
0	1	0	0	1
0	1	1	0	1
1	0	0	1	1
1	0	1	0	0
1	1	0	1	1
1	1	1	1	1
			↑	

3.

x	y	z	$(x \vee y')$	$\vee$	$(y \wedge$	$(x' \vee y))$
0	0	0	0	0	0	1
0	0	1	0	0	0	1
0	1	0	0	1	1	1
0	1	1	0	1	1	1
1	0	0	1	1	0	0
1	0	1	1	1	0	0
1	1	0	0	1	1	1
1	1	1	0	1	1	1
			(1)	(4)	(3)	(2)

5. $(x\vee y)\wedge(x'\vee y)=(x\wedge x')\vee y=0\vee y=y$

7. $(z'\vee x)\wedge((x\wedge y)\vee z)\wedge(z'\vee y))=(z'\vee(x\wedge y))\wedge((x\wedge y)\vee z)=(x\wedge y)\vee(z'\wedge z)=(x\wedge y)\vee 0=x\wedge y$

9. $(x'\vee y)'\vee z\vee x\wedge((y\wedge z)\vee z)\vee(y'\wedge z'))=(x\wedge y')\vee z\vee(x\wedge y\wedge z)\vee(x\wedge y'\wedge z')=((x\wedge y')\wedge(1\vee z'))\vee z\wedge(1\vee(x\wedge y))=(x\wedge y')\vee z$

11. $x\wedge z$　　　13. $y\vee x'$

15. (a)

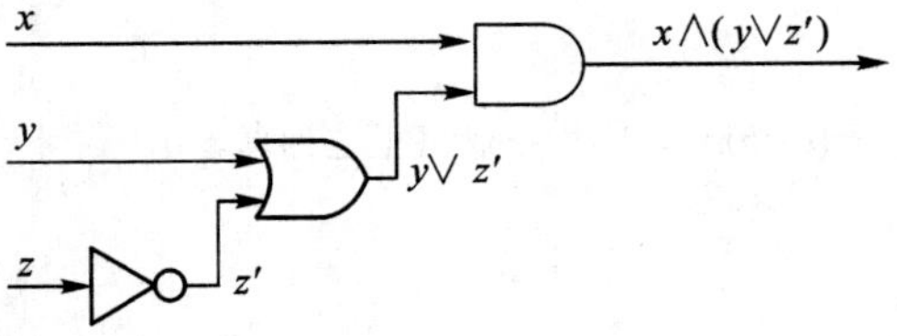

(b)

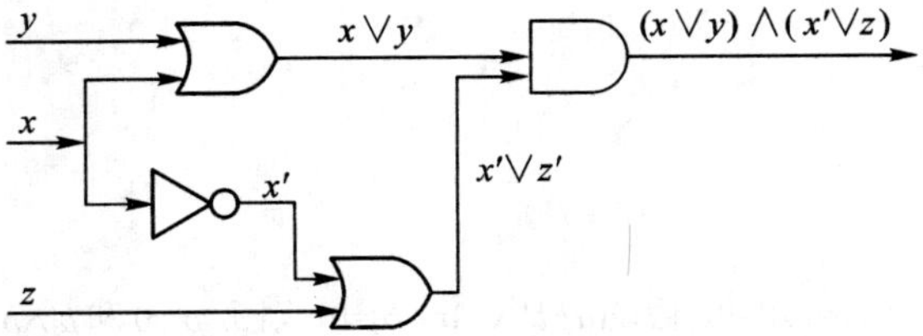

17. (a)

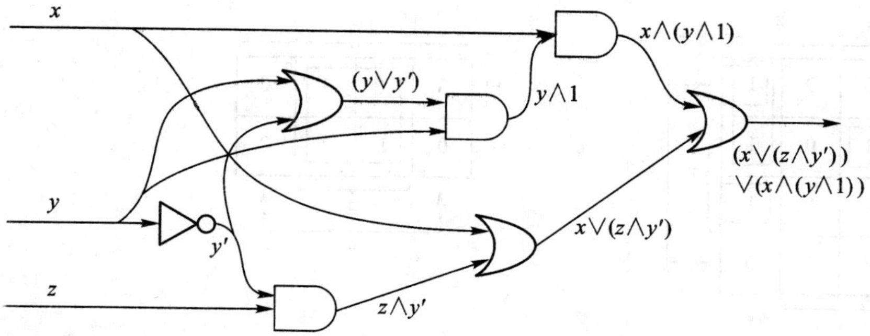

(b)

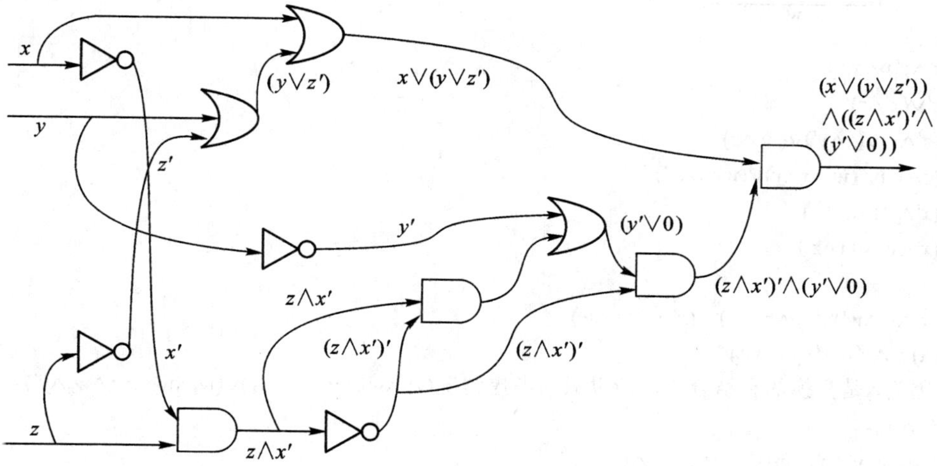

19. $((x\wedge y)\vee(y\wedge z))'$

21. $((x\vee y)\wedge z)'$

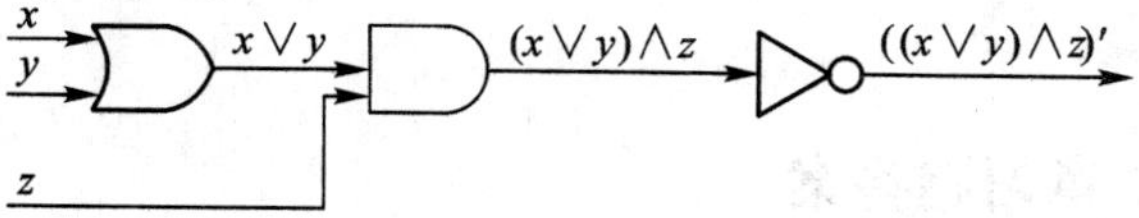

23. $y\vee z'$

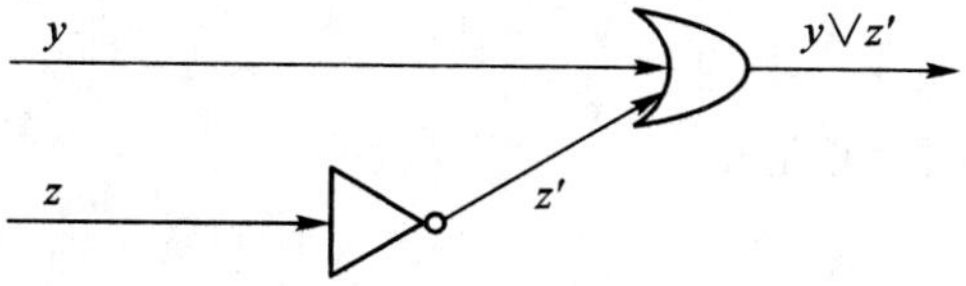

习题 6.6

1.

	y'	y
x'	1	0
x	0	1

3.

	y'		y	
x'	1	1	0	0
x	1	0	0	1
		z	z	
	z'			z'

5.

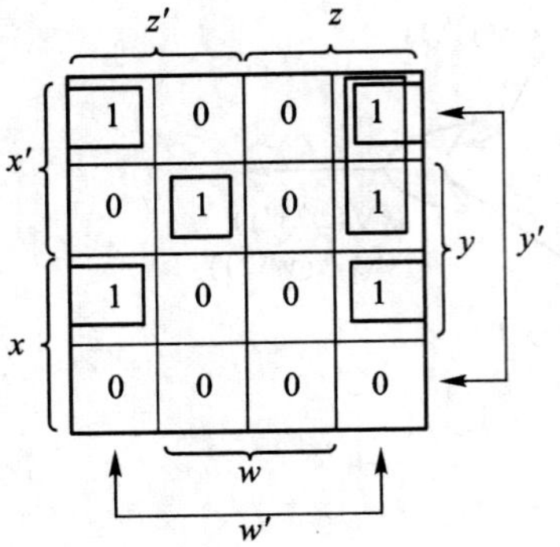

7.

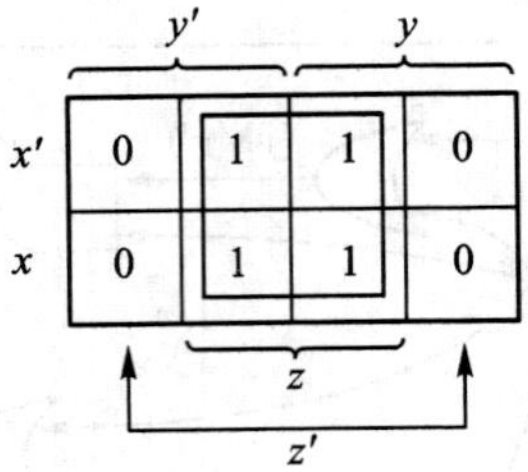

9. $(x'\wedge y')\vee(x\wedge y)$

11. $z'\vee(x'\wedge z)$

13. $(z'\wedge y)\vee(x\wedge y')\vee(y'\wedge z)$

15. $(z\wedge x')\vee(w'\wedge x\wedge y)\vee(w\wedge x\wedge y')$

17. $(x'\wedge y')\vee(x\wedge y)$

19. $(x'\wedge y')\vee(x\wedge z')$

21. z

23. $(x'\wedge y'\wedge w')\vee(y\wedge z\wedge w')\vee(x'\wedge z'\wedge y\wedge w)$

25. (a) $x'\wedge y'$，$x'\wedge y$，$x\wedge y'$

(b) 因为$\wedge$是交换的和结合的，所以只需考虑情况$(w_1\wedge w_2\wedge\cdots\wedge w_n\wedge y)\vee(w_1\wedge w_2\wedge\cdots\wedge w_n\wedge y')$。但它等价于$w_1\wedge w_2\wedge\cdots\wedge w_n$。

27. $x'\wedge z'$，$y'\wedge z'$，$y\wedge z'$，$x\wedge z'$，$x\wedge y$

29. (a) $(x\wedge y)\vee z'$

(b) 对$f(x, y, z)$的值进行简单的检查就可验证。

第 7 章习题答案

习题 7.1

1. 是，根是 b。　3. 是，根是 f。　5. 不是　7. 是，根是 t。

9. (a) $v_{12},v_{10},v_{11},v_{13},v_{14}$。

(b) $v_{10}, v_{11},v_5,v_{12},v_7,v_{15},v_{14},v_9$。

11．(a)

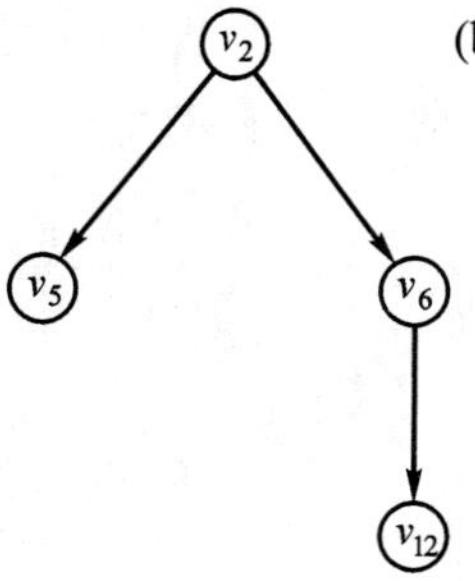

(b)

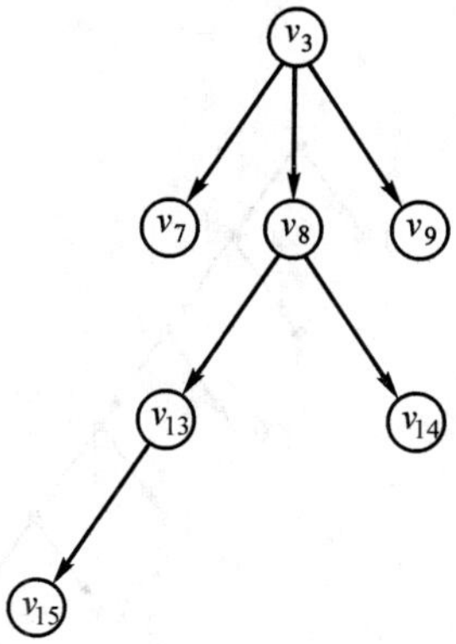

13. 对于 $n\geqslant 3$, (T, v_0)可以是一棵 n-树，它不是一棵完全 3-树。

15．(a) v_1, v_3。

(b) $v_6,v_7,v_8,v_{13},v_{14},v_{16},v_{10}$。

17. (a) 4　　　(b) 2

19.

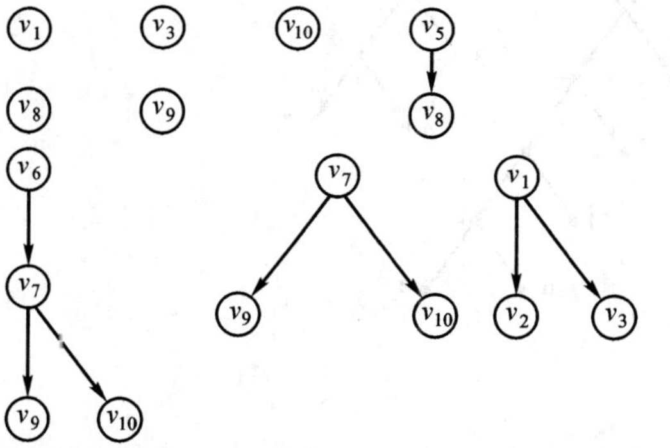

21. 基础步骤：n=1，一棵高为 1 的 n-树，由定义可知至多有 n 个叶。

归纳步骤：用 $P(i)$:一棵高为 i 的 n-树至多有 n^i 个叶去证明 $P(i+1)$：一棵高为 $i+1$ 的 n-树至多有 n^{i+1} 个叶。高为 i+1 的树 T，它的叶属于根在第一层上的 T 的子树。这些子树的每一棵树高度至多是 i，并且至多存在 n 棵子树，因此 T 的叶最大数是 $n \cdot n^i$，即 n^{i+1}。

23. 顶点的总数是 1+kn，其中 k 是非叶的个数，1 是根的个数，因为除根之外每个顶点是一个后代。因为 $l=m-k$，所以 $l=1+kn-k$，即 $1+k(n-1)$。

25. 如果 $v\,T\,u$，$u\,T\,v$，那么 v, u, v 是 T 中的一个环。因此 $v\,T\,u$ 推出 $u \not{T} v$。T 是非对称的。

27. 除根之外每个顶点有入度 1，因此 $s=r-1$。

29. 4。有最大高度的树在每一层上有一个顶点。

31. 假设 v_0 的入度不等于 0，则存在以 v_0 为始点和终点的环。这是不可能的。因此 v_0 的入度一定是 0。

33. (a) $2\leqslant n$　　　(b) $1\leqslant k\leqslant 7$

习题 7.2

1.

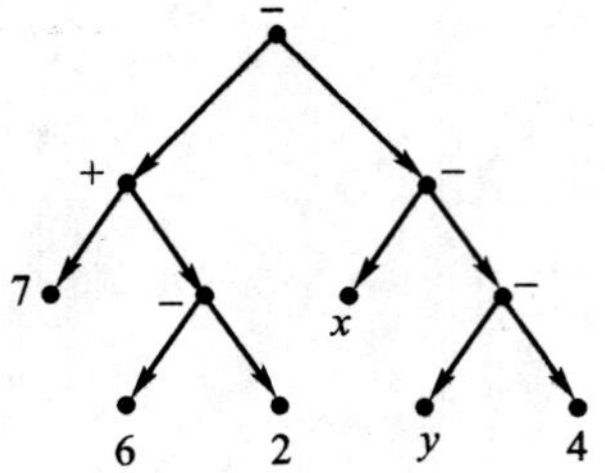

3.

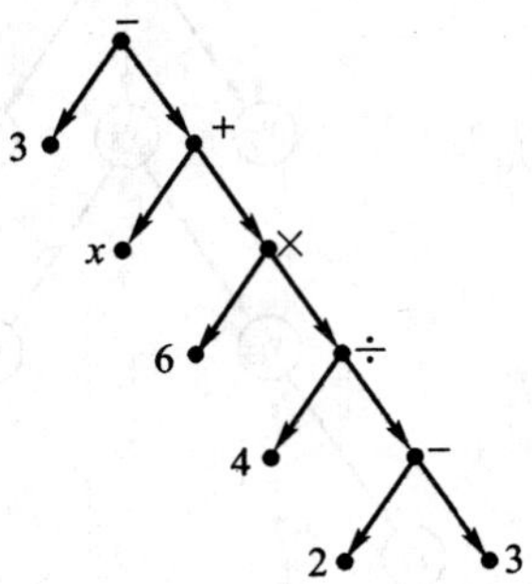

5.

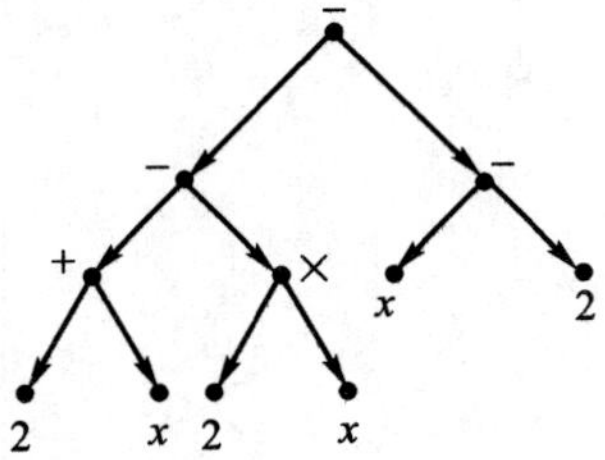

7.

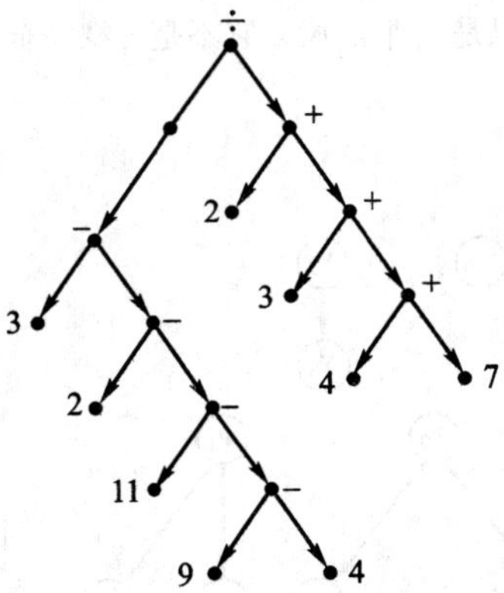

9.

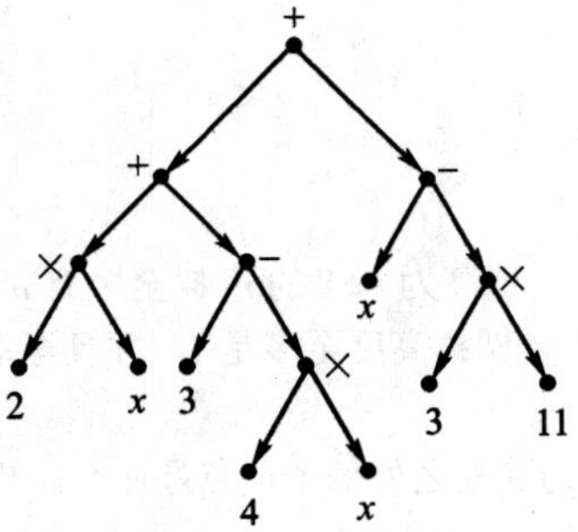

11. 6

13.

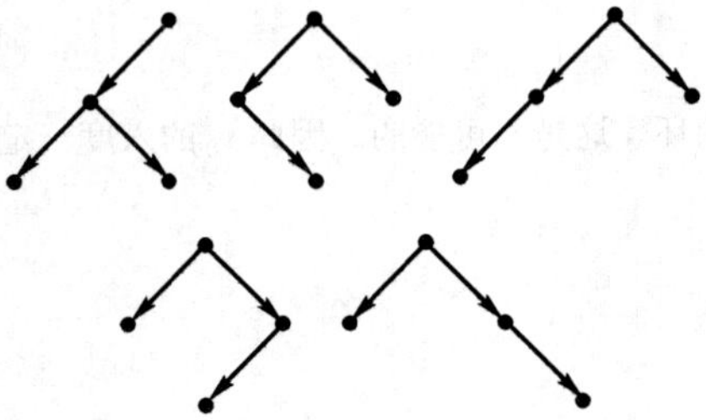

15. 721

17.

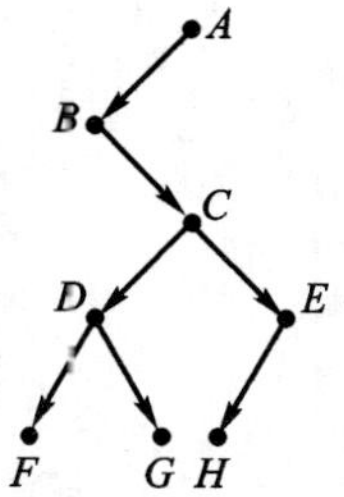

19.

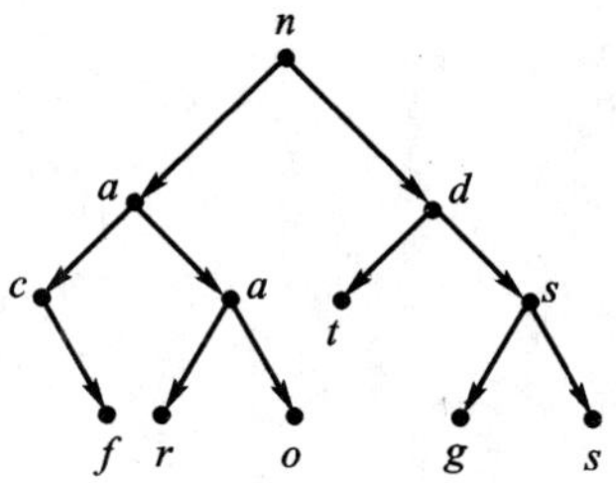

21.

LEFT	DATA	RIGHT
2	⊠	0
3	−	4
5	+	6
9	−	10
0	7	0
7	−	8
0	6	0
0	2	0
0	x	0
11	−	12
0	y	0
0	4	0

23.

LEFT	DATA	RIGHT
2	⊠	0
3	−	4
5	−	6
9	−	10
7	+	8
11	×	12
0	2	0
0	x	0
0	x	0
0	2	0
0	2	0
0	x	0

25. (a) CAR
(b) SEAR
(c) RACE
(d) SCAR

27.

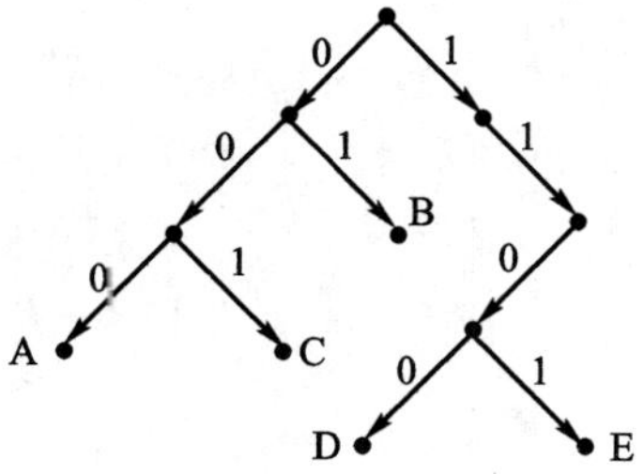

习题 7.3

1. *xysztuv*

3. *a b c g h i d k e j f*

5. T S A M Z W E D Q M L C K F N T R G J

7. 2+3–1×2

9. 6 4 2 1 3 5 7

11. *s y v u t z x*

13. *g h c i b k j f e d a*

15. Z W M A D Q E S C N T F K L J G R M T

17. NEVER I COW A SAW PURPLE ONE SEE I NEVER HOPE I

19. 4

21. 15/16

23. 8/6

25.

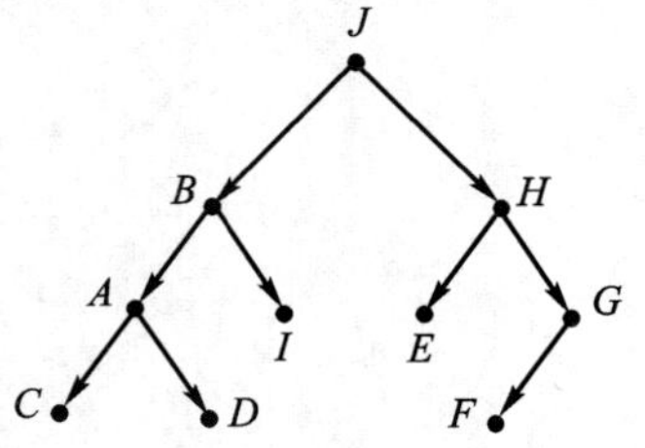

27.

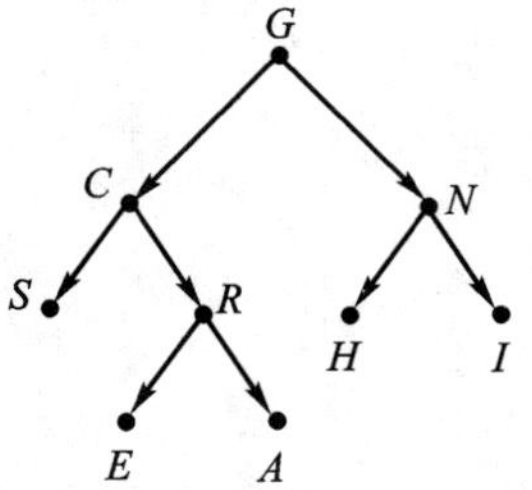

29. (a) 根必被标号为 *J*；如果 *J* 有一个左后代，则它一定被标号为 *B*，否则右后代标号为 *B*。

(b) 根必被标号为 *G*；如果 *G* 有一个左后代，则它一定被标号为 *N*，否则右后代被标号为 *N*。

31.

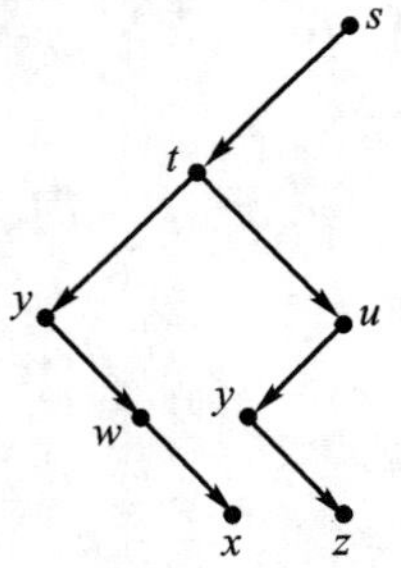

33.

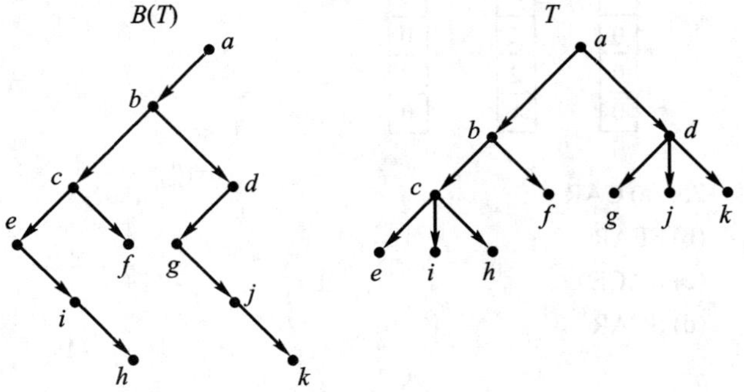

35.

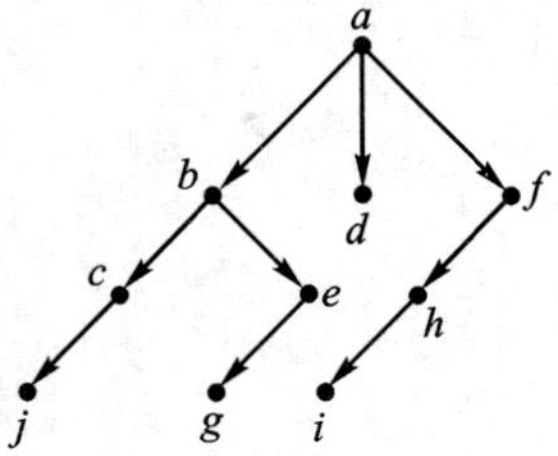

37.

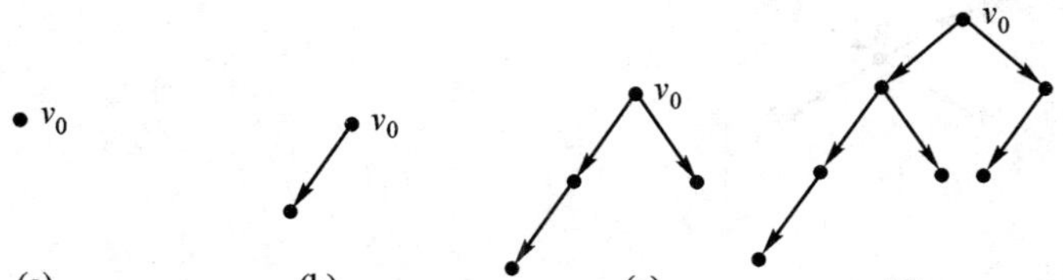

(a) (b) (c) (d)

39. $AVL_n = AVL_{n-1} + AVL_{n-2} + 1$，设 v 是一个新的根，$T(v_L)$是用最少顶点数所产生的高度为 n–1 的一棵 *AVL* 树，$T(v_R)$是用最少顶点数所产生的高度为 n–2 的一棵 *AVL* 树。那么 $T(v)$是用最少顶点数所产生的高度为 n 的一棵 *AVL* 树，其中 v 的左后代是 v_L，右后代是 v_R。

习题 7.4

1.

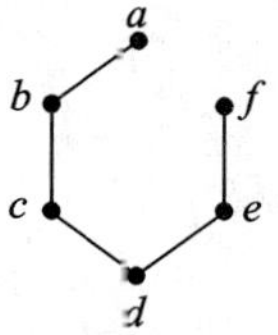

3.

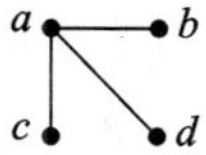

5.

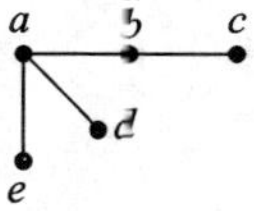

7.

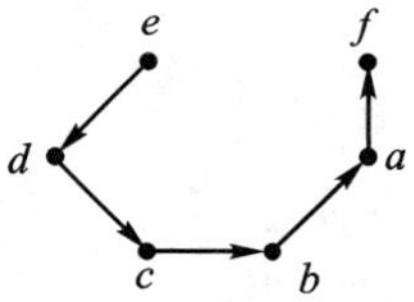

9.

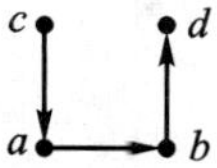

11.

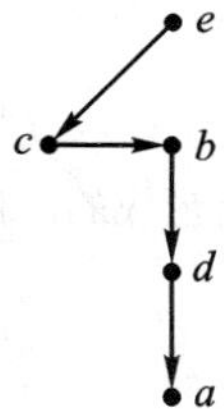

13.

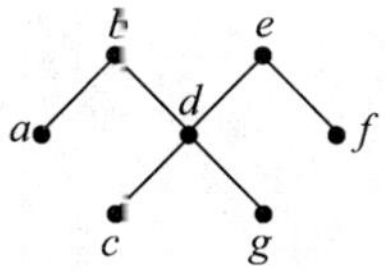

(a)

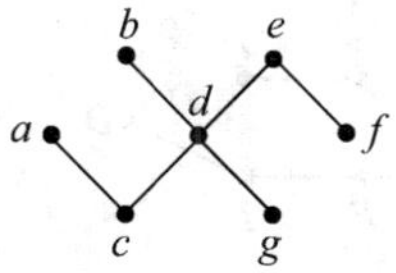

(b)

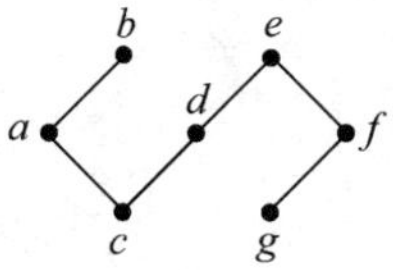

(c)

15. 有 5 棵生成树。

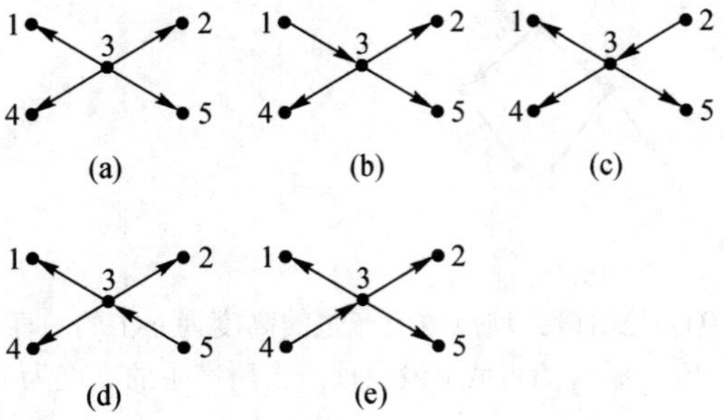

17.

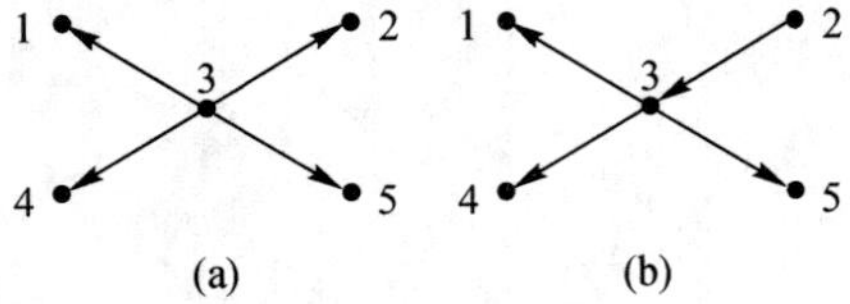

19.

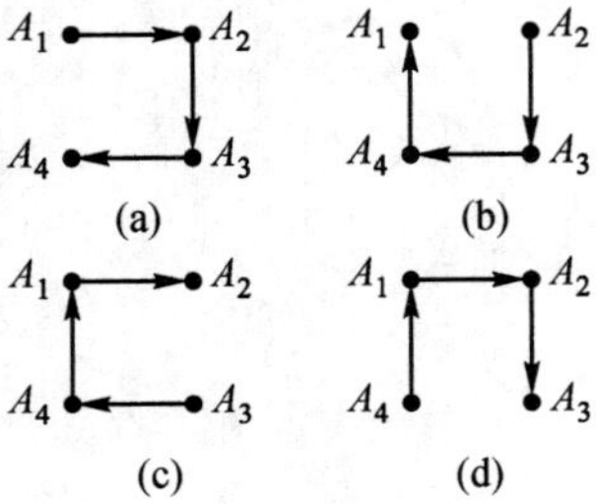

21. 5

23. n

25. 只有一个。任何一个生成树都是从图中删除一条边所形成的。顺时针方向移动标号给出任意一棵生成树与删除边(v_n, v_1)所形成的树之间的一个同构。

习题 7.5

1.

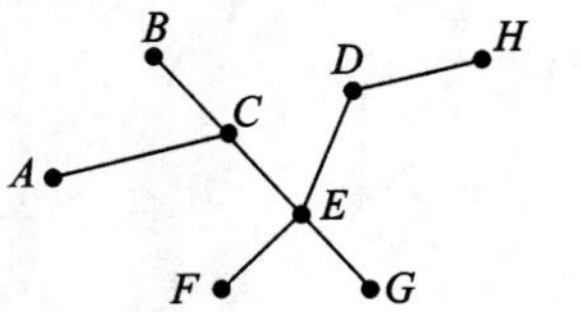

3.

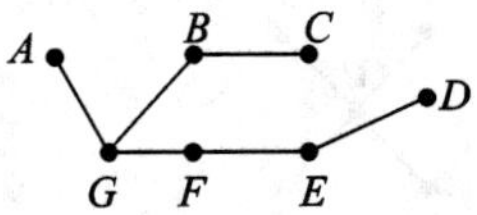

5.

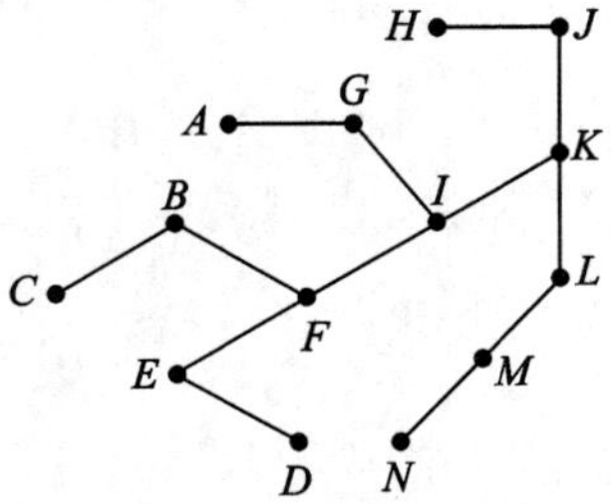

7.

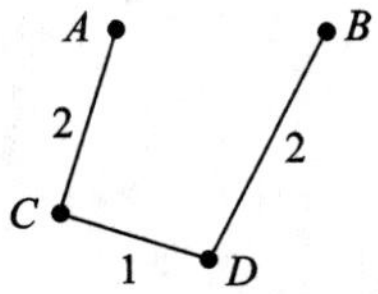

9. 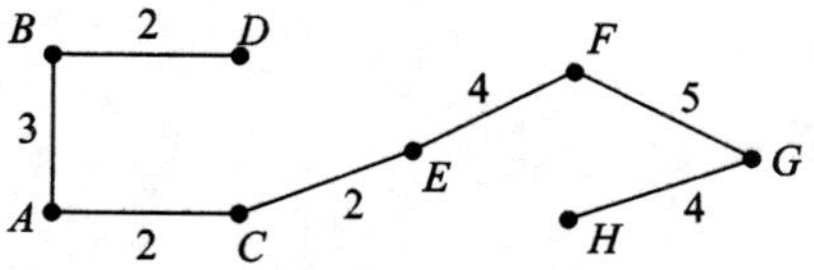

11. 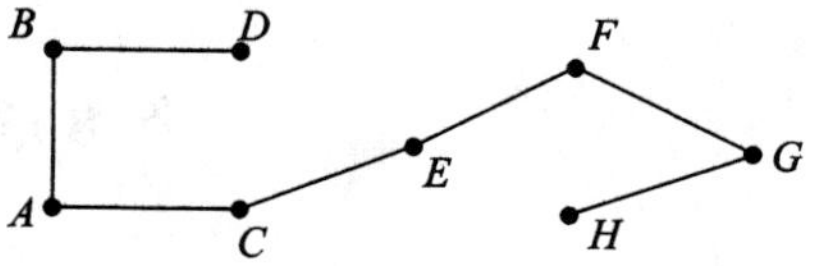

13. 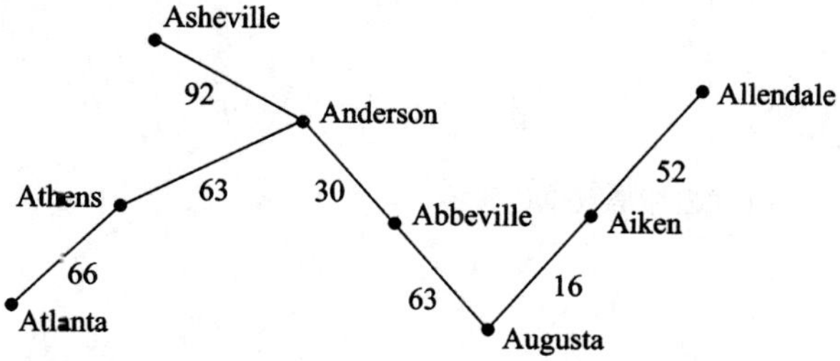

15. 它是 81 英里长。

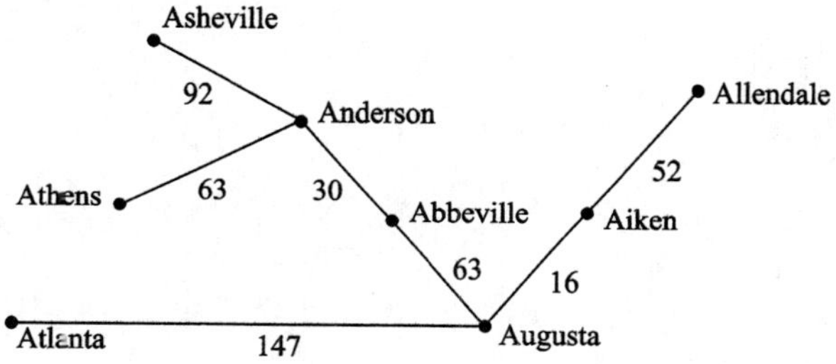

17. 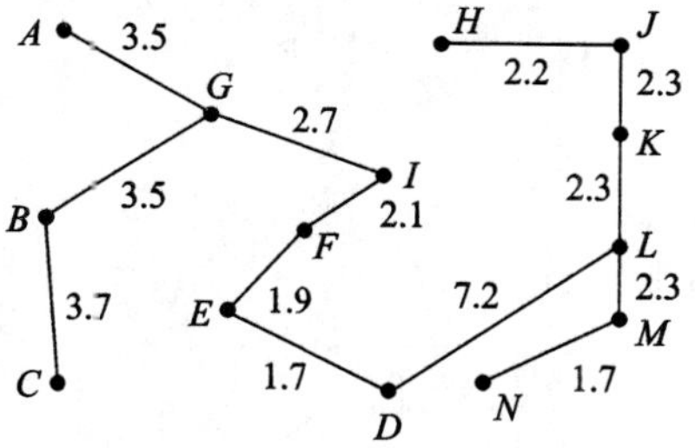

19. 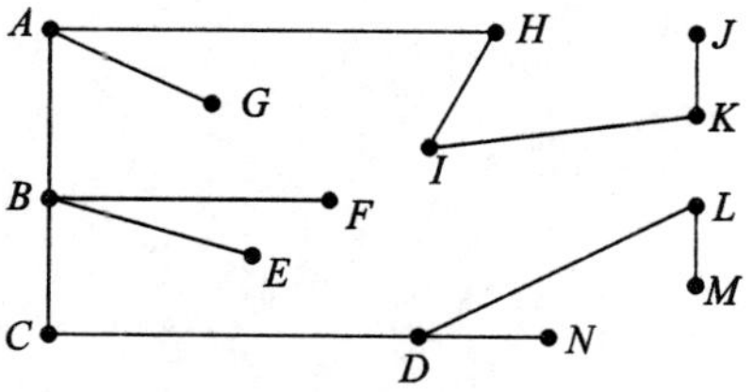

21. 最大生成树与第 19 题中相同。

23. 如果每条边有不同的权，那么存在唯一最大生成树，因为在每一步只能做一种选择。

25. 一个例子是和为 50。贪婪算法将选择 4 枚 11 分的硬币和 6 枚 1 分的硬币，总共 10 枚硬币。但要达到这个数量也可以选 7 枚 7 分的硬币和一枚 1 分的硬币，总共 8 枚硬币。

第 8 章习题答案

习题 8.1

1. $V=\{a,b,c,d\}$,　$E=\{\{a,b\},\{b,c\},\{b,d\},\{c,c\}\}$
3. $V=\{a,b,c,d\}$,　$E=\{\{a,b\},\{b,c\},\{d,a\},\{d,c\}\}$。所有边都是双重边。
5. 可能的答案如下：

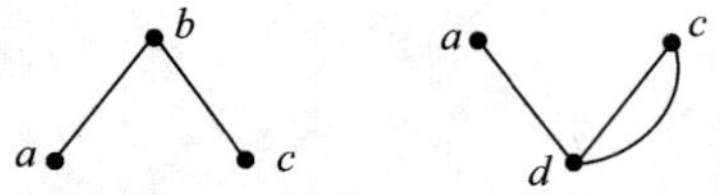

(a)　　　　(b)

7.

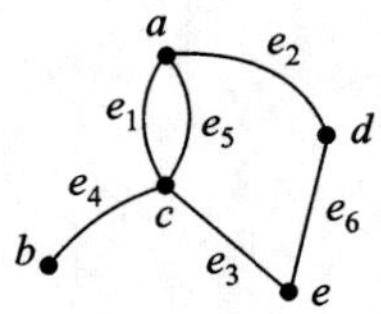

9. a 的度是 2，b 的度是 3，c 的度是 3，d 的度是 1。
11. a,c; a,b,c; a,c,d; a,c,e。
13.

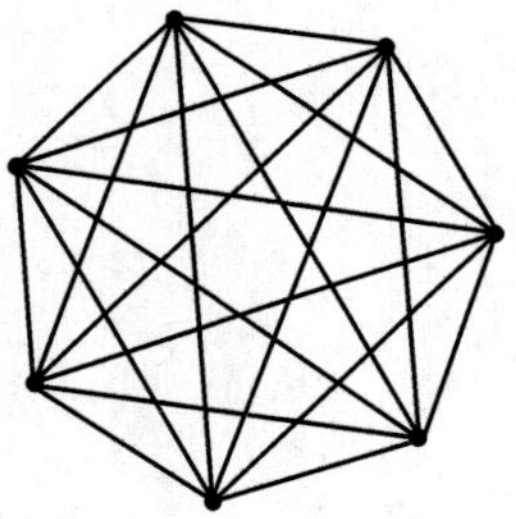

15. 只有第 3 题中所给的图是正则的。
17. 一种可能的解是

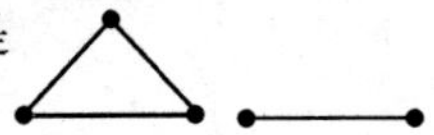

19.

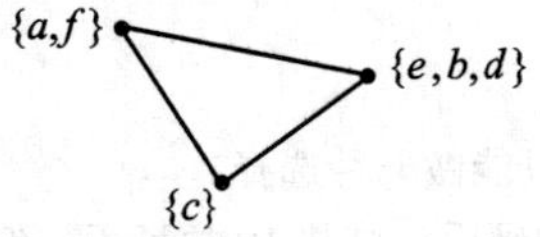

21.

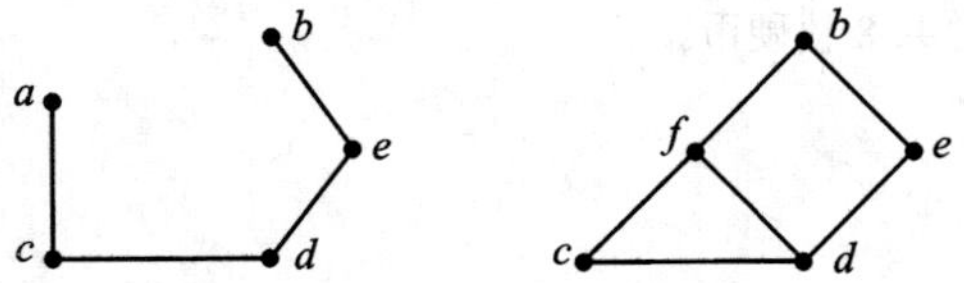

(a)　　　　(b)

23.

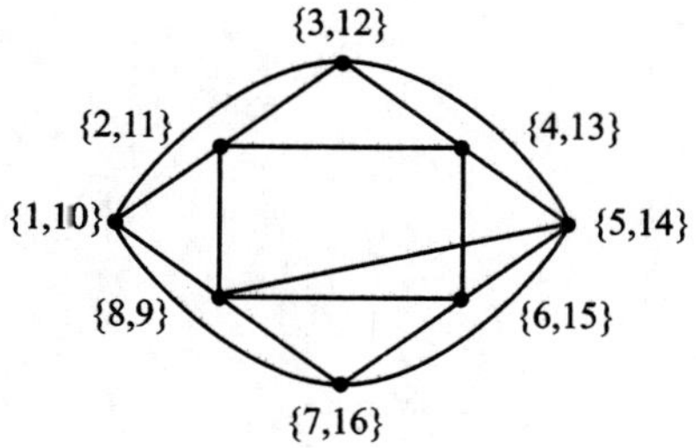

25. $n-1$。两个“端点”有度 1，其他 $n-2$ 个顶点每一个有度 2，因此边数是$(2(1)+2(n-2))/2$，即 $n-1$，因为在度的求和里每条边被计数两次。

27. 如果在图 G_1 和 G_2 的顶点之间存在一个一一对应 f，并且（v_i,v_j）是 G_1 中的一条边当且仅当$(f(v_i), f(v_i))$是 G_2 中的一条边，那么图 G_1 和 G_2 是同构的。

29. 图 8.24(a)和 8.24(c)中的图不是同构的，因为其中一个图中有一个顶点的度是 4，而另一个没有。

31. 在有向图中，顶点之间无多重边。在通常的图形中，边没有方向。

33. 所有顶点都具有偶数度，它们的度之和显然是偶数，因此，所有具有奇数度顶点的度之和一定也是偶数（利用第 32 题的结论）。但是，如果存在奇数度的顶点数是一个奇数，那么它们的度之和将是奇数，矛盾。

习题 8.2

1. 都没有。存在 4 个奇数度的顶点。
3. 欧拉回路。所有顶点有偶数度。
5. 只有欧拉道路，因为恰好有两个顶点具有奇数度。
7. 都没有。图是非连通的。
9. 可以。所有顶点有偶数度。

11.

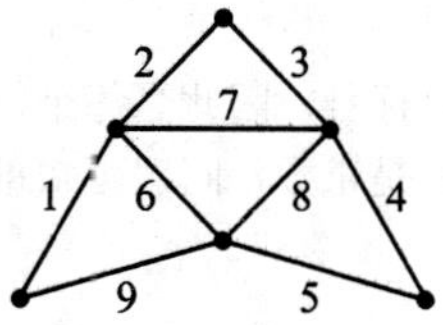

是一种可能的答案。

13. 存在。注意：如果要求一条回路，那么它是不可能的。

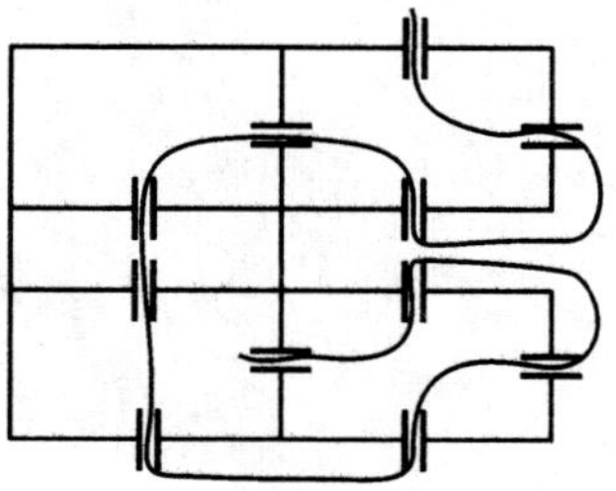

15. 还有一条边。

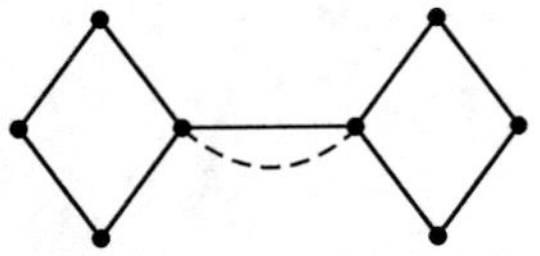

17. 7 条边。一种可能的解如下。

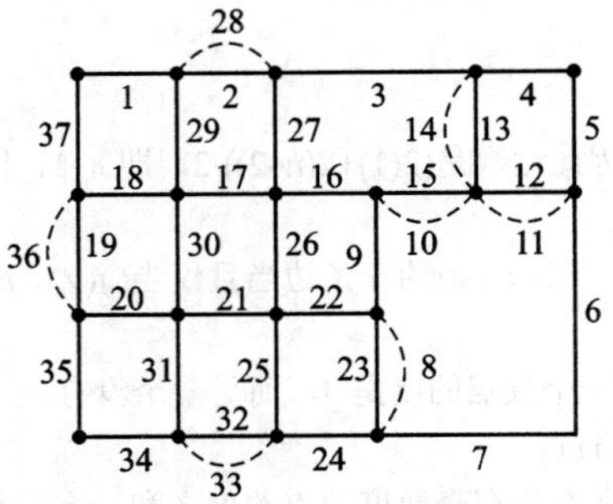

19. 见第 17 题的解答。连续数的边是一条可能的回路。

21. 如果 n 是奇数，那么 K_n 中的每个顶点有 $n-1$ 度，即一个偶数。在这种情况下，K_n 有一条欧拉回路。如果 n 是偶数，那么 K_n 中的每个顶点有奇数度；K_n 没有一条欧拉回路。

23. 假设字符串 $a_1a_2\cdots a_n$ 和 $b_1b_2\cdots b_n$ 只在第 i 个位置上不同，那么 a_i 或 b_i 是 1(另一个是 0)；比如 $a_i=1$。设 A 是由 $a_1a_2\cdots a_n$ 所表示的子集，B 是由 $b_1b_2\cdots b_n$ 所表示的子集，那么 B 是 A 的一个子集，并且不存在包含 B 的 A 的真子集。因此在这些顶点之间存在属于 B_n 的一条边。

假设在用 $a_1a_2\cdots a_n$ 和 $b_1b_2\cdots b_n$ 标号的顶点之间存在一条边，那么 $a_i\leqslant b_i$，$1\leqslant i\leqslant n$(反之亦然)。因此在 $a_1a_2\cdots a_n$ 中和在 $b_1b_2\cdots b_n$ 中至少存在一样多的 1。如果字符串在两个位置或更多位置上不同，比如 $a_j=a_k=0$ 而 $b_j=b_k=1$，考虑有 $c_i=b_i$，$c_j=0$，$i\neq j$ 的标号 $c_1c_2\cdots c_n$，那么 $c_1c_2\cdots c_n$ 表示由 $a_1a_2\cdots a_n$ 和 $b_1b_2\cdots b_n$ 所代表的子集之一。但如果在以 $a_1a_2\cdots a_n$ 和 $b_1b_2\cdots b_n$ 标号的顶点之间存在一条边，上述情况是不能的。

25. 如果 n 是偶数，那么存在一条欧拉回路。每个顶点用长度为偶数的字符串标号，因此当每个位置的值依次发生改变以产生与原顶点相连的一个顶点的标号时，它一定有偶数度。如果 n 是奇数，同理可知每个顶点有奇数度，所以没有欧拉回路。

习题 8.3

1. 都没有。
3. 有哈密尔顿道路，但没有哈密尔顿回路。
5. 有哈密尔顿回路。

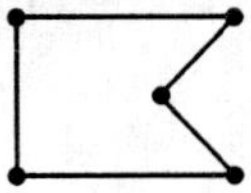

7.

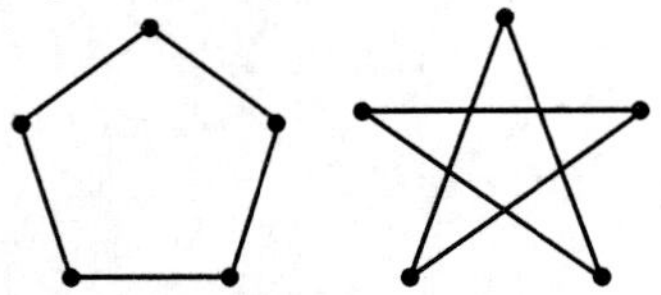

9. A，B，D，H，G，E，F，C，A。

11. A，G，B，C，F，E，D，A。

13. A，B，D，H，G，E，F，C，A。

15. A，G，B，C，F，E，D，A。

17. F，E，G，H，D，B，A，C，F。

19. 在 K_n 中任选一个顶点 v_1，$n \geqslant 3$，从 v_1 作为终点的 $n-1$ 条边中任选一条边，沿该边到达 v_2。从 v_2 开始有 $n-2$ 条边可以选择。继续该过程可以看到能选出 $(n-1)(n-2)\cdots 3 \cdot 2 \cdot 1$ 条哈密尔顿回路。

21. 一个例子是

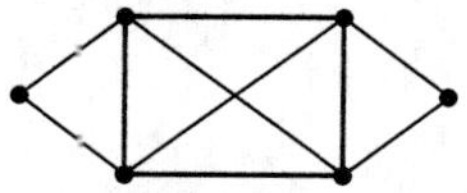

23. 一个解是 000，100，110，111，101，001，011，010，000。

25. 构造一个有 2^n+1 个的字符串的序列，其中每个字符串长度为 n，由 0 和 1 组成，使得首项与最后一项相同，并且连续项之间只有一个位置互异。

习题 8.4

1. 一种可能的解是

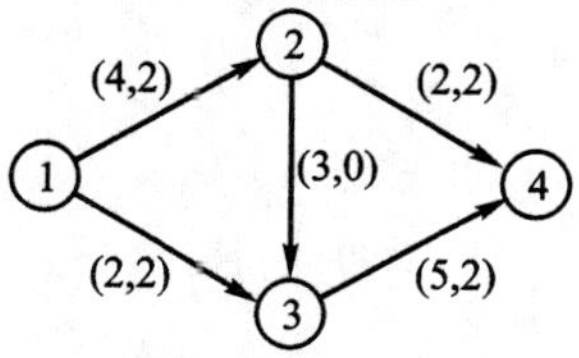

3. 一种可能的解是

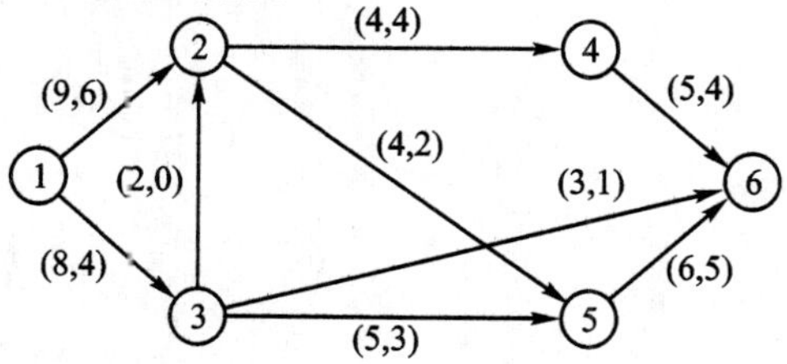

5. $value(F)=6$。

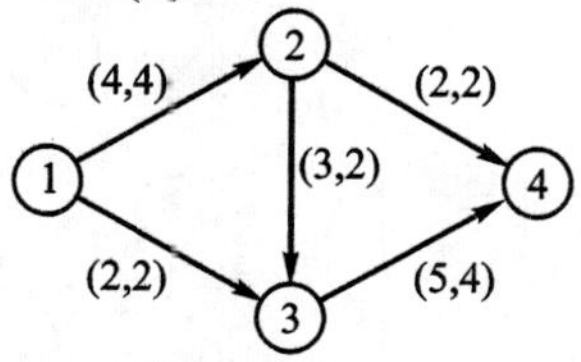

7. $value(F)=13$。

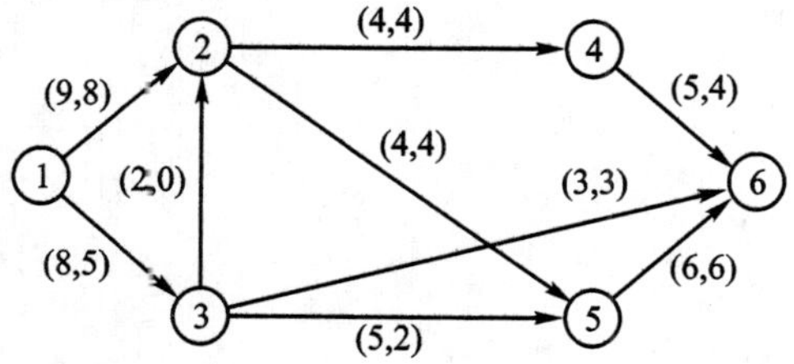

9. $value(F)$=16。

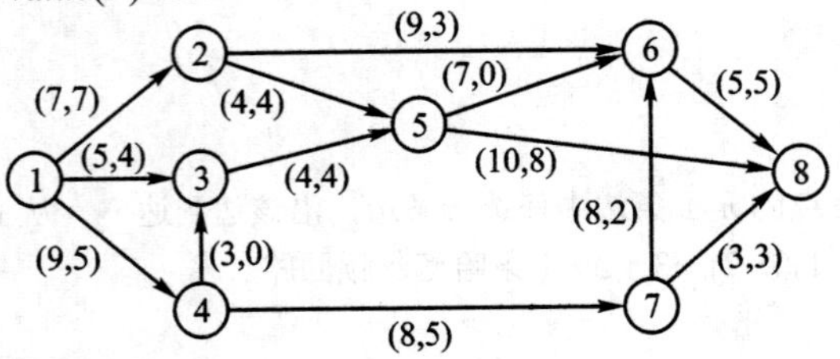

11. $value(F)$=7。

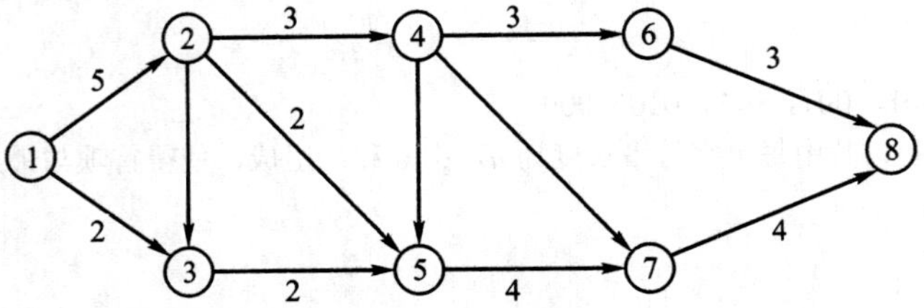

13. 可能的切割包括 C_1={(2，6)，(5，6)，(5，8)，(4，7)}且容量为 34 和 C_2={(6，8)，(7，8)}且容量为 8。

15. {(1,2),(1,3)}

17. {(2,4),(3,6),(5,6)}

19. {(2,5),(3,5),(6,8),(7,8)}

21. { (2,4),(5,7)}，容量是 7。

习题 8.5

1. 能。$M(s_2)=b_1$, $M(s_3)=b_3$, $M(s_4)=b_4$, $M(s_5)=b_2$。

3. $value(F)$=9。

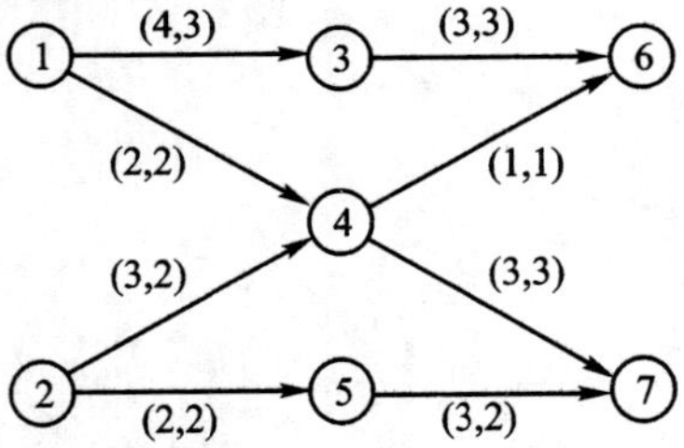

5. $value(F)$=17。

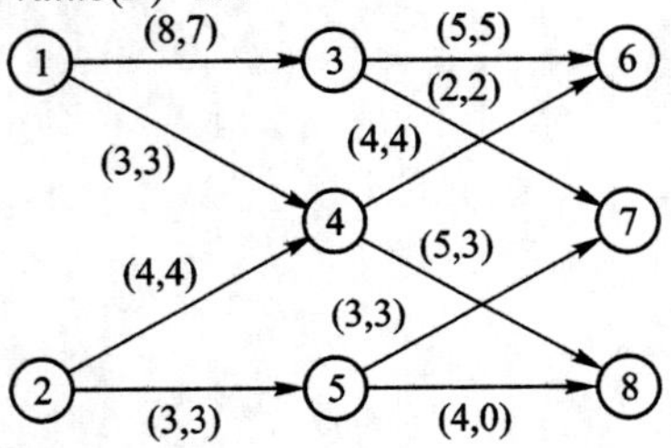

7. {(a,1),(b,2),(c,4),(d,3)}是一个最大匹配。

9. {(a,5),(b,2),(c,3),(d,1),(e,4)}是一个最大匹配。

11. 题 7、9 和 10 中的匹配是完全的。

13. (a) 一个配对的集合是 Sam–Jane，Kip–Gail，Homer–Rufus 和 Kirk–Stacey。

(b) 可以，一种这样的配对是 Sam–Stacey，Kip–Rufus，Homer–Jane 和 Kirk–Gail。

15. 设 S 是 A 的任意子集，E 是始于 S 中的边的集合，则 $k|S|\leqslant|E|$。E 中的每一条边一定以 $R(S)$中的一个节点为终点，这种节点至多有 $j|R(S)|$个。因为 $j\leqslant k$，所以 $j|S|\leqslant k|S|\leqslant j|R(S)|$，$|S|\leqslant|R(S)|$。由 Hall 婚姻定理可知存在 A、B 和 R 的一个完全匹配。

17. (a) 不是，顶点 1，2 和 6 一定在不同的子集中，但是划分只存在两个集合。

(b) 是，{{1，3，5，7}，{2，4，6，8}}。

19. 边(u,v),(v,w)和(w,u)组成一个三角形。如果把 u 和 v 放在一个 2-集合划分的不同子集中，那么没有任何一个子集能包含 w。

习题 8.6

1.

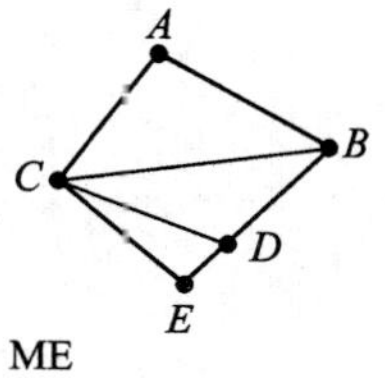

3.

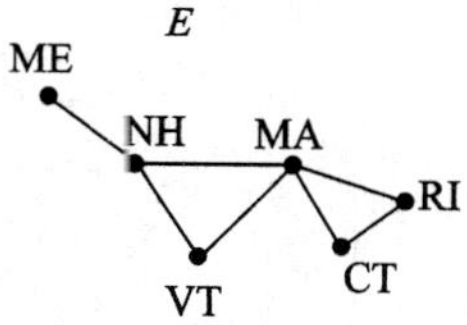

5. 2

7. 2

9. $P_G(x)=x(x-1)(x^2-3x+3)$; $P_G(0)=P_G(1)=0$, $P_G(2)=2$。

11. $P_G(x)=x(x-1)(x^4-5x^3+10x^2-10x+5)$; $P_G(0)=P_G(1)=0$, $P_G(2)=2$。

13. $P_G(x)=x(x-1)(x-2)^2$; $x(G)=3$。

15. $P_G(x)=x(x-1)(x-2)(x-3)$; $x(G)=4$。

17. $P_G(x)=x(x-1)(x-2)^3$; $x(G)=3$。

19. $P_G(x)=x(x-1)^2(x-2)(x^2-3x+3)$; $x(G)=3$。

21. $x(G)=2$，设 A 和 B 是顶点划分的子集，在 A 里着色顶点是一种颜色，在 B 里是另一种颜色。很容易看到这就给出了 G 的一种正常着色。

23. (概要)基础步骤：$n=1$, P(1):$P_{L_1}(x)=x$ 为真，因为 L_1 只有一个顶点。

归纳步骤：利用 P(k)证明 P(k+1)。设 $G=L_{k+1}$，e 是一条边$\{u,v\}$且 $\deg(v)=1$，那么 G_e 有两个分支 L_k 和 v。用定理 1 和 P(k) 有 $P_{G_e}(x)=x\cdot x(x-1)^{k-1}$。$v$ 和 u 合并得 $G^e=L_k$,因此 $P_{G^e}(x)=x(x-1)^{k-1}$。由定理 2 得 $P_{L_{k+1}}(x)=x^2(x-1)^{k-1}-x(x-1)^{k-1}=x(x-1)^{k-1}(x-1)=x(x-1)^k$。

25. 可能的答案是

(a)

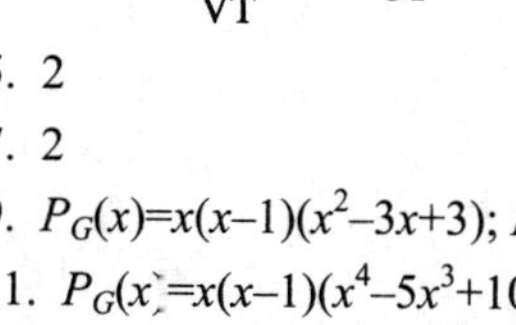

(b)

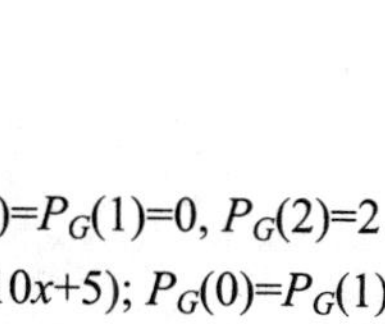

27. 用鱼的种类给顶点标号，如果一种鱼吃另一种鱼，用一条边连接这两个顶点。颜色表示容器，因此 $\chi(G)$

是所需容器的最小数。

29. (a) 每行，每列和每个子格有相同的元素数。

(b) 7 （c）20

第9章习题答案

习题 9.1

1. 是　　3. 不是　　5. 不是

7. 不是

9. 可交换，可结合。

11. 不可交换，可结合。

13. 可交换，可结合。

15. 可交换，可结合。

17. 可交换，可结合。

19. 可交换，不可结合。

21. 运算有幂等性质，因为 $a*a=\dfrac{a+a}{2}=a$。

23. 一种解是

$*$	a	b	c
a	a	c	c
b	c	b	a
c	c	a	c

25. (a) a,a。　　(b) c,b。

(c) c,a。　　(d) 都不是。

27.

$*$	a	b	c	d
a	a	b	c	d
b	b	a	c	d
c	c	d	c	d
d	d	c	c	d

29. $n^{n(n+1)/2}$ 种交换运算。

31. (a) 结合：(1)，(5)，(8)，(9)，(10)，(11)，(15)，(16)。

(b) 幂等：(5)，(10)，(11)，(15)。

33. 集合 S 上的二元运算必须对 S 中每个元素 a,b 有定义。根据前面的定义，对于 S 中某些 $a,b,a*b$ 可能无定义。在集合 S 上的任何二元运算在 1.6 节的意义下是一个二元运算。

习题 9.2

1. 半群：(b)。幺半群：(b)。
3. 半群：(a)。幺半群：都不是。
5. 幺半群：单位元是 1；交换的。
7. 半群。
9. 幺半群：单位元是 S；交换的。
11. 幺兰群：单位元是 12；交换的。
13. 幺兰群：单位元是 0；交换的。
15. 幺半群：单位元是 $\begin{bmatrix} 0 \\ -1 \end{bmatrix}$；交换的。
17. 都不是。
19.

*	a	b	c
a	c	a	b
b	a	b	c
c	b	c	a

21. 设 $f_1(a)=a, f_1(b)=a; f_2(a)=a, f_2(b)=b; f_3(a)=b, f_3(b)=a; f_4(a)=b, f_4(b)=b$。这些都是 S 上的唯一函数，不是交换的。

$\circ$	f_1	f_2	f_3	f_4
f_1	f_1	f_1	f_4	f_4
f_2	f_1	f_2	f_3	f_4
f_3	f_1	f_3	f_2	f_1
f_4	f_1	f_4	f_4	f_4

23. (a) *abaccbababc*

(b) *babcabacabac*

(c) *babccbaabac*

25. 子集一定形成一个子半群，单位元一定属于子集。
27. 由第 26 题，只需检查 $e\in S_1\cap S_2$，但 $e\in S_1$ 和 $e\in S_2$，因为每一个都是$(S，*)$的子幺半群。
29. 存在。参考第 1 题。
31. 设 $x, y\in S_1, (g\circ f)(x*_1 y)=g(f(x*_1 y))=g(f(x)*_2 f(y))=g(f(x))*_3 g(f(y))=(g\circ f)(x)*_3(g\circ f)(y)$，因此 $g\circ f$ 是从$(S_1，*_1)$到$(S_3，*_3)$的一个同态。
33. 满射；同态。
35. 设 $x, y\in \mathbf{R}^+$，$\ln(x*y)=\ln(x)+\ln(y)$，所以 ln 是一个同态。假设 $x\in \mathbf{R}$，那么 $e^x\in \mathbf{R}^+$，$\ln(e^x)=x$，所以 ln 是到 $\mathbf{R}^+$的满射。假设 $\ln(x)=\ln(y)$，那么 $e^{\ln(x)}=e^{\ln(y)}$，$x=y$。因此 ln 是单射，所以 ln 是$(\mathbf{R}^+，\times)$和$(\mathbf{R}，+)$的一个同构。

习题 9.3

1. 设$(s_1,t_1),(s_2,t_2)\in S\times T$，因为$(s_1，t_1)*''(s_2,t_2)=(s_1*s_2,t_1*'t_2)$，所以$*''$是一个二元运算。因为$(s_1，t_1)*''((s_2,t_2)*''$

$(s_3,t_3))=(s_1,t_1)*''(s_2*s_3,t_2*'t_3)=(s_1*(s_2*s_3),t_1*'(t_2*'t_3))=((s_1*s_2)*s_3,(t_1*'t_2)*'t_3)=((s_1,t_1)*''(s_2,t_2))*''(s_3,t_3)$，因此$(S\times T，*'')$是一个半群。$(s_1，t_1)*''(s_2,t_2)=(s_1*s_2,t_1*'t_2)=(s_2*s_1,t_2*'t_1)=(s_2,t_2)*''(s_1,t_1)$，所以$*''$是交换的。

3. 设$(s_1，t_1),(s_2,t_2)\in S\times T$，则$f((s_1,t_1)*''(s_2,t_2))=f(s_1*s_2,t_1*'t_2)=s_1*s_2=f(s_1,t_1)*f(s_2,t_2)$，所以$f$是一个同态。

5. $*''$是一个二元运算，因为$*$和$*'$都是二元运算。考虑$(s_1,t_1)*''((s_2,t_2)*''(s_3,t_3))$。

$$\begin{aligned}(s_1,t_1)*''((s_2,t_2)*''(s_3,t_3))&=(s_1,t_1)*''(s_2*s_3,t_2*'t_3)\\&=(s_1*(s_2*s_3),t_1*'(t_2*'t_3))=((s_1*s_2)*s_3,(t_1*'t_2)*'t_3)\\&=((s_1,t_1)*''(s_2,t_2))*''(s_3,t_3)\end{aligned}$$

因此$*''$是结合的。

7. 是

9. 是

11. 是

13. 不是

15. 是

17. S/R={[4],[7],[10],[13],[16]}

19. 由 4.7 节的第 23 题可知两个等价关系的合成不一定是一个等价关系。

21. S/R={[0]，[1]，[2]}，[0]={0，±3，±6，…}，[1]={±1，±4，±7，…}，[2]= {±2，±5，±8，…}。

⊕	[0]	[1]	[2]
[0]	[0]	[1]	[2]
[1]	[1]	[2]	[0]
[2]	[2]	[0]	[1]

23. S/R={[0]，[1]，[2]，[3]，[4]}，$[a]=\{z|z=5k+a, k\in \mathbf{Z}\}$，$a$=0,1,2,3,4。

⊕	[0]	[1]	[2]	[3]	[4]
[0]	[0]	[1]	[2]	[3]	[4]
[1]	[1]	[2]	[3]	[4]	[0]
[2]	[2]	[3]	[4]	[0]	[1]
[3]	[3]	[4]	[0]	[1]	[2]
[4]	[4]	[0]	[1]	[2]	[3]

25. (a)

⊛	$[a]$	$[b]$
$[a]$	$[a]$	$[b]$
$[b]$	$[b]$	$[b]$

(b) $f_R(e)=[a]=f_R(a), f_R(b)=[b]=f_R(c)$

27. 对两个乘法表的考查证明它们是相同的，所以 Z_2 与 S/R 是同构的。

29. 这是一个直接证明，对于(a)，首先检查等价关系的三条性质，然后检查同余关系的性质。对于(b)，首先检查 $\overline{f}$ 是一个函数，然后证明满足同构性质。

习题 9.4

1. 不是

3. 是；阿贝尔群；单位元是 0；a^{-1} 是$-a$。

5. 不是　7. 不是　9. 不是

11. 是；阿贝尔群；单位元是{ }；a^{-1}是 a。

13. 因为 S_3 中的 g_1, g_2, g_3 的阶都是 2，所以如果群是同构的，那么它们一定以某种方式与例 12 中的 f_2, f_3, f_4 配成对。但是在例 12 中用 f_2, f_3, f_4 标号的行和列无论怎样重排都不能与 S_3 的表由 g_1, g_2, g_3 所示的“块”模型相同。因此群是不同构的。

15. (a) 3/3　(b) –4/5

17. $H_1=\{1\}$，$H_2=\{1，-1\}$，$H_3=\{1，-1，i，-i\}$。

19.

$\circ$	f_1	f_2	f_3	f_4	f_5	f_6	f_7	f_8
f_1	f_1	f_2	f_3	f_4	f_5	f_6	f_7	f_8
f_2	f_2	f_3	f_4	f_1	f_8	f_7	f_5	f_6
f_3	f_3	f_4	f_1	f_2	f_6	f_5	f_8	f_7
f_4	f_4	f_1	f_2	f_3	f_7	f_8	f_6	f_5
f_5	f_5	f_7	f_6	f_8	f_1	f_3	f_2	f_4
f_6	f_6	f_8	f_5	f_7	f_3	f_1	f_4	f_2
f_7	f_7	f_6	f_8	f_5	f_4	f_2	f_1	f_3
f_8	f_8	f_5	f_7	f_6	f_2	f_4	f_3	f_1

21. 考虑序列 $e, a, a^2, a^3, \cdots$，因 G 是有限的，所以该序列中并不是所有项都是不同的，即对某个 $i \leqslant j$，有 $a^i = a^j$。于是$(a^{-1})^i a^i=(a^{-1})^i a^j$，$e=a^{j-i}$，注意 $j-i \geqslant 0$。

23. 是

25. 显然 $e \in H$。设 $a, b \in H$，考虑$(ab)y=a(by)=a(yb)=(ay)b=(ya)b=y(ab)$，$\forall y \in G$，因此 H 在乘法运算下是封闭的，故它是 G 的一个子群。

27. 恒等置换是一个偶置换。如果 p_1 和 p_2 是偶置换，那么每一个都能写成偶数个转置的积，于是 $p_1 \circ p_2$ 能写成 p_1 和 p_2 这些表示的积，但这给出了 $p_1 \circ p_2$ 是偶数个转置的积。因此，$p_1 \circ p_2 \in A_n$，故 A_n 是 S_n 的一个子群。

29. $\{f_1\}, \{f_1, f_2, f_3, f_4\}, \{f_1, f_3, f_5, f_6\}, \{f_1, f_3, f_7, f_8\}, \{f_1, f_5\}, \{f_1, f_6\}, \{f_1, f_3\}, \{f_1, f_7\}, \{f_1, f_8\}, D_4$。

31. $|xy|=|x| \cdot |y|$,因此 $f(xy)=f(x)f(y)$。

33. 假设 $f: G \rightarrow G$ 满足 $f(a)=a^2$，且是一个同态。那么 $f(ab)=f(a)f(b)$或$(ab)^2=a^2b^2$，因此 $a^{-1}(abab)b^{-1}=a^{-1}(a^2b^2)b^{-1}$,$ba=ab$。假设 G 是阿贝尔群，由第 37 题得 $f(ab)=f(a)f(b)$。

35. 设 $x, y \in G$, $f_a(xy)=axya^{-1}=axa^{-1}aya^{-1}=f_a(x)f_a(y)$, f_a 是一个同态。假设 $x \in G$，那么 $f_a(a^{-1}xa)=aa^{-1}xaa^{-1}=x$，所以 f_a 是满射。假设 $f_a(x)=f_a(y)$，则 $axa^{-1}=aya^{-1}$,于是 $a^{-1}(axa^{-1})a=a^{-1}(aya^{-1})a$, $x=y$。因此 f_a 是单射，故 f_a 是一个同构。

37. (概要)基础步骤：$n=1$, P(1)：$(ab)^1=a^1b^1$ 为真。

归纳步骤：P(k+1)的左边：$(ab)^{k+1}=(ab)^k ab=a^k b^k ab=a^k ab^k b=a^{k+1}b^{k+1}$，即 P($k$+1)的右边。

39. 一种可能的表是

*	a	b	c
a	b	a	c
b	c	b	a
c	a	c	b

*没有单位元。

习题 9.5

1.

	$(\bar{0},\bar{0})$	$(\bar{0},\bar{1})$	$(\bar{0},\bar{2})$	$(\bar{1},\bar{0})$	$(\bar{1},\bar{1})$	$(\bar{1},\bar{2})$
$(\bar{0},\bar{0})$	$(\bar{0},\bar{0})$	$(\bar{0},\bar{1})$	$(\bar{0},\bar{2})$	$(\bar{1},\bar{0})$	$(\bar{1},\bar{1})$	$(\bar{1},\bar{2})$
$(\bar{0},\bar{1})$	$(\bar{0},\bar{1})$	$(\bar{0},\bar{2})$	$(\bar{0},\bar{0})$	$(\bar{1},\bar{1})$	$(\bar{1},\bar{2})$	$(\bar{1},\bar{0})$
$(\bar{0},\bar{2})$	$(\bar{0},\bar{2})$	$(\bar{0},\bar{0})$	$(\bar{0},\bar{1})$	$(\bar{1},\bar{2})$	$(\bar{1},\bar{0})$	$(\bar{1},\bar{1})$
$(\bar{1},\bar{0})$	$(\bar{1},\bar{0})$	$(\bar{1},\bar{1})$	$(\bar{1},\bar{2})$	$(\bar{0},\bar{0})$	$(\bar{0},\bar{1})$	$(\bar{0},\bar{2})$
$(\bar{1},\bar{1})$	$(\bar{1},\bar{1})$	$(\bar{1},\bar{2})$	$(\bar{1},\bar{0})$	$(\bar{0},\bar{1})$	$(\bar{0},\bar{2})$	$(\bar{0},\bar{0})$
$(\bar{1},\bar{2})$	$(\bar{1},\bar{2})$	$(\bar{1},\bar{0})$	$(\bar{1},\bar{1})$	$(\bar{0},\bar{2})$	$(\bar{0},\bar{0})$	$(\bar{0},\bar{1})$

3. 定义 $f:G_1\to G_2$ 为 $f(g_1,g_2)=(g_2,g_1)$，由 9.3 节的第 4 题得 f 是一个同构。

5.

	[0]	[1]	[2]
[0]	[0]	[1]	[2]
[1]	[1]	[2]	[0]
[2]	[2]	[0]	[1]

7. $\ker(f)=\{(e_1,g_2)$，e_1 是 G_1 的单位元，$g_2\in G_2\}$

9. {[0]}，{[1]}，{[2]}，{[3]}。

11. {[0]，[1]，[2]，[3]}

13. 群是同构的。定义 f：$G\to Z_4$ 满足 $f(1)=[0]$，$f(i)=[1]$, $f(-1)=[2]$，$f(-i)=[3]$，乘法表的比较表明 f 保持运算。

15. $\{f_1,g_3\},\{f_2,g_2\},\{f_3,g_1\}$。

17. $\{f_1\},\{f_2\},\{f_3\},\{g_1\},\{g_2\},\{g_3\}$。

19. {[0]，[4]},{[1]，[5]},{[2]，[6]},{[3],[7]}。

21. $\{(m+x,\ n+x)|x\in\mathbf{Z}\},(m,n)\in\mathbf{Z}\times\mathbf{Z}$。

23. 如果 N 是 G 的一个正规子群，第 22 题表明：对所有 $a\in G$，$a^{-1}Na\subseteq N$。假设对所有 $a\in G$，$a^{-1}Na\subseteq N$，第 22 题的证明再次表明 N 是 G 的一个正规子群。

25. $\{f_1\},\{f_1,\ f_3\},\{f_1,f_3,f_5,f_6\},\{f_1,f_2,f_3,f_4\},\{f_1,f_3,f_7,f_8\},D_4$。

27. 假设 $f_a(h_1)=f_a(h_2)$，则 $ah_1=ah_2$，$a^{-1}(ah_1)=a^{-1}(ah_2)$，因此 $h_1=h_2$，所以 f_a 是单射。设 $x\in aH$，则 $x=ah, h\in H, f_a(h)=x$，因此 f_a 是满射。因为 f_a 是处处有定义的，所以它在 H 和 aH 之间是一一对应的，故$|H|=|aH|$。

29. 假设 $f(aH)=f(bH)$，则 $Ha^{-1}=Hb^{-1}$ 和 $a^{-1}=hb^{-1}, h\in H$，因此 $a=bh^{-1}\in bH$，所以 $aH\subseteq bH$。类似地，$bH\subseteq aH$，所以 $aH=bH$。这意味着 f 是单射。如果 Hc 是 H 的一个右陪集，则 $f(c^{-1}H)=Hc$，所以 f 也是满射。

31. 考虑 $f(aba^{-1}b^{-1})=f(a)f(b)f(a^{-1})f(b^{-1})=f(a)f(a^{-1})f(b)f(b^{-1})=f(a)(f(a))^{-1}f(b)(f(b))^{-1}=ee=e$(由 9.4 节的定理 5)，因此$\{aba^{-1}b^{-1}|a,b\in G_1\}\subseteq\ker(f)$。

33. 设 $a\notin H$。H 的左陪集是 H 和 aH，H 的右陪集是 H 和 Ha，$H\cap aH=H\cap Ha=\{\ \}, H\cup aH=H\cup Ha$。因此 $aH=Ha$。因为 $a\in H$ 推出 $aH=H$，所以有 $xH=Hx$，$\forall\, x\in G$，故 H 是 G 的一个正规子群。

35. 假设 $f:G\to G'$ 是单射，$x\in\ker(f)$，则 $f(x)=e'=f(e)$，因此 $x=e$ 和 $\ker(f)=\{e\}$。反之，假设 $\ker(f)=\{e\}$，如果 $f(g_1)=f(g_2)$，则 $f(g_1g_2^{-1})=f(g_1)f(g_2^{-1})=f(g_1)(f(g_2))^{-1}=f(g_1)(f(g_1))^{-1}=e$。因此 $g_1g_2^{-1}\in\ker(f)$。所以 $g_1g_2^{-1}=e$ 和 $g_1=g_2$，故 f 是单射。

37. 因为 H 是 G 的一个子群，单位元 $e\in H$。对任意 $g\in G$，$g=g*e\in gH$，所以 G 的每个元素属于 H 的某个左陪集。如果 aH 和 bH 是 H 的不同的左陪集，可以推出 $aH\cap bH=\{\}$，因此 H 的不同左陪集的集合形成了 G 的一个划分。

习题 9.6

1. 有单位元的非交换环。
3. 不是一个环。
5. 有单位元的交换环。
7. 从第 1 题可知是一个环。零因子的一个例子是矩阵 $\begin{bmatrix}2 & 4\\1 & 2\end{bmatrix}$ 和 $\begin{bmatrix}-2 & -2\\1 & 1\end{bmatrix}$。
9. $\bar{1}$，$\bar{3}$
11. $\bar{1}$，$\bar{3}$，$\bar{7}$，$\bar{9}$
13. 该子集是关于+的一个子群，因为它包含零元并且 ***A***–***B*** 属于该子集(如果 ***A*** 和 ***B*** 属于该子集)。该子集是关于*的一个子半群，因为如果 ***A*** 和 ***B*** 都属于该子集，那么 ***A********B*** 也属于该子集。
15. 题 1 和 2 中的结构不是域，因为它们没有乘法逆。第 3 题中的结构不是一个环，所以它不是一个域。题 4、5 和 6 是域。
17. $\overline{55}*\overline{57}=\bar{1}$，在 Z_{196} 中。
19. $(\bar{4},\ \bar{0})$
21. (a) $\bar{2}$，$\bar{3}$。(b) 无解。
23. 9　　25. (a) $(x\vee y)\wedge\sim(x\wedge y)$　(b) $x\wedge y$
27. 单位的集合一定包含 R 的所有非零元。
29. 在第 28 题中已证明了命题：Z_n 是一个域，则 n 是素数。用 1.4 节的定理 4(a)可证明该命题的逆。任意 $a\in Z_n$ 与 n 是互素的，所以对某整数 s，t，有 $1=sa+tn$，于是 $\bar{s}$ 是 a 的乘法逆。

第 10 章习题答案

习题 10.1

1. $\{x^m y^n z, m\geqslant 0, n\geqslant 1\}$
3. $\{a^{2n+1}, n\geqslant 0\}\cup\{a^{2n}b, n\geqslant 0\}$
5. $\{\underbrace{(\cdots(}_{k}\underbrace{a+a+\cdots+a}_{n\text{个}a}\underbrace{)\cdots)}_{k}, k\geqslant 0, n\geqslant 3\}$
7. $\{x^m y z^n, m\geqslant 1, n\geqslant 0\}$
9. (a),(c),(e),(h),(i)。
11. $L(G)$是从 a, b 或 c 开始取自于$\{a,b,c,1,2,\cdots,9,0\}^*$ 的字符串的集合。
13. $L(G)=\{(aa)^n bc^k (bb)^j b^k, n\geqslant 0, k\geqslant 1, j\geqslant 0\}$
15. v_0　　v_0

    v_0v_1　　v_0v_1

    $v_0v_1v_1$　　$v_2v_0v_1$

v_2v_0z	xyv_1
xyz	xyz

17.

I	I
LW	LW
aW	LDW
aDW	$LDDW$
$a1W$	$LDDD$
$a1DW$	$aDDD$
$a1DD$	$a1DD$
$a10D$	$a10D$
$a100$	$a100$

19. 语言不是相同的，这里 $L(G)$包含 $aabba$。

21. $G=(V,S,v_0,\mapsto),V=\{v_0,v_1,0,1\},S=\{0,1\},\mapsto:v_0\mapsto 0v_11$，$v_0\mapsto 1v_10$，$v_1\mapsto 0v_11,v_1\mapsto 1v_10,v_1\mapsto 01,v_1\mapsto 10$。

23. $G=(V,S,v_0,\mapsto)$，$V=\{v_0,v_1,a,b\},S=\{a,b\}$，$\mapsto:v_0\mapsto aav_1bb$，$v_1\mapsto av_1b,v_1\mapsto ab$。

25. $G=(V,S,v_0,\mapsto),V=\{v_0,x,y\},S=\{x,y\}\ \mapsto:v_0\mapsto v_0yy,v_0\mapsto xv_0,v_0\mapsto xx$。

27. $v_0\mapsto av_0a,v_0\mapsto bv_0b,v_0\mapsto a,v_0\mapsto aa\ v_0\mapsto b,v_0\mapsto bb$。

29. 由生成规则 1、2 和 4；生成规则 4 到 $a^{3k-1}v_2$；3；$a^{3k}av_3\Rightarrow a^{3k+1}v_1\Rightarrow a^{3k+2}v_2\Rightarrow a^{3(k+1)}$。

31. 设 $G_1=(V_1,S_1,v_0,\mapsto_1),G_2=(V_2，S_2，v_0',\mapsto_2)$，定义 $G=(V_1\cup V_2，S_1\cup S_2，v_0,\mapsto)$如下。如果 $v_i\mapsto_1 wv_k$，那么 $v_i\mapsto wv_k$。如果 $v_i\mapsto_1 w$，其中 w 是由终结符组成的，那么 $v_i\mapsto wv_0'$。在 $\mapsto_2$ 中的所有生成式变成了 $\mapsto$ 中的生成式。

33. $v_0\mapsto av_0,v_1\mapsto av_1,v_0\mapsto bv_1,v_1\mapsto a$，语言实为正则的。

习题 10.2

1. $<v_0>::=x<v_0>|\,y<v_1>$

   $<v_1>::=y<v_1>|z$

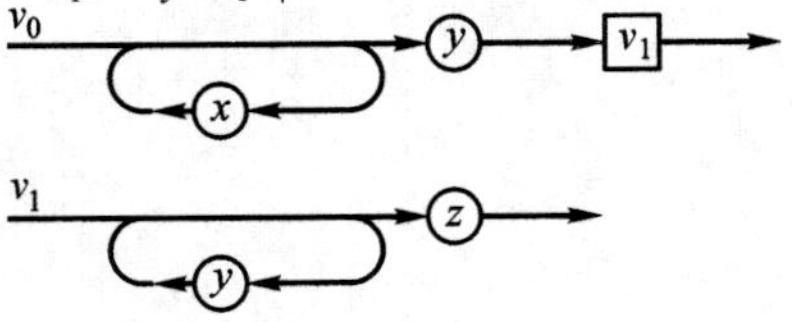

3. $<v_0>::=a<v_1>$

   $<v_1>::=b<v_0>|a$

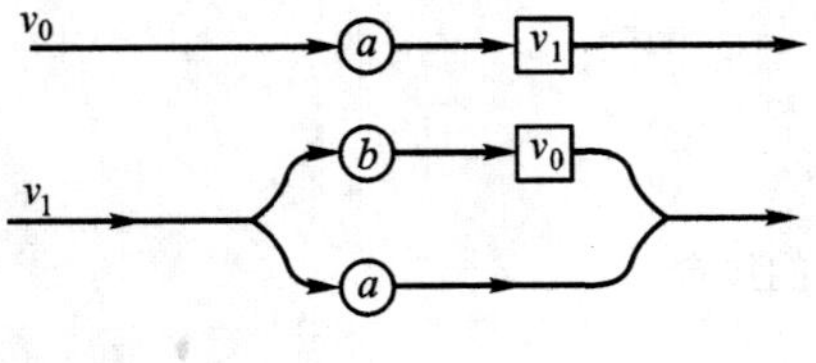

5. $<v_0>::=aa<v_0>|b<v_1>$

   $<v_1>::=c<v_2>b|cb$

   $<v_2>::=bb<v_2>|bb$

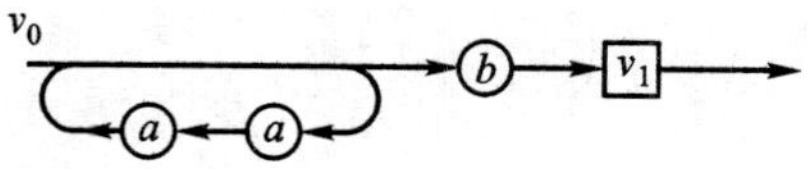

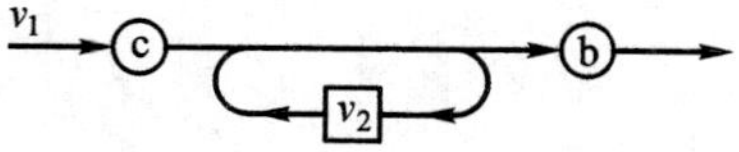

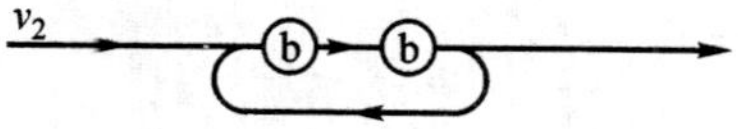

7. $\langle v_0\rangle ::= x\langle v_0\rangle \mid y\langle v_0\rangle \mid z$

9. $\langle v_0\rangle ::= a\langle v_1\rangle$

$\langle v_1\rangle ::= b\langle v_0\rangle \mid a$

11. $\langle v_0\rangle ::= ab\langle v_1\rangle$

$\langle v_1\rangle ::= c\langle v_1\rangle \mid \langle v_2\rangle$

$\langle v_2\rangle ::= dd\langle v_2\rangle \mid d$

13. $\langle v_0\rangle ::= a\langle v_1\rangle$

$\langle v_1\rangle ::= a\langle v_2\rangle$

$\langle v_2\rangle ::= a\langle v_1\rangle \mid a$

15. $\langle v_0\rangle ::= b\langle v_0\rangle \mid a\langle v_1\rangle \mid b$

$\langle v_1\rangle ::= a\langle v_0\rangle \mid b\langle v_1\rangle \mid a$

17. $(aa)^*aa$

19. $((\,)^*(a+a+(a+)^*a(\,))^*$。注意：左右括号必须匹配。

21. $(a\vee b\vee c)(a\vee b\vee c\vee 0\vee 1\vee\cdots\vee 9)^*$

23. $ab(d\vee(d(c\vee d)d))^*$

25. $ab(abc)^n b,\ n\geqslant 1$。

27. $(aab\vee ab)^*$

29.

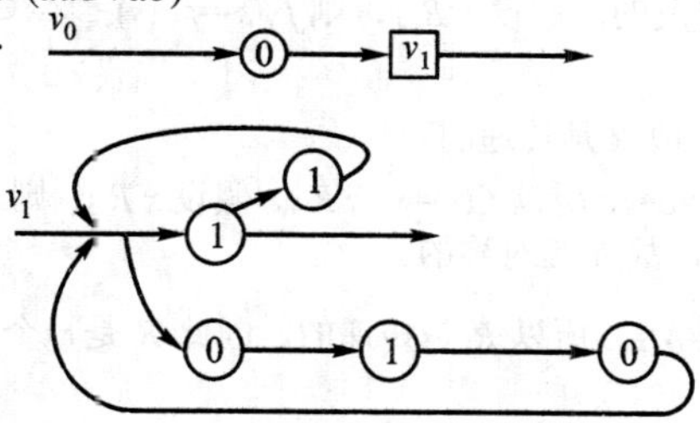

习题 10.3

1.

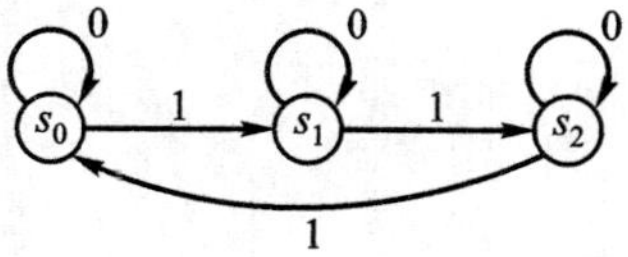

3. 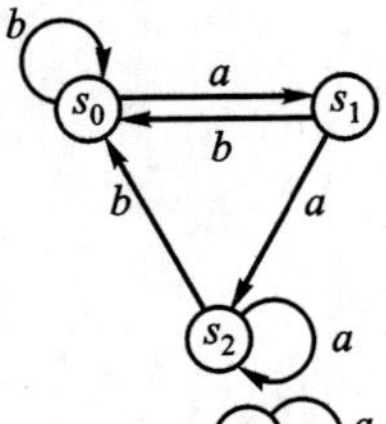

5. 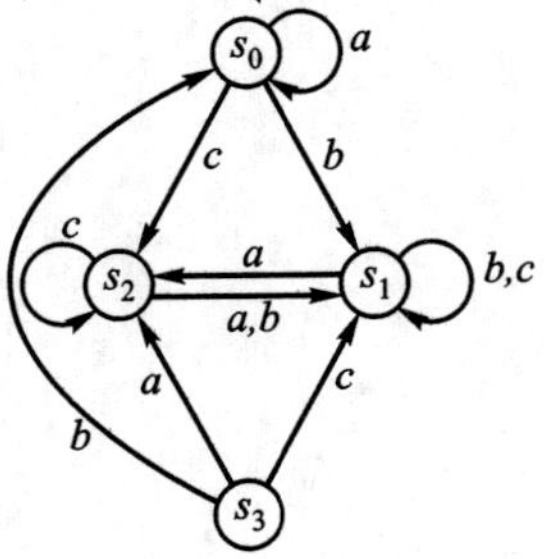

7.

	a	b
s_0	s_1	s_1
s_1	s_1	s_2
s_2	s_0	s_2

9.

	T	F
s_0	s_1	s_0
s_1	s_1	s_1
s_2	s_1	s_2

11.

	a	b	c
s_0	s_0	s_1	s_2
s_1	s_2	s_1	s_3
s_2	s_3	s_3	s_1
s_3	s_3	s_3	s_2

13. $x\in I$，对所有 $s\in S$,一定有 $f_x(s)=f_x(s)$。因此 $x\,R\,x$，R 是自反的。假设 $x\,R\,y$，则 $f_x(s)=f_y(s)$, $\forall\, s\in S$。但另一方面 $y\,R\,x$，所以 R 是对称的。

假设 $x\,R\,y$，$y\,R\,z$，则 $f_x(s)=f_y(s)=f_z(s)$，$\forall\, s\in S$。因此 $x\,R\,z$，故 R 是传递的。

15. 用第 14 题只需证明 R 是自反的和对称的。设 $s\in S$，则 $s=e*s$，所以 $f_e(s)=s$，$s\,R\,s$。假设 $x\,R\,y$，则 $f_z(x)=y$ 对某个 $z\in S$ 成立。$y=z*x\Rightarrow z^{-1}*y=x$，因此 $f_{z^{-1}}(y)=x$。所以 $y\,R\,x$，故 R 是对称的。

17. (a) 检查 $\boldsymbol{M}_R$ 表明 R 是自反的和对称的。因为 $\boldsymbol{M}_R\odot\boldsymbol{M}_R=\boldsymbol{M}_R$，所以 R 是传递的。因此 R 是一个等价关系。下表表明它是机器同余的。

(b)

	0	1
[1]	[1]	[1]
[2]	[2]	[2]

19. (a) 显然 R 是一个等价关系。$s_0\,R\,s_1, f_0(s_0)=s_1, f_0(s_1)=s_0$,
$f_1(s_0)=s_2=f(s_1)$，所以 $f_x(s_0)\,R\,f_x(s_1)$，$\forall\, x\in I$。

(b) 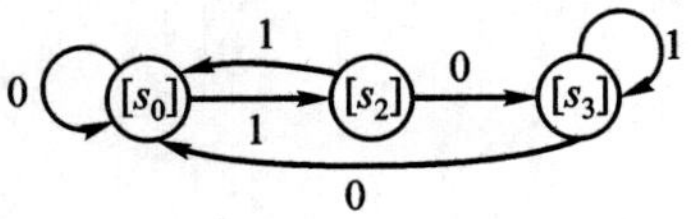

21. 对 M_R 的检查表明 R 是自反的和对称的。因为 $M_R \odot M_R$，所以 R 是传递的。因此 R 是一个等价关系。下面的有向图表明它是机器同余的。

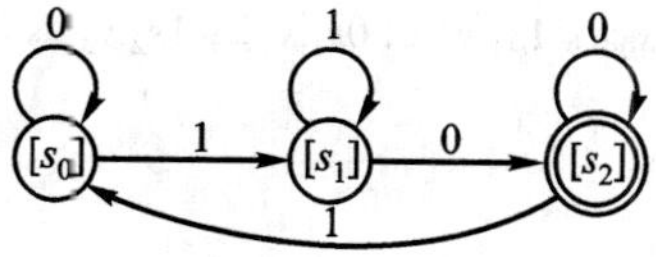

23. $f_x(x \in I)$是 S 上的一个函数，所以 f_x 是一个状态转换函数。$T \subseteq S$，所以符合摩尔机的条件。

25.

	0	1
(s_0, s_0)	(s_0, s_0)	(s_1, s_1)
(s_0, s_1)	(s_0, s_2)	(s_1, s_1)
(s_0, s_2)	(s_0, s_2)	(s_1, s_3)
(s_0, s_3)	(s_0, s_3)	(s_1, s_3)
(s_1, s_0)	(s_1, s_0)	(s_2, s_1)
(s_1, s_1)	(s_1, s_2)	(s_2, s_1)
(s_1, s_2)	(s_1, s_2)	(s_2, s_3)
(s_1, s_3)	(s_1, s_3)	(s_2, s_3)
(s_2, s_0)	(s_2, s_0)	(s_0, s_1)
(s_2, s_1)	(s_2, s_2)	(s_0, s_1)
(s_2, s_2)	(s_2, s_2)	(s_0, s_3)
(s_2, s_3)	(s_2, s_3)	(s_0, s_3)

习题 10.4

1. $f_w(s_0)=s_2, f_w(s_1)=s_3, f_w(s_2)=s_0, f_w(s_3)=s_1$。

3. w 中 1 的个数能被 4 整除。

5. w 中 1 的个数是 $2+4k, k \geqslant 0$。

7. $f_w(s_0)=s_0, f_w(s_1)=s_0, f_w(s_2)=s_0$。

9. 所有字都以 b 为终点。

11. 有 $3+5k(k \geqslant 0)$个 1 的 0 与 1 的字符串。

13. 以 0 为终点的 0 与 1 的字符串。

15. 不包含 bb 的 a 与 b 的字符串。

17. 以 01 为终点的 0 与 1 的字符串。

19. 字符串 xy 和 yz。

21. 以 1 或 00 开始的字符串。

23. 设 $w, u \in L(M)$，那么 $f_w(s_0)=s \in T, f_u(s) \in T$。因此 $f_{wu}(s_0) \in T$，所以 $w \cdot u \in L(M)$。

25. $w \in L(M') \cup L(M'')$当且仅当 $w \in L(M')$或者 $w \in L(M'')$。比如 $w \in L(M'')$，而 $w \in L(M'')$当且仅当 $f_w''(s_0'') \in T''$当且仅当 $f_w(s_0', s_0'')=(f_w'(s_0'), f_w''(s_0'')) \in T$。

习题 10.5

1. $G=(V, I, s_0, \mapsto)$, $V=\{s_0, s_1, s_2, s_3, 0, 1\}$, $I=\{0, 1\}$ $\mapsto$: $s_0 \mapsto 0s_0$, $s_0 \mapsto 1s_1$, $s_1 \mapsto 0s_1$, $s_1 \mapsto 1s_2$, $s_2 \mapsto 0s_2$, $s_2 \mapsto 1s_3$, $s_2 \mapsto 1$, $s_3 \mapsto 0s_3$, $s_3 \mapsto 0$, $s_3 \mapsto 1s_0$。

3. $(0 \vee 1)^*1$

5. $G=(V, I, s_0, \mapsto)$, $V=\{s_0, s_1, s_2, a, b\}$, $I=\{a, b\}$

   $\langle s_0 \rangle ::= a\langle s_0 \rangle | b\langle s_1 \rangle | a | b$

   $\langle s_1 \rangle ::= a\langle s_0 \rangle | b\langle s_2 \rangle | a$

   $\langle s_2 \rangle ::= a\langle s_2 \rangle | b\langle s_2 \rangle$

7.

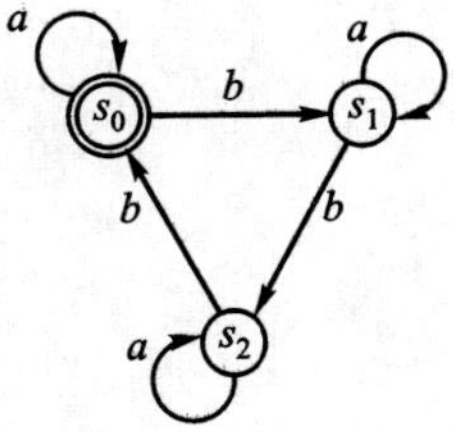

9.

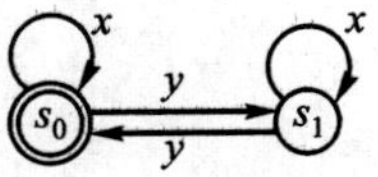

11.

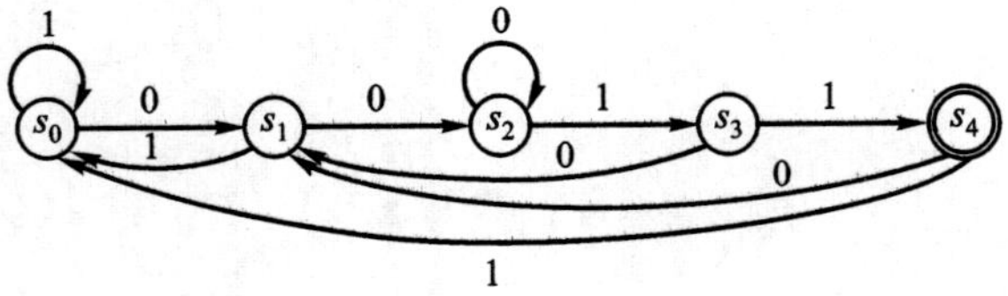

13.

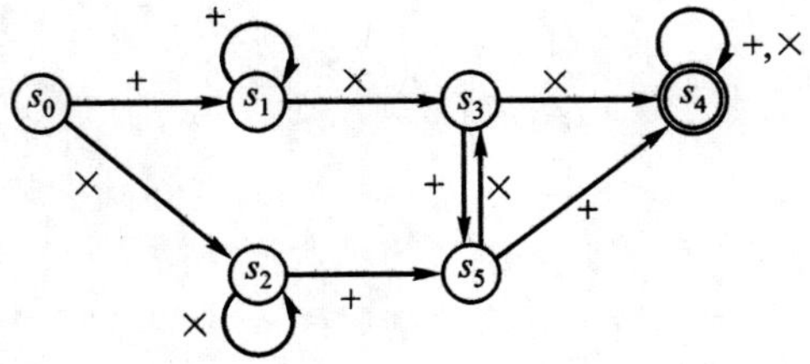

15.

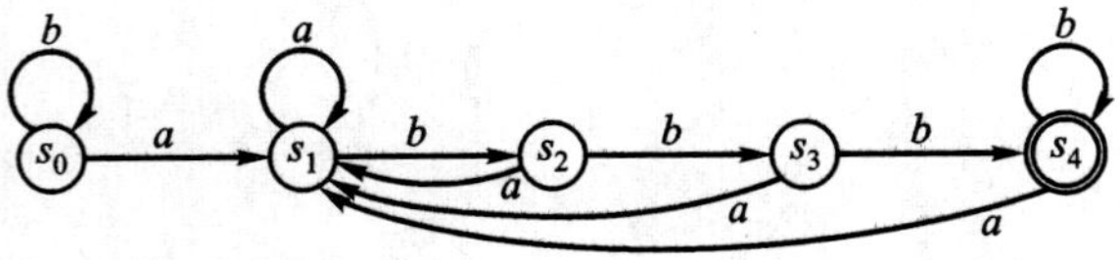

17.

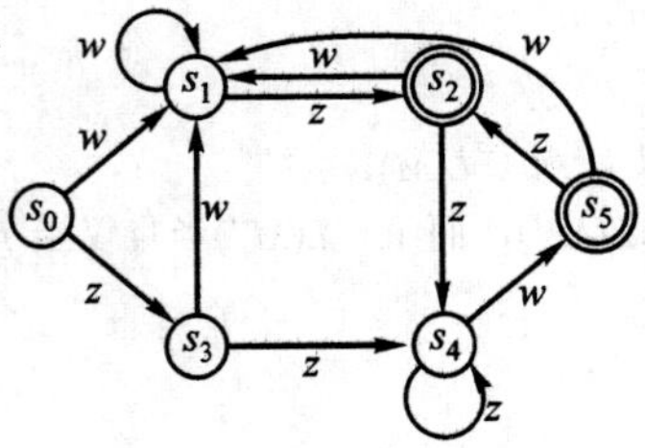

19.

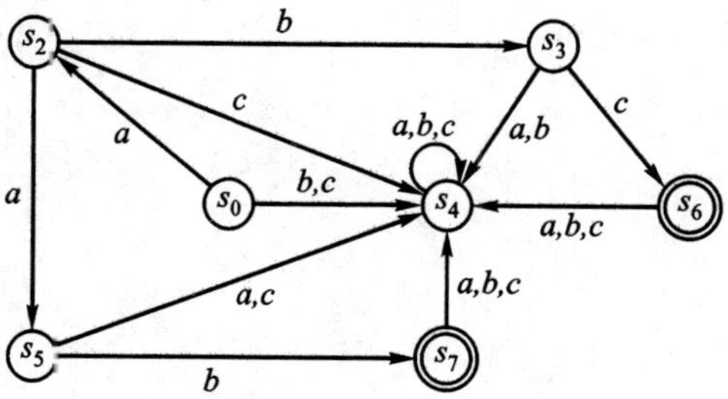

21.

	0	1
s_0	s_1	s_0
s_1	s_1	s_2
s_2	s_3	s_0
s_3	s_1	s_4
s_4	s_3	s_0

$T=\{s_4\}$

23.

	x	y
s_0	s_1	s_0
s_1	s_2	s_1
s_2	s_3	s_2
s_3	s_3	s_3

$T=\{s_2\}$

25. 因为 $f_w(x)=f_w(x)$，所以 R 是自反的。R 也是对称的，这是因为如果 $f_w(s_i), f_w(s_j)$都属于(不属于)T，则 $f_w(s_j), f_w(s_i)$都属于(不属于)T。因为 $s_i\ Rs_j$，$s_j\ Rs_k$ 当且仅当 $f_w(s_i), f_w(s_j), f_w(s_k)$都属于(不属于)$T$，所以 R 是传递的。

27.

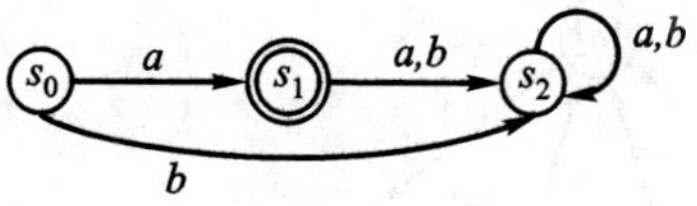

29. 10.3 节的第 24 题的结构给出了接收$\alpha\vee\beta$的机器。

习题 10.6

1. $R_0=\{(s_0,s_0),(s_0,s_1),(s_1,s_0),(s_1,s_1),(s_2,s_2)\}$

3. $R_1=\{(s_0,s_0),(s_1,s_1),(s_2,s_2),(s_3,s_3),(s_4,s_4),(s_0,s_3),(s_3,s_0),(s_1,s_2),(s_2,s_1)\}$

5. $R_{127}=R_1$

7. $R_2=R_1$

9. $R=\{(s_0,s_0),(s_1,s_1),(s_2,s_2)\}$

11. $R=R_1$(第 6 题已给出)。

13. $R=\{(s_0,s_0),(s_1,s_1),(s_2,s_2),(s_3,s_3),(s_4,s_4)$，$(s_4,s_5)$，$(s_5,s_4)$，$(s_5,s_5)$，$(s_6,s_6)$，$(s_3,s_6)$，$(s_6,s_3)\}$

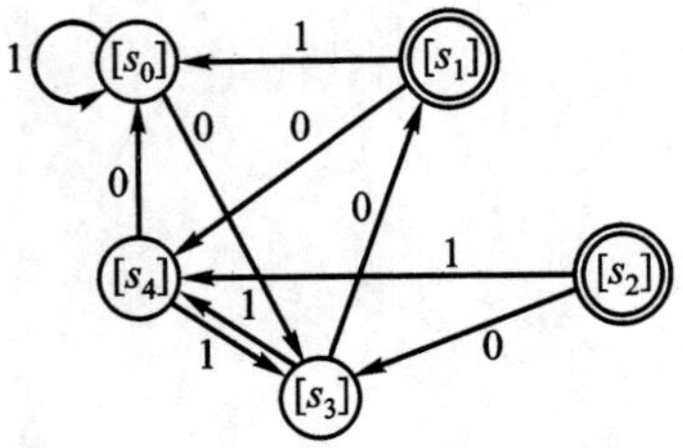

15.

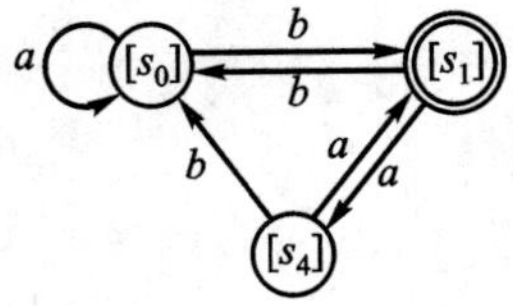

17.

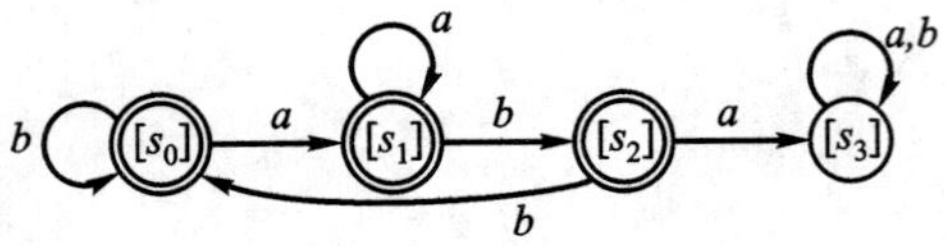

19. $P=\{\{a, g\}, \{f\}, \{b\},\{c\},\{d,e\}\}$

	0	1
$[a]$	$[a]$	$[c]$
$[b]$	$[a]$	$[d]$
$[c]$	$[f]$	$[d]$
$[d]$	$[a]$	$[d]$
$[f]$	$[a]$	$[f]$

21. 每一个等价类只包含一个状态，所以表实质上在练习的陈述中已给出。

23.

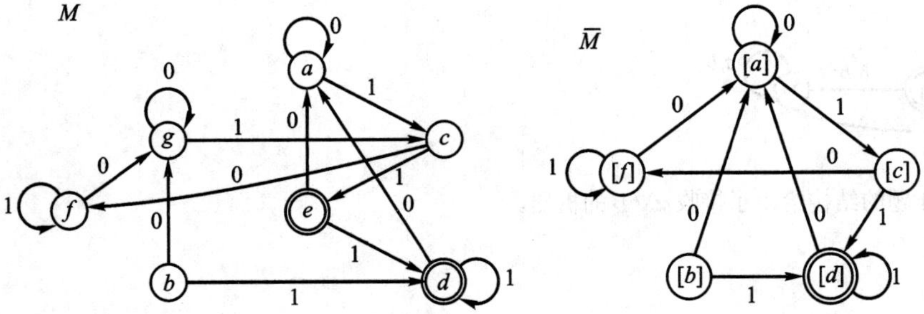

25.

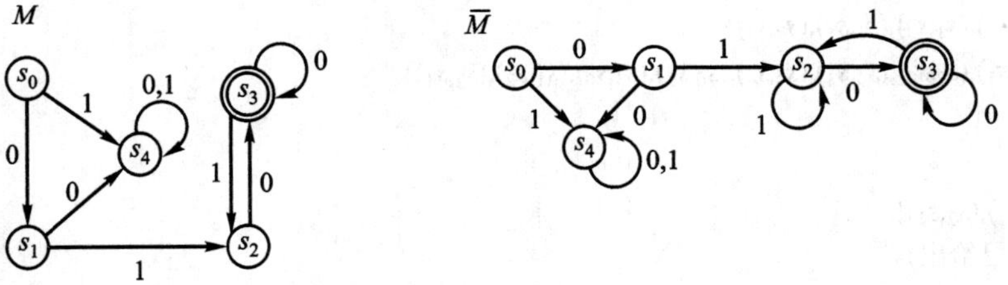

第 11 章习题答案

习题 11.1

1. (a) 3 (b) 2 (c) 3

3. (a) 能检测 (b) 不能检测

5. (a) 不能检测 (b) 不能检测 (c) 能检测 (d) 不能检测

7. (a) 能检测 (b) 能检测

9. 设 $a_1a_2\cdots a_{10}$ 是一个 ISBN，假设 a_i 和 a_{i+1} 是不同的，并且是在传输中调换的，考虑

$$a_1+2a_2+3a_3+\cdots+ia_i+(i+1)a_{i+1}+\cdots+10a_{10}-$$
$$(a_1+2a_2+3a_3+\cdots+ia_{i+1}+(i+1)a_i+\cdots+10a_{10})=a_{i+1}-a_i$$

因为 $0\leqslant a_i$，$a_{i+1}\leqslant 9$，所以 $a_{i+1}-a_i$ 与 0(mod 11)不同余，并且对

$$a_1+2a_2+3a_3+\cdots+ia_{i+1}+(i+1)a_i+\cdots+10a_{10}$$
$$=a_1+2a_2+3a_3+\cdots+ia_i+(i+1)a_{i+1}+\cdots+10a_{10}-(a_{i+1}-a_i)$$

有相同结论。所以将检测到一个错误。

11. 由定义可知 $x\oplus y=(x_1+y_1, x_2+y_2,\cdots, x_n+y_n)$和 $x_i+y_i=1$ 当且仅当 $x_i\neq y_i$。

13. (a) 2 (b) 6

15. 如果 $x=y$，则它们在 0 个位置不同，所以$\delta(x, y)=0$。反之，如果$\delta(x, y)=0$,那么 x 和 y 在任何位置都相同，所以 $x=y$。

17. 1

19. (a) 3 (b) 2 或更少

21. 设 a=0000000，b=0010110，c=0101000，d=0111110，e=1000101，f=1010011，g=1101101，h=1111011。

⊕	*a*	*b*	*c*	*d*	*e*	*f*	*g*	*h*
a	*a*	*b*	*c*	*d*	*e*	*f*	*g*	*h*
b	*b*	*a*	*d*	*c*	*f*	*e*	*h*	*g*
c	*c*	*d*	*a*	*b*	*g*	*h*	*e*	*f*
d	*d*	*c*	*b*	*a*	*h*	*g*	*f*	*e*
e	*e*	*f*	*g*	*h*	*a*	*b*	*c*	*d*
f	*f*	*e*	*h*	*g*	*b*	*a*	*d*	*c*
g	*g*	*h*	*e*	*f*	*c*	*d*	*a*	*b*
h	*h*	*g*	*f*	*e*	*d*	*c*	*b*	*a*

23. 2

25. $\begin{bmatrix} 0 & 0 & 0 \\ 1 & 0 & 0 \\ 1 & 0 & 1 \\ 0 & 1 & 0 \end{bmatrix}$

27. $\begin{bmatrix} 0 & 1 & 1 \\ 1 & 1 & 0 \\ 0 & 1 & 1 \end{bmatrix}$

29. (a) 有　(b) 没有　(c) 有　(d) 没有

31. $e_H(000)=000000$　　$e_H(100)=100100$

$e_H(001)=001111$　　$e_H(101)=101011$

$e_H(010)=010011$　　$e_H(110)=110111$

$e_H(011)=011100$　　$e_H(111)=111000$

33. 定理 2 的命题具有形式 $p \Leftrightarrow q$，证明的第一部分表明 $q \Rightarrow p$。第二部分通过证明 $\sim q \Rightarrow \sim p$(逆反式)建立 $p \Rightarrow q$。

习题 11.2

1. (a) 011　(b) 101

3. (a) 11　(b) 01

5.

00	01	10	11
0000	1011	0110	1101
1000	0011	1110	0101
0100	1111	0010	1001
0001	1010	0111	1100

7. 0　9. 0　11. 1

13. (a) 01　(b) 11　(c) 10

15. 可能的答案是 (a) 010　(b) 110　(c) 001

17. (a) 假设 $x \in g_1H \cap g_2H$，那么 $x=g_1h_1=g_2h_2$,对某个 h_1，$h_2 \in H$，因此 $g_1=g_2h_2h_1^{-1} \in g_2H$，因为 H 是一个子群，于是 $g_1H \subseteq g_2H$。类似地，$g_2=g_1h_1h_2^{-1}$, $g_2H \subseteq g_1H$。因此，$g_1H=g_2H$。

(b) G 的每个元素 g 属于 gH。(a) 保证存在一系列不相交的左陪集，它们的并是 G。

19. 因为要检测错误，所以没有任何编码字应该有权 1。如果 $1+n \geqslant 2^{n-m}$，那么可以选出权小于或等于 1 的陪集首部。

21. 00000，00001，00010，00100，01000，10000，01010(或 10100)，00110(或 11000)。

23. 00，01，10，11。与第 20 题有相同的次序。

25. 000，001，010，100，011，110，011，111。与第 22 题有相同的次序。

27. 可能的答案是：(a) 00　(b) 01　(c) 10

29. $e(01)=01110$

(a) 假设发送的是 01，接收到的是 01010，该字符串在首部为 01 的列中，所以可被正确译码。

(b) 假设发送的是 01，接收到的是 01011，该字符串在首部为 11 的列中，所以不能被正确译码。

习题 11.3

1. 因为 $391=17\times23$，12 与 391 互素，所以 $12^{702}=12^{2(17-1)(23-1)}=1(\text{mod } 391)$。

3. 87　　5. 211

7. (a) $m=943$, $n=880$。(b) 601。

9. ACED　11. 507

13. 11 463　15. 6 095

17. 151 131。　19. CAN

附录 A 习题

1. **FUNCTION** TAX(INCOME)
   1. **IF**(INCOME≥30000)**THEN**
      a.TAXDUE←6000
   2. **ELSE**
      a. **IF**(INCOME≥20000) **THEN**
         1. TAXDUE←2500
      b. **ELSE**
         1. TAXDUE←INCOME×0.1
   3. **RETURN** (TAXDUE)

   END OF FUNCTION TAX

3. 1. SUM←0
   2. **FOR** *I*=1 **THRU** *N*
      a. SUM←SUM+*X*[*I*]
   3. AVERAGE←SUM/*N*

5. 1. DOTPROD←0
   2. **FOR** *I*=1 **THRU** 3
      a. DOTPROD←DOTPROD+ (*X*[*I*])(*Y*[*I*])

7. 1. RAD←$(A[2])^2$–4(*A*[1])(*A*[3])
   2. **IF** (RAD<0)**THEN**
      a. **PRINT** ('ROOTS ARE IMAGINARY')
   3. **ELSE**
      a. **IF** (RAD=0)**THEN**
         1. *R*1←–*A*[2]/(2*A*[1])
         2. **PRINT**('ROOTS ARE REAL AND EQUAL')
      b. **ELSE**
         1. *R*1←(–*A*[2]+SQ(RAD))/(2*A*[1])
         2. *R*2←(–*A*[2]–SQ(RAD))/(2*A*[1])

9. 1. **FOR** *I*=1 **THRU** *N*
      a. **IF** (*A*[*I*]≠*B*[*I*])**THEN**
         1. *C*[*I*]←1
      b. **ELSE**
         1. *C*[*I*]←0

11. 1. **FOR** *I*=1 **THRU** *N*
       a. **IF**(*A*[*I*]=0 AND *B*[*I*]=0) **THEN**
          1. *C*[*I*]←1

b. **ELSE**

1. $C[I] \leftarrow 0$

13. 1. SUM←0

2. **FOR** I=0 **THRU** 2(N−1) **BY** 2

a. SUM←SUM+I

15. 1. PROD←1

2. **FOR** I=2 **THRU** 2N **BY** 2

a. PROD←(PROD)×I

17. 1. SUM←0

2. **FOR** I=1 **THRU** 77

a. SUM←SUM+I^2

19. 1. SUM←0

2. **FOR** I=1 **THRU** 10

a. SUM←SUM+(1/(3I+1))

21. MAX 返回 X 和 Y 中的较大者。

23. F 返回$|X|$。

25. 如果 $N|M$，则将 R 赋值为 1，否则赋值为 0。

27. $X=\sum_{I=1}^{N} I$；I 是 N+1。

29. X=25；I=49。

各章自测题答案

第 1 章自测题

1. $P(A)$是一个集合的集合。
2. $|P(A)|$是一个计数的数或无穷大。
3. LCM(a,b)是一个正整数。
4. $k\boldsymbol{A}$ 是与 $\boldsymbol{A}$ 有相同大小的一个矩阵。
5. 数学结构是由对象的集合所组成的，在这些对象上定义了运算以及这些运算的性质。
6. (a) (i) 假　(ii) 真　(iii) 假　(iv) 真　(v) 真

(b) (i) 假　(ii) 真　(iii) 假　(iv) 假　(v) 真

7. (a) $\{1,2,3,4,\cdots\}$　(b) $\{\cdots,-3,-2,-1,0\}\cup B$

(c) $\{2,4\}$　(d) A

(e) $\{2,6,10,14,\cdots\}$

8. (a)

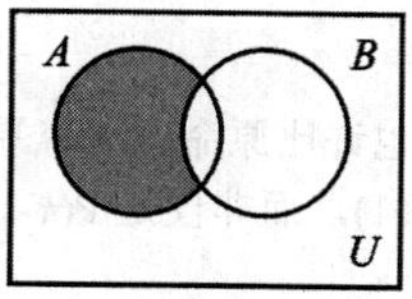

(b)

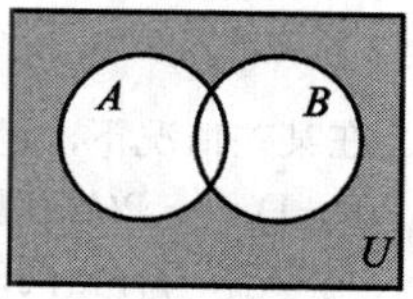

9. $A\cap B$ 总是 $A\cup B$ 的一个子集，$A\cup B\subseteq A\cap B$ 当且仅当 $A=B$。
10. (a) 6　(b) 18　(c) 41
11. 0,0,1,−2,9,−30
12. (a)

1	1	1	1	0	1	0	1	0	1

(b)

1	1	0	0	0	0	0	0	0	0

(c)

1	1	0	0	0	1	0	0	0	0

(d)

0	0	1	0	0	0	1	1	0	1

13. (a) 是　(b) 是　(c) 否　(d) 否
14. 33=65(7 293)−108(4 389)
15. (a) $\boldsymbol{AB}$ 不存在。

(b) $\boldsymbol{BA}=\begin{bmatrix}4 & 12 & 8\\ -7 & -15 & -10\end{bmatrix}$

(c) $\begin{bmatrix}2 & -3\\ 0 & 1\end{bmatrix}$

(d) $\boldsymbol{A}+\boldsymbol{B}$ 不存在。

(e) $\begin{bmatrix} 7 & -1 \\ 3 & 3 \\ 2 & 2 \end{bmatrix}$

(f) $\begin{bmatrix} 1/2 & 0 \\ 3/2 & 1 \end{bmatrix}$

(g) $\begin{bmatrix} 1 & 3 & 2 \\ 2 & 12 & 8 \end{bmatrix}$

16. (a) $\begin{bmatrix} 1 & 1 & 0 \\ 1 & 1 & 0 \\ 1 & 1 & 0 \end{bmatrix}$　(b) $\begin{bmatrix} 1 & 1 & 1 \\ 1 & 1 & 0 \\ 1 & 1 & 1 \end{bmatrix}$

(c) $\begin{bmatrix} 1 & 0 & 0 \\ 0 & 1 & 0 \\ 0 & 1 & 0 \end{bmatrix}$

17. $\boldsymbol{A}$ 有∧-逆当且仅当 $\boldsymbol{A}=\begin{bmatrix} 1 & 1 \\ 1 & 1 \end{bmatrix}$，即∧-单位元。

第 2 章自测题

1. 逆命题与原命题不等价，但与逆否命题等价。在某些情况下，逆否命题也许比原命题更容易证明。
2. 在强归纳法形式中可以使用所有命题 $P(n_0)$，$P(n_0+1),\cdots$，$P(k)$去证明 $P(k+1)$，而非仅是 $P(k)$。
3. 集合的数学结构、并、交、补与(逻辑命题，∨，∧，~)有相同的性质。
4. 间接证明是证明命题的逆否命题或者假设命题为假并且导出一个矛盾。
5. 反证法是通过假设要证明的命题的结论为假，通过矛盾而进行证明的。使用定义、前面的定理和通常所知道的事实来导出一个矛盾。
6. (a) 假　(b) 真
7. (a) 假　(b) 真
8.

P	q	r	$(p\wedge\sim p)$	∨	~	$(q\wedge r)$
T	T	T	F	F	F	T
T	T	F	F	T	T	F
T	F	T	F	T	T	F
T	F	F	F	T	T	F
F	T	T	F	F	F	T
F	T	F	F	T	T	F
F	F	T	F	T	T	F
F	F	F	F	T	T	F
			(1)	↑	(3)	(2)

9. (a) $q\Rightarrow p, \sim q\Rightarrow \sim p$。

(b) $q \Rightarrow (\sim r) \vee (\sim s), \sim q \Rightarrow (r \wedge s)$。

(c) $(p \vee s) \Rightarrow q, (\sim p \wedge \sim s) \Rightarrow \sim q$。

10. (a) 如果$|2|=|-2|$，则 $1<-1$。

如果$|2| \neq |-2|$，则 $1 \geqslant -1$。

(b) 如果$|2|=|-2|$，则$-3 \geqslant -1$ 或 $1 \geqslant 3$。

如果$|2| \neq |-2|$，则$-3<-1$，$1<3$。

(c) 如果 $1<-1$ 或 $1<3$，则$|2|=|-2|$。

如果 $1 \geqslant -1$ 且 $1 \geqslant 3$，则$|2| \neq |-2|$。

11. (a) 假，真。

(b) 假，真。

(c) 真，真。

12.

p	q	p xor q
T	T	F
T	F	T
F	T	T
F	F	F

13. (a) 如果因特网商务挣钱少，那么如果我开始从事因特网商务，则做因特网商务开始非常容易。做因特网商务开始不容易，所以因特网商务赢利不少或者我不从事因特网商务。论证正确。

(b) 如果做因特网商务开始非常容易，那么我将开始从事因特网商务。如果我开始从事因特网商务，那么因特网商务赢利少。做因特网商务很容易启动，所以因特网商务赢利少。论证正确。

14. 不能。考虑 $6|-6$ 和$-6|6$，如果 m 和 n 都是正的(或负的)，那么 $n|m$ 和 $m|n$ 保证 $n=m$。

15. 考虑 7，9 和 11，它们是三个连续奇数，其和不能被 6 整除。

16. 基础步骤：$n=0$, P(0)：4^0-1 能被 3 整除，命题为真，因为 $3|0$。

归纳步骤：利用 $P(k)$：3 整除 4^k-1 去证明 $P(k+1)$：3 整除 $4^{k+1}-1$。考虑 $4^{k+1}-1=4(4^k-1)+3$。由 $P(k)$，即 $3|(4^k-1)$，得 $4^{k+1}-1=3(a+1)$，其中 $a=4^k-1$，所以 $3|(4^{k+1}-1)$。

17. 基础步骤：$n=1$，P(1)：$1<\dfrac{(1+1)^2}{2}$ 为真。

归纳步骤：利用 $P(k)$：$1+2+3+\cdots+k<\dfrac{(k+1)^2}{2}$ 去证明 $P(k+1)$：

$$1+2+\cdots+(k+1)<\frac{(k+2)^2}{2}$$

$P(k+1)$的左边：

$$1+2+3+\cdots+k+(k+1)<\frac{(k+1)^2}{2}+(k+1)=\frac{k^2+4k+3}{2}<\frac{k^2+4k+4}{2}=\frac{(k+2)^2}{2}$$

即 $P(k+1)$的右边。

第 3 章自测题

1. 如果选择的所有项不是从同一个集合里选出的，那么问题就不是一个简单的组合或排列问题了。如果选择的项是从同一集合里选出的，并且同选择的次序有关，那么应该对排列问题计数，否则是组合问题。

2. 鸽子往往能通过“至少 k 项有性质 $P(k)$”识别，对应的鸽巢是 $P(x)$可能的值。

3. 递归形式也许很容易找到或者验证，但该形式对很大的 n 也许很难计算。

4. 解的形式对很大的 n 也许计算更有效，但该形式也许很难找到。

5. 3.1 节和 3.2 节的计数规则是回答本章概率问题的主要工具。

6. (a) 32 (b) 2 598 960 (c) 20 160

7. (a) 165 765 600 (b) 118 404 000

8. (a) 7 776 (b) 216

9. 560

10. 15 173 928

11. $$2\cdot\frac{n!}{(n-2)!2!}+n^2=\frac{2\bullet n!+2!(n-2)!n^2}{(n-2)!2!}=\frac{(n-2)!n(n-1+n)}{(n-2)!}$$

$$=n(2n-1)\bullet\frac{(2n-2)!}{(2n-2)!}\bullet\frac{2}{2}=\frac{(2n)!}{2!(2n-2)!}={}_{2n}C_2$$

12. $\left\lfloor\frac{50}{8}\right\rfloor+1=7$ 片，假设意大利重辣硬香肠片不能切。

13. 至少有两个月开始于一个星期中的同一天。设一个星期里的 7 天是鸽巢，一年 12 个月是鸽子，则由鸽巢原理可知至少有$\left\lfloor\frac{11}{7}\right\rfloor+1$ 即两个月开始于一个星期中的同一天。

14. $\frac{10}{32}$

15. 不是。$p(A\cap B)=p(A)+p(B)-p(A\cup B)=0.29+0.41-0.65=0.05$。

16. $b_n=-3^n+4^n$。

17. $a_n=m^{n-1}a_1-m^{n-2}-m^{n-3}-\cdots-m^2-1=m^n-\frac{m^{n-1}-1}{m-1}$。

第 4 章自测题

1. $A\times B$ 是有序对的一个集合。

2. A 的划分是 A 的非空子集的一个集合。

3. 给出一个关系可以用语言描述、有序对的集合、有向图(在某种情况)和矩阵(在某些情况)。

4. 除非$|R|$非常小，确定 R 是否具有传递性用矩阵表达是最有效的方法。

5. R 的传递闭包是连通关系 R^∞，它也是包含 R 的最小传递关系。

6. (a) 12

(b) {(2,1),(2,2),(2,3),(2,4),(5,1),(5,2),(5,3),(5,4), (7,1),(7,2),(7,3),(7,4)}

7. 设 U={1，2，3，4，5}，A={1，2，3}，B={2，3}，则(2，5)∈ $\overline{A\times B}$，但(2，5) $\notin\overline{A}\times\overline{B}$。

8. {{a,b,c},{d,e}},{{a,b,d},{c,e}},{{a,b,e},{c,d}},{{b,c,d},{a,e}},{{b,c,e},{a,d}},{{b,d,e},{a,c}},{{c, d,e},{a,b}},{{a,c,d},{b,e}},{{a,c,e},{b,d}},{{a,d,e},{b,c}},{{a,b,c,d},{e}},{{a,b,d,e},{c}},{{b,c,d,e},{a}},{{$a,,c,e$},{d}},{{a,c, d,e},{b}}。

9. (a)

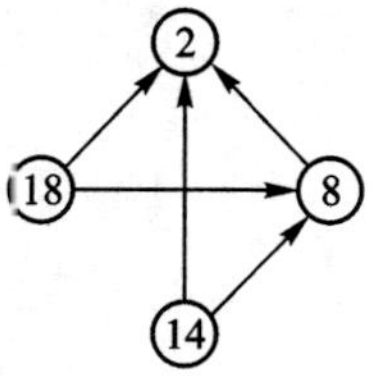

(b)

$$\begin{bmatrix}0&0&0&0\\1&0&0&0\\1&1&0&0\\1&1&0&0\end{bmatrix}$$

10. (a)

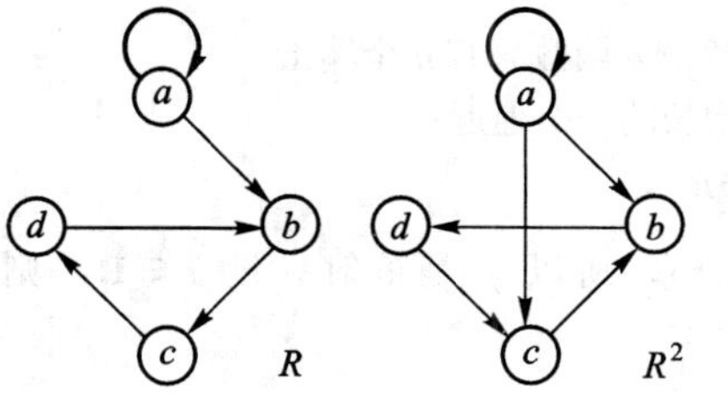

(b) $\boldsymbol{M}_R=\begin{bmatrix}1&1&0&0\\0&0&1&0\\0&0&0&1\\0&1&0&0\end{bmatrix}$， $\boldsymbol{M}_{R^2}=\begin{bmatrix}1&1&1&0\\0&0&0&1\\0&1&0&0\\0&0&1&0\end{bmatrix}$

(c) $\boldsymbol{M}_{R^\infty}=\begin{bmatrix}1&1&1&1\\0&1&1&1\\0&1&1&1\\0&1&1&1\end{bmatrix}$

11. 自反的，不是非自反的，不是对称的，不是非对称的，不是反对称的，不是传递的。

12. 不是自反的，不是非自反的，不是对称的，不是非对称的，是反对称的，不是传递的。

13. 因为 $a\,R\,b$ 推出 $b \not R\, a$，所以 $a\,R\,b \wedge b\,R\,a$ 总是为假。因此 $a\,R\,b \wedge b\,R\,a \Rightarrow a=b$ 总是为真，故 R 一定是反对称的。

14. (a) 因为 $u-v=u-v$ 为真，所以$(u,v)R(u,v)$。因此 R 是自反的。如果$(u,v)R(x,y)$，那么 $u-v=x-y$ 且$(x,y)R(u,v)$，因此 R 是对称的。如果$((u,v)R(x,y)) \wedge ((x,y)R(w,z))$,那么 $u-v=x-y=w-z$ 且$(u,v)R(w,z)$。因此，R 是传递的。

(b) [(2，3)]={(2，3)，(1，2)，(3，4)，(4，5)}

(c) A/R={ [(2,3)],[(2,4)],[(2,5)],[(2,2)],[(2,1)],[(3,1)],[(4，1)]，[(5，1)]，[(1，5)]}

15. $\boldsymbol{M}_R=\begin{bmatrix}0&1&1&0\\1&0&1&0\\1&0&0&1\\0&1&0&1\end{bmatrix}$

16. (a) $R^{-1}=\{(a,a),(a,e),(b,a),(c,a),(c,b),(c,d),(e,c)\}$

(b) $R \circ S=\{(a,a),(a,b),(a,c),(b,b),(b,a),(b,c),(c,e),(c,c),(d,a),(e,c)\}$

17. $\boldsymbol{M}_{R^\infty}=\begin{bmatrix}1&1&1&1&1\\1&1&1&1&1\\1&1&1&1&1\\1&1&1&1&1\\1&1&1&1&1\end{bmatrix}$

第 5 章自测题

1. 设 $f: A \to B$ 是一个函数，那么$|f(a)| \leqslant 1, a \in A$。

2. 假设$f(a_1)=f(a_2)$, 证明 $a_1=a_2$。

3. 设 $f: A \to B$, 选择 $b \in B$ 并且找 $a \in A$ 使得 $f(a)=b$。

4. 设计哈希函数把各个项分配给有限个存储位置。任意模 n 函数只有 n 个输出。

5. 一个函数 f 的Θ-类表示当 n 增长时，数值 $f(n)$如何增长的一个逼近。

6. (a) 是，$|R(x)|=1$，$x \in A$。　　(b) 不是，$(1,b),(1,d) \in R^{-1}$。

7. 假设 $f(a)=f(b)$，则$-5a+8=-5b+8$,但另一方面 $a=b$，所以 f 是单射。设 $r \in \mathbf{R}$，则 $f\left(\dfrac{r-8}{-5}\right)=-5\left(\dfrac{r-8}{-5}\right)+8=r-8+8=r$，所以 f 是满射。

8. (a) 16　　(b) -2

9. (a) 17　　(b) -1

10. (a) 0　　(b) 6

11. 真；假。

12. (a) 89。　(b)107。　(c) 30；4；88。

13. $2n^2+9n+5 \leqslant 2n^2+n^2+n^2$，$n \geqslant 9$。$c$ 取 4 和 k 取 9，则$|2n^2+9n+5| \leqslant 4|n^2|$，$n \geqslant 9$。

14. $\Theta(2^n)$

15. $f(N)=2+5\left\lfloor \dfrac{N}{2} \right\rfloor+1$；$\Theta(n)$。

16. (a) $(1，4，5)\circ(2，3，6)$，$(1，5)\circ(1，4)\circ(2，6)\circ(2，3)$

(b) $(2，6，3)\circ(1，5，4)$

17. (a) $\begin{bmatrix} 1 & 2 & 3 & 4 & 5 & 6 & 7 \\ 5 & 2 & 3 & 7 & 4 & 1 & 6 \end{bmatrix}$

(b) $\begin{bmatrix} 1 & 2 & 3 & 4 & 5 & 6 & 7 \\ 4 & 3 & 2 & 5 & 6 & 7 & 1 \end{bmatrix}$

(c) $p_1=(1,7,6,5,4)\circ(2,3)=(1,4)\circ(1,5)\circ(1,6)\circ(1,7)\circ(2,3)$,奇置换。

第 6 章自测题

1. 偏序是比实数的小于或等于概念更一般化的概念。

2. 在偏序中不是每一对元素一定有一个最小上界和最大下界。

3. 任意一个布尔代数的模型是一个集合的幂集和子集关系。

4. 一个函数的卡诺图是用来构造一个布尔表达式的 0 和 1 的一个 $n \times n$ 数组，并且该布尔表达式产生函数。

5. 每一个布尔函数能通过一个布尔表达式产生；每一个布尔表达式产生一个布尔函数。

6. (a) R 是自反的、反对称的和传递的。因此，R 是 A 上的一个偏序。

(b) R 是自反的、传递的，但不是反对称的。所以 R 不是一个偏序。

7. (a)

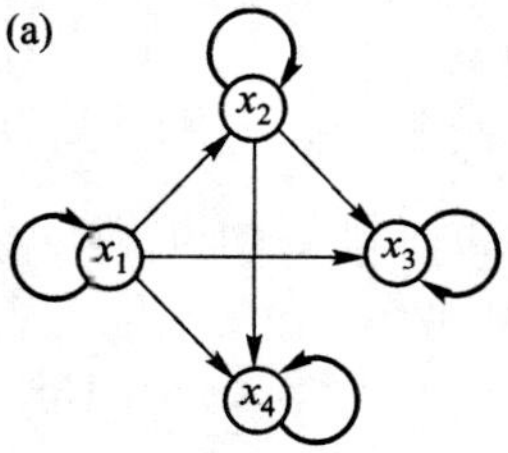

(b)

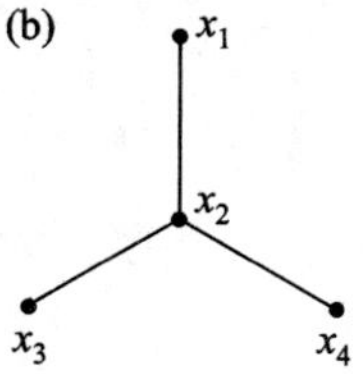

8. (a) 极小元：d，e；极大元：a。

(b) 最小元：无；最大元：a。

9. (a) 上界：12，24，48。

(b) 下界：2。

(c) LUB(B)=12。

(d) GLB(B)=2。

10. (a) $a\wedge(b\vee c)=\begin{cases}a, & a\leqslant b\vee c\text{或}a\leqslant b,c\\ b\vee c, & b\vee c\leqslant a\text{或}b,c\leqslant a\end{cases}$

因此，$(a\wedge b)\vee(a\wedge c)=\begin{cases}a\vee a\text{或}a\\ b\vee c\end{cases}$

(b) $a\vee(b\wedge c)=\begin{cases}a, & (b\wedge c)\leqslant a\text{或}b,c\leqslant a\\ b\wedge c, & a\leqslant(b\wedge c)\text{或}a\leqslant b,c\end{cases}$

因此，$(a\vee b)\wedge(a\vee c)=\begin{cases}a\wedge a\text{或}a\\ b\wedge c\end{cases}$

11. $1'=105$；$3'=35$；$5'=21$；$7'=15$；$15'=7$；$21'=5$；$35'=3$；$105'=1$。

12. (a) R 自反的，因为 $\boldsymbol{M}_R$ 的主对角线元素都是 1。R 是反对称的，因为如果 $m_{ij}=1$，那么 $m_{ji}=0$。$\boldsymbol{M}_{R^2}=\boldsymbol{M}_R$，所以 R 是传递的。

(b)

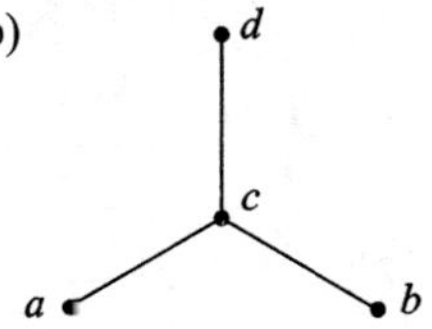

13. 因为 $a\leqslant b\leqslant b\vee d$，$c\leqslant d\leqslant b\vee d$，所以 $a\vee c\leqslant b\vee d$。($a\vee c$ 是 a 和 c 的 LUB。)同样，有 $a\wedge c\leqslant a\leqslant b$，$a\wedge c\leqslant c\leqslant d$，因为 $a\wedge c$ 是 a 和 c 的 GLB，因此 $a\wedge c\leqslant b\wedge d$。

14. (a) (1)不是一个格；$b\vee c$ 不存在。(2)、(3)和(4)是格。

(b) (1)、(2)和(3) 都不是布尔代数；顶点数不是 2 的幂。(4)是 B_3。

15. (a)

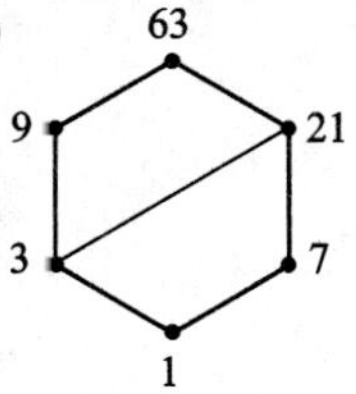

(b) D_{63} 不是一个布尔代数；存在 6 个元素。

16. (a) $((x\wedge y)\vee(y\wedge z'))'$

(b) $(y\wedge(x\wedge z'))'$

(c)

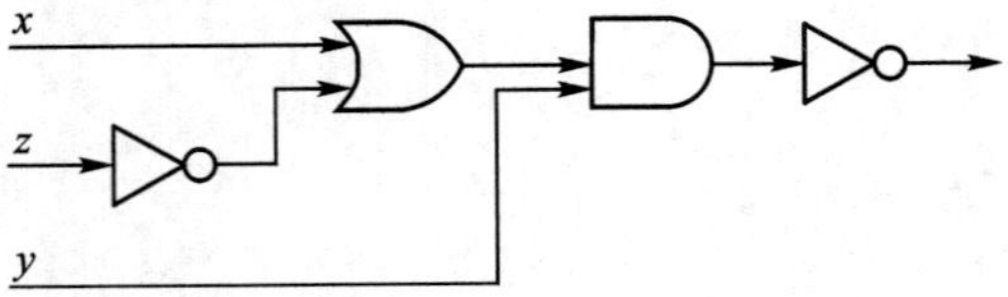

17. $(x\wedge y')\vee(y\wedge z')$

第 7 章自测题

1. 一棵树是具有某种条件的一个关系。
2. 在执行前序搜索、中序搜索或者后序搜索中唯一的变化是何时访问根。
3. 其他三种顺序是(i) 右，根，左；(ii) 右，左，根；(iii) 根，右，左。
4. 一棵完全 n 树通常比具有相等顶点数的一般 n-树有更小的高度。这将缩短从根开始对树的搜索。
5. 估计图中有多少个顶点和多少条边对于决定过程有帮助作用。
6. 它不是一棵树。删除(2，3)或(5，3)便成为一棵树，根是 4。
7. (a) 4。(b) v_4，v_{10}，v_6，v_9，v_8。(c) 4。(d) v_6, v_8。
8. (T, v_0)中的每条边(v_i, v_j)属于从 v_0 到 v_j 的唯一道路，因此删除(v_i, v_j)会导致不存在从 v_0 到 v_j 的道路。

9.

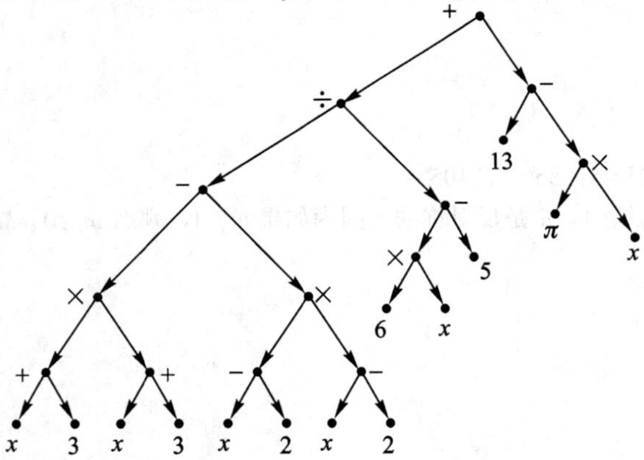

10.

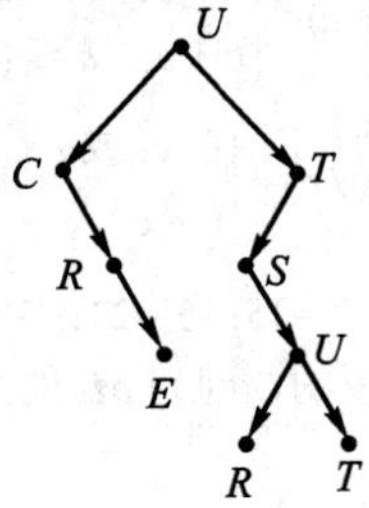

11. (a) UCRETSURT

(b) ERCRTUSTU

12.

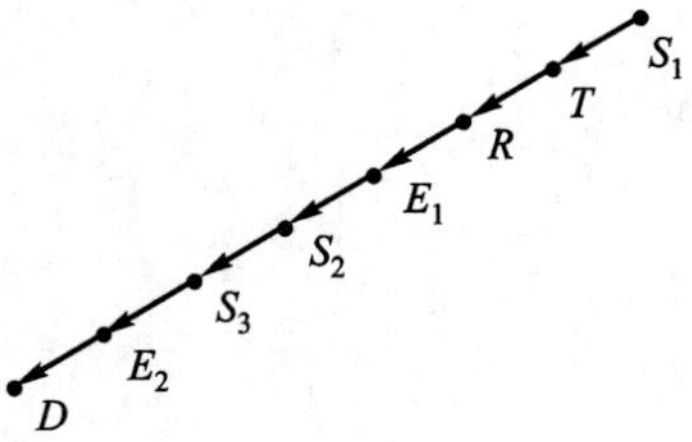

13.

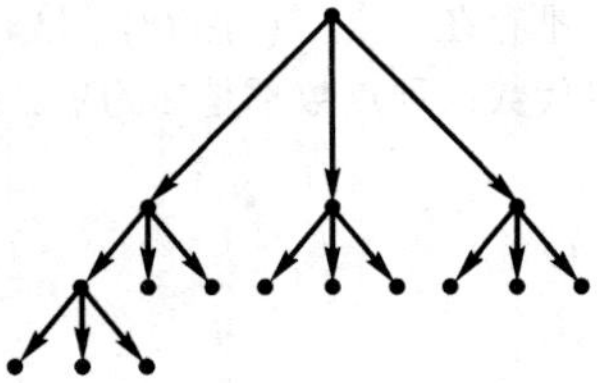

14.

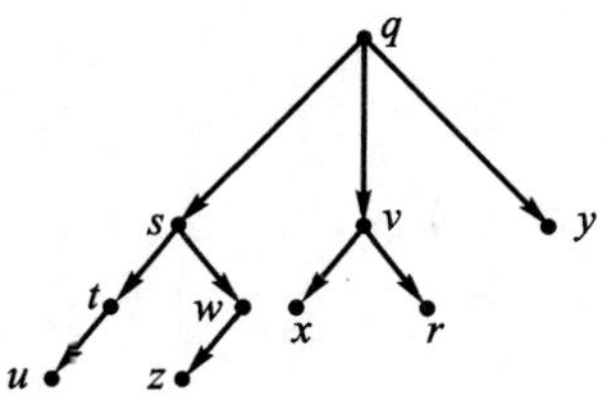

15. 一个解是

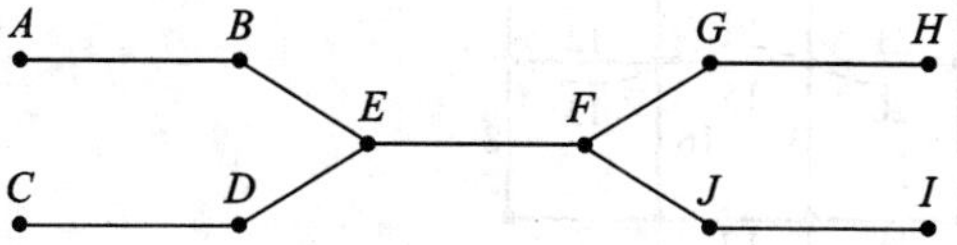

16. EA，AD，AG，GC，GB，BF。

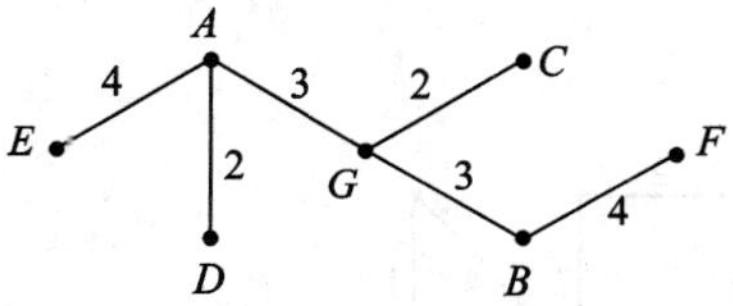

17. GC，AD，GB，GA，BF，AE。

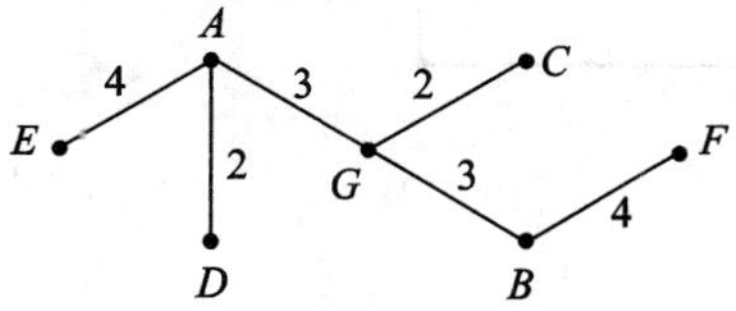

第 8 章自测题

1. 商图是继承了边的一个图结构顶点的一个商集。

2. 欧拉回路一定使用所有边恰好一次；哈密尔顿回路一定使用所有顶点恰好一次，除既是始点又是终点的顶点之外。

3. 边的子集不能包含终点不属于顶点子集的那些边。

4. 任何一个匹配问题可以通过向图添加一个超源和超汇并且给每条边容量为1而转化成一个最大流问题。

5. 因为色多项式是对于图用 x 种颜色着色的方法的计数，所以对于 $P(x)\neq 0$ 的 x 的最小值就是所需颜色的最小数，即色数。

6.

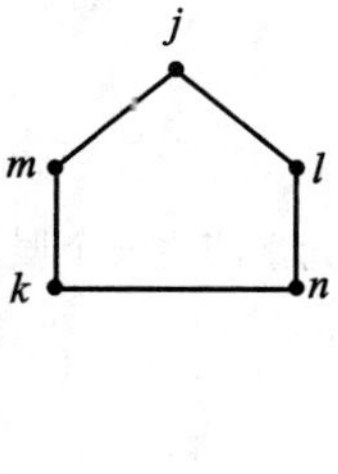

7. 一种解是

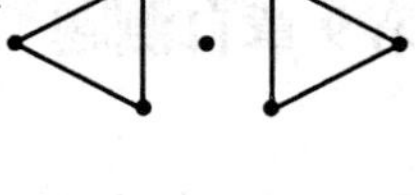

8.

9. (a) 既没有欧拉回路也没有欧拉道路。奇数度的顶点多于 2 个。

(b) 一条欧拉回路。所有顶点有偶数度。

10. (a) 一条哈密尔顿回路。

(b) 一条哈密尔顿道路，但没有一条回路。

11. (a)

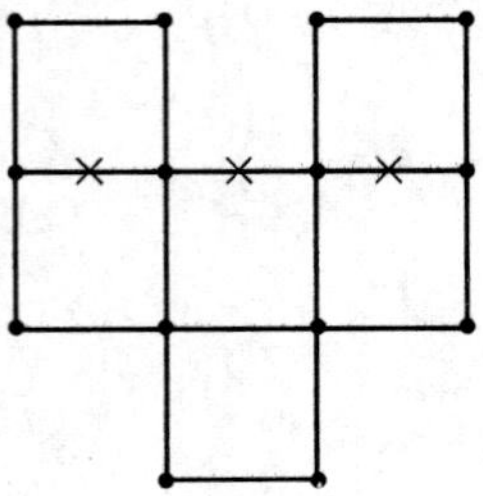

(b) 一种解是

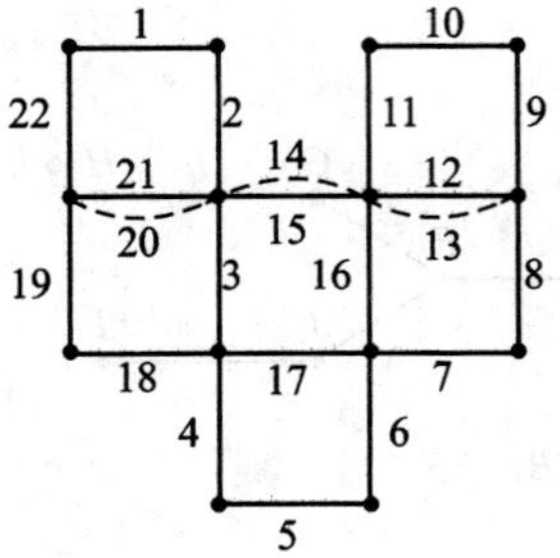

12. 一种解是

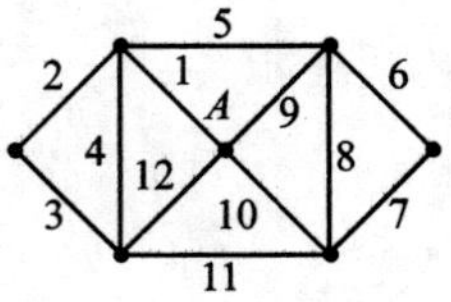

13. 一种解是

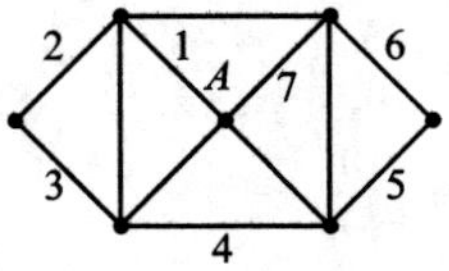

14.

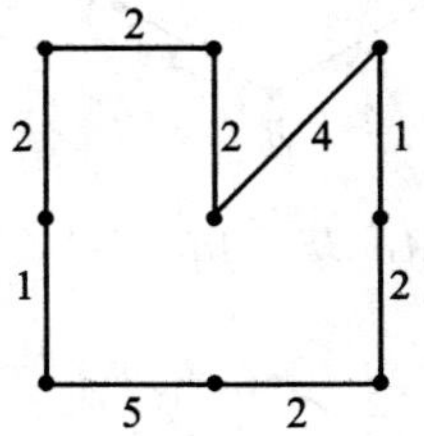

15. *value*(*F*)=6。

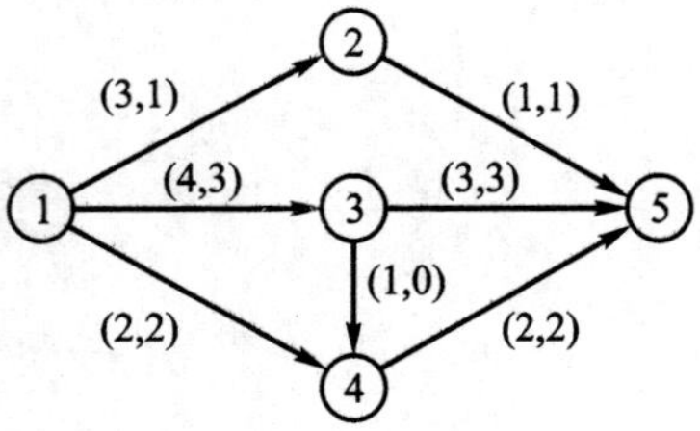

16. (a)

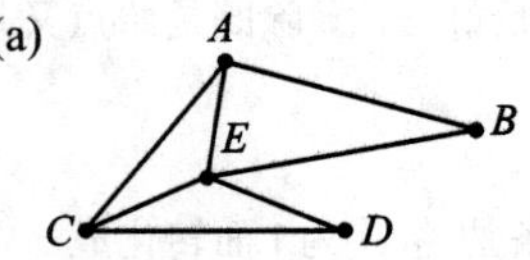

(b) 3

17. $P_G(x)=x(x-1)(x-2)^3$，$P_G(0)=P_G(1)=P_G(2)=0, P_G(3)=6$。

第 9 章自测题

1. 一个集合关于一个二元运算是封闭的是指：如果该运算对于该集合中的任意两个元素产生一个属于该集

合的元素。

2. 两个半群之间的同构一定保持运算，而两个偏序集之间的同构一定保序。在每一种情况下，映射必须是一个一一对应并且群的乘法和偏序集的序保持定义中的结构。

3. 关系一定是自反的、对称的和传递的并且保持二元运算。

4. 可以说群比半群有更多的结构，因为群必须满足更多的条件。

5. 一个域一定包含每一个非零元的乘法逆；在一个环中则无此要求。

6. (a) 是，$\boldsymbol{A}*\boldsymbol{B}$ 对所有 2×2 布尔矩阵有正确的定义。

(b) 是，它是所有偶数通常的加法运算。

(c) 是，对 $\mathbf{Z}^{+}$中的所有 $a,b,2^{ab}$ 是唯一有定义的。

7.

*	a	b	c
a	a	c	□
b	c	b	b
c	□	b	c

其中□表示 a, b 或 c。

8. (a) 如果 $a, b\in\mathbf{Q}$,那么 $a*b$ 也是一个有理数。

$$a*(b*c)=a*(b+c-bc)=a+(b+c-bc)-a(b+c-bc)=a+b+c-bc-ab-ac+abc$$

$$(a*b)*c=(a+b-ab)*c=a+b-ab+c-(a+b-ab)c=a+b+c-ab-ac-bc+abc$$

因此，$*$是结合的。0 是$(\mathbf{Q}, *)$的单位元，故$(Q, *)$是一个幺半群。

(b) 如果 $a\neq 1$，那么

$$a*\frac{a}{a-1}=a+\frac{a}{a-1}-a\left(\frac{a}{a-1}\right)=\frac{a^2-a+a-a^2}{a-1}=0$$

因此，除 1 之外所有有理数都有一个$*$-逆元。

9. (a)和(b)都是幺半群，(c)既不是半群也不是幺半群。

10. 前面已证明 R 是一个等价关系，因为对于字符串长度它是等式。假设 $a\,R\,b$ 和 $\alpha\,R\,\beta$，那么$(a\cdot\alpha)$的长度=(a)的长度+(α)的长度=(b)的长度+(β)的长度=$(b\cdot\beta)$的长度。因此 $a\cdot\alpha\,R\,b\cdot\beta$ 和 R 是一个同余关系。

11. 不是，$f(ab)=(ab)^{-1}=b^{-1}a^{-1}\neq f(a)\cdot f(b)$。

12. $\{c,d,e\}=H=He=Hc=Hd$；$Ha=\{a,b,f\}=Hb=Hf$。

13. 设 $g\in G_2$，$n\in f(N)$，因为 f 是满射，所以存在一个 $g'\in G_1$ 使得 $f(g')=g$。因为 $n\in f(N)$，所以存在 $n'\in N$ 使得 $f(n')=n$，于是 $g\,n=f(g')f(n')=f(g'n')$。因 N 是 G_1 的正规子群，所以有某个 $n''\in N$ 使 $g'n'=n''g'$，于是 $f(g'n')=f(n''g')=f(n'')f(g')=f(n'')g\in f(N)g$。因此 $g\cdot f(N)\subseteq f(N)\cdot g$。类似地，能够证明 $f(N)\cdot g\subseteq g\cdot f(N)$，所以对所有 $g\in G_2$，有 $g\cdot f(N)=f(N)\cdot g$。

14. 假设 $x^2=x$，则 $x^{-1}(xx)=x^{-1}x$，$(x^{-1}x)x=e$，所以 $x=e$。

15. $f(a+b)=2(a+b)=2a+2b=f(a)+f(b)$，所以 f 是一个同态。对于任意偶数 n，$n=2k, k\in\mathbf{Z}$，有 $f(k)=n$，所以 f 是满射。假设 $f(a)=f(b)$，那么 $2a=2b$，即 $a=b$，因此 f 是单射。

16. 因为单位元 e 属于每一个子群，所以 $e\in\bigcap_{i=1}^{k}H_i$，假设 h 和 h'属于 $\bigcap_{i=1}^{k}H_i$，则 h，h'和 hh'属于每个 H_i 且 $hh'\in\bigcap_{i=1}^{k}H_i$。设 $h\in\bigcap_{i=1}^{k}H_i$，则 h 和 h^{-1} 属于每个 H_i，因为每个 H_i 是 G 的一个子群，故 $h^{-1}\in\bigcap_{i=1}^{k}H_i$。

17. $a+b\sqrt{n}$ 的逆一定具有形式 $\dfrac{a-b\sqrt{n}}{a^2-nb^2}$，但它在该集合中存在当且仅当 $a^2-nb^2\neq 0$ 当且仅当 $n\neq\left(\dfrac{a}{b}\right)$ 当且仅当 $\sqrt{n}\neq\dfrac{a}{b}$。

第 10 章自测题

1. 否，类型 0 和类型 1 语言不能用 BNF 给出。

2. 某些类型 2 和类型 3 文法能用语法图表示。

3. 该语言是类型 2，是上下文相关的，但最重要的是它不是正则的。

4. 机器接收或识别一种语言当且仅当语言中的每一个字符串能从开始状态通向接收状态，即 $f_w(s_0)$ 是一个接收状态。

5. 语法 L 是正则的当且仅当对某部摩尔机 M 有 $L=L(M)$。

6. (a) 假　(b) 真　(c) 真　(d) 假

7. $L(G)=\{a^nc^mdb^n, n\geqslant 0, m\geqslant 0\}$

8. (a)

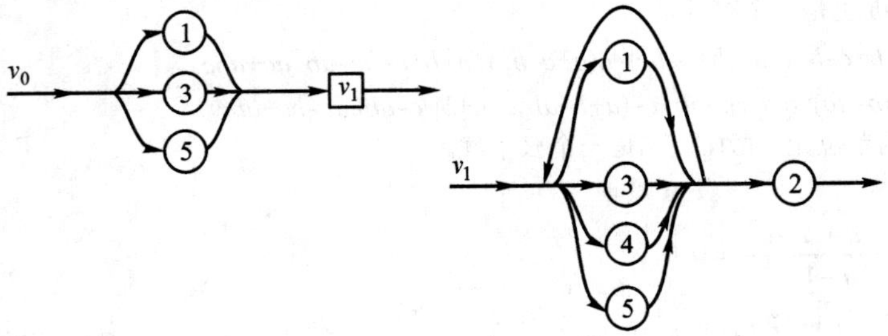

(b) $\langle v_0\rangle ::= 1\langle v_1\rangle | 3\langle v_1\rangle | 5\langle v_1\rangle$

$\langle v_1\rangle ::= 1\langle v_1\rangle | 2\langle v_1\rangle | 3\langle v_1\rangle | 4\langle v_1\rangle | 5\langle v_1\rangle | 2$

9. $L(G)=\{(1\vee 3\vee 5)(1\vee 2\vee 3\vee 4\vee 5)^n 2, n\geqslant 0\}$

10. $G=(V,S,v_0,\mapsto)$，其中 $V=\{v_0,v_1,0,1\}$, $S=\{0,1\}$, $\mapsto: v_0\mapsto 0v_0, v_0\mapsto 1v_1, v_1\mapsto 0v_1, v_1\mapsto 0$。

11.

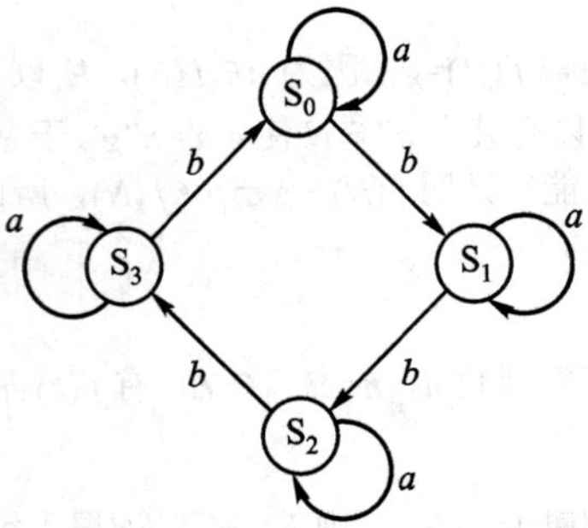

12. 有 $3k$ 个 0 的 1 和 0 所组成的字符串，$k\geqslant 0$。

13. (a) 很容易看到 R 是一个等价关系，有等价类 $\{s_0\},\{s_3\},\{s_1,s_2,s_4\},\{s_5,s_6\},\{s_7\}$。

	a	b	c
$[s_0]$	$[s_1]$	$[s_1]$	$[s_3]$
$[s_1]$	$[s_1]$	$[s_5]$	$[s_1]$
$[s_3]$	$[s_3]$	$[s_1]$	$[s_3]$
$[s_5]$	$[s_7]$	$[s_5]$	$[s_7]$
$[s_7]$	$[s_7]$	$[s_7]$	$[s_7]$

(b)

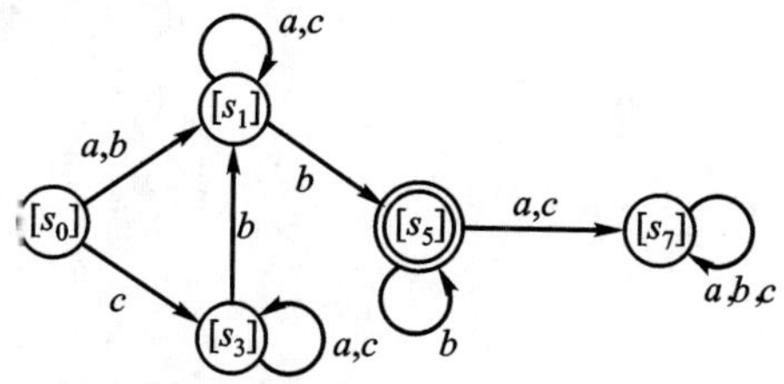

14. 恰好有 $4k(k\geqslant 0)$个 b 的字符串。

15.

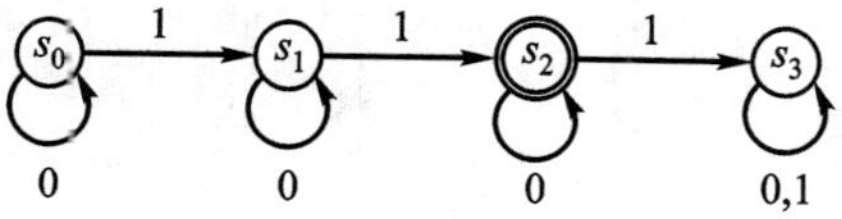

16. $\boldsymbol{M}_{R_0}=\begin{bmatrix}1 & 1 & 0 & 0\\ 1 & 1 & 0 & 0\\ 0 & 0 & 1 & 1\\ 0 & 0 & 1 & 1\end{bmatrix}$

$R_1=\{(s_0,s_0),(s_1,s_1),(s_2,s_2),(s_3,s_3),(s_2,s_3),(s_3,s_2)\}$

17. (a) $k=1$

(b) $R=\{(s_0,s_0),(s_1,s_1),(s_2,s_2),(s_3,s_3),(s_2,s_3),(s_3,s_2)\}$

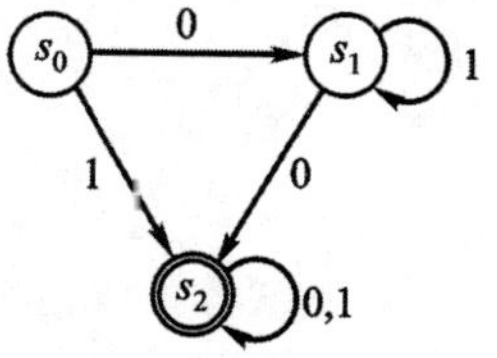

第 11 章自测题

1. 一个(m, n)编码函数最多能检测(最小距离−1)个错误。
2. 可能收到的每一个字符串必须只属于一个陪集。
3. 通过选择产生与收到的字符串最接近的字符串的字，最大似然解码函数选择最可能的原来的字。
4. 效率、错误检测和安全性是消息编码的三个目的。
5. (a) 能检测。 (b) 不能检测。
   (c) 不能检测。 (d) 不能检测。
6. (a) 能检测。 (b) 能检测。 (c) 能检测。
7. 一个。

8. 设 c_1=00000，c_2=11110，c_3=01101，c_4=10011，c_5=01010，c_6=10100，c_7=00111，c_8=11001。

$\oplus$	c_1	c_2	c_3	c_4	c_5	c_6	c_7	c_8
c_1	c_1	c_2	c_3	c_4	c_5	c_6	c_7	c_8
c_2	c_2	c_1	c_4	c_3	c_6	c_5	c_8	c_7
c_3	c_3	c_4	c_1	c_2	c_7	c_8	c_5	c_6
c_4	c_4	c_3	c_2	c_1	c_8	c_7	c_6	c_5
c_5	c_5	c_6	c_7	c_8	c_1	c_2	c_3	c_4
c_6	c_6	c_5	c_8	c_7	c_2	c_1	c_4	c_3
c_7	c_7	c_8	c_5	c_6	c_3	c_4	c_1	c_2
c_8	c_8	c_7	c_6	c_5	c_4	c_3	c_2	c_1

该表表明子集对于 $\oplus$ 是封闭的，包含 B^5 的单位元，并且包含每个元的逆元。

9. 0。

10. 11。

11. 88。

12. 13，32。

术 语 表

算法：一个算法是完成一项任务所必需的一套完整的步骤。

大 O：如果函数 f 和 g 的定义域都是 $\mathbf{Z}^+$的子集，并且存在常数 c 和 k 满足当 $n\geqslant k$ 时，$|f(n)|\leqslant c\cdot|g(n)|$，那么 f 是 g 的大 O，或者 $f=O(g)$。

二元运算：集合 A 上的二元运算是指从 $A\times A$ 到 A 上处处有定义的一个函数。

二元树：每个顶点最多有两个后代的树叫做二元树。

布尔代数：对于某个有限集合 S，如果一个有限的格同构于格$(P(S),\subseteq)$，那么这个格就是一个布尔代数。

布尔矩阵：元素只有 0 或 1 所组成的矩阵是布尔矩阵。

色数：一个图的色数是指给一个图的顶点着色，使得任何相邻顶点有不同颜色所需要的最少颜色数。

回路：从同一顶点开始和结束的一条道路。

组合：每次从 n 项中取 r 项的组合是指一个有 n 项的集合中的 r 个元素的子集。

同余关系：对于一个半群上的等价关系，如果相关项的积也是相关的，那么就是一个同余关系。

猜想：通过观察和推测获得的一个没有被证伪的数学命题，

逆否命题：若条件命题是如果 p，则 q，那么它的逆否命题是 如果非 q，那么非 p。

逆命题：若条件命题是如果 p，则 q，那么它的逆命题是，如果 q，那么 p。

密码学：为了安全目的对消息进行编码的科学和研究。

有向图：使用顶点和有向边表示有限关系的图示。

等价关系：如果一个关系是自反的、对称的和传递的，那么它是等价关系。

欧拉（哈密尔顿）道路（回路）：经过每条边（顶点）恰好一次（在回路里除开始和最后一个顶点之外）的一条道路（回路）。

域：如果一个环中的每个元素（除+的单位元之外）都有∗的逆元，称该环为域。

有限状态机：一个状态集合 S、一个输入集合 I、一个从 S 到 S 的函数 f_i 的集合，其中 $i\in I$。

函数：一个函数是从 A 到 B 的一个关系且满足 $|f(a)|\leqslant 1$，$a\in A$。

图：顶点的一个集合、有限边的一个集合和一个为每条边分配一对顶点的函数。

群：二元运算满足结合律、有单位元、每个元都有逆元的一个数学结构。

群码：一个(m, n)–编码函数 e：$B^m\to B^n$ 是一个群码，如果 $e(B^m)$是 B^n 的一个子群。

整数：一个整数是下面数之一…，–3，–2，–1，0，1，2，3，…。

同构：两个数学结构 A 和 B 的一个同构是从 A 到 B 的一个一一对应，并且该对应保持数学结构的所有运算性质。

摩尔机所接受的语言：对于一个摩尔机 M，M 接受的语言是指使得开始状态变换到一个接受状态的所有输入字符串的集合。

文法的语言：一个文法 G 的语言是使用 G 的生成式能正常构造的所有字符串的集合。

格：格是一个偏序，使得每个二元子集都有一个最大下界和一个最小上界。

最小上界（最大下界）：一个格中的元素 a 是子集 B 的最小上界（最大上界）是指如果对于 B 中的每个元素 b，有 $b\leqslant a(a\leqslant b)$，并且如果 a'是 B 的一个上界（下界），那么 $a\leqslant a'$（$a'\leqslant a$）。

循环不变量：每次通过循环前后都保持为真的命题是一个程序设计循环的循环不变量。

匹配问题：给定两个集合 A 和 B 以及从 A 到 B 的一个关系 R，匹配问题就是寻找从 A 的最大可能的子集到 B 的子集的一个一一对应函数 M，使得 $M \subseteq R$。

数学归纳法：数学归纳法是证明与自然数相关的命题的一种方法；该方法分为两个部分，基础步骤和归纳步骤。

数学结构：一个数学结构包括一个数学对象的集合、这些对象上的运算和运算性质。

矩阵：一个矩形的数组。

最小生成树：有权图的最小生成树是一棵边的权值总和为最小的无向生成树。

(m, n)-编码函数：从群 B^m 到群 B^n 的一一对应的函数。

幺半群：有单位元的半群。

摩尔机：有一个开始状态和一些可识别的接受状态的有限状态机。

乘法性质：是完成一系列任务的方法数的一种计数方法。

一对一函数：一个函数 f 是一对一的是指如果 $f(a)=f(b)$则推出 $a=b$。

运算：从一个或者多个数学对象产生另一个数学对象的过程称作数学运算。

偏序：如果一个关系是自反的、反对称的和传递的，则它是一个偏序。

道路：一个图中的道路是一个顶点序列 $v_1, v_2, \cdots, v_n$ 和不同边的序列 $e_1, e_2, \ldots, e_{n-1}$ 使得每个连续顶点对 v_i 和 v_{i+1} 是相邻的而且是边 e_i 的两个端点。

划分：一个非空集合的划分是不相交子集的一个非空集合，并且这些不相交子集的并是全集。

排列：从 n 项中每次取 r 个的排列是从一个有 n 项的集合里选 r 项的一个序列。

置换函数：从一个有限集合到其自身的一个一一对应函数。

短语结构文法：短语结构文法是由一个含有终结符和非终结符的集合 V、一个开始符号和 V^*上一个指定的允许替换关系所组成的。

鸽巢原理：如果 $m<n$，n 只鸽子要放进 m 个鸽巢，那么至少有一个鸽巢有两只或两只以上的鸽子。

幂集：一个集合 A 的幂集是 A 的所有子集的集合。

概率：一个事件的概率是指事件发生可能性的一个数值度量。

证明：从一系列命题推出一个正确的结论。

反证法：反证法是基于期望结论的否定去推出一个矛盾，从而证明原命题正确的间接证明方法。

递归关系：一个序列的递归公式。

正则文法：如果每一个生成式的左边都是单一的非终结符，右边是一个或者多个符号，至多有一个非终结符而且必须出现在字符串的最右端，那么这个文法是正则的。

关系：从集合 A 到集合 B 的关系是 $A \times B$ 的一个子集。

环：环是一个数学结构 S，具有两个二元运算＋和$*$，使得（S，+）是一个阿贝尔群，（S，$*$）是一个半群，并且运算$*$对运算+是可分配的。

RSA 公钥密码系统：是用一对公开的整数对消息进行加密和解密的方法。

搜索树：以某种指定的顺序访问树的每一个顶点的过程是对一棵树的一个搜索。

半群：半群是有一个满足结合律的二元运算的数学结构。

序列：对象根据确定的顺序所排成的一个列表。

集合：集合是有明确定义的一些对象的整体。

命题：一个命题是或者为真或者为假但不是两者同时成立的陈述语句。

Θ-类：Θ是关于函数集合的一个等价关系，它的定义域是 $\mathbf{Z}^+$的子集，满足 $f \Theta g$ 当且仅当 f 是 $O(g)$且 g 是 $O(f)$。

运输网络：运输网络是一个连通的有向图，具有唯一一个入度为 0 的顶点和唯一一个出度为 0 的顶点，并且它的边是用非负数标号的。

树：树是 A 上的一个关系，使得有一个特殊元素 v_0 作为根，从 v_0 出发到 A 的其他每一个顶点有唯一一条道路。

无向生成树：一个关系的无向生成树是与关系恰好有相同顶点的一棵无向树。

加权图：加权图的边上标记了数值作为其权。

英汉对照表

A

Abelian group　阿贝尔群
Absorption properties of a lattice　格的吸收性质
Absurdity　谬论
Acceptance state　接收状态
Acyclic symmetric relation　无圈的对称关系
Addition principle　加法原理
Adjacent vertices　邻接顶点
Algorithm(s)　算法
　branch of　算法的分支
　Euclidean　欧几里得算法
　Fleury's　Fleury 算法
　greedy　贪婪算法
　Kruskal's　Kruskal 算法
　labeling　标号算法
　Prim's　Prim 算法
　running time of　算法的运行时间
　structured　结构化算法
　subroutine of　算法的子程序
　Warshall's　Warshall 算法
Alphabet　字母表
Alternating group on *n* letters　*n* 个字母的交错群
And gate　与门
Antecedent statement　前项命题
Antisymmetric relation　反对称关系
Argument of a function　函数的自变量
Array　数组
　of dimension two　二维数组
　linear　线性数组
　$m\times n$　$m\times n$ 数组
Associative operation　结合运算
Associative property　结合性质
Associative properties
　of a Boolean algebra　布尔代数的结合性质
　of a lattice　格的结合性质
　of logical operations　逻辑运算的结合性质
　of set operations　集合运算的结合性质
Asymmetric relation　非对称关系
Atom of a Boolean algebra　布尔代数的原子
Attribute　属性
Automaton,pushdown　压入自动机
AVL tree　AVL 树
Axioms for probability space　概率空间公理

B

Backtracking　回溯
Backus-Naur notation　Backus-Naur 记号
Bacon's code　培根码
Balanced *n* tree of height *k*　高度为 *k* 的平衡 *n* 树
Banzhaf power distribution　Banzhaf 权力分布
Banzhaf power index　Banzhaf 权力指数
Base　底（基）
Base *b* expansion　*b* 进制
Base 10 expansion　十进制
Base 2 exponential function　以 2 为底的指数函数
Basis step of induction　归纳法的基础步骤
Biconditional statement　双条件（等价）命题
Bijection　双射
Binary operation　二元运算
　associative　结合的
　commutative　交换的
　idempotent property of　幂等性质
　identity for　恒等律
　on a set　集合上的二元运算

Binary tree 二元树
  complete 完全二元树
  positional 按位二元树
Bipartite graph 二分图
Block 块
  maximal compatibility 最大相容块
  of a partition 一个划分的块
BNF notation BNF 记号
Boolean algebra 布尔代数
  atom of 布尔代数的原子
  De Morgan's laws for 布尔代数的德·摩根定律
  involution property of 布尔代数的对合性质
  properties of 布尔代数的性质
  substitution rule for 布尔代数的代入法则
Boolean expression 布尔表达式
Boolean function 布尔函数
Boolean matrices 布尔矩阵
  join of 布尔矩阵的并
  meet of 布尔矩阵的交
  mod-2 product of 布尔矩阵的模 2 积
  mod-2 sum of 布尔矩阵的模 2 和
  product of 布尔矩阵的积
Boolean matrix 布尔矩阵
  complement of 布尔矩阵的补
Boolean polynomial 布尔多项式
Boolean product 布尔积
  mod-2 模 2 布尔积
Boolean sum(mod 2) of matrices 矩阵的布尔加法（模 2）
Bound 界
  greatest lower 最大下界
  least upper 最小上界
  lower 下界
  upper 上界
Bounded lattice 有界格
Branch of an algorithm 算法的分支
Bridge 桥
B-tree of degree k k 阶 B-树

C

CALL statement 调用语句
Cancellation property 消去性质
  left 左消去性质
  right 右消去性质
Capacity 容量
  of a cut 切割容量
  of an edge 边的容量
Cardinality of a set 集合的基数
Cartesian product 笛卡儿积
Catalan numbers Catalan 数
Catenation of strings 字符串连接
Ceiling function 强取整函数
Cell 单元
  of a partition 划分单元
  storage 存储单元
Central operator 中心运算符
Certain event 必然事件
Chain 链
  Markov 马尔可夫链
Characteristic equation 特征方程
Characteristic function of a set 集合的特征函数
Check digit 校验位
Chosen at random 随机选择
Chromatic number 色数
Chromatic polynomial 色多项式
Circuit 回路
  Euler 欧拉回路
  Hamiltonian 哈密尔顿回路
  simple 简单回路
Circular relation 循环关系
Class 类
  lower,of functions 更低的函数类
Clique 团
Closed with respect to an operation 关于运算是封闭的
Closure 闭包

of an operation 运算闭包
reflexive 自反闭包
of a relation 关系闭包
symmetric 对称闭包
transitive 传递闭包
Coalition 联盟
Code 码
bar 条形码
group 群码
Huffman 哈夫曼码
keyword columnar transposition 关键字列对换码
parity check 奇偶校验码
substitution 置换码
transposition 对换码
Code word 代码字
Collision 碰撞
Coloring of a graph 图的着色
proper 正常着色
Column of a matrix 矩阵的列
Combination of n objects taken r at a time n 项每次选 r 的组合
number of 组合数
with repeats 可重复组合
Common divisor 公约数
greatest 最大公约数
Common multiple 公倍数
least 最小公倍数
Commutative operation 交换运算
Commutative properties 交换性质
of a lattice 格的交换性质
of logical operations 逻辑运算的交换性质
of set operations 集合运算的交换性质
Commutative ring 交换环
Comparable elements of a poset 偏序集的可比较元
Compatibility 相容性
maximal block 相容最大块
relation 相容关系
Compatible matching 相容匹配
Compatible strings 相容串
Complement 补（余）
of a Boolean matrix 布尔矩阵的补
of an element of a lattice 格元素的补
of a fuzzy set 模糊集的补
of a fuzzy set B with respect to A 模糊集 B 关于 A 的补
properties of 补的性质
of a set 集合的补
of a set B with respect to A 集合 B 关于 A 的补
Complementary relation 互补关系
Complemented lattice 补格
Complete binary tree 完全二元（叉）树
Complete graph 完全图
Complete matching 完全匹配
Complete n-tree 完全 n-树
Component of a graph 图的分支
Composition 合成
of paths 道路的合成
of permutations 置换的合成
of relations 关系的合成
Compound statement 复合命题
Computer representation 计算机表示
of a digraph 有向图的表示
of a positional binary tree 按位二元（叉）树表示
of a relation 关系的表示
of a set 集合的表示
of a tree 树的表示
Conclusion 结论
of an implication 蕴涵的结论
Conditional statement 条件命题
Conditions for a recurrence relation 递归关系的条件
Congruence 同余（式）
machine 机器同余
mod a 模 a 同余
relation 同余关系
Congruent to r mod a 模 a 与 r 同余
Conjecture 猜想
Conjunction of statements (propositions) 命题的合取
Connected graph 连通图
Connected symmetric relation 连通对称关系
Connected vertices 连接顶点
Connective 连通性
Connectivity relation 连通关系

Consequent statement 结果命题
Conservation of flow 流的守恒
Constructive proof 构造性证明
Context-free grammars 上下文无关文法
Context-sensitive grammars 上下文相关文法
Contingency 偶然性
Contradiction 矛盾
  proof by 反证法
Contrapositive of an implication 蕴涵的逆反式
Converse of an implication 蕴涵的逆
Corrects *k* or fewer errors 纠正小于或等于 *k* 个错误
Correspondence 对应
  one to one between *A* and *B* *A* 和 *B* 的一一对应
  principle 对应原理
Coset 陪集
  leader 陪集首部
  left,of a subgroup 子群的左陪集
  right,of a subgroup 子群的右陪集
Countable set 可数集
Counterexample 反例
Counting 计数
  multiplication principle of 计数的乘法原理
Covering of a set 集合的覆盖
Cryptology 密码学
Cut 分割
  capacity of 分割的容量
Cycle(s) 循环
  disjoint 不相交循环
  as a permutation 循环置换
  simple 简单循环
Cyclic 循环的
  group 循环群
  permutation 循环置换

D

Database 数据库
  relational 关系数据库
De Morgan, Augustus 德・摩根
De Morgan's laws 德・摩根定律
  for Boolean algebras 布尔代数的德・摩根定律
  for mathematical structures 数学结构的德・摩根定律
  for sets 集合的德・摩根定律
  for statements 命题的德・摩根定律
Deadlock 死锁
Decimal expansion 十进制展开式
Decoding function 译码函数
  maximum likelihood 最大似然译码函数
Decoding table 译码表
Degree of a vertex 顶点的度
Derivation of a sentence 句子的推导
Derivation tree 推导（衍生）树
Descendants of a vertex 顶点的后代
Detect *k* or fewer errors 检测不超过 *k* 个错误
Deterministic 确定性
Diagonal 对角线
  main, of a matrix 矩阵的主对角线
  matrix 矩阵的对角线
Diagram 图
  Hasse 哈塞图
  logic 逻辑图
  master 主图
  syntax 语法图
  Venn 文氏图
Dictator 独裁者
Digraph 有向图
  cycle in 有向图中的圈（环）
  edge of 有向图中的边
  of a finite-state machine 有限状态机的有向图
  labeled 标号有向图
  path in 有向图中的道路
  of a relation 一个关系的有向图
  vertex of 有向图中的顶点
Direct derivability 直接推导
Directed graph; *see* Digraph 有向图
Disconnected graph 不连通图
Disconnected vertices 不连通顶点
Discrete graph 离散图
Disjoint 不相交
  cycles 不相交循环

events 不相交事件
sets 不相交集合
Disjunction of statements(propositions) 析取命题
Distance 距离
function 距离函数
Hamming 哈明距离
minimum, of an encoding function 编码函数的最短距离
between vertices 顶点间的距离
Distributive lattice 分配格
Distributive properties 分配性质
of a lattice 格的分配性质
of logical operations 逻辑运算的分配性质
of set operations 集合运算的分配性质
Distributive property 分配性质
Divides 整除
Divisor 因子
common 公因子
greatest common 最大公因子
Domain of a relation 关系的定义域
Doubly linked list 双重连接表
Dual partial order 对偶偏序
Dual poset 对偶偏序集

E

Edge 边
capacity of 边的容量
end points of 边的端点
undirected 无向边
weight of 边的权
Element 元素
complement of 元素的补
greatest, of a poset 偏序集的最大元
idempotent 幂等元
identity 单位元
inverse of 逆元
least, of a poset 偏序集的最小元
of a matrix 矩阵的元素
maximal, of a poset 偏序集的极大元
minimal, of a poset 偏序集的极小元
order of 元素的序
of a set 集合的元素
syndrome of 元素的校验子
unit, of a poset 偏序集的单位元
zero, of a poset 偏序集的零元
Elementary event 基本事件
Elementary probability 初等概率
Empty relation 空关系
Empty sequence 空序列
Empty set 空集
properties of 空集的性质
Empty string 空字符串
Enabled transition 启动（使能）变换
Encoding function 编码函数
minimum distance of 编码函数的最小距离
End points 终点
Entry 项
of a matrix 矩阵的项
Equality 相等
of matrices 矩阵的相等
relation 关系的相等
of sets 集合的相等
Equally likely outcomes 等可能结果
Equivalence 等价
Equivalence classes of an equivalence relation 等价关系的等价类
Equivalence relation 等价关系
determined by a partition 由划分决定的等价关系
Equivalent machines 等价机器
Equivalent statements 等价命题
Errors 错误
corrects k or fewer 校正 k 个或更少的错误
detects k or fewer 检测到 k 个或更少的错误
k or fewer k 个或更少的错误
Euclidean algorithm 欧几里得算法
Euler, Leonhard 欧拉
Euler circuit 欧拉回路
Euler path 欧拉道路
Even permutation 偶置换

Event(s) 事件
certain 必然事件
disjoint 不相交事件
elementary 基本事件
frequency of occurrence 事件发生的频率
impossible 不可能事件
mutually exclusive 互斥事件
probability of 事件的概率
Everywhere-defined function 处处有定义的函数
Existence proof 存在性证明
Existential quantification 存在量化
Expected value 期望值
Experiment 试验
deterministic 确定性试验
expected value of 试验的期望值
probabilistic 试验的不确定性
Explicit formula 显式公式
Exponential function 指数函数
base 指数函数的基
Expression 表达式
Boolean 布尔表达式
regular 正则表达式
over A A上的表达式

F

Factor semigroup 商半群
Factorial n n的阶乘
Fermat, Pierre de 费尔马
Fermat's Little Theorem 费尔马小定理
Fibonacci sequence 斐波纳契数列
Field 域
properties of 域的性质
Finite group 有限群
Finite sequence 有限序列
Finite set 有限集合
Finite-state machine 有限状态机
congruence on 有限状态机的同余
digraph of 有限状态机的有向图
input set of 有限状态机的输入集合
monoid of 有限状态机的幺半群
quotient of 有限状态机的商
state of 有限状态机的状态
state set of 有限状态机的状态集合
state transition table of 有限状态机的状态转换表
Firing a transition 触发一个变换（变迁）
Fleury's algorithm Fleury 算法
Floor function 弱取整函数
Flow 流量
conservation of 流量守恒
value of 流量的值
Flow chart 流程图
FOR statement FOR 语句
Formula 公式
explicit 显式公式
recursive 递归公式
Free monoid 自由幺半群
Free semigroup 自由半群
Frequency of occurrence of E in n trials n次实验中发生E的频率
Function 函数
argument of 函数的自变量
base 2 exponential 以 2 为底的指数函数
Boolean 布尔函数
ceiling 强取整函数
characteristic,of a set 集合的特征函数
decoding associated with e 与e相关的译码函数
distance 距离函数
encoding 编码函数
everywhere defined 处处有定义的函数
floor 弱取整函数
hashing 哈希函数
identity 恒等函数
invertible 可逆函数
log base n 以n为底的 log 函数
matching 匹配函数
maximum likelihood decoding 最大似然译码函数
mod n 模n函数
one to one 单射函数
onto 满射函数
permutation 置换函数
propositional 命题函数

state transition 状态转换函数
corresponding to a string 对应字符串的状态转换函数
value of 函数的值
FUNCTION statement FUNCTION 语句
Fundamental homomorphism theorem 同态基本定理
Fuzzy logic 模糊逻辑
Fuzzy predicate 模糊谓词
Fuzzy set(s) 模糊集
complement of 模糊集的余集
complement of *B* with respect to *A* 模糊集 *B* 关于 *A* 的余集
intersection of 模糊集的交集
membership function for 模糊集的隶属度
symmetric difference of 模糊集的对称差
union of 模糊集的并集

G

Galois, Evariste 伽罗瓦
Gate 门
and 与门
or 或门
GO TO statement GO TO 语句
Grammar 文法
context-free 上下文无关文法
context-sensitive 上下文有关文法
phrase structure 短语结构文法
regular 正则文法
Type *n* (*n*=0,1,2,3) 类型 *n*(*n*=0,1,2,3)文法
Graph 图
bipartite 二分图
chromatic number of 图的色数
coloring of 图的着色
complete 完全图
components of 图的分量
connected 连通图
disconnected 非连通图
discrete 离散图
edges of 图的边
linear 线性图
path in 图中的道路
planar 平面图
quotient 商图
regular 正则图
sub- 子图
of a symmetric relation 对称关系的图
weighted 加权图
Greatest common divisor 最大公约数
Greatest element of a poset 偏序集的最大元
Greatest lower bound 下确界
Greedy algorithm 贪婪算法
Group (s) 群
Abelian 阿贝尔群
alternating, on *n* letters *n* 个字母的交替群
code 群码
cyclic 循环群
finite 有限群
inverse in 群中元素的逆
Klein 4 克莱因 4 阶群
normal subgroup of 不变子群
order of 群的阶
product of 群的笛卡儿积
quotient 商群
subgroup of 群的子群
symmetric, on *n* letters *n* 个字母的对称群
of symmetries of the triangle 三角形对称群
Group code 群码
Guard 保护

H

Hall's Marriage theorem Hall 婚姻定理
Hamiltonian circuit 哈密尔顿回路
Hamiltonian path 哈密尔顿道路
Hamming distance 哈明距离
Hashing function 哈希函数
Hasse diagram 哈塞图
Height of a tree 树的高度
Homogeneous linear relation of degree *k* *k* 阶齐次线性关系
Homomorphic image 同态像
Homomorphism 同态
fundamental theorem 同态基本定理

kernel of　同态核
natural　自然同态
of semigroups　半群的同态
Huffman code　哈夫曼编码
tree　哈夫曼编码树
Hypotheses　前提（假设）
Hypothesis　假设（前提）

I

Idempotent element　幂等元
Idempotent properties　幂等性质
of a binary operation　二元运算的幂等性质
of a lattice　格的幂等性质
of logical operations　逻辑运算的幂等性质
of set operations　集合运算的幂等性质
Identity　恒等（单位元）
of a binary operation　二元运算的单位元
element　单位元
function　恒等函数
matrix　单位矩阵
ring with　有单位元的环
IF-THEN-ELSE statement　IF-THEN-ELSE 语句
Image　像
homomorphic　同态像
Image of *a*　*a* 的像
Implication　蕴涵
contrapositive of　蕴涵的逆反式
converse of　蕴涵的逆
Impossible event　不可能事件
Inclusion-exclusion principle　容斥原理
Incomparable elements　不可比较元
of a poset　偏序集的不可比较元
In-degree of a vertex　顶点的入度
Indirect method of proof　间接证明法
Induction　归纳法
principle of mathematical　数学归纳法原理
strong form of　强归纳法形式
Induction step　归纳步骤
Inequality relation　不等关系
Inference　推理
rules of　推理规则
Infinite sequence　无穷序列
Infinite set　无穷集合
Infix notation　中缀（表示）记号
Influence　影响
two-stage　两阶段（两级）影响
Initial conditions for a recurrence relation　递归关系的初始条件
Inorder search of a tree　树的中序搜索
Input of a machine　机器的输入
Input-output relation　输入-输出关系
Input set of a machine　机器的输入集合
Interior vertices of a path　道路的内部顶点
Intersection of sets　集合的交集
Interval in a lattice　格里的区间
Invariant　不变量
of a loop　循环不变量
Inverse　逆
of a binary operation　二元运算的逆
of an element　元素的逆
of a matrix　矩阵的逆
relation　逆关系
Inverter　反向器
Invertible function　可逆函数
Involution property in a Boolean algebra　布尔代数的对合性质
Irreflexive relation　非自反关系
ISBN　书号
Isolated vertex　孤立顶点
Isomorphic lattices　同构格
Isomorphic posets　同构偏序集
Isomorphic semigroups　同构半群
Isomorphic trees　同构树
Isomorphism　同构

J

Join of two Boolean matrices　两个布尔矩阵的并
Join of two elements in a lattice　格中两个元素的并

K

k or fewer errors　*k* 或者更少错误
Karnaugh map　卡诺图
Kernel　核
Key　密钥
  public　公钥
Keyword columnar transposition　关键字柱形变换
Klein 4 group　克莱因 4 阶群
Kruskal's algorithm　Kruskal 算法

L

Labeled digraph　标号有向图
Labeled tree　标号树
Labeling algorithm　标号算法
Language　语言
  of a Moore machine　摩尔机的语言
  of a phrase structure grammar　短语结构文法语言
  semantics of　语言的语义
  syntax of　语言的语法
  Type *n* (*n*=0,1,2,3)　类型 *n* 语言（*n*=0,1,2,3）
Lattice(s)　格
  absorption properties of　格的吸收性质
  associative properties of　格的结合性质
  commutative properties of　格的交换性质
  bounded　有界格
  complemented　补格
  distributive　分配格
  distributive properties of　格的分配性质
  idempotent properties of　格的幂等性质
  isomorphic　同构格
  modular　模格
  nondistributive　非分配格
  sub-　子格
Laws　定律
  De Morgan's　德・摩根定律
Least common multiple　最小公倍数
Least element of a poset　偏序集的最小元
Least upper bound　最小上界
Leaves of a tree　树的叶
Left cancellation property　左消去性质
Left coset of a subgroup　子群的左陪集
Left pointer　左指针
Left side of production　生成式的左边
Left subtree　左子树
Leibniz,G.W.　莱布尼茨
Lemma　引理
Length　长度
  of a path　道路的长度
  of a string　字符串的长度
Less than relation　小于关系
Level　层
  same　相同层
  in a tree　树中的层
Level *n* vertices　第 *n* 层顶点
Lexicographic order　字典序
lg,log base 2 function　以 2 为底的 log, lg 函数
Likelihood　可能性
  maximum decoding function　最大似然译码函数
  maximum technique　最大似然方法
Linear array　线性数组
Linear graph　线性图
Linear homogeneous relation of degree *k*　*k* 阶线性齐次关系
Linear order　全序
Linearly ordered set　全序集
Linked-list representation　连接表表示
  of a relation　关系的连接表表示
  of a sequence　序列的连接表表示
  of a tree　树的连接表表示
List　列表
  doubly linked　双重连接表
  linked　连接表
Live Petri net　动态 Petri 网

Local variable　局部变量
Log base 2 function　以 2 为底的对数函数
Logic diagram　逻辑图
Logic gate　逻辑门
Logical connectives　逻辑连接词
Logically equivalent propositions (statements)　逻辑等价命题
Logically follows　逻辑得到
Loop　循环
Loop invariant　循环不变量
Lower bound　下界
Lower class　更低的类
Lower order　更低的阶

M

Machine(s)　机器
　acceptance state　机器的接收状态
　congruence　机器同余
　digraph of　机器的有向图
　equivalent　机器等价
　finite-state　有限状态机
　input(s) of　机器的输入
　input set of　机器的输入集合
　language of　机器的语言
　monoid of　机器的幺半群
　Moore　摩尔机
　output of　机器的输出
　quotient　商机器
　quotient Moore　商摩尔机
　recognition　识别机
　starting state of　机器的开始状态
　state of　机器的状态
　state set of　机器的状态集
　state transition function of　机器状态的转换函数
　state transition table of　机器的状态转换表
Main diagonal of a matrix　矩阵的主对角线
Map　图
　Karnaugh　卡诺图
Mapping　映射
Marking of a Petri net　Petri 网的标记
Markov chain　马尔可夫链
　state vector of　马尔可夫链的状态向量
Master diagram of a regular grammar　正则文法的主图
Matching　匹配
　compatible with a relation　关系的相容性匹配
　complete　完全匹配
　function　匹配函数
　maximal　最大匹配
　problem　匹配问题
Mathematical induction　数学归纳法
　principle of　数学归纳法原理
　strong form of　强数学归纳法
Mathematical structure　数学结构
Mathematical system　数学体系
Matrices　矩阵
　Boolean product of　矩阵的布尔积
　equal　矩阵相等
　join of　矩阵的并
　meet of　矩阵的交
　mod -2 Boolean product of　矩阵的模 2 布尔积
　mod -2 sum of　矩阵的模 2 和
　product of　矩阵的积
　scalar multiplication of　矩阵的标量乘法
　sum of　矩阵的和
Matrix　矩阵
　Bit ; *see also* Boolean matrix　比特（位）矩阵
　Boolean　布尔矩阵
　complement of　矩阵的补
　column of　矩阵的列
　diagonal　对角矩阵
　element of　矩阵的元素
　identity　单位矩阵
　(i,j)th element of　矩阵的第（i,j）个元素
　(i,j)entry of　矩阵的（i,j）位置
　inverse of　矩阵的逆
　$m\times n$　$m\times n$ 矩阵
　main diagonal of　矩阵的主对角线
　parity check　奇偶校验矩阵
　regular ,transition　正则转移矩阵

P

Q

R

S

Sequence 序列
empty 空序列
Fibonacci 斐波纳契序列
finite 有穷序列
infinite 无穷序列
initial conditions for 序列的初始条件
set corresponding to 对应序列的集合
of values 值序列
Set(s) 集合
alphabet 字母表集合
binary operation on 集合上的二元运算
cardinality of 集合的基数
characteristic function of 集合的特征函数
closed 闭集
combination of, taken r at a time 每次取 r 的组合集合
complement of 集合的补
complement of B with respect to A 关于 A 的 B 的补(余)集
contained in 包含于一个集合
corresponding to a sequence 对应于序列的集合
countable 可数集
disjoint 不相交集合
element of 集合的元素
empty 空集
equal 集合相等
finite 有限集合
infinite 无限集合
input, of a machine 机器的输入集合
intersection of 集合的交
linearly ordered 全序集
member of 集合的成员
mutually exclusive 互斥集合
operations, properties of 集合运算的性质
partially ordered 偏序集
partition of 集合的划分
permutation of 集合的排列
power set of 集合的幂集
product 集积
quotient 商集
regular 正则集
regular expression over 集合上的正则表达式
R-relative R-关系集
state, of a machine 机器的状态集
strings from 来自集合的字符串
subset of 集合的子集
symmetric difference of 集合对称差
uncountable 不可数集
union of 集合的并
universal 全集
Venn diagram of 集合的文氏图
Shannon, Claude 克劳德·香农
Sibling of a vertex 顶点的兄弟
Simple circuit 简单回路
Simple cycle 简单循环
Simple path 简单道路
Sink 汇
Sorting 序
topological 拓扑序
Source 源
Space 空间
probability 概率空间
axioms for 概率空间公理
sample 样本空间
Spanning tree 生成树
minimal 最小生成树
undirected 无向生成树
Square matrix 方阵
Starting state 开始状态
State(s) 状态
acceptance 接收状态
of a finite-state machine 有限状态机的状态
set of a machine 机器的状态集
starting 开始状态
transition function 状态转换函数
transition table 状态转换表
vector, of a Markov chain 马尔可夫链状态向量
Statement (s) 语句
CALL 调用语句
compound 复合语句
conditional 条件语句
conjunction of 语句的合取

contradiction of 语句的谬论
contrapositive of 语句的逆反式
converse of 语句的逆
disjunction of 语句的析取
equivalent 等价语句
FOR FOR 语句
GO TO GO TO 语句
IF-THEN-ELSE IF-THEN-ELSE 语句
logically equivalent 逻辑等价语句
logically following from 从语句逻辑得到
negation of 语句的否定
PRINT PRINT 语句
RETURN RETURN 语句
UNTIL UNTIL 语句
WHILE WHILE 语句
Steady-state vector 稳态向量
Steganography 密码
Steps in proof 证明步骤
Storage cell 存储单元
String(s) 字符串
catenation of 字符串的连接
compatible 相容字符串
empty 空字符串
length 字符串长度
Strong form of mathematical induction 强数学归纳法
Structure, mathematical 数学结构
Structured algorithm 结构化算法
Subgraph 子图
Subgroup 子群
coset of 子群的陪集
normal 正规子群
trivial 平凡子群
Sublattice 子格
Submonoid 子幺半群
Subring 子环
Subroutine 子程序
SUBROUTINE statement SUBROUTINE 语句
Subsemigroup 子半群
Subset 子集
regular 正则子集
Substitution code 代换码
Substitution rule for Boolean algebras 布尔代数的代换规则
Subtree 子树
corresponding to a vertex 与一个顶点对应的子树
left 左子树
right 右子树
of a tree 一棵树的子树
Sum 和
of matrices 矩阵和
mod-2 模 2 和
Supersink 超汇
Supersource 超源
Symmetric closure of a relation 关系的对称闭包
Symmetric difference 对称差
of two sets 两个集合的对称差
of two fuzzy sets 两个模糊集的对称差
Symmetric group on *n* letters *n* 个字符的对称群
Symmetric matrix 对称矩阵
Symmetric relation 对称关系
acyclic 无环的对称关系
graph of 对称关系的图
Symmetry of a figure 图形的对称性
Syndrome of an element 元素的校验子
Syntax 语法
diagram 语法图
of a language 语言的语法
System, mathematical 数学体系

T

T flip-flop *T* 触发器
Table 表
binary operation 二元运算表
decoding 译码表
multiplication 乘法表
state transition 状态转换表
truth 真值表
Tautology 永真式
Terminal symbol 终结符

U

Universal quantification 全称量化
Universal set 全集
  properties of 全集的性质
UNTIL statement UNTIL 语句
Up-down permutation 增减置换
Upper bound 上确界

V

Value of a flow 流量
Value of a function 函数值
Variable 变量
  local 局部变量
  propositional 命题变量
Vector 向量
  state 状态向量
  steady-state 稳态向量
Venn diagram 文氏图
Vertex 顶点
  degree of 顶点的度
  descendants of 顶点的后代
  in-degree of 顶点的入度
  isolated 孤立顶点
  level *n* *n* 层顶点
  nearest neighbor of 顶点的最近邻元
  offspring of 顶点的后代
  out-degree of 顶点的出度
  subtree beginning with 以顶点为始点的子树
  in a tree *T* 在树 *T* 中的顶点
  visiting 访问顶点
Vertices 顶点
  adjacent 邻接顶点
  connected 连通顶点
  disconnected 非连通顶点
  distance between 顶点间的距离
  interior, of a path 道路的内部顶点
  nearest neighbor of 顶点的最近邻元
Veto power 否决权

W

Walking a tree 遍历树
Warshall's algorithm Warshall 算法
Weight 加权
  of an edge 边的加权
  of a word 字的权
Weighted graph 加权图
Weighted voting system 加权投票系统
Well defined 有明确的定义
WHILE statement WHILE 语句
Word 字
  code 代码字
  weight of 字的权

Z

Zero 零
  divisors of a ring 环的零因子
  element of a poset 偏序集的零元
  matrix 零矩阵

常用符号表

第 1 章常用符号

a,b,c,x,y,z	一个集合中的元素
$\in$	属于
$\mathbf{Z}^+$	正整数集合
$\mathbf{N}$	非负整数集合
$\mathbf{Z}$	整数集合
$\mathbf{Q}$	有理数集合
$\mathbf{R}$	实数集合
$\varnothing, \{\}$	空集
$\subseteq$	包含于
$\cup$	全集
$\lvert A \rvert$	A 的基数
$P(A)$	A 的所有子集的集合
$A \cup B$	集合 A 与 B 的并
$A \cap B$	集合 A 与 B 的交
$A-B$	B 关于 A 的补
$\overline{A}$	A 的补
$A \oplus B$	集合 A 与 B 的对称差
A^*	A 中元素的所有有限序列的集合
Λ	空序列或空字符串
$n \mid m$	n 整除 m
GCD(a,b)	a 和 b 的最大公约数
LCM(a,b)	a 和 b 的最小公倍数
$\boldsymbol{A}^{\mathrm{T}}$	矩阵 $\boldsymbol{A}$ 的转置
$\boldsymbol{A}^{-1}$	$\boldsymbol{A}$ 的逆
$\boldsymbol{A} \vee \boldsymbol{B}$	$\boldsymbol{A}$ 与 $\boldsymbol{B}$ 的并
$\boldsymbol{A} \wedge \boldsymbol{B}$	$\boldsymbol{A}$ 与 $\boldsymbol{B}$ 的交
$\boldsymbol{A} \odot \boldsymbol{B}$	$\boldsymbol{A}$ 与 $\boldsymbol{B}$ 的布尔积

第 2 章常用符号

$\sim p$	非 p
$p \wedge q$	p 且 q
$p \vee q$	p 或 q
$\forall$	任意
$\exists$	存在
$p \Rightarrow q$	p 推出 q
$p \equiv q$	p 与 q 等价

第 3 章常用符号

${}_nP_r$	n 个对象每次取 r 个的排列数
$n!$	n 的阶乘
${}_nC_r$	n 个对象每次取 r 个的组合数
$p(E)$	事件 E 的概率
f_E	事件 E 出现的频率

第 4 章常用符号

$A \times B$	A 与 B 的笛卡儿积
$R(x)$	x 的 R-相关集
$R(A)$	A 的 R-相关集
$\boldsymbol{M}_R$	R 的矩阵
R^{∞}	R 的连通关系，R 的传递闭包
R^*	R 的可达性关系
Δ	相等关系
$\equiv b(\mathrm{mod}\ n)$	模 n 与 b 同余
$[a]$	a 的等价类
A/R	由 A 上的等价关系 R 所确定的集合 A 的一个划分
$S \circ R$	R 与 S 的合成

第 5 章常用符号

I_A	A 的恒等函数

f^{-1}	函数 f 的逆
f_A	集合 A 的特征函数
$\lfloor x \rfloor$	小于或等于 x 的最大整数
$\lceil x \rceil$	大于或等于 x 的最小整数
$O(f)$	函数 f 的阶
$\Theta(f)$	函数 f 的 Θ-类
$\begin{pmatrix} a_1 & a_2 & \cdots & a_n \\ p(a_1) & p(a_2) & \cdots & p(a_n) \end{pmatrix}$	集合 $A=\{a_1, a_2,\cdots, a_n\}$ 的置换

第 6 章常用符号

$\leqslant$	一个偏序关系
$a \vee b$, LUB (a, b)	a 与 b 的最小上界
$a \wedge b$, GLB (a, b)	a 与 b 的最大下界
a'	a 的补
B_n	布尔代数
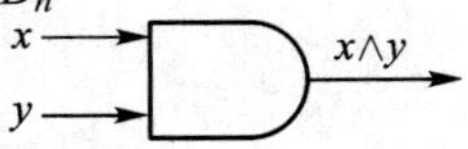	与门
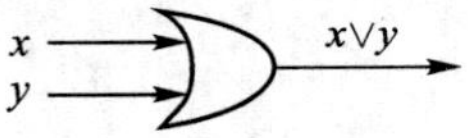	或门
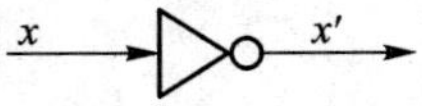	反相器(非)

第 7 章常用符号

$(T,\ v_0)$	以 v_0 为根的树
$T(v)$	以 v 为根的 T 的子树

第 8 章常用符号

(V, E, γ)	顶点在 V 中，边在 E 中的图
U_n	n 个顶点的离散图
K_n	n 个顶点的完全图
L_n	n 个顶点的线性图
G_e	G 中去掉 e 得到的子图

G^R	关于 R 的商图
e_{ij}	边（i,j）的超容量
$\chi(G)$	G 的色数
P_G	G 的色多项式

第 9 章常用符号

S^S	S 到 S 的所有函数的集合
S/R	半群 S 的商半群
Z_n	商集 $Z/\equiv(\text{mod } n)$
f_R	S 到 S/R 上的自然同态
aH	G 中 H 的左陪集

第 10 章常用符号

$(V, S, v_0, \mapsto)$	短语结构文法
$\Rightarrow$	直接推导
$L(G)$	G 的语言
<>∷=	文法的 BNF 说明
$\mathcal{F}$	有限状态机变换函数的集合
$(S, I, \mathcal{F})$	有限状态机
f_x	对应于输入 x 的变换函数
$(S, I, \mathcal{F}, s_0, T)$	摩尔机
M/R	机器 M 的商机器
$l(w)$	字符串 w 的长度

第 11 章常用符号

e	一个(m, n)编码函数
$\delta(x, y)$	字 x 与字 y 之间的距离
$\boldsymbol{A} \oplus \boldsymbol{B}$	$\boldsymbol{A}$ 与 $\boldsymbol{B}$ 的模 2 和
$\boldsymbol{A} * \boldsymbol{B}$	$\boldsymbol{A}$ 与 $\boldsymbol{B}$ 的模 2 布尔积
d	一个(n, m)译码函数
ε_j	一个陪集首部
$x * \boldsymbol{H}$	x 的校验子